VOLUME 4

Halliday & Resnick

FUNDAMENTOS DE FÍSICA

DÉCIMA SEGUNDA EDIÇÃO

Ótica e Física Moderna

gen
Grupo
Editorial
Nacional

VOLUME 4

Halliday & Resnick

FUNDAMENTOS DE FÍSICA

DÉCIMA SEGUNDA EDIÇÃO

Ótica e Física Moderna

JEARL WALKER
CLEVELAND STATE UNIVERSITY

Tradução e Revisão Técnica
Ronaldo Sérgio de Biasi, Ph.D.
Professor Emérito do Instituto Militar de Engenharia – IME

- Data do fechamento do livro: 21/11/2022

- **Atendimento ao cliente: (11) 5080-0751 | faleconosco@grupogen.com.br**

- Traduzido de
  FUNDAMENTALS OF PHYSICS INTERACTIVE EPUB, TWELFTH EDITION

  ISBN: 9781119773511

  LTC | LIVROS TÉCNICOS E CIENTÍFICOS EDITORA LTDA.
  Uma editora integrante do GEN | Grupo Editorial Nacional
  Travessa do Ouvidor, 11
  Rio de Janeiro – RJ – CEP 20040-040
  www.grupogen.com.br

- Capa: Jon Boylan
- Imagem da capa: © ERIC HELLER/Science Source
- Editoração eletrônica: Arte & Ideia
- Ficha catalográfica

CIP-BRASIL. CATALOGAÇÃO NA PUBLICAÇÃO
SINDICATO NACIONAL DOS EDITORES DE LIVROS, RJ

H691f
12. ed.
v. 4

Halliday, David, 1916-2010
Fundamentos de física : ótica e física moderna, volume 4 / David Halliday, Robert Resnick, Jearl Walker ; revisão técnica e tradução Ronaldo Sérgio de Biasi. - 12. ed. - Rio de Janeiro : LTC, 2023.
(Fundamentos de física ; 4)

Tradução de: Fundamentals of physics
Apêndice
Inclui índice
ISBN 9788521637257

1. Física. 2. Ótica. I. Resnick, Robert. II. Walker, Jearl, 1945-. III. Biasi, Ronaldo Sérgio de. IV. Título. V. Série.

22-80896 CDD: 535
CDU: 535

Meri Gleice Rodrigues de Souza - Bibliotecária - CRB-7/6439

SUMÁRIO GERAL

VOLUME 1

VOLUME 2

VOLUME 3

VOLUME 4

SUMÁRIO

MATERIAL SUPLEMENTAR

Este livro conta com os seguintes materiais suplementares:

Material restrito a docentes cadastrados:

- Aulas em PowerPoint
- Testes Conceituais
- Testes em PowerPoint
- Respostas das Perguntas (conteúdo em Inglês)
- Respostas dos Problemas (conteúdo em Inglês)
- Manual de Soluções (conteúdo em Inglês)
- Ilustrações da obra em formato de apresentação.

Material livre, mediante uso de PIN:

- Calculadoras (Manuais das Calculadoras Gráficas TI-86 & TI-89)
- Ensaios de Jearl Walker
- Simulações de Brad Trees
- Soluções de problemas em vídeo
- Problemas resolvidos
- Animações
- Vídeos de Demonstrações de Física.

O acesso ao material suplementar é gratuito. Basta que o leitor se cadastre e faça seu *login* em nosso *site* (www.grupogen.com.br), clique no *menu* superior do lado direito e, após, em Ambiente de Aprendizagem. Em seguida, insira no canto superior esquerdo o código PIN de acesso localizado na segunda orelha deste livro.

O acesso ao material suplementar online fica disponível até seis meses após a edição do livro ser retirada do mercado.

Caso haja alguma mudança no sistema ou dificuldade de acesso, entre em contato conosco (gendigital@grupogen.com.br).

PREFÁCIO

A pedido dos professores, aqui vai uma nova edição do livro-texto criado por David Halliday e Robert Resnick em 1963, que usei quando cursava o primeiro ano de Física no MIT. (Puxa, parece que foi ontem!) Ao preparar esta nova edição, tive a oportunidade de introduzir muitas novidades interessantes e reintroduzir alguns tópicos que foram elogiados nas minhas oito edições anteriores. Seguem alguns exemplos.

Entertainment Pictures/Zuma Press

Figura 10.39 Qual era a força de tração T exercida sobre o tendão de Aquiles quando o corpo de Michael Jackson fazia um ângulo de 45° com o piso no vídeo musical *Smooth Criminal*?

Evgeniy Skripnichenko/123RF

Figura 10.7.2 Qual é a força adicional que o tendão de Aquiles precisa exercer quando uma pessoa está usando sapatos de salto alto?

Sergii Gnatiuk/123 RF

Figura 9.65 As quedas são um perigo real para esqueitistas, pessoas idosas, pessoas sujeitas a convulsões e muitas outras. Muitas vezes, elas se apoiam em uma das mãos ao cair, fraturando o punho. Que altura inicial resulta em uma força suficiente para causar a fratura?

Bloomberg/Getty Images

Figura 34.5.4 Na espectroscopia funcional em infravermelho próximo (fNIRS) do cérebro, o paciente usa um capacete com lâmpadas LED que emitem luz infravermelha. A luz chega à camada externa do cérebro e pode revelar que parte do cérebro é ativada por uma atividade específica, como jogar futebol ou pilotar um avião.

Fermilab/Science Source

Figura 28.5.2 A terapia com nêutrons rápidos é uma arma promissora no combate a certos tipos de câncer, como o da glândula salivar. Como, porém, acelerar os nêutrons, que não possuem carga elétrica, para que atinjam altas velocidades?

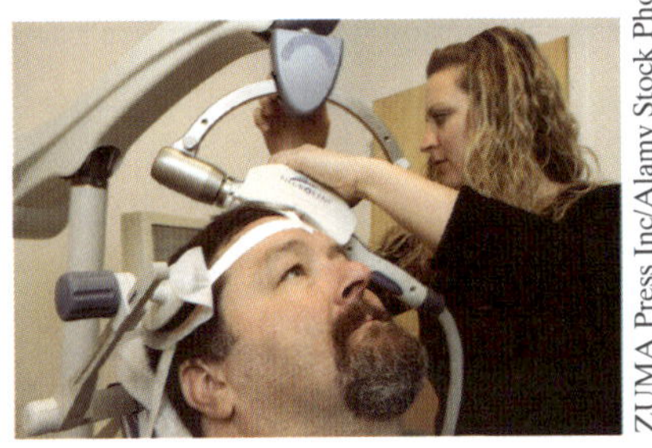
ZUMA Press Inc/Alamy Stock Photo

Figura 29.63 A doença de Parkinson e outros problemas do cérebro podem ser tratados por estimulação magnética transcraniana, na qual campos magnéticos pulsados produzem descargas elétricas em neurônios cerebrais.

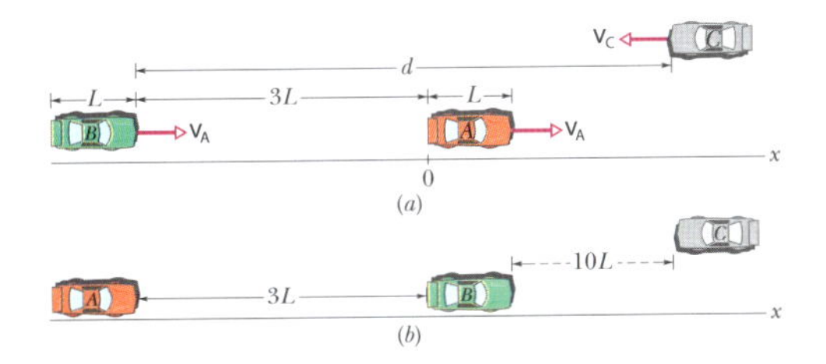

Figura 2.37 Como o carro autônomo B pode ser programado para ultrapassar o carro A sem correr o risco de se chocar com o carro C?

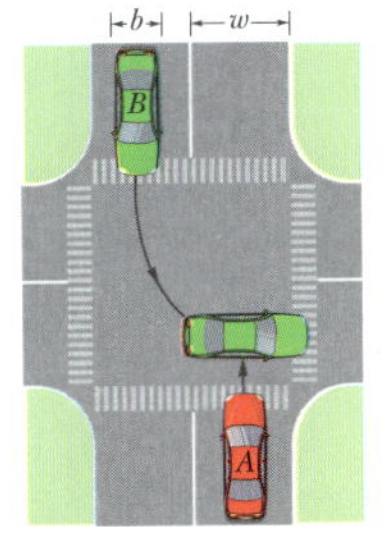

Figura 4.39 Em uma esquerda de Pittsburgh, o carro verde entra em movimento pouco antes de o sinal abrir e tenta passar na frente do carro vermelho enquanto ele ainda está parado. Em uma reconstituição de um acidente, quanto tempo antes de o sinal abrir o carro vermelho começou a fazer a curva?

Tracy Fox/123 RF

Figura 9.6.4 O tipo mais perigoso de colisão entre dois carros é a colisão frontal. Em uma colisão frontal de dois carros de massas iguais, qual é a redução percentual do risco de morte de um dos motoristas se ele estiver acompanhado de um passageiro?

Além disso, são apresentados problemas que tratam de temas como:

- A detecção remota de quedas de pessoas idosas;
- A ilusão de que uma bola rápida de beisebol sobe depois de ser lançada;
- A possibilidade de golpear uma bola rápida de beisebol mesmo sem poder acompanhá-la com os olhos;
- O efeito squat, que faz com que o calado de um navio aumente quando ele está se movendo em águas rasas;
- O perigo de não ver um ciclista que se aproxima de um cruzamento;
- A medida do potencial de uma tempestade elétrica usando múons e antimúons;

e muito mais.

O QUE HÁ NESTA EDIÇÃO

- Testes, um para cada módulo;
- Exemplos;
- Revisão e resumo no fim dos capítulos;
- Quase 300 problemas novos no fim dos capítulos.

Quando estava elaborando esta nova edição, introduzi diversas novidades em áreas de pesquisa que me interessam, tanto no texto como nos novos problemas. Seguem algumas dessas novidades.

Reproduzi a primeira imagem de um buraco negro (pela qual esperei durante toda a minha vida) e abordei o tema das ondas gravitacionais (assunto que discuti com Rainer Weiss, do MIT, quando trabalhei em seu laboratório alguns anos antes que ele tivesse a ideia de usar um interferômetro para detectá-las).

Escrevi um exemplo e vários problemas a respeito de carros autônomos, nos quais um computador precisa calcular os parâmetros necessários, por exemplo, para ultrapassar com segurança um carro mais lento em uma estrada de mão dupla.

Discuti novos métodos de tratamento do câncer, entre eles o uso de elétrons Auger-Meitner, cuja origem foi explicada por Lise Meitner.

Li milhares de artigos de Medicina, Engenharia e Física a respeito de métodos para examinar o interior do corpo humano sem necessidade de cirurgias de grande porte. Aqui estão três exemplos:

(1) Laparoscopia usando pequenas incisões e fibras óticas para ter acesso a órgãos internos, o que permite ao paciente deixar o hospital em algumas horas em vez de dias ou semanas, como acontecia no caso das cirurgias tradicionais.

(2) Estimulação magnética transcraniana usada para tratar depressão crônica, doença de Parkinson e outros problemas do cérebro por meio da aplicação de campos magnéticos pulsados por uma bobina colocada nas proximidades do couro cabeludo com o objetivo de produzir descargas elétricas em neurônios cerebrais.

(3) Magnetoencefalografia (MEG), um exame no qual os campos magnéticos criados no cérebro de uma pessoa são monitorados enquanto a pessoa executa uma tarefa específica, como ler um texto. Durante a execução da tarefa, pulsos elétricos são produzidos entre células do cérebro. Esses pulsos produzem campos magnéticos que podem ser detectados por instrumentos extremamente sensíveis chamados SQUIDs.

AGRADECIMENTOS

Muitas pessoas contribuíram para este livro. Sen-Ben Liao do Lawrence Livermore National Laboratory, James Whitenton, da Southern Polytechnic State University, e Jerry Shi, do Pasadena City College, foram responsáveis pela tarefa hercúlea de resolver todos os problemas do livro. Na John Wiley, o projeto deste livro recebeu o apoio de John LaVacca e Jennifer Yee, os editores que o supervisionaram do início ao fim e também à Editora-chefe Sênior Mary Donovan e à Assistente Editorial Samantha Hart. Agradecemos a Patricia Gutierrez e à equipe da Lumina por juntarem as peças durante o complexo processo de produção. Agradecemos também a Jon Boylan pelas ilustrações e pela capa original; a Helen Walden pelos serviços de copidesque e a Donna Mulder pelos serviços de revisão.

Finalmente, nossos revisores externos realizaram um trabalho excepcional e expressamos a cada um deles nossos agradecimentos.

Maris A. Abolins, *Michigan State University*
Jonathan Abramson, *Portland State University*
Omar Adawi, *Parkland College*
Edward Adelson, *Ohio State University*
Nural Akchurin, *Texas Tech*
Yildirim Aktas, *University of North Carolina-Charlotte*
Barbara Andereck, *Ohio Wesleyan University*
Tetyana Antimirova, *Ryerson University*
Mark Arnett *Kirkwood Community College*
Stephen R. Baker, *Naval Postgraduate School*
Arun Bansil, *Northeastern University*
Richard Barber, *Santa Clara University*
Neil Basecu, *Westchester Community College*
Anand Batra, *Howard University*
Sidi Benzahra, *California State Polytechnic University, Pomona*
Kenneth Bolland, *The Ohio State University*
Richard Bone, *Florida International University*
Michael E. Browne, *University of Idaho*
Timothy J. Burns, *Leeward Community College*
Joseph Buschi, *Manhattan College*
George Caplan, *Wellesley College*
Philip A. Casabella, *Rensselaer Polytechnic Institute*
Randall Caton, *Christopher Newport College*
John Cerne, *University at Buffalo, SUNY*
Roger Clapp, *University of South Florida*
W. R. Conkie, *Queen's University*
Renate Crawford, *University of Massachusetts-Dartmouth*
Mike Crivello, *San Diego State University*
Robert N. Davie, Jr., *St. Petersburg Junior College*
Cheryl K. Dellai, *Glendale Community College*
Eric R. Dietz, *California State University at Chico*
N. John DiNardo, *Drexel University*
Eugene Dunnam, *University of Florida*
Robert Endorf, *University of Cincinnati*
F. Paul Esposito, *University of Cincinnati*
Jerry Finkelstein, *San Jose State University*
Lev Gasparov, *University of North Florida*
Brian Geislinger, *Gadsden State Community College*
Corey Gerving, *United States Military Academy*
Robert H. Good, *California State University-Hayward*
Michael Gorman, *University of Houston*
Benjamin Grinstein, *University of California, San Diego*
John B. Gruber, *San Jose State University*
Ann Hanks, *American River College*
Randy Harris, *University of California-Davis*
Samuel Harris, *Purdue University*
Harold B. Hart, *Western Illinois University*
Rebecca Hartzler, *Seattle Central Community College*
Kevin Hope, *University of Montevallo*
John Hubisz, *North Carolina State University*
Joey Huston, *Michigan State University*
David Ingram, *Ohio University*
Shawn Jackson, *University of Tulsa*
Hector Jimenez, *University of Puerto Rico*
Sudhakar B. Joshi, *York University*
Leonard M. Kahn, *University of Rhode Island*
Sudipa Kirtley, *Rose-Hulman Institute*
Leonard Kleinman, *University of Texas at Austin*
Rex Joyner, *Indiana Institute of Technology*
Michael Kalb, *The College of New Jersey*
Richard Kass, *The Ohio State University*
M.R. Khoshbin-e-Khoshnazar, *Research Institution for Curriculum Development and Educational Innovations (Tehran)*
Craig Kletzing, *University of Iowa*
Peter F. Koehler, *University of Pittsburgh*
Arthur Z. Kovacs, *Rochester Institute of Technology*
Kenneth Krane, *Oregon State University*
Hadley Lawler, *Vanderbilt University*
Priscilla Laws, *Dickinson College*
Edbertho Leal, *Polytechnic University of Puerto Rico*
Vern Lindberg, *Rochester Institute of Technology*
Peter Loly, *University of Manitoba*
Stuart Loucks, *American River College*
Laurence Lurio, *Northern Illinois University*
Stuart Loucks, *American River College*
Laurence Lurio, *Northern Illinois University*
James MacLaren, *Tulane University*
Ponn Maheswaranathan, *Winthrop University*
Andreas Mandelis, *University of Toronto*
Robert R. Marchini, *Memphis State University*
Andrea Markelz, *University at Buffalo, SUNY*
Paul Marquard, *Caspar College*
David Marx, *Illinois State University*

Dan Mazilu, *Washington and Lee University*
Jeffrey Colin McCallum, *The University of Melbourne*
Joe McCullough, *Cabrillo College*
James H. McGuire, *Tulane University*
David M. McKinstry, *Eastern Washington University*
Jordon Morelli, *Queen's University*
Eugene Mosca, *United States Naval Academy*
Carl E. Mungan, *United States Naval Academy*
Eric R. Murray, *Georgia Institute of Technology, School of Physics*
James Napolitano, *Rensselaer Polytechnic Institute*
Amjad Nazzal, *Wilkes University*
Allen Nock, *Northeast Mississippi Community College*
Blaine Norum, *University of Virginia*
Michael O'Shea, *Kansas State University*
Don N. Page, *University of Alberta*
Patrick Papin, *San Diego State University*
Kiumars Parvin, *San Jose State University*
Robert Pelcovits, *Brown University*
Oren P. Quist, *South Dakota State University*
Elie Riachi, *Fort Scott Community College*
Joe Redish, *University of Maryland*
Andrew Resnick, *Cleveland State University*
Andrew G. Rinzler, *University of Florida*
Timothy M. Ritter, *University of North Carolina at Pembroke*
Dubravka Rupnik, *Louisiana State University*
Robert Schabinger, *Rutgers University*
Ruth Schwartz, *Milwaukee School of Engineering*
Thomas M. Snyder, *Lincoln Land Community College*
Carol Strong, *University of Alabama at Huntsville*
Anderson Sunda-Meya, *Xavier University of Louisiana*
Dan Styer, *Oberlin College*
Nora Thornber, *Raritan Valley Community College*
Frank Wang, *LaGuardia Community College*
Keith Wanser, *California State University Fullerton*
Robert Webb, *Texas A&M University*
David Westmark, *University of South Alabama*
Edward Whittaker, *Stevens Institute of Technology*
Suzanne Willis, *Northern Illinois University*
Shannon Willoughby, *Montana State University*
Graham W. Wilson, *University of Kansas*
Roland Winkler, *Northern Illinois University*
William Zacharias, *Cleveland State University*
Ulrich Zurcher, *Cleveland State University*

APRESENTAÇÃO À 12ª EDIÇÃO

Fundamentos de Física chega à 12ª edição amplamente revisto e atualizado, incluindo recursos didáticos inéditos para atender às necessidades do novo estudante, ao mesmo tempo em que preserva a vanguarda no ensino de Física iniciada há mais de 60 anos, com a publicação da 1ª edição, em 1960, com o título *Física para Estudantes de Ciência e Engenharia*.

Naquela época, publicada com páginas em preto e branco e com alguns problemas ao final de cada capítulo, a obra iniciou sua trajetória de sucesso, tornando-se uma das principais referências bibliográficas para um amplo e fiel público de professores e estudantes mundo afora. É um clássico já traduzido em 18 idiomas, tendo impactado milhões de leitores.

Por sua didática e conteúdo de excelência, em 2002 foi eleito "o melhor livro introdutório de Física do século XX" pela American Physical Society (APS Physics).

Destinada ao ensino da Física para os mais diversos cursos de graduação em Ciências Exatas, a obra cobre toda a matéria necessária às disciplinas de Física 1 à Física 4. Para facilitar o ensino-aprendizagem, é dividida em quatro volumes que abarcam os grandes temas: Volume 1 – Mecânica; Volume 2 – Gravitação, Ondas e Termodinâmica; Volume 3 – Eletromagnetismo; Volume 4 – Ótica e Física Moderna.

Permeiam a estrutura do livro recursos já conhecidos e aprimorados nesta 12ª edição, sobre os quais o professor Jearl Walker comenta em seu inspirado Prefácio. É essencial destacar que esta nova edição apresenta recursos didáticos *on-line* inéditos e instigantes, voltados à melhor aplicação e fixação do conteúdo.

Conectado com o mundo dinâmico e em constantes transformações, ***Fundamentos de Física*** mantém o compromisso de promover e ampliar a experiência dos leitores durante o processo de aprendizagem. Todas as novidades foram cuidadosamente construídas sobre os pilares de sua célebre metodologia de ensino.

Destaca-se, ainda, a iconografia incluída nas principais seções desta obra, que busca facilitar a identificação de alguns dos recursos didáticos apresentados e que podem ser acessados no Ambiente de aprendizagem do GEN.

Os professores também encontram materiais estratégicos e exclusivos, que podem ser utilizados como apoio para ministrar a disciplina.

Veja, a seguir, como usar o seu ***Fundamentos de Física***.

A todos, boa leitura e bom proveito!

Todos os capítulos apresentam a seção "**Objetivos do Aprendizado**" no início de cada módulo, para que o estudante identifique, de antemão, os conceitos e as definições que serão apresentados na sequência.

CAPÍTULO 1

Medição

1.1 MEDINDO GRANDEZAS COMO O COMPRIMENTO

Objetivos do Aprendizado

Depois de ler este módulo, você será capaz de ...

...entais do SI.

1.1.2 Citar as unidades ...mais usados no SI.

1.1.3 Mudar as unidades nas quais uma grandeza (comprimento, área ou volume, no caso) é expressa, usando o método de conversão em cadeia.

1.1.4 Explicar de que forma o metro é definido em termos da velocidade da luz no vácuo.

Ideias-Chave

- A física se baseia na medição de grandezas físicas. Algumas grandezas físicas, como comprimento, tempo e massa, foram escolhidas como grandezas fundamentais e definidas a partir de um padrão; a cada uma dessas grandezas foi associada uma unidade de medida, ... metro, segundo e quilograma. Outras grandezas físicas são definidas a partir das grandezas fundamentais e seus padrões e unidades.
- O sistema de unidades mais usado atualmente é o Sistema Internacional de Unidades (SI). As três grandezas fundamentais que aparecem na Tabela 1.1.1 são usadas nos primeiros capítulos deste livro. Os padrões para essas unidades foram definidos através de acordos internacionais. Esses padrões são usados em todas as medições, tanto as que envolvem grandezas fundamentais como as que envolvem grandezas definidas a partir das grandezas fundamentais. A notação científica e os prefixos da Tabela 1.1.2 são usados para simplificar a apresentação dos resultados de medições.
- Conversões de unidades podem ser realizadas usando o método da conversão em cadeia, no qual os dados originais são multiplicados sucessivamente por fatores de conversão de diferentes unidades e as unidades são manipuladas como grandezas algébricas até que restem apenas as unidades desejadas.
- O metro é definido como a distância percorrida pela luz em certo intervalo de tempo especificado com precisão.

O que É Física?

A ciência e a engenharia se baseiam em medições e comparações. Assim, precisamos de regras para estabelecer de que forma as grandezas devem ser medidas e comparadas, e de experimentos para estabelecer as unidades para essas medições e comparações. Um dos propósitos da física (e também da engenharia) é projetar e executar esses experimentos.

Assim, por exemplo, os físicos se empenham em desenvolver relógios extremamente precisos para que intervalos de tempo possam ser medidos e comparados com exatidão. O leitor pode estar se perguntando se essa exatidão é realmente necessária.

As "**Ideias-Chave**" trazem um breve resumo do que deve ser assimilado. Nas palavras do autor Jearl Walker, "funcionam como a lista de verificação consultada pelos pilotos de avião antes de cada decolagem".

O ícone identifica que, naquele ponto, está disponível uma "**Solução de Problema em Vídeo**". A ideia é aprender os processos necessários para a resolução de um tipo específico de problema por meio de um exemplo típico.

Se você introduzir um fator de conversão e as unidades indesejáveis *não* desaparecerem, inverta o fator e tente novamente. Nas conversões, as unidades obedecem às mesmas regras algébricas que os números e variáveis.

O Apêndice D apresenta fatores de conversão entre unidades de SI e unidades de outros sistemas, como as que ainda são usadas até hoje nos Estados Unidos. Os fatores de conversão estão expressos na forma "1 min = 60 s" e não como uma razão; cabe ao leitor escrever a razão ... correta. 1.1

Comprimento 1.1

Em 1792, a recém-fundada República da França criou um novo sistema de pesos e medidas. A base era o metro, ... um décimo milionésimo da distância entre o polo norte ... Mais tarde, por questões práticas, esse padrão foi abandonado e o metro passou a ser definido como a distância entre duas linhas finas gravadas perto das extremidades de uma barra de platina-irídio, a **barra do metro padrão**, mantida no Bureau Internacional de Pesos e Medidas, nas vizinhanças de Paris. Réplicas precisas da barra foram enviadas a laboratórios de padronização em várias partes do mundo. Esses **padrões secundários** foram usados para produzir outros padrões, ainda mais acessíveis, de tal forma que, no final, todos os instrumentos de medição de comprimento estavam relacionados à barra do metro padrão a partir de uma complicada cadeia de comparações.

O ícone BT indica que há uma "**Simulação de Brad Trees**", que pode ser acessada para complementar a aprendizagem do tema em destaque. Esse tipo de simulação ajuda a desvendar de forma visual conceitos desafiadores da disciplina, permitindo ao estudante ver a Física em ação.

Média e Velocidade Escalar Média

Uma forma compacta de descrever a posição de um objeto é desenhar um gráfico da posição x em função do tempo t, ou seja, um gráfico de $x(t)$. [A notação $x(t)$ representa uma função x de t e não o produto de x por t.] Como exemplo simples, a Fig. 2.1.2 mostra a função posição $x(t)$ de um tatu em repouso (tratado como uma partícula) durante um intervalo de tempo de 7 s. A posição do animal tem sempre o mesmo valor, $x = -2$ m.

A Fig. 2.1.3 é mais interessante, já que envolve movimento. O tatu é avistado em $t = 0$, quando está na posição $x = -5$ m. Ele se move em direção a $x = 0$, passa por

"**Vídeos de Demonstrações de Física**" sempre estarão disponíveis quando o leitor encontrar este ícone ao longo do texto.

Entropia no Mundo Real: Refrigeradores

20.1

O **refrigerador** é um dispositivo que utiliza trabalho para transfe... ...ma fonte fria para uma fonte quente por meio de um processo cíclico. N... ...dores domésticos, por exemplo, o trabalho é realizado por um compressor elétrico, que transfere energia do compartimento onde são guardados os alimentos (a fonte fria) para o ambiente (a fonte quente).

Os aparelhos de ar-condicionado e os aquecedores de ambiente também são refrigeradores; a diferença está apenas na natureza das fontes quente e fria. No caso dos aparelhos de ar-condicionado, a fonte fria é o aposento a ser resfriado e a fonte quente (supostamente a uma temperatura mais alta) é o lado de fora do aposento. Um aquecedor de ambiente é um aparelho de ar-condicionado operado em sentido inverso para aquecer um aposento; nesse caso, o aposento passa a ser a fonte quente e recebe calor do lado de fora (supostamente a uma temperatura mais baixa).

O ícone remete a "**Problemas Resolvidos**". Trata-se de questões que reforçam o aprendizado por meio de problemas isolados, mas que, a critério do professor, podem ser associadas a um problema do livro, proposto como dever de casa. É preciso ter em mente que os Problemas Resolvidos não são simplesmente repetições de problemas do livro com outros dados e, portanto, não fornecem soluções que possam ser imitadas às cegas sem uma boa compreensão do assunto.

As "**Animações**" são identificadas pelo ícone. Com esse conteúdo, os estudantes podem visualizar de modo dinâmico como a Física acontece na vida real, para muito além das páginas do livro.

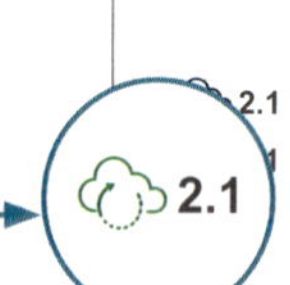

esse ponto em $t = 3$ s e continua a se deslocar para maiores valores positivos de x. A Fig. 2.1.3 mostra também o movimento do tatu por meio de desenhos das posições do animal em três instantes de tempo. O gráfico da Fig. 2.1.3 é mais abstrato, mas revela com que rapidez o tatu se move.

Na verdade, várias grandezas estão associadas à expressão "com que rapidez". Uma é a **velocidade média** $v_{méd}$, que é a razão entre o deslocamento Δx e o intervalo de tempo Δt durante o qual esse deslocamento ocorreu:

$$v_{méd} = \frac{\Delta x}{\Delta t} = \frac{x_2 - x_1}{t_2 - t_1}. \quad (2.1.2)$$

O **ícone de estrela** destaca um conteúdo importante, que merece a atenção do estudante.

Em 1967, a 13ª Conferência Geral de Pesos e Medidas adotou como padrão de tempo um segundo baseado no relógio de césio:

> Um segundo é o intervalo de tempo que corresponde a 9.192.631.770 oscilações da luz (de um comprimento de onda especificado) emitida por um átomo de césio 133.

Os relógios atômicos são tão estáveis, que, em princípio, dois relógios de césio teriam que funcionar por 6000 anos para que a diferença entre as leituras fosse maior que 1 s.

Teste 2.5.1

(a) ... arremessa uma bola verticalmente para cima, qual é o sinal do deslocamento da bola durante a subida, desde o ponto inicial até o ponto mais alto da trajetória? (b) Qual é o sinal do deslocamento durante a descida, desde o ponto mais alto da trajetória até o ponto inicial? (c) Qual é a aceleração da bola no ponto mais alto da trajetória?

"**Testes**" são questões de reforço para o aluno verificar, por meio de exercícios, o aprendizado até aquele determinado ponto do conteúdo.

A seção "**Revisão e Resumo**", disponível em todos os capítulos, sintetiza, de forma objetiva, os principais conceitos apresentados no texto, antes de o aluno passar à prática com perguntas e problemas.

Revisão e Resumo

ição A *posição* x de uma part[...] em um eixo x mostra a que distância [...] encontra da **origem**, ou ponto zero, do eixo. A posição pode ser positiva ou negativa, dependendo do lado em que se encontra a partícula em relação à origem (ou zero, se a partícula estiver exatamente na origem). O **sentido positivo** de um eixo é o sentido em que os números que indicam a posição da partícula aumentam de valor; o sentido oposto é o **sentido negativo**.

Deslocamento O *deslocamento* Δx de uma partícula é a variação da posição da partícula:

$$\Delta x = x_2 - x_1. \quad (2.1.1)$$

O deslocamento é uma grandeza vetorial. É positivo, se a partícula se desloca no sentido positivo do eixo x, e negativo, se a partícula se desloca no sentido oposto.

Velocidade Média Quando uma partícula se desloca de uma posição x_1 para uma posição x_2 durante um intervalo de tempo $\Delta t = t_2 - t_1$, a *velocidade média* da partícula durante esse intervalo é dada por

$$v_{\text{méd}} = \frac{\Delta x}{\Delta t} = \frac{x_2 - x_1}{t_2 - t_1}. \quad (2.1.2)$$

O sinal algébrico de $v_{\text{méd}}$ indica o sentido do movimento ($v_{\text{méd}}$ é uma grandeza vetorial). A velocidade média não depende da distância que uma partícula percorre, mas apenas das posições inicial e final.

Em um gráfico de x em função de t, a velocidade média em um intervalo de tempo Δt é igual à inclinação da linha reta que une os

em que Δx e Δt são definidos pela Eq. 2.1.2. A velocidade instantânea (em um determinado instante de tempo) é igual à inclinação (nesse mesmo instante) do gráfico de x em função de t. A **velocidade escalar** é o módulo da velocidade instantânea.

Aceleração Média A *aceleração média* é a razão entre a variação de velocidade Δv e o intervalo de tempo Δt no qual essa variação ocorre.

$$a_{\text{méd}} = \frac{\Delta v}{\Delta t}. \quad (2.3.1)$$

O sinal algébrico indica o sentido de $a_{\text{méd}}$.

Aceleração Instantânea A *aceleração instantânea* (ou, simplesmente, **aceleração**), a, é igual à derivada primeira da velocidade $v(t)$ em relação ao tempo ou à derivada segunda da posição $x(t)$ em relação ao tempo:

$$a = \frac{dv}{dt} = \frac{d^2x}{dt^2}. \quad (2.3.2, 2.3.3)$$

Em um gráfico de v em função de t, a aceleração a em qualquer instante t é igual à inclinação da curva no ponto que representa t.

Aceleração Constante As cinco equações da Tabela 2.4.1 descrevem o movimento de uma partícula com aceleração constante:

$$v = v_0 + at, \quad (2.4.1)$$

$$x - x_0 = v_0 t + \tfrac{1}{2}at^2, \quad (2.4.5)$$

$$v^2 = v_0^2 + 2a(x - x_0), \quad (2.4.6)$$

$$x - x_0 = \tfrac{1}{2}(v_0 + v)t, \quad (2.4.7)$$

$$x - x_0 = vt - \tfrac{1}{2}at^2. \quad (2.4.8)$$

A seção "**Problemas**", que aparece ao final de cada capítulo, vem acompanhada de legendas especiais que facilitam a identificação do grau de complexidade de cada questão.

F Fácil **M** Médio **D** Difícil

Os ícones a seguir indicam quais recursos podem ser utilizados como apoio à resolução das questões.

CVF Informações adicionais disponíveis no e-book "O Circo Voador da Física", de Jearl Walker.

CALC Requer o uso de derivadas e/ou integrais

BIO Aplicação biomédica

Problemas

F Fácil **M** Médio **D** Difícil

CVF Informações adicionais di[...]is no e-book *O Circo Voador da Física*, de Jearl Walker, LTC Editora, Rio de Janeiro, 2008.

CALC Requer o uso de derivadas e/ou integrais

BIO Aplicação biomédica

Módulo 1.1 Medindo Grandezas como o Comprimento

1 F A Terra tem a forma aproximada de uma esfera com $6{,}37 \times 10^6$ m de raio. Determine (a) a circunferência da Terra em quilômetros, (b) a área da superfície da Terra em quilômetros quadrados e (c) o volume da Terra em quilômetros cúbicos.

2 F O *gry* é uma antiga medida inglesa de comprimento, definida como 1/10 de uma linha; *linha* é uma outra medida inglesa de comprimento, definida como 1/12 de uma polegada. Uma medida de comprimento usada nas gráficas é o *ponto*, definido como 1/72 de uma polegada. Quanto vale uma área de 0,50 gry² em pontos quadrados (pontos²)?

3 F O micrômetro (1 μm) também é chamado *mícron*. (a) Quantos mícrons tem 1,0 km? (b) Que fração do centímetro é igual a 1,0 μm? (c) Quantos mícrons tem uma jarda?

4 F As dimensões das letras e espaços neste livro são expressas em termos de pontos e paicas: 12 pontos = 1 paica e 6 paicas = 1 polegada. Se em uma das provas do livro uma figura apareceu deslocada de 0,80 cm em relação à posição correta, qual foi o deslocamento (a) em paicas e (b) em pontos?

5 F Em certo hipódromo da Inglaterra, um páreo foi disputado em uma distância de 4,0 furlongs. Qual é a distância da corrida (a) em varas e (b) em cadeias? (1 furlong = 201,168 m, 1 vara = 5,0292 m e 1 cadeia = 20,117 m.)

6 M Atualmente, as conversões de unidades mais comuns podem ser feitas com o auxílio de calculadoras e computadores, mas é importante que o aluno saiba usar uma tabela de conversão como as do Apêndice D. A Tabela 1.1 é parte de uma tabela de conversão para um sistema de medidas de volume que já foi comum na Espanha; um volume de 1 fanega equivale a 55,501 dm³ (decímetros cúbicos). Para completar a tabela, que números (com três algarismos significativos) devem ser inseridos (a) na coluna de cahizes, (b) na coluna de fanegas, (c) na coluna de cuartillas e (d) na coluna de almudes? Expresse 7,00 almudes (e) em medios, (f) em cahizes e (g) em centímetros cúbicos (cm³).

Tabela 1.1 Problema 6

	cahiz	fanega	cuartilla	almude	medio
1 cahiz =	1	12	48	144	288
1 fanega =		1	4	12	24
1 cuartilla =			1	3	6
1 almude =				1	2
1 medio =					1

7 M Os engenheiros hidráulicos dos Estados Unidos usam frequentemente, como unidade de volume de água, o *acre-pé*, definido como o volume de água necessário para cobrir 1 acre de terra até uma profundidade de 1 pé. Uma forte tempestade despejou 2,0 polegadas de chuva em 30 min em uma cidade com uma área de 26 km². Que volume de água, em acres-pés, caiu sobre a cidade?

8 M A Ponte de Harvard, que atravessa o rio Charles, ligando Cambridge a Boston, tem um comprimento de 364,4 smoots mais uma orelha. A unidade chamada "smoot" tem como padrão a altura de Oliver Reed Smoot, Jr., classe de 1962, que foi carregado ou arrastado pela ponte para que outros membros da sociedade estudantil Lambda Chi Alpha pudessem marcar (com tinta) comprimentos de 1 smoot ao longo da ponte. As marcas têm sido refeitas semestralmente por membros da sociedade, normalmente em horários de pico, para que a polícia não possa interferir facilmente. (Inicialmente, os policiais talvez tenham se ressentido do fato de que o smoot não era uma unidade fundamental do SI, mas hoje parecem conformados com a brincadeira.) A Fig. 1.1 mostra três segmentos de reta paralelos medidos em smoots (S), willies (W) e zeldas (Z). Quanto vale uma distância de 50,0 smoots (a) em willies e (b) em zeldas?

Figura 1.1 Problema 8.

9 M A Antártica é aproximadamente semicircular, com raio de 2000 km (Fig. 1.2). A espessura média da cobertura de gelo é 3000 m. Quantos centímetros cúbicos de gelo contém a Antártica? (Ignore a curvatura da Terra.)

Figura 1.2 Problema 9.

Módulo 1.2 Tempo

10 F Até 1913, cada cidade do Brasil tinha sua hora local. Atualmente, os viajantes acertam o relógio apenas quando a variação de tempo é igual a 1,0 h (o que corresponde a um fuso horário). Que distância, em média, uma pessoa deve percorrer, em graus de longitude, para passar de um fuso horário a outro e ter de acertar o relógio? (*Sugestão:* A Terra gira 360° em aproximadamente 24 h.)

CAPÍTULO 33

Ondas Eletromagnéticas

33.1 ONDAS ELETROMAGNÉTICAS

Objetivos do Aprendizado

Depois de ler este módulo, você será capaz de ...

33.1.1 Indicar, no espectro eletromagnético, o comprimento de onda relativo (maior ou menor) das ondas de rádio AM, rádio FM, televisão, luz infravermelha, luz visível, luz ultravioleta, raios X e raios gama.

33.1.2 Descrever a transmissão de ondas eletromagnéticas por um circuito LC e uma antena.

33.1.3 No caso de um transmissor com um circuito oscilador LC, conhecer a relação entre a indutância L, a capacitância C e a frequência angular ω do circuito e a frequência f e comprimento de onda λ da onda emitida.

33.1.4 Conhecer a velocidade de uma onda eletromagnética no vácuo (e, aproximadamente, no ar).

33.1.5 Saber que as ondas eletromagnéticas não precisam de um meio material para se propagar e, portanto, podem se propagar no vácuo.

33.1.6 Conhecer a relação entre a velocidade de uma onda eletromagnética, a distância em linha reta percorrida pela onda e o tempo necessário para percorrer essa distância.

33.1.7 Conhecer a relação entre a frequência f, o comprimento de onda λ, o período T, a frequência angular ω e a velocidade c de uma onda eletromagnética.

33.1.8 Saber que uma onda eletromagnética é formada por uma componente elétrica e uma componente magnética que são (a) perpendiculares à direção de propagação, (b) mutuamente perpendiculares e (c) ondas senoidais com a mesma frequência e a mesma fase.

33.1.9 Conhecer as equações senoidais das componentes elétrica e magnética de uma onda eletromagnética em função da posição e do tempo.

33.1.10 Conhecer a relação entre a velocidade da luz c, a constante elétrica ε_0 e a constante magnética μ_0.

33.1.11 Conhecer a relação entre o módulo do campo elétrico E, o módulo do campo magnético B e a velocidade da luz c de uma onda eletromagnética em um dado instante e em uma dada posição.

33.1.12 Demonstrar a relação entre a velocidade da luz c e a razão entre a amplitude E do campo elétrico e a amplitude B do campo magnético.

Ideias-Chave

- Uma onda eletromagnética é formada por campos elétricos e magnéticos que variam com o tempo.
- As várias frequências possíveis das ondas eletromagnéticas formam um espectro, uma pequena parte do qual é a luz visível.
- Uma onda eletromagnética que se propaga na direção do eixo x possui um campo elétrico $\vec{E}$ e um campo magnético $\vec{B}$ cujos módulos dependem de x e t:

$$E = E_m \operatorname{sen}(kx - \omega t)$$

e

$$B = B_m \operatorname{sen}(kx - \omega t),$$

em que E_m e B_m são as amplitudes de $\vec{E}$ e de $\vec{B}$. O campo elétrico induz o campo magnético, e vice-versa.

- A velocidade de qualquer onda eletromagnética no vácuo é c, que pode ser escrita como

$$c = \frac{E}{B} = \frac{1}{\sqrt{\mu_0 \varepsilon_0}},$$

em que E e B são os módulos dos campos em um instante qualquer.

O que É Física?

A era da informação em que vivemos se baseia quase totalmente na física das ondas eletromagnéticas. Queiramos ou não, estamos globalmente conectados pela televisão, telefonia e internet. Além disso, queiramos ou não, estamos imersos em ondas eletromagnéticas por causa das transmissões de rádio, televisão e telefone celular.

Há 40 anos, nem os engenheiros mais visionários imaginavam que essa rede global de processadores de informação pudesse ser implantada em tão curto espaço de tempo. O desafio para os engenheiros de hoje é tentar prever como serão as interconexões globais daqui a 40 anos. O ponto de partida para enfrentar esse desafio é compreender a física básica das ondas eletromagnéticas, que existem em tantas formas diferentes que receberam o nome poético de *arco-íris de Maxwell*.

Arco-Íris de Maxwell

A grande contribuição de James Clerk Maxwell (ver Capítulo 32) foi mostrar que um raio luminoso nada mais é que a propagação, no espaço, de campos elétricos e magnéticos (ou seja, é uma **onda eletromagnética**) e que, portanto, a ótica, o estudo da luz visível, é um ramo do eletromagnetismo. Neste capítulo, passamos do geral para o particular: concluímos a discussão dos fenômenos elétricos e magnéticos e estabelecemos os fundamentos para o estudo da ótica.

Na época de Maxwell (meados do século XIX), a luz visível e os raios infravermelho e ultravioleta eram as únicas ondas eletromagnéticas conhecidas. Inspirado pelas previsões teóricas de Maxwell, Heinrich Hertz descobriu o que hoje chamamos de ondas de rádio e observou que essas ondas se propagam à mesma velocidade que a luz visível.

Como mostra a Fig. 33.1.1, hoje conhecemos um largo *espectro* de ondas eletromagnéticas: o arco-íris de Maxwell. Estamos imersos em ondas eletromagnéticas pertencentes a esse espectro. O Sol, cujas radiações definem o meio ambiente no qual nós, como espécie, evoluímos e nos adaptamos, é a fonte predominante. Nossos corpos são também atravessados por sinais de rádio, televisão e telefonia celular. Micro-ondas de aparelhos de radar podem chegar até nós. Temos também as ondas eletromagnéticas provenientes das lâmpadas, dos motores quentes dos automóveis, das máquinas de raios X, dos relâmpagos e dos elementos radioativos existentes no solo. Além disso, somos banhados pelas radiações das estrelas e de outros corpos de nossa galáxia e de outras galáxias. As ondas eletromagnéticas também viajam no sentido oposto. Os sinais de televisão, produzidos na Terra desde 1950, já levaram notícias a nosso respeito (juntamente com episódios de *I Love Lucy*, embora com intensidade *muito* baixa) a qualquer civilização tecnicamente sofisticada que porventura habite um planeta em órbita de uma das 400 estrelas mais próximas da Terra.

Na escala de comprimentos de onda da Fig. 33.1.1 (e na escala de frequências correspondente), cada marca representa uma variação do comprimento de onda (e da frequência) de 10 vezes. As extremidades da escala estão em aberto; o espectro eletromagnético não tem limites definidos.

Algumas regiões do espectro eletromagnético da Fig. 33.1.1 são identificadas por nomes familiares como *raios X* e *micro-ondas*. Esses nomes indicam intervalos de comprimentos de onda, não muito bem definidos, dentro dos quais são usados os mesmos tipos de fontes e detectores de radiação. Outras regiões da Fig. 33.1.1, como

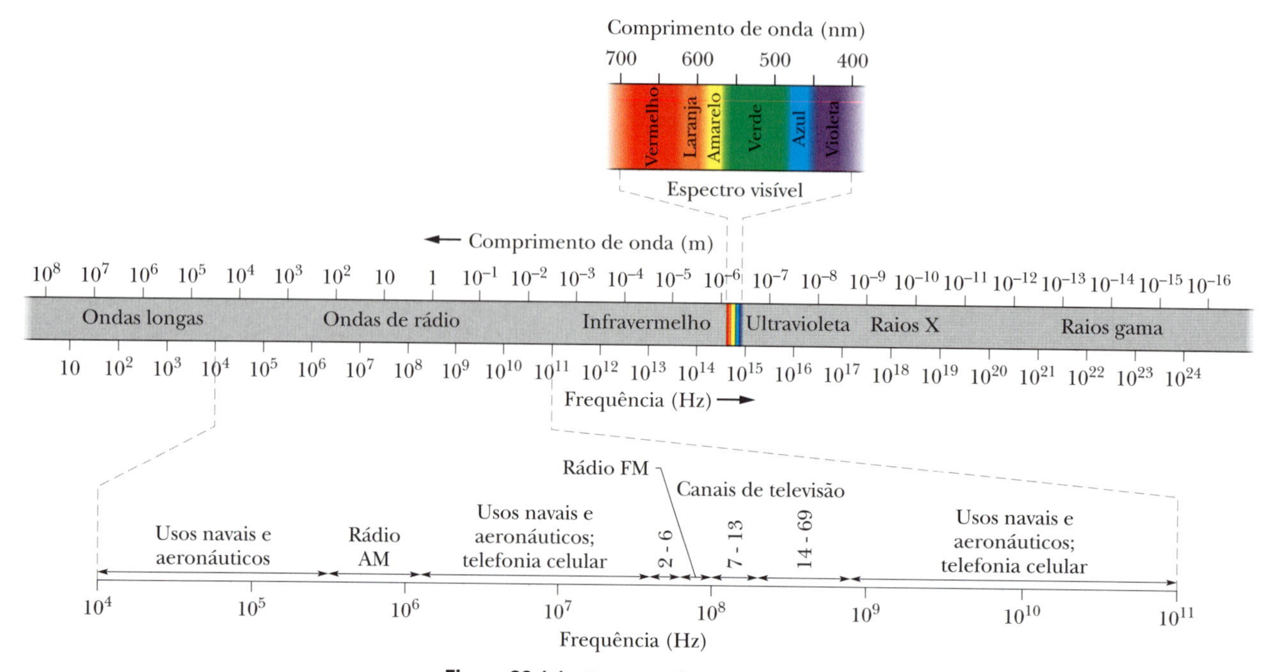

Figura 33.1.1 Espectro eletromagnético.

as indicadas como canais de TV e de rádio AM, representam bandas específicas definidas legalmente para fins comerciais ou outros propósitos. Não existem lacunas no espectro eletromagnético; além disso, todas as ondas eletromagnéticas, não importa onde elas se situem no espectro, se propagam no *espaço livre* (vácuo) à mesma velocidade c.

A região visível do espectro é, naturalmente, de particular interesse para nós. A Fig. 33.1.2 mostra a sensibilidade relativa do olho humano a radiações de vários comprimentos de onda. O centro da região visível corresponde aproximadamente a 555 nm; uma luz com esse comprimento de onda produz a sensação de verde-claro.

Os limites do espectro visível não são bem definidos, já que a curva de sensibilidade do olho tende assintoticamente para a linha de sensibilidade zero, tanto para grandes como para pequenos comprimentos de onda. Se tomarmos arbitrariamente como limites os comprimentos de onda para os quais a sensibilidade do olho é 1% do valor máximo, esses limites serão aproximadamente 430 e 690 nm; entretanto, o olho pode detectar radiações fora desses limites, se essas radiações forem suficientemente intensas.

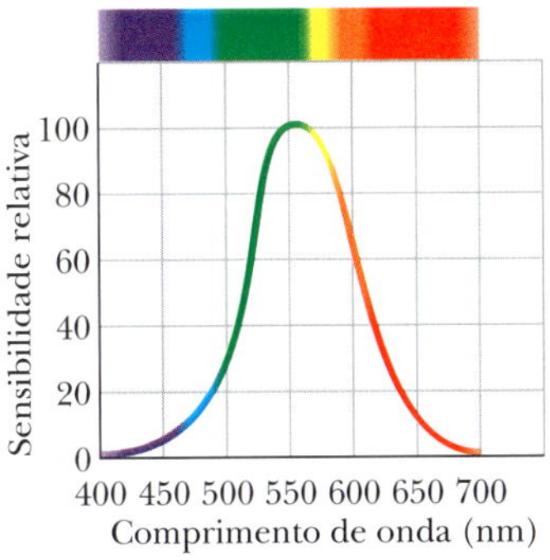

Figura 33.1.2 Sensibilidade relativa do olho humano a ondas eletromagnéticas de diferentes comprimentos de onda. A parte do espectro eletromagnético à qual o olho é sensível é chamada *luz visível*.

Descrição Qualitativa de uma Onda Eletromagnética

BT 33.1

Algumas ondas eletromagnéticas, como os raios X, os raios gama e a luz visível, são produzidas por fontes de dimensões atômicas ou nucleares, governadas pela física quântica. Vamos agora discutir como é gerado outro tipo de onda eletromagnética. Para simplificar a discussão, vamos nos restringir à região do espectro (comprimento de onda $\lambda \approx 1$ m) na qual a fonte de *radiação* (as ondas emitidas) é macroscópica, mas de dimensões relativamente pequenas.

A Fig. 33.1.3 mostra, de forma esquemática, uma fonte desse tipo. O componente principal é um *oscilador LC*, que estabelece uma frequência angular ω $(= 1/\sqrt{LC})$. As cargas e correntes do circuito variam senoidalmente com essa frequência, como mostra a Fig. 31.1.1. Uma fonte externa (um gerador de CA, por exemplo) fornece a energia necessária para compensar, não só as perdas térmicas, mas também a energia extraída pela onda eletromagnética.

O oscilador LC da Fig. 33.1.3 está acoplado, por meio de um transformador e de uma linha de transmissão, a uma *antena*, que consiste essencialmente em dois condutores retilíneos dispostos como na figura. Por meio do acoplamento, a corrente senoidal do oscilador produz correntes senoidais, com a frequência angular ω do oscilador LC, nos elementos da antena. Como essas correntes fazem com que as cargas nos elementos da antena se aproximem e se afastem periodicamente, a antena pode ser vista como um dipolo elétrico cujo momento dipolar elétrico varia senoidalmente em módulo e sentido ao longo do eixo da antena.

Como o módulo e o sentido do momento dipolar variam com o tempo, o módulo e o sentido do campo elétrico produzido pelo dipolo também variam. Além disso, como a corrente elétrica varia com o tempo, o módulo e o sentido do campo magnético produzido pela corrente variam com o tempo. As variações dos campos elétrico e magnético não acontecem instantaneamente em toda parte, mas se afastam da

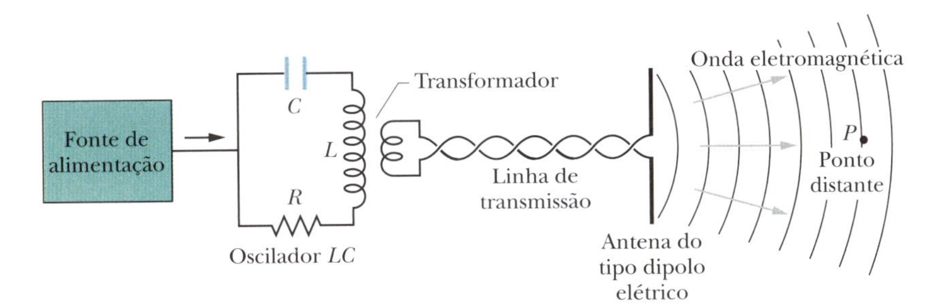

Figura 33.1.3 Sistema usado para gerar uma onda eletromagnética na região de ondas curtas de rádio do espectro eletromagnético: um oscilador LC produz uma corrente senoidal na antena, que gera a onda. P é um ponto distante no qual um detector pode indicar a presença da onda.

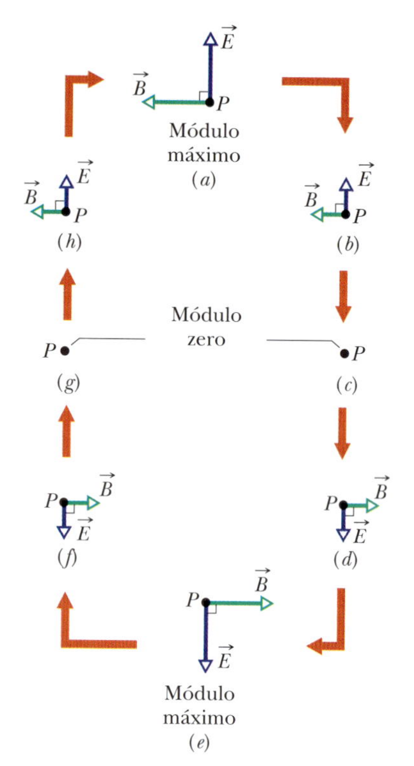

Figura 33.1.4 (*a*) a (*h*) Variação do campo elétrico $\vec{E}$ e do campo magnético $\vec{B}$ no ponto distante *P* da Fig. 33.1.3 quando um ciclo da onda eletromagnética passa pelo ponto. Nesta visão, a onda está se propagando para fora do papel, perpendicularmente ao plano do desenho. O módulo e o sentido dos dois campos variam periodicamente. Note que o campo elétrico e o campo magnético são mutuamente perpendiculares e perpendiculares à direção de propagação da onda.

antena à velocidade c da luz. Os campos variáveis formam uma onda eletromagnética que se propaga com velocidade c. A frequência angular da onda é ω, a mesma do oscilador *LC*.

Onda Eletromagnética. A Fig. 33.1.4 mostra de que forma o campo elétrico $\vec{E}$ e o campo magnético $\vec{B}$ variam com o tempo quando a onda passa por um ponto distante *P* da Fig. 33.1.3; em todas as partes da Fig. 33.1.4, a onda está se propagando para fora do papel. (Escolhemos um ponto distante para que a curvatura das ondas representadas na Fig. 33.1.3 fosse suficientemente pequena para ser desprezada. Quando isso acontece, dizemos que a onda é uma *onda plana*, e a discussão do problema se torna muito mais simples.) Várias propriedades importantes das ondas eletromagnéticas podem ser observadas na Fig. 33.1.4; elas são sempre as mesmas, independentemente da forma como as ondas foram criadas.

1. Os campos $\vec{E}$ e $\vec{B}$ são perpendiculares à direção de propagação da onda. Como vimos no Capítulo 16, isso significa que a onda é uma *onda transversal*.
2. O campo elétrico é perpendicular ao campo magnético.
3. O produto vetorial $\vec{E} \times \vec{B}$ aponta no sentido de propagação da onda.
4. Os campos variam senoidalmente, como as ondas transversais discutidas no Capítulo 16. Além disso, variam com a mesma frequência e estão *em fase*.

As propriedades anteriores são compatíveis com uma onda eletromagnética que se propaga em direção a *P* no sentido positivo do eixo x, na qual o campo elétrico da Fig. 33.1.4 oscila paralelamente ao eixo y, e o campo magnético oscila paralelamente ao eixo z (se estivermos usando, é claro, um sistema de coordenadas dextrogiro). Nesse caso, podemos descrever os campos elétrico e magnético por funções senoidais da posição x (ao longo do percurso da onda) e do tempo t:

$$E = E_m \operatorname{sen}(kx - \omega t), \tag{33.1.1}$$

$$B = B_m \operatorname{sen}(kx - \omega t), \tag{33.1.2}$$

em que E_m e B_m são as amplitudes dos campos e, como no Capítulo 16, ω e k são a frequência angular e o número de onda, respectivamente. Observe que não só os dois campos constituem uma onda eletromagnética, mas cada campo, isoladamente, constitui uma onda. A *componente elétrica* da onda eletromagnética é descrita pela Eq. 33.1.1, e a *componente magnética* é descrita pela Eq. 33.1.2. Como vamos ver daqui a pouco, as duas componentes não podem existir separadamente.

Velocidade da Onda. De acordo com a Eq. 16.1.13, a velocidade de propagação de qualquer onda progressiva é dada por $v = \omega/k$. No caso especial das ondas eletromagnéticas, usamos o símbolo c (e não v) para representar essa velocidade. Na próxima seção vamos ver que o valor de c é dado por

$$c = \frac{1}{\sqrt{\mu_0 \varepsilon_0}} \quad \text{(velocidade da onda)}, \tag{33.1.3}$$

que é aproximadamente igual a $3{,}0 \times 10^8$ m/s. Em outras palavras,

Todas as ondas eletromagnéticas, incluindo a luz visível, se propagam no vácuo à mesma velocidade c.

Vamos ver também que a velocidade c e as amplitudes do campo elétrico e do campo magnético estão relacionadas pela equação

$$\frac{E_m}{B_m} = c \quad \text{(razão das amplitudes)}. \tag{33.1.4}$$

Dividindo a Eq. 33.1.1 pela Eq. 33.1.2 e levando em conta a Eq. 33.1.4, descobrimos que os módulos dos campos em qualquer instante e em qualquer ponto do espaço estão relacionados pela equação

$$\frac{E}{B} = c \qquad \text{(razão dos módulos).} \tag{33.1.5}$$

Raios e Frentes de Onda. Como mostra a Fig. 33.1.5*a*, uma onda eletromagnética pode ser representada por um *raio* (uma reta orientada que mostra a direção de propagação da onda), por *frentes de onda* (superfícies imaginárias nas quais o campo elétrico tem o mesmo módulo), ou das duas formas. As duas frentes de onda que aparecem na Fig. 33.1.5*a* estão separadas por um comprimento de onda λ ($= 2\pi/k$). (Ondas que se propagam aproximadamente na mesma direção formam um *feixe*, como o feixe de um laser ou de uma lanterna, que também pode ser representado por um raio.)

Desenho da Onda. Podemos também representar a onda como na Fig. 33.1.5*b*, que mostra os vetores campo elétrico e campo magnético em um "instantâneo" da onda tomado em certo momento. As curvas que passam pelas extremidades dos vetores representam as oscilações senoidais dadas pelas Eqs. 33.1.1 e 33.1.2; as componentes da onda $\vec{E}$ e $\vec{B}$ estão em fase, são mutuamente perpendiculares e são perpendiculares à direção de propagação.

É preciso tomar cuidado ao interpretar a Fig. 33.1.5*b*. Os desenhos semelhantes para uma corda esticada, que discutimos no Capítulo 16, representavam os deslocamentos para cima e para baixo de partes da corda com a passagem da onda (*havia algo realmente em movimento*). A Fig. 33.1.5*b* é mais abstrata. No instante indicado, os campos elétrico e magnético possuem certo módulo e certo sentido (mas são sempre perpendiculares ao eixo x) em cada ponto do eixo x. Como estamos representando essas grandezas vetoriais com setas, devemos traçar duas setas para cada ponto, todas apontando para longe do eixo x, como espinhos de uma roseira. Entretanto, as setas representam apenas os valores do campo elétrico e magnético em pontos do eixo x; nem as setas nem as curvas senoidais que unem as extremidades dos vetores representam qualquer tipo de movimento, nem as setas ligam pontos do eixo x a pontos fora do eixo.

Realimentação. Desenhos como os da Fig. 33.1.5 ajudam a visualizar o que é na verdade uma situação muito complexa. Considere em primeiro lugar o campo magnético. Como está variando senoidalmente, o campo induz (de acordo com a lei de indução de Faraday) um campo elétrico perpendicular que também varia senoidalmente. Entretanto, como o campo elétrico está variando senoidalmente, ele induz (de acordo com a lei de indução de Maxwell) um campo magnético perpendicular

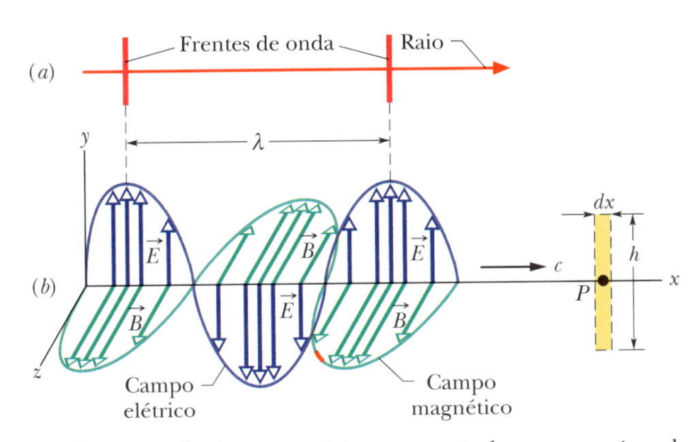

Figura 33.1.5 (*a*) Uma onda eletromagnética representada por um raio e duas frentes de onda; as frentes de onda estão separadas por um comprimento de onda λ. (*b*) A mesma onda, representada por um "instantâneo" do campo elétrico $\vec{E}$ e do campo magnético $\vec{B}$ em vários pontos do eixo x pelos quais a onda passa com velocidade c. No ponto P, os campos variam com o tempo da forma mostrada da Fig. 33.1.4. A componente elétrica da onda é constituída apenas por campos elétricos; a componente magnética é constituída apenas por campos magnéticos. O retângulo tracejado no ponto P aparece também na Fig. 33.1.6.

que também varia senoidalmente, e assim por diante. Os dois campos criam continuamente um ao outro por meio da indução, e as variações senoidais dos campos se propagam como uma onda: a onda eletromagnética. Se esse fenômeno espantoso não existisse, não poderíamos enxergar; na verdade, como dependemos das ondas eletromagnéticas do Sol para manter a Terra aquecida, sem esse fenômeno não poderíamos existir.

Onda Curiosa

As ondas que discutimos nos Capítulos 16 e 17 necessitam de um *meio* (um material qualquer) para se propagar. Falamos de ondas que se propagavam em uma corda, no interior da Terra e no ar. As ondas eletromagnéticas, por outro lado, não necessitam de um meio para se propagar. É verdade que podem existir no interior de um material (a luz, por exemplo, se propaga no ar e no vidro), mas também podem se propagar perfeitamente no vácuo do espaço que nos separa das estrelas.

Quando a teoria da relatividade restrita foi finalmente aceita pelos cientistas, muito tempo depois de ter sido proposta por Einstein em 1905, a velocidade da luz passou a desempenhar um papel especial na física. Uma razão para isso é que a velocidade da luz no vácuo é a mesma em todos os referenciais. Se você produz um raio luminoso ao longo de um eixo e pede a vários observadores que estão se movendo com diferentes velocidades em relação a esse eixo para medir a velocidade da luz, todos obtêm o *mesmo* resultado. Essa observação é surpreendente e difere do que seria constatado se os observadores estivessem estudando qualquer outro tipo de onda; no caso de outras ondas, a velocidade medida depende da velocidade do observador em relação à onda.

Hoje em dia, o metro é definido de tal forma que a velocidade da luz (e de qualquer outra onda eletromagnética) no vácuo é exatamente

$$c = 299\ 792\ 458 \text{ m/s},$$

o que significa que a velocidade da luz no vácuo é usada como padrão. Como isso equivale a definir qualquer distância em termos da velocidade da luz, quando medimos o tempo de trânsito de um pulso luminoso entre dois pontos, não estamos medindo a velocidade da luz, e sim a distância entre os pontos.

Descrição Matemática de uma Onda Eletromagnética

Vamos agora demonstrar as Eqs. 33.1.3 e 33.1.4 e, o que é mais importante, discutir a indução recíproca de campos elétricos e magnéticos que é responsável pelo fenômeno da luz.

A Equação 33.1.4 e o Campo Elétrico Induzido

O retângulo tracejado, de dimensões dx e h, da Fig. 33.1.6 pertence ao plano xy e está parado no ponto P do eixo x (o mesmo retângulo aparece no lado direito da Fig. 33.1.5*b*). Quando a onda eletromagnética passa pelo retângulo, propagando-se da esquerda para a direita, o fluxo magnético Φ_B que atravessa o retângulo varia e, de acordo com a lei de indução de Faraday, aparecem campos elétricos induzidos na região do retângulo. Tomamos $\vec{E}$ e $\vec{E} + d\vec{E}$ como os campos induzidos nos dois lados mais compridos do retângulo. Esses campos elétricos são, na realidade, a componente elétrica da onda eletromagnética.

O campo magnético oscilante induz um campo elétrico oscilante perpendicular.

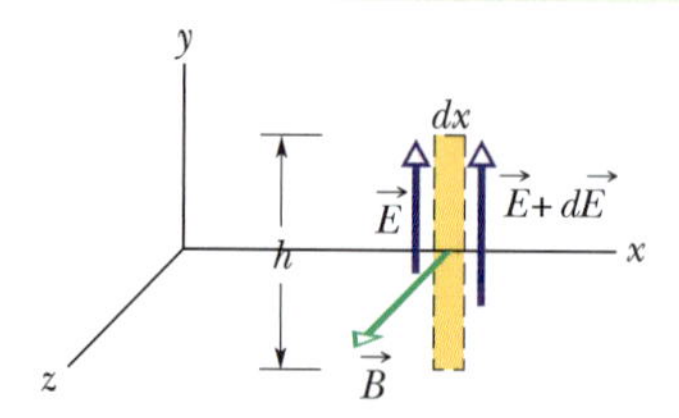

Figura 33.1.6 Quando a onda eletromagnética passa pelo ponto P da Fig. 33.1.5*b*, a variação senoidal do campo magnético $\vec{B}$ em um retângulo no entorno de P induz campos elétricos ao longo do retângulo. No instante mostrado na figura, o módulo de $\vec{B}$ está diminuindo e, portanto, o módulo do campo elétrico induzido é maior do lado direito do retângulo que do lado esquerdo.

Observe o pequeno trecho vermelho da curva da componente magnética longe do eixo y na Fig. 33.1.5*b*. Considere o campo elétrico induzido no instante em que a componente magnética está passando pelo retângulo. Nesse momento, o campo magnético que atravessa o retângulo está apontando no sentido positivo do eixo z e o módulo do campo está diminuindo (o módulo era máximo pouco antes de o trecho vermelho passar pelo retângulo). Como o campo magnético está diminuindo, o fluxo magnético Φ_B que atravessa o retângulo também está diminuindo. De acordo com a lei de Faraday, a variação do fluxo induz um campo elétrico que se opõe à variação do campo magnético, produzindo um campo magnético $\vec{B}$ no sentido positivo do eixo z.

De acordo com a lei de Lenz, isso, por sua vez, significa que, se imaginarmos o perímetro do retângulo como se fosse uma espira condutora, surgiria nessa espira uma corrente elétrica no sentido anti-horário. É óbvio que não existe, na verdade, nenhuma espira, mas essa análise mostra que os vetores do campo elétrico induzido, $\vec{E}$ e $\vec{E} + d\vec{E}$, têm realmente a orientação mostrada na Fig. 33.1.6, com o módulo de $\vec{E} + d\vec{E}$ maior que o módulo de $\vec{E}$. Se não fosse assim, o campo elétrico induzido não tenderia a produzir uma corrente no sentido anti-horário.

Lei de Faraday. Vamos agora aplicar a lei de indução de Faraday,

$$\oint \vec{E} \cdot d\vec{s} = -\frac{d\Phi_B}{dt}, \tag{33.1.6}$$

percorrendo o retângulo da Fig. 33.1.6 no sentido anti-horário. A contribuição para a integral dos lados do retângulo paralelos ao eixo x é nula, já que, nesses trechos, $\vec{E}$ e $d\vec{s}$ são perpendiculares. A integral, portanto, tem o valor

$$\oint \vec{E} \cdot d\vec{s} = (E + dE)h - Eh = h\,dE. \tag{33.1.7}$$

O fluxo Φ_B que atravessa o retângulo é dado por

$$\Phi_B = (B)(h\,dx), \tag{33.1.8}$$

em que B é o módulo de $\vec{B}$ no interior do retângulo e $h\,dx$ é a área do retângulo. Derivando a Eq. 33.1.8 em relação a t, obtemos

$$\frac{d\Phi_B}{dt} = h\,dx\,\frac{dB}{dt}. \tag{33.1.9}$$

Substituindo as Eqs. 33.1.7 e 33.1.9 na Eq. 33.1.6, obtemos

$$h\,dE = -h\,dx\,\frac{dB}{dt}$$

ou

$$\frac{dE}{dx} = -\frac{dB}{dt}. \tag{33.1.10}$$

Na verdade, tanto B como E são funções de *duas* variáveis, x e t, como mostram as Eqs. 33.1.1 e 33.1.2. Entretanto, ao calcular dE/dx, devemos supor que t é constante, já que a Fig. 33.1.6 é um "instantâneo" da onda. Da mesma forma, ao calcular dB/dt, devemos supor que x é constante, pois estamos lidando com a taxa de variação de B em um local determinado, o ponto P da Fig. 33.1.5*b*. Nessas circunstâncias, as derivadas são *derivadas parciais*, e é mais correto escrever a Eq. 33.1.10 na forma

$$\frac{\partial E}{\partial x} = -\frac{\partial B}{\partial t}. \tag{33.1.11}$$

O sinal negativo da Eq. 33.1.11 é apropriado e necessário porque, embora E esteja aumentando com x na região onde se encontra o retângulo da Fig. 33.1.6, B está diminuindo com t.

De acordo com a Eq. 33.1.1, temos

$$\frac{\partial E}{\partial x} = kE_m \cos(kx - \omega t)$$

e de acordo com a Eq. 33.1.2,

$$\frac{\partial B}{\partial t} = -\omega B_m \cos(kx - \omega t).$$

Assim, a Eq. 33.1.11 se reduz a

$$kE_m \cos(kx - \omega t) = \omega B_m \cos(kx - \omega t). \tag{33.1.12}$$

Para uma onda progressiva, a razão ω/k é a velocidade da onda, que estamos chamando de c. A Eq. 33.1.12 se torna, portanto,

$$\frac{E_m}{B_m} = c \qquad \text{(razão das amplitudes)}, \tag{33.1.13}$$

que é exatamente a Eq. 33.1.4.

A Equação 33.1.3 e o Campo Magnético Induzido

O campo elétrico oscilante induz um campo magnético oscilante perpendicular.

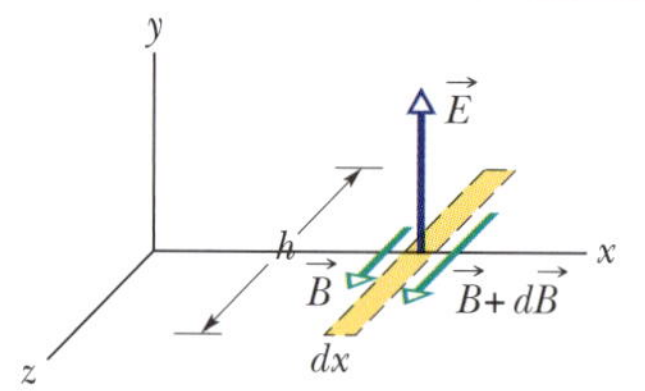

Figura 33.1.7 Quando a onda eletromagnética passa pelo ponto P da Fig. 33.1.5b, a variação senoidal do campo elétrico $\vec{E}$ em um retângulo em torno de P induz campos magnéticos ao longo do retângulo. O instante mostrado na figura é o mesmo da Fig. 33.1.6: o módulo de $\vec{E}$ está diminuindo e, portanto, o módulo do campo magnético induzido é maior do lado direito do retângulo do que do lado esquerdo.

A Fig. 33.1.7 mostra outro retângulo tracejado no ponto P da Fig. 33.1.5b, dessa vez no plano xz. Quando a onda eletromagnética passa por esse retângulo, o fluxo elétrico Φ_E que atravessa o retângulo varia e, de acordo com a lei de indução de Maxwell, aparece um campo magnético induzido na região do retângulo. Esse campo magnético induzido é, na realidade, a componente magnética da onda eletromagnética.

Vemos na Fig. 33.1.5b que no instante escolhido para o campo magnético da Fig. 33.1.6, assinalado em vermelho na curva da componente magnética, o campo elétrico que atravessa o retângulo da Fig. 33.1.7 tem o sentido indicado. Lembre-se de que, no momento escolhido, o campo magnético da Fig. 33.1.6 está diminuindo. Como os dois campos estão em fase, o campo elétrico da Fig. 33.1.7 também está diminuindo e o mesmo ocorre com o fluxo elétrico Φ_E que atravessa o retângulo. Usando o mesmo raciocínio que para a Fig. 33.1.6, vemos que a variação do fluxo Φ_E induz um campo magnético com vetores $\vec{B}$ e $\vec{B} + d\vec{B}$ orientados como na Fig. 33.1.7, com $\vec{B} + d\vec{B}$ maior que $\vec{B}$.

Lei de Maxwell. Vamos aplicar a lei de indução de Maxwell,

$$\oint \vec{B} \cdot d\vec{s} = \mu_0 \varepsilon_0 \frac{d\Phi_E}{dt}, \tag{33.1.14}$$

percorrendo o retângulo tracejado na Fig. 33.1.7 no sentido anti-horário. Apenas os lados mais compridos do retângulo contribuem para a integral porque o produto escalar ao longo dos lados mais curtos é zero. Assim, podemos escrever

$$\oint \vec{B} \cdot d\vec{s} = -(B + dB)h + Bh = -h\,dB. \tag{33.1.15}$$

O fluxo Φ_E que atravessa o retângulo é

$$\Phi_E = (E)(h\,dx), \tag{33.1.16}$$

em que E é o módulo médio de $\vec{E}$ no interior do retângulo. Derivando a Eq. 33.1.16 em relação a t, obtemos

$$\frac{d\Phi_E}{dt} = h\,dx\,\frac{dE}{dt}.$$

Substituindo essa equação e a Eq. 33.1.15 na Eq. 33.1.14, obtemos

$$-h\,dB = \mu_0 \varepsilon_0 \left(h\,dx\,\frac{dE}{dt} \right)$$

ou, usando a notação de derivada parcial como fizemos anteriormente para passar da Eq. 33.1.10 à Eq. 33.1.11,

$$-\frac{\partial B}{\partial x} = \mu_0 \varepsilon_0 \frac{\partial E}{\partial t}. \tag{33.1.17}$$

Mais uma vez, o sinal negativo é necessário porque, embora B esteja aumentando com x no ponto P do retângulo da Fig. 33.1.7, E está diminuindo com t.

Substituindo as Eqs. 33.1.1 e 33.1.2 na Eq. 33.1.17, temos

$$-kE_m \cos(kx - \omega t) = -\mu_0 \varepsilon_0 \omega E_m \cos(kx - \omega t),$$

que podemos escrever na forma

$$\frac{E_m}{B_m} = \frac{1}{\mu_0 \varepsilon_0 (\omega/k)} = \frac{1}{\mu_0 \varepsilon_0 c}.$$

Combinando essa equação com a Eq. 33.1.13, obtemos

$$c = \frac{1}{\sqrt{\mu_0 \varepsilon_0}} \quad \text{(velocidade da onda)}, \tag{33.1.18}$$

que é exatamente a Eq. 33.1.3.

Teste 33.1.1

A parte 1 da figura mostra o campo magnético $\vec{B}$ na posição do retângulo da Fig. 33.1.6, mas em outro instante; $\vec{B}$ continua no plano xz, continua paralelo ao eixo z, mas agora aponta no sentido negativo do eixo z, e o módulo de $\vec{B}$ está aumentando. (a) Complete a ilustração da parte 1 desenhando os vetores que representam os campos elétricos induzidos, como na Fig. 33.1.6. (b) Para o mesmo instante, complete a parte 2 da figura desenhando o campo elétrico da onda eletromagnética e os campos magnéticos induzidos, como na Fig. 33.1.7.

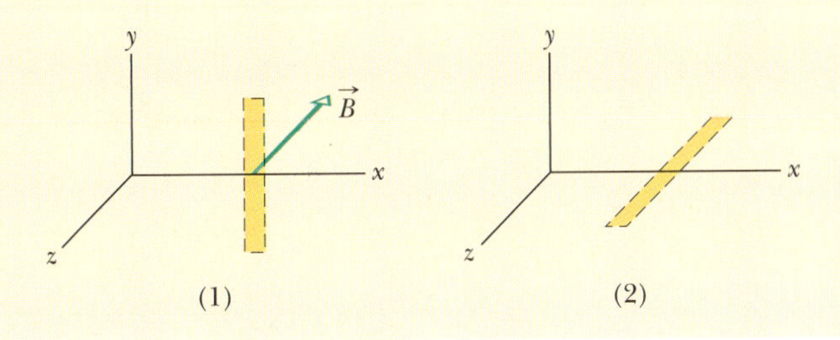

33.2 TRANSPORTE DE ENERGIA E O VETOR DE POYNTING

Objetivos do Aprendizado

Depois de ler este módulo, você será capaz de ...

33.2.1 Saber que uma onda eletromagnética transporta energia.

33.2.2 Saber que a taxa de transporte de energia por unidade de área é dada pelo vetor de Poynting $\vec{S}$, que é proporcional ao produto vetorial do campo elétrico $\vec{E}$ pelo campo magnético $\vec{B}$.

33.2.3 Determinar a direção e o sentido de propagação (e, portanto, de transporte de energia) de uma onda eletromagnética usando o vetor de Poynting.

33.2.4 Calcular a taxa instantânea S de transporte de energia de uma onda eletromagnética em função do módulo instantâneo E do campo elétrico.

33.2.5 Conhecer a relação entre o valor médio quadrático E_{rms} e a amplitude E_m da componente elétrica de uma onda eletromagnética.

33.2.6 Saber o que significa a intensidade I de uma onda eletromagnética em termos do transporte de energia.

33.2.7 Conhecer a relação entre a intensidade I de uma onda eletromagnética, o valor médio quadrático E_{rms} do campo elétrico e a amplitude E_m do campo elétrico.

33.2.8 Conhecer a relação entre a potência média $P_{méd}$, a energia transferida ΔE e o tempo de transferência Δt e a relação entre a potência instantânea P e a taxa de transferência de energia dE/dt.

33.2.9 Saber o que é uma fonte luminosa pontual.

33.2.10 No caso de uma fonte luminosa pontual, conhecer a relação entre a intensidade I da luz em um ponto do espaço, a potência de emissão P da fonte e a distância r entre o ponto e a fonte.

33.2.11 Explicar, usando a lei de conservação da energia, por que a intensidade da luz emitida por uma fonte pontual diminui com o quadrado da distância.

Ideias-Chave

- A taxa por unidade de área com a qual a energia é transportada por uma onda eletromagnética é dada pelo vetor de Poynting $\vec{S}$:

$$\vec{S} = \frac{1}{\mu_0}\vec{E} \times \vec{B}.$$

A direção de $\vec{S}$ (e, portanto, a direção de propagação da onda e do transporte de energia) é perpendicular às direções de $\vec{E}$ e de $\vec{B}$.

- A taxa média de transporte de energia por unidade de área de uma onda eletromagnética é dada por $S_{méd}$ e é chamada intensidade I da onda:

$$I = \frac{1}{c\mu_0}E^2_{rms},$$

em que

$$E_{rms} = E_m/\sqrt{2}.$$

- Uma fonte pontual de ondas eletromagnéticas emite as ondas isotropicamente, ou seja, com a mesma intensidade em todas as direções. A intensidade de uma onda eletromagnética a uma distância r de uma fonte pontual de potência P_s é dada por

$$I = \frac{P_s}{4\pi r^2}.$$

Transporte de Energia e o Vetor de Poynting 33.2

Como todo banhista sabe, uma onda eletromagnética é capaz de transportar energia e fornecê-la a um corpo. A taxa por unidade de área com a qual uma onda eletromagnética transporta energia é descrita por um vetor $\vec{S}$, denominado **vetor de Poynting**, em homenagem ao físico John Henry Poynting (1852-1914), o primeiro a discutir suas propriedades. O vetor de Poynting é definido pela equação

$$\vec{S} = \frac{1}{\mu_0}\vec{E} \times \vec{B} \quad \text{(vetor de Poynting).} \qquad (33.2.1)$$

O módulo S do vetor de Poynting depende da taxa instantânea com a qual a energia é transportada por uma onda através de uma área unitária:

$$S = \left(\frac{\text{energia/tempo}}{\text{área}}\right)_{\text{inst}} = \left(\frac{\text{potência}}{\text{área}}\right)_{\text{inst}}. \qquad (33.2.2)$$

De acordo com a Eq. 33.2.2, a unidade de $\vec{S}$ no SI é o watt por metro quadrado (W/m^2).

A direção do vetor de Poynting $\vec{S}$ de uma onda eletromagnética em um ponto qualquer do espaço indica a direção de propagação da onda e a direção de transporte de energia nesse ponto.

Como $\vec{E}$ e $\vec{B}$ são mutuamente perpendiculares em uma onda eletromagnética, o módulo de $\vec{E} \times \vec{B}$ é EB. Assim, o módulo de $\vec{S}$ é

$$S = \frac{1}{\mu_0}EB, \qquad (33.2.3)$$

em que S, E e B são valores instantâneos. Como existe uma relação fixa entre E e B, podemos trabalhar com apenas uma dessas grandezas; escolhemos trabalhar com E, já que a maioria dos instrumentos usados para detectar ondas eletromagnéticas é sensível à componente elétrica da onda e não à componente magnética. Usando a relação $B = E/c$, dada pela Eq. 33.1.5, podemos escrever a Eq. 33.2.3 na forma

$$S = \frac{1}{c\mu_0}E^2 \quad \text{(fluxo instantâneo de energia).} \qquad (33.2.4)$$

Intensidade. Fazendo $E = E_m \operatorname{sen}(kx - \omega t)$ na Eq. 33.2.4, poderíamos obter uma equação para o transporte de energia em função do tempo. Mais útil na prática, porém, é a energia média transportada, ou seja, a média de S ao longo do tempo, representada como $S_{\text{méd}}$ e também conhecida como **intensidade** I da onda. De acordo com a Eq. 33.2.2, a intensidade é dada por

$$I = S_{\text{méd}} = \left(\frac{\text{energia/tempo}}{\text{área}}\right)_{\text{méd}} = \left(\frac{\text{potência}}{\text{área}}\right)_{\text{méd}}. \qquad (33.2.5)$$

De acordo com a Eq. 33.2.4, temos

$$I = S_{\text{méd}} = \frac{1}{c\mu_0}[E^2]_{\text{méd}} = \frac{1}{c\mu_0}[E_m^2 \operatorname{sen}^2(kx - \omega t)]_{\text{méd}}. \qquad (33.2.6)$$

Em um ciclo completo, o valor médio de $\operatorname{sen}^2 \theta$, para qualquer variável angular θ, é 1/2 (ver Eq. 31.5.1). Além disso, definimos uma nova grandeza E_{rms}, o *valor médio quadrático* ou *valor rms*[1] do campo elétrico, como

$$E_{\text{rms}} = \frac{E_m}{\sqrt{2}}. \qquad (33.2.7)$$

[1]As iniciais rms vêm do inglês *r*oot *m*ean *s*quare, que significa valor médio quadrático. (N.T.)

Nesse caso, a Eq. 33.2.6 pode ser escrita na forma

$$I = \frac{1}{c\mu_0} E_{\text{rms}}^2. \qquad (33.2.8)$$

Como $E = cB$ e c é um número muito grande, seria natural concluir que a energia associada ao campo elétrico é muito maior que a associada ao campo magnético. Essa conclusão, porém, não estaria correta; na verdade, as duas energias são exatamente iguais. Para mostrar que isso é verdade, começamos com a Eq. 25.4.5, que fornece a densidade de energia u $(= \varepsilon_0 E^2/2)$ associada ao campo elétrico, e substituímos E por cB. Nesse caso, podemos escrever:

$$u_E = \tfrac{1}{2}\varepsilon_0 E^2 = \tfrac{1}{2}\varepsilon_0 (cB)^2.$$

Se agora substituirmos c por seu valor, dado pela Eq. 33.1.3, teremos

$$u_E = \tfrac{1}{2}\varepsilon_0 \frac{1}{\mu_0 \varepsilon_0} B^2 = \frac{B^2}{2\mu_0}.$$

Como, de acordo com a Eq. 30.8.3, $B^2/2\mu_0$ é a densidade de energia u_B de um campo magnético $\vec{B}$, vemos que $u_E = u_B$ para uma onda eletromagnética em todos os pontos do espaço.

Toda a energia emitida pela fonte luminosa S passa pela superfície de uma esfera de raio r.

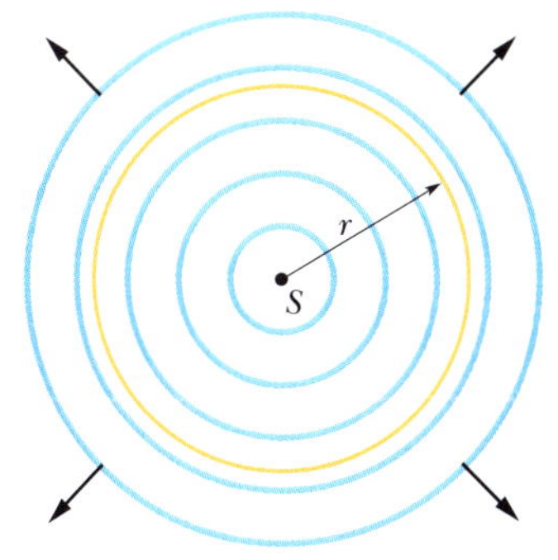

Figura 33.2.1 Uma fonte pontual S emite ondas eletromagnéticas uniformemente em todas as direções. As frentes de onda esféricas passam por uma esfera imaginária de centro em S e raio r.

Variação da Intensidade com a Distância

A variação com a distância da radiação eletromagnética emitida por uma fonte pode ser difícil de calcular quando a fonte (como o farol de um automóvel) projeta a onda em certa direção. Em algumas situações, porém, podemos supor que a fonte é uma *fonte pontual*, que emite luz *isotropicamente*, ou seja, com igual intensidade em todas as direções. A Fig. 33.2.1 mostra, de forma esquemática, as frentes de onda esféricas emitidas por uma fonte pontual S.

Suponha que a energia da onda é conservada enquanto a onda se afasta da fonte e imagine uma superfície esférica de raio r e centro na fonte, como na Fig. 33.2.1. Toda a energia emitida pela fonte tem que passar pela superfície esférica; assim, a taxa com a qual a energia atravessa a superfície esférica é igual à taxa com a qual a energia é emitida pela fonte, ou seja, é igual à potência P_s da fonte. Segundo a Eq. 33.2.5, a intensidade I da onda na superfície esférica é dada por

$$I = \frac{\text{potência}}{\text{área}} = \frac{P_s}{4\pi r^2}, \qquad (33.2.9)$$

em que $4\pi r^2$ é a área da superfície esférica. De acordo com a Eq. 33.2.9, a intensidade da radiação eletromagnética emitida por uma fonte pontual isotrópica diminui com o quadrado da distância r da fonte.

Teste 33.2.1

A figura mostra o campo elétrico de uma onda eletromagnética em um ponto do espaço em dado instante. A onda está transportando energia no sentido negativo do eixo z. Qual é a orientação do campo magnético da onda no mesmo ponto e no mesmo instante?

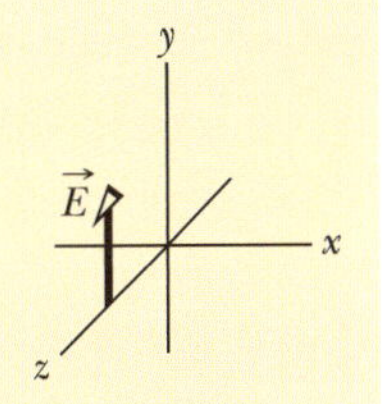

Exemplo 33.2.1 Valores rms do campo elétrico e do campo magnético de uma onda luminosa 33.1

Quando olhamos para a Estrela Polar (Polaris), recebemos a luz de uma estrela que está a 431 anos-luz da Terra e emite energia a uma taxa $2{,}2 \times 10^3$ vezes maior que o Sol ($P_{\text{sol}} = 3{,}90 \times 10^{26}$ W). Desprezando a absorção de luz pela atmosfera terrestre, determine os valores rms do campo elétrico e do campo magnético da luz que chega até nós.

IDEIAS-CHAVE

1. O valor rms do campo elétrico, E_{rms}, está relacionado à intensidade luminosa, I, pela Eq. 33.2.8 ($I = E_{rms}^2/c\mu_0$).
2. Como a fonte está muito distante e emite ondas com a mesma intensidade em todas as direções, a intensidade I a uma distância r da fonte está relacionada à potência P_s da fonte pela Eq. 33.2.9 ($I = P_s/4\pi r^2$).
3. Os módulos do campo elétrico e do campo magnético de uma onda eletromagnética em qualquer instante e em qualquer ponto do espaço estão relacionados pela Eq. 33.1.5 ($E/B = c$). Assim, os valores rms dos campos também estão relacionados pela Eq. 33.1.5.

Campo elétrico: De acordo com as duas primeiras ideias,

$$I = \frac{P_s}{4\pi r^2} = \frac{E_{rms}^2}{c\mu_0}$$

e

$$E_{rms} = \sqrt{\frac{P_s c\mu_0}{4\pi r^2}}.$$

Fazendo $P_s = (2,2 \times 10^3)(3,90 \times 10^{26}\ \text{W}) = 8,58 \times 10^{29}\ \text{W}$, $r = 431$ anos-luz $= 4,08 \times 10^{18}$ m, e substituindo as constantes físicas por seus valores, obtemos

$$E_{rms} = 1,24 \times 10^{-3}\ \text{V/m} \approx 1,2\ \text{mV/m}. \qquad \text{(Resposta)}$$

Campo magnético: De acordo com a Eq. 33.1.5, temos

$$B_{rms} = \frac{E_{rms}}{c} = \frac{1,24 \times 10^{-3}\ \text{V/m}}{3,00 \times 10^8\ \text{m/s}}$$
$$= 4,1 \times 10^{-12}\ \text{T} = 4,1\ \text{pT}.$$

Não podemos comparar os campos: Observe que o valor do campo elétrico E_{rms} (= 1,2 mV/m) é pequeno em comparação com os valores normalmente medidos em laboratório, mas o valor do campo magnético B_{rms} (= 4,1 pT) é muito pequeno. Essa diferença ajuda a explicar por que a maioria dos instrumentos usados para detectar e medir ondas eletromagnéticas foi projetada para responder à componente elétrica da onda. Seria errado, porém, afirmar que a componente elétrica de uma onda eletromagnética é "maior" que a componente magnética. Não podemos comparar grandezas medidas em unidades diferentes. Como vimos, a componente elétrica e a componente magnética estão em pé de igualdade no que diz respeito à propagação da onda, já que as energias médias, que *podem* ser comparadas, são exatamente iguais.

33.3 PRESSÃO DA RADIAÇÃO

Objetivos do Aprendizado

Depois de ler este módulo, você será capaz de ...

33.3.1 Saber a diferença entre força e pressão.

33.3.2 Saber que uma onda eletromagnética transporta momento e pode exercer uma força e uma pressão sobre um objeto.

33.3.3 No caso de uma onda eletromagnética uniforme que incide perpendicularmente em uma superfície, conhecer a relação entre a área da superfície, a intensidade da onda e a força exercida sobre a superfície, nos casos de absorção total e reflexão total.

33.3.4 No caso de uma onda eletromagnética uniforme que incide perpendicularmente em uma superfície, conhecer a relação entre a intensidade da onda e a pressão exercida sobre a superfície, nos casos de absorção total e reflexão total.

Ideias-Chave

- Quando uma superfície intercepta uma onda eletromagnética, a onda exerce uma força e uma pressão na superfície.
- Se a radiação é totalmente absorvida pela superfície, a força é dada por

$$F = \frac{IA}{c} \qquad \text{(absorção total)},$$

em que I é a intensidade da onda e A é a área da superfície perpendicular à direção de propagação da onda.

- Se a radiação é totalmente refletida pela superfície e a incidência é perpendicular, a força é dada por

$$F = \frac{2IA}{c} \qquad \text{(incidência perpendicular e reflexão total).}$$

- A pressão da radiação, p_r, é a força por unidade de área:

$$p_r = \frac{I}{c} \qquad \text{(absorção total)}$$

e

$$p_r = \frac{2I}{c} \qquad \text{(incidência perpendicular e reflexão total).}$$

Pressão da Radiação 33.1 e 33.2

Além de energia, as ondas eletromagnéticas também possuem momento linear. Isso significa que podemos exercer uma pressão sobre um objeto (a **pressão de radiação**) simplesmente iluminando o objeto. Entretanto, essa pressão deve ser muito pequena, já que, por exemplo, não sentimos nada quando alguém nos fotografa usando um flash.

Para determinar o valor da pressão, vamos supor que um objeto seja submetido a um feixe de radiação eletromagnética (um feixe luminoso, por exemplo) durante um intervalo de tempo Δt. Vamos supor ainda que o objeto esteja livre para se mover e que a radiação seja totalmente **absorvida** pelo corpo. Isso significa que, durante o intervalo de tempo Δt, o objeto recebe uma energia ΔU da radiação. Maxwell demonstrou que o objeto também recebe momento linear. O módulo Δp da variação de momento do objeto está relacionado à variação de energia ΔU pela equação

$$\Delta p = \frac{\Delta U}{c} \quad \text{(absorção total)}, \tag{33.3.1}$$

em que c é a velocidade da luz. A direção da variação de momento do objeto é a direção do feixe *incidente* da radiação absorvida pelo corpo.

Em vez de ser absorvida, a radiação pode ser **refletida** pelo objeto, ou seja, pode ser emitida novamente. Se a radiação é totalmente refletida e a incidência é perpendicular, o módulo da variação do momento é duas vezes maior que no caso anterior:

$$\Delta p = \frac{2\,\Delta U}{c} \quad \text{(incidência perpendicular e reflexão total)}. \tag{33.3.2}$$

Da mesma forma, um objeto sofre uma variação de momento duas vezes maior quando uma bola de tênis perfeitamente elástica se choca com o objeto do que quando é atingido por uma bola perfeitamente inelástica (uma bola feita de massa de modelar, digamos) com a mesma massa e velocidade. Quando a radiação é parcialmente absorvida e parcialmente refletida, a variação do momento do corpo tem um valor entre $\Delta U/c$ e $2\Delta U/c$.

Força. De acordo com a segunda lei de Newton expressa em termos do momento linear (Módulo 9.3), a uma variação Δp do momento em um intervalo de tempo Δt está associada uma força dada por

$$F = \frac{\Delta p}{\Delta t}. \tag{33.3.3}$$

Para obter uma expressão da força exercida pela radiação em termos da intensidade I da radiação, observamos que a intensidade é dada por

$$I = \frac{\text{potência}}{\text{área}} = \frac{\text{energia/tempo}}{\text{área}}.$$

Suponha que uma superfície plana de área A, perpendicular à direção da radiação, intercepta a radiação. A energia interceptada pela superfície durante o intervalo de tempo Δt é dada por

$$\Delta U = IA\,\Delta t. \tag{33.3.4}$$

Se a energia é totalmente absorvida, a Eq. 33.3.1 nos diz que $\Delta p = IA\,\Delta t/c$ e, de acordo com a Eq. 33.3.3, o módulo da força exercida sobre a superfície é

$$F = \frac{IA}{c} \quad \text{(absorção total)}. \tag{33.3.5}$$

Se a radiação é totalmente refletida, a Eq. 33.3.2 nos diz que $\Delta p = 2IA\,\Delta t/c$ e, de acordo com a Eq. 33.3.3,

$$F = \frac{2IA}{c} \quad \text{(incidência perpendicular e reflexão total)}. \tag{33.3.6}$$

Se a radiação é parcialmente absorvida e parcialmente refletida, o módulo da força exercida sobre a superfície tem um valor entre IA/c e $2IA/c$.

Pressão. A força por unidade de área exercida pela radiação é a pressão de radiação p_r. Podemos obter o valor dessa pressão para as situações das Eqs. 33.3.5 e 33.3.6 dividindo ambos os membros das equações por A. Os resultados são os seguintes:

$$p_r = \frac{I}{c} \quad \text{(absorção total)} \tag{33.3.7}$$

$$p_r = \frac{2I}{c} \quad \text{(incidência perpendicular e reflexão total).} \qquad (33.3.8)$$

e

É preciso tomar cuidado para não confundir o símbolo p_r, usado para representar a pressão da radiação, com o símbolo p, usado para representar o momento linear. A unidade da pressão de radiação do SI é a mesma da pressão dos fluidos, discutida no Capítulo 14, ou seja, o Pascal (Pa), que corresponde a uma força de 1 newton por metro quadrado (1 N/m^2).

A invenção do laser permitiu aos pesquisadores utilizar pressões de radiação muito maiores que, por exemplo, a pressão de uma lâmpada de flash. Isso acontece porque um feixe de laser, ao contrário de um feixe de luz comum, pode ser focalizado em uma região com apenas alguns comprimentos de onda de diâmetro, o que permite aplicar uma grande quantidade de energia a pequenos objetos colocados nessa região.

Teste 33.3.1

Um feixe de luz de intensidade uniforme incide perpendicularmente em uma superfície não refletora, iluminando-a totalmente. Se a área da superfície diminui, (a) a pressão da radiação e (b) a força exercida pela radiação sobre a superfície aumenta, diminui ou permanece constante?

33.4 POLARIZAÇÃO

Objetivos do Aprendizado

Depois de ler este módulo, você será capaz de ...

33.4.1 Saber a diferença entre luz polarizada e luz não polarizada.

33.4.2 Fazer desenhos de feixes de luz polarizada e de luz não polarizada vistos de frente.

33.4.3 Explicar a ação de um filtro polarizador em termos da direção (ou eixo) de polarização, da componente do campo elétrico que é absorvida e da componente que é transmitida.

33.4.4 Conhecer a polarização da luz que atravessa um filtro polarizador em relação à direção de polarização do filtro.

33.4.5 No caso de um feixe de luz que incide perpendicularmente em um filtro polarizador, explicar o que é a regra da metade e o que é a regra do cosseno ao quadrado.

33.4.6 Conhecer a diferença entre um filtro polarizador e um filtro analisador.

33.4.7 Explicar o que significa dizer que dois filtros polarizadores estão cruzados.

33.4.8 No caso em que um feixe de luz atravessa uma série de filtros polarizadores, determinar a intensidade e polarização do feixe de luz depois de passar pelo último filtro.

Ideias-Chave

- Dizemos que uma onda eletromagnética é polarizada se o vetor campo elétrico da onda está sempre no mesmo plano, que é chamado plano de oscilação. As ondas de luz emitidas por objetos incandescentes são não polarizadas, ou seja, a polarização varia aleatoriamente com o tempo.
- Quando um feixe de luz atravessa um filtro polarizador, apenas as componentes do campo elétrico paralelas à direção de polarização do filtro atravessam o filtro; as componentes perpendiculares à direção de polarização são absorvidas. A luz que atravessa um filtro polarizador passa a apresentar uma polarização paralela à direção de polarização do filtro.
- Se a luz que incide perpendicularmente em um filtro polarizador é não polarizada, a intensidade I da luz transmitida é igual à metade da intensidade I_0 da luz incidente:

$$I = \tfrac{1}{2}I_0.$$

- Se a luz que incide perpendicularmente em um filtro polarizador é não polarizada, a intensidade I da luz transmitida depende do ângulo θ entre a luz incidente e a direção de polarização do filtro:

$$I = I_0 \cos^2 \theta.$$

Polarização 33.3

As antenas de televisão inglesas são orientadas na vertical e as antenas americanas são orientadas na horizontal. A diferença se deve à direção de oscilação das ondas eletromagnéticas que transportam o sinal de televisão. Na Inglaterra, o equipamento de transmissão é projetado para gerar ondas **polarizadas** verticalmente, ou seja, cujo

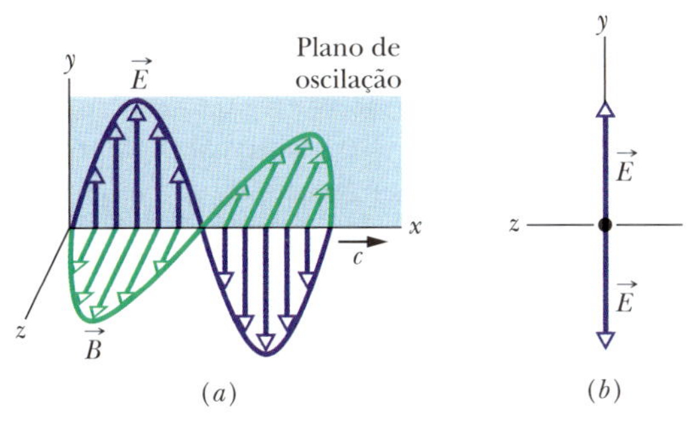

Luz polarizada verticalmente orientada para fora do papel; o campo elétrico é sempre vertical.

Figura 33.4.1 (*a*) Plano de oscilação de uma onda eletromagnética polarizada. (*b*) Para representar a polarização, mostramos uma vista frontal da onda e indicamos a direção das oscilações do campo elétrico por uma seta de duas cabeças.

campo elétrico oscila na vertical. Assim, para que o campo elétrico das ondas de televisão produza uma corrente na antena (e, portanto, forneça um sinal ao receptor de televisão), é preciso que a antena esteja na vertical. Nos Estados Unidos, as ondas são polarizadas horizontalmente.[2]

A Fig. 33.4.1*a* mostra uma onda eletromagnética com o campo elétrico oscilando paralelamente ao eixo vertical *y*. O plano que contém o vetor $\vec{E}$ em instantes sucessivos de tempo é chamado **plano de polarização** da onda (é por isso que dizemos que uma onda como a da Fig. 33.4.1 é *plano-polarizada* na direção *y*). Podemos representar a *polarização* da onda mostrando a direção das oscilações do campo elétrico em uma vista frontal do plano de oscilação, como na Fig. 33.4.1*b*. A seta de duas cabeças indica que, quando a onda passa pelo observador, o campo elétrico oscila verticalmente, isto é, alterna continuamente entre o sentido positivo e o sentido negativo do eixo *y*.

Luz não polarizada orientada para fora do papel; o campo elétrico está em todas as direções do plano.

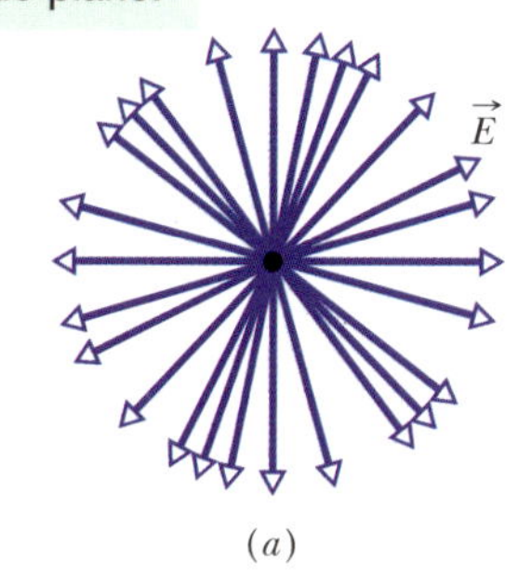

Luz Polarizada

As ondas eletromagnéticas transmitidas por um canal de televisão têm sempre a mesma polarização, mas as ondas eletromagnéticas emitidas por uma fonte de luz como o Sol ou uma lâmpada elétrica são **polarizadas aleatoriamente** ou **não polarizadas** (os dois termos têm o mesmo significado). Isso quer dizer que a direção do campo elétrico muda aleatoriamente com o tempo, embora se mantenha perpendicular à direção de propagação da onda. Assim, se representarmos a onda vista de frente durante certo intervalo de tempo, não teremos um desenho simples como o da Fig. 33.4.1*b*, mas um conjunto de setas, como na Fig. 33.4.2*a*, cada uma com uma orientação diferente.

Em princípio, é possível simplificar o desenho representando os campos elétricos da Fig. 33.4.2*a* por meio das componentes *y* e *z*. Nesse caso, a luz não polarizada pode ser representada por duas setas de duas cabeças, como mostrado na Fig. 33.4.2*b*. A seta paralela ao eixo *y* representa as oscilações da componente *y* do campo elétrico e a seta paralela ao eixo *z* representa as oscilações da componente *z* do campo elétrico. Ao adotarmos essa representação, estamos transformando a luz não polarizada em uma combinação de duas ondas polarizadas cujos planos de oscilação são mutuamente perpendiculares: um dos planos contém o eixo *y*, e o outro contém o eixo *z*. Uma das razões para fazer a mudança é que é muito mais fácil desenhar a Fig. 33.4.2*b* do que a Fig. 33.4.2*a*.

Podemos desenhar figuras semelhantes para representar uma onda **parcialmente polarizada**, isto é, uma onda cujo campo elétrico passa mais tempo em certas direções do que em outras. Nesse caso, desenhamos uma das setas mais comprida que a outra.

Direção de Polarização. É possível transformar a luz não polarizada em polarizada fazendo-a passar por um *filtro polarizador*, como na Fig. 33.4.3. Esses filtros, conhecidos comercialmente como filtros Polaroid, foram inventados em 1932 por Edwin Land quando era um estudante universitário. Um filtro polarizador é uma folha de

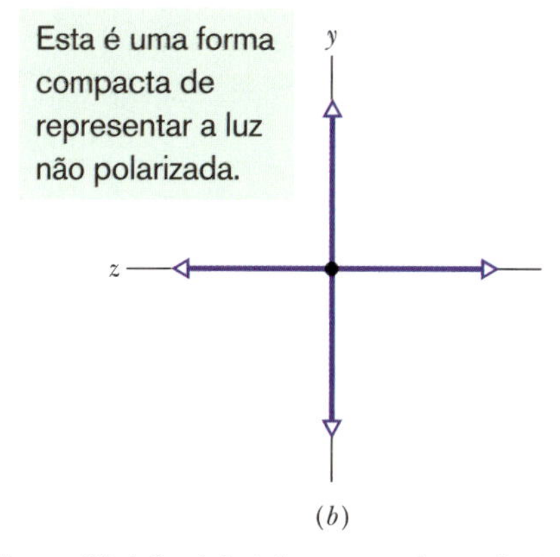

Figura 33.4.2 (*a*) A luz não polarizada é formada por ondas com o campo elétrico em diferentes direções. Na ilustração, as ondas estão todas se propagando na mesma direção, para fora do papel, e têm a mesma amplitude *E*. (*b*) Outra forma de representar a luz não polarizada. A luz é a superposição de duas ondas polarizadas cujos planos de oscilação são mutuamente perpendiculares.

[2]No Brasil, as ondas de televisão também são polarizadas horizontalmente. (N.T.)

Como o eixo de polarização do filtro é vertical, apenas a luz polarizada verticalmente consegue atravessá-lo.

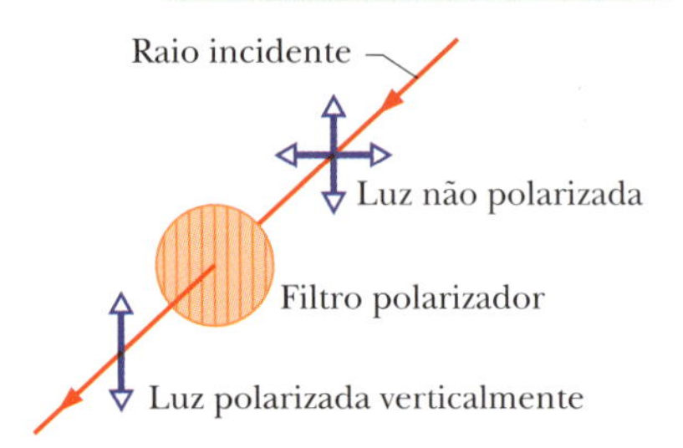

Figura 33.4.3 A luz não polarizada se polariza depois de passar por um filtro polarizador; a direção de polarização é a mesma do filtro, representada na ilustração por retas verticais.

plástico que contém moléculas longas. Durante o processo de fabricação, a folha é esticada, o que faz com que as moléculas se alinhem. Quando a luz passa pela folha, as componentes do campo elétrico em uma certa direção conseguem atravessá-la, mas as componentes perpendiculares a essa direção são absorvidas e desaparecem.

Em vez de examinar o comportamento individual das moléculas, é possível atribuir ao filtro como um todo uma *direção de polarização*, a direção que a componente do campo elétrico deve ter para atravessar o filtro:

A componente do campo elétrico paralela à direção de polarização é *transmitida* por um filtro polarizador; a componente perpendicular é absorvida.

O campo elétrico da luz que sai de um filtro polarizador possui apenas a componente paralela à direção de polarização do filtro, o que significa que a luz está polarizada nessa direção. Na Fig. 33.4.3, a componente vertical do campo elétrico é transmitida pelo filtro, e a componente horizontal é absorvida. Isso faz com que a onda transmitida seja polarizada verticalmente.

Intensidade da Luz Polarizada Transmitida 33.4 33.1 33.1

Vamos considerar agora a intensidade da luz transmitida por um filtro polarizador. Começamos com luz não polarizada, cujas oscilações do campo elétrico podemos separar em componentes y e z, como na Fig. 33.4.2*b*. Além disso, podemos supor que o eixo y é paralelo à direção de polarização do filtro. Nesse caso, apenas a componente y do campo elétrico da luz é transmitida pelo filtro; a componente z é absorvida. Como mostra a Fig. 33.4.2*b*, se a orientação do campo elétrico da onda original é aleatória, a soma das componentes y tem o mesmo valor que a soma das componentes z. Quando a componente z é absorvida, metade da intensidade I_0 da onda original é perdida. A intensidade I da luz que emerge do filtro é, portanto,

$$I = \tfrac{1}{2} I_0 \qquad \text{(regra da metade).} \qquad (33.4.1)$$

Essa é a chamada *regra da metade*, que só é válida se a luz que incide no filtro polarizador é não polarizada.

Suponha agora que a luz que incide em um filtro polarizador seja polarizada. A Fig. 33.4.4 mostra um filtro polarizador no plano do papel e o campo elétrico $\vec{E}$ de uma onda polarizada antes de passar pelo filtro. Podemos separar o campo $\vec{E}$ em duas componentes em relação à direção de polarização do filtro: a componente paralela E_y, que é transmitida pelo filtro, e a componente perpendicular E_z, que é absorvida. Como θ é o ângulo entre $\vec{E}$ e a direção de polarização do filtro, a componente paralela transmitida é dada por

$$E_y = E\cos\theta. \qquad (33.4.2)$$

A intensidade de uma onda eletromagnética (como a nossa onda luminosa) é proporcional ao quadrado do módulo do campo elétrico (Eq. 33.2.8, $I = E^2_{\text{rms}}/c\mu_0$). Isso significa que, no caso que estamos examinando, a intensidade I da onda emergente é proporcional a E^2_y e a intensidade I_0 da onda original é proporcional a E^2. Assim, de acordo com a Eq. 33.4.2, $I/I_0 = \cos^2\theta$ e, portanto,

$$I = I_0\cos^2\theta \qquad \text{(regra do cosseno ao quadrado).} \qquad (33.4.3)$$

Essa é a chamada *regra do cosseno ao quadrado*, que só é válida se a luz que incide no filtro polarizador for polarizada. Nesse caso, a intensidade I da luz transmitida é máxima e igual à intensidade inicial I_0 quando a direção da polarização da luz é paralela à direção de polarização do filtro (ou seja, quando θ na Eq. 33.4.3 é 0°). I é zero quando a direção de polarização da luz é perpendicular à direção de polarização do filtro (ou seja, quando θ é 90°).

Como o eixo de polarização do filtro é vertical, apenas a componente vertical do campo elétrico consegue atravessá-lo.

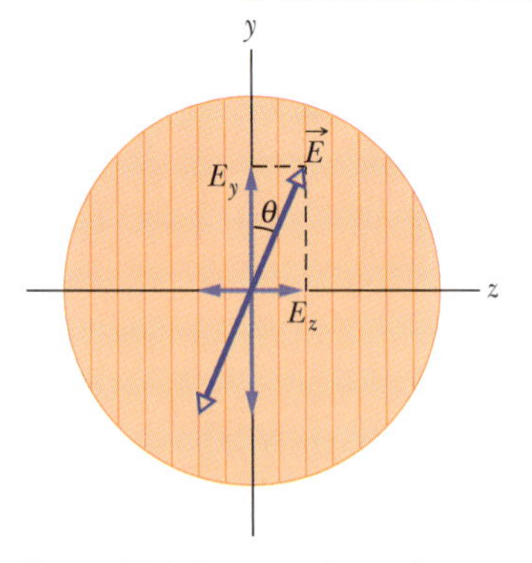

Figura 33.4.4 Luz polarizada prestes a atravessar um filtro polarizador. O campo elétrico $\vec{E}$ da luz pode ser separado nas componentes E_y (paralela à direção de polarização do filtro) e E_z (perpendicular à direção de polarização do filtro). A componente E_y atravessa o filtro, mas a componente E_z é absorvida.

Dois Filtros Polarizadores. A Fig. 33.4.5 mostra um arranjo no qual uma luz inicialmente não polarizada passa por dois filtros polarizadores, P_1 e P_2. (O primeiro filtro é chamado *polarizador*, e o segundo é chamado *analisador*.) Como a direção de polarização de P_1 é vertical, a luz que emerge de P_1 está polarizada verticalmente. Se a direção de polarização de P_2 também é vertical, toda a luz que chega a P_2 é transmitida. Se a direção de polarização de P_2 é horizontal, toda a luz que chega a P_2 é absorvida. Chegamos à mesma conclusão considerando apenas as orientações *relativas* dos dois filtros: Se as direções de polarização são paralelas, toda a luz que passa pelo primeiro filtro passa também pelo segundo (Fig. 33.4.6*a*). Se as direções são perpendiculares (caso em que dizemos que os filtros estão *cruzados*), não passa nenhuma luz pelo segundo filtro (Fig. 33.4.6*b*). Finalmente, se as duas direções de polarização da Fig. 33.4.5 fazem um ângulo entre 0° e 90°, parte da luz que passa por P_1 também passa por P_2, de acordo com a Eq. 33.4.3.

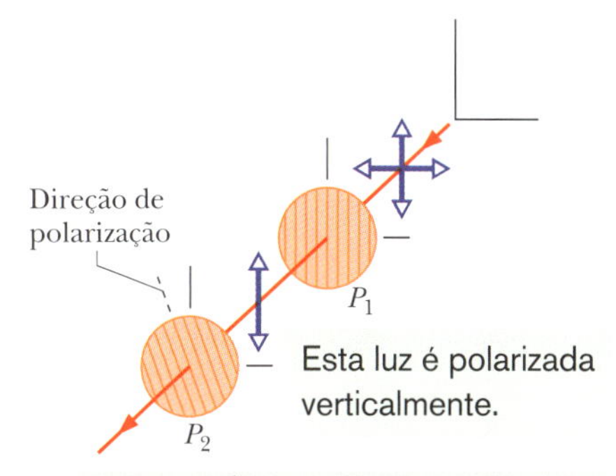

Figura 33.4.5 A luz transmitida pelo filtro polarizador P_1 está polarizada verticalmente, como indica a seta de duas cabeças. A quantidade de luz transmitida pelo filtro polarizador P_2 depende do ângulo entre a direção de polarização de P_1 e a direção de polarização de P_2, indicada pelas retas no interior do filtro e pela linha tracejada.

Outros Meios. Existem outros meios de polarizar a luz além dos filtros polarizadores. A luz também pode ser polarizada por reflexão (como será discutido no Módulo 33.7) e por espalhamento. No *espalhamento*, a luz absorvida por um átomo ou molécula é emitida novamente em outra direção. Um exemplo é o espalhamento da luz solar pelas moléculas da atmosfera; se não fosse por esse fenômeno, o céu seria escuro, mesmo durante o dia.

Embora a luz solar direta seja não polarizada, a luz proveniente do resto do céu é parcialmente polarizada por espalhamento. As abelhas usam essa polarização para se orientar. Os vikings também usavam a polarização da luz do céu para navegar no Mar do Norte quando o céu estava claro, mas o Sol se encontrava abaixo do horizonte (por causa da alta latitude do Mar do Norte). Esses antigos navegantes descobriram que a cor dos cristais de certo material (hoje conhecido como cordierita) variava de acordo com o ângulo de incidência de uma luz polarizada. Olhando para o céu através de um desses cristais e fazendo-o girar, os vikings podiam determinar a posição do Sol e, portanto, a direção dos pontos cardeais. CVF

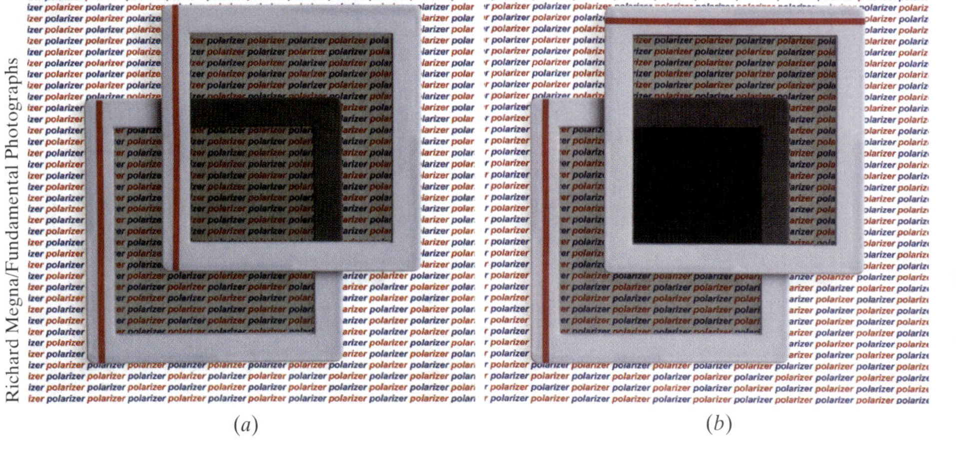

Figura 33.4.6 (*a*) A maior parte da luz passa por duas placas polarizadoras quando a direção de polarização das placas coincide, mas (*b*) a maior parte da luz é absorvida quando as direções de polarização das duas placas são perpendiculares.

Teste 33.4.1

A figura mostra quatro pares de filtros polarizadores, vistos de frente. Cada par é montado no caminho de um feixe de luz inicialmente não polarizada. A direção de polarização de cada filtro (linha tracejada) faz o ângulo indicado com o eixo x (horizontal) ou o eixo y (vertical). Coloque os pares na ordem decrescente da fração da luz incidente que atravessa os dois filtros.

30° 30° 30° 30°
60° 60° 60° 60°
(*a*) (*b*) (*c*) (*d*)

Exemplo 33.4.1 Polarização e intensidade luminosa com três filtros polarizadores

A Fig. 33.4.7*a*, desenhada em perspectiva, mostra um conjunto de três filtros polarizadores; nesse conjunto incide um feixe de luz inicialmente não polarizada. A direção de polarização do primeiro filtro é paralela ao eixo *y*, a do segundo filtro faz um ângulo de 60° com a primeira direção no sentido anti-horário, e a do terceiro filtro é paralela ao eixo *x*. Que fração da intensidade inicial I_0 da luz sai do conjunto e em que direção essa luz está polarizada?

IDEIAS-CHAVE

1. O cálculo deve ser realizado filtro por filtro, começando pelo filtro no qual a luz incide inicialmente.
2. Para determinar a intensidade da luz transmitida por um dos filtros, basta aplicar a regra da metade (se a luz incidente no filtro não estiver polarizada) ou a regra do cosseno ao quadrado (se a luz incidente no filtro já estiver polarizada).
3. A direção de polarização da luz transmitida por um filtro polarizador é sempre igual à direção de polarização do filtro.

Primeiro filtro: A luz original está representada na Fig. 33.4.7*b* por duas setas de duas cabeças, como na Fig. 33.4.7*b*. Como a luz incidente no primeiro filtro é não polarizada, a intensidade I_1 da luz transmitida pelo primeiro filtro é dada pela regra da metade (Eq. 33.4.1):

$$I_1 = \tfrac{1}{2}I_0.$$

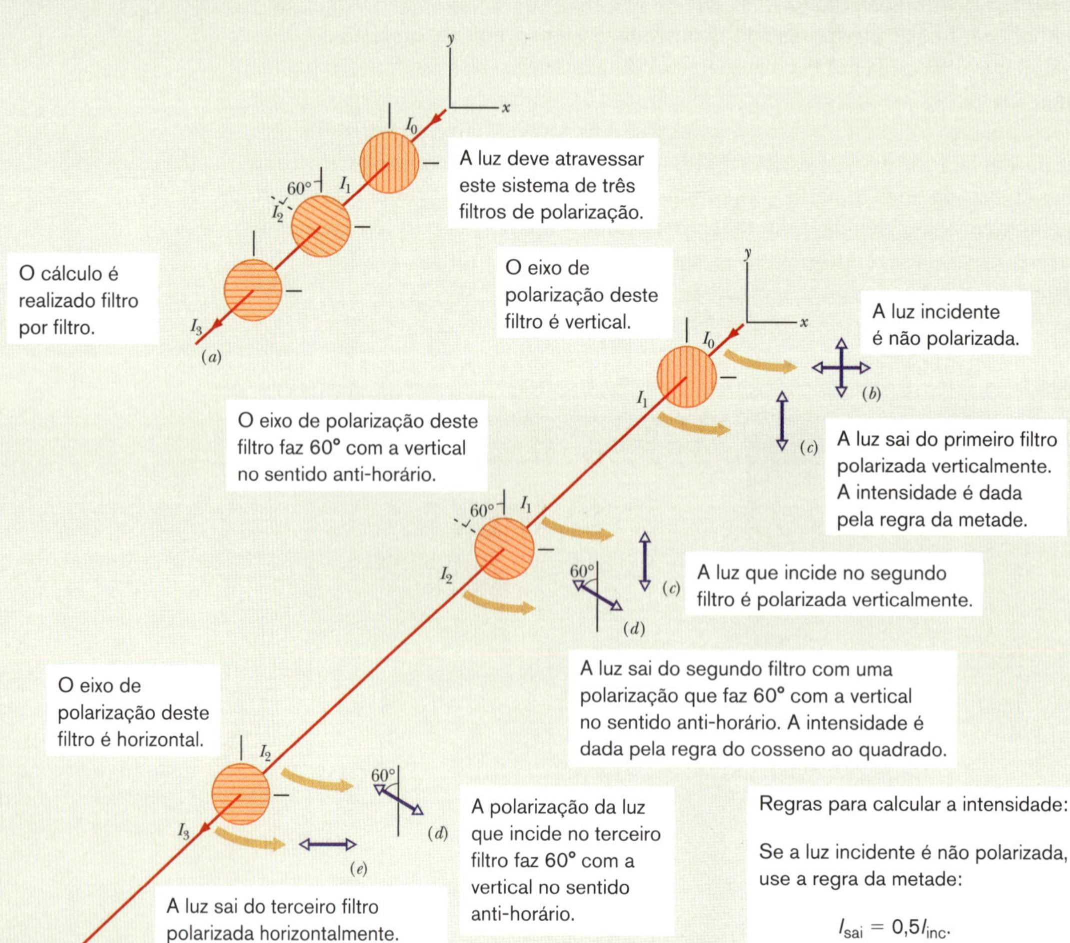

Figura 33.4.7 (*a*) Um raio de luz inicialmente não polarizada, de intensidade I_0, atravessa um conjunto de três filtros polarizadores. As intensidades I_1, I_2 e I_3 da luz em vários pontos do percurso estão indicadas na figura. Também estão indicadas as polarizações, em vistas frontais, (*b*) da luz inicial e da luz transmitida (*c*) pelo primeiro filtro; (*d*) pelo segundo filtro; (*e*) pelo terceiro filtro.

Como a direção de polarização do primeiro filtro é paralela ao eixo y, a polarização da luz transmitida pelo filtro também é paralela ao eixo y, como mostra a seta de duas cabeças da Fig. 33.4.7*c*.

Segundo filtro: Como a luz que chega ao segundo filtro é polarizada, a intensidade I_2 da luz transmitida pelo filtro é dada pela regra do cosseno ao quadrado (Eq. 33.4.3). O ângulo θ é o ângulo entre a direção de polarização da luz incidente (paralela ao eixo y) e a direção de polarização do segundo filtro (que faz um ângulo de 60° com o eixo y no sentido anti-horário). Assim, $\theta = 60°$ (o ângulo maior entre as duas direções, 120°, também pode ser usado) e

$$I_2 = I_1 \cos^2 60°.$$

A direção de polarização da luz transmitida é paralela à direção de polarização do segundo filtro, ou seja, faz um ângulo de 60° com o eixo y no sentido anti-horário, como mostra a seta de duas cabeças da Fig. 33.4.7*d*.

Terceiro filtro: Como a luz que chega ao terceiro filtro é polarizada, a intensidade I_3 da luz transmitida pelo filtro é dada pela regra do cosseno ao quadrado. O ângulo θ agora é o ângulo entre a direção de polarização da luz incidente no terceiro filtro (Fig. 33.4.7*d*) e a direção de polarização do terceiro filtro (paralela ao eixo x). Desse modo, $\theta = 30°$ e, portanto,

$$I_3 = I_2 \cos^2 30°.$$

A luz que sai do terceiro filtro está polarizada paralelamente ao eixo x (Fig. 33.4.7*e*). Para determinar a intensidade dessa luz, substituímos I_2 por seu valor em função de I_1 e I_1 por seu valor em função de I_0:

$$I_3 = I_2 \cos^2 30° = (I_1 \cos^2 60°) \cos^2 30° = (\tfrac{1}{2} I_0) \cos^2 60° \cos^2 30° = 0{,}094 I_0.$$

Portanto, $$\frac{I_3}{I_0} = 0{,}094. \qquad \text{(Resposta)}$$

Isso significa que a luz que sai do conjunto de filtros tem apenas 9,4% da intensidade da luz incidente. (Se removermos o segundo filtro, que fração da luz incidente deixará o conjunto?)

33.5 REFLEXÃO E REFRAÇÃO

Objetivos do Aprendizado

Depois de ler este módulo, você será capaz de ...

33.5.1 Mostrar, em um desenho esquemático, a reflexão de um raio de luz em uma interface e assinalar o raio incidente, o raio refletido, o ângulo de incidência e o ângulo de reflexão.

33.5.2 Conhecer a relação entre o ângulo de incidência e o ângulo de reflexão.

33.5.3 Mostrar, em desenho esquemático, a refração de um raio de luz em uma interface e assinalar o raio incidente, o raio refratado, o ângulo de incidência e o ângulo de refração.

33.5.4 No caso da refração da luz, usar a lei de Snell para relacionar o índice de refração e o ângulo do raio luminoso em um dos lados da interface aos mesmos parâmetros do outro lado na interface.

33.5.5 Mostrar, em diagramas esquemáticos, tomando como referência a direção do raio incidente, a refração da luz por um material com um índice de refração maior que o do primeiro material, por um material com um índice de refração menor que o do primeiro material, e por um material com um índice de refração igual ao do primeiro material. Em cada situação, descrever a refração como um desvio do raio de luz para mais perto da normal, como um desvio para mais longe da normal ou como a ausência de um desvio.

33.5.6 Saber que a refração ocorre apenas na interface de dois materiais.

33.5.7 Saber o que é dispersão cromática.

33.5.8 No caso da refração de raios de várias cores em uma interface, saber quais são as cores que sofrem um desvio maior quando o segundo meio tem um índice de refração maior que o primeiro e quais são as cores que sofrem um desvio maior quando o segundo meio tem um índice de refração menor que o primeiro.

33.5.9 Saber como o arco-íris primário e o arco-íris secundário são formados e por que eles têm a forma de arcos de circunferência.

Ideias-Chave

- A ótica geométrica é um tratamento aproximado da luz no qual as ondas luminosas são representadas por linhas retas.
- Quando a luz encontra uma interface de dois meios transparentes, parte da luz em geral é refletida e parte é refratada. Os dois raios permanecem no plano de incidência. O ângulo de reflexão é igual ao plano de incidência, e o ângulo de refração θ_2 está relacionado ao ângulo de incidência θ_1 pela lei de Snell,

$$n_2 \operatorname{sen} \theta_2 = n_1 \operatorname{sen} \theta_1 \qquad \text{(refração)},$$

em que n_1 e n_2 são os índices de refração dos meios em que se propagam, respectivamente, o raio incidente e o raio refratado.

Reflexão e Refração 33.5

Embora as ondas luminosas se espalhem ao se afastarem de uma fonte, a hipótese de que a luz se propaga em linha reta, como na Fig. 33.5.1*a*, constitui frequentemente uma boa aproximação. O estudo das propriedades das ondas luminosas usando essa aproximação é chamado *ótica geométrica*. Na parte que resta deste capítulo e em todo o Capítulo 34, vamos discutir a ótica geométrica da luz visível.

A fotografia da Fig. 33.5.1*a* mostra um exemplo de ondas luminosas que se propagam aproximadamente em linha reta. Um feixe luminoso estreito (o feixe *incidente*), proveniente da esquerda, que se propaga no ar, encontra uma superfície plana de água. Parte da luz é **refletida** pela superfície, formando um feixe que se propaga para cima e para a direita, como se o feixe original tivesse ricocheteado na superfície. O resto da luz penetra na água, formando um feixe que se propaga para baixo e para a direita. Como a luz pode se propagar na água, dizemos que a água é *transparente*; os materiais nos quais a luz não se propaga são chamados *opacos*. Neste capítulo, vamos considerar apenas materiais transparentes.

A passagem da luz por uma superfície (ou *interface*) que separa dois meios diferentes é chamada **refração**. A menos que o raio incidente seja perpendicular à interface, a refração muda a direção de propagação da luz. Observe na Fig. 33.5.1*a* que a mudança de direção ocorre apenas na interface; dentro d'água, a luz se propaga em linha reta, como no ar.

Na Fig. 33.5.1*b*, os feixes luminosos da fotografia estão representados por um *raio incidente*, um *raio refletido* e um *raio refratado* (e frentes de onda associadas). A orientação desses raios é medida em relação a uma direção, conhecida como *normal*, que é perpendicular à interface no ponto em que ocorrem a reflexão e a refração. Na Fig. 33.5.1*b*, o **ângulo de incidência** é θ_1, o **ângulo de reflexão** é θ_1', e o **ângulo de refração** é θ_2; os três ângulos são medidos *em relação à normal*. O plano que contém o raio incidente e a normal é o *plano de incidência*, que coincide com o plano do papel na Fig. 33.5.1*b*.

Os resultados experimentais mostram que a reflexão e a refração obedecem às seguintes leis:

Lei da reflexão: O raio refletido está no plano de incidência e tem um ângulo de reflexão igual ao ângulo de incidência. Na Fig. 33.5.1*b*, isso significa que

$$\theta_1' = \theta_1 \quad \text{(reflexão).} \tag{33.5.1}$$

(Frequentemente, a plica é omitida quando se representa o ângulo de reflexão.)

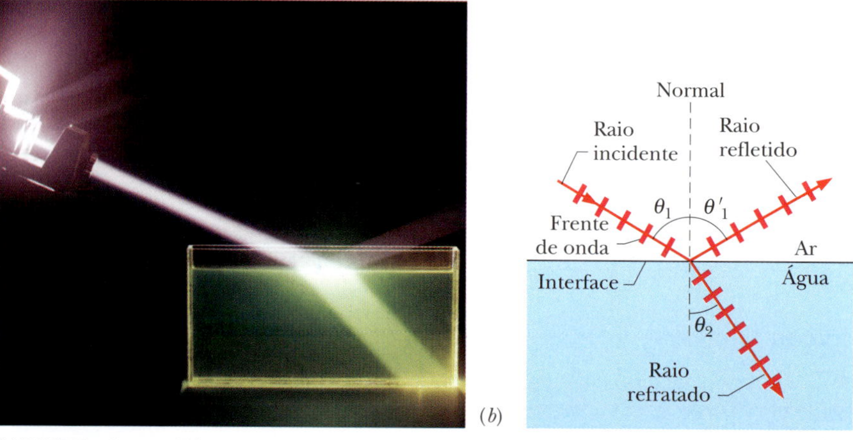

Figura 33.5.1 (*a*) Fotografia que mostra a reflexão e a refração de um feixe de luz incidente em uma superfície de água horizontal. (*b*) Uma representação de (*a*) usando raios. Os ângulos de incidência (θ_1), de reflexão (θ_1') e de refração (θ_2) estão indicados.

Tabela 33.5.1 Índices de Refração de Alguns Meios Transparentes[a]

Meio	Índice	Meio	Índice
Vácuo	1 (exatamente)	Vidro de baixa dispersão	1,52
Ar (nas CNTP)[b]	1,00029	Cloreto de sódio	1,54
Água (a 20 °C)	1,33	Poliestireno	1,55
Acetona	1,36	Dissulfeto de carbono	1,63
Álcool etílico	1,36	Vidro de alta dispersão	1,65
Solução de açúcar (a 30%)	1,38	Safira	1,77
Quartzo fundido	1,46	Vidro de altíssima dispersão	1,89
Solução de açúcar (a 80%)	1,49	Diamante	2,42

[a]Para um comprimento de onda de 589 nm (luz amarela do sódio).
[b]CNTP significa "condições normais de temperatura (0 °C) e pressão (1 atm)".

Lei da refração: O raio refratado está no plano de incidência e tem um ângulo de refração θ_2 que está relacionado ao ângulo de incidência θ_1 pela equação

$$n_2 \operatorname{sen} \theta_2 = n_1 \operatorname{sen} \theta_1 \qquad \text{(refração)}, \tag{33.5.2}$$

em que n_1 e n_2 são constantes adimensionais, denominadas **índices de refração**, que dependem do meio no qual a luz está se propagando. A Eq. 33.5.2, conhecida como **lei de Snell**, será demonstrada no Capítulo 35, no qual veremos também que o índice de refração de um meio é igual a c/v, em que v é a velocidade da luz no meio e c é a velocidade da luz no vácuo.

A Tabela 33.5.1 mostra os índices de refração do vácuo e de alguns materiais comuns. No vácuo, n é definido como exatamente 1; no ar, n é ligeiramente maior que 1 (na prática, quase sempre se supõe que n para o ar também é igual a 1). Não existem meios com um índice de refração menor que 1.

Podemos escrever a Eq. 33.5.2 na forma

$$\operatorname{sen} \theta_2 = \frac{n_1}{n_2} \operatorname{sen} \theta_1 \tag{33.5.3}$$

para comparar o ângulo de refração θ_2 com o ângulo de incidência θ_1. De acordo com a Eq. 33.5.3, o valor relativo de θ_2 depende dos valores relativos de n_2 e n_1. Existem três possibilidades:

1. Se $n_2 = n_1$, $\theta_2 = \theta_1$. Nesse caso, a refração não desvia o raio luminoso, que continua sua *trajetória retilínea*, como na Fig. 33.5.2*a*.

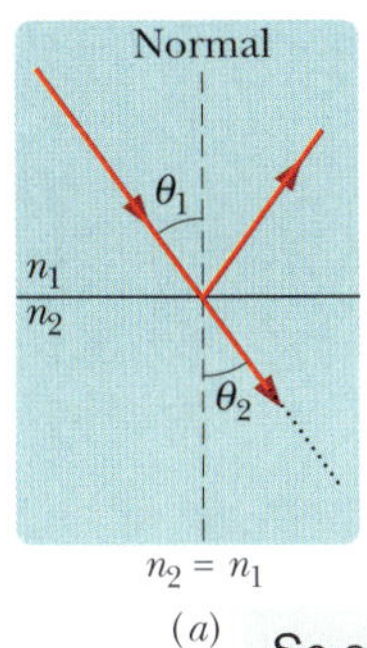

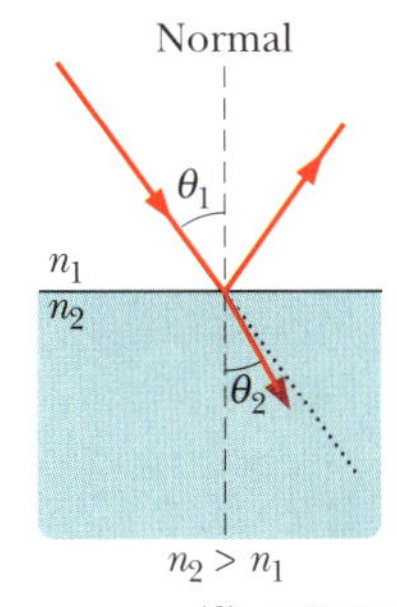

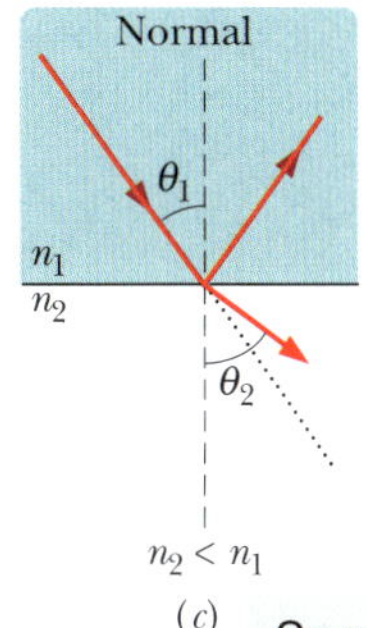

Figura 33.5.2 A luz que estava se propagando em um meio de índice de refração n_1 incide em um meio de índice de refração n_2. (*a*) Se $n_2 = n_1$, o raio luminoso não sofre um desvio; o raio refratado continua a se propagar na *mesma direção* (reta pontilhada). (*b*) Se $n_2 > n_1$, o raio luminoso é desviado para mais perto da normal. (*c*) Se $n_2 < n_1$, o raio luminoso é desviado para mais longe da normal.

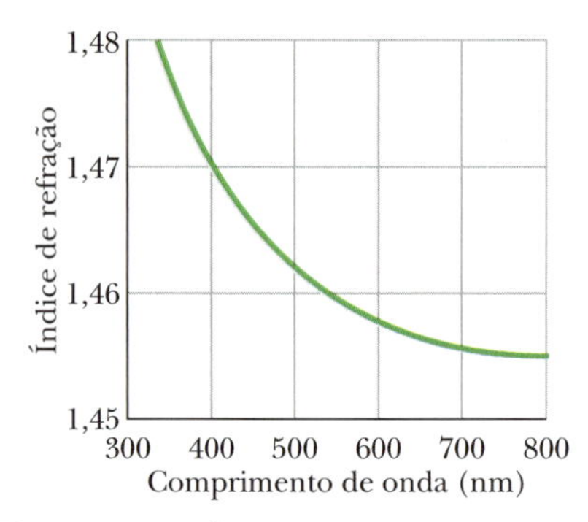

Figura 33.5.3 Índice de refração do quartzo fundido em função do comprimento de onda. De acordo com o gráfico, quanto menor o comprimento de onda, maior o desvio sofrido por um raio luminoso ao entrar no quartzo ou sair do quartzo.

2. Se $n_2 > n_1$, $\theta_2 < \theta_1$. Nesse caso, a refração faz o raio luminoso se aproximar da normal, como na Fig. 33.5.2*b*.
3. Se $n_2 < n_1$, $\theta_2 > \theta_1$. Nesse caso, a refração faz o raio luminoso se afastar da normal, como na Fig. 33.5.2*c*.

O ângulo de refração *jamais* é suficientemente grande para que o raio refratado se propague no mesmo meio que o raio incidente.

Dispersão Cromática  33.2

O índice de refração n para a luz em qualquer meio, exceto o vácuo, depende do comprimento de onda. Assim, se um feixe luminoso é formado por raios de luz de diferentes comprimentos de onda, o ângulo de refração é diferente para cada raio; em outras palavras, a refração espalha o feixe incidente. Esse espalhamento da luz é conhecido como **dispersão cromática**, em que a palavra "dispersão" se refere ao espalhamento da luz de acordo com o comprimento de onda, e a palavra "cromática" se refere às cores associadas aos diferentes comprimentos de onda. A dispersão cromática não é observada nas Figs. 33.5.1 e 33.5.2 porque a luz incidente é *monocromática*, isto é, possui apenas um comprimento de onda.

Em geral, o índice de refração de um meio é *maior* para pequenos comprimentos de onda (correspondentes, digamos, à cor azul) que para grandes comprimentos de onda (correspondentes, digamos, à cor vermelha). A Fig. 33.5.3, por exemplo, mostra a variação do índice de refração do quartzo fundido com o comprimento de onda da luz. Essa variação significa que a *componente* azul (o raio correspondente à luz azul) sofre um desvio maior que a componente vermelha quando um feixe formado por raios de luz das duas cores é refratado pelo quartzo fundido.

Um feixe de *luz branca* possui raios de todas (ou quase todas) as cores do espectro visível, com intensidades aproximadamente iguais. Quando observamos um feixe desse tipo, não vemos as cores separadamente, mas temos a impressão de que associamos à cor branca. A Fig. 33.5.4*a* mostra um feixe de luz branca incidindo em uma superfície de vidro. (Como o papel usado nos livros é branco, os feixes de luz branca são normalmente representados por raios cinzentos, como na Fig. 33.5.4, enquanto os feixes de luz monocromática, seja qual for a cor da luz, são representados por raios vermelhos, como na Fig. 33.5.2, a não ser quando é preciso mostrar raios de cores diferentes na mesma figura, como mostrado na Fig. 33.5.4.) Na Fig. 33.5.4*a*, foram representadas apenas as componentes vermelha e azul da luz refratada. Como o raio azul é o que sofre o maior desvio, o ângulo de refração θ_{2a} do raio azul é *menor* que o ângulo de refração θ_{2v} do raio vermelho. (Lembre-se de que os ângulos de refração são medidos em relação à normal.) Na Fig. 33.5.4*b*, um feixe de luz branca que estava se propagando no vidro incide em uma interface vidro-ar. O raio azul novamente sofre um desvio maior que o raio vermelho, mas, desta vez, θ_{2a} é maior que θ_{2v}.

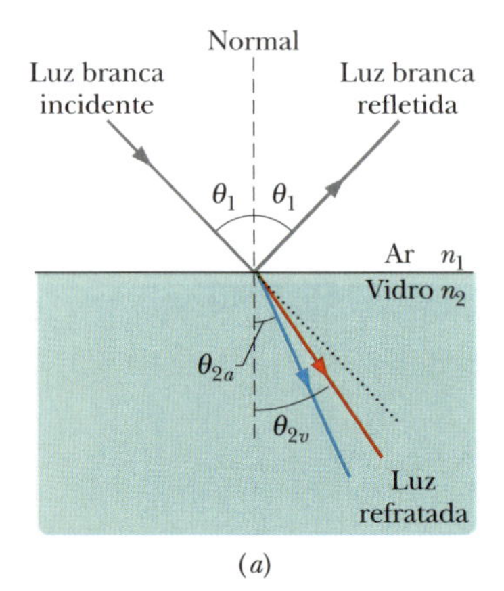

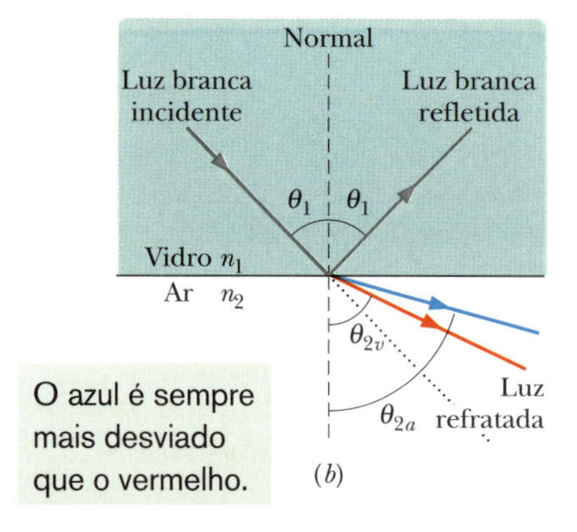

Figura 33.5.4 Dispersão cromática da luz branca. A componente azul é mais desviada na interface que a componente vermelha. (*a*) Quando a luz passa do ar para o vidro, o ângulo de refração da componente azul é menor que o da componente vermelha. (*b*) Quando a luz passa do vidro para o ar, o ângulo de refração da componente azul é maior que o da componente vermelha. As linhas pontilhadas mostram a direção na qual a luz continuaria a se propagar se não houvesse refração.

Para aumentar a separação das cores, pode-se usar um prisma de vidro de seção reta triangular como o da Fig. 33.5.5*a*. Em um prisma desse tipo, a dispersão na interface ar-vidro (lado esquerdo do prisma das Figs. 33.5.5*a* e *b*) é acentuada pela dispersão na interface vidro-ar (lado direito do prisma).

(*a*)

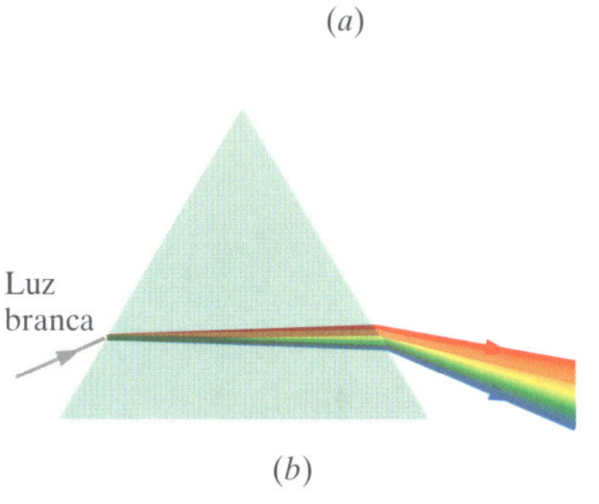

(*b*)

Figura 33.5.5 (*a*) Um prisma triangular separa a luz branca nas cores componentes. (*b*) A dispersão cromática ocorre na primeira interface e é acentuada na segunda.

Arco-Íris

A manifestação mais poética da dispersão cromática é o arco-íris. Quando a luz solar, que contém raios de muitos comprimentos de onda, é interceptada por uma gota de chuva, parte da luz é refratada para o interior da gota, refletida na superfície interna e refratada de volta para o exterior. A Fig. 33.5.6*a* mostra a situação quando o Sol está no horizonte à esquerda (e, portanto, os raios solares são horizontais). Como no caso do prisma triangular, a primeira refração separa a luz solar nas cores componentes e a segunda refração acentua o efeito. (Apenas o raio vermelho e o raio azul aparecem na figura.) Quando muitas gotas são iluminadas simultaneamente, o espectador pode observar um arco-íris quando a direção em que estão as gotas faz um ângulo de 42° com o *ponto antissolar A*, o ponto diametralmente oposto ao Sol do ponto de vista do observador.

Para localizar as gotas de chuva, coloque-se de costas para o Sol e aponte com os dois braços na direção da sombra da cabeça. Em seguida, mova o braço direito, em qualquer direção, até que faça um ângulo de 42° com o braço esquerdo. Se as gotas iluminadas estiverem na direção do seu braço direito, você verá um arco-íris nessa direção.

Como todas as gotas de chuva cuja direção faz um ângulo de 42° com a direção de *A* contribuem para o arco-íris, este é sempre um arco de circunferência que tem como centro o ponto *A* (Fig. 33.5.6*b*) e o ponto mais alto do arco-íris nunca está mais de 42° acima do horizonte. Quando o Sol está acima do horizonte, a direção de *A* está abaixo do horizonte, e o arco-íris é mais curto e mais próximo do horizonte (ver Fig. 33.5.6*c*).

Um arco-íris como o que acabamos de descrever, em que a luz é refletida apenas uma vez no interior de cada gota, é chamado *arco-íris primário*. Em um *arco-íris secundário* como o que aparece na Fig. 33.5.6*d*, a luz é refletida duas vezes no interior

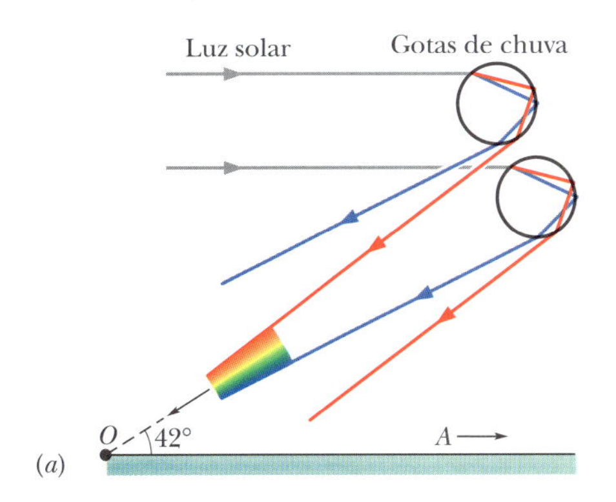

(*a*)

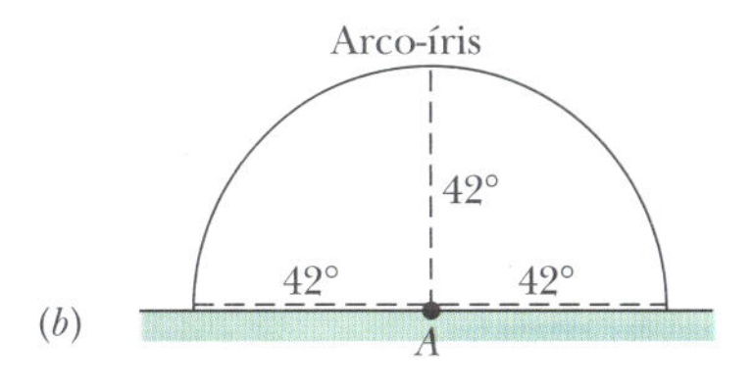

(*b*)

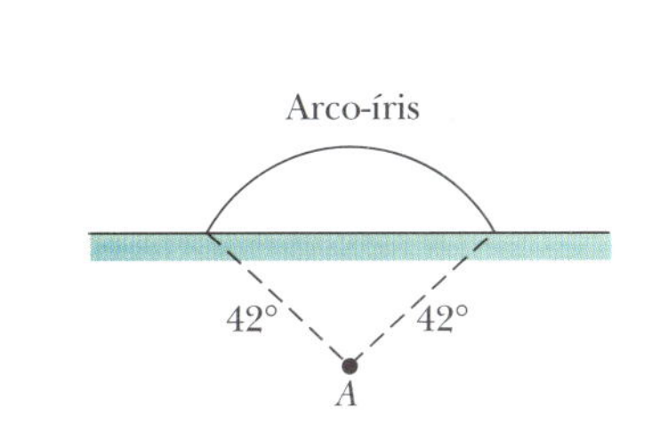

(*c*)

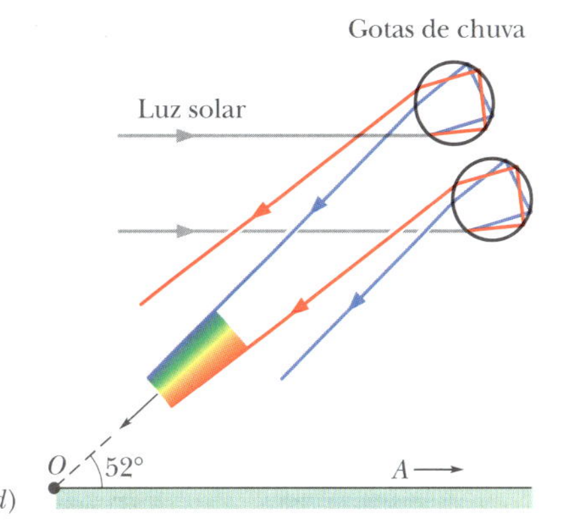

(*d*)

Figura 33.5.6 (*a*) A separação de cores que acontece quando a luz do Sol entra e sai das gotas de chuva produz o arco-íris primário. O ponto antissolar *A* está no horizonte, à direita. Os raios de luz que vão das gotas responsáveis pelo arco-íris até o observador fazem um ângulo de 42° com a direção de *A*. (*b*) Todas as gotas de chuva, cuja direção faz um ângulo de 42° com a direção de *A*, contribuem para o arco-íris. (*c*) Situação quando o Sol está acima do horizonte (e, portanto, *A* está abaixo do horizonte). (*d*) Formação de um arco-íris secundário.

de cada gota. Um arco-íris secundário é observado quando a direção das gotas faz um ângulo de 52° com a direção de *A*. O arco-íris secundário é mais largo e mais fraco do que o arco-íris primário e por isso é mais difícil de ver. Além disso, as cores aparecem na ordem inversa, como podemos constatar comparando as Figs. 33.5.6*a* e 33.5.6*d*.

Os arco-íris envolvendo três ou quatro reflexões ocorrem na direção do Sol e não podem ser vistos porque essa parte do céu é dominada pela luz solar direta, mas foram fotografados com técnicas especiais. CVF

Teste 33.5.1

Qual dos desenhos mostra uma situação fisicamente possível?

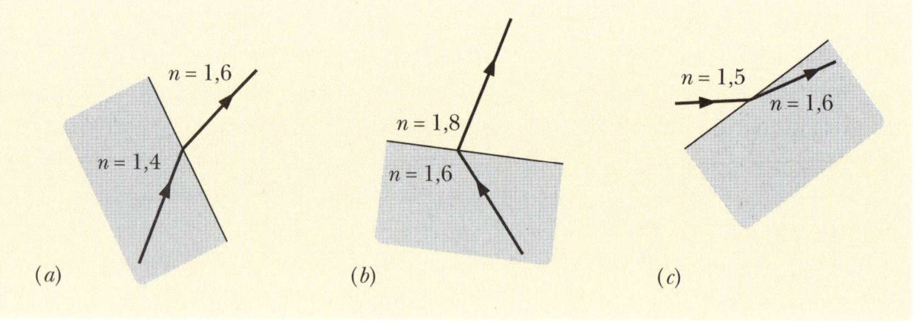

Exemplo 33.5.1 Reflexão e refração de um feixe de luz monocromática 33.2

(a) Na Fig. 33.5.7*a*, um feixe de luz monocromática é refletido e refratado no ponto *A* da interface entre o material 1, cujo índice de refração é $n_1 = 1{,}33$, e o material 2, cujo índice de refração é $n_2 = 1{,}77$. O feixe incidente faz um ângulo de 50° com a interface. Qual é o ângulo de reflexão no ponto *A*? Qual é o ângulo de refração?

IDEIAS-CHAVE

(1) O ângulo de reflexão é igual ao ângulo de incidência; os dois ângulos são medidos em relação à normal à interface no ponto de reflexão. (2) Quando a luz atinge a interface de materiais com índices de refração diferentes, n_1 e n_2, parte da luz pode ser refratada na interface de acordo com a lei de Snell, Eq. 33.5.2:

$$n_2 \operatorname{sen} \theta_2 = n_1 \operatorname{sen} \theta_1, \qquad (33.5.4)$$

em que os dois ângulos são medidos em relação à normal à interface no ponto de refração.

Cálculos: Na Fig. 33.5.7*a*, a normal no ponto *A* é a reta tracejada. Observe que o ângulo de incidência θ_1 não é 50°, e sim 90° − 50° = 40°. Portanto, o ângulo de reflexão é

$$\theta_1' = \theta_1 = 40°. \qquad \text{(Resposta)}$$

A luz que passa do material 1 para o material 2 é refratada no ponto *A* da interface dos dois materiais. Os ângulos de incidência e de refração também são medidos em relação à normal, dessa vez no ponto de refração. Assim, na Fig. 33.5.7*a*, o ângulo de refração é o ângulo θ_2. Explicitando θ_2 na Eq. 33.5.4, obtemos

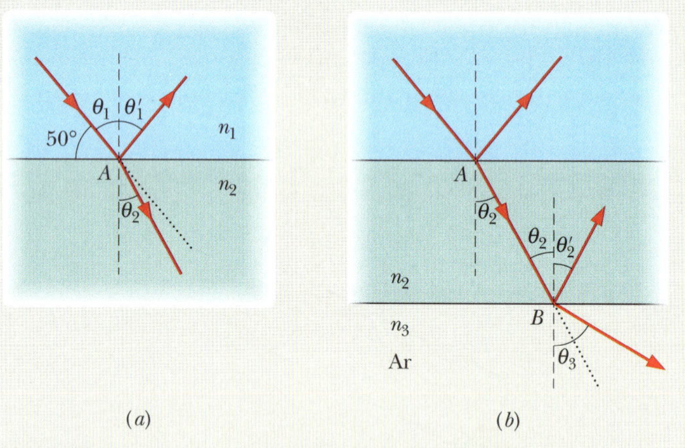

Figura 33.5.7 (*a*) A luz é refletida e refratada no ponto *A* da interface entre os materiais 1 e 2. (*b*) A luz que penetra no material 2 é refletida e refratada no ponto *B* da interface entre os materiais 2 e 3 (ar). As linhas pontilhadas mostram a direção do raio incidente.

$$\theta_2 = \operatorname{sen}^{-1}\left(\frac{n_1}{n_2}\operatorname{sen}\theta_1\right) = \operatorname{sen}^{-1}\left(\frac{1{,}33}{1{,}77}\operatorname{sen} 40°\right)$$

$$= 28{,}88° \approx 29°. \qquad \text{(Resposta)}$$

Esse resultado mostra que o raio refratado se aproximou da normal (o ângulo com a normal diminuiu de 40° para 29°), o que já era esperado, pois o raio passou para um meio com um índice de refração maior. *Atenção*: Note que o feixe passa para o outro lado da normal, ou seja, enquanto o feixe incidente está do lado esquerdo da normal na Fig. 33.5.7*a*, o feixe refratado está do lado direito.

(b) A luz que penetrou no material 2 no ponto A chega ao ponto B da interface do material 2 com o material 3, que é o ar, como mostra a Fig. 33.5.7*b*. A interface do material 2 com o material 3 é paralela à interface do material 1 com o material 2. No ponto B, parte da luz é refletida e parte é refratada. Qual é o ângulo de reflexão? Qual é o ângulo de refração?

Cálculos: Em primeiro lugar, precisamos relacionar um dos ângulos no ponto B a um ângulo conhecido no ponto A. Como a interface que passa pelo ponto B é paralela à interface que passa pelo ponto A, o ângulo de incidência no ponto B é igual ao ângulo de refração θ_2, como mostra a Fig. 33.5.7*b*. Para a reflexão, usamos novamente a lei da reflexão. Assim, o ângulo de reflexão no ponto B é dado por

$$\theta'_2 = \theta_2 = 28{,}88° \approx 29°. \qquad \text{(Resposta)}$$

A luz que passa do material 2 para o ar é refratada no ponto B, com um ângulo de refração θ_3. Aplicamos mais uma vez a lei da refração, mas, desta vez, escrevemos a Eq. 33.5.2 na forma

$$n_3 \operatorname{sen} \theta_3 = n_2 \operatorname{sen} \theta_2 \qquad (33.5.5)$$

Explicitando θ_3, obtemos

$$\theta_3 = \operatorname{sen}^{-1}\left(\frac{n_2}{n_3} \operatorname{sen} \theta_2\right) = \operatorname{sen}^{-1}\left(\frac{1{,}77}{1{,}00} \operatorname{sen} 28{,}88°\right)$$

$$= 58{,}75° \approx 59°. \qquad \text{(Resposta)}$$

Este resultado mostra que o raio refratado se afasta da normal (o ângulo com a normal aumenta de 29° para 59°), o que já era esperado, pois o raio passou para um meio (o ar) com um índice de refração menor.

33.6 REFLEXÃO INTERNA TOTAL

Objetivos do Aprendizado

Depois de ler este módulo, você será capaz de ...

33.6.1 Usar um desenho para explicar a reflexão interna total, indicando o ângulo de incidência, o ângulo crítico e os valores relativos do índice de refração dos dois lados da interface.

33.6.2 Saber qual é o ângulo de refração correspondente ao ângulo crítico de incidência para reflexão interna total.

33.6.3 Calcular o ângulo crítico para reflexão interna total a partir dos índices de refração dos meios envolvidos.

Ideia-Chave

- Uma onda que incide na interface com um meio de menor índice de refração sofre reflexão interna total se o ângulo de incidência for maior que um ângulo crítico θ_c dado por

$$\theta_c = \operatorname{sen}^{-1} \frac{n_2}{n_1} \qquad \text{(ângulo crítico).}$$

Reflexão Interna Total 33.6 e 33.7 33.3 e 33.4

As Figs. 33.6.1*a* e *b* mostram vários raios de luz monocromática sendo emitidos por uma fonte pontual S, propagando-se na água e incidindo na interface da água com o ar. No caso do raio a da Fig. 33.6.1*a*, que é perpendicular à interface, parte da luz é refletida na interface e parte penetra no ar sem mudar de direção.

No caso dos raios b a e, que chegam à interface com ângulos de incidência cada vez maiores, também existem um raio refletido e um raio refratado. À medida que o ângulo de incidência aumenta, o ângulo de refração também aumenta; para o raio e, o ângulo de refração é 90°, o que significa que o raio refratado é paralelo à interface. O ângulo de incidência para o qual isso acontece é chamado **ângulo crítico** e representado pelo símbolo θ_c. Para ângulos de incidência maiores que θ_c, como os dos raios f e g, não existe raio refratado e *toda* a luz é refletida; o fenômeno é conhecido como **reflexão interna total**.

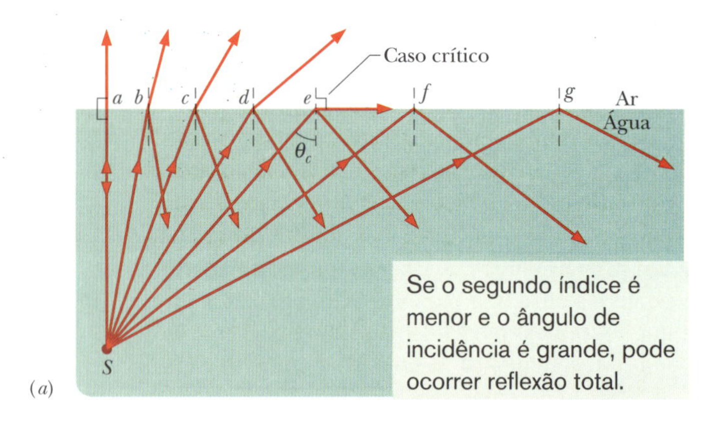

Figura 33.6.1 (*a*) A reflexão interna total da luz emitida por uma fonte pontual *S* na água acontece para ângulos de incidência maiores que o ângulo crítico θ_c. Quando o ângulo de incidência é igual ao ângulo crítico, o raio refratado é paralelo à interface água-ar. (*b*) Uma fonte luminosa em um tanque com água.

Para determinar o valor de θ_c, usamos a Eq. 33.5.2. Atribuindo arbitrariamente o índice 1 à água e o índice 2 ao ar e fazendo $\theta_1 = \theta_c$, $\theta_2 = 90°$, obtemos

$$n_1 \operatorname{sen} \theta_c = n_2 \operatorname{sen} 90°, \tag{33.6.1}$$

o que nos dá

$$\theta_c = \operatorname{sen}^{-1} \frac{n_2}{n_1} \quad \text{(ângulo crítico).} \tag{33.6.2}$$

Como o seno de um ângulo não pode ser maior que a unidade, n_2 não pode ser maior que n_1 na Eq. 33.6.2. Isso significa que a reflexão interna total não pode ocorrer quando a luz passa para um meio com um índice de refração maior que o meio no qual se encontra inicialmente. Se a fonte *S* estivesse no ar na Fig. 33.6.1*a*, todos os raios incidentes na interface ar-água (incluindo os raios *f* e *g*) seriam parcialmente refletidos *e* parcialmente refratados.

A reflexão interna total tem muitas aplicações tecnológicas. Os médicos, por exemplo, podem observar o interior da garganta, do estômago ou do intestino usando um endoscópio, um dispositivo formado por dois conjuntos de fibras óticas, um para iluminar o local que está sendo investigado e outro para conduzir a imagem até um monitor externo (Fig. 33.6.2). O médico pode estar à procura de uma úlcera, de um tumor maligno ou mesmo de cápsulas de uma droga ilícita ingeridas por um contrabandista. Mesmo que o percurso do endoscópio seja tortuoso, a luz não se perde por causa de reflexões internas totais. As fibras óticas também são usadas em cirurgias para reduzir a necessidade de fazer grandes incisões ou serrar costelas. Um instrumento cirúrgico é introduzido no corpo por meio de uma pequena inci-

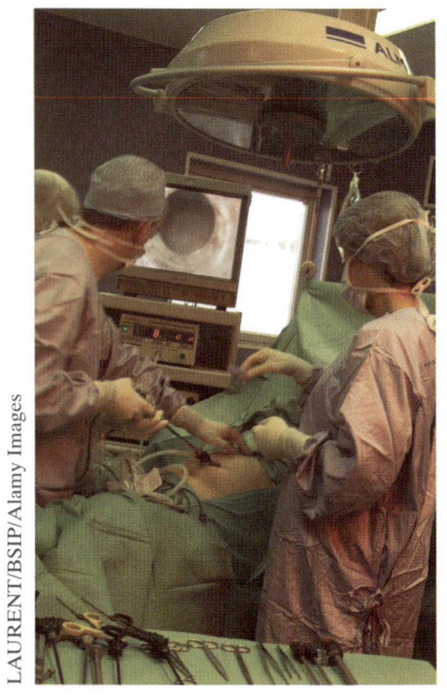

Figura 33.6.2 Uso de um endoscópio para examinar uma artéria.

são, em um tipo de operação conhecido como *laparoscopia*. Além das ferramentas cirúrgicas, o instrumento contém fibras óticas para iluminar e observar o local (Fig. 33.6.3). Quando a cirurgia é realizada com esse instrumento, o paciente de uma operação de remoção da vesícula biliar pode deixar o hospital duas horas após a cirurgia em vez de duas semanas, como aconteceria se fosse usado o método antigo. CVF

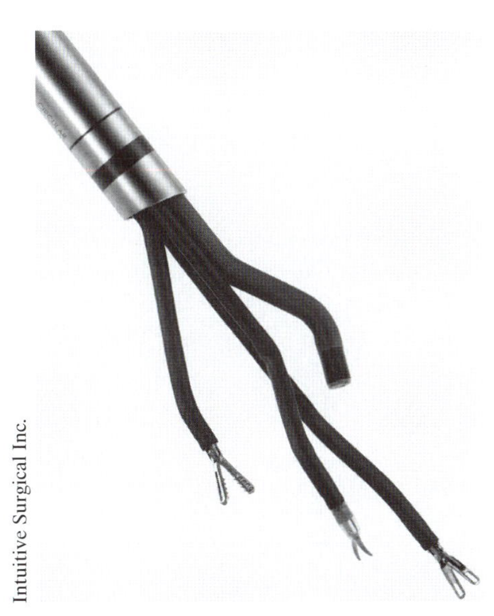

Figura 33.6.3 O instrumento cirúrgico da Vinci, fabricado pela Intuitive Surgical Inc. para uso em laparoscopias.

Teste 33.6.1

Um feixe de luz branca que estava se propagando em um plástico incide na interface do plástico com o ar. Se o ângulo de incidência é igual ao ângulo crítico para a luz amarela, que cor sofre reflexão interna total, a cor vermelha ou a cor azul?

Exemplo 33.6.1 A reflexão interna faz o diamante brilhar

A função de um diamante em um anel é, naturalmente, brilhar. Parte da arte de lapidar um diamante consiste em assegurar que toda a luz que entra pela face superior ou por uma das faces laterais dianteiras do diamante saia pelas mesmas faces, contribuindo para o brilho. A Fig. 33.6.4 mostra parte da seção reta de um diamante lapidado e um raio luminoso incidindo no ponto A da face superior do diamante. Nesse tipo de lapidação, como está indicado na figura, as normais às superfícies dianteiras e traseiras fazem entre si um ângulo de 48,84°. No ponto B, pelo menos parte da luz é refletida de volta para a parte superior do diamante, mas parte pode ser refratada e vazar pela parte inferior. Considere um raio de luz que incide no ponto A fazendo um ângulo $\theta_1 = 40°$ com a normal. A luz escapa do diamante no ponto B se a superfície a que o ponto B pertence estiver em contato com o ar ($n_a = 1{,}000$)? A luz escapa se uma película de gordura aumentar o índice de refração do lado de fora do diamante para $n_g = 1{,}630$? O índice de refração do diamante é 2,419.

IDEIAS-CHAVE

Quando a luz que está se propagando em um meio cujo índice de refração é n_1 incide na interface com um meio cujo índice de refração é $n_2 \neq n_1$, a luz sofre uma reflexão que pode ser parcial ou total. A reflexão é total se (1) $n_1 > n_2$ e (2) o ângulo de incidência é maior que um ângulo crítico dado pela Eq. 33.6.2:

$$\theta_c = \operatorname{sen}^{-1}\frac{n_2}{n_1}.$$

Se essas duas condições não são satisfeitas, parte da luz é refratada (atravessa a interface) e muda de direção de acordo com a lei de Snell (Eq. 33.5.2):

$$n_2 \operatorname{sen} \theta_2 = n_1 \operatorname{sen} \theta_1.$$

Diamante limpo: Para verificar se a luz vai ser refratada ao incidir no ponto B, precisamos acompanhar o trajeto do raio de luz do ponto A até o ponto B. A luz que incide no ponto A está se propagando inicialmente no ar ($n_1 = n_a = 1{,}000$), cujo índice de refração é *menor* do que o meio que está do outro lado da interface ($n_2 = n_d = 2{,}419$). Isso significa que não pode haver reflexão total; parte da luz é refletida e parte é refratada (a luz refletida não é mostrada na figura). O ângulo de refração θ_2 pode ser calculado usando a lei de Snell:

$$\theta_2 = \text{sen}^{-1}\left(\frac{n_1}{n_2}\text{sen}\,\theta_1\right) = \text{sen}^{-1}\left(\frac{1{,}000}{2{,}419}\text{sen}\,40^\circ\right)$$
$$= 15{,}41^\circ.$$

Note que o ângulo dado de 48,84° no ponto C é um *ângulo externo* do triângulo ABC e, portanto (de acordo com o Apêndice E), podemos escrever:

$$\theta_2 + \theta_3 = 48{,}84^\circ$$

o que nos dá

$$\theta_3 = 48{,}84^\circ - \theta_2 = 48{,}84^\circ - 15{,}41^\circ$$
$$= 33{,}43^\circ.$$

Este é o ângulo de incidência do raio no ponto B. Nesse caso, a luz está se propagando inicialmente em um meio (o diamante) cujo índice de refração é maior que o do meio que está do outro lado da interface (o ar) e, portanto, pode haver reflexão total. Aplicando a lei de Snell ao ponto B, obtemos

$$\theta_4 = \text{sen}^{-1}\left(\frac{2{,}419}{1{,}000}\text{sen}\,33{,}43^\circ\right) = \text{sen}^{-1}\,(2{,}419 \times 0{,}551)$$
$$= \text{sen}^{-1}\,1{,}333 = \text{impossível} \qquad (33.6.3)$$

O fato de que o argumento de sen^{-1} é maior que 1 significa que o ângulo de 33,43 é maior que o ângulo crítico e, portanto, o raio de luz sofre reflexão interna total e a luz não escapa do diamante. Isso pode ser confirmado usando a Eq. 33.6.2 para calcular o valor do ângulo crítico:

$$\theta_c = \text{sen}^{-1}\frac{n_a}{n_d} = \text{sen}^{-1}\frac{1{,}000}{2{,}419} = 24{,}4^\circ.$$

Diamante engordurado: Vamos acompanhar novamente o trajeto do raio de luz do ponto A até o ponto B. A única diferença está no último cálculo, no qual, em vez de usarmos o índice de refração do ar como índice de refração do meio externo, usamos o índice de refração da gordura, $n_g = 1{,}630$. O resultado é o seguinte:

$$\theta_4 = \text{sen}^{-1}\left(\frac{2{,}419}{1{,}630}\text{sen}\,33{,}43^\circ\right) = \text{sen}^{-1}\,(1{,}484 \times 0{,}551)$$
$$= \text{sen}^{-1}\,0{,}818 = 54{,}9^\circ$$

O fato de que o argumento de sen^{-1} é menor que 1 significa que, neste caso, o ângulo de 33,43 é menor que o ângulo crítico e, portanto, não existe reflexão interna total e a luz escapa do diamante. Isso pode ser confirmado usando a Eq. 33.6.2 para calcular o valor do ângulo crítico:

$$\theta_c = \text{sen}^{-1}\frac{n_g}{n_d} = \text{sen}^{-1}\frac{1{,}630}{2{,}419} = 42{,}4^\circ.$$

Assim, para que um diamante não perca o brilho, é preciso manter bem limpas suas superfícies.

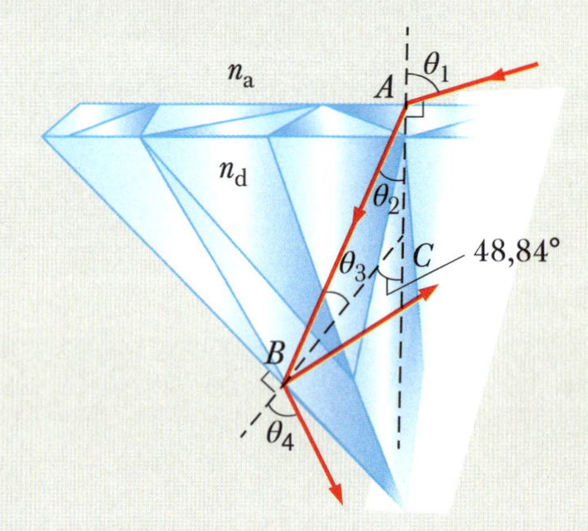

Figura 33.6.4 Percurso da luz no interior de um diamante. A luz vai escapar do diamante no ponto B?

33.7 POLARIZAÇÃO POR REFLEXÃO

Objetivos do Aprendizado

Depois de ler este módulo, você será capaz de ...

33.7.1 Explicar, usando desenhos, de que forma a luz não polarizada pode ser convertida em luz polarizada por reflexão em uma interface.

33.7.2 Saber o que é o ângulo de Brewster.

33.7.3 Conhecer a relação entre o ângulo de Brewster e os índices de refração dos dois lados da interface.

33.7.4 Explicar como funcionam os óculos polarizados.

Ideia-Chave

- Quando uma onda luminosa incide na interface de dois meios com um ângulo dado por

$$\theta_B = \tan^{-1}\frac{n_2}{n_1} \qquad \text{(ângulo de Brewster)},$$

em que a onda refletida é totalmente polarizada, com o vetor $\vec{E}$ perpendicular ao plano de incidência.

Polarização por Reflexão

Os óculos de sol com filtros polarizadores ajudam a evitar a ofuscação causada pela luz refletida na água. Isso acontece porque os raios luminosos, ao serem refletidos em qualquer superfície, se tornam total ou parcialmente polarizados.

A Fig. 33.7.1 mostra um raio de luz não polarizada incidindo em uma superfície de vidro. Vamos separar o vetor campo elétrico da luz em duas componentes. A *componente perpendicular* é perpendicular ao plano de incidência e, portanto, perpendicular ao plano do papel na Fig. 33.7.1; essa componente está representada por pontos (como se fossem os vetores vistos de frente). A *componente paralela* é paralela ao plano de incidência e, portanto, paralela ao plano do papel na Fig. 33.7.1; essa componente está representada por setas de duas cabeças. Como a luz incidente é não polarizada, as duas componentes têm a mesma amplitude no raio incidente.

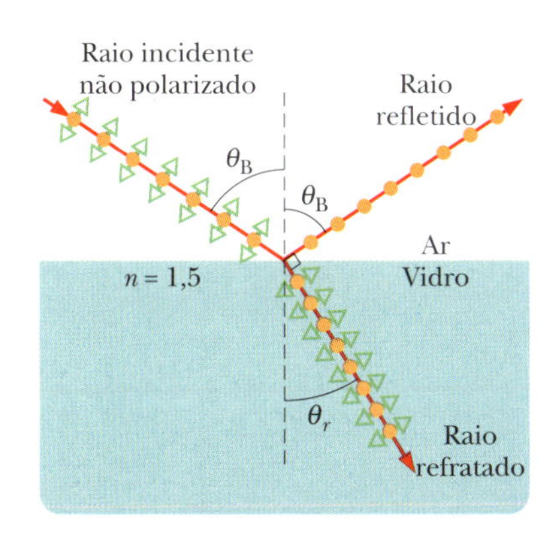

Figura 33.7.1 Um raio de luz não polarizada, que estava se propagando no ar, incide em uma superfície de vidro com um ângulo de incidência igual ao ângulo de Brewster θ_B. O campo elétrico do raio incidente pode ser separado em uma componente perpendicular ao plano do papel (que é o plano de incidência, reflexão e refração) e uma componente paralela ao plano do papel. A luz refletida contém apenas a componente perpendicular e, portanto, está polarizada nessa direção. A luz refratada contém as duas componentes, mas a componente perpendicular é menos intensa; assim, a luz refratada está parcialmente polarizada.

Em geral, a luz refletida também possui as duas componentes, mas com amplitudes diferentes. Isso significa que a luz refletida é parcialmente polarizada: o campo elétrico tem maior amplitude em algumas direções que em outras. Para determinado ângulo de incidência, porém, conhecido como *ângulo de Brewster* e representado pelo símbolo θ_B, a luz refletida possui apenas a componente perpendicular, como mostra a Fig. 33.7.1. Nesse caso, a luz refletida é totalmente polarizada perpendicularmente ao plano de incidência. A luz refratada, por outro lado, possui tanto a componente paralela como a componente perpendicular.

Óculos de Sol Polarizados. O vidro, a água e outros materiais dielétricos discutidos no Módulo 25.5 podem polarizar a luz por reflexão. Quando você observa uma dessas superfícies enquanto está sendo iluminada pelo Sol, você pode ver um ponto brilhante no local onde a reflexão está ocorrendo. Se a superfície é horizontal, como na Fig. 33.7.1, a polarização da luz refletida é horizontal. Para eliminar a ofuscação causada por uma superfície refletora horizontal, é preciso que os filtros polarizadores usados nos óculos sejam montados de tal forma que a direção de polarização fique na vertical. CVF

Lei de Brewster

Observa-se experimentalmente que o ângulo de Brewster θ_B é aquele para o qual os raios refletido e refratado são mutuamente perpendiculares. Como o ângulo do raio refletido na Fig. 33.7.1 é θ_B e o ângulo do raio refratado é θ_r, temos

$$\theta_B + \theta_r = 90°. \quad (33.7.1)$$

Esses dois ângulos podem ser relacionados com o auxílio da Eq. 33.5.2. Atribuindo arbitrariamente o índice 1 da Eq. 33.5.2 ao material no qual se propagam os raios incidente e refletido, temos

$$n_1 \operatorname{sen} \theta_B = n_2 \operatorname{sen} \theta_r. \quad (33.7.2)$$

Combinando as duas equações, obtemos

$$n_1 \operatorname{sen} \theta_B = n_2 \operatorname{sen}(90° - \theta_B) = n_2 \cos \theta_B \quad (33.7.3)$$

que nos dá

$$\theta_B = \tan^{-1} \frac{n_2}{n_1} \quad \text{(ângulo de Brewster).} \quad (33.7.4)$$

(Observe que os índices da Eq. 33.7.4 *não são* arbitrários, já que os meios 1 e 2 foram definidos previamente.) Se os raios incidente e refletido se propagam *no ar*, podemos fazer $n_1 = 1$ e representar n_2 como n; nesse caso, a Eq. 33.7.4 assume a forma

$$\theta_B = \tan^{-1} n \quad \text{(lei de Brewster).} \quad (33.7.5)$$

Essa versão simplificada da Eq. 33.7.4 é conhecida como **lei de Brewster**. Como o ângulo de Brewster, a lei de Brewster recebeu esse nome em homenagem a Sir David Brewster (1781-1868), o cientista escocês que a descobriu experimentalmente em 1812.

Teste 33.7.1

Na figura, um raio de luz que está se propagando no meio 1, cujo índice de refração é n_1, incide no meio 2, cujo índice de refração é n_2. Suponha que n_2 é menor que n_1 e que o ângulo de incidência do raio de luz é inicialmente igual ao ângulo de Brewster. (a) Se aumentamos o valor de n_2 até que ele fique maior que o valor de n_1, o valor do ângulo de Brewster aumenta ou diminui? (b) Se o meio 1 é o ar, qual é (aproximadamente) o menor valor possível do ângulo de Brewster?

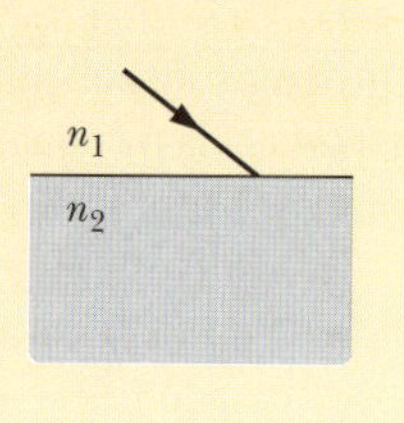

Revisão e Resumo

Ondas Eletromagnéticas Uma onda eletromagnética é formada por campos elétricos e magnéticos variáveis. As várias frequências possíveis das ondas eletromagnéticas constituem um *espectro*, do qual uma pequena parte constitui a luz visível. Uma onda eletromagnética que se propaga na direção do eixo x possui um campo elétrico $\vec{E}$ e um campo magnético $\vec{B}$ cujos módulos dependem de x e t:

$$E = E_m \operatorname{sen}(kx - \omega t)$$

e

$$B = B_m \operatorname{sen}(kx - \omega t), \qquad (33.1.1, 33.1.2)$$

em que E_m e B_m são as amplitudes de $\vec{E}$ e $\vec{B}$. O campo elétrico induz o campo magnético, e vice-versa. A velocidade de qualquer onda eletromagnética no vácuo é c, que pode ser escrita como

$$c = \frac{E}{B} = \frac{1}{\sqrt{\mu_0 \varepsilon_0}}, \qquad (33.1.5, 33.1.3)$$

em que E e B são os módulos dos campos em um instante qualquer.

Fluxo de Energia A taxa por unidade de área com a qual a energia é transportada por uma onda eletromagnética é dada pelo vetor de Poynting $\vec{S}$:

$$\vec{S} = \frac{1}{\mu_0} \vec{E} \times \vec{B}. \qquad (33.2.1)$$

A direção de $\vec{S}$ (que é também a direção de propagação da onda e a direção do fluxo de energia) é perpendicular às direções de $\vec{E}$ e $\vec{B}$. A taxa média por unidade de área com a qual a energia é transportada, $S_{\text{méd}}$, é chamada *intensidade* da onda e representada pelo símbolo I:

$$I = \frac{1}{c\mu_0} E_{\text{rms}}^2, \qquad (33.2.8)$$

em que $E_{\text{rms}} = E_m/\sqrt{2}$. Uma *fonte pontual* de ondas eletromagnéticas emite as ondas *isotropicamente*, ou seja, com igual intensidade em todas as direções. A intensidade das ondas a uma distância r de uma fonte pontual de potência P_s é dada por

$$I = \frac{P_s}{4\pi r^2}. \qquad (33.2.9)$$

Pressão da Radiação Quando uma superfície intercepta uma onda eletromagnética, a onda exerce uma força e uma pressão sobre a superfície. Quando a radiação é totalmente absorvida por uma superfície perpendicular à direção de propagação, a força é dada por

$$F = \frac{IA}{c} \quad \text{(absorção total)}, \qquad (33.3.5)$$

em que I é a intensidade da radiação e A é a área da superfície. Quando a radiação é totalmente refletida, a força é dada por

$$F = \frac{2IA}{c} \quad \text{(incidência perpendicular e reflexão total)}. \qquad (33.3.6)$$

A pressão da radiação p_r é a força por unidade de área:

$$p_r = \frac{I}{c} \quad \text{(absorção total)} \qquad (33.3.7)$$

e

$$p_r = \frac{2I}{c} \quad \text{(incidência perpendicular e reflexão total)}. \qquad (33.3.8)$$

Polarização Dizemos que uma onda eletromagnética é **polarizada** se o vetor campo elétrico está sempre no mesmo plano, que é chamado *plano de oscilação*. A luz produzida por uma lâmpada comum não é polarizada; dizemos que uma luz desse tipo é **não polarizada** ou **polarizada aleatoriamente**. Nesse caso, vistos de frente, os vetores do campo elétrico oscilam em todas as direções possíveis que sejam perpendiculares à direção de propagação.

Filtros Polarizadores Quando a luz atravessa um filtro polarizador, apenas a componente do campo elétrico paralela à **direção de polarização** do filtro é *transmitida*; a componente perpendicular à direção de polarização é absorvida pelo filtro. Isso significa que a luz que emerge de um filtro polarizador está polarizada paralelamente à direção de polarização do filtro.

Se a luz que incide em um filtro polarizador é não polarizada, a intensidade da luz transmitida, I, é metade da intensidade original I_0:

$$I = \tfrac{1}{2} I_0. \qquad (33.4.1)$$

Se a luz que incide no filtro polarizador é polarizada, a intensidade da luz transmitida depende do ângulo θ entre a direção de polarização da luz incidente e a direção de polarização do filtro:

$$I = I_0 \cos^2 \theta. \qquad (33.4.3)$$

Ótica Geométrica *Ótica geométrica* é o tratamento aproximado da luz no qual as ondas luminosas são representadas por raios que se propagam em linha reta.

Reflexão e Refração Quando um raio luminoso encontra a interface de dois meios transparentes, em geral aparecem um raio **refletido** e um raio **refratado**. Os dois raios permanecem no plano de incidência. O **ângulo de reflexão** é igual ao ângulo de incidência, e o **ângulo de refração** está relacionado com o ângulo de incidência pela lei de Snell,

$$n_2 \operatorname{sen} \theta_2 = n_1 \operatorname{sen} \theta_1 \quad \text{(refração)}, \qquad (33.5.2)$$

em que n_1 e n_2 são os índices de refração dos meios nos quais se propagam o raio incidente e o raio refratado.

Reflexão Interna Total Uma onda que incide em uma interface com um meio de menor índice de refração experimenta **reflexão interna total** se o ângulo de incidência for maior que um **ângulo crítico** θ_c dado por

$$\theta_c = \operatorname{sen}^{-1} \frac{n_2}{n_1} \quad \text{(ângulo crítico)}. \qquad (33.6.2)$$

Polarização por Reflexão Uma onda refletida é totalmente **polarizada**, com o vetor $\vec{E}$ perpendicular ao plano de incidência, se o ângulo de incidência for igual ao **ângulo de Brewster** θ_B, dado por

$$\theta_B = \tan^{-1} \frac{n_2}{n_1} \quad \text{(ângulo de Brewster)}. \qquad (33.7.4)$$

Perguntas

1 Se o campo magnético de uma onda luminosa é paralelo ao eixo y e o módulo é dado por $B_y = B_m \operatorname{sen}(kz - \omega t)$, determine (a) a direção de propagação da onda e (b) a direção do campo elétrico associado à onda.

2 Suponha que o segundo filtro da Fig. 33.4.7*a* seja girado a partir da direção de polarização paralela ao eixo y ($\theta = 0$), terminando com a direção de polarização paralela ao eixo x ($\theta = 90°$). Qual das quatro curvas da Fig. 33.1 representa melhor a intensidade da luz que atravessa o sistema de três filtros em função do ângulo θ durante a rotação?

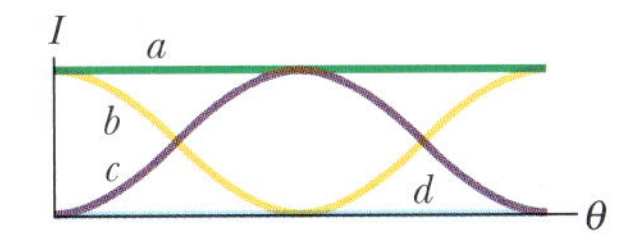

Figura 33.1 Pergunta 2.

3 (a) A Fig. 33.2 mostra um feixe luminoso passando por um filtro polarizador cuja direção de polarização é paralela ao eixo y. Suponha que o filtro seja girado de 40° no sentido horário, mantendo-se paralelo ao plano xy. Com a rotação, a porcentagem da luz que atravessa o filtro aumenta, diminui ou permanece constante (a) se a luz incidente for não polarizada, (b) se a luz incidente for polarizada paralelamente ao eixo x, (c) se a luz incidente for polarizada paralelamente ao eixo y?

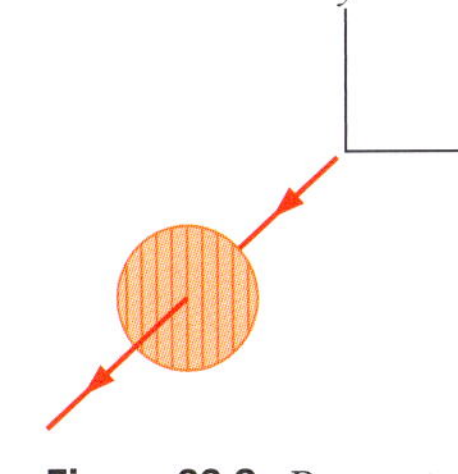

Figura 33.2 Pergunta 3.

4 A Fig. 33.3 mostra os campos elétrico e magnético de uma onda eletromagnética em um dado instante. O sentido de propagação da onda é para dentro ou para fora do papel?

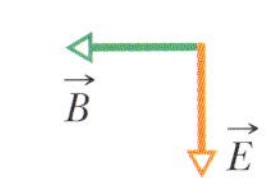

Figura 33.3 Pergunta 4.

5 Na Fig. 33.4.7*a*, comece com um feixe de luz polarizada paralelamente ao eixo x e escreva a razão entre a intensidade final I_3 e a intensidade inicial I_0 na forma $I_3/I_0 = A \cos^n \theta$. Quais são os valores de A, n e θ quando giramos a direção de polarização do primeiro filtro (a) 60° no sentido anti-horário e (b) 90° no sentido horário?

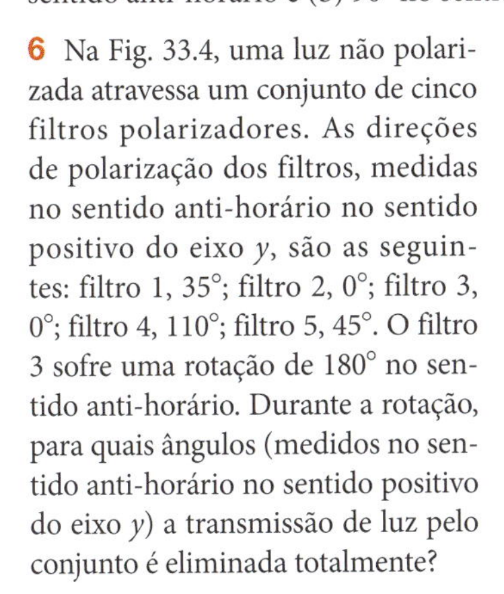

6 Na Fig. 33.4, uma luz não polarizada atravessa um conjunto de cinco filtros polarizadores. As direções de polarização dos filtros, medidas no sentido anti-horário no sentido positivo do eixo y, são as seguintes: filtro 1, 35°; filtro 2, 0°; filtro 3, 0°; filtro 4, 110°; filtro 5, 45°. O filtro 3 sofre uma rotação de 180° no sentido anti-horário. Durante a rotação, para quais ângulos (medidos no sentido anti-horário no sentido positivo do eixo y) a transmissão de luz pelo conjunto é eliminada totalmente?

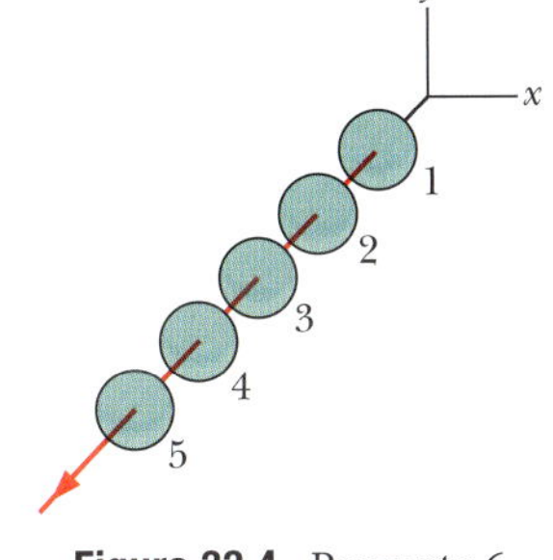

Figura 33.4 Pergunta 6.

7 A Fig. 33.5 mostra raios de luz monocromática passando por três materiais, *a*, *b* e *c*. Coloque os materiais na ordem decrescente do índice de refração.

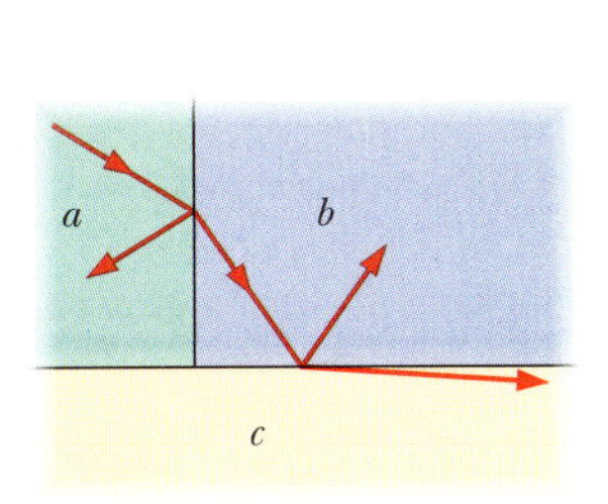

Figura 33.5 Pergunta 7.

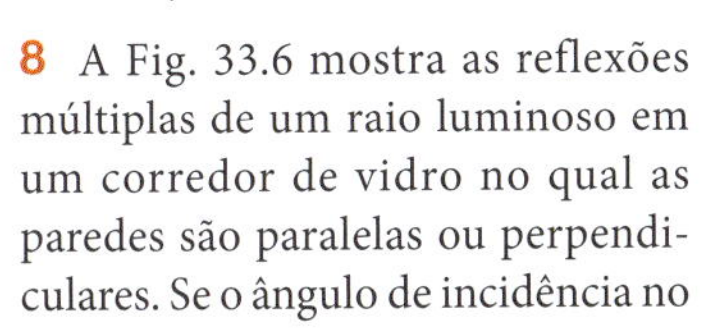

8 A Fig. 33.6 mostra as reflexões múltiplas de um raio luminoso em um corredor de vidro no qual as paredes são paralelas ou perpendiculares. Se o ângulo de incidência no ponto *a* é 30°, quais são os ângulos de reflexão do raio luminoso nos pontos *b*, *c*, *d*, *e* e *f*?

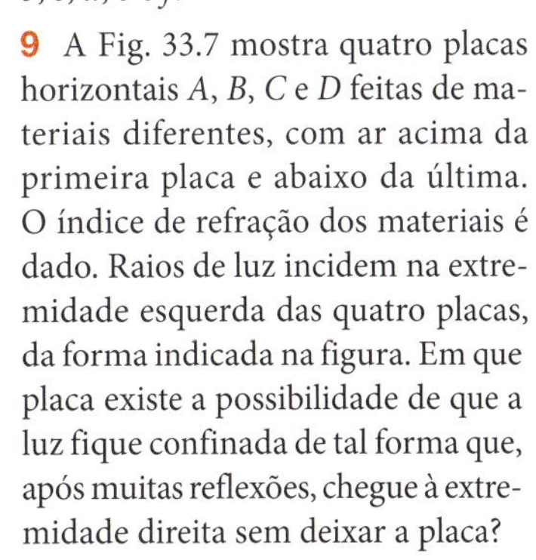

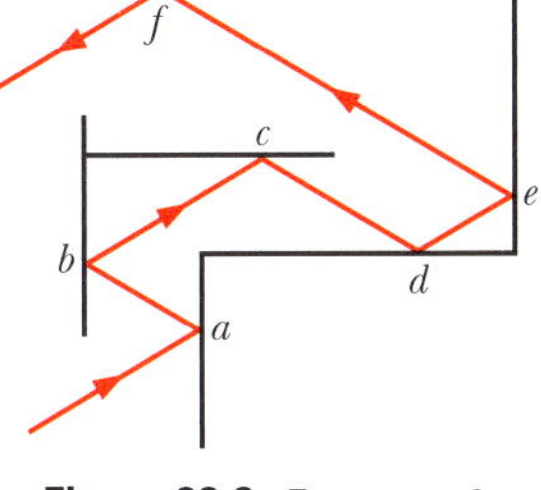

Figura 33.6 Pergunta 8.

9 A Fig. 33.7 mostra quatro placas horizontais *A*, *B*, *C* e *D* feitas de materiais diferentes, com ar acima da primeira placa e abaixo da última. O índice de refração dos materiais é dado. Raios de luz incidem na extremidade esquerda das quatro placas, da forma indicada na figura. Em que placa existe a possibilidade de que a luz fique confinada de tal forma que, após muitas reflexões, chegue à extremidade direita sem deixar a placa?

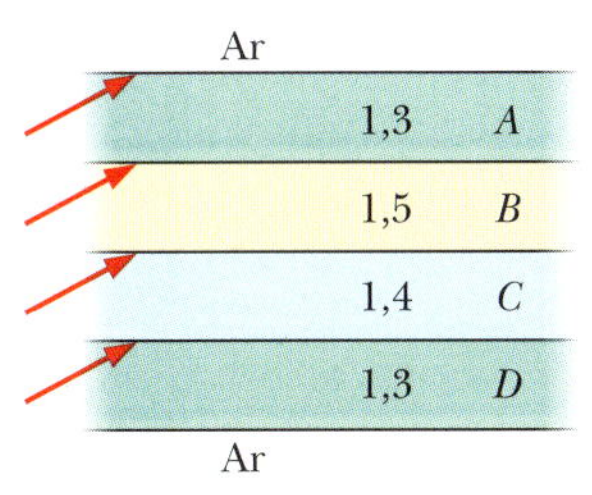

Figura 33.7 Pergunta 9.

10 O bloco da esquerda da Fig. 33.8 apresenta reflexão interna total para a luz no interior de um material com índice de refração n_1 quando existe ar do lado de fora do material. Um raio de luz que chega ao ponto *A* vindo de qualquer ponto da região sombreada da esquerda (como o raio que aparece na figura) sofre reflexão total e termina na região sombreada da direita. Os outros blocos mostram situações semelhantes para outros materiais. Coloque os materiais na ordem decrescente do índice de refração.

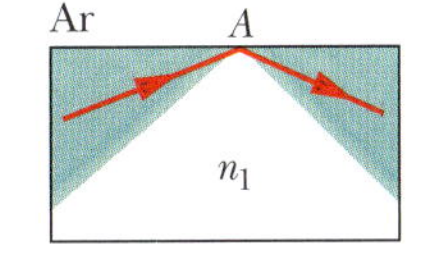

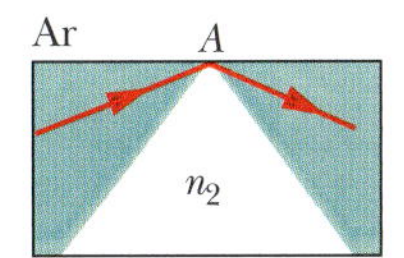

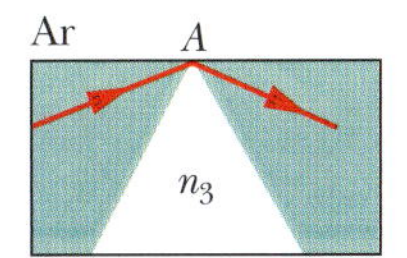

Figura 33.8 Pergunta 10.

11 As três partes da Fig. 33.9 mostram a refração da luz na interface de dois materiais diferentes. O raio incidente (cinzento, na figura) é uma mistura de luz vermelha e azul. O índice de refração aproximado para a luz visível está indicado para cada material. Qual das três partes mostra uma situação fisicamente possível? (*Sugestão*: Considere primeiro a refração em geral, independentemente da cor, e depois considere a diferença entre a refração da luz vermelha e a refração da luz azul.)

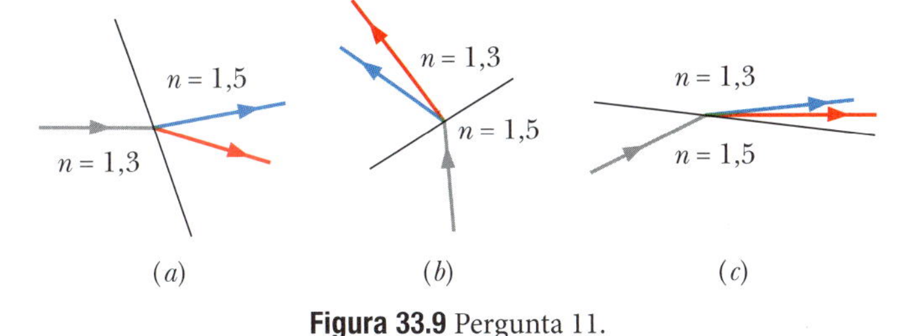

Figura 33.9 Pergunta 11.

12 Na Fig. 33.10, a luz começa no material *a*, passa por placas feitas de três outros materiais com as interfaces paralelas entre si e penetra em outra placa do material *a*. A figura mostra o raio incidente e os raios refratados nas diferentes interfaces. Coloque os materiais na ordem decrescente do índice de refração. (*Sugestão*: O fato de que as interfaces são paralelas permite uma comparação direta.)

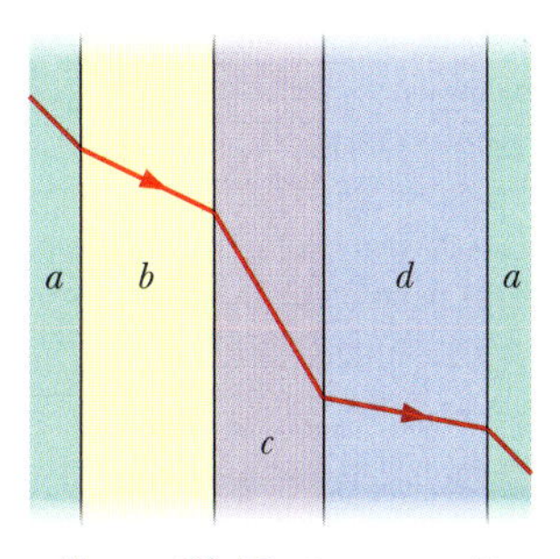

Figura 33.10 Pergunta 12.

Problemas

F Fácil M Médio D Difícil

CVF Informações adicionais disponíveis no e-book *O Circo Voador da Física*, de Jearl Walker, LTC Editora, Rio de Janeiro, 2008.

CALC Requer o uso de derivadas e/ou integrais

BIO Aplicação biomédica

Módulo 33.1 Ondas Eletromagnéticas

1 F Um laser de hélio-neônio emite luz vermelha em uma faixa estreita de comprimentos de onda em torno de 632,8 nm, com uma "largura" (como a da escala da Fig. 33.1.1) de 0,0100 nm. Qual é a "largura" da luz emitida em unidades de frequência?

2 F O objetivo do Projeto Seafarer era construir uma gigantesca antena subterrânea, com uma área da ordem de 10 mil km^2, para transmitir sinais de rádio que pudessem ser captados por submarinos a grandes profundidades. Se o comprimento de onda efetivo desses sinais de rádio fosse $1{,}0 \times 10^4$ raios terrestres, qual seria (a) a frequência e (b) qual seria o período da radiação emitida? Normalmente, as ondas eletromagnéticas são fortemente atenuadas quando se propagam em materiais condutores de eletricidade, como a água salgada, o que torna difícil a comunicação com submarinos.

3 F A partir da Fig. 33.1.2, determine (a) o menor e (b) o maior comprimento de onda para o qual a sensibilidade de olho humano é igual a metade da sensibilidade máxima. Determine também (c) o comprimento de onda, (d) a frequência e (e) o período da luz a que o olho humano é mais sensível.

4 F A que distância devem estar as mãos de uma pessoa para que estejam separadas por 1,0 nanossegundo-luz (a distância que a luz percorre em 1,0 nanossegundo)?

5 F Qual o valor da indutância que deve ser ligada a um capacitor de 17 pF em um oscilador capaz de gerar ondas eletromagnéticas de 550 nm (ou seja, dentro da faixa da luz visível)? Comente a resposta.

6 F Qual é o comprimento de onda da onda eletromagnética emitida pelo sistema oscilador-antena da Fig. 33.1.3, se $L = 0{,}253\ \mu$H e $C = 25{,}0$ pF?

Módulo 33.2 Transporte de Energia e o Vetor de Poynting

7 F Qual deve ser a intensidade de uma onda eletromagnética plana, se o valor de B_m é $1{,}0 \times 10^{-4}$ T?

8 F Suponha (de forma pouco realista) que uma estação de TV se comporta como uma fonte pontual, isotrópica, transmitindo com uma potência de 1,0 MW. Qual é a intensidade do sinal ao chegar às vizinhanças de Próxima do Centauro, a estrela mais próxima do Sistema Solar, que está a 4,3 anos-luz de distância? (Uma civilização alienígena a essa distância poderia assistir a *Arquivo X*.) Um ano-luz é a distância que a luz percorre em um ano.

9 F Alguns lasers de neodímio-vidro podem produzir 100 TW de potência em pulsos de 1,0 ns com um comprimento de onda de 0,26 μm. Qual é a energia contida em um desses pulsos?

10 F Uma onda eletromagnética plana tem um campo elétrico máximo de $3{,}20 \times 10^{-4}$ V/m. Determine a amplitude do campo magnético.

11 F Uma onda eletromagnética plana que se propaga no vácuo no sentido positivo do eixo x tem componentes $E_x = E_y = 0$ e $E_z = (2{,}0\ \text{V/m})\cos[\pi \times 10^{15}\ \text{s}^{-1})(t - x/c)]$. (a) Qual é a amplitude do campo magnético associado à onda? (b) O campo magnético oscila paralelamente a que eixo? (c) No instante em que o campo elétrico associado à onda aponta no sentido positivo do eixo z em certo ponto P do espaço, em que direção aponta o campo magnético no mesmo ponto?

12 F Em uma onda de rádio plana, o valor máximo do campo elétrico é 5,00 V/m. Calcule (a) o valor máximo do campo magnético e (b) a intensidade da onda.

13 M A luz do Sol no limite superior da atmosfera terrestre tem uma intensidade de 1,40 kW/m^2. Calcule (a) E_m e (b) B_m para a luz solar nessa altitude, supondo tratar-se de uma onda plana.

14 M CALC Uma fonte pontual isotrópica emite luz com um comprimento de onda de 500 nm e uma potência de 200 W. Um detector de luz é posicionado a 400 m da fonte. Qual é a máxima taxa $\partial B/\partial t$ com a qual a componente magnética da luz varia com o tempo na posição do detector?

15 M Um avião que está a 10 km de distância de um transmissor de rádio recebe um sinal com uma intensidade de 10 μW/m^2. Determine a amplitude (a) do campo elétrico e (b) do campo magnético do sinal na posição do avião. (c) Se o transmissor irradia uniformemente ao longo de um hemisfério, qual é a potência da transmissão?

16 M Frank D. Drake, um investigador do programa SETI (Search for Extra-Terrestrial Intelligence, ou seja, Busca de Inteligência Extraterrestre), disse uma vez que o grande radiotelescópio que funcionou em Arecibo, Porto Rico (Fig. 33.11), "é capaz de detectar um sinal que deposita em toda a superfície da Terra uma potência de apenas um picowatt". (a) Qual é a potência que a antena do radiotelescópio de Arecibo teria recebido de um sinal como esse? O diâmetro da antena é 300 m. (b) Qual teria que ser a potência de uma fonte isotrópica situada no centro de nossa galáxia para que um sinal com essa potência chegasse à Terra? O centro da galáxia fica a $2{,}2 \times 10^4$ anos-luz de distância. Um ano-luz é a distância que a luz percorre em um ano.

Cortesia de SRI International, USRA, UMET

Figura 33.11 Problema 16. O radiotelescópio de Arecibo.

17 M O campo elétrico máximo a uma distância de 10 m de uma fonte pontual é 2,0 V/m. Quais são (a) o valor máximo do campo magnético e (b) a intensidade média da luz a essa distância da fonte? (c) Qual é a potência da fonte?

18 M A intensidade I da luz emitida por uma fonte pontual é medida em função da distância r da fonte. A Fig. 33.12 mostra a intensidade I em função do inverso do quadrado da distância, r^{-2}. A escala do eixo vertical é definida por $I_s = 200$ W/m^2 e a escala do eixo horizontal é definida por $r_s^{-2} = 8{,}0$ m^{-2}. Qual é a potência da fonte?

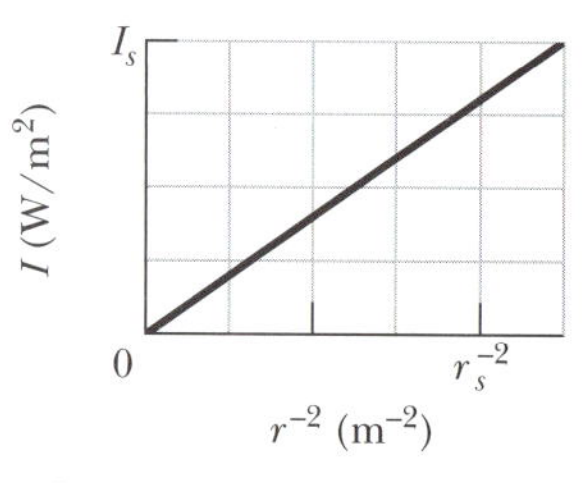

Figura 33.12 Problema 18.

Módulo 33.3 Pressão da Radiação

19 **F** Lasers de alta potência são usados para comprimir plasmas (gases de partículas carregadas). Um laser capaz de gerar pulsos de radiação com uma potência máxima de $1{,}5 \times 10^3$ MW é focalizado em 1,0 mm^2 de um plasma de elétrons de alta densidade. Determine a pressão exercida sobre o plasma se este se comporta como um meio perfeitamente refletor.

20 **F** A luz do Sol no limite superior da atmosfera terrestre tem uma intensidade de 1,4 kW/m^2. (a) Supondo que a Terra (e a atmosfera) se comporta como um disco plano perpendicular aos raios solares e que toda a energia incidente é absorvida, calcule a força exercida sobre a Terra pela radiação. (b) Compare essa força com a força exercida pela atração gravitacional do Sol.

21 **F** Qual é a pressão da radiação a 1,5 m de distância de uma lâmpada de 500 W? Suponha que a superfície sobre a qual a pressão é exercida está voltada para a lâmpada e é perfeitamente absorvente e que a lâmpada irradia uniformemente em todas as direções.

22 **F** Um pedaço de cartolina pintado de preto, totalmente absorvente, de área $A = 2{,}0$ cm^2, intercepta um pulso luminoso com uma intensidade de 10 W/m^2 produzido por uma lâmpada estroboscópica. Qual é a pressão exercida pela luz sobre a cartolina?

23 **M** Pretende-se levitar uma pequena esfera, totalmente absorvente, 0,500 m acima de uma fonte luminosa pontual, fazendo com que a força para cima exercida pela radiação seja igual ao peso da esfera. A esfera tem 2,00 mm de raio e massa específica de 19,0 g/cm^3. (a) Qual deve ser a potência da fonte luminosa? (b) Mesmo que fosse possível construir uma fonte com essa potência, por que o equilíbrio da esfera seria instável?

24 **M** Teoricamente, uma espaçonave poderia deslocar-se no sistema solar usando a pressão da radiação solar em uma grande vela feita de folha de alumínio. Qual deve ser o tamanho da vela para que a força exercida pela radiação seja igual em módulo à força de atração gravitacional do Sol? Suponha que a massa da espaçonave, incluindo a vela, é 1.500 kg e que a vela é perfeitamente refletora e está orientada perpendicularmente aos raios solares. Os dados astronômicos necessários podem ser obtidos no Apêndice C. (Se for usada uma vela maior, a espaçonave se afastará do Sol.)

25 **M** Prove, para uma onda eletromagnética plana que incide perpendicularmente em uma superfície plana, que a pressão exercida pela radiação sobre a superfície é igual à densidade de energia perto da superfície. (Essa relação entre pressão e densidade de energia não depende da refletância da superfície.)

26 **M** Na Fig. 33.13, o feixe de um laser com 4,60 W de potência e $D = 2{,}60$ mm de diâmetro é apontado para cima, perpendicularmente a uma das faces circulares (com menos de 2,60 mm de diâmetro) de um cilindro perfeitamente refletor, que é mantido suspenso pela pressão da radiação do laser. A massa específica do cilindro é 1,20 g/cm^3. Qual é a altura H do cilindro?

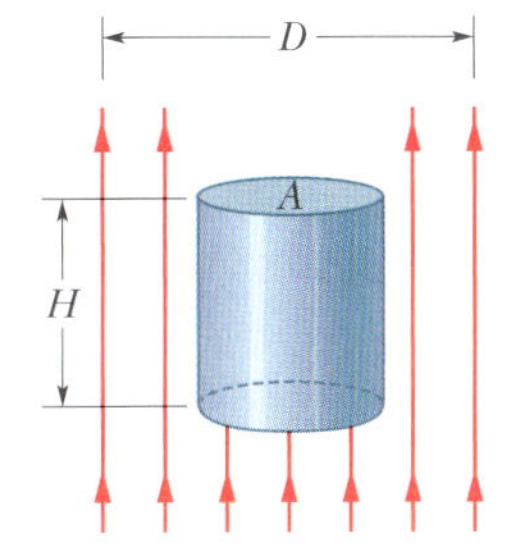

Figura 33.13 Problema 26.

27 **M** **CALC** Uma onda eletromagnética plana, com um comprimento de onda de 3,0 m, se propaga no vácuo, no sentido positivo do eixo x. O campo elétrico, cuja amplitude é 300 V/m, oscila paralelamente ao eixo y. Determine (a) a frequência, (b) a frequência angular, (c) o número de onda, (d) a amplitude do campo magnético associado à onda. (e) O campo magnético oscila paralelamente a que eixo? (f) Qual é o fluxo médio de energia, em watts por metro quadrado, associado à onda? A onda ilumina uniformemente uma placa com uma área de 2,0 m^2. Se a placa absorve totalmente a onda, determine (g) a taxa com a qual o momento é transferido à placa e (h) a pressão exercida pela radiação sobre a placa.

28 **M** A intensidade média da radiação solar que incide perpendicularmente em uma superfície situada logo acima da atmosfera da Terra é 1,4 kW/m^2. (a) Qual é a pressão de radiação p_r exercida pelo Sol sobre a superfície, supondo que toda a radiação é absorvida? (b) Calcule a razão entre essa pressão e a pressão atmosférica ao nível do mar, que é $1{,}0 \times 10^5$ Pa.

29 **M** Uma pequena espaçonave cuja massa é $1{,}5 \times 10^3$ kg (incluindo um astronauta) está à deriva no espaço, longe de qualquer campo gravitacional. Se o astronauta liga um laser com uma potência de 10 kW, que velocidade a nave atinge em 1,0 dia por causa do momento associado à luz do laser?

30 **M** Um laser tem uma potência luminosa de 5,00 mW e um comprimento de onda de 633 nm. A luz emitida é focalizada (concentrada) até que o diâmetro do feixe luminoso seja igual ao diâmetro de 1.266 nm de uma esfera iluminada pelo laser. A esfera é perfeitamente absorvente e tem massa específica de $5{,}00 \times 10^3$ kg/m^3. Determine (a) a intensidade do feixe produzido pelo laser na posição da esfera, (b) a pressão exercida pela radiação do laser sobre a esfera, (c) o módulo da força correspondente, (d) o módulo da aceleração que a força imprime à esfera.

31 **D** Quando um cometa se aproxima do Sol, o gelo da superfície do cometa sublima, liberando íons e partículas de poeira. Como possuem carga elétrica, os íons são empurrados pelas partículas carregadas do *vento solar* e formam uma *cauda de íons*, retilínea, que aponta radialmente para longe do Sol (Fig. 33.14). As partículas de poeira (eletricamente neutras) são empurradas para longe do Sol pela força da luz solar. Suponha que as partículas de poeira são esféricas, têm uma massa específica de $3{,}5 \times 10^3$ kg/m^3 e são totalmente absorventes. (a) Que raio deve ter uma partícula para descrever uma trajetória retilínea, como a trajetória 2 da figura? (b) Se o raio da partícula é maior que o valor calculado no item (a), a trajetória se encurva para longe do Sol, como a trajetória 1, ou para perto do Sol, como a trajetória 3?

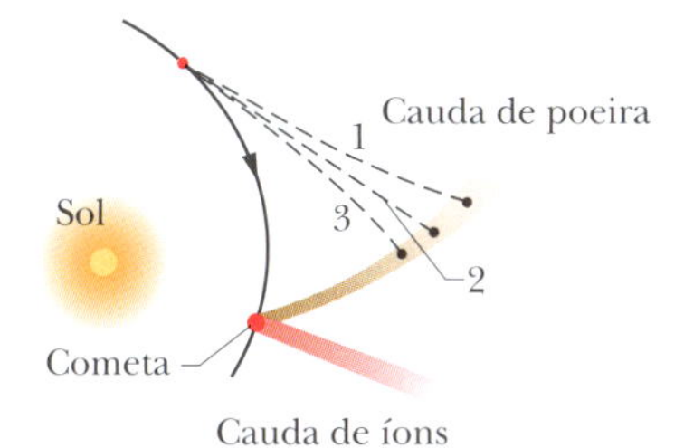

Figura 33.14 Problema 31.

Módulo 33.4 Polarização

32 **F** Na Fig. 33.15, um feixe de luz inicialmente não polarizada atravessa três filtros polarizadores cujas direções de polarização fazem ângulos de $\theta_1 = \theta_2 = \theta_3 = 50°$ com a direção do eixo y. Que porcentagem da intensidade inicial da luz é transmitida pelo conjunto? (*Sugestão*: Preste atenção nos ângulos.)

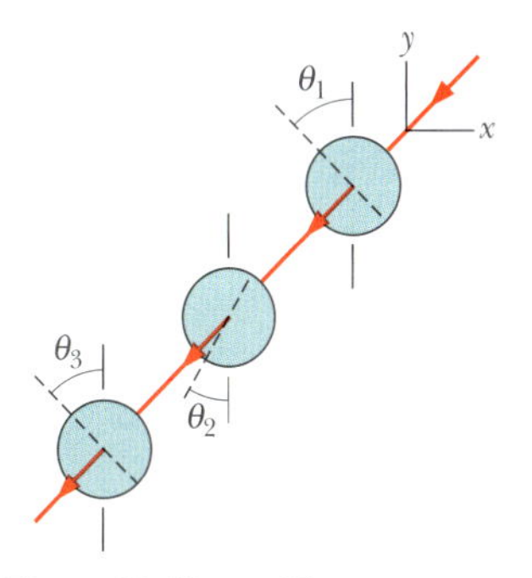

Figura 33.15 Problemas 32 e 33.

33 F Na Fig. 33.15, um feixe de luz inicialmente não polarizada atravessa três filtros polarizadores, cujas direções de polarização fazem ângulos de $\theta_1 = 40°$, $\theta_2 = 20°$ e $\theta_3 = 40°$ com a direção do eixo y. Que porcentagem da intensidade inicial da luz é transmitida pelo conjunto? (*Sugestão*: Preste atenção nos ângulos.)

34 F Na Fig. 33.16, um feixe de luz não polarizada, com uma intensidade de 43 W/m^2, atravessa um sistema composto por dois filtros polarizadores cujas direções fazem ângulos $\theta_1 = 70°$ e $\theta_2 = 90°$ com o eixo y. Qual é a intensidade da luz transmitida pelo sistema?

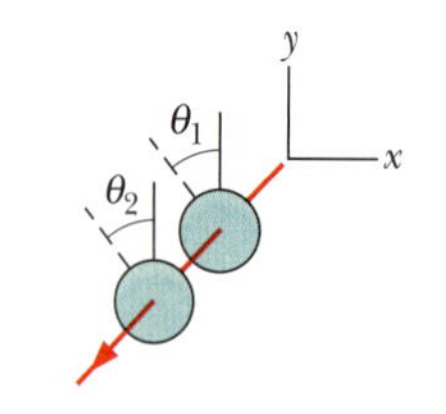

Figura 33.16 Problemas 34, 35 e 42.

35 F Na Fig. 33.16, um feixe luminoso com uma intensidade de 43 W/m^2 e polarização paralela ao eixo y, atravessa um sistema composto por dois filtros polarizadores cujas direções fazem ângulos $\theta_1 = 70°$ e $\theta_2 = 90°$ com o eixo y. Qual é a intensidade da luz transmitida pelo sistema?

36 M CVF Nas praias, a luz, em geral, é parcialmente polarizada devido às reflexões na areia e na água. Em uma praia, no fim da tarde, a componente horizontal do vetor campo elétrico é 2,3 vezes maior que a componente vertical. Um banhista fica de pé e coloca óculos polarizados que eliminam totalmente a componente horizontal do campo elétrico. (a) Que fração da intensidade luminosa total chega aos olhos do banhista? (b) Ainda usando óculos, o banhista se deita de lado na areia. Que fração da intensidade luminosa total chega aos olhos do banhista?

37 M Queremos fazer a direção de polarização de um feixe de luz polarizada girar de 90° fazendo o feixe passar por um ou mais filtros polarizadores. (a) Qual é o número mínimo de filtros necessário? (b) Qual é o número mínimo de filtros necessário se a intensidade da luz transmitida deve ser mais de 60% da intensidade original?

38 M Na Fig. 33.17, um feixe de luz não polarizada passa por um conjunto de três filtros polarizadores. Os ângulos θ_1, θ_2 e θ_3 das direções de polarização são medidos no sentido anti-horário no sentido positivo do eixo y (não estão desenhados em escala). Os ângulos θ_1 e θ_3 são fixos, mas o ângulo θ_2 pode ser ajustado. A Fig. 33.18 mostra a intensidade da luz que atravessa o conjunto em função de θ_2. (A escala do eixo de intensidades não é conhecida.) Que porcentagem da intensidade inicial da luz é transmitida pelo conjunto se $\theta_2 = 30°$?

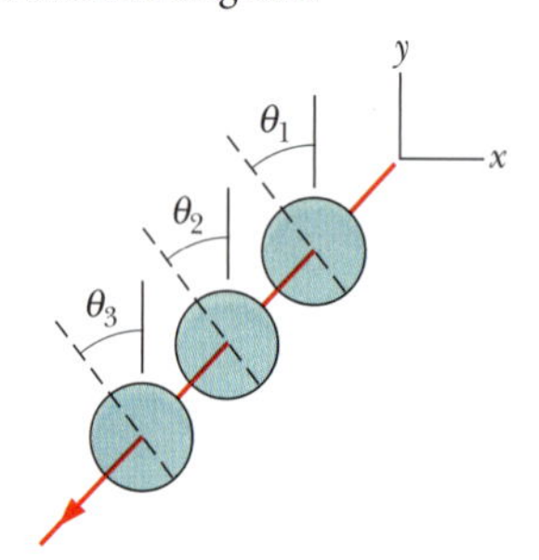

Figura 33.17 Problemas 38, 40 e 44.

39 M Um feixe de luz não polarizada com uma intensidade de 10 mW/m^2 atravessa um filtro polarizador como na Fig. 33.4.3. Determine (a) a amplitude do campo elétrico da luz transmitida e (b) a pressão exercida pela radiação sobre o filtro polarizador.

40 M Na Fig. 33.18, um feixe de luz não polarizada atravessa um conjunto de três filtros polarizadores. Os ângulos θ_1, θ_2 e θ_3 das direções de polarização são medidos no sentido anti-horário, a partir do semieixo y positivo (os ângulos não estão desenhados em escala). Os ângulos θ_1 e θ_3 são fixos, mas o ângulo θ_2 pode ser ajustado. A Fig. 33.19 mostra a intensidade da luz que atravessa o conjunto em função de θ_2. (A escala do eixo de intensidades não é conhecida.) Que porcentagem da intensidade inicial da luz é transmitida pelo conjunto para $\theta_2 = 90°$?

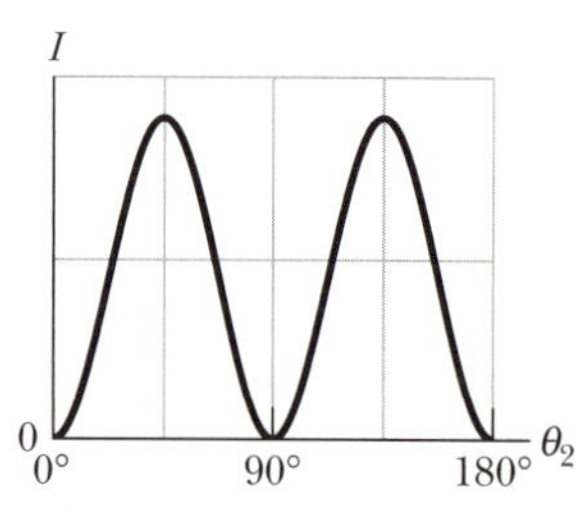

Figura 33.18 Problema 38.

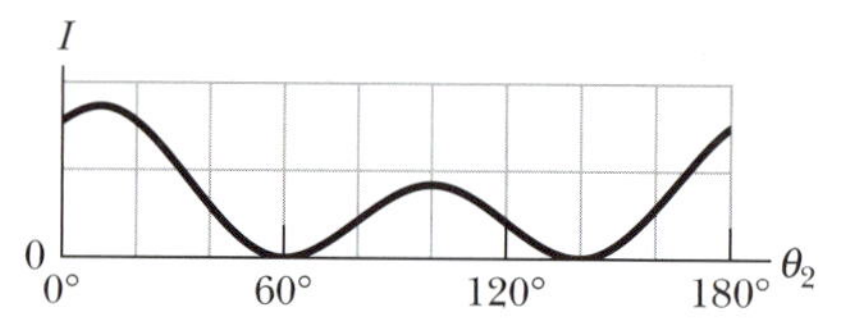

Figura 33.19 Problema 40.

41 M Um feixe de luz polarizada passa por um conjunto de dois filtros polarizadores. Em relação à direção de polarização da luz incidente, as direções de polarização dos filtros são θ para o primeiro filtro e 90° para o segundo. Se 10% da intensidade incidente são transmitidos pelo conjunto, quanto vale θ?

42 M Na Fig. 33.16, um feixe de luz não polarizada atravessa um conjunto de dois filtros polarizadores. Os ângulos θ_1 e θ_2 das direções de polarização dos filtros são medidos no sentido anti-horário a partir do semieixo y positivo (os ângulos não estão desenhados em escala na figura). O ângulo θ_1 é fixo, mas o ângulo θ_2 pode ser ajustado. A Fig. 33.20 mostra a intensidade da luz que atravessa o sistema em função de θ_2. (A escala do eixo de intensidades não é conhecida.) Que porcentagem da intensidade inicial da luz é transmitida pelo conjunto para $\theta_2 = 90°$?

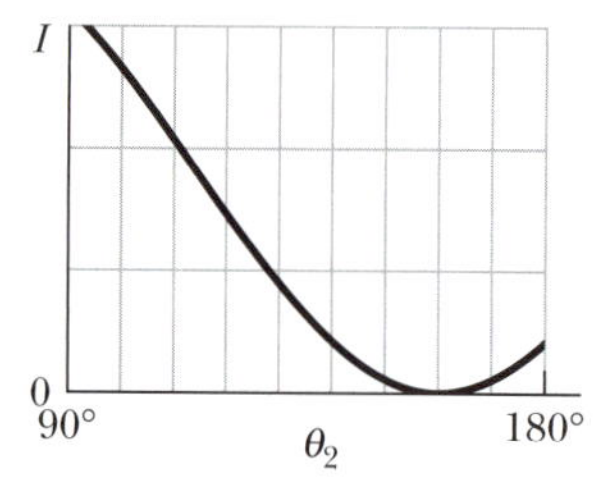

Figura 33.20 Problema 42.

43 M Um feixe de luz parcialmente polarizada pode ser considerado uma mistura de luz polarizada e não polarizada. Suponha que um feixe desse tipo atravesse um filtro polarizador e que o filtro seja girado de 360° enquanto se mantém perpendicular ao feixe. Se a intensidade da luz transmitida varia por um fator de 5,0 durante a rotação do filtro, que fração da intensidade da luz incidente está associada à luz polarizada do feixe?

44 M Na Fig. 33.17, um feixe de luz não polarizada atravessa um conjunto de três filtros polarizadores que transmite 0,0500 da intensidade luminosa inicial. As direções de polarização do primeiro filtro e do terceiro filtro são $\theta_1 = 0°$ e $\theta_3 = 90°$. Determine (a) o menor e (b) o maior valor possível do ângulo θ_2 ($< 90°$) que define a direção de polarização do filtro 2.

Módulo 33.5 Reflexão e Refração

45 F Quando o tanque retangular de metal da Fig. 33.21 está cheio, até a borda, de um líquido desconhecido, um observador O, com os olhos ao nível do alto do tanque, mal pode ver o vértice E. A figura mostra um raio que se refrata na superfície do líquido e toma a direção do observador O. Se $D = 85{,}0$ cm e $L = 1{,}10$ m, qual é o índice de refração do líquido?

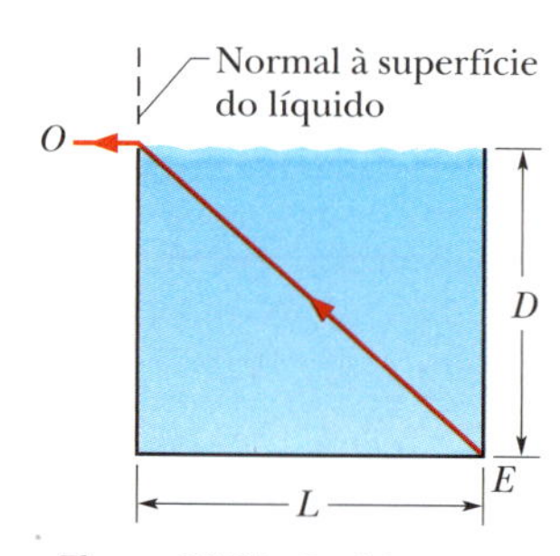

Figura 33.21 Problema 45.

46 F Na Fig. 33.22a, um raio luminoso que estava se propagando em um meio transparente incide com um ângulo θ_1 na água, onde parte da luz se refrata. O primeiro meio pode ser do tipo 1 ou do tipo 2; a Fig. 33.22b mostra o ângulo de refração θ_2 em função do ângulo de incidência θ_1 para os dois tipos de meio. A escala do eixo horizontal é definida por $\theta_{1s} = 90°$. Sem fazer nenhum cálculo, determine (a) se o índice de refração do meio 1 é maior ou menor que o índice de refração da água ($n = 1{,}33$) e (b) se o índice de refração do meio 2 é maior ou menor que o índice de refração da água. Determine o índice de refração (c) do meio 1 e (d) do meio 2.

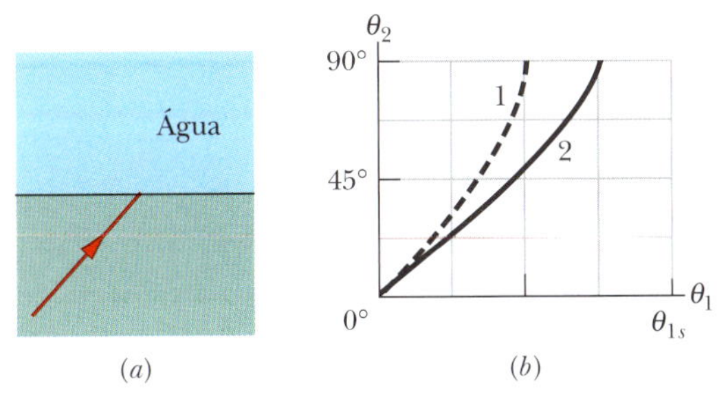

Figura 33.22 Problema 46.

47 F Um raio de luz que estava se propagando no vácuo incide na superfície de uma placa de vidro. No vácuo, o raio faz um ângulo de 32,0° com a normal à superfície, enquanto no vidro faz um ângulo de 21,0° com a normal. Qual é o índice de refração do vidro?

48 F Na Fig. 33.23*a*, um raio luminoso que estava se propagando na água incide com um ângulo θ_1 em outro meio, no qual parte da luz se refrata. O outro meio pode ser do tipo 1 ou do tipo 2; a Fig. 33.23*b* mostra o ângulo de refração θ_2 em função do ângulo de incidência θ_1 para os dois tipos de meio. A escala do eixo vertical é definida por $\theta_{2s} = 90°$. Sem fazer nenhum cálculo, determine (a) se o índice de refração do meio 1 é maior ou menor que o índice de refração da água ($n = 1{,}33$) e (b) se o índice de refração do meio 2 é maior ou menor que o índice de refração da água. Determine o índice de refração (c) do meio 1 e (d) do meio 2.

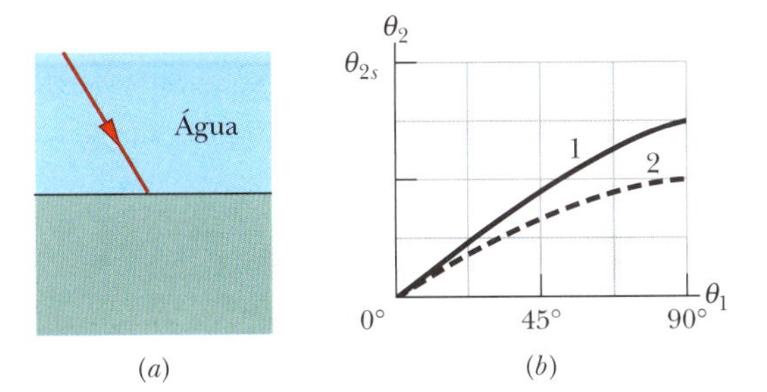

Figura 33.23 Problema 48.

49 F A Fig. 33.24 mostra um raio luminoso sendo refletido em dois espelhos perpendiculares *A* e *B*. Determine o ângulo entre o raio incidente *i* e o raio *r'*.

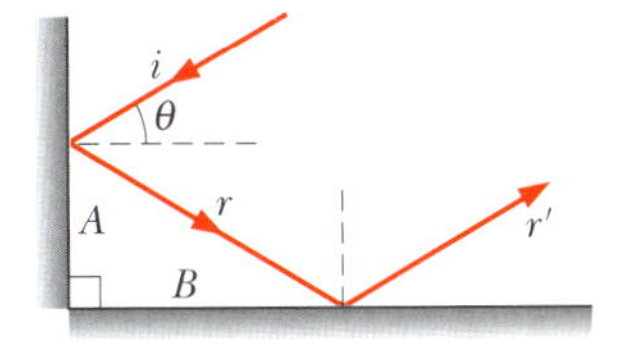

Figura 33.24 Problema 49.

50 M Na Fig. 33.25*a*, um feixe luminoso que estava se propagando no meio 1 incide com um ângulo $\theta_1 = 40°$ na interface com o meio 2. Parte da luz penetra no meio 2 e parte dessa luz penetra no meio 3; todas as interfaces são paralelas. A orientação do feixe no meio 3 depende, entre outros fatores, do índice de refração n_3 do terceiro meio. A Fig. 33.25*b* mostra o ângulo θ_3 em função de n_3. A escala do eixo vertical é definida por $\theta_{3a} = 30{,}0°$ e $\theta_{3b} = 50{,}0°$. (a) É possível calcular o índice de refração do meio 1 com base nessas informações? Se a resposta for afirmativa, determine o valor de n_1. (b) É possível calcular o índice de refração do meio 2 com base nessas informações? Se a resposta for afirmativa, determine o valor de n_2. (c) Se $\theta_1 = 70°$ e $n_3 = 2{,}4$, qual é o valor de θ_3?

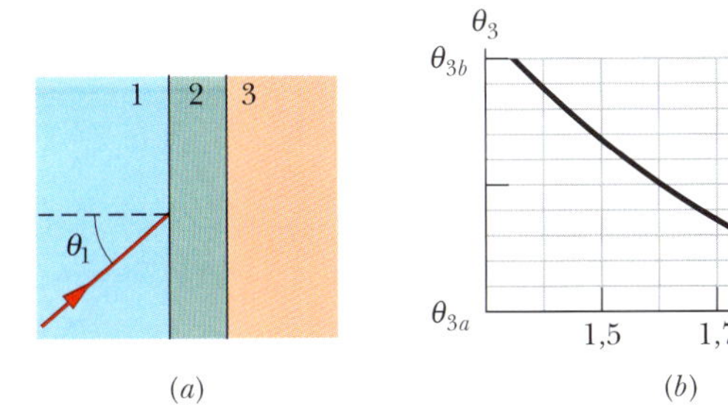

Figura 33.25 Problema 50.

51 M Na Fig. 33.26, a luz incide, fazendo um ângulo $\theta_1 = 40{,}1°$ com a normal, na interface de dois meios transparentes. Parte da luz atravessa as outras três camadas transparentes e parte é refletida para cima e escapa para o ar. Se $n_1 = 1{,}30$, $n_2 = 1{,}40$, $n_3 = 1{,}32$ e $n_4 = 1{,}45$, determine o valor (a) de θ_5 e (b) de θ_4.

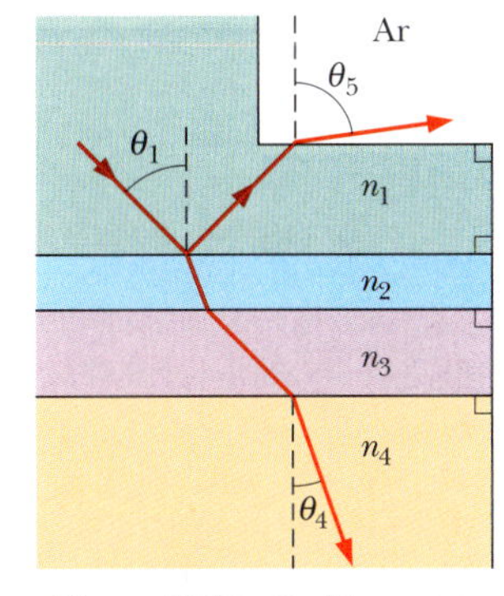

Figura 33.26 Problema 51.

52 M Na Fig. 33.27*a*, um feixe luminoso que estava se propagando no meio 1 incide no meio 2 com um ângulo de 30°. A refração da luz no meio 2 depende, entre outros fatores, do índice de refração n_2 do meio 2. A Fig. 33.27 mostra o ângulo de refração θ_2 em função de n_2. A escala do eixo vertical é definida por $\theta_{2a} = 20{,}0°$ e $\theta_{2b} = 40{,}0°$. (a) Qual é o índice de refração do meio 1? (b) Se o ângulo de incidência aumenta para 60° e $n_2 = 2{,}4$, qual é o valor de θ_2?

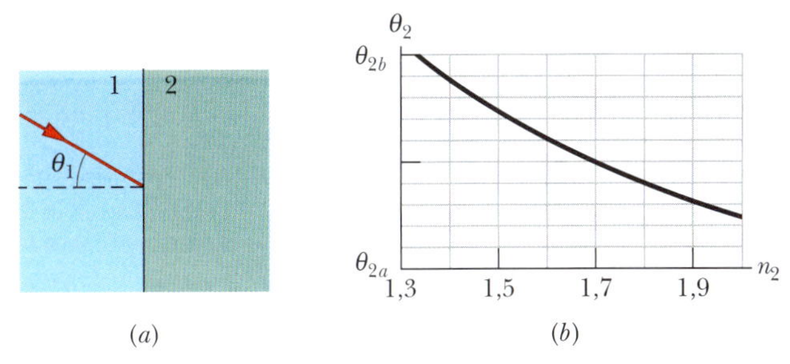

Figura 33.27 Problema 52.

53 M Na Fig. 33.28, um raio incide em uma das faces de um prisma triangular de vidro imerso no ar. O ângulo de incidência θ é escolhido de tal forma que o raio emergente faz o mesmo ângulo θ com a normal à outra face. Mostre que o índice de refração n do vidro é dado por

$$n = \frac{\text{sen}\,\frac{1}{2}(\psi + \phi)}{\text{sen}\,\frac{1}{2}\phi},$$

em que ϕ é o ângulo do vértice superior do prisma e ψ é o *ângulo de desvio*, definido como o ângulo entre o raio emergente e o raio incidente. (Nessas condições, o ângulo de desvio ψ tem o menor valor possível, que é denominado *ângulo de desvio mínimo*.)

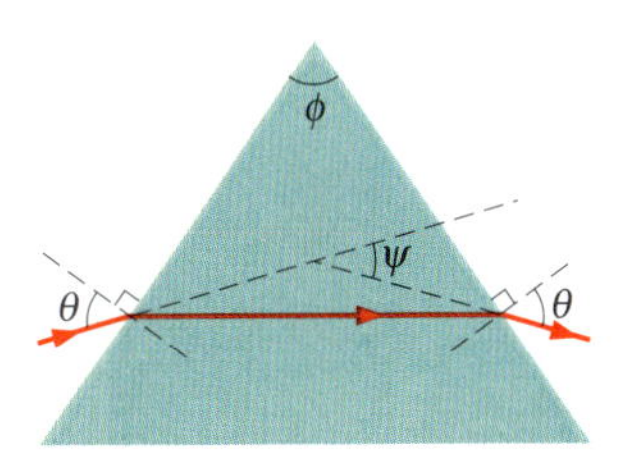

Figura 33.28 Problemas 53 e 64.

54 M CVF *Dispersão em um vidro de janela*. Na Fig. 33.29, um feixe de luz branca incide, com um ângulo $\theta = 50°$, em um vidro comum de janela (mostrado de perfil). Nesse tipo de vidro, o índice de refração da luz visível varia de 1,524 na extremidade azul do espectro a 1,509 na extremidade vermelha. As duas superfícies do vidro são paralelas. Determine a dispersão angular das cores do feixe (a) quando a luz entra no vidro e (b) quando a luz sai do lado oposto. (*Sugestão*: Quando você olha para um objeto através de um vidro de janela, as cores do objeto se dispersam como na Fig. 33.5.5?)

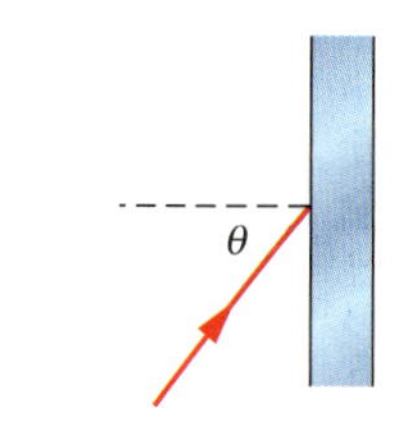

Figura 33.29 Problema 54.

55 M Na Fig. 33.30, uma estaca vertical com 2,00 m de comprimento se projeta do fundo de uma piscina até um ponto 50,0 cm acima da água. O Sol está 55,0° acima do horizonte. Qual é o comprimento da sombra da estaca no fundo da piscina?

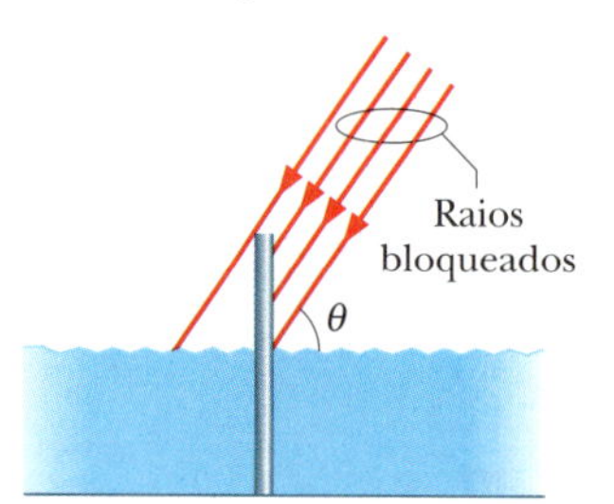

Figura 33.30 Problema 55.

56 M CVF *Arco-íris produzido por gotas quadradas*. Suponha que, em um planeta exótico, as gotas de chuva tenham uma seção reta quadrada e caiam sempre com uma face paralela ao solo. A Fig. 33.31 mostra uma dessas gotas, na qual incide um feixe de luz branca com um ângulo de incidência $\theta = 70{,}0°$ no ponto P. A parte da luz que penetra na gota se propaga até o ponto A, onde parte é refratada de volta para o ar e a outra parte é refletida. A luz refletida chega ao ponto B, onde novamente parte da luz é refratada de volta para o ar e parte é refletida. Qual é a diferença entre os ângulos dos raios de luz vermelha ($n = 1{,}331$) e de luz azul ($n = 1{,}343$) que deixam a gota (a) no ponto A e (b) no ponto B? (Se houver uma diferença, um observador externo verá um arco-íris ao observar a luz que sai da gota pelo ponto A ou pelo ponto B.)

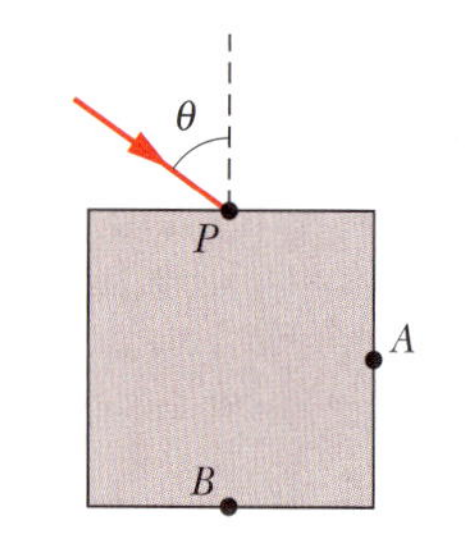

Figura 33.31 Problema 56.

Módulo 33.6 Reflexão Interna Total

57 F Uma fonte luminosa pontual está 80,0 cm abaixo da superfície de uma piscina. Calcule o diâmetro do círculo na superfície através do qual a luz emerge da água.

58 F O índice de refração do benzeno é 1,8. Qual é o ângulo crítico para um raio luminoso que se propaga no benzeno em direção a uma interface plana do benzeno com o ar?

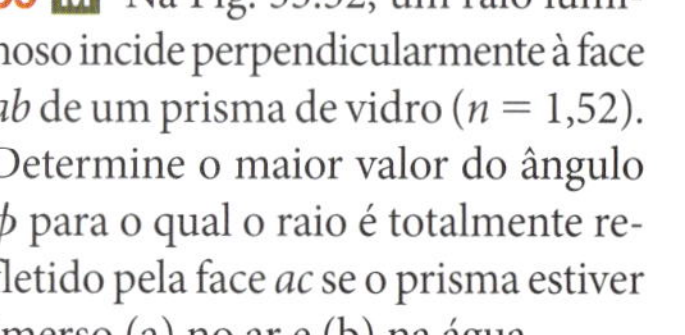

59 M Na Fig. 33.32, um raio luminoso incide perpendicularmente à face ab de um prisma de vidro ($n = 1{,}52$). Determine o maior valor do ângulo ϕ para o qual o raio é totalmente refletido pela face ac se o prisma estiver imerso (a) no ar e (b) na água.

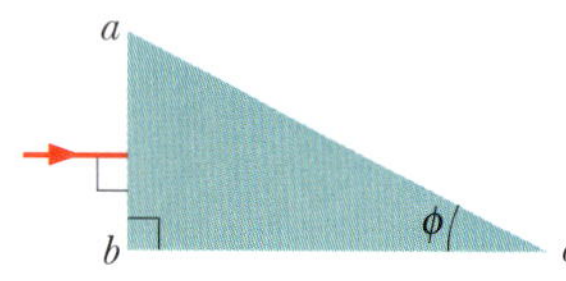

Figura 33.32 Problema 59.

60 M Na Fig. 33.33, a luz do raio A é refratada pelo meio 1 ($n_1 = 1{,}60$), atravessa uma fina camada do meio 2 ($n_2 = 1{,}80$) e incide, com o ângulo crítico, na interface dos meios 2 e 3 ($n_3 = 1{,}30$). (a) Qual é o valor do ângulo de incidência θ_A? (b) Se θ_A diminuir, parte da luz conseguirá passar para o meio 3?

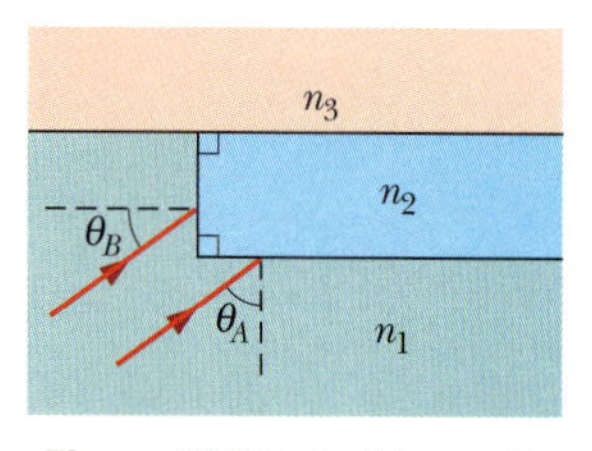

Figura 33.33 Problema 60.

A luz do raio B é refratada pelo material 1, atravessa o material 2 e incide, com o ângulo crítico, na interface dos materiais 2 e 3. (c) Qual é o valor do ângulo de incidência θ_B? (d) Se θ_B diminuir, parte da luz conseguirá passar para o material 3?

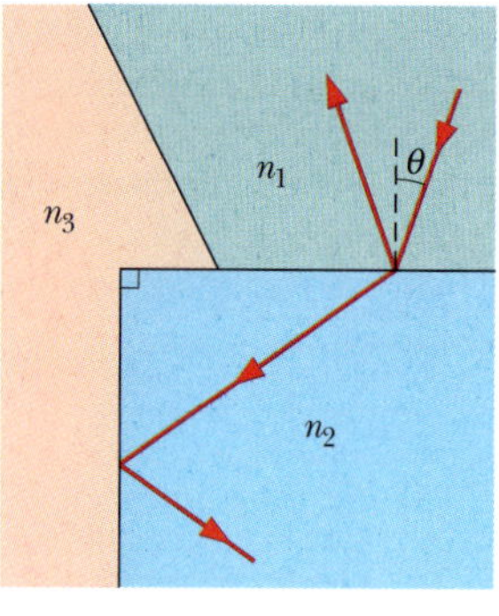

Figura 33.34 Problema 61.

61 M Na Fig. 33.34, um feixe luminoso que estava se propagando no meio 1 é refratado para o meio 2, atravessa esse meio e incide, com o ângulo crítico, na interface dos meios 2 e 3. Os índices de refração são $n_1 = 1{,}60$, $n_2 = 1{,}40$ e $n_3 = 1{,}20$. (a) Qual é o valor do ângulo θ? (b) Se o valor de θ aumentar, a luz conseguirá penetrar no meio 3?

62 M CVF Um peixe-gato está 2,00 m abaixo da superfície de um lago. (a) Qual é o diâmetro da circunferência na superfície que delimita a região na qual o peixe pode ver o que existe do lado de fora do lago? (b) Se o peixe descer para uma profundidade maior, o diâmetro da circunferência aumentará, diminuirá ou continuará o mesmo?

63 M Na Fig. 33.35, um raio luminoso penetra no ponto P, com um ângulo de incidência θ, em um prisma triangular cujo ângulo do vértice superior é 90°. Parte da luz é refratada no ponto Q com um ângulo de refração de 90°. (a) Qual é o índice de refração do prisma em termos de θ? (b) Qual, numericamente, é o maior valor possível do índice de refração do prisma? (c) A luz sairá do prisma no ponto Q se o ângulo de incidência nesse ponto for ligeiramente aumentado? (d) A luz sairá do prisma no ponto Q se o ângulo de incidência nesse ponto for ligeiramente reduzido?

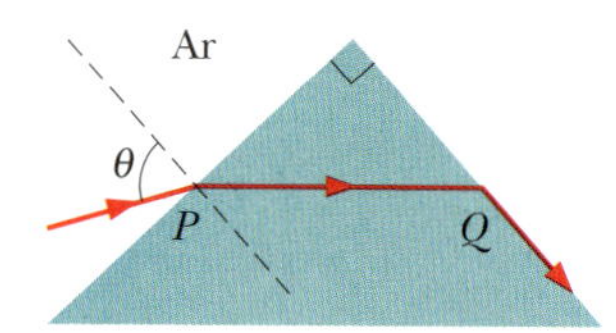

Figura 33.35 Problema 63.

64 M Suponha que o ângulo do vértice superior do prisma de vidro da Fig. 33.28 seja $\phi = 60{,}0°$ e que o índice de refração do vidro seja $n = 1{,}60$. (a) Qual é o menor ângulo de incidência θ para o qual um raio pode entrar na face esquerda do prisma e sair na face direita? (b) Qual deve ser o ângulo de incidência θ para que o raio saia do prisma com o mesmo ângulo θ com que entrou, como na Fig. 33.28?

65 M A Fig. 33.36 mostra uma fibra ótica simplificada: um núcleo de plástico ($n_1 = 1{,}58$) envolvido por um revestimento de plástico com um índice de refração menor ($n_2 = 1{,}53$). Um raio luminoso incide em uma das extremidades da fibra com um ângulo θ. O raio deve sofrer reflexão interna total no ponto A, onde atinge a interface núcleo-revestimento. (Isso é necessário para que não haja perda de luz cada vez que o raio incidir na interface.) Qual é o maior valor de θ para o qual existe reflexão interna total no ponto A? 33.5

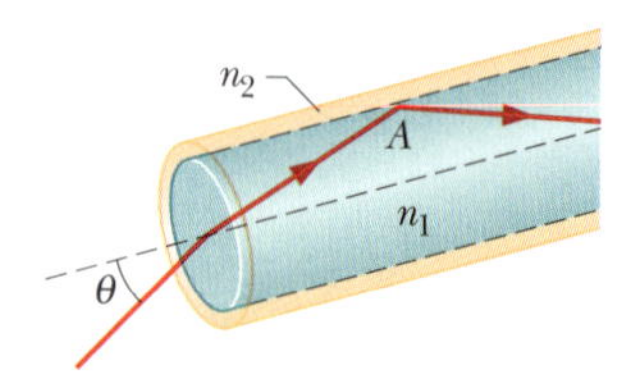

Figura 33.36 Problema 65.

66 M Na Fig. 33.37, um raio luminoso incide, com um ângulo θ, em uma face de um cubo de plástico transparente feito de um material cujo índice de refração é 1,56. As dimensões indicadas na figura são $H = 2{,}00$ cm e $W = 3{,}00$ cm. A luz atravessa o cubo e chega a uma das faces, onde sofre reflexão (voltando para o interior do cubo) e, possivelmente, refração (escapando para o

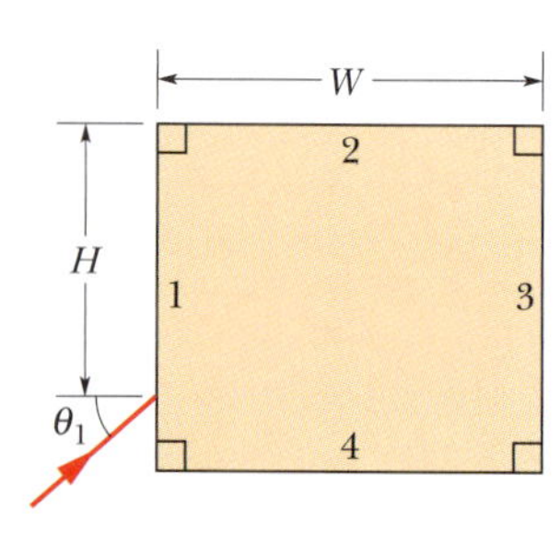

Figura 33.37 Problema 66.

ar). Esse é o ponto da *primeira reflexão*. A luz refletida atravessa novamente o cubo e chega na outra face, onde sofre uma *segunda reflexão*. Se $\theta_1 = 40°$, determine em que face está (a) o ponto da primeira reflexão e (b) em que face está o ponto da segunda reflexão. Se existe refração (c) no ponto da primeira reflexão e/ou (d) no ponto da segunda reflexão, determine o ângulo de refração; se não existe, responda "não há refração". Se $\theta_1 = 70°$, determine em que face está (e) o ponto da primeira reflexão e (f) em que face está o ponto da segunda reflexão. Se existe refração (g) no ponto da primeira reflexão e/ou (h) no ponto da segunda reflexão, determine o ângulo de refração; se não existe, responda "não há refração".

67 **M** No diagrama de raios da Fig. 33.38, em que os ângulos não estão desenhados em escala, o raio incide, com o ângulo crítico, na interface dos materiais 2 e 3. O ângulo ϕ é 60,0° e dois dos índices de refração são $n_1 = 1,70$ e $n_2 = 1,60$. Determine (a) o índice de refração n_3 e (b) o valor do ângulo θ. (c) Se o valor de θ for aumentado, a luz conseguirá penetrar no meio 3?

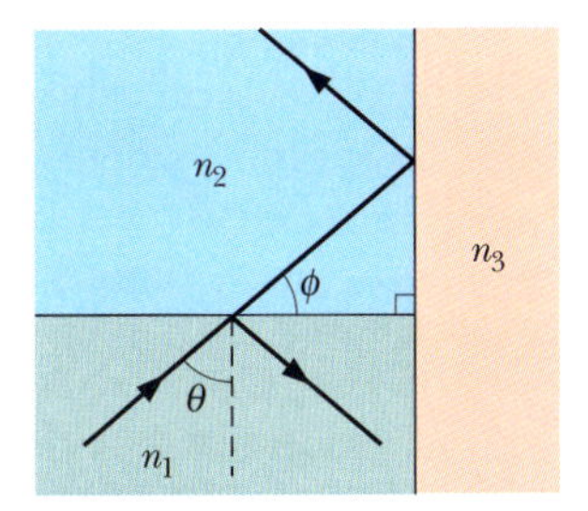

Figura 33.38 Problema 67.

Módulo 33.7 Polarização por Reflexão

68 **F** (a) Para qual ângulo de incidência a luz refletida na água é totalmente polarizada? (b) Esse ângulo depende do comprimento de onda da luz?

69 **F** Um raio de luz que está se propagando na água (índice de refração 1,33) incide em uma placa de vidro cujo índice de refração é 1,53. Para qual ângulo de incidência a luz refletida é totalmente polarizada?

70 **M** Na Fig. 33.39, um raio luminoso que estava se propagando no ar incide em um material 2 com um índice de refração $n_2 = 1,5$. Abaixo do material 2 está o material 3, com um índice de refração n_3. O raio incide na interface ar-material 2 com o ângulo de Brewster para essa interface e incide na interface material 2-material 3 com o ângulo de Brewster para essa interface. Qual é o valor de n_3?

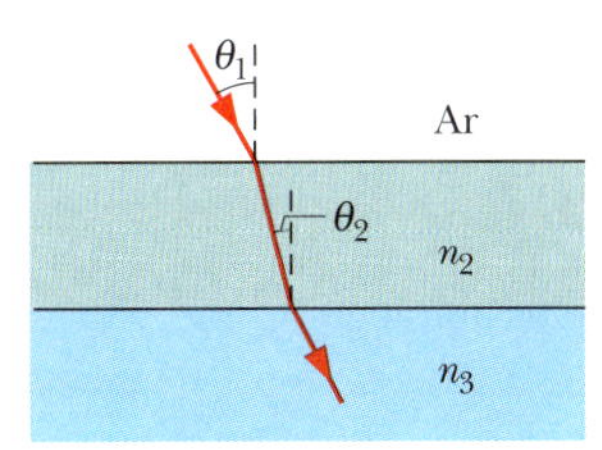

Figura 33.39 Problema 70.

Problemas Adicionais

71 (a) Quanto tempo um sinal de rádio leva para percorrer os 150 km que separam uma antena transmissora de uma antena receptora? (b) Vemos a Lua por causa da luz solar refletida. Quanto tempo essa luz leva para chegar a nossos olhos, desde o instante em que deixa o Sol? As distâncias entre a Terra e a Lua e entre a Terra e o Sol são, respectivamente, $3,8 \times 10^5$ km e $1,5 \times 10^8$ km. (c) Qual é o tempo que a luz leva para executar uma viagem de ida e volta entre a Terra e uma espaçonave que se encontra em órbita em torno de Saturno, a $1,3 \times 10^9$ km de distância? (d) Os astrônomos acreditam que a nebulosa do Caranguejo, que está a cerca de 6.500 anos-luz da Terra, é o que restou de uma supernova observada pelos chineses em 1054 d.C. Em que ano ocorreu, na verdade, a explosão da supernova? (À noite, quando olhamos para o céu estrelado, estamos, na verdade, contemplando o passado.)

72 Uma onda eletromagnética com uma frequência de $4,00 \times 10^{14}$ Hz está se propagando no vácuo no sentido positivo do eixo x. O campo elétrico da onda é paralelo ao eixo y e tem uma amplitude E_m. No instante $t = 0$, o campo elétrico no ponto P, situado no eixo x, tem o valor de $+E_m/4$ e está diminuindo com o tempo. Qual é a distância, ao longo do eixo x, entre o ponto P e o primeiro ponto com $E = 0$ (a) no sentido negativo do eixo x e (b) no sentido positivo do eixo x?

73 A componente elétrica de um feixe de luz polarizada é dada por

$$E_y = (5,00 \text{ V/m}) \text{ sen}[(1,00 \times 10^6 \text{ m}^{-1})z + \omega t].$$

(a) Escreva uma expressão para a componente magnética da onda, incluindo o valor de ω. Determine (b) o comprimento de onda, (c) o período e (d) a intensidade da luz. (e) O campo magnético oscila paralelamente a que eixo? (f) A que região do espectro eletromagnético pertence essa onda?

74 No sistema solar, uma partícula está sujeita à influência combinada da atração gravitacional do Sol e da força da radiação solar. Suponha que a partícula é uma esfera com massa específica de $1,0 \times 10^3$ kg/m³ e que toda a luz incidente é absorvida. (a) Mostre que, se o raio da partícula for menor que certo raio crítico R, a partícula será ejetada para fora do sistema solar. (b) Determine o valor do raio crítico.

75 Na Fig. 33.40, um raio luminoso entra em uma placa de vidro no ponto A, com um ângulo de incidência $\theta_1 = 45,0°$, e sofre reflexão interna total no ponto B. De acordo com essas informações, qual é o valor mínimo do índice de refração do vidro?

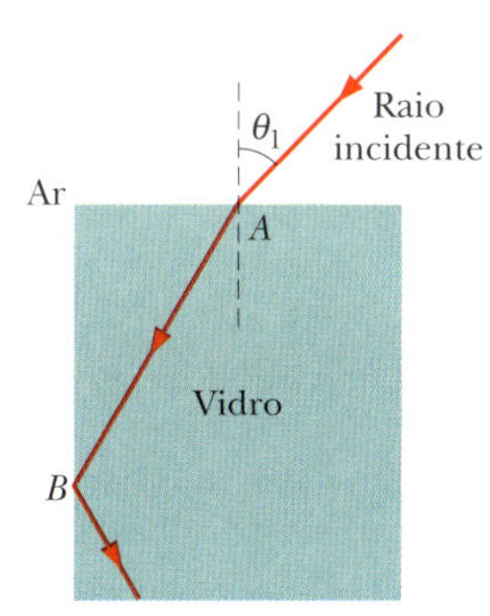

Figura 33.40 Problema 75.

76 Na Fig. 33.41, um feixe de luz não polarizada, com uma intensidade de 25 W/m², atravessa um sistema composto por quatro filtros polarizadores cujos ângulos de polarização são $\theta_1 = 40°$, $\theta_2 = 20°$, $\theta_3 = 20°$ e $\theta_4 = 30°$. Qual é a intensidade da luz transmitida pelo sistema?

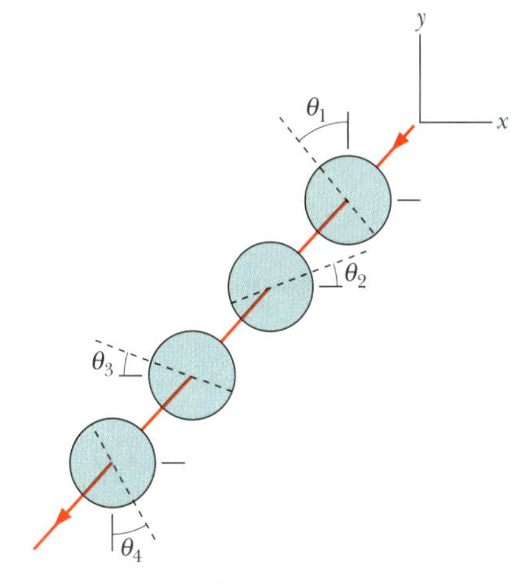

Figura 33.41 Problema 76.

77 **CVF** *Arco-íris.* A Fig. 33.42 mostra um raio luminoso entrando em uma gota d'água esférica e saindo dela, depois de sofrer uma reflexão interna (ver Fig. 33.5.6*a*). A diferença entre a direção final do raio e a direção inicial é o ângulo de desvio θ_{desv}. (a) Mostre que θ_{desv} é dado por

$$\theta_{desv} = 180° + 2\theta_i - 4\theta_r,$$

em que θ_i é o ângulo de incidência do raio na gota e θ_r é o ângulo do raio refratado. (b) Use a lei de Snell para expressar θ_r em termos de θ_i e do índice de refração n da água. Em seguida, use uma calculadora gráfica ou um computador para plotar θ_{desv} em função de θ_i para $n = 1{,}331$ (luz vermelha) e para $n = 1{,}343$ (luz azul).

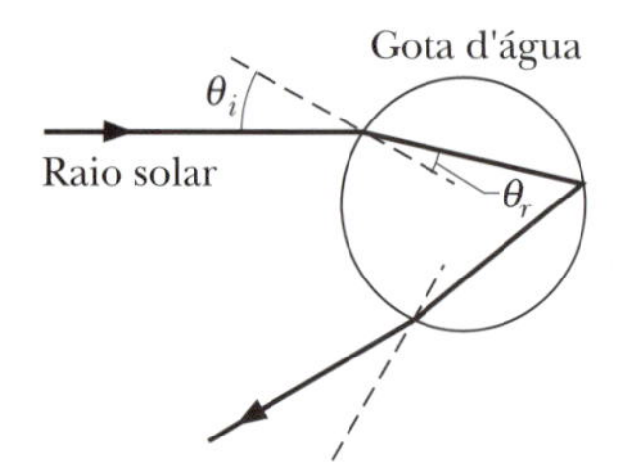

Figura 33.42 Problema 77.

A curva da luz vermelha e a curva da luz azul passam por um mínimo para valores diferentes de θ_{desv}, o que significa que existe um ângulo de *desvio mínimo* diferente para cada cor. A luz de uma cor que sai da gota com o ângulo de desvio mínimo é especialmente intensa porque os raios se acumulam nas vizinhanças desse ângulo. Assim, a luz vermelha mais intensa sai da gota com um ângulo, e a luz azul mais intensa sai da gota com outro ângulo.

Determine o ângulo de desvio mínimo (c) para a luz vermelha e (d) para a luz azul. (e) Se essas cores estão nas extremidades de um arco-íris (Fig. 33.5.6*a*), qual é a largura angular do arco-íris?

78 CVF O *arco-íris primário* descrito no Problema 77 é o tipo mais comum, produzido pela luz refletida apenas uma vez no interior das gotas de chuva. Um tipo mais raro é o *arco-íris secundário* descrito no Módulo 33.5, produzido pela luz refletida duas vezes no interior das gotas (Fig. 33.43*a*). (a) Mostre que o desvio angular sofrido por um raio luminoso ao atravessar uma gota de chuva esférica é dado por

$$\theta_{desv} = (180°)k + 2\theta_i - 2(k+1)\theta_r,$$

em que k é o número de reflexões internas. Use o método do Problema 77 para determinar o ângulo de desvio mínimo (b) para a luz vermelha e (c) para a luz azul de um arco-íris secundário. (d) Determine a largura angular desse tipo de arco-íris (Fig. 33.5.6).

O *arco-íris terciário* estaria associado a três reflexões internas (Fig. 33.43*b*). É provável que esse tipo de arco-íris realmente aconteça, mas, como foi comentado no Módulo 33.5, não é possível observá-lo por ser muito fraco e porque ocorre perto da direção do Sol. Determine o ângulo de desvio mínimo (e) para a luz vermelha e (f) para a luz azul de um arco-íris terciário. (g) Determine a largura angular desse tipo de arco-íris.

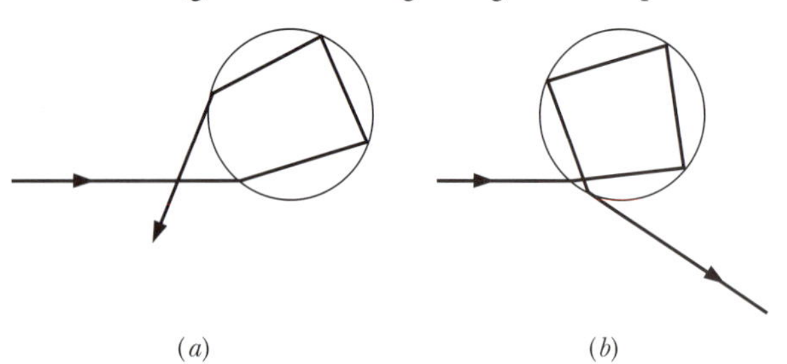

Figura 33.43 Problema 78.

79 (a) Prove que um raio de luz que incide em uma janela de vidro emerge do lado oposto com uma direção paralela à do raio original e um deslocamento lateral, como na Fig. 33.44. (b) Mostre que, para pequenos ângulos de incidência, o deslocamento lateral é dado por

$$x = t\theta\frac{n-1}{n},$$

em que t é a espessura do vidro, θ é o ângulo de incidência do raio em radianos e n é o índice de refração do vidro.

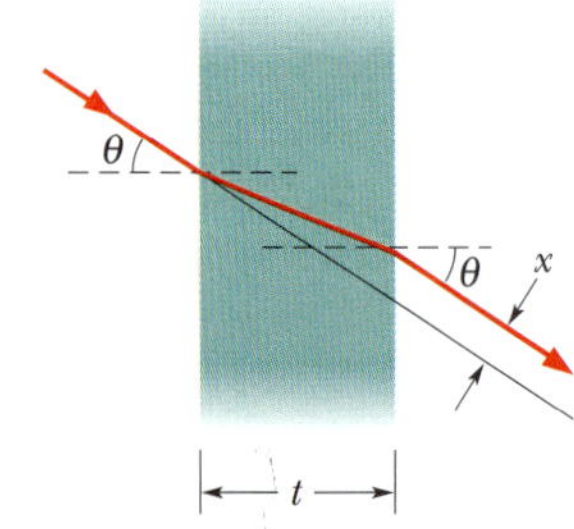

Figura 33.44 Problema 79.

80 Uma onda eletromagnética está se propagando no sentido negativo do eixo y. Em certo local e em certo instante, o campo elétrico aponta no sentido positivo do eixo z e tem um módulo de 100 V/m. Determine (a) o módulo e (b) a direção do campo magnético correspondente.

81 A componente magnética de uma onda luminosa polarizada é dada por

$$B_x = (4{,}0 \times 10^{-6}\,\text{T})\,\text{sen}[(1{,}57 \times 10^{7}\,\text{m}^{-1})y + \omega t].$$

Determine (a) a direção de polarização da luz, (b) a frequência da luz e (c) a intensidade da luz.

82 Na Fig. 33.45, um feixe de luz não polarizada atravessa um conjunto de três filtros polarizadores no qual as direções de polarização do primeiro e do terceiro filtros são $\theta_1 = 30°$ (no sentido anti-horário) e $\theta_3 = 30°$ (no sentido horário). Que fração da luz incidente é transmitida pelo conjunto?

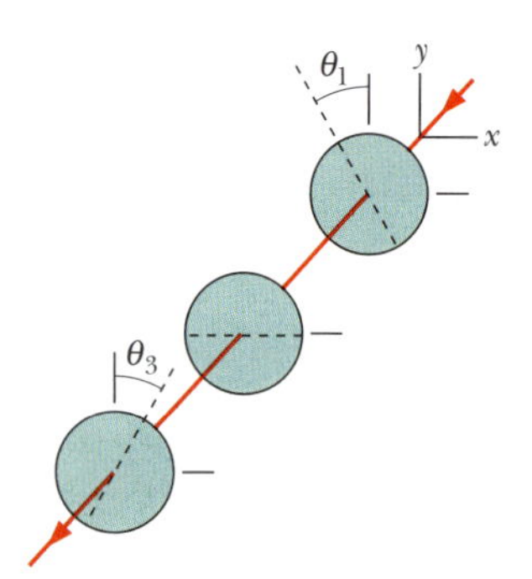

Figura 33.45 Problema 82.

83 Um raio de luz branca que estava se propagando no quartzo fundido incide em uma interface quartzo-ar com um ângulo θ_1. Suponha que o índice de refração do quartzo é $n = 1{,}456$ na extremidade vermelha da faixa da luz visível e $n = 1{,}470$ na extremidade azul. Se θ_1 é (a) 42,00°, (b) 43,10° e (c) 44,00°, a luz refratada é branca, avermelhada, azulada, ou não há luz refratada?

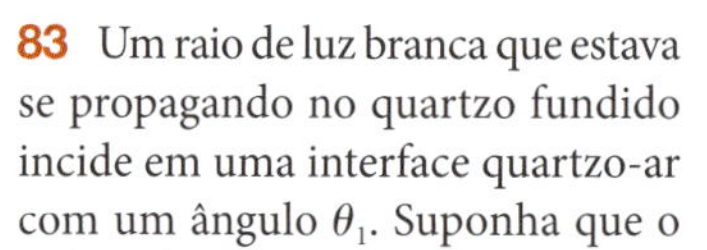

84 Um feixe de luz não polarizada atravessa três filtros polarizadores. O ângulo entre as direções de polarização do primeiro filtro e do terceiro filtro é 90°; a direção de polarização do filtro do meio faz um ângulo de 45,0° com as direções de polarização dos outros dois filtros. Que fração da luz incidente atravessa os três filtros?

85 Em uma região do espaço em que as forças gravitacionais podem ser desprezadas, uma esfera é acelerada por um feixe luminoso uniforme, de intensidade 6,0 mW/m². A esfera, totalmente absorvente, tem raio de 2,0 μm e massa específica uniforme de $5{,}0 \times 10^3$ kg/m³. Determine o módulo da aceleração da esfera.

86 Um feixe de luz não polarizada atravessa um conjunto de quatro filtros polarizadores orientados de tal forma que o ângulo entre as direções de polarização de filtros vizinhos é 30°. Que fração da luz incidente é transmitida pelo conjunto?

87 Em teste de campo, um radar da OTAN, operando com uma frequência de 12 GHz e uma potência de 180 kW, tenta detectar um avião "invisível" a 90 km de distância. Suponha que as ondas de radar cubram uniformemente uma superfície hemisférica. (a) Qual é a intensidade das ondas ao chegarem à posição do avião? O avião reflete as ondas de radar como se tivesse uma seção reta de apenas 0,22 m². (b) Qual é a potência da onda refletida pelo avião? Suponha que a onda refletida cubra uniformemente uma superfície hemisférica. Determine, na posição do radar, (c) a intensidade da onda refletida, (d) o valor máximo do campo elétrico associado à onda refletida e (e) o valor rms do campo magnético associado à onda refletida.

88 A componente magnética de uma onda eletromagnética no vácuo tem uma amplitude de 85,8 nT e um número de onda de 4,00 m⁻¹. Determine (a) a frequência, (b) o valor rms da componente elétrica e (c) a intensidade da onda.

89 Determine (a) o limite superior e (b) o limite inferior do ângulo de Brewster para uma luz branca incidindo em quartzo fundido. Suponha que os comprimentos de onda da luz estão entre 400 e 700 nm.

90 Na Fig. 33.46, dois raios luminosos que estavam se propagando no ar passam por cinco placas de plástico transparente e voltam para o ar.

As placas têm interfaces paralelas e espessura desconhecida; os índices de refração são $n_1 = 1{,}7$, $n_2 = 1{,}6$, $n_3 = 1{,}5$, $n_4 = 1{,}4$ e $n_5 = 1{,}6$. O ângulo de incidência do raio b é $\theta_b = 20°$. Em relação à normal à última interface, determine (a) o ângulo de saída do raio a e (b) o ângulo de saída do raio b. (*Sugestão*: Pode ser mais rápido resolver o problema algebricamente.) Se em vez de ar houver um vidro com um índice de refração 1,5 à esquerda e à direita das placas, determine o ângulo de saída (c) do raio a e (d) do raio b.

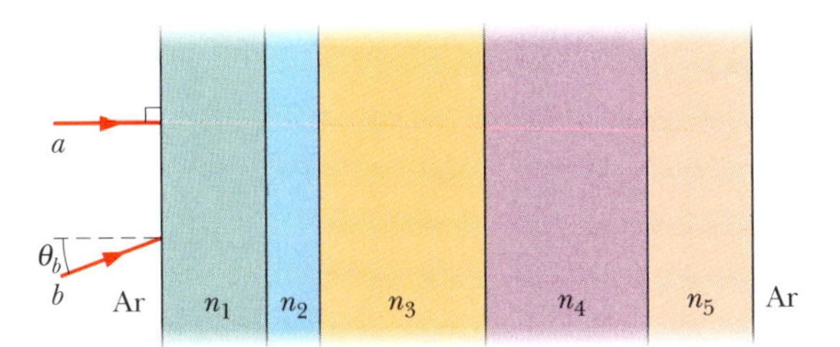

Figura 33.46 Problema 90.

91 Um laser de hélio-neônio, que trabalha com um comprimento de onda de 632,8 nm, tem uma potência de 3,0 mW. O ângulo de divergência do feixe é $\theta = 0{,}17$ mrad (Fig. 33.47). (a) Qual é a intensidade do feixe a 40 m de distância do laser? (b) Qual é a potência de uma fonte pontual que produz a mesma intensidade luminosa à mesma distância?

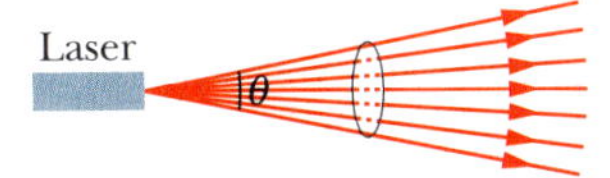

Figura 33.47 Problema 91.

92 Por volta do ano 150 d.C., Cláudio Ptolomeu mediu os seguintes valores para o ângulo de incidência θ_1 e o ângulo de refração θ_2 de um raio luminoso ao passar do ar para a água:

θ_1	θ_2	θ_1	θ_2
10°	8°	50°	35°
20°	15°30′	60°	40°30′
30°	22°30′	70°	45°30′
40°	29°	80°	50°

Use os resultados da tabela e a lei de Snell para determinar o índice de refração da água. O interesse desses dados está no fato de serem as medidas científicas mais antigas de que se tem notícia.

93 Um feixe de luz não polarizada atravessa dois filtros polarizadores. Qual deve ser o ângulo entre as direções de polarização dos filtros para que a intensidade da luz que atravessa os dois filtros seja um terço da intensidade da luz incidente?

94 Na Fig. 33.48, um fio longo e retilíneo, com 2,50 mm de diâmetro e uma resistência de 1,00 Ω por 300 m, conduz uma corrente uniforme de 25,0 A no sentido positivo do eixo x. Calcule, para um ponto P na superfície do fio, (a) o módulo do campo elétrico $\vec{E}$, (b) o módulo do campo magnético $\vec{B}$ e (c) o módulo do vetor de Poynting $\vec{S}$. (d) Determine a orientação de $\vec{S}$.

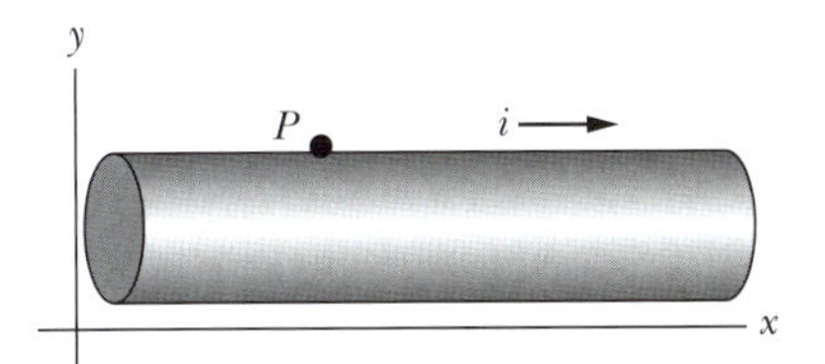

Figura 33.48 Problema 94.

95 CALC A Fig. 33.49 mostra um resistor cilíndrico de comprimento l, raio a e resistividade ρ, que conduz uma corrente i. (a) Mostre que o vetor de Poynting $\vec{S}$ na superfície do resistor é perpendicular à superfície, como indicado na figura. (b) Mostre também que a taxa P com a qual a energia penetra no resistor através da superfície cilíndrica, calculada integrando o vetor de Poynting ao longo da superfície, é a taxa de produção de energia térmica:

$$\int \vec{S} \cdot d\vec{A} = i^2 R,$$

em que $d\vec{A}$ é um elemento de área da superfície cilíndrica e R é a resistência do resistor.

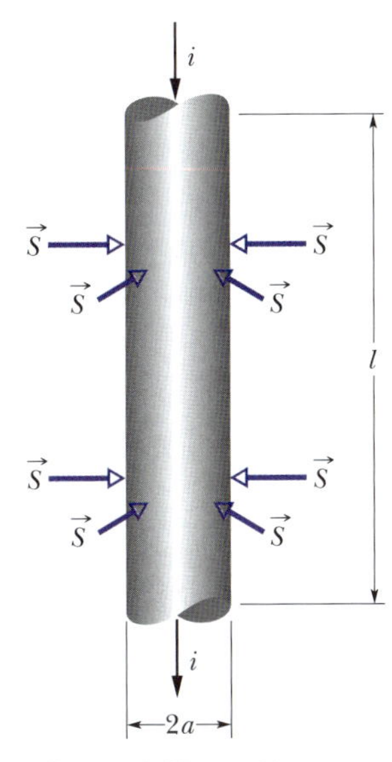

Figura 33.49 Problema 95.

96 Uma placa fina, totalmente absorvente, de massa m, área A e calor específico c, é iluminada perpendicularmente por uma onda eletromagnética plana. A amplitude do campo elétrico da onda é E_m. Qual é a taxa dT/dt com a qual a temperatura da placa aumenta por causa da absorção da onda?

97 Duas placas polarizadoras, uma diretamente acima da outra, transmitem p% de uma luz inicialmente não polarizada que incide perpendicularmente na placa de cima. Qual é o ângulo entre as direções de polarização das duas placas?

98 O feixe de um laser, de intensidade I, é refletido por uma superfície plana de área A, totalmente refletora, cuja normal faz um ângulo θ com a direção do feixe. Escreva uma expressão para a pressão da radiação do feixe sobre a superfície, $p_r(\theta)$, em função da pressão do feixe para $\theta = 0°$, $p_{r\perp}$.

99 CALC Um feixe luminoso de intensidade I é refletido por um cilindro longo, totalmente refletor, de raio R; o feixe incide perpendicularmente ao eixo do cilindro e tem um diâmetro maior que $2R$. Qual é a força por unidade de comprimento que a luz exerce sobre o cilindro?

100 *Velocidade da luz.* Calcule o valor exato da velocidade da luz usando a Eq. 33.1.3 e os valores exatos de μ_0 e ε_0 dados no Apêndice B. Mostre que a equação está dimensionalmente correta e que o valor exato da velocidade da luz que aparece no Apêndice B é coerente com os valores exatos de μ_0 e ε_0.

101 Zeptossegundos. O tempo que a luz leva para atravessar uma molécula de hidrogênio (H_2) foi medido experimentalmente e usado para determinar que o comprimento da molécula de hidrogênio é 0,074 nm. Qual é esse tempo em zeptossegundos?

C A P Í T U L O 3 4

Imagens

34.1 IMAGENS E ESPELHOS PLANOS

Objetivos do Aprendizado

Depois de ler este módulo, você será capaz de ...

34.1.1 Conhecer a diferença entre imagens virtuais e imagens reais.

34.1.2 Explicar como acontecem as miragens nas rodovias.

34.1.3 Usar um diagrama de raios para representar a reflexão, por um espelho, da luz emitida por uma fonte pontual, indicando a distância do objeto e a distância da imagem.

34.1.4 Conhecer a relação entre a distância p do objeto e a distância i da imagem, incluindo o sinal algébrico.

34.1.5 Dar um exemplo de um corredor virtual baseado em espelhos na forma de triângulos equiláteros.

Ideias-Chave

- Uma imagem é uma reprodução de um objeto por meio da luz. Se a imagem pode se formar em uma superfície, é uma imagem real, que pode existir, mesmo na ausência de um observador. Se a imagem requer o sistema visual de um observador, é uma imagem virtual.
- Um espelho plano pode formar uma imagem virtual de uma fonte luminosa (chamada objeto) mudando a direção dos raios de luz provenientes da fonte. A imagem é vista no ponto em que prolongamentos para trás dos raios refletidos pelo espelho se interceptam. A distância p entre o objeto e o espelho está relacionada à distância i (aparente) entre a imagem e o espelho pela equação

$$i = -p \qquad \text{(espelho plano)}.$$

A distância p do objeto é uma grandeza positiva. A distância i de uma imagem virtual é uma grandeza negativa.

O que É Física?

Um dos objetivos da física é descobrir as leis básicas que governam o comportamento da luz, como a lei de refração. Um objetivo mais amplo é encontrar aplicações práticas para essas leis; a aplicação mais importante é, provavelmente, a produção de imagens. As primeiras imagens fotográficas, produzidas em 1824, eram meras curiosidades, mas o mundo moderno não pode passar sem imagens. Grandes indústrias se dedicam à produção de imagens nas telas dos aparelhos de televisão, computadores e cinemas. Imagens colhidas por satélites são usadas pelos militares para planejamento estratégico e por cientistas ambientais para lidar com pragas. Câmaras de televisão podem tornar as ruas mais seguras, mas também podem violar a intimidade das pessoas. A ciência ainda tem muito a aprender sobre o modo como as imagens são produzidas pelo olho humano e pelo córtex visual do cérebro, mas já é possível criar imagens mentais para algumas pessoas cegas estimulando diretamente o córtex visual.

Nosso primeiro passo neste capítulo será definir e classificar as imagens. Em seguida, examinaremos os vários modos como as imagens podem ser produzidas.

Dois Tipos de Imagens

Para que alguém possa ver, digamos, um pinguim, é preciso que os olhos interceptem alguns dos raios luminosos que partem do pinguim e os redirecionem para a retina, no fundo do olho. O sistema visual, que começa na retina e termina no córtex visual, localizado na parte posterior do cérebro, processa automaticamente as informações contidas nos raios luminosos. Esse sistema identifica arestas, orientações, texturas, formas e cores e oferece à consciência uma **imagem** (uma representação obtida a partir de raios luminosos) do pinguim; o observador percebe e reconhece o pinguim como estando no local de onde vêm os raios luminosos, a distância apropriada.

O sistema visual executa esse processamento, mesmo que os raios luminosos não venham diretamente do pinguim, mas sejam refletidos por um espelho ou refratados pelas lentes de um binóculo. Nesse caso, o pinguim é visto na direção onde se encontra o espelho ou a lente, e a distância percebida pode ser muito diferente da distância real. Assim, por exemplo, se os raios luminosos são refletidos por um espelho plano, o pinguim parece estar atrás do espelho, já que os raios que chegam ao olho vêm dessa direção. Naturalmente, não existe nenhum pinguim atrás do espelho. Esse tipo de imagem, que é chamado **imagem virtual**, existe apenas no cérebro, embora *pareça* existir no mundo real.

Uma **imagem real**, por outro lado, é aquela que pode ser produzida em uma superfície, como em uma folha de papel ou em uma tela de cinema. Podemos ver uma imagem real (caso contrário os cinemas estariam vazios), mas, nesse caso, a existência da imagem não depende da presença de espectadores. Antes de discutir com detalhes as imagens reais e virtuais, vamos apresentar um exemplo de imagem virtual encontrada na natureza.

Miragem Comum

Um exemplo comum de imagem virtual é a poça d'água que parece existir nas estradas asfaltadas em dias de calor, sempre algumas dezenas de metros à frente do nosso carro. A poça d'água é uma *miragem* (um tipo de ilusão) formada por raios luminosos que vêm do céu (Fig. 34.1.1*a*). Quando os raios se aproximam da estrada, eles atravessam camadas de ar cada vez mais quentes, por causa do calor irradiado pelo asfalto. Com o aumento da temperatura do ar, a velocidade da luz aumenta e, portanto, o índice de refração diminui. Assim, o raio é refratado, tornando-se horizontal (Fig. 34.1.1*b*).

Mesmo depois que o raio se torna horizontal, pouco acima da pista de rolamento, ele continua a encurvar-se, já que a parte inferior da frente de onda está em uma região em que o ar é mais quente e, portanto, se propaga mais depressa que a parte superior (Fig. 34.1.1*c*). Esse movimento não uniforme da frente de onda faz com que o raio se encurve para cima (Fig. 34.1.1*d*).

Quando um raio desse tipo atinge o olho de um observador, o sistema visual supõe automaticamente que o raio se propagou em linha reta, o que significaria que se originou em um ponto da estrada à frente. Como a luz vem do céu, a miragem tem um tom azulado que lembra a água. Além disso, as camadas de ar aquecido são normalmente turbulentas, o que torna a imagem trêmula, contribuindo para a ilusão de que se trata de um reflexo na água. Quando o carro se aproxima da poça imaginária, os raios refratados não chegam mais ao olho do observador e a ilusão desaparece. CVF

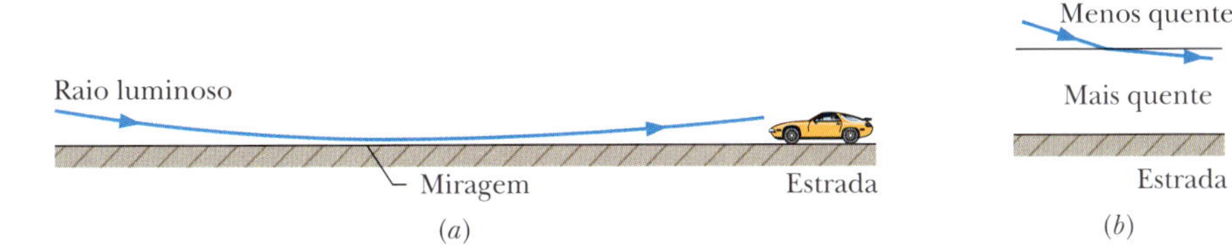

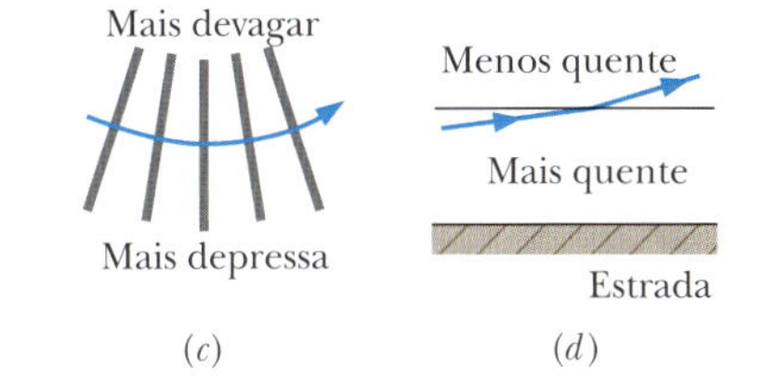

Figura 34.1.1 (*a*) Um raio proveniente do céu é refratado pelo ar aquecido por uma estrada (sem chegar à estrada). Um observador que intercepta a luz tem a impressão de que existe uma poça d'água à frente. (*b*) Desvio (exagerado) sofrido por um raio luminoso descendente que atravessa uma interface imaginária de uma camada de ar menos quente com uma camada de ar mais quente. (*c*) Mudança de orientação das frentes de onda e desvio do raio luminoso associado, que ocorre porque a parte inferior das frentes de onda se propaga mais depressa na camada de ar mais quente. (*d*) Desvio sofrido por um raio luminoso ascendente que atravessa uma interface imaginária de uma camada de ar mais quente com uma camada de ar menos quente.

Espelhos Planos 34.1

Em um espelho plano, a luz parece vir de um objeto situado do outro lado do espelho.

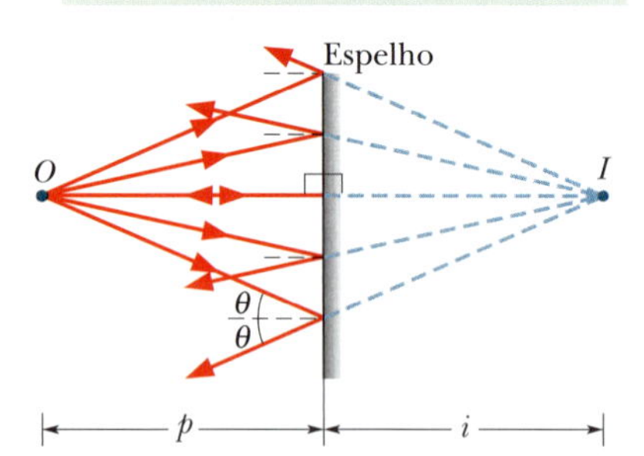

Figura 34.1.2 Uma fonte luminosa pontual O, chamada *objeto*, está a uma distância p de um espelho plano. Raios luminosos provenientes de O são refletidos pelo espelho. Se o olho do observador intercepta raios refletidos, ele tem a impressão de que existe uma fonte luminosa pontual I atrás do espelho, a uma distância i. A fonte fictícia I é uma imagem virtual do objeto O.

O **espelho** é uma superfície que reflete um raio luminoso em uma direção definida em vez de absorvê-lo ou espalhá-lo em todas as direções. Uma superfície metálica polida se comporta como um espelho; uma parede de concreto, não. Neste módulo, vamos discutir as imagens produzidas por um **espelho plano** (uma superfície refletora plana).

A Fig. 34.1.2 mostra uma fonte luminosa pontual O, que vamos chamar de *objeto*, situada a uma distância perpendicular p de um espelho plano. A luz que incide no espelho está representada por alguns raios que partem de O. A reflexão da luz está representada por raios que partem do espelho. Quando prolongamos os raios refletidos no sentido inverso (para trás do espelho), constatamos que as extensões dos raios se interceptam em um ponto que está a uma distância perpendicular i atrás do espelho.

Quando olhamos para um espelho como o da Fig. 34.1.2, nossos olhos recebem parte da luz refletida, e temos a impressão de que estamos olhando para um ponto luminoso situado no ponto de interseção dos prolongamentos dos raios. Esse ponto é a imagem I do objeto O. Ele é chamado de *imagem pontual* porque é um ponto e de *imagem virtual* porque nenhum raio passa realmente pelo ponto em que está a imagem. (Como você vai ver daqui a pouco, os raios *passam* pelo ponto onde está uma imagem real.)

Diagrama de Raios. A Fig. 34.1.3 mostra dois raios escolhidos entre os muitos da Fig. 34.1.2. Um dos raios incide perpendicularmente no espelho e é refletido no ponto b; o outro chega ao espelho com um ângulo de incidência θ e é refletido no ponto a. A figura também mostra os prolongamentos dos dois raios. Os triângulos $aOba$ e $aIba$ têm um lado comum e três ângulos iguais e são, portanto, congruentes (têm a mesma forma e mesmo tamanho), de modo que os lados horizontais têm o mesmo comprimento. Assim,

$$Ib = Ob, \qquad (34.1.1)$$

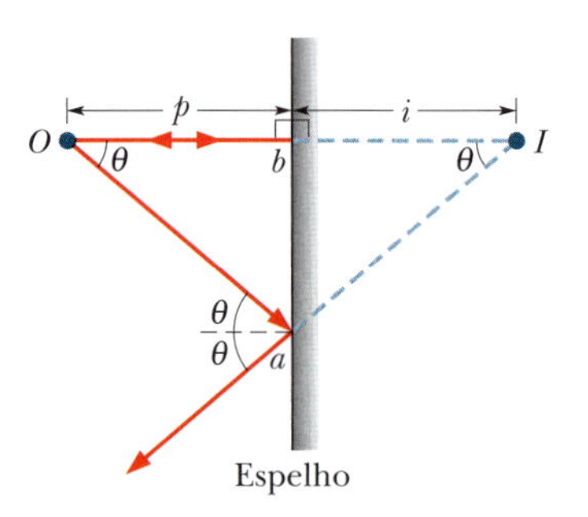

Figura 34.1.3 Dois raios da Fig. 34.1.2. O raio Oa faz um ângulo arbitrário θ com a normal à superfície do espelho; o raio Ob é perpendicular ao espelho.

em que Ib e Ob são as distâncias entre o espelho e a imagem e entre o espelho e o objeto, respectivamente. De acordo com a Eq. 34.1.1, as distâncias entre o espelho e o objeto e o espelho e a imagem são iguais. Por convenção (ou seja, para que as equações levem a resultados corretos), as *distâncias dos objetos* (p) são consideradas positivas, e as *distâncias das imagens* (i) são consideradas positivas para imagens reais e negativas para imagens virtuais (como neste caso). Assim, a Eq. 34.1.1 pode ser escrita na forma $|i| = p$ ou

$$i = -p \qquad \text{(espelho plano).} \qquad (34.1.2)$$

Apenas os raios que estão razoavelmente próximos entre si podem entrar no olho depois de serem refletidos por um espelho. Para a posição do olho mostrada na Fig. 34.1.4, somente uma pequena parte do espelho nas vizinhanças do ponto a (uma parte menor que a pupila do olho) contribui para a imagem. Para verificar se isso é verdade, feche um olho e observe a imagem no espelho de um objeto pequeno, como a ponta de um lápis. Em seguida, coloque a ponta do dedo na superfície do espelho e posicione-a de modo a ocultar a imagem. Apenas a parte do espelho que está coberta pelo dedo era responsável pela formação da imagem. CVF

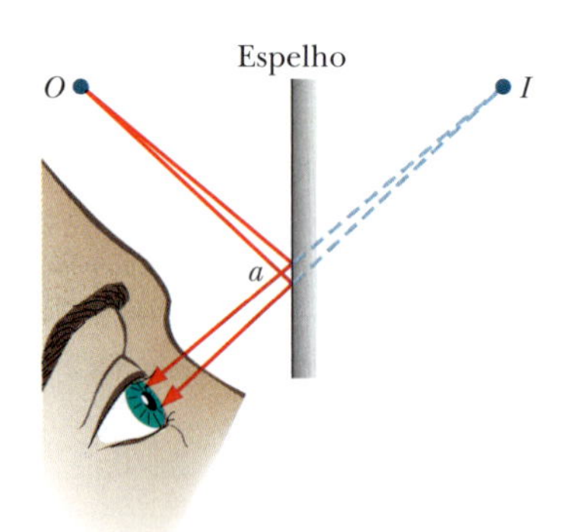

Figura 34.1.4 Um feixe estreito de raios provenientes de O penetra no olho depois de ser refletido pelo espelho. Somente uma pequena região do espelho, nas vizinhanças do ponto a, está envolvida na reflexão. A luz parece se originar em um ponto I atrás do espelho.

Objetos Extensos

Na Fig. 34.1.5, um objeto O, representado por uma seta, está a uma distância perpendicular p de um espelho plano. Cada ponto do objeto se comporta como a fonte pontual O das Figs. 34.1.2 e 34.1.3. Olhando para a luz refletida pelo espelho, observa-se uma

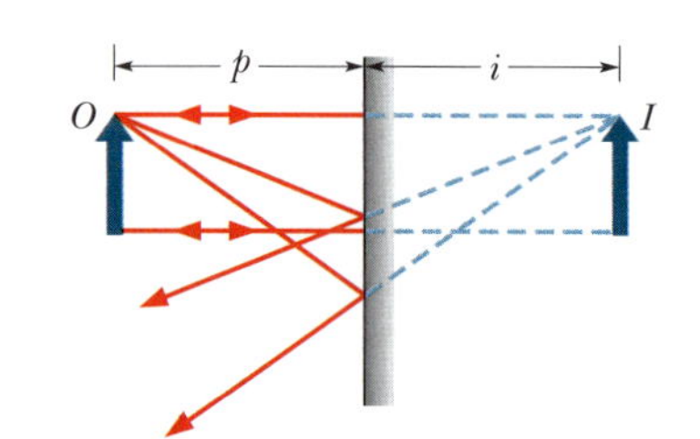

Em um espelho plano, as distâncias entre o objeto e o espelho e entre a imagem e o espelho são iguais.

Figura 34.1.5 Um objeto de dimensões macroscópicas O e sua imagem virtual I em um espelho plano.

Figura 34.1.6 Um labirinto de espelhos.

imagem virtual I que é formada pelas imagens pontuais de todas as partes do objeto e parece estar a uma distância i atrás do espelho. A relação entre as distâncias i e p é dada pela Eq. 34.1.2.

Podemos determinar a posição da imagem de um objeto extenso repetindo o que fizemos para o objeto pontual da Fig. 34.1.2: traçamos alguns dos raios que chegam ao espelho provenientes da extremidade superior do objeto, desenhamos os raios refletidos correspondentes e prolongamos os raios refletidos para trás do espelho até que se interceptem para formar a imagem da extremidade superior do objeto. Fazemos o mesmo para os raios que partem da extremidade inferior do objeto. Como mostra a Fig. 34.1.5, observamos que a imagem virtual I tem a mesma orientação e *altura* (medida paralelamente ao espelho) que o objeto O.

Labirinto de Espelhos

Em um labirinto de espelhos (Fig. 34.1.6), as paredes são cobertas por espelhos, do piso até o teto. Andando no interior de um desses labirintos, o que se vê na maioria das direções é uma superposição confusa de reflexos. Em certas direções, porém, parece haver um corredor comprido que conduz à saída. Ao tomar um desses corredores, descobrimos, depois de esbarrar em vários espelhos, que ele não passa de uma ilusão.

A Fig. 34.1.7*a* é uma vista, de cima, de um labirinto de espelhos no qual o piso foi dividido em triângulos equiláteros (ângulos de 60°) pintados de cores diferentes e as paredes foram cobertas por espelhos verticais. O observador está no ponto O, no centro da entrada do labirinto. Olhando na maioria das direções, o que ele vê é uma superposição confusa de imagens. Entretanto, quando o observador olha na direção do raio mostrado na Fig. 34.1.7*a*, algo curioso acontece. O raio que parte do centro do espelho B é refletido no centro do espelho A antes de chegar ao observador. (O raio obedece à lei da reflexão e, portanto, o ângulo de incidência e o ângulo de reflexão são iguais a 30°.)

Para fazer sentido do raio que está chegando, o cérebro do observador automaticamente prolonga o raio na direção oposta. Assim, o raio parece se originar em um ponto situado *atrás* do espelho A. Em outras palavras, o observador vê uma imagem virtual de B atrás de A, situada a uma distância igual à distância entre A e B (Fig. 34.1.7*b*). Assim, quando o observador olha nessa direção, enxerga o ponto B aparentemente na extremidade de um corredor constituído por quatro cômodos triangulares.

Essa descrição, porém, não está completa, já que o raio visto pelo observador não *parte* do ponto B; é apenas refletido nesse ponto. Para determinar a origem do raio, reconstituímos seu trajeto ao longo dos espelhos, aplicando a lei de reflexão (Fig. 34.1.7*c*), e chegamos à conclusão de que provém do próprio observador! O que o observador vê ao olhar na direção do corredor aparente é uma imagem virtual de si próprio, a uma distância de nove cômodos triangulares (Fig. 34.1.7*d*). CVF

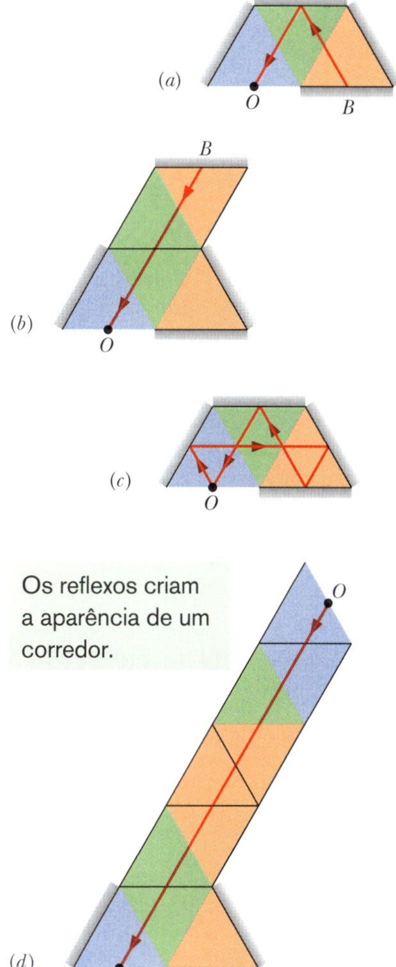

Figura 34.1.7 (*a*) Vista, de cima, de um labirinto de espelhos. Um raio proveniente do espelho B chega ao observador em O depois de ser refletido pelo espelho A. (*b*) O espelho B parece estar atrás do espelho A. (*c*) O raio que parte de O volta a O depois de sofrer quatro reflexões. (*d*) O observador vê uma imagem virtual de si próprio na extremidade de um corredor aparente. (Existe um segundo corredor aparente para um observador situado no ponto O. Em que direção o observador precisa olhar para vê-lo?)

Teste 34.1.1

A figura mostra dois espelhos verticais paralelos, A e B, separados por uma distância d. Um passarinho está no ponto O, a uma distância $0{,}2d$ do espelho A. Cada espelho produz uma *primeira imagem* (menos profunda) do passarinho. Em seguida, cada espelho produz uma *segunda imagem* a partir da primeira imagem do espelho oposto. Em seguida, cada espelho produz uma *terceira imagem* a partir da segunda imagem do espelho oposto, e assim por diante... podem-se formar centenas de imagens de passarinhos! A que distância atrás do espelho A estão a primeira, a segunda e a terceira imagens do espelho A? CVF

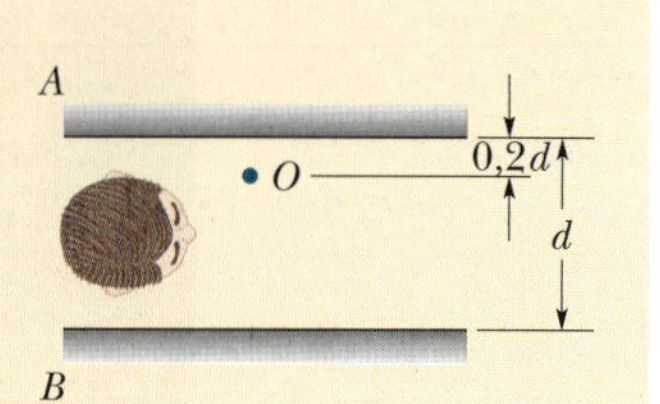

34.2 ESPELHOS ESFÉRICOS

Objetivos do Aprendizado

Depois de ler este módulo, você será capaz de ...

34.2.1 Saber a diferença entre um espelho esférico côncavo e um espelho esférico convexo.

34.2.2 Desenhar os diagramas de raios de um espelho côncavo e de um espelho convexo para raios que incidem paralelamente ao eixo central, mostrando os pontos focais e indicando qual desses pontos é real e qual é virtual.

34.2.3 Saber a diferença entre um ponto focal real e um ponto focal virtual, saber que tipo de ponto focal corresponde a que tipo de espelho esférico e saber qual é o sinal algébrico associado à distância focal de cada tipo de ponto focal.

34.2.4 Conhecer a relação entre a distância focal e o raio de um espelho esférico.

34.2.5 Saber o que significam as expressões "do lado de dentro do ponto focal" e "do lado de fora do ponto focal".

34.2.6 Desenhar diagramas de raios para objetos (a) do lado de dentro do ponto focal e (b) do lado de fora do ponto focal de um espelho côncavo e indicar o tipo de orientação da imagem em cada caso.

34.2.7 No caso de um espelho côncavo, indicar a posição e a orientação de uma imagem real e de uma imagem virtual.

34.2.8 Desenhar um diagrama de raios para um objeto diante de um espelho convexo e indicar o tipo e a orientação da imagem.

34.2.9 Saber que tipo de espelho pode produzir imagens reais e virtuais e que tipo pode produzir apenas imagens virtuais.

34.2.10 Saber qual é o sinal algébrico usado para a distância i no caso de imagens reais e no caso de imagens virtuais produzidas por espelhos.

34.2.11 Conhecer a relação entre a distância focal f, a distância do objeto p e a distância da imagem i para espelhos convexos, côncavos e planos.

34.2.12 Conhecer a relação entre a ampliação lateral m, a altura h' da imagem, a altura h do objeto, a distância i da imagem e a distância p do objeto.

Ideias-Chave

- Um espelho esférico tem a forma de uma pequena seção da superfície de uma esfera e pode ser côncavo (caso em que o raio de curvatura r é positivo), convexo (caso em que r é negativo) ou plano (caso em que r é infinito).
- Quando raios luminosos paralelos incidem em um espelho côncavo (esférico) paralelamente ao eixo central, os raios refletidos convergem em um ponto (o foco real F) situado a uma distância f (uma grandeza positiva) à frente do espelho. Quando raios luminosos incidem em um espelho convexo (esférico) paralelamente ao eixo central, os prolongamentos dos raios refletidos convergem em um ponto (o foco virtual F), situado a uma distância f (uma grandeza negativa) atrás do espelho.
- Um espelho côncavo pode formar uma imagem real (se o objeto estiver do lado de fora do ponto focal) ou uma imagem virtual (se o objeto estiver do lado de dentro do ponto focal).
- Um espelho convexo só pode formar uma imagem virtual.
- A equação dos espelhos esféricos relaciona a distância p do objeto, a distância i da imagem, a distância focal f do espelho e o raio de curvatura r do espelho:

$$\frac{1}{p} + \frac{1}{i} = \frac{1}{f} = \frac{2}{r}.$$

- O valor absoluto da ampliação lateral m de um objeto é a razão entre a altura h' da imagem e a altura h do objeto:

$$|m| = \frac{h'}{h}.$$

A ampliação lateral m está relacionada à distância p do objeto e à distância i da imagem pela equação

$$m = -\frac{i}{p}.$$

em que o sinal de m é positivo, se a imagem tem a mesma orientação que o objeto, e negativo, se a imagem e o objeto têm orientações opostas.

Espelhos Esféricos 34.1 34.2 e 34.3 34.1

Vamos passar agora das imagens produzidas por espelhos planos para as imagens produzidas por espelhos com superfícies curvas. Em particular, vamos considerar os espelhos esféricos, que têm a forma de uma pequena seção da superfície de uma esfera. Na verdade, um espelho plano pode ser considerado um espelho esférico com um *raio de curvatura* infinito.

Como Fazer um Espelho Esférico

Começamos com o espelho plano da Fig. 34.2.1*a*, que está voltado para a esquerda em direção a um objeto *O* e a um observador que não aparece na figura. Para fazer um **espelho côncavo**, encurvamos *para dentro* a superfície do espelho, como na Fig. 34.2.1*b*. Isso modifica várias características do espelho e da imagem que o espelho produz de um objeto:

1. O *centro de curvatura C* (o centro da esfera à qual pertence a superfície do espelho) estava a uma distância infinita no caso do espelho plano; agora está mais próximo, à frente do espelho côncavo.
2. O *campo de visão* (a extensão da cena vista pelo observador) diminui em relação ao espelho plano.
3. A *distância da imagem* aumenta em relação ao espelho plano.
4. O *tamanho da imagem* aumenta em relação ao espelho plano. É por isso que muitos espelhos de maquilagem são côncavos.

Para fazer um **espelho convexo**, encurvamos *para fora* a superfície do espelho, como na Fig. 34.2.1*c*. Isso causa as seguintes modificações no espelho e na imagem que produz de um objeto:

1. O centro de curvatura agora está *atrás* do espelho.
2. O campo de visão *aumenta* em relação ao espelho plano. É por isso que quase todos os espelhos usados nas lojas para observar o movimento dos fregueses são convexos.
3. A distância da imagem *diminui* em relação ao espelho plano.
4. O tamanho da imagem *diminui* em relação ao espelho plano.

Nos Estados Unidos, alguns estados exigem que espelhos convexos sejam montados na frente de ônibus e caminhões pesados para que o motorista possa ver pedestres em uma faixa à frente do veículo (Fig. 34.2.2).

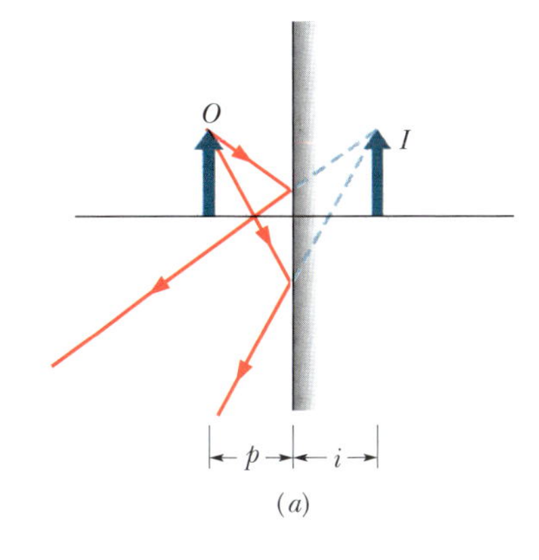

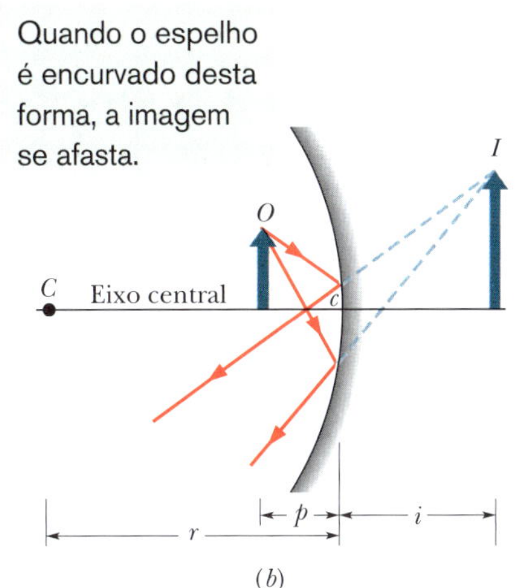

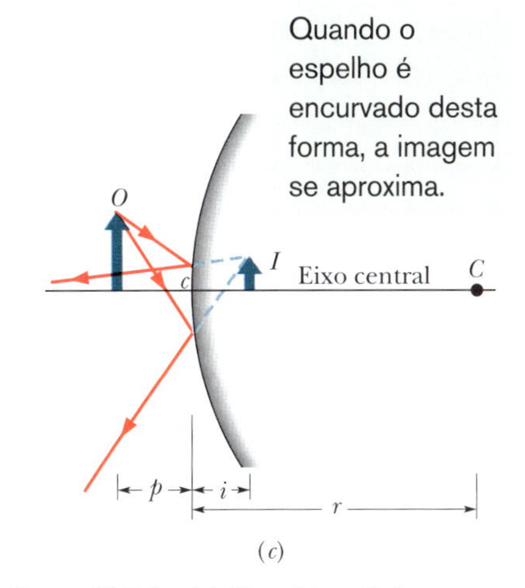

Figura 34.2.1 (*a*) Um objeto *O* forma uma imagem virtual *I* em um espelho plano. (*b*) Se o espelho plano é encurvado de modo a tornar-se *côncavo*, a imagem se afasta e aumenta de tamanho. (*c*) Se o espelho plano é encurvado de modo a tornar-se *convexo*, a imagem se aproxima e diminui de tamanho.

Pontos Focais dos Espelhos Esféricos

No caso de um espelho plano, a distância da imagem, *i*, é sempre igual, em valor absoluto, à distância do objeto, *p*. Antes de determinar a relação entre as duas distâncias nos espelhos esféricos, vamos considerar a reflexão da luz emitida por um objeto *O* que se encontra nas proximidades do *eixo central* de um espelho esférico, a uma grande distância do espelho. O eixo central é uma reta que passa pelo centro de curvatura *C* e pelo centro *c* do espelho. Devido à grande distância entre o objeto e o espelho, as frentes de onda da luz emitida pelo objeto podem ser consideradas planas ao se aproximarem do espelho. Isso equivale a dizer que os raios que representam as ondas luminosas provenientes do objeto são paralelos ao eixo central ao atingirem o espelho.

Ponto Focal. Quando esses raios paralelos são refletidos por um espelho côncavo como o da Fig. 34.2.3*a*, os raios próximos do eixo central convergem para um ponto comum *F*; dois desses raios refletidos são mostrados na figura. Quando colocamos uma tela (pequena) em *F*, uma imagem pontual do objeto *O* aparece na tela. (Isso acontece para qualquer objeto muito afastado.) O ponto *F* recebe o nome de **ponto focal** (ou **foco**) do espelho; a distância entre *F* e o centro *c* do espelho é chamada **distância focal** do espelho e representada pela letra *f*.

No caso de um espelho convexo, os raios paralelos, ao serem refletidos, divergem em vez de convergir (Fig. 34.2.3*b*), mas os prolongamentos dos raios para trás do

sangfoto/iStock/Getty Images

Figura 34.2.2 Um espelho convexo permite que o motorista de um ônibus ou caminhão veja um pedestre no ponto cego à frente do veículo.

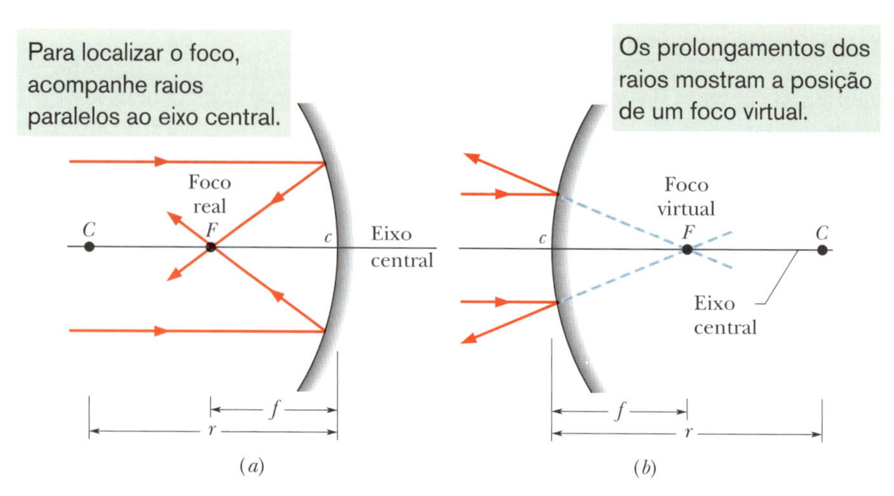

Figura 34.2.3 (*a*) Em um espelho côncavo, raios luminosos paralelos incidentes convergem para um foco real situado no ponto *F*, do mesmo lado do espelho que os raios. (*b*) Em um espelho convexo, raios luminosos paralelos incidentes parecem divergir de um foco virtual situado no ponto *F*, do lado oposto do espelho.

espelho convergem para um ponto comum. Esse ponto, *F*, é o ponto focal (ou foco) do espelho convexo, e sua distância do centro *c* do espelho é a distância focal *f*. Quando colocamos uma tela em *F*, uma imagem do objeto *O não aparece* na tela, o que mostra que existe uma diferença essencial entre os pontos focais dos dois tipos de espelhos esféricos.

Dois Tipos. Para distinguir o ponto focal de um espelho côncavo, no qual os raios realmente se cruzam, do ponto focal de um espelho convexo, no qual o cruzamento é apenas dos prolongamentos dos raios divergentes, dizemos que o primeiro é um *ponto focal real* e o segundo um *ponto focal virtual*. Além disso, a distância focal de um espelho côncavo é considerada positiva e a distância focal de um espelho convexo é considerada negativa. Em ambos os casos, a relação entre a distância focal *f* e o raio de curvatura *r* do espelho é dada por

$$f = \tfrac{1}{2}r \quad \text{(espelho esférico)}, \qquad (34.2.1)$$

em que, para manter a coerência com os sinais da distância focal, o raio *r* é considerado positivo, no caso de um espelho côncavo, e negativo, no caso de um espelho convexo.

Imagens Produzidas por Espelhos Esféricos  34.1

Do Lado de Dentro. Uma vez definido o ponto focal dos espelhos esféricos, podemos determinar a relação entre a distância *i* da imagem e a distância *p* do objeto para espelhos côncavos e convexos. Começamos por imaginar que o objeto *O* está *do lado de dentro do ponto focal* de um espelho côncavo, ou seja, entre o ponto focal *F* e a superfície do espelho (Fig. 34.2.4*a*). Nesse caso, é produzida uma imagem virtual; a imagem parece estar atrás do espelho e tem a mesma orientação que o objeto.

Quando afastamos o objeto *O* do espelho, a imagem também se afasta até deixar de existir quando o objeto é posicionado no ponto focal (Fig. 34.2.4*b*). Quando o objeto está exatamente no ponto *F*, os raios refletidos são paralelos e, portanto, não formam uma imagem, já que nem os raios refletidos pelo espelho nem os prolongamentos dos raios se interceptam.

Do Lado de Fora. Se o objeto *O* está mais longe do espelho côncavo que o ponto focal, os raios refletidos convergem para formar uma imagem *invertida* do objeto

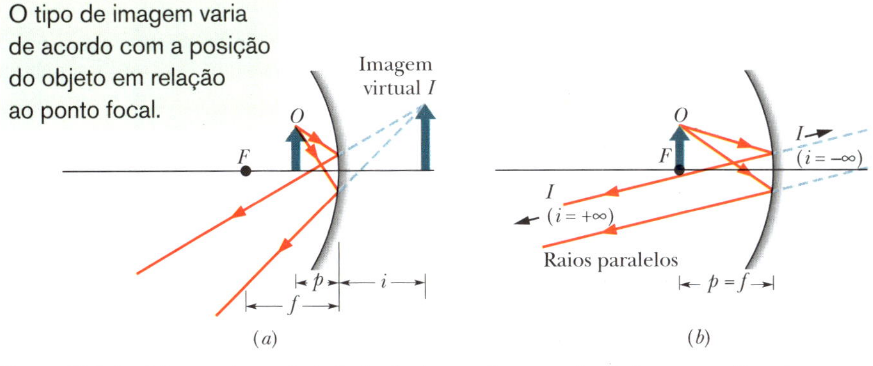

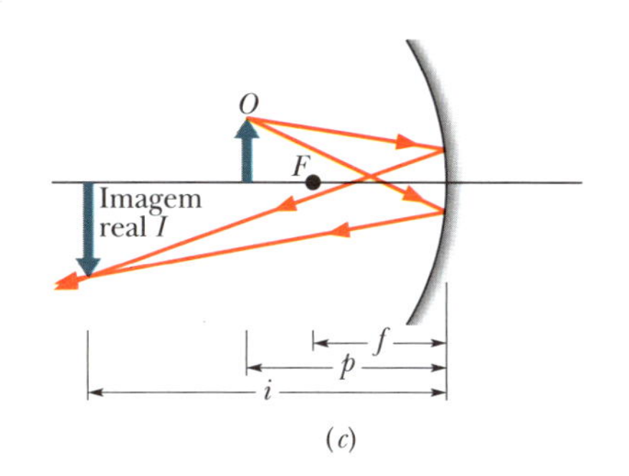

Figura 34.2.4 (*a*) Um objeto *O* do lado de dentro do ponto focal de um espelho côncavo e sua imagem virtual *I*. (*b*) Um objeto no ponto focal *F*. (*c*) Um objeto do lado de fora do ponto focal e sua imagem real *I*.

(Fig. 34.2.4*c*) à frente do espelho. Se afastamos mais ainda o objeto do espelho, a imagem se aproxima do ponto focal e diminui de tamanho. Quando colocamos uma tela na posição da imagem, a imagem aparece na tela; dizemos que o objeto foi *focalizado* na tela pelo espelho. Como a imagem aparece em uma tela, trata-se de uma imagem real. A distância i de uma imagem real é um número positivo, enquanto a distância de uma imagem virtual é um número negativo. Vemos também que

As imagens reais se formam do mesmo lado do espelho em que se encontra o objeto, e as imagens virtuais se formam do lado oposto.

Equação dos Espelhos. Como será demonstrado no Módulo 34.6, quando os raios luminosos de um objeto fazem apenas pequenos ângulos com o eixo central de um espelho esférico, a distância p do objeto, a distância i da imagem e a distância focal f estão relacionadas pela equação

$$\frac{1}{p} + \frac{1}{i} = \frac{1}{f} \quad \text{(espelho esférico).} \tag{34.2.2}$$

Em ilustrações como a Fig. 34.2.4, supomos que a aproximação para pequenos ângulos é válida, mas desenhamos os raios com ângulos exagerados para maior clareza. Dentro dessa aproximação, a Eq. 34.2.2 se aplica a qualquer espelho côncavo, convexo ou plano. Os espelhos convexos e planos produzem apenas imagens virtuais, independentemente da localização do objeto. Como se pode ver na Fig. 34.2.1*c*, a imagem se forma atrás do espelho e tem a mesma orientação que o objeto.

Ampliação. O tamanho de um objeto ou imagem, medido *perpendicularmente* ao eixo central do espelho, é chamado de *altura* do objeto ou imagem. Seja h a altura de um objeto, e h' a altura da imagem correspondente. Nesse caso, a razão h'/h é chamada **ampliação lateral** do espelho e representada pela letra m. Por convenção, a ampliação lateral é um número positivo, quando a imagem tem a mesma orientação que o objeto, e um número negativo, quando a imagem tem a orientação oposta. Por essa razão, a expressão de m é escrita na forma

$$|m| = \frac{h'}{h} \quad \text{(ampliação lateral).} \tag{34.2.3}$$

Vamos demonstrar daqui a pouco que a ampliação lateral é dada pela seguinte expressão:

$$m = -\frac{i}{p} \quad \text{(ampliação lateral).} \tag{34.2.4}$$

No caso de um espelho plano, para o qual $i = -p$, temos $m = +1$. A ampliação lateral de 1 significa que a imagem e o objeto são do mesmo tamanho; o sinal positivo significa que a imagem e o objeto têm a mesma orientação. No caso do espelho côncavo da Fig. 34.2.4*c*, $m \approx -1{,}5$.

Tabela de Imagens. As Eqs. 34.2.1 a 34.2.4 são válidas para todos os espelhos planos, esféricos côncavos e esféricos convexos. Além dessas equações, o leitor teve que aprender muita coisa a respeito de espelhos, e é aconselhável que organize as informações completando a Tabela 34.2.1. Na coluna Posição da Imagem, indique se a imagem está do *mesmo* lado do espelho que o objeto ou do lado *oposto*. Na coluna Tipo de Imagem, indique se a imagem é *real* ou *virtual*. Na coluna Orientação da Imagem, indique se a imagem tem a *mesma* orientação que o objeto ou a orientação *oposta*. Nas colunas Sinal de f, Sinal de r, Sinal de i e Sinal de m, indique se o sinal da grandeza mencionada é *positivo* ou *negativo* e coloque ± se o sinal for irrelevante. (As abreviações M.P.Q.F e M.L.Q.F significam "mais perto do espelho que F" e "mais longe do espelho que F", respectivamente.)

Como Localizar Imagens Produzidas por Espelhos Desenhando Raios

As Figs. 34.2.5*a* e *b* mostram um objeto O diante de um espelho côncavo. Podemos localizar graficamente a imagem de qualquer ponto do objeto fora do eixo central desenhando um *diagrama de raios* com dois dos quatro *raios especiais* que passam pelo ponto:

1. Um raio inicialmente paralelo ao eixo central, que passa pelo ponto focal F depois de ser refletido pelo espelho (raio 1 da Fig. 34.2.5*a*).
2. Um raio que passa pelo ponto focal F e se torna paralelo ao eixo central depois de ser refletido pelo espelho (raio 2 da Fig. 34.2.5*a*).
3. Um raio que passa pelo centro de curvatura C do espelho e volta a passar pelo centro de curvatura depois de ser refletido (raio 3 da Fig. 34.2.5*b*).
4. Um raio que incide no centro c do espelho e é refletido com um ângulo de reflexão igual ao ângulo de incidência (raio 4 da Fig. 34.2.5*b*).

A imagem do ponto fica na interseção dos dois raios especiais escolhidos. Para determinar a imagem do objeto completo, basta encontrar a localização de dois ou mais pontos do objeto. As mesmas definições dos raios especiais, com pequenas modificações, podem ser aplicadas aos espelhos convexos (ver Figs. 34.2.5*c* e *d*).

Um espelho côncavo não precisa ser uma superfície côncava contínua. Em vez disso, pode ser formado por muitas superfícies refletoras planas dispostas em uma superfície côncava maior. A Fig. 34.2.6, por exemplo, mostra a fachada de um arranha-céu de Londres, situado em 20 Fenchurch Street, que recebeu o apelido de Walkie Talkie, porque sua forma lembra a de um antigo intercomunicador. A fachada é côncava, com janelas planas que refletem e focalizam a luz solar. Pouco depois que a construção terminou, os moradores da cidade descobriram que aquele gigantesco espelho côncavo era capaz de concentrar a luz solar na rua de tal forma que os pedestres tinham de proteger os olhos, um carro estacionado e outros objetos derreteram e (em uma demonstração) alguém fritou um ovo em uma frigideira colocada na calçada. Para resolver o problema, foi preciso instalar toldos nas janelas.

Tabela 34.2.1 **Tabela das Imagens Produzidas por Espelhos**

Tipo de Espelho	Posição do Objeto	Imagem			Sinal			
		Posição	Tipo	Orientação	de f	de r	de i	de m
Plano	Qualquer							
Côncavo	M.P.Q.F							
	M.L.Q.F							
Convexo	Qualquer							

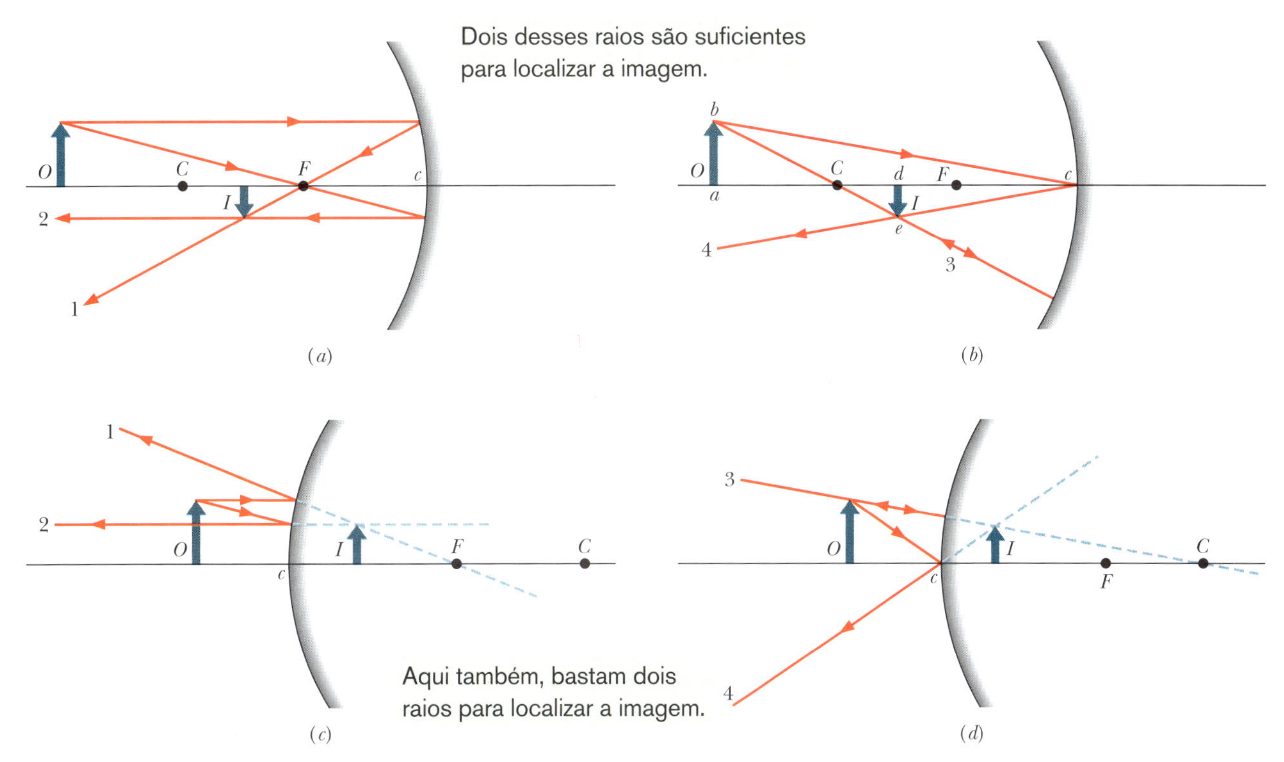

Figura 34.2.5 (*a*, *b*) Quatro raios que podem ser traçados para determinar a imagem de um objeto produzida por um espelho côncavo. Para um objeto na posição mostrada na figura, a imagem é real, invertida e menor que o objeto. (*c*, *d*) Quatro raios do mesmo tipo para o caso de um espelho convexo. No caso de um espelho convexo, a imagem é sempre virtual, tem a mesma orientação que o objeto e é menor que o objeto. [Em (*c*), o prolongamento do raio incidente 2 passa pelo ponto focal *F*; em (*d*), o prolongamento do raio 3 passa pelo centro de curvatura *C*.]

Figura 34.2.6 O reflexo cegante da luz solar no edifício Walkie Talkie, em Londres.

O Glaucoma e a Tonometria de Sopro

O glaucoma, uma das principais causas de cegueira, acontece quando o nervo ótico é danificado por um aumento anormal da pressão do fluido que existe no interior do olho, conhecida como *pressão intraocular* (*PIO*). Essa pressão excessiva danifica o nervo ótico, que transmite as imagens colhidas pela retina para o centro de visão do cérebro. Os danos podem ser tão graduais que a pessoa não se dá conta de que está perdendo a visão. Um dos instrumentos usados para medir a PIO é o *tonômetro de sopro* (Fig. 34.2.7). O instrumento é posicionado a uma pequena distância da córnea, a membrana convexa transparente que reveste o olho, e produz um sopro de ar com

Figura 34.2.7 Medição da pressão intraocular usando um tonômetro de sopro.

pressão suficiente para deformar a córnea, tornando-a plana e depois côncava. Para monitorar essa mudança de forma, o instrumento ilumina a córnea com um feixe de raios de luz paralelos e mede a intensidade da luz refletida pela córnea. Inicialmente, nem toda a luz refletida é captada por um fotômetro que faz parte do instrumento (Fig. 34.2.8*a*). A intensidade aumenta quando a córnea fica plana (Fig. 34.2.8*b*), pois todos os raios luminosos são refletidos paralelamente, mas diminui quando a córnea assume a forma côncava (Fig. 34.2.8*c*). O instrumento determina o valor da PIO a partir do tempo necessário para que a luz refletida atinja a intensidade máxima.

Demonstração da Eq. 34.2.4

Estamos agora em condições de demonstrar a Eq. 34.2.4 ($m = -i/p$), a equação usada para calcular a ampliação lateral de um objeto refletido em um espelho. Considere o raio 4 da Fig. 34.2.5*b*. O raio é refletido no ponto *c* do espelho e, portanto, o ângulo de incidência e o ângulo de reflexão são iguais.

Como os triângulos retângulos *abc* e *dec* da figura são semelhantes (possuem os mesmos ângulos), podemos escrever:

$$\frac{de}{ab} = \frac{cd}{ca}.$$

A razão do lado esquerdo (a menos do sinal) é a ampliação lateral *m* do espelho. Já que às imagens invertidas é associada uma ampliação lateral *negativa*, chamamos a razão de $-m$. Como $cd = i$ e $ca = p$, temos

$$m = -\frac{i}{p} \quad \text{(ampliação)}, \qquad (34.2.5)$$

que é a equação que queríamos demonstrar.

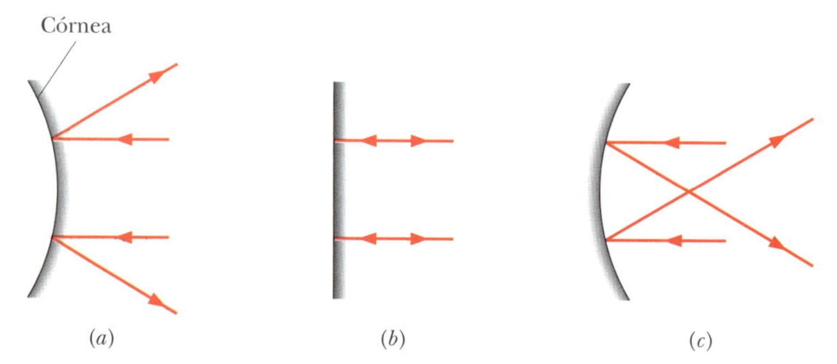

Figura 34.2.8 (*a*) A luz refletida por uma córnea na sua forma normal (convexa) se dispersa. (*b*) A luz captada pelo tonômetro de sopro é máxima quando a córnea assume a forma plana. (*c*) A luz novamente se dispersa quando a córnea assume a forma côncava.

Teste 34.2.1

Um morcego vampiro da América Central, cochilando no eixo central de um espelho esférico, sofre uma ampliação lateral $m = -4$. (a) A imagem do morcego é real ou virtual? (b) A imagem é invertida ou tem a mesma orientação que o morcego? (c) A imagem está do mesmo lado do espelho que o morcego ou do lado oposto?

Exemplo 34.2.1 Imagem produzida por um espelho esférico 34.2

Uma tarântula de altura h está diante de um espelho esférico cuja distância focal tem valor absoluto $|f| = 40$ cm. A imagem da tarântula produzida pelo espelho tem a mesma orientação que a tarântula e uma altura $h' = 0{,}20h$.

(a) A imagem é real ou virtual? Está do mesmo lado do espelho que a tarântula ou do lado oposto?

Raciocínio: Como a imagem tem a mesma orientação que a tarântula (o objeto), é virtual e está localizada do outro lado do espelho. (A conclusão é óbvia para os leitores que completaram a Tabela 34.2.1.)

(b) O espelho é côncavo ou convexo? Qual é o valor da distância focal f, incluindo o sinal?

IDEIA-CHAVE

Não podemos saber de que tipo é o espelho pelo tipo de imagem, já que tanto os espelhos côncavos como os convexos podem produzir imagens virtuais. Além disso, não podemos saber de que tipo é o espelho a partir do sinal da distância focal f, obtido com o uso da Eq. 34.2.1 ou da Eq. 34.2.2, porque não dispomos de informações suficientes para aplicar uma dessas equações. Entretanto, podemos usar a informação a respeito do aumento.

Cálculos: Sabemos que a relação entre a altura da imagem h' e a altura do objeto h é 0,20. Assim, de acordo com a Eq. 34.2.3, temos

$$|m| = \frac{h'}{h} = 0{,}20.$$

Uma vez que o objeto e a imagem têm a mesma orientação, sabemos que m é positivo: $m = +0{,}20$. Substituindo esse valor na Eq. 34.2.4 e explicitando i, obtemos

$$i = -0{,}20p,$$

que não parece ser de grande utilidade para determinar f. Entretanto, podemos usar esse resultado para eliminar i na Eq. 34.2.2. Fazendo $i = -0{,}20p$ na Eq. 34.2.2, obtemos

$$\frac{1}{f} = \frac{1}{i} + \frac{1}{p} = \frac{1}{-0{,}20p} + \frac{1}{p} = \frac{1}{p}(-5 + 1),$$

o que nos dá

$$f = -p/4.$$

Como p é uma grandeza positiva, f deve ser negativa, o que significa que o espelho é convexo, com

$$f = -40 \text{ cm}. \qquad \text{(Resposta)}$$

34.3 REFRAÇÃO EM INTERFACES ESFÉRICAS

Objetivos do Aprendizado

Depois de ler este módulo, você será capaz de ...

34.3.1 Saber que a refração da luz por uma superfície esférica pode produzir uma imagem real ou virtual de um objeto, dependendo dos índices de refração dos dois lados, do raio de curvatura r da superfície e de se a superfície é côncava ou convexa.

34.3.2 No caso de um objeto pontual situado no eixo central de uma superfície refratora esférica, desenhar diagramas de raios para os seis casos possíveis e indicar, em cada caso, se a imagem é real ou virtual.

34.3.3 No caso de uma superfície refratora esférica, saber que tipo de imagem aparece do mesmo lado que o objeto e que tipo de imagem aparece do lado oposto.

34.3.4 No caso de uma superfície refratora esférica, conhecer a relação entre os dois índices de refração, a distância p do objeto, a distância i da imagem e o raio de curvatura r da superfície refratora.

34.3.5 Conhecer o sinal algébrico do raio r de uma superfície esférica côncava ou convexa do lado em que está o objeto.

Ideias-Chave

- Uma superfície esférica que refrata a luz pode formar uma imagem.
- A distância p do objeto, a distância i da imagem e o raio de curvatura r de uma superfície refratora estão relacionados pela equação

$$\frac{n_1}{p} + \frac{n_2}{i} = \frac{n_2 - n_1}{r},$$

em que n_1 é o índice de refração do meio em que está o objeto e n_2 é o índice de refração do outro lado da superfície.

- Se a superfície do lado do objeto é convexa, r é positivo; se a superfície é côncava, r é negativo.
- As imagens que se formam do mesmo lado da superfície refratora que o objeto são virtuais e as imagens que se formam do lado oposto são reais.

Superfícies Refratoras Esféricas 34.2

Dr. Paul A. Zahl/Science Source

Este inseto foi conservado no interior de um bloco de âmbar durante cerca de 25 milhões de anos. Como observamos o inseto através de uma superfície curva, a posição da imagem não coincide com a posição do inseto (ver Fig. 34.3.1*d*).

Vamos agora examinar as imagens formadas pela refração de raios luminosos na interface de duas substâncias transparentes, como ar e vidro. Limitaremos a discussão a interfaces esféricas de raio de curvatura r e centro de curvatura C. A luz será emitida por um objeto pontual O em um meio de índice de refração n_1 e incidirá em uma interface esférica com um meio de índice de refração n_2.

Nosso interesse é determinar se os raios luminosos, depois de refratados na interface, formam uma imagem real ou virtual. A resposta depende dos valores relativos de n_1 e n_2 e da geometria da situação.

A Fig. 34.3.1 mostra seis resultados possíveis. Em todas as partes da figura, o meio com índice de refração maior está sombreado, e o objeto O se encontra no eixo central, no meio cujo índice de refração é n_1, à esquerda da interface. É mostrado apenas um raio luminoso; como o objeto está no eixo central, a imagem também está no eixo, e basta um raio para determinar sua posição.

No ponto de refração de cada raio, a normal à interface, mostrada como uma linha tracejada, passa pelo centro de curvatura C. Por causa da refração, o raio se aproxima da normal, se estiver penetrando em um meio com maior índice de refração, e se afasta da normal, se estiver penetrando em um meio com menor índice de refração. Se o raio refratado intercepta o eixo central, a imagem formada pela refração é real; se o raio refratado não intercepta o eixo real, a imagem formada pela refração é virtual.

Na Fig. 34.3.1, imagens reais I são formadas (a uma distância i da superfície esférica) nas situações a e b, em que o raio luminoso é refratado *na direção* do eixo central, e imagens virtuais são formadas nas situações c e d, em que o raio luminoso é refratado *para longe* do eixo central. Observe nessas quatro figuras que a imagem formada é real, quando o objeto está relativamente distante da interface, e virtual, quando o objeto está relativamente próximo. Nas outras duas situações (e e f), a imagem é sempre virtual, independentemente da distância do objeto.

Observe uma diferença importante em relação às imagens formadas por reflexão em espelhos esféricos:

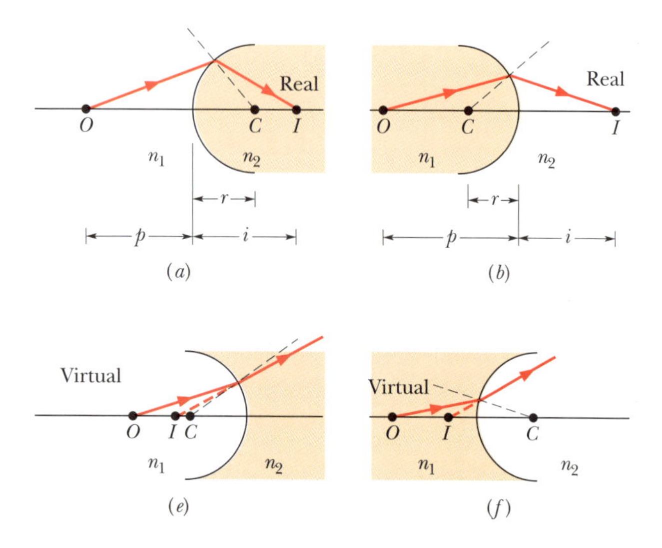

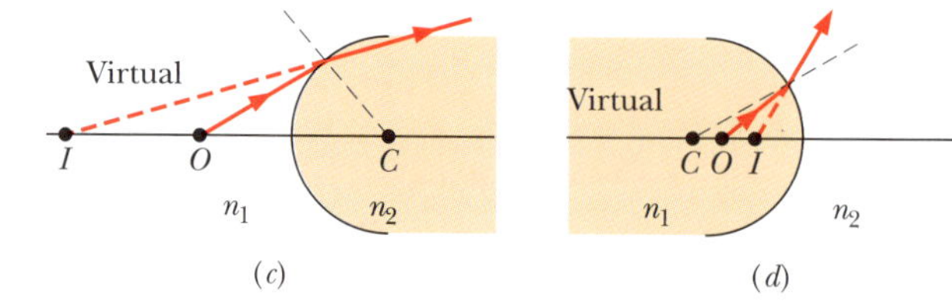

Figura 34.3.1 Seis modos pelos quais uma imagem pode ser formada por raios luminosos refratados em uma superfície esférica de raio r e centro de curvatura C. A superfície separa um meio de índice de refração n_1 de um meio de índice de refração n_2. O objeto pontual O está sempre no meio de índice de refração n_1, à esquerda da superfície. A substância sombreada é a que possui maior índice de refração (pense nessa substância como vidro, por exemplo, e na outra substância como ar). Imagens reais são formadas nos casos (a) e (b); nas outras quatro situações são formadas imagens virtuais.

As imagens formadas por refração são virtuais, quando estão do mesmo lado que o objeto, e reais, quando estão do lado oposto.

No Módulo 34.6 vamos demonstrar que, para raios luminosos fazendo um ângulo pequeno com o eixo central,

$$\frac{n_1}{p} + \frac{n_2}{i} = \frac{n_2 - n_1}{r}. \tag{34.3.1}$$

Como, no caso dos espelhos, a distância do objeto p é sempre positiva e a distância da imagem i é positiva para imagens reais e negativa para imagens virtuais. Entretanto, para manter todos os sinais corretos na Eq. 34.3.1, devemos usar a seguinte regra para o sinal de r, o raio de curvatura:

Quando o objeto está diante de uma superfície refratora convexa, o raio de curvatura r é positivo; quando o objeto está diante de uma superfície côncava, r é negativo.

Observe que, no caso dos espelhos, é adotada a convenção oposta.

Teste 34.3.1

Uma abelha está voando nas proximidades da superfície esférica côncava de uma escultura de vidro. (a) Qual das situações da Fig. 34.3.1 se parece com essa situação? (b) A imagem produzida pela superfície é real ou virtual? (c) Está do mesmo lado que a abelha ou do lado oposto?

Exemplo 34.3.1 Imagens produzidas por um olho semissubmerso

A visão embaixo d'água é difícil mesmo para pessoas que têm visão perfeita. Isso acontece por causa do modo como a água afeta a refração da luz que penetra no olho. Uma refração que é adequada quando o meio externo é o ar deixa de ser adequada quando o meio externo é a água. O resultado é que as pessoas com visão normal se tornam hipermetropes quando estão submersas. Um caso curioso é o do peixe *Anableps anableps* (Fig. 34.3.2), que costuma nadar com parte dos olhos fora d'água e, assim, pode ver simultaneamente o que se passa acima e abaixo da superfície da água. A Figura 34.3.3 mostra a seção reta de um olho do peixe, com uma banda pigmentada separando as duas partes do olho na superfície da água. A frente do olho (a córnea) é uma superfície refratora esfericamente convexa de raio $r = 1{,}95$ mm e índice de refração $n_2 = 1{,}335$. A refração na córnea é o primeiro passo para o olho produzir uma imagem *real* na retina, situada na parte traseira do olho, onde começa o processamento visual. Se a córnea está voltada para um inseto (almoço do peixe) a uma distância $p = 0{,}200$ m, qual é a distância i da imagem refratada pela córnea se o inseto está no ar ($n_1 = 1{,}000$) e se está debaixo d'água ($n_1 = 1{,}333$)?

IDEIAS-CHAVE

(1) Como o objeto e a imagem estão em lados opostos da superfície refratora, cujo lado convexo está voltado para o objeto, e $n_1 < n_2$, a situação é semelhante à da Fig. 34.3.1*a* (no caso de uma imagem real) ou da Fig. 34.3.1*c* (no caso de uma imagem virtual). (2) A relação entre a distância do objeto e a distância da imagem é dada pela Eq. 34.3.1.

Cálculos: Explicitando i na Eq. 34.3.1, obtemos

$$i = \frac{n_2}{\dfrac{n_2 - n_1}{r} - \dfrac{n_1}{p}}.$$

Substituindo os símbolos pelos valores dados de n_2, r e p e fazendo $n_1 = 1{,}000$, o índice de refração do ar, obtemos

$$i = \frac{1{,}335}{\dfrac{1{,}335 - 1{,}000}{0{,}00195} - \dfrac{1{,}000}{0{,}200}}$$

$$= 8{,}00 \text{ mm}. \qquad \text{(Resposta)}$$

Fazendo o mesmo cálculo com $n_1 = 1{,}333$, o índice de refração da água, obtemos

$$i = \frac{1{,}335}{\frac{1{,}335 - 1{,}333}{0{,}00195} - \frac{1{,}333}{0{,}200}}$$

$$= -0{,}237 \text{ m.} \qquad \text{(Resposta)}$$

Depois que a luz é refratada pela córnea, ela é novamente refratada pelo cristalino para produzir uma imagem real na retina. (O cristalino se comporta como uma lente; a formação de imagens por lentes será discutida no próximo módulo.) O valor obtido no primeiro caso é positivo e pequeno, o que indica que a imagem produzida é real, como deve ser a imagem final, e se forma a uma distância relativamente pequena do olho. Isso significa que a refração produzida pelo cristalino não precisa ser muito grande. No segundo caso, o valor obtido é negativo e muito grande, ou seja, a imagem seria virtual, se não fosse pela existência do cristalino, e se forma a uma distância muito maior. Isso quer dizer que a refração produzida pelo cristalino deve ser muito maior que no primeiro caso. Para ter um efeito moderado sobre a luz que vem do ar e um grande efeito sobre a luz que vem da água, o cristalino do *Anableps anableps* tem forma oval, com uma curvatura muito maior para a luz que vem de baixo do que para a luz que vem de cima.

Figura 34.3.2 O peixe que pode ver simultaneamente o que se passa acima e abaixo da superfície da água.

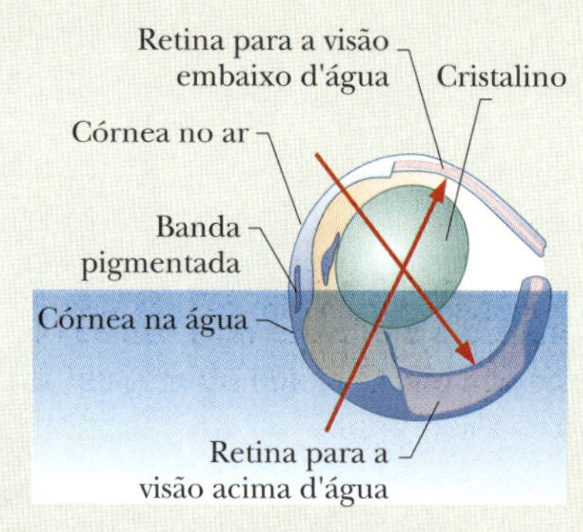

Figura 34.3.3 Seção reta de um dos olhos do *Anableps anableps*.

34.4 LENTES DELGADAS

Objetivos do Aprendizado

Depois de ler este módulo, você será capaz de ...

34.4.1 Saber a diferença entre lentes convergentes e lentes divergentes.

34.4.2 No caso de lentes convergentes e lentes divergentes, desenhar um diagrama de raios para raios inicialmente paralelos ao eixo central, mostrando os pontos focais e indicando se o ponto focal é real ou virtual.

34.4.3 Saber a diferença entre um ponto focal real e um ponto focal virtual e a que tipo de lente cada tipo de ponto focal pode estar associado; conhecer o sinal algébrico atribuído a um ponto focal real e a um ponto focal virtual.

34.4.4 No caso de um objeto (a) do lado de dentro e (b) do lado de fora do ponto focal de uma lente convergente, desenhar pelo menos dois raios para localizar a imagem e definir o tipo e a orientação da imagem.

34.4.5 No caso de uma lente convergente, conhecer a posição e a orientação de uma imagem real e de uma imagem virtual.

34.4.6 No caso de uma lente divergente, desenhar pelo menos dois raios para localizar a imagem e definir o tipo e a orientação da imagem.

34.4.7 Saber que tipo de lente pode produzir imagens reais e virtuais e que tipo pode produzir apenas imagens virtuais.

34.4.8 Conhecer o sinal algébrico da distância i de uma imagem real e de uma imagem virtual.

34.4.9 No caso de lentes convergentes e divergentes, conhecer a relação entre a distância focal f, a distância p do objeto e a distância i da imagem.

34.4.10 Conhecer as relações entre a ampliação lateral m, a altura h' da imagem, a altura h do objeto, a distância i da imagem e a distância p do objeto.

34.4.11 Usar a equação do fabricante de lentes para relacionar a distância focal ao índice de refração de uma lente (supondo que o meio externo é o ar) e aos raios de curvatura dos dois lados da lente.

34.4.12 No caso de um sistema de várias lentes com o objeto diante da lente 1, determinar a imagem produzida pela lente 1, usá-la como objeto para a lente 2, e assim por diante, até obter a imagem final.

34.4.13 No caso de um sistema de várias lentes, determinar a ampliação total da imagem a partir das ampliações produzidas pelas várias lentes.

Ideias-Chave

- Este módulo trata principalmente de lentes delgadas com superfícies esféricas simétricas.
- Se raios luminosos paralelos atravessam uma lente convergente paralelamente ao eixo central, os raios refratados convergem em um ponto (o foco real F) a uma distância focal positiva f da lente. Se os raios atravessam uma lente divergente, os prolongamentos dos raios refratados convergem em um ponto (o foco virtual F) a uma distância focal negativa f da lente.
- Uma lente convergente pode formar uma imagem real (se o objeto estiver do lado de dentro do ponto focal) ou uma imagem virtual (se objeto estiver do lado de fora do ponto focal).
- Uma lente divergente só pode formar imagens virtuais.
- No caso de um objeto diante de uma lente, entre a distância p do objeto, a distância i da imagem e a distância focal f, o índice de refração n e os raios de curvatura r_1 e r_2 da lente existem as seguintes relações:

$$\frac{1}{p} + \frac{1}{i} = \frac{1}{f} = (n-1)\left(\frac{1}{r_1} - \frac{1}{r_2}\right).$$

- O valor absoluto da ampliação lateral m de um objeto é a razão entre a altura h' da imagem e a altura h do objeto:

$$|m| = \frac{h'}{h}.$$

A ampliação lateral m está relacionada à distância p do objeto e à distância i da imagem pela equação

$$m = -\frac{i}{p},$$

em que o sinal de m é positivo se a imagem tem a mesma orientação que o objeto e negativo se a imagem e o objeto têm orientações opostas.

- No caso de um sistema de lentes com um eixo central comum, a imagem produzida pela primeira lente se comporta como objeto para a segunda lente, e assim por diante; a ampliação total é o produto das ampliações produzidas pelas lentes do sistema.

Lentes Delgadas 34.3

Uma **lente** é um objeto transparente, limitado por duas superfícies refratoras com um eixo central em comum. Quando a lente está imersa no ar, a luz é refratada ao penetrar na lente, atravessa a lente, é refratada uma segunda vez e volta a se propagar no ar. As duas refrações podem mudar a direção dos raios luminosos.

Uma lente que faz com que raios luminosos inicialmente paralelos ao eixo central se aproximem do eixo é chamada **lente convergente**; uma lente que faz com que os raios se afastem do eixo é chamada **lente divergente**. Quando um objeto é colocado diante de uma lente convergente ou divergente, a refração dos raios luminosos pela lente pode produzir uma imagem do objeto.

Equações das Lentes. Vamos considerar apenas o caso especial das **lentes delgadas**, ou seja, lentes nas quais a distância do objeto p, a distância de imagem i e os raios de curvatura r_1 e r_2 das superfícies da lente são muito maiores que a espessura da lente. Vamos também considerar apenas raios que fazem ângulos pequenos com o eixo central (os ângulos estão exagerados nas figuras). No Módulo 34.6 vamos demonstrar que, para esses raios, a distância i da imagem e a distância p do objeto estão relacionadas pela equação

$$\frac{1}{f} = \frac{1}{p} + \frac{1}{i} \quad \text{(lente delgada)}, \qquad (34.4.1)$$

que é igual à Eq. 34.2.2, a equação dos espelhos esféricos. Vamos demonstrar também que, para uma lente delgada de índice de refração n imersa no ar, a distância focal f é dada por

$$\frac{1}{f} = (n-1)\left(\frac{1}{r_1} - \frac{1}{r_2}\right) \quad \text{(lente delgada no ar)}, \qquad (34.4.2)$$

conhecida como *equação do fabricante de lentes*. Na Eq. 34.4.2, r_1 é o raio de curvatura da superfície da lente mais próxima do objeto e r_2 é o raio de curvatura da outra superfície. Os sinais dos raios podem ser determinados usando as regras do Módulo 34.3 para os raios de superfícies refratoras esféricas. Se a lente está imersa em outro meio que não o ar (óleo, por exemplo), de índice de refração n_{meio}, o parâmetro n da Eq. 34.4.2 deve ser substituído pela razão n/n_{meio}. De acordo com as Eqs. 34.4.1 e 34.4.2, podemos afirmar o seguinte:

Cortesia de Matthew G. Wheeler

O homem da foto está focalizando a luz solar em um jornal, com o auxílio de uma lente convergente feita de gelo, para acender uma fogueira. A lente foi fabricada derretendo ambos os lados de uma placa de gelo até que assumisse a forma convexa do recipiente raso (de fundo abaulado) que aparece em primeiro plano na fotografia. CVF

Uma lente pode produzir uma imagem de um objeto porque é capaz de desviar os raios luminosos, mas só é capaz de desviar os raios luminosos se tiver um índice de refração diferente do índice de refração do meio.

Ponto Focal. A Fig. 34.4.1*a* mostra uma lente delgada com superfícies convexas. Quando raios paralelos ao eixo central atravessam a lente, são refratados duas vezes, como mostra a vista ampliada da Fig. 34.4.1*b*. A dupla refração faz os raios convergirem para um ponto focal F_2 situado a uma distância f do centro da lente. Trata-se, portanto, de uma lente convergente. Além disso, F_2 é um ponto focal *real*, já que os raios realmente se cruzam nesse ponto; a distância focal correspondente é f. Quando raios paralelos ao eixo central atravessam a lente no sentido inverso, convergem em outro ponto focal real, F_1, situado à mesma distância, do outro lado da lente.

Sinais e Mais Sinais. Como os pontos focais de uma lente convergente são reais, as distâncias focais f correspondentes são consideradas positivas, como no caso dos espelhos côncavos. Entretanto, como os sinais usados na ótica às vezes podem ser enganosos, é melhor verificarmos se tudo está certo na Eq. 34.4.2. Se f é positivo, o lado direito da equação é positivo; o que dizer do lado esquerdo? Vamos examiná-lo termo a termo. Como o índice de refração n do vidro ou de qualquer outra substância é sempre maior que 1, o termo $(n - 1)$ é positivo. Como um objeto colocado do lado esquerdo da lente está diante de uma superfície convexa, o raio de curvatura r_1 é positivo, de acordo com a regra de sinal para superfícies refratoras. No lado direito da lente, o objeto está voltado para uma superfície côncava e, portanto, o raio de curvatura r_2 é negativo. Assim, o termo $(1/r_1 - 1/r_2)$ é positivo, e todo o lado direito da Eq. 34.4.2 é positivo. Isso significa que os sinais estão corretos.

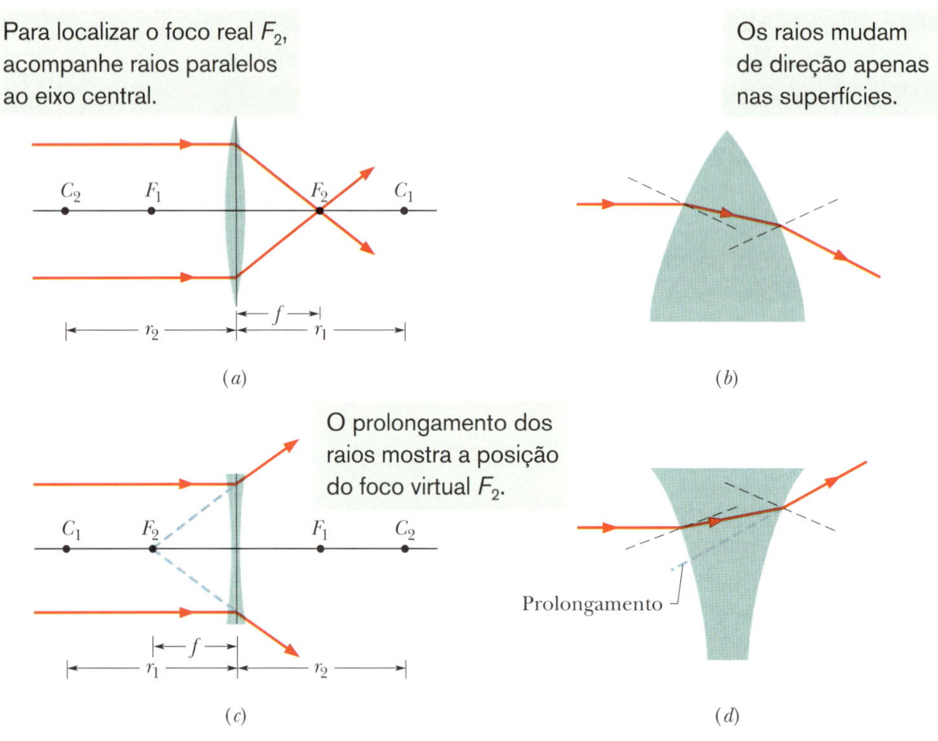

Figura 34.4.1 (*a*) Raios luminosos inicialmente paralelos ao eixo central de uma lente convergente são desviados pela lente e convergem para o ponto focal real F_2. A lente é mais fina que no desenho; na verdade, supomos que todo o desvio ocorre em um único plano, representado na figura por uma reta vertical que passa pelo centro da lente. (*b*) Ampliação da parte superior da lente representada em (*a*); as linhas tracejadas são as normais à superfície nos pontos de entrada e saída de um raio luminoso. Observe que os desvios que o raio sofre ao entrar na lente e ao sair da lente são no mesmo sentido e tendem a aproximá-lo do eixo central. (*c*) Os mesmos raios paralelos divergem depois de passar por uma lente divergente. Os prolongamentos dos raios divergentes passam por um ponto focal virtual F_2. (*d*) Ampliação da parte superior da lente representada em (*c*). Observe que os desvios que o raio sofre ao entrar na lente e ao sair da lente são no mesmo sentido e tendem a afastá-lo do eixo central.

A Fig. 34.4.1*c* mostra uma lente delgada com lados côncavos. Quando raios paralelos ao eixo central atravessam a lente, são refratados duas vezes, como mostra a vista ampliada da Fig. 34.4.1*d*. A dupla refração faz os raios *divergirem*. Trata-se, portanto, de uma lente divergente. Os prolongamentos dos raios refratados convergem para um ponto comum F_2, situado a uma distância f do centro da lente. O ponto F_2 é, portanto, um ponto focal *virtual*. (Se os olhos de um observador interceptarem alguns dos raios divergentes, ele verá um ponto claro em F_2, como se esse ponto fosse a fonte da luz.) Existe outro foco virtual do outro lado da lente, em F_1, situado à mesma distância do centro. Como os pontos focais de uma lente divergente são virtuais, a distância focal f é tomada como negativa.

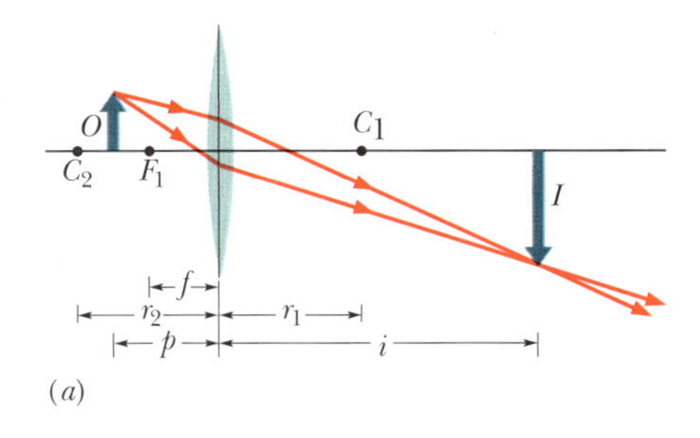

Imagens Produzidas por Lentes Delgadas

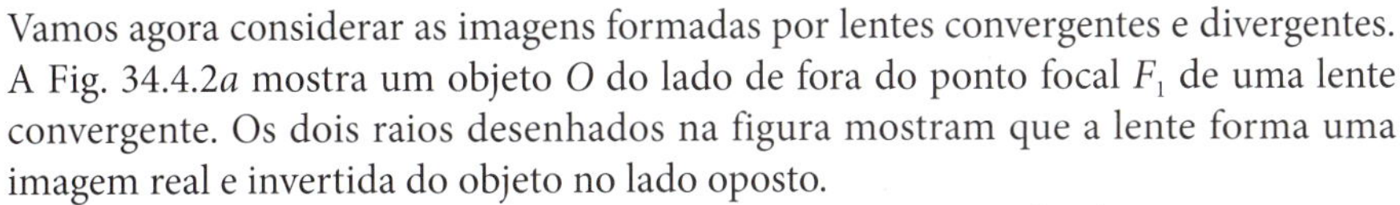

Vamos agora considerar as imagens formadas por lentes convergentes e divergentes. A Fig. 34.4.2*a* mostra um objeto O do lado de fora do ponto focal F_1 de uma lente convergente. Os dois raios desenhados na figura mostram que a lente forma uma imagem real e invertida do objeto no lado oposto.

Quando o objeto é colocado do lado de dentro do ponto focal F_1, como na Fig. 34.4.2*b*, a lente forma uma imagem virtual do mesmo lado da lente e com a mesma orientação que o objeto. Assim, uma lente convergente pode formar uma imagem real ou uma imagem virtual, dependendo da posição do objeto em relação do ponto focal.

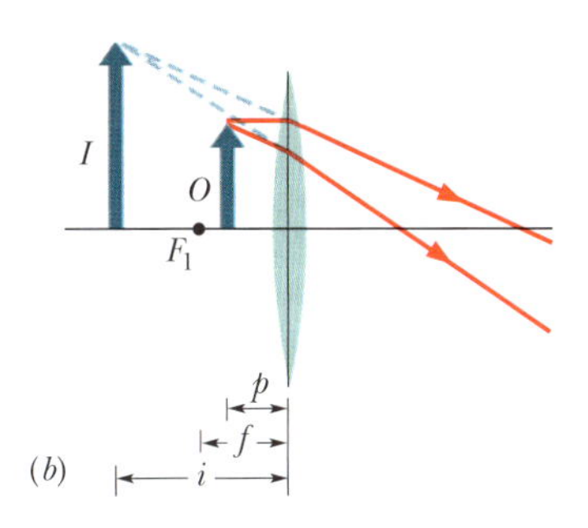

A Fig. 34.4.2*c* mostra um objeto O diante de uma lente divergente. Nesse caso, qualquer que seja a posição do objeto (quer o objeto esteja do lado de dentro ou do lado de fora do ponto focal), a lente produz uma imagem virtual do mesmo lado da lente e com a mesma orientação que o objeto.

Como no caso dos espelhos, tomamos a distância da imagem i como positiva quando a imagem é real, e como negativa quando a imagem é virtual. Entretanto, as posições das imagens reais e virtuais são diferentes no caso das lentes e no caso dos espelhos:

As imagens virtuais produzidas por lentes ficam do mesmo lado que o objeto, e as imagens reais ficam do lado oposto.

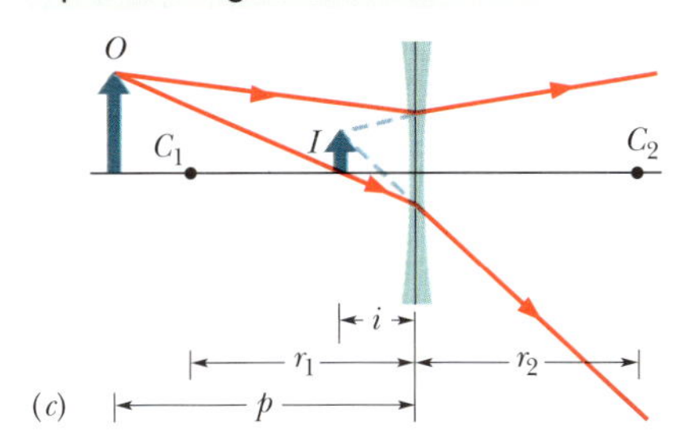

Figura 34.4.2 (*a*) Uma lente convergente forma uma imagem I real e invertida quando o objeto O está do lado de fora do ponto focal F_1. (*b*) A imagem I é virtual e tem a mesma orientação que o objeto O quando O está do lado de dentro do ponto focal. (*c*) Uma lente divergente forma uma imagem virtual I, com a mesma orientação que o objeto O, qualquer que seja a posição do objeto.

A ampliação lateral m produzida por lentes convergentes e divergentes é dada pelas mesmas equações usadas no caso de espelhos, Eqs. 34.2.3 e 34.2.4.

O leitor teve que aprender muita coisa a respeito de lentes, e é aconselhável que ele organize essas informações completando a Tabela 34.4.1, que é válida para *lentes delgadas simétricas* (com os dois lados convexos ou os dois lados côncavos). Na coluna Posição da Imagem, indique se a imagem está do *mesmo* lado da lente que o objeto ou do lado *oposto*. Na coluna Tipo de Imagem, indique se a imagem é *real* ou *virtual*. Na coluna Orientação da Imagem, indique se a imagem tem a *mesma* orientação que o objeto ou a orientação *oposta*. Nas colunas Sinal de f, Sinal de i e Sinal de m, indique se o sinal da grandeza mencionada é *positivo* ou *negativo* e coloque $\pm$ se o sinal for irrelevante. (As abreviações M.P.Q.F e M.L.Q.F significam "mais perto da lente do que F" e "mais longe da lente do que F", respectivamente.)

Tabela 34.4.1 Tabela das Imagens Produzidas por Lentes

		Imagem			Sinal		
Tipo de Lente	Posição do Objeto	Posição	Tipo	Orientação	de f	de i	de m
Convergente	M.P.Q.F						
	M.L.Q.F						
Divergente	Qualquer						

Como Localizar Imagens Produzidas por Lentes Desenhando Raios

A Fig. 34.4.3*a* mostra um objeto *O* do lado de fora do ponto focal F_1 de uma lente convergente. Podemos localizar graficamente a imagem de qualquer ponto do objeto fora do eixo central (como a ponta da seta da Fig. 34.4.3*a*) desenhando um diagrama de raios com dois dos três raios especiais que passam pelo ponto:

1. Um raio inicialmente paralelo ao eixo central, que depois de ser refratado passa pelo ponto focal F_2 (raio 1 da Fig. 34.4.3*a*).
2. Um raio que passa pelo ponto focal F_1 e depois de ser refratado se torna paralelo ao eixo central (raio 2 da Fig. 34.4.3*a*).
3. Um raio que passa pelo centro da lente e sai da lente sem mudar de direção (como o raio 3 da Fig. 34.4.3*a*) porque atravessa uma região da lente na qual os dois lados são quase paralelos.

A imagem do ponto fica na interseção dos dois raios especiais escolhidos. Para determinar a imagem do objeto completo, basta encontrar a localização de dois ou mais dos seus pontos.

A Fig. 34.4.3*b* mostra que os prolongamentos dos três raios especiais podem ser usados para localizar a imagem de um objeto do lado de dentro do ponto focal. Observe que, nesse caso, é preciso modificar a definição do raio 2; agora se trata de um raio cujo prolongamento para trás do objeto passa pelo ponto focal F_1.

No caso de uma lente divergente, as definições dos raios 1 e 2 são diferentes. Como mostra a Fig. 34.4.3*c*, o raio 1 agora é um raio paralelo ao eixo central cujo prolongamento para trás, depois de refratado, passa pelo ponto focal F_2; o raio 2 é um raio cujo prolongamento passa pelo ponto focal F_1 e que, depois de refratado, se torna paralelo ao eixo central.

Sistemas de Duas Lentes 34.1

Vamos agora examinar o caso de um objeto colocado diante de um conjunto de duas lentes cujos eixos centrais coincidem. Alguns dos possíveis sistemas de duas lentes estão representados na Fig. 34.4.4, em que as figuras não foram desenhadas em escala. Em todos os casos, o objeto está à esquerda da lente 1, mas pode estar do lado de dentro ou do lado de fora do ponto focal. Embora nem sempre seja fácil acompanhar o percurso dos raios luminosos em um sistema de duas lentes, podemos determinar qual é a imagem final dividindo o problema em duas partes:

Primeira parte Ignorando a lente 2, usamos a Eq. 34.4.1 para determinar a imagem I_1 produzida pela lente 1. Verificamos se a imagem está à esquerda ou à direita da lente, se é real ou virtual, e se tem a mesma orientação que o objeto. Fazemos um esboço de I_1. Um exemplo aparece na parte de cima da Fig. 34.4.4*a*.

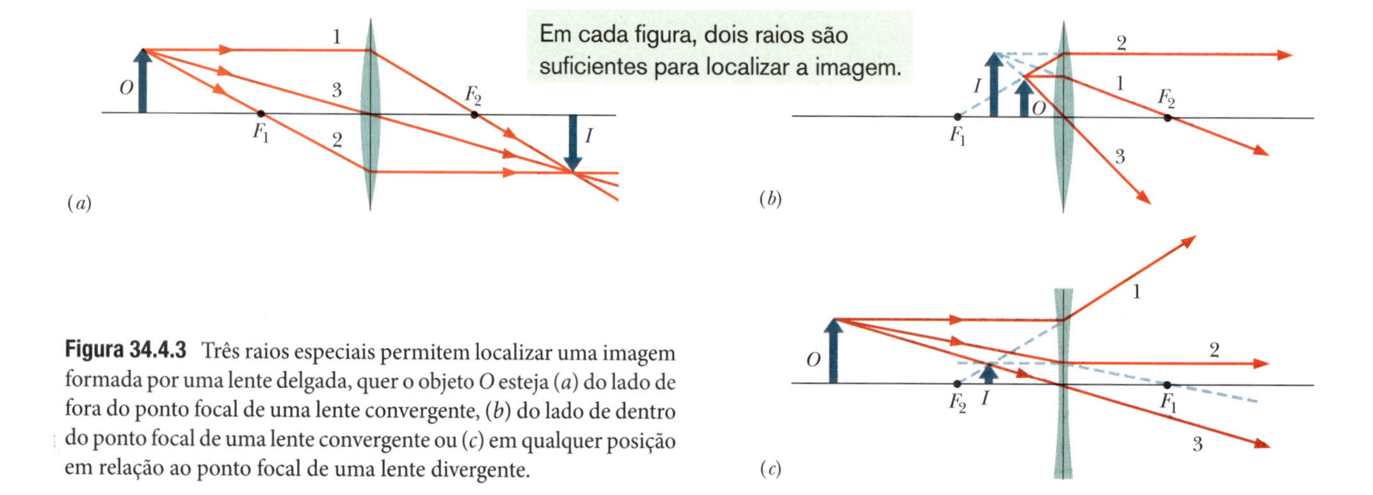

Figura 34.4.3 Três raios especiais permitem localizar uma imagem formada por uma lente delgada, quer o objeto *O* esteja (*a*) do lado de fora do ponto focal de uma lente convergente, (*b*) do lado de dentro do ponto focal de uma lente convergente ou (*c*) em qualquer posição em relação ao ponto focal de uma lente divergente.

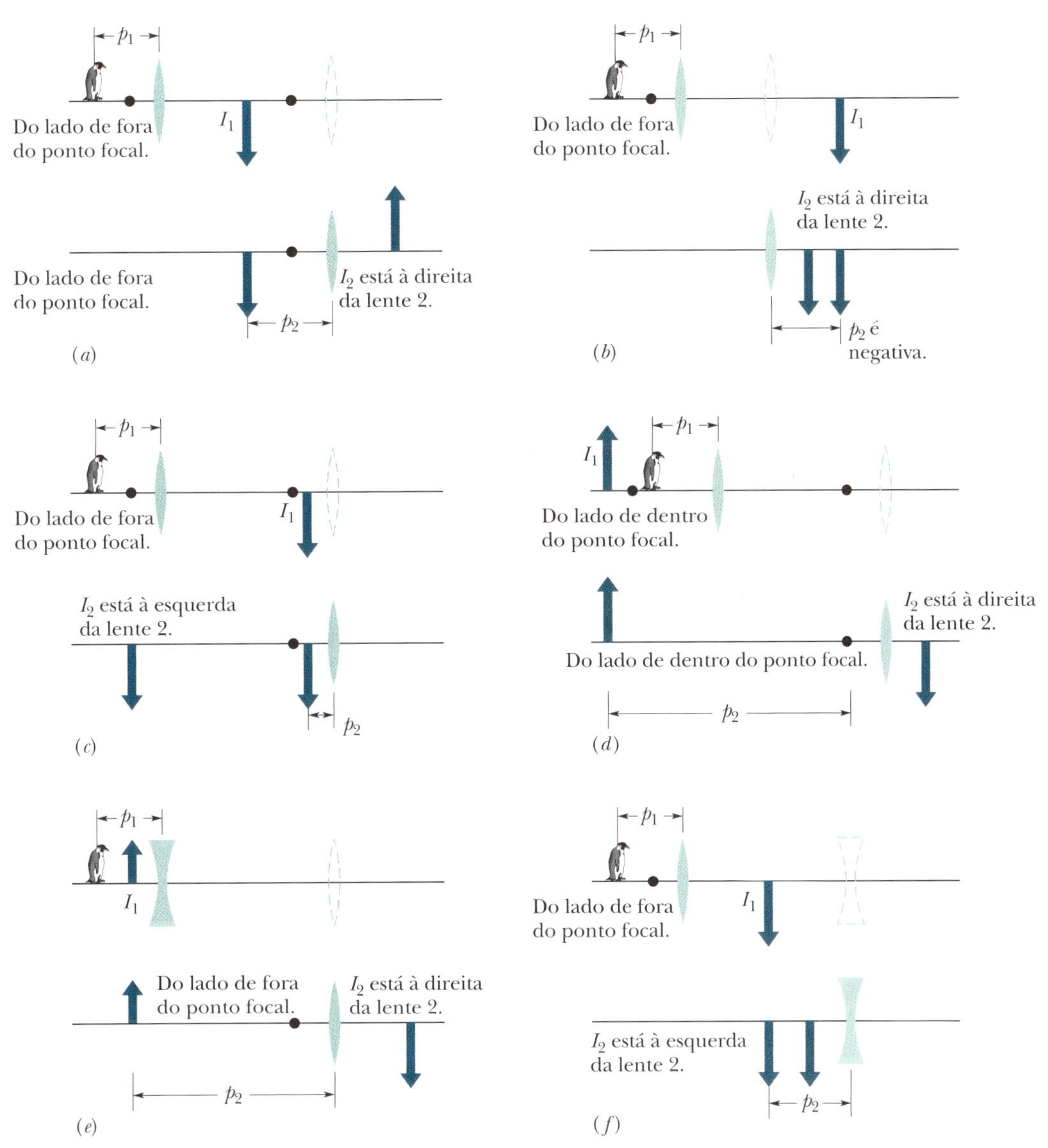

Figura 34.4.4 Vários sistemas de duas lentes (que não estão desenhados em escala) com um objeto à esquerda da lente 1. Na primeira parte da solução, consideramos apenas a lente 1 e ignoramos a lente 2 (tracejada no primeiro desenho). Na segunda parte, consideramos apenas a lente 2 e ignoramos a lente 1 (omitida no segundo desenho). Nosso objetivo é determinar a imagem final, ou seja, a imagem produzida pela lente 2.

Segunda parte Ignorando a lente 1, tratamos I_1 como o *objeto* da lente 2 e usamos a Eq. 34.4.1 para determinar a imagem I_2 produzida pela lente 2. A imagem I_2 é a imagem final do sistema de duas lentes. Verificamos se a imagem está à esquerda ou à direita da lente, se é real ou virtual e se tem a mesma orientação que o objeto da lente 2. Finalmente, fazemos um esboço de I_2. Um exemplo aparece na parte de baixo da Fig. 34.4.4*a*.

Podemos, portanto, analisar qualquer sistema de duas lentes tratando uma lente de cada vez. A única exceção acontece quando I_1 está à direita da lente 2. Nesse caso, ainda podemos tratar I_1 como objeto da lente 2, mas devemos considerar a distância do objeto p_2 como um número *negativo* quando usamos a Eq. 34.4.1 para calcular a posição de I_2. Nesse caso, como nos outros exemplos, se a distância i_2 da imagem é positiva, a imagem é real e está o lado direito da lente 2. Um exemplo aparece na Fig. 34.4.4*b*.

O método de solução por partes também pode ser usado no caso de conjuntos de três ou mais lentes ou de combinações de lentes e um espelho.

A *ampliação lateral total* M produzida por um conjunto de lentes (ou de lentes e um espelho) é o produto das ampliações dadas pela Eq. 34.2.5 ($m = -i/p$). No caso de um sistema de duas lentes, temos

$$M = m_1 m_2. \tag{34.4.3}$$

Se M é positiva, a imagem final tem a mesma orientação que o objeto que está diante da lente 1. Se M é negativa, a imagem final é uma imagem invertida do objeto. Nos casos em que a distância p_2 é negativa, como na Fig. 34.4.4*b*, em geral é mais fácil determinar a orientação da imagem final observando o sinal de M.

Teste 34.4.1

Uma lente simétrica delgada produz uma imagem de uma impressão digital com uma ampliação de $+0{,}2$ quando a impressão digital está 1,0 cm mais afastada da lente que o ponto focal. (a) Qual é o tipo e (b) qual a orientação da imagem, e (c) qual é o tipo de lente?

Exemplo 34.4.1 Imagem produzida por uma lente simétrica delgada 34.3

Um louva-a-deus está no eixo central de uma lente simétrica delgada, a 20 cm da lente. A ampliação lateral da lente é $m = -0{,}25$ e o índice de refração do material de que é feita a lente é 1,65.

(a) Determine o tipo de imagem produzido pela lente, o tipo de lente, se o objeto (louva-a-deus) está do lado de dentro ou do lado de fora do ponto focal; de que lado da lente é formada a imagem; se a imagem é invertida ou não.

Raciocínio: Podemos deduzir muita coisa a respeito da lente e da imagem a partir do valor de m. De acordo com a Eq. 34.2.4 ($m = -i/p$), temos

$$i = -mp = 0{,}25p.$$

Não é preciso fazer nenhum cálculo para responder às perguntas. Como p é sempre positivo, sabemos que i é positivo. Isso significa que a imagem é real e, portanto, a lente é convergente (as lentes convergentes são as únicas que produzem imagens reais). O objeto está do lado de fora do ponto focal (caso contrário, a imagem seria virtual). Além disso, a imagem é invertida e fica do lado oposto da lente, como todas as imagens reais formadas por lentes convergentes.

(b) Quais são os dois raios de curvatura da lente?

IDEIAS-CHAVE

1. Como a lente é simétrica, r_1 (raio da superfície mais próxima do objeto) e r_2 devem ter o mesmo valor absoluto, r.
2. Como a lente é convergente, o objeto está diante de uma superfície que é convexa no lado mais próximo e, portanto, $r_1 = +r$. Isso significa que o objeto está diante de uma superfície que é côncava no lado mais afastado e, portanto, $r_2 = -r$.
3. Os raios de curvatura estão relacionados à distância focal f pela equação do fabricante de lentes, Eq. 34.4.2 (a única equação deste capítulo que envolve os raios de curvatura de uma lente).
4. A distância focal f, a distância do objeto p e a distância da imagem i estão relacionadas pela Eq. 34.4.1.

Cálculos: Conhecemos p (é um dos dados do problema), mas não conhecemos i. Assim, o primeiro passo consiste em determinar o valor de i usando as conclusões a que chegamos no item (a). O resultado é o seguinte:

$$i = (0{,}25)(20 \text{ cm}) = 5{,}0 \text{ cm}.$$

De acordo com a Eq. 34.4.1, temos

$$\frac{1}{f} = \frac{1}{p} + \frac{1}{i} = \frac{1}{20 \text{ cm}} + \frac{1}{5{,}0 \text{ cm}},$$

e, portanto, $f = 4{,}0$ cm.

De acordo com a Eq. 34.4.2, temos

$$\frac{1}{f} = (n-1)\left(\frac{1}{r_1} - \frac{1}{r_2}\right) = (n-1)\left(\frac{1}{+r} - \frac{1}{-r}\right)$$

Substituindo f e n por valores numéricos, temos

$$\frac{1}{4{,}0 \text{ cm}} = (1{,}65 - 1)\frac{2}{r},$$

e, portanto,

$$r = (0{,}65)(2)(4{,}0 \text{ cm}) = 5{,}2 \text{ cm}. \qquad \text{(Resposta)}$$

Exemplo 34.4.2 Imagem produzida por um sistema de duas lentes 34.4

A Fig. 34.4.5*a* mostra uma semente de abóbora O_1 colocada diante de duas lentes delgadas simétricas coaxiais 1 e 2, de distâncias focais $f_1 = +24$ cm e $f_2 = +9$ cm, respectivamente, separadas por uma distância $L = 10$ cm. A semente está a 6,0 cm de distância da lente 1. Qual é a posição da imagem da semente?

IDEIA-CHAVE

Poderíamos localizar a imagem produzida pelo conjunto de lentes usando o método dos raios. Entretanto, podemos, em vez disso, calcular a localização da imagem resolvendo o problema por partes, de lente em lente. Começamos pela lente mais próxima da semente. A imagem que procuramos é a final, ou seja, a imagem I_2 produzida pela lente 2.

Lente 1: Ignorando a lente 2, localizamos a imagem I_1 produzida pela lente 1 aplicando a Eq. 34.4.1 à lente 1:

$$\frac{1}{p_1} + \frac{1}{i_1} = \frac{1}{f_1}.$$

O objeto O_1 para a lente 1 é a semente, que se encontra a 6,0 cm de distância da lente; assim, fazemos $p_1 = +6{,}0$ cm. Substituindo f_1 pelo seu valor, obtemos

$$\frac{1}{+6{,}0 \text{ cm}} + \frac{1}{i_1} = \frac{1}{+24 \text{ cm}},$$

o que nos dá $i_1 = -8{,}0$ cm.

Isso significa que a imagem I_1 está a 8,0 cm de distância da lente 1 e é virtual. (Poderíamos ter antecipado que a imagem é virtual observando que a semente está do lado de dentro do ponto focal da lente 1.) Como I_1 é virtual, está do mesmo lado da lente que o objeto O_1 e tem a mesma orientação, como mostra a Fig. 34.4.5*b*.

Lente 2: Na segunda parte da solução, consideramos a imagem I_1 como um objeto O_2 para a segunda lente e agora ignoramos a lente 1. Como o objeto O_2 está do lado de fora do ponto focal da lente 2, podemos antecipar que a imagem I_2 produzida pela lente 2 é real, invertida e não está do mesmo lado da lente que O_2; os resultados numéricos devem ser compatíveis com essas conclusões.

De acordo com a Fig. 34.4.5*c*, a distância p_2 entre o objeto O_2 e a lente 2 é dada por

$$p_2 = L + |i_1| = 10 \text{ cm} + 8{,}0 \text{ cm} = 18 \text{ cm}.$$

Nesse caso, de acordo com a Eq. 34.4.1, agora aplicada à lente 2, temos

$$\frac{1}{+18 \text{ cm}} + \frac{1}{i_2} = \frac{1}{+9{,}0 \text{ cm}},$$

o que nos dá $i_2 = +18$ cm. (Resposta)

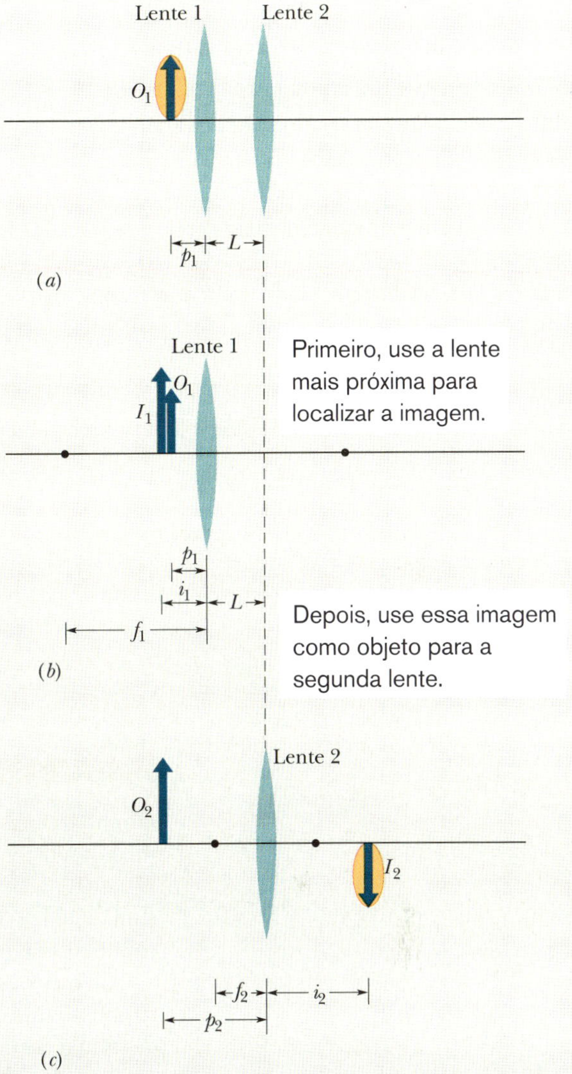

O sinal positivo confirma nossas conclusões: A imagem I_2 produzida pela lente 2 é real, invertida e está do lado direito da lente 2, como mostra a Fig. 34.4.5*c*. Sendo assim, a imagem poderia ser vista em uma tela situada 18 cm à direita da lente 2.

Lente 1 Lente 2 O_1 p_1 L (*a*)

Lente 1 O_1 I_1 Primeiro, use a lente mais próxima para localizar a imagem. p_1 i_1 L f_1 (*b*) Depois, use essa imagem como objeto para a segunda lente.

Lente 2 O_2 I_2 f_2 i_2 p_2 (*c*)

Figura 34.4.5 (*a*) A semente O_1 está a uma distância p_1 de um conjunto de duas lentes separadas por uma distância L. A seta é usada para indicar a orientação da semente. (*b*) A imagem I_1 produzida pela lente 1. (*c*) A imagem I_1 se comporta como um objeto O_2 para a lente 2, que produz a imagem final I_2.

34.5 INSTRUMENTOS ÓTICOS

Objetivos do Aprendizado

Depois de ler este módulo, você será capaz de ...

34.5.1 Saber o que é o ponto próximo da visão.

34.5.2 Usar um desenho para explicar a ação de uma lente de aumento simples.

34.5.3 Saber o que é a ampliação angular.

34.5.4 Calcular a ampliação angular produzida por uma lente de aumento simples.

34.5.5 Explicar o funcionamento de um microscópio composto usando um desenho.

34.5.6 Saber que a amplificação total de microscópio composto se deve à amplificação lateral da objetiva e à amplificação angular da ocular.

34.5.7 Calcular a amplificação geral de um microscópio composto.

34.5.8 Explicar o funcionamento de um telescópio refrator usando um desenho.

34.5.9 Calcular a ampliação angular de um telescópio refrator.

Ideias-Chave

- A ampliação angular de uma lente de aumento simples é dada por

$$m_\theta = \frac{25\text{ cm}}{f},$$

em que f é a distância focal da lente e 25 cm é um valor de referência para o ponto próximo.

- A ampliação total de um microscópio composto é dada por

$$M = mm_\theta = -\frac{s}{f_{ob}}\frac{25\text{ cm}}{f_{oc}},$$

em que m é a ampliação lateral da objetiva, m_θ é a ampliação angular da ocular, s é o comprimento do tubo, f_{ob} é a distância focal da objetiva e f_{oc} é a distância focal da ocular.

- A ampliação angular de um telescópio refrator é dada por

$$m_\theta = -\frac{f_{ob}}{f_{oc}}.$$

Instrumentos Óticos

O olho humano é um órgão extremamente versátil, mas seu desempenho pode ser melhorado sob vários aspectos com o auxílio de instrumentos óticos como óculos, microscópios e telescópios. Alguns desses instrumentos são sensíveis a radiações eletromagnéticas fora da faixa da luz visível; as câmaras de infravermelho dos satélites e os microscópios de raios X são apenas dois exemplos.

As equações dos espelhos e lentes apresentadas neste livro não se aplicam aos instrumentos óticos mais sofisticados, a não ser como aproximações grosseiras. As lentes de muitos instrumentos, como os microscópios usados nos laboratórios, não podem ser consideradas "delgadas". Além disso, a maioria dos instrumentos óticos comerciais utiliza lentes compostas, isto é, feitas de vários componentes, cujas superfícies raramente são esféricas. Vamos agora discutir três instrumentos óticos, supondo, para simplificar as análises, que as equações para lentes delgadas são válidas.

Lente de Aumento Simples 34.3

O olho humano normal só é capaz de focalizar uma imagem de um objeto na retina (situada no fundo do olho) se a distância entre o objeto e o olho for maior que a de um ponto conhecido como *ponto próximo*, representado pelo símbolo P_p. Quando o objeto está a uma distância menor que a do ponto próximo, a imagem na retina se torna indistinta. A posição do ponto próximo normalmente varia com a idade. Todos nós conhecemos pessoas de meia-idade que ainda não começaram a usar óculos, mas precisam esticar o braço para conseguir ler o jornal; isso significa que o ponto próximo dessas pessoas começou a se afastar. Para descobrir onde está seu ponto próximo, tire os óculos ou lentes de contato, se for necessário, feche um dos olhos e aproxime esta página do olho aberto até as letras ficarem indistintas. Nesta seção, vamos supor que o ponto próximo está a 25 cm do olho, uma distância ligeiramente maior que o valor típico para um adulto jovem.

A Fig. 34.5.1*a* mostra um objeto *O* colocado no ponto próximo P_p de um olho humano. O tamanho da imagem produzida na retina depende do ângulo θ que o objeto ocupa no campo de visão. Aproximando o objeto do olho, como mostrado na

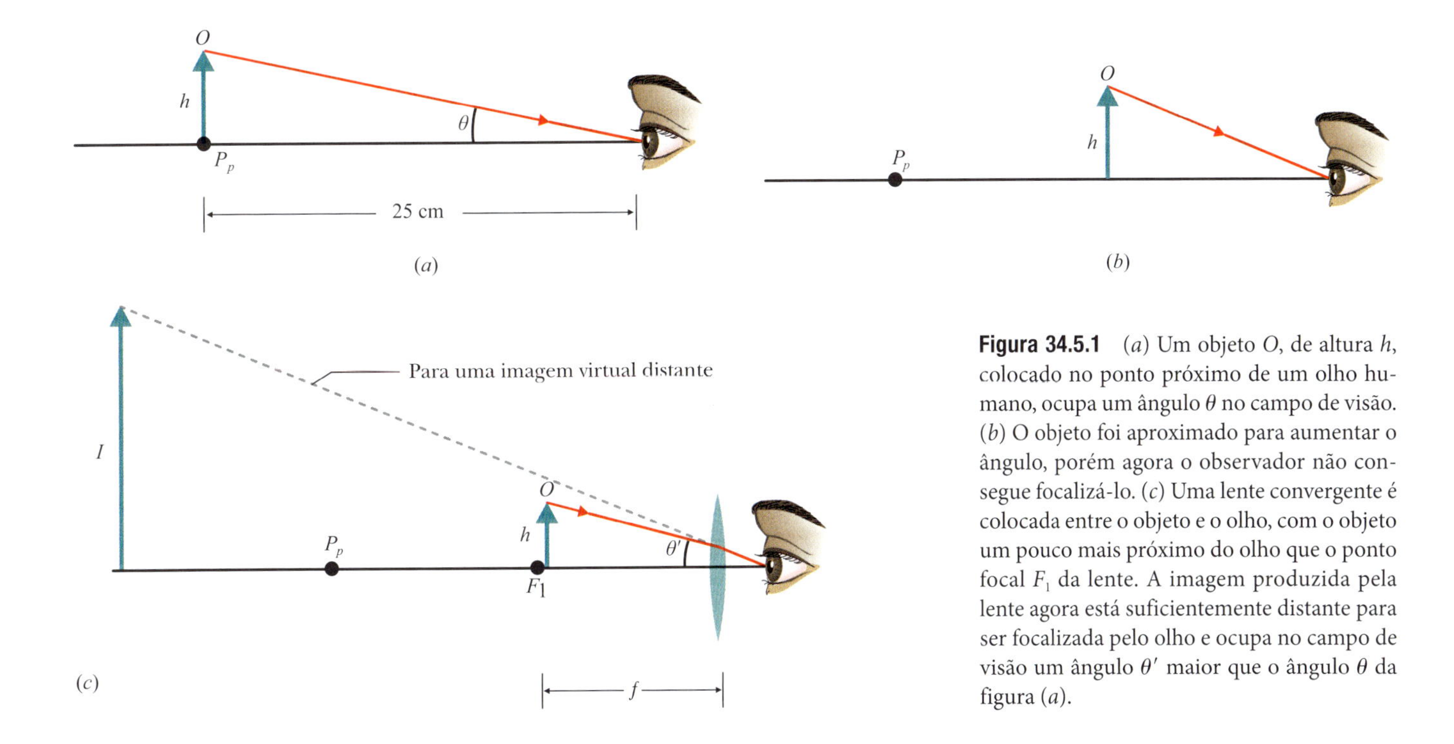

Figura 34.5.1 (*a*) Um objeto *O*, de altura *h*, colocado no ponto próximo de um olho humano, ocupa um ângulo θ no campo de visão. (*b*) O objeto foi aproximado para aumentar o ângulo, porém agora o observador não consegue focalizá-lo. (*c*) Uma lente convergente é colocada entre o objeto e o olho, com o objeto um pouco mais próximo do olho que o ponto focal F_1 da lente. A imagem produzida pela lente agora está suficientemente distante para ser focalizada pelo olho e ocupa no campo de visão um ângulo θ' maior que o ângulo θ da figura (*a*).

Fig. 34.5.1*b*, aumentamos o ângulo e, portanto, a capacidade de distinguir detalhes do objeto. Entretanto, como o objeto agora está a uma distância menor que o ponto próximo, não está mais *em foco*, ou seja, não pode ser visto com nitidez.

É possível tornar a imagem novamente nítida observando o objeto através de uma lente convergente, posicionada de tal forma que o objeto esteja ligeiramente mais próximo do olho que o ponto focal F_1 da lente, cuja distância da lente é igual à distância focal f (Fig. 34.5.1*c*). O que o observador enxerga nesse caso é a imagem virtual do objeto produzida pela lente. Como essa imagem está mais distante do olho que o ponto próximo, pode ser vista com nitidez.

Além disso, o ângulo θ' ocupado pela imagem virtual é maior que o maior ângulo θ que o objeto, sozinho, pode ocupar e ser visto com nitidez. A *ampliação angular* m_θ (que não deve ser confundida com a ampliação lateral m) do objeto é dada por

$$m_\theta = \theta'/\theta.$$

Em palavras, a ampliação angular de uma lente de aumento simples é definida como a razão entre o ângulo ocupado pela imagem produzida pela lente e o ângulo ocupado pelo objeto quando o objeto está no ponto próximo do observador.

De acordo com a Fig. 34.5.1, supondo que o objeto *O* está muito próximo do ponto focal da lente e supondo também que os ângulos são suficientemente pequenos para que $\tan\theta \approx \theta$ e $\tan\theta' \approx \theta'$, temos

$$\theta \approx h/25 \text{ cm} \qquad \text{e} \qquad \theta' \approx h/f.$$

Nesse caso,

$$m_\theta \approx \frac{25 \text{ cm}}{f} \qquad \text{(lente de aumento simples).} \qquad (34.5.1)$$

Microscópio Composto

A Fig. 34.5.2 mostra a versão de um microscópio composto que usa lentes delgadas. O instrumento é formado por uma *objetiva* (a lente mais próxima do objeto), de distância focal f_{ob}, e uma *ocular* (a lente mais próxima do olho), de distância focal f_{oc}. Esse tipo de instrumento é usado para observar pequenos objetos que estão muito próximos da objetiva.

O objeto *O* a ser observado é colocado um pouco mais distante que o primeiro ponto focal da objetiva, suficientemente próximo de F_1 para que a distância p entre

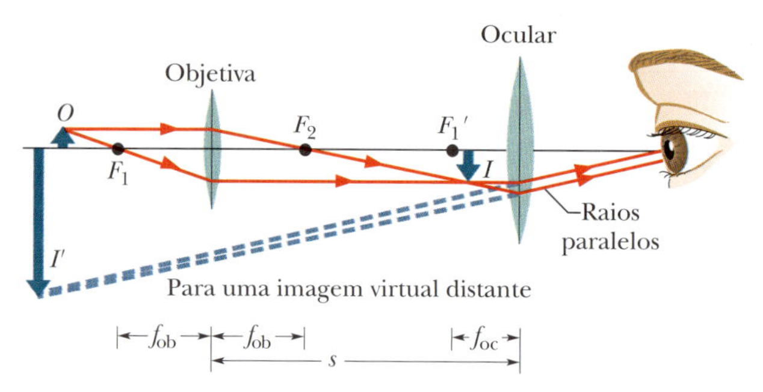

Figura 34.5.2 Diagrama esquemático de um microscópio composto (o desenho não está em escala). A objetiva produz uma imagem real I do objeto O ligeiramente mais próxima da ocular que o ponto focal F_1'. A imagem I se comporta como um objeto para a ocular, que produz uma imagem final virtual I', vista pelo observador. A objetiva tem uma distância focal f_{ob}; a ocular tem uma distância focal f_{oc}; s é o comprimento do tubo.

o objeto e a lente possa ser tomada como aproximadamente f_{ob}. A distância entre as lentes é ajustada para que a imagem real, aumentada e invertida I, produzida pela objetiva, fique um pouco mais próxima da ocular que o primeiro ponto focal, F_1'. Como o *comprimento do tubo*, s, da Fig. 34.5.2 é normalmente muito maior que f_{ob}, podemos tomar a distância i entre a objetiva e a imagem I como igual a s.

De acordo com a Eq. 34.2.4, e usando as aproximações já mencionadas para p e i, a ampliação lateral da objetiva é dada por

$$m = -\frac{i}{p} = -\frac{s}{f_{ob}}. \qquad (34.5.2)$$

Como a distância entre a imagem I e a ocular é ligeiramente menor que a distância focal, a ocular se comporta como uma lente de aumento simples, produzindo uma imagem virtual, aumentada e invertida, I', que é a imagem observada pelo operador do instrumento. A ampliação total do instrumento é o produto da amplificação m produzida pela objetiva, dada pela Eq. 34.5.2, pela amplificação angular m_θ produzida pela ocular, dada pela Eq. 34.5.1. Assim, temos

$$M = mm_\theta = -\frac{s}{f_{ob}}\frac{25\text{ cm}}{f_{oc}} \quad \text{(microscópio)}. \qquad (34.5.3)$$

Telescópio Refrator

Existem vários tipos de telescópios. O tipo que vamos descrever é o telescópio refrator simples, constituído por uma objetiva e uma ocular; ambas estão representadas na Fig. 34.5.3 como lentes simples, embora na prática, como também acontece com a maioria dos microscópios, cada lente seja na verdade um sistema complexo, composto por várias superfícies refratoras.

A disposição das lentes nos telescópios e microscópios é semelhante, mas os telescópios são construídos com o objetivo de observar grandes objetos, como galáxias, estrelas e planetas, a grandes distâncias, enquanto os microscópios são projetados para fazer exatamente o oposto. Essa diferença exige que, no telescópio da Fig. 34.5.3, o segundo ponto focal da objetiva, F_2, coincida com o primeiro ponto focal da ocular, F_1', enquanto no microscópio da Fig. 34.5.2 esses pontos estão separados por uma distância igual a s, o comprimento do tubo.

Na Fig. 34.5.3*a*, raios paralelos provenientes de um objeto distante chegam à objetiva fazendo um ângulo θ_{ob} com o eixo do telescópio e formam uma imagem real e invertida no ponto focal comum F_2, F_1'. Essa imagem I se comporta como um objeto para a ocular, através da qual o operador observa uma imagem virtual e invertida, I'. Os raios que definem a imagem fazem um ângulo θ_{oc} com o eixo do telescópio.

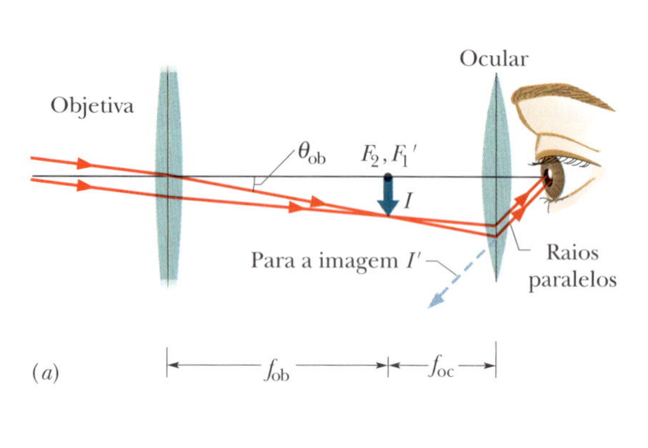

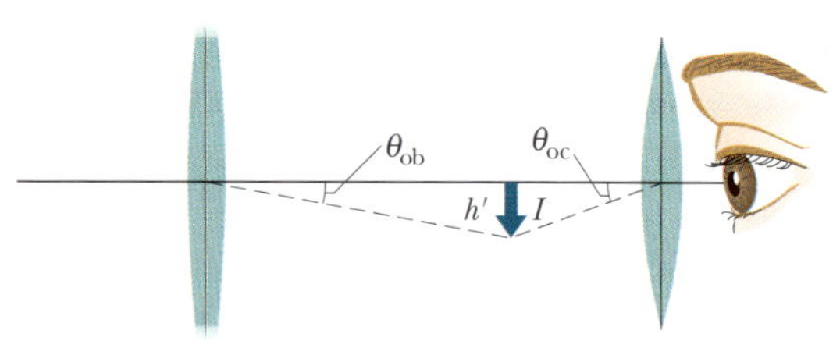

Figura 34.5.3 (*a*) Diagrama esquemático de um telescópio refrator. A objetiva produz uma imagem real I de uma fonte luminosa distante (o objeto), cujos raios chegam aproximadamente paralelos à objetiva. (Na figura, uma das extremidades do objeto está no eixo central.) A imagem I, que se forma no local em que estão os pontos focais F_2 e F_1', se comporta como um objeto para a ocular, que produz uma imagem final virtual I' a uma grande distância do observador. A objetiva tem uma distância focal f_{ob}; a ocular tem uma distância focal f_{oc}. (*b*) A imagem I tem uma altura h' e ocupa um ângulo θ_{ob}, do ponto de vista da objetiva, e um ângulo θ_{oc}, do ponto de vista da ocular.

A ampliação angular m_θ do telescópio é igual à razão θ_{oc}/θ_{ob}. De acordo com a Fig. 34.5.3, para raios próximos do eixo central, podemos escrever $\theta_{ob} \approx h'/f_{ob}$ e $\theta_{oc} \approx h'/f_{oc}$, o que nos dá

$$m_\theta = -\frac{f_{ob}}{f_{oc}} \quad \text{(telescópio)}, \tag{34.5.4}$$

em que o sinal negativo indica que a imagem I' é invertida. Em palavras, a amplificação angular de um telescópio é igual à razão entre o ângulo ocupado pela imagem que o telescópio produz e o ângulo ocupado pelo objeto distante ao ser observado sem o auxílio do telescópio.

A ampliação lateral é apenas um dos parâmetros de projeto dos telescópios usados em astronomia. Um bom telescópio precisa ter um alto *poder de captação de luz*, que é o parâmetro que determina o brilho da imagem. Esse parâmetro é especialmente importante quando o telescópio se destina a examinar objetos de baixa luminosidade, como galáxias distantes. O poder de captação de luz é diretamente proporcional ao diâmetro da objetiva. Outro parâmetro importante é a *resolução*, que mede a capacidade do telescópio de distinguir objetos muito próximos. O *campo de vista* também é um parâmetro importante. Um telescópio construído com o objetivo de estudar galáxias (que ocupam um pequeno campo de vista) é muito diferente de um telescópio cuja finalidade é rastrear meteoritos (que varrem um grande campo de vista).

Os projetistas de telescópios também devem levar em conta as diferenças entre as lentes reais e as lentes delgadas ideais que estudamos neste capítulo. Uma lente real com superfícies esféricas não forma imagens nítidas, um fenômeno conhecido como *aberração esférica*. Além disso, como o índice de refração das lentes varia com o comprimento de onda, uma lente real não focaliza todas as cores no mesmo ponto, um fenômeno que recebe o nome de *aberração cromática*.

Essa breve discussão cobriu apenas uma pequena parte dos parâmetros de projeto dos telescópios usados em astronomia; existem muitos outros parâmetros envolvidos. A mesma observação se aplica a outros instrumentos óticos sofisticados.

Neuroimagiologia ótica

Na *espectroscopia funcional em infravermelho próximo* (fNIRS, do inglês *functional near infrared spectroscopy*) do cérebro, o paciente usa um capacete com lâmpadas LED que emitem luz infravermelha com comprimentos de onda de 650 a 950 nm (Fig. 34.5.4). A luz atravessa o couro cabeludo, o crânio e chega à camada externa (1 a 2 cm) do cérebro, onde é absorvida pela hemoglobina, a proteína do sangue que transporta oxigênio dos pulmões para o resto do corpo. Os espectros de absorção (absorção em função do comprimento de onda) são diferentes para a hemoglobina sem oxigênio, conhecida como desoxi-hemoglobina (Hb) e a hemoglobina com oxigênio, conhecida como oxi-hemoglobina (HbO_2). Se a pessoa estava observando uma tela vazia e passa a ver uma imagem, o fluxo de sangue contendo hemoglobina oxigenada (HbO_2) aumenta na área do cérebro responsável pela interpretação de imagens, o que modifica o espectro de absorção da luz. Os pesquisadores estão usando a fNIRS para determinar que regiões do cérebro são ativadas por diferentes atividades. As vantagens da fNIRS em relação a outras formas de estudar o funcionamento do cérebro são as seguintes: ela é uma técnica não invasiva, barata e o equipamento necessário ocupa um volume relativamente pequeno.

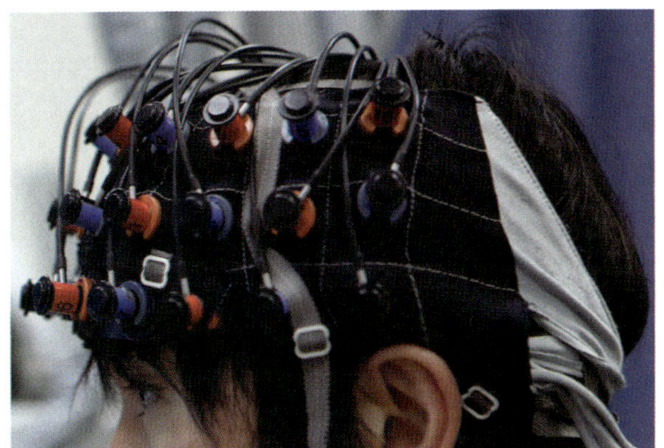

Bloomberg/Getty Images

Figura 34.5.4 Capacete usado para obter uma imagem ótica do cérebro.

Teste 34.5.1

Considere o microscópio composto e o telescópio refrator discutidos neste módulo. Que tipo de imagem (real ou virtual) é produzida (a) pelo microscópio e (b) pelo telescópio? (c) Em qual dos dois instrumentos existe uma separação entre o ponto focal da objetiva e o ponto focal da ocular?

34.6 TRÊS DEMONSTRAÇÕES

Fórmula dos Espelhos Esféricos (Eq. 34.2.2)

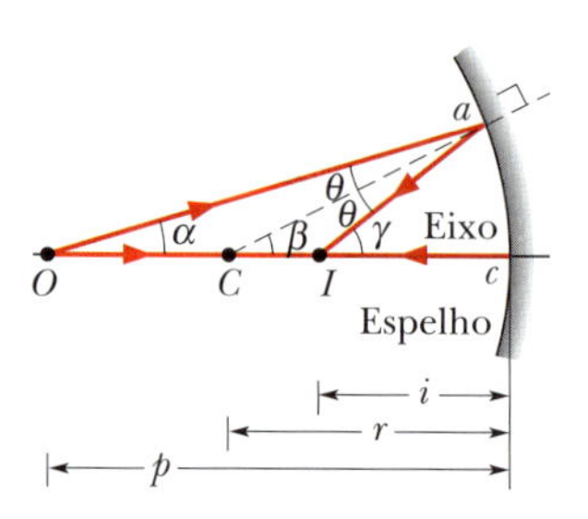

Figura 34.6.1 Um espelho esférico côncavo forma uma imagem pontual real I refletindo os raios luminosos provenientes de um objeto pontual O.

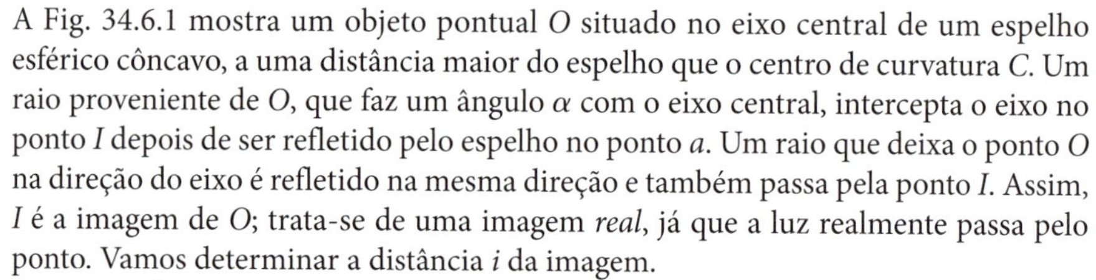

A Fig. 34.6.1 mostra um objeto pontual O situado no eixo central de um espelho esférico côncavo, a uma distância maior do espelho que o centro de curvatura C. Um raio proveniente de O, que faz um ângulo α com o eixo central, intercepta o eixo no ponto I depois de ser refletido pelo espelho no ponto a. Um raio que deixa o ponto O na direção do eixo é refletido na mesma direção e também passa pela ponto I. Assim, I é a imagem de O; trata-se de uma imagem *real*, já que a luz realmente passa pelo ponto. Vamos determinar a distância i da imagem.

De acordo com um teorema da trigonometria, o ângulo externo de um triângulo é igual à soma dos dois ângulos internos opostos. Aplicando o teorema aos triângulos OaC e OaI da Fig. 34.6.1, temos

$$\beta = \alpha + \theta \qquad \text{e} \qquad \gamma = \alpha + 2\theta.$$

Eliminando θ nas duas equações, obtemos

$$\alpha + \gamma = 2\beta. \tag{34.6.1}$$

Os ângulos α, β e γ podem ser escritos, em radianos, como as seguintes razões:

$$\alpha \approx \frac{\widehat{ac}}{cO} = \frac{\widehat{ac}}{p}, \qquad \beta = \frac{\widehat{ac}}{cC} = \frac{\widehat{ac}}{r},$$

e

$$\gamma \approx \frac{\widehat{ac}}{cI} = \frac{\widehat{ac}}{i}, \tag{34.6.2}$$

em que o símbolo acima das letras significa "arco". Apenas a equação para β é exata, já que o centro de curvatura de $\widehat{ac}$ é o ponto C. Entretanto, as equações para α e γ serão aproximadamente corretas se os ângulos forem pequenos (ou seja, se os raios não se afastarem muito do eixo central). Substituindo a Eq. 34.6.2 na Eq. 34.6.1, usando a Eq. 34.2.1 para substituir r por $2f$ e cancelando $\widehat{ac}$, obtemos a Eq. 34.2.2, a relação que queríamos demonstrar.

Fórmula das Superfícies Refratoras (Eq. 34.3.1)

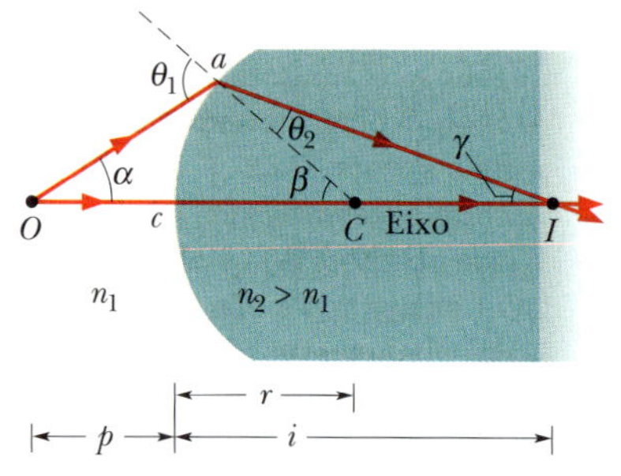

Figura 34.6.2 Imagem pontual real I de um objeto pontual O formada por refração em uma interface esférica convexa.

O raio proveniente do objeto pontual O da Fig. 34.6.2 que incide no ponto a de uma superfície refratora esférica é refratado de acordo com a Eq. 33.5.2,

$$n_1 \operatorname{sen} \theta_1 = n_2 \operatorname{sen} \theta_2.$$

Se α é pequeno, θ_1 e θ_2 também são pequenos e os senos dos ângulos podem ser substituídos pelos próprios ângulos. Nesse caso, a equação se torna

$$n_1\theta_1 \approx n_2\theta_2. \tag{34.6.3}$$

Usamos novamente o fato de que o ângulo externo de um triângulo é igual à soma dos dois ângulos internos opostos. Aplicando esse teorema aos triângulos COa e ICa, obtemos

$$\theta_1 = \alpha + \beta \qquad \text{e} \qquad \beta = \theta_2 + \gamma. \tag{34.6.4}$$

Usando as Eqs. 34.6.4 para eliminar θ_1 e θ_2 da Eq. 34.6.3, obtemos

$$n_1\alpha + n_2\gamma = (n_2 - n_1)\beta. \tag{34.6.5}$$

Medidos em radianos, os ângulos α, β e γ são dados por

$$\alpha \approx \frac{\widehat{ac}}{p}; \qquad \beta = \frac{\widehat{ac}}{r}; \qquad \gamma \approx \frac{\widehat{ac}}{i}. \tag{34.6.6}$$

Apenas a segunda dessas equações é exata, já que o centro de curvatura do arco $\widehat{ac}$ é o ponto C. Entretanto, as equações para α e γ serão aproximadamente corretas se os ângulos forem pequenos (ou seja, se os raios não se afastarem muito do eixo central). Substituindo as Eqs. 34.6.6 na Eq. 34.6.5, obtemos a Eq. 34.3.1, a relação que queríamos demonstrar.

Fórmulas das Lentes Delgadas (Eqs. 34.4.1 e 34.4.2)

O método que vamos usar para demonstrar as Eqs. 34.4.1 e 34.4.2 será considerar cada superfície da lente como uma superfície refratora independente e usar a imagem formada pela primeira superfície como objeto para a segunda superfície refratora.

Começamos com a "lente" de vidro espessa, de comprimento L, da Fig. 34.6.3*a*, cujas superfícies refratoras esquerda e direita possuem raios r' e r'', respectivamente. Um objeto pontual O' é colocado no eixo central, nas proximidades da superfície da esquerda, como mostra a figura. Um raio proveniente de O' na direção do eixo central não sofre nenhum desvio ao entrar na lente ou sair da lente.

Um segundo raio proveniente de O', que faz um ângulo α com o eixo central e intercepta a superfície esquerda da lente no ponto a', é refratado e intercepta a superfície direita da lente no ponto a''. O raio é novamente refratado e intercepta o eixo central no ponto I'', que, por estar na interseção de dois raios provenientes de O', pode ser considerado como a imagem de O', produzida após a refração nas duas superfícies.

A Fig. 34.6.3*b* mostra que a primeira superfície (a superfície da esquerda) também forma uma imagem virtual de O' no ponto I'. Para determinar a localização de I', usamos a Eq. 34.3.1,

$$\frac{n_1}{p} + \frac{n_2}{i} = \frac{n_2 - n_1}{r}.$$

Fazendo $n_1 = 1$, já que o raio incidente se propaga no ar, e $n_2 = n$, em que n é o índice de refração do vidro da lente, e lembrando que a distância da imagem é negativa (ou seja, que $i = -i'$ na Fig. 34.6.3*b*), temos

$$\frac{1}{p'} - \frac{n}{i'} = \frac{n - 1}{r'}. \quad (34.6.7)$$

Na Eq. 34.6.7, i' é um número positivo, já que o sinal negativo que caracteriza uma imagem virtual já foi introduzido explicitamente.

A Fig. 34.6.3*c* mostra novamente a segunda superfície. Se um observador localizado no ponto a'' não conhecesse a existência da primeira superfície, teria a impressão de que a luz que chega a a'' se origina no ponto I' da Fig. 34.6.3*b* e que a região à esquerda da superfície é uma continuação do bloco de vidro, como na Fig. 34.6.3*c*. Assim, a imagem I' (virtual) formada pela primeira superfície se comporta

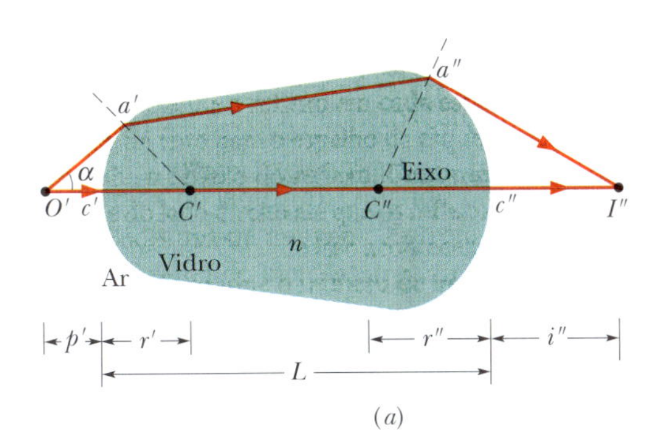

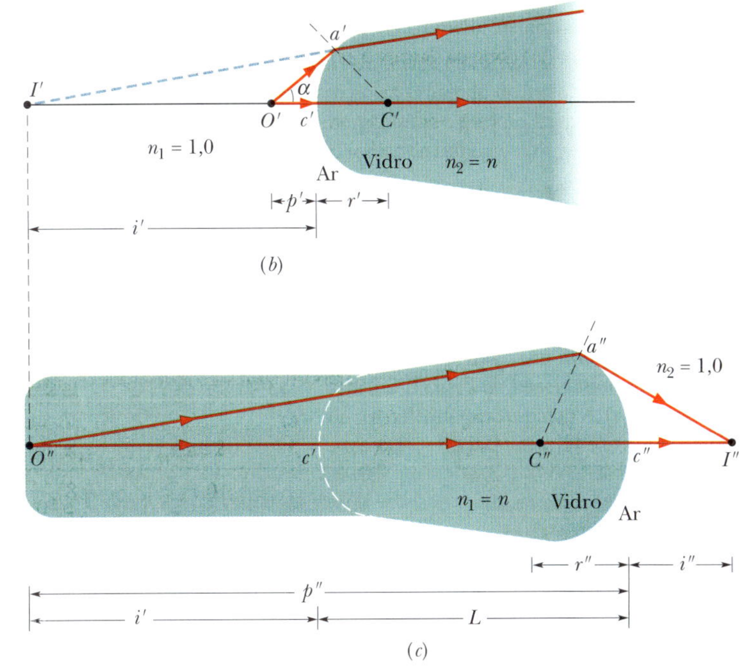

Figura 34.6.3 (*a*) Dois raios provenientes de um objeto pontual O' formam uma imagem real I'' depois de serem refratados pelas duas superfícies esféricas de uma lente. O objeto está diante de uma superfície convexa do lado esquerdo da lente e diante de uma superfície côncava do lado direito. O raio que passa pelos pontos a' e a'' está, na realidade, mais próximo do eixo central do que sugere o desenho. (*b*) O lado esquerdo e (*c*) o lado direito da lente da parte (*a*), vistos separadamente.

como um objeto real O'' para a segunda superfície. A distância entre esse objeto e a segunda superfície é dada por

$$p'' = i' + L. \tag{34.6.8}$$

Para aplicar a Eq. 34.3.1 à segunda superfície, precisamos fazer $n_1 = n$ e $n_2 = 1$, já que o percurso do raio (fictício) que vai de O'' a a'' é feito totalmente no vidro. Combinando a Eq. 34.6.8 com a Eq. 34.3.1, obtemos

$$\frac{n}{i' + L} + \frac{1}{i''} = \frac{1 - n}{r''}. \tag{34.6.9}$$

Vamos agora supor que a espessura L da "lente" da Fig. 34.6.3*a* é tão pequena que podemos desprezá-la na presença das outras grandezas lineares (como p', i', p'', i'', r' e r''). No restante da demonstração, vamos adotar essa *aproximação da lente delgada*. Fazendo $L = 0$ na Eq. 34.6.9 e colocando o sinal negativo em evidência no lado direito da equação, temos

$$\frac{n}{i'} + \frac{1}{i''} = -\frac{n - 1}{r''}. \tag{34.6.10}$$

Somando as Eqs. 34.6.7 e 34.6.10, obtemos

$$\frac{1}{p'} + \frac{1}{i''} = (n - 1)\left(\frac{1}{r'} - \frac{1}{r''}\right).$$

Finalmente, chamando a distância entre o objeto e a primeira superfície simplesmente de p e a distância entre a imagem e a segunda superfície simplesmente de i, temos

$$\frac{1}{p} + \frac{1}{i} = (n - 1)\left(\frac{1}{r'} - \frac{1}{r''}\right). \tag{34.6.11}$$

Com pequenas mudanças de notação, a Eq. 34.6.11 pode se transformar nas Eqs. 34.4.1 e 34.4.2, as relações que queríamos demonstrar.

Revisão e Resumo

Imagens Reais e Virtuais *Imagem* é uma representação de um objeto por meio da luz. Uma imagem formada por raios luminosos que convergem para uma superfície é chamada *imagem real*; uma imagem formada pelo prolongamento, para trás, de raios luminosos divergentes é chamada *imagem virtual*.

Formação de uma Imagem *Espelhos esféricos*, *superfícies esféricas refratoras* e *lentes delgadas* podem formar imagens de uma fonte luminosa, o objeto, redirecionando os raios provenientes da fonte. A imagem é formada no ponto em que os raios redirecionados se interceptam (formando uma imagem real) ou no ponto em que os prolongamentos, para trás, dos raios redirecionados se interceptam (formando uma imagem virtual). Para raios próximos do *eixo central* de um espelho esférico, superfície esférica refratora ou lente delgada, temos as seguintes relações entre a *distância do objeto p* (que é sempre positiva) e a *distância da imagem i* (que é positiva para imagens reais e negativa para imagens virtuais):

1. Espelho Esférico:

$$\frac{1}{p} + \frac{1}{i} = \frac{1}{f} = \frac{2}{r}, \tag{34.2.2, 34.2.1}$$

em que f é a distância focal do espelho e r é o raio de curvatura do espelho. O *espelho plano* é um caso especial no qual $r \to \infty$ e, portanto, $p = -i$. As imagens reais se formam no lado do espelho em que está o objeto, e as imagens virtuais se formam no lado oposto.

2. Superfície Refratora Esférica:

$$\frac{n_1}{p} + \frac{n_2}{i} = \frac{n_2 - n_1}{r} \quad \text{(superfície única)}, \tag{34.3.1}$$

em que n_1 é o índice de refração do meio em que está o objeto, n_2 é o índice de refração do meio situado do outro lado da superfície refratora, e r é o raio de curvatura da superfície refratora. Quando o objeto está diante de uma superfície convexa, o raio r é positivo; quando está diante de uma superfície côncava, r é negativo. As imagens virtuais se formam do lado da superfície refratora em que está o objeto, e as imagens reais se formam do lado oposto.

3. Lente Delgada:

$$\frac{1}{p} + \frac{1}{i} = \frac{1}{f} = (n - 1)\left(\frac{1}{r_1} - \frac{1}{r_2}\right), \tag{34.4.1, 34.4.2}$$

em que f é a distância focal da lente, n é o índice de refração do material da lente e r_1 e r_2 são os raios de curvatura dos dois lados da lente, que são superfícies esféricas. O raio de curvatura de uma superfície convexa voltada para o objeto é considerado positivo; o raio de curvatura de uma superfície côncava voltada para o objeto é considerado negativo. As imagens virtuais se formam do lado da lente em que está a imagem, e as imagens reais se formam do lado oposto.

Ampliação Lateral A *ampliação lateral m* produzida por um espelho esférico ou uma lente delgada é dada por

$$m = -\frac{i}{p}. \tag{34.2.4}$$

O valor absoluto de m é dado por

$$|m| = \frac{h'}{h}, \tag{34.2.3}$$

em que h e h' são as alturas (medidas perpendicularmente ao eixo central) do objeto e da imagem, respectivamente.

Instrumentos Óticos Três instrumentos óticos que melhoram a visão humana são:

1. A *lente de aumento simples*, que produz uma *ampliação angular* m_θ dada por
$$m_\theta = \frac{25\text{ cm}}{f}, \qquad (34.5.1)$$
em que f é a distância focal da lente de aumento. A distância de 25 cm é um valor convencional, ligeiramente maior que o ponto próximo de um adulto jovem.

2. O *microscópio composto*, que produz uma *ampliação total* M dada por
$$M = mm_\theta = -\frac{s}{f_{ob}}\frac{25\text{ cm}}{f_{oc}}, \qquad (34.5.3)$$
em que m é a ampliação lateral produzida pela objetiva, m_θ é a ampliação angular produzida pela ocular, s é o comprimento do tubo e f_{ob} e f_{oc} são as distâncias focais da objetiva e da ocular, respectivamente.

3. O *telescópio refrator*, que produz uma *ampliação angular* m_θ dada por
$$m_\theta = -\frac{f_{ob}}{f_{oc}}. \qquad (34.5.4)$$

Perguntas

1 A Fig. 34.1 mostra um peixe e um banhista. (a) O banhista vê o peixe mais próximo do ponto a ou do ponto b? (b) O peixe vê a cabeça do banhista mais próxima do ponto c ou do ponto d?

Figura 34.1 Pergunta 1.

2 Na Fig. 34.2, o boneco O está diante de um espelho esférico montado no interior da região tracejada; a linha cheia representa o eixo central do espelho. Os quatro bonecos I_1 a I_4 mostram a localização e orientação de possíveis imagens produzidas pelo espelho. (As alturas e distâncias dos bonecos não foram desenhadas em escala.) (a) Quais dos bonecos não podem representar imagens? Das imagens possíveis, determine (b) as que podem ser produzidas por um espelho côncavo, (c) as que podem ser produzidas por um espelho convexo, (d) as que são virtuais e (e) as que envolvem uma ampliação negativa.

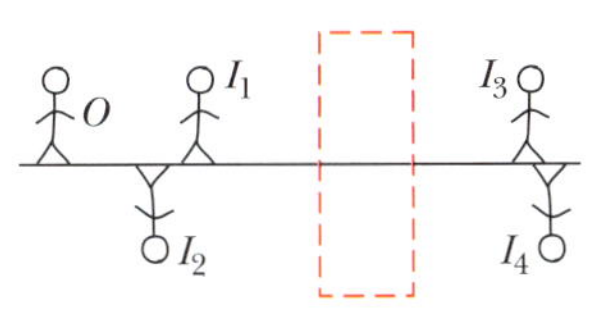

Figura 34.2 Perguntas 2 e 10.

3 A Fig. 34.3 é uma vista superior de um labirinto de espelhos feito de triângulos equiláteros. Todas as paredes do labirinto estão cobertas por espelhos. Se você está na entrada (ponto x), (a) quais das pessoas a, b e c você pode ver nos "corredores virtuais" que se estendem à sua frente? (b) Quantas vezes essas pessoas são vistas? (c) O que existe no final de cada "corredor"?

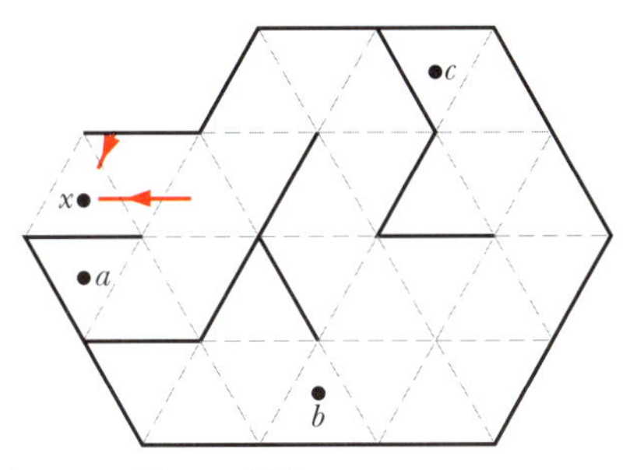

Figura 34.3 Pergunta 3.

4 Um pinguim caminha ao longo do eixo central de um espelho côncavo, do ponto focal até uma grande distância do espelho. (a) Qual é o movimento correspondente da imagem? (b) A altura da imagem aumenta continuamente, diminui continuamente ou varia de uma forma mais complicada?

5 Quando um tiranossauro persegue um jipe no filme *Jurassic Park*, vemos uma imagem refletida do tiranossauro no espelho lateral do jipe, onde está escrito (o que, nas circunstâncias, pode ser considerado uma piada de humor negro): "Os objetos vistos neste espelho estão mais próximos do que parecem". O espelho é plano, convexo ou côncavo?

6 Um objeto é colocado no centro de um espelho côncavo e deslocado ao longo do eixo central até uma distância de 5,0 m do espelho. Durante o movimento, a distância $|i|$ entre o espelho e a imagem do objeto é medida. O processo é repetido para um espelho convexo e um espelho plano. A Fig. 34.4 mostra o resultado em função da distância p do objeto. Determine a correspondência entre as curvas e o tipo de espelho. (A curva 1 tem duas partes).

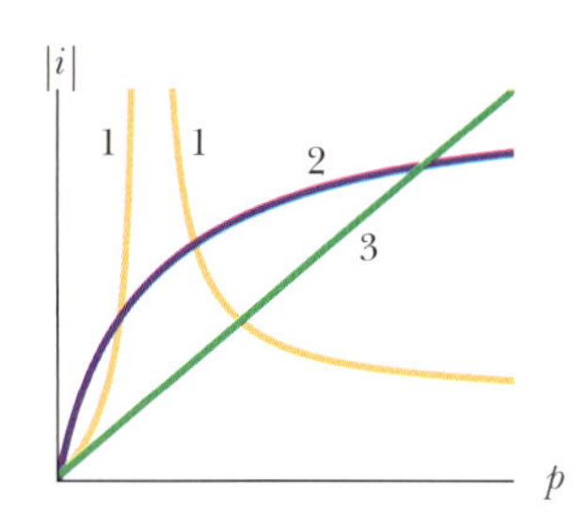

Figura 34.4 Perguntas 6 e 8.

7 A tabela mostra seis modos possíveis de combinar lentes convergentes e divergentes em um arranjo como o da Fig. 34.5. (Os pontos F_1 e F_2 são os pontos focais das lentes 1 e 2.) Um objeto está a uma distância p_1 à esquerda da lente 1, como na Fig. 34.4.5. (a) Para que combinações podemos determinar, *sem fazer nenhum cálculo*, se a imagem final (produzida pela lente 2) está à esquerda ou à direita da lente 2 e se tem a mesma orientação que o objeto ou a orientação oposta? (b) Para essas combinações "fáceis", indique a localização da imagem como "à esquerda" ou "à direita" e a orientação como "a mesma" ou "invertida".

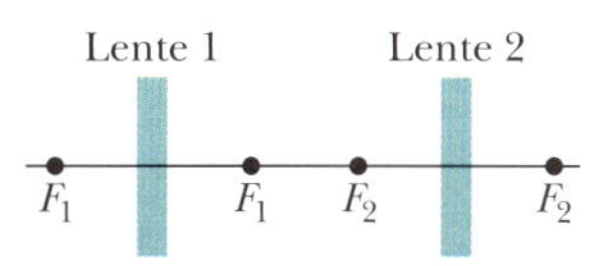

Figura 34.5 Pergunta 7.

Modo	Lente 1	Lente 2	
1	Convergente	Convergente	$p_1 < \|f_1\|$
2	Convergente	Convergente	$p_1 > \|f_1\|$
3	Divergente	Convergente	$p_1 < \|f_1\|$
4	Divergente	Convergente	$p_1 > \|f_1\|$
5	Divergente	Divergente	$p_1 < \|f_1\|$
6	Divergente	Divergente	$p_1 > \|f_1\|$

8 Um objeto é colocado no centro de uma lente convergente e deslocado ao longo do eixo central até uma distância de 5,0 m do espelho. Durante o movimento, a distância $|i|$ entre a lente e a imagem do objeto é medida. O processo é repetido para uma lente divergente. Quais das curvas da Fig. 34.4 mostram o resultado em função da distância p do objeto para essas lentes? (A curva 1 tem duas partes; a curva 3 é uma linha reta.)

9 A Fig. 34.6 mostra quatro lentes delgadas, feitas do mesmo material, com lados que são planos ou têm um raio de curvatura cujo valor absoluto é 10 cm. Sem fazer nenhum cálculo, coloque as lentes na ordem decrescente do valor absoluto da distância focal.

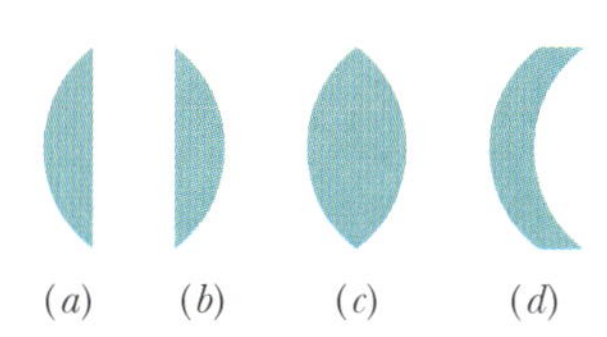

Figura 34.6 Pergunta 9.

10 Na Fig. 34.2, o boneco O está diante de uma lente delgada, simétrica, montada no interior da região tracejada; a linha cheia representa o eixo central da lente. Os quatro bonecos I_1 a I_4 mostram a localização e orientação de possíveis imagens produzidas pela lente. (As alturas e distâncias dos bonecos não foram desenhadas em escala.) (a) Quais dos bonecos não podem representar imagens? Das imagens possíveis, determine (b) as que podem ser produzidas por uma lente convergente, (c) as que podem ser produzidas por uma lente divergente, (d) as que são virtuais e (e) as que envolvem uma ampliação negativa.

11 A Fig. 34.7 mostra um sistema de coordenadas diante de um espelho plano, com o eixo x perpendicular ao espelho. Desenhe a imagem do sistema de coordenadas produzida pelo espelho. (a) Qual dos eixos é invertido pela reflexão? (b) Quando você fica diante de um espelho plano, a inversão produzida pelo espelho faz com que o que estava em cima passe a ser visto embaixo, e vice-versa? (c) A inversão faz com que o que estava à direita passe a ser visto à esquerda, e vice-versa? (d) A inversão faz com que o que estava à frente passe a ser visto atrás, e vice-versa?

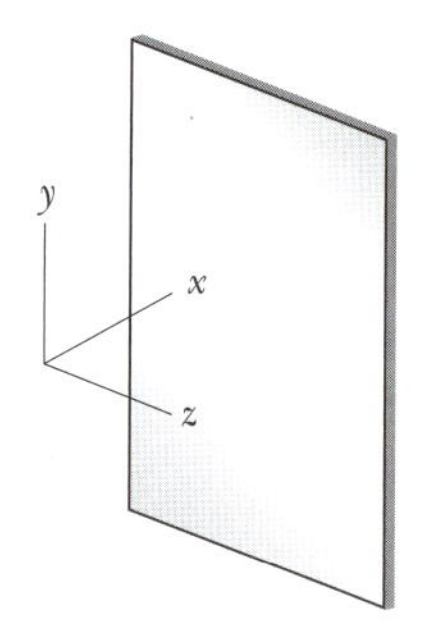

Figura 34.7 Pergunta 11.

Problemas

F Fácil **M** Médio **D** Difícil

CVF Informações adicionais disponíveis no e-book *O Circo Voador da Física*, de Jearl Walker, LTC Editora, Rio de Janeiro, 2008.

CALC Requer o uso de derivadas e/ou integrais

BIO Aplicação biomédica

Módulo 34.1 Imagens e Espelhos Planos

1 F Você aponta uma câmera para a imagem de um beija-flor em um espelho plano. A câmera está a 4,30 m do espelho. O passarinho está ao nível da câmera, 5,00 m à direita e a 3,30 m do espelho. Qual é a distância entre a câmera e a posição aparente da imagem do passarinho no espelho?

2 F Uma mariposa está ao nível dos seus olhos, a 10 cm de distância de um espelho plano; você está atrás da mariposa, a 30 cm de distância do espelho. Qual é a distância entre os seus olhos e a posição aparente da imagem da mariposa no espelho?

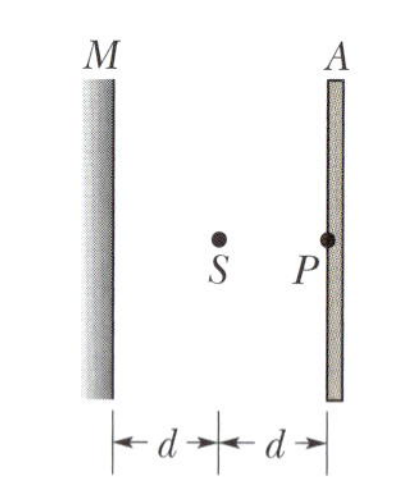

Figura 34.8 Problema 3.

3 M Na Fig. 34.8, uma fonte luminosa pontual e isotrópica S é posicionada a uma distância d de uma tela de observação A, e a intensidade luminosa I_P no ponto P (na mesma altura que S) é medida. Em seguida, um espelho plano M é colocado atrás de S, a uma distância d. De quantas vezes aumenta a intensidade luminosa I_P quando o espelho é introduzido?

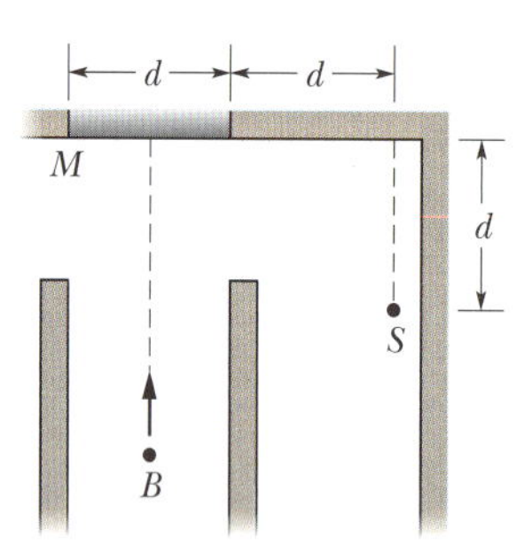

Figura 34.9 Problema 4.

4 M A Fig. 34.9 mostra uma vista, de topo, de um corredor com um espelho plano M montado em uma das extremidades. Um ladrão B se esgueira por um corredor em direção ao centro do espelho. Se d = 3,0 m, a que distância o ladrão está do espelho no momento em que é avistado pelo vigia S?

5 D A Fig. 34.10 mostra uma lâmpada pendurada a uma distância d_1 = 250 cm acima da superfície da água de uma piscina na qual a profundidade da água é de d_2 = 200 cm. O fundo da piscina é um espelho. A que distância da superfície do espelho está a imagem da lâmpada? (*Sugestão*: Suponha que os raios não se desviam muito de uma reta vertical que passa pela lâmpada, e use a aproximação, válida para pequenos ângulos, de que sen $\theta \approx \tan\theta \approx \theta$.)

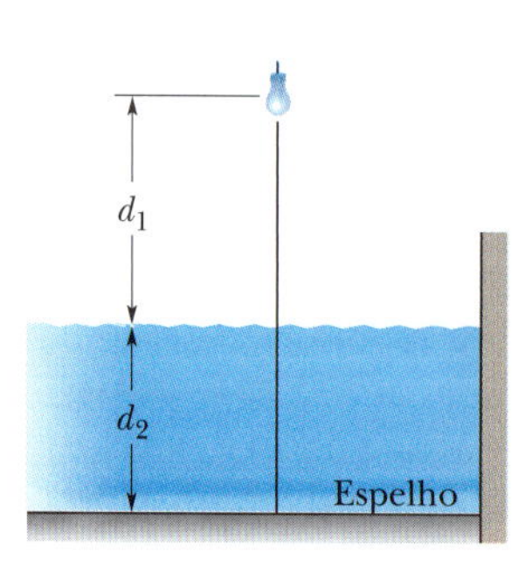

Figura 34.10 Problema 5.

Módulo 34.2 Espelhos Esféricos

6 F Um objeto é deslocado ao longo do eixo central de um espelho esférico enquanto a ampliação lateral m é medida. A Fig. 34.11 mostra o valor de m em função da distância p do objeto no intervalo de p_a = 2,0 cm a p_b = 8,0 cm. Qual é a ampliação do objeto quando está a 14,0 cm do espelho?

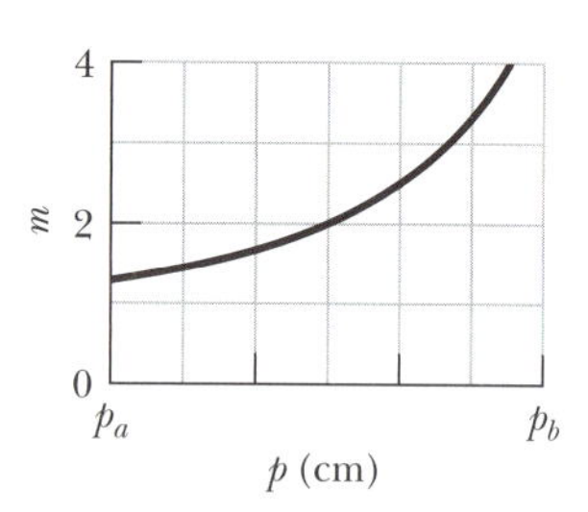

Figura 34.11 Problema 6.

7 F Um espelho de barbear côncavo, com um raio de curvatura de 35,0 cm, é posicionado de tal forma que a imagem (não invertida) do rosto de um homem é 2,50 vezes maior que o tamanho real. A que distância do homem está o espelho?

8 F Um objeto é colocado no centro de um espelho esférico e deslocado ao longo do eixo central até uma distância de 70 cm do espelho. Durante o movimento, é medida a distância i entre o espelho e a imagem do objeto. A Fig. 34.12 mostra o valor de i em função da distância p do objeto até uma distância p_s = 40 cm. Qual é a distância da imagem quando o objeto está a 70 cm do espelho?

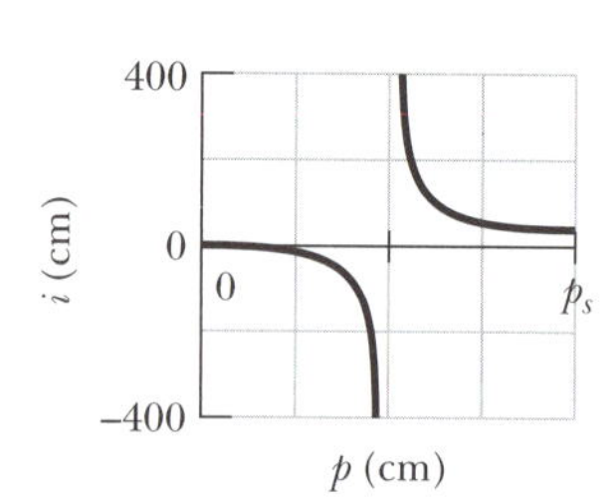

Figura 34.12 Problema 8.

9 a 16 M *Espelhos esféricos*. Um objeto O está no eixo central de um espelho esférico. Para cada problema, a Tabela 34.1 mostra a distância do objeto p (em centímetros), o tipo de espelho e a distância (em centímetros, sem o sinal) entre o ponto focal e o espelho. Determine (a) o raio de curvatura r do espelho (incluindo o sinal), (b) a distância i da imagem e (c) a ampliação lateral m. Determine também se a imagem é (d) real (R) ou virtual (V), (e) se é invertida (I) ou não invertida (NI) e (f) se está do *mesmo* lado (M) do espelho que o objeto ou do lado *oposto* (O).

17 a 29 M *Mais espelhos*. Um objeto O está no eixo central de um espelho esférico ou plano. Para cada problema, a Tabela 34.2 mostra (a)

Tabela 34.1 **Problemas 9 a 16: Espelhos Esféricos. As explicações estão no texto**

	p	Espelho	(a) r	(b) i	(c) m	(d) R/V	(e) I/NI	(f) Lado
9	+18	Côncavo, 12						
10	+15	Côncavo, 10						
11	+8,0	Convexo, 10						
12	+24	Côncavo, 36						
13	+12	Côncavo, 18						
14	+22	Convexo, 35						
15	+10	Convexo, 8,0						
16	+17	Convexo, 14						

Tabela 34.2 **Problemas 17 a 29: Mais Espelhos. As explicações estão no texto**

	(a) Tipo	(b) f	(c) r	(d) p	(e) i	(f) m	(g) R/V	(h) I/NI	(i) Lado
17	Côncavo	20		+10					
18				+24		0,50		I	
19			−40		−10				
20				+40		−0,70			
21		+20		+30					
22		20				+0,10			
23		30				+0,20			
24				+60		−0,50			
25				+30		0,40		I	
26		20		+60					Mesmo
27		−30			−15				
28				+10		+1,0			
29	Convexo		40		4,0				

o tipo de espelho, (b) a distância focal f, (c) o raio de curvatura r, (d) a distância do objeto p, (e) a distância da imagem i e (f) a ampliação lateral m. (Todas as distâncias estão em centímetros.) A tabela também mostra (g) se a imagem é real (R) ou virtual (V), (h) se a imagem é invertida (I) ou não invertida (NI) e (i) se a imagem está do *mesmo* lado do espelho que o objeto O (M) ou do lado *oposto* (O). Determine os dados que faltam. Nos casos em que está faltando apenas um sinal, determine o sinal.

30 **M** A Fig. 34.13 mostra a ampliação lateral m em função da distância p entre um objeto e um espelho esférico quando o objeto é deslocado ao longo do eixo central do espelho. A escala do eixo horizontal é definida por $p_s = 10{,}0$ cm. Qual é a ampliação do objeto quando ele está a 21 cm do espelho?

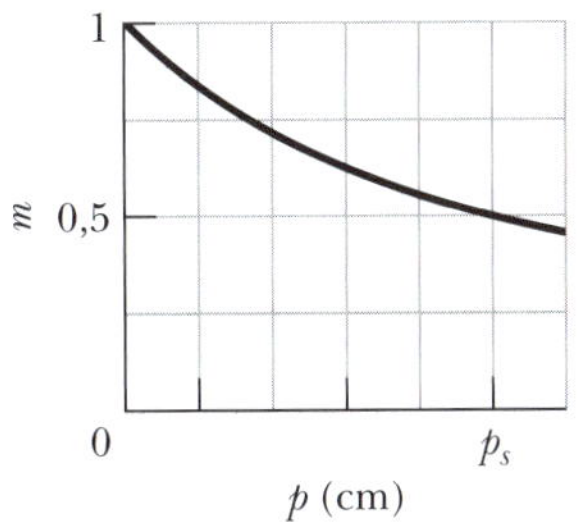

Figura 34.13 Problema 30.

31 **M** **CALC** (a) Um ponto luminoso está se movendo a uma velocidade v_O em direção a um espelho esférico de raio de curvatura r, ao longo do eixo central do espelho. Mostre que a imagem do ponto está se movendo com uma velocidade dada por

$$v_I = -\left(\frac{r}{2p - r}\right)^2 v_O,$$

em que p é a distância instantânea entre o ponto luminoso e o espelho. Suponha agora que o espelho é côncavo, com um raio de curvatura $r = 15$ cm, e que $v_O = 5{,}0$ cm /s. Determine a velocidade da imagem v_I (b) para $p = 30$ cm (bem mais longe do espelho que o ponto focal), (c) $p = 8{,}0$ cm (ligeiramente mais longe do espelho que o ponto focal) e (d) $p = 10$ mm (muito perto do espelho).

Módulo 34.3 Refração em Interfaces Esféricas

32 a 38 **M** *Superfícies refratoras esféricas.* Um objeto O está no eixo central de uma superfície refratora esférica. Para cada problema, a Tabela 34.3 mostra o índice de refração n_1 do meio em que se encontra o objeto, (a) o índice de refração n_2 do outro lado da superfície refratora, (b) a distância do objeto p, (c) o raio de curvatura r da superfície e (d) a distância da imagem i. (Todas as distâncias estão em centímetros.) Determine os dados que faltam, incluindo (e) se a imagem é real (R) ou virtual (V) e (f) se a imagem fica do *mesmo* lado da superfície que o objeto O (M) ou do lado *oposto* (O).

39 **M** Na Fig. 34.14, um feixe de raios luminosos paralelos produzido por um laser incide em uma esfera maciça, transparente, de índice de refração n. (a) Se uma imagem pontual é produzida na superfície posterior da esfera, qual é o índice de refração da esfera? (b) Existe algum valor do índice de refração para o qual é produzida uma imagem pontual no centro da esfera? Se a resposta for afirmativa, qual é esse valor?

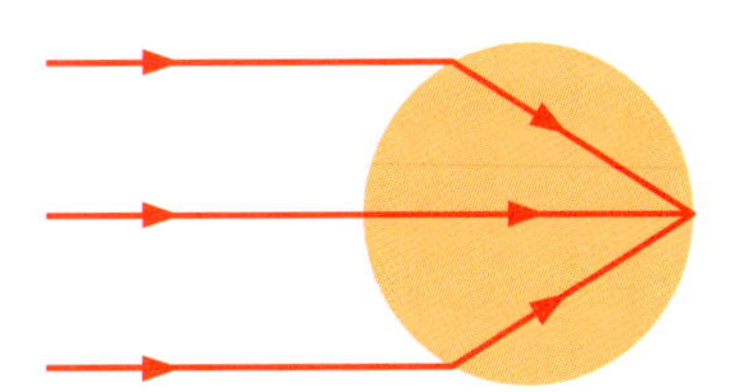

Figura 34.14 Problema 39.

Tabela 34.3 Problemas 32 a 38: Refração em Superfícies Esféricas. As explicações estão no texto

		(a)	(b)	(c)	(d)	(e)	(f)
	n_1	n_2	p	r	i	R/V	Lado
32	1,0	1,5	+10	+30			
33	1,0	1,5	+10		−13		
34	1,5		+100	−30	+600		
35	1,5	1,0	+70	+30			
36	1,5	1,0		−30	−7,5		
37	1,5	1,0	+10		−6,0		
38	1,0	1,5		+30	+600		

40 M Uma esfera de vidro de raio $R = 5{,}0$ tem um índice de refração $n = 1{,}6$. Um peso de papel de altura $h = 3{,}0$ cm é fabricado cortando a esfera ao longo de um plano situado a 2,0 cm de distância do centro da esfera. O peso de papel é colocado em uma mesa e visto de cima por um observador situado a uma distância $d = 8{,}0$ cm da superfície da mesa (Fig. 34.15). Quando é vista através do peso de papel, a que distância a superfície da mesa parece estar do observador?

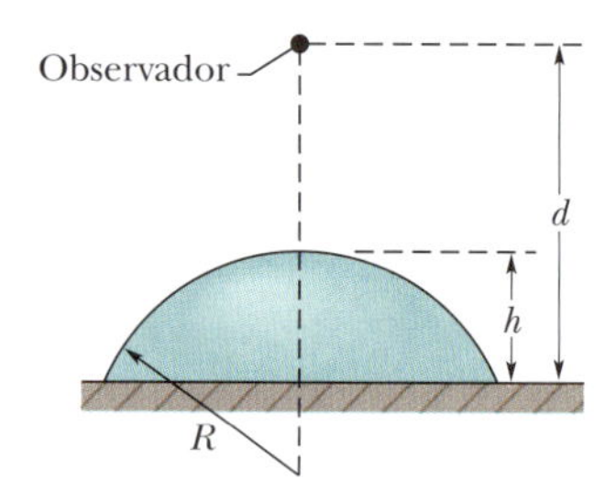

Figura 34.15 Problema 40.

Módulo 34.4 Lentes Delgadas

41 F Uma lente é feita de vidro com índice de refração de 1,5. Um dos lados é plano e o outro é convexo, com um raio de curvatura de 20 cm. (a) Determine a distância focal da lente. (b) Se um objeto é colocado a 40 cm da lente, qual é a localização da imagem?

42 F Um objeto é colocado no centro de uma lente delgada e deslocado ao longo do eixo central. Durante o movimento, a ampliação lateral m é medida. A Fig. 34.16 mostra o resultado em função da distância p do objeto até $p_s = 20{,}0$ cm. Determine a ampliação lateral para $p = 35{,}0$ cm.

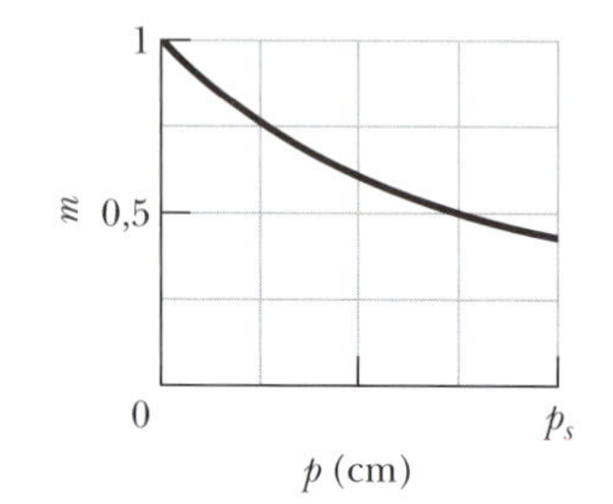

Figura 34.16 Problema 42.

43 F Uma câmera de cinema cuja lente (única) tem uma distância focal de 75 mm é usada para filmar uma pessoa de 1,80 m de altura a uma distância de 27 m. Qual é a altura da imagem da pessoa no filme?

44 F Um objeto é colocado no centro de uma lente delgada e deslocado ao longo do eixo central. Durante o movimento, a distância i entre a lente e a imagem do objeto é medida. A Fig. 34.17 mostra o resultado em função da distância p do objeto até $p_s = 60$ cm. Determine a distância da imagem para $p = 100$ cm.

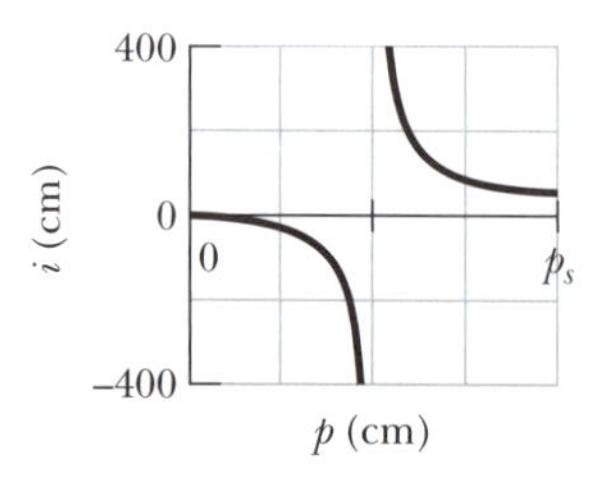

Figura 34.17 Problema 44.

45 F Você produz uma imagem do Sol em uma tela usando uma lente delgada com uma distância focal de 20,0 cm. Qual é o diâmetro da imagem? (Os dados a respeito do Sol estão no Apêndice C.)

46 F Um objeto é colocado no centro de uma lente delgada e deslocado ao longo do eixo central até uma distância de 70 cm da lente. Durante o movimento, a distância i entre a lente e a imagem do objeto é medida. A Fig. 34.18 mostra o resultado em função da distância p do objeto até $p_s = 40$ cm. Determine a distância da imagem para $p = 70$ cm.

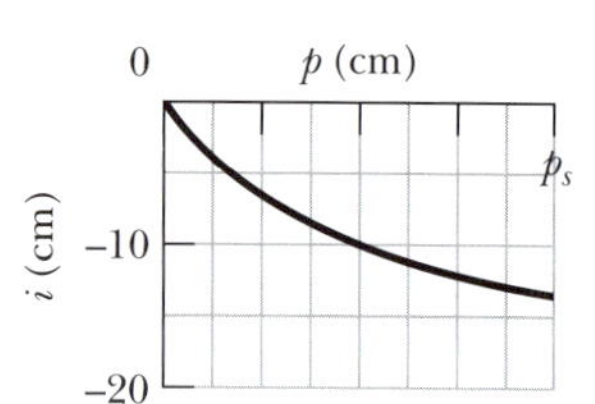

Figura 34.18 Problema 46.

47 F Uma lente biconvexa é feita de vidro com índice de refração de 1,5. Uma das superfícies tem um raio de curvatura duas vezes maior que a outra, e a distância focal da lente é 60 mm. Determine (a) o menor raio de curvatura e (b) o maior raio de curvatura.

48 F Um objeto é colocado no centro de uma lente delgada e deslocado ao longo do eixo central. Durante o movimento, a ampliação lateral m é medida. A Fig. 34.19 mostra o resultado em função da distância p do objeto até $p_s = 8{,}0$ cm. Determine a ampliação lateral do objeto para $p = 14{,}0$ cm.

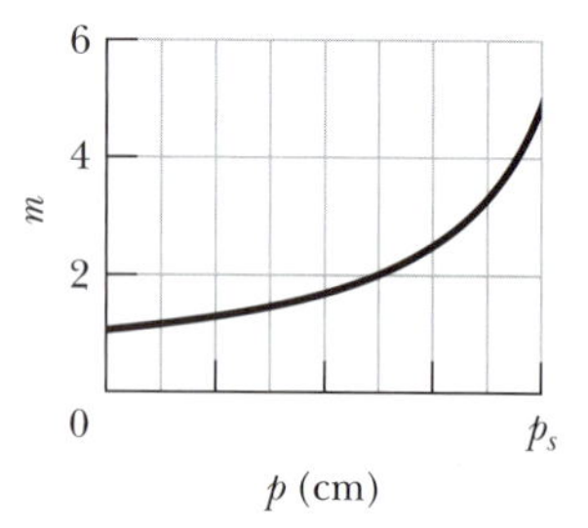

Figura 34.19 Problema 48.

49 F Uma transparência iluminada é mantida a 44 cm de distância de uma tela. A que distância da transparência deve ser colocada uma lente com uma distância focal de 11 cm para que uma imagem da transparência se forme na tela?

50 a 57 M *Lentes delgadas.* Um objeto O está no eixo central de uma lente delgada simétrica. Para cada problema, a Tabela 34.4 mostra a distância do objeto p (em centímetros), o tipo de lente (C significa convergente e D significa divergente) e a distância (em centímetros, com o sinal apropriado) entre um dos pontos focais e a lente. Determine (a) a distância da imagem i e (b) a ampliação lateral m do objeto, incluindo os sinais. Determine também (c) se a imagem é real (R) ou virtual (V), (d) se é invertida (I) ou não invertida (NI) e (e) se está do *mesmo* lado da lente que o objeto O (M) ou do lado *oposto* (O).

58 a 67 M *Lentes com raios dados.* Um objeto O está no eixo central de uma lente delgada. Para cada problema, a Tabela 34.5 mostra a distância do objeto p, o índice de refração n da lente, o raio r_1 da superfície da lente mais próxima do objeto e o raio r_2 da superfície da lente mais distante do objeto. (Todas as distâncias estão em centímetros.) Determine (a) a distância da imagem i e (b) a ampliação lateral m do objeto, incluindo o sinal. Determine também se (c) se a imagem é real (R) ou virtual (V), (d) se é invertida (I) ou não invertida (NI) e (e) se está do *mesmo* lado da lente que o objeto O (M) ou do lado *oposto* (O).

68 M Na Fig. 34.20, uma imagem real invertida I de um objeto O é formada por uma lente (que não aparece na figura); a distância entre o

Tabela 34.4 **Problemas 50 a 57: Lentes Delgadas. As explicações estão no texto**

	p	Lente	(a) i	(b) m	(c) R/V	(d) I/NI	(e) Lado
50	+16	C, 4,0					
51	+12	C, 16					
52	+25	C, 35					
53	+8,0	D, 12					
54	+10	D, 6,0					
55	+22	D, 14					
56	+12	D, 31					
57	+45	C, 20					

Tabela 34.5 **Problemas 58 a 67: Lentes com Raios Dados. As explicações estão no texto**

	p	n	r_1	r_2	(a) i	(b) m	(c) R/V	(d) I/NI	(e) Lado
58	+29	1,65	+35	∞					
59	+75	1,55	+30	−42					
60	+6,0	1,70	+10	−12					
61	+24	1,50	−15	−25					
62	+10	1,50	+30	−30					
63	+35	1,70	+42	+33					
64	+10	1,50	−30	−60					
65	+10	1,50	−30	+30					
66	+18	1,60	−27	+24					
67	+60	1,50	+35	−35					

objeto e a imagem, medida ao longo do eixo central da lente, é $d = 40{,}0$ cm. A imagem tem metade do tamanho do objeto. (a) Que tipo de lente é capaz de produzir a imagem? (b) A que distância do objeto está a lente? (c) Qual é a distância focal da lente?

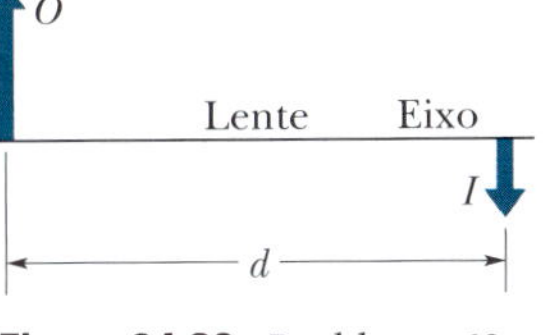

Figura 34.20 Problema 68.

69 a 79 **M** *Mais lentes.* Um objeto O está no eixo central de uma lente delgada simétrica. Para cada problema, a Tabela 34.6 mostra (a) o tipo de lente, convergente (C) ou divergente (D), (b) a distância focal f, (c) a distância do objeto p, (d) a distância da imagem i e (e) a ampliação lateral m. (Todas as distâncias estão em centímetros.) A tabela também mostra (f) se a imagem é real (R) ou virtual (V), (g) se é invertida (I) ou não invertida (NI) e (h) se está do *mesmo* lado da lente que o objeto O (M) ou está do lado *oposto* (O). Determine os dados que faltam, incluindo o valor de m nos casos em que apenas uma desigualdade é fornecida. Nos casos em que está faltando apenas um sinal, determine o sinal.

80 a 87 **M** *Sistemas de duas lentes.* Na Fig. 34.21, o boneco O (o objeto) está no eixo central comum de duas lentes delgadas simétricas, que estão nas regiões indicadas por retângulos tracejados. A lente 1 está na região mais próxima de

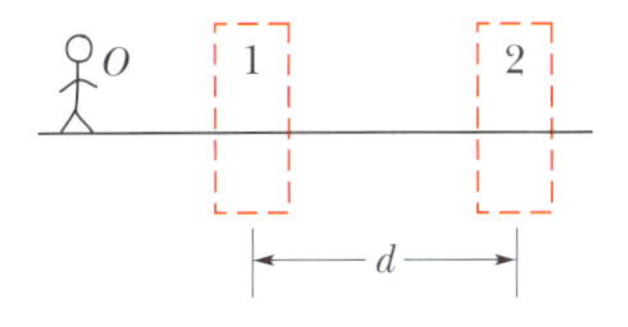

Figura 34.21 Problemas 80 a 87.

Tabela 34.6 **Problemas 69 a 79: Mais Lentes. As explicações estão no texto**

	(a) Tipo	(b) f	(c) p	(d) i	(e) m	(f) R/V	(g) I/NI	(h) Lado
69		+10	+50					
70		20	+8,0		<1,0		NI	
71			+16		+0,25			
72			+16		−0,25			
73			+10		−0,50			
74	C	10	+20					
75		10	+5,0		<1,0			Mesmo
76		10	+5,0		>1,0			
77			+16		+1,25			
78			+10		0,50		NI	
79		20	+8,0		>1,0			

O, a uma distância p_1 do objeto. A lente 2 está na região mais afastada de O, a uma distância d da lente 1. Para cada problema, a Tabela 34.7 mostra uma combinação diferente de lentes e diferentes valores das distâncias, que são dadas em centímetros. O tipo de lente é indicado por C para uma lente convergente e D para uma lente divergente; o número que se segue a C ou D é a distância entre a lente e um dos pontos focais (o sinal da distância focal não está indicado).

Determine (a) a distância i_2 da imagem produzida pela lente 2 (a imagem final produzida pelo sistema) e (b) a ampliação lateral total M do sistema, incluindo o sinal. Determine também (c) se a imagem final é real (R) ou virtual (V), (d) se é invertida (I) ou não invertida (NI) e (e) se está do *mesmo* lado da lente que o objeto O (M) ou está do lado *oposto* (O).

Módulo 34.5 Instrumentos Óticos

88 F Se a ampliação angular de um telescópio astronômico é 36 e o diâmetro da objetiva é 75 mm, qual é o diâmetro mínimo da ocular para que possa coletar toda a luz que entra na objetiva proveniente de uma fonte pontual distante situada no eixo do microscópio?

89 F Em um microscópio do tipo que aparece na Fig. 34.5.2, a distância focal da objetiva é 4,00 cm e a distância focal da ocular é 8,00 cm. A distância entre as lentes é 25,0 cm. (a) Qual é o comprimento do tubo, s? (b) Se a imagem I da Fig. 34.5.2 está ligeiramente à direita do ponto focal F'_1, a que distância da objetiva está o objeto? Determine também (c) a ampliação lateral m da objetiva, (d) a ampliação angular m_θ da ocular e (e) a amplificação total M do microscópio.

90 M A Fig. 34.22a mostra a estrutura básica das câmeras fotográficas antigas, que trabalhavam com filmes. A posição de uma lente era ajustada para produzir uma imagem em um filme situado na parte posterior da câmara. Em uma câmara em particular, com a distância i entre a lente e o filme ajustada para $f = 5{,}0$ cm, raios luminosos paralelos provenientes de um objeto O muito distante convergem para formar uma imagem pontual no filme, como mostra a figura. O objeto é colocado mais perto da câmara, a uma distância $p = 100$ cm, e a distância entre a lente e o filme é ajustada para que uma imagem real invertida seja formada no filme (Fig. 34.22b). (a) Qual é a nova distância i entre a lente e o filme? (b) Qual é a variação de i em relação à situação anterior?

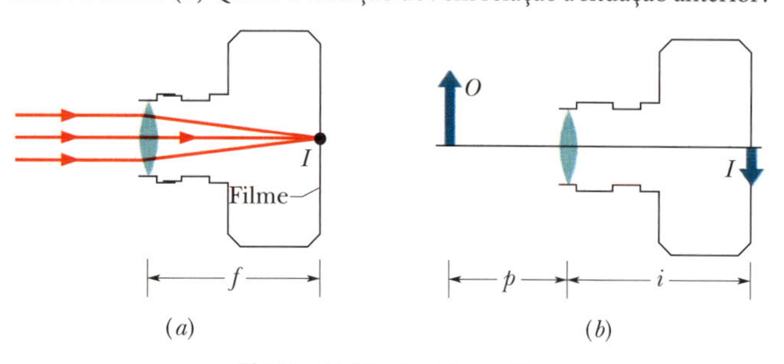

Figura 34.22 Problema 90.

91 M BIO A Fig. 34.23a mostra a estrutura básica do olho humano. A luz é refratada pela córnea para o interior do olho e refratada novamente pelo cristalino, cuja forma (e, portanto, distância focal) é controlada por músculos. Para fins de análise, podemos substituir a córnea e o cristalino por uma única lente delgada equivalente (ver Fig. 34.23b). O olho "normal" focaliza raios luminosos paralelos provenientes de um objeto distante O em um ponto da retina, no fundo do olho, onde começa o processamento do sinal visual. Quando o objeto se aproxima do olho, os músculos precisam mudar a forma do cristalino para que os raios formem uma imagem invertida do objeto na retina (Fig. 34.23c). (a) Suponha que, no caso de um objeto distante, como nas Figs. 34.23a e b, a distância focal f da lente equivalente do olho seja 2,50 cm. Para um objeto a uma distância $p = 40{,}0$ cm do olho, qual deve ser a distância focal f' da lente equivalente para que o objeto seja visto com nitidez? (b) Os músculos do olho devem aumentar ou diminuir a curvatura do cristalino para que a distância focal se torne f'?

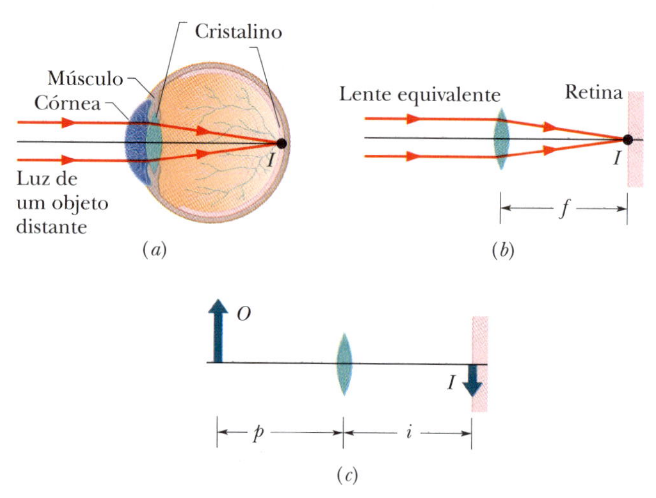

Figura 34.23 Problema 91.

92 M Um objeto se encontra a 10,0 mm de distância da objetiva de um microscópio composto. A distância entre as lentes é 300 mm e a imagem intermediária se forma a 50,0 mm de distância da ocular. Qual é a ampliação total do instrumento?

93 M BIO Uma pessoa com um ponto próximo P_n de 25 cm observa um dedal através de uma lente de aumento simples com uma distância focal de 10 cm, mantendo a lente perto do olho. Determine a ampliação angular do dedal quando é posicionado de tal forma que a imagem apareça (a) em P_n e (b) no infinito.

Problemas Adicionais

94 Um objeto é colocado no centro de um espelho esférico e deslocado ao longo do eixo central até uma distância de 70 cm do espelho. Durante

Tabela 34.7 **Problemas 80 a 87: Sistemas de Duas Lentes. As explicações estão no texto**

	p_1	Lente 1	d	Lente 2	(a) i_2	(b) M	(c) R/V	(d) I/NI	(e) Lado
80	+10	C, 1,5	10	C, 8,0					
81	+12	C, 8,0	32	C, 6,0					
82	+8,0	D, 6,0	12	C, 6,0					
83	+20	C, 9,0	8,0	C, 5,0					
84	+15	C, 12	67	C, 10					
85	+4,0	C, 6,0	8,0	D, 6,0					
86	+12	C, 8,0	30	D, 8,0					
87	+20	D, 12	10	D, 8,0					

o movimento, a distância i entre o espelho e a imagem do objeto é medida. A Fig. 34.24 mostra o valor de i em função da distância p do objeto até uma distância p_s = 40 cm. Qual é a distância da imagem quando o objeto está a 70 cm de distância do espelho?

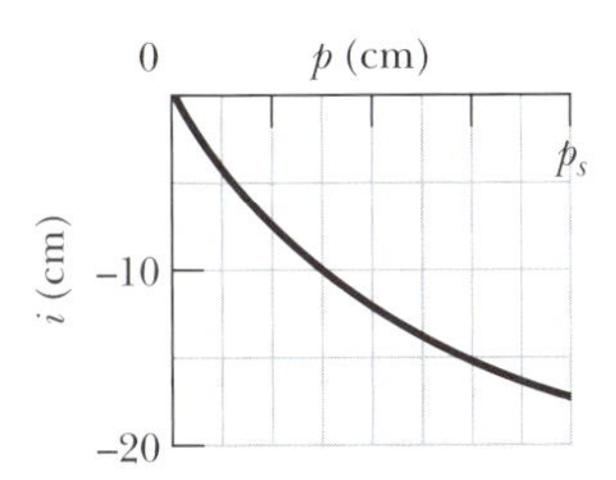

Figura 34.24 Problema 94.

95 a 100 *Sistemas de três lentes.* Na Fig. 34.25, o boneco O (o objeto) está no eixo central comum de três lentes delgadas simétricas, que estão montadas nas regiões limitadas por linhas tracejadas. A lente 1 está montada na região mais próxima de O, a uma distância p_1 do boneco. A lente 2 está montada na região do meio, a uma distância d_{12} da lente 1. A lente 3 está montada na região mais afastada de O, a uma distância d_{23} da lente 2. Cada problema da Tabela 34.8 se refere a uma combinação diferente de lentes e a valores diferentes das distâncias, que são dadas em centímetros. O tipo de lente é indicado como C, no caso de uma lente convergente, e como D, no caso de uma lente divergente; o número que se segue a C ou D é a distância entre a lente e um dos pontos focais (o sinal da distância focal não está indicado).

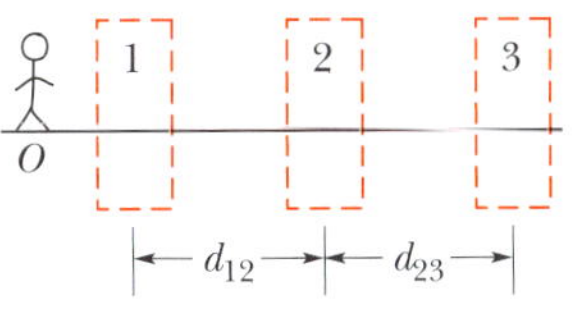

Figura 34.25
Problemas 95 a 100.

Determine (a) a distância i_3 entre o objeto e imagem produzida pela lente 3 (a imagem final produzida pelo sistema) e (b) a ampliação lateral total M do sistema, incluindo o sinal. Determine também (c) se a imagem final é real (R) ou virtual (V), (d) se é invertida (I) ou não invertida (NI) e (e) se está do mesmo lado da lente que o objeto O (M) ou está do lado oposto (O).

101 A expressão $1/p + 1/i = 1/f$ é chamada *forma gaussiana* da equação das lentes delgadas. Outra forma da expressão, a *forma newtoniana*, é obtida considerando como variáveis a distância x do objeto ao primeiro ponto focal e a distância x' do segundo ponto focal à imagem. Mostre que $xx' = f^2$ é a forma newtoniana da equação das lentes delgadas.

102 A Fig. 34.26*a* é uma vista, de topo, de dois espelhos planos verticais com um objeto O entre eles. Quando um observador olha para os espelhos, ele vê imagens múltiplas do objeto. Para determinar as posições dessas imagens, desenhe o reflexo em cada espelho na região entre os espelhos, como foi feito para o espelho da esquerda na Fig. 34.26*b*. Em seguida, desenhe o reflexo do reflexo. Continue da mesma forma do lado esquerdo e do lado direito até que os reflexos se superponham dos dois lados dos espelhos. Quando isso acontecer, basta contar o número de imagens de O. Determine o número de imagens formadas (a) para $\theta = 90°$, (b) para $\theta = 45°$, (c) para $\theta = 60°$. Para $\theta = 120°$, determine (d) o menor e (e) o maior número de imagens que podem ser observadas, dependendo do ponto de vista do observador e da posição do objeto O. (f) Para cada situação, indique as posições e orientações de todas as imagens de O em um desenho semelhante ao da Fig. 34.26*b*.

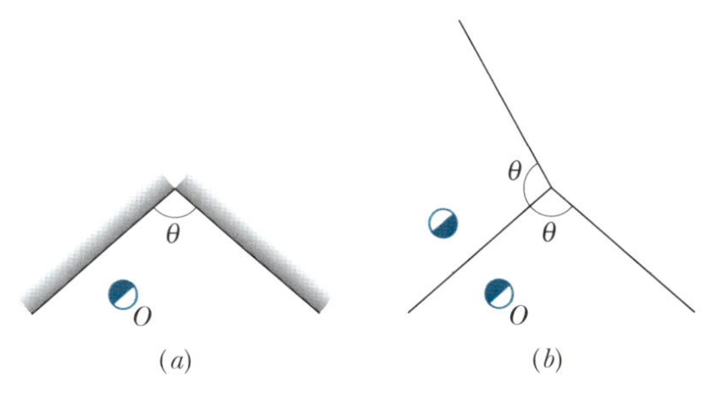

Figura 34.26 Problema 102.

103 Duas lentes delgadas de distâncias focais f_1 e f_2 estão em contato. Mostre que são equivalentes a uma única lente delgada com uma distância focal $f = f_1 f_2/(f_1 + f_2)$.

104 Dois espelhos planos paralelos estão separados por uma distância de 40 cm. Um objeto é colocado a 10 cm de distância de um dos espelhos. Determine (a) a menor, (b) a segunda menor, (c) a terceira menor (ocorre duas vezes) e (d) a quarta menor distância entre o objeto e uma imagem do objeto.

105 Na Fig. 34.27, uma caixa está no eixo central da lente convergente delgada, em algum ponto à esquerda da lente. A imagem I_m da caixa, produzida pelo espelho plano, está 4,00 cm à direita do espelho. A distância entre a lente e o espelho é 10,0 cm, e a distância focal da lente é 2,00 cm. (a) Qual é a distância entre a caixa e a lente? A luz refletida pelo espelho atravessa novamente a lente e produz uma imagem final da caixa. (b) Qual é a distância entre a lente e a imagem final?

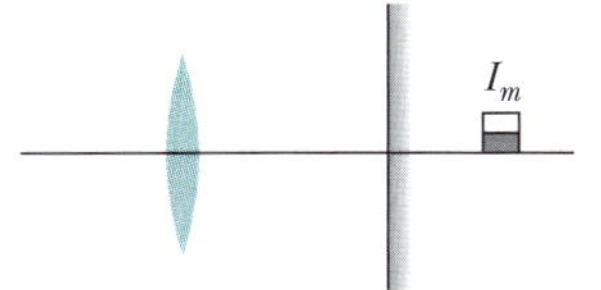

Figura 34.27 Problema 105.

106 Na Fig. 34.28, um objeto é colocado diante de uma lente convergente, a uma distância igual a duas vezes a distância focal f_1 da lente. Do outro lado da lente está um espelho côncavo de distância focal f_2, separado da lente por uma distância de $2(f_1 + f_2)$. A luz proveniente do objeto atravessa a lente da esquerda para a direita, é refletida pelo espelho, atravessa a lente da direita para a esquerda e forma uma imagem final do objeto. Determine (a) a distância entre a lente e a imagem final e (b) a ampliação lateral total M do objeto. Determine também (c) se a imagem é real ou virtual (se é virtual, só pode ser vista olhando para o

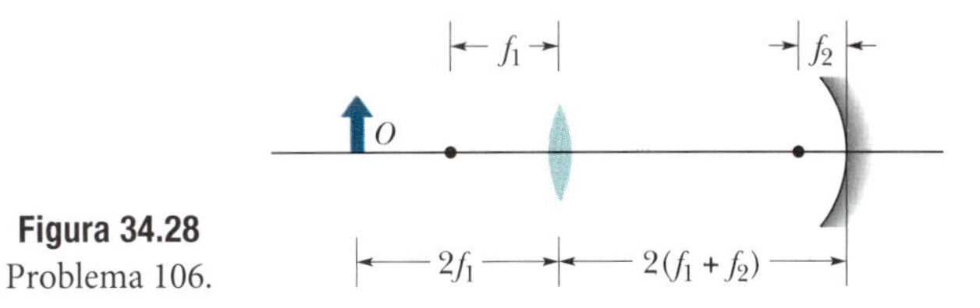

Figura 34.28
Problema 106.

Tabela 34.8 **Problemas 95 a 100: Sistemas de Três Lentes. As explicações estão no texto**

	p_1	Lente 1	d_{12}	Lente 2	d_{23}	Lente 2	(a) i_3	(b) M	(c) R/V	(d) I/NI	(e) Lado
95	+12	C, 8,0	28	C, 6,0	8,0	C, 6,0					
96	+4,0	D, 6,0	9,6	C, 6,0	14	C, 4,0					
97	+18	C, 6,0	15	C, 3,0	11	C, 3,0					
98	+2,0	C, 6,0	15	C, 6,0	19	C, 5,0					
99	+8,0	D, 8,0	8,0	D, 16	5,1	C, 8,0					
100	+4,0	C, 6,0	8,0	D, 4,0	5,7	D, 12					

espelho através da lente), (d) se a imagem está à esquerda ou à direita da lente e (e) se a imagem é invertida ou não invertida.

107 Uma mosca de altura H está no eixo central da lente 1. A lente forma uma imagem da mosca a uma distância d = 20 cm da mosca; a imagem é não invertida e tem uma altura $H_I = 2{,}0H$. Determine (a) a distância focal f_1 da lente e (b) a distância p_1 entre a mosca e a lente. A mosca abandona a lente 1 e pousa no eixo central da lente 2, que também forma uma imagem não invertida a uma distância d = 20 cm da mosca, mas agora $H_I = 0{,}50H$. Determine (c) f_2 e (d) p_2.

108 Você fabrica as lentes que aparecem na Fig. 34.29 a partir de discos planos de vidro (n = 1,5) usando uma máquina capaz de produzir um raio de curvatura de 40 cm ou 60 cm. Em uma lente na qual é necessário apenas um raio de curvatura, você escolhe o raio de 40 cm. Em seguida, usa as lentes, uma por uma, para formar uma imagem do Sol. Determine (a) a distância focal f e (b) o tipo de imagem (real ou virtual) da lente *biconvexa* 1, (c) f e (d) o tipo de imagem da lente *plano-convexa* 2, (e) f e (f) o tipo de imagem da lente *côncavo-convexa* 3, (g) f e (h) o tipo de imagem da lente *bicôncava* 4, (i) f e (j) o tipo de imagem da lente *plano-côncava* 5 e (k) f e (l) o tipo de imagem da lente *convexo-côncava* 6.

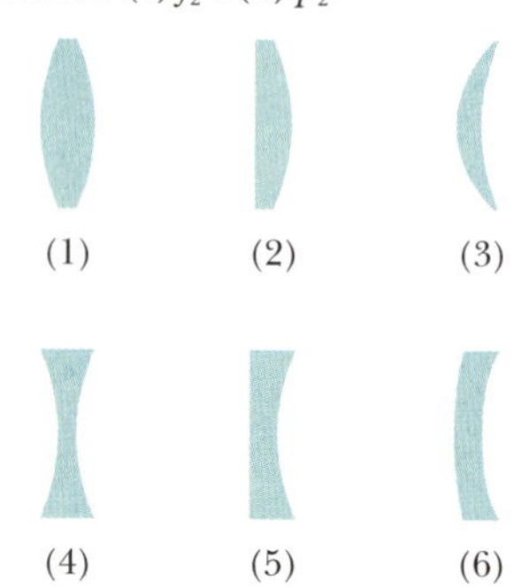

Figura 34.29 Problema 108.

109 Na Fig. 34.30, um observador, situado no ponto P, olha para um peixe através da parede de vidro de um aquário. O observador está na mesma horizontal que o peixe; o índice de refração do vidro é 8/5 e o da água é 4/3. As distâncias são d_1 = 8,0 cm, d_2 = 3,0 cm e d_3 = 6,8 cm. (a) Do ponto de vista do peixe, a que distância parece estar o observador? (*Sugestão*: O observador é o objeto. A luz proveniente do objeto passa pela superfície externa da parede do aquário, que se comporta como uma superfície refratora. Determine a imagem produzida por essa superfície. Em seguida, trate essa imagem como um objeto cuja luz passa pela superfície interna da parede do aquário, que se comporta como outra superfície refratora. Determine a distância da imagem produzida por essa superfície, que é a resposta pedida.) (b) Do ponto de vista do observador, a que distância parece estar o peixe?

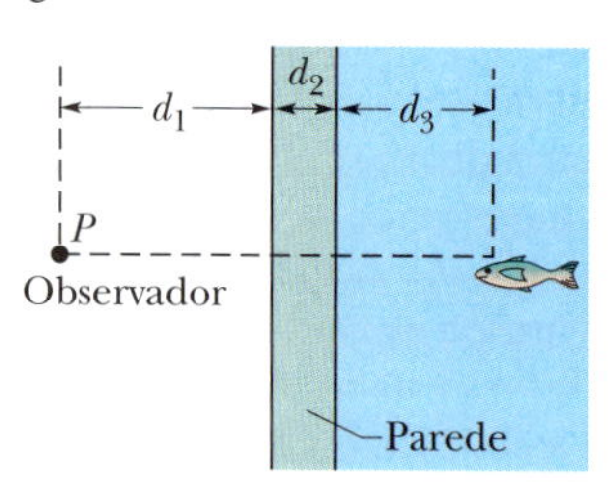

Figura 34.30 Problema 109.

110 Um peixe dourado em um aquário esférico, de raio R, está na mesma horizontal que o centro C do aquário, a uma distância R/2 do vidro (Fig. 34.31). Que ampliação do peixe é produzida pela água do aquário para um observador alinhado com o peixe e o centro do aquário, com o peixe mais próximo do observador que o centro do aquário? O índice de refração da água é 1,33. Despreze o efeito da parede de vidro do aquário. Suponha que o observador está olhando para o peixe com um só olho. (*Sugestão*: A Eq. 34.2.3 se aplica a este caso, mas não a Eq. 34.2.4. É preciso fazer um diagrama de raios da situação e supor que os raios estão próximos da linha de visada do observador, ou seja, que fazem um ângulo pequeno com a reta que liga o olho do observador ao centro do aquário.)

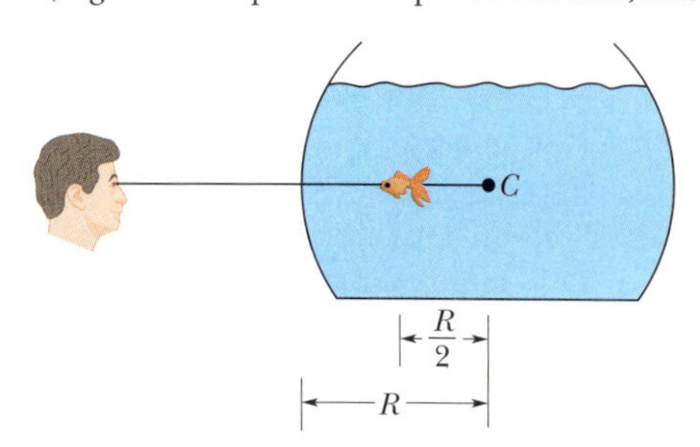

Figura 34.31 Problema 110.

111 A Fig. 34.32 mostra um *expansor de feixe*, constituído por duas lentes convergentes coaxiais, de distâncias focais f_1 e f_2, separadas por uma distância $d = f_1 + f_2$. O dispositivo pode expandir o feixe de um laser, mantendo ao mesmo tempo os raios do feixe paralelos ao eixo central das lentes. Suponha que um feixe luminoso uniforme, de largura W_i = 2,5 mm e intensidade I_i = 9,0 kW/m², incide em um expansor de feixe para o qual f_1 = 12,5 cm e f_2 = 30,0 cm. Determine o valor (a) de W_f e (b) de I_f para o feixe na saída do expansor. (c) Que valor de d será necessário se a lente 1 for substituída por uma lente divergente, de distância focal f_1 = −26,0 cm?

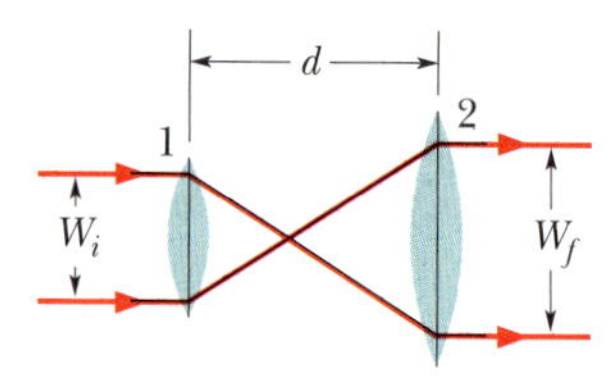

Figura 34.32 Problema 111.

112 Você olha para baixo, em direção a uma moeda que está no fundo de uma piscina, de profundidade d e índice de refração n (Fig. 34.33). Como você observa a moeda com dois olhos, que interceptam raios luminosos diferentes provenientes da moeda, você tem a impressão de que a moeda se encontra no lugar onde os prolongamentos dos raios interceptados se cruzam, a uma profundidade $d_a \neq d$. Supondo que os raios da Fig. 34.33 não se desviam muito da vertical, mostre que $d_a = d/n$. (*Sugestão*: Use a aproximação, válida para ângulos pequenos, de que sen $\theta \approx$ tan $\theta \approx \theta$.)

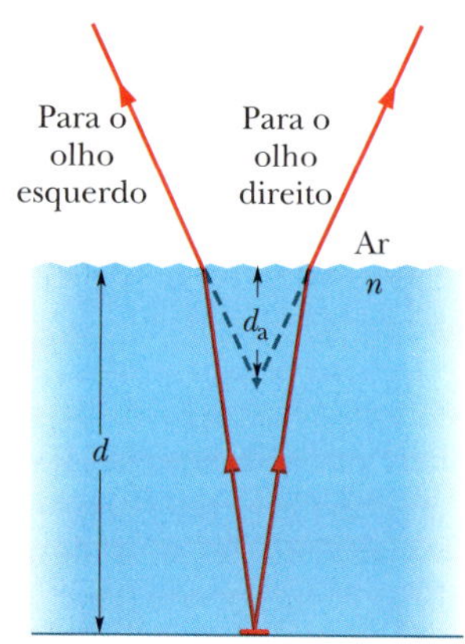

Figura 34.33 Problema 112.

113 O furo de uma câmera *pinhole* fica a uma distância de 12 cm do plano do filme, que é um retângulo de 8,0 cm de altura por 6,0 cm de largura. A que distância de uma pintura de 50 cm × 50 cm deve ser colocada a câmara para que a imagem completa da pintura no plano do filme seja a maior possível?

114 Um raio luminoso parte do ponto A e chega ao ponto B depois de ser refletido no ponto O, situado na superfície de um espelho. Mostre, sem usar os métodos do cálculo, que a distância AOB é mínima quando o ângulo de incidência θ é igual ao ângulo de reflexão ϕ. (*Sugestão*: Considere a imagem de A no espelho.)

115 Um objeto pontual está a 10 cm de distância de um espelho plano, e o olho de um observador (cuja pupila tem 5,0 mm de diâmetro) está a 20 cm de distância. Supondo que o olho e o objeto estão na mesma reta perpendicular à superfície do espelho, determine a área do espelho envolvida na observação do reflexo do ponto. (*Sugestão*: *Ver* Fig. 34.1.4.)

116 Mostre que a distância entre um objeto e a imagem real formada por uma lente convergente delgada é sempre maior ou igual a quatro vezes a distância focal da lente.

117 CALC Um objeto e uma tela se encontram a uma distância fixa D. (a) Mostre que uma lente convergente, de comprimento focal f, colocada entre o objeto e a tela, forma uma imagem real do objeto na tela para duas posições da lente separadas por uma distância $d = \sqrt{D(D-4f)}$. (b) Mostre que a razão entre os tamanhos das imagens obtidas com a lente nas duas posições é dada por

$$\left(\frac{D-d}{D+d}\right)^2.$$

118 Uma borracha com 1,0 cm de altura é colocada a 10 cm de distância de um sistema de duas lentes. A lente 1 (a mais próxima da borracha) tem uma distância focal $f_1 = -15$ cm, a lente 2 tem uma distância focal $f_2 = 12$ cm e a distância entre as lentes é $d = 12$ cm. Para a imagem produzida pela lente 2, determine (a) a distância i_2 da imagem (incluindo o sinal), (b) a altura da imagem, (c) o tipo de imagem (real ou virtual) e (d) a orientação da imagem (invertida ou não invertida em relação à borracha).

119 Um amendoim é colocado a 40 cm de distância de um sistema de duas lentes. A lente 1 (a mais próxima do amendoim) tem uma distância focal $f_1 = +20$ cm, a lente 2 tem uma distância focal $f_2 = -15$ cm e a distância entre as lentes é $d = 10$ cm. Para a imagem produzida pela lente 2, determine (a) a distância da imagem, i_2 (incluindo o sinal), (b) a orientação da imagem (invertida em relação ao amendoim ou não invertida) e (c) o tipo de imagem (real ou virtual). (d) Qual é a ampliação lateral?

120 Uma moeda é colocada a 20 cm de distância de um sistema de duas lentes. A lente 1 (a mais próxima da moeda) tem uma distância focal $f_1 = +10$ cm, a lente 2 tem uma distância focal $f_2 = 12{,}5$ cm e a distância entre as lentes é $d = 30$ cm. Para a imagem produzida pela lente 2, determine (a) a distância da imagem, i_2 (incluindo o sinal), (b) a ampliação lateral, (c) o tipo de imagem (real ou virtual) e (d) a orientação da imagem (invertida em relação à moeda ou não invertida).

121 Um objeto está 20 cm à esquerda de uma lente divergente, delgada, com uma distância focal de 30 cm. (a) Determine a distância i da imagem. (b) Desenhe um diagrama de raios mostrando a posição da imagem.

122 *Tamanho do espelho.* Se um jogador de basquete tem 206 cm de altura, qual teve ser a altura de um espelho para que ele possa se ver de corpo inteiro?

CAPÍTULO 35

Interferência

35.1 LUZ COMO UMA ONDA

Objetivos do Aprendizado

Depois de ler este módulo, você será capaz de ...

35.1.1 Explicar o princípio de Huygens usando um desenho.

35.1.2 Explicar, usando desenhos simples, a refração da luz em termos de variação gradual da velocidade de uma frente de onda ao passar pela interface de dois meios fazendo um ângulo com a normal.

35.1.3 Conhecer a relação entre a velocidade da luz no vácuo, a velocidade da luz em um meio e o índice de refração do meio.

35.1.4 Conhecer a relação entre uma distância em um meio, a velocidade da luz no meio e o tempo necessário para que um pulso luminoso percorra essa distância.

35.1.5 Conhecer a lei de Snell da refração.

35.1.6 Saber que, quando a luz passa de um meio para outro, a frequência permanece a mesma, mas o comprimento de onda e a velocidade da luz podem mudar.

35.1.7 Conhecer a relação entre o comprimento da luz no vácuo, o comprimento da luz em um meio e o índice de refração do meio.

35.1.8 No caso de uma onda luminosa que se propaga em um meio, calcular o número de comprimentos de onda contidos em certa distância.

35.1.9 No caso de duas ondas luminosas que se propagam em meios com diferentes índices de refração antes de se interceptarem, calcular a diferença de fase e interpretar a interferência resultante em termos de brilho máximo, brilho intermediário e escuridão total.

35.1.10 No caso de duas ondas luminosas que percorrem distâncias diferentes antes de se interceptarem, calcular a diferença de fase e interpretar a interferência resultante em termos de brilho máximo, brilho intermediário e escuridão total.

35.1.11 Dada a diferença de fase inicial entre duas ondas luminosas de mesmo comprimento de onda, calcular a diferença de fase depois que as ondas se propagam em meios com diferentes índices de refração e percorrem distâncias diferentes.

35.1.12 Saber que a interferência ajuda a criar as cores do arco-íris.

Ideias-Chave

- A propagação tridimensional de ondas de todos os tipos, incluindo as ondas luminosas, pode ser modelada, em muitos casos, com o auxílio do princípio de Huygens, segundo o qual todos os pontos de uma frente de onda se comportam como fontes pontuais de ondas secundárias esféricas. Depois de um intervalo de tempo Δt, a nova posição de frente de onda é a de uma superfície tangente a todas as ondas secundárias.
- A lei da refração pode ser demonstrada a partir do princípio de Huygens supondo que o índice de refração de um meio é dado por $n = c/v$, em que c é a velocidade da luz no vácuo e v é velocidade da luz no meio.
- O comprimento de onda λ_n da luz em um meio está relacionado ao índice de refração do meio pela equação

$$\lambda_n = \frac{\lambda}{n},$$

em que λ é o comprimento da onda de luz no vácuo.
- A diferença de fase entre duas ondas luminosas de mesmo comprimento de onda pode mudar se as ondas se propagarem em meios diferentes ou percorrerem distâncias diferentes.

O que É Física?

Um dos principais objetivos da física é compreender a natureza da luz, um objetivo difícil de atingir porque a luz é um fenômeno extremamente complexo. Entretanto, graças exatamente a essa complexidade, a luz oferece muitas oportunidades para aplicações práticas, algumas das quais envolvem a interferência de ondas luminosas, também conhecida como **interferência ótica**.

Muitas cores da natureza se devem à interferência ótica. Assim, por exemplo, as asas de uma borboleta *Morpho* são castanhas e sem graça, como pode ser visto na superfície inferior da asa, mas na superfície superior o castanho é substituído por um azul brilhante devido à interferência da luz (Fig. 35.1.1). Além disso, a cor é variável; a asa pode ser vista com vários tons de azul, dependendo do ângulo de observação. Uma mudança de cor semelhante é usada nas tintas de muitas cédulas para dificultar o trabalho dos falsários, cujas copiadoras podem reproduzir as cores apenas de um ponto de vista e, portanto, não podem duplicar o efeito da mudança de cor com o ângulo de observação. CVF

Para compreender os fenômenos básicos responsáveis pela interferência ótica, devemos abandonar a simplicidade da ótica geométrica (na qual a luz é descrita por raios) e voltar à natureza ondulatória da luz.

Philippe Colombi/Getty Images

Figura 35.1.1 Azul da superfície superior da asa da borboleta *Morpho* se deve à interferência ótica e muda de tonalidade de acordo com o ponto de vista do observador.

Luz como uma Onda 35.1 e 35.2

A primeira pessoa a apresentar uma teoria ondulatória convincente para a luz foi o físico holandês Christian Huygens, em 1678. Matematicamente mais simples que a teoria eletromagnética de Maxwell, explicava as leis da reflexão e refração em termos de ondas e atribuía um significado físico ao índice de refração.

A teoria ondulatória de Huygens utiliza uma construção geométrica que permite prever onde estará uma dada frente de onda em qualquer instante futuro se conhecermos a posição atual. Essa construção se baseia no **princípio de Huygens**, que diz o seguinte:

> Todos os pontos de uma frente de onda se comportam como fontes pontuais de ondas secundárias. Depois de um intervalo de tempo t, a nova posição da frente de onda é dada por uma superfície tangente a essas ondas secundárias.

Vejamos um exemplo simples. Do lado esquerdo da Fig. 35.1.2, a localização atual da frente de onda de uma onda plana viajando para a direita no vácuo está representada pelo plano *ab*, perpendicular à página. Onde estará a frente de onda depois de transcorrido um intervalo de tempo Δt? Fazemos com que vários locais do plano *ab* (indicados por pontos na figura) se comportem como fontes pontuais de ondas secundárias, emitidas no instante $t = 0$. Depois de um intervalo de tempo Δt, o raio dessas ondas esféricas é $c\Delta t$, em que c é a velocidade da luz no vácuo. O plano tangente a essas esferas no instante Δt é o plano *de*. O plano *de*, que corresponde à frente de onda da onda plana no instante Δt, é paralelo ao plano *ab* e está a uma distância perpendicular $c\Delta t$ desse plano.

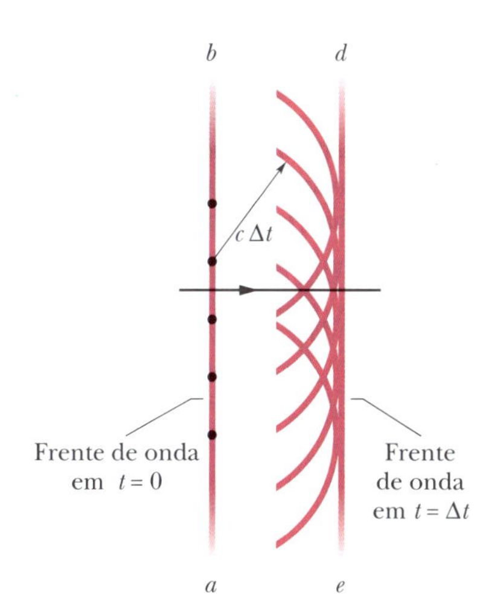

Figura 35.1.2 Propagação de uma onda plana no vácuo, de acordo com o princípio de Huygens.

Lei da Refração 35.1

Vamos agora usar o princípio de Huygens para deduzir a lei da refração, Eq. 33.5.2 (lei de Snell). A Fig. 35.1.3 mostra três estágios da refração de várias frentes de onda em uma interface plana do ar (meio 1) com o vidro (meio 2). Escolhemos arbitrariamente frentes de onda do feixe incidente separadas por uma distância λ_1, o comprimento de onda no meio 1. Chamando de v_1 a velocidade da luz no ar e de v_2 a velocidade da luz no vidro, vamos supor que $v_2 < v_1$, que é a situação real.

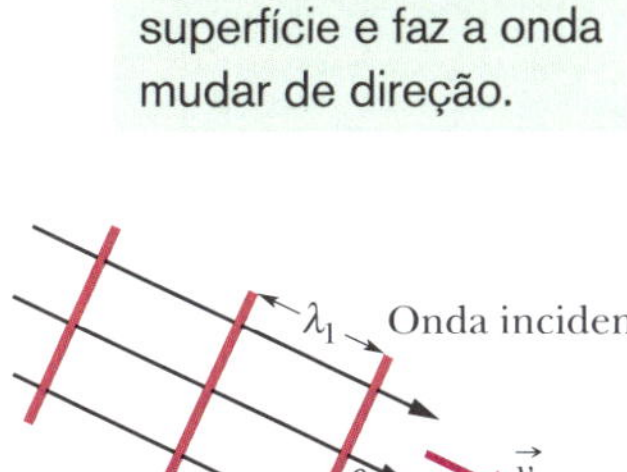

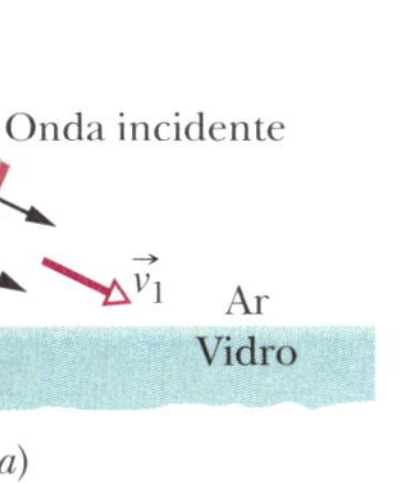

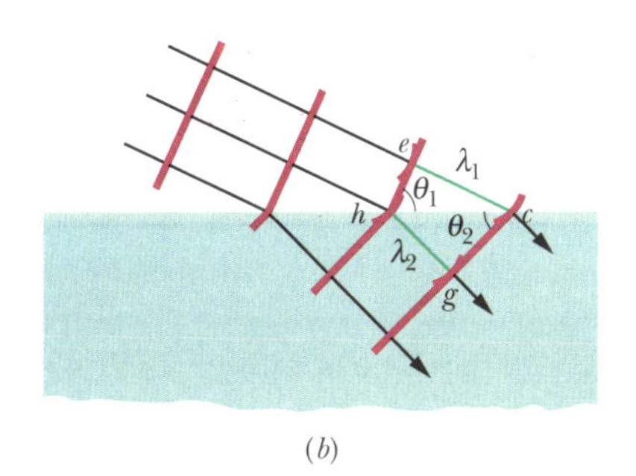

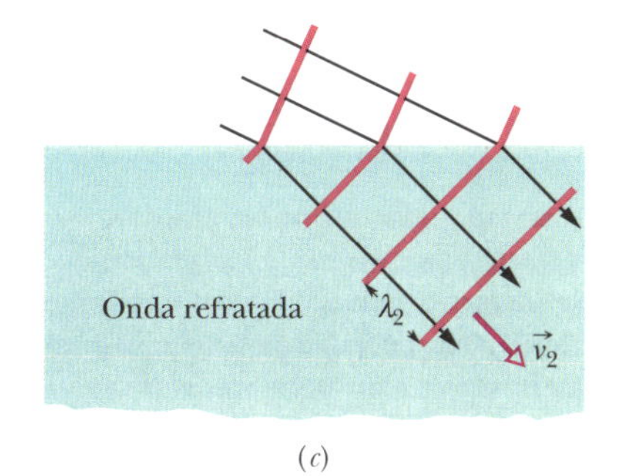

Figura 35.1.3 Refração de uma onda plana em uma interface ar-vidro, de acordo com o princípio de Huygens. O comprimento de onda no vidro é menor que no ar. Para simplificar o desenho, não é mostrada a onda refletida. As partes (*a*) a (*c*) mostram três estágios sucessivos da refração.

O ângulo θ_1 da Fig. 35.1.3*a* é o ângulo entre a frente de onda e o plano da interface; esse ângulo é igual ao ângulo entre a *normal* à frente de onda (isto é, o raio incidente) e a *normal* ao plano da interface; assim, θ_1 é o ângulo de incidência.

Quando a onda se aproxima do vidro, uma onda secundária de Huygens com a origem no ponto *e* se expande até chegar ao vidro no ponto *c*, a uma distância λ_1 do ponto *e*. O tempo necessário para a expansão é essa distância dividida pela velocidade da onda secundária, λ_1/v_1. No mesmo intervalo de tempo, uma onda secundária de Huygens com a origem no ponto *h* se expande com uma velocidade diferente, v_2, e com um comprimento de onda diferente, λ_2. Assim, esse intervalo de tempo também deve ser igual a λ_2/v_2. Igualando os dois tempos de percurso, obtemos a relação

$$\frac{\lambda_1}{\lambda_2} = \frac{v_1}{v_2}, \qquad (35.1.1)$$

que mostra que os comprimentos de onda da luz em dois meios diferentes são proporcionais à velocidade da luz nesses meios.

De acordo com o princípio de Huygens, a frente de onda da onda refratada é tangente a um arco de raio λ_2 com centro em *h*, em um ponto que vamos chamar de *g*. A frente de onda da onda refratada também é tangente a um arco de raio λ_1 com centro em *e*, em um ponto que vamos chamar de *c*. Assim, a frente de onda da onda refratada tem a orientação mostrada na figura. Observe que θ_2, o ângulo entre a frente de onda da onda refratada e a superfície, é também o ângulo de refração.

Para os triângulos retângulos *hce* e *hcg* da Fig. 35.1.3*b*, podemos escrever

$$\text{sen}\ \theta_1 = \frac{\lambda_1}{hc} \qquad \text{(para o triângulo } hce)$$

e

$$\text{sen}\ \theta_2 = \frac{\lambda_2}{hc} \qquad \text{(para o triângulo } hcg).$$

Dividindo a primeira dessas equações pela segunda e usando a Eq. 35.1.1, obtemos

$$\frac{\text{sen}\ \theta_1}{\text{sen}\ \theta_2} = \frac{\lambda_1}{\lambda_2} = \frac{v_1}{v_2}. \qquad (35.1.2)$$

Podemos definir um **índice de refração** n para cada meio como a razão entre a velocidade da luz no vácuo e a velocidade da luz no meio. Assim,

$$n = \frac{c}{v} \qquad \text{(índice de refração).} \qquad (35.1.3)$$

Em particular, para nossos dois meios, temos

$$n_1 = \frac{c}{v_1} \quad \text{e} \quad n_2 = \frac{c}{v_2}.$$

Nesse caso, a Eq. 35.1.2 nos dá

$$\frac{\text{sen}\ \theta_1}{\text{sen}\ \theta_2} = \frac{c/n_1}{c/n_2} = \frac{n_2}{n_1}$$

ou

$$n_1\ \text{sen}\ \theta_1 = n_2\ \text{sen}\ \theta_2 \qquad \text{(lei da refração),} \qquad (35.1.4)$$

como foi visto no Capítulo 33.

Teste 35.1.1

A figura mostra um raio de luz monocromática atravessando um material inicial *a*, materiais intermediários *b* e *c* e, novamente, o material *a*. Coloque os materiais na ordem decrescente da velocidade com que a luz se propaga no interior do material.

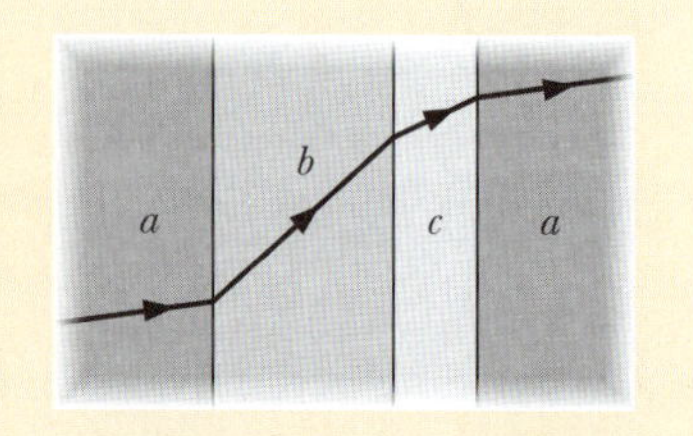

Comprimento de Onda e Índice de Refração 35.2

Sabemos que o comprimento de onda de uma onda progressiva depende da velocidade (Eq. 16.1.13) e que a velocidade da luz em um meio depende do índice de refração (Eq. 35.1.3). Isso significa que o comprimento de onda da luz em um meio depende do índice de refração. Suponha que uma luz monocromática tem um comprimento de onda λ uma velocidade c no vácuo e um comprimento de onda λ_n e uma velocidade v em um meio cujo índice de refração é n. A Eq. 35.1.1 pode ser escrita na forma

$$\lambda_n = \lambda \frac{v}{c}. \tag{35.1.5}$$

Usando a Eq. 35.1.3 para substituir v/c por $1/n$, obtemos

$$\lambda_n = \frac{\lambda}{n}. \tag{35.1.6}$$

A Eq. 35.1.6 relaciona o comprimento de onda da luz em um meio ao comprimento de onda no vácuo; quanto maior o índice de refração do meio, menor o comprimento de onda nesse meio.

Como se comporta a frequência da luz? Seja f_n a frequência da luz em um meio cujo índice de refração é n. De acordo com a relação geral expressa pela Eq. 16.1.13 ($v = \lambda f$), podemos escrever

$$f_n = \frac{v}{\lambda_n}.$$

De acordo com as Eqs. 35.1.3 e 35.1.6, temos

$$f_n = \frac{c/n}{\lambda/n} = \frac{c}{\lambda} = f,$$

em que f é a frequência da luz no vácuo. Assim, embora a velocidade e o comprimento de onda da luz sejam diferentes no meio e no vácuo, *a frequência da luz é a mesma no meio e no vácuo.*

Diferença de Fase. O fato de que o comprimento de onda da luz depende do índice de refração (Eq. 35.1.6) é importante em situações que envolvem a interferência de ondas luminosas. Assim, por exemplo, na Fig. 35.1.4, as *ondas dos raios* (isto é, as ondas representadas pelos raios) estão inicialmente em fase no ar ($n \approx 1$) e possuem o mesmo comprimento de onda λ. Uma das ondas atravessa o meio 1, de índice de refração n_1 e comprimento L; a outra atravessa o meio 2, de índice de refração n_2 e mesmo comprimento L. Quando as ondas deixam os dois meios, elas voltam a ter o mesmo comprimento de onda, o comprimento de onda λ no ar. Entretanto, como o comprimento de onda nos dois meios era diferente, as duas ondas podem não estar mais em fase.

A diferença dos índices de refração produz uma diferença de fase entre as duas ondas.

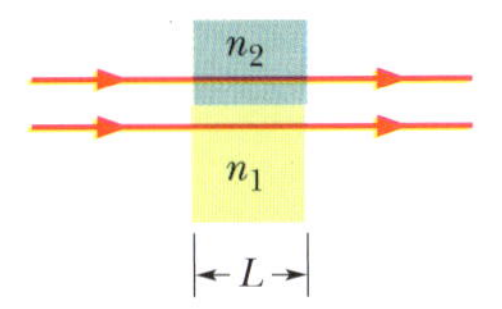

Figura 35.1.4 Dois raios de luz atravessam dois meios com índices de refração diferentes.

A diferença de fase entre duas ondas luminosas pode mudar se as ondas atravessarem materiais com diferentes índices de refração.

Como vamos ver em seguida, essa mudança da diferença de fase pode afetar o modo como as ondas luminosas interferem ao se encontrarem.

Para calcular a diferença de fase em termos de comprimentos de onda, primeiro contamos o número de comprimentos de onda N_1 no comprimento L do meio 1. De acordo com a Eq. 35.1.6, o comprimento de onda no meio 1 é $\lambda_{n1} = \lambda/n_1$. Assim,

$$N_1 = \frac{L}{\lambda_{n1}} = \frac{Ln_1}{\lambda}. \tag{35.1.7}$$

Em seguida, contamos o número de comprimentos de onda N_2 no comprimento L do meio 2, em que o comprimento de onda é $\lambda_{n2} = \lambda/n_2$:

$$N_2 = \frac{L}{\lambda_{n2}} = \frac{Ln_2}{\lambda}. \tag{35.1.8}$$

A diferença de fase entre as duas ondas é o valor absoluto da diferença entre N_1 e N_2. Supondo que $n_2 > n_1$, temos

$$N_2 - N_1 = \frac{Ln_2}{\lambda} - \frac{Ln_1}{\lambda} = \frac{L}{\lambda}(n_2 - n_1). \qquad (35.1.9)$$

Suponhamos que a Eq. 35.1.9 revele que a diferença de fase entre as duas ondas é 45,6 comprimentos de onda. Isso equivale a tomar as ondas inicialmente em fase e deslocar uma delas de 45,6 comprimentos de onda. Acontece que um deslocamento de um número inteiro de comprimentos de onda (como 45) deixa as ondas novamente em fase. Assim, a única coisa que importa é a fração decimal (0,6, no caso). Uma diferença de fase de 45,6 comprimentos de onda equivale a uma *diferença de fase efetiva* de 0,6 comprimento de onda.

Uma diferença de fase de 0,5 comprimento de onda deixa as ondas com fases opostas. Ao se combinarem, essas ondas sofrem interferência destrutiva, e o ponto em que as duas ondas se superpõem fica escuro. Se, por outro lado, a diferença de fase é 0,0 ou 1,0 comprimento de onda, a interferência é construtiva, e o ponto fica claro. A diferença de fase do nosso exemplo, 0,6 comprimento de onda, corresponde a uma situação intermediária, porém mais próxima da interferência destrutiva, de modo que o ponto fica fracamente iluminado.

Podemos também expressar a diferença de fase em termos de radianos ou graus, como fizemos anteriormente. Uma diferença de fase de um comprimento de onda equivale a 2π rad ou 360°.

Diferença de Percurso. Como foi visto na análise do Módulo 17.3 para o caso das ondas sonoras, que também pode ser aplicada às ondas luminosas, duas ondas que partem do mesmo ponto com a mesma fase podem se encontrar em outro ponto com fases diferentes, se percorrerem caminhos diferentes; tudo depende da diferença de percurso ΔL, ou, mais precisamente, da razão entre ΔL e o comprimento de onda λ das ondas. De acordo com as Eqs. 17.3.5 e 17.3.6, para que a interferência seja construtiva, ou seja, para que, no caso das ondas luminosas, o ponto fique claro, é preciso que

$$\frac{\Delta L}{\lambda} = 0, 1, 2, \ldots \quad \text{(interferência construtiva)}, \qquad (35.1.10)$$

e para que a interferência seja destrutiva, ou seja, para que o ponto fique escuro, é preciso que

$$\frac{\Delta L}{\lambda} = 0{,}5,\ 1{,}5,\ 2{,}5, \ldots \quad \text{(interferência destrutiva)}. \qquad (35.1.11)$$

Valores intermediários de $\Delta L/\lambda$ correspondem a uma situação intermediária na qual o brilho do ponto nem é máximo nem é mínimo.

Arco-Íris e a Interferência Ótica

No Módulo 33.5, vimos que as cores da luz solar podem se separar ao atravessarem gotas de chuva, formando um arco-íris. Discutimos apenas a situação simplificada em que um único raio de luz branca penetrava em uma gota. Na verdade, as ondas luminosas penetram em toda a superfície da gota que está voltada para o Sol. Não vamos discutir os detalhes da trajetória dessas ondas, mas é fácil compreender que diferentes partes da onda incidente descrevem trajetórias diferentes no interior da gota. Isso significa que as ondas saem da gota com fases diferentes. Para alguns ângulos de saída, a luz está em fase, e acontece uma interferência construtiva. O arco-íris é o resultado dessa interferência construtiva. Por exemplo, o vermelho do arco-íris aparece porque as ondas de luz vermelha do arco-íris saem em fase das gotas de chuva na direção da qual você está observando essa parte do arco-íris. As ondas de luz vermelha que saem das gotas em outras direções têm fases diferentes e a intensidade total é muito menor, de modo que a luz vermelha não é observada nessas direções.

Se você observar atentamente um arco-íris, talvez consiga ver arcos coloridos mais fracos, conhecidos como *arcos supranumerários* (ver Fig. 35.1.5). Assim como os arcos principais do arco-íris, os arcos supranumerários são causados por ondas que saem das gotas aproximadamente em fase, produzindo interferência construtiva. Em circunstâncias especiais, é possível ver arcos supranumerários ainda mais fracos nas vizinhanças de um arco-íris secundário. Os arco-íris são exemplos naturais de interferência ótica e uma prova de que a luz é um fenômeno ondulatório. CVF

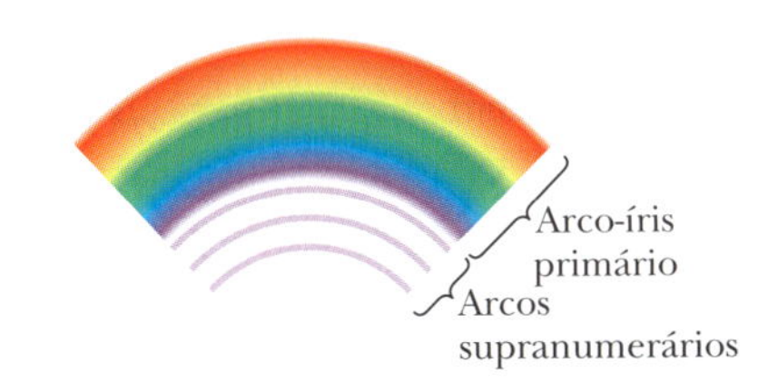

Figura 35.1.5 O arco-íris primário e os arcos supranumerários são causados por interferência construtiva.

Teste 35.1.2

As ondas luminosas dos raios da Fig. 35.1.4 têm o mesmo comprimento de onda e a mesma amplitude e estão inicialmente em fase. (a) Se o material de cima comporta 7,60 comprimentos de onda e o material de baixo comporta 5,50 comprimentos de onda, qual é o material com maior índice de refração? (b) Se os raios luminosos forem ligeiramente convergentes, de modo que as ondas se encontrem em uma tela distante, a interferência produzirá um ponto muito claro, um ponto claro, um ponto fracamente iluminado, ou escuridão total?

Exemplo 35.1.1 Diferença de fase de duas ondas devido a uma diferença de índices de refração 35.1

Na Fig. 35.1.4, as duas ondas luminosas representadas por raios têm um comprimento de onda de 550,0 nm antes de penetrarem nos meios 1 e 2. As ondas têm a mesma amplitude e estão inicialmente em fase. Suponha que o meio 1 seja o próprio ar e que o meio 2 seja um plástico transparente com índice de refração 1,600 e uma espessura de 2,600 μm.

(a) Qual é a diferença de fase entre as duas ondas emergentes em comprimentos de onda, radianos e graus? Qual é a diferença de fase efetiva (em comprimentos de onda)?

IDEIA-CHAVE

A diferença de fase entre duas ondas luminosas pode mudar se as ondas atravessarem meios diferentes, com diferentes índices de refração. Isso acontece porque os comprimentos de onda são diferentes em meios diferentes. Podemos calcular a mudança da diferença de fase contando o número de comprimentos de onda em cada meio e calculando a diferença entre os dois números.

Cálculos: Quando as distâncias percorridas pelas ondas nos dois meios são iguais, o resultado é dado pela Eq. 35.1.9. De acordo com o enunciado, $n_1 = 1{,}000$ (índice de refração do ar), $n_2 = 1{,}600$, $L = 2{,}600\ \mu$m e $\lambda = 550{,}0$ nm. Nesse caso, de acordo com a Eq. 35.1.9, temos

$$N_2 - N_1 = \frac{L}{\lambda}(n_2 - n_1)$$

$$= \frac{2{,}600 \times 10^{-6}\ \text{m}}{5{,}500 \times 10^{-7}\ \text{m}}(1{,}600 - 1{,}000)$$

$$= 2{,}84. \qquad \text{(Resposta)}$$

Assim, a diferença de fase entre as ondas emergentes é 2,84 comprimentos de onda. Como 1,0 comprimento de onda equivale a 2π rad e 360°, é fácil mostrar que essa diferença de fase equivale a

$$\text{diferença de fase} = 17{,}8\ \text{rad} \approx 1020°. \qquad \text{(Resposta)}$$

A diferença de fase efetiva é a parte decimal da diferença de fase real *expressa em comprimentos de onda*. Assim, temos

$$\text{diferença de fase efetiva} = 0{,}84\ \text{comprimento de onda}. \qquad \text{(Resposta)}$$

É fácil mostrar que essa diferença de fase equivale a 5,3 rad e a aproximadamente 300°. *Cuidado:* A diferença de fase efetiva *não é igual* à parte decimal da diferença de fase real expressa em *radianos* ou em *graus*; se a diferença de fase real é 17,8 rad, como neste exemplo, a diferença de fase efetiva *não é* 0,8 rad, e sim 5,3 rad.

(b) Se os raios luminosos se encontrassem em uma tela distante, produziriam um ponto claro ou fracamente iluminado?

Raciocínio: Precisamos comparar a diferença de fase efetiva das ondas com a diferença de fase que corresponde aos tipos extremos de interferência. No caso que estamos examinando, a diferença de fase efetiva (0,84 comprimento de onda) está entre 0,5 comprimento de onda (que corresponde a uma interferência destrutiva e, portanto, a um ponto escuro na tela) e 1,0 comprimento de onda (que corresponde a uma interferência construtiva e, portanto, a um ponto claro na tela), mas está mais próxima de 1,0 comprimento de onda. Isso significa que a interferência está mais próxima de ser construtiva do que de ser destrutiva; portanto, será produzido na tela um ponto relativamente claro.

35.2 EXPERIMENTO DE YOUNG

Objetivos do Aprendizado

Depois de ler este módulo, você será capaz de ...

35.2.1 Descrever a refração da luz por uma fenda estreita e o efeito da redução da largura da fenda.

35.2.2 Descrever, usando desenhos, a produção de uma figura de interferência em um experimento de dupla fenda com luz monocromática.

35.2.3 Saber que a diferença de fase entre duas ondas pode mudar se as ondas percorrerem distâncias diferentes, como no experimento de Young.

35.2.4 Conhecer a relação entre a diferença de percurso e a diferença de fase em um experimento de dupla fenda e interpretar o resultado em termos da intensidade da luz resultante (brilho máximo, brilho intermediário e escuridão total).

35.2.5 No caso de um ponto de uma figura de interferência de dupla fenda, conhecer a relação entre a diferença de percurso ΔL entre os raios que chegam ao ponto, a distância d entre as fendas e o ângulo θ que os raios fazem com o eixo central.

35.2.6 No caso do experimento de Young, usar a relação entre a distância d entre as fendas, o comprimento de onda λ da luz e o ângulo θ que os raios fazem com o ângulo central para determinar os mínimos de brilho (franjas escuras) e os máximos de brilho (franjas claras) da figura de interferência.

35.2.7 Desenhar uma figura de interferência de dupla fenda, e indicar o nome de algumas franjas claras e escuras (como, por exemplo, "máximo lateral de segunda ordem" ou "franja escura de terceira ordem").

35.2.8 No caso do experimento de Young, conhecer a relação entre a distância D entre o anteparo e a tela de observação, o ângulo θ correspondente a um ponto da figura de interferência e a distância y entre o ponto e o centro da figura de interferência.

35.2.9 No caso do experimento de Young, conhecer o efeito da variação de d e de λ e saber o que determina o limite angular da figura de interferência.

35.2.10 No caso de um material transparente colocado em uma das fendas no experimento de Young, determinar a espessura e o índice de refração necessários para deslocar uma dada franja para o centro da figura de interferência.

Ideias-Chave

- No experimento de Young, a luz que passa por uma fenda incide em um anteparo com duas fendas. Os raios de luz que passam pelas duas fendas se combinam em uma tela de observação, onde formam uma figura de interferência.
- As condições para os máximos e mínimos de uma figura de interferência de dupla fenda são

$$d \operatorname{sen} \theta = m\lambda, \quad \text{para } m = 0, 1, 2, \ldots \quad \text{(máximos; franjas claras)}$$

e

$$d \operatorname{sen} \theta = (m + \tfrac{1}{2})\lambda, \quad \text{para } m = 0, 1, 2, \ldots \quad \text{(mínimos; franjas escuras),}$$

em que d é a distância entre as fendas, θ é o ângulo entre os raios de luz e o eixo central e λ é o comprimento de onda da luz.

Difração

Neste módulo, vamos discutir o experimento que provou que a luz é uma onda. Para compreender o experimento, precisamos conhecer o conceito de **difração** de uma onda, que será analisado com mais detalhes no Capítulo 36. Em termos simples, o que acontece é o seguinte: Quando uma onda encontra um obstáculo que possui uma abertura de dimensões comparáveis ao comprimento de onda, a parte da onda que passa pela abertura se alarga (é *difratada*) na região que fica do outro lado do obstáculo. Esse alargamento acontece de acordo com o princípio de Huygens (Fig. 35.1.2). A difração não se limita às ondas luminosas; pode ocorrer com ondas de todos os tipos. A Fig. 35.2.1, por exemplo, mostra a difração de ondas na superfície de um tanque com água. Uma difração semelhante das ondas ao passarem por aberturas de um quebra-mar pode aumentar a erosão de uma praia que o quebra-mar deveria proteger.

A Fig. 35.2.2*a* mostra a situação esquematicamente para uma onda plana de comprimento de onda λ que encontra uma fenda, de largura $a = 6{,}0\lambda$, em um anteparo perpendicular ao plano do papel. Depois de atravessar a fenda, a onda se alarga. As Figs. 35.2.2*b* (em que $a = 3{,}0\lambda$) e 35.2.2*c* (em que $a = 1{,}5\lambda$) ilustram a principal propriedade da difração: quanto mais estreita a fenda, maior a difração.

George Resch/Fundamental Photographs

Figura 35.2.1 Difração de ondas na água de um tanque. As ondas são produzidas por um vibrador no lado esquerdo da foto e passam por uma abertura estreita para chegar ao lado direito.

A difração constitui uma limitação para a ótica geométrica, na qual as ondas eletromagnéticas são representadas por raios. Quando tentamos formar um raio fazendo passar a luz por uma fenda estreita ou por uma série de fendas estreitas, a difração frustra nossos esforços, fazendo a luz se espalhar. Na verdade, quanto mais reduzimos a largura da fenda (na esperança de produzir um feixe mais estreito), maior é o alargamento causado pela difração. Assim, a ótica geométrica só é válida quando as fendas ou outras aberturas que a luz atravessa não têm dimensões da mesma ordem ou menores que o comprimento de onda da luz.

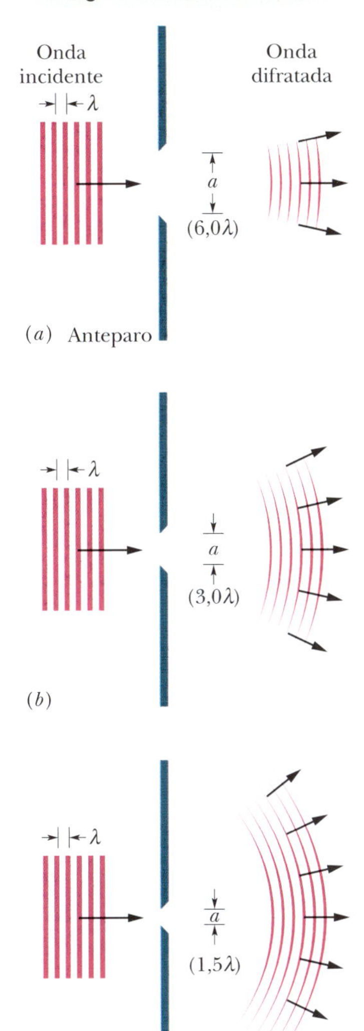

Figura 35.2.2 Difração de uma onda. Para um dado comprimento de onda λ, quanto menor a largura a da fenda, mais pronunciada é a difração. As figuras mostram os casos em que a largura da fenda é (a) $a = 6{,}0\lambda$, (b) $a = 3{,}0\lambda$ e (c) $a = 1{,}5\lambda$. Nos três casos, a fenda e o anteparo se estendem perpendicularmente para dentro e para fora do papel.

Experimento de Young 35.3 35.3

Em 1801, Thomas Young provou experimentalmente que a luz é uma onda, ao contrário do que pensavam muitos cientistas da época. O que o cientista fez foi demonstrar que a luz sofre interferência, como as ondas do mar, as ondas sonoras e todos os outros tipos de ondas. Além disso, Young conseguiu medir o comprimento de onda médio da luz solar; o valor obtido, 570 nm, está surpreendentemente próximo do valor atualmente aceito, 555 nm. Vamos agora discutir o experimento de Young como um exemplo de interferência de ondas luminosas.

A Fig. 35.2.3 mostra a configuração usada no experimento de Young. A luz de uma fonte monocromática distante ilumina a fenda S_0 do anteparo A. A luz difratada pela fenda se espalha e é usada para iluminar as fendas S_1 e S_2 do anteparo B. Uma nova difração ocorre quando a luz atravessa essas fendas e duas ondas esféricas se propagam simultaneamente no espaço à direita do anteparo B, interferindo uma com a outra.

O "instantâneo" da Fig. 35.2.3 mostra a interferência das duas ondas esféricas. Não podemos, porém, observar a interferência, a não ser se uma tela de observação C for usada para interceptar a luz. Nesse caso, os pontos em que as ondas se reforçam

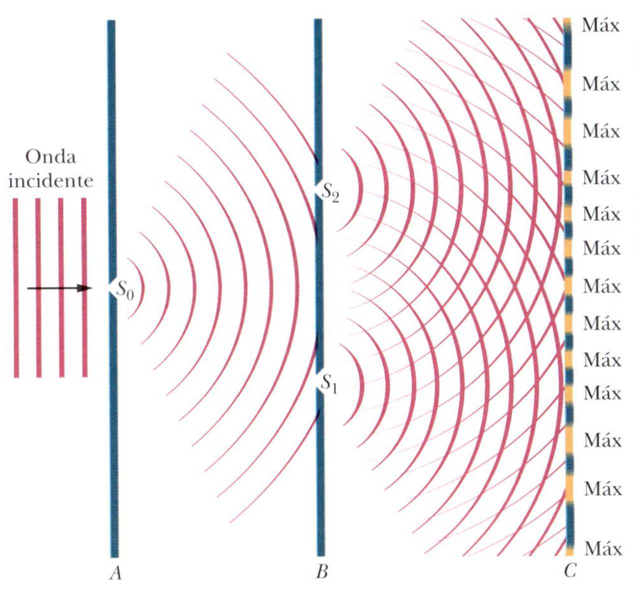

Figura 35.2.3 No experimento de Young, a luz monocromática incidente é difratada pela fenda S_0, que se comporta como uma fonte luminosa pontual, emitindo frentes de onda semicirculares. Quando a luz chega ao anteparo B, é difratada pelas fendas S_1 e S_2, que se comportam como duas fontes luminosas pontuais. As ondas luminosas que deixam as fendas S_1 e S_2 se combinam e sofrem interferência, formando um padrão de interferência, composto de máximos e mínimos, na tela de observação C. A ilustração é apenas uma seção reta; as telas, as fendas e a figura de interferência se estendem para dentro e para fora do papel. Entre os anteparos B e C, as frentes de onda semicirculares com centro em S_2 mostram as ondas que existiriam se apenas a fenda S_2 estivesse descoberta; as frentes de onda semicirculares com centro em S_1 mostram as ondas que existiriam se apenas a fenda S_1 estivesse descoberta.

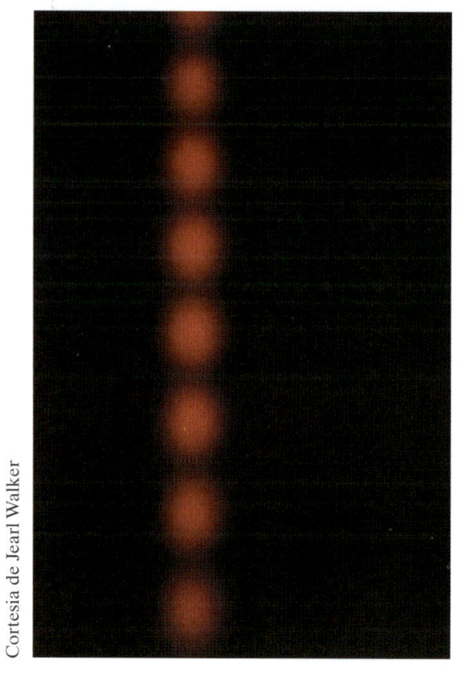

Cortesia de Jearl Walker

Figura 35.2.4 Fotografia da figura de interferência produzida por um arranjo como o da Fig. 35.2.3, mas com fendas curtas. (A fotografia é uma vista frontal de parte da tela C.) Os máximos e mínimos de intensidade são chamados *franjas de interferência* porque lembram as franjas decorativas usadas em colchas e tapetes.

formam listras iluminadas, denominadas *franjas claras*, ao longo da tela (na direção perpendicular ao papel na Fig. 35.2.3). Os pontos em que as ondas se cancelam formam listras sem iluminação, denominadas *franjas escuras*. O conjunto de franjas claras e escuras que aparecem na tela é chamado **figura de interferência**. A Fig. 35.2.4 é uma fotografia de parte da figura de interferência que seria vista por um observador situado do lado esquerdo da tela C no arranjo da Fig. 35.2.3.

Posição das Franjas

Sabemos que as ondas luminosas produzem franjas em um *experimento de interferência de dupla fenda de Young*, como é chamado, mas o que determina a posição das franjas? Para responder a essa pergunta, vamos usar o arranjo experimental da Fig. 35.2.5*a*. Uma onda plana de luz monocromática incide em duas fendas, S_1 e S_2, do anteparo B; ao atravessar as fendas, a luz é difratada, produzindo uma figura de interferência na tela C. Traçamos, como referência, um eixo central perpendicular à tela, passando pelo ponto médio das duas fendas. Em seguida, escolhemos um ponto arbitrário P da tela; o ângulo entre o eixo central e a reta que liga o ponto P ao ponto médio das duas fendas é chamado de θ. O ponto P é o ponto de encontro da onda associada ao raio r_1, que parte da fenda de baixo, com a onda associada ao raio r_2, que parte da fenda de cima.

Diferença de Percurso. As ondas estão em fase ao chegarem às duas fendas, já que pertencem à mesma onda incidente. Depois de passar pelas fendas, porém, as ondas percorrem distâncias diferentes para chegar ao ponto P. Encontramos uma situação semelhante no Módulo 17.3, quando estudamos as ondas sonoras, e concluímos que

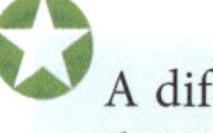

A diferença de fase entre duas ondas pode mudar se as ondas percorrerem distâncias diferentes.

A diferença de fase se deve à *diferença de percurso* ΔL entre as duas ondas. Considere duas ondas que se encontravam inicialmente em fase e percorreram caminhos diferentes tais que a diferença entre as distâncias percorridas é ΔL ao se encontrarem no mesmo ponto. Se ΔL é zero ou um número inteiro de comprimentos de onda, as ondas chegam ao ponto comum exatamente em fase e a interferência nesse ponto é construtiva. Quando isso acontece para as ondas associadas aos raios r_1 e r_2 da Fig. 35.2.5, o ponto P está no centro da franja clara. Por outro lado, quando ΔL é um múltiplo ímpar de metade do comprimento de onda, as ondas chegam ao ponto comum com uma diferença de fase de exatamente meio comprimento de onda e a interferência é

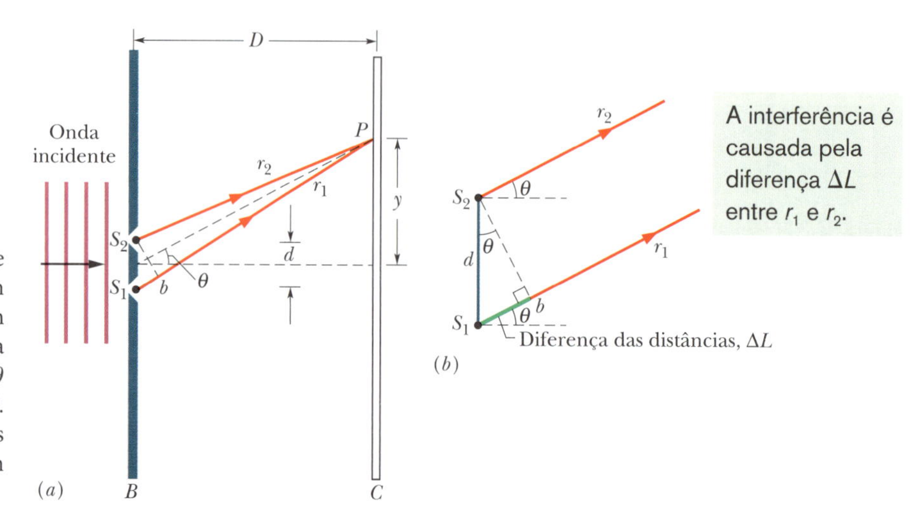

Figura 35.2.5 (*a*) Os raios luminosos que partem das fendas S_1 e S_2 (que se estendem para dentro e para fora do papel) se combinam em P, um ponto arbitrário da tela C situado a uma distância y do eixo central. O ângulo θ pode ser usado para definir a localização de P. (*b*) Para $D \gg d$, podemos supor que os raios r_1 e r_2 são aproximadamente paralelos e fazem um ângulo θ com o eixo central.

destrutiva. Nesse caso, o ponto P está no centro da franja escura. (Naturalmente, temos também situações intermediárias em que a iluminação do ponto P é menos intensa que no primeiro caso, mas não chega a ser nula.) Assim,

Em um experimento de interferência de dupla fenda de Young, a intensidade luminosa em cada ponto da tela de observação depende da diferença ΔL entre as distâncias percorridas pelos dois raios até chegarem ao ponto.

Ângulo. A posição na tela de visualização do centro de uma franja clara ou escura pode ser especificada pelo ângulo θ entre o raio correspondente e o eixo central. Para isso, porém, é preciso conhecer a relação entre θ e ΔL. Começamos por determinar um ponto b ao longo do percurso do raio r_1 tal que a distância de b a P seja igual à distância de S_2 a P (Fig. 35.2.5*a*). Nesse caso, a diferença ΔL entre as distâncias percorridas pelos dois raios é igual à distância entre S_1 e b.

A expressão matemática da relação entre essa distância e θ é complicada, mas se torna muito mais simples se a distância D entre as fendas e a tela de visualização for muito maior que a distância d entre as fendas. Nesse caso, podemos supor que os raios r_1 e r_2 são aproximadamente paralelos e fazem o mesmo ângulo θ com o eixo central (ver a Fig. 35.2.5*b*). Podemos também supor que o triângulo formado por S_1, S_2 e b é um triângulo retângulo e que o ângulo interno desse triângulo no vértice S_2 é θ. Nesse caso, sen $\theta = \Delta L/d$ e, portanto,

$$\Delta L = d \operatorname{sen} \theta \quad \text{(diferença de percurso).} \tag{35.2.1}$$

No caso de uma franja clara, ΔL é igual a zero ou a um número inteiro de comprimentos de onda. De acordo com a Eq. 35.2.1, essa condição pode ser expressa na forma

$$\Delta L = d \operatorname{sen} \theta = (\text{número inteiro})(\lambda), \tag{35.2.2}$$

ou

$$d \operatorname{sen} \theta = m\lambda, \text{ para } m = 0, 1, 2, \ldots \quad \text{(máximos; franjas claras).} \tag{35.2.3}$$

No caso de uma franja escura, ΔL é um múltiplo ímpar de metade do comprimento de onda. De acordo com a Eq. 35.2.1, essa condição pode ser expressa na forma

$$\Delta L = d \operatorname{sen} \theta = (\text{número ímpar})(\tfrac{1}{2}\lambda), \tag{35.2.4}$$

ou

$$d \operatorname{sen} \theta = (m + \tfrac{1}{2})\lambda, \quad \text{para } m = 0, 1, 2, \ldots \quad \text{(mínimos; franjas escuras).} \tag{35.2.5}$$

As Eqs. 35.2.3 e 35.2.5 podem ser usadas para determinar as posições θ das franjas claras e escuras; além disso, os valores de m podem ser usados para identificar as diferentes franjas. De acordo com a Eq. 35.2.3, para $m = 0$, existe uma franja clara em $\theta = 0$, ou seja, no eixo central. Esse *máximo central* é o ponto no qual $\Delta L = 0$.

De acordo com a Eq. 35.2.3, para $m = 2$, existem franjas *claras* para valores de θ tais que

$$\theta = \operatorname{sen}^{-1}\left(\frac{2\lambda}{d}\right)$$

acima e abaixo do eixo central. A diferença das distâncias percorridas pelos raios r_1 e r_2 até esses pontos é $\Delta L = 2\lambda$ e a diferença de fase é de dois comprimentos de onda. Essas franjas são chamadas de *franjas claras de segunda ordem* ou *máximos laterais de segunda ordem* (a posição das franjas claras de primeira ordem pode ser obtida fazendo $m = 1$ na Eq. 35.2.3).

De acordo com a Eq. 35.2.5, para $m = 1$, existem franjas *escuras* para valores de θ tais que

$$\theta = \text{sen}^{-1}\left(\frac{1{,}5\lambda}{d}\right)$$

acima e abaixo do eixo central. A diferença das distâncias percorridas pelos raios r_1 e r_2 até esse ponto é $\Delta L = 1{,}5\lambda$ e a diferença de fase é de $1{,}5\lambda$. Essas franjas são chamadas *franjas escuras de segunda ordem* ou *mínimos de segunda ordem* (a posição das franjas escuras de primeira ordem pode ser obtida fazendo $m = 0$ na Eq. 35.2.5).

Paralelismo dos Raios. As Eqs. 35.2.3 e 35.2.5 foram obtidas supondo que $D \gg d$ porque essa condição é necessária para que os raios r_1 e r_2 da Fig. 35.2.5 sejam considerados aproximadamente paralelos. Entretanto, as duas equações também são válidas se colocarmos uma lente convergente do lado direito das fendas e aproximarmos a tela das fendas até que a distância D seja igual à distância focal da lente. (Nesse caso, dizemos que a tela está no *plano focal* da lente.) Uma das propriedades das lentes convergentes é a de que raios paralelos são focalizados no mesmo ponto do plano focal. Assim, os raios que chegam ao mesmo ponto da tela nesta situação eram paralelos ao deixarem as fendas (trata-se de um paralelismo exato, e não aproximado, como no caso em que $D \gg d$). Esses raios são como os raios inicialmente paralelos da Fig. 34.4.1*a*, que são concentrados em um ponto (o ponto focal) por uma lente.

Teste 35.2.1

Na Fig. 35.2.5*a*, qual é o valor de ΔL (em número de comprimentos de onda) e qual é a diferença de fase (em comprimentos de onda) entre os dois raios, se o ponto P corresponde (a) a um máximo lateral de terceira ordem e (b) a um mínimo de terceira ordem?

Exemplo 35.2.1 Figura de interferência de dupla fenda 35.2

Qual é a distância na tela C da Fig. 35.2.5*a* entre dois máximos vizinhos perto do centro da figura de interferência? O comprimento de onda λ da luz é 546 nm, a distância entre as fendas d é 0,12 mm e a distância D entre as fendas e a tela é 55 cm. Suponha que o ângulo θ da Fig. 35.2.5 é suficientemente pequeno para que sejam válidas as aproximações sen $\theta \approx \tan\theta \approx \theta$, em que θ está expresso em radianos.

IDEIAS-CHAVE

(1) Em primeiro lugar, escolhemos um máximo com um valor pequeno de m para termos certeza de que está nas proximidades do centro. De acordo com a Fig. 35.2.5*a*, a distância vertical y_m entre um máximo secundário e o centro da figura de interferência está relacionada ao ângulo θ correspondente ao mesmo ponto pela equação

$$\tan\theta \approx \theta = \frac{y_m}{D}.$$

(2) De acordo com a Eq. 35.2.3, o ângulo θ para o máximo de ordem m é dado por

$$\text{sen}\,\theta \approx \theta = \frac{m\lambda}{d}.$$

Cálculos: Igualando as duas expressões e explicitando y_m, temos

$$y_m = \frac{m\lambda D}{d}. \qquad (35.2.6)$$

Fazendo o mesmo para o máximo de ordem $m + 1$, obtemos

$$y_{m+1} = \frac{(m+1)\lambda D}{d}. \qquad (35.2.7)$$

Para obter a distância entre os dois máximos, basta subtrair a Eq. 35.2.6 da Eq. 35.2.7:

$$\Delta y = y_{m+1} - y_m = \frac{\lambda D}{d}$$

$$= \frac{(546 \times 10^{-9}\text{ m})(55 \times 10^{-2}\text{ m})}{0{,}12 \times 10^{-3}\text{ m}}$$

$$= 2{,}50 \times 10^{-3}\text{ m} \approx 2{,}5\text{ mm}. \qquad \text{(Resposta)}$$

Este resultado mostra que, para d e θ pequenos, a distância entre as franjas de interferência é independente de m, ou seja, o espaçamento das franjas é constante.

35.3 INTENSIDADE DAS FRANJAS DE INTERFERÊNCIA

Objetivos do Aprendizado

Depois de ler este módulo, você será capaz de ...

35.3.1 Conhecer a diferença entre luz coerente e luz incoerente.

35.3.2 No caso de duas ondas que convergem para o mesmo ponto, escrever expressões para as componentes do campo elétrico das duas ondas em função do campo elétrico e de uma constante de fase.

35.3.3 Saber que a interferência de duas ondas depende da diferença de fase entre elas.

35.3.4 No caso da figura de interferência produzida em um experimento de dupla fenda, calcular a intensidade da luz em termos da diferença de fase entre as ondas e relacionar a diferença de fase ao ângulo θ que define a posição do ponto na figura de interferência.

35.3.5 Usar um diagrama fasorial para determinar a onda resultante (amplitude e constante de fase) de duas ou mais ondas luminosas que convergem para o mesmo ponto e usar o resultado para determinar a intensidade da luz nesse ponto.

35.3.6 Conhecer a relação entre a frequência angular ω de uma onda e a velocidade angular ω do fasor que representa a onda.

Ideias-Chave

- Para que duas ondas luminosas interfiram, é preciso que a diferença de fase entre as ondas não varie com o tempo, ou seja, que as ondas sejam coerentes. Quando duas ondas coerentes se encontram, a intensidade resultante pode ser determinada com o auxílio de fasores.
- No experimento de Young, duas ondas de intensidade I_0 interferem para produzir uma intensidade resultante I na tela de observação, dada por

$$I = 4I_0 \cos^2 \tfrac{1}{2}\phi, \qquad \text{em que} \qquad \phi = \frac{2\pi d}{\lambda} \operatorname{sen} \theta.$$

Coerência

Para que uma figura de interferência apareça na tela C da Fig. 35.2.3, é preciso que a diferença de fase entre as ondas que chegam a um ponto P da tela não varie com o tempo. É o que acontece no caso da Fig. 35.2.3, já que os raios que passam pelas fendas S_1 e S_2 fazem parte de mesma onda, a que ilumina o anteparo B. Como a diferença de fase permanece constante em todos os pontos do espaço, dizemos que os raios que saem das fendas S_1 e S_2 são totalmente **coerentes**.

Luz Solar e Unhas. A luz solar é parcialmente coerente, ou seja, a diferença de fase entre raios solares interceptados em dois pontos diferentes é constante, apenas se os pontos estiverem muito próximos. Quando olhamos de perto uma unha iluminada diretamente pela luz solar, vemos uma figura de interferência que é chamada de *speckle* (mancha, em inglês) porque a unha parece estar coberta de manchas. Esse efeito acontece porque as ondas luminosas espalhadas por pontos próximos da unha são suficientemente coerentes para que haja interferência. As fendas em um experimento de dupla fenda, porém, estão muito mais distantes; se forem iluminadas com luz solar, os raios na saída das duas fendas serão **incoerentes**. Para obter raios coerentes, é necessário fazer a luz solar passar, primeiro, por uma única fenda, conforme mostrado na Fig. 35.2.3; como a fenda é estreita, a luz que a atravessa é coerente. Além disso, a fenda faz com que a luz coerente seja difratada, espalhando-a o suficiente para que as duas fendas utilizadas a fim de produzir a figura de interferência sejam iluminadas. CVF

Fontes Incoerentes. Quando, em vez de fendas, usamos duas fontes luminosas independentes, como fios incandescentes, a diferença de fase entre as ondas associadas aos dois raios varia rapidamente com o tempo e de forma aleatória. (Isso acontece porque a luz é emitida por um grande número de átomos, de forma independente e aleatória, em pulsos extremamente breves, da ordem de nanossegundos.) Em consequência, em qualquer ponto da tela de observação, a interferência das ondas associadas aos dois raios muda de construtiva, em um dado momento, para destrutiva, no momento seguinte. Como os olhos (e a maioria dos detectores) não conseguem acompanhar essas rápidas mudanças, nenhuma figura de interferência é observada; a iluminação da tela parece uniforme.

Fontes Coerentes. O que foi dito no parágrafo anterior não se aplica se as duas fontes luminosas forem *lasers*. Os átomos de um *laser* emitem luz de forma sincronizada, o que torna a luz coerente. Além disso, a luz é quase monocromática; é emitida como um feixe fino e pode ser focalizada por uma lente em uma região pouco maior que um comprimento de onda.

Intensidade das Franjas de Interferência

As Eqs. 35.2.3 e 35.2.5 permitem determinar a localização dos máximos e mínimos de interferência que aparecem na tela C da Fig. 35.2.5 em função do ângulo θ definido na mesma figura. Vamos agora obter uma expressão para a intensidade I das franjas em função do ângulo θ.

As ondas luminosas estão em fase quando deixam as fendas, mas vamos supor que não estão em fase ao chegarem ao ponto P. Nesse caso, as componentes do campo elétrico das duas ondas que chegam ao ponto P da Fig. 35.2.5 são dadas por

$$E_1 = E_0 \operatorname{sen} \omega t \tag{35.3.1}$$

e

$$E_2 = E_0 \operatorname{sen}(\omega t + \phi), \tag{35.3.2}$$

em que ω é a frequência angular das ondas e ϕ é a constante de fase da onda E_2. Observe que as duas ondas têm a mesma amplitude E_0 e uma diferença de fase ϕ. Como a diferença de fase é constante, as ondas são coerentes. Vamos mostrar daqui a pouco que as ondas se combinam no ponto P para produzir uma iluminação de intensidade I dada por

$$I = 4I_0 \cos^2 \tfrac{1}{2}\phi, \tag{35.3.3}$$

em que

$$\phi = \frac{2\pi d}{\lambda} \operatorname{sen} \theta. \tag{35.3.4}$$

Na Eq. 35.3.3, I_0 é a intensidade da luz que chega à tela quando uma das fendas está temporariamente coberta. Vamos supor que as fendas são tão estreitas em comparação com o comprimento de onda que a intensidade da luz quando uma das fendas está coberta é praticamente uniforme em toda a região de interesse na tela.

As Eqs. 35.3.3 e 35.3.4, que mostram como a intensidade I da figura de interferência varia com o ângulo θ da Fig. 35.2.5 contêm necessariamente informações a respeito da localização dos máximos e mínimos de intensidade. Vejamos como é possível extrair essas informações.

Máximos. Examinando a Eq. 35.3.3, vemos que os máximos de intensidade ocorrem quando

$$\tfrac{1}{2}\phi = m\pi, \qquad \text{para } m = 0, 1, 2, \ldots \tag{35.3.5}$$

Substituindo esse resultado na Eq. 35.3.4, obtemos

$$2m\pi = \frac{2\pi d}{\lambda} \operatorname{sen} \theta, \qquad \text{para } m = 0, 1, 2, \ldots$$

ou

$$d \operatorname{sen} \theta = m\lambda, \qquad \text{para } m = 0, 1, 2, \ldots \qquad \text{(máxima)}, \tag{35.3.6}$$

que é exatamente a Eq. 35.2.3, a expressão que deduzimos anteriormente para a localização dos máximos.

Mínimos. Os mínimos da figura de interferência ocorrem quando

$$\tfrac{1}{2}\phi = (m + \tfrac{1}{2})\pi, \qquad \text{para } m = 0, 1, 2, \ldots \tag{35.3.7}$$

Substituindo esse resultado na Eq. 35.3.4, obtemos

$$d \operatorname{sen} \theta = (m + \tfrac{1}{2})\lambda, \qquad \text{para } m = 0, 1, 2, \ldots \qquad \text{(mínima)}, \tag{35.3.8}$$

que é igual à Eq. 35.2.5, a expressão que deduzimos anteriormente para a localização dos mínimos.

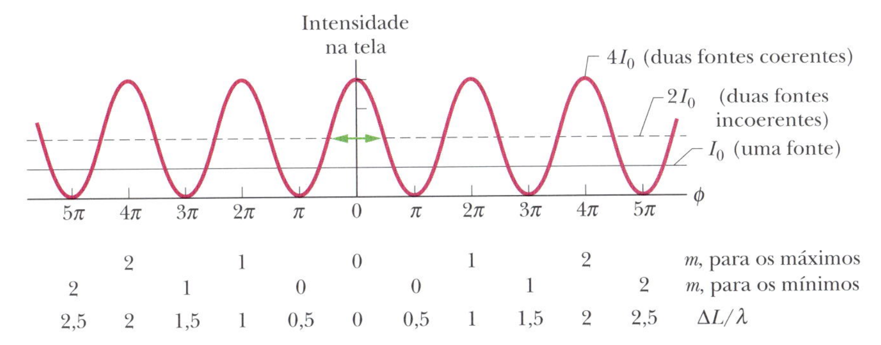

Figura 35.3.1 Gráfico da Eq. 35.3.3, mostrando a intensidade de uma figura de interferência de dupla fenda em função da diferença de fase entre as ondas provenientes das duas fendas. I_0 é a intensidade (uniforme) que seria observada na tela se uma das fendas fosse coberta. A intensidade média da figura de interferência é $2I_0$, e a intensidade *máxima* (para luz coerente) é $4I_0$.

A Fig. 35.3.1, que é um gráfico da Eq. 35.3.3, mostra a intensidade da luz na tela em função da diferença de fase ϕ entre as duas ondas que chegam à tela. A linha cheia horizontal corresponde a I_0, a intensidade (uniforme) que aparece na tela quando uma das fendas é coberta. Observe que, de acordo com a Eq. 35.3.3 e o gráfico, a intensidade I varia desde zero, no centro dos espaços entre as franjas, até $4I_0$, no centro das franjas.

Se as ondas provenientes das duas fontes (fendas) fossem *incoerentes*, não haveria uma relação de fase constante entre as ondas, e a intensidade teria um valor uniforme $2I_0$ em toda a tela; a linha tracejada horizontal da Fig. 35.3.1 corresponde a esse valor.

A interferência não cria nem destrói a energia luminosa, mas simplesmente redistribui a energia ao longo da tela. A intensidade *média* na tela é $2I_0$, sejam as fontes coerentes ou não. Este fato é comprovado pela Eq. 35.3.3; quando substituímos o cosseno ao quadrado pelo valor médio da função, que é 1/2, obtemos $I_{\text{méd}} = 2I_0$.

Demonstração das Eqs. 35.3.3 e 35.3.4

Vamos combinar as componentes do campo elétrico E_1 e E_2, dadas pelas Eqs. 35.3.1 e 35.3.2, respectivamente, usando o método dos fasores, discutido no Módulo 16.6. Na Fig. 35.3.2*a*, as ondas com componentes E_1 e E_2 são representadas por fasores de amplitude E_0 que giram em torno da origem com velocidade angular ω. Os valores de E_1 e E_2 em qualquer instante são as projeções dos fasores correspondentes no eixo vertical. A Fig. 35.3.2*a* mostra os fasores e suas projeções em um instante de tempo arbitrário t. De acordo com as Eqs. 35.3.1 e 35.3.2, o ângulo de rotação do fasor de E_1 é ωt, e o ângulo de rotação do fasor de E_2 é $\omega t + \phi$ (o fasor de E_2 está adiantado de um ângulo ϕ em relação ao fasor de E_1). Quando os fasores giram, as projeções dos fasores no eixo vertical variam com o tempo, da mesma forma que as funções senoidais das Eqs. 35.3.1 e 35.3.2.

Para combinar as componentes do campo E_1 e E_2 em um ponto P qualquer da Fig. 35.2.5, somamos vetorialmente os fasores, como na Fig. 35.3.2*b*. O módulo da soma vetorial é a amplitude E da onda resultante no ponto P; essa onda tem uma constante de fase β. Para determinar a amplitude E na Fig. 35.3.2*b*, observamos em primeiro

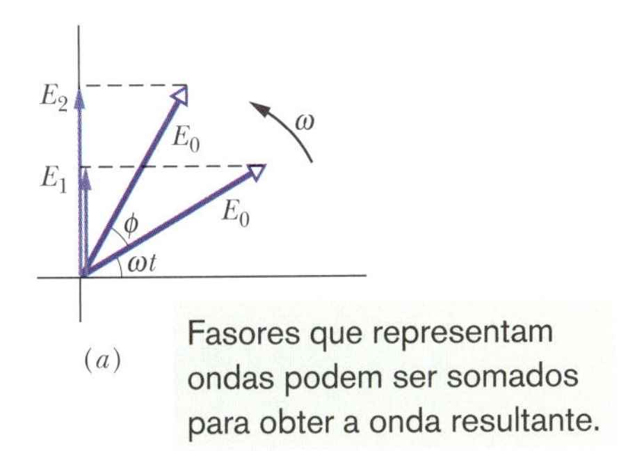

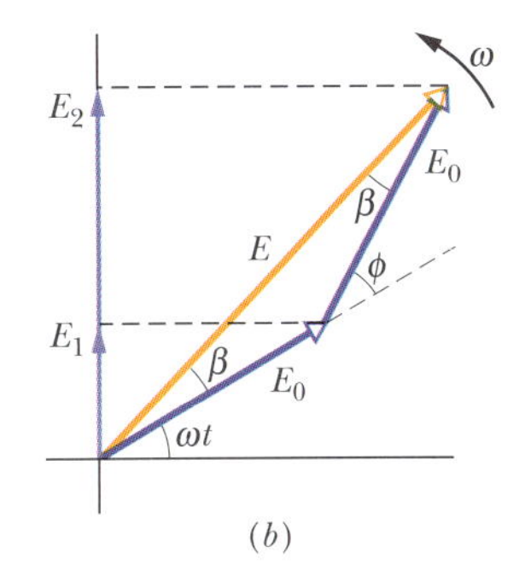

Figura 35.3.2 (*a*) Fasores que representam, no instante t, as componentes do campo elétrico dadas pelas Eqs. 35.3.1 e 35.3.2. Os dois fasores têm módulo E_0 e giram no sentido anti-horário com velocidade angular ω. A diferença de fase é ϕ. (*b*) A soma vetorial dos dois fasores fornece o fasor que representa a onda resultante, de amplitude E e constante de fase β.

lugar que os dois ângulos assinalados como β são iguais porque são opostos a lados de mesmo comprimento de um triângulo. De acordo com um teorema (válido para qualquer triângulo) segundo o qual um ângulo externo (ϕ, na Fig. 35.3.2*b*) é igual à soma dos dois ângulos internos opostos (β e β, neste caso), temos $\beta = \phi/2$. Assim,

$$E = 2(E_0 \cos \beta)$$

$$= 2E_0 \cos \tfrac{1}{2}\phi. \tag{35.3.9}$$

Elevando ao quadrado os dois membros da equação, obtemos

$$E^2 = 4E_0^2 \cos^2 \tfrac{1}{2}\phi. \tag{35.3.10}$$

Intensidade. De acordo com a Eq. 35.3.5, a intensidade de uma onda eletromagnética é proporcional ao quadrado da amplitude. Assim, as ondas que estamos combinando na Fig. 35.3.2*b*, ambas de amplitude E_0, têm uma intensidade I_0 que é proporcional a E_0^2, e a onda resultante, de amplitude E, tem uma intensidade I que é proporcional a E^2. Isso significa que

$$\frac{I}{I_0} = \frac{E^2}{E_0^2}.$$

Substituindo a Eq. 35.3.10 nessa equação e explicitando a intensidade I, obtemos

$$I = 4I_0 \cos^2 \tfrac{1}{2}\phi,$$

que é a Eq. 35.3.3, uma das equações que nos propusemos a demonstrar.

Resta demonstrar a Eq. 35.3.4, que relaciona a diferença de fase ϕ entre as ondas que chegam a um ponto P qualquer da tela de observação da Fig. 35.2.5 ao ângulo θ usado para indicar a localização do ponto.

A diferença de fase ϕ da Eq. 35.3.2 está associada à diferença de percurso que corresponde ao segmento S_1b da Fig. 35.2.5*b*. Se $S_1b = \lambda/2$, $\phi = \pi$; se $S_1b = \lambda$, $\phi = 2\pi$, e assim por diante. Isso sugere que

$$\begin{pmatrix}\text{diferença}\\ \text{de fase}\end{pmatrix} = \frac{2\pi}{\lambda}\begin{pmatrix}\text{diferença de}\\ \text{percurso}\end{pmatrix}. \tag{35.3.11}$$

Como a diferença de percurso S_1b na Fig. 35.2.5*b* é igual a d sen θ (o cateto do triângulo retângulo oposto ao ângulo θ), a Eq. 35.3.11 se torna

$$\phi = \frac{2\pi d}{\lambda} \operatorname{sen} \theta,$$

que é a Eq. 35.3.4, a outra equação que nos propusemos a demonstrar.

Combinações de Mais de Duas Ondas

Caso seja necessário calcular a resultante de três ou mais ondas senoidais, basta fazer o seguinte:

1. Desenhe uma série de fasores para representar as ondas a serem combinadas. Cada fasor deve começar onde o anterior termina, fazendo com ele um ângulo igual à diferença de fase entre as ondas correspondentes.
2. Determine o fasor soma ligando a origem à extremidade do último fasor. O módulo do fasor soma corresponde à amplitude máxima da onda resultante. O ângulo entre o fasor soma e o primeiro fasor corresponde à diferença de fase entre a onda resultante e a primeira onda. A projeção do fasor soma no eixo vertical corresponde à amplitude instantânea da onda resultante.

Teste 35.3.1

Quatro pares de ondas luminosas chegam, sucessivamente, ao mesmo ponto de uma tela de observação. As ondas têm o mesmo comprimento de onda. No ponto de chegada, as duas amplitudes e a diferença de fase são: (a) $2E_0$, $6E_0$ e π rad; (b) $3E_0$, $5E_0$ e π rad; (c) $9E_0$, $7E_0$ e 3π rad; (d) $2E_0$, $2E_0$ e 0 rad. Coloque os pares de ondas na ordem decrescente da intensidade da luz no ponto de chegada. (*Sugestão*: Desenhe os fasores.)

Exemplo 35.3.1 Combinação de três ondas luminosas usando fasores  35.3

Três ondas luminosas se combinam em um ponto no qual as componentes do campo elétrico das três ondas são

$$E_1 = E_0 \text{ sen } \omega t,$$
$$E_2 = E_0 \text{ sen}(\omega t + 60°),$$
$$E_3 = E_0 \text{ sen}(\omega t - 30°).$$

Determine a componente do campo elétrico resultante, $E(t)$, no mesmo ponto.

IDEIA-CHAVE

A onda resultante é

$$E(t) = E_1(t) + E_2(t) + E_3(t).$$

Podemos usar o método dos fasores para calcular a soma e estamos livres para representar os fasores em qualquer instante de tempo t.

Cálculos: Para facilitar a tarefa, escolhemos o instante $t = 0$, o que nos leva a uma construção como a que aparece na Fig. 35.3.3. Podemos somar os três fasores usando uma calculadora científica ou somando as componentes. Para aplicar o método das componentes, escrevemos primeiro a soma das componentes horizontais:

$$\Sigma E_h = E_0 \cos 0 + E_0 \cos 60° + E_0 \cos(-30°) = 2{,}37E_0.$$

A soma das componentes verticais, que é o valor de E em $t = 0$, é dada por

$$\Sigma E_v = E_0 \text{ sen } 0 + E_0 \text{ sen } 60° + E_0 \text{ sen}(-30°) = 0{,}366E_0.$$

A onda resultante $E(t)$ tem uma amplitude E_R dada por

$$E_R = \sqrt{(2{,}37E_0)^2 + (0{,}366E_0)^2} = 2{,}4E_0,$$

e um ângulo de fase β em relação ao fasor E_1 dado por

$$\beta = \tan^{-1}\left(\frac{0{,}366E_0}{2{,}37E_0}\right) = 8{,}8°.$$

Podemos agora escrever, para a onda resultante $E(t)$,

$$E = E_R \text{ sen } (\omega t + \beta)$$
$$= 2{,}4E_0 \text{ sen}(\omega t + 8{,}8°). \qquad \text{(Resposta)}$$

É preciso tomar cuidado para interpretar corretamente o ângulo β na Fig. 35.3.3: Trata-se do ângulo entre E_R e E_1, que se mantém constante quando os quatro fasores giram como um todo em torno da origem. O ângulo entre E_R e o eixo horizontal só é igual a β no instante $t = 0$.

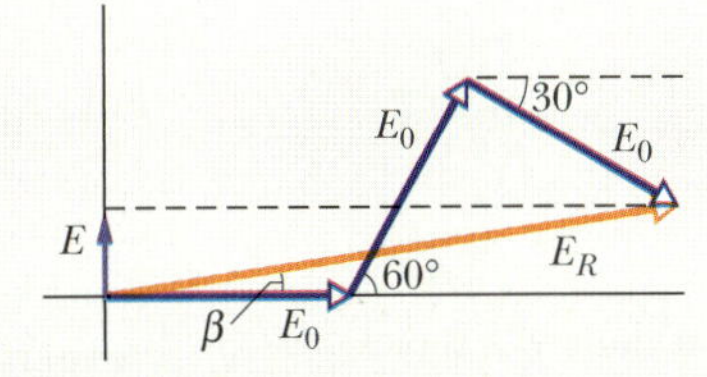

Figura 35.3.3 Três fasores, que representam ondas de amplitudes iguais E_0 e constantes de fase 0°, 60° e −30°, mostrados no instante $t = 0$. Os fasores se combinam para formar um fasor resultante de módulo E_R e constante de fase β.

35.4 INTERFERÊNCIA EM FILMES FINOS

Objetivos do Aprendizado

Depois de ler este módulo, você será capaz de ...

35.4.1 Fazer um desenho que ilustre a interferência em filmes finos, mostrando o raio incidente e os raios refletidos (perpendiculares ao filme, mas representados com uma ligeira inclinação para tornar o desenho mais claro) e identificando a espessura e os três índices de refração.

35.4.2 Conhecer as condições nas quais uma reflexão pode resultar em um deslocamento de fase, e o valor desse deslocamento de fase.

35.4.3 Conhecer os três fatores que determinam a interferência das ondas refletidas: os deslocamentos de fase causados pelas reflexões, a diferença de percurso e o comprimento de onda (que depende dos índices de refração dos meios).

35.4.4 No caso de um filme fino, usar os deslocamentos causados pelas reflexões e o resultado desejado (que as ondas *refletidas* estejam em fase ou com fases opostas, ou que as ondas *transmitidas* estejam em fase ou com fases opostas) para obter uma equação envolvendo a espessura L do filme, o comprimento de onda λ da luz no ar e o índice de refração n do filme.

35.4.5 No caso de um filme muito fino (com espessura muito menor que o comprimento de onda da luz visível) suspenso no ar, explicar por que o filme é sempre escuro.

35.4.6 No caso de um filme fino em forma de cunha suspenso no ar, conhecer a relação entre a espessura L do filme, o comprimento de onda λ da luz no ar e o índice de refração n do filme e determinar o número de franjas claras e escuras do filme.

Ideias-Chave

- Quando a luz incide em um filme transparente, as ondas luminosas refletidas pelas duas superfícies do filme interferem. No caso de incidência normal, as condições para que a intensidade da luz refletida por um filme *suspenso no ar* seja máxima e mínima são

$$2L = (m + \tfrac{1}{2})\frac{\lambda}{n_2}, \quad \text{para } m = 0, 1, 2, \ldots$$

(máximos; filme claro no ar)

e

$$2L = m\frac{\lambda}{n_2}, \quad \text{para } m = 0, 1, 2, \ldots$$

(mínimos; filme escuro no ar),

em que n_2 é o índice de refração do filme, L é a espessura do filme e λ é o comprimento de onda da luz no ar.

- Quando um filme fino está cercado por meios diferentes do ar, as condições para reflexão máxima e mínima podem se inverter, dependendo dos índices de inversão dos três meios.
- Quando a luz que incide na interface de meios com índices de refração diferentes está se propagando inicialmente no meio com menor índice de refração, a reflexão produz um deslocamento de fase de π rad, ou meio comprimento de onda, da onda refletida. Se a onda está se propagando inicialmente no meio com maior índice de refração, a reflexão não produz um deslocamento de fase. A refração não produz deslocamentos de fase.

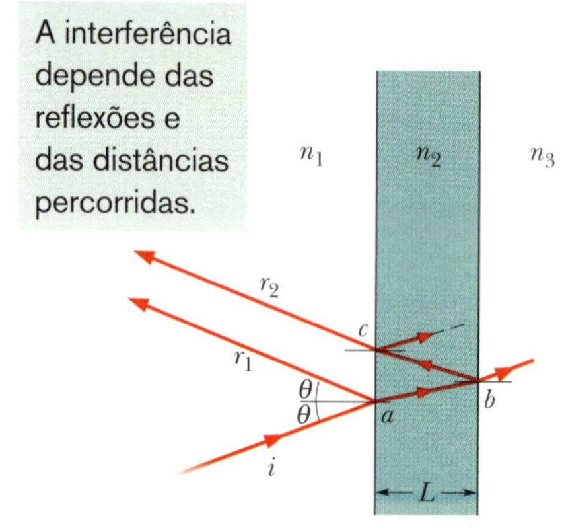

Figura 35.4.1 Ondas luminosas, representadas pelo raio i, incidem em um filme de espessura L e índice de refração n_2. Os raios r_1 e r_2 representam ondas refletidas pela superfície anterior e pela superfície posterior do filme, respectivamente. (Os três raios são na verdade quase perpendiculares ao filme.) A interferência dos raios r_1 e r_2 depende da diferença de fase entre eles. O índice de refração n_1 do meio à esquerda pode ser diferente do índice de refração n_3 do meio à direita, mas, no momento, estamos assumindo que o filme está imerso no ar, caso em que $n_1 = n_3 = 1{,}0 < n_2$.

Interferência em Filmes Finos

As cores que vemos quando a luz solar incide em uma bolha de sabão ou em uma mancha de óleo são causadas pela interferência das ondas luminosas refletidas pelas superfícies anterior e posterior de um filme fino transparente. A espessura do filme é tipicamente da mesma ordem de grandeza que o comprimento de onda da luz (visível) envolvida. (Maiores espessuras destroem a coerência da luz necessária para produzir as cores.)

A Fig. 35.4.1 mostra um filme fino transparente, de espessura uniforme L e índice de refração n_2, iluminado por raios de luz de comprimento de onda λ emitidos por uma fonte distante. Inicialmente, vamos supor que existe ar dos dois lados do filme e, portanto, $n_1 = n_3$ na Fig. 35.4.1. Para facilitar a análise, vamos supor também que os raios luminosos são quase perpendiculares ao filme ($\theta \approx 0$). Queremos saber se o filme parece claro ou escuro a um observador que recebe os raios refletidos quase perpendicularmente ao filme. (Se o filme está sendo iluminado pela fonte, como pode parecer escuro? Você verá.)

A luz, representada pelo raio i, que incide no ponto a da superfície anterior do filme, é parcialmente refletida e parcialmente refratada. O raio refletido r_1 é interceptado pelo olho do observador. O raio refratado atravessa o filme e chega ao ponto b da superfície posterior, onde também é parcialmente refletido e parcialmente refratado. A luz refletida no ponto b torna a atravessar o filme e chega ao ponto c, onde, mais uma vez, é parcialmente refletida e parcialmente refratada. A luz refratada em c, representada pelo raio r_2, também é interceptada pelo olho do observador.

Se os raios luminosos r_1 e r_2 chegam em fase ao olho do observador, produzem um máximo de interferência e a região ac do filme parece clara ao observador. Se os mesmos raios chegam com fases opostas, produzem um mínimo de interferência e a região ac parece escura ao observador, *embora esteja iluminada*. Se a diferença de fase é intermediária, a interferência é parcial e o brilho é intermediário.

Diferença de Fase. O aspecto que o filme possui aos olhos do observador depende, portanto, da diferença de fase entre as ondas dos raios r_1 e r_2. Os dois raios têm origem no mesmo raio incidente i, mas o caminho percorrido pelo raio r_2 envolve duas passagens pelo interior do filme (de a para b e de b para c), enquanto o raio r_1 não chega a penetrar no filme. Como o ângulo θ é praticamente zero, a diferença de percurso entre os raios r_1 e r_2 é aproximadamente igual a $2L$. Entretanto, para determinar a diferença de fase entre as duas ondas, não basta calcular o número de comprimentos de onda λ que existem em uma distância $2L$, por duas razões: (1) a diferença de percurso ocorre em um meio que não é o ar: (2) o processo envolve reflexões, que podem mudar a fase das ondas.

A diferença de fase entre duas ondas pode mudar, se uma das ondas for refletida ou se ambas forem refletidas.

Antes de continuar nosso estudo da interferência em filmes finos, precisamos discutir as mudanças de fase causadas por reflexões.

Mudanças de Fase Causadas por Reflexões

As refrações em interfaces não causam mudanças de fase; no caso das reflexões, porém, pode haver ou não mudança de fase, dependendo dos valores relativos dos índices de refração dos dois lados da interface. A Fig. 35.4.2 mostra o que acontece quando a reflexão causa uma mudança de fase, usando como exemplo pulsos que passam de uma corda mais densa (na qual a velocidade de propagação dos pulsos é menor) para uma corda menos densa (na qual a velocidade de propagação dos pulsos é maior).

Quando um pulso que está se propagando na corda mais densa chega à interface com a corda menos densa (Fig. 35.4.2*a*), o pulso é parcialmente transmitido e parcialmente refletido. Para a luz, essa situação corresponde ao caso em que a onda incidente passa de um meio em que o índice de refração é maior para um meio em que o índice de refração é menor (lembre-se de que quanto maior o índice de refração do meio, menor a velocidade de propagação da luz). Nesse caso, a onda que é refletida na interface não sofre mudança de fase.

Quando um pulso que está se propagando na corda menos densa chega à interface com a corda mais densa (Fig. 35.4.2*b*), o pulso também é parcialmente transmitido e parcialmente refletido. Nesse caso, porém, a onda refletida na interface sofre uma inversão de fase. Se a onda é senoidal, essa inversão corresponde a uma variação de fase de π rad, ou seja, meio comprimento de onda. Para a luz, essa situação corresponde ao caso em que a onda incidente passa de um meio em que o índice de refração é menor (e, portanto, a velocidade é maior) para um meio em que o índice de refração é maior (e, portanto, a velocidade é menor). Nesse caso, a onda refletida na interface sofre uma variação de fase de π rad, ou seja, meio comprimento de onda.

Podemos expressar esses resultados para a luz em termos do índice de refração do meio no qual a luz é refletida:

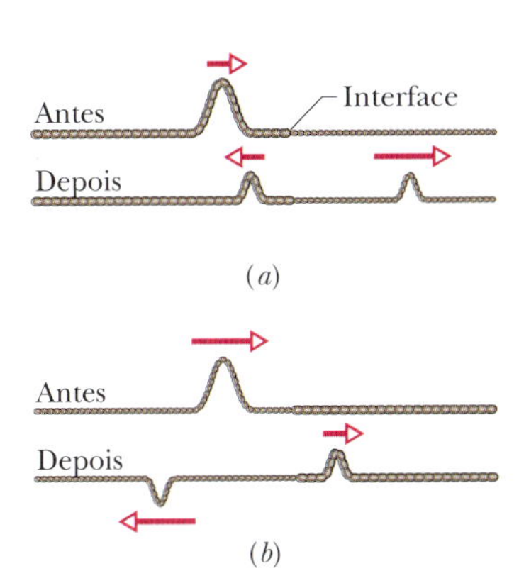

Figura 35.4.2 Reflexão de um pulso na interface de duas cordas esticadas de densidades lineares diferentes (a velocidade das ondas é menor na corda menos densa). (*a*) O pulso incidente está na corda mais densa. (*b*) O pulso incidente está na corda menos densa. Apenas no segundo caso a onda incidente e a onda refletida têm fases opostas.

Reflexão	Mudança de fase
Em um meio com n menor	0
Em um meio com n maior	0,5 comprimento da onda

As conclusões anteriores podem ser resumidas na expressão mnemônica "maior significa metade".

Equações para a Interferência em Filmes Finos

Neste capítulo vimos que a diferença de fase entre duas ondas pode mudar devido a três causas:

1. reflexão das ondas
2. diferença de percurso entre as ondas
3. propagação das ondas em meios com diferentes índices de refração.

Quando um filme fino reflete a luz, produzindo os raios r_1 e r_2 da Fig. 35.4.1, as três causas estão presentes. Vamos examiná-las separadamente.

Reflexão. Considere, em primeiro lugar, as duas reflexões da Fig. 35.4.1. No ponto a da interface dianteira, a onda incidente (que se propaga no ar) é refletida por um meio com um índice de refração maior que o do ar, o que significa que o raio refletido r_1 sofre uma mudança de fase de meio comprimento de onda em relação ao raio incidente. No ponto b da interface traseira, a onda incidente (que se propaga no interior do filme) é refletida por um meio (o ar) com um índice de refração menor, de modo que o raio refletido não sofre uma mudança de fase em relação ao raio incidente, continuando com a mesma fase até emergir do filme na forma do raio r_2. Essas informações aparecem na primeira linha da Tabela 35.4.1. Nossa conclusão é, portanto, que, graças às reflexões, os raios r_1 e r_2 apresentam uma diferença de fase de meio comprimento de onda.

Tabela 35.4.1 Tabela para a Interferência em Filmes Finos no Ar (Fig. 35.4.3)[a]

	r_1	r_2
Mudança de fase por reflexão	0,5 comprimento de onda	0
Diferença de percurso	$2L$	
Índice no qual ocorre a diferença de percurso	n_2	
Em fase:[a]	$2L = \frac{\text{número ímpar}}{2} \times \frac{\lambda}{n_2}$	
Fora de fase:[a]	$2L = \text{número inteiro} \times \frac{\lambda}{n_2}$	

[a]Válido para $n_2 > n_1$ e $n_2 > n_3$.

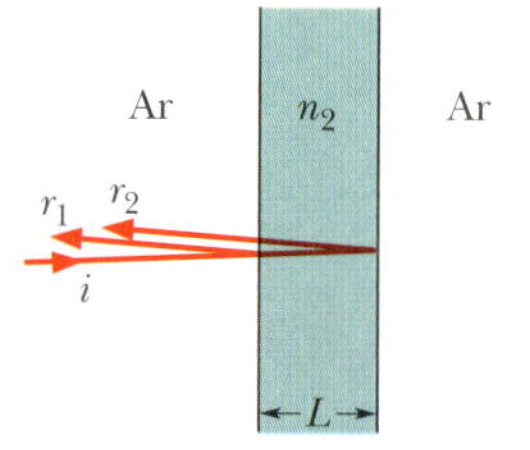

Figura 35.4.3 Reflexões em um filme fino suspenso no ar.

Diferença de Percurso. Considere agora a diferença de comprimento entre os dois percursos, $2L$, que surge porque o raio r_2 atravessa o filme duas vezes. (Essa diferença aparece na segunda linha da Tabela 35.4.1.) Para que os raios r_1 e r_2 estejam exatamente em fase, é preciso que a diferença de fase adicional introduzida pela diferença de percursos seja um múltiplo ímpar de meio comprimento de onda; apenas nesse caso a diferença de fase total será igual a um número inteiro de comprimentos de onda. Assim, para que o filme reflita o máximo possível de luz, devemos ter

$$2L = \frac{\text{número ímpar}}{2} \times \begin{matrix}\text{comprimento}\\ \text{de onda}\end{matrix} \qquad \text{(ondas em fase).} \qquad (35.4.1)$$

O comprimento de onda da Eq. 35.4.1 é o comprimento de onda λ_{n2} no meio em que a luz percorre a distância $2L$, isto é, no meio cujo índice de refração é n_2. Assim, a Eq. 35.4.1 pode ser escrita na forma

$$2L = \frac{\text{número ímpar}}{2} \times \lambda_{n2} \qquad \text{(ondas em fase).} \qquad (35.4.2)$$

Por outro lado, para que a diferença de fase entre os raios r_1 e r_2 seja de exatamente meio comprimento de onda, é preciso que a diferença de fase introduzida pela diferença de percursos $2L$ seja um número inteiro de comprimentos de onda; apenas nesse caso a diferença de fase total será igual a um número ímpar de meios comprimentos de onda. Assim, para que o filme reflita o mínimo possível de luz, devemos ter

$$2L = \text{número inteiro} \times \text{comprimento de onda} \qquad \text{(ondas fora de fase).} \qquad (35.4.3)$$

em que, novamente, o comprimento de onda é o comprimento de onda λ_{n2} no meio no qual a luz percorre a distância $2L$. Assim, temos

$$2L = \text{número inteiro} \times \lambda_{n2} \qquad \text{(ondas fora de fase).} \qquad (35.4.4)$$

Podemos usar a Eq. 35.1.6 ($\lambda_n = \lambda/n$) para escrever o comprimento de onda do raio r_2 no interior do filme na forma

$$\lambda_{n2} = \frac{\lambda}{n_2}, \qquad (35.4.5)$$

em que λ é o comprimento de onda no vácuo da luz incidente (que é aproximadamente igual ao comprimento de onda no ar). Substituindo a Eq. 35.4.5 na Eq. 35.4.2 e substituindo "número ímpar/2" por $(m + 1/2)$, temos

$$2L = (m + \tfrac{1}{2})\frac{\lambda}{n_2}, \quad \text{para } m = 0, 1, 2, \ldots \quad \text{(máximos; filme claro no ar).} \qquad (35.4.6)$$

Da mesma forma, substituindo "número inteiro" por m, a Eq. 35.4.4 se torna

$$2L = m\frac{\lambda}{n_2}, \quad \text{para } m = 0, 1, 2, \ldots \quad \text{(mínimos; filme escuro no ar).} \qquad (35.4.7)$$

Se a espessura L do filme é conhecida, as Eqs. 35.4.6 e 35.4.7 podem ser utilizadas para determinar os comprimentos de onda para os quais o filme parece claro e escuro, respectivamente; a cada valor de m corresponde um comprimento de onda diferente. No caso de comprimentos de onda intermediários, a quantidade de luz refletida pelo filme também é intermediária. Se o comprimento de onda λ é conhecido, as Eqs. 35.4.6 e 35.4.7 podem ser usadas para determinar as espessuras para as quais o filme parece claro ou escuro, respectivamente. No caso de espessuras intermediárias, a quantidade de luz refletida pelo filme também é intermediária.

Atenção. (1) Para um filme fino suspenso no ar, a Eq. 35.4.6 corresponde ao máximo de brilho e a Eq. 35.4.7 corresponde à ausência de reflexões. No caso da luz transmitida, o papel das equações se inverte (afinal, se toda a luz é refletida, nenhuma luz atravessa o filme, e vice-versa). (2) Para um filme fino entre dois meios diferentes do ar, o papel das equações pode se inverter, dependendo dos índices de refração dos três meios. Para cada caso, é preciso construir uma tabela semelhante à Tabela 35.4.1 e, em particular, determinar as mudanças de fase introduzidas pelas reflexões para ver qual é a equação que corresponde ao máximo de brilho e qual é a equação que corresponde à ausência de reflexões. (3) O índice de refração que aparece nas equações é do filme fino, no qual acontece a diferença de percurso.

Espessura do Filme Muito Menor que λ

Uma situação especial é aquela em que o filme é tão fino que L é muito menor que λ. Nesse caso, a diferença $2L$ entre as distâncias percorridas pelos dois raios pode ser desprezada e, portanto, a diferença de fase entre r_1 e r_2 se deve *apenas* às reflexões. Se a espessura do filme da Fig. 35.4.3, no qual as reflexões produzem uma diferença de fase de meio comprimento de onda, é muito menor que o comprimento de onda da luz incidente, r_1 e r_2 têm fases opostas e o filme parece escuro. Essa situação especial corresponde a $m = 0$ na Eq. 35.4.7. Podemos considerar *qualquer* espessura $L < 0{,}1\lambda$ como a menor das espessuras especificadas pela Eq. 35.4.7 para tornar escuro o filme da Fig. 35.4.3. (Qualquer dessas espessuras corresponde a $m = 0$.) A segunda menor espessura que torna o filme escuro é a que corresponde a $m = 1$.

A Fig. 35.4.4 mostra um filme vertical de água com sabão cuja espessura aumenta de cima para baixo porque a gravidade fez a água escorrer. O filme está sendo iluminado com luz branca; mesmo assim, a parte superior é tão fina que o filme parece escuro. No centro, onde a espessura do filme é um pouco maior, vemos franjas, ou faixas, cuja cor depende do comprimento de onda para o qual a luz refletida sofre interferência construtiva para uma determinada espessura. Na parte inferior do filme, que é ainda mais espessa, as franjas se tornam cada vez mais estreitas até desaparecerem.

Richard Megna/Fundamental Photographs

Figura 35.4.4 Reflexo da luz em uma película vertical de água com sabão sustentada por uma argola metálica. A parte de cima é tão fina (porque a gravidade faz a água escorrer) que a luz refletida sofre interferência destrutiva, o que torna o filme escuro. Franjas de interferência coloridas decoram o resto do filme, mas são interrompidas por riscos verticais produzidos pelo movimento da água sob a ação da gravidade. **35.1**

Iridescência nas Borboletas *Morpho* e nas Notas Bancárias

Quando uma superfície exibe faixas coloridas devido à interferência, esse fenômeno é chamado *iridescência*. Uma das características da iridescência é o fato de que as cores variam de acordo com o ponto de vista do observador. A iridescência do lado de cima da asa de uma borboleta *Morpho* (Fig. 35.1.1) se deve à interferência entre os raios luminosos refletidos por finos planos feitos de uma substância transparente (Fig. 35.4.5). Os planos estão dispostos paralelamente à superfície da asa, presos a uma estrutura central perpendicular à asa.

Suponha que um feixe de luz branca incida perpendicularmente à asa. Nesse caso, a luz refletida pelos planos sofre interferência construtiva na região do azul e do verde. A luz nas regiões do amarelo e do vermelho, na outra extremidade do espectro visível, sofre uma interferência parcialmente destrutiva e, portanto, é refletida com menor intensidade; é por isso que o lado de cima da asa tem uma cor azulada.

Quando a asa da borboleta é observada de outro ângulo, a distância percorrida pela luz entre um plano e outro é diferente e, portanto, o comprimento de onda para o qual a reflexão é máxima também é diferente. Isso faz com que a cor da asa dependa do ponto de vista do observador, o que confirma o fato de que a cor se deve ao fenômeno da iridescência. CVF

As tintas de cor variável usadas em notas bancárias e também em carros, guitarras e outros objetos se comportam da mesma forma que a asa de uma borboleta *Morpho*. A Fig. 35.4.6 mostra uma nota de 10 dólares. Se você olha a nota perpendicularmente ao número 10 situado no canto inferior direito, ele parece vermelho ou alaranjado. Se você olha o número obliquamente, ele parece verde. Como uma máquina copiadora só pode reproduzir a cor a partir de um único ponto de vista, uma nota falsa não apresenta essa mudança de cor. Assim, o uso de números iridescentes torna a tarefa dos falsários muito mais difícil.

A Fig. 35.4.7*a* mostra uma vista lateral da tinta usada em algumas notas. As mudanças de cor se devem a pequenas lâminas com várias camadas dispersas na tinta comum. A Fig. 35.4.7*b* mostra a estrutura interna de uma das lâminas. A luz que penetra na tinta chega à lâmina e atravessa filmes finos de cromo (Cr), fluoreto de magnésio (MgF_2) e alumínio (Al). As camadas de Cr funcionam como espelhos parciais, a camada de Al funciona como um espelho melhor e as camadas de MgF_2 se comportam como filmes finos de sabão. O resultado é que os raios luminosos refletidos nas diferentes interfaces atravessam novamente a tinta comum e sofrem interferência antes de chegarem ao olho do observador. Diferentes cores podem sofrer interferência construtiva, dependendo da espessura L das camadas de MgF_2 e do ponto de vista do observador. Nas notas impressas nos Estados Unidos, o valor de L é escolhido para que a interferência

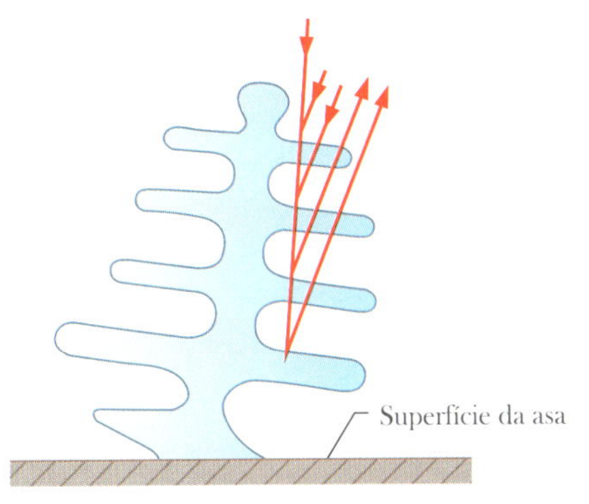

Figura 35.4.5 Estruturas refletoras da asa de uma borboleta *Morpho*. Os raios refletidos pelos planos semitransparentes interferem, tornando a asa colorida.

Tinta comum

Lâmina

Papel

(*a*)

Tinta

Cr

L MgF$_2$

Al

L MgF$_2$

Cr

(*b*) Tinta

Figura 35.4.7 (*a*) A tinta de cor variável usada nas notas bancárias contém pequenas lâminas de várias camadas dispersas em tinta comum. (*b*) Estrutura interna de uma das lâminas. A luz passa por cinco camadas e é refletida parcialmente nas interfaces. A cor que resulta da interferência das ondas refletidas depende da espessura L das camadas de fluoreto de magnésio e do ponto de vista do observador.

PublicDomainPictures/17903/Pixabay

Figura 35.4.6 O número 10 no canto inferior direito foi impresso com tinta iridescente.

produza a cor vermelha quando a nota é observada perpendicularmente. Quando a nota é observada obliquamente, a interferência é construtiva para a cor verde. Outros países usam lâminas com outras combinações de filmes finos, que produzem cores diferentes em suas notas. CVF

Teste 35.4.1

A figura mostra quatro situações nas quais a luz é refletida perpendicularmente

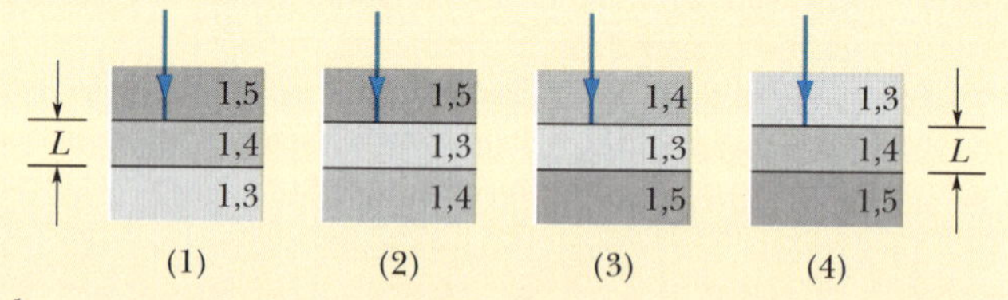

por um filme fino, de espessura L, com os índices de refração indicados. (a) Em que situações as reflexões nas interfaces do filme produzem uma diferença de fase nula entre os dois raios refletidos? (b) Em que situações os filmes ficarão escuros se a diferença $2L$ entre as distâncias percorridas pelos dois raios produzir uma diferença de fase de meio comprimento de onda?

Exemplo 35.4.1 Interferência em um filme fino de água no ar

Um feixe de luz branca, com intensidade constante na faixa de comprimentos de onda da luz visível (400 a 690 nm), incide perpendicularmente em um filme de água com índice de refração $n_2 = 1{,}33$ e espessura $L = 320$ nm, suspenso no ar. Para que comprimento de onda λ a luz refletida pelo filme se apresenta mais intensa a um observador?

IDEIA-CHAVE

A luz refletida pelo filme é mais intensa para comprimentos de onda λ tais que os raios refletidos estejam em fase. A equação que relaciona esses comprimentos de onda λ à espessura L e ao índice de refração n_2 do filme pode ser a Eq. 35.4.6 ou a Eq. 35.4.7, dependendo das diferenças de fase produzidas pelas reflexões nas diferentes interfaces.

Cálculos: Em geral, para determinar qual das duas equações deve ser usada, é necessário preparar uma tabela como a Tabela 35.4.1. Nesse caso, porém, como existe ar dos dois lados do filme de água, a situação é idêntica à da Fig. 35.4.3 e, portanto, a tabela é exatamente igual à Tabela 35.4.1. De acordo com a Tabela 35.4.1, os raios refletidos estão em fase (e, portanto, a intensidade da luz refletida é máxima) para

$$2L = \frac{\text{número ímpar}}{2} \times \frac{\lambda}{n_2},$$

o que leva à Eq. 35.4.6:

$$2L = (m + \tfrac{1}{2})\frac{\lambda}{n_2}.$$

Explicitando λ e substituindo L e n_2 por seus valores, obtemos

$$\lambda = \frac{2n_2L}{m + \frac{1}{2}} = \frac{(2)(1{,}33)(320\text{ nm})}{m + \frac{1}{2}} = \frac{851\text{ nm}}{m + \frac{1}{2}}.$$

Para $m = 0$, a equação nos dá $\lambda = 1.700$ nm, que está na região do infravermelho. Para $m = 1$, obtemos $\lambda = 567$ nm, que corresponde a uma cor amarelo-esverdeada, na região central do espectro da luz visível. Para $m = 2$, $\lambda = 340$ nm, que está na região do ultravioleta. Assim, o comprimento de onda para o qual a luz vista pelo observador é mais intensa é

$$\lambda = 567\text{ nm}. \qquad \text{(Resposta)}$$

Exemplo 35.4.2 Interferência no revestimento de uma lente de vidro

Na Fig. 35.4.8, a superfície externa da lente de vidro de uma câmera é revestida com um filme fino de fluoreto de magnésio (MgF_2) para reduzir a reflexão da luz na superfície da lente, para que uma quantidade maior de luz entre na câmera. O índice de refração do MgF_2 é 1,38; o do vidro é 1,50. Qual é a menor espessura do revestimento capaz de eliminar (por interferência) os reflexos no centro do espectro da luz visível ($\lambda = 550$ nm)? Suponha que a luz incide perpendicularmente à superfície da lente.

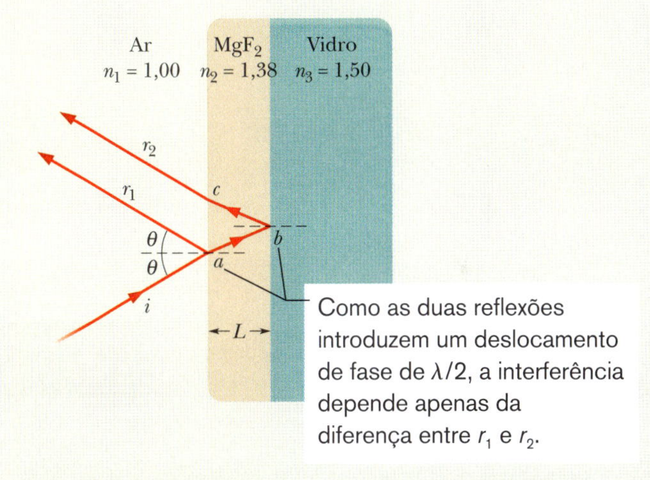

Figura 35.4.8 Reflexões indesejáveis em uma superfície de vidro podem ser suprimidas (para um dado comprimento de onda) revestindo o vidro com um filme fino transparente, de fluoreto de magnésio, de espessura apropriada.

IDEIA-CHAVE

A reflexão será eliminada se a espessura L do filme for tal que as ondas luminosas refletidas pelas duas interfaces do filme tenham fases opostas. A equação que relaciona L ao comprimento de onda λ e ao índice de refração n_2 do filme é a Eq. 35.4.6 ou a Eq. 35.4.7, dependendo de como a fase da onda refletida muda nas interfaces.

Cálculos: Para determinar qual das duas equações deve ser usada, devemos preparar uma tabela como a Tabela 35.4.1. Na primeira interface, a luz incidente está se propagando no ar, que tem um índice de refração menor que o do MgF_2 (material de que é feito o filme). Assim, colocamos 0,5 comprimento de onda na coluna r_1 para indicar que o raio r_1 sofre um deslocamento de fase de $0{,}5\lambda$ ao ser refletido. Na segunda interface, a luz incidente está se propagando no MgF_2, que tem um índice de refração menor que o do vidro que fica do outro lado da interface. Assim, também colocamos 0,5 comprimento de onda na coluna r_2.

Como as duas reflexões produzem uma mudança de fase de meio comprimento de onda, elas tendem a colocar r_1 e r_2 em fase. Como queremos que as ondas estejam *fora de fase*, a diferença entre as distâncias percorridas pelos dois raios deve ser igual a um número ímpar de comprimentos de onda:

$$2L = \frac{\text{número ímpar}}{2} \times \frac{\lambda}{n_2},$$

Isso significa que devemos usar a Eq. 35.4.6. Explicitando L, obtemos uma equação que nos dá a espessura necessária para eliminar as reflexões da superfície da lente e do revestimento:

$$L = (m + \tfrac{1}{2})\frac{\lambda}{2n_2}, \qquad \text{para } m = 0, 1, 2, \ldots \qquad (35.4.8)$$

Como queremos que o filme tenha a menor espessura possível, ou seja, o menor valor de L, fazemos $m = 0$ na Eq. 35.4.8, o que nos dá

$$L = \frac{\lambda}{4n_2} = \frac{550\text{ nm}}{(4)(1{,}38)} = 99{,}6\text{ nm}. \qquad \text{(Resposta)}$$

Exemplo 35.4.3 Interferência em uma cunha de ar 35.1

A Fig. 35.4.9*a* mostra um bloco de plástico transparente com uma fina cunha de ar do lado direito. (A espessura da cunha está exagerada na figura.) Um feixe de luz vermelha, de comprimento de onda $\lambda = 632{,}8$ nm, incide verticalmente no bloco (ou seja, com um ângulo de incidência de 0°), de cima para baixo. Parte da luz que penetra no plástico é refletida para cima nas superfícies superior e inferior da cunha, que se comporta como um filme fino (de ar) com uma espessura que varia, de modo uniforme e gradual, de L_E, do lado esquerdo, até L_D, do lado direito. (As camadas de plástico acima e abaixo da cunha de ar são espessas demais para se comportar como filmes finos.) Um observador que olha para o bloco de cima vê uma figura de interferência formada por seis franjas escuras e cinco franjas vermelhas. Qual é a variação de espessura ΔL ($= L_E - L_D$) ao longo da cunha?

IDEIAS-CHAVE

(1) A intensidade da luz refletida em qualquer ponto da cunha depende da interferência das ondas refletidas nas interfaces superior e inferior da cunha. (2) A variação de intensidade da luz ao longo da cunha, que forma uma série de franjas claras e escuras, se deve à variação de espessura. Em alguns trechos, as ondas refletidas estão em fase e a intensidade é elevada; em outros, as ondas refletidas estão fora de fase e a intensidade é pequena.

Organizando as reflexões: Como o observador vê um número maior de franjas escuras, sabemos que são produzidas franjas escuras nas duas extremidades da cunha, como na Fig. 35.4.9*b*.

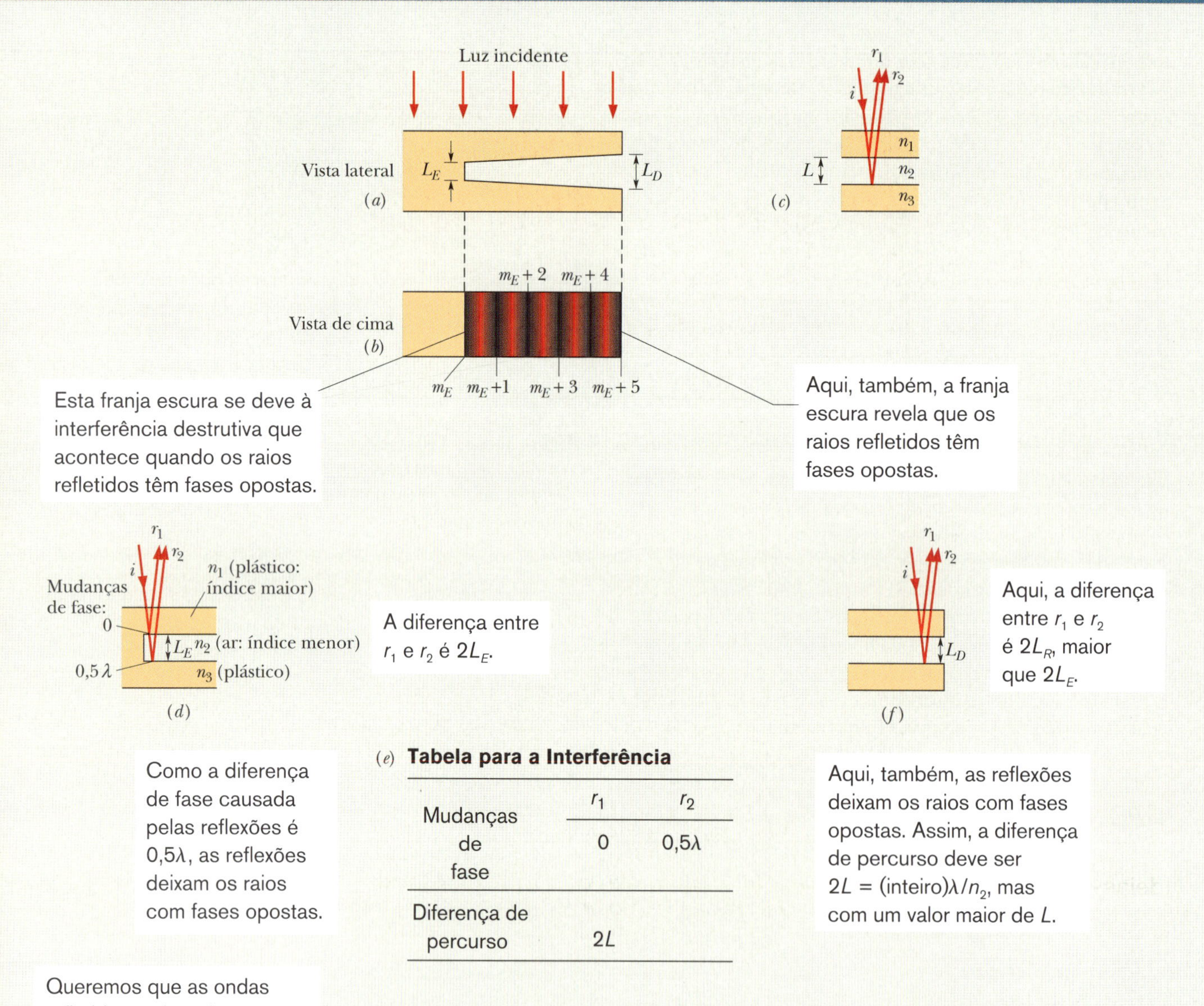

(*e*) **Tabela para a Interferência**

	r_1	r_2
Mudanças de fase	0	0,5λ
Diferença de percurso	$2L$	

Figura 35.4.9 (*a*) Um feixe de luz vermelha incide em um bloco de plástico transparente com uma fina cunha de ar. A espessura da cunha é L_E do lado esquerdo e L_D do lado direito. (*b*) O bloco visto de cima: uma figura de interferência formada por seis franjas escuras e cinco franjas vermelhas aparece na região da cunha. (*c*) Representação do raio incidente, *i*, dos raios refletidos, r_1 e r_2, e da espessura L em um ponto qualquer da cunha. (*d*) Raios refletidos na extremidade esquerda da cunha. (*e*) Tabela para a interferência de uma cunha de ar. (*f*) Raios refletidos na extremidade direita da cunha.

Podemos representar a reflexão da luz nas interfaces superior e inferior da cunha, em um ponto qualquer, como na Fig. 35.4.9*c*, em que L é a espessura da cunha nesse ponto. Vamos aplicar esse modelo à extremidade esquerda da cunha, onde as reflexões produzem uma franja escura.

No caso de uma franja escura, os raios r_1 e r_2 da Fig. 35.4.9*d* têm fases opostas. Sabemos que a equação que relaciona a espessura L do filme ao comprimento onda λ da luz e ao índice de refração n_2 do filme pode ser a Eq. 35.4.6 ou a Eq. 35.4.7, dependendo das mudanças de fase causadas pelas reflexões. Para determinar qual das duas equações está associada a uma franja escura na extremidade esquerda da cunha, construímos uma tabela como a Tabela 35.4.1, que é mostrada na Fig. 35.4.9*e*.

Na interface superior da cunha, a luz incidente está se propagando no plástico, que possui um índice de refração maior que o do ar que está abaixo da interface. Assim, colocamos 0 na coluna r_1 da tabela. Na interface inferior da cunha, a luz incidente está se propagando no ar, que possui um índice de refração menor que o do plástico que está abaixo da interface. Assim, colocamos 0,5 comprimento de onda na coluna r_2 da tabela. Concluímos, portanto, que as reflexões tendem a colocar os raios r_1 e r_2 com fases opostas.

Reflexões na extremidade esquerda (Fig. 35.4.9d): Como sabemos que as ondas estão fora de fase na extremidade esquerda da cunha, a diferença $2L$ entre as distâncias percorridas pelos raios na extremidade esquerda da cunha é dada por

$$2L = \text{número inteiro} \times \frac{\lambda}{n_2},$$

que leva à Eq. 35.4.7:

$$2L = m\frac{\lambda}{n_2}, \qquad \text{para } m = 0, 1, 2, \ldots \qquad (35.4.9)$$

Reflexões na extremidade direita (Fig. 35.4.9f): A Eq. 35.4.9 vale não só para a extremidade esquerda da cunha, mas também para qualquer ponto ao longo da cunha em que é observada uma franja escura, incluindo a extremidade direita, com um valor diferente de m para cada franja. O menor valor de m está associado à menor espessura para a qual é observada uma franja escura. Valores cada vez maiores de m estão associados a espessuras cada vez maiores da cunha para as quais é observada uma franja escura. Seja m_E o valor de m na extremidade esquerda. Nesse caso, o valor na extremidade direita deve ser $m_E + 5$, já que, de acordo com a Fig. 35.4.9*b*, existem cinco franjas escuras (além da primeira) entre a extremidade esquerda e a extremidade direita.

Diferença de espessura: Estamos interessados em determinar a variação de espessura ΔL da cunha, da extremidade esquerda à extremidade direita. Para isso, precisamos resolver a Eq. 35.4.9 duas vezes: uma para obter a espessura do lado esquerdo, L_E, e outra para obter a espessura do lado direito, L_D.

$$L_E = (m_E)\frac{\lambda}{2n_2}, \qquad L_D = (m_E + 5)\frac{\lambda}{2n_2}. \qquad (35.4.10)$$

Para determinar ΔL, basta subtrair L_E de L_D e substituir λ e n_2 por seus valores, $\lambda = 632,8 \times 10^{-9}$ m e, como a cunha é feita de ar, $n_2 = 1,00$:

$$\Delta L = L_D - L_E = \frac{(m_E + 5)\lambda}{2n_2} - \frac{m_E\lambda}{2n_2} = \frac{5}{2}\frac{\lambda}{n_2}$$

$$= 1,58 \times 10^{-6}\text{ m}. \qquad \text{(Resposta)}$$

35.5 INTERFERÔMETRO DE MICHELSON

Objetivos do Aprendizado

Depois de ler este módulo, você será capaz de ...

35.5.1 Usar um desenho para explicar o funcionamento de um interferômetro.

35.5.2 Calcular a mudança de fase (em comprimentos de onda) quando um dos feixes de luz de um interferômetro passa por um bloco de material transparente, de espessura e índice de refração conhecidos.

35.5.3 Calcular o deslocamento das franjas de um interferômetro em função do deslocamento de um dos espelhos.

Ideias-Chave

- No interferômetro de Michelson, uma onda luminosa é dividida em dois feixes que se recombinam depois de percorrer caminhos diferentes.
- A figura de interferência produzida por um interferômetro depende da diferença de percurso dos dois feixes e dos índices de refração dos meios encontrados pelos feixes.
- Se um dos feixes atravessa um material transparente, de índice de refração n e espessura L, a diferença de fase (em comprimentos de onda) introduzida pelo material transparente é dada por

$$\text{diferença de fase} = \frac{2L}{\lambda}(n - 1),$$

em que λ é o comprimento de onda da luz no ar.

Interferômetro de Michelson 35.4

O **interferômetro** é um dispositivo que pode ser usado para medir comprimentos ou variações de comprimento com grande precisão por meio de franjas de interferência. Vamos descrever o modelo de interferômetro projetado e construído por A. A. Michelson em 1881.

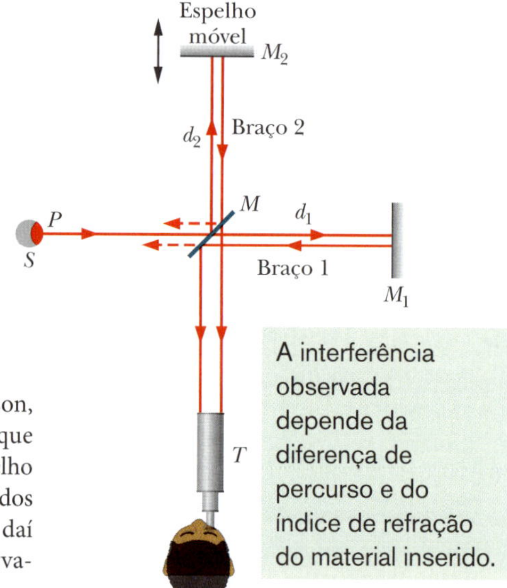

Figura 35.5.1 Interferômetro de Michelson, mostrando o caminho seguido pela luz que parte de um ponto *P* de uma fonte *S*. O espelho *M* divide a luz em dois feixes, que são refletidos pelos espelhos M_1 e M_2 de volta para *M* e daí para o telescópio *T*. No telescópio, o observador vê uma figura de interferência.

Considere a luz que deixa o ponto *P* de uma fonte macroscópica *S* na Fig. 35.5.1 e encontra o *divisor de feixe M*. Divisor de feixe é um espelho que transmite metade da luz incidente e reflete a outra metade. Na figura, supusemos, por conveniência, que a espessura do espelho pode ser desprezada. Em *M*, a luz se divide em dois feixes: um é transmitido em direção ao espelho M_1 e o outro é refletido em direção a M_2. As ondas são totalmente refletidas pelos espelhos M_1 e M_2 e se dirigem de volta ao espelho *M*, de onde chegam ao olho do observador depois de passarem pelo telescópio *T*. O que o observador vê é uma série de franjas de interferência que se parecem com as listras de uma zebra.

Deslocamento do Espelho. A diferença das distâncias percorridas pelas duas ondas é $2d_2 - 2d_1$; qualquer coisa que altere essa diferença modifica a figura de interferência vista pelo observador. Assim, por exemplo, se o espelho M_2 for deslocado de uma distância igual a $\lambda/2$, a diferença das distâncias mudará de λ e a figura de interferência sofrerá um deslocamento de uma franja (como se cada listra preta de uma zebra se deslocasse para a posição da listra preta mais próxima). Por outro lado, se o espelho M_2 for deslocado de uma distância igual a $\lambda/4$, a figura de interferência sofrerá um deslocamento de meia franja (como se cada listra preta da uma zebra se deslocasse para a posição da listra branca mais próxima).

Inserção. A modificação da figura de interferência também pode ser causada pela inserção de uma substância transparente no caminho de um dos raios. Assim, por exemplo, se um bloco de material transparente, de espessura *L* e índice de refração *n*, for colocado na frente do espelho M_1, o número de comprimentos de onda percorridos dentro do material será, de acordo com a Eq. 35.1.7,

$$N_m = \frac{2L}{\lambda_n} = \frac{2Ln}{\lambda}. \tag{35.5.1}$$

O número de comprimentos de onda na mesma distância 2*L* antes de o bloco ser introduzido é

$$N_a = \frac{2L}{\lambda}. \tag{35.5.2}$$

Assim, quando o bloco é introduzido, a luz que volta ao espelho M_1 sofre uma variação de fase adicional (em comprimentos de onda) dada por

$$N_m - N_a = \frac{2Ln}{\lambda} - \frac{2L}{\lambda} = \frac{2L}{\lambda}(n - 1). \tag{35.5.3}$$

Para cada variação de fase de um comprimento de onda, a figura de interferência é deslocada de uma franja. Assim, observando de quantas franjas foi o deslocamento da figura de interferência quando o bloco foi introduzido, e substituindo $N_m - N_a$ por esse valor na Eq. 35.5.3, é possível determinar a espessura *L* do bloco em termos de λ.

Padrão de Comprimento. Utilizando essa técnica, é possível medir a espessura de objetos transparentes em comprimentos de onda da luz. Na época de Michelson, o padrão de comprimento, o metro, tinha sido definido, por um acordo internacional, como a distância entre duas marcas de uma barra de metal guardada em Sèvres, perto de Paris. Michelson conseguiu mostrar, usando seu interferômetro, que o metro-padrão era equivalente a 1.553.163,5 comprimentos de onda da luz vermelha monocromática emitida por uma fonte luminosa de cádmio. Por essa medição altamente precisa, Michelson recebeu o Prêmio Nobel de Física em 1907. Seu trabalho estabeleceu a base para que a barra do metro fosse abandonada como padrão (em 1961) e substituída por uma nova definição do metro em termos do comprimento de onda da luz. Em 1983, como vimos, o novo padrão não foi considerado suficientemente preciso para atender às exigências cada vez maiores da ciência e da tecnologia, e a definição do metro foi mudada novamente, dessa vez com base em um valor arbitrado para a velocidade da luz.

Detecção de Ondas Gravitacionais

Quando dois astros se aproximam um do outro descrevendo um movimento em espiral, a forma do espaço-tempo muda continuamente nas vizinhanças e essas alterações se propagam para longe na forma de *ondas gravitacionais*. As ondas gravitacionais são oscilações do espaço perpendiculares à direção de propagação. A onda alonga ligeiramente o espaço em uma direção ao mesmo tempo que comprime ligeiramente o espaço na direção perpendicular, mas, em seguida, o alongamento e a compressão trocam de lugar (Fig. 35.5.2). As ondas gravitacionais foram previstas por Albert Einstein em 1916, mas ele e a maioria dos físicos achavam que não seria possível detectá-las, porque as oscilações previstas eram extremamente pequenas.

Em 1972, Rainer Weiss, do MIT, sugeriu que as ondas gravitacionais talvez pudessem ser detectadas usando uma versão maior do interferômetro de Michelson e substituindo a luz de uma lâmpada comum pela luz de um *laser*. Sua ideia foi posta em prática com a construção de observatórios de ondas gravitacionais conhecidos como LIGOs, do inglês Laser Interferometer Gravitational-Wave Observatory, em Livingston, Louisiana (Fig. 35.5.3) e em Hanford, Washington. Os braços do interferômetro são tubos evacuados com 4 km de comprimento. De acordo com Weiss, se uma onda gravitacional passasse por um LIGO, os comprimentos dos braços se tornariam alternadamente maiores e menores que o comprimento padrão. Essa variação de comprimento faria com que a luz resultante da interferência dos raios luminosos ao longo dos dois braços variasse, indicando a passagem da onda. Entretanto, décadas se passaram até que fosse possível separar o sinal do ruído, porque a onda prevista era tão fraca que a variação do comprimento dos braços seria apenas de 1/200 do raio do próton.

Em 2015, depois de várias atualizações do equipamento, os dois LIGOs conseguiram, finalmente, detectar uma onda gravitacional. Analisando os dados, os cientistas chegaram à conclusão de que a onda tinha sido produzida pela fusão de dois buracos negros, um com uma massa 29 vezes maior que a do Sol e o outro com uma massa 36 vezes maior que a do Sol, a uma distância de $1{,}3 \times 10^9$ anos-luz da Terra. Como a velocidade de propagação das ondas gravitacionais é igual à velocidade da luz, a fusão aconteceu há $1{,}3 \times 10^9$ anos.

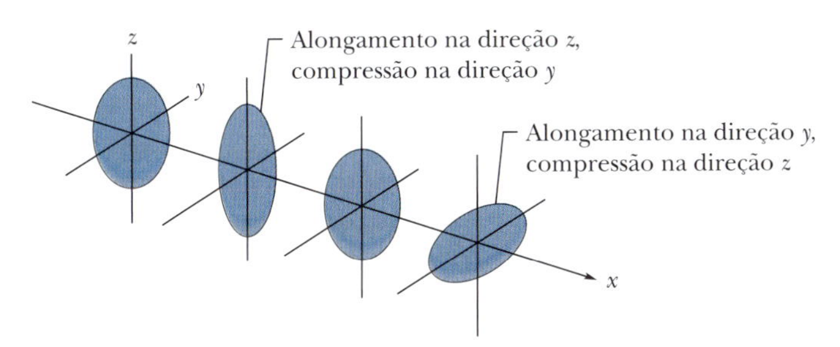

Figura 35.5.2 Compressões e dilatações do espaço produzidas por uma onda gravitacional.

Xinhua/Alamy Stock Photo

Figura 35.5.3 Observatório LIGO situado em Livingston, Louisiana. Um dos braços está voltado para a esquerda na foto e o outro está voltado para cima.

Desde a primeira detecção, muitas ondas gravitacionais têm sido observadas pelos LIGOs e pelo observatório italiano Virgo, algumas produzidas por pares de buracos negros e outras por pares de estrelas de nêutron. Outros observatórios de ondas gravitacionais devem entrar em operação no futuro próximo. Esses observatórios nos proporcionam uma nova forma de observar o universo e as ondas permitem obter informações valiosas a respeito das propriedades de buracos negros e estrelas de nêutrons. Em 2017, Weiss, Kip S. Thorne e Barry C. Barish, os dois últimos do Caltech, receberam o Prêmio Nobel de física por seu trabalho na detecção de ondas gravitacionais.

Teste 35.5.1

(a) Se o comprimento de um dos braços de um interferômetro de Michelson aumenta de $3{,}0\lambda$, de quantas franjas é deslocada a figura de interferência? (b) Se a inserção de um material transparente em um dos braços, perpendicularmente aos raios luminosos, aumenta de 4,0 o número de comprimentos de onda nesse braço, de quantas franjas é deslocada a figura de interferência?

Revisão e Resumo

O Princípio de Huygens A propagação em três dimensões de ondas como a luz pode ser modelada, em muitos casos, com o auxílio do *princípio de Huygens*, segundo o qual todos os pontos de uma frente de onda se comportam como fontes pontuais para ondas secundárias. Depois de um intervalo de tempo t, a nova posição da frente de onda é dada por uma superfície tangente às ondas secundárias.

A lei da refração pode ser deduzida a partir do princípio de Huygens se supusermos que o índice de refração de um meio é dado por $n = c/v$, em que v é a velocidade da luz no meio e c é a velocidade de luz no vácuo.

Comprimento de Onda e Índice de Refração O comprimento de onda λ_n da luz em um meio depende do índice de refração n do meio:

$$\lambda_n = \frac{\lambda}{n}, \tag{35.1.6}$$

em que λ é o comprimento de onda da luz no vácuo. Por causa dessa dependência, a diferença de fase entre duas ondas pode variar, se as ondas se propagarem em meios com diferentes índices de refração.

O Experimento de Young No *experimento de Young*, a luz que passa por uma fenda em um anteparo incide em duas fendas em um segundo anteparo. As ondas que passam pelas fendas do segundo anteparo se espalham na região do outro lado do anteparo e interferem, produzindo uma figura de interferência em uma tela de observação.

A intensidade da luz em qualquer ponto da tela de observação depende da diferença entre as distâncias percorridas pelos raios de luz entre as fendas e o ponto considerado. Se a diferença é um número inteiro de comprimentos de onda, as ondas interferem construtivamente e a intensidade luminosa é máxima. Se a diferença é um número ímpar de meios comprimentos de onda, as ondas interferem destrutivamente e a intensidade luminosa é mínima. Em termos matemáticos, as condições para que a intensidade luminosa seja máxima e mínima são

$$d \operatorname{sen} \theta = m\lambda, \quad \text{para } m = 0, 1, 2, \ldots \quad \text{(máximos; franjas claras).} \qquad (35.2.3)$$

e

$$d \operatorname{sen} \theta = (m + \tfrac{1}{2})\lambda, \quad \text{para } m = 0, 1, 2, \ldots \quad \text{(mínimos; franjas escuras),} \qquad (35.2.5)$$

em que θ é o ângulo entre os raios luminosos e uma perpendicular à tela passando por um ponto equidistante das fendas e d é a distância entre as fendas.

Coerência Para que duas ondas luminosas interfiram de modo perceptível, a diferença de fase entre as ondas deve permanecer constante com o tempo, ou seja, as ondas devem ser **coerentes**. Quando duas ondas coerentes se combinam, a intensidade resultante pode ser calculada pelo método dos fasores.

Intensidade das Franjas de Interferência No experimento de Young, duas ondas de intensidade I_0 produzem na tela de observação uma onda resultante cuja intensidade I é dada por

$$I = 4I_0 \cos^2 \tfrac{1}{2}\phi, \quad \text{em que } \phi = \frac{2\pi d}{\lambda} \operatorname{sen} \theta. \qquad (35.3.3, 35.3.4)$$

As Eqs. 35.2.3 e 35.2.5, usadas para calcular as posições dos máximos e mínimos da figura de interferência, podem ser demonstradas a partir das Eqs. 35.3.3 e 35.3.4.

Interferência em Filmes Finos Quando a luz incide em um filme fino transparente, as ondas refletidas pelas superfícies anterior e posterior do filme se interferem. Quando o filme está suspenso no ar e a incidência é quase perpendicular, as condições para que a intensidade da luz refletida seja máxima e mínima são

$$2L = (m + \tfrac{1}{2})\frac{\lambda}{n_2}, \quad \text{para } m = 0, 1, 2, \ldots \quad \text{(máximos; filme claro no ar),} \qquad (35.4.6)$$

e

$$2L = m\frac{\lambda}{n_2}, \quad \text{para } m = 0, 1, 2, \ldots \quad \text{(mínimos; filme escuro no ar),} \qquad (35.4.7)$$

em que n_2 é o índice de refração do filme, L é a espessura do filme e λ é o comprimento de onda da luz no ar.

Quando a luz incidente na interface de dois meios com diferentes índices de refração se propaga inicialmente no meio em que o índice de refração é menor, a reflexão produz uma mudança de fase de π rad, ou meio comprimento de onda, na onda refletida. Quando a luz se propaga inicialmente no meio em que o índice de refração é maior, a fase não é modificada pela reflexão.

O Interferômetro de Michelson No *interferômetro de Michelson*, uma onda luminosa é dividida em dois feixes que, depois de percorrerem caminhos diferentes, são recombinados para produzir uma figura de interferência. Quando a distância percorrida por um dos feixes varia, é possível medir essa variação com grande precisão em termos de comprimentos de onda da luz, bastando para isso contar o número de franjas de que se desloca a figura de interferência.

Perguntas

1 A distância entre as franjas de uma figura de interferência de duas fendas aumenta, diminui ou permanece constante (a) quando a distância entre as fendas aumenta, (b) quando a cor da luz muda de vermelho para azul e (c) quando todo o equipamento experimental é imerso em água? (d) Nos máximos laterais, se as fendas são iluminadas com luz branca, o pico mais próximo do máximo central é o pico da componente vermelha ou o pico da componente azul?

2 (a) Quando passamos de uma franja clara de uma figura de interferência de duas fendas para a franja clara seguinte, afastando-nos do centro, (b) a diferença ΔL entre as distâncias percorridas pelos dois raios aumenta ou diminui? (c) Qual é o valor da variação em comprimentos de onda λ?

3 A Fig. 35.1 mostra dois raios luminosos que estão inicialmente em fase e se refletem em várias superfícies de vidro. Despreze a ligeira inclinação do raio da direita. (a) Qual é a diferença entre as distâncias percorridas pelos dois raios? (b) Qual deve ser a diferença, em comprimentos de onda λ, para que os raios estejam em fase no final do processo? (c) Qual é o menor valor de d para que a diferença de fase do item (b) seja possível?

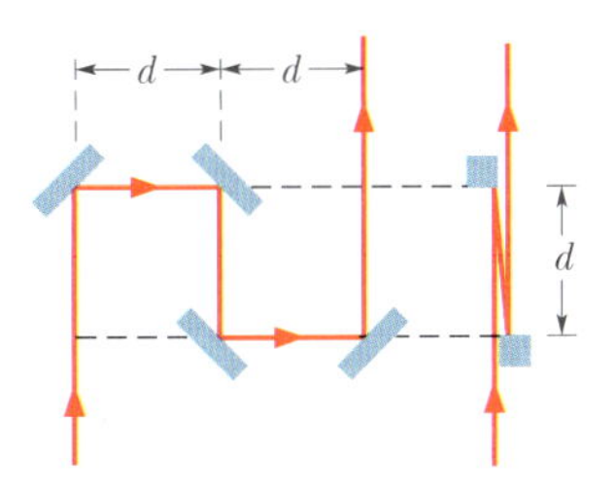

Figura 35.1 Pergunta 3.

4 Na Fig. 35.2, três pulsos luminosos de mesmo comprimento de onda, a, b e c, atravessam blocos de plásticos de mesmo comprimento cujos índices de refração são dados. Coloque os pulsos na ordem decrescente do tempo que levam para atravessar os blocos.

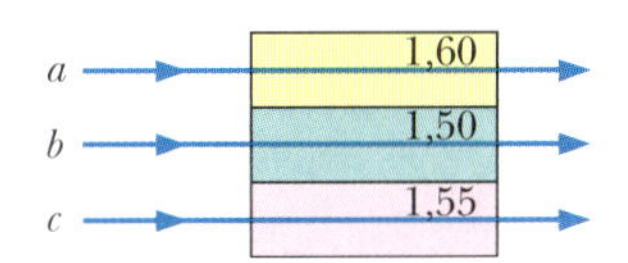

Figura 35.2 Pergunta 4.

5 Existe um máximo de interferência, um mínimo de interferência, um estado intermediário próximo de um máximo, ou um estado intermediário próximo de um mínimo no ponto P da Fig. 35.2.5 se a diferença entre as distâncias percorridas pelos dois raios for (a) $2{,}2\lambda$, (b) $3{,}5\lambda$, (c) $1{,}8\lambda$ e (d) $1{,}0\lambda$? Para cada situação, determine o valor de m associado ao máximo ou mínimo envolvido.

6 A Fig. 35.3a mostra a intensidade I em função da posição x na tela de observação para a parte central de uma figura de interferência de dupla fenda. As outras partes da figura mostram diagramas fasoriais das componentes do campo elétrico das ondas que chegam à tela depois de passar pelas duas fendas (como mostra a Fig. 35.3a). Associe três dos pontos numerados da Fig. 35.3a aos três diagramas fasoriais das Figs. 35.3b, 35.3c e 35.3d.

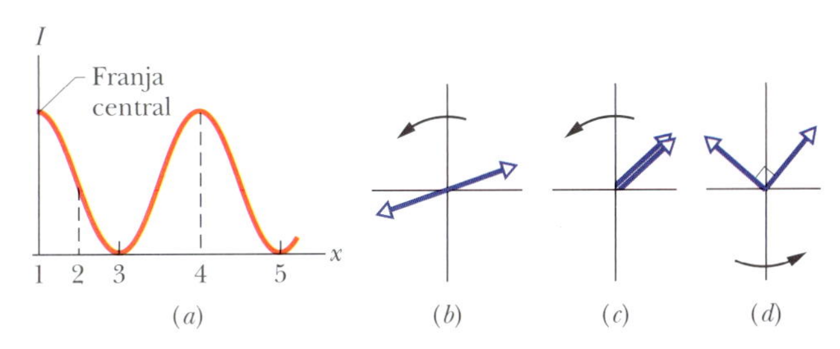

Figura 35.3 Pergunta 6.

7 A Fig. 35.4 mostra duas fontes, S_1 e S_2, que emitem ondas de rádio de comprimento de onda λ em todas as direções. As fontes estão exatamente em fase, separadas por uma distância igual a $1,5\lambda$. A reta vertical é a mediatriz do segmento de reta que liga as duas fontes. (a) Se começamos no ponto indicado na figura e percorremos a trajetória 1, a interferência produz um máximo ao longo da trajetória, um mínimo ao longo da trajetória, ou mínimos e máximos se alternam? Responda à mesma pergunta (b) para a trajetória 2 e (c) para a trajetória 3.

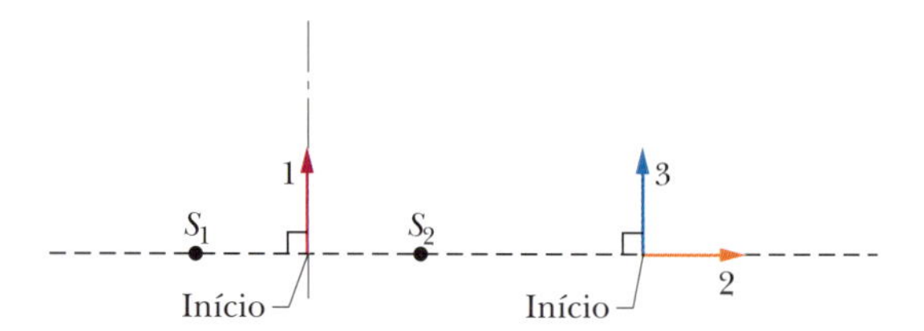

Figura 35.4 Pergunta 7.

8 A Fig. 35.5 mostra dois raios luminosos, com um comprimento de onda de 600 nm, que são refletidos por superfícies de vidro separadas por uma distância de 150 nm. Os raios estão inicialmente em fase. (a) Qual é a diferença entre as distâncias percorridas pelos dois raios? (b) Ao retornarem à região que fica do lado esquerdo das superfícies de vidro, as fases dos dois raios são iguais, opostas, ou nem uma coisa nem outra?

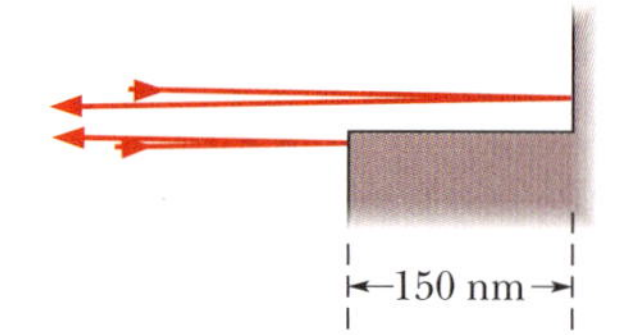

Figura 35.5 Pergunta 8.

9 Uma onda luminosa se propaga em uma nanoestrutura com 1.500 nm de comprimento. Quando um pico da onda está em uma das extremidades da nanoestrutura, existe um pico ou um vale na outra extremidade se o comprimento de onda for (a) 500 nm e (b) 1.000 nm?

10 A Fig. 35.6*a* mostra uma vista em seção reta de um filme fino vertical cuja largura de cima para baixo aumenta porque a gravidade faz o filme escorrer. A Fig. 35.6*b* mostra o filme visto de frente, com as quatro franjas claras (vermelhas) que aparecem quando o filme é iluminado por um feixe perpendicular de luz vermelha. Os pontos indicados por letras correspondem à posição das franjas claras. Em termos do comprimento de onda da luz no interior do filme, qual é a diferença de espessura do filme (a) entre os pontos *a* e *b* e (b) entre os pontos *b* e *d*?

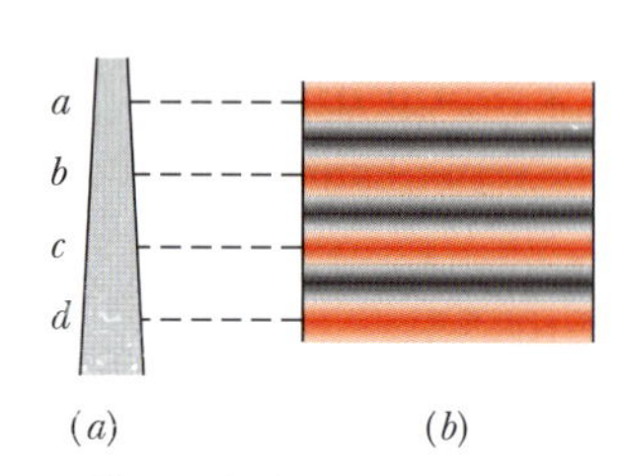

Figura 35.6 Pergunta 10.

11 A Fig. 35.7 mostra quatro situações nas quais a luz incide perpendicularmente em um filme fino, de largura L, situado entre placas muito mais espessas feitas de materiais diferentes. Os índices de refração são dados. Em que situações a condição para que a intensidade da onda refletida seja máxima (ou seja, para que o filme pareça claro) é dada pela Eq. 35.4.6?

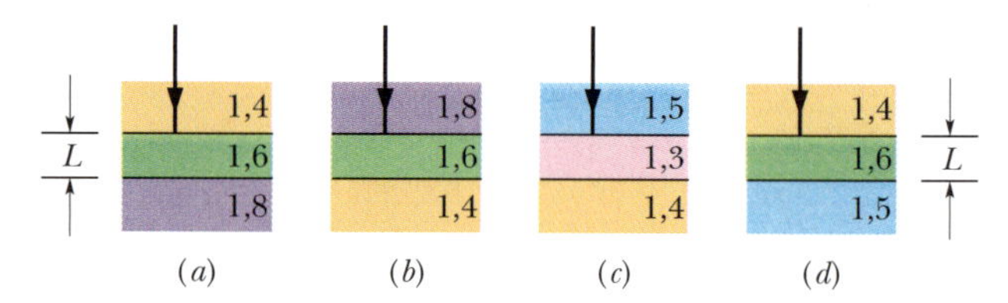

Figura 35.7 Pergunta 11.

12 A Fig. 35.8 mostra a passagem de um raio de luz perpendicular (mostrado com uma pequena inclinação para tornar a figura mais clara) por um filme fino suspenso no ar. (a) O raio r_3 sofre uma mudança de fase por reflexão? (b) Qual é a mudança de fase por reflexão do raio r_4, em comprimentos de onda? (c) Se a espessura do filme for L, qual será a diferença de percurso entre os raios r_3 e r_4?

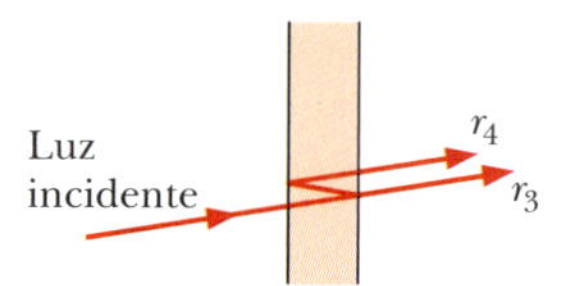

Figura 35.8 Pergunta 12.

13 A Fig. 35.9 mostra três situações nas quais dois raios de luz solar penetram ligeiramente no solo lunar e depois são espalhados de volta ao espaço. Suponha que os raios estejam inicialmente em fase. Em que situação as ondas associadas estão provavelmente em fase ao voltarem ao espaço? (Na lua cheia, a luminosidade da Lua aumenta bruscamente, tornando-se 25% maior que nas noites anteriores e posteriores, porque, nessa fase, interceptamos os raios de luz que são espalhados de volta na direção do Sol pelo solo lunar e sofrem interferência construtiva nos nossos olhos. Quando estava planejando o primeiro pouso do homem na Lua, a NASA fez questão de que os visores dos capacetes tivessem filtros para proteger os astronautas da ofuscação causada pelo espalhamento da luz no solo lunar.)

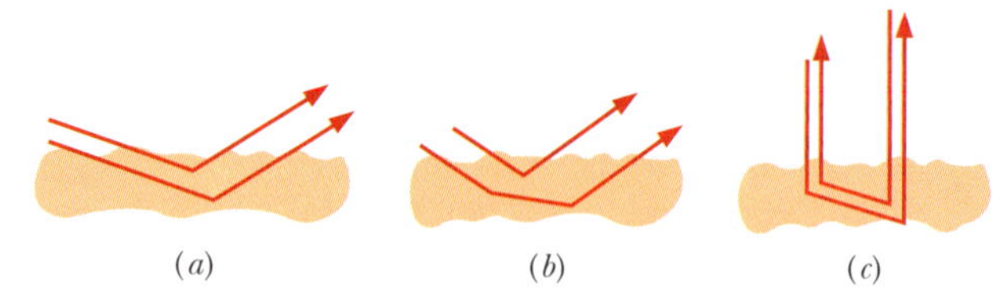

Figura 35.9 Pergunta 13.

Problemas

F Fácil **M** Médio **D** Difícil
CVF Informações adicionais disponíveis no e-book *O Circo Voador da Física*, de Jearl Walker, LTC Editora, Rio de Janeiro, 2008.
CALC Requer o uso de derivadas e/ou integrais
BIO Aplicação biomédica

Módulo 35.1 Luz como uma Onda

1 **F** Na Fig. 35.10, a onda luminosa representada pelo raio r_1 é refletida uma vez em um espelho, enquanto a onda representada pelo raio r_2 é refletida duas vezes no mesmo espelho e uma vez em um pequeno espelho situado a uma distância L do espelho principal. (Despreze a pequena inclinação dos raios.) As ondas têm um comprimento de onda

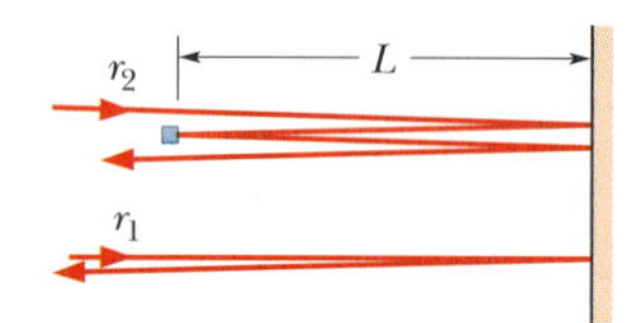

Figura 35.10 Problemas 1 e 2.

de 620 nm e estão inicialmente em fase. (a) Determine o menor valor de L para que as ondas finais estejam em oposição de fase. (b) Determine qual deve ser o acréscimo de L a partir do valor calculado no item (a) para que as ondas finais fiquem novamente em oposição de fase.

2 F Na Fig. 35.10, a onda luminosa representada pelo raio r_1 é refletida uma vez em um espelho, enquanto a onda representada pelo raio r_2 é refletida duas vezes no mesmo espelho e uma vez em um pequeno espelho situado a uma distância L do espelho principal. (Despreze a pequena inclinação dos raios). As ondas têm um comprimento de onda λ e estão inicialmente em oposição de fase. Determine (a) o menor, (b) o segundo menor e (c) o terceiro menor valor de L/λ para que as ondas finais estejam em fase.

3 F Na Fig. 35.1.4, suponha que duas ondas com um comprimento de onda de 400 nm, que se propagam no ar, estejam inicialmente em fase. Uma atravessa uma placa de vidro com um índice de refração $n_1 = 1{,}60$ e espessura L; a outra atravessa uma placa de plástico com um índice de refração $n_2 = 1{,}50$ e a mesma espessura. (a) Qual é o menor valor da espessura L para a qual as ondas deixam as placas com uma diferença de fase de 5,65 rad? (b) Se as ondas chegam ao mesmo ponto com a mesma amplitude, a interferência é construtiva, destrutiva, mais próxima de construtiva, ou mais próxima de destrutiva?

4 F Na Fig. 35.11*a*, um raio luminoso que estava se propagando no material 1 incide em uma interface com um ângulo de 30°. O desvio sofrido pelo raio devido à refração depende, em parte, do índice de refração n_2 do material 2. A Fig. 35.11*b* mostra o ângulo de refração θ_2 em função de n_2. A escala do eixo horizontal é definida por $n_a = 1{,}30$ e $n_b = 1{,}90$. Qual é a velocidade da luz no material 1?

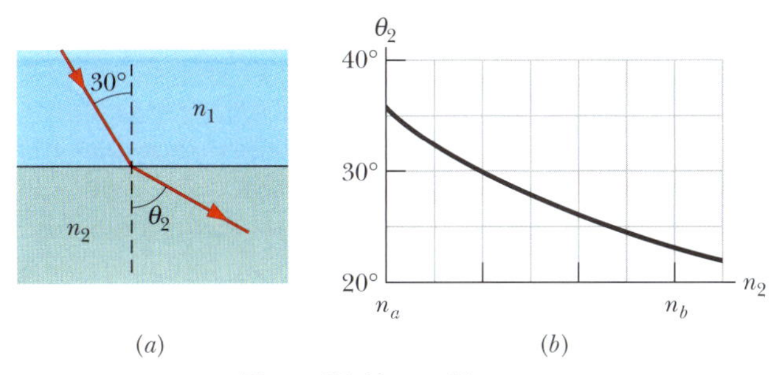

Figura 35.11 Problema 4.

5 F Qual é a diferença, em metros por segundo, entre a velocidade da luz na safira e a velocidade da luz no diamante? (*Sugestão*: Consulte a Tabela 33.5.1.)

6 F O comprimento de onda da luz amarela do sódio no ar é 589 nm. (a) Qual é a frequência dessa luz? (b) Qual é o comprimento de onda dessa luz em um vidro com um índice de refração de 1,52? (c) Use os resultados dos itens (a) e (b) para calcular a velocidade dessa luz no vidro.

7 F A velocidade da luz amarela do sódio em um líquido é $1{,}92 \times 10^8$ m/s. Qual é o índice de refração do líquido para essa luz?

8 F Na Fig. 35.12, dois pulsos luminosos atravessam placas de plástico, de espessura L, ou $2L$, e índices de refração $n_1 = 1{,}55$, $n_2 = 1{,}70$, $n_3 = 1{,}60$, $n_4 = 1{,}45$, $n_5 = 1{,}59$, $n_6 = 1{,}65$ e $n_7 = 1{,}50$. (a) Qual dos dois pulsos chega primeiro à outra extremidade das placas? (b) A diferença entre os tempos de trânsito dos dois pulsos é igual a qual múltiplo de L/c?

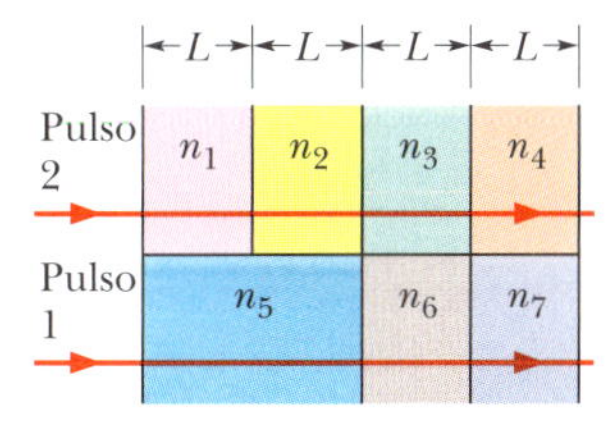

Figura 35.12 Problema 8.

9 M Na Fig. 35.1.4, suponha que as duas ondas luminosas, cujo comprimento de onda no ar é 620 nm, têm inicialmente uma diferença de fase de π rad. Os índices de refração dos materiais são $n_1 = 1{,}45$ e $n_2 = 1{,}65$. Determine (a) o menor e (b) o segundo menor valor de L para o qual as duas ondas estão exatamente em fase depois de atravessar os dois materiais.

10 M Na Fig. 35.13, um raio luminoso incide com um ângulo $\theta_1 = 50°$ em uma série de cinco placas transparentes com interfaces paralelas. Para as placas 1 e 3, $L_1 = 20\ \mu$m, $L_3 = 25\ \mu$m, $n_1 = 1{,}6$ e $n_3 = 1{,}45$. (a) Com que ângulo a luz volta para o ar depois de passar pelas placas? (b) Quanto tempo a luz leva para atravessar a placa 3?

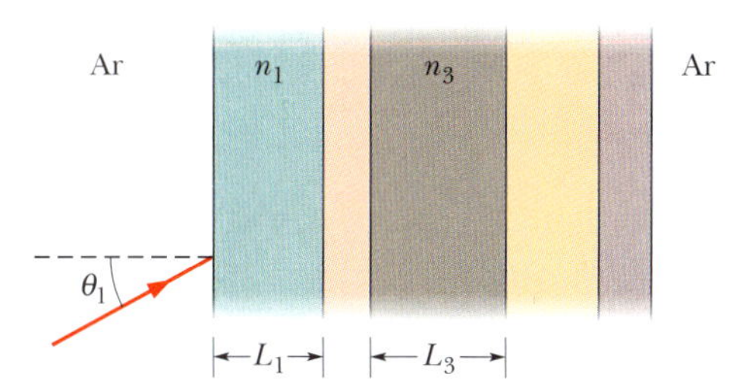

Figura 35.13 Problema 10.

11 M Suponha que o comprimento de onda no ar, das duas ondas da Fig. 35.1.4, é $\lambda = 500$ nm. Determine o múltiplo de λ que expressa a diferença de fase entre as ondas depois de atravessar os dois materiais (a) se $n_1 = 1{,}50$, $n_2 = 1{,}60$ e $L = 8{,}50\ \mu$m; (b) se $n_1 = 1{,}62$, $n_2 = 1{,}72$ e $L = 8{,}50\ \mu$m; (c) se $n_1 = 1{,}59$, $n_2 = 1{,}79$ e $L = 3{,}25\ \mu$m. (d) Suponha que, nas três situações, os dois raios se encontram no mesmo ponto e com a mesma amplitude depois de atravessar os materiais. Coloque as situações na ordem decrescente da intensidade da onda total.

12 M Na Fig. 35.14, dois raios luminosos percorrem diferentes trajetos sofrendo reflexões em espelhos planos. As ondas têm um comprimento de onda de 420,0 nm e estão inicialmente em fase. Determine (a) o primeiro e (b) o segundo menor valor de L para o qual as ondas estão com fases opostas ao saírem da região onde estão os espelhos.

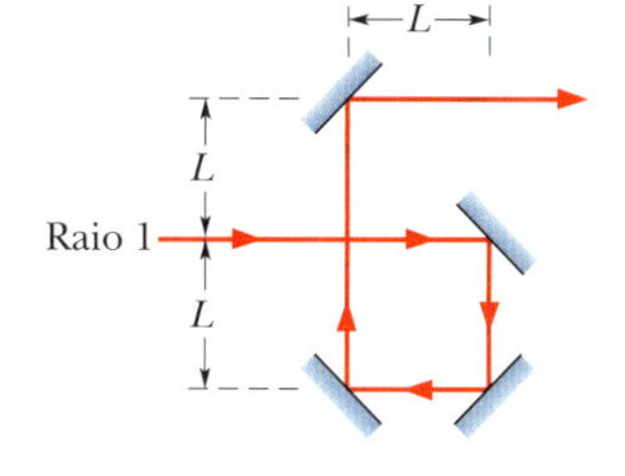

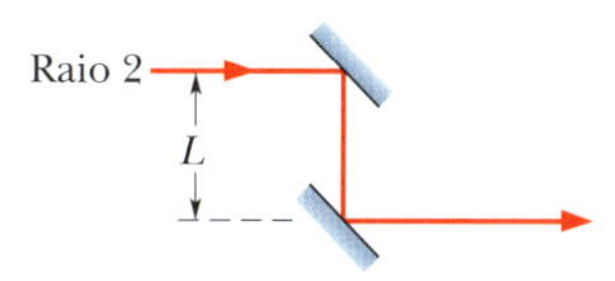

Figura 35.14 Problemas 12 e 98.

13 M Duas ondas luminosas no ar, de comprimento de onda 600,0 nm, estão inicialmente em fase. As ondas passam por camadas de plástico, como na Fig. 35.15, com $L_1 = 4{,}00\ \mu$m, $L_2 = 3{,}50\ \mu$m, $n_1 = 1{,}40$ e $n_2 = 1{,}60$. (a) Qual é a diferença de fase, em comprimentos de onda, quando as ondas saem dos dois blocos? (b) Se as ondas forem superpostas em uma tela, com a mesma amplitude, a interferência será construtiva, destrutiva, mais próxima de construtiva, ou mais próxima de destrutiva?

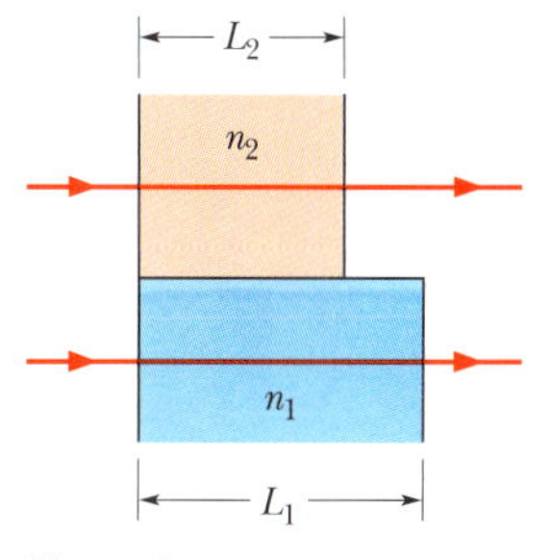

Figura 35.15 Problema 13.

Módulo 35.2 Experimento de Young

14 **F** Em um experimento de dupla fenda, a distância entre as fendas é 100 vezes maior que o comprimento de onda usado para iluminá-las. (a) Qual é a separação angular em radianos entre o máximo central e o máximo mais próximo? (b) Qual é a distância entre esses máximos em uma tela situada a 50,0 cm das fendas?

15 **F** Um sistema de dupla fenda produz franjas de interferência para a luz do sódio ($\lambda = 589$ nm) com uma separação angular de $3,50 \times 10^{-3}$ rad. Para qual comprimento de onda a separação angular é 10,0% maior?

16 **F** Um sistema de dupla fenda produz franjas de interferência para a luz do sódio ($\lambda = 589$ nm) separadas por 0,20°. Qual é a separação das franjas quando o sistema é imerso em água ($n = 1,33$)?

17 **F** Na Fig. 35.16, duas fontes pontuais de radiofrequência S_1 e S_2, separadas por uma distância $d = 2,0$ m, estão irradiando em fase com $\lambda = 0,50$ m. Um detector descreve uma longa trajetória circular em torno das fontes, em um plano que passa por elas. Quantos máximos são detectados?

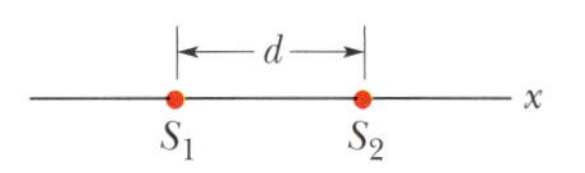

Figura 35.16 Problemas 17 e 22.

18 **F** No experimento de dupla fenda da Fig. 35.2.5, o ângulo θ é 20,0°, a distância entre as fendas é 4,24 μm e o comprimento de onda é $\lambda = 500$ nm. (a) Que múltiplo de λ corresponde à diferença de fase entre as ondas associadas aos raios r_1 e r_2 ao chegarem ao ponto P da tela distante? (b) Qual é a diferença de fase em radianos? (c) Determine a posição do ponto P, indicando o máximo ou o mínimo em que se encontra ou o máximo e o mínimo entre os quais se encontra.

19 **F** Suponha que o experimento de Young seja realizado com luz verde-azulada com um comprimento de onda de 500 nm. A distância entre as fendas é 1,20 mm, e a tela de observação está a 5,40 m de distância das fendas. A que distância estão as franjas claras situadas perto do centro da figura de interferência?

20 **F** Uma luz verde monocromática com um comprimento de onda de 550 nm é usada para iluminar duas fendas estreitas paralelas, separadas por uma distância de 7,70 μm. Calcule o desvio angular (θ na Fig. 35.2.5) da franja clara de terceira ordem ($m = 3$) (a) em radianos e (b) em graus.

21 **M** Em um experimento de dupla fenda, a distância entre as fendas é 5,0 mm e as fendas estão a 1,0 m de distância da tela. Duas figuras de interferência são vistas na tela, uma produzida por uma luz com comprimento de onda de 480 nm e outra por uma luz com comprimento de onda de 600 nm. Qual é a distância na tela entre as franjas claras de terceira ordem ($m = 3$) das duas figuras de interferência?

22 **M** Na Fig. 35.16, duas fontes pontuais isotrópicas, S_1 e S_2, emitem ondas luminosas em fase cujo comprimento de onda é λ. As fontes estão no eixo x, separadas por uma distância d, e um detector de luz é deslocado ao longo de uma circunferência, de raio muito maior que a distância entre as fontes, cujo centro está no ponto médio da reta que liga as fontes. São detectados 30 pontos de intensidade zero, entre os quais dois no eixo x, um à esquerda e outro à direita das fontes. Qual é o valor de d/λ?

23 **M** Na Fig. 35.17, as fontes A e B emitem ondas de rádio de longo alcance com um comprimento de onda de 400 m, e a fase da onda emitida pela fonte A está adiantada de 90° em relação à onda emitida pela fonte B. A diferença entre a distância r_A da fonte A ao detector D e a distância r_B da fonte B ao detector D é 100 m. Qual é a diferença de fase entre as ondas no ponto D?

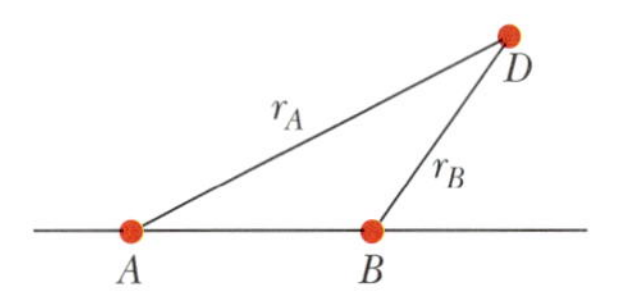

Figura 35.17 Problema 23.

24 **M** Na Fig. 35.18, duas fontes pontuais isotrópicas, S_1 e S_2, emitem luz em fase com a mesma amplitude e o mesmo comprimento de onda λ. As fontes, separadas por uma distância $2d = 6,00\lambda$, estão em um eixo paralelo ao eixo x. No eixo x, que está a uma distância $D = 20,0\lambda$ do eixo das fontes, com a origem equidistante das fontes, foi instalada uma tela de observação. A figura mostra dois raios que chegam ao mesmo ponto P da tela, situado a uma distância x_P da origem. (a) Para qual valor de x_P os raios apresentam a menor diferença de fase possível? (b) Para qual múltiplo de λ a diferença de fase é a menor possível? (c) Para qual valor de x_P os raios apresentam a maior diferença de fase possível? (d) Para qual múltiplo de λ a diferença de fase é a maior possível? (e) Qual é a diferença de fase para $x_P = 6,00\lambda$? (f) Para $x_P = 6,00\lambda$, a intensidade da luz no ponto P é máxima, mínima, mais próxima de máxima, ou mais próxima de mínima?

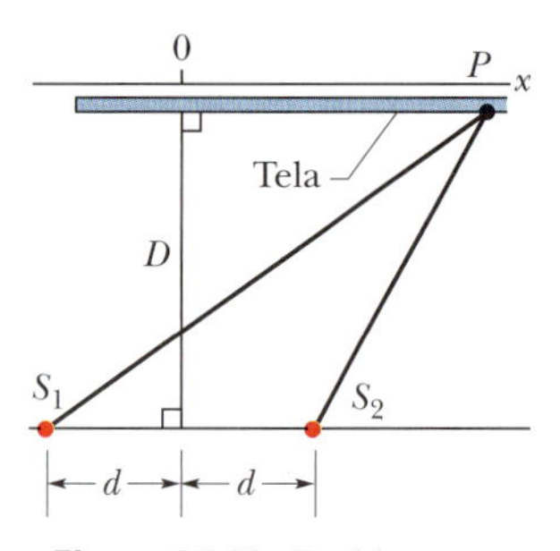

Figura 35.18 Problema 24.

25 **M** Na Fig. 35.19, duas fontes luminosas pontuais isotrópicas, S_1 e S_2, estão no eixo y, separadas por uma distância de 2,70 μm, e emitem em fase com um comprimento de onda de 900 nm. Um detector de luz é colocado no ponto P, situado no eixo x, a uma distância x_P da origem. Qual é o maior valor de x_P para o qual a luz detectada é mínima devido a uma interferência destrutiva?

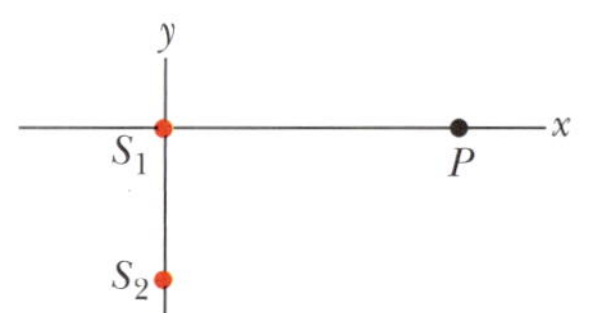

Figura 35.19 Problemas 25, 28 e 102.

26 **M** Em um experimento de dupla fenda, o máximo de quarta ordem para um comprimento de onda de 450 nm é observado para um ângulo $\theta = 90°$. (a) Que faixa de comprimentos de onda dentro do espectro da luz visível (400 nm a 700 nm) não está presente nos máximos de terceira ordem? Para eliminar toda a luz visível do máximo de quarta ordem, (b) a distância entre as fendas deve ser aumentada ou reduzida? (c) Qual é a menor variação necessária da distância entre as fendas?

27 **D** Quando uma das fendas de um sistema de dupla fenda é coberta com uma placa fina de mica ($n = 1,58$), o ponto central da tela de observação passa a ser ocupado pela sétima franja lateral clara ($m = 7$) da antiga figura de interferência. Se $\lambda = 550$ nm, qual é a espessura da placa de mica?

28 **D** A Fig. 35.19 mostra duas fontes luminosas isotrópicas, S_1 e S_2, que emitem em fase com a mesma amplitude e o mesmo comprimento de onda de 400 nm. Um detector P é colocado no eixo x, que passa pela fonte S_1. A diferença de fase ϕ entre os raios provenientes das duas fontes é medida entre $x = 0$ e $x = +\infty$; os resultados entre 0 e $x_s = 10 \times 10^{-7}$ m aparecem na Fig. 35.20. Qual é o maior valor de x para o qual os raios chegam ao detector P com fases opostas?

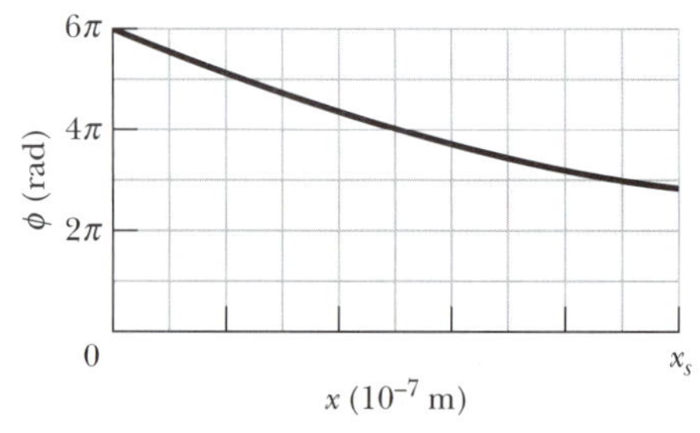

Figura 35.20 Problema 28.

Módulo 35.3 Intensidade das Franjas de Interferência

29 F Duas ondas de mesma frequência têm amplitudes 1,00 e 2,00. As ondas interferem em um ponto no qual a diferença de fase é 60,0°. Qual é a amplitude resultante?

30 F Determine a soma y das seguintes funções:

$$y_1 = 10 \text{ sen } \omega t \text{ e } y_2 = 8{,}0 \text{ sen}(\omega t + 30°)$$

31 M Some as funções $y_1 = 10$ sen ωt, $y_2 = 15$ sen$(\omega t + 30°)$ e $y_3 = 5{,}0$ sen$(\omega t - 45°)$ usando o método dos fasores.

32 M No experimento de dupla fenda da Fig. 35.2.5, os campos elétricos das ondas que chegam ao ponto P são dados por

$$E_1 = (2{,}00\ \mu\text{V/m}) \text{ sen}[(1{,}26 \times 10^{15})t]$$

e

$$E_1 = (2{,}00\ \mu\text{V/m}) \text{ sen}[(1{,}26 \times 10^{15})t + 39{,}6 \text{ rad}],$$

em que o tempo t está em segundos. (a) Qual é o módulo do campo elétrico resultante no ponto P? (b) Qual é a razão entre a intensidade I_P no ponto P e a intensidade I_{cen} no centro da figura de interferência? (c) Determine a posição do ponto P na figura de interferência, indicando o máximo ou o mínimo no qual está o ponto, ou o máximo e o mínimo entre os quais está o ponto. Em um diagrama fasorial dos campos elétricos, (d) com que velocidade angular os fasores giram em torno da origem e (e) qual é o ângulo entre os fasores?

33 M Três ondas eletromagnéticas passam por um ponto P situado no eixo x. As ondas estão polarizadas paralelamente ao eixo y e as amplitudes dos campos elétricos são dadas pelas funções a seguir. Determine a onda resultante no ponto P.

$$E_1 = (10{,}0\ \mu\text{V/m}) \text{ sen}[(2{,}0 \times 10^{14} \text{ rad/s})t]$$

$$E_2 = (5{,}00\ \mu\text{V/m}) \text{ sen}[(2{,}0 \times 10^{14} \text{ rad/s})t + 45{,}0°]$$

$$E_3 = (5{,}00\ \mu\text{V/m}) \text{ sen}[(2{,}0 \times 10^{14} \text{ rad/s})t - 45{,}0°]$$

34 M No experimento de dupla fenda da Fig. 35.2.5, a tela de observação está a uma distância $D = 4{,}00$ m, o ponto P está a uma distância $y = 20{,}5$ cm do centro da figura de interferência, a distância entre as fendas é $d = 4{,}50\ \mu$m e o comprimento de onda é $\lambda = 580$ nm. (a) Determine a posição do ponto P na figura de interferência, indicando o máximo ou o mínimo em que está o ponto, ou o máximo e o mínimo entre os quais está o ponto. (b) Calcule a razão entre a intensidade I_P no ponto P e a intensidade I_{cen} no centro da figura de interferência.

Módulo 35.4 Interferência em Filmes Finos

35 F Deseja-se revestir uma placa de vidro ($n = 1{,}50$) com um filme de material transparente ($n = 1{,}25$) para que a reflexão de uma luz com um comprimento de onda de 600 nm seja eliminada por interferência. Qual é a menor espessura possível do filme?

36 F Uma película de sabão ($n = 1{,}40$) com 600 nm de espessura é iluminada perpendicularmente com luz branca. Para quantos comprimentos de onda diferentes na faixa de 300 a 700 nm a luz refletida apresenta (a) interferência construtiva total e (b) interferência destrutiva total?

37 F Os diamantes de imitação usados em bijuteria são feitos de vidro com índice de refração 1,50. Para que reflitam melhor a luz, costuma-se revesti-los com uma camada de monóxido de silício de índice de refração 2,00. Determine a menor espessura da camada de monóxido de silício para que uma onda de comprimento de onda 560 nm e incidência perpendicular sofra interferência construtiva ao ser refletida pelas duas superfícies da camada.

38 F Um feixe de luz branca incide perpendicularmente, de cima para baixo, em um filme fino horizontal colocado entre placas espessas de dois materiais. Os índices de refração são 1,80 para o material de cima, 1,70 para o filme fino e 1,50 para o material de baixo. A espessura do filme é $5{,}00 \times 10^{-7}$ m. Dos comprimentos de onda da luz visível (400 a 700 nm) que resultam em interferência construtiva para um observador situado acima do filme, (a) qual é o maior e (b) qual o menor comprimento de onda? Os materiais e o filme são aquecidos, o que faz a espessura do filme aumentar. (c) A interferência construtiva passa a ocorrer para um comprimento de onda maior ou menor?

39 F Uma onda luminosa, de comprimento de onda 624 nm, incide perpendicularmente em uma película de sabão (com $n = 1{,}33$) suspensa no ar. Quais são as duas menores espessuras do filme para as quais as ondas refletidas pelo filme sofrem interferência construtiva?

40 M Um filme fino, de acetona ($n = 1{,}25$), está sobre uma placa espessa, de vidro ($n = 1{,}50$). Um feixe de luz branca incide perpendicularmente ao filme. Nas reflexões, a interferência destrutiva acontece para 600 nm e a interferência construtiva para 700 nm. Determine a espessura do filme de acetona.

41 a 52 M *Reflexão em filmes finos.* Na Fig. 35.21, a luz incide perpendicularmente em um filme fino de um material 2 que está entre placas (espessas) dos materiais 1 e 3. (Os raios foram desenhados com uma pequena inclinação apenas para tornar a figura mais clara.) As ondas representadas pelos raios r_1 e r_2 interferem de tal forma que a intensidade da onda resultante pode ser máxima (máx) ou mínima (mín). Para essa situação, os dados da Tabela 35.1 se referem aos índices de refração n_1, n_2 e n_3, ao tipo de interferência, à espessura L do filme fino em nanômetros e ao comprimento de onda λ em nanômetros da luz incidente, medido no ar. Nos problemas em que não é dado o comprimento de onda λ, pede-se o valor de λ que está na faixa da luz visível; nos problemas em que não é dada a espessura L, pede-se a segunda menor espessura ou a terceira menor espessura, de acordo com a indicação da tabela.

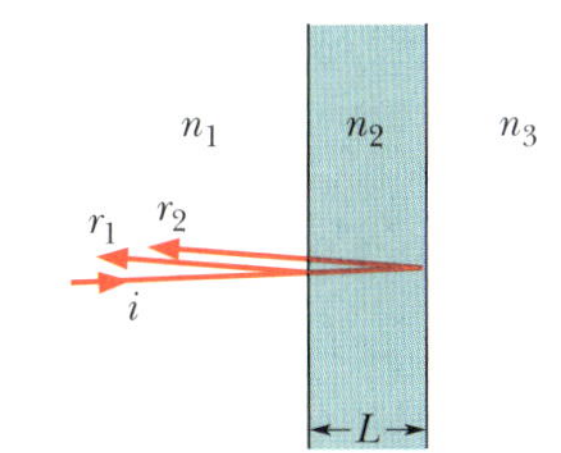

Figura 35.21 Problemas 41 a 52.

53 M A reflexão de um feixe de luz branca que incide perpendicularmente em uma película uniforme, de sabão, suspensa no ar, cujo índice de refração é 1,33, apresenta um máximo de interferência em 600 nm e o mínimo mais próximo está em 450 nm. Qual é a espessura da película?

54 M Uma onda plana de luz monocromática incide normalmente em um filme fino de óleo, de espessura uniforme, que cobre uma placa de vidro. É possível fazer variar continuamente o comprimento de onda da fonte luminosa. Uma interferência destrutiva da luz refletida é observada para comprimentos de onda de 500 e 700 nm e para nenhum outro comprimento de onda dentro desse intervalo. Se o índice de refração do óleo é 1,30 e o do vidro é 1,50, determine a espessura do filme de óleo.

Tabela 35.1 Problemas 41 a 52: Reflexão em Filmes Finos. As explicações estão no texto

	n_1	n_2	n_3	Tipo	L	λ
41	1,68	1,59	1,50	mín	2º	342
42	1,55	1,60	1,33	máx	285	
43	1,60	1,40	1,80	mín	200	
44	1,50	1,34	1,42	máx	2º	587
45	1,55	1,60	1,33	máx	3º	612
46	1,68	1,59	1,50	mín	415	
47	1,50	1,34	1,42	mín	380	
48	1,60	1,40	1,80	máx	2º	632
49	1,32	1,75	1,39	máx	3º	382
50	1,40	1,46	1,75	mín	2º	482
51	1,40	1,46	1,75	mín	210	
52	1,32	1,75	1,39	máx	325	

55 M Um petroleiro avariado derramou querosene ($n = 1{,}20$) no Golfo Pérsico, criando uma grande mancha na superfície da água ($n = 1{,}30$). (a) Se você está sobrevoando a mancha em um avião, com o Sol a pino, em uma região na qual a espessura da mancha é 460 nm, e olha diretamente para baixo, para qual (quais) comprimento(s) de onda da luz visível a reflexão é mais forte por causa da interferência construtiva? (b) Se você mergulhou para observar a mancha de baixo, para que comprimento(s) de onda da luz visível a intensidade da luz transmitida é máxima?

56 M Um filme fino com uma espessura de 272,7, suspenso no ar, é iluminado por um feixe de luz branca. O feixe é perpendicular ao filme e contém todos os comprimentos de onda do espectro visível. Na luz refletida pelo filme, a luz com um comprimento de onda de 600,0 nm sofre interferência construtiva. Para qual comprimento de onda a luz refletida sofre interferência destrutiva? (*Sugestão*: Faça uma hipótese razoável a respeito do índice de refração do filme.)

57 a 68 M *Transmissão em filmes finos*. Na Fig. 35.22, a luz incide perpendicularmente em um filme fino de um material 2 que está entre placas (espessas) dos materiais 1 e 3. (Os raios foram desenhados com uma pequena inclinação apenas para tornar a figura mais clara.) Parte da luz que penetra no material 2 chega ao material 3 na forma do raio r_3 (a luz que não é refletida pelo material 2), e parte chega ao material 3 na forma do raio r_4 (a luz que é refletida duas vezes no interior do material 2). As ondas representadas pelos raios r_3 e r_4 interferem de tal forma que a intensidade da onda resultante pode ser máxima (máx) ou mínima (mín). Para essa situação, os dados da Tabela 35.2 se referem aos índices de refração n_1, n_2 e n_3, ao tipo de interferência, à espessura L do filme fino em nanômetros e ao comprimento de onda λ em nanômetros da luz incidente, medido no ar. Nos problemas em que não é dado o comprimento de onda λ, pede-se o valor de λ que está na faixa da luz visível; nos problemas em que não é dada a espessura L, pede-se a segunda menor espessura ou a terceira menor espessura, de acordo com a indicação da tabela.

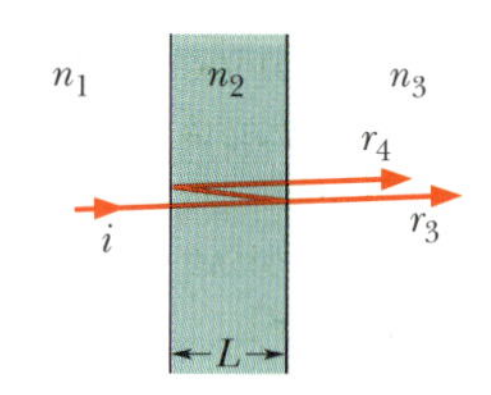

Figura 35.22 Problemas 57 a 68.

69 M Na Fig. 35.23, um feixe luminoso com um comprimento de onda de 630 nm incide perpendicularmente em um filme fino em forma de cunha com um índice de refração de 1,50. Um observador situado do outro lado do filme observa 10 franjas claras e 9 franjas escuras. Qual é a variação total de espessura do filme?

Tabela 35.2 **Problemas 57 a 68: Transmissão em Filmes Finos. As explicações estão no texto**

	n_1	n_2	n_3	Tipo	L	λ
57	1,55	1,60	1,33	mín	285	
58	1,32	1,75	1,39	mín	3º	382
59	1,68	1,59	1,50	máx	415	
60	1,50	1,34	1,42	máx	380	
61	1,32	1,75	1,39	mín	325	
62	1,68	1,59	1,50	máx	2º	342
63	1,40	1,46	1,75	máx	2º	482
64	1,40	1,46	1,75	máx	210	
65	1,60	1,40	1,80	mín	2º	632
66	1,60	1,40	1,80	máx	200	
67	1,50	1,34	1,42	mín	2º	587
68	1,55	1,60	1,33	mín	3º	612

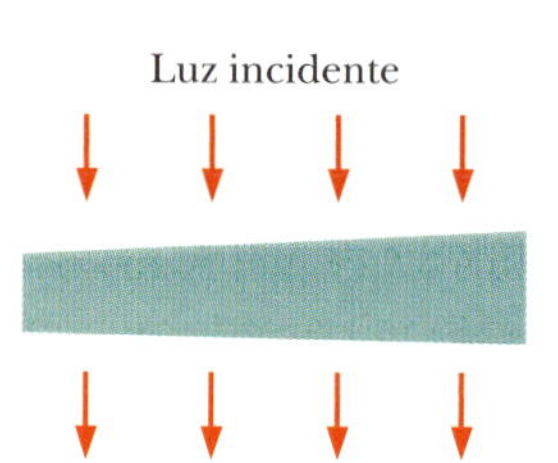

Figura 35.23 Problema 69.

70 M Na Fig. 35.24, um feixe de luz com um comprimento de onda de 620 nm incide perpendicularmente na placa superior de um par de placas de vidro que estão em contato na extremidade esquerda. O ar entre as placas se comporta como um filme fino, e um observador situado acima das placas vê uma figura de interferência. Inicialmente, existem uma franja escura na extremidade esquerda, uma franja clara na extremidade direita e nove franjas escuras fora das extremidades. Quando as placas são aproximadas a uma taxa constante, a franja do lado direito muda de clara para escura a cada 15,0 s. (a) A que taxa a distância entre as extremidades das placas na extremidade direita está variando? (b) Qual é o valor da variação no momento em que existem franjas escuras nas duas extremidades e cinco franjas escuras fora das extremidades?

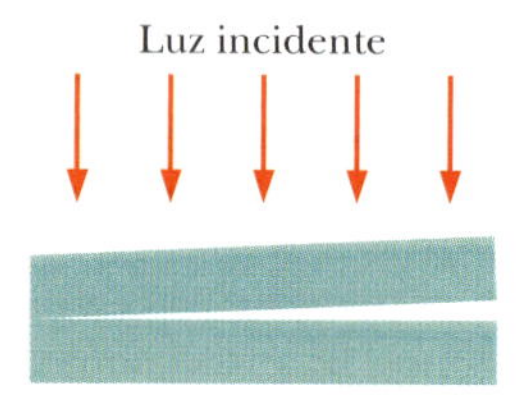

Figura 35.24 Problemas 70 a 74.

71 M Na Fig. 35.24, duas lâminas de microscópio estão em contato em uma das extremidades e separadas na outra. Quando uma luz com um comprimento de onda de 500 nm incide verticalmente na lâmina superior, um observador situado acima das lâminas vê uma figura de interferência na qual as franjas escuras estão separadas por uma distância de 1,2 mm. Qual é o ângulo entre as lâminas?

72 M Na Fig. 35.24, um feixe de luz monocromática incide perpendicularmente em duas placas de vidro mantidas em contato em uma das extremidades para criar uma cunha de ar. Um observador que olha para baixo através da placa superior vê 4.001 franjas escuras. Quando o ar entre as placas é removido, apenas 4.000 franjas são vistas. Use esses dados para calcular o índice de refração do ar com seis algarismos significativos.

73 M Na Fig. 35.24, uma fonte luminosa com um comprimento de onda de 683 nm ilumina perpendicularmente duas placas de vidro de 120 mm de comprimento que se tocam na extremidade esquerda e estão separadas por uma distância de 48,0 μm na extremidade direita. O ar entre as placas se comporta como um filme fino. Quantas franjas claras são vistas por um observador que olha para baixo através da placa superior?

74 M Duas placas retangulares de vidro ($n = 1{,}60$) estão em contato em uma das extremidades e separadas na outra extremidade (Fig. 35.24). Um feixe de luz com um comprimento de onda de 600 nm incide perpendicularmente à placa superior. O ar entre as placas se comporta como um filme fino. Um observador que olha para baixo através da placa superior vê nove franjas escuras e oito franjas claras. Quantas franjas escuras são vistas se a distância máxima entre as placas aumenta de 600 nm?

75 M A Fig. 35.25*a* mostra uma lente com raio de curvatura R pousada em uma placa de vidro e iluminada, de cima, por uma luz de comprimento de onda λ. A Fig. 35.25*b* (uma fotografia tirada de

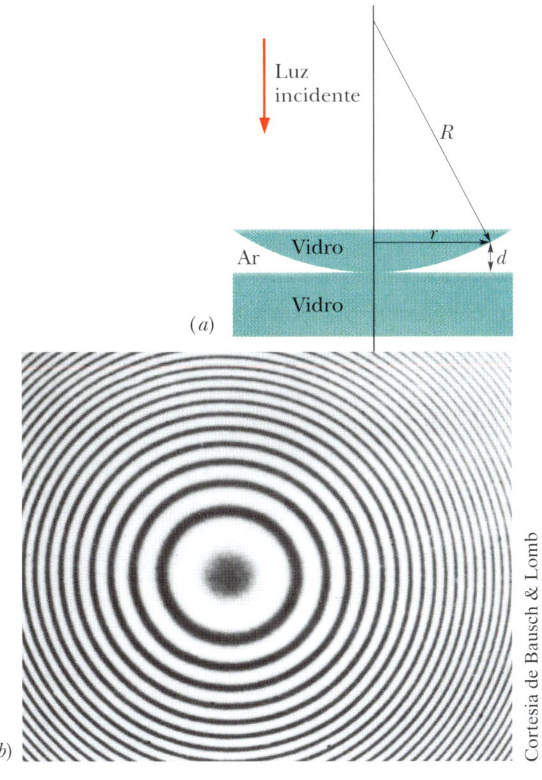

Figura 35.25 Problemas 75 a 77.

um ponto acima da lente) revela a existência de franjas de interferência circulares (os chamados *anéis de Newton*) associadas à espessura variável d do filme de ar que existe entre a lente e a placa. Determine os raios r dos anéis que correspondem aos máximos de interferência, supondo $r/R \ll 1$.

76 **M** Em um experimento com anéis de Newton (ver Problema 75), o raio de curvatura R da lente é 5,0 m e o diâmetro da lente é 20 mm. (a) Quantos anéis claros são formados? Suponha que $\lambda = 589$ nm. (b) Quantos anéis claros são formados quando o conjunto é imerso em água ($n = 1{,}33$)?

77 **M** Um experimento com anéis de Newton é usado para determinar o raio de curvatura de uma lente (ver Fig. 35.25 e Problema 75). Os raios dos anéis claros de ordem n e $n + 20$ são 0,162 e 0,368, respectivamente, para um comprimento de onda da luz de 546 nm. Calcule o raio de curvatura da superfície inferior da lente.

78 **D** Um filme fino de um líquido é mantido em um disco horizontal, com ar dos dois lados do filme. Um feixe de luz com um comprimento de onda de 550 nm incide perpendicularmente ao filme, e a intensidade I da reflexão é medida. A Fig. 35.26 mostra a intensidade I em função do tempo t; a escala do eixo horizontal é definida por $t_s = 20{,}0$ s. A intensidade muda por causa da evaporação nas duas superfícies do filme. Suponha que o filme é plano, que as duas superfícies do filme são paralelas e que o filme tem um raio de 1,80 cm e um índice de refração de 1,40. Suponha também que o volume do filme diminui a uma taxa constante. Determine essa taxa.

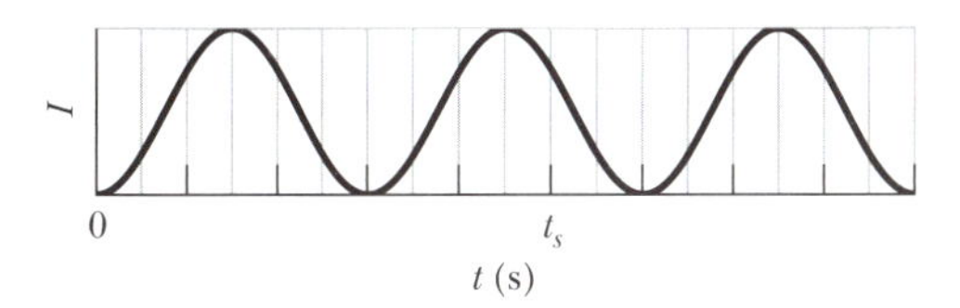

Figura 35.26 Problema 78.

Módulo 35.5 Interferômetro de Michelson

79 **F** Se o espelho M_2 de um interferômetro de Michelson (Fig. 35.5.1) é deslocado de 0,233 mm, a figura de interferência se desloca de 792 franjas claras. Qual é o comprimento de onda da luz responsável pela figura de interferência?

80 **F** Um filme fino com um índice de refração $n = 1{,}40$ é colocado em um dos braços de um interferômetro de Michelson, perpendicularmente à trajetória da luz. Se a introdução do filme faz com que a figura de interferência produzida por uma luz com um comprimento de onda de 589 nm se desloque de 7,0 franjas claras, qual é a espessura do filme?

81 **M** Uma câmara selada contendo ar à pressão atmosférica, com 5,0 cm de comprimento e janelas de vidro, é colocada em um dos braços de um interferômetro de Michelson, como na Fig. 35.27. (As janelas de vidro da câmara têm uma espessura tão pequena que sua influência pode ser desprezada.) Uma luz de comprimento de onda $\lambda = 500$ nm é usada. Quando a câmara é evacuada, as franjas claras se deslocam 60 posições. A partir desses dados, determine o índice de refração do ar à pressão atmosférica com seis algarismos significativos.

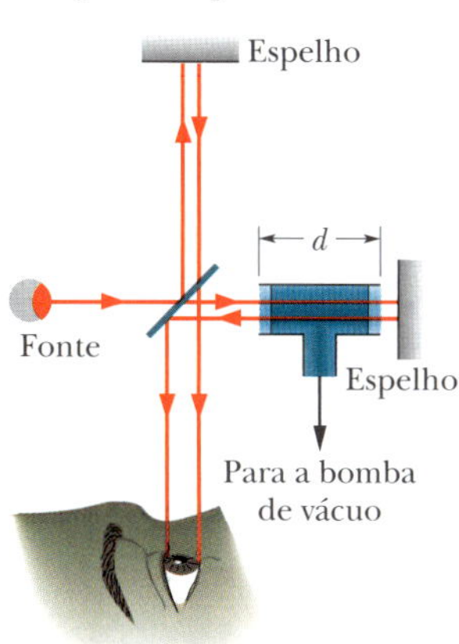

Figura 35.27 Problema 81.

82 **M** O elemento sódio pode emitir luz de dois comprimentos de onda, $\lambda_1 = 589{,}10$ nm e $\lambda_2 = 589{,}59$ nm. A luz do sódio é usada em um interferômetro de Michelson (Fig. 35.5.1). Qual deve ser o deslocamento do espelho M_2 para que o deslocamento da figura de interferência produzida por um dos comprimentos de onda seja de 1,00 franja a mais que o deslocamento da figura de interferência produzida pelo outro comprimento de onda?

Problemas Adicionais

83 Dois raios luminosos, inicialmente em fase e com um comprimento de onda de 500 nm, percorrem diferentes trajetórias sofrendo reflexões em espelhos planos, como mostra a Fig. 35.28. (As reflexões não produzem mudanças de fase.) (a) Qual é o menor valor de d para o qual os raios têm fases opostas ao deixarem a região? (Ignore a ligeira inclinação da trajetória do raio 2.) (b) Repita o problema supondo que o sistema está imerso em uma solução de proteínas com um índice de refração de 1,38.

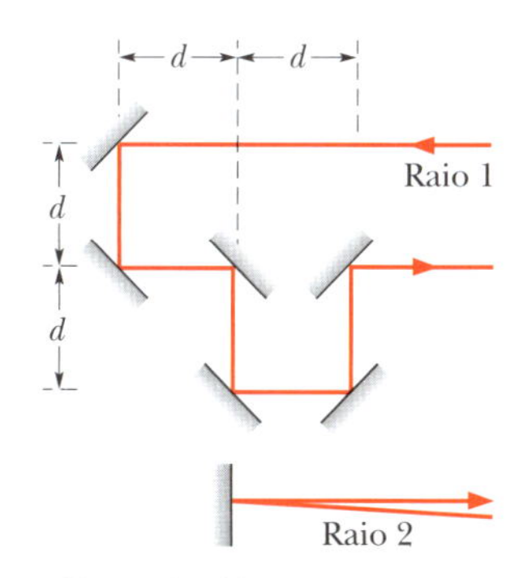

Figura 35.28 Problema 83.

84 Na Fig. 35.29, duas fontes pontuais isotrópicas S_1 e S_2 emitem luz em fase com a mesma amplitude e o mesmo comprimento de onda λ. As fontes estão no eixo x, separadas por uma distância $d = 6{,}00\lambda$. Uma tela de observação paralela ao plano yz está situada a uma distância $D = 20{,}0\lambda$ de S_2. A figura mostra dois raios chegando ao ponto P da tela, situado a uma altura y_P.

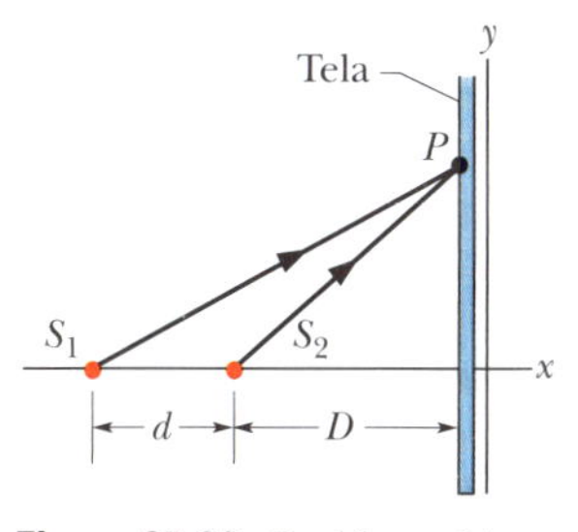

Figura 35.29 Problema 84.

(a) Para qual valor de y_P os raios apresentam a menor diferença de fase possível? (b) Que múltiplo de λ representa a menor diferença de fase possível? (c) Para qual valor de y_P os raios apresentam a maior diferença de fase possível? Que múltiplo de λ representa (d) a maior diferença de fase possível e (e) a diferença de fase para $y_P = d$? (f) Para $y_P = d$, a intensidade no ponto P é máxima, mínima, mais próxima do máximo, ou mais próxima do mínimo?

85 Um experimento de dupla fenda produz franjas claras para a luz do sódio ($\lambda = 589$ nm) com uma separação angular de 0,30° perto do centro da figura de interferência. Qual é a separação angular das franjas claras se o equipamento for imerso em água, cujo índice de refração é 1,33?

86 Na Fig. 35.30*a*, as ondas associadas aos raios 1 e 2 estão inicialmente em fase e têm o mesmo comprimento de onda λ no ar. O raio 2 atravessa um material de comprimento L e índice de refração n. Os raios são refletidos por espelhos para um ponto comum P, situado em uma tela. Suponha ser possível fazer n variar de $n = 1,0$ até $n = 2,5$. Suponha também que, de $n = 1,0$ a $n = n_s = 1,5$, a intensidade I da luz no ponto P varia com n da forma indicada na Fig. 35.30*b*. Para quais valores de n maiores que 1,4 a intensidade I (a) é máxima e (b) é zero? (c) Que múltiplo de λ corresponde à diferença de fase entre os raios no ponto P para $n = 2,0$?

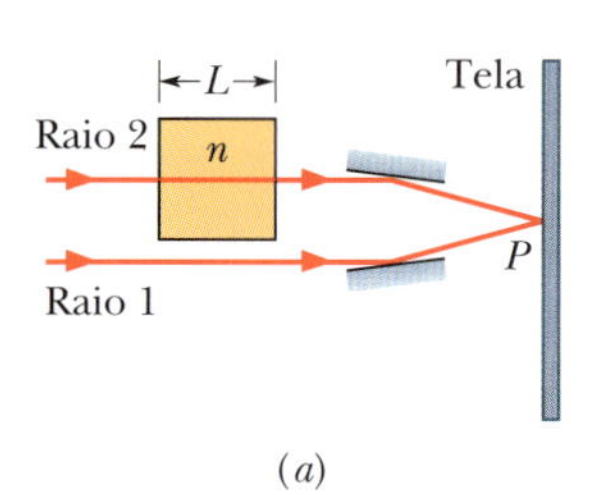

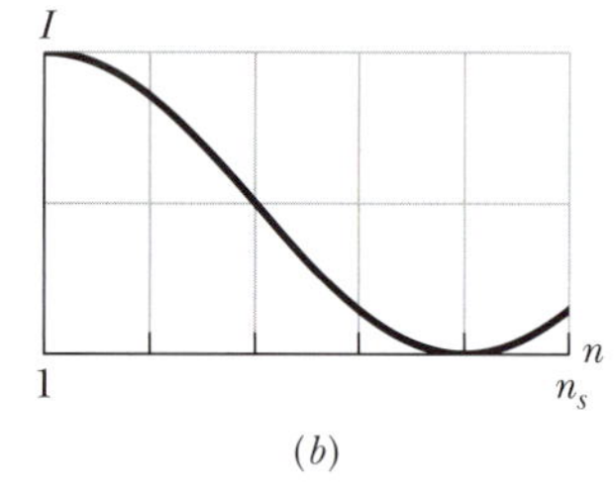

Figura 35.30 Problemas 86 e 87.

87 Na Fig. 35.30*a*, as ondas associadas aos raios 1 e 2 estão inicialmente em fase e têm o mesmo comprimento de onda λ no ar. O raio 2 atravessa um material de comprimento L e índice de refração n. Os raios são refletidos por espelhos para um ponto comum P, situado em uma tela. Suponha que seja possível fazer L variar de 0 a 2.400 nm. Suponha também que, de $L = 0$ até $L_s = 900$ nm, a intensidade I da luz no ponto P varia com L da forma indicada na Fig. 35.31. Para quais valores de L maiores que 900 nm a intensidade I (a) é máxima e (b) é zero? (c) Que múltiplo de λ corresponde à diferença de fase entre os raios no ponto P para $L = 1.200$ nm?

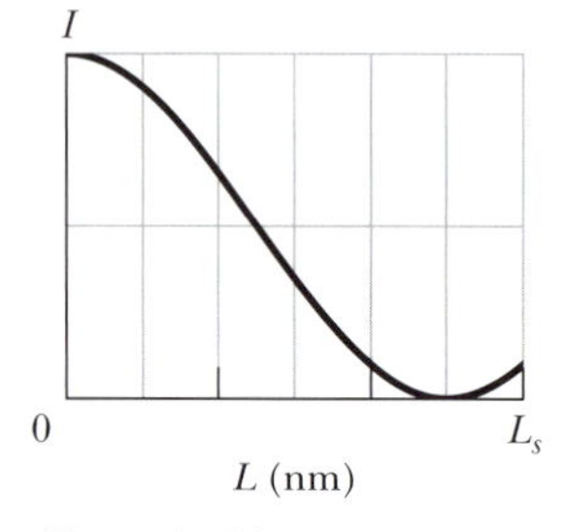

Figura 35.31 Problema 87.

88 Uma onda luminosa com um comprimento de onda de 700,0 nm percorre uma distância de 2.000 nm no ar. Se a mesma distância for percorrida em um material cujo índice de refração é 1,400, qual será o deslocamento de fase, em graus, introduzido pelo material? Calcule (a) o deslocamento total e (b) o deslocamento equivalente com um valor menor que 360°.

89 Na Fig. 35.32, um transmissor de micro-ondas situado a uma altura a acima do nível da água de um lago transmite micro-ondas de comprimento de onda λ em direção a um receptor na margem oposta, situado a uma altura x acima do nível da água. As micro-ondas que se refletem na superfície do lago interferem com as micro-ondas que se propagam diretamente no ar. Supondo que a largura D do lago é muito maior que a e x, e que $\lambda \geq a$, para quais valores de x o sinal que chega ao receptor tem a maior intensidade possível? (*Sugestão*: Verifique se a reflexão resulta em uma mudança de fase.)

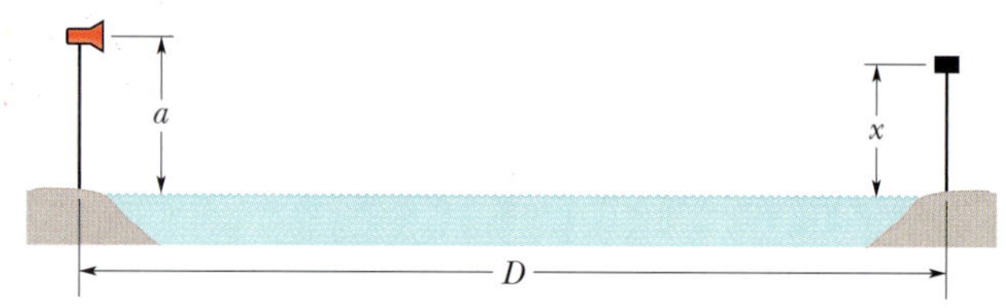

Figura 35.32 Problema 89.

90 Na Fig. 35.33, duas fontes pontuais isotrópicas S_1 e S_2 emitem luz com um comprimento de onda $\lambda = 400$ nm. A fonte S_1 está situada no ponto $y = 0,640$ nm; a fonte S_2 está situada no ponto $y = -640$ nm. A onda produzida por S_2 chega ao ponto P_1 (situado em $x = 720$ nm) adiantada de $0,600\pi$ rad em relação à onda produzida por S_1. (a) Que múltiplo de λ corresponde à diferença de fase entre as ondas produzidas pelas duas fontes no ponto P_2, situado em $y = 0,720$ nm? (O desenho não está em escala.) (b) Se as ondas chegam a P_2 com intensidades iguais, a interferência é construtiva, destrutiva, mais próxima de construtiva, ou mais próxima de destrutiva?

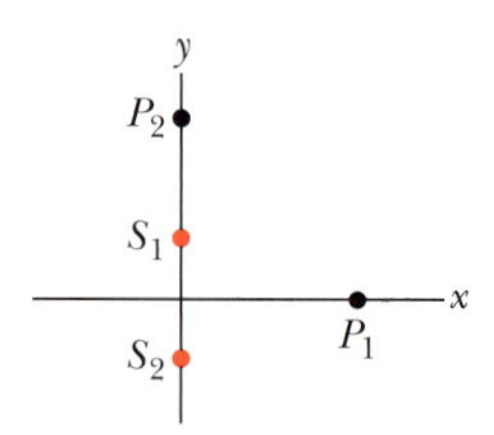

Figura 35.33 Problema 90.

91 CVF Ondas oceânicas, com uma velocidade de 4,0 m/s, se aproximam de uma praia fazendo um ângulo $\theta_1 = 30°$ com a normal, como se vê na vista de cima da Fig. 35.34. Suponha que a profundidade da água muda bruscamente perto da praia, fazendo a velocidade das ondas diminuir para 3,0 m/s. (a) Qual é o ângulo θ_2 entre a direção das ondas e a normal quando as ondas chegam à praia? (Suponha que a lei de refração é a mesma que para a luz.) (b) Explique por que, na maioria das vezes, as ondas incidem perpendicularmente à praia, mesmo quando se aproximam da costa fazendo um ângulo relativamente grande com a normal.

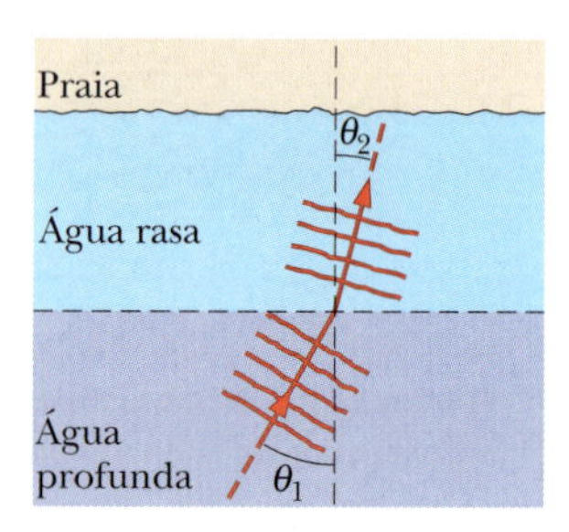

Figura 35.34 Problema 91.

92 A Fig. 35.35*a* mostra dois raios luminosos, com um comprimento de onda no ar de 400 nm, que estão inicialmente em fase enquanto se propagam para cima em um bloco de plástico. O raio r_1 atravessa o plástico e chega ao ar. Antes de chegar ao ar, o raio r_2 passa por um líquido contido em uma cavidade do plástico. A altura $L_{\text{líq}}$ do líquido é inicialmente 40,0 μm, mas o líquido começa a evaporar. Seja ϕ a diferença de fase entre os raios r_1 e r_2 ao chegarem ao ar. A Fig. 35.35*b* mostra o valor de ϕ em função da altura $L_{\text{líq}}$ do líquido, com ϕ em comprimentos de onda e a escala do eixo horizontal definida por $L_s = 40,00$ μm. Determine (a) o índice de refração do plástico e (b) o índice de refração do líquido.

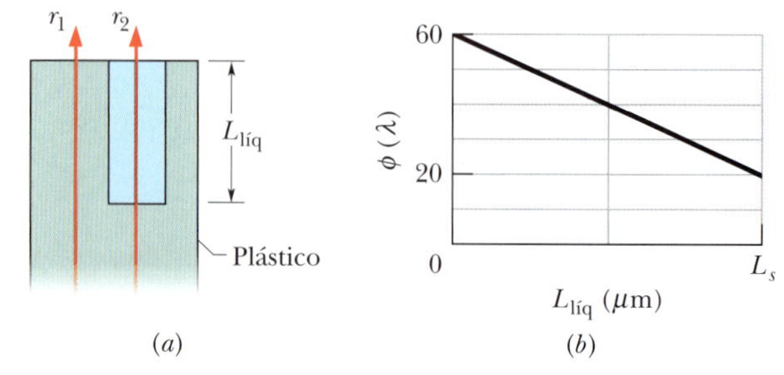

Figura 35.35 Problema 92.

93 Se a distância entre o primeiro e o décimo mínimos de uma figura de interferência de dupla fenda é 18,0 mm, a distância entre as fendas é 0,150 mm e a tela está a 50,0 cm de distância das fendas, qual é o comprimento de onda da luz?

94 A Fig. 35.36 mostra uma fibra ótica na qual um núcleo central de plástico, com um índice de refração $n_1 = 1{,}58$, é envolvido por um revestimento de plástico com um índice de refração $n_2 = 1{,}53$. Os raios luminosos se propagam ao longo de diferentes trajetórias no núcleo central, o que leva a diferentes tempos de percurso. Isso faz com que um pulso de luz inicialmente estreito se alargue ao trafegar pela fibra, o que reduz a qualidade do sinal. Considere a luz que se propaga ao longo do eixo central e a luz que é refletida repetidamente com o ângulo crítico na interface entre o núcleo e o revestimento. Qual é a diferença entre os tempos de percurso para uma fibra ótica com 300 m de comprimento?

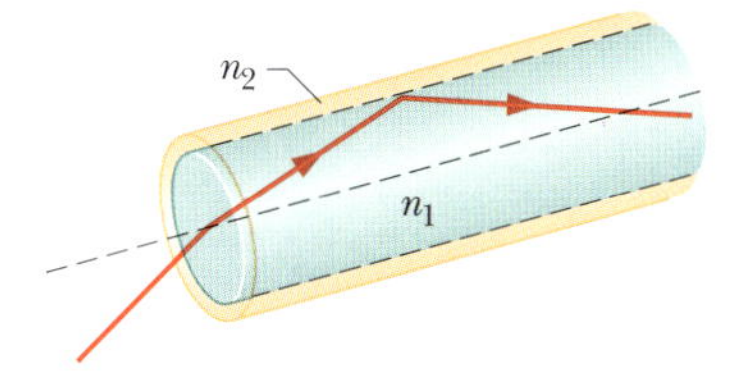

Figura 35.36 Problema 94.

95 Duas fendas paralelas são iluminadas com uma luz monocromática cujo comprimento de onda é 500 nm. Uma figura de interferência aparece em uma tela situada a certa distância das fendas, e a quarta franja escura está a 1,68 cm de distância da franja clara central. (a) Qual é a diferença de percurso correspondente à quarta franja escura? (b) Qual é a distância na tela entre a franja clara central e a primeira franja clara de cada lado da franja central? (*Sugestão*: Os ângulos da quarta franja escura e da primeira franja clara são tão pequenos que $\tan\theta \approx \operatorname{sen}\theta$.)

96 A lente de uma câmera, cujo índice de refração é maior que 1,30, é revestida com um filme fino, transparente, com um índice de refração de 1,25 para eliminar por interferência a reflexão de luz com comprimento de onda λ que incide perpendicularmente à lente. Que múltiplo de λ corresponde à espessura mínima de um filme que atende a estas especificações?

97 Uma luz de comprimento de onda λ é usada em um interferômetro de Michelson. Seja x a posição do espelho móvel, com $x = 0$ no ponto em que os braços têm comprimentos iguais. Escreva uma expressão para a intensidade da luz observada em função de x, chamando de I_m a intensidade máxima.

98 Em dois experimentos, dois raios luminosos percorrem diferentes trajetórias sofrendo reflexões em espelhos planos, como na Fig. 35.14. No primeiro experimento, os raios 1 e 2 estão inicialmente em fase e têm um comprimento de onda de 620,0 nm. No segundo experimento, os raios 1 e 2 estão inicialmente em fase e têm um comprimento de onda de 496,0 nm. Qual é o menor valor da distância L para que as ondas de 620,0 nm deixem a região em fase e as ondas de 496,0 nm deixem a região com fases opostas?

99 A Fig. 35.37 mostra um jogo de fliperama que foi lançado no Texas. Quatro pistolas de *laser* são apontadas para o centro de um conjunto de placas de plástico, onde se encontra o alvo, um tatu de barro. Os índices de refração das placas são $n_1 = 1{,}55$, $n_2 = 1{,}70$, $n_3 = 1{,}45$, $n_4 = 1{,}60$, $n_5 = 1{,}45$, $n_6 = 1{,}61$, $n_7 = 1{,}59$, $n_8 = 1{,}70$ e $n_9 = 1{,}60$. A espessura das camadas é 2,00 mm ou 4,00 mm, como mostra a figura. Determine o tempo que a luz leva para chegar à região central para um disparo (a) da pistola 1, (b) da pistola 2, (c) da pistola 3 e (d) da pistola 4. (e) Se as quatro pistolas forem disparadas simultaneamente, que disparo será o primeiro a atingir o alvo?

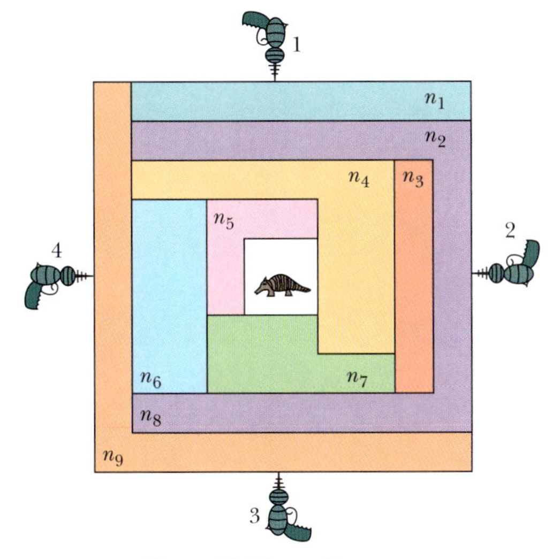

Figura 35.37 Problema 99.

100 *Incidência oblíqua da luz em um filme fino.* Suponha que, na Figura 35.4.1, o ângulo de incidência da luz seja $\theta_i > 0$ e escreva expressões análogas às Eqs. 35.4.6 e 35.4.7 que forneçam os máximos e mínimos de interferência para as ondas dos raios r_1 e r_2 em função do ângulo de incidência θ_i, do comprimento de onda λ, da espessura do filme L e do índice de refração do filme $n_2 > n_1 = n_3 = 1{,}0$.

101 *Tempo mínimo.* A Fig. 35.38 mostra um raio luminoso que se propaga do ponto A para o ponto B passando por regiões com índices de refração n_1 e n_2. Mostre que o trajeto de A para B que leva o menor tempo é aquele para o qual os ângulos θ_1 e θ_2 estão relacionados pela lei de Snell.

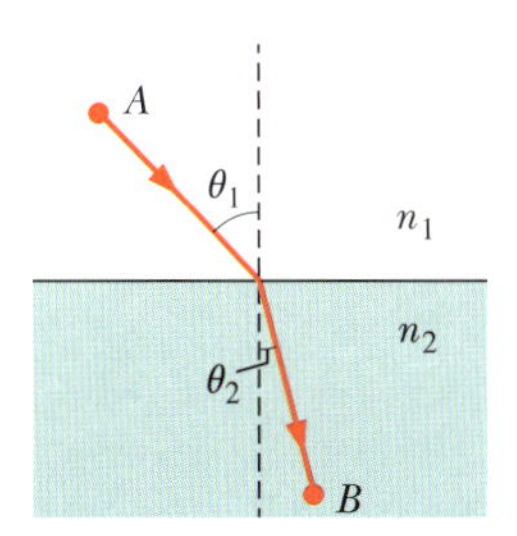

Figura 35.38 Problema 101.

102 *Reta com pontos claros e escuros.* A Fig. 35.19 mostra duas fontes pontuais S_1 e S_2, separadas por uma distância $d = 2{,}00\ \mu$m, que emitem luz de comprimento de onda $\lambda = 500$ nm e mesma amplitude. As emissões são isotrópicas e em fase. As ondas das duas fontes interferem em todos os pontos P do eixo x. Quando P está muito distante da origem ($x \to \infty$, (a) qual é a diferença de fase entre as ondas provenientes das fontes S_1 e S_2 e (b) que tipo de interferência acontece (quase totalmente construtiva ou quase totalmente destrutiva)? (c) Quando o ponto P é deslocado ao longo do eixo x na direção da fonte S_1, a diferença de fase entre as ondas provenientes das fontes S_1 e S_2 aumenta ou diminui? (d) a (o) Complete a Tabela 35.3 calculando, para cada diferença de fase, o tipo de interferência e a coordenada x do ponto em que a interferência acontece.

Tabela 35.3 Problema 102: Itens (d) a (o)

Diferença de Fase	Tipo	Coordenada x
0	(d)	(e)
0,500λ	(f)	(g)
1,00λ	(h)	(i)
1,50λ	(j)	(k)
2,00λ	(l)	(m)
2,50λ	(n)	(o)

103 *Anéis de Newton vizinhos.* (a) Use o resultado do Problema 75 e o teorema binomial (Apêndice E) para mostrar que, no caso de anéis de Newton claros (máximos de intensidade da luz), a diferença entre os raios de anéis vizinhos é dada por

$$\Delta r = r_{m+1} - r_m \approx \tfrac{1}{2}\sqrt{\lambda R/m}\,,$$

para $m \gg 1$. (b) Mostre que a *área* entre dois anéis claros vizinhos é dada por

$$A = \pi\lambda R.$$

para $m \gg 1$. Note que a área não depende de m.

CAPÍTULO 36

Difração

36.1 DIFRAÇÃO POR UMA FENDA

Objetivos do Aprendizado

Depois de ler este módulo, você será capaz de ...

36.1.1 Descrever a difração de ondas luminosas por uma fenda estreita e um obstáculo, e descrever as figuras de interferência resultantes.

36.1.2 Descrever o experimento que confirmou a existência do ponto claro de Fresnel.

36.1.3 Usar um desenho para descrever a difração por uma fenda.

36.1.4 Usar um desenho para explicar de que forma a divisão de uma fenda em várias partes permite obter a equação que fornece os ângulos dos mínimos da figura de difração.

36.1.5 Conhecer as relações entre a largura de uma fenda ou de um obstáculo, o comprimento de onda da luz, os ângulos dos mínimos da figura de difração, a distância da tela de observação e a distância entre os mínimos e o centro da figura de difração.

36.1.6 Desenhar a figura de difração produzida por uma luz monocromática, identificando o máximo central e algumas franjas claras e escuras, como, por exemplo, o primeiro mínimo.

36.1.7 Saber o que acontece com a figura de difração quando o comprimento de onda da luz varia e quando a largura da fenda ou do obstáculo responsável pela difração varia.

Ideias-Chave

- Quando as ondas encontram um obstáculo ou uma fenda de dimensões comparáveis com o comprimento de onda, as ondas se espalham e sofrem interferência. Esse tipo de interferência é chamado de difração.
- Quando a luz passa por uma fenda estreita, de largura a, produz, em uma tela de observação, uma figura de difração de uma fenda que consiste em um máximo central (franja clara) e uma série de franjas claras laterais separadas por mínimos cujas posições angulares são dadas pela equação

$$a \operatorname{sen} \theta = m\lambda, \quad \text{para } m = 1, 2, 3, \ldots \quad \text{(mínimos)}$$

em que θ é o ângulo do mínimo em relação ao eixo central e λ é o comprimento de onda da luz.
- Os máximos estão situados aproximadamente a meio caminho entre os mínimos.

O que É Física?

Um dos objetivos da física no estudo da luz é compreender e utilizar a difração sofrida pela luz ao atravessar uma fenda estreita ou (como veremos a seguir) ao passar por um obstáculo. Já mencionamos esse fenômeno no Capítulo 35, quando dissemos que um feixe luminoso se alarga ao passar por fendas no experimento de Young. Acontece que a difração causada por uma fenda é um fenômeno mais complexo que um simples alargamento, pois a luz também interfere consigo mesma, produzindo uma figura de interferência. É graças a complicações como essa que a luz pode ser usada em muitas aplicações. Embora a difração da luz, ao atravessar uma fenda ou passar por um obstáculo, possa parecer uma questão puramente acadêmica, muitos cientistas e engenheiros ganham a vida usando esse fenômeno, para o qual existe um número incontável de aplicações.

Antes de discutir algumas dessas aplicações, vamos examinar a relação entre a difração e a natureza ondulatória da luz.

Difração e a Teoria Ondulatória da Luz

No Capítulo 35 definimos difração, sem muito rigor, como o alargamento sofrido por um feixe luminoso ao passar por uma fenda estreita. Algo mais acontece, porém, já que a difração, além de alargar um feixe luminoso, produz uma figura de interferência conhecida como **figura de difração**. Quando a luz monocromática de uma fonte distante (ou de um *laser*) passa por uma fenda estreita e é interceptada por uma tela de observação, aparece na tela uma figura de difração como a mostrada na Fig. 36.1.1. A figura é formada por um máximo central largo e intenso (muito claro) e uma série de máximos mais estreitos e menos intensos (que são chamados de máximos **secundários** ou **laterais**) dos dois lados do máximo central. Os máximos são separados por mínimos. A luz também chega a essas regiões, mas as ondas luminosas se cancelam mutuamente.

Uma figura como essa não pode ser explicada pela ótica geométrica: Se a luz viajasse em linha reta, na forma de raios, a fenda permitiria que alguns raios passassem e produzissem na tela uma imagem nítida da fenda, de cor clara, em lugar da série de franjas claras e escuras que vemos na Fig. 36.1.1. Como no Capítulo 35, somos forçados a concluir que a ótica geométrica é apenas uma aproximação.

Obstáculos. A difração da luz não está limitada a situações em que a luz passa por uma abertura estreita, como uma fenda ou um orifício; ela também acontece quando a luz encontra obstáculos, como as bordas da lâmina de barbear da Fig. 36.1.2. Observe as linhas de máxima e mínima iluminação, aproximadamente paralelas tanto às bordas externas como às bordas internas. Quando a luz passa, digamos, pela borda vertical da esquerda, ela é espalhada para a direita e para a esquerda e sofre interferência, produzindo franjas claras e escuras ao longo da borda. A extremidade direita da figura de interferência está, na verdade, em uma região que ficaria na sombra da lâmina se a ótica geométrica prevalecesse.

Moscas Volantes. Encontramos um exemplo simples de difração quando olhamos para um céu sem nuvens e vemos pequenos pontos e filamentos flutuando diante dos olhos. Essas *moscas volantes*, como são chamadas, aparecem quando a luz passa por pequenos depósitos opacos existentes no humor vítreo, a substância gelatinosa que ocupa a maior parte do globo ocular. O que vemos quando uma mosca volante entra em nosso campo visual é a figura de difração produzida por um desses depósitos. Quando olhamos para o céu através de um orifício feito em uma folha opaca, de modo a tornar a luz que chega ao olho uma onda aproximadamente plana, podemos ver claramente os máximos e mínimos da figura de difração. CVF

Megafones. A difração é um efeito ondulatório, ou seja, acontece porque a luz é uma onda e também é observada em outros tipos de onda. Quando você fala para uma multidão, por exemplo, sua voz pode ser não ouvida porque as ondas sonoras sofrem uma difração ao passarem pela abertura estreita da boca, espalhando-se, e reduzindo a intensidade do som que chega aos ouvintes que estão situados à sua frente. Para combater a difração, você pode utilizar um megafone. Nesse caso, as ondas sonoras emergem de uma abertura muito maior na extremidade do megafone. Isso faz com que as ondas se espalhem menos e o som chegue aos ouvintes com maior intensidade. CVF

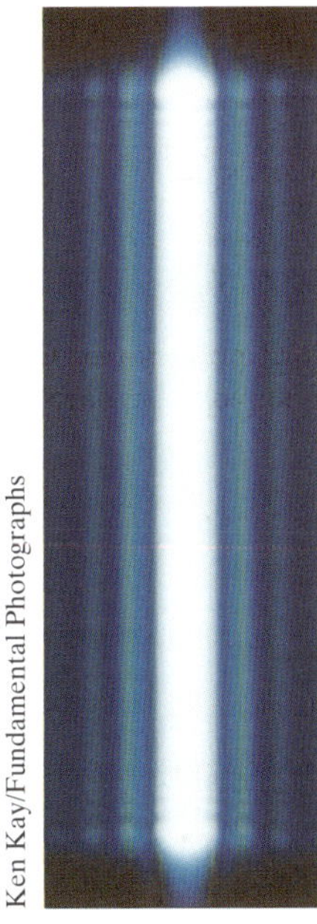

Figura 36.1.1 Esta figura de difração apareceu em uma tela de observação quando a luz que havia passado por uma fenda vertical estreita chegou à tela. A difração fez com que o feixe luminoso se alargasse perpendicularmente à maior dimensão da fenda, produzindo uma figura de interferência constituída por um máximo central e máximos secundários (ou laterais) menos intensos, separados por mínimos.

Ponto Claro de Fresnel

O fenômeno da difração é explicado facilmente pela teoria ondulatória da luz. Essa teoria, porém, proposta originalmente por Huygens no fim do século XVII e usada 123 anos mais tarde por Young para explicar o fenômeno na interferência nos experimentos de dupla fenda, levou muito tempo para ser aceita pela maioria dos cientistas, provavelmente porque não estava de acordo com a teoria de Newton, de que a luz é feita de partículas.

A teoria de Newton dominava os círculos científicos franceses no início do século XIX, época em que Augustin Fresnel era um jovem engenheiro militar. Fresnel, que acreditava na teoria ondulatória da luz, submeteu um artigo à Academia Francesa de Ciências no qual descrevia seus experimentos com a luz e os explicava usando a teoria ondulatória.

Em 1819, a Academia, dominada por partidários de Newton e disposta a provar que a teoria ondulatória estava errada, promoveu um concurso no qual seria premiado o melhor trabalho sobre difração. O vencedor foi Fresnel. Os newtonianos, porém, não se deixaram convencer nem se calaram. Um deles, S. D. Poisson, chamou atenção para o "estranho fato" de que, se a teoria de Fresnel estivesse correta, as ondas luminosas convergiriam para a sombra de uma esfera ao passarem pela borda do objeto, produzindo um ponto luminoso no centro da sombra. A comissão julgadora

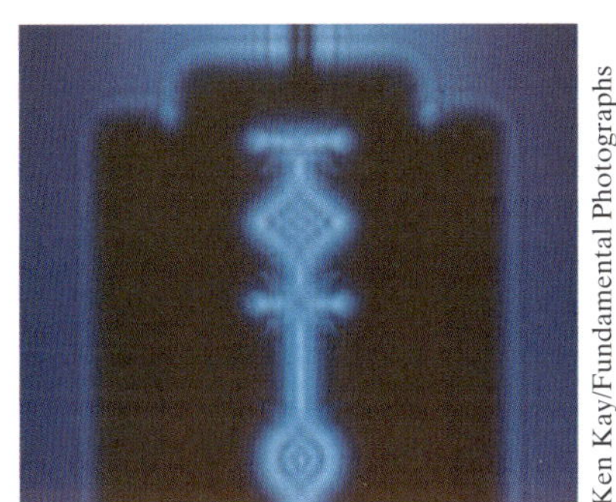

Figura 36.1.2 Figura de difração produzida por uma lâmina de barbear iluminada com luz monocromática. Observe as linhas alternadamente claras e escuras paralelas às bordas da lâmina.

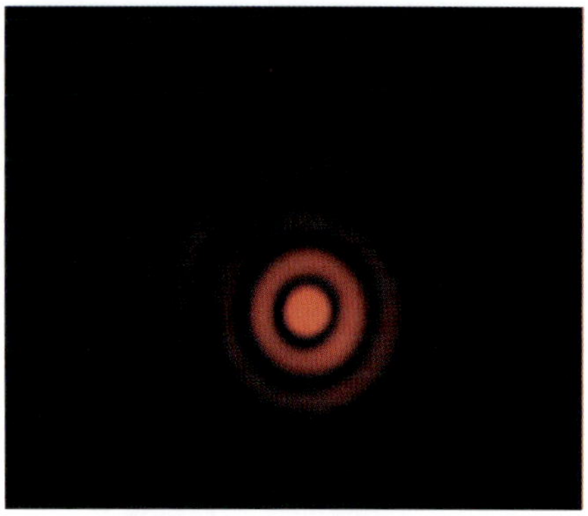

Cortesia de Jearl Walker

Figura 36.1.3 Fotografia da figura de difração produzida por um disco. Observe os anéis de difração concêntricos e o ponto claro de Fresnel no centro. Este experimento é praticamente igual ao que foi realizado pela comissão julgadora para testar a teoria de Fresnel, pois tanto a esfera usada pela comissão como o disco usado para obter esta foto possuem uma seção reta com uma borda circular.

realizou um teste e descobriu (Fig. 36.1.3) que o *ponto claro de Fresnel*, como é hoje chamado, realmente existia! Nada melhor, para convencer os incrédulos de que uma teoria está correta, do que a verificação experimental de uma previsão inesperada e aparentemente absurda. CVF

Difração por uma Fenda: Posições dos Mínimos

Vamos agora estudar a figura produzida por ondas luminosas planas de comprimento de onda λ ao serem difratadas por um anteparo B com uma fenda estreita e comprida, de largura a, como a que aparece na Fig. 36.1.4. (Na figura, a dimensão maior da fenda é perpendicular ao papel, e as frentes de onda da luz incidente são paralelas ao anteparo B.) Quando a luz difratada chega à tela de observação C, ondas provenientes de diferentes pontos da fenda sofrem interferência e produzem na tela uma série de franjas claras e escuras (máximos e mínimos de interferência). Para determinar a posição das franjas, vamos usar um método semelhante ao que empregamos para determinar a posição das franjas de interferência produzidas no experimento de dupla fenda. No caso da difração, as dificuldades matemáticas são bem maiores que no caso da dupla fenda, de modo que obteremos apenas uma expressão para as franjas escuras.

Antes, porém, podemos justificar a franja clara central da Fig. 36.1.1 observando que as ondas secundárias de Huygens provenientes de bordas opostas da fenda percorrem aproximadamente a mesma distância para chegar ao centro da figura e, portanto, estão em fase nessa região. Quanto às outras franjas claras, podemos dizer apenas que se encontram aproximadamente a meio caminho das franjas escuras mais próximas.

Pares. Para determinar a posição das franjas escuras, recorremos a um artifício engenhoso, que consiste em dividir em pares todos os raios que passam pela fenda e descobrir as condições para que as ondas secundárias associadas aos raios de cada par se cancelem mutuamente. Usamos essa estratégia na Fig. 36.1.4 para determinar a posição da primeira franja escura (ponto P_1). Em primeiro lugar, dividimos mentalmente a fenda em duas *regiões* de mesma largura $a/2$. Em seguida, estendemos até P_1 um raio luminoso r_1 proveniente da extremidade superior da região de cima e um raio luminoso r_2 proveniente da extremidade superior da região de baixo. Traçamos também um eixo central que passa pelo centro da fenda e é perpendicular à tela C; a posição do ponto P_1 pode ser definida pelo ângulo θ entre a reta que liga o centro da fenda ao ponto P_1 e o eixo central.

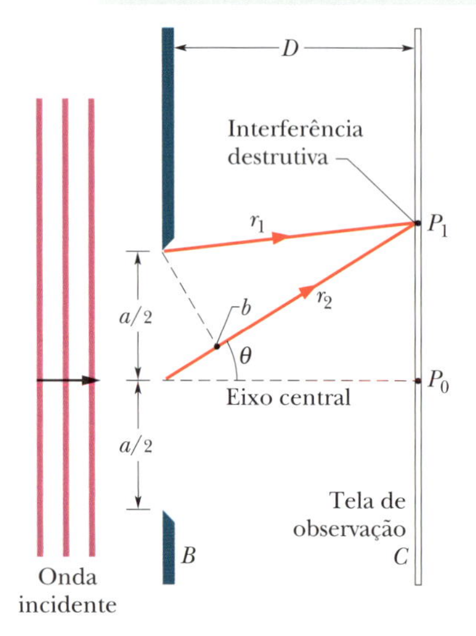

Figura 36.1.4 Os raios provenientes da extremidade superior de duas regiões de largura $a/2$ sofrem interferência destrutiva no ponto P_1 da tela de observação C.

Diferenças de Percurso. As ondas secundárias associadas aos raios r_1 e r_2 estão em fase ao saírem da fenda porque pertencem à mesma frente de onda, mas, para produzirem a primeira franja escura, devem estar defasadas de $\lambda/2$ ao chegarem ao ponto P_1. Essa diferença de fase se deve à diferença de percurso; a distância é maior para o raio r_2 que para o raio r_1. Para determinar a diferença, escolhemos um ponto b da trajetória do raio r_2 tal que a distância de b a P_1 seja igual à distância total percorrida pelo raio r_1. Nesse caso, a diferença entre as distâncias percorridas pelos dois raios é igual à distância entre b e o centro da fenda.

Quando a tela de observação C está próxima do anteparo B, como na Fig. 36.1.4, a figura de difração que aparece na tela C é difícil de descrever matematicamente. Os cálculos se tornam muito mais simples quando a distância D entre a tela C e o anteparo B é muito maior que a largura a da fenda. Nesse caso, podemos supor que r_1 e r_2 são aproximadamente paralelos e fazem um ângulo θ com o eixo central (Fig. 36.1.5). Podemos também supor que o triângulo formado pelo ponto b, pela extremi-

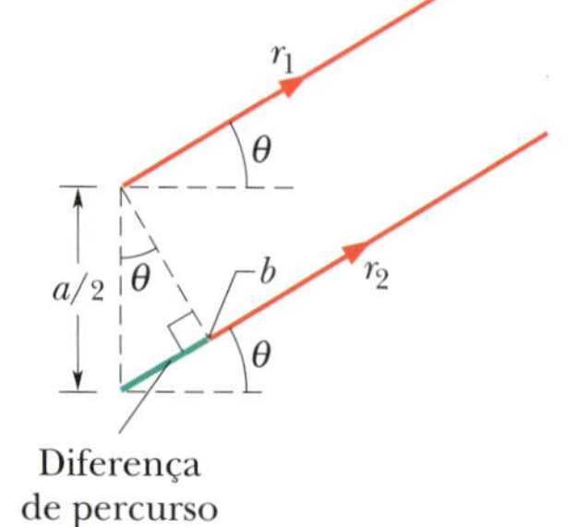

Figura 36.1.5 Para $D \gg a$, podemos supor que os raios r_1 e r_2 são aproximadamente paralelos e fazem um ângulo θ com o eixo central.

dade superior da fenda e pelo centro da fenda é um triângulo retângulo e que um dos ângulos internos do triângulo é θ. A diferença entre as distâncias percorridas pelos raios r_1 e r_2 (que, nessa aproximação, continua a ser a distância entre o centro da fenda e o ponto b) é igual a $(a/2)$ sen θ.

Primeiro Mínimo. Podemos repetir essa análise para qualquer outro par de raios que se originem em pontos correspondentes das duas regiões (nos pontos médios das regiões, por exemplo) e terminem no ponto P_1. Para todos esses raios, a diferença entre as distâncias percorridas é $(a/2)$ sen θ. Fazendo essa diferença igual a $\lambda/2$ (a condição para que o ponto P_1 pertença à primeira franja escura), obtemos

$$\frac{a}{2}\,\text{sen}\,\theta = \frac{\lambda}{2},$$

que nos dá

$$a\,\text{sen}\,\theta = \lambda \qquad \text{(primeiro mínimo).} \qquad (36.1.1)$$

Dados o comprimento de onda λ e a largura da fenda a, a Eq. 36.1.1 permite calcular o ângulo θ correspondente à primeira franja escura, acima e (por simetria) abaixo do eixo central.

Estreitando a Fenda. Observe que, se começarmos com $a \gg \lambda$ e tornarmos a fenda cada vez mais estreita, mantendo o comprimento de onda constante, o ângulo para o qual aparece a primeira franja escura se tornará cada vez maior; em outras palavras, a difração (espalhamento da luz) é *maior* para fendas mais *estreitas*. Quando a largura da fenda é igual ao comprimento de onda (ou seja, quando $a = \lambda$), o ângulo correspondente à primeira franja escura é 90°. Como são as primeiras franjas escuras que delimitam a franja clara central, isso significa que, nessas condições, toda a tela de observação é iluminada.

Segundo Mínimo. A posição da segunda franja escura pode ser determinada da mesma forma, exceto pelo fato de que, agora, dividimos a fenda em *quatro* regiões de mesma largura $a/4$, como na Fig. 36.1.6a. Em seguida, traçamos raios r_1, r_2, r_3 e r_4 da extremidade superior de cada uma dessas regiões até o ponto P_2, onde está localizada a segunda franja escura acima do eixo central. Para que essa franja seja produzida, é preciso que as diferenças entre as distâncias percorridas pelos raios r_1 e r_2, r_2 e r_3 e r_3 e r_4 sejam iguais a $\lambda/2$.

Para $D \gg a$, podemos supor que os quatro raios são aproximadamente paralelos e fazem um ângulo θ com o eixo central. Para determinar as diferenças entre as distâncias percorridas, traçamos perpendiculares que vão da extremidade superior de cada região até o raio mais próximo, como na Fig. 36.1.6b, formando assim triângulos retângulos para os quais um dos catetos é a diferença entre as distâncias percorridas por raios vizinhos. No caso do triângulo de cima da Fig. 36.1.6b, a diferença entre as distâncias percorridas por r_1 e r_2 é $(a/4)$ sen θ. No caso do triângulo de baixo, a diferença entre as distâncias percorridas por r_3 e r_4 também é $(a/4)$ sen θ. Na verdade, a diferença entre as distâncias percorridas por dois raios vizinhos é sempre $(a/4)$ sen θ. Fazendo essa diferença igual a $\lambda/2$, obtemos

$$\frac{a}{4}\,\text{sen}\,\theta = \frac{\lambda}{2},$$

que nos dá

$$a\,\text{sen}\,\theta = 2\lambda \qquad \text{(segundo mínimo).} \qquad (36.1.2)$$

Todos os Mínimos. Se continuássemos a calcular as posições das franjas escuras dividindo a fenda em um número cada vez maior de regiões, chegaríamos à conclusão de que as posições das franjas escuras acima e abaixo do eixo central são dadas pela seguinte equação geral:

$$a\,\text{sen}\,\theta = m\lambda, \qquad \text{para } m = 1, 2, 3, \ldots \qquad \text{(mínimos; franjas escuras).} \qquad (36.1.3)$$

Este resultado pode ser interpretado de outra forma. Desenhe um triângulo como o da Fig. 36.1.5, mas com a largura total a da fenda, e observe que a diferença entre as distâncias percorridas pelos raios que partem das extremidades superior e inferior da fenda é a sen θ. Assim, de acordo com a Eq. 36.1.3, temos:

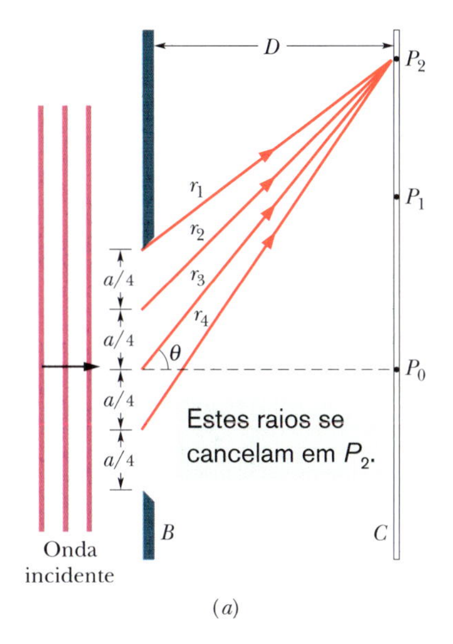

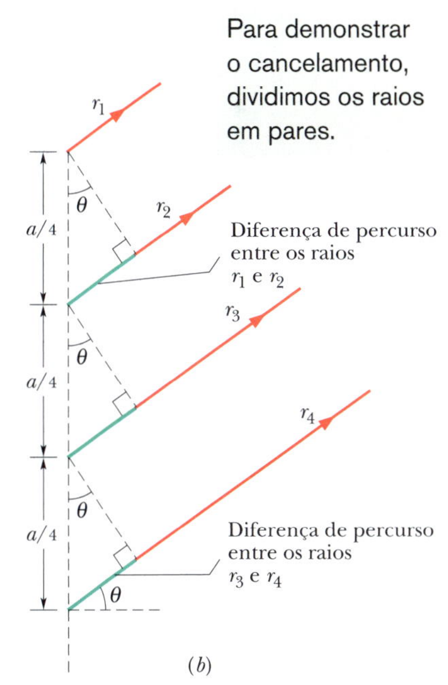

Figura 36.1.6 (a) Os raios provenientes da extremidade superior de quatro regiões de largura $a/4$ sofrem interferência destrutiva no ponto P_2. (b) Para $D \gg a$, podemos supor que os raios r_1, r_2, r_3 e r_4 são aproximadamente paralelos e fazem um ângulo θ com o eixo central.

Em um experimento de difração por uma fenda, as franjas escuras correspondem às posições para as quais a diferença de percurso a sen θ entre os raios superior e inferior é igual a λ, 2λ, 3λ, ...

Isso pode parecer estranho, já que as ondas dos dois raios estão em fase quando a diferença de percurso é igual a um número inteiro de comprimentos de onda. Entretanto, essas ondas pertencem a um par de ondas de fases opostas, ou seja, *cada uma* dessas ondas é cancelada por uma outra onda, o que resulta em uma franja escura. (Duas ondas luminosas de fases opostas se cancelam mutuamente, mesmo que estejam em fase com outras ondas.)

Uso de uma Lente. As Eqs. 36.1.1, 36.1.2 e 36.1.3 foram deduzidas para o caso em que $D \gg a$. Entretanto, também são válidas se colocarmos uma lente convergente entre a fenda e a tela de observação e posicionarmos a tela no plano focal da lente. Nesse caso, a lente faz com que os raios que chegam a qualquer ponto da tela sejam *exatamente* (e não aproximadamente) paralelos ao deixarem a fenda. Eles são como os raios inicialmente paralelos da Fig. 34.4.1*a*, que são concentrados no foco por uma lente convergente.

Teste 36.1.1

Uma figura de difração é produzida em uma tela iluminando uma fenda longa e estreita com luz azul. A figura se dilata (os máximos e mínimos se afastam do centro) ou se contrai (os máximos e mínimos de aproximam do centro) quando (a) substituímos a luz azul por uma luz amarela, ou (b) quando diminuímos a largura da fenda?

Exemplo 36.1.1 Figura de difração de uma fenda iluminada com luz branca  36.1

Uma fenda de largura a é iluminada com luz branca.

(a) Para qual valor de a o primeiro mínimo para a luz vermelha, com $\lambda = 650$ nm, aparece em $\theta = 15°$?

IDEIA-CHAVE

A difração ocorre separadamente para cada comprimento de onda presente na luz que passa pela fenda, com as localizações dos mínimos para cada comprimento de onda dadas pela Eq. 36.1.3 (a sen $\theta = m\lambda$).

Cálculo: Fazendo $m = 1$ na Eq. 36.1.3 (já que se trata do primeiro mínimo) e usando os valores conhecidos de θ e λ, obtemos

$$a = \frac{m\lambda}{\text{sen}\,\theta} = \frac{(1)(650\text{ nm})}{\text{sen}\,15°}$$
$$= 2.511\text{ nm} \approx 2{,}5\ \mu\text{m}. \qquad \text{(Resposta)}$$

O resultado mostra que, para o espalhamento da luz incidente ser tão grande ($\pm 15°$ até o primeiro mínimo), é preciso que a fenda seja muito estreita, da ordem de apenas quatro vezes o comprimento de onda. Observe, para efeito de comparação, que um fio de cabelo humano tem cerca de 100 μm de diâmetro.

(b) Qual é o comprimento de onda λ' da luz cujo primeiro máximo secundário está em 15°, coincidindo assim com o primeiro mínimo para a luz vermelha?

IDEIA-CHAVE

Para qualquer comprimento de onda, o primeiro máximo secundário de difração fica aproximadamente[1] a meio caminho entre o primeiro e o segundo mínimos.

Cálculos: As posições do primeiro e do segundo mínimos são dadas pela Eq. 36.1.3 com $m = 1$ e $m = 2$, respectivamente. Isso significa que a posição *aproximada* do primeiro máximo secundário pode ser obtida fazendo $m = 1{,}5$ na Eq. 36.1.3. Assim, temos

$$a\ \text{sen}\,\theta = 1{,}5\lambda'.$$

Explicitando λ' e usando os valores conhecidos de a e θ, obtemos

$$\lambda' = \frac{a\ \text{sen}\,\theta}{1{,}5} = \frac{(2.511\text{ nm})(\text{sen}\,15°)}{1{,}5}$$
$$= 430\text{ nm}. \qquad \text{(Resposta)}$$

Esse comprimento de onda corresponde a uma luz violeta (que está no extremo azul do espectro visível, perto do limite de sensibilidade do olho humano). Como a razão λ/λ' não depende de a, o primeiro máximo secundário para uma luz com um comprimento de onda de 430 nm sempre coincide com o primeiro mínimo para uma luz com um comprimento de onda de 650 nm, qualquer que seja a largura da fenda. Por outro lado, o ângulo θ, para o qual são observados esse máximo e esse mínimo, depende da largura da fenda. Quanto mais estreita a fenda, maior o valor de θ, e vice-versa.

---

[1]A localização exata dos máximos secundários é discutida no Problema 17. (N.T.)

36.2 INTENSIDADE DA LUZ DIFRATADA POR UMA FENDA

Objetivos do Aprendizado

Depois de ler este módulo, você será capaz de ...

36.2.1 Dividir uma fenda em várias regiões de mesma largura e escrever uma expressão para a diferença de fase das ondas secundárias produzidas por regiões vizinhas em função da posição angular θ do ponto na tela de observação.

36.2.2 No caso da difração por uma fenda, desenhar diagramas fasoriais para o máximo central e alguns dos máximos e mínimos laterais, indicando a diferença de fase entre fasores vizinhos, explicando como é calculado o campo elétrico, e indicando a parte correspondente da figura de difração.

36.2.3 Descrever a figura de difração em termos do campo elétrico total em vários pontos da figura.

36.2.4 Calcular o valor de α, um parâmetro que relaciona a posição angular θ de um ponto da figura de difração à intensidade I da luz nesse ponto.

36.2.5 Dado um ponto da figura de difração, calcular a intensidade I da luz nesse ponto em termos da intensidade I_m da luz no centro da figura de difração.

Ideia-Chave

- A intensidade de um ponto da figura de difração especificado pelo ângulo θ é dada por

$$I(\theta) = I_m\left(\frac{\text{sen}\,\alpha}{\alpha}\right)^2,$$

em que I_m é a intensidade da luz no centro da figura de difração e

$$\alpha = \frac{\pi a}{\lambda}\,\text{sen}\,\theta.$$

Determinação da Intensidade da Luz Difratada por uma Fenda — Método Qualitativo 36.1 36.1 36.1

No Módulo 36.1, vimos como encontrar as posições dos mínimos e máximos da figura de difração produzida por uma fenda. Agora vamos examinar um problema mais geral: como encontrar uma expressão para a intensidade I da luz difratada em função de θ, a posição angular do ponto na tela de observação.

Para isso, dividimos a fenda da Fig. 36.1.4 em N regiões, de largura Δx, suficientemente estreitas, para que possamos supor que cada região se comporta como uma fonte de ondas secundárias de Huygens. Estamos interessados em combinar as ondas secundárias que chegam a um ponto arbitrário P na tela de observação, definido por um ângulo θ em relação ao eixo central, para determinar a amplitude E_θ da componente elétrica da onda resultante no ponto P. A intensidade da luz no ponto P é proporcional ao quadrado de E_θ.

Para calcular E_θ, precisamos conhecer as fases relativas das ondas secundárias. As ondas secundárias têm fases diferentes porque percorrem distâncias diferentes para chegarem ao ponto P. A diferença de fase entre as ondas secundárias provenientes de regiões vizinhas é dada por

$$\begin{pmatrix}\text{diferença}\\ \text{de fase}\end{pmatrix} = \left(\frac{2\pi}{\lambda}\right)\begin{pmatrix}\text{diferença}\\ \text{de percurso}\end{pmatrix}.$$

No caso do ponto P definido pelo ângulo θ, a diferença de percurso das ondas secundárias provenientes de regiões vizinhas é Δx sen θ; a diferença de fase correspondente, $\Delta\phi$, é dada por

$$\Delta\phi = \left(\frac{2\pi}{\lambda}\right)(\Delta x\,\text{sen}\,\theta). \tag{36.2.1}$$

Vamos supor que as ondas secundárias que chegam ao ponto P têm a mesma amplitude, ΔE. Uma forma de calcular a amplitude E_θ da onda resultante no ponto P é somar as ondas secundárias usando o método dos fasores. Para isso, construímos um diagrama de N fasores, cada um correspondendo à onda secundária proveniente de uma das regiões da fenda.

Máximo Central. No caso do ponto P_0 em $\theta = 0$, situado no eixo central da Fig. 36.1.4, a Eq. 36.2.1 nos diz que a diferença de fase $\Delta\phi$ entre as ondas secundárias é zero, ou seja, todas as ondas secundárias chegam em fase. A Fig. 36.2.1*a* mostra o diagrama fasorial correspondente; os fasores vizinhos representam ondas secundárias provenientes de regiões vizinhas e estão dispostos em linha. Como a diferença de fase

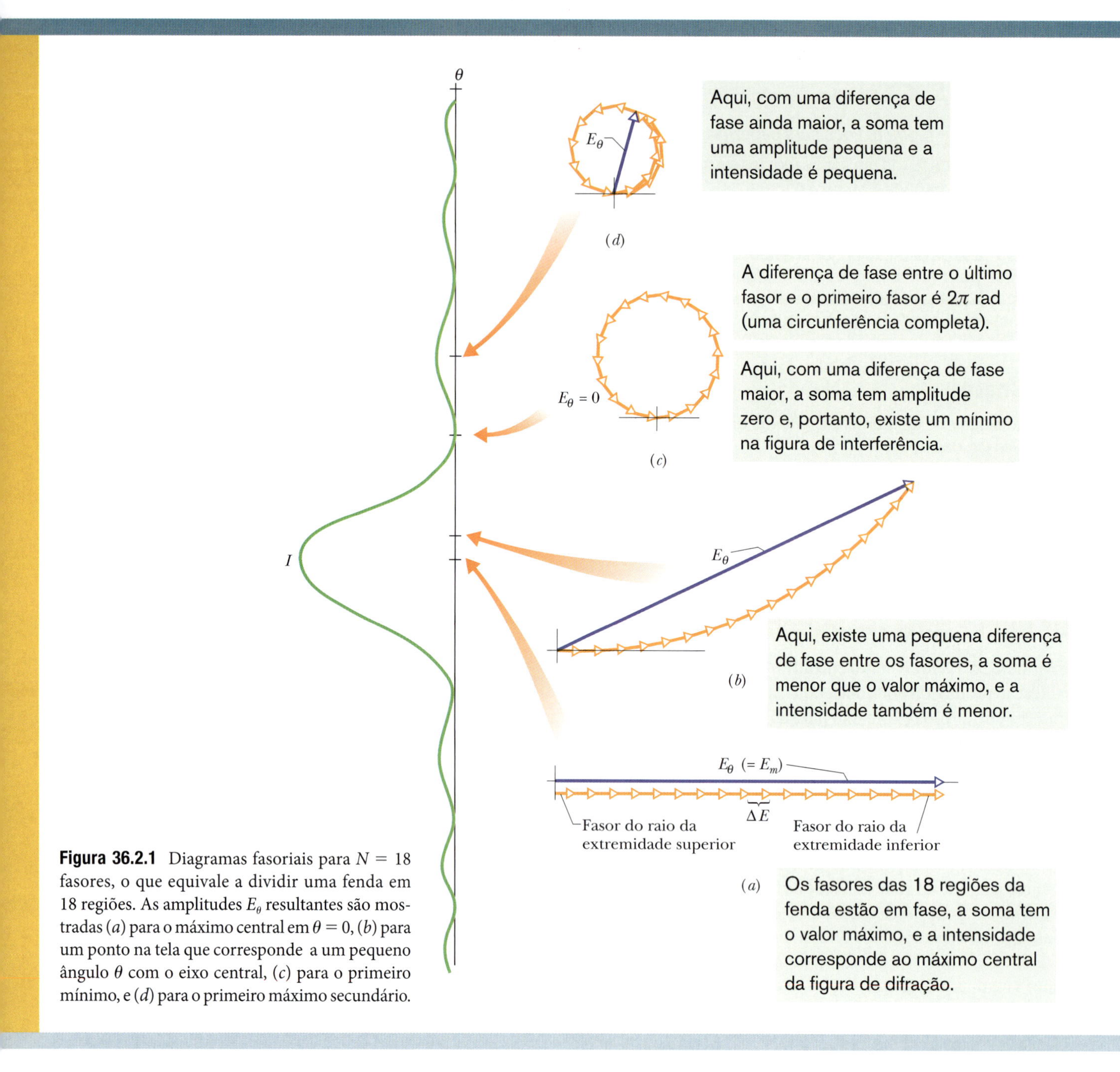

Figura 36.2.1 Diagramas fasoriais para $N = 18$ fasores, o que equivale a dividir uma fenda em 18 regiões. As amplitudes E_θ resultantes são mostradas (*a*) para o máximo central em $\theta = 0$, (*b*) para um ponto na tela que corresponde a um pequeno ângulo θ com o eixo central, (*c*) para o primeiro mínimo, e (*d*) para o primeiro máximo secundário.

entre as ondas secundárias vizinhas é zero, o ângulo entre fasores vizinhos também é zero. A amplitude E_θ da onda total no ponto P_0 é a soma vetorial desses fasores. A disposição da Fig. 36.2.1*a* é a que resulta no maior valor possível da amplitude E_θ. Vamos chamar esse valor de E_m; em outras palavras, E_m é o valor de E_θ para $\theta = 0$.

Considere, em seguida, um ponto P correspondente a um pequeno ângulo θ em relação ao eixo central. Nesse caso, de acordo com a Eq. 36.2.1, a diferença $\Delta\phi$ entre as fases de ondas secundárias provenientes de regiões vizinhas é diferente de zero. A Fig. 36.2.1*b* mostra o digrama fasorial correspondente; como antes, os fasores estão dispostos em sequência, mas agora existe um ângulo $\Delta\phi$ entre fasores vizinhos. A amplitude E_θ no novo ponto ainda é a soma vetorial dos fasores, mas é menor do que na Fig. 36.2.1*a*, o que significa que a intensidade luminosa é menor no novo ponto P que em P_0.

Primeiro Mínimo. Se continuamos a aumentar θ, o ângulo $\Delta\phi$ entre fasores vizinhos aumenta até o ponto em que a cadeia de fasores dá uma volta completa (Fig.36.2.1*c*). Isso significa que a amplitude E_θ é zero, a intensidade luminosa também é zero e chegamos ao primeiro mínimo, ou primeira franja escura, da figura de difração.

Nesse ponto, a diferença de fase entre o primeiro e o último fasor é 2π rad; portanto, a diferença entre as distâncias percorridas pelos raios provenientes da extremidade superior e da extremidade inferior da fenda é igual a um comprimento de onda. O leitor deve se lembrar de que essa foi exatamente a condição encontrada para a posição do primeiro mínimo.

Primeiro Máximo Lateral. Se continuamos a aumentar θ, o ângulo $\Delta\phi$ entre os fasores vizinhos também aumenta e a cadeia de fasores dá mais de uma volta em torno de si mesma, enquanto o raio da circunferência resultante diminui progressivamente. A amplitude E_θ volta a aumentar até atingir um valor máximo para a disposição que aparece na Fig. 36.2.1*d*, que corresponde ao primeiro máximo lateral da figura de difração.

Segundo Mínimo. Quando aumentamos θ ainda mais, o raio da circunferência formada pelos fasores continua a diminuir, o que significa que a intensidade luminosa também diminui. A certa altura, a cadeia de fasores completa duas voltas inteiras, o que corresponde ao segundo mínimo de difração.

Poderíamos continuar usando esse método qualitativo para determinar os outros máximos e mínimos da figura de difração; entretanto, como o leitor já deve ter assimilado a ideia geral, vamos passar a outro método, menos gráfico e mais matemático.

Teste 36.2.1

As figuras representam, de modo mais preciso (com mais fasores) que na Fig. 36.2.1, os diagramas fasoriais para dois pontos de uma figura de difração que estão em lados opostos de um máximo de difração. (a) Qual é esse máximo? (b) Qual é o valor aproximado de m (na Eq. 36.1.3) que corresponde a esse máximo?

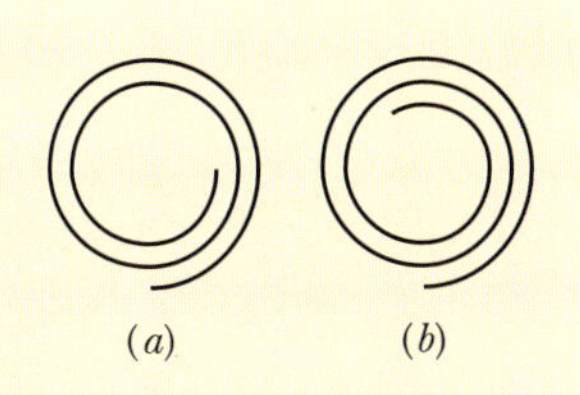

Determinação da Intensidade da Luz Difratada por uma Fenda — Método Quantitativo

A Eq. 36.1.3 pode ser usada para calcular a posição dos mínimos da figura de difração produzida por uma fenda em função do ângulo θ da Fig. 36.1.4. Agora estamos interessados em obter uma expressão para a intensidade $I(\theta)$ da figura de difração em função de θ. Vamos demonstrar que a intensidade é dada por

$$I(\theta) = I_m\left(\frac{\text{sen}\,\alpha}{\alpha}\right)^2, \tag{36.2.2}$$

em que

$$\alpha = \tfrac{1}{2}\phi = \frac{\pi a}{\lambda}\,\text{sen}\,\theta. \tag{36.2.3}$$

O símbolo α é apenas um parâmetro conveniente para expressar a relação entre o ângulo θ que especifica a posição de um ponto na tela de observação e a intensidade luminosa $I(\theta)$ nesse ponto. I_m é o valor máximo da intensidade, que ocorre no máximo central (ou seja, para $\theta = 0$), ϕ é a diferença de fase (em radianos) entre os raios provenientes da extremidade superior e inferior da fenda e a é a largura da fenda.

De acordo com a Eq. 36.2.2, os mínimos de intensidade ocorrem nos pontos em que

$$\alpha = m\pi, \qquad \text{para } m = 1, 2, 3, \ldots \tag{36.2.4}$$

Substituindo esse resultado na Eq. 36.2.3, obtemos

$$m\pi = \frac{\pi a}{\lambda}\,\text{sen}\,\theta, \qquad \text{para } m = 1, 2, 3, \ldots$$

ou

$$a\,\text{sen}\,\theta = m\lambda, \qquad \text{para } m = 1, 2, 3, \ldots \quad \text{(mínimos; franjas escuras)}, \tag{36.2.5}$$

que é exatamente a Eq. 36.1.3, a expressão que obtivemos anteriormente para a localização dos mínimos.

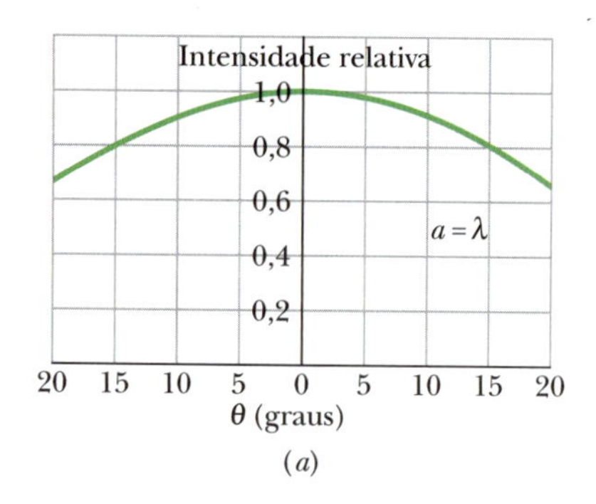

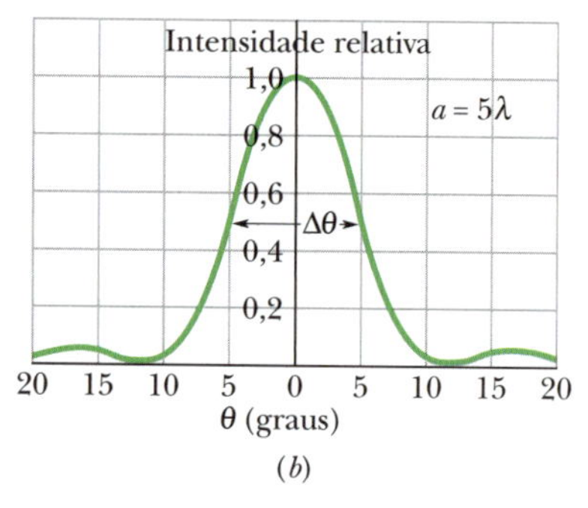

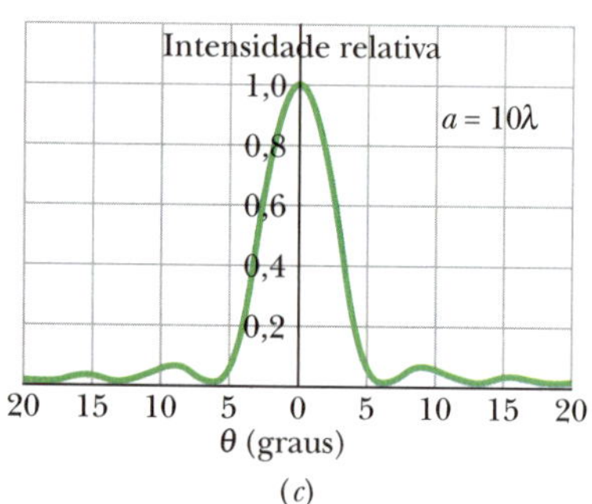

Figura 36.2.2 Intensidade relativa da difração de uma fenda em função de θ para três valores da razão a/λ. Quanto mais larga é a fenda, mais estreito é o máximo central.

Gráficos. A Fig. 36.2.2 mostra os gráficos de intensidade da luz difratada por uma fenda, calculados com o auxílio das Eqs. 36.2.2 e 36.2.3, para três larguras diferentes da fenda: $a = \lambda$, $a = 5\lambda$ e $a = 10\lambda$. Observe que a largura do *máximo central* diminui quando a largura da fenda aumenta, ou seja, os raios luminosos são menos espalhados pela fenda. Os máximos secundários também ficam mais estreitos (e diminuem de intensidade). Quando a largura da fenda a é muito maior que o comprimento de onda λ, os máximos secundários desaparecem e o fenômeno não pode mais ser considerado como difração por uma fenda (embora ainda seja possível observar a difração produzida separadamente pelas duas bordas da fenda, como acontece no caso da lâmina de barbear da Fig. 36.1.2).

Demonstração das Eqs. 36.2.2 e 36.2.3

Para expressar a intensidade I da figura de difração em função do ângulo θ da Fig. 36.1.4, dividimos a fenda em muitas regiões e somamos os fasores correspondentes a essas regiões, como fizemos na Fig. 36.2.1. O arco de fasores da Fig. 36.2.3 representa as ondas secundárias que atingem um ponto arbitrário P da tela de observação da Fig. 36.1.4 que corresponde a um certo ângulo θ. A amplitude E_θ da onda resultante no ponto P é a soma vetorial desses fasores. Quando dividimos a fenda da Fig. 36.1.4 em regiões cada vez menores, de largura Δx, o arco de fasores da Fig. 36.2.3 tende a um arco de circunferência; vamos chamar de R o raio desse arco, como está indicado na figura. O comprimento do arco é E_m, a amplitude da onda no centro da figura de difração, já que, se o ângulo entre fasores sucessivos fosse zero, como na Fig. 36.2.1*a* (ou como está indicado, em tom mais claro, na própria Fig. 36.2.3), esse seria o valor da amplitude da onda resultante.

O ângulo ϕ que está indicado na parte inferior da Fig. 36.2.3 é a diferença de fase entre os vetores infinitesimais situados das extremidades do arco E_m. De acordo com a geometria da figura, ϕ também é o ângulo entre os raios assinalados como R na Fig. 36.2.3. Nesse caso, a reta tracejada da figura, que é a bissetriz de ϕ, divide o triângulo formado pelos dois raios e a reta E_θ em dois triângulos iguais. Para cada um desses triângulos, podemos escrever:

$$\text{sen}\,\tfrac{1}{2}\phi = \frac{E_\theta}{2R}. \qquad (36.2.6)$$

Em radianos, ϕ é dado (considerando E_m um arco de circunferência) por

$$\phi = \frac{E_m}{R}.$$

Explicitando R nessa equação e substituindo na Eq. 36.2.6, obtemos

$$E_\theta = \frac{E_m}{\frac{1}{2}\phi}\,\text{sen}\,\tfrac{1}{2}\phi. \qquad (36.2.7)$$

Intensidade. Vimos no Módulo 33.2 que a intensidade de uma onda eletromagnética é proporcional ao quadrado da amplitude do campo elétrico. No caso que estamos examinando, isso significa que a intensidade máxima I_m (que ocorre no centro da figura de difração) é proporcional a E_m^2, e a intensidade $I(\theta)$ no ponto correspondente ao ângulo θ é proporcional a E_θ^2. Assim, podemos escrever

$$\frac{I(\theta)}{I_m} = \frac{E_\theta^2}{E_m^2}. \qquad (36.2.8)$$

Substituindo E_θ pelo seu valor, dado pela Eq. 36.2.7, e fazendo $\alpha = 1/2\phi$, chegamos à seguinte expressão para a intensidade da onda em função de θ:

$$I(\theta) = I_m\left(\frac{\text{sen}\,\alpha}{\alpha}\right)^2.$$

Esta é exatamente a Eq. 36.2.2, uma das duas equações que nos propusemos a demonstrar.

A segunda equação que queremos demonstrar é a que relaciona α a θ. A diferença de fase ϕ entre os raios que partem das extremidades superior e inferior da fenda pode ser relacionada à diferença de percurso pela Eq. 36.2.1, segundo a qual

$$\phi = \left(\frac{2\pi}{\lambda}\right)(a\,\text{sen}\,\theta),$$

em que a é a soma das larguras Δx de todas as regiões. Como $\phi = 2\alpha$, essa equação é equivalente à Eq. 36.2.3.

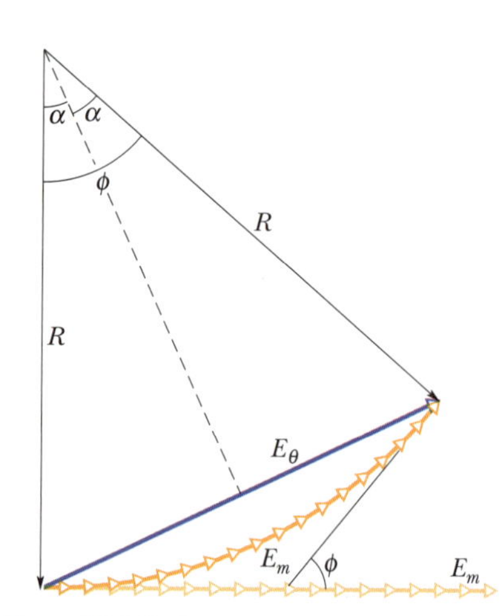

Figura 36.2.3 Construção usada para calcular a intensidade da difração de uma fenda. A situação representada corresponde à da Fig. 36.2.1*b*.

Teste 36.2.2

Dois comprimentos de onda, 650 e 430 nm, são usados separadamente em um experimento de difração por uma fenda. A figura mostra os resultados na forma de gráficos da intensidade I em função do ângulo θ para as duas figuras de difração. Se os dois comprimentos de onda forem usados simultaneamente, que cor será vista na figura de difração resultante (a) na posição correspondente ao ângulo A e (b) na posição correspondente ao ângulo B?

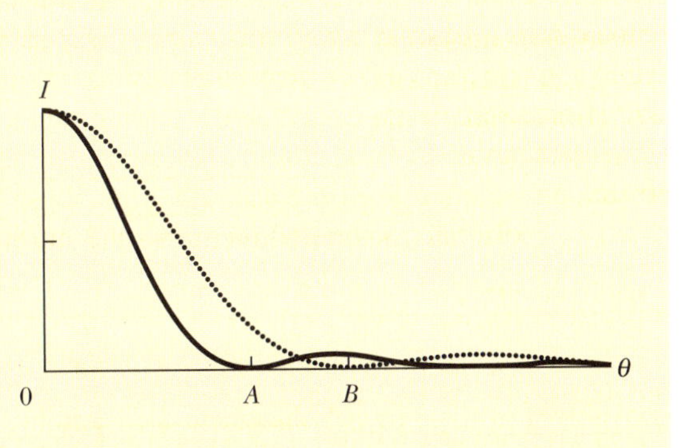

Exemplo 36.2.1 Intensidades dos máximos de uma figura de difração de uma fenda

Determine as intensidades dos três primeiros máximos secundários da figura de difração de uma fenda da Fig. 36.1.1, expressas como porcentagens da intensidade do máximo central.

IDEIAS-CHAVE

Os máximos secundários estão aproximadamente[2] a meio caminho entre os mínimos, cujas localizações são dadas pela Eq. 36.2.4 ($\alpha = m\pi$). As localizações dos máximos secundários são, portanto, dadas (aproximadamente) por

$$a = (m + \tfrac{1}{2})\pi, \qquad \text{para } m = 1, 2, 3, \ldots,$$

em que α é medido em radianos. Podemos relacionar a intensidade I em qualquer ponto da figura de difração à intensidade I_m do máximo central pela Eq. 36.2.2.

[2]A localização exata dos máximos secundários é assunto do Problema 17. (N.T.)

Cálculos: Substituindo os valores aproximados de α para os máximos secundários na Eq. 36.2.2, obtemos

$$\frac{I}{I_m} = \left(\frac{\text{sen}\,\alpha}{\alpha}\right)^2 = \left(\frac{\text{sen}\,(m + \frac{1}{2})\pi}{(m + \frac{1}{2})\pi}\right)^2, \quad \text{para } m = 1, 2, 3, \ldots$$

O primeiro máximo secundário corresponde a $m = 1$, e sua intensidade relativa é

$$\frac{I_1}{I_m} = \left(\frac{\text{sen}(1 + \frac{1}{2})\pi}{(1 + \frac{1}{2})\pi}\right)^2 = \left(\frac{\text{sen}\,1{,}5\,\pi}{1{,}5\,\pi}\right)^2$$

$$= 4{,}50 \times 10^{-2} \approx 4{,}5\% \qquad \text{(Resposta)}$$

Para $m = 2$ e $m = 3$, obtemos

$$\frac{I_2}{I_m} = 1{,}6\% \quad \text{e} \quad \frac{I_3}{I_m} = 0{,}83\%. \qquad \text{(Resposta)}$$

Como mostram esses resultados, a intensidade dos máximos secundários é muito menor que a do máximo principal; a fotografia da Fig. 36.1.1 foi deliberadamente superexposta para torná-los mais visíveis.

36.3 DIFRAÇÃO POR UMA ABERTURA CIRCULAR

Objetivos do Aprendizado

Depois de ler este módulo, você será capaz de ...

36.3.1 Descrever e desenhar a figura de difração produzida por uma abertura ou um obstáculo circular.

36.3.2 No caso da difração por uma abertura, conhecer as relações entre o ângulo θ correspondente ao primeiro mínimo, o comprimento de onda λ da luz, o diâmetro d da abertura, a distância D da tela de observação e a distância y entre o mínimo e o centro da figura de difração.

36.3.3 Explicar, com base na difração de objetos pontuais, o modo como a difração limita a resolução visual dos objetos.

36.3.4 Saber que o critério de Rayleigh é usado para determinar o menor ângulo para o qual dois objetos pontuais podem ser vistos como objetos separados.

36.3.5 Conhecer as relações entre o ângulo θ_R do critério de Rayleigh, o comprimento de onda λ da luz, o diâmetro d da abertura (como, por exemplo, o diâmetro da pupila), o ângulo θ subtendido por dois objetos pontuais distantes e a distância L desses objetos.

Ideias-Chave

- A difração por uma abertura circular ou por uma lente produz um máximo central e máximos e mínimos concêntricos, com o ângulo θ correspondente ao primeiro mínimo dado por

$$\text{sen}\,\theta = 1{,}22\frac{\lambda}{d} \quad \text{(primeiro mínimo; abertura circular).}$$

- De acordo com o critério de Rayleigh, dois objetos estão no limite da resolução quando o máximo central de difração de um dos objetos coincide com o primeiro mínimo de difração do outro objeto. Isso significa que, para que os dois objetos sejam vistos como objetos distintos, a separação angular entre eles não pode ser menor que

$$\theta_R = 1{,}22\frac{\lambda}{d} \quad \text{(critério de Rayleigh),}$$

em que λ é o comprimento de onda da luz e d é o diâmetro da abertura que a luz atravessa.

Difração por uma Abertura Circular

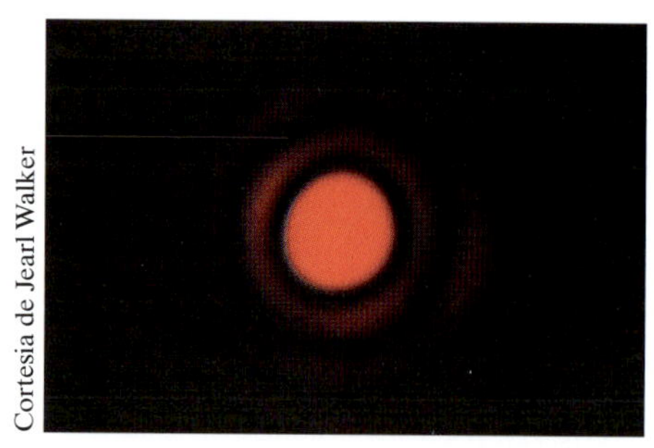

Figura 36.3.1 Figura de difração de uma abertura circular. Observe o máximo central e os máximos secundários circulares. A fotografia foi superexposta para tornar mais visíveis os máximos secundários, que são muito menos intensos que o máximo central.

Vamos discutir agora a difração produzida por uma abertura circular. A Fig. 36.3.1 mostra a imagem formada pela luz de um *laser* depois de passar por uma abertura circular de diâmetro muito pequeno. A imagem não é um ponto, como prevê a ótica geométrica, mas um disco luminoso cercado por anéis claros e escuros. Comparando essa imagem com a da Fig. 36.1.1, torna-se óbvio que estamos diante de um fenômeno de difração. Neste caso, porém, a abertura é um círculo de diâmetro d em vez de uma fenda retangular.

A análise do problema (que é muito complexa e não será reproduzida aqui) mostra que a posição do primeiro mínimo da figura de difração de uma abertura circular de diâmetro d é dada por

$$\text{sen}\,\theta = 1{,}22\frac{\lambda}{d} \quad \text{(primeiro mínimo; abertura circular).} \qquad (36.3.1)$$

θ é o ângulo entre o eixo central e a reta que liga o centro do anel à posição do mínimo. Compare a Eq. 36.3.1 com a Eq. 36.1.1,

$$\text{sen}\,\theta = \frac{\lambda}{a} \quad \text{(primeiro mínimo; fenda única),} \qquad (36.3.2)$$

usada para calcular a posição do primeiro mínimo no caso de uma fenda de largura a. A diferença está no fator 1,22, que aparece por causa da forma circular da abertura.

Resolução

O fato de que as imagens produzidas por lentes são figuras de difração é importante quando estamos interessados em *resolver* (distinguir) dois objetos pontuais distantes cuja separação angular é pequena. A Fig. 36.3.2 mostra, em três casos diferentes, o aspecto visual e o gráfico de intensidade correspondente de dois objetos pontuais distantes (estrelas, por exemplo) com pequena separação angular. Na Fig. 36.3.2*a*,

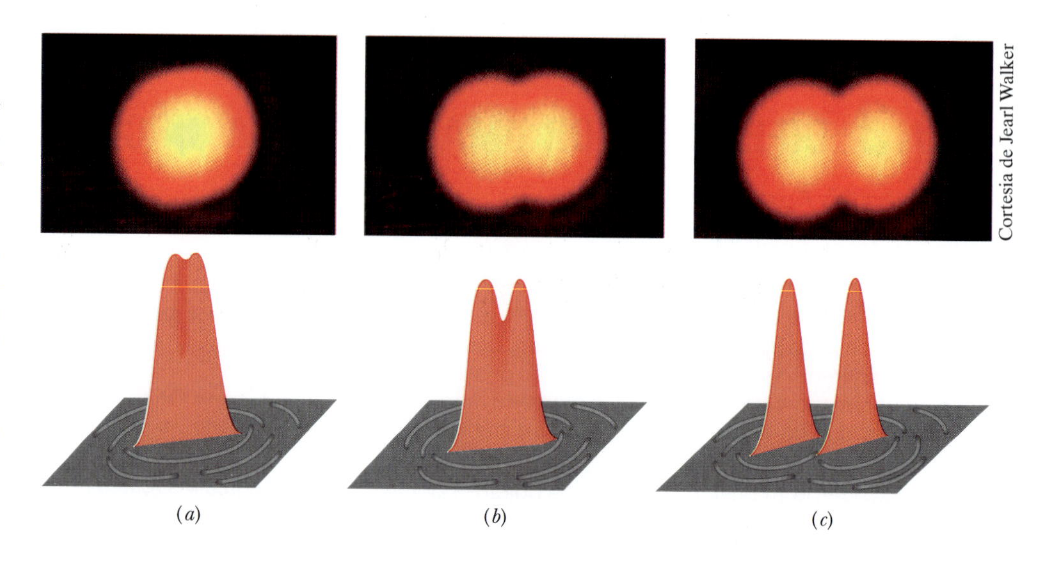

Figura 36.3.2 Na parte superior da figura, imagens de duas fontes pontuais (estrelas) formadas por uma lente convergente. Na parte inferior, representações da intensidade das imagens. Em (*a*), a separação angular das fontes é pequena demais para que as fontes possam ser distinguidas; em (*b*), as fontes mal podem ser distinguidas; em (*c*), as fontes podem ser perfeitamente distinguidas. O critério de Rayleigh é satisfeito em (*b*), com o máximo de uma das figuras de difração coincidindo com o mínimo da outra.

os objetos não podem ser resolvidos por causa da difração; em outras palavras, a superposição entre as figuras de difração dos dois objetos (especialmente dos máximos centrais) é tão grande que os dois objetos não podem ser distinguidos de um objeto único. Na Fig. 36.3.2*b*, os objetos mal podem ser distinguidos; na Fig. 36.3.2*c*, são vistos claramente como objetos distintos.

Na Fig. 36.3.2*b*, a separação angular das duas fontes pontuais é tal que o máximo central da figura de difração de uma das fontes coincide com o primeiro mínimo da figura de difração da outra, uma situação conhecida como critério de Rayleigh para a resolução. De acordo com a Eq. 36.3.3, dois objetos que mal podem ser distinguidos, segundo esse critério, têm uma separação angular θ_R dada por

$$\theta_R = \text{sen}^{-1}\frac{1{,}22\lambda}{d}.$$

Como os ângulos são pequenos, podemos substituir sen θ_R por θ_R expresso em radianos:

$$\theta_R = 1{,}22\frac{\lambda}{d} \quad \text{(critério de Rayleigh).} \qquad (36.3.3)$$

Visão Humana. No caso da visão humana, o critério de Rayleigh é apenas uma aproximação, já que a resolução depende de muitos fatores, como a intensidade relativa das fontes e suas vizinhanças, da turbulência do ar entre as fontes e o observador, e de certas peculiaridades do sistema visual do observador. Os resultados experimentais mostram que a menor separação angular que pode ser resolvida por um ser humano é um pouco maior do que o valor dado pela Eq. 36.3.3. Mesmo assim, em nossos cálculos teóricos, vamos tomar a Eq. 36.3.3 como se fosse um critério preciso: Se a separação angular θ entre as fontes for maior que θ_R, vamos supor que podemos distingui-las; se a separação for menor que esse valor, vamos supor que as fontes não podem ser distinguidas.

Ao usarmos uma lente para observar objetos com uma separação angular menor que a que pode ser resolvida pela visão humana, precisamos reduzir, na medida do possível, o tamanho da figura de difração. De acordo com a Eq. 36.3.3, isso pode ser feito usando lentes de grande diâmetro ou uma luz de pequeno comprimento de onda. É por isso que a luz ultravioleta, cujo comprimento de onda é menor que o da luz visível, é frequentemente usada nos microscópios.

Pontilhismo. O critério de Rayleigh pode explicar o que acontece com as cores no estilo de pintura conhecido como pontilhismo (Fig. 36.3.3). Nesse estilo, uma pintura é formada, não por pinceladas, mas por pequenos pontos coloridos. Um aspecto fascinante da pintura pontilhista é que as cores do quadro variam de forma sutil, quase subconsciente, com a distância do observador. Essa mudança das cores tem a ver com a

Maximilien Luce, *O Sena em Herblay*, 1890. Musée d'Orsay, Paris, França. Foto de Erich Lessing/Art Resource

Figura 36.3.3 A pintura pontilhista *O Sena em Herblay*, de Maximilien Luce, é formada por milhares de pontos coloridos. Só podemos ver os pontos e as cores verdadeiras se examinarmos a pintura de perto; quando observamos o quadro à distância normal, os pontos não podem ser resolvidos e as cores se misturam.

resolução do olho humano. Quando examinamos o quadro bem de perto, a separação angular θ entre pontos vizinhos é maior que θ_R e, portanto, os pontos podem ser vistos separadamente. Nesse caso, as cores que observamos são as cores usadas pelo pintor. À distância normal, por outro lado, a separação angular θ entre pontos vizinhos é menor que θ_R e os pontos não podem ser distinguidos. A mistura resultante obriga o cérebro a "inventar" uma cor para cada grupo de pontos, cor essa que, em muitos casos, não corresponde a nenhuma das cores presentes. Um pintor pontilhista usa, portanto, o sistema visual do espectador para criar as cores que deseja mostrar no quadro. CVF

Teste 36.3.1

Suponha que você mal consegue resolver dois pontos vermelhos por causa da difração produzida pela pupila. Se a iluminação ambiente aumenta, fazendo a pupila diminuir de diâmetro, torna-se mais fácil ou mais difícil distinguir os dois pontos? Considere apenas o efeito da difração. (Faça a experiência para verificar se o seu raciocínio está correto.)

Exemplo 36.3.1 Pinturas pontilhistas e a difração da pupila  36.3

A Fig. 36.3.4*a* é uma vista ampliada dos pontos coloridos de uma pintura pontilhista. Suponha que a distância média entre os centros dos pontos é $D = 2{,}0$ mm. Suponha também que o diâmetro da pupila do olho do observador é $d = 1{,}5$ mm e que a menor separação angular entre os pontos que o olho pode resolver é dada pelo critério de Rayleigh. Qual é a menor distância de observação na qual os pontos não podem ser resolvidos para nenhuma cor? CVF

IDEIA-CHAVE

Considere dois pontos vizinhos que o observador é capaz de distinguir quando está próximo da pintura. Ao se afastar da pintura, o observador continua a distinguir os pontos até que a separação angular θ dos pontos seja igual ao ângulo dado pelo critério de Rayleigh:

$$\theta_R = 1{,}22\frac{\lambda}{d}. \qquad (36.3.4)$$

Cálculos: A Fig. 36.3.4*b* mostra, em uma vista lateral, a separação angular θ dos pontos, a distância D entre os centros dos pontos e a distância L do observador. Como a razão D/L é pequena, o ângulo θ também é pequeno e podemos usar a seguinte aproximação:

$$\theta = \frac{D}{L}. \qquad (36.3.5)$$

Fazendo θ da Eq. 36.3.5 igual a θ_R da Eq. 36.3.4 e explicitando L, obtemos

$$L = \frac{Dd}{1{,}22\lambda}. \qquad (36.3.6)$$

De acordo com a Eq. 36.3.6, quanto menor o valor de λ, maior o valor de L. Assim, quando o observador se afasta da pintura, os pontos vermelhos (a cor de maior comprimento de onda) se tornam indistinguíveis antes dos pontos azuis. Para calcular a menor distância L na qual os pontos não podem ser resolvidos para *nenhuma* cor, fazemos $\lambda = 400$ nm (menor comprimento da luz visível, correspondente ao violeta). Substituindo os valores conhecidos na Eq. 36.3.6, obtemos

$$L = \frac{(2{,}0 \times 10^{-3}\text{ m})(1{,}5 \times 10^{-3}\text{ m})}{(1{,}22)(400 \times 10^{-9}\text{ m})} = 6{,}1\text{ m}. \qquad \text{(Resposta)}$$

A essa distância ou a uma distância maior, as cores dos pontos vizinhos se misturam; a cor percebida em cada região do quadro é uma cor que pode não existir na pintura.

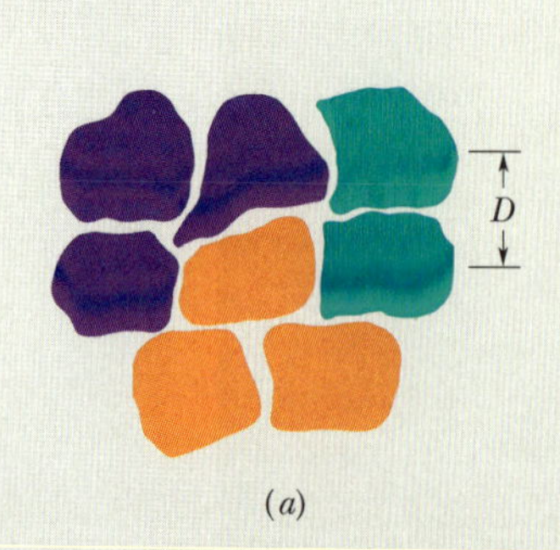

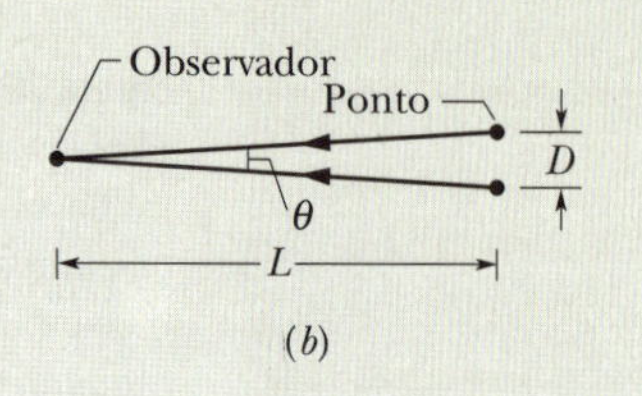

Figura 36.3.4 (*a*) Representação de alguns pontos de uma pintura pontilhista; a distância média entre os centros dos pontos é igual a *D*. (*b*) Diagrama mostrando a distância *D* entre dois pontos, a separação angular θ e a distância de observação *L*.

Exemplo 36.3.2 O critério de Rayleigh para resolver dois objetos distantes  36.4

Uma lente convergente circular, de diâmetro $d = 32$ mm e distância focal $f = 24$ cm, forma imagens de objetos pontuais distantes no plano focal da lente. O comprimento de onda da luz utilizada é $\lambda = 550$ nm.

(a) Considerando a difração introduzida pela lente, qual deve ser a separação angular entre dois objetos pontuais distantes para que o critério de Rayleigh seja satisfeito?

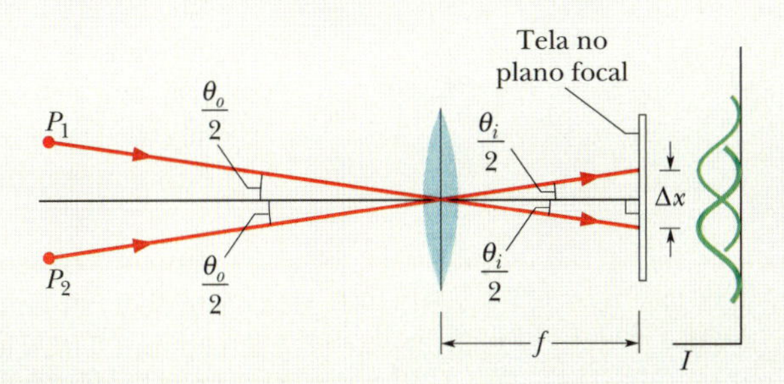

Figura 36.3.5 A luz proveniente de dois objetos pontuais distantes, P_1 e P_2, passa por uma lente convergente e forma imagens em uma tela de observação no plano focal da lente. Apenas um raio representativo de cada objeto é mostrado na figura. As imagens não são pontos e, sim figuras de difração, com intensidades como as representadas aproximadamente do lado direito.

IDEIA-CHAVE

A Fig. 36.3.5 mostra dois objetos pontuais distantes P_1 e P_2, a lente e uma tela de observação no plano focal da lente. A figura também mostra, do lado direito, gráficos da intensidade luminosa I em função da posição na tela para os máximos centrais das imagens formadas pela lente. Observe que a separação angular θ_o dos objetos é igual à separação angular θ_i das imagens. Assim, para que as imagens satisfaçam ao critério de Rayleigh, as separações angulares dos dois lados da lente devem ser dadas pela Eq. 36.3.3 (supondo ângulos pequenos).

Cálculos: Substituindo λ e d na Eq. 36.3.3 por valores numéricos, temos

$$\theta_o = \theta_i = \theta_R = 1{,}22\frac{\lambda}{d}$$

$$= \frac{(1{,}22)(550 \times 10^{-9}\text{ m})}{32 \times 10^{-3}\text{ m}} = 2{,}1 \times 10^{-5}\text{ rad.} \quad \text{(Resposta)}$$

Para essa separação angular, o máximo central de cada uma das curvas de intensidade da Fig. 36.3.5 coincide com o primeiro mínimo da outra curva.

(b) Qual é a separação Δx dos centros das *imagens* no plano focal? (Ou seja, qual é a separação dos *picos* das duas curvas?)

Cálculos: Analisando o triângulo formado por um dos raios, o eixo central e a tela na Fig. 36.3.5, vemos que $\tan \theta_i/2 = \Delta x/2f$. Explicitando Δx e supondo que o ângulo θ é suficientemente pequeno para que $\tan\theta \approx \theta$, obtemos

$$\Delta x = f\theta_i, \quad (36.3.7)$$

em que θ_i é medido em radianos. Substituindo f e θ_i por valores numéricos, obtemos

$$\Delta x = (0{,}24\text{ m})(2{,}1 \times 10^{-5}\text{ rad}) = 5{,}0\ \mu\text{m}. \quad \text{(Resposta)}$$

36.4 DIFRAÇÃO POR DUAS FENDAS

Objetivos do Aprendizado

Depois de ler este módulo, você será capaz de ...

36.4.1 Explicar por que a difração introduzida pela fenda modifica a figura de interferência de dupla fenda e mostrar, em uma figura de interferência de dupla fenda, o pico central e os picos secundários da envoltória de difração.

36.4.2 Calcular a intensidade I da luz em um ponto de uma figura de difração de dupla fenda em relação à intensidade I_m no centro da figura.

36.4.3 Na equação usada para calcular a intensidade da luz na figura de difração de dupla fenda, identificar a parte que corresponde à interferência da luz que passa pelas duas fendas e a parte que corresponde à difração produzida pelas fendas.

36.4.4 No caso da difração por duas fendas, conhecer a relação entre a razão entre a distância e a largura das fendas e a posição dos mínimos de difração na figura de difração de uma fenda e usar essa relação para determinar o número de máximos de interferência contidos no pico central e nos picos laterais da envoltória de difração.

Ideias-Chave

- As ondas que passam por duas fendas produzem uma combinação de interferência de dupla fenda com difração por uma fenda.
- No caso de fendas iguais, de largura a, cujos centros estão separados por uma distância d, a intensidade da luz varia com o ângulo em relação ao eixo central, de acordo com a equação

$$I(\theta) = I_m(\cos^2\beta)\left(\frac{\text{sen}\,\alpha}{\alpha}\right)^2 \quad \text{(duas fendas)},$$

em que I_m é a intensidade no centro da figura,

$$\beta = \left(\frac{\pi d}{\lambda}\right)\text{sen}\,\theta,$$

e

$$\alpha = \left(\frac{\pi a}{\lambda}\right)\text{sen}\,\theta.$$

Difração por Duas Fendas 36.2

Nos experimentos com duas fendas do Capítulo 35, supusemos implicitamente que as fendas eram muito mais estreitas que o comprimento de onda da luz utilizada, ou seja, que $a \ll \lambda$. No caso de fendas estreitas, o máximo central da figura de difração de cada fenda cobre toda a tela de observação, e a interferência da luz proveniente das duas fendas produz franjas claras, praticamente com a mesma intensidade (Fig. 35.3.1).

Na prática, a condição $a \ll \lambda$ nem sempre é satisfeita. Quando as fendas são relativamente largas, a interferência da luz proveniente das duas fendas produz franjas claras de diferentes intensidades. Isso acontece porque a intensidade das franjas produzidas por interferência (da forma descrita no Capítulo 35) é modificada pela difração sofrida pela luz ao passar pelas fendas (da forma descrita neste capítulo).

Gráficos. O gráfico de intensidade da Fig. 36.4.1*a*, por exemplo, mostra a figura de interferência produzida pela luz ao passar por duas fendas infinitamente estreitas (caso em que $a \ll \lambda$); todas as franjas claras têm a mesma intensidade. O gráfico da Fig. 36.4.1*b* mostra a figura de difração produzida por uma fenda isolada no caso em que $a/\lambda = 5$; a figura de difração apresenta um máximo central e máximos secundários menos intensos em $\pm 17°$. O gráfico da Fig. 36.4.1*c* mostra a figura de interferência produzida por duas fendas (ver Fig. 36.4.1*b*). O gráfico foi construído utilizando a curva de difração da Fig. 36.4.1*b* como *envoltória* para a curva de interferência da Fig. 36.4.1*a*. As posições das franjas permanecem as mesmas da Fig. 36.4.1*a*, mas as intensidades são diferentes.

Fotografias. A Fig. 36.4.2*a* mostra uma figura de interferência obtida experimentalmente na qual se podem ver claramente tanto os efeitos de interferência de duas fendas como os efeitos de difração. Quando uma das fendas é obstruída, a imagem passa a ser a da Fig. 36.4.2*b*. Note a correspondência entre as Figs. 36.4.2*a* e 36.4.1*c* e entre as Figs. 36.4.2*b* e 36.4.1*b*. Ao comparar as figuras, convém observar que as fotografias

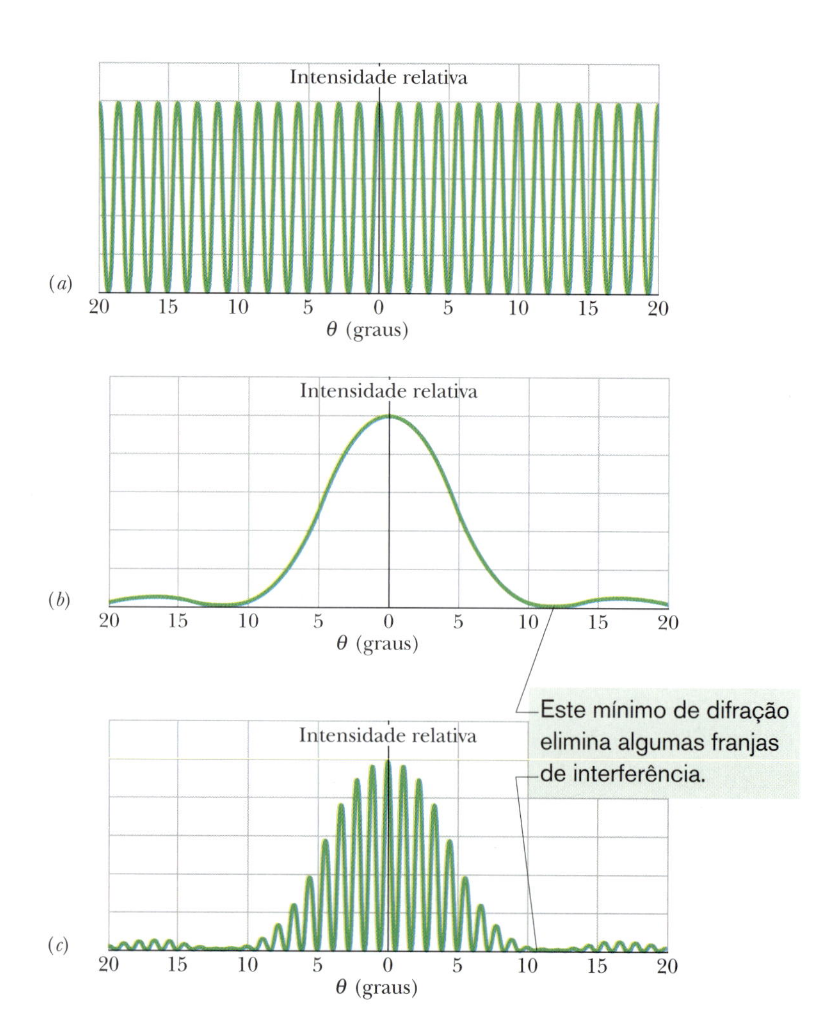

Figura 36.4.1 (*a*) Gráfico teórico da intensidade em um experimento de interferência com duas fendas infinitamente estreitas. (*b*) Gráfico teórico da difração produzida por uma única fenda de largura *a* finita. (*c*) Gráfico teórico da intensidade em um experimento com duas fendas de largura *a* finita. A curva de (*b*) se comporta como uma envoltória, modulando a intensidade das franjas de (*a*). Observe que os primeiros mínimos da curva de difração de (*b*) eliminam as franjas de (*a*) que estariam presentes nas vizinhanças de 12° em (*c*).

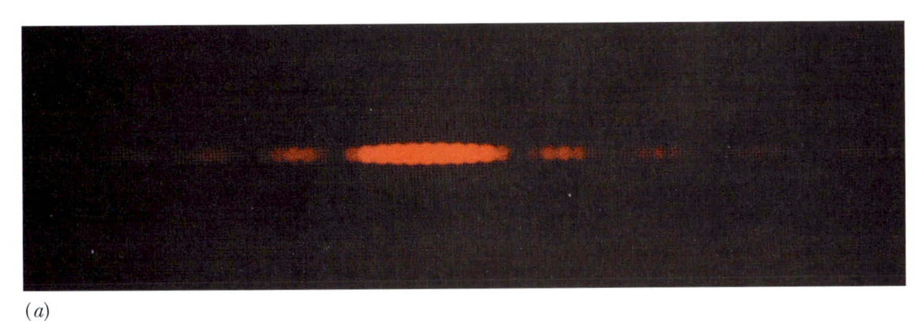

(*a*)

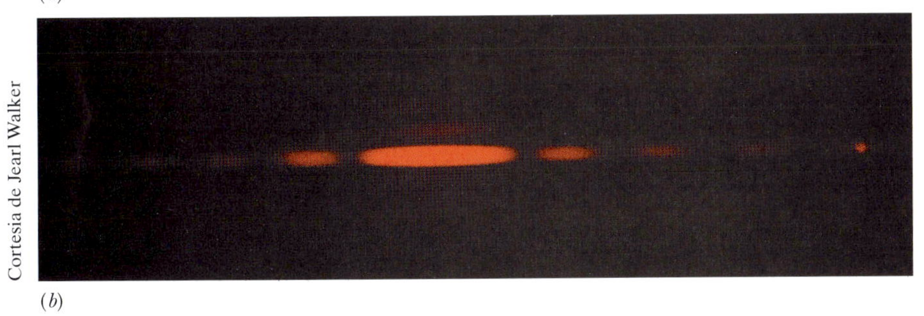

(*b*)

Cortesia de Jearl Walker

Figura 36.4.2 (*a*) Franjas de interferência em um sistema real de duas fendas; compare com a Fig. 36.4.1*c*. (*b*) Figura de difração de uma única fenda; compare com a Fig. 36.4.1*b*.

da Fig. 36.4.2 foram deliberadamente superexpostas para tornar mais visíveis os máximos secundários e que as Figs. 36.4.2*a* e 36.4.2*b* mostram vários máximos de difração secundários, enquanto as Figs. 36.4.1*b* e 36.4.1*c* mostram apenas um máximo de difração secundário.

Intensidade. Levando em conta o efeito da difração, a intensidade da figura de interferência de duas fendas é dada por

$$I(\theta) = I_m(\cos^2 \beta)\left(\frac{\text{sen}\,\alpha}{\alpha}\right)^2 \quad \text{(duas fendas)}, \qquad (36.4.1)$$

em que

$$\beta = \frac{\pi d}{\lambda}\,\text{sen}\,\theta \qquad (36.4.2)$$

e

$$\alpha = \frac{\pi a}{\lambda}\,\text{sen}\,\theta. \qquad (36.4.3)$$

Nas Eqs. 36.4.2 e 36.4.3, d é a distância entre os centros das fendas, e a é a largura das fendas. Observe que o lado direito da Eq. 36.4.1 é o produto de I_m por dois fatores: (1) O *fator de interferência* $\cos^2 \beta$, associado à interferência da luz que passa pelas duas fendas (dada pelas Eqs. 35.3.3 e 35.3.4). (2) O *fator de difração* $[(\text{sen}\,\alpha)/\alpha]^2$, associado à difração causada pelas fendas (dada pelas Eqs. 36.2.2 e 36.2.3).

Vamos examinar esses fatores mais de perto. Se fizermos $a \to 0$ na Eq. 36.4.3, $\alpha \to 0$ e $(\text{sen}\,\alpha)/\alpha \to 1$. Nesse caso, a Eq. 36.4.1 se reduz, como era de se esperar, a uma equação que descreve a figura de interferência produzida por duas fendas infinitamente estreitas e separadas por uma distância d. Por outro lado, se fizermos $d = 0$ na Eq. 36.4.2, é como se combinássemos as duas fendas para formar uma única fenda de largura a. Nesse caso, $\beta = 0$, $\cos^2 \beta = 1$ e a Eq. 36.4.1 se reduz, como era de se esperar, a uma equação que descreve a figura de difração de uma única fenda de largura a.

Terminologia. A figura de interferência de duas fendas descrita pela Eq. 36.4.1 e mostrada na Fig. 36.4.2*a* combina os efeitos de interferência e difração. Ambos são efeitos de superposição, já que resultam da combinação no mesmo ponto de ondas com diferentes fases. Quando as ondas se originam em um pequeno número de fontes coerentes, como no experimento de dupla fenda com $a \ll \lambda$, o processo é chamado *interferência*. Quando as ondas se originam na mesma frente de onda, como no experimento com uma única fenda, o processo é chamado *difração*. Essa distinção entre interferência e difração (que é um tanto arbitrária e nem sempre é respeitada) pode ser conveniente, mas não devemos esquecer que ambas resultam de efeitos de superposição e quase sempre estão presentes simultaneamente (como na Fig. 36.4.2*a*).

Teste 36.4.1

Se os primeiros mínimos de difração dos dois lados de uma figura de difração de dupla fenda coincidem com as quartas franjas claras para um determinado ângulo θ, (a) quantas franjas claras contém a envoltória central da figura de difração? (b) Para deslocar a coincidência para as quintas franjas claras, é preciso aumentar ou diminuir a distância entre as fendas? (c) Para conseguir o mesmo deslocamento mudando a largura das fendas em vez de mudar a distância entre elas, é preciso aumentar ou diminuir a largura das fendas?

Exemplo 36.4.1 Experimento de dupla fenda levando em conta os efeitos de difração  36.5

Em um experimento de dupla fenda, o comprimento de onda λ da luz incidente é 405 nm, a distância d entre as fendas é 19,44 μm e a largura a das fendas é 4,050 μm. Considere a interferência da luz que passa pelas duas fendas e também a difração da luz em cada fenda.

(a) Quantas franjas claras podem ser observadas no pico central da envoltória de difração?

IDEIAS-CHAVE

Em primeiro lugar, vamos analisar os dois mecanismos básicos responsáveis pela produção da imagem.

1. *Difração nas fendas:* Os limites do pico central são definidos pelos primeiros mínimos da figura de difração produzida isoladamente por uma das fendas (ver Fig. 36.4.1). A posição desses mínimos é dada pela Eq. 36.1.3 (a sen $\theta = m\lambda$). Vamos escrever essa equação na forma a sen $\theta = m_1\lambda$, em que o índice 1 mostra que se trata de difração por uma fenda. Para obter a localização dos primeiros mínimos, fazemos $m_1 = 1$, o que nos dá

$$a \text{ sen } \theta = \lambda. \quad (36.4.4)$$

2. *Interferência de duas fendas:* A posição das franjas claras em uma figura de interferência de duas fendas é dada pela Eq. 35.2.3, que podemos escrever na forma

$$d \text{ sen } \theta = m_2\lambda, \quad \text{para } m_2 = 0, 1, 2, \ldots \quad (36.4.5)$$

O índice 2 mostra que se trata de interferência de duas fendas.

Cálculos: Podemos determinar a posição do primeiro mínimo de difração dentro da figura de interferência de duas fendas dividindo a Eq. 36.4.5 pela Eq. 36.4.4 e explicitando m_2. Fazendo isso e substituindo d e a por valores numéricos, obtemos

$$m_2 = \frac{d}{a} = \frac{19{,}44\ \mu\text{m}}{4{,}050\ \mu\text{m}} = 4{,}8.$$

De acordo com esse resultado, a franja clara de interferência com $m_2 = 4$ pertence ao pico central da figura de difração de uma fenda, mas o mesmo não acontece com a franja clara com $m_2 = 5$. O pico central de difração inclui a franja de interferência central ($m_2 = 0$) e quatro franjas secundárias (até $m_2 = 4$) de cada lado. Assim, o pico central da figura de difração contém nove franjas de interferência. As franjas claras de um lado da franja central aparecem na Fig. 36.4.3.

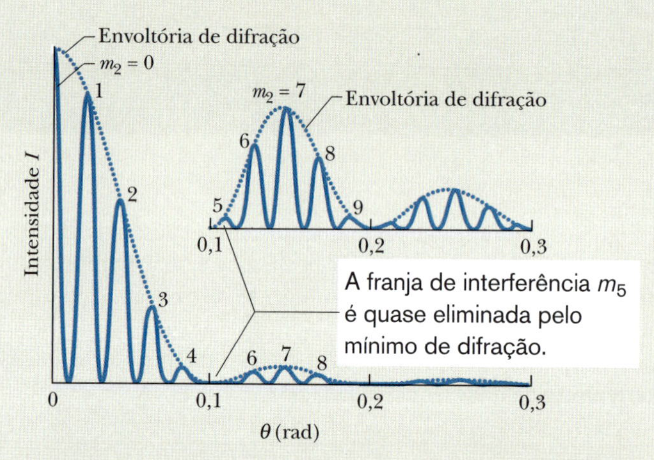

Figura 36.4.3 Metade do gráfico de intensidade em um experimento de interferência de duas fendas; a envoltória de difração está indicada por uma linha pontilhada. A curva menor mostra (com a escala vertical expandida) o gráfico de intensidade para os dois primeiros picos secundários da envoltória de difração.

(b) Quantas franjas claras podem ser observadas em um dos dois primeiros máximos secundários da figura de difração?

IDEIA-CHAVE

Os limites externos dos primeiros máximos secundários são os segundos mínimos de difração, que correspondem às soluções da equação a sen $\theta = m_1\lambda$ com $m_1 = 2$:

$$a \text{ sen } \theta = 2\lambda. \quad (36.4.6)$$

Cálculo: Dividindo a Eq. 36.4.5 pela Eq. 36.4.6, obtemos

$$m_2 = \frac{2d}{a} = \frac{(2)(19{,}44\ \mu\text{m})}{4{,}050\ \mu\text{m}} = 9{,}6.$$

De acordo com esse resultado, o segundo mínimo de difração ocorre pouco antes de aparecer a franja clara de interferência com $m_2 = 10$ na Eq. 36.4.5. Dentro de um dos dois primeiros máximos secundários de difração temos as franjas de interferência correspondentes a $m_2 = 5$ até $m_2 = 9$, ou seja, um total de cinco franjas claras (ver Fig. 36.4.3). Entretanto, se descartarmos a franja correspondente a $m_2 = 5$, que é praticamente eliminada pelo primeiro mínimo de difração, teremos apenas quatro franjas claras em cada primeiro máximo secundário de difração.

36.5 REDES DE DIFRAÇÃO

Objetivos do Aprendizado

Depois de ler este módulo, você será capaz de ...

36.5.1 Descrever uma rede de difração e desenhar a figura de interferência produzida por uma rede de difração com luz monocromática.

36.5.2 Conhecer a diferença entre as figuras de interferência produzidas por uma rede de difração e por um arranjo de duas fendas.

36.5.3 Saber o que significam os termos linha e número de ordem.

36.5.4 Conhecer a relação entre o número de ordem de uma rede de difração e a diferença de percurso entre os raios responsáveis por uma linha.

36.5.5 Conhecer a relação entre a distância d entre as fendas de uma rede de difração, o ângulo θ correspondente e uma linha, o número de ordem m da linha, e o comprimento de onda λ da luz.

36.5.6 Saber a razão pela qual existe um número de ordem máximo para qualquer rede de difração.

36.5.7 Demonstrar a equação usada para calcular a meia largura da linha central da figura de interferência produzida por uma rede de difração.

36.5.8 Conhecer a equação usada para calcular a meia largura das linhas laterais da figura de interferência produzida por uma rede de difração.

36.5.9 Saber qual é a vantagem de aumentar o número de fendas de uma rede de difração.

36.5.10 Explicar como funciona um espectroscópio de rede de difração.

Ideias-Chave

- Uma rede de difração é uma série de fendas usadas para separar uma onda incidente nos comprimentos de onda que a compõem. A posição angular dos máximos produzidos por uma rede de difração, conhecidos como linhas, é dada por

$$d \operatorname{sen} \theta = m\lambda, \qquad \text{para } m = 0, 1, 2, \ldots \qquad \text{(máximos).}$$

- A meia largura de uma linha é o ângulo entre o centro da linha e o primeiro mínimo de intensidade e é dada por

$$\Delta\theta_{\text{ml}} = \frac{\lambda}{Nd\cos\theta} \qquad \text{(meia largura).}$$

Redes de Difração 36.3  36.2

Um dos dispositivos mais usados para estudar a luz e os objetos que emitem e absorvem luz é a **rede de difração**, um arranjo semelhante ao do experimento de dupla fenda (Fig. 36.3.1), exceto pelo fato de que o número de fendas, também chamadas de *ranhuras*, pode chegar a milhares por milímetro. A Fig. 36.5.1 mostra uma rede de difração simplificada, constituída por apenas cinco fendas. Quando as fendas são iluminadas com luz monocromática, aparecem franjas de interferência cuja análise permite determinar o comprimento de onda da luz. (As redes de difração também podem ser superfícies opacas com sulcos paralelos dispostos como as fendas da Fig. 36.5.1. Nesse caso, a luz é espalhada pelos sulcos para formar as franjas de interferência.)

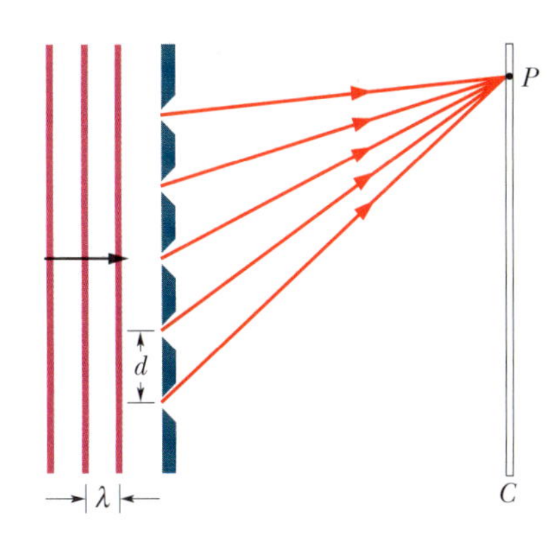

Figura 36.5.1 Rede de difração simplificada, com apenas cinco fendas, que produz uma figura de interferência em uma tela de observação distante.

Curva de Intensidade. Quando fazemos incidir um feixe de luz monocromática em uma rede de difração e aumentamos gradualmente o número de fendas de dois para um número grande N, a curva de intensidade muda da figura de interferência típica de um experimento de dupla fenda, como a da Fig. 36.4.1*c*, para uma figura muito mais complexa e depois para uma figura simples como a que aparece na Fig. 36.5.2*a*. A Fig. 36.5.2*b* mostra, por exemplo, a imagem observada em um anteparo quando a rede é iluminada com luz vermelha monocromática produzida por um *laser* de hélio-

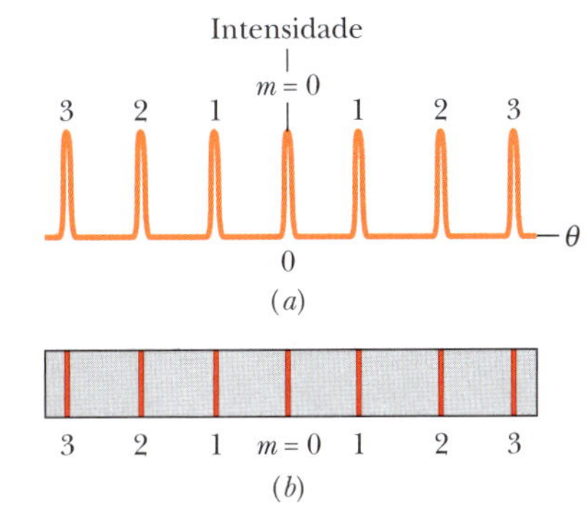

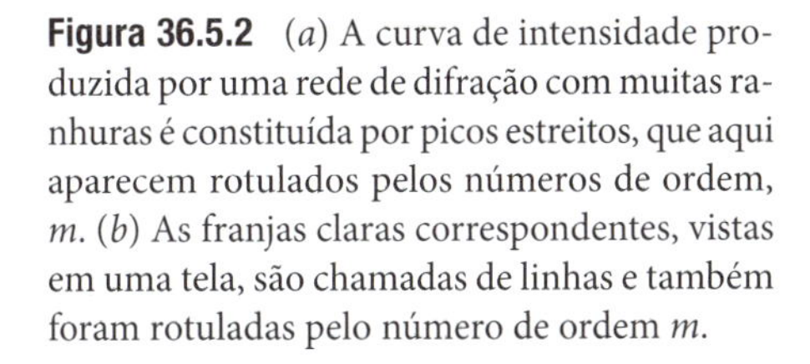

Figura 36.5.2 (*a*) A curva de intensidade produzida por uma rede de difração com muitas ranhuras é constituída por picos estreitos, que aqui aparecem rotulados pelos números de ordem, *m*. (*b*) As franjas claras correspondentes, vistas em uma tela, são chamadas de linhas e também foram rotuladas pelo número de ordem *m*.

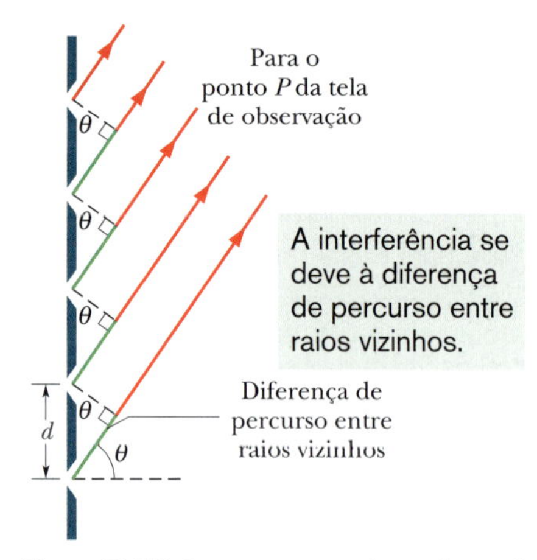

Figura 36.5.3 Os raios que vão das ranhuras de uma rede de difração até um ponto distante P são aproximadamente paralelos. A diferença de percurso entre raios vizinhos é d sen θ, em que θ é o ângulo indicado na figura. (As ranhuras se estendem para dentro e para fora do papel.)

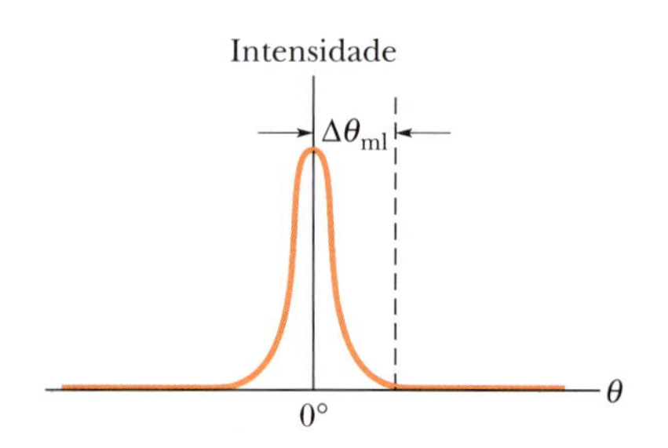

Figura 36.5.4 A meia largura de linha $\Delta\theta_{ml}$ da linha central é medida entre o centro da linha e o mínimo mais próximo em um gráfico de I em função de θ como o da Fig. 36.5.2*a*.

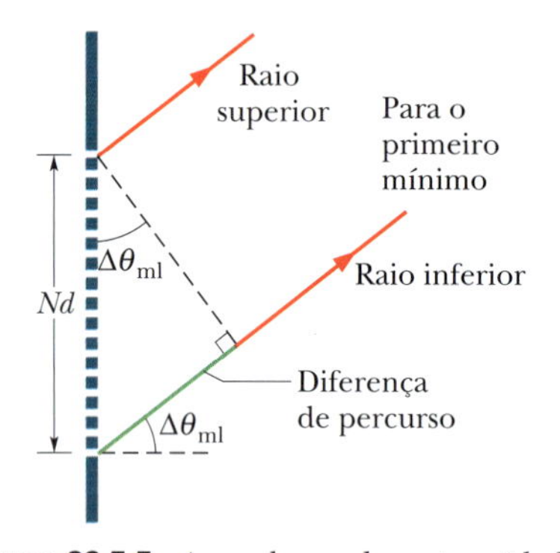

Figura 36.5.5 As ranhuras das extremidades superior e inferior de uma rede de difração com N ranhuras estão separadas por uma distância Nd. A diferença de percurso entre os raios que passam por essas ranhuras é Nd sen $\Delta\theta_{ml}$, em que $\Delta\theta_{ml}$ é o ângulo correspondente ao primeiro mínimo. (O ângulo aparece aqui grandemente exagerado para tornar o desenho mais claro.)

neônio. Os máximos nesse caso são muito estreitos (por isso, recebem o nome de *linhas*) e estão separados por regiões escuras relativamente largas.

Equação. Para determinar as posições das linhas na tela de observação, supomos que a tela está suficientemente afastada da rede para que os raios que chegam a um ponto P da tela sejam aproximadamente paralelos ao deixarem a rede de difração (Fig. 36.5.3). Em seguida, aplicamos a cada par de ranhuras vizinhas o mesmo raciocínio que usamos no caso da interferência causada por duas fendas. A distância d entre ranhuras vizinhas é chamada de *espaçamento da rede*. (Se N ranhuras ocupam uma largura total w, então $d = w/N$.) A diferença entre as distâncias percorridas por raios vizinhos é d sen θ (Fig. 36.5.3), em que θ é o ângulo entre o eixo central da rede e a reta que liga a rede ao ponto P. Haverá uma linha em P se a diferença entre as distâncias percorridas por raios vizinhos for igual a um número inteiro de comprimentos de onda, ou seja, se

$$d \operatorname{sen} \theta = m\lambda, \quad \text{para } m = 0, 1, 2, \ldots \quad \text{(máximos; linhas)}, \qquad (36.5.1)$$

em que λ é o comprimento de onda da luz. A cada número inteiro m, exceto $m = 0$, correspondem duas linhas diferentes, simetricamente dispostas em relação à linha central; assim, as linhas podem ser rotuladas de acordo com o valor de m, como na Fig. 36.5.2. Esse valor é chamado de *número de ordem*, e as linhas correspondentes são chamadas de linha de ordem zero (a linha central, para a qual $m = 0$), linhas de primeira ordem, linhas de segunda ordem, e assim por diante.

Cálculo do Comprimento de Onda. Escrevendo a Eq. 36.5.1 na forma $\theta = \operatorname{sen}^{-1}(m\lambda/d)$, vemos que, para uma dada rede de difração, o ângulo entre o eixo central e qualquer linha (as linhas de terceira ordem, digamos) depende do comprimento de onda da radiação utilizada. Assim, quando a rede é iluminada com uma luz cujo comprimento de onda é desconhecido, a medida da posição das linhas pode ser usada para determinar o comprimento de onda, bastando para isso aplicar a Eq. 36.5.1. Até mesmo uma luz que contém uma mistura de vários comprimentos de onda pode ser analisada desta forma. Não podemos fazer a mesma coisa com apenas duas fendas porque, nesse caso, as franjas claras são tão largas que as figuras produzidas por comprimentos de onda diferentes se superpõem e não podem ser distinguidas.

Largura das Linhas

A capacidade de uma rede de difração de resolver (separar) linhas de diferentes comprimentos de onda depende da largura das linhas. Vamos agora obter uma expressão para a *meia largura* da linha central (a linha correspondente a $m = 0$) e apresentar, sem demonstração, uma expressão para a meia largura das outras linhas. A **meia largura** da linha central é definida como o ângulo $\Delta\theta_{ml}$ entre o centro da linha ($\theta = 0$) e o primeiro mínimo de intensidade (Fig. 36.5.4). Nesse mínimo, os N raios provenientes das N ranhuras da rede se cancelam mutuamente. (Naturalmente, a largura de linha da linha central é igual a $2\Delta\theta_{ml}$, mas as larguras de linha são quase sempre medidas em termos da meia largura.)

No Módulo 36.1, também examinamos a questão do cancelamento de muitos raios, os raios produzidos pela difração da luz ao passar por uma fenda isolada. Obtivemos a Eq. 36.1.3, que, devido à semelhança entre as duas situações, podemos usar agora para determinar a posição do primeiro mínimo. De acordo com a Eq. 36.1.3, o primeiro mínimo ocorre no ponto em que a diferença entre as distâncias percorridas pelo raio superior e pelo raio inferior é igual a λ. No caso da difração por uma fenda, essa diferença é a sen θ. Para uma rede com N ranhuras, cada uma separada da ranhura vizinha por uma distância d, a distância entre as ranhuras situadas nas extremidades da rede é Nd (Fig. 36.5.5) e, portanto, a diferença de percurso entre os raios que partem das extremidades da rede é Nd sen $\Delta\theta_{ml}$. Assim, o primeiro mínimo acontece para

$$Nd \operatorname{sen} \Delta\theta_{ml} = \lambda. \qquad (36.5.2)$$

Como $\Delta\theta_{ml}$ é pequena, sen $\Delta\theta_{ml} \approx \Delta\theta_{ml}$ (em radianos). Fazendo esta aproximação na Eq. 36.5.2, obtemos a seguinte equação para a meia largura da linha central:

$$\Delta\theta_{ml} = \frac{\lambda}{Nd} \quad \text{(meia largura da linha central)}. \qquad (36.5.3)$$

Vamos apresentar, sem demonstração, uma equação para a meia largura das outras linhas em função do ângulo θ que define a posição da linha:

$$\Delta\theta_{ml} = \frac{\lambda}{Nd\cos\theta} \quad \text{(meia largura da linha em } \theta\text{).} \tag{36.5.4}$$

Observe que, para uma luz de um dado comprimento de onda λ e uma rede de difração com um dado espaçamento d entre as ranhuras, a largura das linhas é inversamente proporcional ao número N de ranhuras. Assim, no caso de duas redes de difração com a mesma distância entre as ranhuras, a que possui maior número de ranhuras permite separar melhor os diferentes comprimentos de onda da radiação incidente, já que as linhas de difração são mais estreitas e, portanto, existe menos superposição.

O Espectroscópio de Rede de Difração 36.3

As redes de difração são usadas para determinar os comprimentos de onda emitidos por fontes luminosas de todos os tipos, de lâmpadas a estrelas. A Fig. 36.5.6 mostra um *espectroscópio* simples baseado em uma rede de difração. A luz da fonte S é focalizada pela lente L_1 em uma fenda S_1 que está no plano focal da lente L_2. A luz que emerge do tubo C (conhecido como *colimador*) é uma onda plana que incide perpendicularmente na rede G, onde é difratada, produzindo uma figura de difração simétrica em relação ao eixo do colimador.

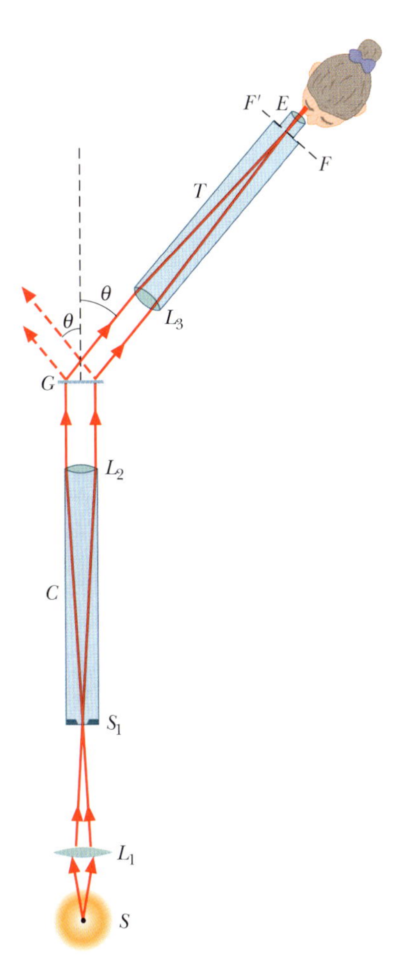

Figura 36.5.6 Tipo simples de espectroscópio de difração, usado para analisar os comprimentos de onda emitidos pela fonte S.

Podemos observar a linha de difração que apareceria em uma tela em um dado ângulo θ simplesmente orientando o telescópio T da Fig. 36.5.6 para o mesmo ângulo. Nesse caso, a lente L_3 do telescópio focaliza a luz difratada com o ângulo θ (e ângulos ligeiramente menores e maiores) no plano focal FF', situado no interior do telescópio. Quando observamos esse plano focal através da ocular E, vemos uma imagem ampliada da linha de difração.

Mudando o ângulo θ do telescópio, podemos observar toda a figura de difração. Para qualquer número de ordem, exceto $m = 0$, o ângulo de difração varia de acordo com o comprimento de onda (ou cor), de modo que podemos determinar, com o auxílio da Eq. 36.5.1, quais são os comprimentos de onda emitidos pela fonte. Se a fonte está emitindo comprimentos de onda discretos, o que vemos ao fazer girar o telescópio horizontalmente, passando pelos ângulos correspondentes a uma ordem m, são linhas verticais de diferentes cores, uma para cada comprimento de onda emitido pela fonte, com os comprimentos de onda menores associados a ângulos θ menores que os comprimentos de onda maiores.

Hidrogênio. Assim, por exemplo, a luz emitida por uma lâmpada de hidrogênio, que contém hidrogênio gasoso, emite radiação com quatro comprimentos de onda diferentes na faixa da luz visível. Quando nossos olhos interceptam diretamente essa radiação, temos a impressão de que se trata de luz branca. Quando observamos a mesma luz através de um espectroscópio de rede de difração, podemos distinguir, em várias ordens, as linhas das quatro cores correspondentes aos comprimentos de onda emitidos pelo hidrogênio na faixa da luz visível. (Essas linhas são chamadas *linhas de emissão*.) Quatro ordens são mostradas na Fig. 36.5.7. Na ordem central ($m = 0$),

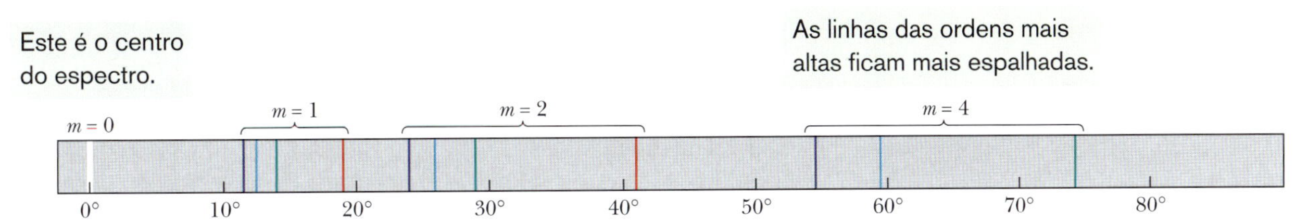

Figura 36.5.7 Linhas de emissão de ordem zero, um, dois e quatro do hidrogênio na faixa da luz visível. Observe que as linhas são mais afastadas para grandes ângulos. (São também mais largas e menos intensas, embora isso não seja mostrado na figura.)

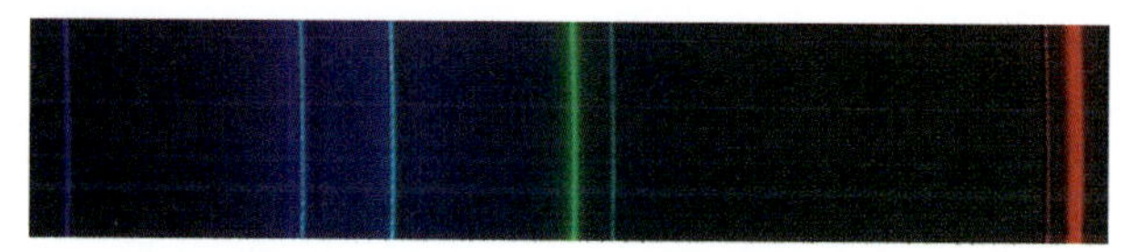

Department of Physics, Imperial College/Science Photo Library/Science Source.

Figura 36.5.8 Linhas de emissão do cádmio na faixa da luz visível, observadas através de um espectroscópio de rede de difração.

as linhas correspondentes aos quatro comprimentos de onda estão superpostas, dando origem a uma única linha branca em $\theta = 0$. Nas outras ordens, as cores estão separadas.

A terceira ordem não foi mostrada na Fig. 36.5.7 para não complicar o desenho, já que se mistura com a segunda e quarta ordens. A linha vermelha da quarta ordem está faltando porque não é gerada pela rede de difração usada para produzir as linhas da Fig. 36.5.7. Quando tentamos resolver a Eq. 36.5.1 para obter o ângulo θ correspondente ao comprimento de onda da luz vermelha para $m = 4$, obtemos um valor de sen θ maior que a unidade, o que não tem significado físico. Nesse caso, dizemos que a quarta ordem está *incompleta* para essa rede de difração; pode não estar incompleta para uma rede de difração com um maior espaçamento d entre as ranhuras, que espalharia menos as linhas que na Fig. 36.5.7. A Fig. 36.5.8 é uma fotografia das linhas de emissão produzidas pelo cádmio na faixa da luz visível.

Imagens Oticamente Variáveis

Os hologramas são criados iluminando um objeto com um *laser* e usando a luz espalhada pelo objeto para impressionar um filme fotográfico . Quando o filme é revelado, uma imagem do objeto pode ser criada iluminando o holograma com um *laser* do mesmo tipo. A imagem holográfica é especial porque, ao contrário das imagens comuns, é tridimensional, ou seja, é possível mudar a perspectiva do objeto observando o holograma de outro ponto de vista.

O uso de hologramas chegou a ser considerado a medida ideal para evitar a falsificação de cartões de crédito e outros tipos de cartões pessoais. Entretanto, os hologramas apresentam várias desvantagens, entre elas as seguintes: (1) uma imagem holográfica pode ser nítida quando é formada pela luz de um *laser*, que é uma fonte de luz coerente e altamente direcional. Entretanto, a nitidez da imagem diminui consideravelmente quando o holograma é iluminado com luz comum, como a usada nas lojas. (Esta chamada *luz difusa* é incoerente e não tem uma direção bem definida.) Assim, nem sempre o empregado da loja é capaz de observar a imagem com precisão suficiente para ter certeza de que se trata de um holograma genuíno. (2) Um holograma é relativamente fácil de falsificar, pois se trata da fotografia de um objeto real. Um falsificador pode simplesmente construir um modelo do objeto, preparar um holograma do modelo e introduzi-lo em um falso cartão de crédito.

Hoje em dia, a maioria dos cartões de crédito contém um desenho oticamente variável, conhecido como OVG (do inglês *Optical Variable Graphic*), que produz uma imagem a partir da difração de luz difusa por redes introduzidas no cartão (Fig. 36.5.9). As redes produzem centenas ou mesmo milhares de ordens diferentes. A pessoa que está observando o cartão enxerga algumas dessas ordens e a luz combinada cria uma imagem que é, por exemplo, o logotipo da empresa de cartões de crédito. Assim, por exemplo, na Fig. 36.5.10*a*, as redes situadas nas vizinhanças do ponto a produzem uma imagem quando o observador se encontra na posição *A*; na Fig. 36.5.10*b*, as redes situadas nas vizinhanças do ponto b produzem uma imagem diferente quando o observador se encontra na posição *B*. Essas imagens são nítidas porque as redes foram projetadas para serem observadas com luz difusa.

Um OVG é extremamente difícil de projetar a partir dos desenhos originais por causa da necessidade de calcular os padrões de diferentes redes para que produzam uma imagem para alguns ângulos de observação e outra imagem para outros ângulos. Esse trabalho requer o uso de programas de computador altamente sofisticados. Depois de criado, um OVG é tão complexo que é extremamente difícil de reproduzir.

stu49/Alamy Stock Photo

Figura 36.5.9 Cartão de crédito com um OVG.

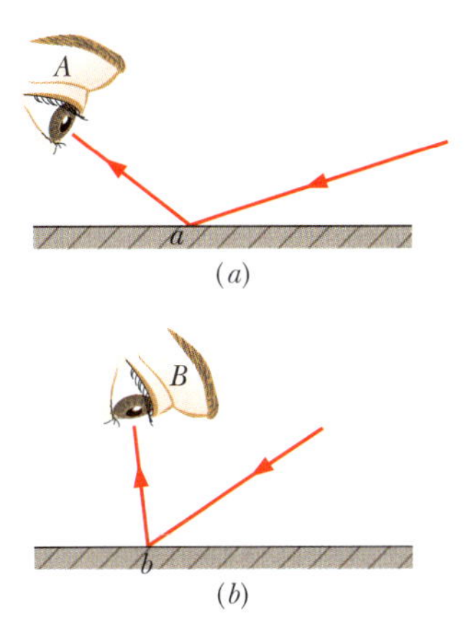

Figura 36.5.10 (*a*) As redes situadas nas vizinhanças do ponto a de um OVG dirigem a luz para o observador *A*, produzindo uma imagem virtual. (*b*) As redes nas vizinhanças do ponto b dirigem a luz para o observador *B*, produzindo uma imagem virtual diferente.

Teste 36.5.1

A figura mostra linhas de diferentes ordens produzidas por uma rede de difração iluminada com luz vermelha monocromática. (a) A linha correspondente a $m = 0$ é a do lado esquerdo ou a do lado direito? (b) Se a rede for iluminada com luz verde monocromática, as larguras das linhas correspondentes às mesmas ordens serão maiores, menores ou iguais às larguras das linhas que aparecem na figura?

36.6 DISPERSÃO E RESOLUÇÃO DAS REDES DE DIFRAÇÃO

Objetivos do Aprendizado

Depois de ler este módulo, você será capaz de ...

36.6.1 Saber que dispersão é o espalhamento das linhas de difração associadas a diferentes comprimentos de onda.

36.6.2 Conhecer as relações entre a dispersão D, a diferença de comprimentos de onda $\Delta\lambda$, a separação angular $\Delta\theta$, a distância d entre as ranhuras, o número de ordem m e o ângulo θ correspondente ao número de ordem.

36.6.3 Conhecer o efeito da distância entre as ranhuras sobre a dispersão de uma rede de difração.

36.6.4 Saber que as linhas só podem ser resolvidas se forem suficientemente estreitas.

36.6.5 Conhecer a relação entre a resolução R, a diferença de comprimentos de onda $\Delta\lambda$, o comprimento de onda médio $\lambda_{\text{méd}}$, o número N de ranhuras e o número de ordem m.

36.6.6 Conhecer o efeito do número de ranhuras sobre a resolução de uma rede de difração.

Ideias-Chave

- A dispersão D de uma rede de difração é uma medida da separação angular $\Delta\theta$ que a rede de dispersão produz no caso de dois comprimentos de onda cuja diferença é $\Delta\theta$. A dispersão é dada pela expressão

$$D = \frac{\Delta\theta}{\Delta\lambda} = \frac{m}{d\cos\theta} \qquad \text{(dispersão)},$$

em que m é o número de ordem e θ é o ângulo correspondente.

- A resolução R de uma rede de difração é uma medida da capacidade da rede de difração de permitir que comprimentos de onda próximos sejam observados separadamente. No caso de dois comprimentos de onda cuja diferença é $\Delta\lambda$ e cujo comprimento de onda médio é $\lambda_{\text{méd}}$, a resolução é dada por

$$R = \frac{\lambda_{\text{méd}}}{\Delta\lambda} = Nm \qquad \text{(resolução)}.$$

Dispersão e Resolução de uma Rede de Difração

Dispersão

Para poder separar comprimentos de onda próximos (como é feito nos espectroscópios), uma rede de difração deve ser capaz de espalhar as linhas de difração associadas aos vários comprimentos de onda. Esse espalhamento, conhecido como **dispersão**, é definido pela equação

$$D = \frac{\Delta\theta}{\Delta\lambda} \quad \text{(definição de dispersão)}, \tag{36.6.1}$$

em que $\Delta\theta$ é a separação angular de duas linhas cujos comprimentos de onda diferem de $\Delta\lambda$. Quanto maior o valor de D, maior a distância entre duas linhas de emissão cujos comprimentos de onda diferem de $\Delta\lambda$. Vamos demonstrar daqui a pouco que a dispersão de uma rede de difração para um ângulo θ é dada por

$$D = \frac{m}{d\cos\theta} \quad \text{(dispersão de uma rede)}. \tag{36.6.2}$$

langdu | iStockphoto

As ranhuras de um CD, com 0,5 μm de largura, se comportam como uma rede de difração. Quando o CD é iluminado com luz branca, a luz difratada forma faixas coloridas que representam as figuras de difração associadas aos diferentes comprimentos de onda da luz incidente. CVF

Assim, para conseguir uma grande dispersão, devemos usar uma rede de difração com um pequeno espaçamento d entre as ranhuras, e trabalhar com grandes valores de m. Observe que a dispersão não depende do número N de ranhuras da rede. A unidade de dispersão do SI é o grau por metro ou o radiano por metro.

Resolução

Para que seja possível *resolver* linhas cujos comprimentos de onda são muito próximos (isto é, para que seja possível distingui-las), é preciso que as linhas sejam suficientemente estreitas. Em outras palavras, a rede de difração deve ter uma **alta resolução**, R, definida pela equação

$$R = \frac{\lambda_{\text{méd}}}{\Delta\lambda} \quad \text{(definição de resolução)}, \tag{36.6.3}$$

em que $\lambda_{\text{méd}}$ é a média dos comprimentos de onda de duas linhas que mal podem ser distinguidas, e $\Delta\lambda$ é a diferença entre os comprimentos de onda das duas linhas. Quanto maior o valor de R, mais próximas podem estar duas linhas sem que se torne impossível distingui-las. Vamos demonstrar daqui a pouco que a resolução de uma rede de difração é dada por

$$R = Nm \quad \text{(resolução de uma rede)}. \tag{36.6.4}$$

Assim, para conseguir uma grande resolução, devemos usar um grande número N de ranhuras e trabalhar com grandes valores de m.

Demonstração da Eq. 36.6.2

Começamos com a Eq. 36.5.1, que permite calcular a posição das linhas na figura de difração de uma rede:

$$d \operatorname{sen}\theta = m\lambda.$$

Vamos considerar θ e λ como variáveis e diferenciar ambos os membros da equação. O resultado é o seguinte:

$$d\,(\cos\theta)d\theta = m d\lambda.$$

Para pequenos ângulos, os infinitésimos podem ser substituídos por diferenças finitas, o que nos dá

$$d(\cos\theta)\,\Delta\theta = m\,\Delta\lambda \tag{36.6.5}$$

ou

$$\frac{\Delta\theta}{\Delta\lambda} = \frac{m}{d\cos\theta}.$$

Como a razão do lado esquerdo é, por definição, igual a D (ver Eq. 36.6.1), acabamos de demonstrar a Eq. 36.6.2.

Tabela 36.6.1 Parâmetros de Três Redes de Difração[a]

Rede	N	d (nm)	θ	D (°/μm)	R
A	10 000	2540	13,4°	23,2	10 000
B	20 000	2540	13,4°	23,2	20 000
C	10 000	1360	25,5°	46,3	10 000

[a]Os dados são para λ = 589 nm e m = 1.

Demonstração da Eq. 36.6.4

Começamos com a Eq. 36.6.5, que foi obtida a partir da Eq. 36.5.1, a expressão para a posição das linhas na figura de difração de uma rede. Na Eq. 36.6.5, $\Delta\lambda$ é a pequena diferença de comprimentos de onda entre duas ondas difratadas por uma rede, e $\Delta\theta$ é a separação angular das linhas correspondentes. Para que $\Delta\theta$ seja o menor ângulo que permite distinguir as duas linhas, é preciso, de acordo com o critério de Rayleigh, que $\Delta\theta$ seja igual à meia largura de uma das linhas, que é dada pela Eq. 36.5.4:

$$\Delta\theta_{\text{ml}} = \frac{\lambda}{Nd\cos\theta}.$$

Fazendo $\Delta\theta$ igual a esse valor de $\Delta\theta_{\text{ml}}$ na Eq. 36.6.5, obtemos

$$\frac{\lambda}{N} = m\,\Delta\lambda,$$

que nos dá

$$R = \frac{\lambda}{\Delta\lambda} = Nm,$$

que é a Eq. 36.6.4, que nos propusemos a demonstrar.

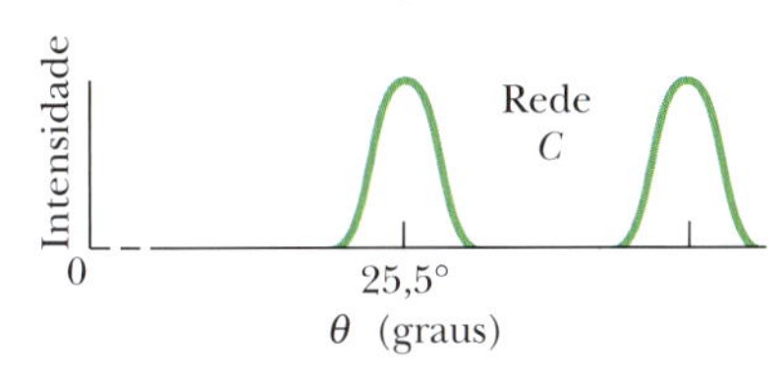

Figura 36.6.1 Gráficos de intensidade observados quando uma luz com dois comprimentos de onda é usada para iluminar as redes de difração cujas propriedades aparecem na Tabela 36.6.1. A rede de maior resolução é a rede B, e a de maior dispersão é a rede C.

Comparação entre Dispersão e Resolução

A resolução de uma rede de difração não deve ser confundida com a dispersão. A Tabela 36.6.1 mostra as características de três redes, todas iluminadas com luz de comprimento de onda λ = 589 nm, cuja luz difratada é observada em primeira ordem (m = 1 na Eq. 36.5.1). O leitor pode verificar que os valores de D e R que aparecem na tabela são os obtidos com o auxílio das Eqs. 36.6.2 e 36.6.4, respectivamente. (Para calcular D, é preciso converter radianos por metro para graus por micrômetro.)

Para as condições da Tabela 36.6.1, as redes A e B têm a mesma *dispersão*, e as redes A e C têm a mesma *resolução*.

A Fig. 36.6.1 mostra as curvas de intensidade luminosa (também conhecidas como *formas de linha*) que seriam produzidas pelas três redes para duas linhas de comprimentos de onda λ_1 e λ_2, nas vizinhanças de λ = 589 nm. A rede B, a de maior resolução, produz linhas mais estreitas e, portanto, é capaz de distinguir linhas muito mais próximas que as que aparecem na figura. A rede C, a de maior dispersão, é a que produz a maior separação angular entre as linhas.

Teste 36.6.1

Quando cobrimos metade de uma rede de difração com uma fita opaca, a resolução da rede aumenta, diminui ou permanece a mesma?

Exemplo 36.6.1 Dispersão e resolução de uma rede de difração 36.6

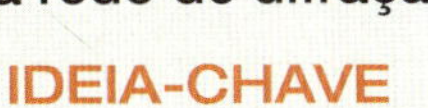

Uma rede de difração tem $1{,}26 \times 10^4$ ranhuras uniformemente espaçadas em uma região de largura w = 25,4 mm. A rede é iluminada perpendicularmente pela luz amarela de uma lâmpada de vapor de sódio. Essa luz contém duas linhas de emissão muito próximas (conhecidas como dubleto do sódio) de comprimentos de onda 589,00 nm e 589,59 nm.

(a) Qual é o ângulo correspondente ao máximo de primeira ordem (de cada lado do centro da figura de difração) para o comprimento de onda de 589,00 nm?

IDEIA-CHAVE

A posição dos máximos produzidos pela rede de difração pode ser determinada com o auxílio da Eq. 36.5.1 (d sen $\theta = m\lambda$).

Cálculos: O espaçamento das ranhuras, d, é dado por

$$d = \frac{w}{N} = \frac{25{,}4 \times 10^{-3}\text{ m}}{1{,}26 \times 10^4}$$
$$= 2{,}016 \times 10^{-6}\text{ m} = 2016\text{ nm}.$$

Como estamos interessados no máximo de primeira ordem, $m = 1$. Substituindo d e m por seus valores na Eq. 36.5.1, obtemos

$$\theta = \text{sen}^{-1}\frac{m\lambda}{d} = \text{sen}^{-1}\frac{(1)(589{,}00\text{ nm})}{2016\text{ nm}}$$
$$= 16{,}99° \approx 17{,}0°. \qquad \text{(Resposta)}$$

(b) Usando a dispersão da rede, calcule a separação angular das duas linhas de primeira ordem.

IDEIAS-CHAVE

(1) De acordo com a Eq. 36.6.1 ($D = \Delta\theta/\Delta\lambda$), a separação angular $\Delta\theta$ das duas linhas de primeira ordem depende da diferença de comprimentos de onda $\Delta\lambda$ e da dispersão D da rede. (2) A dispersão D depende do valor do ângulo θ.

Cálculos: No caso que estamos examinando, as linhas estão tão próximas que o erro não será muito grande se usarmos o valor de D para o ângulo $\theta = 16{,}99°$, calculado no item (a) para uma das linhas. Nesse caso, de acordo com a Eq. 36.6.2,

$$D = \frac{m}{d\cos\theta} = \frac{1}{(2016\text{ nm})(\cos 16{,}99°)}$$
$$= 5{,}187 \times 10^{-4}\text{ rad/nm}.$$

A Eq. 36.6.1, com $\Delta\lambda$ em nanômetros, nos fornece:

$$\Delta\theta = D\Delta\lambda = (5{,}187 \times 10^{-4}\text{ rad/nm})(589{,}59 - 589{,}00)$$
$$= 3{,}06 \times 10^{-4}\text{ rad} = 0{,}0175°. \qquad \text{(Resposta)}$$

É fácil mostrar que esse resultado depende do espaçamento d das ranhuras, mas é independente do número de ranhuras.

(c) Qual é o menor número de ranhuras que uma rede pode ter sem que se torne impossível distinguir as linhas de primeira ordem do dubleto do sódio?

IDEIAS-CHAVE

(1) De acordo com a Eq. 36.6.4 ($R = Nm$), a resolução de uma rede para qualquer ordem m depende do número N de ranhuras. (2) Conforme a Eq. 36.6.3 ($R = \lambda_{\text{méd}}/\Delta\lambda$), a menor diferença de comprimentos de onda $\Delta\lambda$ que pode ser resolvida depende do comprimento de onda médio envolvido e da resolução R da rede.

Cálculo: Fazendo $\Delta\lambda$ igual à diferença entre os comprimentos de onda das duas linhas do dubleto do sódio, 0,59 nm, e $\lambda_{\text{méd}} = (589{,}00 + 589{,}59)/2 = 589{,}30$, temos

$$N = \frac{R}{m} = \frac{\lambda_{\text{méd}}}{m\,\Delta\lambda}$$
$$= \frac{589{,}30\text{ nm}}{(1)(0{,}59\text{ nm})} = 999\text{ ranhuras}. \qquad \text{(Resposta)}$$

36.7 DIFRAÇÃO DE RAIOS X

Objetivos do Aprendizado

Depois de ler este módulo, você será capaz de ...

36.7.1 Saber em que região do espectro eletromagnético estão os raios X.

36.7.2 Saber o que é uma célula unitária.

36.7.3 Saber o que são planos cristalinos e o que é distância interplanar.

36.7.4 Desenhar dois raios espalhados por planos vizinhos, mostrando o ângulo que é usado nos cálculos.

36.7.5 No caso dos máximos de intensidade dos espalhamento de raios X por um cristal, conhecer a relação entre a distância interplanar d, o ângulo de espalhamento θ, o número de ordem m e o comprimento de onda λ dos raios X.

36.7.6 Mostrar como pode ser determinada a distância interplanar a partir do desenho de uma célula unitária.

Ideias-Chave

- O espalhamento de raios X por um sólido cristalino é mais fácil de visualizar imaginando que os átomos do material formam planos paralelos.
- No caso de raios X de comprimento de onda λ espalhados por planos cristalinos cuja distância interplanar é d, os ângulos para os quais a intensidade do feixe espalhado é máxima são dados por

$$2d\,\text{sen}\,\theta = m\lambda, \qquad \text{para } m = 1, 2, 3, \ldots \quad \text{(lei de Bragg)}.$$

Difração de Raios X

Os raios X são ondas eletromagnéticas com um comprimento de onda da ordem de 1 Å (10^{-10} m). Para efeito de comparação, o comprimento de onda no centro do espectro visível é 550 nm ($5{,}5 \times 10^{-7}$ m). A Fig. 36.7.1 mostra que raios X são produzidos quando os elétrons que escapam de um filamento aquecido F são acelerados por uma diferença de potencial V e se chocam com um alvo metálico T.

Uma rede de difração comum não pode ser usada para separar raios X de diferentes comprimentos de onda. Para $\lambda = 1$ Å (0,1 nm) e $d = 3.000$ nm, por exemplo, o máximo de primeira ordem, de acordo com a Eq. 36.5.1, ocorre para

$$\theta = \text{sen}^{-1}\frac{m\lambda}{d} = \text{sen}^{-1}\frac{(1)(0{,}1\text{ nm})}{3.000\text{ nm}} = 0{,}0019°.$$

Esse resultado mostra que o primeiro máximo está próximo demais do máximo principal para que as duas linhas possam ser resolvidas. O ideal seria usar uma rede de difração com $d \approx \lambda$, mas, como os comprimentos de onda dos raios X são da mesma ordem que os diâmetros atômicos, é tecnicamente impossível construir uma rede cujas ranhuras tenham um espaçamento dessa ordem.

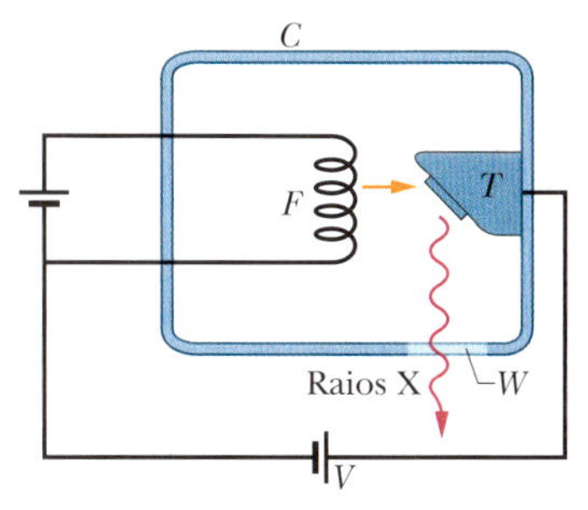

Figura 36.7.1 Raios X são gerados quando os elétrons que deixam o filamento aquecido F são acelerados por uma diferença de potencial V e atingem um alvo metálico T. A "janela" W da câmara evacuada C é transparente aos raios X.

Em 1912, ocorreu ao físico alemão Max von Laue que um sólido cristalino, formado por um arranjo regular de átomos, poderia se comportar como uma "rede de difração" natural para os raios X. A ideia é que, em um sólido cristalino como o cloreto de sódio (NaCl), um pequeno conjunto de átomos (conhecido como *célula unitária*) se repete em todo o material. A Fig. 36.7.2*a* mostra um cristal de NaCl e identifica a célula unitária, que no caso é um cubo de lado a_0.

Quando um feixe de raios X penetra em uma substância cristalina como o NaCl, os raios X são *espalhados* (desviados) em todas as direções pelos átomos do cristal. Em algumas direções, as ondas espalhadas sofrem interferência destrutiva, o que leva a mínimos de intensidade; em outras direções, a interferência é construtiva e produz máximos de intensidade. Este processo de espalhamento e interferência é uma forma de difração.

Planos Fictícios. O processo de difração de raios X por um cristal é muito complexo, mas as posições dos máximos podem ser determinadas imaginando que tudo se passa *como se* os raios X fossem *refletidos* por uma família de *planos cristalinos paralelos* que contêm arranjos regulares de átomos do cristal. (Os raios X não são realmente refletidos; os planos imaginários são usados apenas para facilitar a análise do processo de difração.)

A Fig. 36.7.2*b* mostra três planos pertencentes a uma mesma família de planos paralelos, com uma *distância interplanar d*, nos quais imaginamos que os raios X incidentes se refletem. Os raios 1, 2 e 3 se refletem no primeiro, segundo e terceiro planos, respectivamente. Em cada reflexão, o ângulo de incidência e o ângulo de reflexão são representados pelo símbolo θ. Ao contrário do que se costuma fazer na ótica, esse ângulo é definido em relação à *superfície* do plano refletor e não em relação

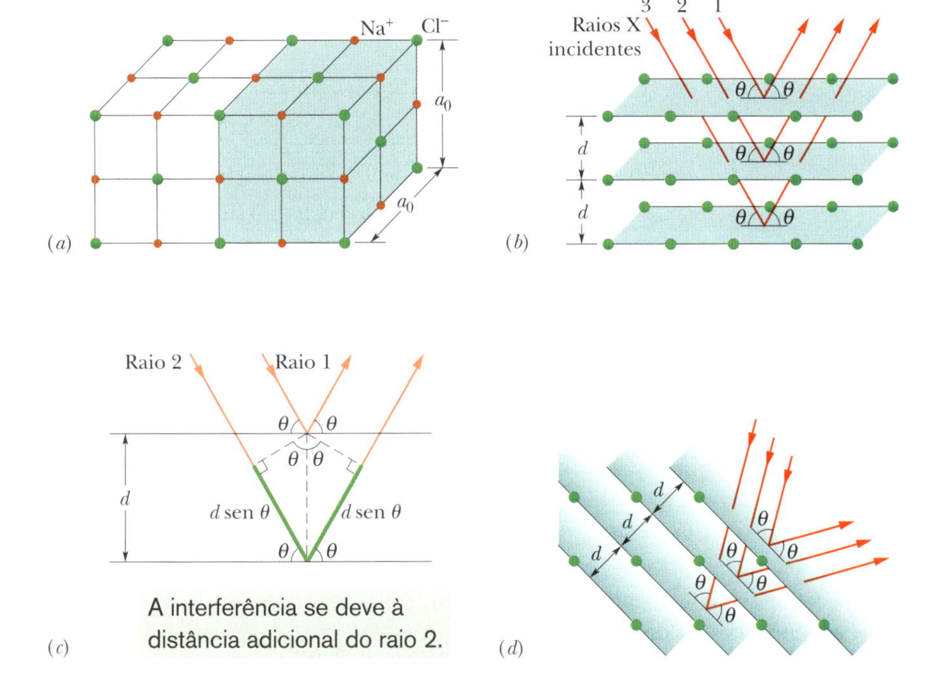

Figura 36.7.2 (*a*) Estrutura cúbica do NaCl, mostrando os íons de sódio e cloro e uma célula unitária (sombreada). (*b*) Os raios X incidentes são difratados pelo cristal representado em (*a*) como se fossem refletidos por uma família de planos paralelos, com o ângulo de reflexão igual ao ângulo de incidência, ambos medidos em relação aos planos (e não em relação à normal, como na ótica). (*c*) A diferença de percurso dos raios refletidos por planos vizinhos é $2d$ sen θ. (*d*) Quando o ângulo de incidência muda, os raios X se comportam como se fossem refletidos por outra família de planos.

à normal à superfície. Para a situação da Fig. 36.7.2*b*, a distância interplanar é igual à dimensão a_0 da célula unitária.

A Fig. 36.7.2*c* mostra uma vista lateral da reflexão de raios X em dois planos vizinhos. Os raios 1 e 2 chegam em fase ao cristal. Depois de refletidos, continuam em fase, já que as reflexões e os planos refletores foram definidos unicamente para explicar os máximos de intensidade da figura de difração de raios X por um cristal. Ao contrário dos raios luminosos, os raios X não são refratados quando entram no cristal ou saem do cristal; na verdade, não é possível definir um índice de refração para esta situação. Assim, a diferença de fase entre os raios 1 e 2 se deve unicamente à diferença de percurso; para que os dois raios estejam em fase, basta que a diferença de percurso seja igual a um múltiplo inteiro do comprimento de onda λ dos raios X.

Lei de Bragg. Traçando as perpendiculares tracejadas da Fig. 36.7.2*c*, descobrimos que a diferença de percurso entre os raios 1 e 2 é $2d$ sen θ. Na verdade, essa diferença é a mesma para qualquer par de planos vizinhos pertencentes à família de planos representada na Fig. 36.7.2*b*. Assim, temos, como critério para que a intensidade da difração seja máxima, a seguinte equação:

$$2d \operatorname{sen} \theta = m\lambda, \qquad \text{para } m = 1, 2, 3, \ldots \quad \text{(lei de Bragg)}, \qquad (36.7.1)$$

em que m é o número de ordem de um dos máximos de intensidade. A Eq. 36.7.1 é denominada **lei de Bragg** em homenagem ao físico inglês W. L. Bragg, o primeiro a demonstrá-la. (W. L. Bragg e o pai receberam conjuntamente o Prêmio Nobel de Física de 1915 pelo uso dos raios X para estudar a estrutura dos cristais.) O ângulo de incidência e reflexão que aparece na Eq. 36.7.1 é denominado *ângulo de Bragg*.

Qualquer que seja o ângulo de incidência dos raios X em um cristal, existe sempre uma família de planos nos quais se pode supor que os raios se refletem e aos quais se pode aplicar a lei de Bragg. Na Fig. 36.7.2*d*, observe que a estrutura cristalina tem a mesma orientação que na Fig. 36.7.2*a*, mas o ângulo de incidência dos raios X é diferente do que aparece na Fig. 36.7.2*b*. A esse novo ângulo está associada uma nova família de planos refletores, com outra distância interplanar d e outro ângulo de Bragg θ.

Determinação da Célula Unitária. A Fig. 36.7.3 ilustra a relação que existe entre a distância interplanar d e a dimensão a_0 da célula unitária. Para a família de planos que aparece na figura, temos, de acordo com o teorema de Pitágoras,

$$5d = \sqrt{\tfrac{5}{4}a_0^2},$$

ou

$$d = \frac{a_0}{\sqrt{20}} = 0{,}2236a_0. \qquad (36.7.2)$$

Esse exemplo mostra que é possível calcular as dimensões da célula unitária a partir da distância interplanar medida por difração de raios X.

A difração de raios X é um método excelente tanto para estudar os espectros de emissão de raios X dos átomos como para investigar a estrutura atômica dos sólidos. No primeiro caso, utiliza-se um conjunto de planos cristalinos cujo espaçamento d é conhecido. Como o ângulo de reflexão associado aos planos depende do comprimento de onda da radiação incidente, a medida da intensidade difratada em função do ângulo permite determinar quais são os comprimentos de onda presentes na radiação. Nos estudos de estrutura atômica, utiliza-se um feixe de raios X monocromático para determinar o espaçamento dos planos cristalinos e a estrutura da célula unitária.

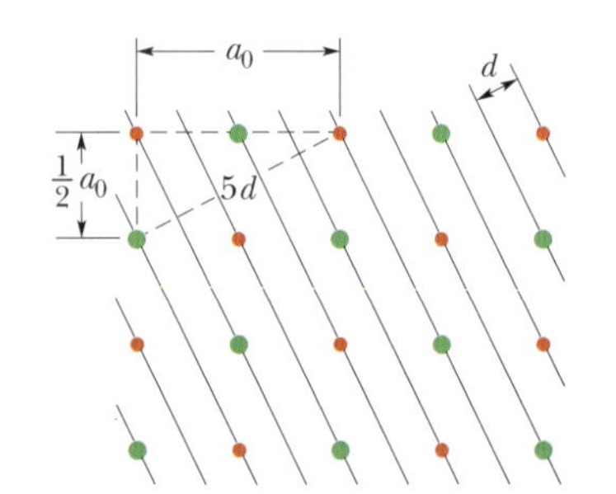

Figura 36.7.3 Modo de relacionar a distância interplanar d à dimensão da célula unitária, a_0, tomando como exemplo uma família de planos do cristal da Fig. 36.7.2*a*.

Teste 36.7.1

A figura mostra a intensidade em função do ângulo de difração de um feixe monocromático de raios X para uma certa família de planos refletores de um cristal. Coloque os picos de intensidade na ordem das diferenças de percurso dos raios X, começando pelo maior.

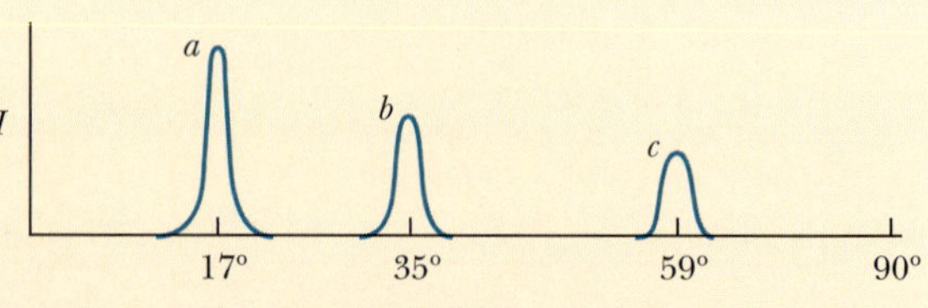

Revisão e Resumo

Difração Quando uma onda encontra um obstáculo ou abertura de dimensões comparáveis ao comprimento de onda, a onda se espalha e sofre interferência. Este fenômeno é chamado **difração**.

Difração por uma Fenda As ondas que atravessam uma fenda estreita de largura a produzem, em uma tela de observação, uma **figura de difração de uma fenda** que consiste em um máximo central e vários máximos secundários, separados por mínimos situados em ângulos θ com o eixo central que satisfazem a relação

$$a \operatorname{sen} \theta = m\lambda, \text{ para } m = 1, 2, 3, \ldots \quad \text{(mínimos)}. \qquad (36.1.3)$$

A intensidade da onda difratada para um ângulo θ qualquer é dada por

$$I(\theta) = I_m \left(\frac{\operatorname{sen} \alpha}{\alpha}\right)^2, \qquad \text{em que } \alpha = \frac{\pi a}{\lambda} \operatorname{sen} \theta \quad (36.2.2, 36.2.3)$$

e I_m é a intensidade no centro da figura de difração.

Difração por uma Abertura Circular A difração por uma abertura circular ou lente de diâmetro d produz um máximo central e máximos e mínimos concêntricos; o primeiro mínimo corresponde a um ângulo θ dado por

$$\operatorname{sen} \theta = 1{,}22 \frac{\lambda}{d} \quad \text{(primeiro mínimo; abertura circular)}. \qquad (36.3.1)$$

Critério de Rayleigh De acordo com o *critério de Rayleigh*, dois objetos estão no limite de resolução quando o máximo central de difração de um coincide com o primeiro mínimo do outro. Nesse caso, a separação angular é dada por

$$\theta_R = 1{,}22 \frac{\lambda}{d} \quad \text{(critério de Rayleigh)}, \qquad (36.3.3)$$

em que d é o diâmetro da abertura atravessada pela luz.

Difração por Duas Fendas Quando uma onda passa por duas fendas de largura a cujos centros estão separados por uma distância d, é formada uma figura de difração na qual a intensidade I para um ângulo θ é dada por

$$I(\theta) = I_m(\cos^2 \beta)\left(\frac{\operatorname{sen} \alpha}{\alpha}\right)^2 \quad \text{(duas fendas)}, \qquad (36.4.1)$$

em que $\beta = (\pi d/\lambda) \operatorname{sen} \theta$ e $\alpha = (\pi a/\lambda) \operatorname{sen} \theta$.

Redes de Difração A *rede de difração* é um conjunto de fendas (ranhuras) que pode ser usado para determinar as componentes de uma onda, separando e mostrando os máximos de difração associados a cada comprimento de onda da radiação incidente. A difração por uma rede de N ranhuras produz máximos (linhas) em ângulos θ tais que

$$d \operatorname{sen} \theta = m\lambda, \qquad \text{para } m = 0, 1, 2, \ldots \quad \text{(máximos)}, \qquad (36.5.1)$$

cuja **meia largura** é dada por

$$\Delta\theta_{\text{ml}} = \frac{\lambda}{Nd \cos \theta} \quad \text{(meias larguras)}. \qquad (36.5.4)$$

A dispersão D e a resolução R de uma rede de difração são dadas pelas equações

$$D = \frac{\Delta\theta}{\Delta\lambda} = \frac{m}{d \cos \theta} \qquad (36.6.1, 36.6.2)$$

e

$$R = \frac{\lambda_{\text{méd}}}{\Delta\lambda} = Nm. \qquad (36.6.3, 36.6.4)$$

Difração de Raios X O arranjo regular de átomos em um cristal se comporta como uma rede de difração tridimensional para ondas de comprimento de onda da mesma ordem que o espaçamento entre os átomos, como os raios X. Para fins de análise, os átomos podem ser imaginados como estando dispostos em planos com uma distância interplanar d. Os máximos de difração (que resultam de uma interferência construtiva) ocorrem nos ângulos θ de incidência da onda, medidos em relação aos planos atômicos, que satisfazem a **lei de Bragg:**

$$2d \operatorname{sen} \theta = m\lambda, \quad \text{para } m = 1, 2, 3, \ldots \quad \text{(lei de Bragg)} \qquad (36.7.1)$$

em que λ é o comprimento de onda da radiação incidente.

Perguntas

1 Em um experimento de difração por uma fenda usando uma luz de comprimento de onda λ, o que aparece, em uma tela distante, em um ponto no qual a diferença entre as distâncias percorridas por raios que deixam as extremidades superior e inferior da fenda é igual a (a) 5λ e (b) $4{,}5\lambda$?

2 Em um experimento de difração por uma fenda, os raios provenientes da extremidade superior e da extremidade inferior da fenda chegam a um ponto da tela de observação com uma diferença de percurso de 4,0 comprimentos de onda. Em uma representação fasorial como na Fig. 36.2.1, quantas circunferências superpostas são descritas pela cadeia de fasores?

3 A Fig. 36.1 mostra o parâmetro β da Eq. 36.4.2 em função do ângulo θ para três experimentos de difração de dupla fenda nos quais a luz tinha um comprimento de onda de 500 nm. A distância entre as fendas era diferente nos três experimentos. Coloque os experimentos na ordem decrescente (a) da distância entre as fendas e (b) do número de máximos da figura de interferência.

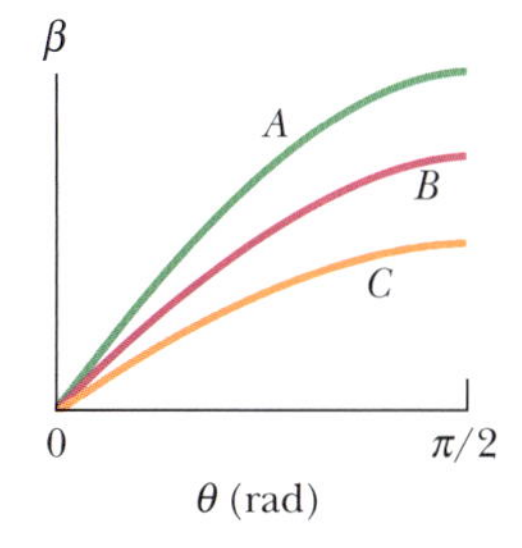

Figura 36.1 Pergunta 3.

4 A Fig. 36.2 mostra o parâmetro α da Eq. 36.2.3 em função do ângulo θ para três experimentos de difração de uma fenda nos quais a luz tinha um comprimento de onda de 500 nm. Coloque os experimentos na ordem decrescente (a) da largura da fenda e (b) do número de mínimos da figura de difração.

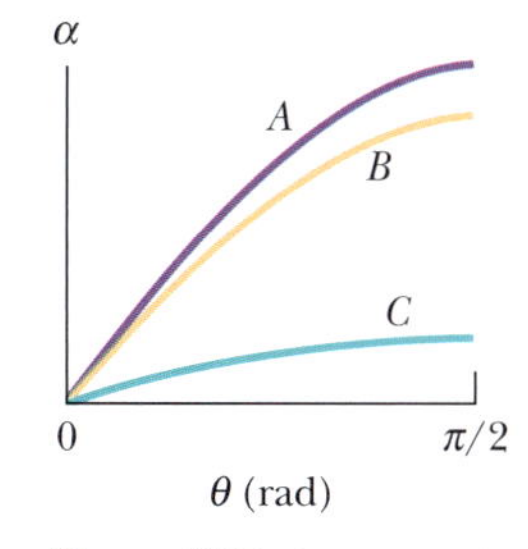

Figura 36.2 Pergunta 4.

5 A Fig. 36.3 mostra quatro tipos diferentes de aberturas através das quais podem passar ondas sonoras ou luminosas. O comprimento dos lados é L ou $2L$; L é 3,0 vezes maior que o comprimento de onda da onda incidente. Coloque as aberturas na ordem decrescente (a) do espalhamento das ondas para a esquerda e para a direita e (b) do espalhamento das ondas para cima e para baixo.

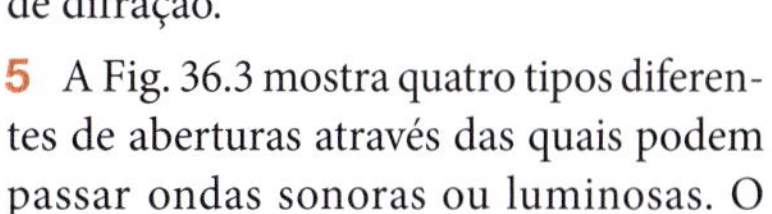

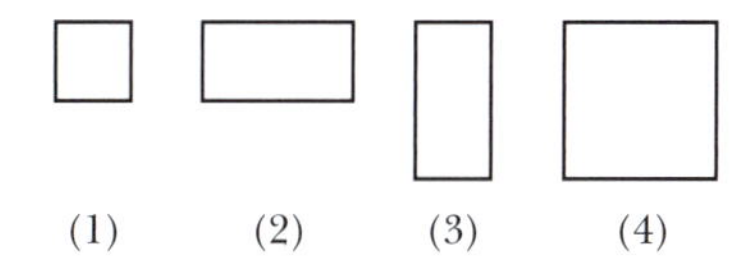

Figura 36.3 Pergunta 5.

6 Ao passar por uma fenda estreita, uma luz de frequência f produz uma figura de difração. (a) Se aumentarmos a frequência da luz para $1{,}3f$, a figura de difração ficará mais espalhada ou mais compacta? (b) Se, em vez de aumentar a frequência, mergulharmos todo o equipamento em óleo, a figura de difração ficará mais espalhada ou mais compacta?

7 À noite, muitas pessoas veem anéis (conhecidos como *halos entópticos*) em volta de fontes luminosas intensas, como lâmpadas de rua. Esses anéis são os primeiros máximos laterais de figuras de difração produzidas por estruturas existentes na córnea (ou, possivelmente, no cristalino) do olho do observador. (Os máximos centrais das figuras de difração não podem ser vistos porque se confundem com a luz direta da fonte.) (a) Os anéis aumentam ou diminuem quando uma lâmpada azul é substituída por uma lâmpada vermelha? (b) No caso de uma lâmpada branca, a parte externa dos anéis é azul ou vermelha?

8 (a) Para uma dada rede de difração, a menor diferença $\Delta\lambda$ entre comprimentos de onda que podem ser resolvidos aumenta, diminui ou permanece constante quando o comprimento de onda aumenta? (b) Para um dado intervalo de comprimentos de onda (em torno de 500 nm, digamos), $\Delta\lambda$ é maior na primeira ordem ou na terceira?

9 A Fig. 36.4 mostra uma linha vermelha e uma linha verde pertencentes à mesma ordem da figura de difração produzida por uma rede de difração. Se o número de ranhuras da rede é aumentado (removendo, por exemplo, uma fita adesiva que cobria metade das ranhuras), (a) a meia largura das linhas aumenta, diminui ou permanece constante? (b) A distância entre as linhas aumenta, diminui ou permanece constante? (c) As linhas se deslocam para a direita, se deslocam para a esquerda ou permanecem no mesmo lugar?

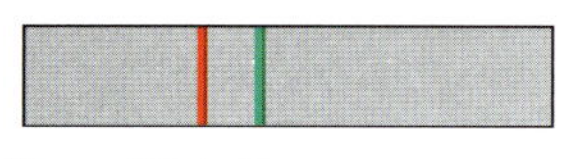

Figura 36.4 Perguntas 9 e 10.

10 Para a situação da Pergunta 9 e da Fig. 36.4, se a distância entre as ranhuras da rede aumenta, (a) a meia largura das linhas aumenta, diminui ou permanece constante? (b) A distância entre as linhas aumenta, diminui ou permanece constante? (c) As linhas se deslocam para a direita, se deslocam para a esquerda ou permanecem no mesmo lugar?

11 (a) A Fig. 36.5*a* mostra as linhas produzidas por duas redes de difração, *A* e *B*, para o mesmo comprimento de onda da luz incidente; as linhas pertencem à mesma ordem e aparecem para os mesmos ângulos θ. Qual das redes possui o maior número de ranhuras? (b) A Fig. 36.5*b* mostra as linhas de duas ordens produzidas por uma rede de difração usando luz de dois comprimentos de onda, ambos na região vermelha do espectro. Qual dos pares de linhas pertence à ordem com o maior valor de m, o da esquerda ou o da direita? (c) O centro da figura de difração está do lado esquerdo ou do lado direito na Fig. 36.5*a*? (d) O centro da figura de difração está do lado esquerdo ou do lado direito na Fig. 36.5*b*?

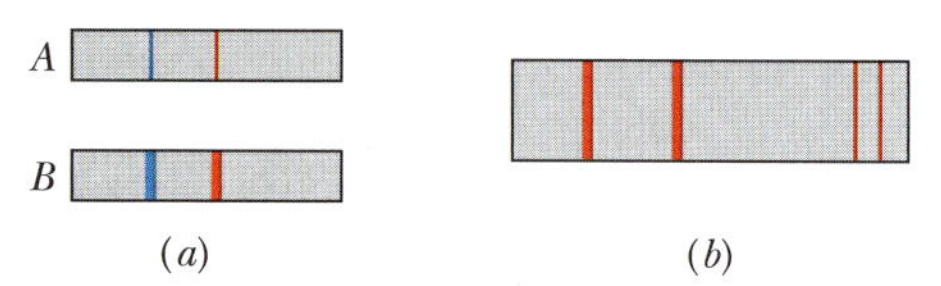

Figura 36.5 Pergunta 11.

12 A Fig. 36.6 mostra as linhas claras contidas nas envoltórias centrais das figuras de difração obtidas em dois experimentos de difração por duas fendas realizados com uma luz incidente de mesmo comprimento de onda. Em comparação com os parâmetros das fendas do experimento *A*, (a) a largura *a* das fendas no experimento *B* é maior, igual ou menor? (b) A distância *d* entre as fendas é maior, igual ou menor? (c) A razão d/a é maior, igual ou menor?

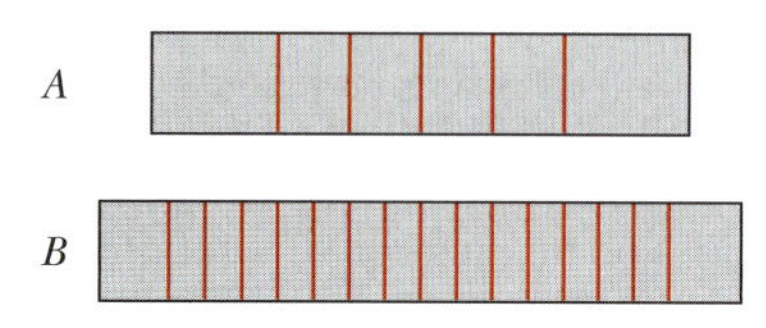

Figura 36.6 Pergunta 12.

13 Em três arranjos, você vê, a grande distância, dois pequenos objetos muito próximos entre si. Os ângulos que os objetos ocupam no seu campo de visão e a distância a que se encontram de você são: (1) 2ϕ e R; (2) 2ϕ e $2R$; (3) $\phi/2$ e $R/2$. (a) Coloque os arranjos na ordem decrescente da distância entre os objetos. Se você mal consegue resolver os objetos no arranjo 2, você é capaz de resolvê-los (b) no arranjo 1 e (c) no arranjo 3?

14 Em uma rede de difração, a razão λ/a entre o comprimento de onda da luz e o espaçamento das ranhuras é 1/3,5. Determine, sem fazer cálculos, que ordens, além da ordem zero, aparecem na figura de difração.

Problemas

F Fácil **M** Médio **D** Difícil

CVF Informações adicionais disponíveis no e-book *O Circo Voador da Física*, de Jearl Walker, LTC Editora, Rio de Janeiro, 2008.

CALC Requer o uso de derivadas e/ou integrais

BIO Aplicação biomédica

Módulo 36.1 Difração por uma Fenda

1 F A distância entre o primeiro e o quinto mínimos da figura de difração de uma fenda é 0,35 mm com a tela a 40 cm de distância da fenda quando é usada uma luz com um comprimento de onda de 550 nm. (a) Determine a largura da fenda. (b) Calcule o ângulo θ do primeiro mínimo de difração.

2 F Qual deve ser a razão entre a largura da fenda e o comprimento de onda para que o primeiro mínimo de difração de uma fenda seja observado para $\theta = 45{,}0°$?

3 F Uma onda plana com um comprimento de onda de 590 nm incide em uma fenda de largura $a = 0{,}40$ mm. Uma lente convergente delgada de distância focal +70 cm é colocada entre a fenda e uma tela de observação e focaliza a luz na tela. (a) Qual é a distância entre a lente e a tela? (b) Qual é a distância na tela entre o centro da figura de difração e o primeiro mínimo?

4 F Nas transmissões de TV aberta, os sinais são irradiados das torres de transmissão para os receptores domésticos. Mesmo que entre a antena transmissora e a antena receptora exista algum obstáculo, como um morro ou um edifício, o sinal pode ser captado, contanto que a difração causada pelo obstáculo produza um sinal de intensidade suficiente na "região de sombra". Os sinais da televisão analógica têm um comprimento de onda de cerca de 50 cm e os sinais da televisão digital têm um comprimento de onda da ordem de 10 mm. (a) Essa redução do comprimento de onda aumenta ou diminui a difração dos sinais para as regiões de sombra produzidas pelos obstáculos? Suponha que um sinal passe por um vão de 5,0 m entre edifícios vizinhos. Qual é o espalhamento angular do máximo central de difração (até os primeiros mínimos) para um comprimento de onda (a) de 50 cm e (b) de 10 mm?

5 F Uma fenda é iluminada por um feixe de luz que contém os comprimentos de onda λ_a e λ_b, escolhidos de tal forma que o primeiro mínimo de difração da componente λ_a coincide com o segundo mínimo da componente λ_b. (a) Se λ_b = 350 nm, qual é o valor de λ_a? Determine para qual número de ordem m_b um mínimo da componente λ_b coincide com o mínimo da componente λ_a cujo número de ordem é (b) $m_a = 2$ e (c) $m_a = 3$.

6 F Um feixe de luz com um comprimento de onda de 441 nm incide em uma fenda estreita. Em uma tela situada a 2,00 m de distância, a separação entre o segundo mínimo de difração e o máximo central é 1,50 cm. (a) Calcule o ângulo de difração θ do segundo mínimo. (b) Determine a largura da fenda.

7 F Um feixe de luz com um comprimento de onda de 633 nm incide em uma fenda estreita. O ângulo entre o primeiro mínimo de difração de um lado do máximo central e o primeiro mínimo de difração do outro lado é 1,20°. Qual é a largura da fenda?

8 M Ondas sonoras com uma frequência de 3000 Hz e uma velocidade de 343 m/s passam pela abertura retangular de uma caixa de som e se espalham por um grande auditório de comprimento d = 100 m. A abertura, que tem uma largura horizontal de 30,0 cm, está voltada para uma parede que fica a 100 m de distância (Fig. 36.7). Ao longo dessa parede, a que distância do eixo central está o primeiro mínimo de difração, posição na qual um espectador terá dificuldade para o ouvir o som? (Ignore as reflexões.)

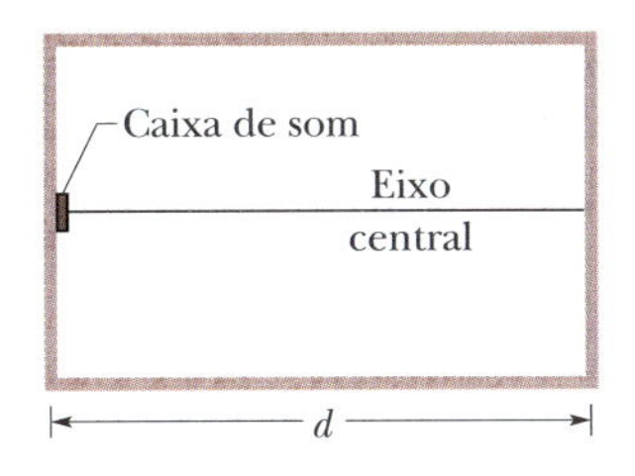

Figura 36.7 Problema 8.

9 M Uma fenda com 1,00 mm de largura é iluminada com uma luz cujo comprimento de onda é 589 nm. Uma figura de difração é observada em uma tela situada a 3,00 m de distância da fenda. Qual é a distância entre os primeiros dois mínimos de difração situados do mesmo lado do máximo central?

10 M Os fabricantes de fios (e outros objetos de pequenas dimensões) às vezes usam um *laser* para monitorar continuamente a espessura do produto. O fio intercepta a luz do *laser*, produzindo uma figura de difração parecida com a que é produzida por uma fenda com a mesma largura que o diâmetro do fio (Fig. 36.8). Suponha que o fio seja iluminado com um *laser* de hélio-neônio, com um comprimento de onda de 632,8 nm, e que a figura de difração apareça em uma tela situada a uma distância L = 2,60 m do fio. Se o diâmetro desejado para o fio for 1,37 mm, qual deverá ser a distância observada entre os dois mínimos de décima ordem (um de cada lado do máximo central)?

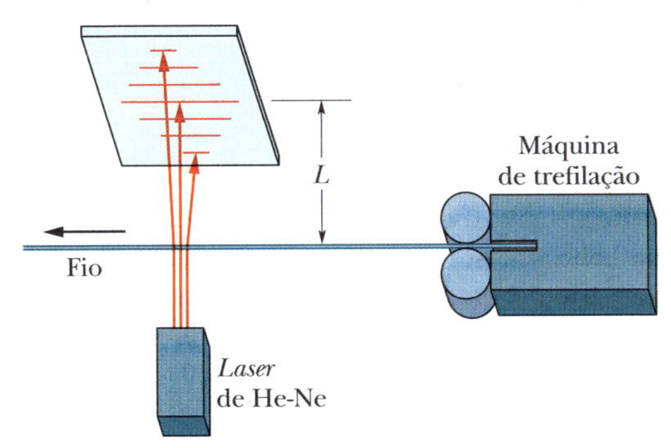

Figura 36.8 Problema 10.

Módulo 36.2 Intensidade da Luz Difratada por uma Fenda

11 F Uma fenda de 0,10 mm de largura é iluminada com uma luz cujo comprimento de onda é 589 nm. Considere um ponto P em uma tela na qual a figura de difração é observada; o ponto está a 30° do eixo central da fenda. Qual é a diferença de fase entre as ondas secundárias de Huygens que chegam ao ponto P provenientes da extremidade superior e do ponto médio da fenda? (*Sugestão*: Use a Eq. 36.2.1.)

12 F A Fig. 36.9 mostra a variação do parâmetro α da Eq. 36.2.3 com o seno do ângulo θ em um experimento de difração de fenda única usando uma luz com um comprimento de onda de 610 nm. A escala do eixo vertical é definida por α_s = 12 rad. Determine (a) a largura da fenda, (b) o número total de mínimos de difração (dos dois lados do máximo central), (c) o menor ângulo para o qual existe um mínimo e (d) o maior ângulo para o qual existe um mínimo.

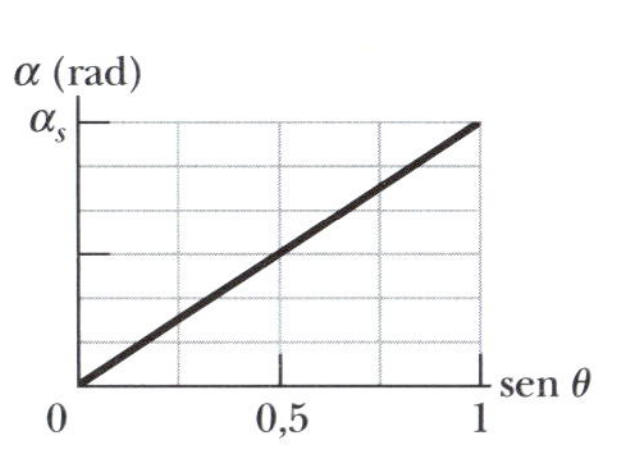

Figura 36.9 Problema 12.

13 F Uma luz com um comprimento de onda de 538 nm incide em uma fenda com 0,025 mm de largura. A distância entre a fenda e a tela é 3,5 m. Considere um ponto da tela situado a 1,1 cm de distância do máximo central. Calcule (a) o valor de θ nesse ponto, (b) o valor de α, e (c) a razão entre a intensidade nesse ponto e a intensidade do máximo central.

14 F No experimento de difração por uma fenda da Fig. 36.1.4, suponha que o comprimento de onda da luz é 500 nm, a largura da fenda é 6,00 μm e a tela de observação está a uma distância D = 3,00 m. Defina o eixo y como um eixo vertical no plano da tela, com a origem no centro da figura de difração. Chame de I_P a intensidade da luz difratada no ponto P, situado em y = 15,0 cm. (a) Qual é a razão entre I_P e a intensidade I_m no centro da figura de difração? (b) Determine a posição do ponto P na figura de difração especificando o máximo e o mínimo entre os quais o ponto se encontra ou os dois mínimos entre os quais o ponto se encontra.

15 M A largura total à meia altura (LTMA) de um máximo central de difração é definida como o ângulo entre os dois pontos nos quais a intensidade é igual a metade da intensidade máxima (ver Fig. 36.2.2*b*). (a) Mostre que a intensidade é metade da intensidade máxima para $\text{sen}^2\,\alpha = \alpha^2/2$. (b) Verifique se α = 1,39 rad (aproximadamente 80°) é uma solução para a equação transcendental do item (a). (c) Mostre que a LTMA é dada por $\Delta\theta = 2\,\text{sen}^{-1}(0{,}443\lambda/a)$, em que a é a largura da fenda. Calcule a LTMA do máximo central para fendas cujas larguras correspondem a (d) 1,00λ, (e) 5,0λ e (f) 10,0λ.

16 M *O Princípio de Babinet*. Um feixe de luz monocromática incide perpendicularmente em um furo "colimador", de diâmetro $x \gg \lambda$. O ponto P está na região de sombra geométrica, em uma tela *distante* (Fig. 36.10*a*). Dois objetos, mostrados na Fig. 36.10*b*, são colocados sucessivamente no furo colimador. A é um disco opaco com um furo central, e B é o "negativo fotográfico" de A. Use o conceito de superposição para mostrar que a intensidade da figura de difração no ponto P é a mesma para os dois objetos.

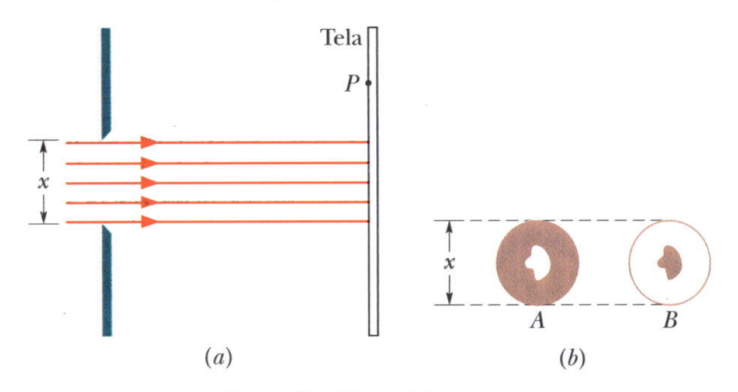

Figura 36.10 Problema 16.

17 M (a) Mostre que os valores de α para os quais a intensidade da figura de difração de uma fenda é máxima podem ser calculados derivando a Eq. 36.2.2 em relação a α e igualando o resultado a zero, o que leva à equação $\tan\alpha = \alpha$. Para determinar os valores de α que satisfazem essa equação, plote a curva $y = \tan\alpha$ e a linha reta $y = \alpha$ e determine as interseções entre a reta e a curva, ou use uma calculadora para encontrar por tentativas os valores corretos de α. A partir da relação $\alpha = (m + 1/2)\pi$, determine os valores de m correspondentes a máximos sucessivos da figura de difração de fenda única. (Esses valores de m *não são* números inteiros porque os máximos secundários não ficam exatamente a meio caminho entre dois mínimos.) Determine (b) o menor valor de α e (c) o valor de m correspondente, (d) o segundo menor valor de α e (e) o valor de m correspondente, (f) o terceiro menor valor de α e (g) o valor de m correspondente.

Módulo 36.3 Difração por uma Abertura Circular

18 F BIO A parede de uma sala é revestida com ladrilhos acústicos que contêm pequenos furos separados por uma distância, entre os centros, de 5,0 mm. Qual a maior distância da qual uma pessoa consegue distinguir os furos? Suponha que o diâmetro da pupila do observador é 4,0 mm e que o comprimento de onda da luz ambiente é 550 nm.

19 F BIO (a) A que distância máxima de uma pilha de grãos vermelhos de areia deve estar um observador para poder ver os grãos como objetos separados? Suponha que os grãos são esferas com 50 μm de raio, que a luz refletida pelos grãos tem um comprimento de onda de 650 nm e que a pupila do observador tem 1,5 mm de diâmetro. (b) Se os grãos forem azuis e a luz refletida tiver um comprimento de onda de 400 nm, a distância será maior ou menor que a do item (a)?

20 F O radar de um cruzador usa um comprimento de onda de 1,6 cm; a antena transmissora é circular, com um diâmetro de 2,3 m. Qual é a distância mínima que deve existir entre duas lanchas que estão a 6,2 km de distância do cruzador para que sejam detectadas pelo radar como objetos separados?

21 F BIO Estime a distância entre dois objetos no planeta Marte que mal podem ser resolvidos em condições ideais por um observador na Terra (a) a olho nu e (b) usando o telescópio de 200 polegadas (= 5,1 m) de Monte Palomar. Use os seguintes dados: distância entre Marte e a Terra: $8,0 \times 10^7$ km; diâmetro da pupila: 5,0 mm; comprimento de onda da luz: 550 nm.

22 F BIO Suponha que o critério de Rayleigh pode ser usado para determinar o limite de resolução do olho de um astronauta que observa a superfície terrestre enquanto se encontra a bordo de uma estação espacial, a uma altitude de 400 km. (a) Nessas condições ideais, estime a menor dimensão linear que o astronauta é capaz de distinguir na superfície da Terra. Tome o diâmetro da pupila do astronauta como 5 mm e o comprimento de onda da luz visível como 550 nm. (b) O astronauta é capaz de ver com clareza a Grande Muralha da China (Fig. 36.11), que tem mais de 3.000 km de comprimento, 5 a 10 m de largura na base, 4 m de largura no topo e 8 m de altura? (c) O astronauta seria capaz de observar sinais inconfundíveis de vida inteligente na superfície da Terra?

23 F BIO Os dois faróis de um automóvel que se aproxima de um observador estão separados por uma distância de 1,4 m. Determine (a) a separação angular mínima e (b) a distância mínima para que o olho do observador seja capaz de resolvê-los. Suponha que o diâmetro da pupila do observador é 5,0 mm, e use um comprimento de onda da luz de 550 nm para a luz dos faróis. Suponha também que a resolução seja limitada apenas pelos efeitos da difração e que, portanto, o critério de Rayleigh pode ser aplicado.

24 F BIO CVF *Halos entópticos*. Quando uma pessoa olha para uma lâmpada de rua em uma noite escura, a lâmpada parece estar cercada de anéis claros e escuros (daí o nome *halos*) que são, na verdade, uma figura de difração circular como a da Fig. 36.3.1, com o máximo central coincidindo com a luz direta da lâmpada. A difração é produzida por elementos da córnea ou do cristalino do olho (daí o nome *entópticos*). Se a lâmpada é monocromática, com um comprimento de onda de 550 nm, e o primeiro anel escuro subtende um diâmetro angular de 2,5° do ponto de vista do observador, qual é a dimensão (linear) aproximada do elemento que produz a figura de difração?

25 F Determine a distância entre dois pontos na superfície da Lua que mal podem ser resolvidos pelo telescópio de 200 polegadas (= 5,1 m) de Monte Palomar, supondo que essa distância é determinada exclusivamente por efeitos de difração. A distância entre a Terra e a Lua é $3,8 \times 10^5$ km. Suponha que a luz tem um comprimento de onda de 550 nm.

26 F Os telescópios de alguns satélites de reconhecimento comerciais (como os usados para obter as imagens do Google Earth) podem resolver objetos no solo com dimensões da ordem de 85 cm, e os telescópios dos satélites militares supostamente podem resolver objetos com dimensões da ordem de 10 cm. Suponha que a resolução de um objeto seja determinada unicamente pelo critério de Rayleigh e não seja prejudicada pela turbulência da atmosfera. Suponha também que os satélites estejam a uma altitude típica de 400 km e que o comprimento de onda da luz visível seja 550 nm. Qual deve ser o diâmetro do telescópio (a) para uma resolução de 85 cm e (b) para uma resolução de 10 cm? (c) Considerando que a turbulência atmosférica certamente prejudica a resolução e que a abertura do Telescópio Espacial Hubble é 2,4 m, o que se pode dizer a respeito da resposta do item (b) e do modo como os satélites militares resolvem o problema da resolução?

27 F BIO Se o Super-Homem realmente tivesse visão de raios X para um comprimento de onda de 0,10 nm e o diâmetro de sua pupila fosse 4,0 mm, a que distância máxima ele poderia distinguir os mocinhos dos bandidos, supondo que para isso teria que resolver pontos separados por uma distância de 5,0 cm?

28 M BIO CVF As cores das asas do besouro-tigre (Fig. 36.12) são produzidas pela interferência da luz difratada em camadas finas de uma

Figura 36.11 Problema 22. Grande Muralha da China.

Figura 36.12 Problema 28. As cores do besouro-tigre são misturas pontilhistas de cores produzidas por interferência.

substância transparente. As camadas estão concentradas em regiões com cerca de 60 μm de diâmetro, que produzem cores diferentes. As cores são uma mistura pontilhista de cores de interferência que varia de acordo com o ponto de vista do observador. De acordo com o critério de Rayleigh, a que distância máxima do besouro deve estar um observador para que os pontos coloridos sejam vistos separadamente? Suponha que o comprimento de onda da luz é 550 nm e que o diâmetro da pupila do observador é 3,00 mm.

29 **M** (a) Qual é a separação angular de duas estrelas cujas imagens mal podem ser resolvidas pelo telescópio refrator Thaw, do Observatório Allegheny, em Pittsburgh? O diâmetro da lente é 76 cm e a distância focal é 14 m. Suponha que $\lambda = 550$ nm. (b) Determine a distância entre as estrelas se ambas estão a 10 anos-luz da Terra. (c) Calcule o diâmetro do primeiro anel escuro da figura de difração de uma estrela isolada, observada em uma placa fotográfica colocada no plano focal do mesmo telescópio. Suponha que as variações de intensidade da imagem se devem exclusivamente a efeitos de difração.

30 **M** **BIO** **CVF** *Moscas volantes.* As moscas volantes que vemos quando olhamos para uma folha de papel em branco fortemente iluminada são figuras de difração produzidas por defeitos presentes no humor vítreo que ocupa a maior parte do globo ocular. A figura de difração fica mais nítida quando o papel é observado através de um pequeno orifício. Desenhando um pequeno disco no papel, é possível estimar o tamanho do defeito. Suponha que o defeito difrata a luz da mesma forma que uma abertura circular. Ajuste a distância L entre o disco e o olho (que é praticamente igual à distância entre o disco e o cristalino) até que o disco e a circunferência do primeiro mínimo da figura de difração tenham o mesmo tamanho aparente, ou seja, até que tenham o mesmo diâmetro D' na retina, situada a uma distância $L' = 2{,}0$ cm do cristalino, como mostra a Fig. 36.13*a*, na qual os ângulos dos dois lados do cristalino são iguais. Suponha que o comprimento de onda da luz visível é $\lambda = 550$ nm. Se o disco tem um diâmetro $D = 2{,}0$ mm, está a uma distância $L = 45{,}0$ cm do olho e o defeito está a uma distância $x = 6{,}0$ mm da retina (Fig. 36.13*b*), qual é o diâmetro do defeito?

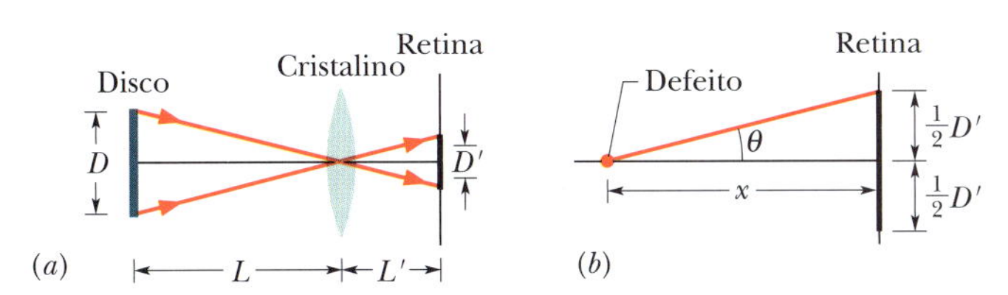

Figura 36.13 Problema 30.

31 **M** Os aparelhos de radar de ondas milimétricas produzem um feixe mais estreito que os aparelhos de radar convencionais de micro-ondas, o que os torna menos vulneráveis aos mísseis antirradar. (a) Calcule a largura angular 2θ do máximo central, ou seja, a distância entre os dois primeiros mínimos, para um radar com uma frequência de 220 GHz e uma antena circular com 55,0 cm de diâmetro. (A frequência foi escolhida para coincidir com uma "janela" atmosférica de baixa absorção.) (b) Qual é o valor de 2θ para uma antena circular convencional, com 2,3 m de diâmetro, que trabalha com um comprimento de onda de 1,6 cm?

32 **M** (a) Um diafragma circular com 60 cm de diâmetro oscila debaixo d'água com uma frequência de 25 kHz, sendo usado como fonte sonora para detectar submarinos. Longe da fonte, a distribuição da intensidade sonora é a da figura de difração de um furo circular com um diâmetro igual ao do diafragma. Tome a velocidade do som na água como de 1.450 m/s e determine o ângulo entre a normal ao diafragma e a reta que liga o diafragma ao primeiro mínimo. (b) Existe um mínimo como esse para uma fonte com uma frequência (audível) de 1,0 kHz?

33 **M** *Lasers* de raios X, alimentados por reações nucleares, são considerados uma possível arma para destruir mísseis balísticos intercontinentais pouco após o lançamento, a distâncias de até 2.000 km. Uma limitação de uma arma desse tipo é o alargamento do feixe por causa da difração, o que reduz consideravelmente a densidade de energia do feixe. Suponha que o *laser* opere com um comprimento de onda de 1,40 nm. O elemento que emite os raios X é a extremidade de um fio com 0,200 mm de diâmetro. (a) Calcule o diâmetro do feixe central ao atingir um alvo situado a 2.000 km de distância do *laser*. (b) Qual é a razão entre a densidade inicial de energia do *laser* e a densidade final? (Como o *laser* é disparado do espaço, a absorção de energia pela atmosfera pode ser ignorada.)

34 **D** **CVF** Um obstáculo de forma circular produz a mesma figura de difração que um furo circular de mesmo diâmetro (a não ser muito perto de $\theta = 0$). As gotas d'água em suspensão na atmosfera são um exemplo desse tipo de obstáculo. Quando observamos a Lua através de gotas d'água em suspensão, como no caso de um nevoeiro, o que vemos é a figura de difração formada por muitas gotas. A superposição dos máximos centrais de difração das gotas forma uma região clara que envolve a Lua e pode ocultá-la totalmente. A fotografia da Fig. 36.14 foi tirada nessas condições. Existem dois anéis coloridos em torno da Lua (o anel maior pode ser fraco demais para ser visto na fotografia impressa). O anel menor corresponde à parte externa do máximo central de difração das gotas; o anel maior corresponde à parte externa do primeiro máximo secundário (ver Fig. 36.3.1). A cor é visível porque os anéis estão próximos dos mínimos de difração (anéis escuros). (As cores em outras partes da figura se superpõem e não podem ser vistas.)

(a) Quais são as cores dos dois anéis? (b) O anel colorido associado ao máximo central na Fig. 36.14 tem um diâmetro angular igual a 1,35 vez o diâmetro angular da Lua, que é 0,50°. Suponha que todas as gotas têm o mesmo diâmetro. Qual é o diâmetro aproximado das gotas?

Pekka Parvianen/ Science Source.

Figura 36.14 Problema 34. A corona da fotografia, que envolve a Lua, é formada pela superposição das figuras de difração de gotas d'água em suspensão na atmosfera.

Módulo 36.4 Difração por Duas Fendas

35 **F** A envoltória central de difração de uma figura de difração por duas fendas contém 11 franjas claras e os primeiros mínimos de difração eliminam (coincidem com) franjas claras. Quantas franjas de interferência existem entre o primeiro mínimo e o segundo mínimo da envoltória?

36 **F** Um feixe luminoso monocromático incide perpendicularmente em um sistema de dupla fenda como o da Fig. 35.2.5. As fendas têm 46 μm de largura e a distância entre as fendas é 0,30 mm. Quantas franjas claras completas aparecem entre os dois mínimos de primeira ordem da figura de difração?

37 **F** Em um experimento de dupla fenda, a distância entre as fendas, d, é 2,00 vezes maior que a largura w das fendas. Quantas franjas claras existem na envoltória central de difração?

38 **F** Em uma figura de interferência de duas fendas, existem 10 franjas claras dentro do segundo pico lateral da envoltória de difração e mínimos de difração coincidem com máximos de interferência. Qual é a razão entre a distância entre as fendas e a largura das fendas?

39 **M** Uma luz com um comprimento de onda de 440 nm passa por um sistema de dupla fenda e produz uma figura de difração cujo gráfico de intensidade I em função da posição angular θ aparece na Fig. 36.15. Determine (a) a largura das fendas e (b) a distância entre as fendas. (c) Mostre que as intensidades máximas indicadas para as franjas de interferência com $m = 1$ e $m = 2$ estão corretas.

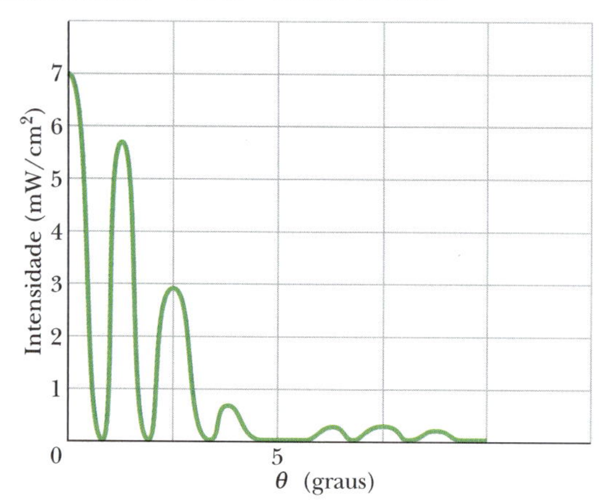

Figura 36.15 Problema 39.

40 **M** A Fig. 36.16 mostra o parâmetro β da Eq. 36.4.2 em função do seno do ângulo θ em um experimento de interferência de dupla fenda usando uma luz com um comprimento de onda de 435 nm. A escala do eixo vertical é definida por $\beta_s = 80{,}0$ rad. Determine (a) a distância entre as fendas, (b) o número de máximos de interferência (considerando os máximos de um lado e do outro do máximo central), (c) o menor ângulo para o qual existe um máximo e (d) o maior ângulo para o qual existe um mínimo. Suponha que nenhum dos máximos de interferência é totalmente eliminado por um mínimo de difração.

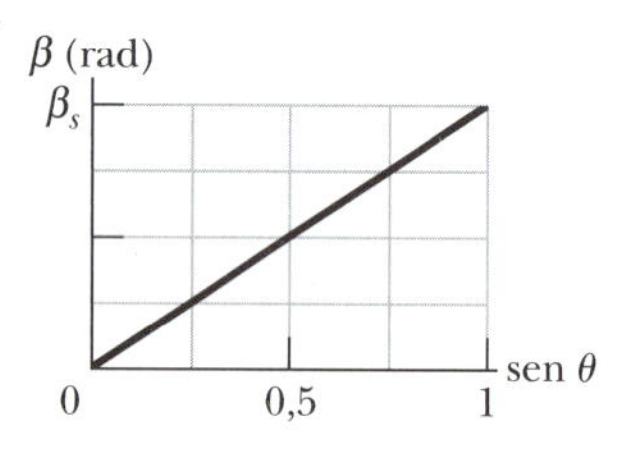

Figura 36.16 Problema 40.

41 **M** No experimento de interferência de dupla fenda da Fig. 35.2.5, a largura das fendas é 12,0 μm, a distância entre as fendas é 24,0 μm, o comprimento de onda é 600 nm e a tela de observação está a uma distância de 4,00 m. Seja I_P a intensidade no ponto P da tela, situado a uma altura $y = 70{,}0$ cm. (a) Determine a razão entre I_P e a intensidade I_m no centro da tela. (b) Determine a posição de P na figura de interferência, especificando o máximo ou o mínimo no qual o ponto se encontra ou o máximo e o mínimo entre os quais o ponto se encontra. (c) Determine a posição de P na figura de difração, especificando o mínimo no qual o ponto se encontra ou os dois mínimos entre os quais o ponto se encontra.

42 **M** (a) Em um experimento de dupla fenda, qual é a maior razão d/a para a qual a quarta franja lateral clara é eliminada? (b) Que outras franjas claras também são eliminadas? (c) Quantas outras razões d/a fazem com que a quarta franja lateral seja (totalmente) eliminada?

43 **M** (a) Quantas franjas claras aparecem entre os primeiros mínimos da envoltória de difração à direita e à esquerda do máximo central em uma figura de difração de dupla fenda, se $\lambda = 550$ nm, $d = 0{,}150$ mm e $a = 30{,}0$ μm? (b) Qual é a razão entre as intensidades da terceira franja clara e da franja central?

Módulo 36.5 Redes de Difração

44 **F** **BIO** **CVF** Talvez para confundir os predadores, alguns besouros girinídeos tropicais são coloridos por interferência ótica produzida por escamas cujo alinhamento forma uma rede de difração (que espalha a luz em vez de transmiti-la). Quando os raios luminosos incidentes são perpendiculares à rede de difração, o ângulo entre os máximos de primeira ordem (localizados dos dois lados do máximo de ordem zero) é aproximadamente 26° para uma luz com um comprimento de onda de 550 nm. Qual é a distância efetiva entre as ranhuras da rede de difração?

45 **F** Uma rede de difração com 20,0 mm de largura possui 6.000 ranhuras. Uma luz com um comprimento de onda de 589 nm incide perpendicularmente na rede. Determine (a) o maior, (b) o segundo maior e (c) o terceiro maior valor de θ para o qual são observados máximos em uma tela distante.

46 **F** A luz visível incide perpendicularmente em uma rede com 315 ranhuras/mm. Qual é o maior comprimento de onda para o qual podem ser observadas linhas de difração de quinta ordem?

47 **F** Uma rede de difração possui 400 ranhuras/mm. Quantas ordens do espectro visível (400 a 700 nm) a rede pode produzir em um experimento de difração, além da ordem $m = 0$?

48 **M** Uma rede de difração é feita de fendas com 300 nm de largura, separadas por uma distância de 900 nm. A rede é iluminada com luz monocromática de comprimento de onda $\lambda = 600$ nm e a incidência é normal. (a) Quantos máximos são observados na figura de difração? (b) Qual é a largura da linha observada na primeira ordem se a rede possui 1.000 fendas?

49 **M** Uma luz, de comprimento de onda 600 nm, incide normalmente em uma rede de difração. Dois máximos de difração vizinhos são observados em ângulos dados por sen $\theta = 0{,}2$ e sen $\theta = 0{,}3$. Os máximos de quarta ordem estão ausentes. (a) Qual é a distância entre fendas vizinhas? (b) Qual é a menor largura possível das fendas? Para essa largura, determine (c) o maior, (d) o segundo maior e (e) o terceiro maior valor do número de ordem m dos máximos produzidos pela rede.

50 **M** Com a luz produzida por um tubo de descarga gasosa incidindo normalmente em uma rede de difração com uma distância entre fendas de 1,73 μm, são observados máximos de luz verde para $\theta = \pm 17{,}6°$, $37{,}3°$, $-37{,}1°$, $65{,}2°$, $-65{,}0°$. Determine o comprimento de onda da luz verde que melhor se ajusta a esses dados.

51 **M** Uma rede de difração com 180 ranhuras/mm é iluminada com uma luz que contém apenas dois comprimentos de onda, $\lambda_1 = 400$ nm e $\lambda_2 = 500$ nm. O sinal incide perpendicularmente na rede. (a) Qual é a distância angular entre os máximos de segunda ordem dos dois comprimentos de onda? (b) Qual é o menor ângulo para o qual dois dos máximos se superpõem? (c) Qual é a maior ordem para a qual máximos associados aos dois comprimentos de onda estão presentes na figura de difração?

52 **M** Um feixe de luz que contém todos os comprimentos de onda entre 460,0 nm e 640,0 nm incide perpendicularmente em uma rede de difração com 160 ranhuras/mm. (a) Qual é a menor ordem que se superpõe a outra ordem? (b) Qual é a maior ordem para a qual todos os comprimentos de onda do feixe original estão presentes? Nessa ordem, determine para qual ângulo é observada a luz (c) de 460,0 nm e (d) de 640,0 nm. (e) Qual é o maior ângulo para o qual a luz de 460,0 nm aparece?

53 **M** Uma rede de difração tem 350 ranhuras por milímetro e é iluminada por luz branca com incidência normal. Uma figura de difração é observada em uma tela, a 30 cm da rede. Se um furo quadrado com 10 mm de lado é aberto na tela, com o lado interno a 50 mm do máximo central e paralelo a esse máximo, determine (a) o menor e (b) o maior comprimento de onda da luz que passa pelo furo.

54 **M** Demonstre a seguinte expressão para a intensidade luminosa da figura de difração produzida por uma "rede" de três fendas:

$$I = \tfrac{1}{9}I_m(1 + 4\cos\phi + 4\cos^2\phi),$$

em que $\phi = (2\pi d \operatorname{sen}\theta)/\lambda$ e $a \ll \lambda$.

Módulo 36.6 Dispersão e Resolução das Redes de Difração

55 **F** Uma fonte que contém uma mistura de átomos de hidrogênio e deutério emite luz vermelha com dois comprimentos de onda cuja média é 656,3 nm e cuja separação é 0,180 nm. Determine o número mínimo de ranhuras necessário para que uma rede de difração possa resolver as linhas em primeira ordem.

56 **F** (a) Quantas ranhuras deve ter uma rede de difração com 4,00 cm de largura para resolver os comprimentos de onda de 415,496 nm e 415,487 nm em segunda ordem? (b) Para que ângulos são observados os máximos de segunda ordem?

57 **F** A luz de uma lâmpada de sódio com um comprimento de onda de 589 nm incide perpendicularmente em uma rede de difração com 40.000 ranhuras de 76 nm de largura. Determine os valores (a) da dispersão D e (b) da resolução R para a primeira ordem, (c) de D e (d) de R para a segunda ordem e (e) de D e (f) de R para a terceira ordem.

58 **F** Uma rede de difração tem 600 ranhuras/mm e 5,0 mm de largura. (a) Qual é o menor intervalo de comprimentos de onda que a rede é capaz de resolver em terceira ordem para $\lambda = 500$ nm? (b) Quantas ordens acima da terceira podem ser observadas?

59 **F** Uma rede de difração com uma largura de 2,0 cm contém 1.000 linhas/cm. Para um comprimento de onda de 600 nm da luz incidente, qual é a menor diferença de comprimentos de onda que esta rede pode resolver em segunda ordem?

60 **F** A linha D do espectro do sódio é um dubleto com comprimentos de onda 589,0 e 589,6 nm. Calcule o número mínimo de ranhuras necessário para que uma rede de difração resolva este dubleto no espectro de segunda ordem.

61 **F** Uma rede de difração permite observar o dubleto do sódio em terceira ordem a 10° com a normal e o dubleto está no limite da resolução. Determine (a) o espaçamento das ranhuras e (b) a largura da rede.

62 **M** Uma rede de difração iluminada com luz monocromática normal à rede produz uma linha em um ângulo θ. (a) Qual é o produto da meia largura da linha pela resolução da rede? (b) Calcule o valor do produto para a primeira ordem de uma rede com uma distância entre fendas de 900 nm iluminada por uma luz com um comprimento de onda de 600 nm.

63 **M** Suponha que os limites do espectro visível sejam fixados arbitrariamente em 430 e 680 nm. Calcule o número de ranhuras por milímetro de uma rede de difração em que o espectro de primeira ordem do espectro visível cobre um ângulo de 20,0°.

Módulo 36.7 Difração de Raios X

64 **F** Qual é o menor ângulo de Bragg para que raios X com um comprimento de onda de 30 pm sejam refletidos por planos com uma distância interplanar de 0,30 nm em um cristal de calcita?

65 **F** Um feixe de raios X de comprimento de onda λ sofre reflexão de primeira ordem em um cristal quando o ângulo de incidência na face do cristal é 23°; um feixe de raios X de comprimento de onda 97 pm sofre reflexão de terceira ordem quando o ângulo de incidência na mesma face é 60°. Supondo que os dois feixes são refletidos pela mesma família de planos, determine (a) a distância interplanar e (b) o comprimento de onda λ.

66 **F** Um feixe de raios X monocromáticos incide em um cristal de NaCl fazendo um ângulo de 30,0° com uma certa família de planos refletores separados por uma distância de 39,8 pm. Se a reflexão nesses planos é de primeira ordem, qual é o comprimento de onda dos raios X?

67 **F** A Fig. 36.17 mostra um gráfico da intensidade em função da posição angular θ para a difração de um feixe de raios X por um cristal. A escala do eixo horizontal é definida por $\theta_s = 2{,}00°$. O feixe contém dois comprimentos de onda e a distância entre os planos refletores é 0,94 nm. Determine (a) o menor e (b) o maior comprimento de onda do feixe.

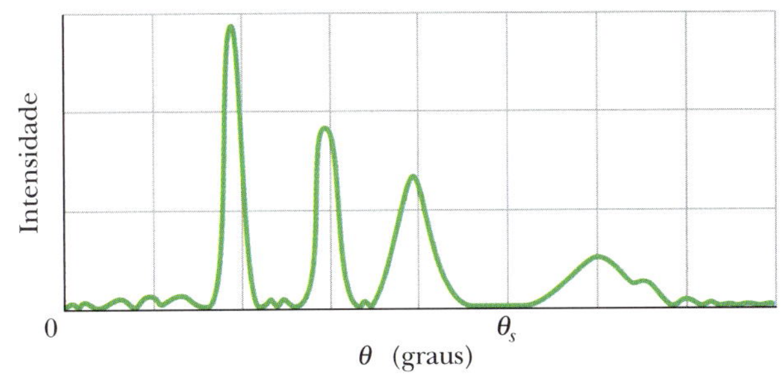

Figura 36.17 Problema 67.

68 **F** Se uma reflexão de primeira ordem ocorre em um cristal para um ângulo de Bragg de 3,4°, para qual ângulo de Bragg ocorre uma reflexão de segunda ordem produzida pela mesma família de planos?

69 **F** Raios X com um comprimento de onda de 0,12 nm sofrem reflexão de segunda ordem em um cristal de fluoreto de lítio para um ângulo de Bragg de 28°. Qual é a distância interplanar dos planos cristalinos responsáveis pela reflexão?

70 **M** Na Fig. 36.18, a reflexão de primeira ordem nos planos indicados acontece quando um feixe de raios X com um comprimento de onda de 0,260 nm faz um ângulo de 63,8° com a face superior do cristal. Qual é a dimensão a_0 da célula unitária?

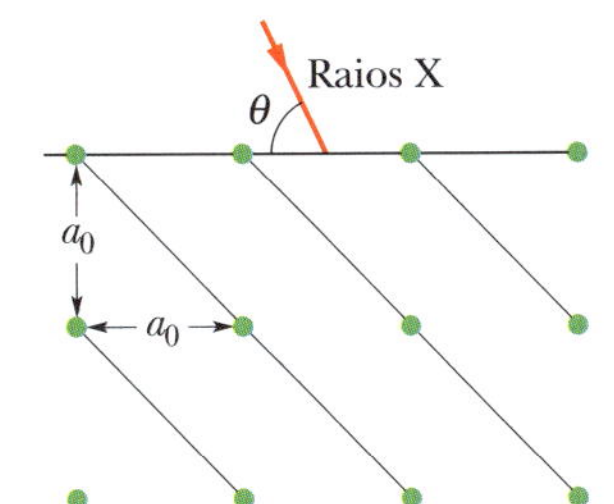

Figura 36.18 Problema 70.

71 **M** Na Fig. 36.19, um feixe de raios X com um comprimento de onda de 0,125 nm incide em um cristal de NaCl fazendo um ângulo $\theta = 45{,}0°$ com a face superior do cristal e com uma família de planos refletores. O espaçamento entre os planos refletores é $d = 0{,}252$ nm. O cristal é girado de um ângulo ϕ em torno de um eixo perpendicular ao plano do papel até que os planos refletores produzam máximos de difração. Determine (a) o menor e (b) o maior valor de ϕ se o cristal for girado no sentido horário e (c) o maior e (d) o menor valor de ϕ se o cristal for girado no sentido anti-horário.

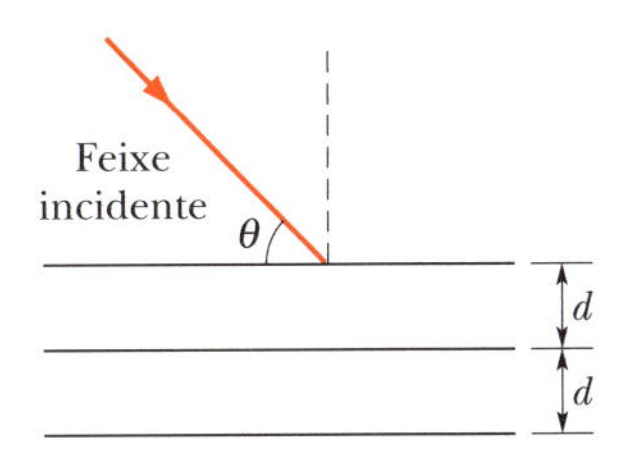

Figura 36.19 Problemas 71 e 72.

72 **M** Na Fig. 36.19, um feixe de raios X com comprimentos de onda entre 95,0 pm e 140 pm faz um ângulo $\theta = 45°$ com uma família de planos refletores com um espaçamento $d = 275$ pm. Entre os máximos de intensidade do feixe difratado, determine (a) o maior comprimento de onda λ, (b) o valor do número de ordem m associado, (c) o menor λ, (d) o valor de m associado.

73 **M** Considere uma estrutura cristalina bidimensional quadrada, como, por exemplo, um dos lados da estrutura que aparece na Fig. 36.7.2*a*. A maior distância interplanar dos planos refletores é a_0, a dimensão da célula unitária. Calcule e mostre em um desenho (a) a segunda maior, (b) a terceira maior, (c) a quarta maior, (d) a quinta maior e (e) a sexta maior distância interplanar. (f) Mostre que os resultados dos itens (a) a (e) estão de acordo com a fórmula geral

$$d = \frac{a_0}{\sqrt{h^2 + k^2}},$$

em que h e k são números primos em comum (isto é, não possuem fatores em comum além da unidade).

Problemas Adicionais

74 BIO Um astronauta a bordo de uma espaçonave afirma que pode resolver com dificuldade dois pontos da superfície da Terra, 160 km abaixo. Calcule (a) a separação angular e (b) a separação linear dos pontos, supondo condições ideais. Tome $\lambda = 540$ nm como o comprimento de onda da luz e $d = 5{,}00$ mm como o diâmetro da pupila do astronauta.

75 Um feixe de luz visível incide perpendicularmente em uma rede de difração de 200 ranhuras/mm. Determine (a) o maior, (b) o segundo maior e (c) o terceiro maior comprimento de onda que pode ser associado a um máximo de intensidade em $\theta = 30{,}0°$.

76 Um feixe luminoso contém dois comprimentos de onda, 590,159 nm e 590,220 nm, que devem ser resolvidos por uma rede de difração. Se a largura da rede é 3,80 cm, qual é o número mínimo de ranhuras necessário para que os dois comprimentos de onda sejam resolvidos em segunda ordem?

77 Em um experimento de difração por uma fenda, um mínimo de intensidade da luz laranja ($\lambda = 600$ nm) e um mínimo de intensidade da luz verde ($\lambda = 500$ nm) são observados no mesmo ângulo de 1,00 mrad. Qual é a menor largura da fenda para a qual isso é possível?

78 Um sistema de dupla fenda cujas fendas têm 0,030 mm de largura e estão separadas por uma distância de 0,18 mm é iluminado com uma luz de 500 nm que incide perpendicularmente ao plano das fendas. Qual é o número de franjas claras completas que aparecem entre os dois mínimos de primeira ordem da figura de difração? (Não inclua as franjas que coincidem com os mínimos da figura de difração.)

79 Uma rede de difração tem uma resolução $R = \lambda_{\text{méd}}/\Delta\lambda = Nm$. (a) Mostre que a diferença entre as frequências que podem ser resolvidas no limite da resolução, Δf, é dada por $\Delta f = c/Nm\lambda$. (b) Mostre que a diferença entre os tempos de percurso do raio de baixo e do raio de cima da Fig. 36.5.5 é dada por $\Delta t = (Nd/c)$ sen θ. (c) Mostre que $(\Delta f)(\Delta t) = 1$ e, que, portanto, esse produto não depende dos parâmetros da rede. Suponha que $N \gg 1$.

80 BIO A pupila do olho de uma pessoa tem um diâmetro de 5,00 mm. De acordo com o critério de Rayleigh, qual deve ser a distância entre dois pequenos objetos para que estejam no limite da resolução quando se encontram a 250 mm de distância do olho dessa pessoa? Suponha que o comprimento de onda da luz é 500 nm.

81 Uma luz incide em uma rede de difração fazendo um ângulo ψ com o plano da rede, como mostra a Fig. 36.20. Mostre que franjas claras ocorrem em ângulos θ que satisfazem a equação

$$d(\text{sen}\,\psi + \text{sen}\,\theta) = m\lambda, \qquad \text{para } m = 0, 1, 2, \ldots$$

(Compare essa equação com a Eq. 36.5.1.) Apenas o caso especial $\psi = 0$ foi tratado neste capítulo.

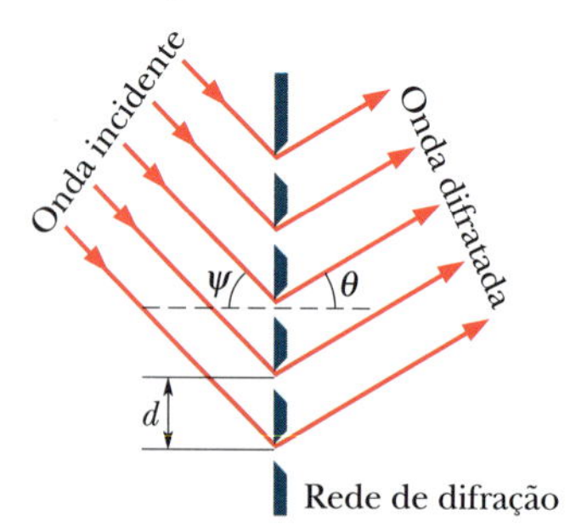

Figura 36.20 Problema 81.

82 Uma rede de difração com $d = 1{,}50$ μm é iluminada por uma luz cujo comprimento de onda é 600 nm com vários ângulos de incidência. Desenhe um gráfico (no intervalo de 0 a 90°) do ângulo entre a direção do máximo de primeira ordem e a direção de incidência em função do ângulo de incidência. (*Sugestão*: Ver Problema 81.)

83 Em um experimento de dupla fenda, se a distância entre as fendas é 14 μm e a largura das fendas é 2,0 μm, determine (a) quantos máximos de interferência existem no pico central da envoltória de difração e (b) quantos máximos de interferência existem em um dos picos laterais de primeira ordem da envoltória de difração.

84 Em uma figura de interferência de dupla fenda, qual é a razão entre a separação das fendas e a largura das fendas, se existem 17 franjas claras na envoltória central de difração e os mínimos de difração coincidem com os máximos de interferência?

85 Um feixe luminoso que contém vários comprimentos de onda muito próximos, no entorno de 450 nm, incide perpendicularmente em uma rede de difração com uma largura de 1,80 cm e uma densidade de linhas de 1.400 linhas/cm. Qual é a menor diferença entre os comprimentos de onda do feixe que a rede é capaz de resolver em terceira ordem?

86 BIO Se uma pessoa olha para um objeto situado a 40 m de distância, qual é a menor distância (perpendicular à linha de visão) que é capaz de resolver, de acordo com o critério de Rayleigh? Suponha que a pupila do olho tem um diâmetro de 4,00 mm e que o comprimento de onda da luz é 500 nm.

87 BIO Duas flores amarelas estão separadas por uma distância de 60 cm ao longo de uma reta perpendicular à linha de visão de um observador. A que distância o observador se encontra das flores quando estas estão no limite de resolução, de acordo com o critério de Rayleigh? Suponha que a luz proveniente das flores tem um comprimento de onda de 550 nm e que a pupila do observador tem um diâmetro de 5,5 mm.

88 Em um experimento de difração por uma fenda, qual deve ser a razão entre a largura da fenda e o comprimento de onda para que o segundo mínimo de difração seja observado para um ângulo de 37,0° em relação ao centro da figura de difração?

89 Uma rede de difração com 3,00 cm de largura produz um máximo de segunda ordem a 33,0° quando o comprimento de onda da luz é 600 nm. Qual é o número de ranhuras da rede?

90 Um experimento de difração por uma fenda utiliza uma luz com um comprimento de onda de 420 nm, que incide perpendicularmente em uma fenda com 5,10 μm de largura. A tela de observação está a 3,20 m de distância da fenda. Qual é a distância na tela entre o centro da figura de difração e o segundo mínimo de difração?

91 Uma rede de difração tem 8.900 fendas em 1,20 cm. Se uma luz com um comprimento de onda de 500 nm incide na rede, quantas ordens (máximos) existem de cada lado do máximo central?

92 Em um experimento para medir a distância entre a superfície da Terra e a superfície da Lua, a radiação pulsada de um *laser* de rubi ($\lambda = 0{,}69$ μm) foi enviada para a Lua através de um telescópio refletor cujo espelho tinha um raio de 1,3 m. Um refletor deixado por astronautas na Lua se comportou como um espelho plano circular com 10 cm de raio, refletindo a luz diretamente de volta para o telescópio. A luz refletida foi detectada depois de ser focalizada pelo telescópio. Aproximadamente, que fração da energia luminosa original foi recebida pelo detector? Suponha que toda a energia dos feixes de ida e de volta estava concentrada no pico central de difração.

93 Em junho de 1985, o feixe de luz produzido por um *laser* na Estação Ótica da Força Aérea, em Maui, Havaí, foi refletido pelo ônibus espacial *Discovery*, que estava em órbita a uma altitude de 354 km. Segundo as notícias, o máximo central do feixe tinha um diâmetro de 9,1 m ao chegar ao ônibus espacial, e a luz tinha um comprimento de onda de 500 nm. Qual era o diâmetro efetivo da abertura do *laser* usado na estação de Maui? (*Sugestão*: O feixe de um *laser* só se espalha por causa da difração; suponha que a saída do *laser* tinha uma abertura circular.)

94 Uma rede de difração com 1,00 cm de largura possui 10.000 fendas paralelas. Uma luz monocromática que incide perpendicularmente na rede sofre uma difração de 30° em primeira ordem. Qual é o comprimento de onda da luz?

95 Quando multiplicamos por dois a largura de uma fenda, a energia que passa pela fenda é multiplicada por dois, mas a intensidade do máximo central da figura de difração é multiplicada por quatro. Explique quantitativamente a razão da diferença.

96 Quando uma luz monocromática incide em uma fenda com 22,0 μm de largura, o primeiro mínimo de difração é observado para um ângulo de 1,80° em relação à direção da luz incidente. Qual é o comprimento de onda da luz?

97 Um satélite espião que está em órbita 160 km acima da superfície da Terra possui uma lente com uma distância focal de 3,6 m e pode resolver objetos no solo com dimensões maiores que 30 cm. Assim, por exemplo, pode medir facilmente o tamanho da tomada de ar de uma turbina de avião. Qual é o diâmetro efetivo da lente, supondo que a resolução é limitada apenas por efeitos de difração? Considere que $\lambda = 550$ nm.

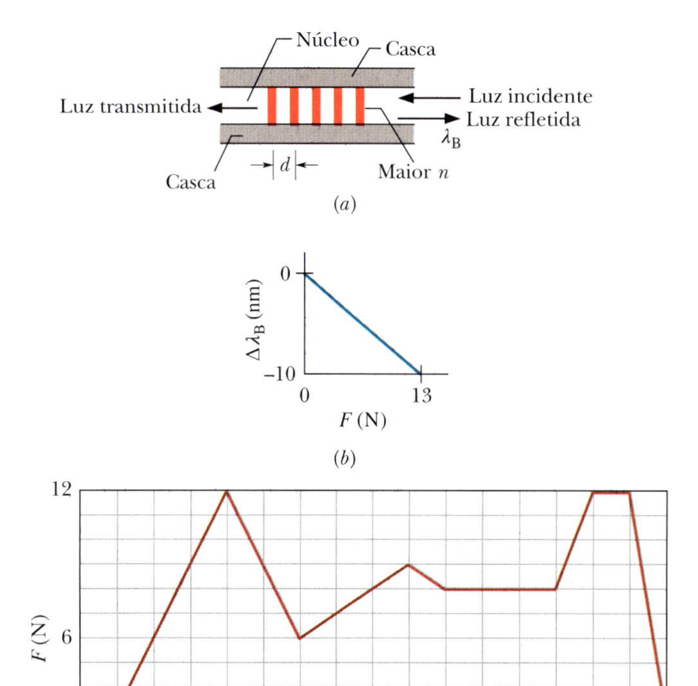

Figura 36.21 Problema 98.

98 *Anestesia epidural usando uma rede de Bragg em fibra.* A rede de Bragg em fibra é uma fibra ótica cujo núcleo é irradiado com luz ultravioleta para que apresente uma variação periódica do índice de refração. A irradiação cria "linhas", com alguns milímetros da largura, nas quais o índice de refração é maior que no resto do núcleo (Fig. 36.21*a*). Quando uma luz com vários comprimentos de onda é introduzida na fibra, um comprimento de onda, conhecido como comprimento de onda de Bragg e representado pelo símbolo λ_B, é refletido e os outros comprimentos de onda são transmitidos. O valor de λ_B depende da distância d entre as linhas. Se uma força F diminui o comprimento da fibra, reduzindo o valor de d, o valor de λ_B diminui. Isso significa que a fibra pode ser usada como um *extensômetro*. A Fig. 36.21*b* mostra um gráfico da variação $\Delta\lambda_B$ do comprimento de onda de Bragg em função da força F aplicada.

Pesquisas recentes mostram que as redes de Bragg podem ser usadas para auxiliar os médicos em um tipo de anestesia conhecido como anestesia epidural. Neste tipo de anestesia, frequentemente usado nos partos , o médico precisa introduzir uma agulha nas costas do paciente e atravessar várias camadas de tecido até chegar a uma região estreita chamada *espaço epidural*, que envolve a medula espinhal. A agulha é usada para injetar o líquido anestésico. Esse delicado procedimento requer muita prática, já que o médico precisa saber quando chegou ao espaço epidural e não pode ultrapassar a região, um erro que pode resultar em sérias complicações. A Fig. 36.21*c* mostra um gráfico do módulo F da força aplicada à agulha em função do deslocamento x da ponta da agulha durante uma anestesia epidural típica. (Os dados originais foram retificados para produzir os segmentos de reta.) (1) Quando x aumenta a partir de 0, a pele oferece resistência à agulha, mas em x = 8,0 mm a pele é perfurada e a força necessária diminui. (2) Em seguida, o ligamento interespinhoso é perfurado em x = 18 mm e o (3) ligamento amarelo, mais duro, é perfurado em x = 30 mm. (4) A agulha entra, então, no espaço epidural (onde deve ser injetado o líquido anestésico) e a força diminui bruscamente. Um médico recém-formado precisa se familiarizar com o comportamento da força com o deslocamento para saber quando deve parar de empurrar a agulha.

Se uma rede de Bragg em fibra é acoplada à agulha, um sistema automatizado pode ser usado para monitorar o valor de $\Delta\lambda_B$ e determinar o instante em que o espaço epidural foi atingido. De acordo com o gráfico da Fig. 36.21*b*, qual é o valor de $\Delta\lambda_B$ para (a) x = 8,0 mm, (b) x = 18 mm e (c) x = 30 mm?

CAPÍTULO 37

Relatividade

37.1 SIMULTANEIDADE E DILATAÇÃO DO TEMPO

Objetivos do Aprendizado

Depois de ler este módulo, você será capaz de...

37.1.1 Conhecer os dois postulados da teoria da relatividade (restrita) e o tipo de referencial a que esses postulados se aplicam.

37.1.2 Saber que a velocidade da luz é a maior velocidade possível e conhecer seu valor aproximado.

37.1.3 Explicar de que forma as coordenadas espaçotemporais de um evento podem ser medidas com uma rede tridimensional de relógios e réguas e de que forma isso elimina a necessidade de levar em conta o tempo de trânsito de um sinal até um observador.

37.1.4 Saber que a relatividade do espaço e do tempo se refere à transferência de medidas de um referencial inercial para outro, mas que a cinemática clássica e a mecânica newtoniana continuam a ser válidas se as medidas forem feitas no mesmo referencial.

37.1.5 Saber que, no caso de referenciais em movimento relativo, eventos que são simultâneos em um referencial podem não ser simultâneos no outro referencial.

37.1.6 Explicar o que significa afirmar que o espaço e o tempo estão interligados.

37.1.7 Saber em que condições a distância temporal entre dois eventos é um tempo próprio.

37.1.8 Saber que, se a distância temporal entre dois eventos é um tempo próprio quando é medida em um referencial, será maior se for medida em outro referencial.

37.1.9 Conhecer a relação entre o tempo próprio, o tempo dilatado e a velocidade relativa entre dois referenciais.

37.1.10 Conhecer a relação entre a velocidade relativa, o parâmetro de velocidade e o fator de Lorentz.

Ideias-Chave

- A teoria da relatividade restrita de Einstein se baseia em dois postulados: (1) As leis da física são as mesmas para observadores situados em referenciais inerciais. (2) A velocidade da luz tem o mesmo valor c em todas as direções e em todos os referenciais inerciais.
- Três coordenadas espaciais e uma coordenada temporal são necessárias para especificar um evento. A teoria da relatividade restrita se propõe a determinar as relações entre as coordenadas atribuídas a um mesmo evento por dois observadores que estão se movendo com velocidade constante um em relação ao outro.
- Se dois observadores estão se movendo um em relação ao outro, eles podem não concordar quanto à simultaneidade de dois eventos.
- Se dois eventos sucessivos acontecem no mesmo lugar em um referencial inercial, o intervalo de tempo Δt_0 entre esses eventos, medido por um relógio situado no mesmo lugar que os eventos, é chamado de tempo próprio. Observadores situados em referenciais que estão se movendo em relação a esse referencial medem, para o intervalo, um valor Δt *maior* que Δt_0, um efeito conhecido como dilatação do tempo.
- Se a velocidade relativa entre dois referenciais é v,

$$\Delta t = \frac{\Delta t_0}{\sqrt{1-(v/c)^2}} = \frac{\Delta t_0}{\sqrt{1-\beta^2}} = \gamma\,\Delta t_0,$$

em que $\beta = v/c$ é o parâmetro de velocidade e $\gamma = 1/\sqrt{1-\beta^2}$ é o fator de Lorentz.

O que É Física?

Uma área importante da física é a **relatividade**, o campo de estudo dedicado à medida de eventos (acontecimentos): onde e quando ocorrem e qual é a distância que os separa no espaço e no tempo. Além disso, a relatividade tem a ver com a relação entre os valores medidos em referenciais que estão se movendo um em relação ao outro (daí o nome *relatividade*).

A relação entre os resultados de medidas executadas em diferentes referenciais, discutida nos Módulos 4.6 e 4.7, era um assunto conhecido e tratado rotineiramente pelos físicos em 1905, ano em que Albert Einstein (Fig. 37.1.1) propôs a **teoria da relatividade restrita**. O adjetivo *restrita* é usado para indicar que a teoria se aplica apenas a **referenciais inerciais**, isto é, a referenciais em que as leis de Newton são válidas. (A *teoria da relatividade geral* de Einstein se aplica à situação mais complexa na qual os referenciais podem sofrer uma aceleração gravitacional; neste capítulo, o termo *relatividade* será aplicado apenas a referenciais inerciais.)

Partindo de dois postulados aparentemente simples, Einstein surpreendeu o mundo científico ao mostrar que as velhas ideias a respeito da relatividade estavam erradas, embora todos estivessem tão acostumados com elas que pareciam óbvias. O fato de parecerem óbvias era uma consequência do fato de que estamos acostumados a observar corpos que se movem com velocidades relativamente pequenas. A teoria da relatividade de Einstein, que fornece resultados corretos para todas as velocidades possíveis, previa muitos efeitos que, à primeira vista, pareciam estranhos justamente porque ninguém jamais os havia observado.

Entrelaçamento. Em particular, Einstein demonstrou que o espaço e o tempo estão entrelaçados, ou seja, que o intervalo de tempo entre dois eventos depende da distância que os separa, e vice-versa. Além disso, o entrelaçamento é diferente para observadores que estão em movimento um em relação ao outro. Uma consequência é o fato de que o tempo não transcorre a uma taxa fixa, como se fosse marcado com regularidade mecânica por algum relógio-mestre que controla o universo. Na realidade, o fluxo do tempo é ajustável: o movimento relativo modifica a rapidez com que o tempo passa. Antes de 1905, essa ideia seria impensável para a maioria das pessoas. Hoje, engenheiros e cientistas a encaram naturalmente porque a familiaridade com a teoria da relatividade restrita os ajudou a superar os preconceitos. Assim, por exemplo, qualquer engenheiro envolvido com o Sistema de Posicionamento Global dos satélites NAVSTAR precisa usar a relatividade de forma rotineira para determinar a passagem do tempo nos satélites, já que o tempo passa mais devagar nos satélites que na superfície terrestre. Se os engenheiros não levassem em conta a relatividade, o GPS se tornaria inútil em menos de 24 horas.

Figura 37.1.1 Einstein posando para uma fotografia quando estava começando a ficar conhecido.

A teoria da relatividade restrita tem fama de ser uma teoria difícil. Não é difícil do ponto de vista matemático, pelo menos nos fundamentos. Entretanto, é difícil no sentido de que devemos tomar cuidado para definir claramente *quem* está medindo *o quê* e *como* a medida está sendo executada e pode ser difícil também porque, em vários aspectos, contraria o senso comum.

Postulados da Relatividade

Vejamos agora os dois postulados em que se baseia a teoria de Einstein.

1. Postulado da Relatividade As leis da física são as mesmas para todos os observadores situados em referenciais inerciais. Não existe um referencial absoluto.

Galileu postulou que as leis *da mecânica* eram as mesmas em todos os referenciais inerciais. Einstein ampliou a ideia para incluir *todas* as leis da física, especialmente as do eletromagnetismo e da ótica. Este postulado *não afirma* que os valores experimentais das grandezas físicas são os mesmos para todos os observadores inerciais; na maioria dos casos, os valores são diferentes. As *leis da física*, que expressam as relações entre os valores experimentais de duas ou mais grandezas físicas, é que são as mesmas.

2. Postulado da Velocidade da Luz A velocidade da luz no vácuo tem o mesmo valor c em todas as direções e em todos os referenciais inerciais.

Outra forma de enunciar este postulado é dizer que existe na natureza uma *velocidade limite* c, que é a mesma em todas as direções e em todos os referenciais inerciais. A luz se propaga com essa velocidade limite. Nenhuma entidade capaz de transportar energia ou informação pode exceder esse limite. Além disso, nenhuma partícula com massa diferente de zero pode atingir esse limite, mesmo que seja acelerada por um tempo muito longo. (Isso significa que, infelizmente, as naves que se movem mais depressa que a luz em muitas histórias de ficção científica provavelmente jamais serão construídas.)

Embora os dois postulados tenham sido exaustivamente testados, nenhuma exceção até hoje foi descoberta.

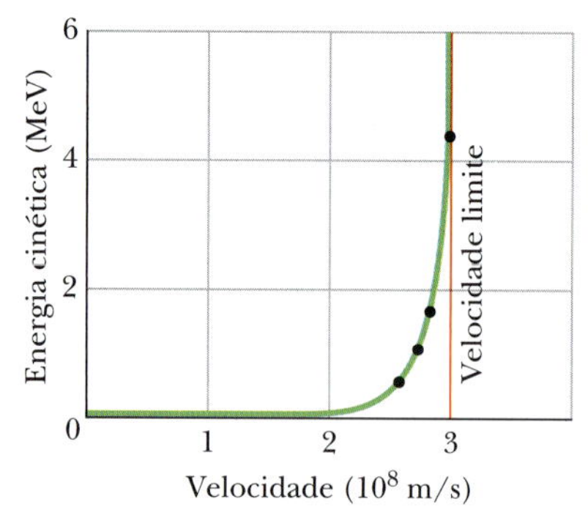

Figura 37.1.2 Os pontos mostram valores experimentais da energia cinética de um elétron para diferentes valores da velocidade. Por maior que seja a energia fornecida a um elétron (ou qualquer outra partícula com massa), a velocidade da partícula jamais atinge ou supera a velocidade limite c. (A curva que passa pelos pontos mostra as previsões da teoria da relatividade restrita de Einstein.)

Velocidade Limite

A existência de um limite para a velocidade dos elétrons foi demonstrada em 1964 em um experimento de W. Bertozzi. O cientista acelerou elétrons e mediu, usando métodos independentes, a velocidade e a energia cinética desses elétrons em vários instantes de tempo. O experimento mostrou que a aplicação de uma força a um elétron que já que está se movendo em alta velocidade faz a energia cinética aumentar, mas a velocidade praticamente não varia (Fig. 37.1.2). Os cientistas já conseguiram acelerar elétrons a uma velocidade igual a 0,999 999 999 95 vez a velocidade da luz, uma velocidade que, embora esteja muito próxima da velocidade limite, é menor que c.

A velocidade limite foi definida como exatamente

$$c = 299\ 792\ 458 \text{ m/s}. \tag{37.1.1}$$

Atenção: Até agora supusemos (corretamente) que a velocidade c era aproximadamente igual a $3{,}0 \times 10^8$ m/s; neste capítulo, porém, vamos ter que usar o valor exato em vários cálculos. Talvez seja conveniente para o leitor guardar esse número na memória de uma calculadora para usá-lo quando for necessário.

Um Teste do Postulado da Velocidade da Luz

Se a velocidade da luz é a mesma em todos os referenciais inerciais, a velocidade da luz emitida por uma fonte em movimento em relação, digamos, a um laboratório, deve ser igual à velocidade da luz emitida por uma fonte em repouso no mesmo laboratório. Este fato foi testado diretamente em um experimento de alta precisão. A "fonte luminosa" utilizada foi o *píon neutro* (π^0), uma partícula instável, de tempo de vida curto, que pode ser produzida por colisões em um acelerador de partículas. O píon neutro decai em dois raios gama pela reação

$$\pi^0 \rightarrow \gamma + \gamma. \tag{37.1.2}$$

Os raios gama são ondas eletromagnéticas e, portanto, devem obedecer ao postulado da velocidade da luz. (Neste capítulo, vamos chamar de luz qualquer onda eletromagnética, visível ou não.)

Em um experimento realizado em 1964, os físicos do CERN, um laboratório europeu de física de partículas situado nas proximidades de Genebra, produziram um feixe de píons neutros que se moviam a uma velocidade de 0,999 75c em relação ao laboratório. Os cientistas mediram a velocidade dos raios gama emitidos por esses píons e observaram que era igual à velocidade dos raios gama emitidos por píons em repouso em relação ao laboratório.

Registro de um Evento

Um **evento** é qualquer coisa que acontece. Um observador pode atribuir quatro coordenadas a um evento, três espaciais e uma temporal. Eis alguns exemplos de eventos: (1) o acender ou apagar de uma lâmpada; (2) a colisão de duas partículas; (3) a passagem de um pulso luminoso por um ponto do espaço; (4) uma explosão; (5) a coincidência entre um ponteiro de um relógio e uma marca no mostrador. Um observador em repouso em um referencial inercial pode, por exemplo, atribuir a um evento A as coordenadas que aparecem na Tabela 37.1.1. Como o espaço e o tempo estão interligados na relatividade, chamamos as quatro coordenadas de coordenadas *espaçotemporais*. O sistema de coordenadas faz parte do referencial do observador.

Tabela 37.1.1 Registro do Evento A

Coordenada	Valor
x	3,58 m
y	1,29 m
z	0 m
t	34,5 s

O mesmo evento pode ser registrado por vários observadores, cada um em um referencial inercial diferente. Em geral, observadores diferentes atribuem ao mesmo evento coordenadas espaçotemporais diferentes. Note que um evento não "pertence" a um referencial em particular; evento é simplesmente algo que acontece, e qualquer observador, em qualquer referencial, pode observá-lo e atribuir ao evento coordenadas espaçotemporais.

Tempos de Trânsito. A determinação das coordenadas de um evento pode ser complicada por um problema de ordem prática. Suponha, por exemplo, que uma lanterna pisca 1 km à direita de um observador enquanto uma granada luminosa explode 2 km à esquerda e que os dois eventos ocorrem exatamente às 9 horas. O observador toma conhecimento primeiro do piscar da lanterna, já que a luz proveniente da lanterna tem uma distância menor para percorrer até chegar aos seus olhos. Para descobrir em que momento exato os dois eventos aconteceram, o observador tem que levar em conta o tempo que a luz levou para percorrer a distância que o separa dos dois eventos e subtrair esse tempo do tempo registrado no seu relógio.

Esse processo pode ser muito trabalhoso em situações mais complexas; o que precisamos é de um método mais simples que elimine automaticamente qualquer preocupação com o tempo de trânsito da informação entre o local do evento e a posição do observador. Para isso, construímos uma rede imaginária de réguas e relógios no referencial inercial do observador (o observador e a rede se movem juntamente com o referencial). Esta construção pode parecer forçada, mas elimina muitas ambiguidades e permite determinar as coordenadas espaciais e a coordenada temporal, como veremos a seguir.

1. **Coordenadas Espaciais.** Imaginamos que o sistema de coordenadas do observador dispõe de uma rede tridimensional de réguas paralelas aos três eixos de referência. As réguas são usadas para determinar as coordenadas espaciais do evento. Se o evento é, por exemplo, o acendimento de uma lâmpada, para determinar a localização do evento o observador tem apenas que ler no sistema de réguas as três coordenadas espaciais da lâmpada.
2. **Coordenada Temporal.** Para determinar a coordenada temporal, imaginamos que em cada ponto de interseção da rede de réguas é instalado um relógio. A Fig. 37.1.3 mostra um dos planos do "trepa-trepa" de réguas e relógios que acabamos de descrever.

   Os relógios devem ser sincronizados adequadamente. Seria errado, por exemplo, reunir uma coleção de relógios iguais, ajustar todos para a mesma hora e deslocá-los para suas posições na rede de réguas. Não sabemos, por exemplo, se o movimento faz os relógios adiantarem ou atrasarem (daqui a pouco vamos falar sobre o efeito do movimento sobre os relógios). O procedimento correto é colocar os relógios nos seus lugares e *depois* sincronizá-los.

   Se dispuséssemos de um método para transmitir sinais com velocidade infinita, sincronizar os relógios seria uma tarefa trivial. Como nenhum sinal conhecido possui essa propriedade, escolhemos a luz (interpretada no sentido amplo como representando qualquer onda eletromagnética) para transmitir os sinais de sincronismo, já que, no vácuo, a luz viaja com a maior velocidade possível, a velocidade limite c.

   Aqui está uma das muitas formas pelas quais um observador pode sincronizar uma rede de relógios usando sinais luminosos: o observador convoca um grupo de auxiliares temporários, um para cada relógio. Depois de se colocar em um ponto escolhido para ser a origem, o observador produz um pulso luminoso no momento em que seu relógio indica $t = 0$. Quando o pulso luminoso chega ao local onde se encontra um dos auxiliares, esse auxiliar ajusta o relógio local para indicar $t = r/c$, em que r é a distância entre o auxiliar e a origem.
3. **Coordenadas Espaçotemporais.** Uma vez construída a rede de réguas e relógios, o observador pode atribuir coordenadas espaçotemporais a um evento simplesmente registrando o tempo indicado pelo relógio mais próximo do evento e a posição indicada pelas réguas mais próximas. No caso de dois eventos, o observador considera a distância no tempo como a diferença entre os tempos indicados pelos relógios mais próximos dos dois eventos e a distância no espaço como a diferença entre as coordenadas indicadas pelas réguas mais próximas dos dois eventos. Procedendo dessa forma, evitamos o problema prático de calcular o tempo de trânsito dos sinais que chegam ao observador.

Usamos esta rede para atribuir a um evento coordenadas espaçotemporais.

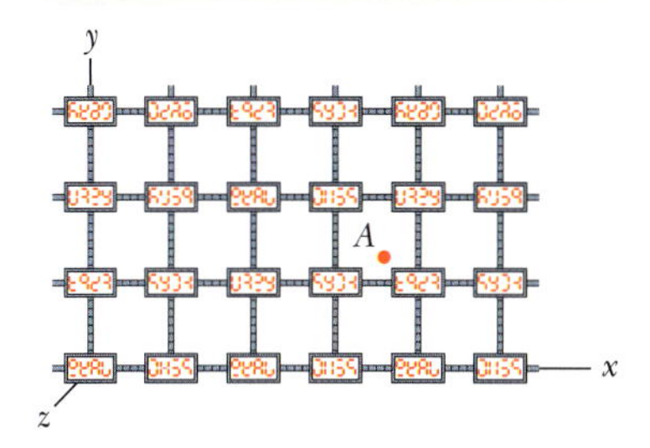

Figura 37.1.3 Um dos planos de uma rede tridimensional de relógios e réguas com a qual um observador pode atribuir coordenadas espaçotemporais a um evento qualquer, como um clarão no ponto A. As coordenadas espaciais do evento são aproximadamente $x = 3,7$ unidades de comprimento, $y = 1,2$ unidade de comprimento e $z = 0$. A coordenada temporal é a hora indicada pelo relógio mais próximo de A no instante em que acontece o clarão.

Relatividade da Simultaneidade 37.1 a 37.3

Suponha que um observador (João) observa que dois eventos independentes (evento Vermelho e evento Azul) ocorreram simultaneamente. Suponha também que outro observador (Maria), que está se movendo com velocidade constante $\vec{v}$ em relação a João, também registra os dois eventos. Os eventos também são simultâneos para Maria?

A resposta, em geral, é negativa.

Dois observadores em movimento relativo não concordam, em geral, quanto à simultaneidade de dois eventos. Se um dos observadores os considera simultâneos, o outro, em geral, conclui que não são simultâneos.

Não podemos dizer que um observador está certo e o outro está errado; as observações de ambos são igualmente válidas e não há motivo para dar razão a um deles.

O fato de que duas afirmações contraditórias a respeito do mesmo evento podem estar corretas é uma das conclusões aparentemente ilógicas da teoria de Einstein. Entretanto, no Capítulo 17 discutimos outra forma pela qual o movimento pode afetar os resultados de uma medida sem nos espantarmos com os resultados contraditórios: no efeito Doppler, a frequência de uma onda sonora medida por um observador depende do movimento relativo entre o observador e a fonte. Assim, dois observadores em movimento relativo podem medir frequências diferentes para a mesma onda e as duas medidas estão corretas.

Chegamos, portanto, à seguinte conclusão:

A simultaneidade não é um conceito absoluto e sim um conceito relativo, que depende do movimento do observador.

Se a velocidade relativa dos observadores é muito menor que a velocidade da luz, os desvios em relação à simultaneidade são tão pequenos que não podem ser observados. É o que acontece na vida cotidiana; é por isso que a relatividade da simultaneidade nos parece tão estranha.

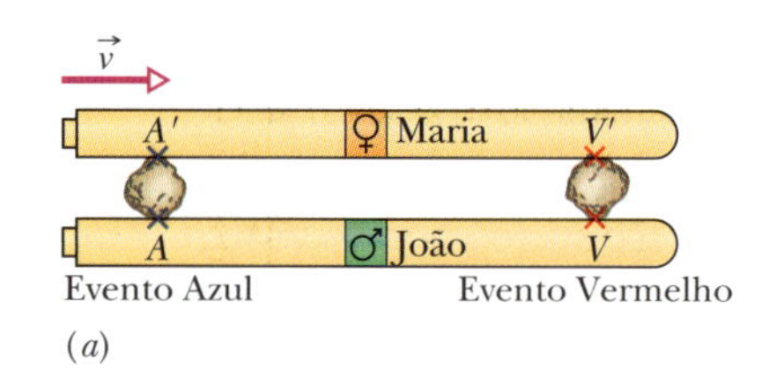

(*a*)

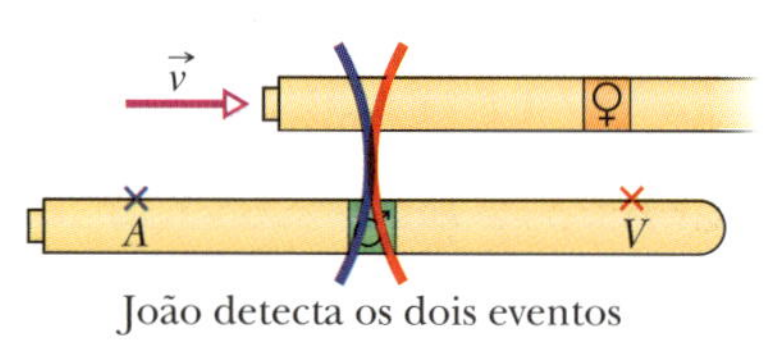

(*b*)

As ondas dos dois eventos chegam simultaneamente a João, mas...

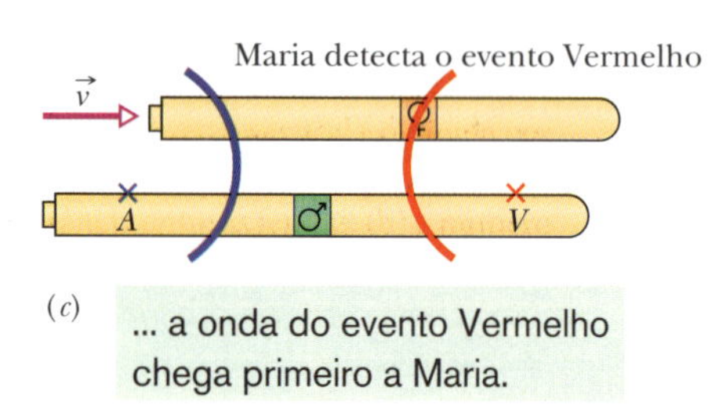

(*c*)

... a onda do evento Vermelho chega primeiro a Maria.

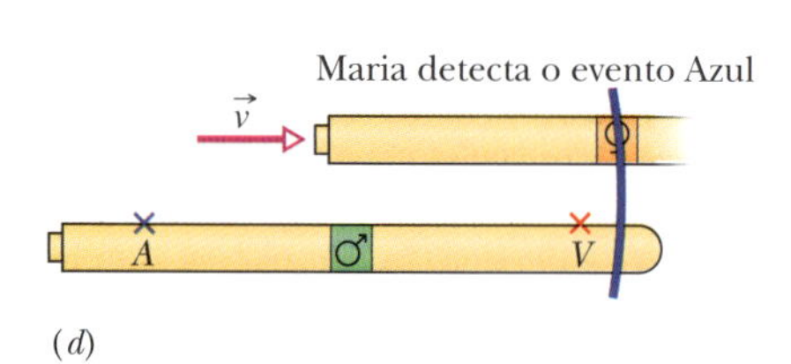

(*d*)

Figura 37.1.4 Espaçonaves de João e Maria e os eventos do ponto de vista de João. A espaçonave de Maria está se movendo para a direita com velocidade $\vec{v}$. (*a*) O evento Vermelho ocorre na posição $V\,V'$ e o evento Azul ocorre na posição AA'; os dois eventos produzem ondas luminosas. (*b*) João detecta simultaneamente as ondas dos eventos Vermelho e Azul. (*c*) Maria detecta a onda do evento Vermelho antes de João detectar os dois eventos. (*d*) Maria detecta a onda do evento Azul depois de João detectar os dois eventos.

Examinando a Simultaneidade Mais de Perto

Vamos esclarecer o fenômeno da relatividade da simultaneidade usando um exemplo que se baseia nos postulados da relatividade sem que réguas ou relógios estejam diretamente envolvidos. A Fig. 37.1.4 mostra duas espaçonaves (*João* e *Maria*) que podem servir como referenciais inerciais para os observadores João e Maria. Os dois observadores estão parados no centro das respectivas naves, que viajam paralelamente ao eixo x; a velocidade da nave *Maria* em relação à nave *João* é $\vec{v}$. A Fig. 37.1.4*a* mostra as naves no momento em que estão emparelhadas.

As naves são atingidas por dois meteoritos; um produz um clarão vermelho (evento Vermelho) e o outro um clarão azul (evento Azul). Os dois eventos não são necessariamente simultâneos. Cada evento deixa uma marca permanente nas duas naves, nas posições V e A da nave *João* e nas posições V' e A' da nave *Maria*.

Suponha que as luzes produzidas pelos dois eventos cheguem simultaneamente ao ponto onde está João, como na Fig. 37.1.4*b*. Suponha ainda que, depois do episódio, João descubra, observando as marcas deixadas em sua espaçonave, que estava exatamente a meio caminho entre as marcas A e V no instante em que os dois eventos ocorreram. Nesse caso, João dirá o seguinte:

João A luz proveniente do evento Vermelho e a luz proveniente do evento Azul foram observadas por mim no mesmo instante. De acordo com as marcas deixadas em minha espaçonave, eu estava a meio caminho entre os dois eventos quando eles aconteceram. Isso significa que os eventos Vermelho e Azul aconteceram simultaneamente.

Como podemos ver examinando a Fig. 37.1.4, Maria e a luz proveniente do evento Vermelho estão se movendo *em sentidos opostos*, enquanto a moça e a luz proveniente do evento Azul estão se movendo *no mesmo sentido*. Isso significa que a luz proveniente do evento Vermelho chega a Maria *antes* da luz proveniente do evento Azul. A moça diz o seguinte:

Maria A luz proveniente do evento Vermelho foi vista por mim antes da luz proveniente do evento Azul. De acordo com as marcas deixadas em minha espaçonave, eu estava a meio caminho entre os dois eventos quando eles aconteceram. Isso significa que o evento Vermelho aconteceu antes do evento Azul.

Embora as interpretações dos dois astronautas sejam diferentes, *ambas* estão corretas.

Observe que existe apenas uma frente de onda partindo do local de cada evento e que essa frente de onda *se propaga com a mesma velocidade c em qualquer referencial*, como exige o postulado da velocidade da luz.

Os meteoritos *poderiam* ter atingido as naves de tal forma que os eventos parecessem simultâneos a Maria. Nesse caso, os eventos não seriam simultâneos para João.

Relatividade do Tempo

Se dois observadores que estão se movendo um em relação ao outro medem um intervalo de tempo (ou *separação temporal*) entre dois eventos, em geral encontram resultados diferentes. Por quê? Porque a separação espacial dos eventos pode afetar o intervalo de tempo medido pelos observadores.

O intervalo de tempo entre dois eventos depende da distância entre os eventos tanto no espaço como no tempo, ou seja, as separações espacial e temporal estão entrelaçadas.

Neste módulo, vamos discutir esse entrelaçamento usando um exemplo. O exemplo escolhido é particular em um ponto crucial: *para um dos dois observadores, os dois eventos ocorrem no mesmo local*. Exemplos mais gerais serão discutidos no Módulo 37.3.

A Fig. 37.1.5*a* mostra um experimento realizado por Maria quando a moça e seu equipamento (uma fonte luminosa, um espelho, um detector e um relógio) estão a

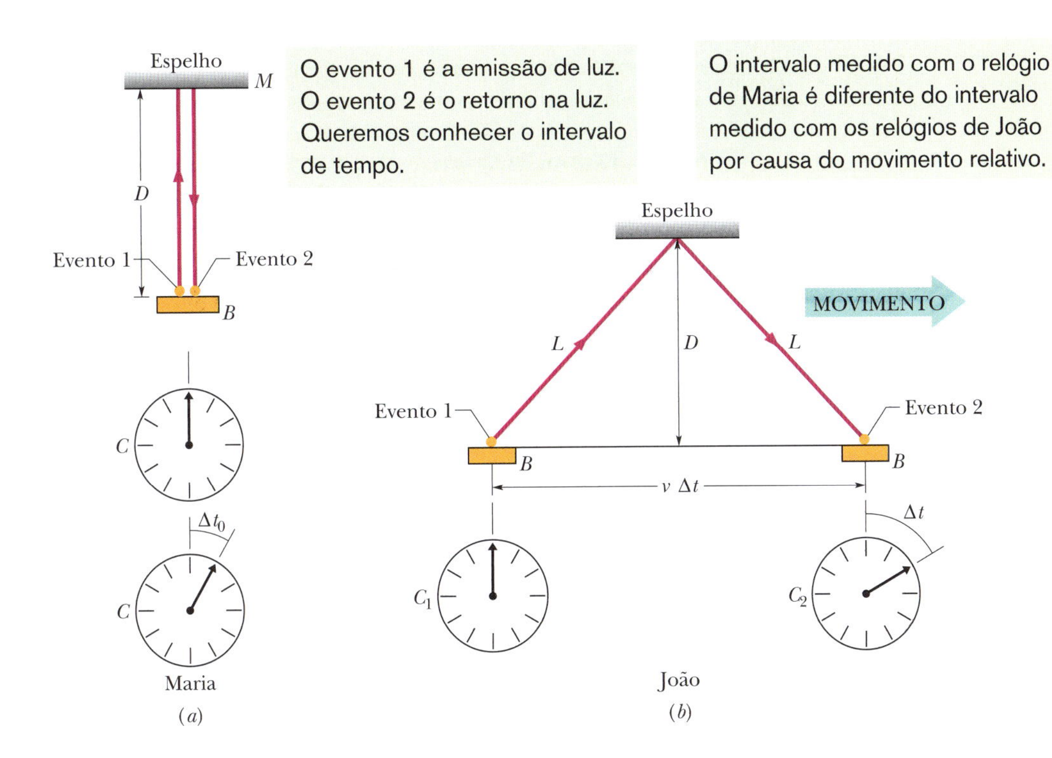

Figura 37.1.5 (a) Maria, a bordo do trem, mede o intervalo de tempo Δt_0 entre os eventos 1 e 2 usando o mesmo relógio C. O relógio é mostrado duas vezes na figura, uma no instante em que ocorre o evento 1 e outra no instante em que ocorre o evento 2. (b) João, que está na plataforma da estação quando os eventos ocorrem, precisa de dois relógios sincronizados, C_1 no local do evento 1 e C_2 no local do evento 2, para medir o intervalo de tempo entre os dois eventos; o intervalo de tempo medido por ele é Δt.

bordo de um trem que se move com velocidade constante $\vec{v}$ em relação a uma estação. Um pulso emitido pela fonte luminosa deixa o ponto B (evento 1), viaja verticalmente para cima, é refletido verticalmente para baixo pelo espelho e é detectado no ponto de origem (evento 2). Maria mede um intervalo de tempo Δt_0 entre os dois eventos, que está relacionado à distância D entre a fonte e o espelho pela equação

$$\Delta t_0 = \frac{2D}{c} \quad \text{(Maria).} \tag{37.1.3}$$

Os dois eventos ocorrem no mesmo ponto no referencial de Maria e, portanto, ela necessita apenas de um relógio C, situado nesse ponto, para medir o intervalo de tempo. O relógio C é mostrado duas vezes na Fig. 37.1.5*a*, no início e no fim do intervalo.

Considere agora de que forma os mesmos dois eventos são medidos por João, que está na plataforma de estação quando o trem passa. Como o equipamento se move com o trem enquanto a luz está se propagando, o percurso do pulso luminoso, do ponto de vista de João, é o que aparece na Fig. 37.1.5*b*. Para ele, os dois eventos acontecem em pontos diferentes do seu referencial, de modo que, para medir o intervalo de tempo entre os eventos, João precisa usar *dois* relógios sincronizados, C_1 e C_2, um para cada evento. De acordo com o postulado da velocidade da luz de Einstein, a luz se propaga com a mesma velocidade para João e para Maria. Agora, porém, a luz viaja uma distância $2L$ entre os eventos 1 e 2. O intervalo de tempo medido por João entre os dois eventos é

$$\Delta t = \frac{2L}{c} \text{ (João),} \tag{37.1.4}$$

em que

$$L = \sqrt{(\tfrac{1}{2}v\,\Delta t)^2 + D^2}. \tag{37.1.5}$$

Combinando as Eqs. 37.1.5 e 37.1.3, temos:

$$L = \sqrt{(\tfrac{1}{2}v\,\Delta t)^2 + (\tfrac{1}{2}c\,\Delta t_0)^2}. \tag{37.1.6}$$

Combinando as Eqs. 37.1.6 e 37.1.4 e explicitando Δt, obtemos:

$$\Delta t = \frac{\Delta t_0}{\sqrt{1 - (v/c)^2}}. \tag{37.1.7}$$

A Eq. 37.1.7 mostra a relação entre o intervalo Δt medido por João e o intervalo Δt_0 medido por Maria. Como v é necessariamente menor que c, o denominador da Eq. 37.1.7 é um número real menor que um. Assim, Δt é maior que Δt_0; o intervalo entre os dois eventos, do ponto de vista de João, é *maior* que do ponto de vista de Maria. João e Maria mediram o intervalo de tempo entre os *mesmos* dois eventos, mas o movimento relativo entre João e Maria fez com que obtivessem resultados *diferentes*. A conclusão é que o movimento relativo pode mudar a *rapidez* da passagem do tempo entre dois eventos; o que se mantém constante para os dois observadores é a velocidade da luz.

Podemos distinguir os resultados obtidos por João e Maria usando a seguinte terminologia:

Quando dois eventos ocorrem no mesmo lugar em um referencial inercial, o intervalo de tempo entre os eventos, medido nesse referencial, é chamado **intervalo de tempo próprio** ou **tempo próprio**. Quando o intervalo de tempo entre os mesmos eventos é medido em outro referencial, o resultado é sempre maior que o intervalo de tempo próprio.

No exemplo que estamos discutindo, o intervalo de tempo medido por Maria é o intervalo de tempo próprio; o intervalo de tempo medido por João é necessariamente maior. (O termo *próprio* talvez não tenha sido bem escolhido, pois dá a ideia de que o intervalo de tempo medido em outro referencial é impróprio ou inadequado, o que não é verdade.) O fenômeno do aumento do intervalo de tempo medido em consequência do movimento do referencial é chamado **dilatação do tempo**.

Frequentemente, a razão adimensional v/c da Eq. 37.1.7 é substituída por um parâmetro denominado **parâmetro de velocidade**, representado pela letra grega β, e o inverso do denominador da Eq. 37.1.7 é substituído por um parâmetro denominado **fator de Lorentz**, representado pela letra grega γ:

$$\gamma = \frac{1}{\sqrt{1-\beta^2}} = \frac{1}{\sqrt{1-(v/c)^2}}. \tag{37.1.8}$$

Com essas substituições, a Eq. 37.1.7 se torna

$$\Delta t = \gamma \Delta t_0 \quad \text{(dilatação do tempo).} \tag{37.1.9}$$

O parâmetro de velocidade β é sempre menor que a unidade e o parâmetro γ é sempre maior que a unidade, a menos que a velocidade seja nula; entretanto, a diferença entre γ e a unidade é muito pequena para $v > 0{,}1c$. Assim, de modo geral, os resultados da "antiga relatividade" constituem uma boa aproximação se $v < 0{,}1c$, mas a teoria da relatividade restrita deve ser empregada no caso de valores maiores de v. Como mostra a Fig. 37.1.6, γ aumenta rapidamente quando β se aproxima de 1 (ou seja, quando v se aproxima de c); quanto maior a velocidade relativa entre João e Maria, maior é o intervalo de tempo medido por João.

Quando o parâmetro de velocidade tende a 1,0 (quando a velocidade tende a c), o fator de Lorentz tende a infinito.

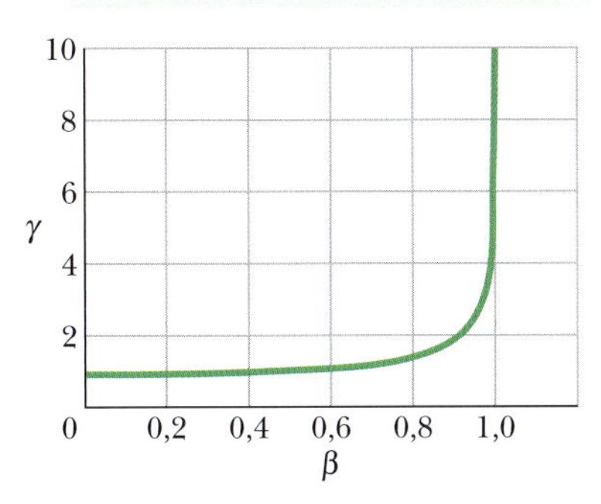

Figura 37.1.6 Gráfico de γ, o fator de Lorentz, em função de β (= v/c), o parâmetro de velocidade.

O leitor deve estar se perguntando o que Maria tem a dizer a respeito do fato de João ter medido um intervalo de tempo maior para o mesmo par de eventos. Maria não deve ficar surpresa com esse resultado, já que, para ela, os relógios C_1 e C_2 usados por João não estão sincronizados. Lembre-se de que, quando dois observadores estão em referenciais diferentes, dois eventos podem parecer simultâneos a apenas um deles. Nesse caso, João viu seus dois relógios marcarem a mesma hora no instante em que o evento 1 ocorreu. Do ponto de vista de Maria, porém, o relógio C_2 foi ajustado para uma hora adiantada em relação à do relógio C_1 no processo de sincronização. Assim, quando João observou no relógio 2 o instante em que o evento 2 ocorreu, para Maria ele estava lendo um tempo maior que o real e foi por isso que o intervalo medido por João foi maior.

Duas Demonstrações Experimentais da Dilatação do Tempo

1. **Relógios Microscópicos.** As partículas subatômicas chamadas *múons* são instáveis; quando um múon é produzido, dura apenas um curto período de tempo antes de *decair* (transformar-se em outras partículas). O *tempo de vida* do múon é o intervalo de tempo entre a produção (evento 1) e o decaimento (evento 2) da partícula. Se os múons estão estacionários e o tempo de vida é medido usando um relógio estacionário (o relógio de um laboratório, digamos), o tempo médio de vida é 2,200 μs. Trata-se de um intervalo de tempo próprio, já que, para cada múon, os eventos 1 e 2 ocorrem no mesmo ponto do referencial do múon, ou seja, na posição do múon. Podemos representar esse intervalo de tempo próprio como Δt_0; além disso, podemos chamar o referencial em que o intervalo é medido de *referencial de repouso* do múon.

   De acordo com a teoria da relatividade, se os múons estivessem se movendo em relação ao laboratório, a medida do tempo de vida realizada usando o relógio do laboratório deveria fornecer um valor maior por causa da dilatação do tempo. Para verificar se essa previsão estava correta, os cientistas mediram o tempo médio de vida de múons que se moviam a uma velocidade de $0{,}9994c$ em relação ao relógio do laboratório. De acordo com a Eq. 37.1.8, com $\beta = 0{,}9994$, o fator de Lorentz para essa velocidade é

   $$\gamma = \frac{1}{\sqrt{1-\beta^2}} = \frac{1}{\sqrt{1-(0{,}9994)^2}} = 28{,}87.$$

   Nesse caso, segundo a Eq. 37.1.9, o tempo de vida medido deveria ser

   $$\Delta t = \gamma \Delta t_0 = (28{,}87)(2{,}200\ \mu\text{s}) = 63{,}51\ \mu\text{s}.$$

   O resultado experimental concordou com esse valor dentro da margem de erro estimada.

2. Relógios Macroscópicos. Em outubro de 1971, Joseph Hafele e Richard Keating executaram o que deve ter sido um experimento extenuante: transportaram quatro relógios atômicos portáteis duas vezes em volta do mundo a bordo de aeronaves comerciais, uma vez de leste para oeste e outra vez de oeste para leste. O objetivo era "testar a teoria da relatividade de Einstein com relógios macroscópicos". Como acabamos de ver, as previsões de Einstein quanto à dilatação do tempo foram confirmadas em escala microscópica, mas os físicos se sentiriam ainda melhor se a comprovação pudesse ser feita usando um relógio de verdade. O que tornou isso possível foi a altíssima precisão dos relógios atômicos modernos. Hefele e Keating confirmaram as previsões teóricas dentro de uma margem de erro de 10%. (A teoria da relatividade *geral* de Einstein, segundo a qual o intervalo de tempo medido por um relógio também depende do campo gravitacional a que o relógio está submetido, tem que ser levada em conta nesse tipo de experimento.)

Alguns anos mais tarde, físicos da Universidade de Maryland executaram um experimento semelhante com maior precisão. Eles ficaram dando voltas de avião sobre a baía de Chesapeake com um relógio atômico a bordo, em voos com 15 horas de duração, e verificaram que a dilatação do tempo estava de acordo com a teoria de Einstein dentro de uma margem de erro de 1%. Hoje, quando relógios atômicos são transportados de um local a outro para calibração ou outros propósitos, a dilatação do tempo causada pelo movimento é levada em consideração de forma rotineira.

Teste 37.1.1

Uma pessoa está de pé ao lado dos trilhos de uma estrada de ferro quando é surpreendida pela passagem de um vagão relativístico, como mostra a figura. Um passageiro que está na extremidade dianteira do vagão dispara um pulso de laser em direção à extremidade traseira. (a) A velocidade do pulso medida pela pessoa que está do lado de fora do trem é maior, menor ou igual à velocidade medida pelo passageiro? (b) O tempo que o pulso leva para chegar à extremidade traseira do vagão, medido pelo passageiro, é o tempo próprio? (c) A relação entre o tempo medido pelo passageiro e o tempo medido pela pessoa que está do lado de fora é dada pela Eq. 37.1.9?

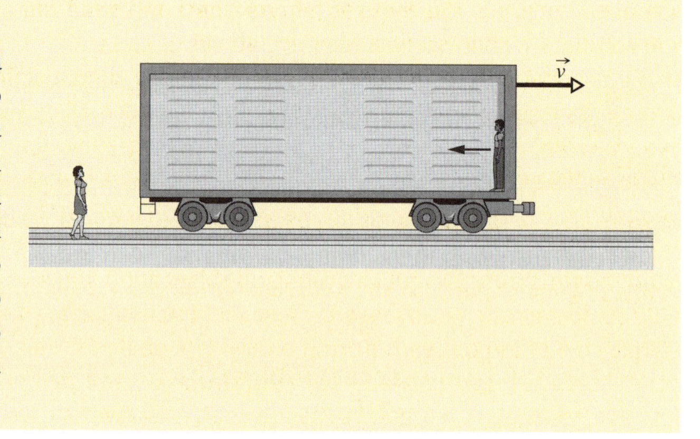

Exemplo 37.1.1 Dilatação do tempo para um astronauta que volta à Terra 37.1

A espaçonave do leitor passa pela Terra com uma velocidade relativa de 0,9990*c*. Depois de viajar durante 10,0 anos (tempo do leitor), para na estação espacial EE13, faz meia-volta e se dirige para a Terra com a mesma velocidade relativa. A viagem de volta também leva 10,0 anos (tempo do leitor). Quando tempo leva a viagem de acordo com um observador terrestre? (Despreze os efeitos da aceleração necessária para parar, dar meia-volta e atingir novamente a velocidade de cruzeiro.)

IDEIAS-CHAVE

Começamos por analisar o percurso de ida:

1. Este problema envolve medidas executadas em dois referenciais inerciais, um situado na Terra e outro em uma espaçonave.
2. O percurso de ida envolve dois eventos: o início da viagem, na Terra, e o fim da viagem, na estação espacial EE13.
3. O tempo de 10 anos medido pelo leitor para o percurso de ida é o tempo próprio Δt_0, já que os dois eventos ocorrem no mesmo local no referencial do leitor, que é a espaçonave.
4. De acordo com a Eq. 37.1.9 ($\Delta t = \gamma \Delta t_0$), o tempo da viagem de ida medido no referencial terrestre, Δt, é maior que Δt_0.

Cálculos: De acordo com as Eqs. 37.1.8 e 37.1.9, temos:

$$\Delta t = \frac{\Delta t_0}{\sqrt{1-(v/c)^2}}$$
$$= \frac{10{,}0 \text{ anos}}{\sqrt{1-(0{,}9990c/c)^2}} = (22{,}37)(10{,}0 \text{ anos}) = 224 \text{ anos}.$$

Na viagem de volta, temos a mesma situação e os mesmos dados. Assim, a viagem de ida e volta leva 20 anos do ponto de vista do leitor mas leva

$$\Delta t_{\text{total}} = (2)(224 \text{ anos}) = 448 \text{ anos} \qquad \text{(Resposta)}$$

do ponto de vista de um observador terrestre. Em outras palavras, enquanto o leitor envelheceu 20 anos, as pessoas que ficaram na Terra envelheceram 448 anos. Embora (até onde sabemos) seja impossível viajar para o passado, é possível viajar para o futuro da Terra, usando o movimento relativo para ajustar a velocidade com a qual o tempo passa.

Exemplo 37.1.2 Dilatação do tempo e distância percorrida por uma partícula relativística 

A partícula elementar conhecida como *káon-mais* (K^+) tem um tempo médio de vida de 0,1237 μs quando está em repouso, isto é, quando o tempo de vida é medido no referencial do káon. Se um káon-mais está se movendo a uma velocidade de $0{,}990c$ em relação ao referencial do laboratório quando é produzido, que distância a partícula percorre nesse referencial durante o tempo médio de vida *de acordo com a física clássica* (que é uma aproximação razoável para velocidades muito menores que c) e de acordo com a teoria da relatividade restrita (que fornece o resultado correto para qualquer velocidade)?

IDEIAS-CHAVE

1. O problema envolve medidas realizadas em dois referenciais inerciais, um associado ao káon e outro associado ao laboratório.
2. O problema também envolve dois eventos: o instante da criação do káon e o instante do decaimento do káon.
3. A distância d percorrida pelo káon entre os dois eventos está relacionada à velocidade v da partícula e ao tempo gasto no percurso, Δt, pela equação

$$v = \frac{d}{\Delta t}. \qquad (37.1.10)$$

Com essas ideias em mente, vamos calcular a distância, primeiro usando a física clássica e depois a física relativística.

Física clássica: Na física clássica, obtemos a mesma distância e o mesmo intervalo de tempo (na Eq. 37.1.10) quando medimos as duas grandezas no referencial do káon e no referencial do laboratório. Assim, não precisamos nos preocupar com o referencial em que são executadas as medições. Para determinar o tempo de percurso do káon de acordo com a física clássica, d_{cla}, escrevemos a Eq. 37.1.10 na forma

$$d_{cla} = v\,\Delta t, \qquad (37.1.11)$$

em que Δt é o intervalo de tempo entre os dois eventos em um dos referenciais. Fazendo $v = 0{,}990c$ e $\Delta t = 0{,}1237\ \mu$s na Eq. 37.1.11, obtemos:

$$\begin{aligned} d_{cla} &= (0{,}990c)\,\Delta t \\ &= (0{,}990)(299\,792\,458\ \text{m/s})(0{,}1237 \times 10^{-6}\ \text{s}) \\ &= 36{,}7\ \text{m}. \end{aligned} \qquad \text{(Resposta)}$$

Essa seria a distância percorrida pelo káon se a física clássica fornecesse resultados corretos para velocidades próximas de c.

Relatividade restrita: Na relatividade restrita, a distância e o intervalo de tempo usados na Eq. 37.1.10 devem ser medidos no *mesmo* referencial, especialmente nos casos em que a velocidade é próxima de c, como acontece neste exemplo. Assim, para calcular a distância percorrida pelo káon, d_{rel}, *no referencial do laboratório*, escrevemos a Eq. 37.1.10 na forma

$$d_{rel} = v\,\Delta t, \qquad (37.1.12)$$

em que Δt é o intervalo de tempo entre os dois eventos *no referencial do laboratório*.

Para calcular o valor de d_{rel} na Eq. 37.1.12, precisamos conhecer Δt. O intervalo de tempo de 0,1237 μs é um tempo próprio, já que os dois eventos ocorrem no mesmo local do referencial do káon, isto é, no próprio káon. Assim, vamos chamar esse intervalo de tempo de Δt_0. Nesse caso, podemos usar a Eq. 37.1.9 ($\Delta t = \gamma \Delta t_0$) para determinar o intervalo de tempo Δt no referencial do laboratório. Substituindo γ na Eq. 37.1.9 por seu valor, dado pela Eq. 37.1.8, temos:

$$\Delta t = \frac{\Delta t_0}{\sqrt{1-(v/c)^2}} = \frac{0{,}1237 \times 10^{-6}\ \text{s}}{\sqrt{1-(0{,}990c/c)^2}} = 8{,}769 \times 10^{-7}\ \text{s}.$$

Esse tempo é aproximadamente sete vezes maior que o tempo próprio de vida do káon. Em outras palavras, o tempo médio de vida do káon no referencial do laboratório é aproximadamente sete vezes maior que no referencial de repouso; o tempo de vida do káon sofre o efeito da dilatação do tempo. Podemos agora usar a Eq. 37.1.12 para calcular a distância d_{rel} percorrida pelo káon no referencial do laboratório:

$$\begin{aligned} d_{rel} &= v\,\Delta t = (0{,}990c)\,\Delta t \\ &= (0{,}990)(299\,792\,458\ \text{m/s})(8{,}769 \times 10^{-7}\ \text{s}) \\ &= 260\ \text{m}. \end{aligned} \qquad \text{(Resposta)}$$

Essa distância é aproximadamente sete vezes maior que d_{cla}. Experimentos como o que acabamos de descrever, que comprovam as previsões da teoria da relatividade restrita, se tornaram rotina nos laboratórios de física há várias décadas. No projeto e construção de qualquer aparelho científico ou médico que utiliza partículas de alta energia é necessário levar em consideração os efeitos relativísticos.

37.2 RELATIVIDADE DO COMPRIMENTO

Objetivos do Aprendizado

Depois de ler este módulo, você será capaz de...

37.2.1 Saber que, como as distâncias espaciais e temporais estão entrelaçadas, a medida do comprimento de um objeto pode ser diferente em diferentes referenciais.

37.2.2 Saber em que condições um comprimento medido é um comprimento próprio.

37.2.3 Saber que, se o comprimento de um objeto é um comprimento próprio quando é medido em um referencial, será menor se for medido em outro referencial que esteja se movendo em relação ao primeiro, *paralelamente* ao comprimento que está sendo medido.

37.2.4 Conhecer a relação entre o comprimento contraído, o comprimento próprio e a velocidade relativa entre os dois referenciais.

Ideias-Chave

- O comprimento L_0 de um objeto medido por um observador em um referencial inercial no qual o objeto está em repouso é chamado de comprimento próprio. O observador situado em um referencial que está se movendo em relação ao primeiro, paralelamente ao comprimento que está sendo medido, sempre mede um comprimento menor, um efeito que é conhecido como contração do comprimento.
- Se a velocidade relativa entre os referenciais é v, o comprimento contraído L e o comprimento próprio L_0 estão relacionados pela equação

$$L = L_0\sqrt{1-\beta^2} = \frac{L_0}{\gamma},$$

em que $\beta = v/c$ é o parâmetro de velocidade e $\gamma = 1/\sqrt{1-\beta^2}$ é o fator de Lorentz.

Relatividade do Comprimento

Quando queremos medir o comprimento de um corpo que está em repouso em nosso referencial, podemos, com toda a calma, medir as coordenadas das extremidades do corpo usando uma régua estacionária e subtrair uma leitura da outra. Quando o corpo está em movimento, porém, precisamos observar *simultaneamente* (em nosso referencial) as coordenadas das extremidades do corpo para que o resultado de nossas medidas seja válido. A Fig. 37.2.1 ilustra a dificuldade de tentar medir o comprimento de um pinguim em movimento observando as coordenadas das partes dianteira e traseira do corpo do animal. Como a simultaneidade é relativa e está envolvida nas medidas de comprimento, o comprimento também é uma grandeza relativa.

Seja L_0 o comprimento de uma régua medido no referencial de repouso da régua, ou seja, no referencial em que a régua está estacionária. Se o comprimento da régua for medido em outro referencial em relação ao qual a régua está se movendo com velocidade *v ao longo da maior dimensão*, o resultado da medida será um comprimento L dado por

$$L = L_0\sqrt{1-\beta^2} = \frac{L_0}{\gamma} \quad \text{(contração do comprimento).} \qquad (37.2.1)$$

Como o fator de Lorentz γ é sempre maior que 1 para $v \neq 0$, L é sempre menor que L_0, ou seja, o movimento relativo causa uma *contração do comprimento*. Quanto maior a velocidade v, maior a contração.

O comprimento L_0 de um corpo medido no referencial em que o corpo está em repouso é chamado **comprimento próprio** ou **comprimento de repouso**. O comprimento medido em outro referencial em relação ao qual o corpo está se movendo (na direção da dimensão que está sendo medida) é sempre menor que o comprimento próprio.

Atenção: a contração do comprimento ocorre apenas na direção do movimento relativo. Além disso, o comprimento medido não precisa ser o comprimento de um corpo; pode ser também a distância entre dois corpos no mesmo referencial, como o

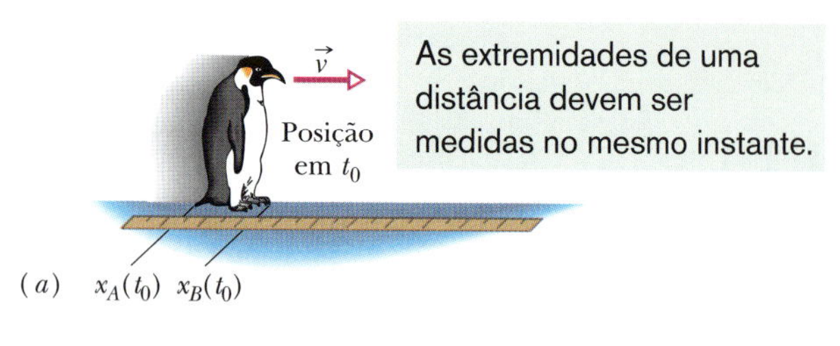

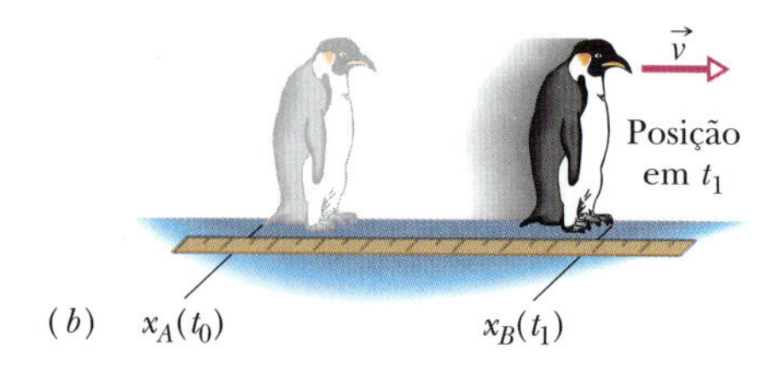

Figura 37.2.1 Para medir o comprimento de um pinguim em movimento, devemos observar as coordenadas das partes dianteira e traseira do corpo do animal simultaneamente (em nosso referencial), como em (*a*), e não em instantes diferentes, como em (*b*).

Sol e uma estrela vizinha (que estão, pelo menos aproximadamente, em repouso um em relação ao outro).

Um corpo em movimento sofre *realmente* uma contração? A realidade se baseia em observações e medidas; se os resultados são coerentes e nenhum erro foi cometido, o que é observado e medido é real. Neste sentido, um corpo em movimento realmente se contrai. Entretanto, talvez seja filosoficamente mais aceitável afirmar que é o comprimento do objeto que diminui, ou seja, que o movimento afeta o resultado das medidas.

Quando medimos o comprimento de uma régua, digamos, e obtemos um valor menor que o comprimento de repouso, o que um observador que está se movendo com a régua tem a dizer a respeito de nossas medidas? Para esse observador, as medidas das posições das duas extremidades da régua não foram realizadas simultaneamente. (Lembre-se de que dois observadores em movimento relativo não concordam, em geral, quanto à simultaneidade dos eventos.) Para o observador que se move com a régua, observamos primeiro a posição da extremidade dianteira da régua e depois a posição da extremidade traseira; é por isso que obtivemos um comprimento menor que o comprimento de repouso.

Demonstração da Eq. 37.2.1

A contração do comprimento é uma consequência direta da dilatação do tempo. Considere mais uma vez nossos dois observadores. Desta vez, tanto Maria, que está a bordo do trem, como João, que está na plataforma da estação, querem medir o comprimento da plataforma. João, usando uma trena, descobre que o comprimento é L_0, um comprimento próprio, já que o corpo cujo comprimento está sendo medido (a plataforma) está em repouso em relação a João. João também observa que Maria, a bordo do trem, percorre a plataforma em um intervalo de tempo $\Delta t = L_0/v$, em que v é a velocidade do trem. Assim,

$$L_0 = v\,\Delta t \qquad \text{(João).} \tag{37.2.2}$$

Esse intervalo de tempo não é um intervalo de tempo próprio porque os dois eventos que o definem (a passagem de Maria pelo início da plataforma e a passagem de Maria pelo final da plataforma) ocorrem em dois locais diferentes e, portanto, João precisa usar dois relógios sincronizados para medir o intervalo de tempo Δt.

Para Maria, porém, é a plataforma que está em movimento. Do seu ponto de vista, os dois eventos observados por João ocorrem *no mesmo lugar*. Maria pode medir o intervalo de tempo entre os dois eventos usando um único relógio e, portanto, o intervalo de tempo que mede, Δt_0, é um intervalo de tempo próprio. Para ela, o comprimento L da plataforma é dado por

$$L = v\,\Delta t_0 \qquad \text{(Maria).} \tag{37.2.3}$$

Dividindo a Eq. 37.2.3 pela Eq. 37.2.2 e usando a Eq. 37.1.9, a equação da dilatação do tempo, obtemos

$$\frac{L}{L_0} = \frac{v\,\Delta t_0}{v\,\Delta t} = \frac{1}{\gamma},$$

ou

$$L = \frac{L_0}{\gamma}, \tag{37.2.4}$$

que é a Eq. 37.2.1, a equação da contração do comprimento.

Teste 37.2.1

A figura mostra três barras de mesmo comprimento que estão estacionárias em um eixo x associado a uma espaçonave. A espaçonave passa, com uma velocidade próxima da velocidade da luz, por um observador situado em um eixo x' alinhado com o eixo x. (a) Coloque as barras na ordem do comprimento medido pelo observador, começando pela maior. (b) Se a barra 2 faz um ângulo θ_0 com o eixo x, o ângulo da barra com o eixo x', medido pelo observador, é maior que θ_0, menor que θ_0 ou igual a θ_0?

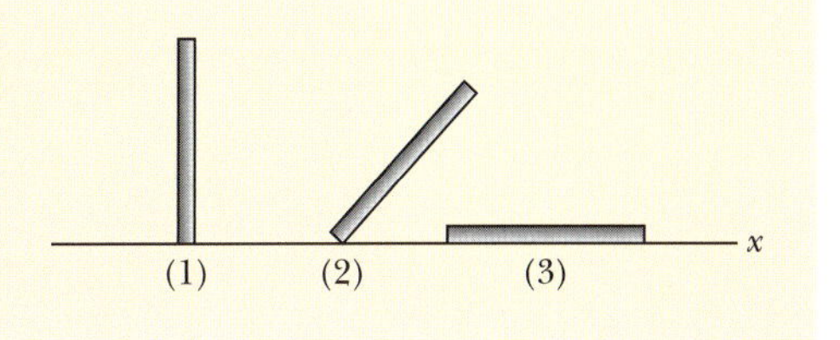

Exemplo 37.2.1 Dilatação do tempo e contração do comprimento do ponto de vista de dois referenciais 37.1

Na Fig. 37.2.2, Maria (no ponto A) e João (a bordo de uma espaçonave cujo comprimento próprio é $L_0 = 230$ m) passam um pelo outro com uma velocidade relativa constante v próxima da velocidade da luz. Segundo Maria, a nave leva 3,57 μs para passar (intervalo de tempo entre a passagem do ponto B e a passagem do ponto C). Em termos de c, a velocidade da luz, qual é a velocidade relativa v entre Maria e a nave?

IDEIAS-CHAVE

1. O problema envolve medidas feitas em dois referenciais inerciais, um ligado a Maria e outro ligado a João e sua espaçonave.
2. O problema também envolve dois eventos: o primeiro é a passagem do ponto B e o segundo é a passagem do ponto C.
3. Do ponto de vista de cada referencial, o outro está se movendo com velocidade v e percorre uma certa distância no intervalo de tempo entre os dois eventos:

$$v = \frac{\text{distância}}{\text{intervalo de tempo}}. \qquad (37.2.5)$$

Como a velocidade v é próxima da velocidade da luz, devemos tomar cuidado para que a distância e o intervalo de tempo da Eq. 37.2.5 sejam medidos *no mesmo referencial.*

Cálculos: Temos liberdade para escolher o referencial a ser usado nos cálculos. Como sabemos que o intervalo de tempo Δt entre os dois eventos no referencial de Maria é 3,57 μs, vamos usar a distância L entre os dois eventos nesse referencial. A Eq. 37.2.5 se torna, portanto,

$$v = \frac{L}{\Delta t}. \qquad (37.2.6)$$

Não conhecemos o valor de L, mas podemos calculá-lo a partir de L_0. A distância entre os dois eventos no referencial de João é o comprimento próprio da nave, L_0. Assim, a distância medida no referencial de Maria é menor que L_0 e é dada pela Eq. 37.2.1 ($L = L_0/\gamma$). Fazendo $L = L_0/\gamma$ na Eq. 37.2.6 e substituindo γ por seu valor, dado pela Eq. 37.1.8, temos:

$$v = \frac{L_0/\gamma}{\Delta t} = \frac{L_0\sqrt{(1-(v/c)^2}}{\Delta t}.$$

Explicitando v (note que v aparece duas vezes, no lado esquerdo e no radicando do lado direito), obtemos:

$$v = \frac{L_0 c}{\sqrt{(c\,\Delta t)^2 + L_0^2}}$$

$$= \frac{(230\text{ m})c}{\sqrt{(299\,792\,458\text{ m/s})^2(3{,}57\times10^{-6}\text{ s})^2 + (230\text{ m})^2}}$$

$$= 0{,}210c. \qquad \text{(Resposta)}$$

Note que a única velocidade que importa neste caso é velocidade relativa entre Maria e João; o fato de um deles se encontrar em movimento em relação a um terceiro referencial, como uma estação espacial, é irrelevante. Nas Figs. 37.2.2*a* e 37.2.2*b*, supusemos que Maria estava parada, mas poderíamos ter imaginado que era a nave que estava parada enquanto Maria passava por ela; o resultado seria o mesmo. Nesse caso, o evento 1 ocorre novamente no instante em que Maria e o ponto B estão alinhados (Fig. 37.2.2*c*) e o evento 2 ocorre novamente no instante em que Maria e o ponto C estão alinhados (Fig. 37.2.2*d*); mas, em vez de usar as medições de Maria, estamos usando as medições de João. Assim, a distância entre os dois eventos é o comprimento próprio L_0 da espaçonave e o intervalo de tempo entre os dois eventos não é o intervalo de tempo medido por Maria, e sim um intervalo de tempo dilatado $\gamma\Delta t$.

Substituindo os valores medidos por João na Eq. 37.2.5, temos:

$$v = \frac{L_0}{\gamma\Delta t},$$

que é o mesmo valor obtido a partir das medições de Maria. Assim, obtemos o mesmo resultado, $v = 0{,}210c$, usando as medidas de Maria e usando as medidas de João, *mas devemos tomar cuidado para não misturar medidas obtidas em dois referenciais diferentes.*

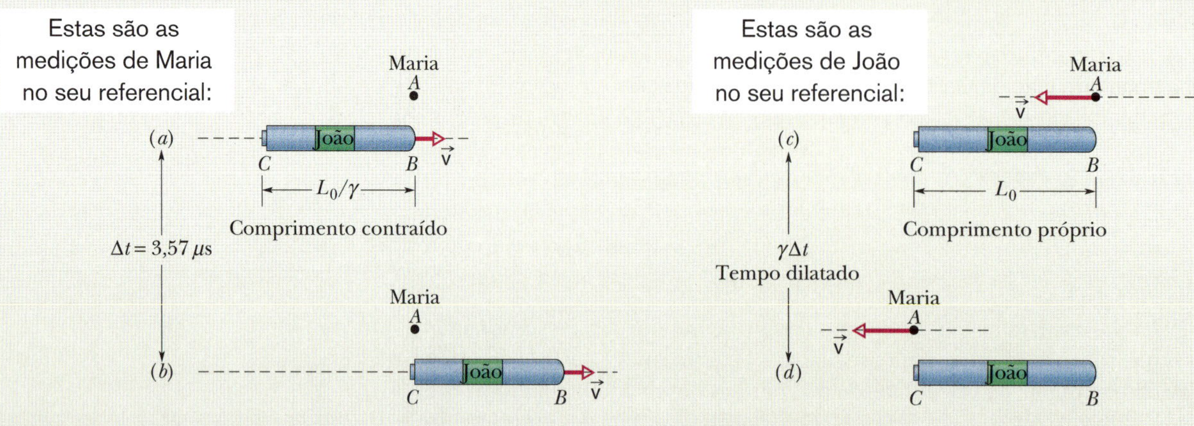

Figura 37.2.2 (a),(b) O evento 1 ocorre no instante em que o ponto B passa por Maria (no ponto A) e o evento 2 ocorre quando o ponto C passa por Maria. (c),(d) O evento 1 ocorre no instante em que Maria passa pelo ponto B e o evento 2 ocorre no instante em que Maria passa pelo ponto C.

Exemplo 37.2.2 Dilatação do tempo e contração da distância ao fugir de uma supernova

Surpreendido pela explosão de uma supernova, você acelera sua espaçonave ao máximo para fugir da onda de choque. O fator de Lorentz γ da sua espaçonave em relação ao referencial inercial das estrelas próximas é 22,4.

(a) Para atingir uma distância segura, você calcula que deve viajar $9{,}00 \times 10^{16}$ m no referencial das estrelas próximas. Quanto tempo leva a viagem, no referencial das estrelas próximas?

IDEIAS-CHAVE

Como no Capítulo 2, podemos calcular o tempo necessário para percorrer uma distância dada com velocidade constante usando a definição de velocidade:

$$\text{velocidade} = \frac{\text{distância}}{\text{intervalo de tempo}}. \qquad (37.2.7)$$

De acordo com a Fig. 37.1.6, como o fator de Lorentz γ em relação às estrelas é 22,4 (um valor elevado), a velocidade v é muito grande, tão grande, na verdade, que podemos tomá-la como aproximadamente c. Como se trata de uma velocidade relativística, é preciso assegurar que a distância e o intervalo de tempo usados na Eq. 37.2.7 sejam medidos no *mesmo* referencial.

Cálculos: Como a distância dada ($9{,}00 \times 10^{16}$ m) foi medida no referencial das estrelas próximas e o intervalo de tempo está sendo pedido no mesmo referencial, podemos escrever:

$$\begin{pmatrix}\text{intervalo de tempo no} \\ \text{referencial das estrelas}\end{pmatrix} = \frac{\begin{matrix}\text{distância no referencial} \\ \text{das estrelas}\end{matrix}}{c}.$$

Substituindo a distância pelo valor dado, obtemos:

$$\begin{pmatrix}\text{intervalo de tempo no} \\ \text{referencial das estrelas}\end{pmatrix} = \frac{9{,}00 \times 10^{16}\ \text{m}}{299\ 792\ 458\ \text{m/s}}$$

$$= 3{,}00 \times 10^{8}\ \text{s} = 9{,}51\ \text{anos}. \qquad \text{(Resposta)}$$

(b) Quanto tempo leva a viagem do seu ponto de vista (ou seja, no referencial da nave)?

IDEIAS-CHAVE

1. Agora estamos interessados no intervalo de tempo medido em outro referencial (o referencial da nave) e, portanto, precisamos converter o resultado do item (a) para esse referencial.
2. A distância de $9{,}00 \times 10^{16}$ m, medida no referencial das estrelas, é uma distância própria L_0 porque os pontos inicial e final da jornada estão em repouso nesse referencial. Do seu ponto de vista, o referencial das estrelas e os pontos inicial e final da viagem passam por você com uma velocidade relativa $v \approx c$.
3. A distância no referencial da nave não é a distância própria L_0, e sim a distância contraída L_0/γ.

Cálculos: A Eq. 37.2.7 pode ser escrita na forma

$$\begin{pmatrix}\text{intervalo de tempo no} \\ \text{referencial da nave}\end{pmatrix} = \frac{\begin{matrix}\text{distância no} \\ \text{referencial da nave}\end{matrix}}{c} = \frac{L_0/\gamma}{c}.$$

Substituindo os valores conhecidos, obtemos:

$$\begin{pmatrix}\text{intervalo de tempo no} \\ \text{referencial da nave}\end{pmatrix} = \frac{(9{,}00 \times 10^{16}\ \text{m})/22{,}4}{299\ 792\ 458\ \text{m/s}}$$

$$= 1{,}340 \times 10^{7}\ \text{s} = 0{,}425\ \text{ano}. \qquad \text{(Resposta)}$$

Como vimos no item (a), a viagem leva 9,51 anos no referencial das estrelas. Agora, estamos vendo que a mesma viagem leva apenas 0,425 ano no referencial da nave, devido ao movimento relativo e à contração da distância associada a esse movimento.

37.3 TRANSFORMAÇÃO DE LORENTZ

Objetivos do Aprendizado

Depois de ler este módulo, você será capaz de...

37.3.1 No caso de dois referenciais em movimento relativo, usar a transformação de Galileu para transformar a posição de um evento de um referencial para o outro.

37.3.2 Saber que a transformação de Galileu fornece resultados aproximadamente corretos para baixas velocidades relativas, enquanto a transformação de Lorentz fornece resultados corretos para qualquer velocidade relativa fisicamente possível.

37.3.3 No caso de dois referenciais em movimento relativo, usar a transformação de Lorentz para transformar as separações espacial e temporal de dois eventos de um referencial para o outro.

37.3.4 Demonstrar as equações de dilatação do tempo e contração do comprimento a partir da transformação de Lorentz.

37.3.5 Usar a transformação de Lorentz para mostrar que se dois eventos ocorrem simultaneamente em dois locais diferentes em um referencial, não podem ocorrer simultaneamente em um segundo referencial que esteja em movimento em relação ao primeiro.

Ideia-Chave

- As equações da transformação de Lorentz relacionam as coordenadas espaçotemporais de um evento em dois referenciais inerciais, S e S', se o referencial S' está se movendo com velocidade v em relação a S no sentido positivo dos eixos x e x'. As relações entre as quatro coordenadas são

$$x' = \gamma(x - vt),$$
$$y' = y,$$
$$z' = z,$$
$$t' = \gamma(t - vx/c^2).$$

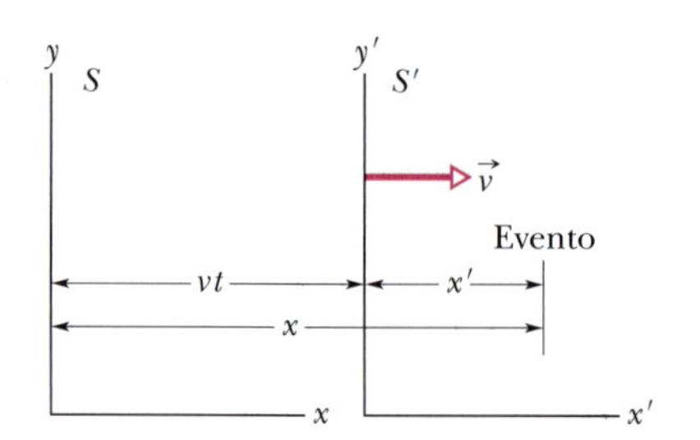

Figura 37.3.1 Dois referenciais inerciais: o referencial S' está se movendo com velocidade $\vec{v}$ em relação ao referencial S.

Transformação de Lorentz

A Fig. 37.3.1 mostra o referencial inercial S' se movendo com velocidade v em relação ao referencial S no sentido positivo do eixo x, que tem a mesma orientação que o eixo x'. Para um observador em S, um evento ocorre nas coordenadas x, y, z e t, enquanto, para um observador em S', o mesmo evento ocorre nas coordenadas x', y', z' e t'. Qual é a relação entre os dois conjuntos de números? Vamos antecipar (embora precise ser demonstrado) que as coordenadas y e z em relação a eixos perpendiculares à direção de movimento não são afetadas pelo movimento, ou seja, que $y = y'$ e $z = z'$. Nosso problema se limita, portanto, a determinar as relações entre x e x' e entre t e t'.

As Equações da Transformação de Galileu

Antes que Einstein formulasse a teoria da relatividade restrita, os físicos supunham que as quatro coordenadas de interesse estavam relacionadas pelas *equações da transformação de Galileu*:

$$\begin{aligned} x' &= x - vt, \\ y' &= y, \\ z' &= z, \\ t' &= t. \end{aligned} \qquad \text{(Equações da transformação de Galileu; aproximadamente válidas para baixas velocidades.)} \qquad (37.3.1)$$

(Essas equações foram escritas supondo que $t = t' = 0$ quando as origens de S e S' coincidem.) A primeira equação pode ser verificada com o auxílio da Fig. 37.3.1. A segunda e a terceira se devem ao fato de que estamos supondo que o movimento acontece apenas na direção do eixo x. A quarta significa simplesmente que os intervalos de tempo são iguais nos dois referenciais. Isso parecia tão óbvio para os cientistas antes de Einstein que não era sequer mencionado. Quando a velocidade v é pequena em comparação com c, as Eqs. 37.3.1 constituem uma boa aproximação.

As Equações da Transformação de Lorentz

As Eqs. 37.3.1 levam a valores muito próximos dos resultados experimentais quando v é muito menor que c, mas, na verdade, não fornecem valores corretos para nenhum valor de v e levam a valores muito diferentes dos resultados experimentais para valores de v muito maiores que $0{,}10c$. As equações corretas para a transformação, que são válidas para qualquer velocidade fisicamente possível, são chamadas de **equações da transformação de Lorentz.**[1]

As equações da transformação de Lorentz podem ser demonstradas a partir dos postulados da relatividade, mas vamos nos limitar a apresentá-las e mostrar que são compatíveis com os resultados obtidos nos módulos anteriores para a simultaneidade, a dilatação do tempo e a contração do comprimento. Supondo que $t = t' = 0$ quando as origens de S e S' coincidem na Fig. 37.3.1 (evento 1), as coordenadas espaçotemporais de qualquer outro evento são dadas por

$$\begin{aligned} x' &= \gamma(x - vt), \\ y' &= y, \\ z' &= z, \\ t' &= \gamma(t - vx/c^2) \end{aligned} \qquad \text{(Equações da transformação de Lorentz; válidas para qualquer velocidade fisicamente possível.)} \qquad (37.3.2)$$

Note que a variável espacial x e a variável temporal t aparecem juntas na primeira e na quarta equação. Esse entrelaçamento de espaço e tempo foi uma inovação da teoria de Einstein que seus contemporâneos tiveram dificuldade para aceitar.

Uma exigência formal das equações relativísticas é a de que devem se reduzir às equações clássicas quando c tende a infinito. Em outras palavras, se a velocidade da luz fosse infinita, *todas* as velocidades finitas seriam "pequenas" e as equações clássicas seriam sempre válidas. Quando fazemos $c \to \infty$ nas Eqs. 37.3.2, $\gamma \to 1$, $vx/c^2 \to 0$ e as

[1]O leitor talvez esteja curioso para saber por que essas equações não são chamadas *equações da transformação de Einstein* (e por que o fator γ não é chamado *fator de Einstein*). Na verdade, as equações foram propostas por H. A. Lorentz antes que Einstein o fizesse, mas o grande físico holandês reconheceu que não deu o passo decisivo de interpretá-las como uma descrição real da natureza do espaço e do tempo. É nessa interpretação, proposta pela primeira vez por Einstein, que está a base da teoria da relatividade.

equações se reduzem (como deveriam) às equações da transformação de Galileu (Eq. 37.3.1). O leitor pode verificar que isso é verdade.

As Eqs. 37.3.2 foram escritas em uma forma que é útil se conhecemos x e t e queremos determinar x' e t'. Podemos estar interessados, porém, em obter a transformação inversa. Nesse caso, simplesmente resolvemos o sistema de equações das Eqs. 37.3.2 para obter x e t, o que nos dá

$$x = \gamma(x' + vt') \qquad \text{e} \qquad t = \gamma(t' + vx'/c^2). \tag{37.3.3}$$

Comparando as Eqs. 37.3.2 com as Eqs. 37.3.3, vemos que, partindo de um dos sistemas de equações, é possível obter o outro simplesmente intercambiando as variáveis espaciais e temporais nos dois sistemas (isto é, substituindo x por x' e t por t' e vice-versa) e trocando o sinal de v, a velocidade relativa. (Se o referencial S' tem uma velocidade positiva em relação a um observador situado no referencial S, por exemplo, como na Fig. 37.3.1, isso significa que o referencial S tem uma velocidade *negativa* em relação a um observador situado no referencial S'.)

As Eqs. 37.3.2 relacionam as coordenadas de segundo evento em dois referenciais quando o primeiro evento é a coincidência das origens de S e S' no instante $t = t' = 0$. Na maioria dos casos, não estamos interessados em limitar o primeiro evento a esse tipo de coincidência. Sendo assim, vamos escrever as equações da transformação de Lorentz em termos de qualquer par de eventos 1 e 2, com separações espaçotemporais

$$\Delta x = x_2 - x_1 \qquad \text{e} \qquad \Delta t = t_2 - t_1,$$

medidas por um observador no referencial S e

$$\Delta x' = x'_2 - x'_1 \qquad \text{e} \qquad \Delta t' = t'_2 - t'_1,$$

medidas por um observador no referencial S'.

A Tabela 37.3.1 mostra as equações de Lorentz como diferenças, a forma apropriada para analisar pares de eventos. As equações da tabela foram obtidas simplesmente substituindo por diferenças (como Δx e $\Delta x'$) as quatro variáveis das Eqs. 37.3.2 e 37.3.3.

Atenção: Ao substituir as diferenças por valores numéricos, é preciso ser coerente e não misturar valores do primeiro evento com valores do segundo. Além disso, se, por exemplo, Δx for um número negativo, não se esqueça de incluir o sinal negativo ao substituir Δx por seu valor em uma equação.

Tabela 37.3.1 As Equações da Transformação de Lorentz para Pares de Eventos

1. $\Delta x = \gamma(\Delta x' + v\,\Delta t')$	1′. $\Delta x' = \gamma(\Delta x - v\,\Delta t)$
2. $\Delta t = \gamma(\Delta t' + v\,\Delta x'/c^2)$	2′. $\Delta t' = \gamma(\Delta t - v\,\Delta x/c^2)$

$$\gamma = \frac{1}{\sqrt{1-(v/c)^2}} = \frac{1}{\sqrt{1-\beta^2}}$$

O referencial S' está se movendo com velocidade v em relação ao referencial S.

Teste 37.3.1

Na Fig. 37.3.1, o referencial S' está se movendo a uma velocidade de $0{,}90c$ em relação ao referencial S. Um observador no referencial S' mede dois eventos que ocorrem nas seguintes coordenadas espaçotemporais: evento Amarelo, em (5,0 m, 20 ns); evento Verde, em (−2,0 m, 45 ns). Um observador do referencial S está interessado em determinar o intervalo de tempo $\Delta t_{VA} = t_V - t_A$ entre os eventos. (a) Que equação da Tabela 37.3.1 deve ser usada? (b) O valor de v deve ser tomado como $+90c$ ou $-90c$ nessa equação? (c) Que valor deve ser usado para o primeiro termo da soma entre parênteses? (d) Que valor deve ser usado para o segundo termo da soma entre parênteses?

Algumas Consequências das Equações de Lorentz

Agora vamos usar as equações de transformação da Tabela 37.3.1 para provar, matematicamente, algumas das conclusões a que chegamos anteriormente com base nos postulados da teoria de relatividade restrita.

Simultaneidade

Considere a Eq. 2 da Tabela 37.3.1,

$$\Delta t = \gamma\left(\Delta t' + \frac{v\,\Delta x'}{c^2}\right). \tag{37.3.4}$$

Se dois eventos ocorrem em locais diferentes no referencial S' da Fig. 37.3.1, $\Delta x'$ não é zero. Assim, dois eventos simultâneos em S' (ou seja, tais que $\Delta t' = 0$) não são simultâneos do referencial S. (Esse resultado está de acordo com a conclusão a que chegamos no Módulo 37.1.) O intervalo de tempo entre os dois eventos no referencial S é dado por

$$\Delta t = \gamma\frac{v\,\Delta x'}{c^2} \quad \text{(eventos simultâneos em } S'\text{).}$$

Assim, a separação espacial $\Delta x'$ acarreta uma separação temporal Δt.

Dilatação do tempo

Suponha que dois eventos ocorrem no mesmo local em S' (ou seja, que $\Delta x' = 0$), mas em ocasiões diferentes (e, portanto, $\Delta t' \neq 0$). Nesse caso, a Eq. 37.3.4 se reduz a

$$\Delta t = \gamma\Delta t' \quad \text{(eventos no mesmo local em } S'\text{).} \tag{37.3.5}$$

Esse resultado confirma o fenômeno da dilatação do tempo. Como os dois eventos ocorrem no mesmo local em S', o intervalo de tempo $\Delta t'$ pode ser medido com o mesmo relógio. Nessas condições, o intervalo medido é um intervalo de tempo próprio e podemos chamá-lo de Δt_0. Assim, a Eq. 37.3.5 se torna

$$\Delta t = \gamma\Delta t_0 \quad \text{(dilatação do tempo),}$$

que é igual à Eq. 37.1.9, a equação da dilatação do tempo. A dilatação do tempo é, portanto, um caso especial das equações da transformação de Lorentz.

Contração do Comprimento

Considere a Eq. 1′ da Tabela 37.3.1,

$$\Delta x' = \gamma(\Delta x - v\,\Delta t). \tag{37.3.6}$$

Se uma régua está orientada paralelamente aos eixos x e x' da Fig. 37.3.1 e se encontra em repouso no referencial S', um observador em S' pode medir o comprimento da régua sem pressa. Um método possível é calcular a diferença entre as coordenadas das extremidades da régua. O valor de $\Delta x'$ assim obtido é o comprimento próprio L_0 da régua, já que as medidas são realizadas em um referencial no qual a régua está em repouso.

Suponha que a régua esteja se movendo no referencial S. Isso significa que Δx pode ser considerado o comprimento da régua no referencial S apenas se as coordenadas das extremidades da régua forem medidas *simultaneamente*, isto é, se $\Delta t = 0$. Fazendo $\Delta x' = L_0$, $\Delta x = L$ e $\Delta t = 0$ na Eq. 37.3.6, obtemos

$$L = \frac{L_0}{\gamma} \quad \text{(contração do comprimento),} \tag{37.3.7}$$

que é igual à Eq. 37.2.1, a equação da contração do comprimento. Assim, a contração da distância é um caso especial de equações da transformação de Lorentz.

Exemplo 37.3.1 A transformação de Lorentz e uma mudança na ordem dos eventos

Uma espaçonave foi enviada da Terra às vizinhanças de base terrestre no planeta P1407, em cuja lua se instalou um destacamento de reptulianos, uma raça de alienígenas que não nutrem grande simpatia pelos terráqueos. Depois de passar pelo planeta e pela lua em uma trajetória retilínea, a nave detecta uma emissão de micro-ondas proveniente da base reptuliana; 1,10 s depois, detecta uma explosão na base terrestre, que está a $4{,}00 \times 10^8$ m de distância da base reptuliana no referencial da nave. Tudo leva a crer que os reptulianos atacaram os humanos, de modo que os tripulantes da nave se preparam para bombardear a base reptuliana.

(a) A velocidade da nave em relação ao planeta e sua lua é $0{,}980c$. Determine a distância e o intervalo de tempo entre a emissão e a explosão no referencial do sistema planeta-lua (e, portanto, no referencial dos ocupantes das bases).

IDEIAS-CHAVE

1. O problema envolve medidas realizadas em dois referenciais, o referencial da nave e o referencial do sistema planeta-lua.
2. O problema envolve dois eventos: a emissão e a explosão.
3. Precisamos transformar os dados a respeito de intervalo de tempo e da distância entre os dois eventos do referencial da nave para o referencial do sistema planeta-lua.

Referencial da nave: Antes de realizar a transformação, precisamos escolher com cuidado uma notação apropriada. Começamos com um esboço da situação, como o que aparece na Fig. 37.3.2. Consideramos estacionário o referencial da nave, S, e tomamos o referencial planeta-lua, S', como estando em movimento com velocidade positiva (para a direita). (Essa escolha é arbitrária; poderíamos ter considerado estacionário o referencial S' e imaginado que o referencial da nave na Fig. 37.3.2, S, estava se movendo para a esquerda com velocidade v; o resultado seria o mesmo.) Vamos representar a explosão e a emissão pelos índices ex e em, respectivamente. Nesse caso, os dados do problema, todos no referencial S (o referencial da nave) são os seguintes:

$$\Delta x = x_{ex} - x_{em} = +4{,}00 \times 10^8 \text{ m}$$

e

$$\Delta t = t_{ex} - t_{em} = +1{,}10 \text{ s}.$$

O movimento relativo altera o intervalo de tempo entre dois eventos e pode alterar até mesmo a sequência dos eventos.

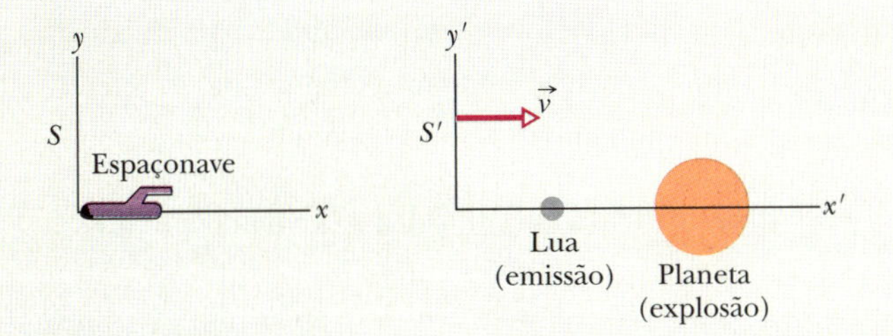

Figura 37.3.2 Um planeta e sua lua, no referencial S', se movem para a direita com velocidade $\vec{v}$ em relação a uma espaçonave no referencial S.

Sabemos que Δx é uma grandeza positiva porque, na Fig. 37.3.2, a coordenada x_{ex} do lugar em que ocorreu a explosão é maior que a coordenada x_{em} do lugar em que ocorreu a emissão; Δt também é uma grandeza positiva porque o instante t_{ex} em que ocorreu a explosão é posterior ao instante t_{em} em que ocorreu a emissão.

Referencial do sistema planeta-lua: Para determinar $\Delta x'$ e $\Delta t'$, precisamos transformar os dados do referencial S da nave para o referencial S'do sistema planeta-lua. Como estamos examinando um par de eventos, usamos duas equações de transformação da Tabela 37.3.1, as Eqs. 1′ e 2′:

$$\Delta x' = \gamma(\Delta x - v\,\Delta t) \tag{37.3.8}$$

e

$$\Delta t' = \gamma\left(\Delta t - \frac{v\,\Delta x}{c^2}\right). \tag{37.3.9}$$

Como $v = 0{,}980c$, o fator de Lorentz é

$$\gamma = \frac{1}{\sqrt{1-(v/c)^2}} = \frac{1}{\sqrt{1-(+0{,}980c/c)^2}} = 5{,}0252.$$

A Eq. 37.3.8 se torna, portanto,

$$\Delta x' = (5{,}0252)[4{,}00 \times 10^8 \text{ m} - (+0{,}980c)(1{,}10 \text{ s})]$$
$$= 3{,}86 \times 10^8 \text{ m}. \qquad \text{(Resposta)}$$

e a Eq. 37.3.9 se torna

$$\Delta t' = (5{,}0252)\left[(1{,}10 \text{ s}) - \frac{(+0{,}980c)(4{,}00 \times 10^8 \text{m})}{c^2}\right]$$
$$= -1{,}04 \text{s} \qquad \text{(Resposta)}$$

(b) O que significa o fator de o valor de $\Delta t'$ ser negativo?

Raciocínio: Devemos manter a coerência com a notação utilizada no item (a). Lembre-se de que o intervalo de tempo entre a emissão e a explosão foi definido como $\Delta t = t_{ex} - t_{em} = 1{,}10$ s. Por coerência, o intervalo de tempo correspondente no sistema S' deve ser definido como $\Delta t' = t'_{ex} - t'_{em}$; assim, concluímos que

$$\Delta t' = t'_{ex} - t'_{em} = -1{,}04 \text{ s}.$$

O sinal negativo significa que $t'_{em} > t'_{ex}$, ou seja, que no referencial planeta-lua a emissão aconteceu 1,04 s *depois* da explosão e não 1,10 s *antes* da explosão, como no referencial da nave.

(c) A emissão causou a explosão, a explosão causou a emissão ou os dois eventos não estão relacionados?

IDEIA-CHAVE

Os eventos ocorreram em uma ordem *diferente* nos dois referenciais. Se houvesse uma relação de causalidade entre os dois eventos, algum tipo de informação teria que viajar do local onde aconteceu um dos eventos (o evento causador) até o local onde aconteceu outro evento (o evento causado pelo primeiro).

Cálculo da velocidade: Vamos verificar com que velocidade a informação teria de viajar. No referencial da nave, a velocidade é

$$v_{\text{info}} = \frac{\Delta x}{\Delta t} = \frac{4{,}00 \times 10^8 \text{ m}}{1{,}10 \text{ s}} = 3{,}64 \times 10^8 \text{ m/s},$$

uma velocidade que não pode existir na prática, já que é maior que c. No referencial planeta-lua, a velocidade calculada é 3,70 $\times$ 10^8 m/s, uma velocidade também impossível. Assim, nenhum dos dois eventos pode ter causado o outro, ou seja, não há uma *relação causal* entre os eventos. Os terrestres não têm motivo para atacar a base reptuliana.[2]

[2]Na verdade, o simples fato de que os eventos ocorreram em ordem diferente nos dois referenciais era suficiente para concluir que não existia uma relação causal entre eles. (N.T.)

37.4 RELATIVIDADE DAS VELOCIDADES

Objetivos do Aprendizado

Depois de ler este módulo, você será capaz de...

37.4.1 Explicar, usando um desenho, um arranjo no qual a velocidade de um objeto é medida em dois referenciais diferentes.

37.4.2 Conhecer a equação relativística que relaciona as velocidades de um objeto em dois referenciais diferentes.

Ideia-Chave

- Se um objeto está se movendo com velocidade u' no sentido positivo do eixo x' de um referencial inercial S' que, por sua vez, está se movendo com velocidade v no sentido positivo do eixo x de um segundo referencial inercial S, a velocidade u da partícula no referencial S é dada por

$$u = \frac{u' + v}{1 + u'v/c^2} \quad \text{(velocidade relativística).}$$

Relatividade das Velocidades 37.1

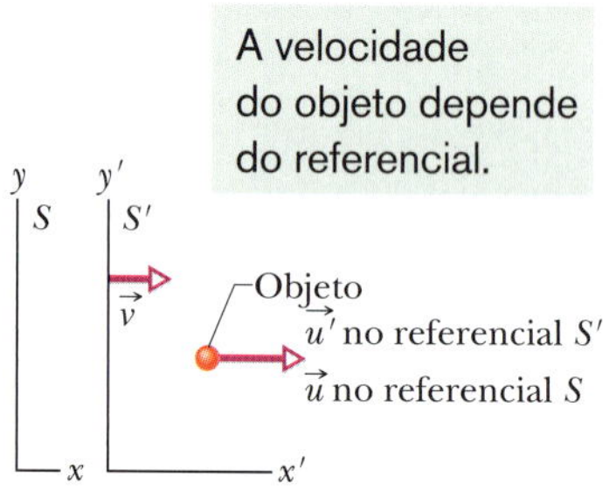

Agora vamos usar as equações da transformação de Lorentz para comparar as velocidades que dois observadores em diferentes referenciais inerciais, S e S', medem para a mesma partícula. Vamos supor que S' está se movendo com velocidade v em relação a S.

Imagine que a partícula, que está se movendo com velocidade constante paralelamente aos eixos x e x' da Fig. 37.4.1, emite um sinal e, algum tempo depois, emite um segundo sinal. Observadores situados nos referenciais S e S' medem a distância e o intervalo de tempo entre os dois eventos. As quatro medidas estão relacionadas pelas Eqs. 1 e 2 da Tabela 37.3.1,

$$\Delta x = \gamma(\Delta x' + v\,\Delta t')$$

e

$$\Delta t = \gamma\left(\Delta t' + \frac{v\,\Delta x'}{c^2}\right).$$

A velocidade do objeto depende do referencial.

Figura 37.4.1 O referencial S' está se movendo com velocidade $\vec{v}$ em relação ao referencial S. Uma partícula está se movendo com velocidade $\vec{u}'$ em relação ao referencial S' e com velocidade $\vec{u}$ em relação ao referencial S.

Dividindo a primeira equação pela segunda, obtemos:

$$\frac{\Delta x}{\Delta t} = \frac{\Delta x' + v\,\Delta t'}{\Delta t' + v\,\Delta x'/c^2}.$$

Dividindo o numerador e o denominador do lado direito por $\Delta t'$, obtemos:

$$\frac{\Delta x}{\Delta t} = \frac{\Delta x'/\Delta t' + v}{1 + v(\Delta x'/\Delta t')/c^2}.$$

Para $\Delta t \to 0$, $\Delta x/\Delta t \to u$, a velocidade da partícula medida no referencial S. Da mesma forma, para $\Delta t' \to 0$, $\Delta x'/\Delta t' \to u'$, a velocidade da partícula medida no referencial S'. Assim, temos:

$$u = \frac{u' + v}{1 + u'v/c^2} \quad \text{(transformação relativística da velocidade)} \quad (37.4.1)$$

que é a equação de transformação relativística de velocidades. (*Atenção:* Certifique-se de que os sinais das velocidades u' e v estão corretos.) A Eq. 37.4.1 se reduz à equação da transformação clássica ou de Galileu,

$$u = u' + v \qquad \text{(transformação clássica da velocidade),} \qquad (37.4.2)$$

quando usamos o teste formal de fazer $c \to \infty$. Em outras palavras, a Eq. 37.4.1 é válida para todas as velocidades fisicamente possíveis, enquanto a Eq. 37.4.2 é aproximadamente verdadeira para velocidades muitos menores que c.

Teste 37.4.1

A figura mostra uma espaçonave e um asteroide que se movem em um eixo x. Uma nave de escolta também se move no eixo x. Em quatro situações, a velocidade da nave espacial em relação à nave de escolta e a velocidade do asteroide em relação à espaçonave são, respectivamente: (a) $+0{,}4c$, $+0{,}4c$; (b) $+0{,}5c$, $+0{,}3c$; (c) $+0{,}9c$, $-0{,}1c$; (d) $+0{,}3c$, $+0{,}5c$. Coloque as situações na ordem do módulo da velocidade do asteroide em relação à nave de escolta, começando pela maior.

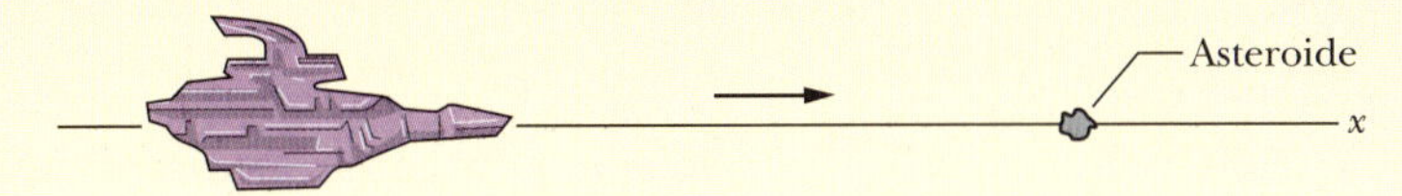

37.5 O EFEITO DOPPLER PARA A LUZ

Objetivos do Aprendizado

Depois de ler este módulo, você será capaz de...

37.5.1 Saber que *frequência própria* é a frequência da luz medida em um referencial no qual a fonte luminosa está em repouso.

37.5.2 Saber o que acontece com a frequência da luz quando a distância entre a fonte e o detector está aumentando e o que acontece quando a distância está diminuindo; saber que a variação da frequência aumenta quando a velocidade aumenta; saber o que significam os termos *desvio para o azul* e *desvio para o vermelho*.

37.5.3 Saber o que significa o termo *velocidade radial*.

37.5.4 No caso de uma fonte luminosa que está se aproximando ou se afastando de um detector, conhecer a relação entre a frequência própria f_0, a frequência detectada f e a velocidade radial v.

37.5.5 Saber qual é a relação entre uma variação de frequência e uma variação de comprimento de onda.

37.5.6 Conhecer a relação aproximada entre a variação de comprimento de onda $\Delta\lambda$, o comprimento de onda próprio λ_0 e a velocidade radial v quando a velocidade radial é muito menor que a velocidade da luz.

37.5.7 Saber que no caso da luz (mas não no caso do som) existe uma variação de frequência quando a velocidade da fonte é perpendicular à reta que liga a fonte ao detector, um fenômeno, relacionado à dilatação do tempo, conhecido como *efeito Doppler transversal*.

37.5.8 No caso do efeito Doppler transversal, conhecer a relação entre a frequência própria f_0, a frequência detectada f e a velocidade radial v.

Ideias-Chave

- Quando existe um movimento relativo entre uma fonte luminosa e um detector, o comprimento de onda medido em um referencial no qual a fonte está em repouso é o comprimento de onda próprio λ_0. O comprimento de onda λ medido pelo detector é maior (desvio para o vermelho) se a distância entre a fonte e o detector está aumentando e menor (desvio para o azul) se a distância entre a fonte e o detector está diminuindo.
- Se a distância está aumentando, a relação entre os comprimentos de onda é dada por

$$\lambda = \lambda_0 \sqrt{\frac{1+\beta}{1-\beta}} \quad \text{(fonte e detector se afastando)},$$

em que $\beta = v/c$ e v é a velocidade radial (componente da velocidade na direção da reta que liga a fonte ao detector). Se a distância está diminuindo, a equação é a mesma, com β substituído por $-\beta$.

- No caso de uma velocidade radial muito menor que a velocidade da luz, o valor absoluto da velocidade é dado aproximadamente por

$$v = \frac{|\Delta\lambda|}{\lambda_0} c \quad (v \ll c),$$

em que $\Delta\lambda = \lambda - \lambda_0$.

- Se a velocidade relativa entre a fonte luminosa e o detector é perpendicular à reta que liga a fonte e o detector, a relação entre a frequência detectada f e a frequência própria f_0 é dada por

$$f = f_0\sqrt{1-\beta^2}.$$

O efeito Doppler transversal está relacionado à dilatação do tempo.

Efeito Doppler para a Luz

No Módulo 17.7, discutimos o efeito Doppler (a mudança da frequência medida por um observador) para ondas sonoras no ar. No caso das ondas sonoras, o efeito Doppler depende de duas velocidades: a velocidade da fonte em relação ao ar e a velocidade do detector em relação ao ar (o ar é o meio no qual as ondas se propagam).

No caso da luz, a situação é diferente, já que a luz (como qualquer onda eletromagnética) não precisa de um meio para se propagar. O efeito Doppler para as ondas luminosas depende de apenas uma velocidade, a velocidade relativa entre a fonte e o detector. Seja f_0 a **frequência própria** da fonte, isto é, a frequência medida por um observador em relação ao qual a fonte se encontra em repouso, e seja f a frequência medida por um observador que está se movendo com velocidade radial v em relação à fonte. Nesse caso, se o observador está se afastando da fonte, temos:

$$f = f_0\sqrt{\frac{1-\beta}{1+\beta}} \quad \text{(fonte e detector se afastando)}, \qquad (37.5.1)$$

em que $\beta = v/c$.

Como, no caso da luz, é mais fácil medir o comprimento de onda do que a frequência, vamos escrever a Eq. 37.5.1 de outra forma, substituindo f por c/λ e f_0 por c/λ_0, em que λ é o comprimento de onda medido e λ_0 é o **comprimento de onda próprio** (o comprimento de onda associado a f_0). Dividindo ambos os membros da equação por c, obtemos

$$\lambda = \lambda_0\sqrt{\frac{1+\beta}{1-\beta}} \quad \text{(fonte e detector se afastando)}, \qquad (37.5.2)$$

Se o observador está se aproximando da fonte, as Eqs. 37.5.1 e 37.5.2 continuam a ser válidas, com β substituído por $-\beta$.

De acordo com a Eq. 37.5.2, se o observador está se afastando da fonte, o comprimento de onda medido é maior que o comprimento de onda próprio (o numerador da fração é maior que 1 e o denominador é menor que 1). Essa variação é chamada *desvio para o vermelho*, não porque o comprimento de onda medido corresponda ao da cor vermelha, mas porque o vermelho é a cor do espectro da luz visível com *maior* comprimento de onda. Da mesma forma, se o observador está se aproximando da fonte, o comprimento de onda medido é menor que o comprimento de onda próprio, e essa variação é chamada *desvio para o azul* porque o azul é uma das cores do espectro visível com menor comprimento de onda.

O Efeito Doppler em Baixas Velocidades

Em baixas velocidades ($\beta \ll 1$), a raiz quadrada que aparece na Eq. 37.5.1 pode ser expandida em uma série de potências de β, e a frequência medida é dada, aproximadamente, por

$$f = f_0(1 - \beta + \tfrac{1}{2}\beta^2) \quad \text{(fonte e detector se afastando, } \beta \ll 1\text{)}. \qquad (37.5.3)$$

A equação correspondente para o efeito Doppler em baixas velocidades no caso de ondas sonoras (ou outros tipos de ondas que necessitam de um meio para se propagar) tem os mesmos dois primeiros termos e um coeficiente diferente para o terceiro termo.[3] Assim, no caso do efeito Doppler para a luz em baixas velocidades, o efeito relativístico se manifesta apenas no termo proporcional a β^2.

Os radares da polícia utilizam o efeito Doppler para medir a velocidade v dos automóveis. O aparelho de radar emite um feixe de micro-ondas com uma determinada frequência (própria) f_0. Um carro que esteja se aproximando reflete o feixe de micro-ondas, que é captado pelo detector do aparelho de radar. Por causa do efeito Doppler, a frequência recebida pelo detector é maior que f_0. O aparelho compara a frequência recebida com f_0 e determina a velocidade v do carro.[4]

---

[3]No caso de ondas sonoras no ar, o coeficiente é 0, se a fonte estiver em repouso e o detector em movimento em relação ao ar, e 1, se o detector estiver em repouso e a fonte em movimento em relação ao ar. (N.T.)

[4]Conforme a Eq. 37.5.2 (com o sinal de β trocado, pois o carro está se aproximando), desprezando o termo em β^2, já que $v \ll c$, e levando em conta que o efeito Doppler ocorre duas vezes, na interceptação das ondas pelo carro e na reflexão, a velocidade v do carro é dada por $v = c(f - f_0)/2f_0$, em que c é a velocidade da luz, f é a frequência recebida pelo aparelho de radar e f_0 é a frequência das ondas emitidas pelo aparelho. (N.T.)

Efeito Doppler na Astronomia 37.2

Nas observações astronômicas de estrelas, galáxias e outras fontes de luz, podemos determinar a velocidade das fontes medindo o *deslocamento Doppler* da luz detectada. Se uma estrela está em repouso em relação a nós, detectamos a luz emitida pela estrela com a frequência própria f_0. Se a estrela está se aproximando ou se afastando, a frequência da luz detectada aumenta ou diminui por causa do efeito Doppler. Esse deslocamento Doppler se deve apenas ao movimento *radial* da estrela (movimento ao longo da reta que liga a estrela ao observador), e a velocidade que podemos determinar medindo o deslocamento Doppler é apenas a *velocidade radial* v da estrela, ou seja, a componente da velocidade da estrela na nossa direção.

Vamos supor que a velocidade radial v de uma fonte luminosa é suficientemente pequena (β é suficientemente pequeno) para que o termo em β^2 da Eq. 37.5.3 possa ser desprezado. Nesse caso, temos

$$f = f_0(1 - \beta). \tag{37.5.4}$$

Como as medições astronômicas que envolvem a luz em geral são feitas em termos do comprimento de onda e não da frequência, vamos substituir f por c/λ e f_0 por c/λ_0, em que λ é o comprimento de onda medido e λ_0 é o **comprimento de onda próprio** (o comprimento de onda associado a f_0). Nesse caso, a Eq. 37.5.4 se torna

$$\frac{c}{\lambda} = \frac{c}{\lambda_0}(1 - \beta),$$

ou

$$\lambda = \lambda_0(1 - \beta)^{-1}.$$

Como estamos supondo que β é pequeno, podemos expandir $(1 - \beta)^{-1}$ em uma série de potências. Fazendo essa expansão e conservando apenas o termo linear em β, obtemos

$$\lambda = \lambda_0(1 + \beta)^{-1},$$

ou

$$\beta = \frac{\lambda - \lambda_0}{\lambda_0}. \tag{37.5.5}$$

Substituindo β por v/c e $\lambda - \lambda_0$ por $|\Delta\lambda|$, obtemos

$$v = \frac{|\Delta\lambda|}{\lambda_0}c \quad \text{(velocidade radial da fonte luminosa, } v \ll c\text{).} \tag{37.5.6}$$

A diferença $\Delta\lambda$ é o *deslocamento Doppler em comprimentos de onda* da fonte de luz. Usamos o sinal de valor absoluto para que o valor do deslocamento seja sempre um número positivo. A aproximação da Eq. 37.5.6 pode ser usada quando a fonte está se aproximando ou quando está se afastando do observador, mas apenas nos casos em que $v \ll c$.

Teste 37.5.1

A figura mostra uma fonte que emite luz de frequência própria f_0 enquanto se move para a direita com velocidade $c/4$ (medida no referencial S). A figura mostra também um detector de luz, que mede uma frequência $f > f_0$ para a luz detectada. (a) O detector está se movendo para a esquerda ou para a direita? (b) A velocidade do detector medida no referencial S é maior que $c/4$, menor que $c/4$ ou igual a $c/4$?

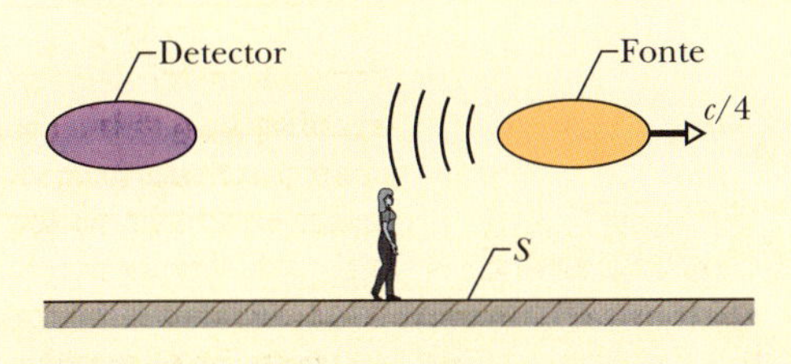

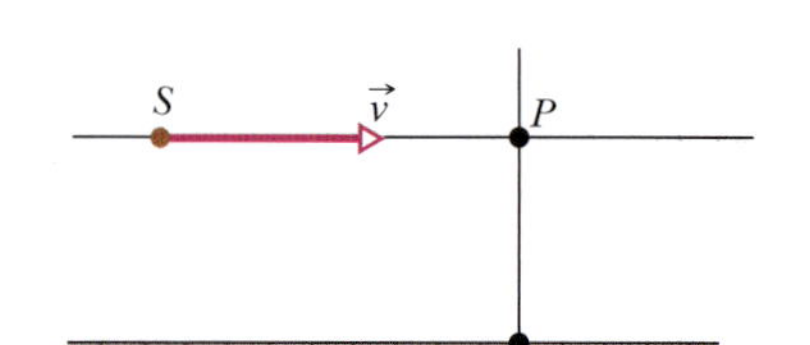

Figura 37.5.1 Um fonte luminosa S, viajando com velocidade $\vec{v}$, passa por um detector D. De acordo com a teoria da relatividade restrita, o efeito Doppler transversal ocorre quando a fonte está passando pelo ponto P, no qual a direção do movimento da fonte é perpendicular à reta que liga a fonte ao detector. Esse efeito não é previsto pela teoria clássica.

Efeito Doppler Transversal

Até agora, discutimos o efeito Doppler, tanto neste capítulo como no Capítulo 17, em situações nas quais a fonte e o detector se movem na mesma direção ou em direções opostas. A Fig. 37.5.1 mostra um arranjo diferente, no qual uma fonte S passa ao largo de um detector D. No instante em que S está passando pelo ponto P, a velocidade de S é perpendicular à reta que liga S a D, o que significa que a fonte não está se aproximando nem se afastando de D. Se a fonte emitir ondas sonoras de frequência f_0, as ondas emitidas no ponto P serão detectadas por D com a mesma frequência (ou seja, sem efeito Doppler). Entretanto, se a fonte emitir ondas luminosas, haverá um efeito Doppler, conhecido como **efeito Doppler transversal**. Nessa situação, a frequência detectada no ponto D da luz emitida quando a fonte estava passando pelo ponto P será dada por

$$f = f_0\sqrt{1-\beta^2} \qquad \text{(efeito Doppler transversal).} \tag{37.5.7}$$

Em baixas velocidades ($\beta \ll 1$), a Eq. 37.5.7 pode ser expandida em uma série de potências de β e expressa na forma aproximada

$$f = f_0(1 - \tfrac{1}{2}\beta^2) \qquad \text{(baixas velocidades).} \tag{37.5.8}$$

Como o primeiro termo é o resultado esperado para ondas sonoras, mais uma vez o efeito relativístico para fontes e detectores de luz que se movem em baixa velocidade aparece na forma de um termo proporcional a β^2.

Graças ao efeito Doppler transversal, um radar de polícia poderia, em princípio, medir a velocidade de um carro, mesmo que o radar estivesse apontado perpendicularmente à trajetória do carro. Entretanto, como β é pequeno, o fato de que o efeito Doppler transversal é proporcional a β^2 (ao contrário do efeito Doppler normal, que é proporcional a β; compare a Eq. 37.5.8 com a Eq. 37.5.3) torna o efeito tão pequeno que não pode ser medido pelo radar da polícia. Por essa razão, os policiais procuram alinhar o radar com a trajetória do carro para obter uma medição precisa da velocidade. Qualquer desalinhamento favorece o motorista, no sentido de que a velocidade medida é menor que a velocidade real.

O efeito Doppler transversal é uma consequência da dilatação relativística do tempo. Escrevendo a Eq. 37.5.7 em termos do período $T = 1/f$ das oscilações da luz em vez da frequência, obtemos

$$T = \frac{T_0}{\sqrt{1-\beta^2}} = \gamma T_0, \tag{37.5.9}$$

em que T_0 ($= 1/f_0$) é o **período próprio** da fonte. Na verdade, tanto quanto a Eq. 37.1.9, a Eq. 37.5.9 é uma expressão da lei de dilatação do tempo, já que o período é um intervalo de tempo.

37.6 MOMENTO E ENERGIA

Objetivos do Aprendizado

Depois de ler este módulo, você será capaz de ...

37.6.1 Saber que as expressões clássicas do momento e da energia cinética são aproximadamente corretas para baixas velocidades, enquanto as expressões relativísticas são corretas para qualquer velocidade fisicamente possível.

37.6.2 Conhecer a relação entre momento, massa e velocidade relativa.

37.6.3 Saber que a massa de um objeto pode ser interpretada como uma energia de repouso.

37.6.4 Conhecer as relações entre energia total, energia de repouso, energia cinética, momento, massa, velocidade, o parâmetro de velocidade e o fator de Lorentz.

37.6.5 Desenhar gráficos da energia cinética em função da razão v/c entre a velocidade de um objeto e a velocidade da luz para a expressão clássica e para a expressão relativística da energia cinética.

37.6.6 Usar o teorema do trabalho e energia cinética para relacionar o trabalho realizado por uma força sobre um objeto à variação da energia cinética do objeto.

37.6.7 Saber qual é a relação entre o valor de Q de uma reação e a variação da energia de repouso dos reagentes.

37.6.8 Conhecer a relação entre o sinal algébrico de Q e o fato de uma reação liberar ou absorver energia.

Ideias-chave

- As definições de momento linear $\vec{p}$, energia cinética K e energia total E de uma partícula de massa m mostradas a seguir são válidas para qualquer velocidade fisicamente possível:

$$\vec{p} = \gamma m\vec{v} \qquad \text{(momento)},$$

$$E = mc^2 + K = \gamma mc^2 \qquad \text{(energia total)},$$

$$K = mc^2(\gamma - 1) \qquad \text{(energia cinética)}.$$

Aqui, γ é o fator de Lorentz associado ao movimento da partícula, e mc^2 é a *energia de repouso* associada à massa da partícula.

- Essas equações levam às relações

$$(pc)^2 = K^2 + 2Kmc^2$$

e

$$E^2 = (pc)^2 + (mc^2)^2.$$

- Quando um sistema de partículas sofre uma reação química ou nuclear, o Q da reação é o negativo da variação da energia de repouso total do sistema:

$$Q = M_ic^2 - M_fc^2 = -\Delta Mc^2,$$

em que M_i é a massa total do sistema antes da reação e M_f é a massa total do sistema depois da reação.

Uma Nova Interpretação do Momento

Suponha que vários observadores, em diferentes referenciais inerciais, observem uma colisão entre duas partículas. De acordo com a mecânica clássica, embora as velocidades das partículas sejam diferentes em diferentes referenciais, a lei de conservação do momento é obedecida em todos os referenciais, isto é, o momento total do sistema de partículas após a colisão é o mesmo que antes da colisão.

De que forma a lei de conservação do momento foi afetada pela teoria da relatividade restrita? Se continuamos a definir o momento $\vec{p}$ de uma partícula como o produto $m\vec{v}$, o produto da massa pela velocidade, verificamos que o momento não é o mesmo antes e depois da colisão para observadores situados na maioria dos referenciais inerciais. Isso significa que precisamos mudar a definição de momento para uma forma tal que a lei de conservação do momento continue a ser válida para todos os referenciais iniciais.

Considere uma partícula que esteja se movendo com velocidade constante v no sentido positivo do eixo x. Classicamente, o módulo do momento é dado por

$$p = mv = m\frac{\Delta x}{\Delta t} \qquad \text{(momento clássico)}, \qquad (37.6.1)$$

em que Δx é a distância percorrida pela partícula no intervalo de tempo Δt. Para encontrar uma expressão relativística para o momento, começamos com a nova definição

$$p = m\frac{\Delta x}{\Delta t_0}.$$

Como no caso clássico, Δx é a distância percorrida pela partícula do ponto de vista de um observador externo, mas Δt_0 é o intervalo de tempo necessário para percorrer a distância Δx, não do ponto de vista de um observador externo, mas do ponto de vista de um observador que esteja se movendo com a partícula. Como a partícula está em repouso em relação ao segundo observador, o intervalo de tempo medido por esse observador é um intervalo de tempo próprio.

Usando a expressão da dilatação do tempo, $\Delta t = \gamma\Delta t_0$ (Eq. 37.1.9), podemos escrever

$$p = m\frac{\Delta x}{\Delta t_0} = m\frac{\Delta x}{\Delta t}\frac{\Delta t}{\Delta t_0} = m\frac{\Delta x}{\Delta t}\gamma.$$

Como $\Delta x/\Delta t = v$, a velocidade da partícula, temos

$$p = \gamma mv \qquad \text{(momento relativístico)}. \qquad (37.6.2)$$

Note que a diferença entre essa expressão e a expressão clássica (Eq. 37.6.1) está apenas na presença do fator de Lorentz γ, mas essa a diferença é muito importante: Ao contrário do momento clássico, o momento relativístico aumenta sem limite quando v se aproxima da velocidade da luz.

Podemos generalizar a definição da Eq. 37.6.2 para a forma vetorial, escrevendo

$$\vec{p} = \gamma m\vec{v} \qquad \text{(momento relativístico)}. \qquad (37.6.3)$$

A Eq. 37.6.3 fornece o valor correto do momento para qualquer velocidade fisicamente possível. Para velocidades muito menores que c, a expressão se reduz à definição clássica do momento ($\vec{p} = m\vec{v}$).

Uma Nova Interpretação da Energia

Energia de Repouso

A ciência da química foi criada com base na hipótese de que, nas reações químicas, a energia e a massa são conservadas separadamente. Em 1905, Einstein mostrou que, de acordo com a teoria da relatividade restrita, a massa pode ser considerada uma forma de energia. Assim, a lei da conservação de energia e a lei de conservação da massa constituem na verdade dois aspectos da mesma lei, a lei de conservação da massa-energia.

Em uma *reação química* (processo no qual átomos ou moléculas interagem), a massa que se transforma em outras formas de energia (ou vice-versa) é uma fração tão pequena da massa total envolvida que não pode ser medida nem mesmo na mais sensível das balanças de laboratório. Assim, nas reações químicas, a massa e a energia *parecem* ser conservadas separadamente. Por outro lado, em uma *reação nuclear* (processo no qual núcleos ou outras partículas subatômicas interagem), a energia liberada é milhões de vezes maior que em uma reação química, e a variação de massa pode ser facilmente medida.

A massa m de um corpo e a energia equivalente E_0 estão relacionadas pela equação

$$E_0 = mc^2, \tag{37.6.4}$$

que, sem o índice 0, é a equação científica mais famosa de todos os tempos. A energia associada à massa de um corpo é chamada **energia de repouso**. O nome está ligado ao fato de que E_0 é a energia que um objeto possui quando está em repouso, simplesmente porque possui massa. (Em textos avançados de física, o leitor encontrará discussões mais sofisticadas da relação entre massa e energia. Os cientistas até hoje debatem o significado da Eq. 37.6.4.)

A Tabela 37.6.1 mostra o valor (aproximado) da energia de repouso de alguns objetos. A energia de repouso de um objeto macroscópico, como uma moeda, por exemplo, é gigantesca; a energia elétrica equivalente custaria mais de um milhão de reais. Na verdade, toda a produção de energia elétrica do Brasil durante um ano corresponde à massa de algumas centenas de quilos de matéria (pedras, panquecas, qualquer coisa).

Na prática, as unidades do SI raramente são usadas na Eq. 37.6.4 porque levam a valores numéricos excessivamente grandes ou excessivamente pequenos. As massas em geral são medidas em unidades de massa atômica (u), de acordo com a seguinte definição:

$$1 \text{ u} = 1{,}660\,538\,86 \times 10^{-27} \text{ kg}. \tag{37.6.5}$$

As energias em geral são medidas em elétrons-volts (ou múltiplos dessa unidade), de acordo com a seguinte definição:

$$1 \text{ eV} = 1{,}602\,176\,462 \times 10^{-19} \text{ J}. \tag{37.6.6}$$

Nas unidades das Eqs. 37.6.5 e 37.6.6, a constante c^2 tem o seguinte valor:

$$c^2 = 9{,}314\,940\,13 \times 10^8 \text{ eV/u} = 9{,}314\,940\,13 \times 10^5 \text{ keV/u}$$
$$= 931{,}494\,013 \text{ MeV/u}. \tag{37.6.7}$$

Tabela 37.6.1 Energia Equivalente de Alguns Objetos

Objeto	Massa (kg)	Energia Equivalente	
Elétron	$\approx 9{,}11 \times 10^{-31}$	$\approx 8{,}19 \times 10^{-14}$ J	($\approx$ 511 keV)
Próton	$\approx 1{,}67 \times 10^{-27}$	$\approx 1{,}50 \times 10^{-10}$ J	($\approx$ 938 MeV)
Átomo de urânio	$\approx 3{,}95 \times 10^{-25}$	$\approx 3{,}55 \times 10^{-8}$ J	($\approx$ 225 GeV)
Partícula de poeira	$\approx 1 \times 10^{-13}$	$\approx 1 \times 10^{4}$ J	($\approx$ 2 kcal)
Moeda pequena	$\approx 3{,}1 \times 10^{-3}$	$\approx 2{,}8 \times 10^{14}$ J	($\approx$ 78 GW · h)

Energia Total 37.3 e 37.4

A Eq. 37.6.4 pode ser usada para determinar a energia de repouso E_0 associada à massa m de um objeto, esteja ele em repouso ou em movimento. Se o objeto está em movimento, ele possui uma energia adicional na forma de energia cinética, K. Supondo que a energia potencial é zero, a energia total E é a soma da energia de repouso com a energia cinética:

$$E = E_0 + K = mc^2 + K. \qquad (37.6.8)$$

Embora não seja demonstrado neste livro, a energia total E também pode ser escrita na forma

$$E = \gamma mc^2, \qquad (37.6.9)$$

em que γ é o fator de Lorentz do corpo em movimento.

Desde o Capítulo 7, discutimos muitos exemplos envolvendo mudanças da energia total de uma partícula ou de um sistema de partículas. A energia de repouso não foi incluída nessas discussões porque as variações dessa energia eram nulas ou tão pequenas que podiam ser desprezadas. A lei de conservação da energia continua a se aplicar, mesmo nos casos em que a variação da energia de repouso é significativa. Assim, aconteça o que acontecer com a energia de repouso, a afirmação do Módulo 8.5 continua a ser verdadeira:

A energia total de um *sistema isolado* é constante.

Assim, por exemplo, se a energia de repouso total de um sistema isolado de duas partículas diminui, algum outro tipo de energia do sistema deve aumentar, já que a energia total não pode mudar.

Valor de Q. Nas reações químicas e nucleares, a variação da energia de repouso do sistema é muitas vezes expressa pelo chamado *valor de Q*. O valor de Q de uma reação é calculado a partir da relação

$$\begin{pmatrix}\text{energia de repouso}\\ \text{inicial do sistema}\end{pmatrix} = \begin{pmatrix}\text{energia de repouso}\\ \text{final do sistema}\end{pmatrix} + Q$$

ou

$$E_{0i} = E_0 f + Q. \qquad (37.6.10)$$

Usando a Eq. 37.6.4 ($E_0 = mc^2$), podemos escrever a Eq. 37.6.10 em termos de M_i, a massa inicial, e M_f, a massa final:

$$M_i c^2 = M_f c^2 + Q$$

ou

$$Q = M_i c^2 - M_f c^2 = -\Delta M c^2, \qquad (37.6.11)$$

em que a variação de massa produzida pela reação é $\Delta M = M_f - M_i$.

Se, na reação, parte da energia de repouso é transformada em outras formas de energia, como a energia cinética dos produtos da reação, a energia de repouso total E_0 (e a massa total M) diminui e Q é positivo. Se, por outro lado, outras formas de energia são transformadas em energia de repouso, a energia de repouso total E_0 (e a massa M) aumenta e Q é negativo.

Suponha, por exemplo, que dois núcleos de hidrogênio sofrem uma *reação de fusão*, na qual eles se unem para formar um núcleo atômico e liberam duas partículas:

$$^1\text{H} + {}^1\text{H} \rightarrow {}^2\text{H} + \text{e}+ + \nu,$$

em que ^{1}H é um núcleo de hidrogênio comum, com apenas um próton, ^{2}H é um núcleo de hidrogênio com um próton e um nêutron, e^+ é um pósitron, e ν é um neutrino.

A energia de repouso total (e a massa total) do núcleo resultante e das duas partículas é menor que a energia de repouso total (e a massa total) dos núcleos de hidrogênio iniciais. Assim, o Q da reação de fusão é positivo, e dizemos que a reação é *exotérmica* (libera energia). Essa liberação é importante para nós, já que a fusão de núcleos de hidrogênio no Sol é parte do processo que mantém a Terra aquecida e torna a vida possível.

Energia Cinética 37.5

No Capítulo 7, definimos a energia cinética K de um corpo de massa m e velocidade v usando a equação

$$K = \tfrac{1}{2}mv^2. \qquad (37.6.12)$$

A Eq. 37.6.12 é a definição clássica da energia cinética, que constitui uma boa aproximação apenas para velocidades muito menores que a velocidade da luz.

Vamos agora apresentar uma expressão para a energia cinética que é correta para qualquer velocidade fisicamente possível. Explicitando K na Eq. 37.6.8 e substituindo E por seu valor, dado pela Eq. 37.6.9, obtemos

$$\begin{aligned} K &= E - mc^2 = \gamma mc^2 - mc^2 \\ &= mc^2(\gamma - 1) \qquad \text{(energia cinética)}, \end{aligned} \qquad (37.6.13)$$

em que $\gamma\ (= 1/\sqrt{1-(v/c)^2})$ é o fator de Lorentz do corpo em movimento.

A Fig. 37.6.1 mostra os gráficos de energia cinética do elétron em função de v/c de acordo com a expressão correta (Eq. 37.6.13) e de acordo com a aproximação clássica (Eq. 37.6.12). Note que as duas curvas coincidem no lado esquerdo do gráfico; nos problemas de energia cinética que discutimos até agora neste livro, todos os corpos considerados estavam nessa parte do gráfico; assim, o erro cometido usando a Eq. 37.6.12 em vez da Eq. 37.6.13 foi insignificante. Do lado direito do gráfico, a diferença entre as curvas aumenta rapidamente com v/c; quando v/c tende para 1, o valor correto da energia cinética tende a infinito, enquanto o valor clássico tende a $mc^2/2 \approx 0{,}3$ MeV. Assim, quando a velocidade v de um corpo é comparável à velocidade da luz, a Eq. 37.6.13 é a única que fornece o resultado correto.

Quando v/c tende a 1,0, a energia cinética relativística tende a infinito.

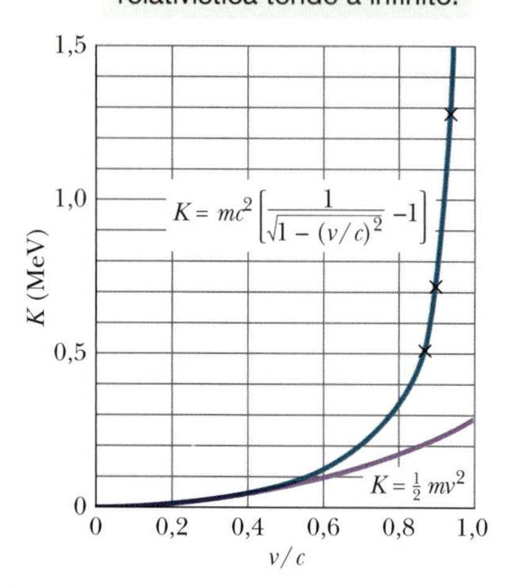

Figura 37.6.1 Gráficos da equação relativística (Eq. 37.6.13) e da equação clássica (Eq. 37.6.12) para a energia cinética de um elétron em função de v/c, em que v é a velocidade do elétron e c é a velocidade da luz. Observe que as duas curvas coincidem para baixas velocidades e divergem para altas velocidades. Os resultados experimentais (assinalados com cruzes) mostram que, para altas velocidades, a curva que melhor se ajusta aos dados é a curva relativística.

Trabalho. A Fig. 37.6.1 também diz alguma coisa a respeito do trabalho necessário para fazer com que a velocidade de um corpo aumente de um percentual qualquer, 1%, digamos. O trabalho W realizado por uma força sobre um objeto é igual à variação ΔK da energia cinética do objeto. Quando a variação ocorre no lado esquerdo do gráfico da Fig. 37.6.1, o trabalho necessário para produzir um grande aumento de velocidade pode ser relativamente pequeno. No lado direito, que corresponde a altas velocidades, qualquer variação de velocidade exige um trabalho muito maior, já que K aumenta rapidamente com a velocidade v. Para aumentar a velocidade do corpo até c, seria necessário realizar um trabalho infinito, o que, naturalmente, é impossível.

A energia cinética dos elétrons, dos prótons e de outras partículas é frequentemente expressa em elétrons-volts ou múltiplos do elétron-volt e especificada sem mencionar a palavra energia. Assim, por exemplo, um elétron com uma energia cinética de 20 MeV é chamado "elétron de 20 MeV".

Momento e Energia Cinética

Na mecânica clássica, o momento p de uma partícula é igual a mv e a energia cinética é igual a $mv^2/2$. Eliminando v das duas expressões, obtemos uma relação direta entre o momento e a energia cinética:

$$p^2 = 2Km \qquad \text{(clássica)}. \qquad (37.6.14)$$

Podemos obter uma expressão relativística equivalente eliminando v das expressões relativísticas do momento (Eq. 37.6.2) e da energia cinética (Eq. 37.6.13). Depois de algumas manipulações algébricas, chegamos à seguinte relação:

$$(pc)^2 = K^2 + 2Kmc^2. \qquad (37.6.15)$$

Com a ajuda da Eq. 37.6.8, podemos transformar a Eq. 37.6.15 em uma relação entre a energia total E, o momento p e a massa m de uma partícula:

$$E^2 = (pc)^2 + (mc^2)^2. \qquad (37.6.16)$$

O triângulo retângulo da Fig. 37.6.2 pode ajudar o leitor a memorizar as relações entre a energia total, a energia de repouso, a energia cinética e o momento. É fácil demonstrar que, nesse triângulo,

$$\text{sen}\,\theta = \beta \qquad \text{e} \qquad \cos\theta = 1/\gamma. \qquad (37.6.17)$$

De acordo com a Eq. 37.6.16, o produto pc tem as mesmas dimensões que a energia E; assim, podemos expressar a unidade de momento p como uma unidade de energia dividida por c. Na prática, o momento das partículas elementares é frequentemente expresso em unidades de MeV/c ou GeV/c.

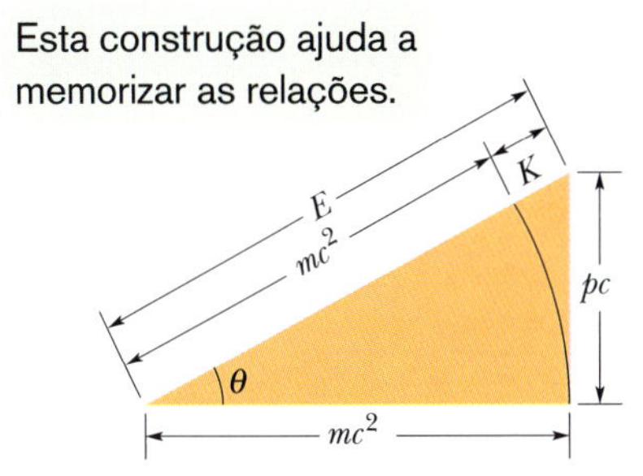

Figura 37.6.2 Triângulo usado para memorizar as relações relativísticas entre a energia total E, a energia de repouso mc^2, a energia cinética K e o momento p.

Teste 37.6.1

A energia (a) cinética e (b) total de um elétron de 1 GeV é maior, menor ou igual à de um próton de 1 Gev?

Exemplo 37.6.1 Energia e momento de um elétron relativístico 37.3

(a) Qual é a energia total de um elétron de 2,53 MeV?

IDEIA-CHAVE

De acordo com a Eq. 37.6.8, a energia total é a soma da energia de repouso, mc^2, com a energia cinética:

$$E = mc^2 + K. \qquad (37.6.18)$$

Cálculos: A expressão "de 2,53 MeV" significa que a energia cinética do elétron é 2,53 MeV. A energia de repouso pode ser calculada a partir da massa do elétron, dada no Apêndice B:

$$mc^2 = (9{,}109 \times 10^{-31}\ \text{kg})(299\ 792\ 458\ \text{m/s})^2$$
$$= 8{,}187 \times 10^{-14}\ \text{J}.$$

Dividindo o resultado por $1{,}602 \times 10^{-13}$ J/MeV, obtemos uma energia de repouso para o elétron de 0,511 MeV (o mesmo valor que aparece na Tabela 37.6.1). Nesse caso, de acordo com a Eq. 37.6.18, temos

$$E = 0{,}511\ \text{MeV} + 2{,}53\ \text{MeV} = 3{,}04\ \text{MeV}. \qquad \text{(Resposta)}$$

(b) Qual é o módulo do momento p do elétron, em unidades de MeV/c? (Note que o c que aparece na expressão "MeV/c" não é uma unidade, e sim uma indicação de que, para calcular o momento em unidades compatíveis com a energia em MeV, devemos dividir a energia pela velocidade da luz.)

IDEIA-CHAVE

Podemos determinar p a partir da energia total E e da energia de repouso mc^2 usando a Eq. 37.6.16,

$$E^2 = (pc)^2 + (mc^2)^2.$$

Cálculos: Explicitando pc, temos

$$pc = \sqrt{E^2 - (mc^2)^2}$$
$$= \sqrt{(3{,}04\ \text{MeV})^2 - (0{,}511\ \text{MeV})^2} = 3{,}00\ \text{MeV}.$$

Dividindo ambos os membros por c, obtemos

$$p = 3{,}00\ \text{MeV}/c. \qquad \text{(Resposta)}$$

Exemplo 37.6.2 Energia e uma diferença espantosa no tempo de trânsito  37.4

O próton de maior energia detectado até hoje nos raios cósmicos possuía a espantosa energia cinética de $3{,}0 \times 10^{20}$ eV (energia suficiente para aquecer de alguns graus Celsius uma colher de chá de água).

(a) Determine o fator de Lorentz γ e a velocidade v da partícula em relação à Terra.

IDEIAS-CHAVE

(1) O fator de Lorentz γ relaciona a energia total E à energia de repouso mc^2 pela Eq. 37.6.9 ($E = \gamma mc^2$). (2) A energia total do próton é a soma da energia de repouso mc^2 com a energia cinética (conhecida) K.

Cálculos: Juntando essas ideias, temos

$$\gamma = \frac{E}{mc^2} = \frac{mc^2 + K}{mc^2} = 1 + \frac{K}{mc^2}. \quad (37.6.19)$$

De acordo com a Tabela 37.6.1, a energia de repouso mc^2 do próton é 938 MeV. Substituindo esse valor e a energia cinética dada na Eq. 37.6.19, obtemos

$$\gamma = 1 + \frac{3{,}0 \times 10^{20}\text{ eV}}{938 \times 10^6\text{ eV}}$$

$$= 3{,}198 \times 10^{11} \approx 3{,}2 \times 10^{11}. \quad \text{(Resposta)}$$

Esse valor de γ é tão grande que não podemos usar a definição de γ (Eq. 37.1.8) para determinar o valor de v. Se o leitor tentar executar o cálculo usando um computador ou uma calculadora, obterá como resultado $\beta = 1$ e, portanto, $v = c$. É claro que v é quase igual a c, mas estamos interessados em obter uma resposta mais precisa. Para isso, vamos extrair o valor de $1 - \beta$ da Eq. 37.1.8. Começamos por escrever

$$\gamma = \frac{1}{\sqrt{1-\beta^2}} = \frac{1}{\sqrt{(1-\beta)(1+\beta)}} \approx \frac{1}{\sqrt{2(1-\beta)}},$$

em que usamos o fato de que β está tão próximo da unidade que $1 + \beta$ é praticamente igual a 2. (Podemos arredondar a soma de dois números grandes, mas não podemos arredondar a diferença.) A velocidade que buscamos está contida no termo $1 - \beta$. Explicitando $1 - \beta$, obtemos

$$1 - \beta = \frac{1}{2\gamma^2} = \frac{1}{(2)(3{,}198 \times 10^{11})^2}$$

$$= 4{,}9 \times 10^{-24} \approx 5 \times 10^{-24}.$$

Assim, $$\beta = 1 - 5 \times 10^{-24}$$

e como $$v = \beta c,$$

$$v \approx 0{,}999\,999\,999\,999\,999\,999\,999\,995c. \quad \text{(Resposta)}$$

(b) Suponha que o próton tenha percorrido uma distância igual ao diâmetro da Via Láctea ($9{,}8 \times 10^4$ anos-luz). Quanto tempo o próton levou para cobrir essa distância, do ponto de vista de um observador terrestre?

Raciocínio: Acabamos de constatar que este próton *ultrarrelativístico* está viajando a uma velocidade muito próxima da velocidade da luz. De acordo com a definição de ano-luz, a luz leva 1 ano para percorrer 1 ano-luz e, portanto, levaria $9{,}8 \times 10^4$ anos para percorrer $9{,}8 \times 10^4$ anos-luz. O próton levou praticamente o mesmo tempo. Assim, do ponto de vista de um observador terrestre, esse tempo é

$$\Delta t = 9{,}8 \times 10^4 \text{ anos} \quad \text{(Resposta)}$$

(c) Quanto tempo o próton levou para percorrer essa distância no referencial de repouso?

IDEIAS-CHAVE

1. O problema envolve medidas executadas em dois referenciais inerciais: o referencial terrestre e o referencial do próton.
2. O problema envolve dois eventos: a passagem do próton pelo marco inicial da distância de $9{,}8 \times 10^4$ anos-luz e a passagem do próton pelo marco final da mesma distância.
3. O intervalo de tempo entre os dois eventos no referencial de repouso do próton é o intervalo de tempo próprio Δt_0, já que, neste caso, os dois eventos ocorrem no mesmo local, ou seja, no próton.
4. Podemos determinar o intervalo de tempo próprio Δt_0 a partir do intervalo de tempo Δt medido no referencial terrestre usando a Eq. 37.1.9 ($\Delta t = \gamma \Delta t_0$). (Note que podemos usar a Eq. 37.1.9 porque um dos intervalos de tempo é o intervalo de tempo próprio. Entretanto, obtemos a mesma relação usando uma transformação de Lorentz.)

Cálculo: Explicitando Δt_0 na Eq. 37.1.9 e usando os valores de γ e Δt obtidos nos itens (a) e (b), obtemos

$$\Delta t_0 = \frac{\Delta t}{\gamma} = \frac{9{,}8 \times 10^4 \text{ anos}}{3{,}198 \times 10^{11}}$$

$$= 3{,}06 \times 10^{-7} \text{ anos} = 9{,}7 \text{ s}. \quad \text{(Resposta)}$$

No referencial terrestre, a viagem leva 98.000 anos; no referencial do próton, apenas 9,7 s! Como afirmamos no início deste capítulo, o movimento relativo modifica a rapidez com a qual o tempo passa; temos aqui um exemplo extremo desse fato.

Revisão e Resumo

Os Postulados A **teoria da relatividade** restrita de Einstein se baseia em dois postulados:

1. As leis da física são as mesmas em todos os referenciais inerciais. Não existe um referencial absoluto.
2. A velocidade da luz no vácuo tem o mesmo valor c em todas as direções e em todos os referenciais inerciais.

A velocidade da luz no vácuo, c, é uma velocidade limite que não pode ser excedida por nenhuma entidade capaz de transportar energia ou informação.

Coordenadas de um Evento Três coordenadas espaciais e uma coordenada temporal especificam um evento. A teoria da relatividade restrita se propõe a determinar as relações entre as coordenadas atribuídas a um mesmo evento por dois observadores que estão se movendo com velocidade constante um em relação ao outro.

Eventos Simultâneos Dois observadores situados em referenciais diferentes em geral não concordam quanto à simultaneidade de dois eventos.

Dilatação do Tempo Quando dois eventos ocorrem no mesmo lugar em um referencial inercial, o intervalo de tempo Δt_0 entre os eventos, medidos com um único relógio no lugar onde ocorrem, é o intervalo de **tempo próprio** entre os eventos. *Um observador situado em outro referencial que está se movendo em relação ao primeiro mede sempre um intervalo de tempo maior que o intervalo de tempo próprio.* Se o observador está se movendo com velocidade relativa v, o intervalo de tempo medido é

$$\Delta t = \frac{\Delta t_0}{\sqrt{1 - (v/c)^2}} = \frac{\Delta t_0}{\sqrt{1-\beta^2}}$$

$$= \gamma\, \Delta t_0 \quad \text{(dilatação do tempo).} \quad (37.1.7 \text{ a } 37.1.9)$$

$\beta = v/c$ é o **parâmetro de velocidade** e $\gamma = 1/\sqrt{1-\beta^2}$ é o **fator de Lorentz**. Uma consequência importante da dilatação do tempo é o fato de que relógios em movimento atrasam em relação a relógios em repouso.

Contração do Comprimento O comprimento L_0 de um corpo medido por um observador em um referencial inercial no qual o corpo se encontra em repouso é chamado **comprimento próprio**. *Um observador em um referencial que está se movendo em relação ao referencial no qual o corpo se encontra em repouso mede sempre um comprimento menor (na direção do movimento) que o comprimento próprio.* Se o observador está se movendo com velocidade relativa v, o comprimento medido é

$$L = L_0\sqrt{1-\beta^2} = \frac{L_0}{\gamma} \quad \text{(contração do comprimento).} \quad (37.2.1)$$

A Transformação de Lorentz As equações da *transformação de Lorentz* relacionam as coordenadas espaçotemporais de um evento em dois referenciais inerciais, S e S'. Se S' está se movendo em relação a S com velocidade v no sentido positivo dos eixos x e x', as relações entre as coordenadas nos dois referenciais são as seguintes:

$$\begin{aligned} x' &= \gamma(x - vt),\\ y' &= y,\\ z' &= z,\\ t' &= \gamma(t - vx/c^2). \end{aligned} \quad (37.3.2)$$

Relatividade das Velocidades Se uma partícula está se movendo com velocidade u' no sentido positivo do eixo x' de um referencial inercial S' que está se movendo com velocidade v no sentido positivo do eixo x de um segundo referencial inercial S', a velocidade u da partícula no referencial S é dada por

$$u = \frac{u' + v}{1 + u'v/c^2} \quad \text{(velocidade relativística).} \quad (37.4.1)$$

Efeito Doppler Relativístico Se uma fonte que emite ondas luminosas está se movendo com velocidade constante em relação a um detector, o comprimento de onda medido no referencial da fonte é o *comprimento de onda próprio* λ_0. O comprimento de onda λ medido pelo detector pode ser maior (apresentar um *desvio para o vermelho*), se a distância entre a fonte e o detector estiver aumentando, ou menor (apresentar um *desvio para o azul*), se a distância entre a fonte e o detector estiver diminuindo. Se a distância entre a fonte e o detector está aumentando, a relação entre o comprimento de onda medido e o comprimento de onda próprio é dada por

$$\lambda = \lambda_0\sqrt{\frac{1+\beta}{1-\beta}} \quad \text{(fonte e detector se afastando),} \quad (37.5.2)$$

em que $\beta = v/c$ e v é a velocidade radial (componente da velocidade na direção da reta que liga a fonte ao detector). Se a distância está diminuindo, a equação é a mesma, com β substituído por $-\beta$. Para velocidades muito menores que c, a velocidade radial é dada aproximadamente por

$$v = \frac{|\Delta\lambda|}{\lambda_0}c \quad (v \ll c), \quad (37.5.6)$$

em que $\Delta\lambda\ (= \lambda - \lambda_0)$ é o *deslocamento Doppler* do comprimento de onda produzido pelo movimento.

Efeito Doppler Transversal Se o movimento relativo da fonte luminosa é perpendicular à reta que liga a fonte ao detector, a frequência f medida pelo detector é dada por

$$f = f_0\sqrt{1-\beta^2}. \quad (37.5.7)$$

Momento e Energia As seguintes definições de momento linear $\vec{p}$, energia cinética K e energia total E de uma partícula de massa m são válidas para qualquer velocidade fisicamente possível:

$$\vec{p} = \gamma m\vec{v} \quad \text{(momento),} \quad (37.6.3)$$

$$E = mc^2 + K = \gamma mc^2 \quad \text{(energia total),} \quad (37.6.8, 37.6.9)$$

$$K = mc^2(\gamma - 1) \quad \text{(energia cinética),} \quad (37.6.13)$$

em que γ é o fator de Lorentz e mc^2 é a *energia de repouso* da partícula. Essas equações levam às relações

$$(pc)^2 = K^2 + 2Kmc^2 \quad (37.6.15)$$

e

$$E^2 = (pc)^2 + (mc^2)^2. \quad (37.6.16)$$

O valor de Q de uma reação química ou nuclear é o negativo da variação da energia de repouso do sistema:

$$Q = M_ic^2 - M_fc^2 = -\Delta M\,c^2, \quad (37.6.11)$$

em que M_i é a massa total do sistema antes da reação e M_f é a massa total do sistema depois da reação.

Perguntas

1 Uma barra se move com velocidade constante v ao longo do eixo x do referencial S, com a maior dimensão da barra paralela ao eixo x. Um observador estacionário em relação ao referencial S mede o comprimento L da barra. Qual das curvas da Fig. 37.1 pode representar o comprimento L (o eixo vertical do gráfico) em função do parâmetro de velocidade β?

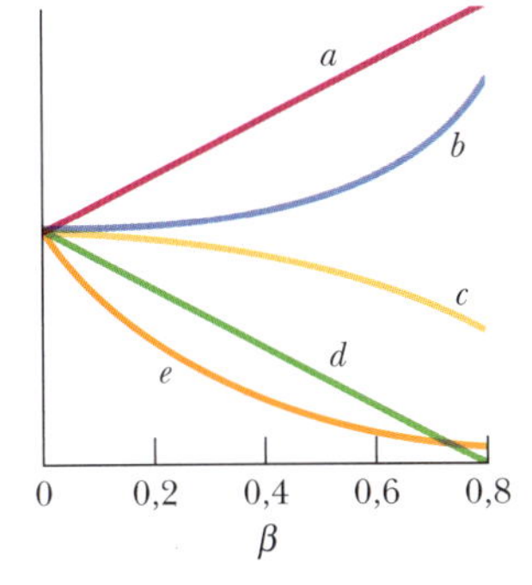

Figura 37.1 Perguntas 1 e 3.

2 A Fig. 37.2 mostra uma nave (cujo referencial é S') passando por um observador (cujo referencial é S). Um próton é emitido com uma velocidade próxima da velocidade da luz ao longo da maior dimensão da nave, no sentido da proa para a popa. (a) A distância espacial $\Delta x'$ entre o local em que o próton foi emitido e o local de impacto é uma grandeza positiva ou negativa? (b) A distância temporal $\Delta t'$ entre os dois eventos é uma grandeza positiva ou negativa?

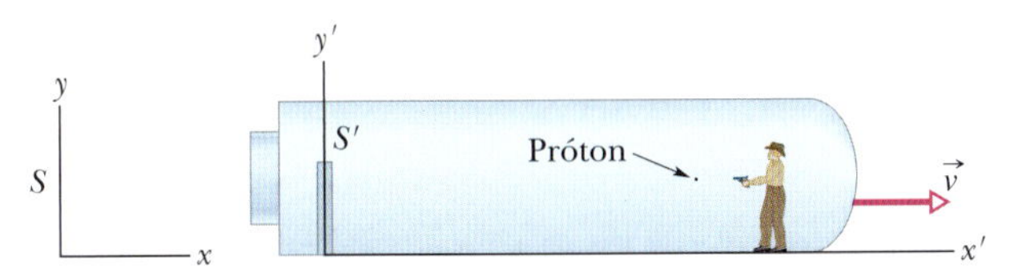

Figura 37.2 Pergunta 2 e Problema 68.

3 O referencial S' passa pelo referencial S a uma velocidade v ao longo da direção comum dos eixos x' e x, como na Fig. 37.3.1. Um observador estacionário no referencial S' mede um intervalo de 25 s em seu relógio de pulso. Um observador estacionário no referencial S mede o intervalo de tempo correspondente, Δt. Qual das curvas da Fig. 37.1 pode representar Δt (o eixo vertical do gráfico) em função do parâmetro de velocidade β?

4 A Fig. 37.3 mostra dois relógios no referencial estacionário S' (os dois relógios estão sincronizados nesse referencial) e um relógio situado no referencial móvel S. Os relógios C_1 e C'_1 indicam $t = 0$ no momento em que passam um pelo outro. Quando os relógios C_1 e C'_2 passam um pelo outro, (a) qual dos relógios indica o menor tempo? (b) Qual dos relógios indica o tempo próprio?

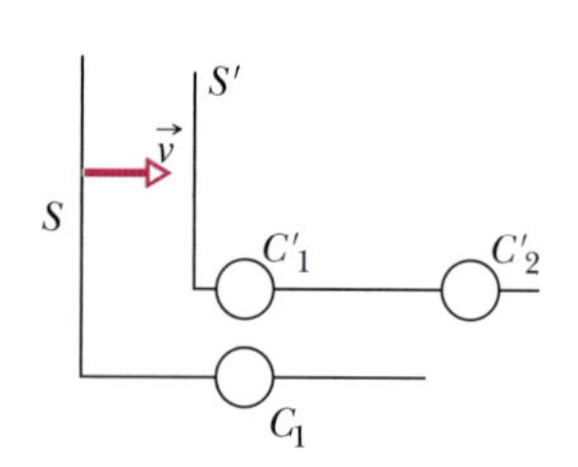

Figura 37.3 Pergunta 4.

5 A Fig. 37.4 mostra dois relógios situados no referencial estacionário S (os dois relógios estão sincronizados nesse referencial) e um relógio situado no referencial móvel S'. Os relógios C_1 e C'_1 indicam $t = 0$ no momento em que passam um pelo outro. Quando os relógios C'_1 e C_2 passam um pelo outro, (a) qual dos relógios indica o menor tempo? (b) Qual dos relógios indica o tempo próprio?

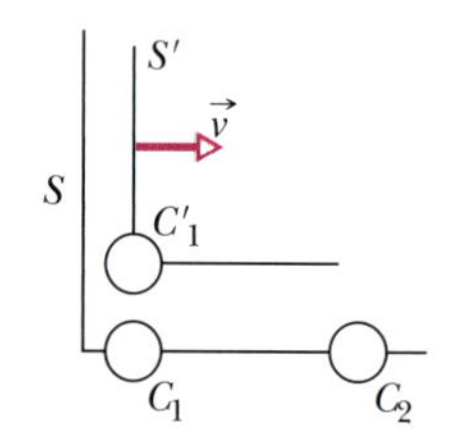

Figura 37.4 Pergunta 5.

6 João parte de Vênus em uma espaçonave com destino a Marte e passa por Maria, que está na Terra, com uma velocidade relativa de 0,5c. (a) João e Maria medem o tempo total da viagem entre Vênus e Marte. Quem mede um tempo próprio: João, Maria, ou nenhum dos dois? (b) No caminho, João envia um pulso de *laser* para Marte. João e Maria medem o tempo de trânsito do pulso. Quem mede um tempo próprio: João, Maria, ou nenhum dos dois?

7 O plano de réguas e relógios da Fig. 37.5 é semelhante ao da Fig. 37.1.3. A distância entre os centros dos relógios ao longo do eixo x é 1 segundo-luz, o mesmo acontece ao longo do eixo y, e todos os relógios foram sincronizados usando o método descrito no Módulo 37.1. Quando o sinal de sincronismo de $t = 0$ proveniente da origem chega (a) ao relógio A, (b) ao relógio B e (c) ao relógio C, que tempo deve ser registrado nesses relógios? Um evento ocorre na posição do relógio A no instante em que o relógio indica 10 s. (d) Quanto tempo o sinal do evento leva para chegar a um observador que está parado na origem? (e) Que tempo o observador atribui ao evento?

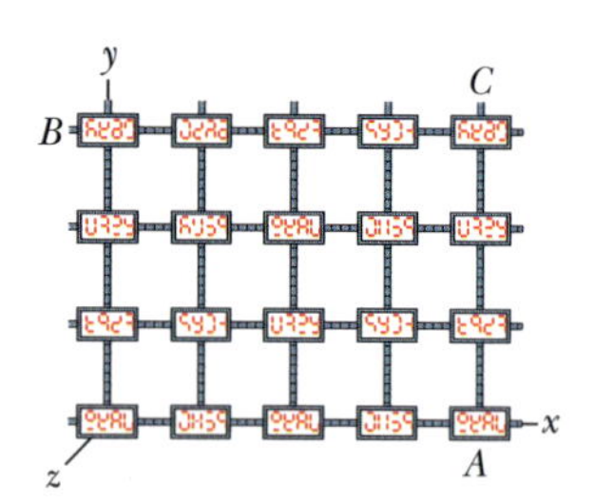

Figura 37.5 Pergunta 7.

8 A energia de repouso e a energia total de três partículas, expressas em termos de certa unidade A, são, respectivamente, (1) A e $2A$; (2) A e $3A$; (3) $3A$ e $4A$. Sem fazer nenhum cálculo no papel, coloque as partículas na ordem decrescente (a) da massa, (b) da energia cinética, (c) do fator de Lorentz, e (d) da velocidade.

9 A Fig. 37.6 mostra o triângulo da Fig. 37.6.2 para seis partículas; os segmentos de reta 2 e 4 têm o mesmo comprimento. Coloque as partículas na ordem decrescente (a) da massa, (b) do módulo do momento, e (c) do fator de Lorentz. (d) Determine quais são as duas partículas que têm a mesma energia total. (e) Coloque as três partículas de menor massa na ordem decrescente da energia cinética.

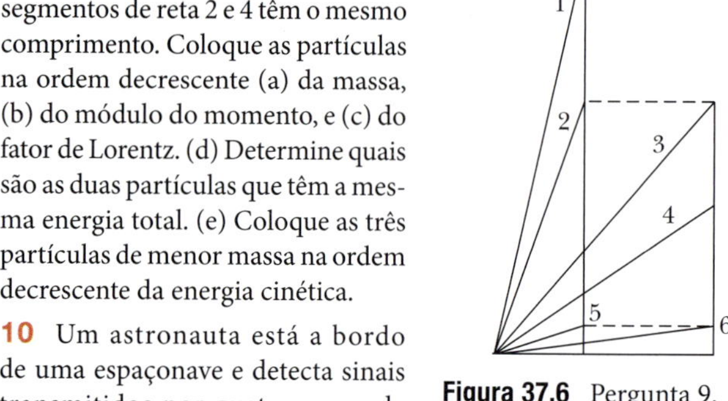

Figura 37.6 Pergunta 9.

10 Um astronauta está a bordo de uma espaçonave e detecta sinais transmitidos por quatro naves de salvamento que estão se aproximando ou se afastando em linha reta. Os sinais têm a mesma frequência própria f_0. As velocidades e direções das naves de salvamento em relação ao astronauta são (a) 0,3c se aproximando, (b) 0,6c se aproximando, (c) 0,3c se afastando, e (d) 0,6c se afastando. Coloque as naves de salvamento na ordem decrescente das frequências recebidas pelo astronauta.

11 A Fig. 37.7 mostra um dos quatro cruzadores estelares que participam de uma competição. Quando chega à linha de partida, cada cruzador lança uma pequena nave de salvamento em direção à linha de chegada. O juiz da prova está parado em relação às linhas de partida e de chegada. As velocidades v_c dos cruzadores em relação ao juiz e as velocidades v_s das naves de salvamento em relação aos cruzadores são as seguintes: (1) 0,70c, 0,40c; (2) 0,40c, 0,70c; (3) 0,20c, 0,90c; (4) 0,50c, 0,60c. (a) Coloque as naves de salvamento na ordem decrescente das velocidades em relação ao juiz. (b) Coloque as naves de salvamento na ordem decrescente das distâncias entre a linha de partida e a linha de chegada medidas pelo piloto de cada nave. (c) Cada cruzador envia um sinal para sua nave de salvamento, cuja frequência é f_0 no referencial do cruzador. Coloque as naves de salvamento na ordem decrescente das frequências detectadas.

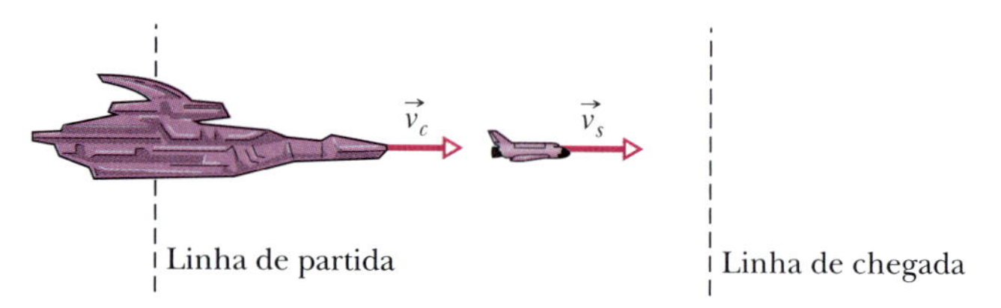

Figura 37.7 Pergunta 11.

Problemas

F Fácil **M** Médio **D** Difícil
CVF Informações adicionais disponíveis no e-book *O Circo Voador da Física*, de Jearl Walker, LTC Editora, Rio de Janeiro, 2008.
CALC Requer o uso de derivadas e/ou integrais
BIO Aplicação biomédica

Módulo 37.1 Simultaneidade e Dilatação do Tempo

1 **F** O tempo médio de vida de múons estacionários é 2,2000 μs. O tempo médio de vida dos múons de alta velocidade produzidos por um raio cósmico é 16,000 μs no referencial da Terra. Determine, com cinco algarismos significativos, a velocidade em relação à Terra dos múons produzidos pelo raio cósmico.

2 **F** Determine, com oito algarismos significativos, qual deve ser o parâmetro de velocidade β para que o fator de Lorentz γ seja (a) 1,010 000 0; (b) 10,000 000; (c) 100,000 00; (d) 1000, 000 0.

3 **M** Um astronauta faz uma viagem de ida e volta em uma espaçonave, partindo da Terra, viajando em linha reta com velocidade constante durante 6 meses e voltando ao ponto de partida da mesma forma e com a mesma velocidade. Ao voltar à Terra, o astronauta constata que 1.000 anos se passaram. (a) Determine, com oito algarismos significativos, o parâmetro de velocidade β da espaçonave. (b) Faz alguma diferença se a viagem não for em linha reta?

4 **M** *De volta para o futuro*. Suponha que um astronauta é 20,00 anos mais velho que a filha. Depois de passar 4.000 anos (no seu referencial) viajando pelo universo com velocidade constante, em uma viagem de ida e volta, ele descobre, ao chegar à Terra, que está 20,00 anos *mais moço* que a filha. Determine o parâmetro de velocidade β da nave do astronauta em relação à Terra.

5 **M** Uma partícula instável de alta energia entra em um detector e deixa um rastro com 1,05 mm de comprimento, viajando a uma velocidade de 0,992*c*, antes de decair. Qual é o tempo de vida próprio da partícula? Em outras palavras, quanto tempo a partícula levaria para decair se estivesse em repouso em relação ao detector?

6 **M** O referencial S' passa pelo referencial S a uma velocidade v na direção comum dos eixos x' e x, como na Fig. 37.3.1. Um observador estacionário no referencial S' mede certo intervalo de tempo em seu relógio de pulso. Um observador estacionário do referencial S mede o intervalo de tempo correspondente, Δt. A Fig. 37.8 mostra a variação de Δt com o parâmetro de velocidade β no intervalo $0 \leq \beta \leq 0{,}8$. A escala do eixo vertical é definida por $\Delta t_a = 14{,}0$ s. Qual é o valor de Δt para $v = 0{,}98c$?

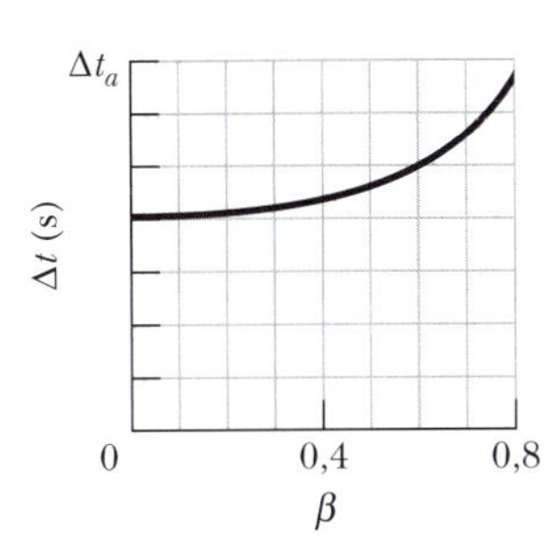

Figura 37.8 Problema 6.

7 **M** No livro e no filme *Planeta dos Macacos*, astronautas em hibernação viajam para o futuro distante, uma época em que a civilização humana foi substituída por uma civilização de macacos. Considerando apenas a relatividade restrita, determine quantos anos os astronautas viajariam, no referencial da Terra, se dormissem durante 120 anos, de acordo com o referencial da espaçonave, enquanto viajavam com uma velocidade de 0,9990*c*, primeiro para longe da Terra e depois de volta para nosso planeta.

Módulo 37.2 Relatividade do Comprimento

8 **F** Um elétron com $\beta = 0{,}999\,987$ está se movendo no eixo de um tubo evacuado cujo comprimento é 3,00 m do ponto de vista de um observador S em repouso em relação ao tubo. Para um observador S' em repouso em relação ao elétron, é o tubo que está se movendo com velocidade $v\,(= \beta c)$. Qual é o comprimento do tubo para o observador S'?

9 **F** Uma espaçonave cujo comprimento de repouso é 130 m passa por uma base espacial a uma velocidade de 0,740*c*. (a) Qual é o comprimento da nave no referencial da base? (b) Qual é o intervalo de tempo registrado pelos tripulantes da base entre a passagem da proa e a passagem da popa da espaçonave?

10 **F** Uma régua no referencial S' faz um ângulo de 30° com o eixo x'. Se a régua está se movendo paralelamente ao eixo x do referencial S com uma velocidade de 0,90*c* em relação ao referencial S, qual é o comprimento da régua no referencial S?

11 **F** Uma barra se move na direção do eixo x do referencial S a uma velocidade de 0,630*c*, com a maior dimensão paralela ao eixo. O comprimento de repouso da barra é 1,70 m. Qual é o comprimento da barra no referencial S?

12 **M** O comprimento de uma espaçonave em um referencial é metade do comprimento de repouso. (a) Qual é, com três algarismos significativos, o parâmetro de velocidade β da espaçonave no referencial do observador? (b) Qual é a relação entre a rapidez da passagem do tempo no referencial da nave e no referencial do observador?

13 **M** Um astronauta parte da Terra e viaja a uma velocidade de 0,9900*c* em direção à estrela Vega, que está a 26,00 anos-luz de distância. Quanto tempo terá passado, de acordo com os relógios da Terra, (a) quando o astronauta chegar a Vega (b) e quando os observadores terrestres receberem a notícia de que o astronauta chegou a Vega? (c) Qual é a diferença entre o tempo de viagem de acordo com os relógios da Terra e o tempo de viagem de acordo com o relógio de bordo?

14 **M** Uma barra se move com velocidade constante v ao longo do eixo x do referencial S, com a maior dimensão da barra paralela ao eixo x. Um observador estacionário no referencial S mede o comprimento L da barra. A Fig. 37.9 mostra o valor de L em função do parâmetro de velocidade β para $0 \leq \beta \leq 0{,}8$. A escala do eixo vertical é definida por $L_a = 1{,}00$ m. Qual é o valor de L para $v = 0{,}95c$?

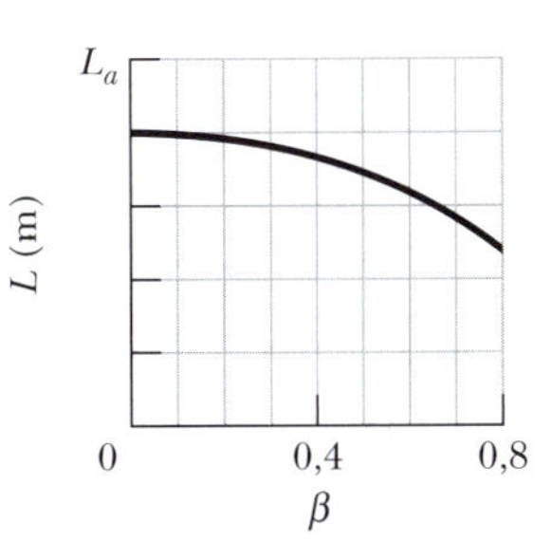

Figura 37.9 Problema 14.

15 **M** O centro da Via Láctea fica a cerca de 23.000 anos-luz de distância da Terra. (a) Qual é, com oito algarismos significativos, o parâmetro de velocidade de uma espaçonave que viaja esses 23.000 anos-luz (medidos no referencial da galáxia) em 30 anos (medidos no referencial da espaçonave)? (b) Qual é distância percorrida, em anos-luz, no referencial da espaçonave?

Módulo 37.3 Transformação de Lorentz

16 **F** Para um observador S, um evento aconteceu no eixo x do seu referencial nas coordenadas $x = 3{,}00 \times 10^8$ m, $t = 2{,}50$ s. O observador S' e seu referencial estão se movendo no sentido positivo do eixo x a uma velocidade de 0,400*c*. Além disso, $x = x' = 0$ no instante $t = t' = 0$. Determine as coordenadas (a) espacial e (b) temporal do evento no referencial de S'. Quais seriam as coordenadas (c) espacial e (d) temporal do evento no referencial de S' se o observador S' estivesse se movendo com a mesma velocidade no sentido *negativo* do eixo x?

17 **F** Na Fig. 37.3.1, as origens dos dois referenciais coincidem em $t = t' = 0$ e a velocidade relativa é 0,950*c*. Dois micrometeoritos colidem nas coordenadas $x = 100$ km e $t = 200\ \mu$s de acordo com um observador estacionário no referencial S. Determine as coordenadas (a) espacial e (b) temporal da colisão de acordo com um observador estacionário no referencial S'.

18 **F** O referencial inercial S' está se movendo com uma velocidade de 0,60*c* em relação ao referencial S (Fig. 37.3.1). Além disso, $x = x' = 0$ no instante $t = t' = 0$. Dois eventos são registrados. No referencial S, o evento 1 ocorre na origem no instante $t = 0$ e o evento 2 ocorre no ponto $x = 3{,}0$ km no instante $t = 4{,}0\ \mu$s. De acordo com o observador S', em que instante ocorre (a) o evento 1? (b) Em que instante ocorre o evento 2? (c) Os dois observadores registram os eventos na mesma ordem?

19 **F** Um experimentador dispara simultaneamente duas lâmpadas de flash, produzindo um grande clarão na origem do seu referencial e um pequeno clarão no ponto $x = 30{,}0$ km. Um observador que está se movendo com uma velocidade de 0,250*c* no sentido positivo do eixo x também observa os clarões. (a) Qual é o intervalo de tempo entre os dois clarões, de acordo com o observador? (b) De acordo com o observador, qual dos dois clarões ocorreu primeiro?

20 **M** Como na Fig. 37.3.1, o referencial S' passa pelo referencial S com certa velocidade. A Fig. 37.10 mostra a distância temporal entre dois eventos no referencial S, Δt, em função da distância espacial entre os mesmos eventos no referencial S', $\Delta x'$, para $0 \leq \Delta x' < 400$ m. A escala do eixo vertical é definida por $\Delta t_a = 6{,}00\ \mu$s. Qual é o valor da distância temporal entre os dois eventos no referencial S', $\Delta t'$?

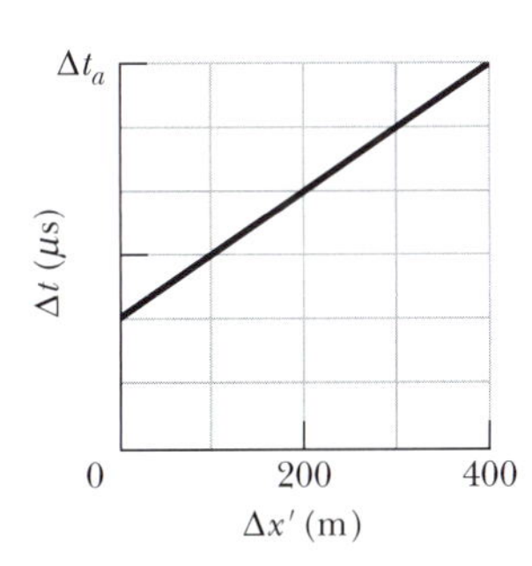

Figura 37.10 Problema 20.

21 M *Inversão relativística da ordem de dois eventos.* As Figs. 37.11*a* e 37.11*b* mostram a situação (usual) em que um referencial S' passa por um referencial S, na direção positiva comum dos eixos x e x', movendo-se com velocidade constante v em relação a S. O observador 1 está em repouso no referencial S e o observador 2 está em repouso no referencial S'. As figuras também mostram eventos A e B que ocorrem nas seguintes coordenadas espaçotemporais, expressas nos dois referenciais:

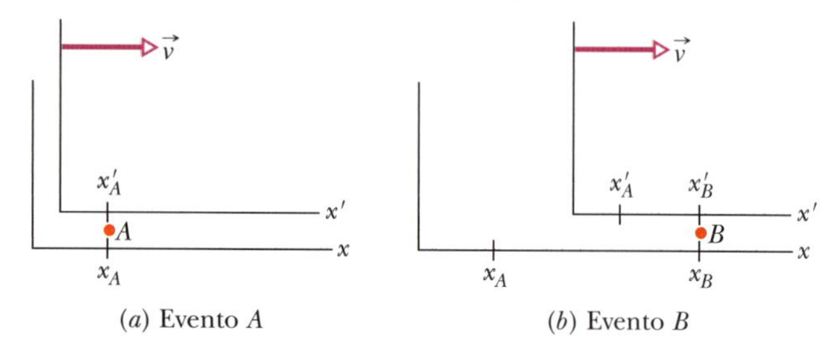

Figura 37.11 Problemas 21, 22, 60 e 61.

Evento	Em S	Em S'
A	(x_A, t_A)	(x'_A, t'_A)
B	(x_B, t_B)	(x'_B, t'_B)

No referencial S, o evento A ocorre antes do evento B, com uma distância temporal $\Delta t = t_B - t_A = 1{,}00\ \mu s$ e uma distância espacial $\Delta x = x_B - x_A = 400$ m. Seja $\Delta t'$ a distância temporal dos eventos de acordo com o observador 2. (a) Escreva uma expressão para $\Delta t'$ em termos do parâmetro de velocidade β ($= v/c$) e dos dados do problema. Faça um gráfico de $\Delta t'$ em função de β para os seguintes intervalos: (b) $0 \le \beta \le 0{,}01$ (baixas velocidades, $0 \le v \le 0{,}01c$) e (c) $0{,}1 \le \beta \le 1$ (altas velocidades, $0{,}1c \le v \le c$). (d) Para que valor de β a distância temporal $\Delta t'$ é nula? Para que faixa de valores de β a sequência dos eventos A e B para o observador 2 (e) é a mesma que para o observador 1 e (f) não é a mesma que para o observador 1? (g) O evento A pode ser a causa do evento B ou vice-versa? Justifique sua resposta.

22 M CALC Para os sistemas de coordenadas da Fig. 37.11, os eventos A e B ocorrem nas seguintes coordenadas espaçotemporais: no referencial S, (x_A, t_A) e (x_B, t_B); no referencial S', (x'_A, t'_A) e (x'_B, t'_B). No referencial S, $\Delta t = t_B - t_A = 1{,}00\ \mu s$ e $\Delta x = x_B - x_A = 400$ m. (a) Escreva uma expressão para $\Delta x'$ em termos do parâmetro de velocidade β e dos dados do problema. Faça um gráfico de $\Delta x'$ em função de β para duas faixas de valores: (b) $0 \le \beta \le 0{,}01$ e (c) $0{,}1 \le \beta \le 1$. (d) Para que valor de β a distância espacial $\Delta x'$ é mínima? (e) Qual é o valor da distância mínima?

23 M Um relógio está se movendo ao longo do eixo x com uma velocidade de $0{,}600c$ e indica o instante $t = 0$ ao passar pela origem. (a) Calcule o fator de Lorentz do relógio. (b) Qual é a leitura do relógio ao passar pelo ponto $x = 180$ m?

24 M O observador S' passa pelo observador S movendo-se na direção comum dos eixos x' e x, como na Fig. 37.3.1, e levando três réguas de 1 metro: a régua 1, paralela ao eixo x', a régua 2, paralela ao eixo y', e a régua 3, paralela ao eixo z'. O observador S' mede no relógio de pulso um intervalo de 15,0 s, que para o observador S corresponde a um intervalo de 30,0 s. Dois eventos ocorrem durante a passagem. De acordo com o observador S, o evento 1 ocorre em $x_1 = 33{,}0$ m e $t_1 = 22{,}0$ ns e o evento 2 ocorre em $x_2 = 53{,}0$ m e $t_2 = 62{,}0$ ns. De acordo com o observador S, qual é o comprimento (a) da régua 1, (b) da régua 2 e (c) da régua 3? De acordo com o observador S', (d) qual é a distância espacial entre os eventos 1 e 2 e (e) qual é a distância temporal entre os dois eventos? (f) Qual dos dois eventos aconteceu primeiro, de acordo com o observador S'?

25 M Na Fig. 37.3.1, o observador S detecta dois clarões. Um grande clarão acontece em $x_1 = 1200$ m e, 5,00 μs mais tarde, um pequeno clarão acontece em $x_2 = 480$ m. De acordo com o observador S', os dois clarões aconteceram na mesma coordenada x'. (a) Qual é o parâmetro de velocidade de S'? (b) S' está se movendo no sentido positivo ou negativo do eixo x? De acordo com S', (c) qual dos dois clarões acontece primeiro? (d) Qual é o intervalo de tempo entre os dois clarões?

26 M Na Fig. 37.3.1, o observador S observa dois clarões. Um grande clarão acontece em $x_1 = 1.200$ m e, pouco depois, um pequeno clarão acontece em $x_2 = 480$ m. O intervalo de tempo entre os clarões é $\Delta t = t_2 - t_1$. Qual é o menor valor de Δt para o qual os dois clarões podem ocorrer na mesma coordenada x' para o observador S'?

Módulo 37.4 Relatividade das Velocidades

27 F Uma partícula está se movendo ao longo do eixo x' do referencial S' com uma velocidade de $0{,}40c$. O referencial S' está se movendo com uma velocidade de $0{,}60c$ em relação ao referencial S. Qual é a velocidade da partícula no referencial S?

28 F Na Fig. 37.4.1, o referencial S' está se movendo em relação ao referencial S com uma velocidade de $0{,}62c\hat{i}$ enquanto uma partícula se move paralelamente aos eixos coincidentes x e x'. Para um observador estacionário em relação ao referencial S', a partícula está se movendo com uma velocidade de $0{,}47c\hat{i}$. Em termos de c, qual é a velocidade da partícula para um observador estacionário em relação ao referencial S (a) de acordo com a transformação relativística e (b) de acordo com a transformação clássica? Suponha que, para um observador estacionário em relação ao referencial S', a partícula está se movendo com uma velocidade de $-0{,}47c\hat{i}$. Qual é, nesse caso, a velocidade da partícula para um observador estacionário em relação ao referencial S (c) de acordo com a transformação relativística e (d) de acordo com a transformação clássica?

29 F A galáxia A está se afastando da Terra com uma velocidade de $0{,}35c$. A galáxia B, situada na direção diametralmente oposta, está se afastando de nós com a mesma velocidade. Que múltiplo de c corresponde à velocidade de recessão medida por um observador da galáxia A (a) para nossa galáxia? (b) E para a galáxia B?

30 F O sistema estelar Q_1 está se afastando da Terra com uma velocidade de $0{,}800c$. O sistema estelar Q_2, que está na mesma direção que o sistema Q_1 e se encontra mais próximo da Terra, está se afastando da Terra com uma velocidade de $0{,}400c$. Que múltiplo de c corresponde à velocidade de Q_2 do ponto de vista de um observador estacionário em relação a Q_1?

31 M Uma espaçonave cujo comprimento próprio é 350 m está se movendo com uma velocidade de $0{,}82c$ em certo referencial. Um micrometeorito, também com uma velocidade de $0{,}82c$ nesse referencial, cruza com a espaçonave viajando na direção oposta. Quanto tempo o micrometeorito leva para passar pela espaçonave, do ponto de vista de um observador a bordo da espaçonave?

32 M Na Fig. 37.12*a*, uma partícula P está se movendo paralelamente aos eixos x e x' dos referenciais S e S' com uma velocidade u em relação do referencial S. O referencial S' está se movendo paralelamente ao eixo

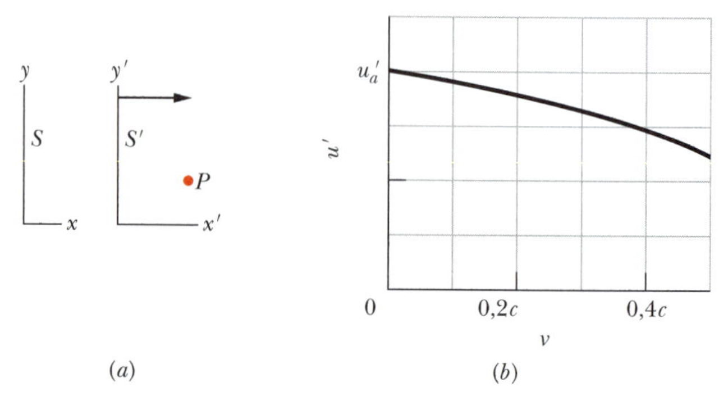

Figura 37.12 Problema 32.

x do referencial S com uma velocidade v. A Fig. 37.12b mostra a velocidade u' da partícula em relação ao referencial S' para $0 \leq v \leq 0{,}5c$. A escala do eixo vertical é definida por $u'_a = 0{,}800c$. Determine o valor de u' (a) para $v = 0{,}90c$ e (b) para $v \rightarrow c$.

33 **M** Uma esquadrilha de espaçonaves com 1,00 ano-luz de comprimento (no seu referencial de repouso) está se movendo com uma velocidade de 0,800c em relação a uma base espacial. Uma nave mensageira viaja da retaguarda à vanguarda da esquadrilha com uma velocidade de 0,950c em relação à base espacial. Quanto tempo leva a viagem (a) no referencial da nave mensageira, (b) no referencial da esquadrilha e (c) no referencial da base espacial?

Módulo 37.5 O Efeito Doppler para a Luz

34 **F** Uma lâmpada de sódio está se movendo em círculos em um plano horizontal, a uma velocidade constante de 0,100c, enquanto emite luz com um comprimento de onda próprio $\lambda_0 = 589{,}00$ nm. Um detector situado no centro de rotação da lâmpada é usado para medir o comprimento de onda da luz emitida pela lâmpada e o resultado é λ. Qual é o valor da diferença $\lambda - \lambda_0$?

35 **F** Uma espaçonave, que está se afastando da Terra a uma velocidade de 0,900c, transmite mensagens com uma frequência (no referencial da nave) de 100 MHz. Para que frequência devem ser sintonizados os receptores terrestres para captar as mensagens?

36 **F** Certos comprimentos de onda na luz de uma galáxia da constelação de Virgem são 0,4% maiores que a luz correspondente produzida por fontes terrestres. (a) Qual é a velocidade radial da galáxia em relação à Terra? (b) A galáxia está se aproximando ou se afastando da Terra?

37 **F** Supondo que a Eq. 37.5.6 possa ser aplicada, determine com que velocidade um motorista teria que passar por um sinal vermelho para que o sinal parecesse verde. Tome 620 nm como o comprimento de onda da luz vermelha e 540 nm como o comprimento de onda da luz verde.

38 **F** A Fig. 37.13 mostra um gráfico da intensidade em função do comprimento de onda da luz emitida pela galáxia NGC 7319, que está a aproximadamente 3×10^8 anos-luz da Terra. O pico mais intenso corresponde à radiação emitida por átomos de oxigênio. No laboratório, essa emissão tem um comprimento de onda $\lambda = 513$ nm; no espectro da galáxia NGC 7319, o comprimento de onda foi deslocado para $\lambda = 525$ nm, por causa do efeito Doppler (na verdade, todas as emissões da galáxia NGC 7319 aparecem deslocadas). (a) Qual é a velocidade radial da galáxia NGC 7319 em relação à Terra? (b) A galáxia está se aproximando ou se afastando da Terra?

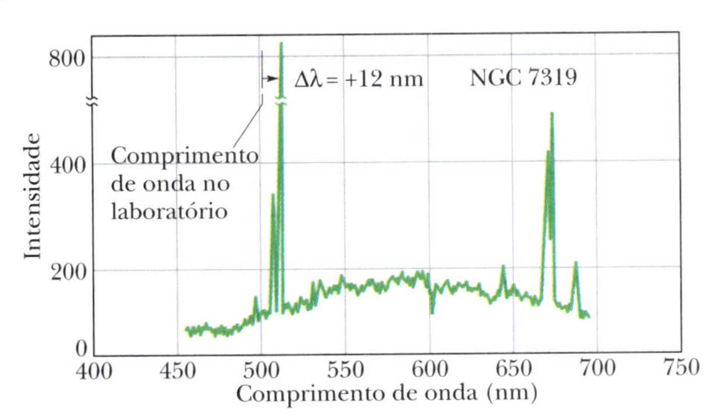

Figura 37.13 Problema 38.

39 **M** Uma espaçonave está se afastando da Terra a uma velocidade de 0,20c. Uma fonte luminosa na popa da nave emite luz com um comprimento de onda de 450 nm de acordo com os passageiros. Determine (a) o comprimento de onda e (b) a cor (azul, verde, amarela ou vermelha) da luz emitida pela nave do ponto de vista de um observador terrestre.

Módulo 37.6 Momento e Energia

40 **F** Qual é o trabalho necessário para que a velocidade de um elétron aumente de zero para (a) 0,500c, (b) 0,990c e (c) 0,9990c?

41 **F** A massa de um elétron é $9{,}109\,381\,88 \times 10^{-31}$ kg. Determine, com seis algarismos significativos, (a) o valor de γ e (b) o valor de β para um elétron com uma energia cinética $K = 100{,}000$ MeV.

42 **F** Determine a menor energia necessária para transformar um núcleo de ^{12}C (cuja massa é 11,996 71 u) em três núcleos de ^{4}He (que possuem uma massa de 4,001 51 u cada um).

43 **F** Determine o trabalho necessário para aumentar a velocidade de um elétron (a) de 0,18c para 0,19c e (b) de 0,98c para 0,99c. Note que o aumento de velocidade é o mesmo (0,01c) nos dois casos.

44 **F** As massas das partículas envolvidas na reação $p + {}^{19}\text{F} \rightarrow \alpha + {}^{16}\text{O}$ são

$$m(\text{p}) = 1{,}007825 \text{ u}, \qquad m(\alpha) = 4{,}002603 \text{ u},$$
$$m(\text{F}) = 18{,}998405 \text{ u}, \qquad m(\text{O}) = 15{,}994915 \text{ u}.$$

Calcule o Q da reação.

45 **M** Em uma colisão de alta energia entre uma partícula dos raios cósmicos e uma partícula da parte superior da atmosfera terrestre, 120 km acima do nível do mar, é criado um píon. O píon possui uma energia total E de $1{,}35 \times 10^5$ MeV e está se movendo verticalmente para baixo. No referencial de repouso do píon, o píon decai 35,0 ns após ser criado. Em que altitude acima do nível do mar, do ponto de vista de um observador terrestre, ocorre o decaimento? A energia de repouso do píon é 139,6 MeV.

46 **M** (a) Se m é a massa, p é o módulo do momento e K é a energia cinética de uma partícula, mostre que

$$m = \frac{(pc) - K^2}{2Kc^2}.$$

(b) Mostre que, para baixas velocidades, o lado direito dessa expressão se reduz a m. (c) Se a energia cinética de uma partícula é $K = 55{,}0$ MeV e o módulo do momento é $p = 121$ MeV/c, quanto vale a razão m/m_e entre a massa da partícula e a massa do elétron?

47 **M** Um comprimido de aspirina tem massa de 320 mg. A energia correspondente a essa massa seria suficiente para fazer um automóvel percorrer quantos quilômetros? Suponha que o automóvel faz 12,75 km/L e que o calor de combustão da gasolina utilizada é $3{,}65 \times 10^7$ J/L.

48 **M** A massa do múon é 207 vezes maior que a massa do elétron, e o tempo médio de vida de um múon em repouso é 2,20 μs. Em um experimento, múons que estão se movendo em relação a um laboratório têm um tempo de vida médio de 6,90 μs. Para esses múons, determine o valor (a) de β, (b) de K e (c) de p (em MeV/c).

49 **M** Enquanto você lê esta página, um próton proveniente do espaço sideral atravessa a página do livro da esquerda para a direita com uma velocidade relativa v e uma energia total de 14,24 nJ. No seu referencial, a largura da página é 21,0 cm. (a) Qual é a largura da página no referencial do próton? Determine o tempo que o próton leva para atravessar a página (b) no seu referencial e (c) no referencial do próton.

50 **M** Determine os seguintes valores, com quatro algarismos significativos, para uma energia cinética de 10,00 MeV: (a) γ e (b) β para um elétron ($E_0 = 0{,}510\,998$ MeV), (c) γ e (d) β para um próton ($E_0 = 938{,}272$ MeV), (e) γ e (f) β para uma partícula α ($E_0 = 3727{,}40$ MeV).

51 **M** Qual deve ser o momento de uma partícula de massa m para que a energia total da partícula seja 3,00 vezes maior que a energia de repouso?

52 **M** Aplique o teorema binomial (Apêndice E) ao fator de Lorentz e substitua os três primeiros termos da expansão na Eq. 37.6.13, usada para calcular a energia cinética de uma partícula. (a) Mostre que o resultado pode ser escrito na forma

$$K = (\text{primeiro termo}) + (\text{segundo termo}).$$

O primeiro termo é a expressão clássica da energia cinética; o segundo é a correção de primeira ordem da expressão clássica. Suponha que a partícula é um elétron. Se a velocidade v do elétron é $c/20$, determine o valor (b) da expressão clássica e (c) da correção de primeira ordem. Se a velocidade do elétron é $0{,}80c$, determine o valor (d) da expressão clássica e (e) da correção de primeira ordem. (f) Para qual parâmetro de velocidade β a correção de primeira ordem é igual a 10% do valor da expressão clássica?

53 **M** No Módulo 28.4, mostramos que uma partícula de carga q e massa m se move em uma circunferência de raio $r = mv/|q|B$ quando a velocidade $\vec{v}$ da partícula é perpendicular a um campo magnético uniforme $\vec{B}$. Vimos também que o período T do movimento é independente da velocidade escalar v. Os dois resultados são aproximadamente corretos se $v \ll c$. No caso de velocidades relativísticas, devemos usar a equação correta para o raio:

$$r = \frac{p}{|q|B} = \frac{\gamma m v}{|q|B}.$$

(a) Usando essa equação e a definição de período ($T = 2\pi r/v$), encontre a expressão correta para o período. (b) O período T é independente de v? Se um elétron de 10,0 MeV está se movendo em uma trajetória circular em um campo magnético uniforme com um módulo de 2,20 T, determine (c) o raio da trajetória de acordo com o modelo clássico do Capítulo 28, (d) o raio correto, (e) o período do movimento de acordo com o modelo clássico do Capítulo 28 e (f) o período correto.

54 **M** Determine o valor de β para uma partícula (a) com $K = 2{,}00E_0$ e (b) com $E = 2{,}00E_0$.

55 **M** Uma partícula de massa m tem um momento cujo módulo é mc. Determine o valor (a) de β, (b) de γ; e (c) da razão K/E_0.

56 **M** (a) A energia liberada pela explosão de 1,00 mol de TNT é 3,40 MJ. A massa molar do TNT é 0,227 kg/mol. Que peso de TNT seria necessário para liberar uma energia de $1{,}80 \times 10^{14}$ J? (b) Esse peso pode ser carregado em uma mochila, ou seria necessário usar um caminhão? (c) Suponha que, na explosão de uma bomba de fissão, 0,080% da massa físsil seja convertida em energia. Que peso de material físsil seria necessário para liberar uma energia de $1{,}80 \times 10^{14}$ J? (d) Esse peso pode ser carregado em uma mochila ou seria necessário usar um caminhão?

57 **M** **CALC** Os astrônomos acreditam que os quasars são núcleos de galáxias ativas nos primeiros estágios de formação. Um quasar típico irradia energia a uma taxa de 10^{41} W. Com que rapidez a massa de um quasar típico está sendo consumida para produzir essa energia? Expresse a resposta em unidades de massa solar por ano, em que uma unidade de massa solar (1 ums = $2{,}0 \times 10^{30}$ kg) é a massa do Sol.

58 **M** A massa de um elétron é $9{,}109\,381\,88 \times 10^{-31}$ kg. Determine os seguintes valores, contendo oito algarismos significativos, para um elétron com a energia cinética especificada: (a) γ e (b) β para $K = 1{,}000\,000\,0$ keV, (c) γ e (d) β para $K = 1{,}000\,000\,0$ MeV, (e) γ e (f) β para $K = 1{,}000\,000\,0$ GeV.

59 **D** Uma partícula alfa com uma energia cinética de 7,70 MeV colide com um núcleo de ^{14}N em repouso, e as duas partículas se transformam em um núcleo de ^{17}O e um próton. O próton é emitido a 90° com a direção da partícula alfa incidente e tem uma energia cinética de 4,44 MeV. As massas das partículas envolvidas são as seguintes: partícula alfa, 4,00260 u; ^{14}N, 14,00307 u; próton, 1,007825 u; ^{17}O, 16,99914 u. Determine, em MeV, (a) a energia cinética do núcleo de oxigênio e (b) o Q da reação. (*Sugestão:* Leve em conta o fato de que as velocidades das partículas são muito menores que c.)

Problemas Adicionais

60 *Distância temporal entre dois eventos.* Os eventos A e B ocorrem nas seguintes coordenadas espaçotemporais nos referenciais da Fig. 37.11: no referencial S, (x_A, t_A) e (x_B, t_B); no referencial S', (x'_A, t'_A) e (x'_B, t'_B). No referencial S, $\Delta t = t_B - t_A = 1{,}00$ μs e $\Delta x = x_B - x_A = 240$ m. (a) Escreva uma expressão para $\Delta t'$ em termos do parâmetro de velocidade β e dos dados do problema. Faça um gráfico de $\Delta t'$ em função de β (b) para $0 \le \beta \le 0{,}01$ e (c) para $0{,}1 \le \beta \le 1$. (d) Para qual valor de β o valor de $\Delta t'$ é mínimo? (e) Qual é o valor mínimo? (f) Um dos dois eventos pode ser a causa do outro? Justifique sua resposta.

61 *Distância espacial entre dois eventos.* Os eventos A e B ocorrem nas seguintes coordenadas espaçotemporais nos referenciais da Fig. 37.11: no referencial S, (x_A, t_A) e (x_B, t_B); no referencial S', (x'_A, t'_A) e (x'_B, t'_B). No referencial S, $\Delta t = t_B - t_A = 1{,}00$ μs e $\Delta x = x_B - x_A = 240$ m. (a) Escreva uma expressão para $\Delta x'$ em termos do parâmetro de velocidade β e dos dados do problema. Faça um gráfico de $\Delta x'$ em função de β (b) para $0 \le \beta \le 0{,}01$ e (c) para $0{,}1 \le \beta \le 1$. (d) Para que valor de β o valor de $\Delta x'$ é nulo?

62 Na Fig. 37.14a, a partícula P se move paralelamente aos eixos x e x' dos referenciais S e S', com uma velocidade u em relação ao referencial S. O referencial S' se move paralelamente ao eixo x do referencial S com velocidade v. A Fig. 37.14b mostra a velocidade u' da partícula em relação ao referencial S' para $0 \le v \le 0{,}5c$. A escala do eixo vertical é definida por $u'_a = -0{,}800c$. Determine o valor de u' (a) para $v = 0{,}80c$ e (b) para $v \to c$.

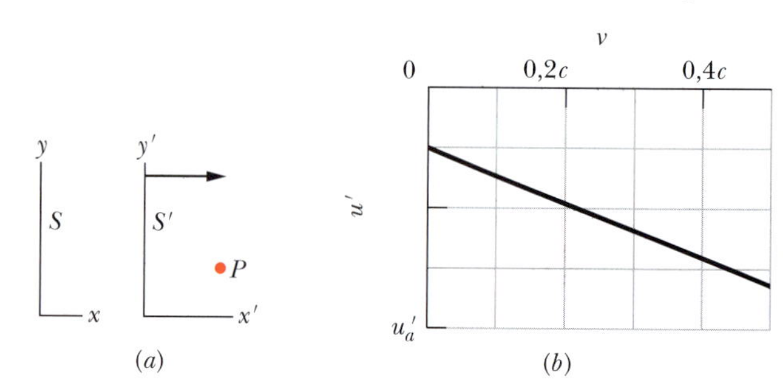

Figura 37.14 Problema 62.

63 *Jatos superluminais.* A Fig. 37.15a mostra a trajetória de uma nuvem de gás ionizado expelida por uma galáxia. A nuvem viaja com velocidade constante $\vec{v}$ em uma direção que faz um ângulo θ com a reta que liga a nuvem à Terra. A nuvem emite de tempos em tempos clarões luminosos, que são detectados na Terra. A Fig. 37.15a mostra dois desses clarões, separados por um intervalo de tempo t em um referencial estacionário próximo dos clarões. Os clarões aparecem na Fig. 37.15b como imagens

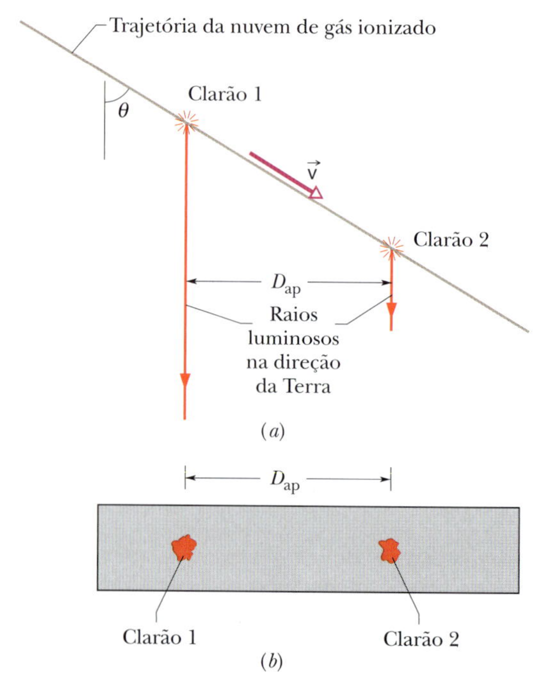

Figura 37.15 Problema 63.

em um filme fotográfico. A distância aparente D_{ap} percorrida pela nuvem entre os dois clarões é a projeção da trajetória da nuvem em uma perpendicular à reta que liga a nuvem à Terra. O intervalo de tempo aparente T_{ap} entre os dois eventos é a diferença entre os tempos de chegada dos raios luminosos associados aos dois clarões. A velocidade aparente da nuvem é, então, $V_{ap} = D_{ap}/T_{ap}$. Quais são os valores de (a) D_{ap} (b) e de T_{ap}? A resposta deve ser expressa em função de v, t e θ. (c) Determine V_{ap} para $v = 0{,}980c$ e $\theta = 30{,}0°$. Quando os jatos superluminais (mais velozes que a luz) foram descobertos, pareciam violar a teoria da relatividade restrita, mas logo os astrônomos se deram conta de que eles podiam ser explicados pela geometria da situação (Fig. 37.15*a*) sem necessidade de supor que havia corpos se movendo mais depressa que a luz.

64 O referencial S' passa pelo referencial S com certa velocidade, como na Fig. 37.3.1. Os eventos 1 e 2 estão separados por uma distância $\Delta x'$ de acordo com um observador em repouso no referencial S'. A Fig. 37.16 mostra a distância Δx entre os dois eventos de acordo com um observador em repouso no referencial S em função de $\Delta t'$, para $0 \leq \Delta t' \leq 10$. A escala do eixo vertical é definida por $\Delta x_a = 10{,}0$ m. Qual é o valor de $\Delta x'$?

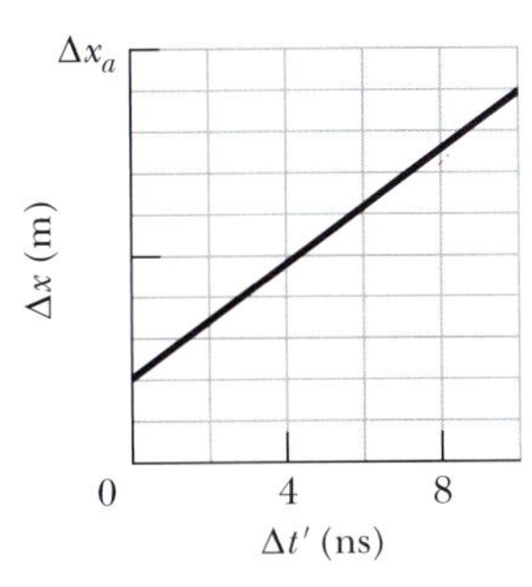

Figura 37.16 Problema 64.

65 *Outra abordagem para as transformações de velocidades.* Na Fig. 37.17, os referenciais B e C se movem em relação ao referencial A na direção comum dos eixos x. Podemos representar as componentes x das velocidades de um referencial em relação a outro por um índice duplo. Assim, por exemplo, v_{AB} é a componente x da velocidade de A em relação a B. Os parâmetros de velocidade podem ser representados da mesma forma: β_{AB} ($= v_{AB}/c$), por exemplo, é o parâmetro de velocidade correspondente a v_{AB}. (a) Mostre que

$$\beta_{AC} = \frac{\beta_{AB} + \beta_{BC}}{1 + \beta_{AB}\beta_{BC}}.$$

Seja M_{AB} a razão $(1 - \beta_{AB})/(1 + \beta_{AB})$ e sejam M_{BC} e M_{AC} razões análogas. (b) Mostre que a relação

$$M_{AC} = M_{AB}M_{BC}$$

é verdadeira, demonstrando a partir desta relação a equação do item (a).

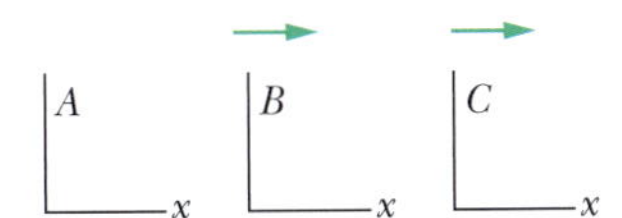

Figura 37.17 Problemas 65, 66 e 67.

66 *Continuação do Problema 65.* Use o resultado do item (b) do Problema 65 para analisar o movimento ao longo de um único eixo na seguinte situação: O referencial A da Fig. 37.17 é associado a uma partícula que se move com velocidade $+0{,}500c$ em relação ao referencial B, que se move em relação ao referencial C com uma velocidade de $+0{,}500c$. Determine (a) o valor de M_{AC}, (b) o valor de β_{AC}, e (c) a velocidade da partícula em relação ao referencial C.

67 *Continuação do Problema 65.* Suponha que o referencial C da Fig. 37.17 está se movendo em relação a um observador D (que não aparece na figura). (a) Mostre que

$$M_{AD} = M_{AB}M_{BC}M_{CD}.$$

(b) Agora aplique esse resultado geral a um caso particular. Três partículas se movem paralelamente a um único eixo no qual está estacionado um observador. Os sinais positivo e negativo indicam o sentido do movimento ao longo desse eixo. A partícula A se move em relação à partícula B com um parâmetro de velocidade $\beta_{AB} = +0{,}20$. A partícula B se move em relação à partícula C com um parâmetro de velocidade $\beta_{BC} = -0{,}40$. A partícula C se move em relação ao observador D com um parâmetro de velocidade $\beta_{CD} = +0{,}60$. Qual é a velocidade da partícula A em relação ao observador D? (Esse método de resolver o problema é *muito mais rápido* do que utilizar a Eq. 37.4.1.)

68 A Fig. 37.2 mostra uma nave (cujo referencial é S') passando por um observador (cujo referencial é S) com velocidade $\vec{v} = 0{,}950c\hat{i}$. Um próton é emitido com uma velocidade de $0{,}980c$ ao longo da maior dimensão da nave, da proa para a popa. O comprimento próprio da nave é 760 m. Determine a distância temporal entre o momento em que o próton foi emitido e o momento em que o próton chegou à popa da nave (a) de acordo com um passageiro da nave e (b) de acordo com um observador estacionário no referencial S. Suponha que o percurso do próton, em vez de ser da proa para a popa, seja da popa para a proa. Nesse caso, qual é a distância temporal entre o momento em que o próton foi emitido e o momento em que o próton chegou à popa da nave (c) de acordo com um passageiro da nave e (d) de acordo com um observador estacionário no referencial S?

69 *O problema do carro na garagem.* Mário acaba de comprar a maior limusine do mundo, com um comprimento próprio $L_c = 30{,}5$ m. Na Fig. 37.18*a*, o carro aparece parado em frente a uma garagem cujo comprimento próprio é $L_g = 6{,}00$ m. A garagem possui uma porta na frente (que aparece aberta na figura) e uma porta nos fundos (que aparece fechada). A limusine é obviamente mais comprida que a garagem. Mesmo assim, Alfredo, que é o dono da garagem e conhece alguma coisa de mecânica relativística, aposta com Mário que a limusine pode passar algum tempo na garagem com as duas portas fechadas. Mário, que parou de estudar física na escola antes de chegar à teoria da relatividade, afirma que isso é impossível, sejam quais forem as circunstâncias.

Para analisar o plano de Alfredo, suponha que um eixo de referência x_c seja instalado no carro, com $x_c = 0$ no para-choque traseiro, e que um eixo de referência x_g seja instalado na garagem, com $x_g = 0$ na porta dianteira. Mário conduz a limusine em direção à porta da frente da garagem a uma velocidade de $0{,}9980c$ (o que na prática, naturalmente, é impossível). Mário está em repouso no referencial x_c; Alfredo está em repouso no referencial x_g.

Existem dois eventos a considerar. *Evento 1*: Quando o para-choque traseiro passa pela porta da frente da garagem, a porta da frente é fechada. Vamos tomar o instante em que esse evento ocorre como sendo o instante inicial tanto para Mário como para Alfredo: $t_{g1} = t_{c1} = 0$. O evento ocorre no ponto $x_c = x_g = 0$. A Fig. 37.18*b* mostra o evento 1, do ponto de vista de Alfredo (referencial x_g). *Evento 2*: Quando o para-choque dianteiro chega à porta dos fundos da garagem, a porta é aberta. A Fig. 37.18*c* mostra o evento 2 do ponto de vista de Alfredo.

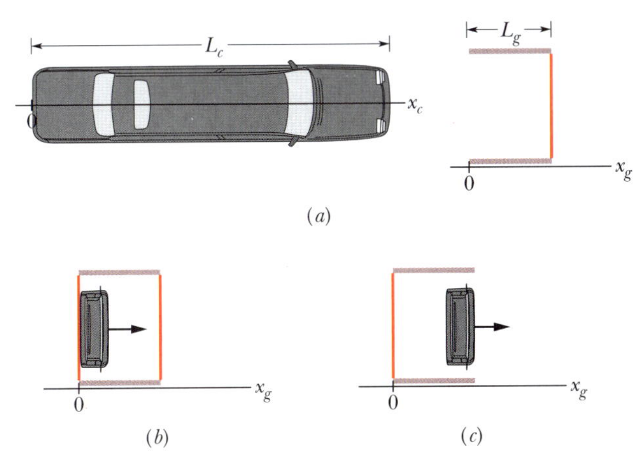

Figura 37.18 Problema 69.

De acordo com Alfredo, (a) qual é o comprimento da limusine? Quais são as coordenadas (b) x_{g2} e (c) t_{g2} do evento 2? (d) Por quanto tempo a limusine permanece no interior da garagem com as duas portas da garagem fechadas?

Considere agora a situação do ponto de vista de Mário (referencial x_c). Nesse caso, é a garagem que passa pela limusine com uma velocidade de $-0{,}9980c$. De acordo com Mário, (e) qual é o comprimento da limusine? Quais são as coordenadas (f) x_{c2} e (g) t_{c2} do evento 2? (h) A limusine chega a passar algum tempo no interior da garagem com as duas portas fechadas? (i) Qual dos dois eventos acontece primeiro? (j) Faça um esboço dos eventos 1 e 2 do ponto de vista de Mário. (k) Existe uma relação causal entre os dois eventos, ou seja, um dos eventos pode ser a causa do outro? (l) Finalmente, quem ganhou a aposta?

70 Um avião cujo comprimento em repouso é 40,0 m está se movendo a uma velocidade de 630 m/s em relação à Terra. (a) Qual é a razão entre o comprimento do avião do ponto de vista de um observador terrestre e o comprimento próprio? (b) Quanto tempo o relógio do avião leva para atrasar 1,00 μs em relação aos relógios terrestres?

71 Para girar em volta da Terra em uma órbita de baixa altitude, um satélite deve ter uma velocidade de aproximadamente $2{,}7 \times 10^4$ km/h. Suponha que dois satélites nesse tipo de órbita giram em torno da Terra em sentidos opostos. (a) Qual é a velocidade relativa dos satélites ao se cruzarem, de acordo com a equação clássica de transformação de velocidades? (b) Qual é o erro relativo cometido no item (a) por não ser usada a equação relativística de transformação de velocidades?

72 Determine o parâmetro de velocidade de uma partícula que leva 2,0 anos a mais que a luz para percorrer uma distância de 6,0 anos-luz.

73 Qual é o trabalho necessário para acelerar um próton, de uma velocidade de $0{,}9850c$ para uma velocidade de $0{,}9860c$?

74 Um píon é criado na parte superior da atmosfera da Terra quando um raio cósmico colide com um núcleo atômico. O píon assim formado desce em direção à superfície da Terra com uma velocidade de $0{,}99c$. Em um referencial no qual estão em repouso, os píons decaem com uma vida média de 26 ns. No referencial da Terra, que distância um píon percorre (em média) na atmosfera antes de decair?

75 Se interceptamos um elétron com uma energia total de 1533 MeV proveniente de Vega, que fica a 26 anos-luz da Terra, qual foi a distância percorrida, em anos-luz, no referencial do elétron?

76 A energia total de um próton que está passando por um laboratório é 10,611 nJ. Qual é o valor do parâmetro de velocidade β? Use a massa do próton com nove decimais que aparece no Apêndice B.

77 Uma espaçonave em repouso em um referencial S sofre um incremento de velocidade de $0{,}50c$. Em seguida, a nave sofre um incremento de $0{,}50c$ em relação ao novo referencial de repouso. O processo continua até que a velocidade da nave em relação ao referencial original S seja maior que $0{,}999c$. Quantos incrementos são necessários para completar o processo?

78 Por causa do desvio para o vermelho da luz de uma galáxia distante, uma radiação cujo comprimento de onda, medido em laboratório, é 434 nm, passa a ter um comprimento de onda de 462 nm. (a) Qual é a velocidade radial da galáxia em relação à Terra? (b) A galáxia está se aproximando ou se afastando da Terra?

79 Qual é o momento, em MeV/c, de um elétron com uma energia cinética de 2,00 MeV?

80 O raio da Terra é 6370 km e a velocidade orbital do planeta é 30 km/s. Suponha que a Terra passe por um observador com essa velocidade. Qual é a redução do diâmetro da Terra na direção do movimento, do ponto de vista do observador?

81 Uma partícula de massa m tem uma velocidade $c/2$ em relação ao referencial inercial S. A partícula colide com uma partícula igual em repouso no referencial S. Qual é a velocidade, em relação a S, de um referencial S' no qual o momento total das duas partículas é zero? Esse referencial é conhecido como *referencial do centro de momento*.

82 Uma partícula elementar produzida em um experimento de laboratório percorre 0,230 mm no interior do laboratório, com uma velocidade relativa de $0{,}960c$, antes de decair (transformar-se em outra partícula). (a) Qual é o tempo de vida próprio da partícula? (b) Qual é a distância percorrida pela partícula no seu referencial de repouso?

83 Determine o valor (a) de K, (b) de E e (c) de p (em GeV/c) para um próton que está se movendo a uma velocidade de $0{,}990c$. Determine (d) K, (e) E e (f) p (em MeV/c) para um elétron que está se movendo a uma velocidade de $0{,}990c$.

84 Um transmissor de radar T está em repouso em um referencial S' que se move para a direita com uma velocidade v em relação ao referencial S (Fig. 37.19). Um contador mecânico (que pode ser considerado um relógio) do referencial S', com um período τ_0 (no referencial S'), faz com que o transmissor T emita pulsos de radar, que se propagam com a velocidade da luz e são recebidos por R, um receptor do referencial S. (a) Qual é o período τ do contador do ponto de vista do observador A, que está em repouso no referencial S? (b) Mostre que, no receptor R, o intervalo de tempo entre os pulsos recebidos não é τ nem τ_0, mas

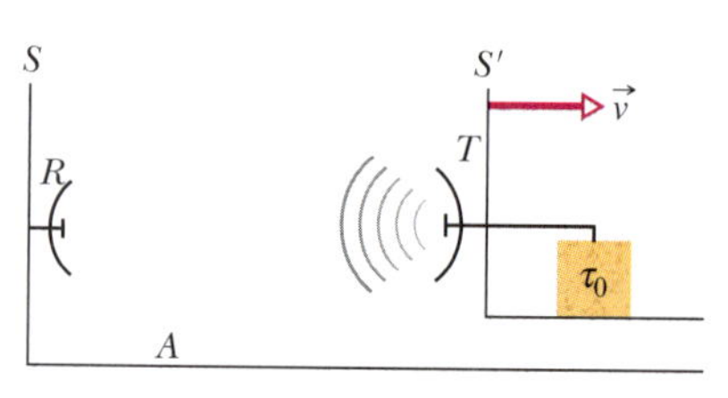

Figura 37.19 Problema 84.

$$\tau_R = \tau_0\sqrt{\frac{c+v}{c-v}}.$$

(c) Explique por que o receptor R e o observador A, que estão em repouso no mesmo referencial, medem um período diferente para o transmissor T. (*Sugestão*: Um relógio e um pulso de radar não são a mesma coisa.)

85 Uma partícula proveniente do espaço sideral se aproxima da Terra ao longo do eixo de rotação do planeta com uma velocidade de $0{,}80c$, vindo do norte, e outra partícula se aproxima com uma velocidade de $0{,}60c$, vindo do sul (Fig. 37.20). Qual é a velocidade relativa das partículas?

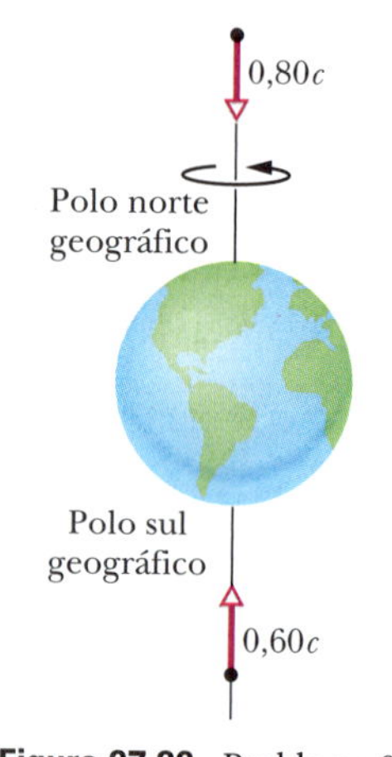

Figura 37.20 Problema 85.

86 (a) Qual é a energia liberada pela explosão de uma bomba de fissão contendo 3,0 kg de material físsil? Suponha que 0,10% da massa do material físsil é convertida em energia. (b) Que massa de TNT teria que ser usada para liberar a mesma quantidade de energia? Suponha que um mol de TNT libera 3,4 MJ de energia ao explodir. A massa molecular do TNT é 0,227 kg/mol. (c) Para a mesma massa de explosivo, qual é a razão entre a energia liberada em uma explosão nuclear e a energia liberada em uma explosão de TNT?

87 (a) Que diferença de potencial aceleraria um elétron até a velocidade c de acordo com a física clássica? (b) Se um elétron for submetido a essa diferença de potencial, qual será a velocidade final do elétron?

88 Um cruzador dos foronianos, que está em rota de colisão com um caça dos reptulianos, dispara um míssil na direção da outra nave. A velocidade do míssil é $0{,}980c$ em relação à nave dos reptulianos e a velocidade do cruzador dos foronianos é $0{,}900c$. Qual é a velocidade do míssil em relação ao cruzador?

89 Na Fig. 37.21, três espaçonaves estão viajando na mesma direção e no mesmo sentido. As velocidades das espaçonaves em relação ao eixo x de um referencial inercial (a Terra, por exemplo) são $v_A = 0{,}900c$, v_B e $v_C = 0{,}800c$. (a) Qual deve ser o valor de v_B para que as naves A e C se aproximem da nave B com a mesma velocidade relativa? (b) Qual é essa velocidade relativa?

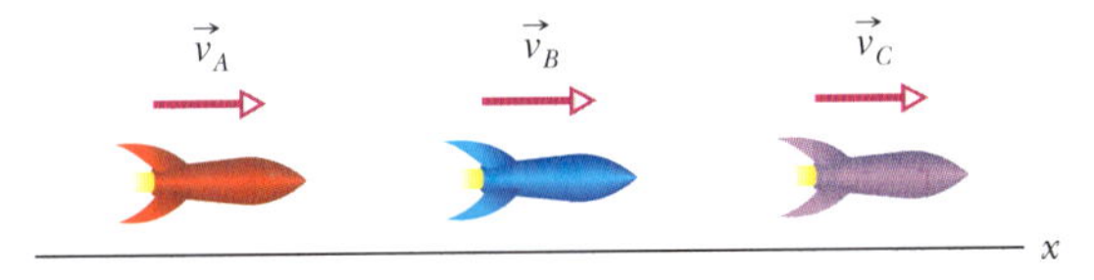

Figura 37.21 Problema 89.

90 As espaçonaves A e B estão viajando na mesma direção e no mesmo sentido. A nave A, que tem um comprimento próprio $L = 200$ m, está viajando mais depressa, com uma velocidade $v = 0{,}900c$ em relação à nave B. De acordo com o piloto da nave A, no instante ($t = 0$) em que as popas das naves estão alinhadas, as proas também estão alinhadas. De acordo com o piloto da nave B, qual é o intervalo de tempo entre o instante em que as proas se alinham e o instante em que as popas se alinham?

91 Na Fig. 37.22, duas espaçonaves se aproximam de uma estação espacial. A velocidade da nave A em relação à estação espacial é $0{,}800c$. Qual é a velocidade da nave B em relação à estação espacial se o piloto da nave B vê a nave A e a estação espacial se aproximarem com a mesma velocidade?

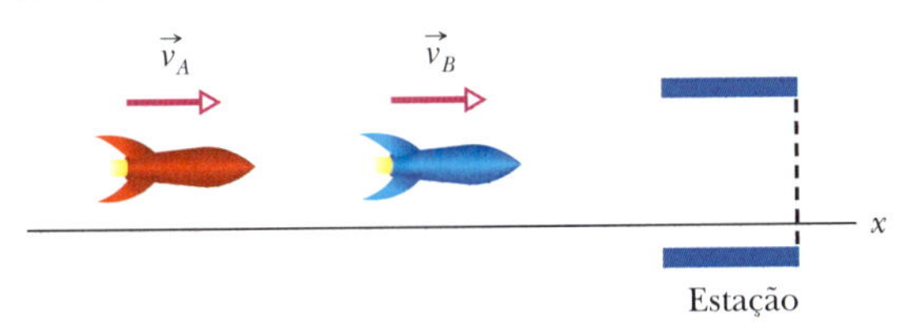

Figura 37.22 Problema 91.

92 Um trem relativístico com 200 m de comprimento próprio se aproxima de um túnel com o mesmo comprimento próprio, a uma velocidade relativa de $0{,}900c$. Uma bomba de tinta na locomotiva está programada para explodir (e pintar o maquinista de azul) quando a *frente* do trem passar pela *saída* do túnel (evento FS). Por outro lado, quando a *traseira* do trem passar pela *entrada* do túnel (evento TE), um sinal será enviado à locomotiva para desativar a bomba. *Do ponto de vista do trem*: (a) Qual é o comprimento do túnel? (b) Que evento ocorre primeiro, FS ou TE? (c) Qual é o intervalo de tempo entre os dois eventos? (d) A bomba de tinta vai explodir? *Do ponto de vista do túnel*: (e) Qual é o comprimento do trem? (f) Que evento ocorre primeiro? (g) Qual é o intervalo de tempo entre os eventos? (h) A bomba de tinta vai explodir? Se as respostas dos itens (d) e (h) forem diferentes, você precisa explicar o paradoxo, porque ou maquinista vai ser pintado de azul ou não vai, uma das possibilidades exclui a outra. Se as respostas forem iguais, você precisa explicar a razão.

93 *Radar da polícia.* Um carro da polícia rodoviária equipado com radar está parado no acostamento de uma estrada. O radar emite um feixe de micro-ondas, com uma frequência de 24,125 GHz, na direção da estrada. Quando um carro se aproxima do radar, a carroceria de metal reflete as micro-ondas de volta para o aparelho de radar, que determina a velocidade do carro a partir da frequência de batimento (ver Módulo 17.6) entre a frequência emitida e a frequência recebida. Se a frequência de batimento é 5.000 Hz, qual é a velocidade do carro?

94 *O tempo é curto.* Você está no comando de uma espaçonave que pode atingir velocidades próximas da velocidade da luz. Partindo da Base Principal mostrada na Fig. 37.23, você deve escolher o caminho até a Base Secundária que minimiza o tempo de viagem. O mapa da figura mostra as rotas permitidas pelo governo alienígena que administra a região. Para cada trajeto entre os pontos assinalados no mapa está indicado o fator de Lorentz γ que deve ser usado nessa etapa do percurso. A distância entre pontos vizinhos no referencial de repouso pode ser L ou $2L$. Despreze os tempos de aceleração ou desaceleração necessários para mudar o valor de γ. (a) Qual é a distância que você mede para uma distância L no mapa quando está viajando com um fator de Lorentz γ? (b) Qual é o tempo necessário, no seu referencial, para percorrer essa distância? (*Sugestão*: qualquer que seja o fator de Lorentz, suponha que o trajeto é percorrido aproximadamente à velocidade da luz.) Para responder aos próximos itens, calcule os tempos de viagem como múltiplos de L/c, com quatro algarismos significativos. (c) Partindo do ponto U (Base Principal), quais devem ser os três pontos seguintes para minimizar o tempo de viagem? Qual é esse tempo? (d) Quais devem ser os dois pontos seguintes para minimizar o tempo de viagem? Qual é esse tempo? (e) Quais devem ser os cinco pontos seguintes para minimizar o tempo de viagem e atingir o ponto E (Base Secundária)? Qual é esse tempo? (f) Qual é o tempo total de viagem?

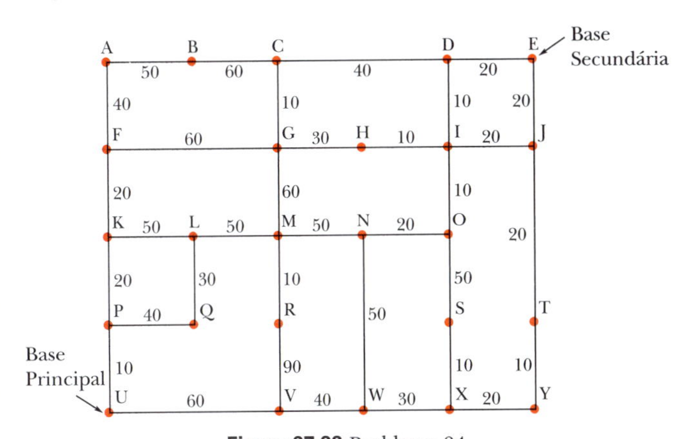

Figura 37.23 Problema 94.

CAPÍTULO 38

Fótons e Ondas de Matéria

38.1 FÓTON: O QUANTUM DA LUZ

Objetivos do Aprendizado

Depois de ler este módulo, você será capaz de ...

38.1.1 Explicar a absorção e emissão da luz em termos de níveis de energia quantizados e fótons.

38.1.2 No caso da absorção e emissão da luz, conhecer as relações entre a energia, a potência, a intensidade, a taxa de absorção e emissão de fótons, a constante de Planck, a frequência e o comprimento de onda.

Ideias-Chave

- Uma onda eletromagnética (como a luz) é quantizada (pode ter apenas alguns valores de energia), e o menor valor possível de energia é chamado fóton.
- No caso de uma luz de frequência f, a energia do fóton é dada por

$$E = hf,$$

em que h é a constante de Planck.

O que É Física?

Uma área importante da física é a teoria da relatividade de Einstein, que nos levou a um mundo bem diferente daquele a que estamos acostumados: o mundo dos objetos que se movem com velocidades próximas da velocidade da luz. Entre outras surpresas, a teoria de Einstein prevê que o intervalo de tempo marcado por um relógio depende da velocidade do relógio em relação ao observador: quanto maior a velocidade do relógio, maior o intervalo. Essa e outras previsões da teoria foram confirmadas por todos os testes experimentais realizados até hoje; além disso, a teoria da relatividade proporcionou uma visão mais profunda e mais satisfatória da natureza do espaço e do tempo.

Vamos agora discutir outro mundo que também é muito diferente do nosso: o mundo das partículas subatômicas. Nele encontraremos outras surpresas que, embora às vezes pareçam desafiar o senso comum, deram aos físicos um conhecimento mais abrangente da realidade.

A física quântica, como é chamada a nova área, se propõe a responder a perguntas como: Por que as estrelas brilham? Por que os elementos podem ser classificados em uma tabela periódica? Como funcionam os transistores e outros dispositivos da microeletrônica? Por que o cobre é um bom condutor de eletricidade e o vidro é um isolante? Cientistas e engenheiros aplicam a física quântica a quase todos os aspectos da vida cotidiana, da medicina aos transportes e aos meios de comunicação. Na verdade, como toda a química, incluindo a bioquímica, está baseada na física quântica, temos que conhecê-la bem se quisermos desvendar os mistérios da própria vida.

Algumas previsões da física quântica parecem estranhas até mesmo para os físicos e filósofos que estudam os fundamentos desse ramo da física; entretanto, os experimentos confirmaram repetidamente que a teoria está correta, e muitos desses experimentos revelaram aspectos ainda mais estranhos da teoria. O mundo quântico é um parque de diversões, cheio de brinquedos maravilhosos que certamente desafiarão o senso comum do leitor. Vamos começar nossa exploração do parque quântico pelo fóton.

Fóton: O Quantum da Luz

A **física quântica** (também conhecida como *mecânica quântica* e como *teoria quântica*) é, principalmente, o estudo do mundo microscópico. Nesse mundo, muitas grandezas físicas são encontradas apenas em múltiplos inteiros de uma quantidade elementar;

quando uma grandeza apresenta essa propriedade, dizemos que é *quantizada*. A quantidade elementar associada à grandeza é chamada de **quantum** da grandeza (o plural é *quanta*).

Uma grandeza quantizada que está presente no nosso dia a dia é o dinheiro. O dinheiro no Brasil é quantizado, já que a moeda de menor valor é a de um centavo (R$ 0,01), e os valores de todas as outras moedas e notas são obrigatoriamente múltiplos inteiros do centavo. Em outras palavras, o quantum de dinheiro em espécie é R$ 0,01, e todas as quantias maiores são da forma $n \times$ (R$ 0,01), em que n é um número inteiro. Não é possível, por exemplo, pagar com dinheiro vivo uma quantia de R$ 0,755 = 75,5 × (R$ 0,01).

Em 1905, Einstein propôs que a radiação eletromagnética (ou, simplesmente, a *luz*) é quantizada; a quantidade elementar de luz hoje recebe o nome de **fóton**. A ideia da quantização da luz pode parecer estranha para o leitor, já que passamos vários capítulos discutindo a ideia de que a luz é uma onda senoidal de comprimento de onda λ, frequência f e velocidade c tais que

$$f = \frac{c}{\lambda}. \qquad (38.1.1)$$

Além disso, afirmamos, no Capítulo 33, que a onda luminosa é uma combinação de campos elétricos e magnéticos alternados de frequência f. Como é possível que uma onda composta por campos alternados possa ser encarada como uma quantidade elementar de alguma coisa como o quantum de luz? Afinal, o que é um fóton?

O conceito de quantum de luz, ou fóton, é muito mais sutil e misterioso do que Einstein imaginava. Na verdade, até hoje não é compreendido perfeitamente. Neste livro, vamos discutir apenas alguns aspectos básicos do conceito de fóton, mais ou menos de acordo com a ideia original de Einstein. Segundo Einstein, um quantum de luz de frequência f tem a energia dada por

$$E = hf \quad \text{(energia do fóton)}. \qquad (38.1.2)$$

em que h é a chamada **constante de Planck**, a constante que apareceu pela primeira vez neste livro na Eq. 32.5.2 e que tem o valor

$$h = 6{,}63 \times 10^{-34}\ \text{J} \cdot \text{s} = 4{,}14 \times 10^{-15}\ \text{eV} \cdot \text{s}. \qquad (38.1.3)$$

A menor energia que uma onda luminosa de frequência f pode possuir é hf, a energia de um único fóton. Se a onda possui uma energia maior, esta deve ser um múltiplo inteiro de hf, da mesma forma como qualquer quantia no exemplo anterior deve ser um múltiplo inteiro de R$ 0,01. A luz não pode ter uma energia de $0{,}6hf$ ou $75{,}5hf$.

Einstein propôs ainda que, sempre que a luz é absorvida ou emitida por um objeto, a absorção ou emissão ocorre nos átomos do objeto. Quando um fóton de frequência f é absorvido por um átomo, a energia hf do fóton é transferida da luz para o átomo, um *evento de absorção* que envolve a aniquilação de um fóton. Quando um fóton de frequência f é emitido por um átomo, uma energia hf é transferida do átomo para a luz, um *evento de emissão* que envolve a criação de um fóton. Isso significa que os átomos de um corpo têm a capacidade de *emitir* e *absorver* fótons.

Quando um objeto contém muitos átomos, podem predominar os eventos de absorção, como acontece nos óculos escuros, ou os eventos de emissão, como acontece nas lâmpadas. Em qualquer evento de absorção ou emissão, a variação de energia é sempre igual à energia de um fóton.

Quando discutimos a absorção e emissão de luz nos capítulos anteriores, os exemplos envolviam uma intensidade luminosa tão grande (ou seja, um número tão grande de fótons) que não havia necessidade de recorrer à física quântica; os fenômenos podiam ser analisados à luz da física clássica. No fim do século XX, a tecnologia se tornou suficientemente avançada para que experimentos que envolvem um único fóton pudessem ser executados, e o uso de fótons isolados tivesse algumas aplicações práticas. Desde então, a física quântica foi incorporada à engenharia, especialmente à engenharia ótica.

Teste 38.1.1

Coloque as radiações a seguir na ordem decrescente da energia dos fótons correspondentes: (a) a luz amarela de uma lâmpada de vapor de sódio; (b) um raio gama emitido por um núcleo radioativo; (c) uma onda de rádio emitida pela antena de uma estação de rádio comercial; (d) um feixe de micro-ondas emitido pelo radar de controle de tráfego aéreo de um aeroporto.

Exemplo 38.1.1 Emissão e absorção de luz na forma de fótons 38.1

Uma lâmpada de vapor de sódio é colocada no centro de uma casca esférica que absorve toda a energia que chega até ela. A lâmpada tem uma potência de 100 W; suponha que toda a luz seja emitida com um comprimento de onda de 590 nm. Quantos fótons são absorvidos pela casca esférica por segundo?

IDEIAS-CHAVE

A luz é emitida e absorvida na forma de fótons. De acordo com o enunciado, toda a luz emitida pela lâmpada é absorvida pela casca esférica. Assim, o número de fótons por unidade de tempo que a casca esférica absorve, R, é igual ao número de fótons por unidade de tempo que a lâmpada emite, R_{emit}.

Cálculos: O número de fótons emitidos pela lâmpada por unidade de tempo é dado por

$$R_{emit} = \frac{\text{potência emitida}}{\text{energia por fóton}} = \frac{P_{emit}}{E}.$$

Nesse caso, de acordo com a Eq. 38.1.2 ($E = hf$), temos

$$R = R_{emit} = \frac{P_{emit}}{hf}.$$

Usando a Eq. 38.1.1 ($f = c/\lambda$) e substituindo as variáveis por valores numéricos, obtemos

$$R = \frac{P_{emit}\lambda}{hc}$$

$$= \frac{(100 \text{ W})(590 \times 10^{-9} \text{ m})}{(6{,}63 \times 10^{-34} \text{ J}\cdot\text{s})(2{,}998 \times 10^{8} \text{ m/s})}$$

$$= 2{,}97 \times 10^{20} \text{ fótons/s.} \quad \text{(Resposta)}$$

38.2 EFEITO FOTELÉTRICO

Objetivos do Aprendizado

Depois de ler este módulo, você será capaz de ...

38.2.1 Ilustrar o experimento que revelou o efeito fotelétrico em um desenho esquemático que mostre a luz incidente, a placa de metal, os elétrons emitidos (fotelétrons) e o coletor.

38.2.2 Explicar a dificuldade que os físicos tinham para explicar o efeito fotelétrico antes de Einstein e a importância histórica da explicação proposta por Einstein.

38.2.3 Saber o que é V_{corte}, o potencial de corte, e conhecer a relação entre V_{corte} e a energia cinética máxima $K_{máx}$ dos fotelétrons.

38.2.4 No caso do efeito fotelétrico, conhecer as relações entre a frequência e o comprimento de onda da onda incidente, a energia cinética máxima $K_{máx}$ dos fotelétrons, a função trabalho Φ e o potencial de corte V_{corte}.

38.2.5 No caso do efeito fotelétrico, desenhar um gráfico do potencial de corte V_{corte} em função da frequência da luz, indicando a frequência de corte f_0 e relacionando a inclinação do gráfico à constante de Planck h e à carga elementar e.

Ideias-Chave

- Quando uma placa metálica é submetida a um feixe de luz, os elétrons podem receber energia suficiente para escapar do metal; esse fenômeno é conhecido como efeito fotelétrico.
- De acordo com a lei de conservação da energia,

$$hf = K_{máx} + \Phi,$$

em que hf é a energia do fóton absorvido, $K_{máx}$ é a energia cinética máxima dos fotelétrons, e Φ (conhecida como função trabalho) é a menor energia necessária para que o elétron escape das forças elétricas que o prendem ao metal.

- A frequência para a qual $hf = \Phi$ é chamada frequência de corte.
- Se $hf < \Phi$, os elétrons não têm energia suficiente para escapar e o efeito fotelétrico não é observado.

Efeito Fotelétrico

Quando iluminamos a superfície de um metal com um raio luminoso, de comprimento de onda suficientemente pequeno, a luz faz com que elétrons sejam emitidos pelo metal. O fenômeno, que recebe o nome de **efeito fotelétrico**, é essencial para o funcionamento de equipamentos como câmaras de TV e óculos de visão noturna. Einstein usou a ideia do fóton para explicar esse efeito.

Vamos analisar dois experimentos básicos que envolvem o efeito fotelétrico. Ambos fazem uso da montagem da Fig. 38.2.1, na qual uma luz de frequência f incide em um alvo T, ejetando elétrons. Uma diferença de potencial V é mantida entre o alvo T e o coletor C usado para recolher esses elétrons, que são chamados de **fotelétrons**. Os elétrons ejetados produzem uma **corrente fotelétrica** i que é medida pelo amperímetro A.

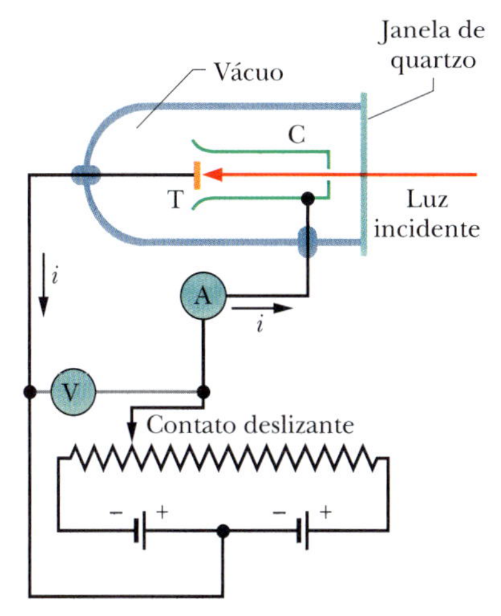

Figura 38.2.1 Montagem usada para estudar o efeito fotelétrico. A luz incide no alvo T, ejetando elétrons, que são recolhidos pelo coletor C. Os elétrons se movem no circuito no sentido oposto ao sentido convencional da corrente elétrica, indicado por setas na figura. As baterias e o resistor variável são usados para produzir e ajustar uma diferença de potencial entre T e C.

Primeiro Experimento do Efeito Fotelétrico

Ajustamos a diferença de potencial V, usando o contato deslizante da Fig. 38.2.1, para que o coletor C fique ligeiramente negativo em relação ao alvo T. A diferença de potencial reduz a velocidade dos elétrons ejetados. Em seguida, aumentamos o valor negativo de V até que o potencial atinja o valor, V_{corte}, chamado **potencial de corte**, para o qual a corrente medida pelo amperímetro A é nula. Para $V = V_{\text{corte}}$, os elétrons de maior energia ejetados pelo alvo são detidos pouco antes de chegar ao coletor. Assim, $K_{\text{máx}}$, a energia cinética desses elétrons, é dada por

$$K_{\text{máx}} = eV_{\text{corte}}, \tag{38.2.1}$$

em que e é a carga elementar.

Os experimentos mostram que, para uma luz de uma dada frequência, *o valor de* $K_{\text{máx}}$ *não depende da intensidade da luz que incide no alvo*. Quer o alvo seja iluminado por uma luz ofuscante, quer seja iluminado por uma vela, a energia cinética máxima dos elétrons ejetados tem sempre o mesmo valor, contanto que a frequência da luz permaneça a mesma.

Esse resultado experimental não pode ser explicado pela física clássica. Classicamente, a luz que incide no alvo é uma onda eletromagnética. O campo elétrico associado a essa onda exerce uma força sobre os elétrons do alvo, fazendo com que oscilem com a mesma frequência que a onda. Quando a amplitude das oscilações de um elétron ultrapassa certo valor, o elétron é ejetado da superfície do alvo. Assim, se a intensidade (amplitude) da onda aumenta, os elétrons deveriam ser ejetados com maior energia. *Entretanto, não é isso que acontece*. Para uma dada frequência, a energia máxima dos elétrons emitidos pelo alvo é sempre a mesma, qualquer que seja a intensidade da luz incidente.

O resultado é natural se pensarmos em termos de fótons. Nesse caso, a energia que pode ser transferida da luz incidente para um elétron do alvo é a energia de um único fóton. Aumentando a intensidade da luz, aumentamos o *número* de fótons que incidem no alvo, mas a energia de cada fóton, dada pela Eq. 38.1.2 ($E = hf$), permanece a mesma, já que a frequência não variou. Assim a energia máxima transferida para os elétrons também permanece a mesma.

Segundo Experimento do Efeito Fotelétrico

O segundo experimento consiste em medir o potencial de corte V_{corte} para várias frequências f da luz incidente. A Fig. 38.2.2 mostra um gráfico de V_{corte} em função de f. Note que o efeito fotelétrico não é observado, se a frequência da luz for menor que certa **frequência de corte** f_0, ou seja, se o comprimento de onda for maior que certo **comprimento de onda de corte** $\lambda_0 = c/f_0$. O resultado *não depende da intensidade da luz incidente*.

Esse resultado constitui outro mistério para a física clássica. Se a luz se comportasse apenas como uma onda eletromagnética, teria energia suficiente para ejetar elétrons, qualquer que fosse a frequência, contanto que a luz fosse suficientemente intensa. Entretanto, *não é isso que acontece*. Quando a frequência da luz é menor que a frequência de corte f_0, não são ejetados elétrons, por mais intensa que seja a luz.

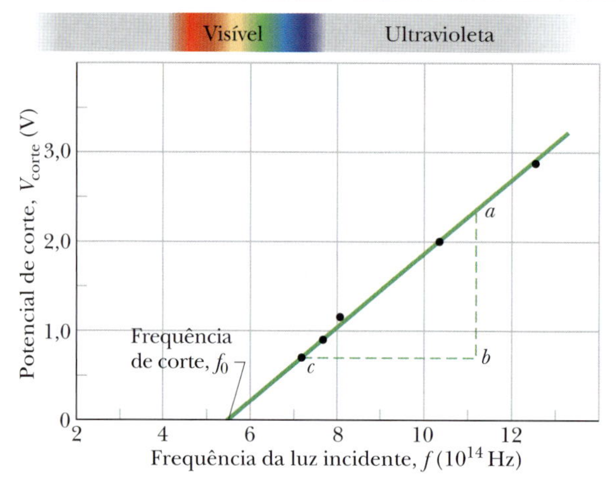

Figura 38.2.2 Potencial de corte V_{corte} em função da frequência f da luz incidente para um alvo de sódio T na montagem da Fig. 38.2.1. (Os dados são os obtidos por R. A. Millikan em 1916.)

A existência de uma frequência de corte é explicada naturalmente quando pensamos na luz em termos de fótons. Os elétrons são mantidos na superfície do alvo por forças elétricas. (Se essas forças não existissem, os elétrons cairiam do alvo por causa da força gravitacional.) Para escapar do alvo, um elétron necessita de uma energia mínima, Φ, que depende do material de que é feito o alvo e recebe o nome de **função trabalho**. Se a energia hf cedida por um fóton a um elétron é maior que a função trabalho do material (ou seja, se $hf > \Phi$), o elétron pode escapar do alvo; se a energia cedida é menor que a função trabalho (ou seja, se $hf < \Phi$), o elétron não pode escapar. É exatamente isso que mostra a Fig. 38.2.2.

Equação do Efeito Fotelétrico 38.2 38.1

Einstein resumiu os resultados dos experimentos do efeito fotelétrico na equação

$$hf = K_{máx} + \Phi \quad \text{(equação do efeito fotelétrico).} \tag{38.2.2}$$

A Eq. 38.2.2 nada mais é que a aplicação da lei de conservação da energia à emissão fotelétrica de um elétron por um alvo cuja função trabalho é Φ. Uma energia igual à energia do fóton, hf, é transferida a um elétron do alvo. Para escapar do alvo, o elétron deve possuir um energia pelo menos igual a Φ. Qualquer energia adicional $(hf - \Phi)$ recebida do fóton aparece na forma da energia cinética K do elétron emitido. Nas circunstâncias mais favoráveis, o elétron pode escapar do alvo sem perder energia cinética no processo; nesse caso, aparece fora do alvo com a maior energia cinética possível, $K_{máx}$.

Substituindo $K_{máx}$ na Eq. 38.2.2 por seu valor em função de V_{corte}, dado pela Eq. 38.2.1 ($K_{máx} = eV_{corte}$) e explicitando V_{corte}, obtemos

$$V_{corte} = \left(\frac{h}{e}\right)f - \frac{\Phi}{e}. \tag{38.2.3}$$

Como as razões h/e e Φ/e são constantes, é de se esperar que o gráfico do potencial de corte V_{corte} em função da frequência f da luz incidente seja uma linha reta, como na Fig. 38.2.2. Além disso, a inclinação da linha reta deve ser igual a h/e. Para verificar se isso é verdade, medimos ab e bc na Fig. 38.2.2 e escrevemos

$$\frac{h}{e} = \frac{ab}{bc} = \frac{2,35\text{ V} - 0,72\text{ V}}{(11,2 \times 10^{14} - 7,2 \times 10^{14})\text{ Hz}}$$
$$= 4,1 \times 10^{-15}\text{ V}\cdot\text{s}.$$

Multiplicando este resultado pela carga elementar e, obtemos

$$h = (4{,}1 \times 10^{-15}\ \text{V} \cdot \text{s})(1{,}6 \times 10^{-19}\ \text{C}) = 6{,}6 \times 10^{-34}\ \text{J} \cdot \text{s},$$

que está de acordo com o valor de h medido por outros métodos.

Observação: A explicação do efeito fotelétrico requer o uso da física quântica. Durante muitos anos, a explicação de Einstein também foi considerada um argumento decisivo para a existência dos fótons. Em 1969, porém, foi proposta* uma explicação alternativa para o fenômeno que utiliza a física quântica, mas dispensa a ideia de fótons. Os fótons *realmente* existem, mas hoje se sabe que a explicação proposta por Einstein para o efeito fotelétrico não pode ser considerada uma prova da existência dos fótons.

Teste 38.2.1

A figura mostra vários gráficos como o da Fig. 38.2.2, obtidos com alvos de césio, potássio, sódio e lítio. As retas são paralelas. (a) Coloque os alvos na ordem decrescente do valor da função trabalho. (b) Coloque os gráficos na ordem decrescente do valor de h.

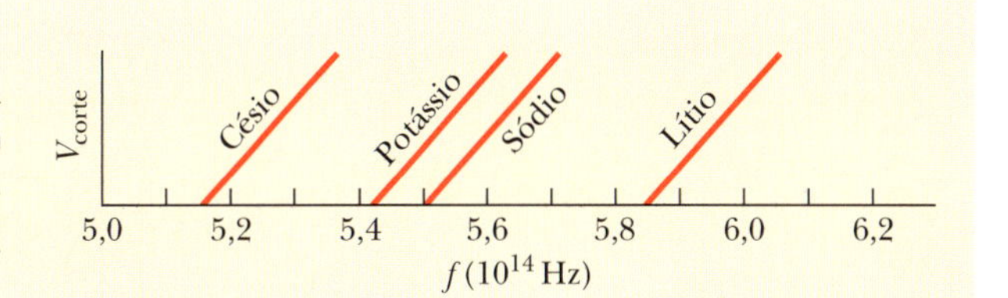

Exemplo 38.2.1 Efeito fotelétrico e função trabalho  38.3

Determine o valor da função trabalho Φ do sódio a partir da Fig. 38.2.2.

IDEIAS-CHAVE

É possível determinar a função trabalho Φ a partir da frequência de corte f_0 (que pode ser extraída do gráfico). O raciocínio é o seguinte: Na frequência de corte, a energia cinética $K_{\text{máx}}$ da Eq. 38.2.2 é nula. Assim, toda a energia hf transferida de um fóton para um elétron é usada para ejetar o elétron, o que requer uma energia de Φ.

Cálculos: A Eq. 38.2.2 nos dá, com $f = f_0$,

$$hf_0 = 0 + \Phi = \Phi.$$

Na Fig. 38.2.2, a frequência de corte f_0 para o sódio é a frequência na qual a reta correspondente ao sódio intercepta o eixo horizontal, $5{,}5 \times 10^{14}$ Hz. Assim, temos

$$\Phi = hf_0 = (6{,}63 \times 10^{-34}\ \text{J} \cdot \text{s})(5{,}5 \times 10^{14}\ \text{Hz})$$
$$= 3{,}6 \times 10^{-19}\ \text{J} = 2{,}3\ \text{eV}. \qquad \text{(Resposta)}$$

38.3 FÓTONS, MOMENTO, ESPALHAMENTO DE COMPTON, INTERFERÊNCIA DA LUZ

Objetivos do Aprendizado

Depois de ler este módulo, você será capaz de ...

38.3.1 Conhecer as relações entre momento, energia, frequência e comprimento de onda de um fóton.

38.3.2 Usar um desenho para descrever o experimento de espalhamento de Compton.

38.3.3 Conhecer a importância histórica do espalhamento de Compton.

38.3.4 Saber quais das seguintes grandezas do fóton espalhado aumentam e quais diminuem quando o ângulo de espalhamento de Compton aumenta: energia cinética, momento, comprimento de onda.

38.3.5 Demonstrar a equação do deslocamento de Compton a partir das leis de conservação da energia e do momento.

38.3.6 No caso do espalhamento de Compton, conhecer as relações entre os comprimentos de onda dos raios X incidente e espalhado, o deslocamento do comprimento de onda, o ângulo de espalhamento e a energia e momento (módulo e ângulo) do elétron espalhado.

38.3.7 Explicar o experimento de dupla fenda em termos de fótons na versão clássica, na versão para fótons isolados e na nova versão para fótons isolados.

*W.E. Lamb, Jr. e M.O. Scully, The photoelectric effect without photons, *Polarisation, Matière, et Rayonnement*, Presse Universitaire de France, 1969, pp. 363-369. (N.T.)

Ideias-Chave

- Embora não possua massa de repouso, um fóton possui um momento, que é dado por

$$p = \frac{hf}{c} = \frac{h}{\lambda},$$

em que h é a constante de Planck, f é a frequência do fóton, c é a velocidade da luz e λ é o comprimento de onda do fóton.

- No espalhamento de Compton, raios X são espalhados como partículas (como fótons) pelos elétrons de um átomo.
- Ao ser espalhado, um fóton de raios X cede energia e momento a um elétron do alvo.
- O aumento resultante do comprimento de onda (deslocamento de Compton) dos fótons é dado por

$$\Delta\lambda = \frac{h}{mc}(1 - \cos\phi),$$

em que m é a massa do elétron e ϕ é o ângulo de espalhamento do fóton.

- Visão corpuscular: A luz interage com a matéria como se fosse feita de partículas, pois a interação é localizada e envolve uma transferência instantânea de energia e momento.
- Visão ondulatória: Quando um fóton é emitido por uma fonte, podemos interpretar sua trajetória como a propagação de uma onda de probabilidade.
- Visão ondulatória: Quando muitos fótons são emitidos ou absorvidos por um objeto, podemos interpretar a luz como uma onda eletromagnética clássica.

Os Fótons Possuem Momento 38.2 a 38.4 38.1

Em 1916, Einstein ampliou o conceito de quantum de luz (fóton) ao propor que um quantum de luz possui um momento linear. Para um fóton de energia hf, o módulo do momento é dado por

$$p = \frac{hf}{c} = \frac{h}{\lambda} \quad \text{(momento do fóton)}, \tag{38.3.1}$$

em que, para obter a segunda razão, foi usada a Eq. 38.1.1 ($f = c/\lambda$). Assim, quando um fóton interage com a matéria, há uma transferência de energia *e* momento, *como se* a interação entre o fóton e uma partícula de matéria pudesse ser considerada uma colisão clássica (ver Capítulo 9).

Detector
Raios X incidentes
λ
λ'
Raios X espalhados
ϕ
Alvo
Fendas colimadoras

Figura 38.3.1 Montagem usada por Compton. Um feixe de raios X, de comprimento de onda $\lambda = 71{,}1$ pm, incide em um alvo de carbono. Os raios X espalhados pelo alvo são observados em vários ângulos ϕ em relação à direção do feixe incidente. O detector mede a intensidade e o comprimento de onda dos raios X espalhados.

Em 1923, Arthur Compton, da Washington University, em Saint Louis, executou um experimento que confirmou a previsão de que os fótons possuem energia e momento. O cientista fez incidir um feixe de raios X, de comprimento de onda λ, em um alvo de carbono, como mostra a Fig. 38.3.1. Os raios X são uma forma de radiação eletromagnética de alta frequência e pequeno comprimento de onda. Compton mediu o comprimento de onda e a intensidade dos raios X espalhados em diversas direções pelo alvo de carbono.

A Fig. 38.3.2 mostra os resultados obtidos por Compton. Embora exista um único comprimento de onda ($\lambda = 71{,}1$ pm) no feixe incidente, os raios X espalhados contêm vários comprimentos de onda, com dois picos de intensidade. Um dos picos corresponde ao comprimento de onda do feixe incidente, λ; o outro, a um comprimento de onda λ' maior que λ. A diferença entre os comprimentos de onda dos dois picos, $\Delta\lambda$, conhecida como **deslocamento de Compton**, depende do ângulo no qual os raios X espalhados são medidos; quanto maior o ângulo, maior o valor de $\Delta\lambda$.

Os resultados mostrados na Fig. 38.3.2 constituem mais um mistério para a física clássica. Classicamente, o feixe incidente de raios X é uma onda eletromagnética senoidal. A força associada ao campo elétrico da onda incidente deveria fazer os

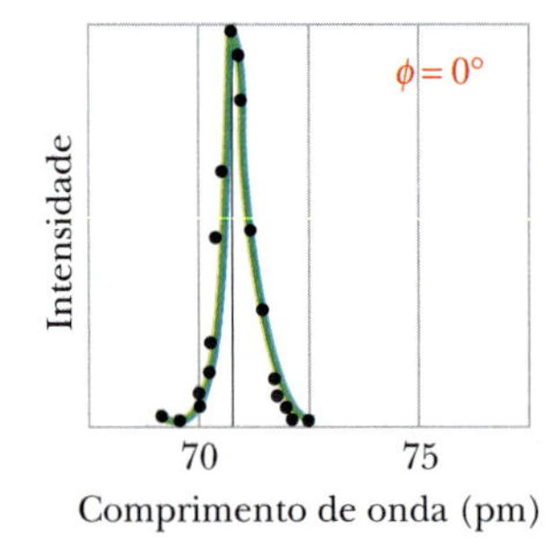

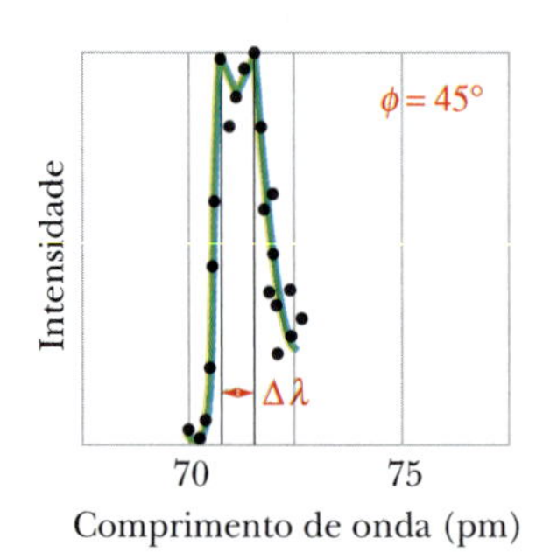

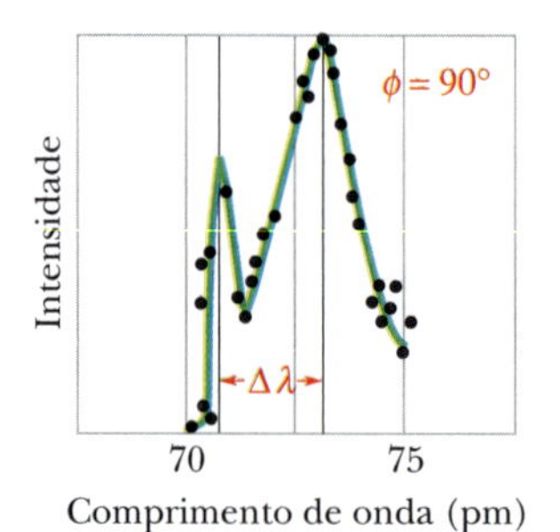

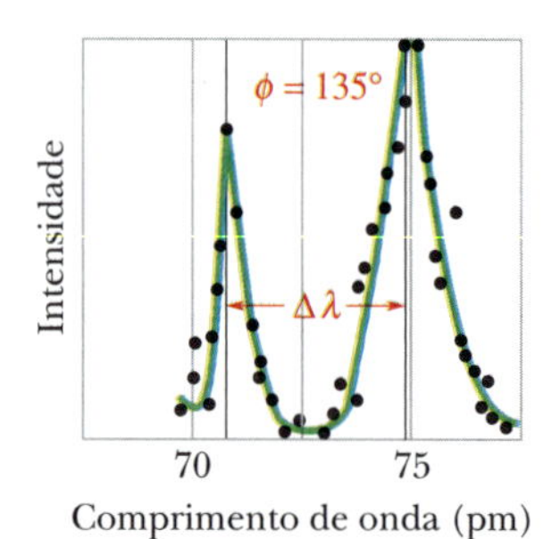

Figura 38.3.2 Resultados obtidos por Compton para quatro valores do ângulo de espalhamento ϕ. Observe que o deslocamento de Compton $\Delta\lambda$ aumenta com o ângulo de espalhamento.

elétrons do alvo oscilarem com a mesma frequência que essa onda e, portanto, produzirem novas ondas com a *mesma frequência* que a onda incidente, como se fossem pequenas antenas transmissoras. Assim, os raios X espalhados por elétrons deveriam ter todos a mesma frequência e o mesmo comprimento de onda que os raios X do feixe incidente, o que simplesmente *não é verdade*.

Compton interpretou o espalhamento de raios X pelo alvo de carbono em termos da transferência de energia e de momento, por meio de fótons, do feixe incidente para elétrons quase livres do alvo. Vamos examinar de que forma essa interpretação, baseada na física quântica, leva a uma explicação dos resultados obtidos por Compton.

Considere a interação de um fóton do feixe de raios X incidente (de energia $E = hf$) com um elétron estacionário. No caso mais geral, a direção de propagação do fóton é alterada (o raio X é espalhado) e o elétron entra em movimento, o que significa que parte da energia do fóton é transferida para o elétron. Como a energia deve ser conservada na interação, a energia do fóton espalhado ($E' = hf'$) é menor que a energia do fóton incidente. Os raios X espalhados têm, portanto, uma frequência f' menor e um comprimento de onda λ' maior que o dos raios X incidentes, o que está de acordo com os resultados obtidos por Compton, mostrados na Fig. 38.3.2.

Para analisar quantitativamente o problema, aplicamos em primeiro lugar a lei da conservação de energia. A Fig. 38.3.3 mostra uma "colisão" entre um fóton de raios X e um elétron livre do alvo, inicialmente estacionário. Após a interação, um fóton de raios X de comprimento de onda λ' deixa o local da colisão com a direção de propagação fazendo um ângulo ϕ com a direção do fóton incidente, e o elétron passa a se mover com velocidade v em uma direção que faz um ângulo θ com a direção do fóton incidente. De acordo com a lei de conservação da energia, temos

$$hf = hf' + K,$$

em que hf é a energia do fóton incidente, hf' é a energia do fóton espalhado e K é a energia cinética do elétron após a interação. Como, após a interação, o elétron pode estar se movendo com uma velocidade próxima da velocidade da luz, usamos a expressão relativística da Eq. 37.6.13,

$$K = mc^2(\gamma - 1),$$

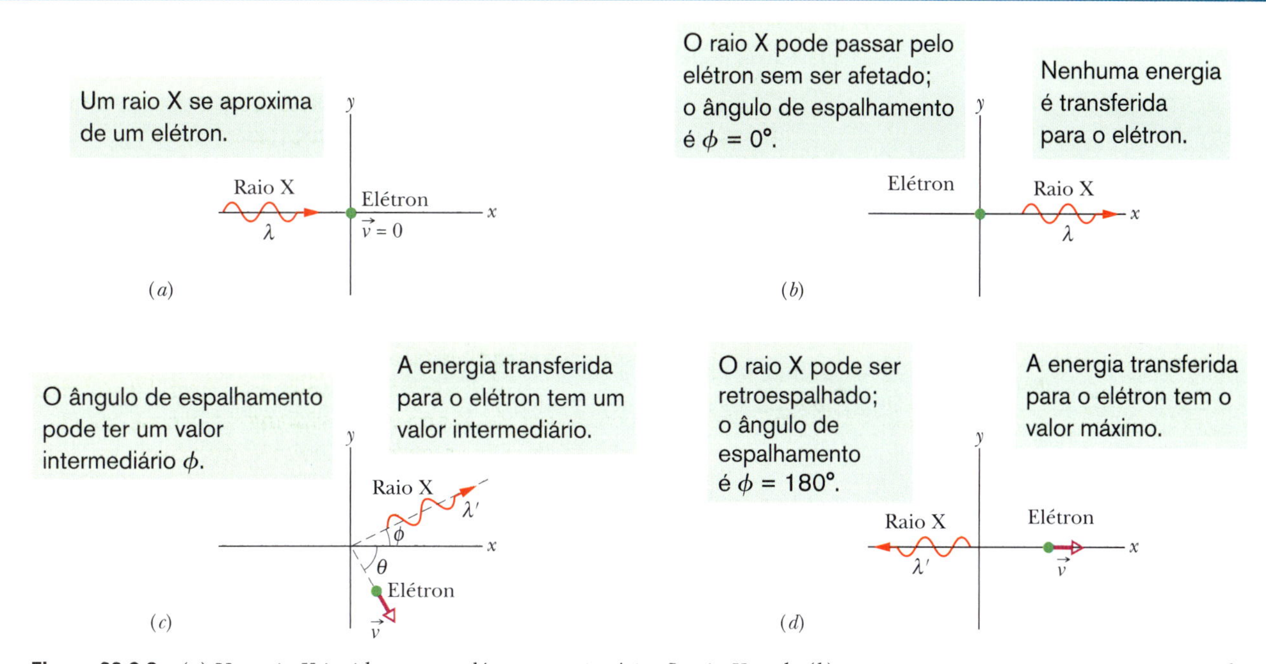

Figura 38.3.3 (*a*) Um raio X incide em um elétron estacionário. O raio X pode (*b*) continuar a se propagar no mesmo sentido (espalhamento direto) sem que haja transferência de energia e momento, (*c*) ser espalhado em uma direção intermediária com uma transferência intermediária de energia e momento, ou (*d*) passar a se propagar no sentido oposto (retroespalhamento), caso em que a transferência de energia e momento é a maior possível.

para a energia cinética do elétron, em que m é a massa do elétron e γ é o fator de Lorentz, dado por

$$\gamma = \frac{1}{\sqrt{1 - (v/c)^2}}.$$

Substituindo K por seu valor na equação de conservação da energia, obtemos:

$$hf = hf' + mc^2(\gamma - 1).$$

Fazendo $f = c/\lambda$ e $f' = c/\lambda'$, obtemos

$$\frac{h}{\lambda} = \frac{h}{\lambda'} + mc(\gamma - 1). \tag{38.3.2}$$

Vamos agora aplicar a lei de conservação do momento à interação raio X–elétron da Fig. 38.3.3. De acordo com a Eq. 38.3.1 ($p = h/\lambda$), o módulo do momento do fóton incidente é h/λ e o módulo do momento do fóton espalhado é h/λ'. Conforme a Eq. 37.6.2, o módulo do momento do elétron após a interação é $p = \gamma mv$. Como se trata de uma situação bidimensional, escrevemos equações separadas para a conservação do momento ao longo dos eixos x e y, o que nos dá

$$\frac{h}{\lambda} = \frac{h}{\lambda'}\cos\phi + \gamma mv\cos\theta \qquad \text{(eixo } x\text{)} \tag{38.3.3}$$

e

$$0 = \frac{h}{\lambda'}\,\text{sen}\,\phi - \gamma mv\,\text{sen}\,\theta \qquad \text{(eixo } y\text{)}. \tag{38.3.4}$$

Estamos interessados em determinar o valor de $\Delta\lambda$ $(= \lambda' - \lambda)$, o deslocamento de Compton dos raios X espalhados. Das cinco variáveis da interação ($\lambda, \lambda', v, \phi$ e θ) que aparecem nas Eqs. 38.3.2, 38.3.3 e 38.3.4, escolhemos eliminar v e θ, que se aplicam apenas ao elétron após a colisão. O resultado, obtido após algumas manipulações algébricas um tanto trabalhosas, é o seguinte:

$$\Delta\lambda = \frac{h}{mc}(1 - \cos\phi) \qquad \text{(deslocamento de Compton)}. \tag{38.3.5}$$

Os resultados experimentais estão perfeitamente de acordo com a Eq. 38.3.5.

A razão h/mc na Eq. 38.3.5 é uma constante, conhecida como **comprimento de onda de Compton**, cujo valor depende da massa m da partícula responsável pelo espalhamento dos raios X. No caso que acabamos de examinar, a partícula era um elétron quase livre e, portanto, podemos substituir m pela massa do elétron para calcular o *comprimento de onda de Compton do elétron*.

Outro Pico

Resta explicar o pico dos gráficos da Fig. 38.3.2 que corresponde ao comprimento de onda da radiação incidente, λ (= 71,1 pm). Esse pico não está associado a interações da radiação incidente com elétrons quase livres do alvo, e sim a interações com elétrons *firmemente presos* aos núcleos de carbono do alvo. Nesse caso, tudo se passa como se a colisão ocorresse entre um fóton do feixe incidente e um átomo inteiro do alvo. Fazendo m na Eq. 38.3.5 igual à massa do átomo de carbono (que é aproximadamente 22.000 vezes maior que a do elétron), vemos que $\Delta\lambda$ se torna 22.000 vezes menor que o deslocamento de Compton para um elétron livre, ou seja, um deslocamento tão pequeno que não pode ser medido. Assim, em colisões desse tipo, os fótons espalhados têm praticamente o mesmo comprimento de onda que os fótons incidentes, o que explica o outro pico dos gráficos da Fig. 38.3.2.

Teste 38.3.1

Compare o espalhamento de Compton de raios X ($\lambda \approx 20$ pm) e de luz visível ($\lambda \approx 500$ nm) para um mesmo ângulo de espalhamento. Em qual dos dois casos (a) o deslocamento de Compton é maior, (b) o deslocamento relativo do comprimento de onda é maior, (c) a variação relativa da energia dos fótons é maior, e (d) a energia transferida para os elétrons é maior? (Ver próximo exemplo.)

Exemplo 38.3.1 Espalhamento de Compton de raios X por elétrons  38.4

Um feixe de raios X de comprimento de onda $\lambda = 22$ pm (energia dos fótons = 56 keV) é espalhado por um alvo de carbono, e o feixe espalhado é detectado a 85° com o feixe incidente.

(a) Qual é o deslocamento de Compton do feixe espalhado?

IDEIA-CHAVE

O deslocamento de Compton é a mudança do comprimento de onda dos raios X espalhados por elétrons quase livres do alvo. De acordo com a Eq. 38.3.5, o deslocamento depende do ângulo de espalhamento. O deslocamento é zero para o espalhamento direto ($\phi = 0°$) e máximo para o retroespalhamento ($\phi = 180°$). Neste exemplo, temos um caso intermediário em que $\phi = 85°$.

Cálculo: Fazendo $\phi = 85°$ e $m = 9{,}11 \times 10^{-31}$ kg na Eq. 38.3.5 (já que as partículas responsáveis pelo espalhamento são elétrons), obtemos

$$\Delta\lambda = \frac{h}{mc}(1 - \cos\phi)$$

$$= \frac{(6{,}63 \times 10^{-34}\ \text{J}\cdot\text{s})(1 - \cos 85°)}{(9{,}11 \times 10^{-31}\ \text{kg})(3{,}00 \times 10^{8}\ \text{m/s})}$$

$$= 2{,}21 \times 10^{-12}\ \text{m} \approx 2{,}2\ \text{pm}. \qquad \text{(Resposta)}$$

(b) Que porcentagem da energia dos fótons incidentes é transferida para os elétrons espalhados a 85°?

IDEIA-CHAVE

Precisamos determinar a *perda relativa de energia* (vamos chamá-la de *rel*) do fóton espalhado:

$$rel = \frac{\text{perda de energia}}{\text{energia inicial}} = \frac{E - E'}{E}.$$

Cálculos: Usando a Eq. 38.1.2 ($E = hf$), podemos expressar a energia inicial do fóton, E, e a energia final, E', em termos das respectivas frequências, f e f'. Em seguida, usando a Eq. 38.1.1 ($f = c/\lambda$), podemos expressar as frequências em termos dos respectivos comprimentos de onda, λ e λ'. O resultado é o seguinte:

$$rel = \frac{hf - hf'}{hf} = \frac{c/\lambda - c/\lambda'}{c/\lambda} = \frac{\lambda' - \lambda}{\lambda'}$$

$$= \frac{\Delta\lambda}{\lambda + \Delta\lambda}.$$

Substituindo $\Delta\lambda$ e λ por valores numéricos, obtemos

$$rel = \frac{2{,}21\ \text{pm}}{22\ \text{pm} + 2{,}21\ \text{pm}} = 0{,}091,\ \text{ou}\ 9{,}1\%. \qquad \text{(Resposta)}$$

Esse resultado mostra que, diferentemente do que acontece com o deslocamento de Compton $\Delta\lambda$, que não depende do comprimento de onda λ da radiação incidente (ver Eq. 38.3.5), a *perda relativa de energia* dos fótons é inversamente proporcional a λ.

Luz como uma Onda de Probabilidade

Um dos grandes mistérios da física é o fato de a luz se comportar como uma onda (ou seja, como um fenômeno não localizado) na física clássica e, ao mesmo tempo, ser emitida e absorvida como composta por entidades discretas chamadas fótons (que são criados e aniquilados em locais específicos) na física quântica. Para compreender melhor esse dualismo, vamos discutir três versões do experimento de dupla fenda, que foi apresentado no Módulo 35.2.

Versão Original

A Fig. 38.3.4 mostra, de forma esquemática, o experimento realizado por Thomas Young em 1801 (ver também a Fig. 35.2.3). Um feixe luminoso incide no anteparo *B*, que contém duas fendas estreitas paralelas. As ondas que atravessam as fendas se espalham por difração e se combinam na tela *C* onde, ao interferirem, produzem uma figura que apresenta máximos e mínimos de intensidade. No Módulo 35.2, consideramos a existência dessas franjas de interferência como prova incontestável da natureza ondulatória da luz.

Vamos colocar um pequeno detector de fótons D em um ponto da tela *C*. Suponha que o detector seja um dispositivo fotelétrico que produza um estalido cada vez que absorve um fóton. Experimentalmente, observa-se que o detector emite uma série de estalidos espaçados aleatoriamente no tempo, cada estalido sinalizando a chegada de um fóton à tela de observação. Quando deslocamos o detector lentamente para cima e para baixo ao longo da tela, como indica a seta de duas cabeças da Fig. 38.3.4, observamos que o número de estalidos por unidade de tempo aumenta e diminui, passando por máximos e mínimos que correspondem exatamente aos máximos e mínimos da figura de difração.

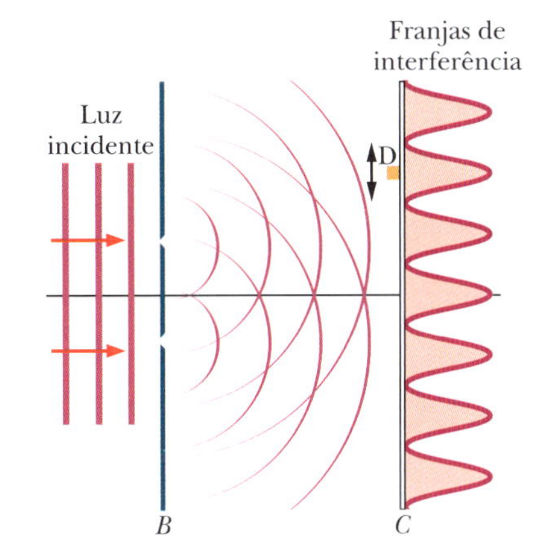

Figura 38.3.4 Um feixe luminoso incide no anteparo *B*, que contém duas fendas paralelas. As ondas que atravessam as fendas se combinam na tela *C*, onde produzem uma figura de interferência. Um pequeno detector de fótons D colocado em um ponto da tela *C* produz um estalido cada vez que absorve um fóton.

De acordo com esse experimento, é impossível prever em que instante um fóton será detectado em determinado ponto da tela *C*; em todos os pontos da tela, fótons são detectados a intervalos irregulares. Entretanto, podemos calcular a *probabilidade* relativa de que um fóton seja detectado em determinado ponto da tela durante um intervalo de tempo especificado: ela é proporcional à intensidade da luz incidente nesse ponto.

De acordo com a Eq. 33.2.8 ($I = E^2_{rms}/c\mu_0$) do Módulo 33.2, a intensidade I de uma onda luminosa em qualquer ponto do espaço é proporcional ao quadrado de E_m, a amplitude do campo elétrico associado à onda nesse ponto. Assim,

A probabilidade (por unidade de tempo) de que um fóton seja detectado em um pequeno volume com o centro em um dado ponto de uma onda luminosa é proporcional ao quadrado da amplitude do campo elétrico associado à onda no mesmo ponto.

Trata-se de uma descrição probabilística de uma onda luminosa e, portanto, de outra forma de encarar a luz. De acordo com a nova interpretação, a luz pode ser vista como uma **onda de probabilidade**. Em outras palavras, a cada ponto de uma onda luminosa é possível atribuir uma probabilidade (por unidade de tempo) de que um fóton seja detectado em um pequeno volume com o centro nesse ponto.

Versão para Fótons Isolados

Uma versão para fótons isolados do experimento de Young foi executada por G. I. Taylor em 1909 e repetida muitas vezes nos anos seguintes. A diferença em relação à versão original é que a fonte luminosa é tão fraca que emite apenas um fóton de cada vez, a intervalos aleatórios. Surpreendentemente, franjas de interferência aparecem na tela C se o experimento for executado por um tempo suficientemente longo (vários meses, no primeiro experimento de Taylor).

Que explicação podemos apresentar para o resultado desse experimento? Antes mesmo de começarmos a pensar em uma explicação, temos vontade de fazer perguntas como as seguintes: Se os elétrons passam pelo equipamento um de cada vez, por qual das fendas do anteparo B passa um dado fóton? Como um fóton pode "saber" que existe outra fenda além daquela pela qual passou, uma condição necessária para que a interferência exista? Será que um fóton pode passar pelas duas fendas ao mesmo tempo e interferir com ele mesmo?

É preciso ter em mente que só conhecemos a existência de um fóton por sua interação com a matéria: só podemos observá-lo quando provoca um estalido ou ilumina uma tela. Assim, no experimento da Fig. 38.3.4, sabemos apenas que um fóton foi emitido pela fonte e chegou à tela; não temos nenhuma informação a respeito do que aconteceu durante o percurso. Entretanto, como uma figura de interferência aparece na tela, podemos especular que cada fóton se propaga da fonte até a tela *como uma onda*, que preenche todo o espaço entre a fonte e a tela e depois desaparece quando o fóton é absorvido em algum ponto da tela, transferindo energia e momento para a tela nesse ponto.

É *impossível* prever onde ocorrerá a absorção (onde será detectado o fóton) para certo fóton emitido pela fonte. Entretanto, é *possível* calcular a probabilidade de que a detecção ocorra em determinado ponto da tela. As detecções tendem a ocorrer nas franjas claras que aparecem na tela e são mais raras nas franjas escuras. Assim, podemos dizer que a onda que se propaga da fonte até a tela é uma *onda de probabilidade*, que produz na tela uma figura constituída por "franjas de probabilidade".

Nova Versão para Fótons Isolados

No passado, os físicos tentaram explicar o resultado do experimento com fótons isolados em termos de pequenos pacotes de ondas clássicas que passariam simultaneamente pelas duas fendas. Esses pequenos pacotes eram identificados com os fótons. Experimentos mais recentes, porém, revelaram que o fenômeno da interferência não pode ser explicado dessa forma. A Fig. 38.3.5 mostra o arranjo usado em um desses experimentos, realizado em 1992 por Ming Lai e Jean-Claude Diels, da Universidade do Novo México. A fonte S contém moléculas que emitem fótons a intervalos bem espaçados. Os espelhos M_1 e

M_2 são posicionados de modo a refletirem a luz emitida pela fonte em duas direções distintas, 1 e 2, que estão separadas por um ângulo θ próximo de 180°. Esse arranjo é bem diferente do que é usado no experimento original de Young, em que o ângulo entre as trajetórias dos fótons que chegam às duas fendas é muito pequeno.

Depois de serem refletidas nos espelhos M_1 e M_2, as ondas luminosas que se propagam ao longo das trajetórias 1 e 2 se encontram no espelho semitransparente B. (Espelho semitransparente é um espelho que reflete metade da luz incidente e deixa passar a outra metade.) Do lado direito do espelho semitransparente da Fig. 38.3.5, a onda luminosa que se propagava ao longo da trajetória 2 e foi refletida pelo espelho B se combina com a onda luminosa que se propagava ao longo da trajetória 1 e atravessou o espelho B. As duas ondas interferem ao chegarem ao detector D (uma *válvula fotomultiplicadora* capaz de detectar fótons individuais).

O sinal de saída do detector é uma série de pulsos eletrônicos aleatoriamente espaçados, um para cada fóton detectado. No experimento, o espelho B é deslocado lentamente na direção horizontal (no experimento publicado, a distância máxima percorrida foi de apenas 50 μm) e o sinal de saída do detector é registrado. O deslocamento do espelho modifica as distâncias percorridas pelos fótons ao longo das trajetórias 1 e 2, o que muda a diferença de fase entre as ondas que chegam ao detector D, fazendo com que máximos e mínimos de interferência apareçam no sinal de saída do detector.

O resultado do experimento é difícil de explicar em termos convencionais, já que, nas condições em que é executado, não existe nenhuma correlação entre o percurso seguido por um fóton e o percurso seguido pelo fóton seguinte. Como pode um fóton se propagar ao longo de dois percursos quase diametralmente opostos, de modo a interferir com ele mesmo? A explicação está no fato de que, quando uma molécula emite um fóton, uma onda de probabilidade se propaga em todas as direções; o que o experimento faz é simplesmente colher amostras da onda em duas dessas direções e combiná-las na posição do detector.

Os resultados das três versões do experimento de dupla fenda podem ser explicados se supusermos (1) que a luz é gerada na forma de fótons, (2) que a luz é detectada na forma de fótons, (3) que a luz se propaga na forma de uma onda de probabilidade.

Um *único* fóton pode seguir trajetórias diferentes e interferir consigo mesmo.

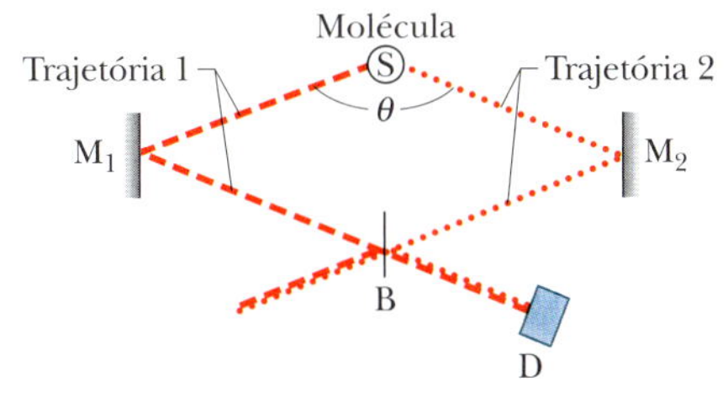

Figura 38.3.5 A luz associada a um único fóton emitido pela fonte S percorre duas trajetórias distintas e interfere com ela mesma no detector D depois de ser recombinada no espelho semitransparente B. (Extraída de Ming Lai e Jean-Claude Diels, *Journal of the Optical Society of America B*, **9**, 2290-2294, December 1992.)

38.4 NASCIMENTO DA FÍSICA QUÂNTICA

Objetivos do Aprendizado

Depois de ler este módulo, você será capaz de ...

38.4.1 Saber o que é um corpo negro e o que é radiância espectral.

38.4.2 Saber qual foi o problema que os físicos encontraram ao estudar a radiação de um corpo negro e de que forma Planck e Einstein resolveram o problema.

38.4.3 Conhecer a lei da radiação de Planck.

38.4.4 Calcular a intensidade da radiação do corpo negro em função do comprimento de onda a uma dada temperatura, para um pequeno intervalo de comprimentos de onda.

38.4.5 Conhecer a relação entre intensidade, potência e área da radiação de corpo negro.

38.4.6 Usar a lei de Wien para relacionar a temperatura da superfície de um corpo negro ao comprimento de onda para o qual a radiância espectral do corpo negro é máxima.

Ideias-Chave

- Para medir a emissão de radiação térmica por um corpo negro, definimos a radiância espectral como a intensidade da radiação emitida por unidade de comprimento de onda para um dado comprimento de onda λ:

$$S(\lambda) = \frac{\text{intensidade}}{(\text{unidade de comprimento de onda})}.$$

- A lei de Planck da radiação, que pode ser explicada em termos da radiação térmica por osciladores atômicos, é a seguinte:

$$S(\lambda) = \frac{2\pi c^2 h}{\lambda^5}\frac{1}{e^{hc/\lambda kT} - 1},$$

em que h é a constante de Planck, k é a constante de Boltzmann e T é a temperatura da superfície do corpo negro em kelvins.

- A lei de Planck foi a primeira indicação de que a energia dos osciladores atômicos responsáveis pela radiação de corpo negro é quantizada.

- A lei de Wien relaciona a temperatura T de um corpo negro ao comprimento de onda $\lambda_{\text{máx}}$ para o qual a radiância espectral é máxima:

$$\lambda_{\text{máx}} T = 2.898\ \mu\text{m} \cdot \text{K}.$$

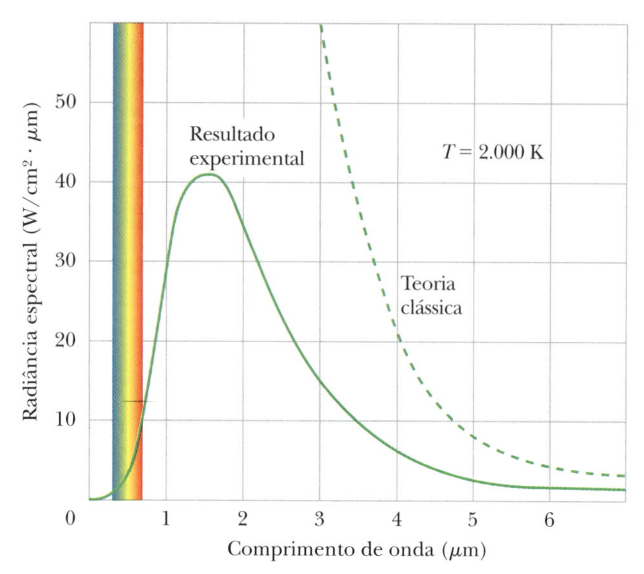

Figura 38.4.1 Curvas experimental (linha cheia) e teórica (linha tracejada) da radiância espectral em função do comprimento de onda para um corpo negro a 2.000 K. Note que existe uma grande diferença entre as duas curvas.

Nascimento da Física Quântica

Agora que mostramos de que forma o efeito fotelétrico e o espalhamento de Compton levaram os físicos a aceitar a física quântica, vamos voltar ao início de tudo, à época em que a ideia de níveis de energia quantizados surgiu gradualmente a partir de resultados experimentais. A história começa com o que hoje pode parecer trivial, mas foi um momento marcante para os físicos do início do século XX. A questão girava em torno da radiação térmica emitida por corpo negro, ou seja, um objeto cuja radiação térmica depende apenas da temperatura e não do material, do estado da superfície ou de qualquer outro parâmetro que não seja a temperatura. O problema, em resumo, era o seguinte: os resultados experimentais eram muito diferentes das previsões teóricas e ninguém era capaz de explicar o motivo da discrepância.

Arranjo Experimental. Podemos fabricar um corpo negro abrindo uma cavidade no interior de um objeto e mantendo as paredes da cavidade a uma temperatura uniforme. Os átomos das paredes da cavidade oscilam (possuem energia térmica), o que faz com que emitam ondas eletromagnéticas, a radiação térmica. Para obter uma amostra dessa radiação térmica, fazemos um pequeno furo na parede, o que permite que uma pequena fração da radiação escape para ser medida (se o furo for suficientemente pequeno, a fração que escapa não é suficiente para alterar a radiação no interior da cavidade). Estamos interessados em determinar qual é a variação da intensidade da radiação com o comprimento de onda.

A distribuição de intensidade pode ser definida em termos da **radiância espectral** $S(\lambda)$ da radiação:

$$S(\lambda) = \frac{\text{intensidade}}{\left(\begin{array}{c}\text{unidade de}\\ \text{comprimento de onda}\end{array}\right)} = \frac{\text{potência}}{\left(\begin{array}{c}\text{unidade de}\\ \text{área do emissor}\end{array}\right)\left(\begin{array}{c}\text{unidade de}\\ \text{comprimento de onda}\end{array}\right)}. \tag{38.4.1}$$

Multiplicando $S(\lambda)$ por um pequeno intervalo de comprimentos de onda $d\lambda$, obtemos a intensidade (ou seja, a potência por unidade de área) que está sendo emitida no intervalo de comprimentos de onda de λ a $\lambda + d\lambda$.

A curva cheia da Fig. 38.4.1 mostra os resultados experimentais para um corpo negro a 2.000 K. Embora um corpo negro a essa temperatura tenha luz própria, podemos ver na figura que apenas uma pequena parte da energia irradiada está na faixa da luz visível (indicada por cores na figura). A essa temperatura, a maior parte da energia irradiada está na região do espectro correspondente ao infravermelho, em que os comprimentos de onda são maiores que os da luz visível.

Teoria. De acordo com a física clássica, a radiância espectral a uma dada temperatura T, em kelvins, é dada por

$$S(\lambda) = \frac{2\pi ckT}{\lambda^4} \quad \text{(lei clássica da radiação)}, \tag{38.4.2}$$

em que k é a constante de Boltzmann (Eq. 19.2.3), cujo valor é

$$k = 1{,}38 \times 10^{-23}\ \text{J/K} = 8{,}62 \times 10^{-5}\ \text{eV/K}.$$

Esse resultado clássico, para T = 2.000 K, corresponde à curva tracejada da Fig. 38.4.1. Embora os resultados teóricos concordem com os resultados experimentais para grandes comprimentos de onda (ou seja, na extremidade direita do gráfico), são muito diferentes para pequenos comprimentos de onda. Na verdade, a curva teórica aumenta sem limite quando o comprimento de onda tende a infinito (o que era considerado pelos físicos uma falha inexplicável da teoria).

Solução de Planck. Em 1900, Planck encontrou uma expressão para $S(\lambda)$ que reproduzia fielmente os resultados experimentais para todos os comprimentos de onda e todas as temperaturas:

$$S(\lambda) = \frac{2\pi c^2 h}{\lambda^5} \frac{1}{e^{hc/\lambda kT} - 1} \quad \text{(lei de Planck da radiação).} \tag{38.4.3}$$

O elemento mais importante da equação é o argumento da exponencial, hc/λ, que, modernamente, é escrito na forma hf. Foi na Eq. 38.4.3 que apareceu pela primeira vez a constante h. Embora, para chegar à Eq. 38.4.3, tivesse que supor que a energia dos osciladores atômicos das paredes da cavidade era quantizada, Planck, com sua formação clássica, simplesmente se recusou a acreditar que essa quantização tivesse realidade física.

Solução de Einstein. Passaram-se 17 anos sem que ninguém fosse capaz de compreender o significado da Eq. 38.4.3. Foi então que Einstein conseguiu demonstrá-la a partir de um modelo muito simples, baseado em duas ideias: (1) A energia dos osciladores atômicos das paredes da cavidade que emite a radiação é realmente quantizada. (2) A energia da radiação que existe no interior da cavidade também é quantizada na forma de quanta (que hoje chamamos de fótons) de energia $E = hf$, a mesma dos osciladores atômicos. Nesse modelo, Einstein explicou o processo pelo qual os átomos podem emitir e absorver fótons e se manter em equilíbrio com a radiação.

Valor Máximo. O comprimento de onda $\lambda_{\text{máx}}$ para o qual $S(\lambda)$ é máxima (a uma dada temperatura T) pode ser calculado igualando a zero a derivada primeira da Eq. 38.4.3. O resultado é conhecido como lei de Wien:

$$\lambda_{\text{máx}} T = 2989\ \mu\text{m} \cdot \text{K} \quad \text{(para o máximo de radiância).} \tag{38.4.4}$$

Para $T = 2.000$ K, por exemplo, $\lambda_{\text{máx}} = 1{,}5\ \mu$m, um comprimento de onda na região do infravermelho. Quando a temperatura aumenta, $\lambda_{\text{máx}}$ diminui e o pico da Fig. 38.4.1 muda de forma e se aproxima da região da luz visível.

Potência Irradiada. Integrando a Eq. 38.4.3 para todos os comprimentos de onda (a uma dada temperatura), podemos calcular a potência por unidade de área irradiada por um corpo negro. Multiplicando pela área total A da superfície, obtemos a potência total P irradiada pelo corpo negro. Já vimos esse resultado no Módulo 18.6; é a Eq. 18.6.7:

$$P = \sigma \varepsilon A T^4, \tag{38.4.5}$$

em que σ ($= 5{,}6704 \times 10^{-8}$ W/m$^2 \cdot$ K^4) é a constante de Stefan-Boltzmann e ε é a emissividade da superfície ($\varepsilon = 1$ para um corpo negro). Para uma dada temperatura T, um comprimento de onda λ e um pequeno intervalo de comprimentos de onda $\Delta\lambda$, a potência emitida no intervalo de λ a $\lambda + \Delta\lambda$ é dada aproximadamente por $S(\lambda)A\,\Delta\lambda$.

38.5 ELÉTRONS E ONDAS DE MATÉRIA

Objetivos do Aprendizado

Depois de ler este módulo, você será capaz de ...

38.5.1 Saber que os elétrons (e todas as partículas elementares) são ondas de matéria.

38.5.2 Conhecer as relações entre o comprimento de onda de de Broglie, o momento, a velocidade e a energia cinética, para partículas relativísticas e não relativísticas.

38.5.3 Descrever a figura de interferência de dupla fenda produzida por elétrons.

38.5.4 Aplicar as equações de interferência da luz (Capítulo 35) e difração da luz (Capítulo 36) a ondas de matéria.

Ideias-Chave

- Uma partícula em movimento pode ser descrita como uma onda de matéria.
- O comprimento de onda associado a uma onda de matéria é o comprimento de onda de de Broglie $\lambda = h/p$, em que h é a constante de Planck e p é o momento da partícula.
- Partícula: Quando um elétron interage com a matéria, a interação é do tipo partícula, pois ocorre em um local definido e envolve uma transferência de energia e momento.
- Onda: Quando um elétron está em movimento sem interagir com a matéria, podemos interpretá-lo como uma onda de probabilidade.

Elétrons e Ondas de Matéria

Em 1924, o físico francês Louis de Broglie propôs a seguinte linha de raciocínio: Um feixe luminoso é uma onda, mas transfere energia e momento a partículas de matéria em eventos pontuais, por meio de "pacotes" chamados fótons. Por que um feixe de partículas não pode ter as mesmas propriedades? Em outras palavras, por que não podemos pensar em um elétron, ou qualquer outra partícula, como uma **onda de matéria** que transfere energia e momento a outras partículas de matéria em eventos pontuais?

Em particular, de Broglie sugeriu que a Eq. 38.3.1 ($p = h/\lambda$) fosse aplicada, não só aos fótons, mas também aos elétrons. Essa equação foi usada no Módulo 38.3 para atribuir um momento p a um fóton de luz de comprimento de onda λ. A ideia de de Broglie era usá-la, na forma

$$\lambda = \frac{h}{p} \quad \text{(comprimento de onda de de Broglie),} \qquad (38.5.1)$$

para atribuir um comprimento de onda λ a uma partícula de momento p. O comprimento de onda calculado com o auxílio da Eq. 38.5.1 recebe o nome de **comprimento de onda de de Broglie** da partícula. A previsão de de Broglie de que as partículas de matéria se comportam como ondas em certas circunstâncias foi confirmada em 1927 pelos experimentos de C. J. Davisson e L. H. Germer, do Bell Telephone Laboratories, e George P. Thomson da Universidade de Aberdeen, na Escócia.

Os resultados de um experimento mais recente, envolvendo ondas de matéria, aparecem na Fig. 38.5.1. Nesse experimento, uma figura de interferência foi obtida fazendo incidir elétrons, *um a um*, em um anteparo com duas fendas estreitas. O arranjo experimental é semelhante ao que foi usado por Young para demonstrar a interferência

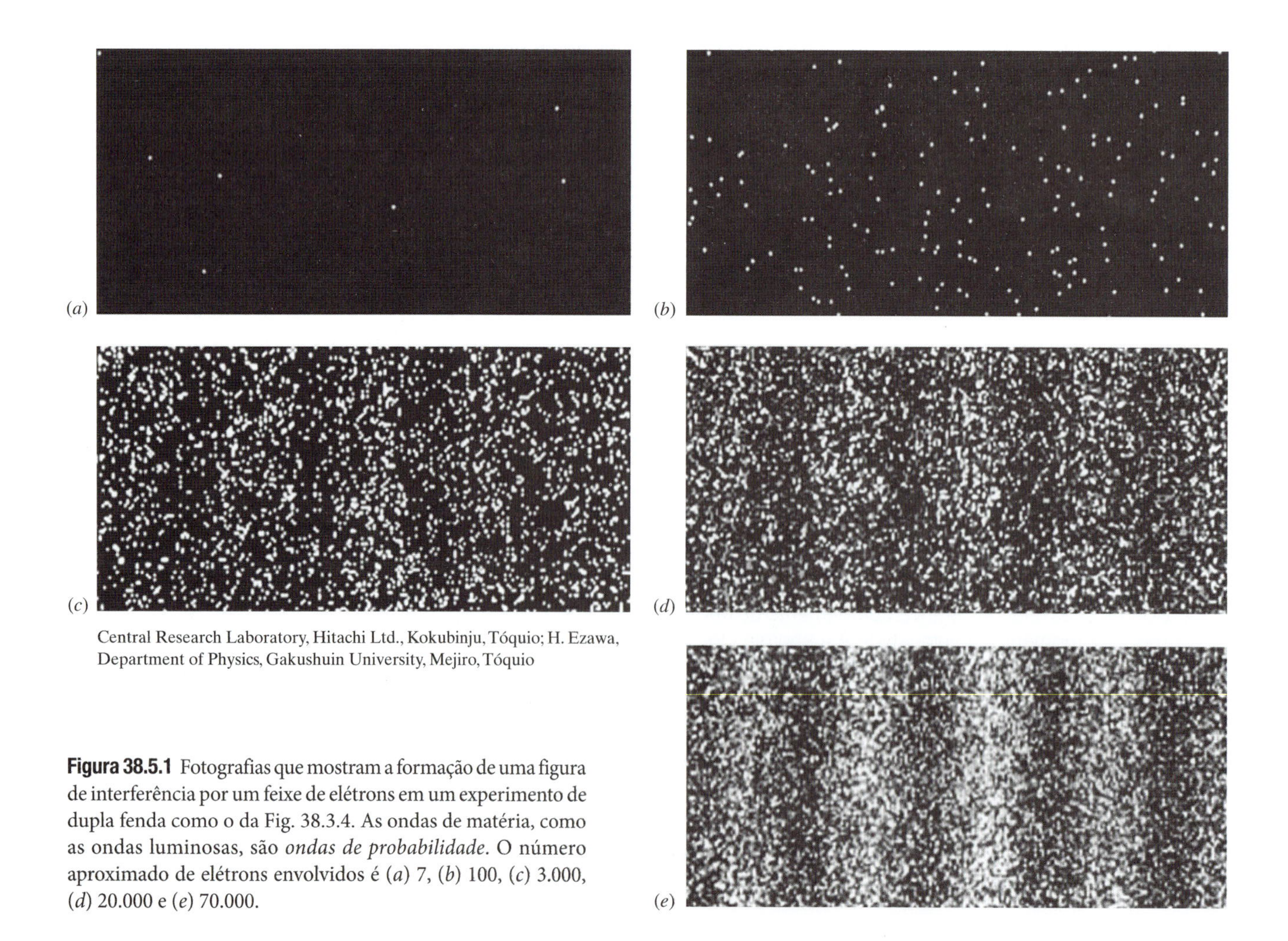

Central Research Laboratory, Hitachi Ltd., Kokubinju, Tóquio; H. Ezawa, Department of Physics, Gakushuin University, Mejiro, Tóquio

Figura 38.5.1 Fotografias que mostram a formação de uma figura de interferência por um feixe de elétrons em um experimento de dupla fenda como o da Fig. 38.3.4. As ondas de matéria, como as ondas luminosas, são *ondas de probabilidade*. O número aproximado de elétrons envolvidos é (*a*) 7, (*b*) 100, (*c*) 3.000, (*d*) 20.000 e (*e*) 70.000.

de ondas luminosas, exceto pelo fato de que a tela de observação é uma tela fluorescente. Quando um elétron atinge a tela, produz um ponto luminoso cuja posição é registrada.

Os primeiros elétrons (Figs. 38.5.1*a* e *b*) não revelaram nada de interessante e pareciam chegar à tela em pontos aleatórios. Depois que alguns milhares de elétrons atravessaram as fendas, porém, começou a aparecer um padrão de faixas claras e escuras na tela, semelhante à figura de interferência observada no experimento de Young. Isso significa que *cada elétron* passou pelas fendas como uma onda de matéria: a parte que passou por uma fenda interferiu com a parte que passou pela outra. Essa interferência, por sua vez, determinou a probabilidade de que o elétron se materializasse em um dado ponto da tela. Muitos elétrons atingiram a tela nas regiões em que a probabilidade era elevada, produzindo as faixas claras; poucos elétrons atingiram a tela nas regiões em que a probabilidade era baixa, o que deu origem às faixas escuras.

Fenômenos de interferência também foram observados em feixes de prótons, nêutrons e vários tipos de átomos. Em 1994, foi a vez das moléculas de iodo (I_2), que não só possuem massa 500.000 vezes maior que a dos elétrons, mas também têm uma estrutura muito mais complexa. Em 1999, os pesquisadores observaram o efeito em moléculas ainda mais complexas: os *fullerenos* C_{60} e C_{70}. (Os fullerenos são moléculas de forma parecida com a de uma bola de futebol, contendo 60 átomos de carbono no caso do C_{60} e 70 átomos de carbono no caso do C_{70}.) O que esses experimentos revelam é que pequenos objetos, como elétrons, prótons, átomos e moléculas, se comportam como ondas de matéria. Quando consideramos objetos cada vez maiores e mais complexos, chega um ponto em que os efeitos associados à natureza ondulatória do objeto se tornam tão pequenos que não podem ser observados. A essa altura, estamos de volta ao mundo clássico do nosso dia a dia, ao qual se aplica a física que estudamos em capítulos anteriores deste livro. Para resumir, um elétron se comporta como uma onda de matéria no sentido de que os efeitos de interferência de um elétron consigo mesmo podem ser observados com relativa facilidade, ao passo que um gato não se comporta como uma onda de matéria porque a interferência de um gato consigo mesmo é tão pequena que não pode ser observada (o que deve ser um alívio para os gatos!).

A natureza ondulatória das partículas subatômicas e dos átomos é hoje levada em conta de forma rotineira em muitos campos da ciência e da engenharia. Assim, por exemplo, a difração de elétrons e nêutrons é usada para estudar a estrutura atômica dos sólidos e líquidos, e a difração de elétrons é usada para estudar a superfície dos sólidos com resolução atômica.

A Fig. 38.5.2*a* mostra um arranjo que pode ser usado para observar o espalhamento de raios X ou elétrons por cristais. Um feixe de raios X ou elétrons incide em um alvo feito de pequenos cristais de alumínio. Os raios X têm determinado comprimento de onda; os elétrons são acelerados até possuírem um comprimento de onda de de Broglie igual ao comprimento de onda dos raios X. O espalhamento dos raios X e dos elétrons pelos cristais de alumínio produz anéis de interferência em um filme fotográfico. A Fig. 38.5.2*b* mostra a figura de interferência produzida pelos raios X, enquanto a Fig. 38.5.2*c* mostra a figura de interferência produzida pelos elétrons. As figuras são muito parecidas, já que, nesse experimento, tanto os raios X como os elétrons se comportam como ondas.

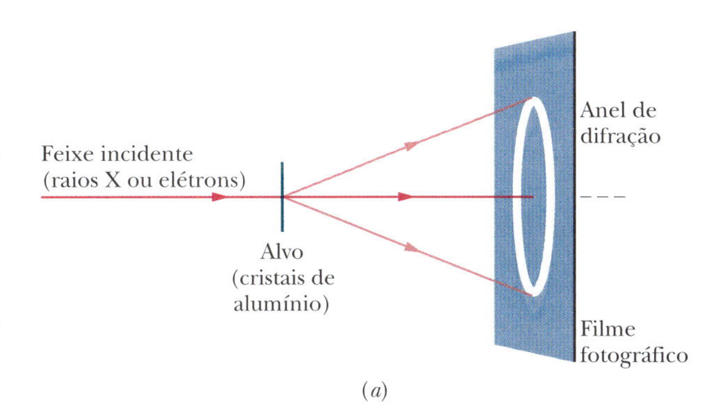

(*a*)

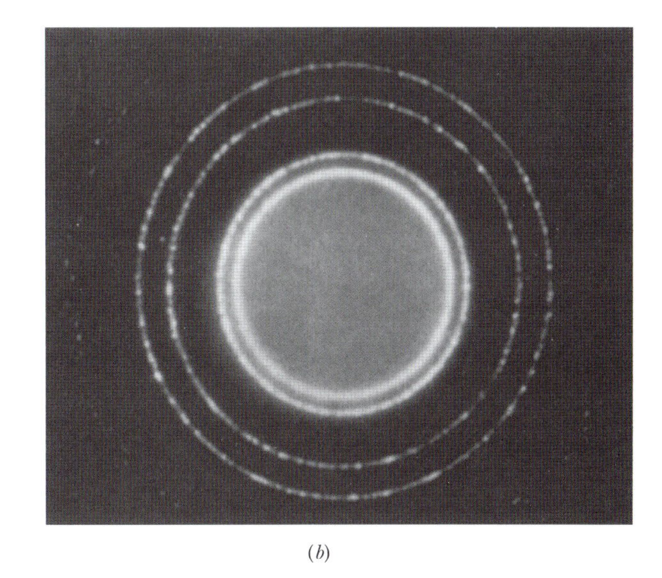

(*b*)

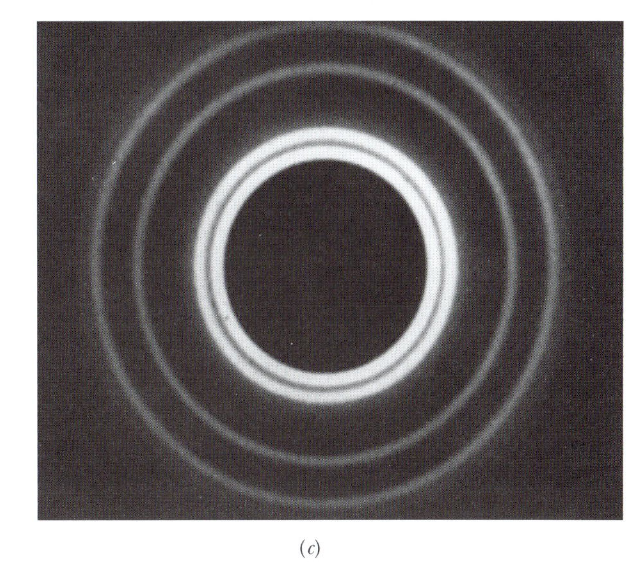

(*c*)

As fotos (b) e (c) foram extraídas do filme do PSSC "Matter Waves", cortesia do Education Development Center, Newton, Massachusetts

Figura 38.5.2 (*a*) Montagem experimental usada para demonstrar, por técnicas de difração, o caráter ondulatório do feixe incidente. As fotografias mostram as figuras de difração obtidas (*b*) com um feixe de raios X (ondas eletromagnéticas) e (*c*) com um feixe de elétrons (ondas de matéria). Note que as duas figuras são muito parecidas.

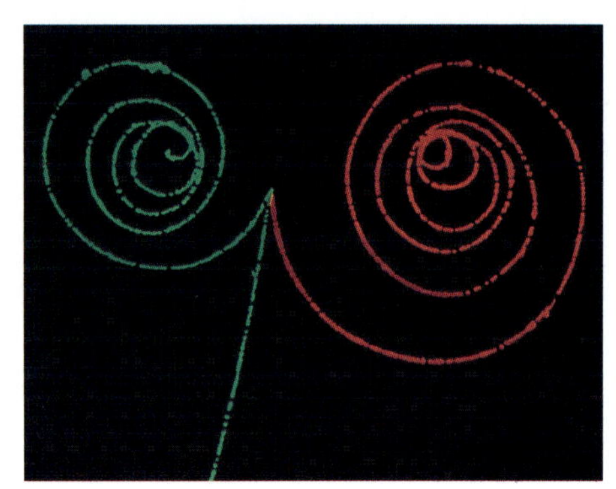

Lawrence Berkeley Laboratory/Science Photo Library/Science Source.

Figura 38.5.3 Imagem obtida em uma câmara de bolhas, mostrando as trajetórias de dois elétrons (trajetórias verdes) e um pósitron (trajetória vermelha) depois que um raio gama entrou na câmara.

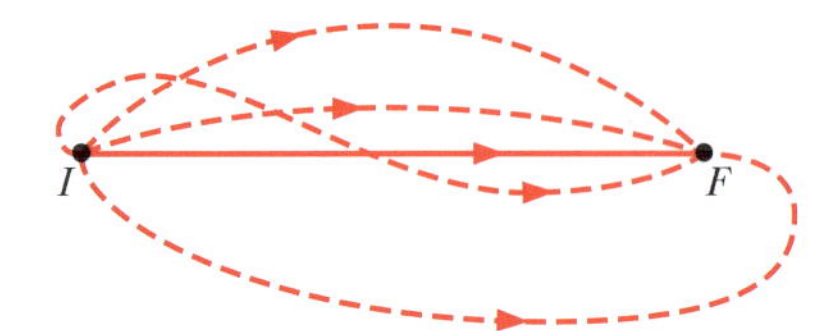

Figura 38.5.4 Algumas das muitas trajetórias possíveis entre dois pontos de detecção, *I* e *F*. Apenas as ondas de matéria que seguem trajetórias próximas da linha reta entre os dois pontos interferem construtivamente. Para todas as outras trajetórias, as ondas que seguem trajetórias vizinhas interferem destrutivamente. É por isso que a onda de matéria deixa um rastro em linha reta.

Ondas e Partículas

As Figs. 38.5.1 e 38.5.2 demonstram de forma incontestável que a matéria se comporta como uma *onda*, mas existem muitos outros experimentos que revelam que a matéria é feita de *partículas*. A Fig. 38.5.3, por exemplo, mostra os rastros deixados por partículas em uma câmara de bolhas. Quando uma partícula carregada passa pelo hidrogênio líquido contido em uma câmara desse tipo, o líquido se transforma em vapor ao longo da trajetória da partícula. Com isso, uma série de bolhas torna visível a trajetória, que normalmente tem forma curva por causa de um campo magnético aplicado perpendicularmente ao plano em que as partículas se movem.

Na Fig. 38.5.3, um raio gama não deixou um rastro ao penetrar na câmara, vindo de cima, porque os raios gama são eletricamente neutros e não produzem bolhas de vapor. O raio gama colidiu com um elétron de um átomo de hidrogênio, arrancando-o do átomo; esse elétron é responsável pelo rastro verde quase vertical. A colisão fez com que o raio gama se transformasse em um elétron e um pósitron, que deixaram rastros em espiral (o rastro verde foi deixado pelo elétron e o rastro vermelho pelo pósitron) ao perderem energia por colisões com átomos de hidrogênio. Esses rastros podem ser interpretados como uma indicação de que o elétron e o pósitron se comportam como partículas, mas será que também é possível interpretar os rastros da Fig. 38.5.3 em termos de ondas?

Para simplificar, vamos supor que o campo magnético seja desligado, caso em que os rastros deixados pelos elétrons serão linhas retas. Podemos encarar cada bolha como um ponto de detecção do elétron. As ondas de matéria que se propagam entre dois pontos de detecção, como *I* e *F* na Fig. 38.5.4, cobrem todas as trajetórias possíveis, algumas das quais estão mostradas na figura.

Para cada trajetória entre *I* e *F*, exceto a trajetória em linha reta, existe uma trajetória vizinha em uma posição tal que as ondas de matéria que se propagam ao longo das duas trajetórias se cancelam por interferência. O mesmo não acontece com a trajetória em linha reta que liga *I* a *F*; nesse caso, as ondas de matéria que se propagam ao longo de todas as trajetórias vizinhas reforçam a onda que se propaga em linha reta. Podemos pensar nas bolhas que formam o rastro como uma série de pontos de detecção nos quais a onda de matéria sofre interferência construtiva.

Teste 38.5.1

No caso de um elétron e um próton (a) com a mesma energia cinética, (b) com o mesmo momento, ou (c) com a mesma velocidade, qual das duas partículas tem o menor comprimento de onda de de Broglie?

Exemplo 38.5.1 Comprimento de onda de de Broglie de um elétron  38.5

Qual é o comprimento de onda de de Broglie de um elétron com uma energia cinética de 120 eV?

IDEIAS-CHAVE

(1) Podemos determinar o comprimento de onda de de Broglie λ do elétron usando a Eq. 38.5.1 ($\lambda = h/p$), se calcularmos primeiro o momento p do elétron. (2) Podemos calcular p a partir da energia cinética K do elétron. Uma vez que a energia cinética é muito menor que a energia de repouso do elétron (0,511 MeV, de acordo com a Tabela 37.6.1), podemos usar as aproximações clássicas para o momento $p\ (= mv)$ e a energia cinética $K\ (= mv^2/2)$.

Cálculos: Para usar a relação de de Broglie, explicitamos v na equação da energia cinética e substituímos v pelo seu valor na equação do momento, o que nos dá

$$\begin{aligned} p &= \sqrt{2mK} \\ &= \sqrt{(2)(9{,}11 \times 10^{-31}\ \text{kg})(120\ \text{eV})(1{,}60 \times 10^{-19}\ \text{J/eV})} \\ &= 5{,}91 \times 10^{-24}\ \text{kg}\cdot\text{m/s}. \end{aligned}$$

Assim, de acordo com a Eq. 38.5.1,

$$\begin{aligned} \lambda &= \frac{h}{p} \\ &= \frac{6{,}63 \times 10^{-34}\ \text{J}\cdot\text{s}}{5{,}91 \times 10^{-24}\ \text{kg}\cdot\text{m/s}} \\ &= 1{,}12 \times 10^{-10}\ \text{m} = 112\ \text{pm}. \qquad \text{(Resposta)} \end{aligned}$$

Trata-se de um comprimento de onda da mesma ordem de grandeza que o diâmetro de um átomo típico. Se aumentarmos a energia, o comprimento de onda será ainda menor.

38.6 EQUAÇÃO DE SCHRÖDINGER

Objetivos do Aprendizado

Depois de ler este módulo, você será capaz de ...

38.6.1 Saber que as ondas de matéria obedecem à equação de Schrödinger.

38.6.2 Escrever a equação de Schrödinger para uma partícula não relativística que se move no eixo x, e determinar a solução geral para a parte espacial da função de onda.

38.6.3 Conhecer as relações entre o número de onda, a energia total, a energia potencial, a energia cinética, o momento, e o comprimento de onda de de Broglie de uma partícula não relativística.

38.6.4 Dada a solução da parte espacial da equação de Schrödinger, escrever a solução completa, que inclui a parte temporal.

38.6.5 Dado um número complexo, determinar o complexo conjugado.

38.6.6 Dada uma função de onda, calcular a densidade de probabilidade.

Ideias-Chave

- Uma onda de matéria (como, por exemplo, a de um elétron) é descrita por uma função de onda $\Psi(x, y, z, t)$, que pode ser separada em uma parte espacial $\psi(x, y, z)$ e uma parte temporal $e^{-i\omega t}$, em que ω é a frequência angular da onda.
- No caso de uma partícula não relativística, de massa m, que move no eixo x com energia E e energia potencial U, a parte espacial da função de onda pode ser determinada resolvendo a equação

$$\frac{d^2\psi}{dx^2} + k^2\psi = 0,$$

em que k é o número de onda, que está relacionado com o comprimento de onda de de Broglie λ, com o momento p e com a energia cinética $E - U$ da seguinte forma:

$$k = \frac{2\pi}{\lambda} = \frac{2\pi p}{h} = \frac{2\pi\sqrt{2m(E - U)}}{h}.$$

- Uma partícula não tem uma posição definida no espaço até que essa posição seja detectada experimentalmente.
- A probabilidade de detectar uma partícula em um pequeno volume no entorno de um ponto dado é proporcional à densidade de probabilidade $|\psi|^2$ da onda de matéria nesse ponto.

Equação de Schrödinger

Uma onda progressiva de qualquer natureza, seja uma onda em uma corda, uma onda sonora, ou uma onda luminosa, envolve a variação no espaço e no tempo de alguma grandeza. Em uma onda luminosa, por exemplo, essa grandeza é $\vec{E}(x, y, z, t)$, o campo elétrico associado à onda. (A mesma onda também pode ser descrita por um campo magnético.) O valor observado para a grandeza em certo ponto do espaço depende da localização do ponto e do instante em que foi feita a observação.

Que grandeza devemos associar a uma onda de matéria? É natural esperar que essa grandeza, que é chamada **função de onda** $\Psi(x, y, z, t)$, seja mais complexa que o campo elétrico associado a uma onda luminosa, já que uma onda de matéria, além de transportar energia e momento, também transporta massa e (frequentemente) carga elétrica. Acontece que Ψ (a letra grega psi maiúsculo), na maioria dos casos. representa uma função que também é complexa no sentido matemático da palavra, pois os valores da função são expressões da forma $a + ib$, em que a e b são números reais e $i = \sqrt{-1}$.

Em todas as situações discutidas neste livro, as variáveis espaciais e a variável temporal podem ser separadas, e a função Ψ pode ser escrita na forma

$$\Psi(x, y, z, t) = \psi(x, y, z)\, e^{-i\omega t}, \tag{38.6.1}$$

em que ω $(= 2\pi f)$ é a frequência angular da onda de matéria. Observe que ψ (a letra grega psi minúsculo) é usada para representar a parte da função de onda Ψ que não depende do tempo. Vamos lidar quase exclusivamente com ψ. Surgem imediatamente duas perguntas: O que significa a função de onda? Como podemos calculá-la?

O que significa a função de onda? O significado da função de onda tem a ver com o fato de que as ondas de matéria, como as ondas luminosas, são ondas de probabilidade. Suponha que uma onda de matéria chegue a uma região do espaço que contém um detector de pequenas dimensões. A probabilidade de que o detector indique a presença de uma partícula em um intervalo de tempo especificado é proporcional a $|\psi|^2$, em que $|\psi|$ é o valor absoluto da função de onda na posição do detector. Embora

ψ seja em geral uma grandeza complexa, $|\psi|^2$ é sempre uma grandeza real e positiva. Assim, é $|\psi|^2$, a chamada **densidade de probabilidade**, que possui *significado físico*, e não ψ. Esse significado é o seguinte:

A probabilidade (por unidade de tempo) de que uma partícula seja detectada em um pequeno volume com o centro em um dado ponto é proporcional ao valor de $|\psi|^2$ nesse ponto.

Como ψ é em geral um número complexo, calculamos o quadrado do valor absoluto de ψ multiplicando ψ por ψ^*, o *complexo conjugado* de ψ^*. (Para obter ψ^*, basta substituir o número imaginário i por $-i$ na função ψ.)

Como calcular a função de onda? As ondas sonoras e as ondas em cordas obedecem às equações da mecânica newtoniana. As ondas luminosas obedecem às equações de Maxwell. As ondas de matéria obedecem à **equação de Schrödinger**, proposta em 1926 pelo físico austríaco Erwin Schrödinger.

Muitas das situações que vamos discutir envolvem o movimento de uma partícula no eixo x em uma região em que a força a que a partícula está sujeita faz com que a partícula possua uma energia potencial $U(x)$. Neste caso especial, a parte espacial da equação de Schrödinger se reduz a

$$\frac{d^2\psi}{dx^2} + \frac{8\pi^2 m}{h^2}[E - U(x)]\psi = 0 \quad \text{(Equação de Schrödinger, movimento unidimensional),} \tag{38.6.2}$$

em que E é a energia mecânica total (soma da energia potencial e da energia cinética) da partícula. (Nessa equação não relativística, a massa da partícula *não* é considerada uma forma de energia.) A equação de Schrödinger não pode ser deduzida a partir de princípios mais simples; ela é a expressão de uma lei natural.

Podemos simplificar a Eq. 38.6.2 escrevendo o segundo termo de outra forma. Note que $E - U(x)$ é a energia cinética da partícula. Suponha que a energia potencial seja uniforme e constante (ou mesmo nula). Como a partícula é não relativística, podemos escrever a energia cinética classicamente em termos da velocidade v e do momento p e, em seguida, introduzir a teoria quântica usando o comprimento de onda de de Broglie:

$$E - U = \frac{1}{2}mv^2 = \frac{p^2}{2m} = \frac{1}{2m}\left(\frac{h}{\lambda}\right)^2. \tag{38.6.3}$$

Introduzindo um fator de 2π no numerador e no denominador do termo ao quadrado, podemos escrever a energia cinética em termos do número de onda $k = 2\pi/\lambda$:

$$E - U = \frac{1}{2m}\left(\frac{kh}{2\pi}\right)^2. \tag{38.6.4}$$

Substituindo na Eq. 38.6.2, obtemos

$$\frac{d^2\psi}{dx^2} + k^2\psi = 0 \quad \text{(Equação de Schrödinger, } U \text{ uniforme),} \tag{38.6.5}$$

em que, de acordo com a Eq. 38.6.4, o número de onda é dado por

$$k = \frac{2\pi\sqrt{2m(E - U)}}{h} \quad \text{(número de onda).} \tag{38.6.6}$$

A solução geral da Eq. 38.6.5 é

$$\psi(x) = Ae^{ikx} + Be^{-ikx}, \tag{38.6.7}$$

em que A e B são constantes. Podemos verificar que a Eq. 38.6.7 é realmente uma solução da Eq. 38.6.5 substituindo $\psi(x)$ e sua derivada segunda na Eq. 38.6.5 e observando que o resultado é uma identidade.

A Eq. 38.6.7 é a solução independente do tempo da equação de Schrödinger. Podemos supor que se trata da função de onda no instante $t = 0$. Se os valores de E e U forem conhecidos, podemos determinar os coeficientes A e B para obter a distribuição espacial da função de onda em $t = 0$. Em seguida, se quisermos saber como a função de onda muda com o tempo, podemos usar a Eq. 38.6.1 como guia e multiplicar a Eq. 38.6.7 por $e^{-i\omega t}$:

$$\begin{aligned}\Psi(x,t) &= \psi(x)e^{-i\omega t} = (Ae^{ikx} + Be^{-ikx})e^{-i\omega t}\\ &= Ae^{i(kx-\omega t)} + Be^{-i(kx+\omega t)}.\end{aligned} \quad (38.6.8)$$

Neste livro, porém, vamos nos limitar à parte espacial da função de onda.

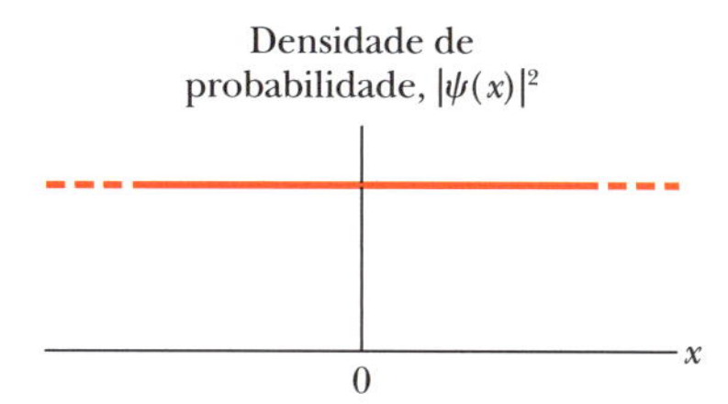

Figura 38.6.1 Gráfico da densidade de probabilidade $|\psi|^2$ para uma partícula que se move no sentido positivo do eixo x com uma energia potencial uniforme. Como $|\psi|^2$ tem o mesmo valor para qualquer valor de x, a partícula pode ser detectada com a mesma probabilidade em qualquer ponto da trajetória.

Determinação da Densidade de Probabilidade $|\psi|^2$

Como vimos no Módulo 16.1, qualquer função F da forma $F(kx \pm \omega t)$ representa uma onda progressiva. Isso se aplica tanto a funções exponenciais, como as da Eq. 38.6.8, como às funções senoidais (senos e cossenos) que usamos no Capítulo 16 para descrever ondas em cordas, no Capítulo 17 para descrever ondas sonoras e no Capítulo 33 para descrever ondas eletromagnéticas. Na verdade, as duas representações estão relacionadas pela fórmula de Euler:

$$e^{i\theta} = \cos\theta + i\,\text{sen}\,\theta \qquad \text{e} \qquad e^{-i\theta} = \cos\theta - i\,\text{sen}\,\theta, \quad (38.6.9)$$

em que θ é um ângulo qualquer.

O primeiro termo do lado direito da Eq. 38.6.8 representa uma onda que se propaga no sentido positivo do eixo x; o segundo, uma onda que se propaga no sentido negativo do eixo x. Vamos calcular a densidade de probabilidade para uma partícula que está se movendo no sentido positivo do eixo x. Para eliminar o movimento no sentido negativo do eixo x, fazemos $B = 0$ na Eq. 38.6.8, caso em que a solução para $t = 0$ se torna

$$\psi(x) = Ae^{ikx}. \quad (38.6.10)$$

Para determinar a densidade de probabilidade, devemos calcular o quadrado do valor absoluto de $\psi(x)$. O resultado é o seguinte:

$$|\psi|^2 = |Ae^{ikx}|^2 = A^2|e^{ikx}|^2.$$

Como

$$|e^{ikx}|^2 = (e^{ikx})(e^{ikx})^* = e^{ikx}e^{-ikx} = e^{ikx-ikx} = e^0 = 1,$$

obtemos

$$|\psi|^2 = A^2(1)^2 = A^2.$$

Esse resultado leva a uma conclusão curiosa: Na condição que escolhemos (energia potencial U uniforme, o que inclui $U = 0$ para uma *partícula livre*), a densidade de probabilidade é constante (tem o mesmo valor A^2) para todos os pontos do eixo x, como mostra o gráfico da Fig. 38.6.1. Isso significa que, se fizermos uma medição para determinar a posição da partícula, poderemos encontrá-la em qualquer ponto do eixo x com igual probabilidade. Assim, não podemos afirmar que o movimento da partícula é um movimento clássico, como de um automóvel em uma rua. *Na verdade, a partícula não tem uma posição definida até que sua posição seja medida.*

38.7 PRINCÍPIO DE INDETERMINAÇÃO DE HEISENBERG

Objetivo do Aprendizado

Depois de ler este módulo, você será capaz de ...

38.7.1 Aplicar o princípio de indeterminação de Heisenberg a um elétron que se move no eixo x e interpretar o resultado.

Ideia-Chave

- A natureza probabilística da física quântica impõe uma importante limitação à medida da posição e do momento de uma partícula: não é possível medir simultaneamente a posição $\vec{r}$ e o momento $\vec{p}$ de uma partícula com precisão ilimitada. A determinação das componentes da posição e do momento está sujeita às seguintes desigualdades:

$$\Delta x \cdot \Delta p_x \geq \hbar$$

$$\Delta y \cdot \Delta p_y \geq \hbar$$

$$\Delta z \cdot \Delta p_z \geq \hbar.$$

Princípio de Indeterminação de Heisenberg

A impossibilidade de prever a posição de uma partícula com energia potencial uniforme, indicada pela Fig. 38.6.1, é nosso primeiro exemplo do **princípio de indeterminação de Heisenberg**, proposto em 1927 pelo físico alemão Werner Heisenberg. Segundo esse princípio, não é possível medir simultaneamente a posição $\vec{r}$ e o momento $\vec{p}$ de uma partícula com precisão ilimitada.

Para as componentes de $\vec{r}$ e $\vec{p}$, o princípio de Heisenberg estabelece os seguintes limites em termos de $\hbar = h/2\pi$ (uma constante conhecida como constante de Planck normalizada ou, simplesmente, "h cortado"):

$$\begin{aligned} &\Delta x \cdot \Delta p_x \geq \hbar, \\ &\Delta y \cdot \Delta p_y \geq \hbar \quad \text{(Princípio de indeterminação de Heisenberg).} \quad (38.7.1) \\ \text{e} \quad &\Delta z \cdot \Delta p_z \geq \hbar \end{aligned}$$

Nas equações anteriores, Δx e Δp_x representam as indeterminações das medidas das componentes x de $\vec{r}$ e $\vec{p}$; as interpretações das outras duas equações são análogas. Mesmo com os melhores instrumentos de medida, o produto da indeterminação da posição pela indeterminação do momento de uma partícula ao longo de um eixo qualquer *jamais* será menor que $\hbar$.

Neste livro, não vamos demonstrar as relações de indeterminação, mas nos limitaremos a aplicá-las. Elas se devem ao fato de que elétrons e outras partículas são ondas de matéria e que a medição da posição e momento dessas partículas envolve probabilidades, e não certezas. Na estatística dessas medições, podemos encarar, Δx e Δp_x, digamos, como a dispersão (na verdade, como o desvio-padrão) das medições das componentes x da posição e do momento de uma partícula.

Podemos também justificar a indeterminação usando um argumento físico (embora altamente simplificado): Em capítulos anteriores, supusemos implicitamente que éramos capazes de medir a posição e a velocidade de qualquer objeto, como um carro passando por uma rua, ou uma bola rolando em uma mesa de sinuca. Podíamos determinar a posição do objeto por observação visual, ou seja, detectando a luz espalhada pelo objeto. Esse espalhamento não afetava o movimento do objeto. Na física quântica, por outro lado, o simples ato de observar uma partícula altera a posição e o momento dessa partícula. Quanto maior a precisão do método usado para determinar a posição, digamos, de um elétron que se move no eixo x (usando a luz ou outro meio qualquer), maior a alteração sofrida pelo momento do elétron e, portanto, maior a indeterminação do momento. Em outras palavras, ao diminuir o valor de Δx, aumentamos necessariamente o valor de Δp_x. Da mesma forma, se determinarmos o valor do momento do elétron com grande precisão (ou seja, se diminuirmos Δp_x), aumentaremos a indeterminação da posição do elétron (ou seja, aumentaremos Δx).

Essa última situação é a que está representada na Fig. 38.6.1. Tínhamos um elétron com um valor definido de k, o que, pela relação de de Broglie, significava um valor definido do momento p_x. Assim, $\Delta p_x = 0$, o que, de acordo com a Eq. 38.7.1, significa que $\Delta x = \infty$. Assim, se montarmos um experimento para medir a posição do elétron, poderemos obter qualquer valor entre $x = -\infty$ e $x = +\infty$.

O leitor talvez esteja pensando o seguinte: Não seria possível medir p_x com grande precisão e, mais tarde, medir x com grande precisão, onde quer que o elétron se encontrasse após a primeira medida? Não, o erro desse raciocínio está no fato de que, mesmo que a primeira medida nos tenha proporcionado um valor muito preciso do valor de p_x, a medida de x altera necessariamente esse valor. Na verdade, depois de medirmos o valor de x com grande precisão, o novo valor de p_x será praticamente desconhecido.

Exemplo 38.7.1 Indeterminação da posição e do momento de um elétron  38.6

Um elétron está se movendo no eixo x com uma velocidade de $2{,}05 \times 10^6$ m/s, medida com uma precisão de 0,50%. Qual é a menor indeterminação (de acordo com o princípio de indeterminação da teoria quântica) com a qual pode ser medida simultaneamente a posição do elétron no eixo x?

IDEIA-CHAVE

A menor indeterminação permitida pela teoria quântica é dada pelo princípio de indeterminação de Heisenberg (Eq. 38.7.1). Como a partícula está se movendo no eixo x, precisamos considerar apenas as componentes do momento e da posição em relação a esse eixo. Como estamos interessados na menor indeterminação possível, substituímos o sinal de desigualdade pelo sinal de igualdade na Eq. 38.7.1 e escrevemos $\Delta x \cdot \Delta p_x = \hbar$.

Cálculos: Para calcular a indeterminação Δp_x do momento, precisamos determinar a componente do momento ao longo do eixo x, p_x. Como a velocidade v do elétron é muito menor que a velocidade da luz, podemos calcular p_x usando a expressão clássica para o momento em vez da expressão relativística. O resultado é o seguinte:

$$p_x = mv_x = (9{,}11 \times 10^{-31}\ \text{kg})(2{,}05 \times 10^6\ \text{m/s})$$
$$= 1{,}87 \times 10^{-24}\ \text{kg} \cdot \text{m/s}.$$

De acordo com o enunciado, a indeterminação da velocidade é 0,50% da velocidade medida. Como p_x é diretamente proporcional à velocidade, a indeterminação Δp_x do momento é igual a 0,50% do momento:

$$\Delta p_x = (0{,}0050)p_x$$
$$= (0{,}0050)(1{,}87 \times 10^{-24}\ \text{kg} \cdot \text{m/s})$$
$$= 9{,}35 \times 10^{-27}\ \text{kg} \cdot \text{m/s}.$$

Assim, de acordo com o princípio de indeterminação,

$$\Delta x = \frac{\hbar}{\Delta p_x} = \frac{(6{,}63 \times 10^{-34}\ \text{J} \cdot \text{s})/2\pi}{9{,}35 \times 10^{-27}\ \text{kg} \cdot \text{m/s}}$$
$$= 1{,}13 \times 10^{-8}\ \text{m} \approx 11\ \text{nm}, \qquad \text{(Resposta)}$$

que corresponde a cerca de 100 diâmetros atômicos.

38.8 REFLEXÃO EM UM DEGRAU DE POTENCIAL

Objetivos do Aprendizado

Depois de ler este módulo, você será capaz de ...

38.8.1 Escrever a solução geral da parte espacial da equação de Schrödinger para um elétron em uma região de energia potencial uniforme.

38.8.2 Representar, usando um desenho, um degrau de potencial para um elétron, indicando a altura U_b do degrau.

38.8.3 Determinar os coeficientes da função de onda de um elétron em duas regiões vizinhas igualando os valores da função de onda e sua derivada na fronteira das duas regiões.

38.8.4 Determinar os coeficientes de reflexão e transmissão de um elétron que incide em um degrau de potencial com energia potencial $U = 0$ e energia mecânica E maior que a altura U_b do degrau.

38.8.5 Saber que, como o elétron é uma onda de matéria, pode ser refletido por um degrau de potencial, mesmo que tenha energia mais do que suficiente para passar pelo degrau.

38.8.6 Interpretar os coeficientes de reflexão e de transmissão em termos da probabilidade de que um elétron seja refletido ou ultrapasse um degrau e também em termos dos números relativos de elétrons que são refletidos e que ultrapassam o degrau.

Ideias-Chave

- Uma partícula pode ser refletida por um degrau de potencial, mesmo que, classicamente, isso seja impossível.
- O coeficiente de reflexão R é uma medida da probabilidade de que uma partícula seja refletida por um degrau de potencial.
- No caso de um feixe com muitas partículas, R pode ser interpretado como o número relativo de elétrons que são refletidos.
- O coeficiente de transmissão T que mede a probabilidade de que uma partícula ultrapasse um degrau é dada por

$$T = 1 - R.$$

Reflexão em um Degrau de Potencial

Aqui está uma amostra do que o leitor encontraria em um texto mais avançado de física quântica. Na Fig. 38.8.1, um feixe com muitos elétrons não relativísticos, todos com a mesma energia total E, é lançado em um tubo estreito. Inicialmente, os elétrons estão na região 1, na qual a energia potencial é $U = 0$; todavia, ao chegarem ao ponto $x = 0$, encontram uma região na qual existe um potencial elétrico negativo V_b. A transição é chamada de *degrau de potencial* ou *degrau de energia potencial*. Costuma-se dizer que o degrau tem uma *altura* U_b, em que U_b é a energia potencial que o elétron passará a ter depois que penetrar na região em que existe o potencial elétrico, como mostra o gráfico da energia potencial em função da posição x que aparece na Fig. 38.8.2.

O que acontece quando o elétron chega à região de potencial negativo?

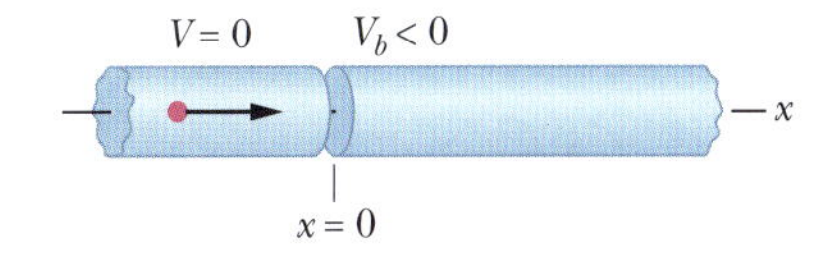

Figura 38.8.1 Os elementos de um tubo no qual um elétron (representado por um ponto) se aproxima de uma região na qual existe um potencial elétrico negativo V_b.

Classicamente, o elétron não tem energia suficiente para ultrapassar a barreira.

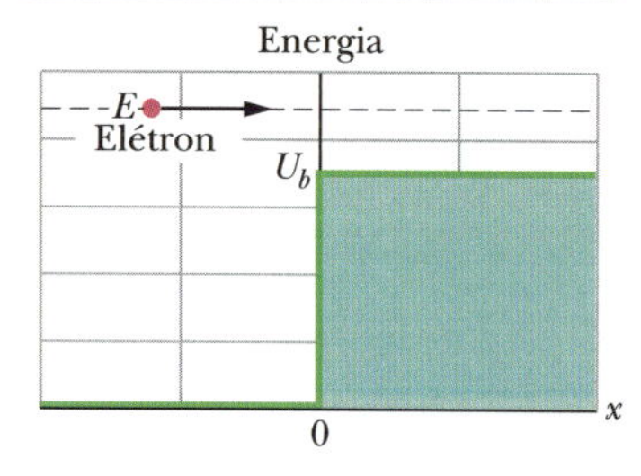

Figura 38.8.2 Diagrama de energia para a situação da Fig. 38.8.1, mostrando a energia total E dos elétrons (linha tracejada) e a energia potencial U dos elétrons em função da posição x (linha cheia). A diferença entre a energia potencial dos elétrons para $x > 0$ e para $x < 0$ é a altura U_b do degrau de potencial.

(Lembre-se de que $U = qV$. Como nesse caso o potencial V_b é negativo e a carga q do elétron é negativa, a energia potencial U_b é positiva.)

Suponhamos que $E > U_b$. Classicamente, todos os elétrons deveriam passar para o outro lado do degrau, já que dispõem de energia suficiente. Na verdade, discutimos exaustivamente esse tipo de situação nos Capítulos 22 a 24, em que os elétrons se moviam na presença de potenciais elétricos e sofriam variações de energia potencial e energia cinética. De acordo com a lei de conservação da energia mecânica, se a energia potencial aumenta, a energia cinética diminui do mesmo valor, e a velocidade também diminui. O que consideramos óbvio na ocasião foi que, sempre que a energia total E dos elétrons é maior que a energia potencial U_b, todos os elétrons conseguem transpor um degrau de energia potencial. Entretanto, quando aplicamos ao problema a equação de Schrödinger, uma grande surpresa nos aguarda: como, de acordo com a física quântica, os elétrons são ondas de matéria e não partículas sólidas (clássicas), alguns elétrons *são refletidos pelo degrau*. Vamos calcular que fração dos elétrons é refletida.

Na região 1, em que U é zero, o número de onda, de acordo com a Eq. 38.6.6, é dado por

$$k = \frac{2\pi\sqrt{2mE}}{h} \tag{38.8.1}$$

e, de acordo com a Eq. 38.6.7, a solução geral da parte espacial da equação de Schrödinger é

$$\psi_1(x) = Ae^{ikx} + Be^{-ikx} \quad \text{(região 1).} \tag{38.8.2}$$

Na região 2, em que a energia potencial é U_b, o número de onda é

$$k_b = \frac{2\pi\sqrt{2m(E - U_b)}}{h}, \tag{38.8.3}$$

e a solução geral é

$$\psi_2(x) = Ce^{ik_bx} + De^{-ik_bx} \quad \text{(região 2).} \tag{38.8.4}$$

Usamos os coeficientes C e D porque não sabemos se são iguais aos coeficientes A e B da região 1.

Os termos em que o argumento da exponencial é positivo representam partículas que se movem no sentido positivo do eixo x; os termos em que o argumento é negativo representam partículas que se movem no sentido negativo do eixo x. Como não existe uma fonte de elétrons na extremidade direita do tubo da Fig. 38.8.1 e 38.8.2, não pode haver elétrons se movendo para a esquerda na região 2. Logo, $D = 0$, e a solução na região 2 é simplesmente

$$\psi_2(x) = Ce^{ik_bx} \quad \text{(região 2).} \tag{38.8.5}$$

Sabemos também que a solução deve ser "bem comportada" na transição da região 1 para a região 2, ou seja, que as soluções obtidas para as regiões 1 e 2 devem ter o mesmo valor no ponto $x = 0$ e que as derivadas das soluções também devem ter o mesmo valor. Essas condições são chamadas de **condições de contorno**. Fazendo $x = 0$ nas Eqs. 38.8.2 e 38.8.5 e igualando os resultados, obtemos a primeira condição de contorno:

$$A + B = C \quad \text{(igualando os valores).} \tag{38.8.6}$$

Se houver essa relação entre os coeficientes, as funções terão o mesmo valor no ponto $x = 0$.

Fazendo $x = 0$ nas derivadas das Eqs. 38.8.2 e 38.8.5 em relação a x e igualando os resultados, obtemos a segunda condição de contorno:

$$Ak + Bk = Ck_b \quad \text{(igualando as derivadas).} \tag{38.8.7}$$

Se houver essa relação entre os coeficientes e os números de onda, as funções terão a mesma inclinação no ponto $x = 0$.

Nosso objetivo é calcular a fração dos elétrons que é refletida pelo degrau. Como vimos, a densidade de probabilidade de uma onda de matéria é proporcional a $|\psi|^2$. Podemos relacionar a densidade de probabilidade do feixe refletido (que é proporcional a $|B|^2$) à densidade de probabilidade do feixe incidente (que é proporcional a $|A|^2$ definindo um **coeficiente de reflexão** R:

$$R = \frac{|B|^2}{|A|^2}. \tag{38.8.8}$$

A fração dos elétrons que é refletida pelo degrau é igual ao coeficiente de reflexão. A fração dos elétrons que passa pelo degrau é igual ao **coeficiente de transmissão** T, dado por

$$T = 1 - R. \tag{38.8.9}$$

Suponha, por exemplo que $R = 0{,}010$. Nesse caso, se 10.000 elétrons incidirem na barreira, 100 elétrons serão refletidos. Entretanto, não podemos saber de antemão se determinado elétron será refletido; só podemos afirmar que o elétron tem 1,0% de probabilidade de ser refletido e 99% de probabilidade de ser transmitido.

Para calcular o valor de R a partir de valores conhecidos de E e U_b, obtemos uma expressão para B/A em termos de k e k_b eliminando C das Eqs. 38.8.6 e 38.8.7, substituímos o resultado na Eq. 38.8.8 e usamos as Eqs. 38.8.1 e 38.8.3 para calcular o valor de k e k_b. A surpresa é que R é maior que 0 e T é menor que 1, diferentemente do que prevê a teoria clássica.

38.9 EFEITO TÚNEL

Objetivos do Aprendizado

Depois de ler este módulo, você será capaz de ...

38.9.1 Representar, usando um desenho, uma barreira de potencial para um elétron, indicando a altura U_b e a largura L da barreira.

38.9.2 Saber qual é a condição, na mecânica clássica, para que uma partícula tenha energia suficiente para ultrapassar uma barreira.

38.9.3 Saber o que é o coeficiente de transmissão para tunelamento.

38.9.4 Conhecer a expressão do coeficiente de transmissão para tunelamento T em função da energia E e massa m da partícula e da altura U_b e largura L da barreira.

38.9.5 Interpretar o coeficiente de transmissão para tunelamento em termos da probabilidade de que uma partícula atravesse uma barreira e também em termos da fração das partículas que atravessa a barreira.

38.9.6 Em uma situação de tunelamento, descrever a densidade de probabilidade na região que fica antes da barreira, no interior da barreira e na região que fica depois da barreira.

38.9.7 Saber como funciona um microscópio de tunelamento.

Ideias-Chave

- Uma barreira de energia potencial é uma região na qual uma partícula sofre um aumento U_b da energia potencial.
- A partícula pode atravessar uma barreira se tiver uma energia total $E > U_b$.
- Na física clássica, a partícula não pode atravessar uma barreira se $E < U_b$. Na física quântica, existe uma probabilidade finita de que a partícula atravesse a barreira: é o chamado *efeito túnel*.
- No caso de uma partícula de energia E e massa m e de uma barreira de altura U_b e largura L, o coeficiente de transmissão é dado por

$$T \approx e^{-2bL},$$

em que

$$b = \sqrt{\frac{8\pi^2 m(U_b - E)}{h^2}}.$$

Efeito Túnel

Vamos substituir o degrau de potencial da Fig. 38.8.1 por uma **barreira de potencial** (ou **barreira de energia potencial**), que é uma região de largura L (a *largura da barreira*) na qual o potencial elétrico é V_b (< 0) e a altura da barreira é U_b ($= qV$), como mostra a Fig. 38.9.1. À direita da barreira está a região 3, na qual $V = 0$. Como antes, vamos supor que um feixe de elétrons não relativísticos, todos com a mesma energia

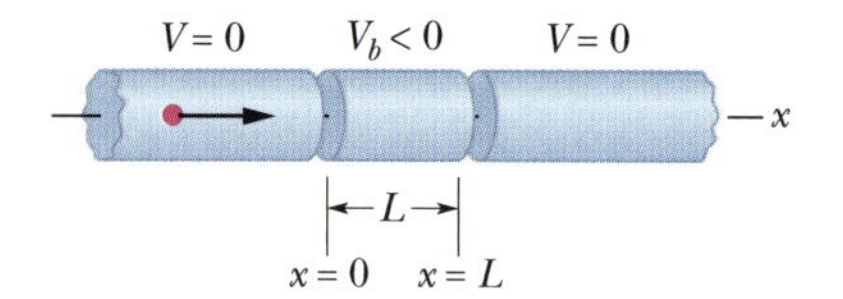

Figura 38.9.1 Os elementos de um tubo no qual um elétron (representado por um ponto) se aproxima de um potencial elétrico negativo V_b que existe apenas na região entre $x = 0$ e $x = L$.

E, incide na barreira. Se, como antes, $E > U_b$, temos uma situação mais complicada que no caso do degrau de potencial, já que os elétrons agora podem ser refletidos por dois degraus de potencial, um em $x = 0$ e outro em $x = L$.

Em vez de abordar esse problema, vamos examinar o caso em que $E < U_b$, ou seja, o caso em que a energia mecânica dos elétrons é menor que a energia potencial que os elétrons teriam depois de entrar na região 2. Isso exigiria que a energia cinética dos elétrons ($= E - U_b$) fosse negativa, o que, naturalmente, é absurdo, pois a energia cinética é sempre positiva (a expressão $mv^2/2$ não pode ter valores negativos). Assim, *de acordo com a mecânica clássica*, elétrons com uma energia $E < U_b$ não podem penetrar na região 2.

O Efeito Túnel. Entretanto, como o elétron é uma onda de matéria, existe uma probabilidade finita de que consiga passar pela barreira e aparecer do outro lado; é o chamado *efeito túnel*. Depois de atravessar a barreira, o elétron continua tendo uma energia mecânica E, como se nada tivesse acontecido na região $0 \leq x \leq L$. A Fig. 38.9.2 mostra a barreira de potencial e um elétron que se aproxima com uma energia menor que a altura da barreira. Estamos interessados em determinar a probabilidade de que o elétron apareça do outro lado da barreira, ou seja, em calcular o coeficiente de transmissão T para esse caso.

A expressão de T em função dos parâmetros envolvidos pode ser obtida usando o mesmo método que foi empregado para determinar R no caso do degrau de potencial. Depois de resolver a equação de Schrödinger para as três regiões da Fig. 38.9.1, descarta-se a solução da região 3 na qual os elétrons se movem no sentido negativo do eixo x (não existem fontes de elétrons do lado direito da barreira). Em seguida, determina-se a razão entre o coeficiente dos elétrons transmitidos e o coeficiente dos elétrons incidentes aplicando as condições de contorno, ou seja, exigindo que os valores da função de onda e sua derivada tenham o mesmo valor para $x = 0$ nas regiões 1 e 2 e tenham o mesmo valor para $x = L$ nas regiões 2 e 3. Como o cálculo é muito trabalhoso, vamos nos limitar a discutir os resultados.

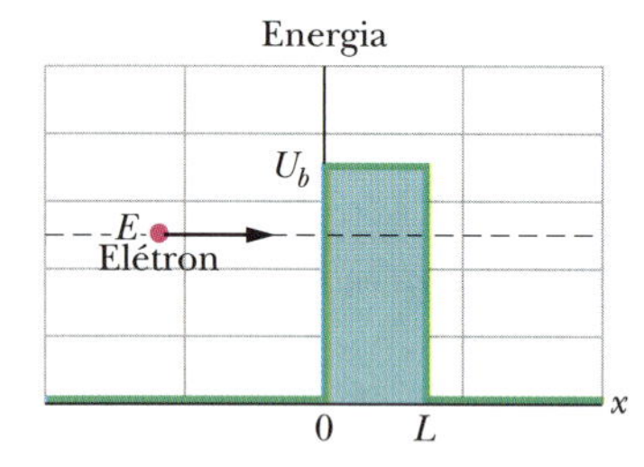

Figura 38.9.2 Diagrama de níveis de energia para a situação da Fig. 38.9.1. A linha tracejada representa a energia mecânica E do elétron, que é a mesma para qualquer valor de $x < 0$. A linha cheia representa a energia potencial elétrica U do elétron em função de x, *supondo* que o elétron possa estar em qualquer ponto do eixo x. A parte da linha que representa uma energia potencial diferente de zero (barreira de potencial) tem altura U_b e largura L.

A Fig. 38.9.3 mostra um gráfico da densidade de probabilidade nas três regiões. A curva ondulada à esquerda da barreira (ou seja, para $x < 0$) é uma combinação da onda incidente com a onda refletida (que tem uma amplitude menor que a onda incidente). As ondulações acontecem porque as duas ondas, que se propagam em sentidos opostos, se combinam para formar uma onda estacionária.

No interior da barreira (ou seja, para $0 < x < L$), a densidade de probabilidade diminui exponencialmente com x. Se a barreira não for muito larga, a densidade de probabilidade ainda terá um valor significativo em $x = L$.

À direita da barreira (ou seja, para $x > L$), a densidade de probabilidade é constante.

Como no caso do degrau de potencial, podemos atribuir à barreira um coeficiente de transmissão T, que pode ser interpretado como probabilidade de que um elétron que incide na barreira consiga atravessá-la. O coeficiente de transmissão também pode ser interpretado como a fração dos átomos que conseguem passar pela barreira. Assim, por exemplo, se $T = 0{,}020$, de cada 1.000 elétrons que incidem na barreira, 20 conseguem atravessá-la e 980 são refletidos. O coeficiente de transmissão é dado aproximadamente por

$$T \approx e^{-2bL}, \tag{38.9.1}$$

em que

$$b = \sqrt{\frac{8\pi^2 m(U_b - E)}{h^2}}, \tag{38.9.2}$$

e e é a função exponencial. Por causa da forma exponencial da Eq. 38.9.1, o valor de T é muito sensível às três variáveis das quais depende: a massa m da partícula, a largura L da barreira e a diferença de energia $U_b - E$ entre a energia da barreira e a energia da partícula. (Como não estamos considerando efeitos relativísticos, a energia E não inclui a energia de repouso da partícula.)

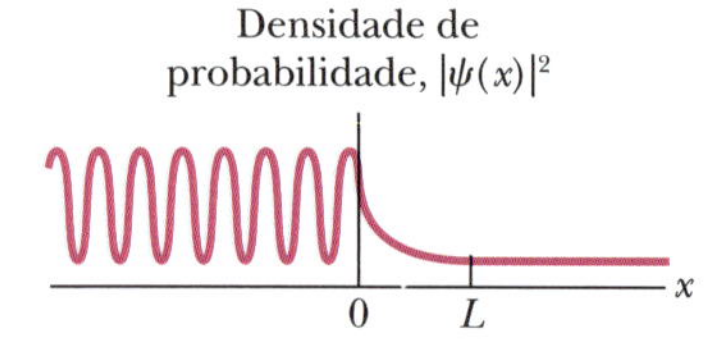

Figura 38.9.3 Gráfico da densidade de probabilidade $|\psi|^2$ da onda de matéria para a situação da Fig. 38.9.2. O valor de $|\psi|^2$ é diferente de zero à direita da barreira de potencial.

O efeito túnel tem muitas aplicações tecnológicas, entre as quais o diodo túnel, no qual se faz variar uma corrente de elétrons controlando a altura de uma barreira. Como isso pode ser feito rapidamente (a intervalos de menos de 5 ps), o dispositivo é útil em aplicações que exigem uma resposta rápida do circuito. O Prêmio Nobel de Física de

1973 foi compartilhado por três "tuneladores": Leo Esaki (por estudos do efeito túnel em semicondutores), Ivar Giaever (por estudos do efeito túnel em supercondutores) e Brian Josephson (pela invenção da junção de Josephson, um dispositivo eletrônico baseado no efeito túnel em supercondutores). O Prêmio Nobel de Física de 1986 foi concedido a Gerd Binnig e Heinrich Rohrer pela invenção de outro dispositivo que se baseia no efeito túnel, o microscópio de tunelamento.

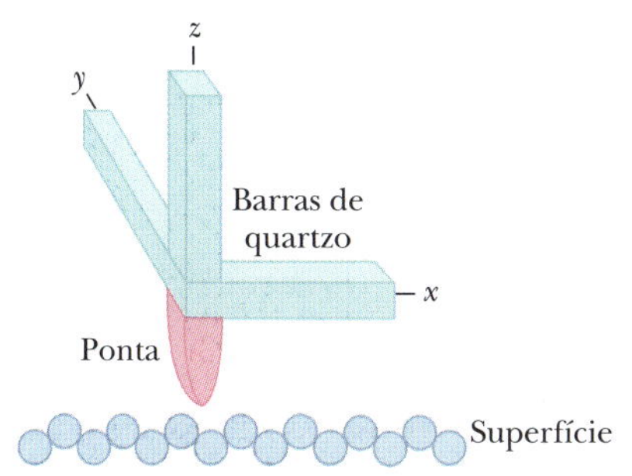

Figura 38.9.4 Princípio de operação do microscópio de tunelamento. Três barras de quartzo são usadas para fazer uma ponta metálica varrer a superfície a ser examinada e ao mesmo tempo manter constante a distância entre a ponta e a superfície. A ponta se move para cima e para baixo para acompanhar o relevo da superfície, e o registro do movimento é usado para gerar as informações necessárias para que um computador crie uma imagem da superfície.

Teste 38.9.1

O comprimento de onda da onda transmitida da Fig. 38.9.3 é maior, menor ou igual ao da onda incidente?

Microscópio de Tunelamento

O tamanho dos detalhes que podem ser observados com o auxílio de um microscópico ótico é limitado pelo comprimento de onda da luz utilizada (cerca de 300 nm, no caso da luz ultravioleta). O tamanho dos detalhes que devem ser observados para obter imagens em escala atômica é muito menor, o que significa que o comprimento de onda utilizado deve ser muito menor. As ondas usadas para obter imagem desse tipo são ondas de matéria associadas a elétrons, mas elas não são espalhadas pela superfície da amostra, como acontece em um microscópio ótico. Em vez disso, as imagens são criadas pelo tunelamento de elétrons em barreiras de potencial na ponta de prova de um *microscópio de tunelamento*.

O princípio de operação do microscópio de tunelamento está ilustrado na Fig. 38.9.4. Uma ponta metálica, montada na interseção de três barras de quartzo mutuamente perpendiculares, é colocada nas proximidades da superfície a ser examinada. Uma pequena diferença de potencial, da ordem de 10 mV, é aplicada entre a ponta e a superfície.

O quartzo é um material *piezelétrico*: Quando uma diferença de potencial é aplicada às extremidades de uma barra do material, as dimensões da barra variam ligeiramente. Essa propriedade é usada para mudar o comprimento de cada uma das três barras da Fig. 38.9.4 de modo a fazer a ponta varrer a superfície da amostra a ser examinada (movendo-se nas direções x e y) e se aproximar e se afastar da superfície (movendo-se na direção z).

O espaço entre a ponta e a superfície constitui uma barreira de energia potencial semelhante à da Fig. 38.9.2. Quando a ponta está próxima da superfície, elétrons da amostra podem atravessar a barreira, graças ao efeito túnel, dando origem a uma corrente elétrica, a chamada "corrente de tunelamento".

Enquanto a ponta varre a superfície da amostra, um sistema de realimentação é usado para ajustar a posição vertical da ponta de modo a manter constante a corrente de tunelamento. Isso significa que a distância entre a ponta e a superfície também permanece constante durante a varredura. O sinal de saída do aparelho é um registro da altura da ponta em relação a um nível de referência (e, portanto, um registro do relevo da superfície da amostra) em função da posição da agulha no plano xy.

O microscópio de tunelamento não só permite obter imagens de alta resolução de superfícies, mas também pode ser usado para manipular átomos e moléculas; o *curral quântico* da Fig. 39.4.3 do próximo capítulo, por exemplo, foi fabricado com o auxílio de um microscópio de tunelamento. Em um processo conhecido como manipulação lateral, a ponta do microscópio de tunelamento é aproximada de um átomo de um elemento como o ferro o suficiente para que o átomo seja atraído pela ponta sem tocá-la. Em seguida, a ponta é deslocada ao longo da superfície do material que serve de suporte (cobre, por exemplo), arrastando o átomo até a posição desejada, e afastada do átomo, o que elimina a força de atração. O processo é lento e exige um controle muito preciso. Na Fig. 39.4.3, um microscópio de tunelamento foi usado para manipular 48 átomos de ferro em uma superfície de cobre de modo a formar um curral circular de 14 nm de diâmetro no interior do qual elétrons podem ser aprisionados.

Exemplo 38.9.1 Efeito túnel para um elétron 38.7

O elétron da Fig. 38.9.2, com uma energia E de 5,1 eV, incide em uma barreira de altura $U_b = 6{,}8$ eV e largura $L = 750$ pm.

(a) Qual é a probabilidade aproximada de que o elétron atravesse a barreira?

IDEIA-CHAVE

A probabilidade pedida é igual ao coeficiente de transmissão T dado pela Eq. 38.9.1 ($T \approx e^{-2bL}$), em que b é dado por

$$b = \sqrt{\frac{8\pi^2 m(U_b - E)}{h^2}}.$$

Cálculos: O numerador da fração é

$$(8\pi^2)(9{,}11 \times 10^{-31}\ \text{kg})(6{,}8\ \text{eV} - 5{,}1\ \text{eV}) \times (1{,}60 \times 10^{-19}\ \text{J/eV}) = 1{,}956 \times 10^{-47}\ \text{J}\cdot\text{kg}.$$

Assim, $$b = \sqrt{\frac{1{,}956 \times 10^{-47}\ \text{J}\cdot\text{kg}}{(6{,}63 \times 10^{-34}\ \text{J}\cdot\text{s})^2}} = 6{,}67 \times 10^{9}\ \text{m}^{-1}.$$

A grandeza (adimensional) $2bL$ é, portanto,

$$2bL = (2)(6{,}67 \times 10^9\ \text{m}^{-1})(750 \times 10^{-12}\ \text{m}) = 10{,}0$$

e, de acordo com a Eq. 38.9.1, o coeficiente de transmissão é

$$T \approx e^{-2bL} = e^{-10{,}0} = 45 \times 10^{-6}. \qquad \text{(Resposta)}$$

Assim, para cada milhão de elétrons que incidem na barreira, 45 conseguem atravessá-la, aparecendo do outro lado da barreira com a energia inicial de 5,1 V. (A transmissão para o outro lado da barreira não altera a energia dos elétrons.)

(b) Qual é a probabilidade aproximada de que um próton com a mesma energia de 5,1 eV consiga atravessar a barreira?

Raciocínio: O coeficiente de transmissão T (e, portanto, a probabilidade de transmissão) depende da massa da partícula. Na verdade, como a massa m é um dos fatores do expoente de e na equação de T, a probabilidade de transmissão é muito sensível à massa da partícula. Dessa vez, a massa é a massa de um próton ($1{,}67 \times 10^{-27}$ kg), que é muito maior que a massa do elétron do item (a). Refazendo os cálculos do item (a) com a massa do elétron substituída pela massa do próton, encontramos $T \approx 10^{-186}$. Embora não seja exatamente zero, esse valor é tão pequeno que podemos considerá-lo nulo para todos os efeitos práticos. No caso de partículas com massa maior que a do próton e a mesma energia de 5,1 eV, a probabilidade de transmissão é ainda menor.

Revisão e Resumo

Fóton, o Quantum da Luz As ondas eletromagnéticas (como a luz, por exemplo) são quantizadas e os quanta recebem o nome de *fótons*. Para uma onda eletromagnética de frequência f e comprimento de onda λ, a energia E e o momento p de um fóton são dados por

$$E = hf \qquad \text{(energia do fóton)} \qquad (38.1.2)$$

e

$$p = \frac{hf}{c} = \frac{h}{\lambda} \qquad \text{(momento do fóton)} \qquad (38.3.1)$$

Efeito Fotelétrico Quando uma onda luminosa incide em uma superfície metálica, a interação entre os fótons e os elétrons do metal pode fazer com que elétrons sejam emitidos da superfície, de acordo com a equação

$$hf = K_{\text{máx}} + \Phi, \qquad (38.2.2)$$

em que hf é a energia dos fótons, $K_{\text{máx}}$ é a energia cinética máxima dos elétrons emitidos, e Φ é a **função trabalho** do material do alvo, ou seja, a energia mínima que um elétron deve receber para escapar do material. Se hf é menor que Φ, o efeito fotelétrico não é observado.

Deslocamento de Compton Quando raios X são espalhados por elétrons quase livres de um alvo, os raios X espalhados têm maior comprimento de onda que os raios X incidentes. O **deslocamento de Compton** (do comprimento de onda) é dado por

$$\Delta\lambda = \frac{h}{mc}(1 - \cos\phi), \qquad (38.3.5)$$

em que ϕ é o ângulo de espalhamento dos raios X.

Ondas Luminosas e Fótons Quando a luz interage com a matéria, energia e momento são transferidos por meio de fótons. Quando a luz não está interagindo com a matéria, pode ser interpretada como uma **onda de probabilidade** na qual a probabilidade (por unidade de tempo) de que um fóton seja detectado é proporcional a E_m^2, em que E_m é a amplitude do campo elétrico associado à luz.

Radiação de um Corpo Negro A intensidade da emissão de radiação térmica por um corpo negro pode ser definida em termos da radiação espectral $S(\lambda)$, que é a intensidade da radiação emitida com um dado comprimento de onda λ por unidade de comprimento de onda. De acordo com a lei de radiação de Planck,

$$S(\lambda) = \frac{2\pi c^2 h}{\lambda^5}\frac{1}{e^{hc/\lambda kT} - 1}, \qquad (38.4.3)$$

em que λ é o comprimento de onda, c é a velocidade da luz, h é a constante de Planck, k é a constante de Boltzmann e T é a temperatura da superfície do corpo negro. A lei de Wien relaciona a temperatura T da superfície do corpo negro ao comprimento de onda $\lambda_{\text{máx}}$ para a qual a radiância espectral é máxima:

$$\lambda_{\text{máx}} T = 2.898\ \mu\text{m}\cdot\text{K}. \qquad (38.4.4)$$

Ondas de Matéria Uma partícula em movimento, como um elétron ou um próton, pode ser descrita por uma **onda de matéria** cujo comprimento de onda (conhecido como **comprimento de onda de de Broglie**) é dado por $\lambda = h/p$, em que p é o momento da partícula.

Função de Onda Uma onda de matéria é descrita por uma **função de onda** $\Psi(x, y, z, t)$ que pode ser separada em uma parte que depende apenas das coordenadas espaciais, $\psi(x, y, z)$ e uma parte que depende apenas da coordenada temporal, $e^{-i\omega t}$. Para uma partícula de massa m que está se movendo no eixo x com energia total constante E em uma região na qual a energia potencial da partícula é $U(x)$, a função $\psi(x)$ pode ser obtida resolvendo a **equação de Schrödinger** simplificada:

$$\frac{d^2\psi}{dx^2} + \frac{8\pi^2 m}{h^2}[E - U(x)]\psi = 0. \qquad (38.6.2)$$

As ondas de matéria, como as ondas luminosas, são ondas de probabilidade no sentido de que, se um detector de partículas for posicionado em um dado local, a probabilidade de o detector registrar a presença de uma partícula nesse local em um intervalo de tempo especificado é proporcional a $|\psi|^2$, uma grandeza conhecida como **densidade de probabilidade**.

No caso de uma partícula livre, ou seja, de uma partícula que se move no eixo x com $U(x) = 0$, $|\psi|^2$ tem o mesmo valor para todos os pontos do eixo x.

Princípio de Indeterminação de Heisenberg À natureza probabilística da física quântica está associada uma importante limitação para a medida da posição e momento de uma partícula: É impossível medir simultaneamente a posição $\vec{r}$ e o momento $\vec{p}$ de uma partícula com precisão ilimitada. As indeterminações das componentes dessas grandezas satisfazem as seguintes desigualdades:

$$\Delta x \cdot \Delta p_x \geq \hbar$$
$$\Delta y \cdot \Delta p_y \geq \hbar \qquad (38.7.1)$$
$$\Delta z \cdot \Delta p_z \geq \hbar.$$

Degrau de Potencial Esse termo define uma região na qual a energia potencial de uma partícula aumenta e a energia cinética da partícula diminui. De acordo com a física clássica, se a energia cinética inicial da partícula é maior que a energia do degrau de potencial, a partícula nunca é refletida ao chegar ao degrau. Segundo a física quântica, por outro lado, existe uma probabilidade finita de que a partícula seja refletida, que é expressa por um coeficiente de reflexão R. A probabilidade de que a partícula não seja refletida é expressa por um coeficiente de transmissão $T = 1 - R$.

Efeito Túnel De acordo com a física clássica, uma partícula não consegue transpor uma barreira de energia potencial cuja altura seja maior que a energia cinética da partícula. Segundo a física quântica, por outro lado, existe uma probabilidade finita de que a partícula atravesse a barreira; é o chamado **efeito túnel**. A probabilidade de que uma partícula de massa m e energia E atravesse uma barreira de altura U_b e largura L é dada pelo coeficiente de transmissão T:

$$T \approx e^{-2bL}, \qquad (38.9.1)$$

em que

$$b = \sqrt{\frac{8\pi^2 m(U_b - E)}{h^2}}. \qquad (38.9.2)$$

Perguntas

1 O fóton A tem uma energia duas vezes maior que o fóton B. (a) O momento do fóton A é menor, igual ou maior que o momento do fóton B? (b) O comprimento de onda do fóton A é menor, igual ou maior que o comprimento de onda do fóton B?

2 No caso do efeito fotelétrico (para um dado alvo e uma dada frequência da luz incidente), indique quais das grandezas a seguir dependem da intensidade da luz incidente: (a) a energia cinética máxima dos elétrons, (b) a corrente fotelétrica máxima, (c) o potencial de corte, (d) a frequência de corte.

3 De acordo com a figura do Teste 38.2.1, a energia cinética máxima dos elétrons ejetados é maior para o alvo feito de sódio ou feito de potássio, supondo que a frequência da luz incidente seja a mesma nos dois casos?

4 *Efeito fotelétrico*. A Fig. 38.1 mostra a tensão de corte V em função do comprimento de onda λ da luz para três materiais diferentes. Coloque os materiais na ordem decrescente da função trabalho.

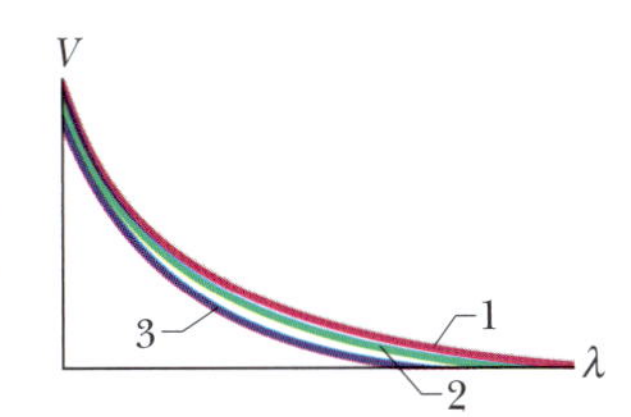

Figura 38.1 Pergunta 4.

5 Uma placa metálica é iluminada com luz de certa frequência. A existência do efeito fotelétrico depende (a) da intensidade da luz? (b) Do tempo de exposição à luz? (c) Da condutividade térmica da placa? (d) Da área da placa? (e) Do material da placa?

6 Seja K a energia cinética que um elétron livre estacionário adquire ao espalhar um fóton. A curva 1 da Fig. 38.2 mostra o gráfico de K em função do ângulo ϕ de espalhamento do fóton. Se o elétron for substituído por um próton estacionário, a curva será deslocada (a) para cima, como a curva 2, (b) para baixo, como a curva 3, ou (c) permanecerá a mesma?

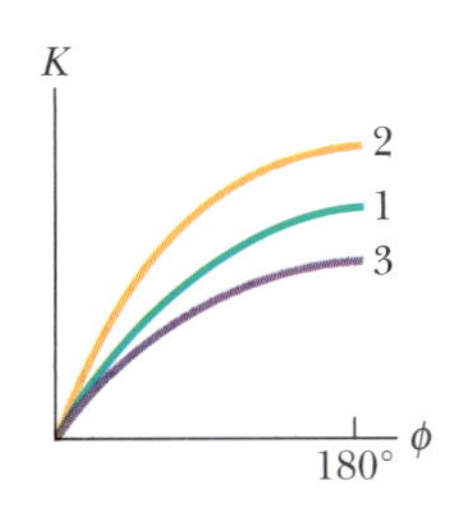

Figura 38.2 Pergunta 6.

7 Em um experimento de efeito Compton, um fóton de raio X é espalhado na mesma direção dos fótons incidentes, ou seja, na direção $\phi = 0$ da Fig. 38.3.1. Qual é a energia adquirida pelo elétron nessa interação?

8 *Espalhamento de Compton*. A Fig. 38.3 mostra o deslocamento de raios-x Compton $\Delta\lambda$ em função do ângulo de espalhamento ϕ para três diferentes partículas estacionárias isoladas usadas como alvo. Coloque as partículas na ordem das massas, começando pela maior.

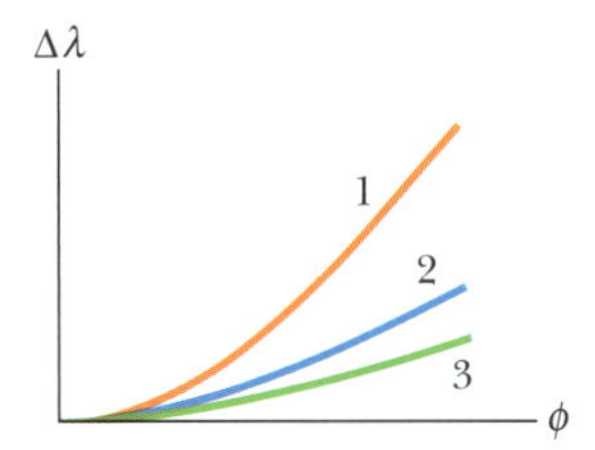

Figura 38.3 Pergunta 8.

9 (a) Se a energia cinética de uma partícula não relativística for multiplicada por dois, qual será a variação do comprimento de onda de de Broglie? (b) E se a velocidade da partícula for multiplicada por dois?

10 A Fig. 38.4 mostra um elétron que se move (a) no sentido oposto ao de um campo elétrico, (b) no mesmo sentido que um campo elétrico, (c) no mesmo sentido que um campo magnético, (d) perpendicularmente a um campo magnético. Determine, para cada uma das situações, se o comprimento de onda de de Broglie aumenta com o tempo, diminui com o tempo ou permanece constante.

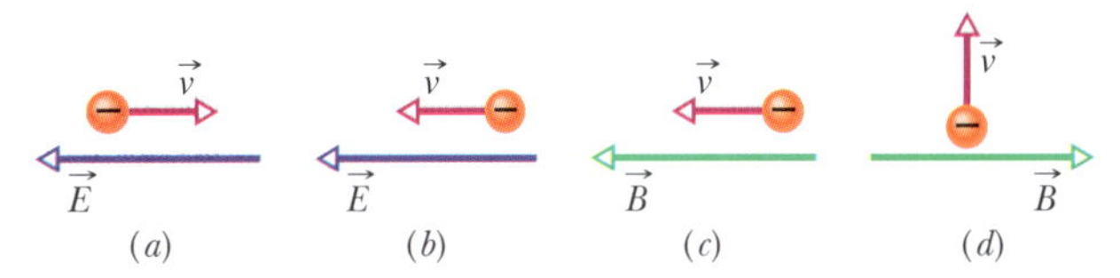

Figura 38.4 Pergunta 10.

11 Por que os mínimos de $|\psi|^2$ do lado esquerdo da barreira de energia potencial da Fig. 38.9.3 são maiores que zero?

12 Um elétron e um próton têm a mesma energia cinética. Qual dos dois tem o maior comprimento de onda de de Broglie?

13 As partículas não relativísticas a seguir têm a mesma energia cinética. Coloque-as na ordem decrescente dos comprimentos de onda de de Broglie: elétron, partícula alfa, nêutron.

14 A Fig. 38.5 mostra um elétron que atravessa três regiões nas quais foram estabelecidos diferentes potenciais elétricos uniformes. Ordene as regiões na ordem decrescente do comprimento de onda de de Broglie do elétron na região.

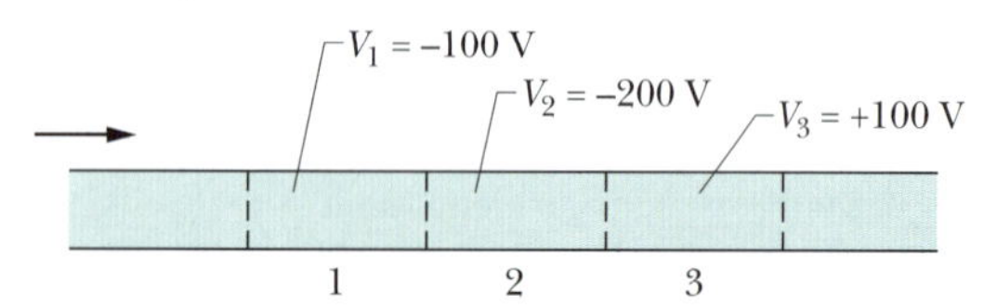

Figura 38.5 Pergunta 14.

15 A tabela a seguir mostra valores relativos dos parâmetros usados em três experimentos de efeito túnel como o das Figs. 38.9.1 e 38.9.2. Coloque os experimentos na ordem decrescente da probabilidade de a barreira ser atravessada por elétrons.

	Energia do Elétron	Altura da Barreira	Largura da Barreira
(a)	E	$5E$	L
(b)	E	$17E$	$L/2$
(c)	E	$2E$	$2L$

16 A Fig. 38.6 mostra o coeficiente de transmissão T para o tunelamento de elétrons através de uma barreira de potencial em função da largura L da barreira em três experimentos diferentes. O comprimento de onda de de Broglie dos elétrons é o mesmo nos três experimentos; a única diferença está na altura U_b da barreira de potencial. Coloque os três experimentos na ordem decrescente do valor de U_b.

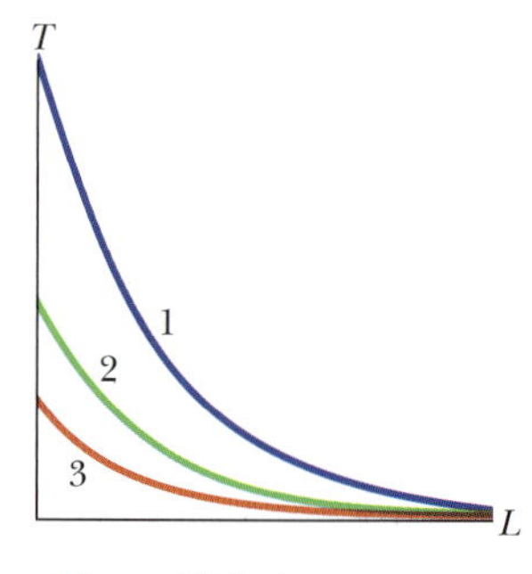

Figura 38.6 Pergunta 16.

Problemas

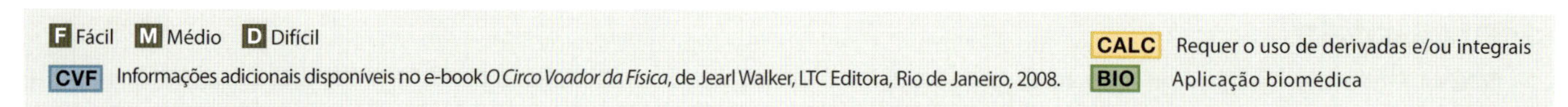

Módulo 38.1 Fóton: O Quantum da Luz

1 F Um feixe de luz monocromática é absorvido por um filme fotográfico e fica registrado no filme. Um fóton é absorvido pelo filme se a energia do fóton for igual ou maior que a energia mínima de 0,6 eV necessária para dissociar uma molécula de AgBr do filme. (a) Qual é o maior comprimento de onda que pode ser registrado no filme? (b) A que região do espectro eletromagnético pertence esse comprimento de onda?

2 F Que velocidade deve ter um elétron para que sua energia cinética seja igual à energia dos fótons de uma luz de sódio com um comprimento de onda de 590 nm?

3 F Quantos fótons o Sol emite por segundo? Para simplificar o cálculo, suponha que a potência luminosa emitida pelo Sol seja constante e igual a $3{,}9 \times 10^{26}$ W e que toda a radiação do Sol seja emitida no comprimento de onda de 550 nm.

4 F Um *laser* de hélio-neônio emite luz vermelha com um comprimento de onda $\lambda = 633$ nm, em um feixe de 3,5 mm de diâmetro, com uma potência de 5,0 mW. Um detector colocado à frente do *laser* absorve totalmente a luz do feixe. Qual é o número de fótons absorvidos pelo detector por unidade de área e por unidade de tempo?

5 F O metro já foi definido como 1.650.763,73 comprimentos de onda da luz laranja emitida por átomos de criptônio 86. Qual é a energia dos fótons com esse comprimento de onda?

6 F A luz amarela de uma lâmpada de vapor de sódio usada em iluminação pública é mais intensa em um comprimento de onda de 589 nm. Qual é a energia dos fótons com esse comprimento de onda?

7 M BIO Um detector de luz (o olho humano) tem uma área de $2{,}00 \times 10^{-6}$ m^2 e absorve 80% da luz incidente, cujo comprimento de onda é 500 nm. O detector é colocado diante de uma fonte luminosa isotrópica, a 3,00 m da fonte. Se o detector absorve fótons à taxa de exatamente 4,000 s^{-1}, qual é a potência da fonte?

8 M O feixe produzido por um laser de argônio ($\lambda = 515$ nm) de 1,5 W tem um diâmetro d de 3,00 mm. O feixe é focalizado por um sistema de lentes com uma distância focal efetiva f_L de 2,5 mm. O feixe focalizado incide em uma tela totalmente absorvente, onde forma uma figura de difração circular cujo disco central tem um raio R dado por $1{,}22 f_L \lambda/d$. É possível demonstrar que 84% da energia incidente está concentrada nesse disco central. Quantos fótons são absorvidos por segundo pela tela no disco central da figura de difração?

9 M Uma pequena lâmpada de sódio de 100 W ($\lambda = 589$ nm) irradia energia uniformemente em todas as direções. (a) Quantos fótons por segundo são emitidos pela lâmpada? (b) A que distância da lâmpada uma tela totalmente absorvente absorve fótons à taxa de 1,00 fóton/cm^2 · s? (c) Qual é o fluxo de fótons (fótons por unidade de área e por unidade de tempo) em uma pequena tela situada a 2,00 m da lâmpada?

10 M Um satélite em órbita em torno da Terra utiliza um painel de células solares com uma área de 2,60 m^2, que é mantido perpendicular à direção dos raios solares. A intensidade da luz que incide no painel é 1,39 kW/m^2. (a) Qual é a potência luminosa incidente no painel? (b) Quantos fótons por segundo são absorvidos pelo painel? Suponha que a radiação solar seja monocromática, com um comprimento de onda de 550 nm, e que toda a radiação solar que incide no painel seja absorvida. (c) Quanto tempo é necessário para que um "mol de fótons" seja absorvido pelo painel?

11 M Uma lâmpada ultravioleta emite luz com um comprimento de onda de 400 nm, com uma potência de 400 W. Uma lâmpada infravermelha emite luz com um comprimento de onda de 700 nm, também com uma potência de 400 W. (a) Qual das duas lâmpadas emite mais fótons por segundo? (b) Quantos fótons por segundo essa lâmpada emite?

12 M BIO Em condições ideais, o sistema visual humano é capaz de perceber uma luz com um comprimento de onda de 550 nm se os fótons forem absorvidos pela retina à razão de pelo menos 100 fótons por segundo. Qual é a potência luminosa absorvida pela retina nessas condições?

13 M Um tipo especial de lâmpada emite luz monocromática com um comprimento de onda de 630 nm. A lâmpada consome uma potência elétrica de 60 W e converte a eletricidade em energia luminosa com uma eficiência de 93%. Quantos fótons são emitidos pela lâmpada durante sua vida útil de 730 horas?

14 M Um detector de luz com uma área útil de $2{,}00 \times 10^{-6}$ m² absorve 50% da luz incidente, cujo comprimento de onda é 600 nm. O detector é colocado diante de uma fonte luminosa isotrópica, a 12,0 m da fonte. A Fig. 38.7 mostra a energia E emitida pela fonte em função do tempo t. A escala do eixo vertical é definida por E_s = 7,2 nJ, e a escala do eixo horizontal é definida por t_s = 2,0 s. Quantos fótons por segundo são absorvidos pelo detector?

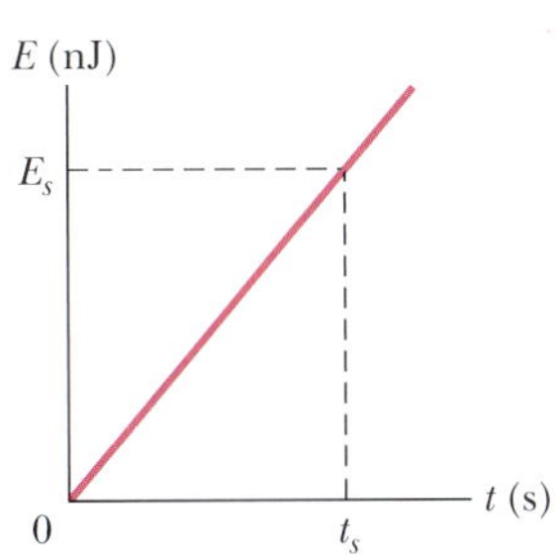

Figura 38.7 Problema 14.

Módulo 38.2 Efeito Fotelétrico

15 F Um feixe luminoso incide na superfície de uma placa de sódio, produzindo uma emissão fotelétrica. O potencial de corte dos elétrons ejetados é 5,0 V e a função trabalho do sódio é 2,2 eV. Qual é o comprimento de onda da luz incidente?

16 F Determine a energia cinética máxima dos elétrons ejetados de certo material, se a função trabalho do material é 2,3 eV, e a frequência da radiação incidente é $3{,}0 \times 10^{15}$ Hz.

17 F A função trabalho do tungstênio é 4,50 eV. Calcule a velocidade dos elétrons mais rápidos ejetados da superfície de uma placa de tungstênio quando fótons com uma energia de 5,80 eV incidem na placa.

18 F O leitor precisa escolher um elemento para uma célula fotelétrica que funcione com luz visível. Quais dos seguintes elementos são apropriados (a função trabalho aparece entre parênteses): tântalo (4,2 eV), tungstênio (4,5 eV), alumínio (4,2 eV), bário (2,5 eV), lítio (2,3 eV)?

19 M (a) Se a função trabalho de um metal é 1,8 eV, qual é o potencial de corte dos elétrons ejetados quando uma luz com um comprimento de onda de 400 nm incide no metal? (b) Qual é a velocidade máxima dos elétrons ejetados?

20 M A *eficiência relativa* de uma superfície de césio (cuja função trabalho é 1,80 eV) é $1{,}0 \times 10^{-16}$, o que significa que, em média, um elétron é ejetado para cada 10^{16} fótons que incidem na superfície. Qual é a corrente elétrica produzida pelos elétrons ejetados de uma placa de césio iluminada pela luz de 600 nm produzida por um *laser* de 2,00 mW? Suponha que todos os elétrons ejetados contribuem para a corrente.

21 M Um feixe de raios X com um comprimento de onda de 71 pm incide em uma folha de ouro e ejeta elétrons firmemente presos aos átomos de ouro. Os elétrons ejetados descrevem órbitas circulares de raio r na presença de um campo magnético uniforme $\vec{B}$. Para os elétrons ejetados de maior velocidade, $Br = 1{,}88 \times 10^{-4}$ T · m. Determine (a) a energia cinética máxima dos elétrons e (b) o trabalho executado para remover esses elétrons dos átomos de ouro.

22 M O comprimento de onda correspondente à frequência de corte da prata é 325 nm. Determine a energia cinética máxima dos elétrons ejetados de uma placa de prata iluminada por luz ultravioleta com um comprimento de onda de 254 nm.

23 M Uma placa de alumínio é iluminada por luz com um comprimento de onda de 200 nm. No alumínio, uma energia de 4,20 eV é necessária para que um elétron seja ejetado. Qual é a energia cinética (a) do elétron ejetado de maior velocidade? (b) E do elétron ejetado de menor velocidade? (c) Qual é o potencial de corte? (d) Qual é o comprimento de onda de corte do alumínio?

24 M Em um experimento do efeito fotelétrico usando um placa de sódio, é encontrado um potencial de corte de 1,85 V para um comprimento de onda de 300 nm e um potencial de corte de 0,820 V para um comprimento de onda de 400 nm. A partir desses dados, determine (a) o valor da constante de Planck, (b) a função trabalho Φ do sódio, e (c) o comprimento de onda de corte λ_0 do sódio.

25 M O potencial de corte para elétrons emitidos de uma superfície iluminada por uma luz com um comprimento de onda de 491 nm é 0,710 V. Quando o comprimento de onda da luz incidente é mudado para um novo valor, o potencial de corte muda para 1,43 V. (a) Qual é o valor do novo comprimento de onda? (b) Qual é a função trabalho da superfície?

26 M A luz solar pode ejetar elétrons da superfície de um satélite em órbita, carregando-o eletricamente; os projetistas de satélites procuram minimizar este efeito usando revestimentos especiais. Suponha que um satélite seja revestido de platina, um metal com uma função trabalho muito elevada (Φ = 5,32 eV). Determine o maior comprimento de onda da luz solar incidente que é capaz de ejetar elétrons de uma superfície revestida com platina.

Módulo 38.3 Fótons, Momento, Espalhamento de Compton, Interferência da Luz

27 F Um feixe luminoso com um comprimento de onda de 2,40 pm incide em um alvo que contém elétrons livres. (a) Determine o comprimento de onda da luz espalhada a 30° da direção do feixe incidente. (b) Faça o mesmo para um ângulo de espalhamento de 120°.

28 F (a) Qual é o momento, em MeV/c, de um fóton cuja energia é igual à energia de repouso de um elétron? Quais são (b) o comprimento de onda e (c) a frequência da radiação correspondente?

29 F Um feixe de raios X tem um comprimento de onda de 35,0 pm. (a) Qual é a frequência correspondente? Determine (b) a energia dos fótons do feixe e (c) o momento dos fótons do feixe, em keV/c.

30 M Qual é o máximo deslocamento do comprimento de onda possível para uma colisão de Compton entre um fóton e um *próton* livre?

31 M Que aumento percentual do comprimento de onda leva a uma perda de 75% da energia do fóton em uma colisão entre um fóton e um elétron livre?

32 M Um feixe de raios X com um comprimento de onda de 0,0100 nm, no sentido positivo do eixo x, incide em um alvo que contém elétrons quase livres. Para o espalhamento de Compton a 180° de um fóton por um desses elétrons, determine (a) o deslocamento de Compton, (b) a variação da energia do fóton, (c) a energia cinética do elétron após o espalhamento, e (d) o ângulo entre o semieixo x positivo e a direção de movimento do elétron após o espalhamento.

33 M Calcule a variação percentual da energia do fóton em uma colisão como a da Fig. 38.3.3 para $\phi = 90°$ e uma radiação (a) na faixa de micro-ondas, com λ = 3,0 cm; (b) na faixa da luz visível, com λ = 500 nm; (c) na faixa dos raios X, com λ = 25 pm; (d) na faixa dos raios gama, com uma energia de 1,0 MeV por fóton. (e) O que pensa o leitor a respeito da possibilidade de detectar o deslocamento de Compton nessas regiões do espectro eletromagnético, usando apenas o critério da perda de energia em um único espalhamento fóton-elétron?

34 M Um fóton sofre espalhamento Compton por parte de um elétron livre estacionário. O ângulo de espalhamento é 90,0° em relação à direção inicial, e o comprimento de onda inicial é $3{,}00 \times 10^{-12}$ m. Qual é a energia cinética do elétron?

35 M Determine o comprimento de onda de Compton (a) de um elétron e (b) de um próton. Qual é a energia dos fótons de uma onda eletromagnética com um comprimento de onda igual ao comprimento de onda de Compton (c) do elétron e (d) do próton?

36 M Um feixe de raios gama cujos fótons têm uma energia de 0,511 MeV incide em um alvo de alumínio e é espalhado em várias direções por elétrons quase livres do alvo. (a) Qual é o comprimento de onda dos raios gama incidentes? (b) Qual é o comprimento de onda dos raios gama espalhados a 90,0° com o feixe incidente? (c) Qual é a energia dos fótons espalhados nessa direção?

37 M Considere uma colisão entre um fóton de raios X de energia inicial 50,0 keV e um elétron em repouso, na qual o fóton é espalhado para trás e o elétron é espalhado para a frente. (a) Qual é a energia do fóton espalhado? (b) Qual é a energia cinética do elétron espalhado?

38 M Mostre que, se um fóton de energia E for espalhado por um elétron livre em repouso, a energia cinética máxima do elétron espalhado será

$$K_{\text{máx}} = \frac{E^2}{E + mc^2/2}.$$

39 M Qual deve ser o ângulo de espalhamento de um fóton de 200 keV por um elétron livre para que o fóton perca 10% da energia?

40 M Qual é a energia cinética máxima dos elétrons ejetados de uma folha fina de cobre pelo espalhamento de Compton de um feixe de raios X com uma energia de 17,5 keV? Suponha que a função trabalho possa ser desprezada.

41 M Determine (a) o deslocamento de Compton $\Delta\lambda$, (b) o deslocamento de Compton relativo $\Delta\lambda/\lambda$, (c) a variação da energia ΔE de um fóton pertencente a um feixe luminoso com um comprimento de onda $\lambda = 590$ nm espalhado por um elétron livre, inicialmente estacionário, se o ângulo de espalhamento do fóton for 90° em relação à direção do feixe incidente. Determine (d) $\Delta\lambda$, (e) $\Delta\lambda/\lambda$ e (f) ΔE para o espalhamento a 90° se o fóton tiver uma energia de 50,0 keV (faixa dos raios X).

Módulo 38.4 Nascimento da Física Quântica

42 F A superfície do Sol se comporta aproximadamente como um corpo negro à temperatura da 5.800 K. (a) Calcule o comprimento de onda para o qual a radiância espectral da superfície do Sol é máxima e (b) indique em que região do espectro eletromagnético está esse comprimento de onda. (*Sugestão*: Ver Fig. 33.1.1.) (c) Como será discutido no Capítulo 44, o universo se comporta aproximadamente como um corpo negro cuja radiação foi emitida quando os átomos se formaram pela primeira vez. Hoje em dia, o comprimento de onda para o qual a radiação desse corpo negro é máxima é 1,06 mm (um comprimento de onda que se encontra na faixa das micro-ondas). Qual é a temperatura atual do universo?

43 F Logo após a detonação, a bola de fogo de uma explosão nuclear se comporta aproximadamente como um corpo negro a uma temperatura da ordem de $1,0 \times 10^7$ K. (a) Determine o comprimento de onda para o qual a radiação térmica desse corpo negro é máxima e (b) indique em que região do espectro eletromagnético está esse comprimento de onda. (*Sugestão*: Ver Fig. 33.1.1.) Essa radiação é rapidamente absorvida pelas moléculas do ar, o que dá origem a outro corpo negro a uma temperatura da ordem de $1,0 \times 10^5$ K. (c) Determine o comprimento de onda para o qual a radiação térmica desse corpo negro é máxima e (d) indique em que região do espectro eletromagnético está esse comprimento de onda.

44 M No caso da radiação térmica de um corpo negro à temperatura de 2000 K, seja I_c a intensidade por unidade de comprimento de onda de acordo com a fórmula clássica da radiância espectral, e seja I_P a intensidade correspondente de acordo com a fórmula de Planck. Qual é o valor da razão I_c/I_P para um comprimento de onda (a) de 400 nm (na extremidade azul do espectro visível) e (b) de 200 μm (no infravermelho distante)? (c) A fórmula clássica concorda melhor com a fórmula de Planck para comprimentos de onda mais longos ou mais curtos?

45 M CALC Supondo que sua temperatura seja 37° e que você é um corpo negro (o que é uma aproximação razoável), determine (a) o comprimento de onda para o qual sua radiância espectral é máxima, (b) a potência da radiação emitida de uma área de 4,00 cm² do seu corpo, em uma faixa de 1,00 nm no entorno desse comprimento de onda, (c) a taxa de emissão de fótons correspondente à potência calculada no item (b). Para um comprimento de onda de 500 nm (na faixa da luz visível), calcule (d) a potência e (e) a taxa de emissão de fótons. (O cálculo vai mostrar que, como você já deve ter notado, você não brilha no escuro.)

Módulo 38.5 Elétrons e Ondas de Matéria

46 F Calcule o comprimento de onda de de Broglie (a) de um elétron de 1,00 keV, (b) de um fóton de 1,00 keV e (c) de um nêutron de 1,00 keV.

47 F No tubo de imagem de um velho aparelho de televisão, os elétrons são acelerados por uma diferença de potencial de 25,0 kV. Qual é o comprimento de onda de de Broglie desses elétrons? (Não é necessário levar em conta efeitos relativísticos.)

48 M A resolução de um microscópio eletrônico (menor dimensão linear que pode ser observada) é igual ao comprimento de onda dos elétrons. Qual é a tensão de aceleração dos elétrons necessária para que um microscópio eletrônico tenha a mesma resolução que um microscópio ótico operando com raios gama de 100 keV?

49 M Íons de sódio monoionizados são acelerados por uma diferença de potencial de 300 V. (a) Qual é o momento final dos íons? (b) Qual é o comprimento de de Broglie correspondente?

50 M Elétrons com uma energia cinética de 50 GeV têm um comprimento de onda de de Broglie λ tão pequeno que podem ser usados para estudar detalhes da estrutura do núcleo atômico por meio de colisões. Essa energia é tão grande que a relação relativística extrema $p = E/c$ entre o momento p e a energia E pode ser usada. (Nessa situação extrema, a energia cinética de um elétron é muito maior que a energia de repouso.) (a) Qual é o valor de λ? (b) Se os núcleos do alvo têm raio $R = 5,0$ fm, qual é o valor da razão R/λ?

51 M O comprimento de onda da linha amarela do sódio é 590 nm. Qual é a energia cinética de um elétron cujo comprimento de onda de de Broglie é igual ao comprimento de onda da linha amarela do sódio?

52 M Um feixe de prótons que se movem com uma velocidade de 0,9900c incide em um anteparo com duas fendas separadas por uma distância de $4,00 \times 10^{-9}$ m. Uma figura de interferência é observada em uma tela. Qual é o ângulo entre o centro da figura e o segundo mínimo (de cada lado do centro)?

53 M Calcule o comprimento de onda (a) de um fóton com energia de 1,00 eV, (b) de um elétron com energia de 1,00 eV, (c) de um fóton com energia de 1,00 GeV e (d) de um elétron com energia de 1,00 GeV.

54 M Um elétron e um fóton têm o mesmo comprimento de onda, 0,20 nm. Calcule o momento (em kg · m/s) (a) do elétron e (b) do fóton. Calcule a energia (em eV) (c) do elétron e (d) do fóton.

55 M A resolução de um microscópio depende do comprimento de onda usado; o menor objeto que pode ser resolvido tem dimensões da ordem do comprimento de onda. Suponha que estamos interessados em "observar" o interior do átomo. Como um átomo tem um diâmetro da ordem de 100 pm, isso significa que devemos ser capazes de resolver dimensões da ordem de 10 pm. (a) Se um microscópio eletrônico for usado para este fim, qual deverá ser, no mínimo, a energia dos elétrons? (b) Se um microscópio ótico for usado, qual deverá ser, no mínimo, a energia dos fótons? (c) Qual dos dois microscópios parece ser mais prático? Por quê?

56 M O núcleo atômico foi descoberto em 1911 por Ernest Rutherford, que interpretou corretamente uma série de experimentos nos quais um feixe de partículas alfa era espalhado por folhas finas de metais, como ouro, prata e cobre. (a) Se as partículas alfa tinham uma energia cinética de 7,5 MeV, qual era o comprimento de onda de de Broglie das partículas? (b) A natureza ondulatória das partículas alfa deveria ter sido levada em conta na interpretação dos experimentos? A massa de uma partícula alfa é 4,00 u (unidades de massa atômica) e a distância de máxima aproximação entre as partículas alfa e o centro do núcleo nos experimentos era da ordem de 30 fm. (A natureza ondulatória da matéria só foi descoberta mais de uma década após a realização desses experimentos.)

57 **M** Uma partícula não relativística está se movendo três vezes mais depressa que um elétron. A razão entre o comprimento de onda de de Broglie da partícula e o comprimento de onda de de Broglie do elétron é $1{,}813 \times 10^{-4}$. Identifique a partícula, calculando sua massa.

58 **M** Determine (a) a energia de um fóton com comprimento de onda de 1,00 nm, (b) a energia cinética de um elétron com comprimento de onda de de Broglie de 1,00 nm, (c) a energia de um fóton com comprimento de onda de 1,00 fm e (d) a energia cinética de um elétron com comprimento de onda de de Broglie de 1,00 fm.

59 **D** Se o comprimento de onda de de Broglie de um próton é 100 fm, (a) qual é a velocidade do próton? (b) A que diferença de potencial deve ser submetido o próton para chegar a essa velocidade?

Módulo 38.6 Equação de Schrödinger

60 **F** Suponha que tivéssemos feito $A = 0$ na Eq. 38.6.7 e chamado B de ψ_0. (a) Qual seria a função de onda resultante? (b) Haveria alguma modificação na Fig. 38.6.1?

61 **F** **CALC** A função $\psi(x)$ da Eq. 38.6.10 descreve uma partícula livre para a qual supusemos que $U(x) = 0$ na equação de Schrödinger (Eq. 38.6.2). Suponha que $U(x) = U_0$, em que U_0 é uma constante. Mostre que a Eq. 38.6.10 continua a ser uma solução da equação de Schrödinger, mas o valor do número de onda k da partícula passa a ser dado por

$$k = \frac{2\pi}{h}\sqrt{2m(E - U_0)}.$$

62 **F** Demonstre que a Eq. 38.6.7 é a solução geral da Eq. 38.6.5 substituindo $\psi(x)$ e sua derivada segunda na Eq. 38.6.5 e mostrando que o resultado é uma identidade.

63 **F** (a) Escreva a função de onda $\psi(x)$ da Eq. 38.6.10 na forma $\psi(x) = a + ib$, em que a e b são números reais. (Suponha que A seja real.) (b) Escreva a função de onda dependente do tempo $\psi(x, t)$ associada a $\psi(x)$.

64 **F** Mostre que o número de onda k de uma partícula livre não relativística, de massa m, pode ser escrito na forma

$$k = \frac{2\pi\sqrt{2mK}}{h},$$

em que K é a energia cinética da partícula.

65 **F** (a) Seja $n = a + ib$ um número complexo, em que a e b são números reais (positivos ou negativos). Mostre que o produto nn^* é um número real e positivo. (b) Seja $m = c + id$ outro número complexo. Mostre que $|nm| = |n|\,|m|$.

66 **M** Suponha que $A = B = \psi_0$ na Eq. 38.6.8. Nesse caso, a equação representa a soma de duas ondas de matéria de mesma amplitude, propagando-se em sentidos opostos. (Lembre-se de que essa é a definição de uma onda estacionária.) (a) Mostre que, para esses valores de A e B, a função $|\Psi(x, t)|^2$ é dada por

$$|\Psi(x, t)|^2 = 2\psi_0^2[1 + \cos 2kx].$$

(b) Plote essa função e mostre que ela representa o quadrado da amplitude de uma onda estacionária. (c) Mostre que os nós da onda estacionária estão situados nos pontos para os quais

$$x = (2n + 1)\left(\frac{1}{4}\lambda\right), \qquad \text{em que } n = 0, 1, 2, 3, \ldots$$

e λ é o comprimento de onda de de Broglie da partícula. (d) Escreva uma expressão do mesmo tipo para as posições mais prováveis da partícula.

Módulo 38.7 Princípio de Indeterminação de Heisenberg

67 **F** A indeterminação da posição de um elétron situado no eixo x é 50 pm, ou seja, um valor aproximadamente igual ao raio de um átomo de hidrogênio. Qual é a menor indeterminação possível da componente p_x do momento do elétron?

68 **M** No Capítulo 39 é dito que os elétrons não se comportam como os planetas do sistema solar, movendo-se em órbitas definidas em torno do núcleo. Para compreender por que esse tipo de modelo não é realista, imagine que tentamos "observar" um elétron em órbita usando um microscópio para determinar a posição do elétron com uma precisão da ordem de 10 pm (um átomo típico tem um raio da ordem de 100 pm). Para isso, o comprimento de onda da radiação usada no microscópio deve ser da ordem de 10 pm. (a) Qual é a energia dos fótons correspondentes a este comprimento de onda? (b) Que energia um desses fótons transfere a um elétron em uma colisão frontal? (c) O que o resultado do item (b) revela a respeito da possibilidade de "observar" um elétron em dois ou mais pontos de uma possível órbita? (*Sugestão*: A energia de ligação dos elétrons da última camada dos átomos é da ordem de alguns elétrons-volts.)

69 **M** A Fig. 38.6.1 mostra um caso em que a componente p_x do momento de uma partícula é conhecida e, portanto, $\Delta p_x = 0$. De acordo com o princípio de indeterminação de Heisenberg (Eq. 38.7.1), isso significa que a posição x da partícula é totalmente indeterminada. A recíproca também é verdadeira: se a posição da partícula é conhecida com precisão absoluta ($\Delta x = 0$), a indeterminação do momento é infinita.

Considere um caso intermediário no qual a posição de uma partícula é medida, não com precisão absoluta, mas com uma indeterminação da ordem de $\lambda/2\pi$, em que λ é o comprimento de onda de de Broglie da partícula. Mostre que, nesse caso, a indeterminação da componente p_x do momento (medida simultaneamente) é igual ao próprio momento, isto é, $\Delta p_x = p$. Nessas circunstâncias, seria surpreendente que o valor medido do momento da partícula fosse zero? $0{,}5p$? $2p$? $12p$?

Módulo 38.8 Reflexão em um Degrau de Potencial

70 **M** Um elétron está se movendo em uma região onde existe um potencial elétrico uniforme de -200 V com uma energia (total) de 500 eV. Determine (a) a energia cinética do elétron, em elétrons-volts, (b) o momento do elétron, (c) a velocidade do elétron, (d) o comprimento de onda de de Broglie do elétron, (e) o número de onda do elétron.

71 **M** Em um arranjo como o das Figs. 38.8.1 e 38.8.2, os elétrons do feixe incidente têm uma energia $E = 800$ eV e o degrau de potencial tem uma altura $U_b = 600$ eV. Qual é o número de onda dos elétrons (a) na região 1 e (b) na região 2? (c) Qual é o coeficiente de reflexão? (d) Se $5{,}00 \times 10^5$ elétrons incidirem no degrau de potencial, quantos, aproximadamente, serão refletidos?

72 **M** Em um arranjo como o das Figs. 38.8.1 e 38.8.2, os elétrons do feixe incidente têm uma velocidade de $1{,}60 \times 10^7$ m/s e na região 2 existe um potencial elétrico de $V_2 = -500$ V. Qual é o número de onda (a) na região 1 e (b) na região 2? (c) Qual é o coeficiente de reflexão? (d) Se $3{,}00 \times 10^9$ elétrons incidirem no degrau de potencial, quantos, aproximadamente, serão refletidos?

73 **D** A corrente de um feixe de elétrons, todos com uma velocidade de 900 m/s, é 5,00 mA. Se o feixe incide em um degrau de potencial com uma altura de 1,25 μV, quanto é a corrente do outro lado do degrau?

Módulo 38.9 Efeito Túnel

74 **M** Considere uma barreira de energia potencial como a da Fig. 38.9.2 cuja altura U_b é 6,0 eV e cuja largura L é 0,70 nm. Qual é a energia de elétrons incidentes para os quais o coeficiente de transmissão é 0,0010?

75 **M** Prótons de 3,0 MeV incidem em uma barreira de energia potencial de 10 fm de espessura e 10 MeV de altura. Determine (a) o coeficiente de transmissão T, (b) a energia cinética K_t dos prótons que atravessam a barreira por efeito túnel, e (c) a energia cinética K_r dos prótons que são refletidos pela barreira. Dêuterons (partículas com a mesma carga que o próton e uma massa duas vezes maior) de 3,0 MeV incidem na mesma barreira. Determine os valores de (d) T, (e) K_t e (f) K_r nesse caso.

76 **M** (a) Um feixe de prótons de 5,0 eV incide em uma barreira de energia potencial de 6,0 eV de altura e 0,70 nm de largura, a uma taxa correspondente a uma corrente de 1.000 A. Quanto tempo é preciso esperar (em média) para que um próton atravesse a barreira? (b) Quanto tempo será preciso esperar, se o feixe contiver elétrons em vez de prótons?

77 **M** Um feixe de elétrons, de energia $E = 5{,}1$ eV, incide em uma barreira de altura $U_b = 6{,}8$ eV e largura $L = 750$ pm. Qual é a variação percentual do coeficiente de transmissão T correspondente a uma variação de 1,0% (a) da altura da barreira, (b) da largura da barreira, e (c) da energia cinética dos elétrons?

78 **D** A corrente de um feixe de elétrons, todos com uma velocidade de $1{,}200 \times 10^3$ m/s, é 9,000 mA. Se o feixe incide em uma barreira de potencial com 4,719 μV de altura e 200,0 nm de largura, qual é a corrente transmitida?

Problemas Adicionais

79 A Fig. 38.6.1 mostra que, por causa do princípio de indeterminação de Heisenberg, não é possível atribuir uma coordenada x à posição de um elétron livre que esteja se movendo com uma velocidade conhecida v ao longo do eixo x. (a) É possível atribuir uma coordenada y ou z ao elétron? (*Sugestão*: As componentes y e z do momento do elétron são nulas.) (b) Descreva a extensão da onda de matéria em três dimensões.

80 Uma linha de emissão é uma onda eletromagnética produzida em uma faixa tão estreita de comprimentos de onda que pode ser considerada monocromática em primeira aproximação. Uma linha de emissão muito importante para a astronomia tem um comprimento de onda de 21 cm. Qual é a energia dos fótons correspondentes a esse comprimento de onda?

81 Usando as equações clássicas para o momento e a energia cinética, mostre que o comprimento de onda de de Broglie, em nanômetros, pode ser escrito como $\lambda = 1{,}226/\sqrt{K}$, em que K é a energia cinética do elétron em elétrons-volts.

82 Demonstre a Eq. 38.3.5, a equação usada para calcular o deslocamento de Compton, a partir das Eqs. 38.3.2, 38.3.3 e 38.3.4, eliminando v e θ.

83 Os nêutrons em equilíbrio térmico com o meio em que se encontram (conhecidos como *nêutrons térmicos*) têm uma energia cinética média de $3kT/2$, em que k é a constante de Boltzmann e T é a temperatura do meio. Para $T = 300$ K, determine (a) a energia cinética dos nêutrons térmicos e (b) o comprimento de onda de de Broglie correspondente.

84 Considere um balão cheio de gás hélio à temperatura ambiente e à pressão atmosférica. Calcule (a) o comprimento de onda de de Broglie médio dos átomos de hélio e (b) a distância média entre os átomos nessas condições. A energia cinética média de um átomo é igual a $3kT/2$, em que k é a constante de Boltzmann. (c) Os átomos podem ser tratados como partículas nessas condições? Justifique sua resposta.

85 Por volta de 1916, R. A. Millikan obteve os seguintes dados para o potencial de corte do lítio em experimentos do efeito fotelétrico:

Comprimento de onda (nm)	433,9	404,7	365,0	312,5	253,5
Potencial de corte (V)	0,55	0,73	1,09	1,67	2,57

Use os dados da tabela para fazer um gráfico como o da Fig. 38.2.2 (que é para o sódio) e use o gráfico para determinar (a) a constante de Planck e (b) a função trabalho do lítio.

86 Mostre que $|\psi|^2 = |\psi|^2$, com ψ e Ψ relacionadas pela Eq. 38.4.3, ou seja, mostre que a densidade de probabilidade não depende do tempo.

87 Mostre que $\Delta E/E$, a perda relativa de energia de um fóton em uma colisão com uma partícula de massa m, é dada por

$$\frac{\Delta E}{E} = \frac{hf'}{mc^2}(1 - \cos\phi),$$

em que E é a energia do fóton incidente, f' é a frequência do fóton espalhado e o ângulo ϕ é definido como na Fig. 38.3.3.

88 Uma bala de revólver com 40 g de massa foi disparada com uma velocidade de 1.000 m/s. Embora seja óbvio que uma bala é grande demais para ser tratada como uma onda de matéria, determine qual é a previsão da Eq. 38.5.1 com relação ao comprimento de onda de de Broglie da bala a essa velocidade.

89 (a) Para ejetar um elétron do sódio, é preciso uma energia de pelo menos 2,28 eV. O efeito fotelétrico é observado quando uma placa de sódio é iluminada com luz vermelha, de comprimento de onda $\lambda = 680$ nm? (Ou seja, uma luz com esse comprimento de onda ejeta elétrons do sódio?) (b) Qual é o comprimento de onda de corte para a emissão fotelétrica no caso do sódio? (c) A que cor corresponde esse comprimento de onda?

90 Você está jogando futebol em um universo (muito diferente do nosso!) no qual a constante de Planck é 0,60 J · s. Qual é a indeterminação da posição de uma bola de 0,50 kg que foi chutada com uma velocidade de 20 m/s se a indeterminação da velocidade é 1,0 m/s?

CAPÍTULO 39

Mais Ondas de Matéria

39.1 ENERGIA DE UM ELÉTRON CONFINADO

Objetivos do Aprendizado

Depois de ler este módulo, você será capaz de ...

39.1.1 Saber que o confinamento de qualquer onda (incluindo as ondas de matéria) faz com que o comprimento de onda e a energia da onda sejam quantizados.

39.1.2 Desenhar um poço de potencial unidimensional infinito, mostrando a largura do poço e a energia potencial das paredes.

39.1.3 Conhecer a relação entre o comprimento de onda de de Broglie λ e a energia cinética de um elétron.

39.1.4 No caso de um elétron confinado em um poço de potencial unidimensional infinito, conhecer a relação entre o comprimento de onda de de Broglie λ do elétron, a largura L do poço e o número quântico n.

39.1.5 No caso de um elétron confinado em um poço de potencial unidimensional infinito, conhecer a relação entre as energias permitidas E_n, a largura L do poço e o número quântico n.

39.1.6 Desenhar o diagrama de níveis de energia de um elétron em um poço de potencial unidimensional infinito, mostrando o nível fundamental e alguns estados excitados.

39.1.7 Saber que um elétron confinado tende a ocupar o estado fundamental, pode ser excitado para estados de maior energia, e pode ocupar estados com energias que não sejam as energias permitidas.

39.1.8 Calcular a energia necessária para que um elétron sofra uma transição entre dois estados permitidos.

39.1.9 Saber que a transição de um elétron para um nível de maior energia envolve a absorção de um fóton, e a transição para um nível de menor energia envolve a emissão de um fóton.

39.1.10 Conhecer a relação entre a variação de energia de um elétron e a frequência e o comprimento de onda do fóton absorvido ou emitido pelo elétron.

39.1.11 Conhecer os espectros de emissão e absorção de um elétron em um poço de potencial unidimensional infinito.

Ideias-Chave

- O confinamento de qualquer onda (ondas em cordas, ondas sonoras, ondas eletromagnéticas, ondas de matéria) faz com que a onda seja quantizada, ou seja, possa existir apenas em estados discretos, com valores de energia bem definidos.
- Como é uma onda de matéria, um elétron confinado em um potencial infinito pode existir apenas em estados discretos. Se o poço for unidimensional e tiver uma largura L, as energias permitidas serão dadas por

$$E_n = \left(\frac{h^2}{8mL^2}\right)n^2, \qquad \text{para } n = 1, 2, 3, \ldots,$$

em que m é a massa do elétron e n é um número quântico.
- O nível de menor energia não é zero, mas corresponde ao valor da energia para $n = 1$.
- O elétron só pode passar de um nível quântico para outro se a variação de energia for

$$\Delta E = E_{\text{alta}} - E_{\text{baixa}},$$

em que E_{alta} é a energia mais alta, e E_{baixa} é a energia mais baixa.
- Se a variação de energia acontece por meio da absorção ou emissão de um fóton, a energia do fóton deve ser igual à variação de energia do elétron:

$$hf = \frac{hc}{\lambda} = \Delta E = E_{\text{alta}} - E_{\text{baixa}},$$

em que f é a frequência e λ é o comprimento de onda do fóton.

O que É Física?

Um dos principais objetivos da física é conhecer a estrutura dos átomos. No início do século XX, ninguém sabia qual era a disposição dos elétrons nos átomos, como os elétrons se moviam, como os átomos emitiam e absorviam luz, ou mesmo por que os átomos eram estáveis. Sem esse conhecimento, não era possível compreender de que forma os átomos se combinavam para formar moléculas e cristais. Em consequência, os fundamentos da química (incluindo a bioquímica, que estuda as reações químicas que se passam no interior dos seres vivos) permaneciam envoltos em mistério.

A partir de 1926, essas questões e muitas outras começaram a ser desvendadas com o surgimento da física quântica. A premissa básica da nova disciplina é que os elétrons, prótons e todas as outras partículas se comportam como ondas de matéria cuja propagação obedece à equação de Schrödinger. Embora a teoria quântica também se aplique a objetos macroscópicos, não há necessidade de usá-la para estudar bolas de futebol, automóveis ou planetas. No caso desses corpos pesados, que se movem com uma velocidade muito menor que a da luz, a física newtoniana e a física quântica fornecem os mesmos resultados.

Antes de aplicar a física quântica ao problema da estrutura atômica, vamos familiarizar o leitor com os conceitos quânticos estudando algumas situações mais simples. Algumas dessas situações podem parecer pouco realistas, mas nos permitem discutir os princípios básicos da física quântica sem termos de lidar com a complexidade muitas vezes insuperável dos átomos. Além disso, com os avanços da tecnologia, situações que antigamente eram encontradas apenas nos livros escolares hoje estão sendo reproduzidas nos laboratórios e usadas em aplicações práticas nos campos da eletrônica e da ciência dos materiais. Em breve seremos capazes de usar estruturas nanométricas conhecidas como *currais quânticos* e *pontos quânticos* para criar "átomos sob medida" cujas propriedades poderão ser modificadas à vontade pelos projetistas. Tanto no caso dos átomos naturais como dos artificiais, o ponto de partida para nossa discussão é a natureza ondulatória do elétron.

Ondas em Cordas e Ondas de Matéria

Como vimos no Capítulo 16, existem dois tipos de ondas em uma corda esticada. Quando a corda é tão comprida que pode ser considerada infinita, podemos excitar na corda uma *onda progressiva* de praticamente qualquer frequência. Por outro lado, quando a corda tem um comprimento limitado, talvez por estar presa nas duas extremidades, só podemos excitar na corda uma *onda estacionária*; além disso, essa onda pode ter apenas certas frequências. Em outras palavras, confinar a onda a uma região finita leva à *quantização* do movimento, ou seja, à existência de *estados discretos* para a onda, cada um com uma frequência bem definida.

Essa observação se aplica a ondas de todos os tipos, incluindo as ondas de matéria. No caso das ondas de matéria, porém, é mais conveniente lidar com a energia E da partícula associada do que com a frequência f da onda. Na discussão a seguir, vamos nos concentrar na onda de matéria associada ao elétron, mas os resultados se aplicam a qualquer onda de matéria.

Considere a onda de matéria associada a um elétron que se move no sentido positivo do eixo x e não está sujeito a nenhuma força, ou seja, é uma *partícula livre*. A energia desse elétron pode ter qualquer valor, assim como a onda excitada em uma corda de comprimento infinito pode ter qualquer frequência.

Considere agora a onda de matéria associada a um elétron atômico, como o *elétron de valência* (elétron da última camada) de um átomo. Um elétron desse tipo, mantido no lugar pela força de atração do núcleo atômico, *não é* uma partícula livre; pode existir apenas em estados discretos, caracterizados por valores discretos da energia. A situação lembra muito a de uma corda esticada, de comprimento finito, que também só comporta um número finito de estados e frequências de oscilação. Assim, no caso das ondas de matéria, como no caso de ondas de qualquer tipo, podemos enunciar um **princípio de confinamento**:

O confinamento de uma onda leva à quantização, ou seja, à existência de estados discretos com energias discretas. A onda pode ter apenas essas energias.

Energia de um Elétron Confinado

Armadilhas Unidimensionais

Vamos examinar a onda de matéria associada a um elétron não relativístico confinado a uma região do espaço. Para isso, podemos usar uma analogia com ondas estacionárias em uma corda de comprimento finito, estendida no eixo x e presa rigidamente pelas duas extremidades. Como os suportes são rígidos, as extremidades da corda são nós, pontos em que a corda se mantém imóvel. Pode haver nós em outros pontos da corda, mas os nós das extremidades devem sempre estar presentes, como na Fig. 16.7.5.

Os estados ou modos permitidos de oscilação da corda são aqueles para os quais o comprimento L da corda é igual a um número inteiro de meios comprimentos de onda. Em outras palavras, a corda pode ocupar apenas os estados para os quais

$$L = \frac{n\lambda}{2}, \qquad \text{para } n = 1, 2, 3, \ldots \tag{39.1.1}$$

Cada valor de n define um estado diferente de oscilação da corda; na linguagem da física quântica, o número inteiro n é um **número quântico**.

Para cada estado permitido pela Eq. 39.1.1, o deslocamento transversal em um ponto x da corda é dado por

$$y_n(x) = A \operatorname{sen}\left(\frac{n\pi}{L}x\right), \qquad \text{para } n = 1, 2, 3, \ldots, \tag{39.1.2}$$

em que o número quântico n especifica o estado em que a corda se encontra, e A é uma função apenas do tempo. (A Eq. 39.1.2 é uma versão condensada da Eq. 16.7.3.) Vemos que, para qualquer valor de n e para qualquer instante de tempo, o deslocamento é zero em $x = 0$ e $x = L$, ou seja, nas extremidades da corda. Na Fig. 16.7.4 são mostradas fotografias das oscilações de uma corda para $n = 2$, 3 e 4.

Vamos agora voltar nossa atenção para as ondas de matéria. O primeiro problema é confinar um elétron a uma região do eixo x. A Fig. 39.1.1 mostra uma possível *armadilha unidimensional para elétrons*, constituída por dois cilindros semi-infinitos mantidos a um potencial elétrico de $-\infty$; entre eles existe um cilindro oco, de comprimento L, que é mantido a um potencial elétrico nulo. O elétron a ser confinado é colocado no interior desse último cilindro.

A armadilha da Fig. 39.1.1 pode ser fácil de analisar, mas difícil de construir na prática. Entretanto, é *possível* aprisionar elétrons isolados em armadilhas mais complexas, que obedecem aos mesmos princípios. Um grupo de cientistas da Universidade de Washington, por exemplo, manteve um elétron em uma armadilha durante meses a fio, o que permitiu estudar suas propriedades com grande precisão.

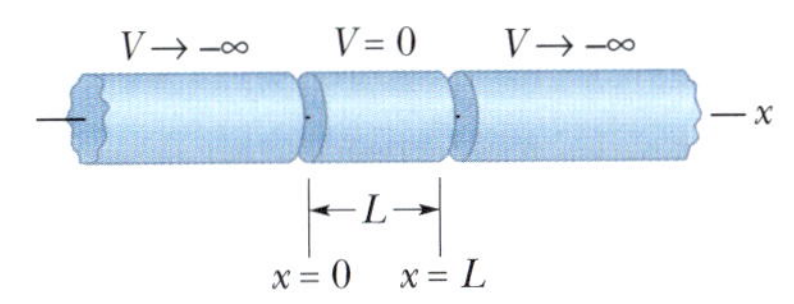

Figura 39.1.1 Elementos de uma "armadilha" idealizada para confinar o elétron ao cilindro central. Os cilindros das extremidades são mantidos a um potencial negativo infinito e o cilindro central é mantido a um potencial nulo.

Cálculo das Energias Quantizadas

A Fig. 39.1.2 mostra a energia potencial do elétron em função de sua posição no eixo x da armadilha idealizada da Fig. 39.1.1. Quando o elétron está no interior do cilindro central, sua energia potencial $U (= -eV)$ é nula porque o potencial V é nulo nessa região. Se o elétron pudesse escapar do cilindro central, sua energia potencial se tornaria positiva e infinita, já que $V = -\infty$ do lado de fora do cilindro central. O potencial associado à armadilha da Fig. 39.1.1, que está representado na Fig. 39.1.2, é chamado **poço de energia potencial infinitamente profundo** ou, simplesmente, *poço de potencial infinito*. O nome "poço" vem do fato de que um elétron colocado no cilindro central da Fig. 39.1.1 não pode escapar. No momento em que atinge uma das extremidades do cilindro, o elétron é repelido por uma força infinita e passa a se mover no sentido oposto. Como, nesse modelo idealizado, o elétron só pode se mover em uma direção do espaço, a armadilha é chamada *poço de potencial infinito unidimensional*.

Da mesma forma que uma onda estacionária em uma corda esticada, a onda de matéria que descreve o elétron confinado deve ter nós em $x = 0$ e $x = L$. Além disso, a Eq. 39.1.1 pode ser aplicada à onda de matéria se interpretarmos λ como o comprimento de onda de de Broglie do elétron.

O comprimento de onda de de Broglie λ de uma partícula foi definido na Eq. 38.5.1 como $\lambda = h/p$, em que p é o módulo do momento da partícula. Para um elétron não relativístico, o módulo p do momento está relacionado à energia cinética da partícula, K, pela equação $p = \sqrt{2mK}$, em que m é a massa da partícula. No caso de um elétron

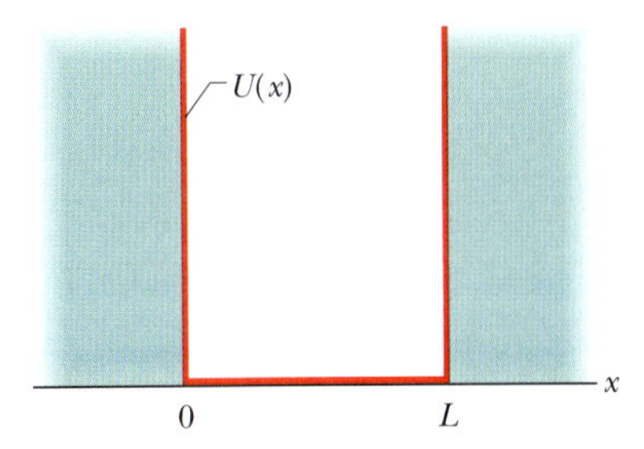

Figura 39.1.2 Energia potencial elétrica $U(x)$ de um elétron confinado no cilindro central da armadilha da Fig. 39.1.1. Vemos que $U = 0$ para $0 < x < L$, e $U \to \infty$ para $x < 0$ e $x > L$.

Esses são os cinco níveis de menor energia permitidos para o elétron. (Não são permitidos níveis intermediários.)

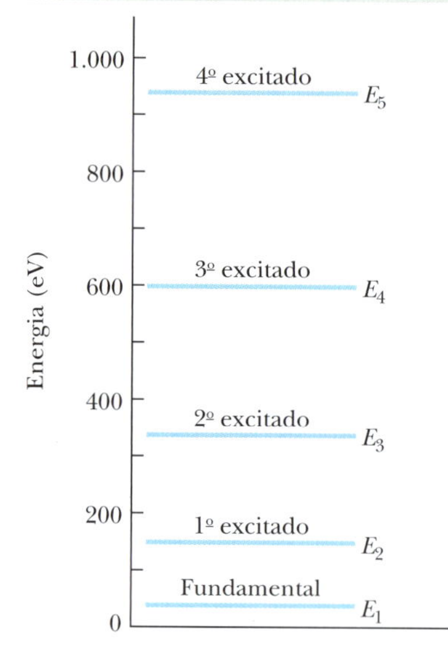

Figura 39.1.3 Algumas das energias permitidas para um elétron confinado no poço infinito da Fig. 39.1.2, supondo que a largura do poço seja $L = 100$ pm.

O elétron é excitado para um nível de maior energia.

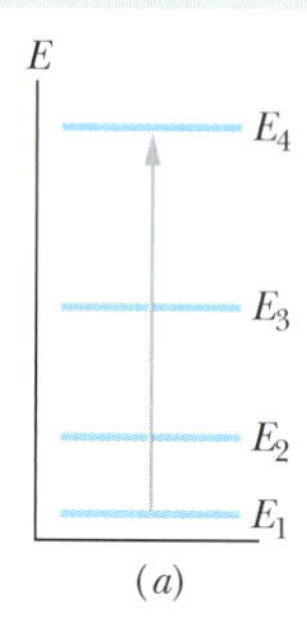

O elétron pode decair de várias formas (com diferentes probabilidades) para um estado de menor energia.

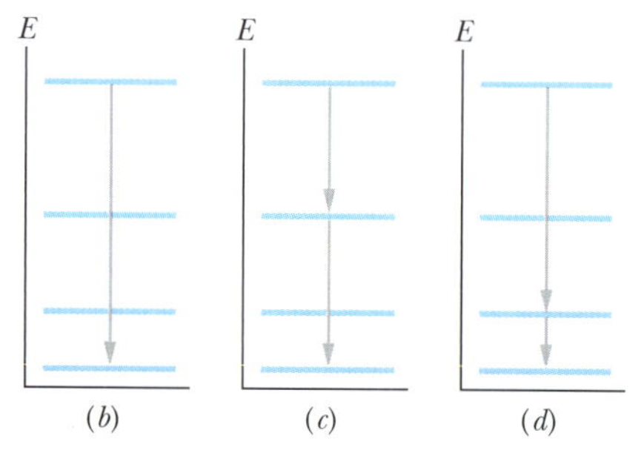

Figura 39.1.4 (*a*) Excitação de um elétron confinado do estado fundamental para o terceiro estado excitado. (*b*) a (*d*) Três das quatro formas possíveis de decaimento do elétron do terceiro estado excitado para o estado fundamental. (Qual é a quarta?)

no interior do cilindro central da Fig. 39.1.1, como $U = 0$, a energia (mecânica) total E é igual à energia cinética. Assim, o comprimento de onda de de Broglie do elétron é dado por

$$\lambda = \frac{h}{p} = \frac{h}{\sqrt{2mE}}. \qquad (39.1.3)$$

Substituindo a Eq. 39.1.3 na Eq. 39.1.1 e explicitando E, descobrimos que E varia com n de acordo com a equação

$$E_n = \left(\frac{h^2}{8mL^2}\right)n^2, \qquad \text{para } n = 1, 2, 3, \ldots \qquad (39.1.4)$$

O número inteiro positivo n é o número quântico que define o estado quântico do elétron.

A Eq. 39.1.4 revela algo importante: Quando o elétron está confinado ao cilindro central, sua energia só pode ter os valores dados pela equação. A energia do elétron *não pode*, por exemplo, assumir um valor intermediário entre os valores para $n = 1$ e $n = 2$. Por que essa restrição? Porque existe uma onda de matéria associada ao elétron. Se o elétron fosse apenas uma partícula, como supunha a física clássica, a energia do elétron poderia ter *qualquer* valor, mesmo quando estivesse confinado em uma armadilha.

A Fig. 39.1.3 mostra os cinco primeiros valores de energia permitidos para um elétron no interior de um poço infinito com $L = 100$ pm (as dimensões de um átomo típico). Esses valores são chamados *níveis de energia* e estão representados na Fig. 39.1.3 por linhas horizontais em um *diagrama de níveis de energia*. O eixo vertical é calibrado em unidades de energia; o eixo horizontal não tem nenhum significado.

O estado quântico de menor energia possível, E_1, cujo valor pode ser obtido fazendo $n = 1$ na Eq. 39.1.4, é conhecido como *estado fundamental* do elétron. O elétron tende a ocupar esse estado fundamental. Todos os estados quânticos com energias maiores (ou seja, com número quântico $n \geq 2$) são chamados *estados excitados* do elétron. O estado de energia E_2, correspondente a $n = 2$, é chamado *primeiro estado excitado* porque é o estado excitado de menor energia. O estado de energia E_3 é chamado de segundo estado excitado, e assim por diante.

Mudanças de Energia

Um elétron confinado tende a ocupar o estado de menor energia possível (o estado fundamental) e só pode passar para um estado excitado (no qual possui uma energia maior) se receber de uma fonte externa uma energia igual à diferença de energia entre os dois estados. Seja E_{baixa} a energia inicial do elétron e seja E_{alta} a energia de um dos estados excitados da Fig. 39.1.3. Nesse caso, a quantidade de energia que deve ser fornecida ao elétron para que mude de estado é dada por

$$\Delta E = E_{\text{alta}} - E_{\text{baixa}} \qquad (39.1.5)$$

Quando um elétron recebe essa energia, dizemos que executou um *salto quântico*, sofreu uma *transição* ou foi *excitado* de um estado de menor energia para um estado de maior energia. A Fig. 39.1.4*a* representa, de forma esquemática, um salto quântico do estado fundamental (nível de energia E_1) para o terceiro estado excitado (nível de energia E_4). Como mostra a figura, o salto *deve* começar e terminar em níveis de energia permitidos, mas não precisa passar por níveis intermediários.

Fótons. Uma das formas de um elétron ganhar energia suficiente para executar um salto quântico é absorver um fóton. Essa absorção, porém, só ocorre quando a seguinte condição é satisfeita:

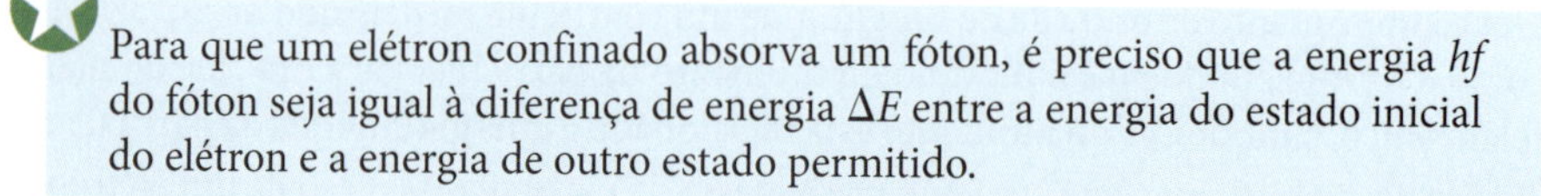

Para que um elétron confinado absorva um fóton, é preciso que a energia hf do fóton seja igual à diferença de energia ΔE entre a energia do estado inicial do elétron e a energia de outro estado permitido.

Assim, a excitação por absorção de luz só é possível se

$$hf = \frac{hc}{\lambda} = \Delta E = E_{\text{alta}} - E_{\text{baixa}}. \tag{39.1.6}$$

Quando um elétron passa para um estado excitado, ele não permanece indefinidamente no novo estado, mas logo *decai* para estados de menor energia. As Figs. 39.1.4*b* a 39.1.4*d* mostram algumas possibilidades de decaimento de um elétron que se encontra no terceiro estado excitado. O elétron pode chegar ao estado fundamental por meio de um único salto quântico (Fig. 39.1.4*b*) ou por meio de saltos quânticos mais curtos, que envolvem estados intermediários (Figs. 39.1.4*c* e *d*).

Uma das formas de um elétron perder energia é emitir um fóton. Essa emissão, porém, só ocorre quando a seguinte condição é satisfeita:

Para que um elétron confinado emita um fóton, é preciso que a energia hf do fóton seja igual à diferença de energia ΔE entre a energia do estado inicial do elétron e a energia de outro estado permitido.

Assim, a Eq. 39.1.6 se aplica tanto à absorção quanto à emissão de luz por um elétron confinado. Isso significa que a luz absorvida ou emitida só pode ter certos valores de hf; portanto, só pode ter certos valores de frequência f e comprimento de onda λ.

Observação: Embora a Eq. 39.1.6 e as ideias que apresentamos a respeito da absorção e emissão de fótons se apliquem a armadilhas reais (realizáveis em laboratório) para elétrons, não podem ser aplicadas a armadilhas unidimensionais (idealizadas). Isso se deve à necessidade de que o momento angular seja conservado nos processos de absorção e emissão de fótons. Neste livro, vamos ignorar essa necessidade e usar a Eq. 39.1.6, mesmo para armadilhas unidimensionais.

Teste 39.1.1

Coloque na ordem decrescente da diferença de energia entre os estados os seguintes pares de estados quânticos de um elétron confinado a um poço infinito unidimensional: (a) $n = 3$ e $n = 1$, (b) $n = 5$ e $n = 4$, (c) $n = 4$ e $n = 3$.

Exemplo 39.1.1 Níveis de energia de um poço de potencial infinito unidimensional  39.1

Um elétron é confinado a um poço de potencial unidimensional infinitamente profundo, de largura $L = 100$ pm. (a) Qual é a menor energia possível do elétron? (Um elétron confinado não pode ter energia nula.)

IDEIA-CHAVE

O confinamento do elétron (ao qual está associada uma onda de matéria) leva à quantização da energia. Como o poço é infinitamente profundo, as energias permitidas são dadas pela Eq. 39.1.4 [$E_n = (h^2n^2/8mL^2)$], em que o número quântico n é um número inteiro positivo.

Nível de menor energia: Para os dados do problema, o valor da constante que multiplica n^2 na Eq. 39.1.4 é

$$\frac{h^2}{8mL^2} = \frac{(6{,}63 \times 10^{-34}\ \text{J}\cdot\text{s})^2}{(8)(9{,}11 \times 10^{-31}\ \text{kg})(100 \times 10^{-12}\ \text{m})^2}$$
$$= 6{,}031 \times 10^{-18}\ \text{J}. \tag{39.1.7}$$

A menor energia possível do elétron corresponde ao menor valor possível de n, que é $n = 1$ (estado fundamental). Assim, de acordo com as Eqs. 39.1.4 e 39.1.7, temos

$$E_1 = \left(\frac{h^2}{8mL^2}\right)n^2 = (6{,}031 \times 10^{-18}\ \text{J})(1^2)$$
$$\approx 6{,}03 \times 10^{-18}\ \text{J} = 37{,}7\ \text{eV}. \qquad \text{(Resposta)}$$

(b) Qual é a energia que deve ser fornecida ao elétron para que ele execute um salto quântico do estado fundamental para o segundo estado excitado?

IDEIA-CHAVE

Primeiro, uma advertência: Observe que, de acordo com a Eq. 39.1.3, o *segundo* estado excitado corresponde ao *terceiro* nível de energia, cujo número quântico é $n = 3$. De acordo com a Eq. 39.1.5, a energia necessária para que o elétron salte do nível $n = 1$ para o nível $n = 3$ é dada por

$$\Delta E_{31} = E_3 - E_1. \tag{39.1.8}$$

Salto para cima: As energias E_3 e E_1 estão relacionadas ao número quântico n pela Eq. 39.1.4. Assim, substituindo E_3 e E_1 na Eq. 39.1.8 por seus valores, dados pela Eq. 39.1.4, obtemos

$$\begin{aligned}\Delta E_{31} &= \left(\frac{h^2}{8mL^2}\right)(3)^2 - \left(\frac{h^2}{8mL^2}\right)(1)^2 \\ &= \frac{h^2}{8mL^2}(3^2 - 1^2) \\ &= (6{,}031 \times 10^{-18}\ \text{J})(8) \\ &= 4{,}83 \times 10^{-17}\ \text{J} = 301\ \text{eV}. \qquad \text{(Resposta)}\end{aligned}$$

(c) Se o elétron executa o salto quântico do item (b) ao absorver luz, qual é o comprimento de onda da luz?

IDEIAS-CHAVE

(1) A transferência de energia da luz para o elétron ocorre por absorção de um fóton. (2) De acordo com a Eq. 39.1.6 ($hf = \Delta E$), a energia do fóton deve ser igual à diferença de energia ΔE entre o nível inicial de energia do elétron e o nível final.

Comprimento de onda: Como $f = c/\lambda$, a Eq. 39.1.6 pode ser escrita na forma

$$\lambda = \frac{hc}{\Delta E}. \tag{39.1.9}$$

Para a diferença de energia ΔE_{31} calculada no item (b), a Eq. 39.1.9 nos dá

$$\begin{aligned}\lambda &= \frac{hc}{\Delta E_{31}} \\ &= \frac{(6{,}63 \times 10^{-34}\ \text{J}\cdot\text{s})(2{,}998 \times 10^8\ \text{m/s})}{4{,}83 \times 10^{-17}\ \text{J}} \\ &= 4{,}12 \times 10^{-9}\ \text{m}. \qquad \text{(Resposta)}\end{aligned}$$

(d) Depois que o elétron salta para o segundo estado excitado, que comprimentos de onda de luz ele pode emitir ao voltar para o estado fundamental?

IDEIAS-CHAVE

1. Quando está em um estado excitado, um elétron tende a decair, isto é, perder energia, até chegar ao estado fundamental ($n = 1$).
2. Um elétron só pode perder energia passando para um estado permitido de energia menor que a do estado em que se encontra.
3. Para perder energia produzindo luz, o elétron deve emitir um fóton.

Saltos para baixo: Se está inicialmente no segundo estado excitado (ou seja, no nível $n = 3$), o elétron pode chegar ao estado fundamental ($n = 1$) *saltando diretamente* para esse nível (Fig. 39.1.5*a*) ou executando *dois saltos sucessivos*, um do nível $n = 3$ para o nível $n = 2$ e outro do nível $n = 2$ para o nível $n = 1$ (Figs. 39.1.5*b* e *c*).

O salto direto envolve a mesma diferença de energia ΔE_{31} que foi calculada no item (c). Nesse caso, o comprimento de onda envolvido é o que foi calculado no item (c), com a diferença de que agora se trata do comprimento de onda da luz emitida e não da luz absorvida. Assim, o elétron pode saltar diretamente para o estado fundamental emitindo luz de comprimento de onda

$$\lambda = 4{,}12 \times 10^{-9}\ \text{m}. \qquad \text{(Resposta)}$$

Usando o mesmo método do item (b), é possível mostrar que as diferenças de energia para os saltos das Figs. 39.1.5*b* e *c* são

$$\Delta E_{32} = 3{,}016 \times 10^{-17}\ \text{J e } \Delta E_{21} = 1{,}809 \times 10^{-17}\ \text{J}.$$

De acordo com a Eq. 39.1.9, o comprimento de onda da luz emitida no primeiro desses saltos (de $n = 3$ para $n = 2$) é

$$\lambda = 6{,}60 \times 10^{-9}\ \text{m}, \qquad \text{(Resposta)}$$

e o comprimento de onda da luz emitida no segundo desses saltos (de $n = 2$ para $n = 1$) é

$$\lambda = 1{,}10 \times 10^{-8}\ \text{m}. \qquad \text{(Resposta)}$$

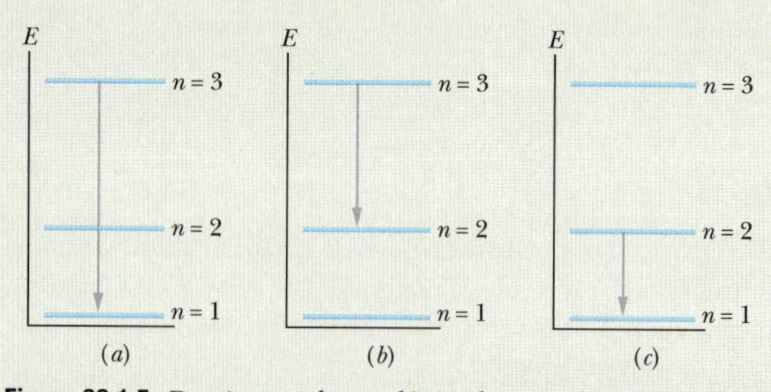

Figura 39.1.5 Decaimento de um elétron do segundo estado excitado para o estado fundamental diretamente (*a*) ou por meio do primeiro estado excitado (*b*, *c*).

39.2 FUNÇÕES DE ONDA DE UM ELÉTRON CONFINADO

Objetivos do Aprendizado

Depois de ler este módulo, você será capaz de ...

39.2.1 Escrever a função de onda de um elétron confinado em um poço de potencial unidimensional infinito em termos da posição do elétron e do número quântico n.

39.2.2 Saber o que é densidade de probabilidade.

39.2.3 No caso de um elétron confinado em um poço de potencial unidimensional infinito em um dado estado quântico, conhecer a densidade de probabilidade do elétron em função da posição no interior do poço, saber que a densidade de probabilidade é zero do lado de fora do poço, e calcular a probabilidade de que o elétron seja detectado em uma dada região no interior do poço.

39.2.4 Saber o que é o princípio de correspondência.

39.2.5 Normalizar uma função de onda dada e saber qual é a relação entre a normalização e a probabilidade de detecção.

39.2.6 Saber que o nível de menor energia de um elétron confinado (a energia de ponto zero) não é zero.

Ideias-Chave

- As funções de onda de um elétron confinado em um poço de potencial unidimensional infinito de largura L ao longo do eixo x é dado por

$$\psi_n(x) = \sqrt{\frac{2}{L}}\,\text{sen}\left(\frac{n\pi}{L}x\right), \qquad \text{para } n = 1, 2, 3, \ldots,$$

em que n é o número quântico.

- A probabilidade de que o elétron seja detectado no intervalo entre x e $x + dx$ é dada por $\psi_n^2(x)\,dx$.
- A integral da densidade de probabilidade do elétron para todo o eixo x deve ser igual a 1:

$$\int_{-\infty}^{\infty} \psi_n^2(x)\,dx = 1.$$

Funções de Onda de um Elétron Confinado

Resolvendo a equação de Schrödinger para um elétron confinado em um poço de potencial unidimensional infinito de largura L, descobrimos que as funções de onda do elétron são dadas por

$$\psi_n(x) = A\,\text{sen}\left(\frac{n\pi}{L}x\right), \qquad \text{para } n = 1, 2, 3, \ldots, \tag{39.2.1}$$

para $0 \leq x \leq L$ (a função de onda é nula para qualquer outro valor de x). O valor da constante A na Eq. 39.2.1 será calculado mais adiante.

Note que as funções de onda $\psi_n(x)$ têm a mesma forma que as funções de deslocamento $y_n(x)$ de uma onda estacionária em uma corda presa pelas extremidades (ver Eq. 39.1.2). Podemos dizer que a onda de matéria associada a um elétron confinado em um poço de potencial unidimensional infinito é também uma onda estacionária.

Probabilidade de Detecção

Não existem formas de medir diretamente a função de onda $\psi_n(x)$; não podemos observar o interior do poço de potencial e ver a onda de matéria, como se estivéssemos observando uma onda em uma corda. No caso da onda de matéria associada a um elétron, tudo que podemos fazer é constatar a presença ou ausência do elétron com o auxílio de um detector. No momento da detecção, verificamos que o elétron está em um determinado local do poço.

Quando repetimos o processo em vários locais, descobrimos que a probabilidade de detecção depende da posição x do detector. Essa probabilidade é dada pela função *densidade de probabilidade*, $\psi_n^2(x)$. Como vimos no Módulo 38.6, a probabilidade de que uma partícula seja detectada em um volume infinitesimal com centro em um ponto do espaço é proporcional a $|\psi_n^2|$. No caso de um elétron confinado em um poço unidimensional, estamos interessados apenas na probabilidade de detecção do elétron em pontos situados no eixo x; nesse caso, a densidade de probabilidade é uma probabilidade por unidade de comprimento ao longo do eixo x, $\psi_n^2(x)$. (O sinal de valor absoluto pode ser omitido nesse caso porque a função $\psi_n(x)$ da Eq. 39.2.1 é uma função real, ou seja, não possui uma parte imaginária.) A probabilidade $p(x)$ de que um elétron seja detectado em um ponto x do interior do poço é dada por

$$\begin{pmatrix}\text{probabilidade de}\\ \text{detecção no intervalo } dx\\ \text{com centro em } x\end{pmatrix} = \begin{pmatrix}\text{densidade de}\\ \text{probabilidade } \psi_n^2(x)\\ \text{no ponto } x\end{pmatrix}(\text{intervalo } dx),$$

ou

$$p(x) = \psi_n^2(x)\,dx. \tag{39.2.2}$$

A densidade de probabilidade deve ser zero nas paredes infinitas.

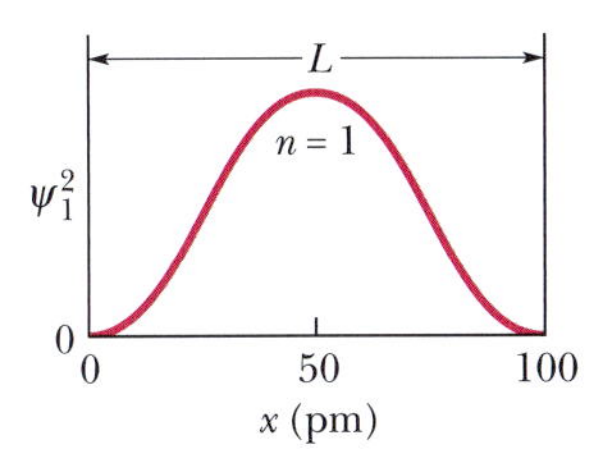

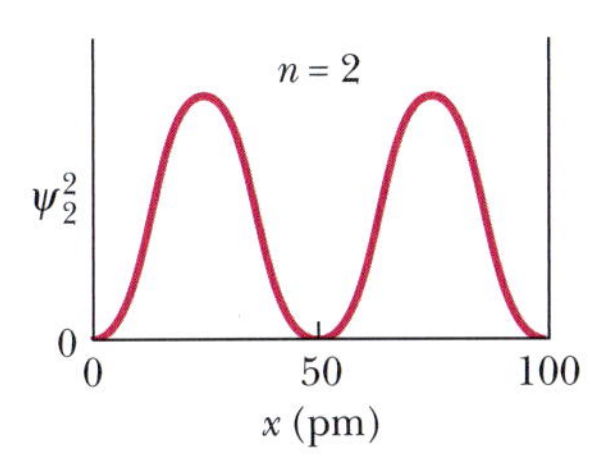

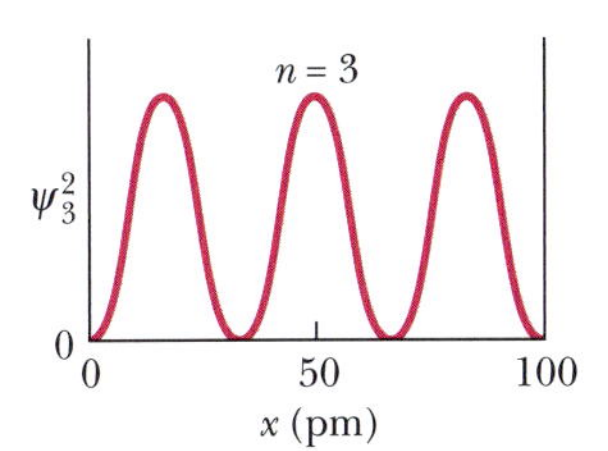

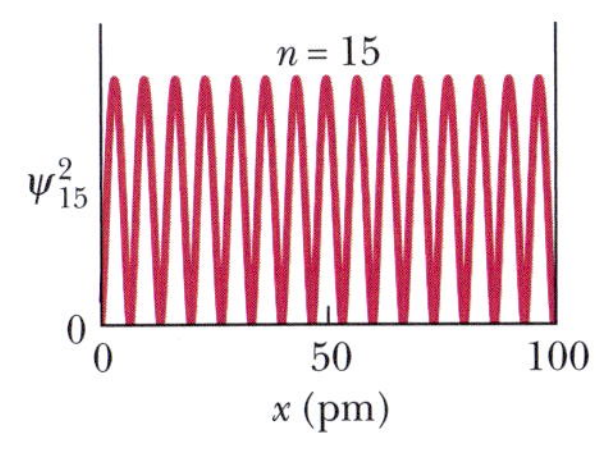

Figura 39.2.1 Densidade de probabilidade $\psi_n^2(x)$ para quatro estados de um elétron confinado em um poço de potencial unidimensional infinito; os números quânticos são $n = 1, 2, 3$ e 15. É mais provável encontrar o elétron nas regiões em que $\psi_n^2(x)$ tem valores elevados, e menos provável encontrar o elétron nas regiões em que $\psi_n^2(x)$ tem valores pequenos.

De acordo com a Eq. 39.2.1, a densidade de probabilidade $\psi_n^2(x)$ para o elétron confinado é

$$\psi_n^2(x) = A^2 \operatorname{sen}^2\left(\frac{n\pi}{L}x\right), \qquad \text{para } n = 1, 2, 3, \ldots, \qquad (39.2.3)$$

no intervalo $0 \leq x \leq L$ (a densidade de probabilidade é zero para qualquer outro valor de x). A Fig. 39.2.1 mostra as funções $\psi_n^2(x)$ com $n = 1, 2, 3$ e 15 para um elétron confinado em um poço infinito com uma largura L de 100 pm.

Para calcular a probabilidade de que um elétron seja detectado em uma região no interior do poço (entre os pontos x_1 e x_2, digamos), basta integrar $p(x)$ entre os limites da região. Assim, de acordo com as Eqs. 39.2.2 e 39.2.3,

$$\begin{pmatrix}\text{probabilidade de} \\ \text{detecção entre } x_1 \text{ e } x_2\end{pmatrix} = \int_{x_1}^{x_2} p(x)$$

$$= \int_{x_1}^{x_2} A^2 \operatorname{sen}^2\left(\frac{n\pi}{L}x\right) dx. \qquad (39.2.4)$$

Se o intervalo Δx no qual procuramos o elétron for muito menor que a largura L do poço, podemos, em geral, supor que a integral da Eq. 39.2.4 é aproximadamente igual ao produto $p(x)\,\Delta x$, em que $p(x)$ é calculada no centro do intervalo.

Se a física clássica pudesse ser aplicada a um elétron, a probabilidade de encontrar o elétron seria a mesma em todos os pontos do poço. A Fig. 39.2.1 mostra que isso não é verdade. Observando a figura e a Eq. 39.2.3, vemos, por exemplo, que, no caso do estado com $n = 2$, é muito provável que o elétron seja encontrado nas proximidades dos pontos $x = 25$ pm e $x = 75$ pm, e pouco provável que o elétron seja detectado nas proximidades dos pontos $x = 0$, $x = 50$ pm e $x = 100$ pm.

O caso de $n = 15$ da Fig. 39.2.1 sugere que, à medida que n aumenta, a probabilidade de detecção se torna cada vez mais uniforme no interior do poço. Este é um exemplo de um princípio geral conhecido como **princípio da correspondência**:

Para grandes valores dos números quânticos, os resultados da física quântica tendem para os resultados da física clássica.

Esse princípio, proposto pelo físico dinamarquês Niels Bohr, se aplica a todos os resultados da física quântica.

Teste 39.2.1

A figura mostra três poços de potencial infinitos de largura L, $2L$ e $3L$; cada poço contém um elétron no estado $n = 10$. Coloque os poços na ordem decrescente (a) do número de máximos da densidade de probabilidade do elétron e (b) da energia do elétron.

L (*a*) $2L$ (*b*) $3L$ (*c*)

Normalização

O produto $\psi_n^2(x)dx$ corresponde à probabilidade de que um elétron aprisionado em um poço unidimensional infinito seja detectado entre os pontos x e $x + dx$. Como sabemos que o elétron se encontra em *algum ponto* do poço de potencial, devemos ter

$$\int_{-\infty}^{+\infty} \psi_n^2(x)\,dx = 1 \qquad \text{(equação de normalização)}, \qquad (39.2.5)$$

já que a probabilidade 1 corresponde à certeza. Embora a integral deva ser calculada para todo o eixo x, apenas a região entre $x = 0$ e $x = L$ contribui para a probabilidade total, já que a função $\psi_n^2(x)$ é nula fora desse intervalo. Graficamente, a integral da Eq. 39.2.5 representa a área sob uma curva como na Fig. 39.2.1. Substituindo $\psi_n^2(x)$, dada pela Eq. 39.2.3, na Eq. 39.2.5, obtemos o valor de A na Eq. 39.2.5: $A = \sqrt{2/L}$. O processo de usar a Eq. 39.2.5 para determinar a amplitude de uma função de onda é chamado de **normalização** da função de onda. O processo se aplica a *todas* as funções de onda unidimensionais.

Energia de Ponto Zero

Fazendo $n = 1$ na Eq. 39.1.4, obtemos a menor energia possível de um elétron em um poço de potencial unidimensional infinito, a energia do estado fundamental. Esse é o estado que o elétron confinado ocupará, a menos que a energia a ser fornecida seja suficiente para transferi-lo para um estado excitado.

Surge imediatamente a pergunta: Por que não podemos incluir $n = 0$ entre os valores possíveis de n na Eq. 39.1.4? Fazendo $n = 0$ na Eq. 39.1.4, obtemos $E = 0$, uma energia menor que a do estado $n = 1$. Entretanto, fazendo $n = 0$ na Eq. 39.2.3, obtemos também $\psi_n^2(x) = 0$ para qualquer valor de x, o que pode ser interpretado como a ausência de elétrons no poço do potencial. Como sabemos que existe um elétron no poço, $n = 0$ não é um número quântico permitido.

Uma das conclusões importantes da física quântica é a de que, em sistemas confinados, não podem existir estados de energia zero; existe sempre uma energia mínima, conhecida como **energia de ponto zero**.

Podemos tornar a energia mínima tão pequena quanto quisermos, alargando o poço de potencial, ou seja, aumentando o valor de L na Eq. 39.1.4 e mantendo $n = 1$. Para $L \to \infty$, a energia de ponto zero tende a zero. Nesse limite, porém, com um poço de potencial infinitamente largo, o elétron deixa de ser confinado e se torna uma partícula livre. Como a energia de uma partícula livre não é quantizada, a energia pode ter qualquer valor, incluindo o valor zero. Apenas uma partícula confinada deve ter uma energia de ponto zero diferente de zero e não pode estar em repouso.

Teste 39.2.2

As partículas a seguir estão confinadas em poços de potencial infinitos de mesma largura: (a) um elétron, (b) um próton, (c) um dêuteron e (d) uma partícula alfa. Coloque as partículas na ordem decrescente da energia de ponto zero.

Exemplo 39.2.1 Probabilidade de detecção em um poço de potencial unidimensional infinito  39.2

Um elétron está no estado fundamental de um poço de potencial unidimensional infinito como o da Fig. 39.1.2, cuja largura é $L = 100$ pm.

(a) Qual é a probabilidade de o elétron ser detectado no terço da esquerda do poço (entre $x_1 = 0$ e $x_2 = L/3$)?

IDEIAS-CHAVE

(1) Se examinarmos todo o terço da esquerda do poço, não há nenhuma garantia de que encontraremos o elétron; entretanto, podemos usar a integral da Eq. 39.2.4 para calcular a probabilidade de o elétron ser detectado. (2) A probabilidade depende do estado em que está o elétron, isto é, do valor do número quântico n.

Cálculos: Como, de acordo com o enunciado, o elétron está no estado fundamental, fazemos $n = 1$ na Eq. 39.2.4. Os limites de integração são $x_1 = 0$ e $x_2 = L/3$, e fazemos a constante A da Eq. 39.2.4 igual a $\sqrt{2/L}$ para normalizar a função de onda. Assim, temos

$$\begin{pmatrix}\text{probabilidade de detecção}\\ \text{no terço da esquerda}\end{pmatrix} = \int_0^{L/3} \frac{2}{L}\,\text{sen}^2\left(\frac{1\pi}{L}x\right) dx.$$

Poderíamos calcular a probabilidade pedida fazendo $L = 100 \times 10^{-12}$ m e usando uma calculadora ou um computador para calcular o valor da integral. Em vez disso, vamos resolver analiticamente a integral. Para começar, definimos uma nova variável de integração y:

$$y = \frac{\pi}{L}x \quad \text{e} \quad dx = \frac{L}{\pi}dy.$$

De acordo com a equação da esquerda, os novos limites de integração são $y_1 = 0$ para $x_1 = 0$ e $y_2 = \pi/3$ para $x_2 = L/3$. Devemos, portanto, calcular

$$\text{probabilidade} = \left(\frac{2}{L}\right)\left(\frac{L}{\pi}\right)\int_0^{\pi/3} (\text{sen}^2\, y)\, dy.$$

Podemos usar a expressão 11 do Apêndice E para calcular a integral, o que nos dá

$$\text{probabilidade} = \frac{2}{\pi}\left(\frac{y}{2} - \frac{\text{sen}\, 2y}{4}\right)_0^{\pi/3} = 0{,}20.$$

Assim, temos

$$\begin{pmatrix}\text{probabilidade de detecção} \\ \text{no terço da esquerda}\end{pmatrix} = 0{,}20. \qquad \text{(Resposta)}$$

Isso significa que, se examinarmos repetidamente o terço esquerdo do poço, o elétron será detectado, em média, em 20% das tentativas.

(b) Qual é a probabilidade de que o elétron seja detectado no terço médio do poço (entre $x_1 = L/3$ e $x_2 = 2L/3$)?

Raciocínio: Já sabemos que a probabilidade de que um elétron seja detectado no terço da esquerda do poço é 0,20. Por simetria, a probabilidade de que o elétron seja detectado no terço da direita do poço também é 0,20. Como o poço contém um elétron, a probabilidade de que o elétron seja detectado em algum lugar do poço é 1. Assim, a probabilidade de que o elétron seja detectado no terço central do poço é

$$\begin{pmatrix}\text{probabilidade de detecção} \\ \text{no terço central}\end{pmatrix} = 1 - 0{,}20 - 0{,}20$$

$$= 0{,}60. \qquad \text{(Resposta)}$$

Exemplo 39.2.2 Normalização das funções de onda de um poço de potencial unidimensional infinito 39.3

Determine o valor da constante A da Eq. 39.2.1 para um poço de potencial infinito que se estende de $x = 0$ a $x = L$.

IDEIA-CHAVE

As funções de onda da Eq. 39.2.1 devem satisfazer a condição de normalização da Eq. 39.2.5, segundo a qual a probabilidade de que o elétron seja detectado em algum ponto do eixo x é 1.

Cálculos: Substituindo a Eq. 39.2.1 na Eq. 39.2.5 e passando a constante A para fora da integral, obtemos

$$A^2 \int_0^L \text{sen}^2\left(\frac{n\pi}{L}x\right) dx = 1. \qquad (39.2.6)$$

Podemos mudar os limites da integral de $-\infty$ e $+\infty$ para 0 e L porque, fora dos novos limites, a função de onda é zero e, portanto, não há necessidade de realizar a integração.

Podemos simplificar a integração mudando a variável de x para uma nova variável y dada por

$$y = \frac{n\pi}{L}x, \qquad (39.2.7)$$

e, portanto,

$$dx = \frac{L}{n\pi}dy.$$

Como mudamos a variável, precisamos mudar (novamente) os limites de integração. De acordo com a Eq. 39.2.7, $y = 0$ para $x = 0$ e $y = n\pi$ para $x = L$; assim, 0 e $n\pi$ são os novos limites de integração. Com todas essas substituições, a Eq. 39.2.6 se torna

$$A^2 \frac{L}{n\pi}\int_0^{n\pi} (\text{sen}^2\, y)\, dy = 1.$$

Podemos usar a expressão 11 do Apêndice E para calcular a integral, obtendo a equação

$$\frac{A^2 L}{n\pi}\left[\frac{y}{2} - \frac{\text{sen}\, 2y}{4}\right]_0^{n\pi} = 1.$$

Substituindo y pelos limites, obtemos

$$\frac{A^2 L}{n\pi}\frac{n\pi}{2} = 1;$$

e, portanto,

$$A = \sqrt{\frac{2}{L}}. \qquad \text{(Resposta)} \quad (39.2.8)$$

Esse resultado mostra que A^2 e, portanto, $\psi_n^2(x)$ têm dimensões de 1/comprimento. Isso é razoável, já que a densidade de probabilidade da Eq. 39.2.3 é uma probabilidade *por unidade de distância*.

39.3 UM ELÉTRON EM UM POÇO FINITO

Objetivos do Aprendizado

Depois de ler este módulo, você será capaz de ...

39.3.1 Desenhar um poço de potencial unidimensional finito, mostrando a largura e a profundidade do poço.

39.3.2 Desenhar o diagrama de níveis de energia de um elétron confinado em um poço de potencial unidimensional finito, indicando a região não quantizada, e comparar as energias e comprimentos de onda de de Broglie do elétron com as de um elétron confinado em um poço de potencial infinito de mesma largura.

39.3.3 No caso de um elétron confinado em um poço finito, explicar de que modo é possível (em princípio) calcular as funções de onda dos estados permitidos.

39.3.4 No caso de um elétron confinado em um poço finito em um estado com um número quântico conhecido, desenhar um gráfico mostrando a densidade de probabilidade em função da posição do lado de dentro e do lado de fora do poço.

39.3.5 Saber que um elétron confinado em um poço finito só pode ocupar um número limitado de estados e relacionar a energia desses estados à energia cinética do elétron.

39.3.6 Calcular a energia que um elétron deve absorver para passar de um estado permitido para outro de maior energia ou para passar de um nível permitido para qualquer valor de energia da região não quantizada.

39.3.7 Se um salto quântico envolve um fóton, conhecer a relação entre a variação de energia e a frequência e comprimento de onda do fóton.

39.3.8 Se um elétron está em um estado permitido de um poço finito, calcular a energia mínima necessária para que o elétron escape do poço, e a energia cinética do elétron depois de escapar do poço, se receber uma energia maior que a energia mínima.

39.3.9 Conhecer os espectros de emissão e absorção de um elétron em um poço de potencial unidimensional finito, incluindo a energia necessária para escapar do poço e a energia liberada quando o elétron entrar no poço.

Ideias-Chave

- A função de onda de um elétron em um poço unidimensional finito tem um valor diferente de zero do lado de fora do poço, que diminui exponencialmente com a profundidade do poço.
- Em comparação com os estados de um poço infinito de mesma largura, os estados de um poço finito, além de serem em número limitado, têm um comprimento de onda de de Broglie maior e uma energia menor.

Um Elétron em um Poço Finito

Um poço de energia potencial de profundidade infinita é uma idealização. A Fig. 39.3.1 mostra um poço de energia potencial mais realista, no qual a energia potencial do elétron do lado de fora do poço não é infinitamente grande, mas possui um valor finito U_0, conhecido como **profundidade do poço**. A analogia entre ondas em uma corda presa nas extremidades e ondas de matéria em um poço de potencial não se aplica a poços de profundidade finita porque, nesse caso, não podemos garantir que a onda de matéria se anula em $x = 0$ e $x = L$. (Na verdade, como vamos ver, a onda de matéria não se anula.)

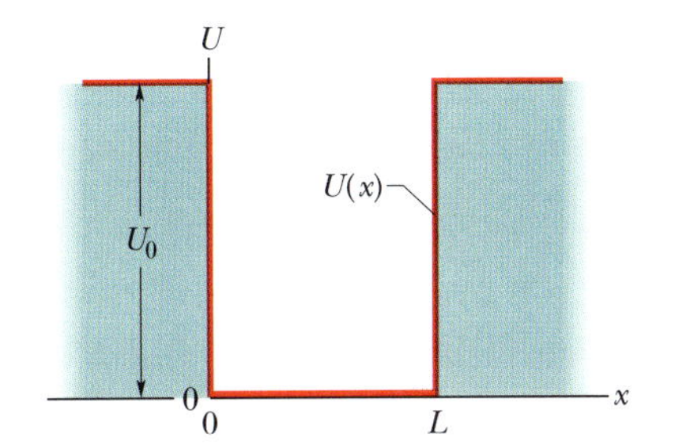

Figura 39.3.1 Um poço de potencial unidimensional *finito*. A profundidade do poço é U_0 e a largura é L. Como no caso do poço infinito da Fig. 39.1.2, o movimento do elétron confinado está limitado a uma direção, a do eixo x.

Para determinar as funções de onda que descrevem os estados quânticos de um elétron no poço finito da Fig. 39.3.1, devemos usar a equação de Schrödinger, que é a equação básica da física quântica. Como vimos no Módulo 38.6, no caso de movimentos em uma dimensão, podemos usar a equação de Schrödinger na forma da Eq. 38.6.2:

$$\frac{d^2\psi}{dx^2} + \frac{8\pi^2 m}{h^2}[E - U(x)]\psi = 0. \tag{39.3.1}$$

Em vez de resolver a Eq. 39.3.1 para o caso geral de um poço finito (a solução é muito trabalhosa), vamos nos limitar a fornecer os resultados para valores particulares de U_0 e L. A Fig. 39.3.2 mostra os resultados na forma de gráficos de $\psi_n^2(x)$, a densidade de probabilidade, para um poço com $U_0 = 450$ eV e $L = 100$ pm.

Para qualquer valor de n, a densidade de probabilidade $\psi_n^2(x)$ deve satisfazer a Eq. 39.3.2, a equação de normalização; isso significa que a área sob as três curvas da Fig. 39.2.5 é igual a 1.

Comparando a Fig. 39.3.2, para um poço finito, com a Fig. 39.2.1, para um poço infinito, vemos uma diferença importante: No caso do poço finito, a onda de matéria é diferente de zero do lado de fora do poço, uma região à qual, de acordo com a mecânica clássica, o elétron não teria acesso. Trata-se de um fenômeno semelhante ao efeito túnel, discutido no Módulo 38.9. Observando os gráficos de densidade ψ^2 da Fig. 39.3.2, vemos que quanto maior é o valor do número quântico n, mais pronunciado é o fenômeno.

Como a onda de matéria penetra nas paredes de um poço finito, o comprimento de onda λ para um dado estado quântico é maior, quando o elétron está aprisionado em um poço finito, do que quando está aprisionado em um poço infinito. Assim, de acordo com a Eq. 39.1.3 ($\lambda = h/\sqrt{2mE}$), a energia E de um elétron em um dado estado quântico é menor em um poço finito do que em um poço infinito, o que permite esboçar o diagrama de níveis de energia de um elétron aprisionado em um poço finito a partir do diagrama de níveis de energia de um elétron aprisionado em um poço infinito.

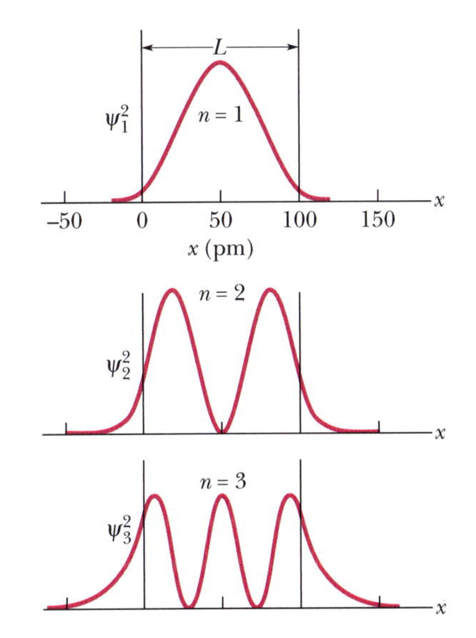

Figura 39.3.2 Densidade de probabilidade $\psi_n^2(x)$ para os três estados de menor energia de um elétron confinado em um poço de potencial finito de profundidade $U_0 = 450$ eV e largura $L = 100$ pm. Os únicos estados quânticos que o elétron pode ocupar são os estados $n = 1, 2, 3$ e 4.

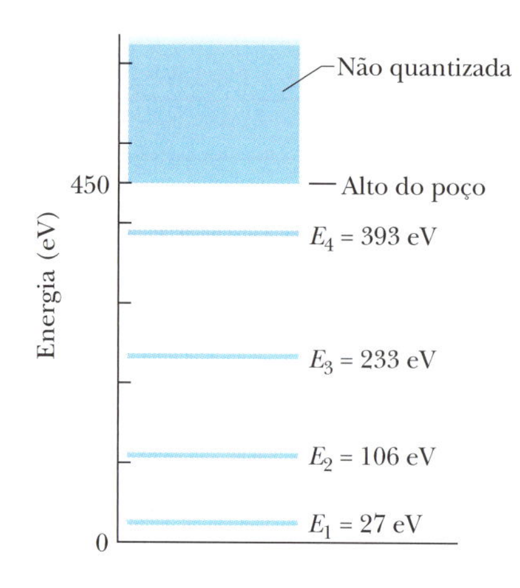

Figura 39.3.3 Diagrama de níveis de energia correspondente às densidades de probabilidade da Fig. 39.3.2. Quando confinado a este poço de potencial finito, um elétron pode possuir apenas as energias correspondentes aos estados $n = 1, 2, 3$ e 4. Um elétron com uma energia maior que 450 eV não está confinado e pode ter qualquer energia.

Como exemplo, vamos esboçar o diagrama de níveis de energia do poço finito da Fig. 39.3.2, que possui uma largura $L = 100$ pm e uma profundidade $U_0 = 450$ eV. O diagrama de níveis de energia de um poço *infinito* com a mesma largura aparece na Fig. 39.1.3. Em primeiro lugar, eliminamos a parte da Fig. 39.1.3 que está acima de 450 eV. Em seguida, deslocamos um pouco para baixo os níveis restantes, deslocando mais o nível $n = 4$ porque o efeito túnel é mais pronunciado para esse nível. O resultado é um esboço do diagrama de níveis de energia do poço finito. O diagrama obtido resolvendo a equação de Schrödinger aparece na Fig. 39.3.3.

Um elétron com uma energia maior que U_0 (= 450 eV) tem energia suficiente para sair do poço da Fig. 39.3.3. Nesse caso, o elétron não é confinado pelas barreiras de potencial, e sua energia não é quantizada, ou seja, não é limitada a determinados valores. Para atingir a parte *não quantizada* do diagrama de níveis de energia e assim se tornar livre, um elétron que está confinado no poço deve receber uma energia suficiente para que sua energia mecânica total se torne igual ou maior que 450 eV.

Exemplo 39.3.1 Escape de um poço de potencial finito 39.4

Um elétron está confinado no estado fundamental de um poço finito com $U_0 = 450$ eV e $L = 100$ pm.

(a) Qual é o maior comprimento de onda de luz capaz de libertar o elétron do poço de potencial por absorção de um único fóton?

IDEIA-CHAVE

Para escapar do poço de potencial, o elétron deve receber energia suficiente para entrar na parte não quantizada do diagrama de níveis de energia da Fig. 39.3.3. Isso significa que a energia final deve ser igual ou maior que U_0 (= 450 eV).

Energia de escape: O elétron está inicialmente no estado fundamental, com uma energia $E_1 = 27$ eV. Assim, a energia mínima necessária para libertá-lo do poço de potencial é

$$U_0 - E_1 = 450 \text{ eV} - 27 \text{ eV} = 423 \text{ eV}.$$

Para o elétron ser libertado por absorção de um único fóton, o fóton deve ter no mínimo essa energia. De acordo com a Eq. 39.1.6 ($hf = E_{\text{alta}} - E_{\text{baixa}}$), com a frequência f substituída por c/λ, temos

$$\frac{hc}{\lambda} = U_0 - E_1,$$

e, portanto,

$$\lambda = \frac{hc}{U_0 - E_1} = \frac{(6{,}63 \times 10^{-34} \text{ J}\cdot\text{s})(3{,}00 \times 10^8 \text{ m/s})}{(423 \text{ eV})(1{,}60 \times 10^{-19} \text{ J/eV})}$$
$$= 2{,}94 \times 10^{-9} \text{ m} = 2{,}94 \text{ nm}. \quad \text{(Resposta)}$$

Assim, o comprimento de onda da luz deve ser no máximo 2,94 nm para que o elétron escape do poço de potencial.

(b) O elétron, que está inicialmente no estado fundamental, pode absorver luz com um comprimento de onda $\lambda = 2{,}00$ nm? Se a resposta for afirmativa, qual é a energia do elétron após a absorção?

IDEIAS-CHAVE

1. No item (a), determinamos que uma luz com um comprimento de onda de 2,94 nm fornecia ao elétron a energia mínima necessária para que escapasse do poço de potencial.
2. Estamos agora considerando uma luz com um comprimento de onda menor, 2,00 nm, e, portanto, uma energia maior por fóton ($hf = hc/\lambda$).
3. Isso significa que o fóton *pode* absorver luz com o comprimento de onda dado. A absorção de energia não só liberta o elétron, mas faz com que ele deixe o poço com certa energia cinética; como o elétron não está mais confinado, sua energia não é quantizada e, portanto, não existem restrições quanto à energia cinética.

Energia excedente: A energia transferida para o elétron é a energia do fóton:

$$hf = h\frac{c}{\lambda} = \frac{(6{,}63 \times 10^{-34} \text{ J}\cdot\text{s})(3{,}00 \times 10^8 \text{ m/s})}{2{,}00 \times 10^{-9} \text{ m}}$$
$$= 9{,}95 \times 10^{-17} \text{ J} = 622 \text{ eV}.$$

De acordo com o item (a), a energia mínima necessária para libertar o elétron do poço de potencial é $U_0 - E_1$ (= 423 eV). O restante dos 622 eV de energia absorvida é convertido em energia cinética. Assim, a energia cinética do elétron depois de escapar do poço é

$$K = hf - (U_0 - E_1)$$
$$= 622 \text{ eV} - 423 \text{ eV} = 199 \text{ eV}. \quad \text{(Resposta)}$$

39.4 POÇOS DE POTENCIAL BIDIMENSIONAIS E TRIDIMENSIONAIS

Objetivos do Aprendizado

Depois de ler este módulo, você será capaz de ...

39.4.1 Saber que nanocristais podem se comportar como poços de potencial e explicar a relação entre os comprimentos de onda permitidos e a cor dos nanocristais.

39.4.2 Saber o que são pontos quânticos e currais quânticos.

39.4.3 Para um dado estado de um elétron em um poço de potencial infinito bidimensional ou tridimensional, escrever as equações da função de onda e da densidade de probabilidade e calcular a probabilidade de detecção para um dado intervalo no interior do poço.

39.4.4 Calcular as energias permitidas para um elétron em um poço de potencial bidimensional ou tridimensional infinito e desenhar um diagrama de níveis de energia mostrando o estado fundamental e alguns estados excitados, com os números quânticos indicados.

39.4.5 Saber o que são estados degenerados.

39.4.6 Calcular a energia que um elétron deve absorver ou emitir para sofrer uma transição entre os estados de energia de um poço de potencial bidimensional ou tridimensional.

39.4.7 Se um salto quântico de um elétron entre os níveis de energia de um poço de potencial bidimensional ou tridimensional envolve um fóton, conhecer a relação entre a variação de energia do elétron e a frequência e o comprimento de onda do fóton.

Ideias-Chave

- As energias quantizadas de um elétron confinado em um poço bidimensional infinito retangular são dadas por

$$E_{nx,ny} = \frac{h^2}{8m}\left(\frac{n_x^2}{L_x^2} + \frac{n_y^2}{L_y^2}\right),$$

em que n_x e n_y são os números quânticos e L_x e L_y são as dimensões do poço.

- As funções de onda de um elétron em um poço bidimensional infinito são dadas por

$$\psi_{nx,ny} = \sqrt{\frac{2}{L_x}}\,\text{sen}\left(\frac{n_x\pi}{L_x}x\right)\sqrt{\frac{2}{L_y}}\,\text{sen}\left(\frac{n_y\pi}{L_y}y\right).$$

Outros Poços de Potencial para Elétrons

Vamos discutir agora três tipos de poços de potencial artificiais para elétrons.

Nanocristais

Talvez a forma mais direta de construir poços de energia potencial em laboratório seja preparar uma amostra de um material semicondutor em forma de pó cujas partículas sejam pequenas (da ordem de nanômetros) e de tamanho uniforme. Cada uma dessas partículas, ou **nanocristais**, se comporta como um poço de potencial para os elétrons aprisionados no interior.

De acordo com a Eq. 39.1.4 ($E = h^2n^2/8mL^2$), podemos aumentar os valores dos níveis de energia de um elétron aprisionado em um poço infinito diminuindo a largura L do poço. Isso também aumenta a energia dos fótons que o elétron pode absorver e reduz os comprimentos de onda correspondentes.

Esses resultados também se aplicam a poços formados por nanocristais. Um nanocristal pode absorver fótons com uma energia maior que certo limiar E_t $(= hf_t)$ e, portanto, com um comprimento de onda menor que um certo limiar λ_t dado por

$$\lambda_t = \frac{c}{f_t} = \frac{ch}{E_t}.$$

Ondas luminosas com um comprimento de onda maior que λ_t são espalhadas pelo nanocristal em vez de serem absorvidas. A cor do nanocristal é determinada pelos comprimentos de onda presentes na luz espalhada.

Quando reduzimos o tamanho do nanocristal, o valor de E_t aumenta, o valor de λ_t diminui e alguns comprimentos de onda que eram absorvidos passam a ser espalhados, o que modifica a cor do nanocristal. Assim, por exemplo, na Fig. 39.4.1 encontramos duas amostras do semicondutor seleneto de cádmio, ambas formadas por um pó de nanocristais de tamanho uniforme. A amostra de baixo espalha a luz da extremidade vermelha do espectro. A *única* diferença entre a amostra de baixo e a amostra de cima é que o tamanho dos nanocristais é menor na amostra de cima. Por essa razão,

Extraída de *Scientific American*, January 1993, página 119. Foto reproduzida com permissão de Michael Steigerwald.

Figura 39.4.1 Duas amostras de seleneto de cádmio, um semicondutor, diferem apenas quanto ao tamanho das partículas que formam o pó. Cada partícula se comporta como uma armadilha eletrônica. A amostra de baixo possui partículas grandes e, portanto, a distância entre os níveis é pequena e apenas os fótons correspondentes à luz vermelha não são absorvidos. Como a luz não absorvida é espalhada, a amostra apresenta um tom avermelhado. Na amostra de cima, que possui partículas menores, a distância entre os níveis é maior, e outros comprimentos de onda não são absorvidos, o que faz a amostra adquirir uma tonalidade amarela.

o limiar de energia E_t é maior; portanto, de acordo com a equação anterior, o limiar de comprimento de onda λ_t é menor, na região do verde do espectro da luz visível. Isso significa que a amostra de cima espalha tanto a luz vermelha como a amarela. Como a componente amarela tem maior luminosidade, a cor da amostra é dominada pelo amarelo. A diferença de cor entre as duas amostras é uma prova palpável da quantização da energia dos elétrons confinados e da variação das energias com a largura do poço de potencial.

Pontos Quânticos

As técnicas altamente sofisticadas usadas para fabricar microcircuitos para computadores podem ser usadas para construir, átomo por átomo, poços de energia potencial que se comportam, sob vários aspectos, como átomos artificiais. Esses **pontos quânticos**, como são chamados, talvez venham a ser usados um dia na ótica eletrônica e em circuitos de computadores.

Em um desses arranjos, fabrica-se um "sanduíche" no qual uma fina camada de material semicondutor, mostrada em roxo na Fig. 39.4.2*a*, é depositada entre duas camadas isolantes, uma das quais é muito mais fina que a outra. Contatos metálicos são depositados nas duas extremidades. Os materiais são escolhidos de modo a assegurar que a energia potencial de um elétron na camada central seja menor que nas camadas isolantes, o que faz com que a camada central se comporte como um poço de energia potencial. A Fig. 39.4.2*b* é a fotografia de um ponto quântico real; o poço no qual os elétrons podem ser confinados é a região roxa.

A camada isolante inferior da Fig. 39.4.2*a* (mas não a superior) é tão estreita que elétrons podem atravessá-la por efeito túnel se uma diferença de potencial apropriada for aplicada às extremidades do dispositivo, o que permite aumentar ou diminuir o número de elétrons confinados no poço. O arranjo se comporta como um átomo artificial cujo número de elétrons pode ser controlado. Os pontos quânticos podem ser fabricados em redes bidimensionais que talvez venham a ser a base de sistemas de computação de grande velocidade e capacidade de armazenamento.

Currais Quânticos

Quando um microscópio de tunelamento (ver Módulo 38.9) está operando, a ponta exerce uma pequena força sobre átomos isolados que se projetam de uma superfície lisa. Manipulando a posição da ponta, é possível "arrastar" os átomos e depositá-los em locais escolhidos. Usando essa técnica, os cientistas do Almaden Research Center, da IBM, movimentaram átomos de ferro em uma superfície de cobre até que formassem um círculo, que recebeu o nome de **curral quântico** (Fig. 39.4.3). Cada átomo de ferro do círculo foi encaixado em uma depressão da rede cristalina do cobre, em uma posição equidistante dos três átomos de cobre mais próximos. O curral foi fabricado em baixa temperatura (cerca de 4 K) para diminuir a tendência dos átomos de ferro de se deslocarem aleatoriamente na superfície devido à agitação térmica.

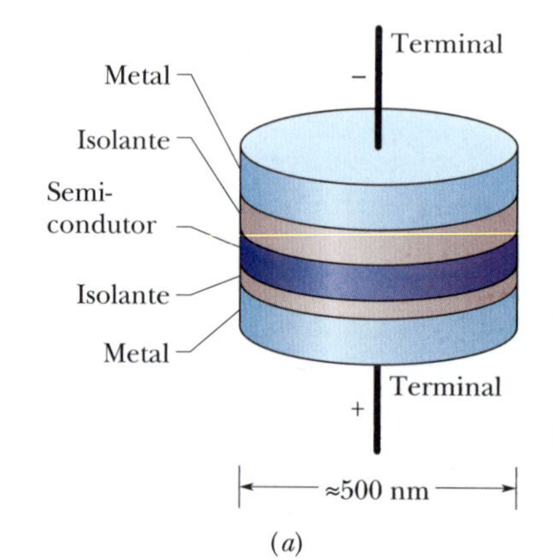

Figura 39.4.2 Um ponto quântico ou "átomo artificial". (*a*) A camada semicondutora central forma um poço de energia potencial no qual o elétron é confinado. A camada isolante de baixo é suficientemente estreita para permitir que elétrons sejam introduzidos ou retirados da camada central por tunelamento quando uma tensão apropriada é aplicada aos terminais do dispositivo. (*b*) Fotografia de um ponto quântico real. A faixa roxa central é a região onde os elétrons são confinados.

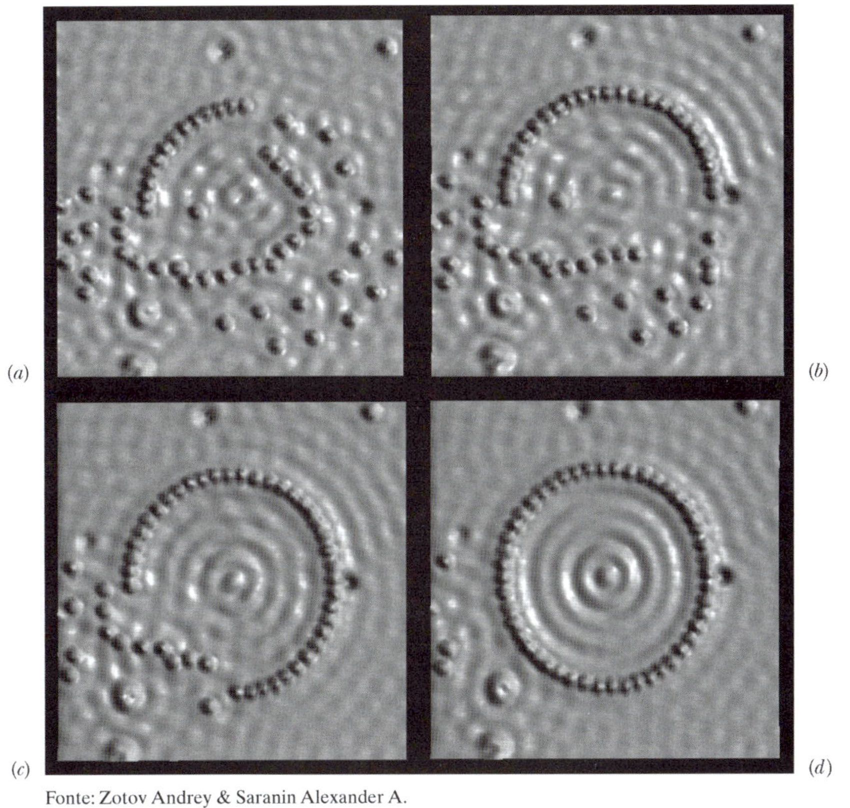

Fonte: Zotov Andrey & Saranin Alexander A.
Licenciada sob CC BY-SA 3.0.

Figura 39.4.3 Quatro estágios da construção de um curral quântico. Observe a formação de ondulações no interior do curral, produzidas por elétrons confinados, nos estágios finais de construção do curral.

As ondulações no interior do curral se devem a ondas de matéria associadas a elétrons que podem se mover na superfície do cobre, mas estão confinados pela barreira de potencial produzida pelos átomos de ferro. As dimensões das ondulações estão perfeitamente de acordo com as previsões teóricas.

Poços de Potencial Bidimensionais e Tridimensionais

No próximo módulo, vamos discutir o átomo de hidrogênio como um poço de potencial tridimensional finito. Como preparação para esse estudo, vamos estender nossa discussão de poços de potencial infinitos a duas e três dimensões.

Curral Retangular 39.1

A Fig. 39.4.4 mostra a região retangular à qual um elétron é confinado por uma versão bidimensional da barreira de potencial da Fig. 39.1.2: um poço de potencial infinito bidimensional de dimensões L_x e L_y. Um poço desse tipo é conhecido como **curral retangular**. O curral pode estar na superfície de um objeto que de alguma forma impede que o elétron se mova paralelamente ao eixo z e deixe a superfície. O leitor deve imaginar barreiras de potencial infinitas [como $U(x)$ da Fig. 39.1.2], paralelas aos planos xz e yz, que mantêm o elétron no interior do curral.

Assim como a onda de matéria de um elétron confinado em um poço unidimensional deve ser nula nas extremidades do poço, a onda de matéria que representa a solução da equação de Schrödinger para um elétron confinado em um curral bidimensional deve ser nula nas extremidades do curral nas duas dimensões. Isso significa que a onda deve ser quantizada separadamente ao longo do eixo x e do eixo y. Seja n_x o número quântico associado ao eixo x, e seja n_y o número quântico associado ao eixo y. Assim

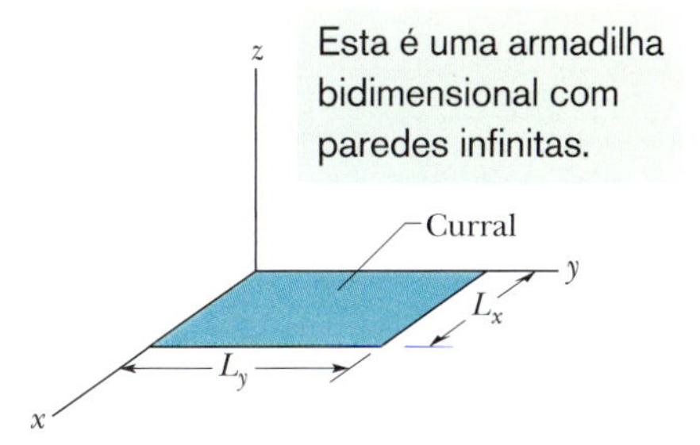

Figura 39.4.4 Um curral retangular (a versão bidimensional do poço de potencial infinito da Fig. 39.1.2) de dimensões L_x e L_y.

como no caso do poço de potencial unidimensional, esses números quânticos são números inteiros positivos. Podemos então generalizar as Eqs. 39.2.1 e 39.2.8 para escrever a seguinte função de onda normalizada:

$$\psi_{nx,ny} = \sqrt{\frac{2}{L_x}}\,\text{sen}\left(\frac{n_x\pi}{L}x\right)\sqrt{\frac{2}{L_y}}\,\text{sen}\left(\frac{n_y\pi}{L}y\right). \qquad (39.4.1)$$

A energia do elétron depende dos dois números quânticos, e é a soma da energia que o elétron teria se estivesse confinado apenas na direção do eixo x, com a energia que teria se estivesse confinado apenas na direção do eixo y. De acordo com a Eq. 39.1.4, essa soma é dada por

$$E_{nx,ny} = \left(\frac{h^2}{8mL_x^2}\right)n_x^2 + \left(\frac{h^2}{8mL_y^2}\right)n_y^2 = \frac{h^2}{8m}\left(\frac{n_x^2}{L_x^2} + \frac{n_y^2}{L_y^2}\right). \qquad (39.4.2)$$

A excitação de um elétron por absorção de um fóton e o decaimento de um elétron por emissão de um fóton obedecem às mesmas regras que no caso unidimensional; a diferença é que, no caso do curral bidimensional, a energia de cada estado depende de dois números quânticos (n_x e n_y) em vez de apenas um (n). Dependendo dos valores de L_x e L_y, estados com valores diferentes de n_x e n_y podem ter a mesma energia. Nesse caso, dizemos que os estados são *degenerados*.

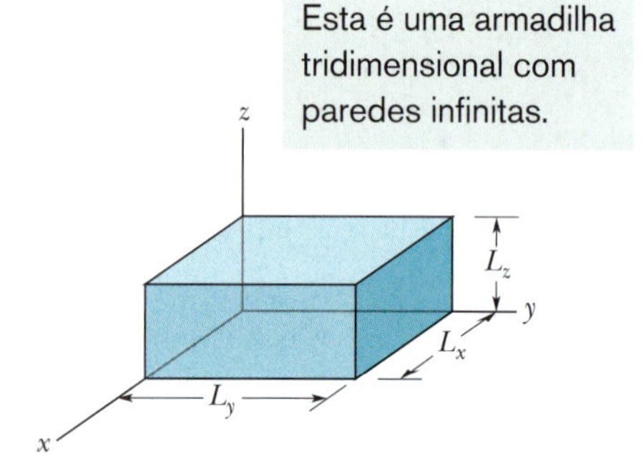

Figura 39.4.5 Uma caixa retangular (a versão tridimensional do poço de potencial infinito da Fig. 39.1.2) de dimensões L_x, L_y e L_z.

Caixa Retangular

Um elétron também pode ser confinado em um poço de potencial infinito tridimensional, ou seja, em uma *caixa*. Se a caixa tem a forma de um paralelepípedo retângulo, como na Fig. 39.4.5, a solução da equação de Schrödinger mostra que as energias possíveis do elétron são dadas por

$$E_{nx,ny,nz} = \frac{h^2}{8m}\left(\frac{n_x^2}{L_x^2} + \frac{n_y^2}{L_y^2} + \frac{n_z^2}{L_z^2}\right), \qquad (39.4.3)$$

em que n_z é um terceiro número quântico, associado ao eixo z.

Teste 39.4.1

Na notação da Eq. 39.4.2, a energia do estado fundamental do elétron em uma caixa retangular (bidimensional) é $E_{0,0}$, $E_{1,0}$, $E_{0,1}$ ou $E_{1,1}$?

Exemplo 39.4.1 Níveis de energia de um poço de potencial bidimensional infinito  39.5

Um elétron é confinado em um curral quadrado que é um poço de potencial retangular bidimensional infinito (Fig. 39.4.4) de lado $L_x = L_y$.

(a) Determine a energia dos cinco primeiros níveis eletrônicos e use os resultados para construir um diagrama de níveis de energia.

IDEIA-CHAVE

Os níveis de energia de um elétron confinado em um poço bidimensional retangular infinito são dados pela Eq. 39.4.2, segundo a qual a energia depende de dois números quânticos, n_x e n_y.

Níveis de energia: Como o poço é quadrado, podemos fazer $L_x = L_y = L$. Assim, a Eq. 39.4.2 se torna

$$E_{nx,ny} = \frac{h^2}{8mL^2}(n_x^2 + n_y^2). \qquad (39.4.4)$$

Os estados de menor energia correspondem a valores pequenos dos números quânticos n_x e n_y, que são números inteiros positivos. Substituindo esses números inteiros na Eq. 39.4.4, começando pelo menor, que é 1, obtemos os valores de energia que aparecem na Tabela 39.4.1. Observe que vários pares de números quânticos (n_x, n_y) correspondem à mesma energia. Assim, por

Tabela 39.4.1 Níveis de Energia

n_x	n_y	Energia[a]	n_x	n_y	Energia[a]
1	3	10	2	4	20
3	1	10	4	2	20
2	2	8	3	3	18
1	2	5	1	4	17
2	1	5	4	1	17
1	1	2	2	3	13
			3	2	13

[a] Em múltiplos de $h^2/8mL^2$.

exemplo, os estados (1, 2) e (2, 1) correspondem a uma energia de $5h^2/8mL^2$. Esses estados são degenerados. Observe também que, ao contrário do que pode parecer à primeira vista, a energia dos estados (4, 1) e (1, 4) é menor que a do estado (3, 3).

A partir da Tabela 39.4.1 (prestando atenção nos estados degenerados), podemos construir o diagrama de níveis de energia da Fig. 39.4.6.

(b) Qual é a diferença de energia entre o estado fundamental e o terceiro estado excitado do elétron, em múltiplos de $h^2/8mL^2$?

Diferença de energia: De acordo com a Fig. 39.4.6, o estado fundamental é o estado (1, 1), com uma energia de $2h^2/8mL^2$. O terceiro estado excitado (o terceiro estado de baixo para cima, sem contar o estado fundamental, no diagrama de níveis de energia) é o estado degenerado (1, 3) e (3, 1), com uma energia de $10h^2/8mL^2$. A diferença ΔE entre os dois estados é

$$\Delta E = 10\left(\frac{h^2}{8mL^2}\right) - 2\left(\frac{h^2}{8mL^2}\right) = 8\left(\frac{h^2}{8mL^2}\right). \quad \text{(Resposta)}$$

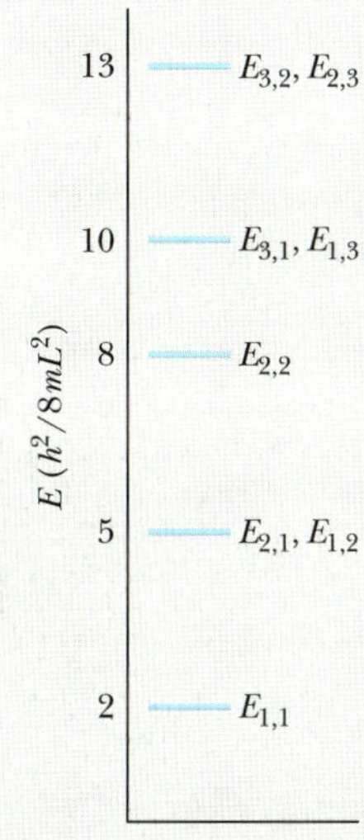

Figura 39.4.6 Diagrama de níveis de energia de um elétron confinado em um curral quadrado.

39.5 ÁTOMO DE HIDROGÊNIO

Objetivos do Aprendizado

Depois de ler este módulo, você será capaz de ...

39.5.1 Conhecer o modelo de Bohr do átomo de hidrogênio e explicar de que forma Bohr calculou a quantização do raio e energia do elétron.

39.5.2 Para um dado número quântico n do modelo de Bohr, calcular o raio orbital, a energia cinética, a energia potencial, a energia total, a frequência orbital, o momento linear e o momento angular do elétron.

39.5.3 Conhecer as diferenças entre o modelo de Bohr e o modelo de Schrödinger do átomo de hidrogênio, como, por exemplo, a diferença entre os valores permitidos do momento angular.

39.5.4 Conhecer a relação entre as energias permitidas E_n e o número quântico n no caso do átomo de hidrogênio.

39.5.5 No caso de um salto quântico do elétron em um átomo de hidrogênio, entre níveis quantizados ou entre um nível quantizado e um estado não quantizado, calcular a variação de energia e, se a luz estiver envolvida, calcular a energia, a frequência, o comprimento de onda e o momento do fóton.

39.5.6 Desenhar o diagrama de níveis de energia do átomo de hidrogênio, indicando o estado fundamental, alguns estados excitados, a região não quantizada, a série de Paschen, a série de Balmer e a série de Lyman (incluindo o limite de cada série).

39.5.7 Para cada série de transições do átomo de hidrogênio, indicar os saltos quânticos que correspondem ao maior comprimento de onda, ao menor comprimento de onda para transições de emissão, ao limite da série e à ionização do átomo.

39.5.8 Fazer uma lista de números quânticos do átomo de hidrogênio e indicar os valores permitidos.

39.5.9 Dada a função de onda normalizada correspondente a um estado, determinar a densidade de probabilidade radial $P(r)$ e a probabilidade de que o elétron seja detectado em um determinado intervalo de distâncias do núcleo.

39.5.10 Desenhar um gráfico da densidade de probabilidade radial em função da distância do núcleo para o estado fundamental do átomo de hidrogênio e indicar a distância correspondente ao raio de Bohr.

39.5.11 Mostrar que qualquer função de onda do átomo de hidrogênio satisfaz a equação de Schrödinger.

39.5.12 Saber a diferença entre uma camada e uma subcamada do átomo de hidrogênio.

39.5.13 Explicar o que é um gráfico de pontos da densidade de probabilidade.

Ideias-Chave

- O modelo de Bohr do átomo de hidrogênio permitiu calcular corretamente os níveis de energia do átomo e explicar os espectros de emissão e absorção, mas é incorreto em quase todos os outros aspectos.
- O modelo de Bohr é um modelo planetário no qual o elétron gira em torno do próton com um momento angular L cujos valores possíveis são dados por

$$L = n\hbar, \qquad \text{para } n = 1, 2, 3, \ldots,$$

em que n é um número quântico. O valor L é incorretamente descartado.

- A aplicação da equação de Schrödinger ao átomo de hidrogênio fornece os valores corretos de L e das energias permitidas:

$$E_n = -\frac{me^4}{8\varepsilon_0^2 h^2}\frac{1}{n^2} = -\frac{13{,}60\ \text{eV}}{n^2}, \qquad \text{para } n = 1, 2, 3, \ldots$$

- A energia do átomo (ou do elétron do átomo) só pode mudar por meio de saltos quânticos entre as energias permitidas.
- Se o salto quântico envolve a absorção de um fóton (que aumenta a energia do átomo) ou a emissão de um fóton (que diminui a energia do átomo), essa restrição às mudanças de energia leva à equação

$$\frac{1}{\lambda} = R\left(\frac{1}{n_{\text{baixa}}^2} - \frac{1}{n_{\text{alta}}^2}\right),$$

para o comprimento de onda λ da luz, em que R é a constante de Rydberg,

$$R = \frac{me^4}{8\varepsilon_0^2 h^3 c} = 1{,}097\,373 \times 10^7\ \text{m}^{-1}.$$

- A densidade de probabilidade radial $P(r)$ para um estado do átomo de hidrogênio é a probabilidade de que um elétron seja detectado no espaço entre duas cascas esféricas de raios r e $r + dr$ com o centro na posição do núcleo.
- A normalização das funções de onda radiais do átomo de hidrogênio é definida pela condição

$$\int_0^\infty P(r)\, dr = 1.$$

- A probabilidade de que o elétron do átomo de hidrogênio seja detectado entre duas distâncias do núcleo r_1 e r_2 é dada por

$$\int_{r_1}^{r_2} P(r)\, dr.$$

O Átomo de Hidrogênio É um Poço de Potencial para o Elétron

Agora vamos passar dos poços de potencial artificiais ou fictícios para um poço de potencial natural, o átomo. Neste capítulo, vamos nos restringir ao átomo mais simples de todos, o átomo de hidrogênio, formado por um elétron associado eletricamente a um próton, que, no caso, é o núcleo do átomo. Como a massa do próton é muito maior que a do elétron, podemos supor que o próton ocupa uma posição fixa, e o elétron não pode se afastar de suas vizinhanças. Em outras palavras, o próton cria um poço de potencial para o elétron, mantendo-o confinado.

Como vimos, qualquer tipo de confinamento faz com que a energia E do elétron seja quantizada, o que também se aplica a qualquer variação ΔE da energia. Neste módulo, estamos interessados em calcular as energias quantizadas do elétron do átomo de hidrogênio. Deveríamos, pelo menos em princípio, aplicar a equação de Shrödinger ao átomo de hidrogênio para determinar as energias e as funções de onda associadas. Entretanto, vamos fazer uma digressão histórica, que poderá ser omitida, a critério do seu professor, para ver como a questão do átomo de hidrogênio foi tratada nos primórdios da física quântica, quando a quantização era considerada um conceito revolucionário.

Modelo de Bohr do Átomo de Hidrogênio: Um Golpe de Sorte 39.2

No início da década de 1900, os cientistas sabiam que a matéria era composta de pequenas entidades chamadas átomos; sabiam também que o átomo de hidrogênio possuía uma carga positiva $+e$ no centro e uma carga negativa $-e$ fora do centro. Entretanto, ninguém era capaz de explicar por que a atração elétrica entre o elétron e a carga positiva não fazia as duas partículas colidirem.

Comprimentos de Onda da Luz. Uma coisa que os cientistas sabiam era que o átomo de hidrogênio podia emitir e absorver apenas quatro comprimentos de onda na faixa da luz visível (656 nm, 486 nm, 434 nm e 410 nm). Por que o átomo de hidrogênio não era capaz de emitir e absorver qualquer comprimento de onda, como acontece, por exemplo, no caso de um corpo negro? Em 1913, Niels Bohr teve uma ideia original, que explicou não só os quatro comprimentos de onda, mas também a estabilidade do átomo de hidrogênio. Infelizmente, a teoria de Bohr se revelou incorreta a longo prazo e não foi capaz de descrever o comportamento de átomos mais complexos que o átomo de hidrogênio. Mesmo assim, o modelo de Bohr é historicamente importante, já que lançou as bases da teoria quântica do átomo.

Hipóteses. Para construir seu modelo, Bohr lançou mão de duas hipóteses ousadas (totalmente arbitrárias): (1) O elétron do átomo de hidrogênio gira em torno do núcleo em uma órbita circular, do mesmo modo como os planetas giram em torno do Sol (Fig. 39.5.1a). (2) O módulo do momento angular $\vec{L}$ do elétron pode assumir apenas os valores

$$L = n\hbar, \qquad \text{para } n = 1, 2, 3, \ldots, \tag{39.5.1}$$

em que $\hbar$ (h cortado) é igual a $h/2\pi$ e n é um número positivo (um número quântico). Vamos usar as hipóteses de Bohr para obter as energias quantizadas do átomo de hidrogênio, mas é preciso deixar bem claro que o elétron *não é* simplesmente uma partícula que gira em órbita em torno do núcleo e a Eq. 39.5.1 *não está* totalmente correta. (Por exemplo, o valor $L = 0$, que deveria ser incluído, está ausente.)

A Segunda Lei de Newton. No modelo orbital da Fig. 39.5.1*a*, o elétron descreve um movimento circular em torno do próton e, portanto, experimenta uma força centrípeta $\vec{F}$ (Fig. 39.5.1*b*), que produz uma aceleração centrípeta $\vec{a}$. A força é a atração eletrostática (Eq. 21.1.4) entre o elétron (de carga $-e$) e o próton (de carga $+e$), que estão separados pelo raio orbital r. O módulo da aceleração centrípeta é $a = v^2/r$ (Eq. 4.5.1), em que v é a velocidade do elétron. De acordo com a segunda lei de Newton, $F = ma$, o que nos dá

$$-\frac{1}{4\pi\varepsilon_0}\frac{|-e||e|}{r^2} = m\left(-\frac{v^2}{r}\right), \tag{39.5.2}$$

em que m é a massa do elétron.

Vamos agora introduzir a quantização usando a hipótese de Bohr expressa pela Eq. 39.5.1. De acordo com a Eq. 11.5.2, o módulo ℓ do momento angular de uma partícula de massa m e velocidade v que se move em uma circunferência de raio r é dado por $\ell = rmv \operatorname{sen} \phi$, em que ϕ (o ângulo entre $\vec{r}$ e $\vec{v}$) é 90°. Substituindo L na Eq. 39.5.1 por rmv sen 90°, obtemos

$$rmv = n\hbar,$$

ou

$$v = \frac{n\hbar}{rm}. \tag{39.5.3}$$

Substituindo v pelo seu valor, dado pela Eq. 39.5.2, na Eq. 39.5.3, substituindo $\hbar$ por $h/2\pi$ e explicitando r, obtemos

$$r = \frac{h^2\varepsilon_0}{\pi m e^2}n^2, \qquad \text{para } n = 1, 2, 3, \ldots \tag{39.5.4}$$

A Eq. 39.5.4 pode ser escrita na forma

$$r = an^2, \qquad \text{para } n = 1, 2, 3, \ldots, \tag{39.5.5}$$

em que

$$a = \frac{h^2\varepsilon_0}{\pi m e^2} = 5{,}291\,772 \times 10^{-11} \text{ m} \approx 52{,}92 \text{ pm}. \tag{39.5.6}$$

De acordo com as últimas três equações, no *modelo de Bohr do átomo de hidrogênio*, o raio orbital r do elétron é quantizado, e o menor raio possível (correspondente a $n = 1$) é a, hoje conhecido como *raio de Bohr*. Segundo o modelo de Bohr, o elétron não pode se aproximar do núcleo a uma distância menor que o raio orbital a, e é por isso que o elétron não colide com o núcleo.

A Energia Orbital É Quantizada

Vamos agora calcular a energia do átomo de hidrogênio no modelo de Bohr. O elétron possui uma energia cinética $K = mv^2/2$, e o sistema elétron-núcleo tem uma energia potencial elétrica $U = q_1q_2/4\pi\varepsilon_0 r$ (Eq. 24.7.4), em que q_1 é a carga $-e$ do elétron e q_2 é a carga $+e$ do próton. A energia mecânica total é

$$\begin{aligned} E &= K + U \\ &= \tfrac{1}{2}mv^2 + \left(-\frac{1}{4\pi\varepsilon_0}\frac{e^2}{r}\right). \end{aligned} \tag{39.5.7}$$

Explicitando mv^2 na Eq. 39.5.2 e substituindo o resultado na Eq. 39.5.7, obtemos

$$E = -\frac{1}{8\pi\varepsilon_0}\frac{e^2}{r}. \tag{39.5.8}$$

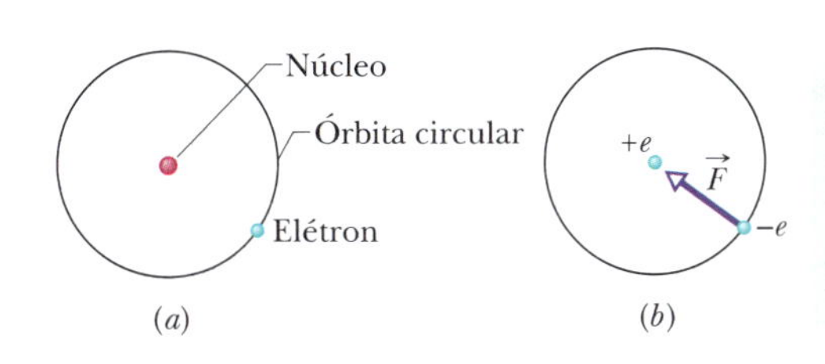

O modelo de Bohr para o átomo de hidrogênio lembra o modelo orbital de um planeta girando em torno de uma estrela.

Figura 39.5.1 (*a*) Órbita circular de um elétron no modelo de Bohr do átomo de hidrogênio. (*b*) A força eletrostática $\vec{F}$ a que o elétron está submetido aponta na direção do núcleo.

Substituindo r por seu valor, dado pela Eq. 39.5.4, obtemos

$$E_n = -\frac{me^4}{8\varepsilon_0^2 h^2}\frac{1}{n^2}, \qquad \text{para } n = 1, 2, 3, \ldots \tag{39.5.9}$$

em que o símbolo E foi substituído por E_n para indicar que a energia depende do valor de n.

Bohr usou a Eq. 39.5.9 para obter os valores corretos dos comprimentos de onda da luz visível emitidos e absorvidos pelo átomo de hidrogênio. Antes de discutir o cálculo dos comprimentos de onda, vamos examinar o modelo correto do átomo de hidrogênio.

A Equação de Schrödinger e o Átomo de Hidrogênio

No modelo de Schrödinger do átomo de hidrogênio, o elétron (de carga $-e$) está confinado em um poço de energia potencial produzido pela atração eletrostática do próton (de carga $+e$) situado no centro do átomo. De acordo com a Eq. 24.7.4, a energia potencial é dada por

$$U(r) = \frac{-e^2}{4\pi\varepsilon_0 r}. \tag{39.5.10}$$

Como o poço de potencial descrito pela Eq. 39.5.10 é tridimensional, é mais complexo que os poços unidimensionais e bidimensionais discutidos até agora. Como é finito, é mais complexo que o poço tridimensional da Fig. 39.4.5. Além disso, não tem limites claramente definidos; a profundidade varia com a distância radial r. A Fig. 39.5.2 é possivelmente o melhor que podemos fazer para representar graficamente o poço de potencial do átomo de hidrogênio, mas mesmo esse desenho é difícil de interpretar.

Para calcular as energias permitidas e as funções de onda de um elétron confinado em um poço de potencial dado pela Eq. 39.5.10, precisamos resolver a equação de Schrödinger. Depois de algumas manipulações, descobrimos que é possível separar a equação em três equações diferenciais independentes, duas que dependem de ângulos e uma que depende da distância radial r. A solução da equação radial leva a um número quântico n e nos dá as energias permitidas E_n do elétron:

$$E_n = -\frac{me^4}{8\varepsilon_0^2 h^2}\frac{1}{n^2}, \qquad \text{para } n = 1, 2, 3, \ldots \tag{39.5.11}$$

(A Eq. 39.5.11 é exatamente igual à equação que Bohr obteve usando um modelo planetário incorreto para o átomo do hidrogênio.) Introduzindo os valores das constantes na Eq. 39.5.11, obtemos

$$E_n = -\frac{2{,}180 \times 10^{-18}\,\text{J}}{n^2} = -\frac{13{,}61\,\text{eV}}{n^2}, \qquad \text{para } n = 1, 2, 3, \ldots \tag{39.5.12}$$

De acordo com a Eq. 39.5.12, a energia E_n do átomo de hidrogênio é quantizada, ou seja, pode assumir apenas certos valores, já que depende do número quântico n. Como estamos supondo que o núcleo se mantém fixo e apenas o elétron se move, podemos associar os valores de energia dados pela Eq. 39.5.12 ao átomo como um todo ou apenas ao elétron.

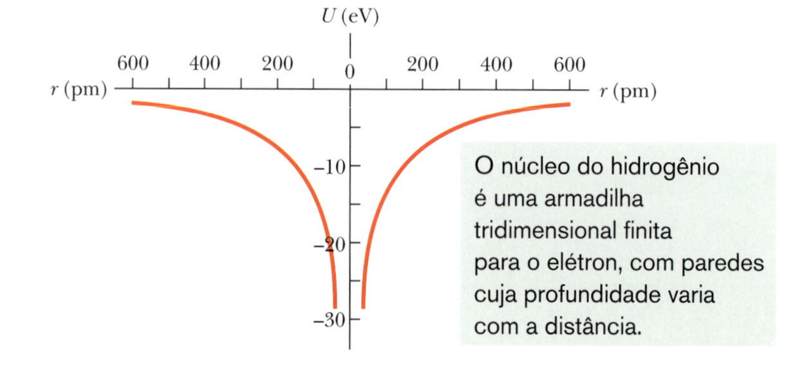

Figura 39.5.2 Energia potencial U de um átomo de hidrogênio em função da distância r entre o elétron e o próton. O gráfico foi desenhado duas vezes (à esquerda e à direita da origem) para dar ideia da simetria esférica do poço de potencial tridimensional no qual o elétron está confinado.

Mudanças de Energia

Quando um átomo de hidrogênio emite ou absorve luz, a energia do átomo sofre uma mudança. Como vimos várias vezes neste capítulo, a emissão ou absorção de luz só é possível se

$$hf = \Delta E = E_{\text{alta}} - E_{\text{baixa}}, \tag{39.5.13}$$

em que f é a frequência da luz, e E_{alta} e E_{baixa} são duas energias permitidas.

Vamos fazer três modificações na Eq. 39.5.13. No lado esquerdo, substituímos f por c/λ. No lado direito, usamos a Eq. 39.5.11 duas vezes para substituir as energias por seus valores em termos do número quântico n. Colocando as constantes em evidência, obtemos

$$\frac{1}{\lambda} = -\frac{me^4}{8\varepsilon_0^2 h^3 c}\left(\frac{1}{n_{\text{alto}}^2} - \frac{1}{n_{\text{baixo}}^2}\right). \tag{39.5.14}$$

A Eq. 39.5.14 pode ser escrita na forma

$$\frac{1}{\lambda} = R\left(\frac{1}{n_{\text{baixo}}^2} - \frac{1}{n_{\text{alto}}^2}\right), \tag{39.5.15}$$

em que

$$R = \frac{me^4}{8\varepsilon_0^2 h^3 c} = 1{,}097\,373 \times 10^7\ \text{m}^{-1}, \tag{39.5.16}$$

é hoje conhecida como *constante de Rydberg*.

Fazendo $n_{\text{baixo}} = 2$ na Eq. 39.5.14 e limitando os valores de n_{alto} a 3, 4, 5 e 6, obtemos o valor dos quatro comprimentos de onda da luz visível que o átomo de hidrogênio é capaz de emitir ou absorver: 656, 486, 434 e 410 nm.

Espectro do Átomo de Hidrogênio 39.1 39.3 a 39.5

A Fig. 39.5.3*a* mostra os níveis de energia correspondentes a vários valores de n na Eq. 39.5.12. O nível mais baixo, para $n = 1$, é o estado fundamental do átomo de hidrogênio. Os outros níveis correspondem a estados excitados, como no caso dos poços de potencial mais simples que foram discutidos no início do capítulo. Existem, porém, algumas diferenças. (1) Os níveis de energia agora têm valores negativos em vez dos valores positivos que aparecem, por exemplo, nas Figs. 39.1.3 e 39.3.3. (2) A diferença de energia entre os níveis agora é menor para maiores valores da energia. (3) A energia limite para grandes valores de n agora é $E_\infty = 0$. Para qualquer energia maior que 0, o elétron e o próton se tornam independentes (o átomo de hidrogênio deixa de existir), e a região em que $E > 0$ na Fig. 39.5.3*a* se parece com a parte não quantizada do poço de potencial finito da Fig. 39.3.3.

Um átomo de hidrogênio pode mudar de nível de energia emitindo ou absorvendo um fóton de luz com um dos comprimentos de onda dados pela Eq. 39.5.14. Esses comprimentos de onda são chamados *linhas* por causa da forma como são detectados com um espectroscópio; assim, um átomo de hidrogênio possui *linhas de emissão* e *linhas de absorção*. O conjunto dessas linhas é chamado **espectro** do átomo de hidrogênio.

Séries. As linhas do espectro do hidrogênio são divididas em *séries*, de acordo com o estado inicial das transições de absorção de fótons ou o estado final das transições de emissão de fótons. Assim, por exemplo, as linhas de absorção que começam no nível $n = 1$ e as linhas de emissão que terminam no nível $n = 1$ pertencem à chamada *série de Lyman* (Fig. 39.5.3*b*), que recebeu o nome em homenagem ao cientista que primeiro estudou essas linhas. Podemos dizer que o *nível de base* da série de Lyman do espectro do hidrogênio é o nível $n = 1$. Da mesma forma, o nível de base da *série de Balmer* (Fig. 39.5.3*c*) é o nível $n = 2$, e o nível de base da *série de Paschen* (Fig. 39.5.3*d*) é o nível $n = 3$.

Alguns dos saltos quânticos de emissão para estas três séries aparecem na Fig. 39.5.3. Quatro linhas da série de Balmer estão na faixa da luz visível e estão representadas na Fig. 39.5.3*c* por setas coloridas. A seta mais curta representa o menor salto, do nível $n = 3$ para o nível $n = 2$, que envolve a menor variação da energia do elétron e a

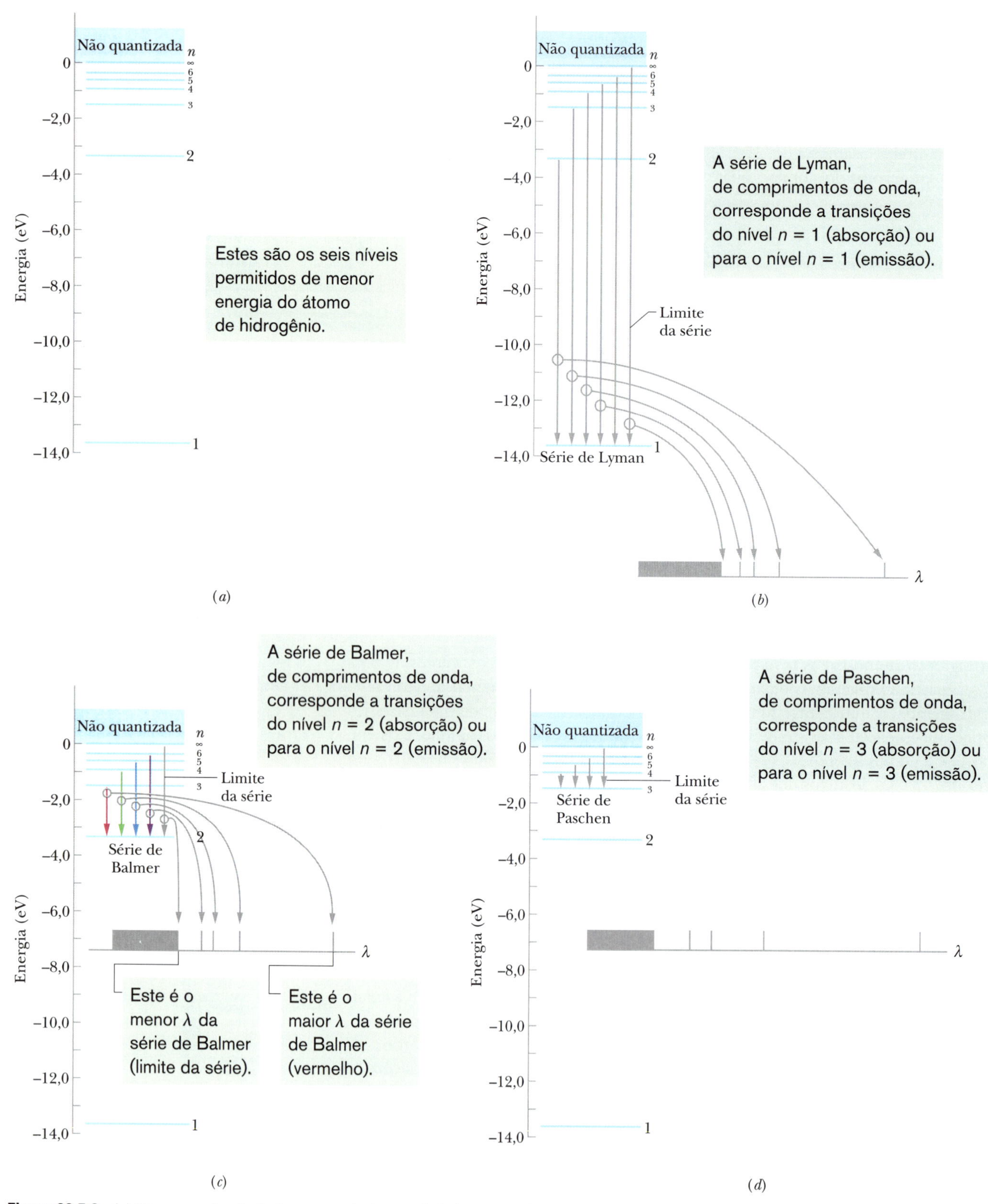

Figura 39.5.3 (*a*) Diagrama de níveis de energia do átomo de hidrogênio. (*b*) Transições da série de Lyman. (*c*) Transições da série de Balmer. (*d*) Transições da série de Paschen. Para cada série, são mostradas apenas as linhas correspondentes aos quatro maiores comprimentos de onda e ao comprimento de onda limite da série. Qualquer comprimento de onda menor que o comprimento de onda limite da série é permitido.

menor energia do fóton emitido; a cor correspondente é o vermelho. O salto seguinte da série, do nível $n = 4$ para o nível $n = 2$, é mais longo, a energia do fóton é maior, o comprimento de onda da luz emitida é menor e a cor correspondente é o verde. A terceira, quarta e quinta linhas representam saltos mais longos e comprimentos de onda menores. No caso do quinto salto, a luz emitida está na faixa do ultravioleta e, portanto, não é visível.

O *limite da série* é a linha produzida por um salto entre o nível de base e o nível mais alto da série, associado ao número quântico $n = \infty$. Isso significa que o comprimento de onda correspondente ao limite da série é o menor comprimento de onda da série.

Se a energia do fóton absorvido é tão grande que o salto ocorre para a região não quantizada da Fig. 39.5.3, a energia do elétron deixa de ser dada pela Eq. 39.5.12 porque o elétron se separa do núcleo. Em outras palavras, o átomo de hidrogênio fica *ionizado* (com um número de elétrons diferente do número de cargas positivas do núcleo). Para ionizar um átomo, é preciso fornecer a um elétron uma energia maior que o limite da série à qual pertence. Quando se separa do núcleo, um elétron conserva apenas a energia cinética K ($= mv^2/2$, para velocidades não relativísticas).

Números Quânticos do Átomo de Hidrogênio

Embora as energias dos estados do átomo de hidrogênio possam ser descritas por um único número quântico n, as funções de onda que descrevem esses estados exigem três números quânticos, correspondentes às três dimensões nas quais um elétron pode se mover. Os três números quânticos, juntamente com seus nomes e os valores que podem assumir, aparecem na Tabela 39.5.1.

Cada conjunto de números quânticos (n, ℓ, m_ℓ) identifica a função de onda de um estado quântico diferente. O número quântico n, que é chamado **número quântico principal**, aparece na Eq. 39.5.12, usada para calcular a energia do estado. O **número quântico orbital**, ℓ, é uma medida do módulo do momento angular orbital associado ao estado quântico. O **número quântico magnético orbital**, m_ℓ, está relacionado à orientação no espaço do vetor momento angular. As restrições quanto aos valores dos números quânticos do átomo de hidrogênio, que aparecem na Tabela 39.5.1, não são arbitrárias, mas surgem naturalmente da solução da equação de Schrödinger. Observe que, no estado fundamental ($n = 1$), as restrições são tais, que $\ell = 0$ e $m_\ell = 0$. Isso significa que o momento angular do átomo de hidrogênio no estado fundamental é zero, em discordância com a Eq. 39.5.1 do modelo de Bohr.

Tabela 39.5.1 Números Quânticos do Átomo de Hidrogênio

Símbolo	Nome	Valores Permitidos
n	Número quântico principal	$1, 2, 3, \ldots$
ℓ	Número quântico orbital	$0, 1, 2, \ldots, n - 1$
m_ℓ	Número quântico magnético orbital	$-\ell, -(\ell - 1), \ldots, +(\ell - 1), +\ell$

Teste 39.5.1

(a) Existe um grupo de estados quânticos do átomo de hidrogênio com $n = 5$. Quantos valores de ℓ são possíveis para os estados desse grupo? (b) Existe um subgrupo de estados do átomo de hidrogênio do grupo $n = 5$ com $\ell = 3$. Quantos valores de m_ℓ são possíveis para os estados desse subgrupo?

Função de Onda do Estado Fundamental do Átomo de Hidrogênio

A função de onda do estado fundamental do átomo de hidrogênio, obtida resolvendo a equação de Schrödinger tridimensional e normalizando o resultado, é a seguinte:

$$\psi(r) = \frac{1}{\sqrt{\pi}a^{3/2}} e^{-r/a} \quad \text{(estado fundamental)}, \qquad (39.5.17)$$

em que a (= 5,291 772 × 10^{-11} m) é o raio de Bohr. Essa constante é considerada, de modo um tanto impróprio, como o raio efetivo do átomo de hidrogênio e constitui uma unidade de comprimento conveniente para outras situações que envolvem dimensões atômicas.

Como acontece com outras funções de onda, a função $\psi(r)$ da Eq. 39.5.17 não tem significado físico; o que tem significado físico é a função $\psi^2(r)$, que pode ser interpretada como a probabilidade por unidade de volume de que o elétron seja detectado. Mais especificamente, $\psi^2(r)dV$ é a probabilidade de que o elétron seja detectado em um elemento de volume (infinitesimal) dV situado a uma distância r do centro do átomo:

$$\begin{pmatrix}\text{probabilidade de} \\ \text{detecção no volume } dV \\ \text{à distância } r\end{pmatrix} = \begin{pmatrix}\text{densidade de} \\ \text{probabilidade } \psi^2(r) \\ \text{à distância } r\end{pmatrix} (\text{volume } dV). \tag{39.5.18}$$

Como $\psi^2(r)$ depende apenas de r, faz sentido escolher, como elemento de volume dV, o volume entre duas cascas concêntricas cujos raios são r e $r + dr$. Nesse caso, o elemento de volume dV é dado por

$$dV = (4\pi r^2)\, dr, \tag{39.5.19}$$

em que $4\pi r^2$ é a área da casca interna e dr é a distância radial entre as duas cascas. Combinando as Eqs. 39.5.17, 39.5.18 e 39.5.19, obtemos

$$\begin{pmatrix}\text{probabilidade de} \\ \text{detecção no volume } dV \\ \text{à distância } r\end{pmatrix} = \psi^2(r)\, dV = \frac{4}{a^3} e^{-2r/a} r^2\, dr. \tag{39.5.20}$$

É mais fácil determinar a probabilidade de detecção do elétron se trabalharmos com a **densidade de probabilidade radial** $P(r)$ em vez da densidade de probabilidade volumétrica $\psi^2(r)$. A densidade de probabilidade radial é uma densidade de probabilidade linear tal que

$$\begin{pmatrix}\text{densidade de} \\ \text{probabilidade} \\ \text{radial } P(r) \text{ à distância } r\end{pmatrix}\begin{pmatrix}\text{intervalo} \\ \text{radial } dr\end{pmatrix} = \begin{pmatrix}\text{densidade de} \\ \text{probabilidade } \psi^2(r) \\ \text{à distância } r\end{pmatrix} (\text{volume } dV)$$

ou

$$P(r)\, dr = \psi^2(r)\, dV. \tag{39.5.21}$$

De acordo com as Eqs. 39.5.20 e 39.5.21, temos

$$P(r) = \frac{4}{a^3} r^2 e^{-2r/a} \quad \text{(densidade de probabilidade radial, estado fundamental do átomo de hidrogênio).} \tag{39.5.22}$$

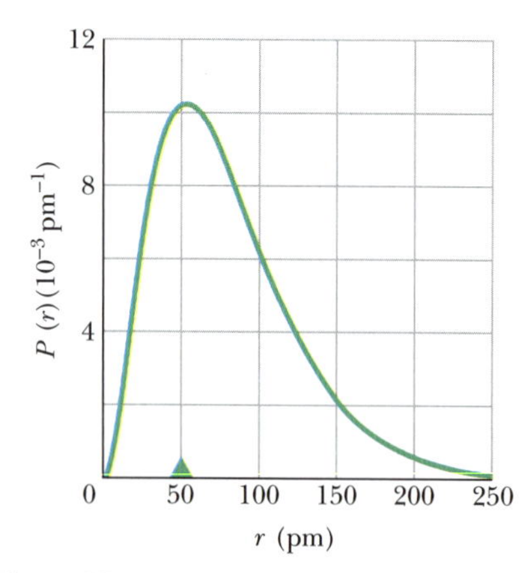

Figura 39.5.4 Gráfico da densidade de probabilidade radial $P(r)$ em função de r para o estado fundamental do átomo de hidrogênio. O triângulo está a uma distância da origem igual ao raio de Bohr; a origem representa o centro do átomo.

Para calcular a probabilidade de que um elétron que está no estado fundamental do átomo de hidrogênio seja detectado no intervalo entre os raios r_1 e r_2 (ou seja, no espaço entre duas cascas esféricas de raios r_1 e r_2), integramos a Eq. 39.5.22 do raio menor até o raio menor:

$$\begin{pmatrix}\text{probabilidade de} \\ \text{detecção entre } r_1 \text{ e } r_2\end{pmatrix} = \int_{r_1}^{r_2} P(r)\, dr. \tag{39.5.23}$$

Se o intervalo radial Δr (= $r_2 - r_1$) no qual procuramos o elétron for suficientemente pequeno para que $P(r)$ não varie muito no intervalo, podemos substituir a integral da Eq. 39.5.23 pelo produto $P(r)\,\Delta r$, em que o valor de $P(r)$ é calculado no centro do intervalo Δr.

A Fig. 39.5.4 mostra o gráfico de $P(r)$, dada pela Eq. 39.5.22, em função de r. A área sob a curva é unitária, ou seja,

$$\int_0^\infty P(r)\, dr = 1. \tag{39.5.24}$$

A Eq. 39.5.24 estabelece simplesmente que, em um átomo de hidrogênio, o elétron deve ser encontrado em *algum lugar* do espaço em torno do núcleo.

O pequeno triângulo no eixo horizontal da Fig. 39.5.4 está a uma distância da origem igual ao raio de Bohr. De acordo com a figura, no estado fundamental do átomo de hidrogênio, essa é a localização mais provável do elétron.

Existe uma grande diferença entre a Fig. 39.5.4 e a visão popular de que os elétrons dos átomos possuem órbitas bem definidas, como as dos planetas em torno do Sol. *Essa visão, embora muito difundida, é totalmente errônea.* A Fig. 39.5.4 mostra tudo que podemos saber a respeito da localização do elétron no estado fundamental do átomo de hidrogênio. A pergunta correta a fazer não é "Quando o elétron estará nesta ou naquela posição?", e sim "Qual é a probabilidade de que o elétron seja detectado em um pequeno volume situado nesta ou naquela posição?". A Fig. 39.5.5 mostra um tipo de gráfico, conhecido como "gráfico de pontos", que dá uma ideia da natureza probabilística da função de onda: A densidade de pontos representa a densidade de probabilidade de detecção do elétron. Pense no elétron do átomo de hidrogênio no estado fundamental como uma esfera difusa de carga negativa, sem órbitas visíveis.

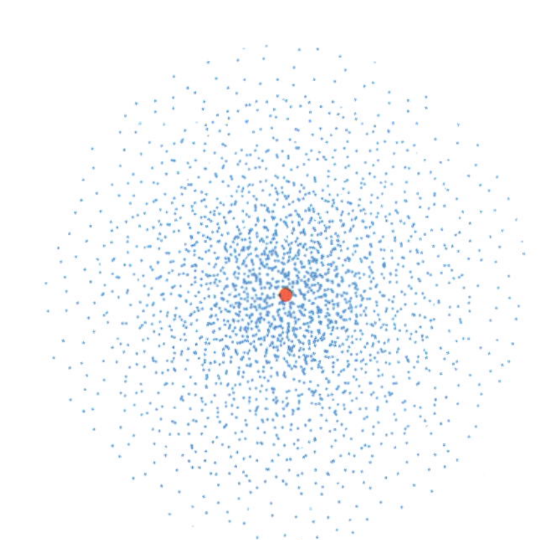

Figura 39.5.5 Gráfico de pontos que mostra a densidade de probabilidade $\psi^2(r)$ [e não a densidade de probabilidade *radial* $P(r)$] para o estado fundamental do átomo de hidrogênio. A densidade de pontos diminui exponencialmente com a distância do núcleo, que está representado por um pequeno círculo no centro da figura.

Não é fácil para um principiante adotar essa visão probabilística das partículas subatômicas. A dificuldade está no impulso natural de imaginar o elétron como uma bolinha que se move em uma trajetória bem definida; os elétrons e outras partículas subatômicas simplesmente não se comportam desse modo.

A energia do estado fundamental, que é obtida fazendo $n = 1$ na Eq. 39.5.12, é $E_1 = -13{,}60$ eV. A função de onda da Eq. 39.5.17 é obtida resolvendo a equação de Schrödinger para esse valor da energia. Na verdade, é possível encontrar uma solução da equação de Schrödinger para *qualquer* valor de energia, como, por exemplo, $E = -11{,}6$ eV ou $-14{,}3$ eV. Isso pode dar a impressão de que as energias dos estados do átomo de hidrogênio não são quantizadas, o que estaria em desacordo com as observações experimentais.

A questão foi esclarecida quando os físicos perceberam que essas soluções da equação de Schrödinger não são fisicamente aceitáveis porque divergem para $r \to \infty$. De acordo com essas "funções de onda", a probabilidade de detectar o elétron aumenta sem limite à medida que nos afastamos do núcleo, o que não faz sentido. Os cientistas se livram dessas soluções indesejáveis impondo uma chamada **condição de contorno** segundo a qual apenas são aceitáveis as soluções da equação de Schrödinger para as quais $\psi(r) \to 0$ para $r \to \infty$, ou seja, as soluções para as quais o elétron está *confinado*. Com essa restrição, as soluções da equação de Schrödinger formam um conjunto discreto, com energias quantizadas dadas pela Eq. 39.5.12.

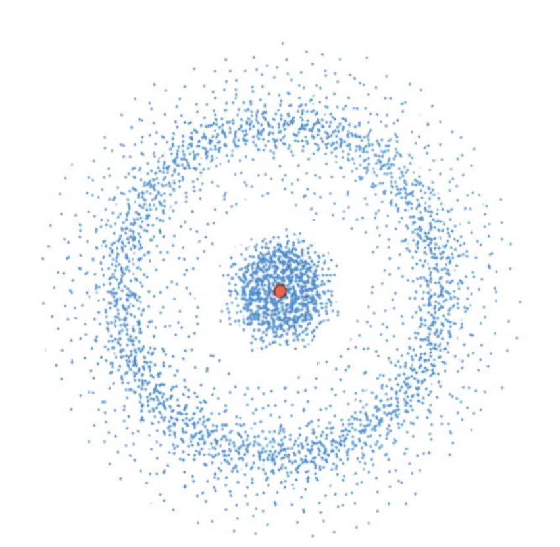

Figura 39.5.6 Gráfico de pontos que mostra a densidade de probabilidade $\psi^2(r)$ para o átomo de hidrogênio no estado $n = 2$, $\ell = 0$ e $m_\ell = 0$. O gráfico apresenta simetria esférica em relação ao núcleo. O espaço vazio entre os dois conjuntos de pontos revela a presença de uma superfície esférica na qual $\psi^2(r) = 0$.

Estados do Átomo de Hidrogênio com $n = 2$

De acordo com a Tabela 39.5.1, existem quatro estados do átomo de hidrogênio com $n = 2$; os números quânticos desses estados aparecem na Tabela 39.5.2. Considere primeiro o estado com $n = 2$ e $\ell = m_\ell = 0$; a densidade de probabilidade para esse estado está representada pelo gráfico de pontos da Fig. 39.5.6. Observe que esse gráfico, como o gráfico para o estado fundamental da Fig. 39.5.5, tem simetria esférica. Em outras palavras, em um sistema de coordenadas esféricas como o da Fig. 39.5.7, a função densidade de probabilidade é independente das coordenadas angulares θ e ϕ e só depende da coordenada radial r.

Na verdade, todos os estados quânticos com $\ell = 0$ têm funções de onda com simetria esférica. Isso é razoável, já que o número quântico ℓ é uma medida do momento angular associado ao estado. Quando $\ell = 0$, o momento angular também é zero e, portanto, a densidade de probabilidade associada ao estado não pode ter uma direção preferencial.

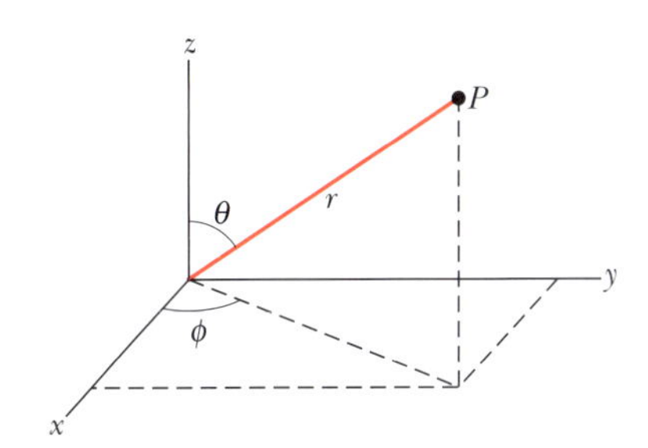

Figura 39.5.7 Relação entre as coordenadas x, y e z de um sistema de coordenadas retangulares e as coordenadas r, θ e ϕ de um sistema de coordenadas esféricas. O segundo é mais apropriado para analisar sistemas que envolvem simetria esférica, como o átomo de hidrogênio.

Tabela 39.5.2 Números Quânticos dos Estados do Átomo de Hidrogênio com $n = 2$

n	ℓ	m_ℓ
2	0	0
2	1	+1
2	1	0
2	1	−1

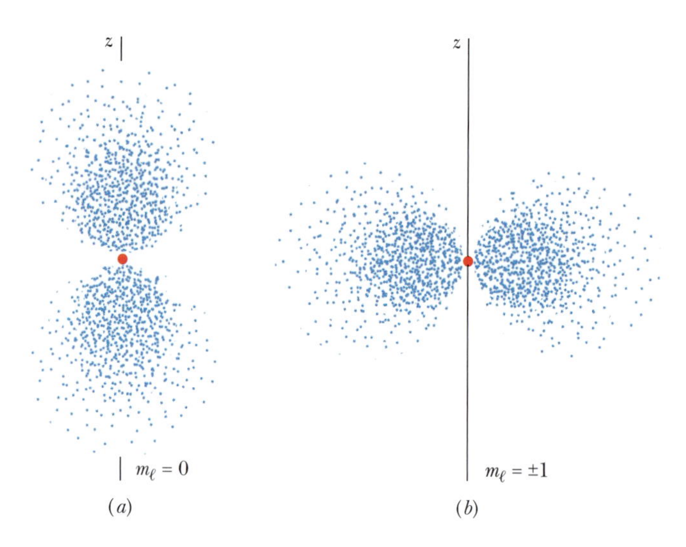

Figura 39.5.8 Gráficos de pontos da densidade de probabilidade $\psi^2(r,\theta)$ para o átomo de hidrogênio em estados com $n = 2$ e $\ell = 1$. (*a*) Gráfico para $m_\ell = 0$. (*b*) Gráfico para $m_\ell = +1$ e $m_\ell = -1$. Nos dois casos, a densidade de probabilidade é simétrica em relação ao eixo *z*.

A Fig. 39.5.8 mostra os gráficos de pontos dos três estados com $n = 2$ e $\ell = 1$. As densidades de probabilidade para os estados com $m_\ell = +1$ e $m_\ell = -1$ são iguais. Embora sejam simétricos em relação ao eixo *z*, os gráficos *não têm* simetria esférica, já que as densidades de probabilidade associadas aos três estados dependem tanto de *r* como da coordenada angular θ.

A essa altura, o leitor deve estar se perguntando: Se a energia potencial do átomo de hidrogênio tem simetria esférica, como é possível existir um eixo de simetria para as funções de onda como o eixo *z* da Fig. 39.5.8? A explicação surge naturalmente quando nos damos conta de que os três estados representados na Fig. 39.5.8 têm a mesma energia. Lembre-se de que a energia de um estado, fornecida pela Eq. 39.5.11, não depende de ℓ e m_ℓ, mas apenas do número quântico principal *n*. Na verdade, em um átomo de hidrogênio *isolado*, não é possível distinguir experimentalmente os três estados da Fig. 39.5.8.

Quando somamos as densidades de probabilidade dos três estados com $n = 2$ e $\ell = 1$, obtemos uma densidade de probabilidade com simetria esférica, ou seja, o eixo de simetria deixa de existir. Podemos imaginar que o elétron passa um terço do tempo em cada um dos três estados da Fig. 39.5.8 e que a soma das três funções de onda define uma **subcamada** de simetria esférica, definida pelos números quânticos $n = 2$ e $\ell = 1$. Os estados associados a diferentes valores de m_ℓ só se manifestam separadamente quando o átomo de hidrogênio é submetido a um campo elétrico ou magnético externo. Nesse caso, os três estados que formam a subcamada passam a ter diferentes energias, e o eixo de simetria é estabelecido pela direção do campo externo.

O estado $n = 2$, $\ell = 0$, cuja densidade de probabilidade aparece na Fig. 39.5.6, *também* possui a mesma energia que os três estados da Fig. 39.5.8. Podemos dizer que os quatro estados cujos números quânticos aparecem na Tabela 39.5.2 formam uma **camada** com simetria esférica, especificada pelo número quântico *n*. A importância das camadas e subcamadas se tornará evidente no Capítulo 40, quando discutirmos os átomos com mais de um elétron.

Para completar nossa imagem do átomo de hidrogênio, apresentamos na Fig. 39.5.9 um gráfico de pontos da densidade de probabilidade *radial* para um estado do átomo de hidrogênio com um número quântico relativamente grande ($n = 45$) e o maior número quântico orbital possível, de acordo com as restrições da Tabela 39.5.1 ($\ell = n - 1 = 44$). A densidade de probabilidade forma um anel que é simétrico em relação ao eixo *z* e está muito próximo do plano *xy*. O raio médio do anel é n^2a, em que *a* é o raio de Bohr. Esse raio médio é mais de 2.000 vezes maior que o raio efetivo do átomo de hidrogênio no estado fundamental.

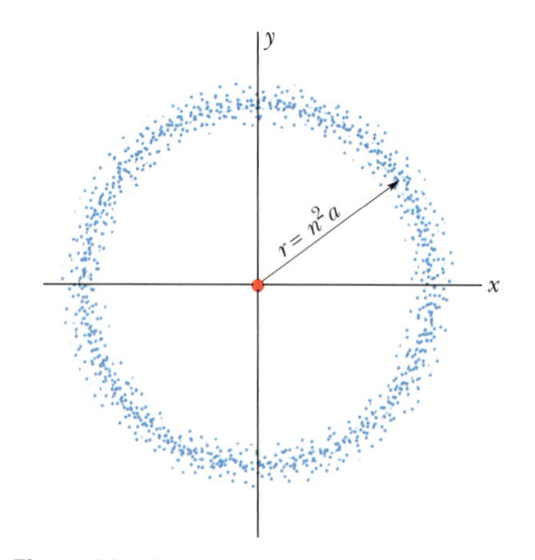

Figura 39.5.9 Gráfico de pontos da densidade de probabilidade radial $P(r)$ para o átomo de hidrogênio em um estado com número quântico principal ($n = 45$) e número quântico de momento angular ($\ell = n - 1 = 44$) relativamente grandes. Os pontos formam um anel, próximo do plano *xy*, que se parece com uma órbita eletrônica clássica.

O gráfico da Fig. 39.5.9 lembra a órbita dos elétrons na física clássica e a órbita dos planetas em torno do Sol. Temos aqui mais uma ilustração do princípio de correspondência de Bohr, segundo o qual os resultados da mecânica quântica tendem para os resultados na mecânica clássica quando os números quânticos tendem a infinito. Imagine como seria um gráfico de pontos como o da Fig. 39.5.9 para valores *realmente* elevados de *n* e ℓ, como, por exemplo, $n = 1.000$ e $\ell = 999$.

Exemplo 39.5.1 Densidade de probabilidade radial para o elétron de um átomo de hidrogênio 39.6

Mostre que a densidade de probabilidade radial para o elétron de um átomo de hidrogênio no estado fundamental é máxima para $r = a$.

IDEIAS-CHAVE

(1) A densidade de probabilidade radial para o elétron de um átomo de hidrogênio no estado fundamental é dada pela Eq. 39.5.22,

$$P(r) = \frac{4}{a^3} r^2 e^{-2r/a}.$$

(2) Para determinar o máximo (ou mínimo) de qualquer função, basta derivá-la e igualar o resultado a zero.

Cálculo: Derivando $P(r)$ em relação a r com o auxílio da derivada 7 do Apêndice E e da regra da cadeia para derivar produtos, obtemos

$$\frac{dP}{dr} = \frac{4}{a^3} r^2 \left(\frac{-2}{a}\right) e^{-2r/a} + \frac{4}{a^3} 2r e^{-2r/a}$$

$$= \frac{8r}{a^3} e^{-2r/a} - \frac{8r^2}{a^4} e^{-2r/a}$$

$$= \frac{8}{a^4} r(a - r) e^{-2r/a}.$$

Igualando a zero o lado direito da equação, obtemos uma equação que tem como raiz $r = a$. Em outras palavras, $dP/dr = 0$ para $r = a$. (Note que também temos $dP/dr = 0$ para $r = 0$ e para $r = \infty$. Nesses pontos, porém, a função $P(r)$ passa por um *mínimo*, como se pode ver na Fig. 39.5.4.)

Exemplo 39.5.2 Probabilidade de detecção do elétron de um átomo de hidrogênio  39.7

É possível demonstrar que a probabilidade $p(r)$ de que o elétron no estado fundamental do átomo de hidrogênio seja detectado no interior de uma esfera de raio r é dada por

$$p(r) = 1 - e^{-2x}(1 + 2x + 2x^2),$$

em que x, um parâmetro adimensional, é igual a r/a. Determine o valor de r para o qual $p(r) = 0{,}90$.

IDEIA-CHAVE

É impossível garantir que o elétron será detectado a certa distância r do centro do átomo de hidrogênio; entretanto, com o auxílio da função dada, podemos calcular a probabilidade de que o elétron seja detectado *em algum ponto* no interior de uma esfera de raio r.

Cálculo: Estamos interessados em buscar o raio de uma esfera tal que $p(r) = 0{,}90$. Substituindo esse valor na expressão de $p(r)$, obtemos

$$0{,}90 = 1 - e^{-2x}(1 + 2x + 2x^2)$$

ou

$$10\, e^{-2x}(1 + 2x + 2x^2) = 1.$$

Devemos encontrar o valor de x que satisfaz essa equação. Não existe uma solução analítica para o problema, mas utilizando um computador, ou uma calculadora, obtemos $x = 2{,}66$. Isso significa que o raio de uma esfera no interior da qual o elétron do átomo de hidrogênio será detectado com 90% de probabilidade é $2{,}66a$. Assinale esse ponto no eixo horizontal da Fig. 39.5.4. A área sob a curva entre $r = 0$ e $r = 2{,}66a$ corresponde à probabilidade de que o elétron seja detectado nesse intervalo e é igual a 90% da área total sob a curva.

Exemplo 39.5.3 Emissão de luz por um átomo de hidrogênio 39.8

(a) Qual é o comprimento de onda do fóton de menor energia emitido na série de Lyman do espectro do átomo de hidrogênio?

IDEIAS-CHAVE

(1) Em qualquer série, a transição que produz o fóton de menor energia é a transição entre o nível de base que define a série e o nível imediatamente acima. (2) No caso da série de Lyman, o nível de base é o nível $n = 1$ (Fig. 39.5.3*b*). Assim, a transição que produz o fóton de menor energia é a transição do nível $n = 2$ para o nível $n = 1$.

Cálculos: De acordo com a Eq. 39.5.12, a diferença de energia é

$$\Delta E = E_2 - E_1 = -(13{,}60 \text{ eV})\left(\frac{1}{2^2} - \frac{1}{1^2}\right) = 10{,}20 \text{ eV}.$$

De acordo com a Eq. 39.1.6 ($\Delta E = hf$), substituindo f por c/λ, obtemos

$$\lambda = \frac{hc}{\Delta E} = \frac{(6{,}63 \times 10^{-34} \text{ J}\cdot\text{s})(3{,}00 \times 10^8 \text{ m/s})}{(10{,}20 \text{ eV})(1{,}60 \times 10^{-19} \text{ J/eV})}$$

$$= 1{,}22 \times 10^{-7} \text{ m} = 122 \text{ nm}. \qquad \text{(Resposta)}$$

Os fótons com esse comprimento de onda estão na faixa do ultravioleta.

(b) Qual é o comprimento de onda limite da série de Lyman?

IDEIA-CHAVE

O limite da série corresponde a um salto entre o nível de base ($n = 1$ para a série de Lyman) e o nível $n = \infty$.

Cálculos: Agora que conhecemos os valores de n para a transição, poderíamos proceder como no item (a) para calcular o comprimento de onda λ correspondente. Em vez disso, vamos usar um método mais direto. De acordo com a Eq. 39.5.15, temos

$$\frac{1}{\lambda} = R\left(\frac{1}{n_{\text{baixo}}^2} - \frac{1}{n_{\text{alto}}^2}\right)$$

$$= 1{,}097\,373 \times 10^7\ \text{m}^{-1}\left(\frac{1}{1^2} - \frac{1}{\infty^2}\right),$$

e, portanto,

$$\lambda = 9{,}11 \times 10^{-8}\ \text{m} = 91{,}1\ \text{nm}. \qquad \text{(Resposta)}$$

Os fótons com esse comprimento de onda também estão na faixa do ultravioleta.

Revisão e Resumo

Confinamento O confinamento de ondas de qualquer tipo (ondas em uma corda, ondas do mar, ondas luminosas e ondas de matéria) leva à quantização, ou seja, à existência de estados discretos com energias discretas. Estados intermediários com valores intermediários de energia não são possíveis.

Um Elétron em um Poço de Potencial Infinito Como é uma onda de matéria, um elétron confinado em um poço de potencial infinito pode ter apenas estados discretos. No caso de um poço de potencial infinito unidimensional, as energias associadas a esses estados quânticos são dadas por

$$E_n = \left(\frac{h^2}{8mL^2}\right)n^2, \qquad \text{para } n = 1, 2, 3, \ldots \qquad (39.1.4)$$

em que L é a largura do poço de potencial e n é um *número quântico*. A menor energia possível, conhecida como *energia de ponto zero*, não é zero, e sim o valor correspondente a $n = 1$ na Eq. 39.1.4. Um elétron só pode mudar de um estado para outro se a variação de energia dada for

$$\Delta E = E_{\text{alto}} - E_{\text{baixo}}, \qquad (39.1.5)$$

em que E_{alta} é a energia do estado permitido de maior energia e E_{baixa} é a energia do estado permitido de menor energia. Quando a mudança ocorre por absorção ou emissão de um fóton, a energia do fóton deve ser igual à variação de energia do elétron:

$$hf = \frac{hc}{\lambda} = \Delta E = E_{\text{alta}} - E_{\text{baixa}}, \qquad (39.1.6)$$

em que f é a frequência e λ é o comprimento de onda do fóton.

As funções de onda de um elétron em um poço de potencial unidimensional infinito de largura L no eixo x são dadas por

$$\psi_n(x) = \sqrt{\frac{2}{L}}\,\text{sen}\left(\frac{n\pi}{L}x\right), \qquad \text{para } n = 1, 2, 3, \ldots, \qquad (39.2.1)$$

em que n é o número quântico e $\sqrt{2/L}$ é uma constante de normalização. A função de onda $\psi_n(x)$ não tem significado físico; o que tem significado físico é a densidade de probabilidade $\psi_n^2(x)$: O produto $\psi_n^2(x)\,dx$ é a probabilidade de que o elétron seja detectado no intervalo entre x e $x + dx$. Se a densidade de probabilidade de um elétron for integrada para todo o eixo x, a probabilidade total deve ser igual a 1, o que significa que o elétron deve estar em algum ponto do eixo x:

$$\int_{-\infty}^{\infty} \psi_n^2(x)\,dx = 1. \qquad (39.2.5)$$

Um Elétron em um Poço de Potencial Finito A função de onda de um elétron em um poço de potencial unidimensional finito tem um valor diferente de zero do lado de fora do poço. Ao contrário do poço infinito, um poço finito tem um número finito de estados, que possuem comprimentos de onda de de Broglie maiores e energias menores que os estados de um poço infinito de mesma largura.

Poço de Potencial Bidimensional As energias quantizadas de um elétron confinado em um poço de potencial bidimensional retangular são dadas por

$$E_{nx,ny} = \frac{h^2}{8m}\left(\frac{n_x^2}{L_x^2} + \frac{n_y^2}{L_y^2}\right), \qquad (39.4.2)$$

em que n_x e n_y são os números quânticos e L_x e L_y são as dimensões do poço. As funções de onda de um elétron em um poço bidimensional infinito são dadas por

$$\psi_{nx,ny} = \sqrt{\frac{2}{L_x}}\,\text{sen}\left(\frac{n_x\pi}{L_x}x\right)\sqrt{\frac{2}{L_y}}\,\text{sen}\left(\frac{n_y\pi}{L_y}y\right). \qquad (39.4.1)$$

O Átomo de Hidrogênio O modelo de Bohr do átomo de hidrogênio permitiu calcular corretamente os níveis de energia do átomo e explicar os espectros de emissão e absorção, mas é incorreto em quase todos os outros aspectos. Trata-se de um modelo planetário no qual o elétron gira em torno do próton com um momento angular L cujos valores possíveis são dados por

$$L = n\hbar, \qquad \text{para } n = 1, 2, 3, \ldots, \qquad (39.5.1)$$

em que n é um número quântico. O valor L é incorretamente descartado. A aplicação da equação de Schrödinger ao átomo de hidrogênio fornece os valores corretos de L e das energias permitidas:

$$E_n = -\frac{me^4}{8\varepsilon_0^2h^2}\frac{1}{n^2} = -\frac{13{,}60\ \text{eV}}{n^2}, \qquad \text{para } n = 1, 2, 3, \ldots \qquad (39.5.12)$$

A energia do átomo (ou do elétron do átomo) só pode mudar por meio de saltos quânticos entre as energias permitidas. Se o salto quântico envolve a absorção de um fóton (que aumenta a energia do átomo) ou a emissão de um fóton (que diminui a energia do átomo), essa restrição às mudanças de energia leva à equação

$$\frac{1}{\lambda} = R\left(\frac{1}{n_{\text{baixo}}^2} - \frac{1}{n_{\text{alto}}^2}\right), \qquad (39.5.15)$$

para o comprimento de onda λ da luz, em que R é a constante de Rydberg,

$$R = \frac{me^4}{8\varepsilon_0^2h^3c} = 1{,}097\,373 \times 10^7\ \text{m}^{-1}. \qquad (39.5.16)$$

A densidade de probabilidade radial $P(r)$ para um estado do átomo de hidrogênio é definida de tal forma que $P(r)dr$ é a probabilidade de que o elétron seja detectado na região entre duas cascas concêntricas cujos raios são r e $r + dr$. A probabilidade de o elétron ser detectado a uma distância do núcleo entre r_1 e r_2 é dada por

$$(\text{probabilidade de detecção}) = \int_{r_1}^{r_2} P(r)\,dr. \qquad (39.5.23)$$

Perguntas

1 Três elétrons são aprisionados em três diferentes poços de potencial infinitos unidimensionais de largura (a) 50 pm, (b) 200 pm, (c) 100 pm. Coloque os elétrons na ordem decrescente da energia dos estados fundamentais.

2 A energia de um próton confinado em um poço de potencial unidimensional infinito no estado fundamental é maior, menor, ou igual à de um elétron confinado no mesmo poço de potencial?

3 Um elétron confinado em um poço de potencial unidimensional infinito se encontra no estado $n = 17$. Quantos pontos (a) de probabilidade zero e (b) de probabilidade máxima possui a onda de matéria do elétron?

4 A Fig. 39.1 mostra três poços de potencial unidimensionais infinitos. Sem executar nenhum cálculo, determine a função de onda ψ de um elétron no estado fundamental de cada poço.

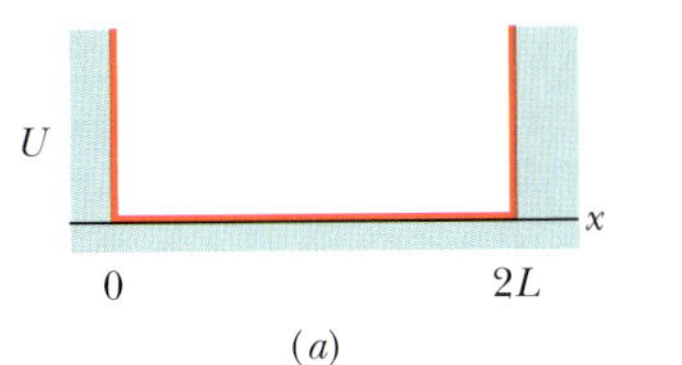

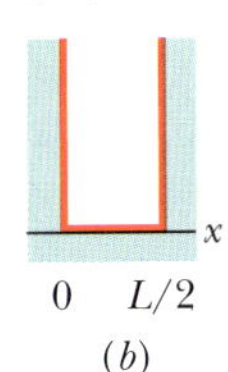

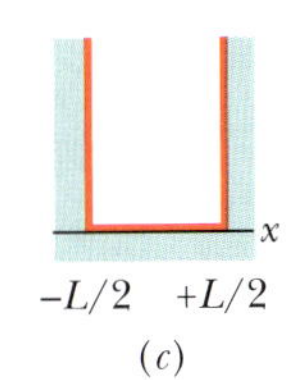

Figura 39.1 Pergunta 4.

5 Um próton e um elétron estão confinados em poços de potencial unidimensionais infinitos iguais; as duas partículas estão no estado fundamental. No centro do poço, a densidade de probabilidade para o próton é maior, menor, ou igual à densidade de probabilidade para o elétron?

6 Quando multiplicamos por 2 a largura de um poço de potencial unidimensional infinito, (a) a energia do estado fundamental de um elétron confinado é multiplicada por 4, 2, 1/2, 1/4, ou por outro número? (b) As energias dos outros estados do elétron são multiplicadas pelo mesmo número ou por outro número, dependendo do número quântico?

7 Se o leitor quisesse usar a armadilha idealizada da Fig. 39.1.1 para capturar um pósitron, teria que mudar (a) a geometria da armadilha, (b) o potencial elétrico do cilindro do meio, ou (c) os potenciais elétricos dos cilindros das extremidades? (O pósitron é uma partícula de carga positiva com a mesma massa que o elétron.)

8 Um elétron está confinado em um poço de potencial finito suficientemente profundo para que o elétron ocupe um estado com $n = 4$. Quantos pontos (a) de probabilidade zero e (b) de probabilidade máxima possui a onda de matéria associada ao elétron?

9 Um elétron que está confinado em um poço de potencial unidimensional infinito, de largura L, é excitado do estado fundamental para o primeiro estado excitado. Essa excitação aumenta, diminui, ou não tem nenhum efeito sobre a probabilidade de detectar o elétron em uma pequena região (a) no centro do poço e (b) perto de uma das bordas do poço?

10 Um elétron, confinado em um poço de potencial finito como o da Fig. 39.3.1, se encontra no estado de menor energia possível. (a) O comprimento de onda de de Broglie, (b) o módulo do momento e (c) a energia seria maior, menor, ou igual se o poço de potencial fosse infinito, como o da Fig. 39.1.2?

11 Sem fazer nenhum cálculo, coloque os estados quânticos do elétron representados na Fig. 39.3.2 na ordem decrescente dos comprimentos de onda de de Broglie.

12 O leitor está interessado em modificar o poço de potencial finito, cujo diagrama de níveis de energia aparece na Fig. 39.3.1, de modo a permitir que o elétron confinado possa ocupar mais de quatro estados quânticos. Para isso, é preciso (a) aumentar ou diminuir a largura do poço, ou (b) aumentar ou diminuir a profundidade do poço?

13 Um átomo de hidrogênio se encontra no terceiro estado excitado. Para que estado (especifique o número quântico n) o átomo teria que passar (a) para emitir um fóton com o maior comprimento de onda possível, (b) para emitir um fóton com o menor comprimento de onda possível, e (c) para absorver um fóton com o maior comprimento de onda possível?

14 A Fig. 39.2 mostra os primeiros níveis de energia (em elétrons-volts) para cinco situações em que o elétron está confinado em um poço de potencial unidimensional infinito. Nos poços B, C, D e E, o elétron se encontra no estado fundamental. O elétron do poço A está no quarto estado excitado (25 eV). O elétron pode voltar ao estado fundamental emitindo um ou mais fótons. Que energias de *emissão* associadas a esse processo de decaimento coincidem com energias de *absorção* (a partir do estado fundamental) dos outros quatro elétrons? Especifique os números quânticos correspondentes.

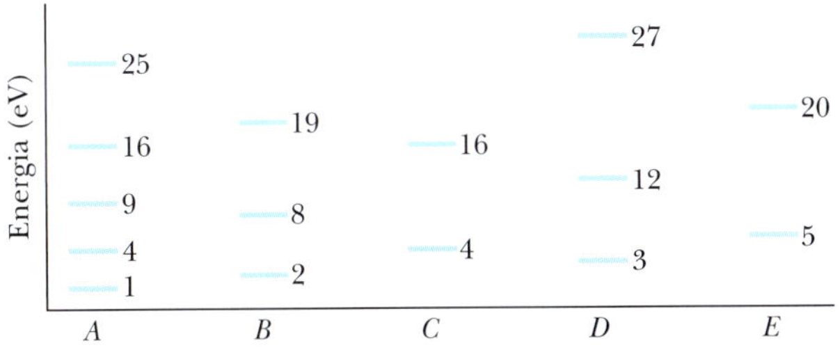

Figura 39.2 Pergunta 14.

15 A Tabela 39.1 mostra os números quânticos de cinco estados do átomo de hidrogênio. Quais desses estados não são possíveis?

Tabela 39.1

	n	ℓ	m_ℓ
(a)	3	2	0
(b)	2	3	1
(c)	4	3	− 4
(d)	5	5	0
(e)	5	3	− 2

Problemas

F Fácil **M** Médio **D** Difícil **CALC** Requer o uso de derivadas e/ou integrais
CVF Informações adicionais disponíveis no e-book *O Circo Voador da Física*, de Jearl Walker, LTC Editora, Rio de Janeiro, 2008. **BIO** Aplicação biomédica

Módulo 39.1 Energia de um Elétron Confinado

1 F Um elétron no estado fundamental de um poço de potencial unidimensional infinito, de largura L, tem uma energia E_1. Quando a largura do poço muda para L', a energia do elétron diminui para $E_1' = 0{,}500E_1$. Qual é o valor da razão L'/L?

2 F Determine a energia do estado fundamental (a) de um elétron e (b) de um próton confinado em um poço de potencial unidimensional infinito com 200 pm de largura.

3 F A energia do estado fundamental de um elétron confinado em um poço de potencial unidimensional infinito é 2,6 eV. Qual será a energia do estado fundamental se a largura do poço for multiplicada por dois?

4 F Um elétron, confinado em um poço de potencial unidimensional infinito com 250 pm de largura, se encontra no estado fundamental. Qual é a energia necessária para transferi-lo para o estado $n = 4$?

5 F Qual deve ser a largura de um poço de potencial unidimensional infinito para que um elétron no estado $n = 3$ tenha uma energia de 4,7 eV?

6 **F** Um próton é confinado em um poço de potencial unidimensional infinito com 100 pm de largura. Qual é a energia do estado fundamental?

7 **F** Considere o núcleo atômico equivalente a um poço de potencial unidimensional infinito de largura $L = 1,4 \times 10^{-14}$ m, um diâmetro nuclear típico. Qual seria a energia do estado fundamental de um elétron confinado a um núcleo atômico? (*Observação*: Os núcleos atômicos não contêm elétrons.)

8 **M** Um elétron está confinado em um poço unidimensional infinito e se encontra no primeiro estado excitado. A Fig. 39.3 mostra os cinco maiores comprimentos de onda que o elétron pode absorver de uma única vez: $\lambda_a = 80,78$ nm, $\lambda_b = 33,66$ nm, $\lambda_c = 19,23$ nm, $\lambda_d = 12,62$ nm e $\lambda_e = 8,98$ nm. Qual é a largura do poço de potencial?

Figura 39.3 Problema 8.

9 **M** Um elétron confinado em um poço de potencial unidimensional infinito com 250 pm de largura é transferido do primeiro estado excitado para o terceiro estado excitado. (a) Que energia deve ser fornecida ao elétron para que execute esse salto quântico? Se o elétron em seguida decai para o estado fundamental emitindo fótons, o que pode ocorrer de várias formas, determine (b) o menor comprimento de onda, (c) o segundo menor comprimento de onda, (d) o maior comprimento de onda, e (e) o segundo maior comprimento de onda que podem ser emitidos. (f) Mostre as várias formas possíveis de decaimento em um diagrama de níveis de energia. Se um fóton com um comprimento de onda de 29,4 nm for emitido, determine (g) o maior comprimento de onda, e (h) o menor comprimento de onda que pode ser emitido em seguida.

10 **M** Um elétron está confinado em um poço de potencial unidimensional infinito. Determine o valor (a) do número quântico maior e (b) do número quântico menor para que a diferença de energia entre os estados seja igual a três vezes a diferença de energia ΔE_{43} entre os níveis $n = 4$ e $n = 3$. (c) Mostre que não existe nenhum par de níveis de energia vizinhos com uma diferença de energia igual a $2\Delta E_{43}$.

11 **M** Um elétron está confinado em um poço de potencial unidimensional infinito. Determine o valor (a) do número quântico maior e (b) do número quântico menor para que a diferença de energia entre os estados seja igual à energia do nível $n = 5$. (c) Mostre que não existe um par de níveis vizinhos com uma diferença de energia igual à energia do nível $n = 6$.

12 **M** Um elétron está confinado em um poço de potencial unidimensional infinito com 250 pm de largura e se encontra no estado fundamental. Determine (a) o maior, (b) o segundo maior, (c) o terceiro maior comprimento de onda que pode ser absorvido pelo elétron.

Módulo 39.2 Funções de Onda de um Elétron Confinado

13 **M** Um poço unidimensional infinito com 200 pm de largura contém um elétron no terceiro estado excitado. Um detector de elétrons com 2,00 pm de largura é instalado com o centro em um ponto de máxima densidade de probabilidade. (a) Qual é a probabilidade de que o elétron seja detectado? (b) A cada 1.000 vezes que realizarmos essa experiência, quantas vezes, em média, o elétron será detectado?

14 **M** Um elétron se encontra em um estado de energia de um poço unidimensional infinito que se estende de $x = 0$ até $x = L = 200$ pm no qual a densidade de probabilidade é zero em $x = 0,300L$ e $x = 0,400L$ e não é zero para nenhum valor intermediário de x. O elétron salta para o nível de energia imediatamente inferior, emitindo um fóton. Qual é a variação de energia do elétron?

15 **M** Um elétron está confinado em um poço de potencial unidimensional infinito com 100 pm de largura; o elétron se encontra no estado fundamental. Qual é a probabilidade de o elétron ser detectado em uma região de largura $\Delta x = 5,0$ pm no entorno do ponto (a) $x = 25$ pm, (b) $x = 50$ pm e (c) $x = 90$ pm? (*Sugestão*: A largura Δx da região é tão pequena que a densidade de probabilidade pode ser considerada constante no interior da região.)

16 **M** Uma partícula é confinada em um poço de potencial unidimensional infinito como o da Fig. 39.1.2. Se a partícula se encontra no estado fundamental, qual é a probabilidade de que seja detectada (a) entre $x = 0$ e $x = 0,25L$, (b) entre $x = 0,75L$ e $x = L$, e (c) entre $x = 0,25L$ e $x = 0,75\,L$?

Módulo 39.3 Um Elétron em um Poço Finito

17 **F** Um elétron no estado $n = 2$ do poço de potencial finito da Fig. 39.3.1 absorve uma energia de 400 eV de uma fonte externa. Use o diagrama de níveis de energia da Fig. 39.3.3 para determinar a energia cinética do elétron após a absorção.

18 **F** Na Fig. 39.3.3 são mostrados os níveis de energia de um elétron confinado em um poço de potencial finito com 450 eV de profundidade. Se o elétron se encontra no estado $n = 3$, qual é sua energia cinética?

19 **M** A Fig. 39.4*a* mostra o diagrama de níveis de energia de um poço de potencial unidimensional finito que contém um elétron. A região não quantizada começa em $E_4 = 450,0$ eV. A Fig. 39.4*b* mostra o espectro de absorção do elétron quando se encontra no estado fundamental. O elétron pode absorver fótons com os comprimentos de onda indicados: $\lambda_a = 14,588$ nm, $\lambda_b = 4,8437$ nm e qualquer comprimento de onda menor que $\lambda_c = 2,9108$ nm. Qual é a energia do primeiro estado excitado?

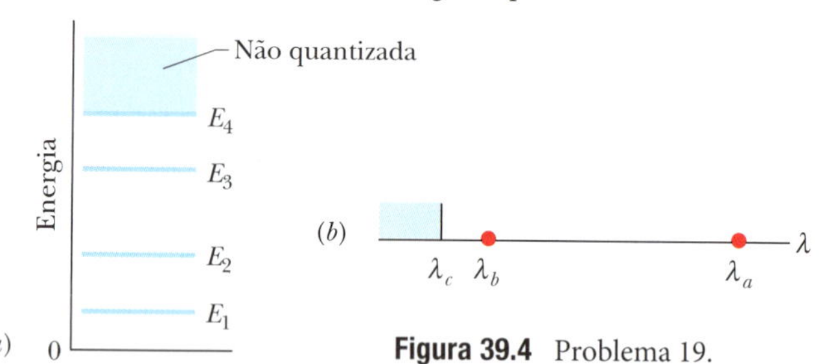

Figura 39.4 Problema 19.

20 **M** A Fig. 39.5*a* mostra um tubo fino no qual foi montado um poço de potencial finito, com $V_2 = 0$ V. Um elétron se move para a direita no interior do poço, em uma região onde a tensão é $V_1 = 9,00$ V, com uma energia cinética de 2,00 eV. Quando o elétron penetra no poço, ele pode ficar confinado se perder energia suficiente emitindo um fóton. Os níveis de energia do elétron no interior do poço são $E_1 = 1,0$ eV, $E_2 = 2,0$ eV e $E_3 = 4,0$ eV, e a região não quantizada começa em $E_4 = 9,0$ eV, como mostra o diagrama de níveis de energia da Fig. 39.5*b*. Qual é a menor energia (em eV) que o fóton pode possuir?

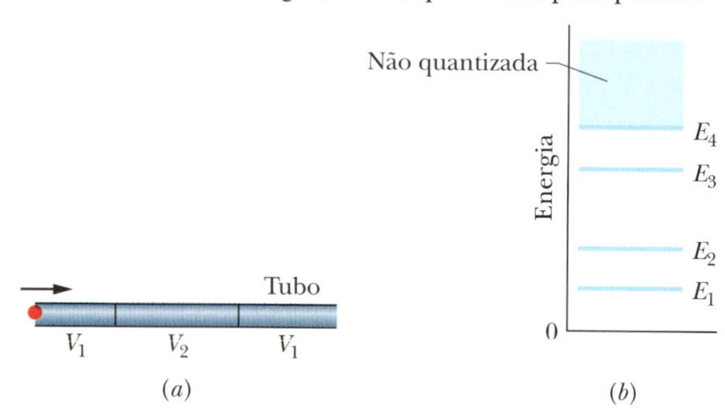

Figura 39.5 Problema 20.

21 **M** (a) Mostre que para a região $x > L$ do poço de potencial finito da Fig. 39.3.1, $\psi(x) = De^{2kx}$ é uma solução da equação de Schrödinger unidimensional, em que D é uma constante e k é um número real positivo. (b) Por que razão a solução matematicamente aceitável do item (a) não é considerada fisicamente admissível?

Módulo 39.4 Poços de Potencial Bidimensionais e Tridimensionais

22 **F** Um elétron é confinado no curral retangular da Fig. 39.4.4, cujas dimensões são $L_x = 800$ pm e $L_y = 1.600$ pm. Qual é a energia do estado fundamental do elétron?

23 **F** Um elétron é confinado na caixa retangular da Fig. 39.4.5, cujas dimensões são $L_x = 800$ pm, $L_y = 1.600$ pm e $L_z = 390$ pm. Qual é a energia do estado fundamental do elétron?

24 **M** A Fig. 39.6 mostra um poço de potencial bidimensional infinito, situado no plano xy, que contém um elétron. Quando um detector é deslocado ao longo da reta $x = L_x/2$, são observados três pontos nos quais é máxima a probabilidade de o elétron ser detectado. Quando o mesmo detector é deslocado ao longo da reta $y = L_y/2$, são observados cinco pontos nos quais é máxima a probabilidade de o elétron ser detectado. A distância entre esses pontos é de 3,00 nm. Qual é a energia do elétron?

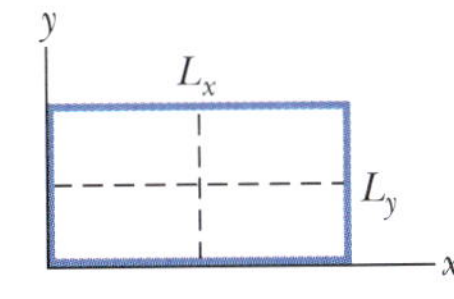

Figura 39.6 Problema 24.

25 **M** O curral bidimensional infinito da Fig. 39.7 tem a forma de um quadrado de lado $L = 150$ nm. Um detector quadrado, com 5,00 de lado e lados paralelos aos eixos x e y, é instalado com o centro no ponto (0,200L; 0,800L). Qual é a probabilidade de que seja detectado um elétron que está no estado de energia $E_{1,3}$?

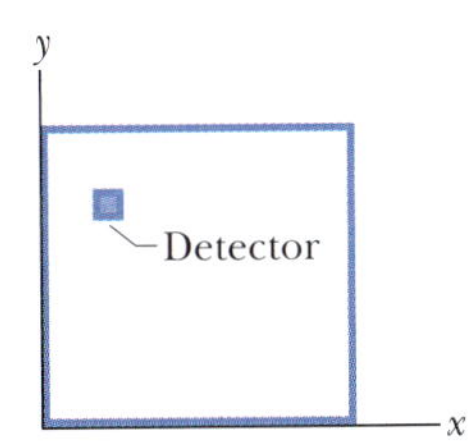

Figura 39.7 Problema 25.

26 **M** Um curral retangular de dimensões $L_x = L$ e $L_y = 2L$ contém um elétron. Determine, em múltiplos de $h^2/8mL^2$, em que m é a massa do elétron, (a) a energia do estado fundamental do elétron, (b) a energia do primeiro estado excitado, (c) a energia dos primeiros estados degenerados e (d) a diferença entre as energias do segundo e do terceiro estados excitados.

27 **M** Um elétron está confinado em um curral retangular, de dimensões $L_x = L$ e $L_y = 2L$. (a) Quantas frequências diferentes o elétron é capaz de emitir ou absorver ao sofrer uma transição entre dois níveis que estão entre os cinco de menor energia? Que múltiplo de $h^2/8mL^2$, em que m é a massa do elétron, corresponde (b) à menor, (c) à segunda menor, (d) à terceira menor, (e) à maior, (f) à segunda maior e (g) à terceira maior frequência?

28 **M** Uma caixa cúbica de dimensões $L_x = L_y = L_z = L$ contém um elétron. Determine, em múltiplos de $h^2/8mL^2$, em que m é a massa do elétron, (a) a energia do estado fundamental do elétron, (b) a energia do segundo estado excitado, (c) a diferença entre as energias do segundo e terceiro estado excitado. Determine também quantos estados degenerados possuem a energia (d) do primeiro estado excitado e (e) do quinto estado excitado.

29 **M** Um elétron está confinado em uma caixa cúbica de dimensões $L_x = L_y = L_z$. (a) Quantas frequências diferentes o elétron é capaz de emitir ou absorver ao sofrer uma transição entre dois níveis que estão entre os cinco de menor energia? Que múltiplo de $h^2/8mL^2$, em que m é a massa do elétron, corresponde (b) à menor, (c) à segunda menor, (d) à terceira menor, (e) à maior, (f) à segunda maior e (g) à terceira maior frequência?

30 **D** Um elétron se encontra no estado fundamental de um poço de potencial bidimensional infinito na forma de um quadrado de lado L. Uma sonda quadrada, com uma área de 400 pm², é instalada com o centro no ponto $x = L/8$, $y = L/8$. A probabilidade de o elétron ser detectado é 0,0450. Qual é o valor de L?

Módulo 39.5 Átomo de Hidrogênio

31 **F** Qual é a razão entre o menor comprimento de onda da série de Balmer e o menor comprimento de onda da série de Lyman?

32 **F** Um átomo (que não é um átomo de hidrogênio) absorve um fóton com um comprimento de onda de 375 nm e emite um fóton com um comprimento de onda de 580 nm. Qual é a energia absorvida pelo átomo no processo?

33 **F** Determine (a) a energia, (b) o módulo do momento e (c) o comprimento de onda do fóton emitido quando um átomo de hidrogênio sofre uma transição de um estado com $n = 3$ para um estado com $n = 1$.

34 **F** Calcule a densidade de probabilidade radial $P(r)$ para o átomo de hidrogênio no estado fundamental (a) em $r = 0$, (b) em $r = a$, e (c) em $r = 2a$, em que a é o raio de Bohr.

35 **F** Para o átomo de hidrogênio no estado fundamental, calcule (a) a densidade de probabilidade $\psi^2(r)$ e (b) a densidade de probabilidade radial $P(r)$ para $r = a$, em que a é o raio de Bohr.

36 **F** (a) Qual é a energia E do elétron do átomo de hidrogênio cuja densidade de probabilidade é representada pelo gráfico de pontos da Fig. 39.5.6? (b) Qual é a menor energia necessária para remover esse elétron do átomo?

37 **F** Um nêutron com uma energia cinética de 6,0 eV colide com um átomo de hidrogênio estacionário no estado fundamental. Explique por que a colisão deve ser elástica, isto é, por que a energia cinética deve ser conservada. (*Sugestão:* Mostre que o átomo de hidrogênio não pode ser excitado pela colisão.)

38 **F** Um átomo (que não é um átomo de hidrogênio) absorve um fóton com uma frequência de $6{,}2 \times 10^{14}$ Hz. Qual é o aumento da energia do átomo?

39 **M** **CALC** Mostre que a Eq. 39.5.22, que expressa a densidade de probabilidade radial para o estado fundamental do átomo de hidrogênio, é normalizada, ou seja, que

$$\int_0^\infty P(r)\, dr = 1.$$

40 **M** Determine (a) o intervalo de comprimentos de onda e (b) o intervalo de frequências da série de Lyman. Determine (c) o intervalo de comprimentos de onda e (d) o intervalo de frequências da série de Balmer.

41 **M** Qual é a probabilidade de que um elétron no estado fundamental do átomo de hidrogênio seja encontrado na região entre duas cascas esféricas de raios r e $r + \Delta r$ (a) se $r = 0{,}500a$ e $\Delta r = 0{,}010a$, e (b) se $r = 1{,}00a$ e $\Delta r = 0{,}01a$, em que a é o raio de Bohr? (*Sugestão:* Δr é suficientemente pequeno para que a densidade de probabilidade radial seja considerada constante entre r e $r + \Delta r$.)

42 **M** Um átomo de hidrogênio, inicialmente em repouso no estado $n = 4$, sofre uma transição para o estado fundamental, emitindo um fóton no processo. Qual é a velocidade de recuo do átomo de hidrogênio? (*Sugestão*: Este problema é semelhante às explosões do Capítulo 9.)

43 **M** No estado fundamental do átomo de hidrogênio, o elétron possui uma energia total de −13,6 eV. Determine (a) a energia cinética e (b) a energia potencial do elétron a uma distância do núcleo igual ao raio de Bohr.

44 **M** Um átomo de hidrogênio em um estado com uma *energia de ligação* (energia necessária para remover um elétron) de 0,85 eV sofre uma transição para um estado com uma *energia de excitação* (diferença entre a energia do estado e a energia do estado fundamental) de 10,2 eV. (a) Qual é a energia do fóton emitido na transição? Determine (b) o maior número quântico e (c) o menor número quântico da transição responsável pela emissão.

45 **M** As funções de onda dos três estados cujos gráficos de pontos aparecem na Fig. 39.5.8, para os quais $n = 2$, $\ell = 1$ e $m_\ell = 0, +1$ e -1, são

$$\psi_{210}(r, \theta) = (1/4\sqrt{2\pi})(a^{-3/2})(r/a)e^{-r/2a}\cos\theta,$$
$$\psi_{21+1}(r, \theta) = (1/8\sqrt{\pi})(a^{-3/2})(r/a)e^{-r/2a}(\text{sen}\,\theta)e^{+i\phi},$$
$$\psi_{21-1}(r, \theta) = (1/8\sqrt{\pi})(a^{-3/2})(r/a)e^{-r/2a}(\text{sen}\,\theta)e^{-i\phi},$$

em que os índices de $\psi(r, \theta)$ indicam o valor dos números quânticos n, ℓ e m_ℓ e os ângulos θ e ϕ são definidos na Fig. 39.5.7. Observe que a primeira função de onda é real, mas as outras, que envolvem o número imaginário i, são complexas. Determine a densidade de probabilidade radial $P(r)$ (a) para ψ_{210} e (b) para ψ_{21+1} e ψ_{21-1}(que são iguais). (c) Mostre que os valores de $P(r)$ estão de acordo com os gráficos de pontos da Fig. 39.5.8. (d) Some as densidades de probabilidade radial ψ_{210}, ψ_{21+1} e ψ_{21-1} e mostre que o resultado depende apenas de r, ou seja, que a densidade de probabilidade radial total tem simetria esférica.

46 **M** Calcule a probabilidade de que o elétron de um átomo de hidrogênio no estado fundamental seja encontrado na região entre duas cascas esféricas de raios a e $2a$, em que a é o raio de Bohr.

47 **M** Para qual valor do número quântico principal n o raio efetivo que aparece em um gráfico de pontos da densidade de probabilidade radial do átomo de hidrogênio é igual a 1,0 mm? Suponha que o valor de ℓ é o maior possível, $n - 1$. (*Sugestão*: ver Fig. 39.5.9.)

48 **M** Um fóton com um comprimento de onda de 121,6 nm é emitido por um átomo de hidrogênio. Determine (a) o maior número quântico e (b) o menor número quântico da transição responsável pela emissão. (c) A que série pertence a transição?

49 **M** Qual é o trabalho necessário para separar o elétron e o próton de um átomo de hidrogênio se o átomo se encontra inicialmente (a) no estado fundamental e (b) no estado $n = 2$?

50 **M** Um fóton com um comprimento de onda de 102,6 nm é emitido por um átomo de hidrogênio. Determine (a) o maior número quântico e (b) o menor número quântico da transição responsável pela emissão. (c) A que série pertence a transição?

51 **M** Qual é a probabilidade de que, no estado fundamental do átomo de hidrogênio, o elétron seja encontrado a uma distância do núcleo maior que o raio de Bohr?

52 **M** Um átomo de hidrogênio é excitado do estado fundamental para o estado com $n = 4$. (a) Qual é a energia absorvida pelo átomo? Considere a energia dos fótons que podem ser emitidos pelo átomo ao decair para o estado fundamental de várias formas possíveis. (b) Quantas energias diferentes são possíveis? Dessas energias, determine (c) a maior, (d) a segunda maior, (e) a terceira maior, (f) a menor, (g) a segunda menor e (h) a terceira menor.

53 **M** A equação de Schrödinger para os estados do átomo de hidrogênio nos quais o número quântico orbital ℓ é zero é

$$\frac{1}{r^2}\frac{d}{dr}\left(r^2\frac{d\psi}{dr}\right) + \frac{8\pi^2 m}{h^2}[E - U(r)]\psi = 0.$$

Verifique se a Eq. 39.5.17, que descreve o estado fundamental do átomo de hidrogênio, é uma solução dessa equação.

54 **D** **CALC** A função de onda do estado quântico do átomo de hidrogênio cujo gráfico de pontos aparece na Fig. 39.5.6, para o qual $n = 2$ e $\ell = m_\ell = 0$, é

$$\psi_{200}(r) = \frac{1}{4\sqrt{2\pi}}a^{-3/2}\left(2 - \frac{r}{a}\right)e^{-r/2a},$$

em que a é o raio de Bohr, e o índice de $\psi(r)$ corresponde aos valores dos números quânticos n, ℓ e m_ℓ. (a) Plote $\psi^2_{200}(r)$ em função de r e mostre que o gráfico é compatível com o gráfico de pontos da Fig. 39.5.6. (b) Mostre analiticamente que $\psi^2_{200}(r)$ passa por um máximo em $r = 4a$. (c) Determine a densidade de probabilidade radial $P_{200}(r)$ para esse estado. (d) Mostre que

$$\int_0^\infty P_{200}(r)\,dr = 1$$

e que, portanto, a expressão apresentada para a função de onda $\psi^2_{200}(r)$ está normalizada corretamente.

55 **D** **CALC** A densidade de probabilidade radial para o estado fundamental do átomo de hidrogênio é máxima para $r = a$, em que a é o raio de Bohr. Mostre que o valor *médio* de r, definido como

$$r_{\text{méd}} = \int P(r)\,r\,dr,$$

é igual a $1{,}5a$. Nessa expressão para $r_{\text{méd}}$, cada valor de $P(r)$ recebe um peso igual ao valor correspondente de r. Observe que o valor médio de r é maior que o valor de r para o qual $P(r)$ é máxima.

Problemas Adicionais

56 Seja ΔE a diferença de energia entre dois níveis vizinhos de um elétron confinado em um poço de potencial unidimensional infinito. Seja E a energia de um desses níveis. (a) Mostre que a razão $\Delta E/E$ tende para $2/n$ para grandes valores do número quântico n. Para $n \to \infty$, (b) ΔE tende a zero? (c) E tende a zero? (d) $\Delta E/E$ tende a zero? (e) O que significam esses resultados em termos do princípio de correspondência?

57 Um elétron está confinado em um poço de potencial unidimensional infinito. Mostre que a diferença ΔE entre as energias dos níveis quânticos n e $n + 2$ é $(h^2/2mL^2)(n + 1)$.

58 **CALC** Como sugere a Fig. 39.3.2, a densidade de probabilidade na região $0 < x < L$ do poço de potencial finito da Fig. 39.3.1 varia senoidalmente, de acordo com a equação $\psi^2(x) = B\,\text{sen}^2\,kx$, em que B é uma constante. (a) Mostre que a função de onda $\psi(x)$ que pode ser calculada a partir dessa equação é uma solução da equação de Schrödinger unidimensional. (b) Qual deve ser o valor de k para que a afirmação do item (a) seja verdadeira?

59 **CALC** Como sugere a Fig. 39.3.2, a densidade de probabilidade na região $x > L$ do poço de potencial finito da Fig. 39.3.1 diminui exponencialmente, de acordo com a equação $\psi^2(x) = Ce^{-2kx}$, em que C é uma constante. (a) Mostre que a função de onda $\psi(x)$ que pode ser calculada a partir dessa equação é uma solução da equação de Schrödinger unidimensional. (b) Qual deve ser o valor de k para que a afirmação do item (a) seja verdadeira?

60 Um elétron é confinado em um tubo estreito, evacuado, com 3,0 m de comprimento; o tubo se comporta como um poço de potencial unidimensional infinito. (a) Qual é a diferença de energia entre o estado fundamental do elétron e o primeiro estado excitado? (b) Para qual número quântico n a diferença entre níveis de energia vizinhos é da ordem de 1,0 eV [um valor suficientemente grande para ser medido, ao contrário do valor obtido no item (a)]? Para esse número quântico, (c) calcule a energia total do elétron em termos da energia de repouso e (d) determine se a velocidade do elétron é relativística.

61 **CALC** (a) Mostre que os termos da equação de Schrödinger (Eq. 39.3.1) têm a mesma dimensão. (b) Qual é a unidade desses termos no SI?

62 (a) Qual é o comprimento de onda do fóton de menor energia emitido na série de Balmer do átomo de hidrogênio? (b) Qual é o comprimento de onda do limite da série?

63 (a) Quantos valores do número quântico orbital ℓ são possíveis para um dado valor do número quântico principal n? (b) Quantos valores do número quântico magnético orbital m_ℓ são possíveis para um dado valor de ℓ? (c) Quantos valores de m_ℓ são possíveis para um dado valor de n?

64 Verifique se o valor da constante da Eq. 39.5.11 é 13,6 eV.

65 Uma molécula de um gás diatômico é formada por dois átomos de massa m separados por uma distância fixa d, que giram em torno de um eixo, como mostra a Fig. 39.8. Supondo que o momento angular da molécula é quantizado da mesma forma que no modelo de Bohr do átomo de hidrogênio, determine (a) as velocidades angulares permitidas e (b) as energias rotacionais permitidas.

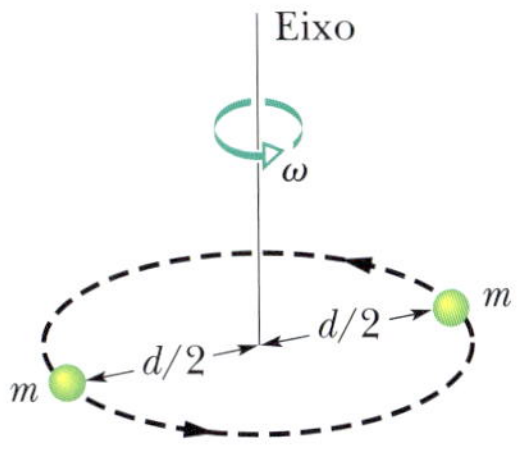

Figura 39.8 Problema 65.

66 Existe uma probabilidade finita, embora muito pequena, de que um elétron de um átomo seja encontrado no interior do núcleo. Na verdade, alguns núcleos instáveis usam essa presença ocasional do elétron no núcleo para decair por *captura eletrônica*. Supondo que o próton seja uma esfera com $1{,}1 \times 10^{-15}$ m de raio e que a função de onda do elétron do átomo de hidrogênio seja válida para raios muito próximos de 0, use a função de onda do estado fundamental para calcular a probabilidade de que o elétron do átomo de hidrogênio seja encontrado no interior do núcleo.

67 Qual é a diferença entre os dois menores níveis de energia de um recipiente cúbico com 20 cm de aresta contendo átomos de argônio? Suponha, para simplificar os cálculos, que os átomos de argônio estão confinados em um poço unidimensional infinito com 20 cm de largura. A massa molar do argônio é 39,9 g/mol. (b) A 300 K, em potências de 10, qual é a razão entre a energia térmica dos átomos e essa diferença de energia? (c) A que temperatura a energia térmica é igual a essa diferença de energia?

68 Um múon, de carga $-e$ e massa $m = 207m_e$ (em que m_e é a massa do elétron), gira em órbita em torno do núcleo de um átomo de hélio monoionizado (He^+). Supondo que o modelo de Bohr do átomo de hidrogênio possa ser aplicado a esse sistema múon-hélio, mostre que os níveis de energia do sistema são dados por

$$E = -\frac{11{,}3\ \text{keV}}{n^2}.$$

69 A partir do diagrama de níveis de energia do átomo de hidrogênio, explique a observação de que a frequência da segunda linha da série de Lyman é a soma da frequência da primeira linha da série de Lyman com a frequência da primeira linha da série de Balmer. Este é um exemplo do princípio descoberto empiricamente, conhecido como *princípio de combinação de Ritz*. Use o diagrama para descobrir outras combinações válidas.

70 **CALC** O átomo de hidrogênio pode ser considerado uma carga pontual positiva e (o próton) cercada por uma carga negativa $-e$ (o elétron) distribuída em uma nuvem esférica com uma densidade de carga $\rho = A\exp(-2r/a_0)$, em que A é uma constante, $a_0 = 0{,}53 \times 10^{-10}$ m e r é a distância do núcleo. (a) Use o fato de que o átomo de hidrogênio é eletricamente neutro para determinar o valor de A. (b) Determine (b) o módulo e (c) a orientação do campo elétrico do átomo a uma distância a_0 do núcleo.

71 **CALC** Em um antigo modelo do átomo, a carga $+e$ do próton estava distribuída uniformemente em uma esfera de raio a_0, com o elétron de carga $-e$ e massa m no centro. (a) Qual seria a força exercida sobre o elétron se ele fosse deslocado do centro de uma distância $r \leq a_0$? (b) Qual seria a frequência angular das oscilações do elétron em relação ao centro do átomo depois que o elétron fosse liberado?

72 Em um modelo simples do átomo de hidrogênio, o elétron gira em torno do núcleo (o próton) em uma trajetória circular. Calcule (a) o potencial elétrico criado pelo próton na posição do elétron, a uma distância de 52,9 pm, (b) a energia potencial elétrica do átomo, e (c) a energia cinética do elétron. (d) Qual é a energia necessária para ionizar o átomo (ou seja, remover o elétron até uma distância infinita com energia cinética zero)? Os valores de energia devem ser expressos em elétrons-volts.

73 Considere um elétron de condução em um cristal cúbico de um material condutor. O elétron está livre para se mover no interior do cristal, mas não pode sair do cristal. Isso significa que ele está confinado em um poço de potencial tridimensional infinito. Como o elétron pode se mover nas três dimensões, sua energia total é dada por

$$E = \frac{h^2}{8L^2m}(n_1^2 + n_2^2 + n_3^2),$$

em que n_1, n_2 e n_3 são números inteiros positivos. Calcule a energia dos cinco primeiros estados de um elétron de condução em um cristal cúbico com uma constante de rede $L = 0{,}25\ \mu$m.

CAPÍTULO 40

Tudo sobre os Átomos

40.1 PROPRIEDADES DOS ÁTOMOS

Objetivos do Aprendizado

Depois de ler este módulo, você será capaz de ...

40.1.1 Discutir o padrão que é observado em um gráfico de energias de ionização em função do número atômico Z.

40.1.2 Saber que os átomos possuem momento angular e magnetismo.

40.1.3 Explicar o experimento de Einstein-de Haas.

40.1.4 Conhecer os cinco números quânticos dos elétrons em um átomo e os valores permitidos de cada um.

40.1.5 Determinar o número máximo de elétrons em uma dada camada ou subcamada.

40.1.6 Saber que os elétrons atômicos possuem um momento angular orbital $\vec{L}$ e um momento magnético orbital $\vec{\mu}_{orb}$.

40.1.7 Calcular o módulo do momento angular orbital $\vec{L}$ e do momento magnético orbital $\vec{\mu}_{orb}$ a partir do número quântico orbital ℓ.

40.1.8 Conhecer a relação entre o momento angular orbital $\vec{L}$ e o momento magnético orbital $\vec{\mu}_{orb}$.

40.1.9 Saber que $\vec{L}$ e $\vec{\mu}_{orb}$ não podem ser observados (medidos), mas é possível medir uma componente desses vetores em relação a um eixo (que, em geral, é chamado eixo z).

40.1.10 Calcular as possíveis componentes L_z do momento angular orbital $\vec{L}$ a partir do número quântico magnético orbital m_ℓ.

40.1.11 Calcular as possíveis componentes $\mu_{orb,z}$ do momento magnético orbital $\vec{\mu}_{orb}$ a partir do número quântico magnético m_ℓ e do magnéton de Bohr μ_B.

40.1.12 Dado um estado orbital ou um estado de spin, calcular o ângulo semiclássico θ.

40.1.13 Saber que um momento angular de spin $\vec{S}$ (também chamado simplesmente de spin) e um momento magnético de spin $\vec{\mu}_s$ são propriedades intrínsecas do elétron (e também do próton e do nêutron).

40.1.14 Calcular o módulo do momento angular de spin $\vec{S}$ e do momento magnético de spin $\vec{\mu}_s$ a partir do número quântico de spin s.

40.1.15 Conhecer a relação entre o momento angular de spin $\vec{S}$ e o momento magnético de spin $\vec{\mu}_s$.

40.1.16 Saber que $\vec{S}$ e $\vec{\mu}_s$ não podem ser observados (medidos), mas é possível medir uma componente desses vetores em relação a um eixo (que, em geral, é chamado eixo z).

40.1.17 Calcular as possíveis componentes S_z do momento angular de spin $\vec{S}$ a partir do número quântico magnético de spin m_s.

40.1.18 Calcular as possíveis componentes $\mu_{s,z}$ do momento magnético de spin $\vec{\mu}_s$ a partir do número quântico magnético de spin m_s e do magnéton de Bohr μ_B.

40.1.19 Saber o que é o momento magnético efetivo de um átomo.

Ideias-Chave

- A energia dos átomos é quantizada e pode mudar por meio de saltos quânticos. Se a mudança envolve a emissão ou absorção de um fóton, a frequência do fóton é dada por

$$hf = E_{alta} - E_{baixa}.$$

- Estados do átomo com o mesmo valor do número quântico n formam uma camada.
- Estados do átomo com os mesmos valores dos números quânticos n e ℓ formam uma subcamada.
- O módulo do momento angular orbital de um elétron atômico possui valores quantizados, dados por

$$L = \sqrt{\ell(\ell + 1)}\,\hbar, \qquad \text{para } \ell = 0, 1, 2, \ldots, (n - 1),$$

em que $\hbar = h/2\pi$, ℓ é o número quântico orbital e n é o número quântico principal do elétron.

- A componente L_z do momento angular orbital em relação a um eixo z é quantizada e dada por

$$L_z = m_\ell \hbar, \qquad \text{para } m_\ell = 0, \pm 1, \pm 2, \ldots, \pm \ell,$$

em que m_ℓ é o número quântico magnético orbital.

- O módulo μ_{orb} do momento magnético orbital de um elétron atômico possui valores quantizados, dados por

$$\mu_{orb} = \frac{e}{2m}\sqrt{\ell(\ell + 1)}\,\hbar,$$

em que m é a massa do elétron.

- A componente $\mu_{orb,z}$ do momento magnético orbital em relação a um eixo z é quantizada e dada por

$$\mu_{orb,z} = -\frac{e}{2m} m_\ell \hbar = -m_\ell \mu_B,$$

em que μ_B é o magnéton de Bohr:

$$\mu_B = \frac{eh}{4\pi m} = \frac{e\hbar}{2m} = 9{,}274 \times 10^{-24}\ \text{J/T}.$$

- Todo elétron, livre ou não, possui um momento angular de spin intrínseco $\vec{S}$ cujo módulo é quantizado e dado por

$$S = \sqrt{s(s + 1)}\,\hbar, \quad \text{para } s = \tfrac{1}{2},$$

em que s é o número quântico de spin. Como o número quântico de spin do elétron só pode ter o valor 1/2, costuma-se dizer que o elétron é uma partícula de spin 1/2.

- A componente S_z do momento angular de spin em relação a um eixo z é quantizada e dada por

$$S_z = m_s\hbar, \quad \text{para } m_s = \pm s = \pm\tfrac{1}{2},$$

em que m_s é o número quântico magnético de spin.

- Todo elétron, livre ou não, possui um momento magnético de spin intrínseco $\vec{\mu}_s$, que é quantizado e dado por

$$\mu_s = \frac{e}{m}\sqrt{s(s+1)}\,\hbar, \quad \text{para } s = \tfrac{1}{2}.$$

- A componente $\mu_{s,z}$ do momento magnético de spin em relação a um eixo z é quantizada e dada por

$$\mu_{s,z} = -2m_s\mu_B, \quad \text{para } m_s = \pm\tfrac{1}{2}.$$

O que É Física?

Neste capítulo continuamos a discutir um dos principais objetivos na física: descobrir e compreender as propriedades dos átomos. Há cerca de 100 anos, os cientistas tinham dificuldade para planejar e executar experimentos capazes de provar a existência dos átomos. Hoje em dia, a existência dos átomos não é mais questionada, já que dispomos de fotografias de átomos, obtidas com o auxílio do microscópio de tunelamento. Também podemos manipular os átomos individualmente, como foi feito para montar o curral quântico da Fig. 39.4.3. Podemos até mesmo manter um átomo indefinidamente em um poço de potencial (Fig. 40.1.1) para estudar suas propriedades quando está totalmente isolado de outros átomos.

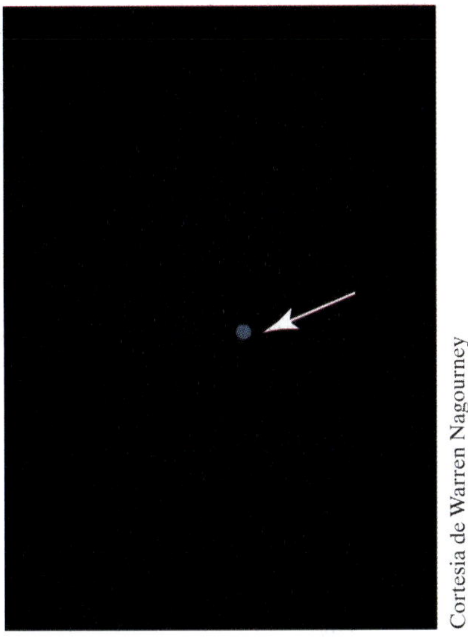

Cortesia de Warren Nagourney

Figura 40.1.1 O ponto azul da fotografia foi produzido pela luz emitida por um único íon de bário mantido por um longo tempo em um poço de potencial na Universidade de Washington. Técnicas especiais foram usadas para fazer com que o íon emitisse luz várias vezes enquanto sofria transições entre os mesmos níveis de energia. O ponto representa o efeito cumulativo da emissão de muitos fótons.

Algumas Propriedades dos Átomos

O leitor talvez tenha a impressão de que os detalhes da física atômica não têm nenhuma relação com a vida cotidiana. Considere, porém, o modo como as propriedades dos átomos expostas a seguir, tão básicas que raramente despertam atenção, afetam nossa existência.

Os átomos são estáveis. Praticamente todos os átomos que formam o universo não sofreram nenhuma mudança durante bilhões de anos. Como seria o universo se os átomos estivessem constantemente mudando?

Os átomos se combinam. Os átomos se unem para formar moléculas estáveis e sólidos rígidos. Um átomo é composto principalmente de espaço vazio, mas, mesmo assim, podemos pisar no chão (que é feito de átomos), com a certeza de que nosso pé não vai atravessá-lo.

A física quântica pode explicar essas propriedades básicas dos átomos e outras três propriedades, menos óbvias, que serão discutidas a seguir.

Os Átomos Podem Ser Agrupados em Famílias

A Fig. 40.1.2 mostra um exemplo de uma propriedade dos elementos que depende da posição na tabela periódica (Apêndice G). A figura é um gráfico da **energia de**

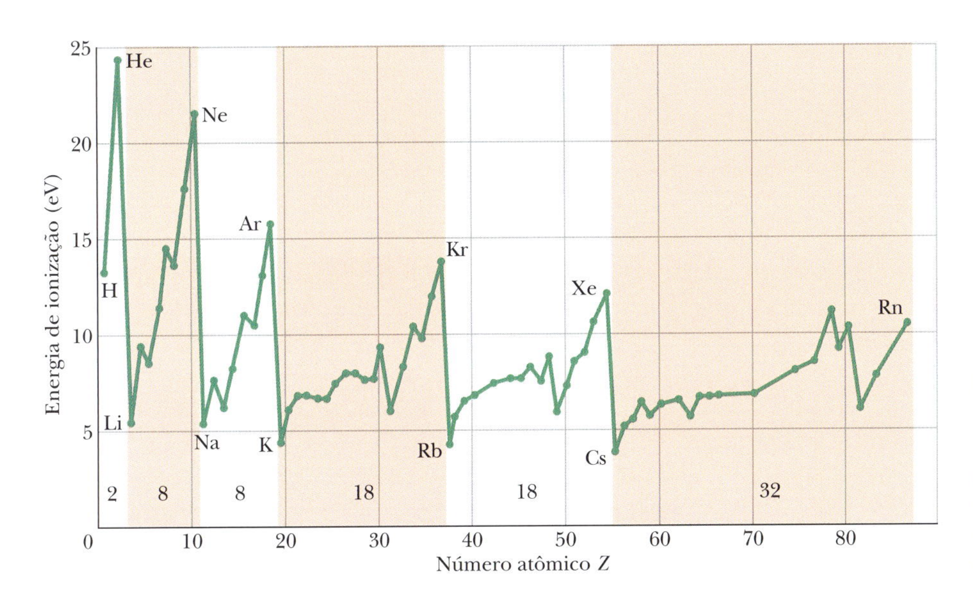

Figura 40.1.2 Gráfico da energia de ionização dos elementos em função do número atômico, mostrando a repetição periódica da propriedade em seis períodos completos da tabela periódica. O número de elementos em cada período está indicado na figura.

ionização dos elementos (a energia necessária para remover de um átomo neutro o elétron mais fracamente ligado) em função do número atômico do elemento a que o átomo pertence. As notáveis semelhanças das propriedades químicas e físicas dos elementos pertencentes à mesma coluna da tabela periódica constituem uma indicação segura de que os átomos podem ser agrupados em famílias.

Os elementos estão dispostos na tabela periódica em seis **períodos** horizontais completos (e um sétimo período incompleto); com exceção do primeiro, cada período começa à esquerda com um metal alcalino (lítio, sódio, potássio etc.), altamente reativo, e termina com um gás nobre (neônio, argônio, criptônio etc.), quimicamente inerte. As propriedades químicas desses elementos são explicadas pela física quântica. Os números de elementos nos seis períodos são os seguintes:

$$2, 8, 8, 18, 18 \text{ e } 32.$$

Esses números são previstos pela física quântica.

Os Átomos Emitem e Absorvem Luz

Já sabemos que os átomos podem existir apenas em certos estados discretos e que a cada estado está associada uma energia. Um átomo pode sofrer uma transição de um estado a outro emitindo luz (para passar a um nível de menor energia E_{baixa}) ou absorvendo luz (para passar a um nível de maior energia E_{alta}). Como vimos no Módulo 39.1, a luz é emitida ou absorvida na forma de um fóton, cuja energia é dada por

$$hf = E_{\text{alta}} - E_{\text{baixa}}. \tag{40.1.1}$$

Assim, o problema de determinar as frequências da luz emitida ou absorvida por um átomo se reduz ao problema de determinar as energias dos estados quânticos do átomo. A física quântica permite (pelo menos em princípio) calcular essas energias.

Os Átomos Possuem Momento Angular e Magnetismo

A Fig. 40.1.3 mostra uma partícula negativamente carregada descrevendo uma órbita circular. Como vimos no Módulo 32.5, uma partícula em órbita possui um momento angular $\vec{L}$ e (como o movimento da partícula equivale a uma corrente elétrica) um momento magnético $\vec{\mu}$. Como indicado na Fig. 40.1.3, os vetores $\vec{L}$ e $\vec{\mu}$ são perpendiculares ao plano da órbita e, como a carga é negativa, têm sentidos opostos.

O modelo da Fig. 40.1.3 é estritamente clássico e não representa corretamente um elétron em um átomo. Na física quântica, as órbitas eletrônicas foram substituídas por densidades de probabilidade, que podem ser visualizadas por meio de gráficos de pontos. Mesmo assim, continua a ser verdadeiro o fato de que cada estado de um elétron em um átomo possui um momento angular $\vec{L}$ e um momento magnético $\vec{\mu}$, orientados em sentidos opostos (dizemos que as duas grandezas vetoriais estão *acopladas*).

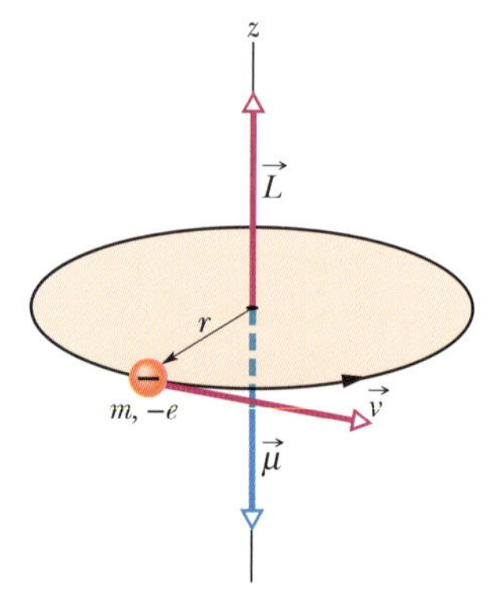

Figura 40.1.3 Modelo clássico de uma partícula, de massa m e carga $-e$, que se move com velocidade v em uma órbita circular de raio r. A partícula tem um momento angular $\vec{L}$ dado por $\vec{r} \times \vec{p}$, em que $\vec{p}$ é o momento linear da partícula, $m\vec{v}$. O movimento da partícula equivale a uma espira percorrida por corrente e produz um momento magnético $\vec{\mu}$ no sentido oposto ao de $\vec{L}$.

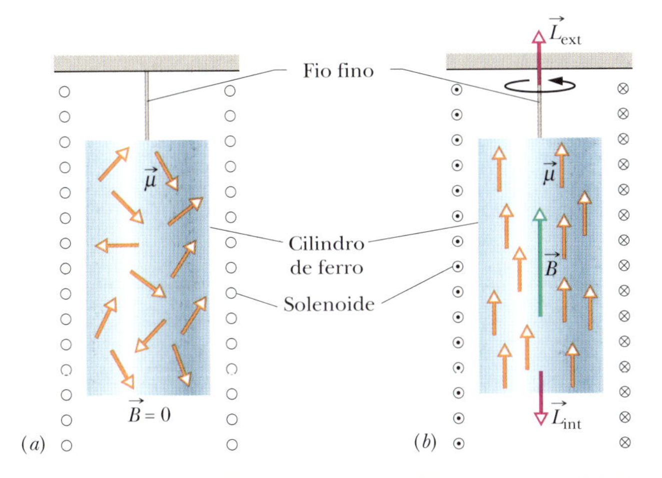

Figura 40.1.4 O experimento de Einstein-de Haas. (*a*) Inicialmente, o campo magnético no cilindro de ferro é zero e os momentos magnéticos atômicos $\vec{\mu}$ estão orientados aleatoriamente. Os momentos angulares atômicos (que não aparecem na figura) têm a direção oposta dos momentos magnéticos e, portanto, também estão orientados aleatoriamente. (*b*) Quando o cilindro é submetido a um campo magnético $\vec{B}$ paralelo ao eixo do cilindro, os momentos magnéticos atômicos se alinham paralelamente a $\vec{B}$, o que significa que os momentos angulares atômicos se alinham antiparalelamente a $\vec{B}$, fazendo com que a soma dos momentos angulares dos átomos do cilindro se torne diferente de zero. Como o momento angular total do cilindro não pode variar, o cilindro como um todo começa a girar da forma indicada.

Experimento de Einstein-de Haas

Em 1915, antes do advento da física quântica, Albert Einstein e o físico holandês W. J. de Haas executaram um experimento engenhoso com o objetivo de verificar se o momento angular e o momento magnético de um átomo estão acoplados.

Einstein e de Haas suspenderam um cilindro de ferro por um fio fino, como mostra a Fig. 40.1.4. Um solenoide foi colocado em torno do cilindro, mas sem tocá-lo. Inicialmente, os momentos magnéticos $\vec{\mu}$ dos átomos do cilindro apontam em direções aleatórias e, portanto, seus efeitos magnéticos se cancelam (Fig. 40.1.4*a*). Quando uma corrente elétrica circula no solenoide (Fig. 40.1.4*b*), é criado um campo magnético $\vec{B}$ paralelo ao eixo do cilindro que exerce uma força sobre os momentos magnéticos dos átomos, alinhando-os com o campo. Se o momento angular $\vec{L}$ de cada átomo estiver acoplado ao momento magnético $\vec{\mu}$, esse alinhamento dos momentos magnéticos fará com que os momentos angulares dos átomos se alinhem na direção oposta à do campo magnético.

Como inicialmente não existe nenhum torque agindo sobre o cilindro, o momento angular do cilindro como um todo deve permanecer nulo durante todo o experimento. Entretanto, quando o campo $\vec{B}$ é aplicado e os momentos magnéticos dos átomos se alinham na direção do campo, os momentos angulares dos átomos também se alinham e o cilindro passa a possuir um momento angular total $\vec{L}_{int}$ (dirigido para baixo na Fig. 40.1.4*b*). Para manter o momento angular total igual a zero, o cilindro começa a girar em torno do eixo de modo a produzir um momento angular $\vec{L}_{ext}$ no sentido oposto (para cima, na Fig. 40.1.4*b*).

Se não fosse pelo fio, o cilindro continuaria a girar no mesmo sentido enquanto o campo magnético estivesse presente; entretanto, a torção do fio produz uma força que interrompe momentaneamente a rotação do cilindro e depois faz com que comece a girar no sentido oposto, desfazendo a torção. Em seguida, a fibra é torcida no sentido oposto e o processo se repete várias vezes, fazendo com que o cilindro oscile em torno da orientação inicial, descrevendo um movimento angular harmônico simples.

A observação da rotação do cilindro mostrou que o momento angular e o momento magnético de um átomo estão acoplados e tendem a apontar em direções opostas. Além disso, o experimento demonstrou que os momentos angulares associados aos estados quânticos dos átomos podem se manifestar por meio de rotações *visíveis* de objetos de dimensões macroscópicas.

Momento Angular e Momentos Magnéticos 40.1 e 40.2

A cada estado quântico dos elétrons de um átomo estão associados um momento angular orbital e um momento magnético orbital. Além disso, todo elétron, livre ou não, possui um momento angular de spin e um momento magnético de spin, que são grandezas tão intrínsecas quanto a massa e a carga do elétron. Vamos discutir essas várias grandezas.

Tabela 40.1.1 Estados Quânticos de um Elétron Atômico

Número Quântico	Símbolo	Valores Permitidos	Relacionado a
Principal	n	$1, 2, 3, \ldots$	Distância do núcleo
Orbital	ℓ	$1, 2, 3, \ldots, (n-1)$	Momento angular orbital
Magnético orbital	m_ℓ	$0, \pm 1, \pm 2, \ldots, \pm \ell$	Momento angular orbital (componente z)
De spin	s	$\frac{1}{2}$	Momento angular de spin
Magnético de spin	m_s	$\pm\frac{1}{2}$	Momento angular de spin (componente z)

Momento Angular Orbital

Classicamente, uma partícula em movimento possui um momento angular $\vec{L}$ em relação a qualquer ponto de referência arbitrariamente escolhido. No Capítulo 11, o momento angular foi definido por meio da equação vetorial $\vec{L} = \vec{r} \times \vec{p}$, em que $\vec{r}$ é um vetor posição que liga a partícula ao ponto de referência, $\vec{p}$ é o momento linear $m\vec{v}$ da partícula, e o sinal $\times$ significa produto vetorial. Embora um elétron atômico não seja uma partícula clássica, também possui um momento angular dado por $\vec{L} = \vec{r} \times \vec{p}$, com o núcleo como ponto de referência. Ao contrário do que acontece com uma partícula clássica, o momento angular orbital $\vec{L}$ de um elétron atômico é quantizado, isto é, pode ter apenas certos valores. No caso do elétron de um átomo de hidrogênio, podemos determinar os valores permitidos do momento angular resolvendo a equação de Schrödinger. Nesse caso e em qualquer outro, podemos também determinar os valores permitidos usando a matemática apropriada para o produto vetorial na física quântica. (Essa matemática é a álgebra linear, que faz parte do currículo da maioria dos cursos de engenharia.) Usando um dos dois métodos, descobrimos que os valores permitidos de $\vec{L}$ são dados por

$$L = \sqrt{\ell(\ell+1)}\,\hbar, \qquad \text{para } \ell = 0, 1, 2, \ldots, (n-1), \tag{40.1.2}$$

em que $\hbar = h/2\pi$, ℓ é o número quântico orbital (que foi apresentado na Tabela 39.5.1 e aparece novamente na Tabela 40.1.1), e n é o número quântico principal do elétron.

O elétron pode ter um valor definido de L dado pela Eq. 40.1.2, mas o vetor $\vec{L}$ do elétron não tem uma direção definida. Por outro lado, é possível medir (detectar) valores definidos de uma componente L_z do vetor $\vec{L}$ em relação a um eixo escolhido (chamado, em geral, de eixo z), que são dados por

$$L_z = m_\ell \hbar, \qquad \text{para } m_\ell = 0, \pm 1, \pm 2, \ldots, \pm \ell, \tag{40.1.3}$$

em que m_ℓ é o número quântico magnético orbital (Tabela 40.1.1). Se o elétron tem um valor definido de L_z, ele não pode ter valores definidos de L_x e L_y. Não é possível evitar essa indeterminação medindo primeiro L_z (obtendo um valor definido) e depois medindo L_x, por exemplo, porque a segunda medição afeta o valor de L_z de forma imprevisível. Além disso, não é possível obter uma orientação definida para o vetor $\vec{L}$ porque isso equivaleria a obter valores definidos para as três componentes de $\vec{L}$.

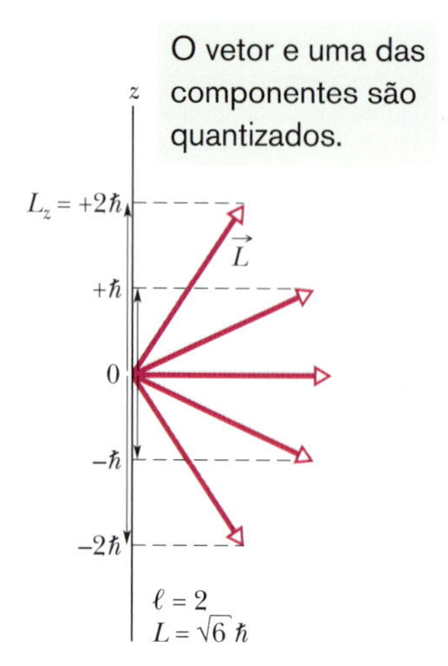

Figura 40.1.5 Valores permitidos de L_z para um elétron em um estado quântico com $\ell = 2$. Para cada vetor momento angular orbital $\vec{L}$ da figura, existe um vetor, apontando na direção oposta, que representa o momento magnético orbital $\vec{\mu}_{orb}$.

A Fig. 40.1.5 mostra uma forma comum de representar os valores permitidos de L_z, usando como exemplo o caso em que $\ell = 2$. A figura não deve ser interpretada literalmente, pois sugere (de forma incorreta) que $\vec{L}$ tem uma orientação definida. Mesmo assim, ajuda a relacionar as cinco componentes z permitidas ao módulo $\hbar\sqrt{6}$ do vetor e a definir o *ângulo semiclássico* θ, dado por

$$\cos\theta = \frac{L_z}{L}. \tag{40.1.4}$$

Momento Magnético Orbital

Classicamente, uma partícula carregada em órbita cria um campo magnético dipolar, como foi discutido no Módulo 32.5. De acordo com a Eq. 32.5.7, o momento dipolar está relacionado com o momento angular da partícula clássica pela equação

$$\vec{\mu}_{orb} = -\frac{e}{2m}\vec{L}, \tag{40.1.5}$$

em que m é a massa da partícula, um elétron, no caso. O sinal negativo significa que os dois vetores da Eq. 40.1.5 têm sentidos opostos, o que se deve ao fato de a carga do elétron ser negativa.

Um elétron atômico também possui um momento magnético dipolar dado pela Eq. 40.1.5, mas $\vec{\mu}_{orb}$ é quantizado. Podemos descobrir quais são os valores permitidos do módulo de $\vec{\mu}_{orb}$ usando o módulo de $\vec{L}$ da Eq. 40.1.2:

$$\mu_{orb} = \frac{e}{2m}\sqrt{\ell(\ell+1)}\,\hbar. \tag{40.1.6}$$

Como o momento angular $\vec{L}$, o momento magnético dipolar $\vec{\mu}_{orb}$ tem um módulo definido, mas não tem uma direção definida. O melhor que podemos fazer é medir a componente em relação a um eixo z, cujo valor é dado por

$$\mu_{orb,z} = -m_\ell \frac{e\hbar}{2m} = -m_\ell \mu_B, \tag{40.1.7}$$

em que μ_B é o magnéton de Bohr:

$$\mu_B = \frac{eh}{4\pi m} = \frac{e\hbar}{2m} = 9{,}274 \times 10^{-24}\ \text{J/T} \qquad \text{(magnéton de Bohr)}. \tag{40.1.8}$$

Se o elétron tem um valor definido de $\mu_{orb,z}$, ele não pode ter valores definidos de $\mu_{orb,x}$ e $\mu_{orb,y}$.

Momento Angular de Spin

Todo elétron, livre ou não, possui um momento angular intrínseco $\vec{S}$ que não tem um equivalente clássico (*não é da forma* $\vec{r} \times \vec{p}$). Esse momento é chamado *momento angular de spin* ou, simplesmente, *spin*. O módulo de $\vec{S}$ é quantizado e só pode ter um valor:

$$S = \sqrt{s(s+1)}\,\hbar, \quad \text{para } s = \tfrac{1}{2}, \tag{40.1.9}$$

em que s é o *número quântico de spin*. Como o número quântico de spin do elétron só pode ter o valor 1/2, costuma-se dizer que o elétron é uma partícula de spin 1/2. (Os prótons e nêutrons também são partículas de spin 1/2.) A terminologia, nesse caso, é um pouco ambígua, já que tanto $\vec{S}$ como s são chamados normalmente de spin.

Como o momento angular orbital, o momento angular intrínseco tem um módulo definido, mas não tem uma direção definida. O melhor que podemos fazer é medir a componente em relação a um eixo z, cujo valor é dado por

$$S_z = m_s\hbar, \quad \text{para } m_s = \pm s = \pm\tfrac{1}{2}. \tag{40.1.10}$$

em que m_s é o *número quântico magnético de spin*, que pode ter apenas dois valores: $m_s = +s = +1/2$ (caso em que dizemos que o spin do elétron está *para cima*) e $m_s = -s = -1/2$ (caso em que dizemos que o spin do elétron está *para baixo*). Como a Fig. 40.1.5, a Fig. 40.1.6 não deve ser interpretada literalmente, pois sugere (de forma incorreta) que $\vec{S}$ tem uma orientação definida, mas ajuda a relacionar as duas componentes permitidas ao módulo $\hbar\sqrt{3}/2$ do vetor.

A existência do spin do elétron foi postulada por dois alunos de doutorado holandeses, George Uhlenbeck e Samuel Goudsmit, a partir de observações de espectros atômicos. A base teórica para a existência do spin foi estabelecida alguns anos depois pelo físico inglês P. A. M. Dirac, que formulou uma teoria quântica relativística para o elétron.

A Tabela 40.1.1 mostra o conjunto completo dos números quânticos de um elétron atômico. Um elétron livre possui apenas os números quânticos de spin, s e m_s, mas um elétron que pertence a um átomo possui também os números quânticos n, ℓ e m_ℓ.

Momento Magnético de Spin

Como o momento angular orbital, o momento angular de spin também tem um momento magnético associado:

$$\vec{\mu}_s = -\frac{e}{m}\vec{S}, \tag{40.1.11}$$

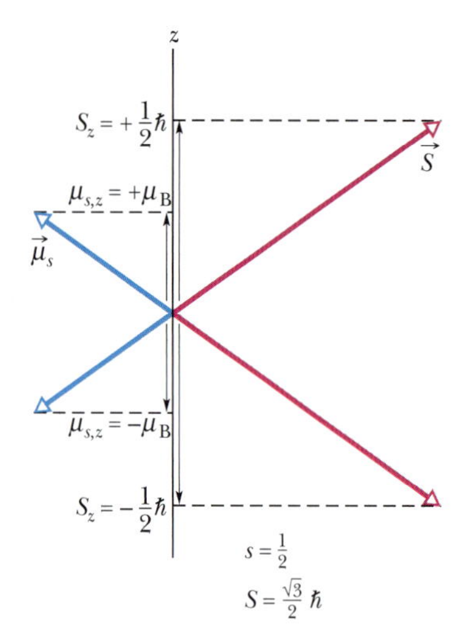

Figura 40.1.6 Valores permitidos de S_z e μ_z para um elétron.

em que o sinal negativo significa que os dois vetores têm sentidos opostos; isso se deve ao fato de que a carga do elétron é negativa. O momento magnético $\vec{\mu}_s$ é uma propriedade intrínseca de todos os elétrons. O vetor $\vec{\mu}_s$ não têm uma orientação definida, mas tem um módulo definido, dado por

$$\mu_s = \frac{e}{m}\sqrt{s(s+1)}\,\hbar. \tag{40.1.12}$$

O vetor também tem uma componente definida em relação a um eixo z, dada por

$$\mu_{s,z} = -2m_s\mu_B, \tag{40.1.13}$$

mas isso significa que o vetor não pode ter valores definidos de $\mu_{s,x}$ e $\mu_{s,y}$. A Fig. 40.1.6 mostra os valores possíveis de $\mu_{s,z}$. No próximo módulo vamos discutir os primeiros experimentos que levaram à conclusão de que o momento magnético de spin do elétron é quantizado.

Camadas e Subcamadas

Como foi visto no Módulo 39.5, todos os estados com o mesmo valor de n formam uma *camada*, e todos os estados com os mesmos valores de n e ℓ formam uma *subcamada*. Como mostra a Tabela 40.1.1, para um dado valor de ℓ existem $2\ell + 1$ valores possíveis do número quântico m_ℓ, e para um dado valor de m_ℓ existem dois valores possíveis do número quântico m_s (spin para cima e spin para baixo). Assim, existem $2(2\ell + 1)$ estados em uma subcamada. O número total de estados em uma camada de número quântico n é $2n^2$.

Soma dos Momentos Angulares Orbitais e de Spin

No caso de um átomo com mais de um elétron, definimos um momento angular total $\vec{J}$ como a soma vetorial dos momentos angulares (tanto orbitais como de spin) de todos os elétrons. Cada elemento da tabela periódica é definido pelo número de prótons presentes no núcleo de um átomo do elemento. O número de prótons é chamado *número atômico* (ou *número de carga*) e representado pela letra Z. Como um átomo eletricamente neutro contém um número igual de prótons e elétrons, Z também é o número de elétrons de um átomo neutro, e usamos esse fato para indicar o valor de $\vec{J}$ de um átomo neutro:

$$\vec{J} = (\vec{L}_1 + \vec{L}_2 + \vec{L}_3 + \cdots + \vec{L}_Z) + (\vec{S}_1 + \vec{S}_2 + \vec{S}_3 + \cdots + \vec{S}_Z). \tag{40.1.14}$$

Da mesma forma, o momento magnético total de um átomo com mais de um elétron é a soma vetorial dos momentos magnéticos (tanto orbitais como de spin) de todos os elétrons. Entretanto, por causa do fator 2 na Eq. 40.1.13, o momento magnético resultante de um átomo não tem a mesma direção que o vetor $-\vec{J}$; porém, faz certo ângulo com esse vetor. O **momento magnético efetivo** $\vec{\mu}_{ef}$ do átomo é a componente na direção de $-\vec{J}$ da soma vetorial dos momentos magnéticos dos elétrons (Fig. 40.1.7). Em um átomo típico, a soma vetorial dos momentos angulares orbitais e dos momentos angulares de spin da maioria dos elétrons de um átomo é zero. Assim, $\vec{J}$ e $\vec{\mu}_{ef}$ se devem à contribuição de um número relativamente pequeno de elétrons, às vezes de um único elétron de valência.

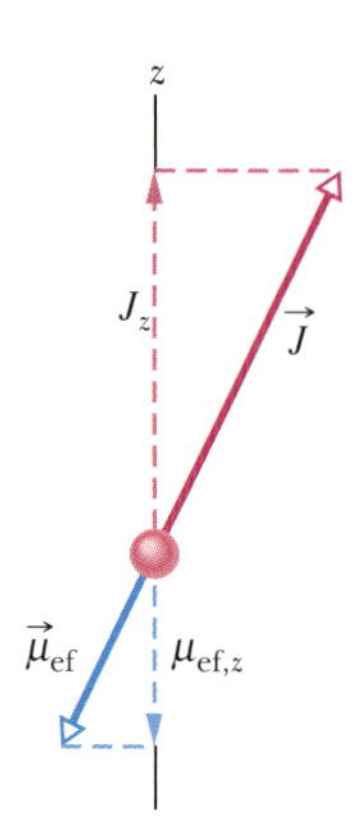

Figura 40.1.7 Modelo clássico usado para representar o momento angular total $\vec{J}$ e o momento magnético efetivo $\vec{\mu}_{ef}$.

Teste 40.1.1

Um elétron se encontra em um estado quântico no qual o módulo do momento angular orbital $\vec{L}$ é $2\sqrt{3}\hbar$. Quantos valores são permitidos para a projeção do momento magnético orbital do elétron no eixo z?

40.2 EXPERIMENTO DE STERN-GERLACH

Objetivos do Aprendizado

Depois de ler este módulo, você será capaz de ...

40.2.1 Fazer um desenho esquemático mostrando o experimento de Stern-Gerlach e explicar o tipo de átomo utilizado, o resultado previsto, o resultado que foi observado e a importância do experimento.

40.2.2 Conhecer a relação entre o gradiente de campo magnético e a força experimentada por um átomo no experimento de Stern-Gerlach.

Ideias-Chave

- O experimento de Stern-Gerlach mostrou que o momento magnético dos átomos de prata é quantizado, o que foi considerado uma prova experimental de que os momentos magnéticos atômicos são quantizados.
- Um átomo com um momento magnético diferente de zero experimenta uma força ao ser submetido a um campo magnético não uniforme. Se o campo varia a uma taxa dB/dz ao longo de um eixo z, a força tem a direção do eixo z e está relacionada à componente μ_z do momento magnético pela equação

$$F_z = \mu_z \frac{dB}{dz}.$$

Experimento de Stern-Gerlach

Em 1922, Otto Stern e Walther Gerlach, da Universidade de Hamburgo, na Alemanha, mostraram experimentalmente que o momento magnético dos átomos de prata é quantizado. No experimento de Stern-Gerlach, como hoje é conhecido, uma amostra de prata é vaporizada em um forno, e alguns dos átomos do vapor escapam por uma fenda estreita na parede do forno, entrando em um tubo evacuado. Alguns desses átomos passam por uma segunda fenda, paralela à primeira, para formar um feixe estreito de átomos (Fig. 40.2.1). (Dizemos que os átomos estão *colimados*, isto é, suas trajetórias são paralelas, e a segunda fenda recebe o nome de *colimador*.) O feixe passa entre os polos de um eletroímã e atinge uma placa de vidro, onde forma um depósito de prata.

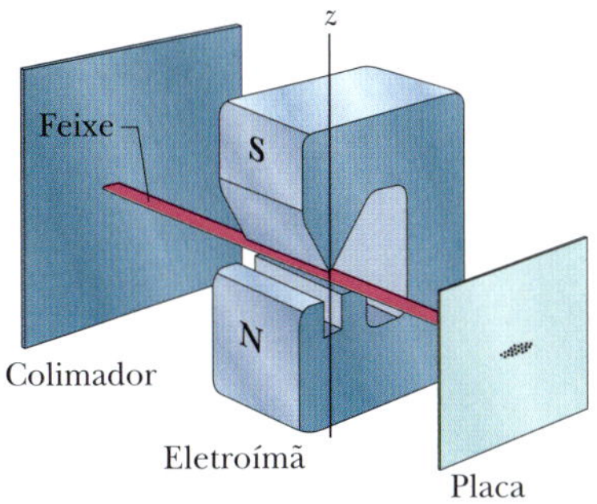

Figura 40.2.1 Desenho esquemático do experimento de Stern-Gerlach.

Com o eletroímã desligado, o depósito de prata forma uma mancha estreita, paralela às fendas. Com o eletroímã ligado, a mancha deveria se alargar no sentido vertical, pois os átomos de prata se comportam como dipolos magnéticos e, portanto, sofrem o efeito de uma força magnética ao passarem entre os polos do eletroímã. Essa força pode desviar o átomo para cima ou para baixo, dependendo da orientação relativa entre o dipolo atômico e o campo magnético produzido pelo eletroímã. Analisando o depósito de prata na placa de vidro, é possível determinar a deflexão produzida pelo campo magnético nos átomos de prata. Quando Stern e Gerlach observaram a mancha de prata que se formou na placa de vidro, ficaram surpresos. Antes de explicar qual foi a surpresa e o que significou para a física quântica, vamos discutir a força magnética a que estão submetidos os átomos de prata.

Força Magnética que Age sobre um Átomo de Prata

Ainda não discutimos o tipo de força magnética que age sobre os átomos de prata no experimento de Stern-Gerlach. *Não se trata* da mesma força que age sobre uma partícula carregada em movimento, dada pela Eq. 28.1.2 ($\vec{F} = q\vec{v} \times \vec{B}$). A razão é simples: Um átomo de prata é eletricamente neutro (a carga total q é nula) e, portanto, esse tipo de força magnética também é nulo.

O tipo de força magnética em que estamos interessados se deve à interação entre o campo magnético $\vec{B}$ do eletroímã e os dipolos magnéticos dos átomos de prata. Podemos encontrar uma expressão para a força dessa interação a partir da energia U de um dipolo magnético na presença de um campo magnético. De acordo com a Eq. 28.8.4, temos

$$U = -\vec{\mu} \cdot \vec{B}, \qquad (40.2.1)$$

em que $\vec{\mu}$ é o momento magnético de um átomo de prata. Na Fig. 40.2.1, o sentido positivo do eixo z é para cima e o campo magnético $\vec{B}$ aponta na mesma direção. Assim, podemos escrever a Eq. 40.2.1 em termos da componente μ_z do momento magnético do átomo de prata na direção de $\vec{B}$:

$$U = -\mu_z B. \tag{40.2.2}$$

Aplicando a Eq. 8.3.2 ($F = -dU/dx$) ao eixo z da Fig. 40.2.1, obtemos

$$F_z = -\frac{dU}{dz} = \mu_z \frac{dB}{dz}. \tag{40.2.3}$$

A Eq. 40.2.3 é o que procurávamos: uma equação para a força magnética a que é submetido um átomo de prata ao passar por um campo magnético.

O termo dB/dz da Eq. 40.2.3 é o *gradiente* do campo magnético na direção z. Se o campo magnético não varia ao longo do eixo z (o que acontece, por exemplo, quando o campo é nulo ou uniforme), $dB/dz = 0$ e os átomos de prata não sofrem nenhuma deflexão ao passarem entre os polos do eletroímã. No experimento de Stern-Gerlach, o formato dos polos é escolhido de modo a maximizar o gradiente dB/dz e, portanto, a deflexão dos átomos de prata.

De acordo com a física clássica, as componentes μ_z dos átomos de prata deveriam variar entre $-\mu$ (momento magnético apontando no sentido negativo do eixo z) e $+\mu$ (momento magnético apontando no sentido positivo do eixo z). Assim, de acordo com a Eq. 40.2.3, os átomos deveriam ser submetidos a forças diferentes, dentro de certa faixa, e, portanto, sofrer deflexões diferentes, também dentro de certa faixa, tanto para cima como para baixo. Isso significa que a mancha de prata na placa de vidro deveria ser alongada no sentido vertical pela presença do campo magnético. Entretanto, *não foi isso* que os pesquisadores observaram.

A Surpresa

O que Stern e Gerlach observaram foi que os átomos de prata formaram duas manchas separadas na placa de vidro, uma acima do ponto onde se acumulavam quando o eletroímã estava desligado e outra abaixo desse ponto. As manchas eram inicialmente fracas demais para serem observadas, mas ficaram visíveis quando Stern, por acaso, respirou perto da placa de vidro depois de fumar um charuto barato. O enxofre que o ar exalado continha (por causa do charuto) reagiu com a prata para formar um composto preto (sulfeto de prata) bem mais visível que a prata pura.

Duas manchas distintas podem ser vistas nos gráficos da Fig. 40.2.2, que mostram o resultado de uma versão mais recente do experimento de Stern-Gerlach. Nessa versão, um feixe de átomos de césio (que se comportam como dipolos magnéticos, como os átomos de prata usados no experimento de Stern-Gerlach) atravessou uma região onde existia um campo magnético com um forte gradiente vertical dB/dz. O campo podia ser ligado e desligado à vontade, e a intensidade do feixe após passar pelo campo podia ser medida ao longo da direção vertical com o auxílio de um detector móvel.

Com o campo desligado, o feixe, naturalmente, não sofreu nenhuma deflexão, e o detector registrou uma distribuição com um pico central, como a que aparece na Fig. 40.2.2. Quando o campo foi ligado, o feixe foi dividido, pelo campo magnético, em dois feixes menores, um acima e outro abaixo do feixe incidente. A distribuição registrada pelo detector passou a apresentar dois picos, como podemos observar na Fig. 40.2.2.

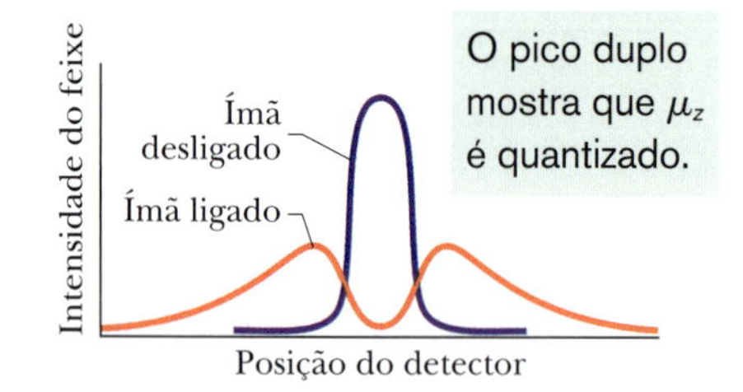

Figura 40.2.2 Resultados de uma versão moderna do experimento de Stern-Gerlach. Com o eletroímã desligado, é observado um único feixe; com o eletroímã ligado, o feixe original se divide em dois. Os dois subfeixes correspondem aos dois possíveis alinhamentos dos momentos magnéticos dos átomos de césio com o campo magnético externo.

O Significado dos Resultados

No experimento original de Stern-Gerlach, duas manchas de prata apareceram na placa de vidro em lugar de uma mancha única alongada na direção vertical. Isso queria dizer que a componente μ_z do momento magnético dos átomos de prata não podia ter qualquer valor entre $-\mu$ e $+\mu$, como previa a teoria clássica. Em vez disso, μ_z podia ter apenas dois valores, um para cada mancha no vidro. Assim, o experimento de Stern-Gerlach mostrou que a componente μ_z era quantizada, o que levou os cientistas a suspeitar (corretamente) que o vetor $\vec{\mu}$ também era quantizado. Além disso, como existe uma relação entre o momento magnético $\vec{\mu}$ e o momento angular $\vec{L}$, tudo levava a crer que o momento angular e sua componente L_z também eram quantizados.

A teoria quântica moderna permite compreender melhor os resultados do experimento de Stern-Gerlach. Hoje sabemos que um átomo de prata contém muitos elétrons, cada qual com o seu momento magnético angular e o seu momento magnético de spin.

Sabemos também que todos esses momentos se cancelam mutuamente, *exceto* no caso de certo elétron, e que é zero o momento angular orbital (e, portanto, o momento magnético orbital) desse elétron (conhecido como *elétron desemparelhado*). Desse modo, o momento magnético total $\vec{\mu}$ do átomo de prata é igual ao momento magnético de *spin* de um único elétron. De acordo com a Eq. 40.1.13, isso significa que existem apenas dois valores permitidos para a componente μ_z desse momento magnético. Uma das componentes está associada ao número quântico $m_s = +1/2$ (o spin do elétron desemparelhado está para cima) e a outra ao número quântico $m_s = -1/2$ (o spin do elétron desemparelhado está para baixo). Substituindo m_s por esses valores na Eq. 40.1.13, obtemos

$$\mu_{s,z} = -2(+\tfrac{1}{2})\mu_B = -\mu_B \quad \text{e} \quad \mu_{s,z} = -2(-\tfrac{1}{2})\mu_B = +\mu_B. \tag{40.2.4}$$

Substituindo essas expressões de μ_z na Eq. 40.2.3, descobrimos que a força F_z responsável pela deflexão dos átomos de prata pode ter apenas dois valores:

$$F_z = -\mu_B\left(\frac{dB}{dz}\right) \quad \text{e} \quad F_z = +\mu_B\left(\frac{dB}{dz}\right), \tag{40.2.5}$$

e que, portanto, é natural que apareçam duas manchas na placa de vidro. Embora o spin do elétron ainda não fosse conhecido na época, o experimento de Stern-Gerlach foi a primeira demonstração experimental da existência do spin.

Exemplo 40.2.1 Separação do feixe no experimento de Stern-Gerlach 40.1

No experimento de Stern-Gerlach da Fig. 40.2.1, um feixe de átomos de prata passa por uma região onde existe um gradiente de campo magnético dB/dz de 1,4 T/mm na direção do eixo z. Essa região tem um comprimento w de 3,5 cm na direção do feixe incidente. A velocidade dos átomos é 750 m/s. Qual é a deflexão d dos átomos ao deixarem a região onde existe o gradiente de campo magnético? A massa M de um átomo de prata é $1{,}8 \times 10^{-25}$ kg.

IDEIAS-CHAVE

(1) A deflexão dos átomos de prata do feixe se deve à interação entre o momento magnético dos átomos e o gradiente de campo magnético dB/dz. A força de deflexão tem a direção do gradiente de campo (a direção do eixo z) e é dada pela Eq. 40.2.5. Vamos considerar apenas deflexões no sentido positivo do eixo z; assim, usaremos a Eq. 40.2.5 na forma $F_z = \mu_B(dB/dz)$.

(2) Vamos supor que o gradiente de campo dB/dz tem o mesmo valor em toda a região por onde passam os átomos de prata. Assim, a força F_z é constante nessa região, e, de acordo com a segunda lei de Newton, a aceleração a_z de um átomo na direção z devido à força F_z também é constante.

Cálculos: Juntando essas ideias, escrevemos a aceleração na forma

$$a_z = \frac{F_z}{M} = \frac{\mu_B(dB/dz)}{M}.$$

Como a aceleração é constante, podemos usar a Eq. 2.4.5 (da Tabela 2.4.1) para escrever a deflexão d na direção z na forma

$$d = v_{0z}t + \tfrac{1}{2}a_z t^2 = 0t + \tfrac{1}{2}\left(\frac{\mu_B(dB/dz)}{M}\right)t^2. \tag{40.2.6}$$

Como a força responsável pela deflexão é perpendicular à direção original de movimento dos átomos, a componente v da velocidade dos átomos ao longo da direção original de movimento não é afetada pela força. Assim, cada átomo necessita de um tempo $t = w/v$ para atravessar a região em que existe um gradiente de campo magnético. Substituindo t por w/v na Eq. 40.2.6, obtemos

$$d = \tfrac{1}{2}\left(\frac{\mu_B(dB/dz)}{M}\right)\left(\frac{w}{v}\right)^2 = \frac{\mu_B(dB/dz)w^2}{2Mv^2}$$

$$= (9{,}27 \times 10^{-24}\ \text{J/T})(1{,}4 \times 10^3\ \text{T/m})$$

$$\times \frac{(3{,}5 \times 10^{-2}\ \text{m})^2}{(2)(1{,}8 \times 10^{-25}\ \text{kg})(750\ \text{m/s})^2}$$

$$= 7{,}85 \times 10^{-5}\ \text{m} \approx 0{,}08\ \text{mm}. \qquad \text{(Resposta)}$$

A distância entre os dois feixes é duas vezes esse valor, ou seja, 0,16 mm. Essa separação não é grande, mas pode ser medida com facilidade.

40.3 RESSONÂNCIA MAGNÉTICA

Objetivos do Aprendizado

Depois de ler este módulo, você será capaz de ...

40.3.1 No caso de um próton submetido a um campo magnético uniforme, desenhar os vetores do campo magnético e do momento magnético do próton para o estado de menor energia e para o estado de maior energia, identificando os estados de spin para cima e de spin para baixo.

40.3.2 No caso de um próton submetido a um campo magnético uniforme, calcular a diferença de energia entre os dois estados de spin e determinar a frequência e o comprimento de onda do fóton necessário para produzir uma transição entre os estados.

40.3.3 Explicar o método usado para obter um espectro de ressonância magnética nuclear.

Ideias-Chave

- Um próton possui um momento angular intrínseco de spin $\vec{I}$ e um momento magnético intrínseco $\vec{\mu}$ que apontam no mesmo sentido (porque o próton tem carga positiva).
- Na presença de um campo magnético $\vec{B}$, o momento magnético $\vec{\mu}$ de um próton tem dois estados possíveis: com o spin para cima (μ_z no sentido do campo) e com o spin para baixo (μ_z no sentido oposto ao do campo).
- Ao contrário do que acontece no caso do elétron, o estado do próton de menor energia é com o spin para cima; a diferença entre os dois estados é $2\mu_z B$.
- A energia necessária para que um fóton produza uma transição entre as duas orientações do spin do próton é dada por

$$hf = 2\mu_z B.$$

- O campo $\vec{B}$ é a soma vetorial do campo externo produzido pelo equipamento e o campo interno produzido pelos elétrons e núcleos mais próximos do próton.
- A detecção das transições de spin pode ser usada para obter espectros de ressonância magnética nuclear que permitem identificar substâncias específicas.

Ressonância Magnética 40.2

Como discutimos brevemente no Módulo 32.5, um próton possui um momento magnético $\vec{\mu}$ que está associado ao momento angular intrínseco $\vec{I}$ do próton. Como a carga do próton é positiva, o momento magnético e o momento angular apontam na mesma direção. Suponha que um próton seja submetido a um campo magnético uniforme $\vec{B}$ paralelo ao eixo z; nesse caso, a componente μ_z do momento magnético de spin só pode ter dois valores: $+\mu_z$ se o momento magnético e o campo magnético forem paralelos (Fig. 40.3.1*a*) e $-\mu_z$ se o momento magnético e o campo magnético forem antiparalelos (Fig. 40.3.1*b*).

De acordo com a Eq. 28.8.4 [$U(\theta) = -\vec{\mu} \cdot \vec{B}$], existe uma energia associada à orientação de qualquer momento magnético $\vec{\mu}$ na presença de um campo magnético externo $\vec{B}$. Assim, são diferentes as energias dos estados de spin representados pelas orientações das Figs. 40.3.1*a* e *b*. A orientação da Fig. 40.3.1*a* corresponde ao estado de menor energia, $-\mu_z B$, e é chamada *spin para cima* porque a componente S_z do spin do próton (que não aparece na figura) tem a mesma orientação que o campo magnético $\vec{B}$. A orientação da Fig. 40.3.1*b* corresponde ao estado de maior energia, $\mu_z B$, e é chamada *spin para baixo* porque a componente S_z do spin do próton tem a orientação oposta à do campo magnético $\vec{B}$. A diferença de energia entre os dois estados é

$$\Delta E = \mu_z B - (-\mu_z B) = 2\mu_z B. \tag{40.3.1}$$

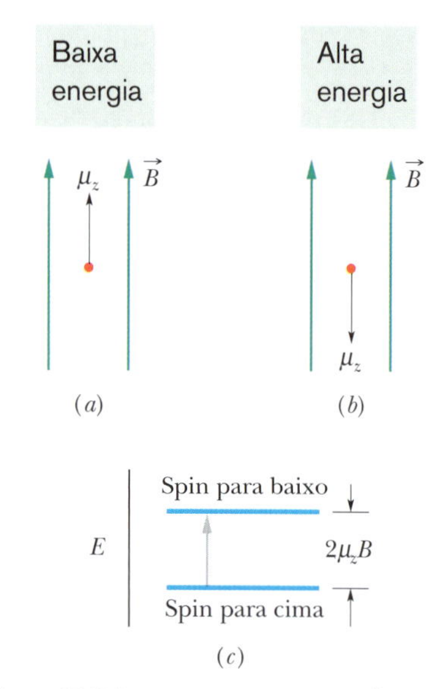

Figura 40.3.1 A componente z de $\vec{\mu}$ para um próton (*a*) no estado de menor energia (spin para cima) e (*b*) no estado de maior energia (spin para baixo). (*c*) Diagrama de níveis de energia dos estados, mostrando o salto quântico que o próton executa quando o spin muda de orientação.

Suponha que uma gota d'água seja submetida a um campo magnético uniforme $\vec{B}$; nesse caso, os núcleos de hidrogênio (prótons) das moléculas de água tendem a assumir o estado de menor energia. (Não estamos considerando os átomos de oxigênio.) Qualquer um desses prótons pode passar para um estado de maior energia absorvendo um fóton com uma energia hf igual a ΔE. Em outras palavras, o próton pode sofrer uma transição absorvendo um fóton de energia

$$hf = 2\mu_z B. \tag{40.3.2}$$

Esse fenômeno é chamado **ressonância magnética** (no caso que estamos discutindo, como se trata de núcleos, o nome completo é **ressonância magnética nuclear**, RMN ou NMR;[1] existe também a ressonância magnética de elétrons, conhecida como ressonância magnética eletrônica, RME ou EMR[2]) e a mudança de sinal da componente S_z do spin produzida pela transição é chamada *inversão de spin*.

Na prática, os fótons usados nos experimentos de ressonância magnética nuclear estão na faixa da radiofrequência (RF) e são criados por uma pequena bobina colocada em torno da amostra. Um oscilador eletromagnético, conhecido como *fonte de RF*, produz uma corrente senoidal de frequência f na bobina. O campo eletromagnético

[1]Do inglês *N*uclear *M*agnetic *R*esonance. (N.T.)
[2]Do inglês *E*lectron *M*agnetic *R*esonance. (N.T.)

criado pela bobina oscila com a mesma frequência f. Quando f satisfaz a Eq. 40.3.2, o campo eletromagnético oscilante pode transferir um quantum de energia para um próton da amostra, produzindo uma inversão do spin do próton.

O campo magnético B que aparece na Eq. 40.3.2 é o módulo do campo magnético total $\vec{B}$ no local onde se encontra o próton cujo spin foi invertido. Esse campo total é a soma vetorial do campo magnético externo $\vec{B}_{ext}$ produzido pelo aparelho de ressonância magnética (usando um grande eletroímã) e o campo magnético interno $\vec{B}_{int}$ produzido pelos momentos magnéticos de elétrons e núcleos mais próximos do próton. Por questões práticas que não serão discutidas neste livro, a ressonância magnética é muitas vezes detectada fazendo variar o valor de B_{ext} e mantendo constante a frequência f da fonte de RF enquanto a energia absorvida pela amostra é monitorada. Um gráfico da energia absorvida pela amostra em função de B_{ext} mostra um *pico de ressonância* para cada valor de B_{ext} em que ocorre uma inversão de spin. Um gráfico desse tipo é chamado *espectro de ressonância magnética nuclear*.

A Fig. 40.3.2 mostra o espectro de ressonância magnética nuclear do etanol, uma molécula que contém três grupos de átomos: CH_3, CH_2 e OH. Os prótons dos três grupos podem sofrer inversões de spin, mas o campo de ressonância B_{ext} é diferente para cada grupo porque os grupos estão sujeitos a valores diferentes do campo interno $\vec{B}_{int}$ por ocuparem posições diferentes na molécula de CH_3CH_2OH. Assim, os picos de ressonância no espectro da Fig. 40.3.2 constituem um espectro particular a partir do qual o etanol pode ser identificado.

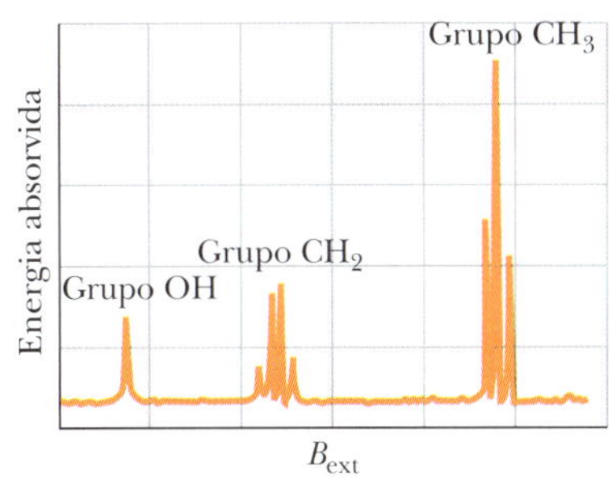

Figura 40.3.2 Espectro de ressonância magnética nuclear do etanol, CH_3CH_2OH. As linhas representam absorções de energia associadas a transições do spin dos prótons. Os três grupos de linhas correspondem, como está indicado na figura, aos prótons do grupo OH, do grupo CH_2 e do grupo CH_3 da molécula de etanol. A variação do campo magnético ao longo do eixo horizontal é de menos de 10^{-4} T.

40.4 O PRINCÍPIO DE EXCLUSÃO DE PAULI E VÁRIOS ELÉTRONS NO MESMO POÇO DE POTENCIAL

Objetivos do Aprendizado

Depois de ler este módulo, você será capaz de ...

40.4.1 Saber o que é o princípio de exclusão de Pauli.

40.4.2 Explicar o que acontece quando vários elétrons são introduzidos em poços de potencial com uma, duas e três dimensões, incluindo a necessidade de obedecer ao princípio de exclusão de Pauli e de levar em conta a existência de estados degenerados; explicar o que significa um nível de energia vazio, parcialmente ocupado e totalmente ocupado.

40.4.3 Desenhar diagramas de níveis de energia de poços de potencial unidimensionais, bidimensionais e tridimensionais.

Ideia-Chave

- Os elétrons aprisionados em átomos e outros poços de potencial obedecem ao princípio de exclusão de Pauli, segundo o qual dois elétrons no mesmo poço de potencial não podem ter o mesmo conjunto de valores para os números quânticos.

O Princípio de Exclusão de Pauli

No Capítulo 39, discutimos vários tipos de poços de potencial para elétrons, desde poços de potencial fictícios unidimensionais até o poço de potencial tridimensional natural que é o átomo de hidrogênio. Em todos esses exemplos, havia apenas um elétron no interior do poço. Ao discutir poços de potencial que contêm dois ou mais elétrons (como vamos fazer nos próximos dois módulos), devemos levar em conta um princípio que se aplica a todas as partículas cujo número quântico de spin, s, não é zero ou um número inteiro. Esse princípio se aplica não só aos elétrons, mas também aos prótons e aos nêutrons, já que $s = 1/2$ para as três partículas. O princípio é conhecido como **princípio de exclusão de Pauli** em homenagem a Wolfgang Pauli, que o formulou em 1925. No caso de elétrons, esse princípio pode ser enunciado da seguinte forma:

Dois elétrons confinados no mesmo poço de potencial não podem ter o mesmo conjunto de valores para os números quânticos.

Como vamos ver no Módulo 40.5, isso significa que não podem existir dois elétrons no mesmo átomo ocupando estados com os mesmos valores de n, ℓ, m_ℓ e m_s (o valor de s é o mesmo, $s = 1/2$, para todos os elétrons). Em outras palavras, entre os valores dos números quânticos n, ℓ, m_ℓ e m_s de dois elétrons do mesmo átomo deve haver pelo menos um valor diferente. Se não fosse assim, os átomos não seriam estáveis, e o mundo que conhecemos não poderia existir.

Poços de Potencial Retangulares com Mais de um Elétron

Para nos prepararmos para a discussão de átomos com mais de um elétron, vamos discutir o caso de dois elétrons confinados nos poços de potencial retangulares do Capítulo 39. Além dos números quânticos que usamos quando havia apenas um elétron no poço de potencial, vamos usar também os números quânticos de spin dos dois elétrons. Para isso, vamos supor que o poço de potencial está submetido a um campo magnético uniforme. Nesse caso, de acordo com a Eq. 40.1.10 ($S_z = m_s\hbar$), um elétron pode ocupar um estado com o spin para cima, $m_s = 1/2$, ou um estado com o spin para baixo, $m_s = -1/2$. (Vamos supor que o campo magnético é tão fraco que a contribuição do campo para a energia potencial dos elétrons pode ser ignorada.)

Ao examinarmos o que acontece quando dois elétrons são confinados em poços de potencial de vários tipos, devemos levar em conta o princípio de exclusão de Pauli, ou seja, o fato de que os dois elétrons não podem ter o mesmo conjunto de valores para os números quânticos.

1. *Poço de potencial unidimensional.* No poço de potencial unidimensional da Fig. 39.1.2, um elétron possui apenas um número quântico n. Assim, um elétron confinado no poço de potencial deve ter um determinado valor de n, e o número quântico de spin m_s pode ser igual a 1/2 ou $-1/2$. Dois elétrons podem ter diferentes valores de n ou o mesmo valor de n; no segundo caso, os números quânticos de spin m_s dos dois elétrons devem ser diferentes.
2. *Curral retangular.* No curral retangular na Fig. 39.4.4, um elétron possui dois números quânticos, n_x e n_y. Assim, um elétron confinado no poço de potencial deve ter determinados valores de n_x e n_y, e o número quântico de spin m_s pode ser igual a 1/2 ou $-1/2$. No caso de dois elétrons, pelo menos um desses três números quânticos deve ser diferente para o segundo elétron.
3. *Caixa retangular.* Na caixa retangular da Fig. 39.4.5, um elétron possui três números quânticos, n_x, n_y e n_z. Assim, um elétron confinado no poço de potencial deve ter determinados valores de n_x, n_y e n_z e o número quântico de spin m_s pode ser igual a 1/2 ou $-1/2$. No caso de dois elétrons, pelo menos um desses quatro números quânticos deve ser diferente para o segundo elétron.

Suponha que novos elétrons sejam acrescentados, um a um, a um dos poços de potencial que acabamos de discutir. Os primeiros elétrons tendem a ocupar o nível de menor energia do sistema, ou seja, o nível fundamental. De acordo com o princípio de exclusão de Pauli, o número de estados disponíveis no nível fundamental é limitado, já que dois elétrons não podem ter o mesmo conjunto de valores dos números quânticos. Quando um nível de energia não pode ser ocupado por novos elétrons por causa do princípio de exclusão de Pauli, dizemos que o nível está **completo** ou **totalmente ocupado**. Na situação oposta, em que não existe nenhum elétron em um dado nível, dizemos que o nível está **vazio** ou **desocupado**. Em situações intermediárias, dizemos que o nível está **parcialmente ocupado**. A *configuração eletrônica* de um sistema de elétrons aprisionados é uma lista ou diagrama dos níveis de energia ocupados pelos elétrons ou dos conjuntos de números quânticos associados aos elétrons.

Determinação da Energia Total

Para calcular a energia total de um sistema de dois ou mais elétrons confinados em um poço de potencial, vamos supor que os elétrons não interagem eletricamente, ou seja, vamos desprezar a energia potencial elétrica de pares de elétrons. Nesse caso, podemos determinar a energia total do sistema calculando a energia de cada elétron, como no Capítulo 39, e somando essas energias.

Uma boa forma de organizar os níveis de energia de um sistema de elétrons é desenhar um diagrama de níveis de energia *para o sistema*, como fizemos para um elétron isolado nos poços de potencial do Capítulo 39. O nível de menor energia, E_0, é o estado fundamental do sistema. O nível seguinte, E_1, é o primeiro estado excitado. O nível seguinte, E_2, é o segundo estado excitado, e assim por diante.

Exemplo 40.4.1 Níveis de energia de um sistema de vários elétrons em um poço de potencial infinito bidimensional  40.3  40.1

Sete elétrons são confinados em um curral quadrado (poço de potencial infinito bidimensional) de dimensões $L_x = L_y = L$ (Fig. 39.4.4). Despreze a interação elétrica entre os elétrons.

(a) Qual é a configuração eletrônica do estado fundamental do sistema de sete elétrons?

O diagrama de um elétron: Podemos determinar a configuração eletrônica do sistema colocando os sete elétrons um a um no curral. Como estamos desprezando a interação elétrica entre os elétrons, podemos usar o diagrama de níveis de energia de um único elétron para determinar quais serão os níveis de energia ocupados pelos sete elétrons. Esse *diagrama de níveis de energia para um elétron* aparece na Fig. 39.4.6 e está reproduzido parcialmente na Fig. 40.4.1*a*. Nas duas figuras, os níveis são rotulados pelas energias correspondentes, expressas na forma E_{n_x, n_y}. Assim, por exemplo, o nível fundamental é o nível $E_{1,1}$, para o qual $n_x = n_y = 1$.

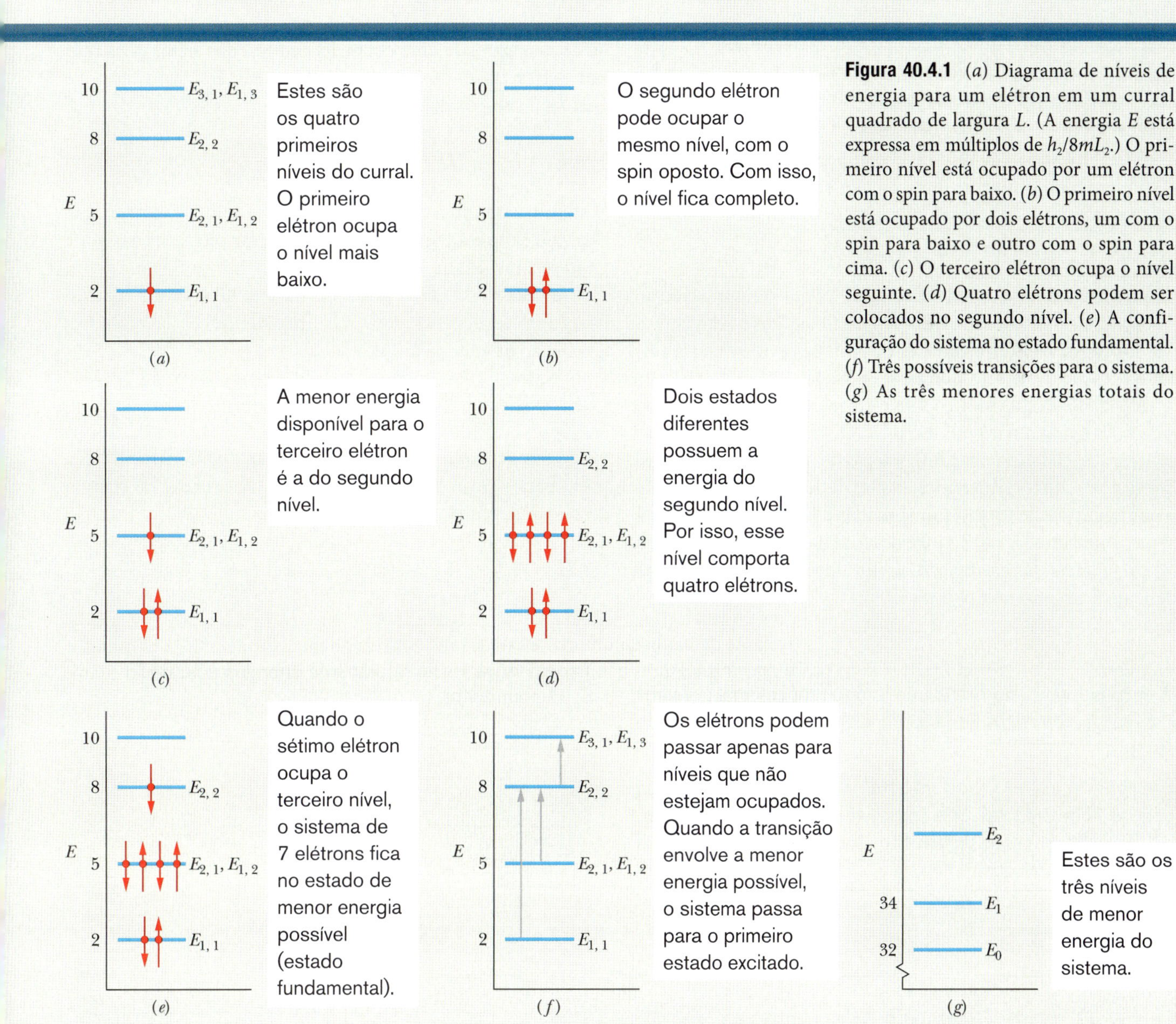

Figura 40.4.1 (*a*) Diagrama de níveis de energia para um elétron em um curral quadrado de largura L. (A energia E está expressa em múltiplos de $h_2/8mL_2$.) O primeiro nível está ocupado por um elétron com o spin para baixo. (*b*) O primeiro nível está ocupado por dois elétrons, um com o spin para baixo e outro com o spin para cima. (*c*) O terceiro elétron ocupa o nível seguinte. (*d*) Quatro elétrons podem ser colocados no segundo nível. (*e*) A configuração do sistema no estado fundamental. (*f*) Três possíveis transições para o sistema. (*g*) As três menores energias totais do sistema.

O princípio de Pauli: Os elétrons aprisionados devem respeitar o princípio de exclusão de Pauli, isto é, não podem existir dois elétrons com o mesmo conjunto de valores para os números quânticos n_x, n_y e m_s. O primeiro elétron ocupa o nível $E_{1,1}$ e pode ter $m_s = 1/2$ ou $m_s = -1/2$. Escolhemos arbitrariamente o segundo valor e desenhamos uma seta voltada para baixo (para representar o spin para baixo) no nível $E_{1,1}$ da Fig. 40.4.1*a*. O segundo elétron pode ocupar o mesmo nível, mas o spin deve estar para cima ($m_s = 1/2$) para evitar que todos os números quânticos sejam iguais aos do primeiro elétron. Representamos esse segundo elétron por uma seta voltada para cima (para representar o spin para cima) no nível $E_{1,1}$ da Fig. 40.4.1*b*.

Os elétrons, um a um: O nível $E_{1,1}$ está completo e, portanto, o terceiro elétron não pode ter a mesma energia que os dois primeiros. Assim, o terceiro elétron vai para o estado imediatamente acima, que corresponde a dois níveis com a mesma energia, $E_{2,1}$ e $E_{1,2}$ (ou seja, o nível é degenerado). Os números quânticos do terceiro elétron podem ser $n_x = 1$ e $n_y = 2$ ou $n_x = 2$ e $n_y = 1$; o número quântico de spin pode ser $m_s = 1/2$ ou $m_s = -1/2$. Vamos escolher, arbitrariamente, os valores $n_x = 2$, $n_y = 1$ e $m_s = -1/2$. Representamos esse elétron por uma seta voltada para baixo no nível $E_{2,1}$, $E_{1,2}$ da Fig. 40.4.1*c*.

É fácil mostrar que esse nível comporta mais três elétrons. Assim, quando o nível contém quatro elétrons (Fig. 40.4.1*d*), cujos números quânticos (n_x, n_y, m_s) são

$$(2, 1, -\tfrac{1}{2}), (2, 1, +\tfrac{1}{2}), (1, 2, -\tfrac{1}{2}), (1, 2, +\tfrac{1}{2}),$$

ele está totalmente ocupado. Isso significa que o sétimo elétron deve ir para o estado imediatamente acima, que é o nível $E_{2,2}$. Vamos supor arbitrariamente que o spin desse elétron está voltado para baixo, ou seja, que $m_s = -1/2$.

A Fig. 40.4.1*e* mostra os sete elétrons em um diagrama de níveis de energia para um elétron. Agora temos sete elétrons no curral, e eles estão na configuração de menor energia, que é compatível com o princípio de exclusão de Pauli. Desse modo, a configuração do estado fundamental do sistema é a que está representada na Fig. 40.4.1*e* e é descrita na Tabela 40.4.1.

(b) Qual é a energia total do sistema de sete elétrons no estado fundamental, em múltiplos de $h^2/8mL^2$?

IDEIA-CHAVE

A energia total E_0 do sistema no estado fundamental é a soma das energias dos elétrons na configuração de menor energia do sistema.

Energia do estado fundamental: A energia de cada elétron pode ser obtida na Tabela 39.4.1, que está reproduzida parcialmente na Tabela 40.4.1, ou na Fig. 40.4.1*e*. Como existem dois elétrons no primeiro nível, quatro no segundo e um no terceiro, temos

$$E_0 = 2\left(2\frac{h^2}{8mL^2}\right) + 4\left(5\frac{h^2}{8mL^2}\right) + 1\left(8\frac{h^2}{8mL^2}\right)$$
$$= 32\frac{h^2}{8mL^2}. \qquad \text{(Resposta)}$$

(c) Que energia deve ser fornecida para que o sistema passe ao primeiro estado excitado, e qual é a energia desse estado?

IDEIAS-CHAVE

1. Quando o sistema é excitado, um dos sete elétrons realiza um salto quântico no diagrama de níveis de energia da Fig. 40.4.1*e*.
2. Para que o salto possa ocorrer, é preciso que a variação de energia ΔE do elétron (e, portanto, do sistema) seja dada por $\Delta E = E_{\text{alta}} - E_{\text{baixa}}$ (Eq. 39.1.5), em que E_{baixa} é a energia do estado em que o salto começa, e E_{alta} é a energia do estado em que o salto termina.
3. O princípio de exclusão de Pauli deve ser respeitado, isto é, um elétron não pode saltar para um nível que esteja totalmente ocupado.

Energia do primeiro estado excitado: Vamos considerar os três saltos indicados na Fig. 40.4.1*f*; todos são permitidos pelo princípio de exclusão de Pauli, já que o estado final está vazio ou apenas parcialmente ocupado. Em um dos saltos possíveis, um elétron passa do nível $E_{1,1}$ para o nível $E_{2,2}$. A variação de energia correspondente é

$$\Delta E = E_{2,2} - E_{1,1} = 8\frac{h^2}{8mL^2} - 2\frac{h^2}{8mL^2} = 6\frac{h^2}{8mL^2}.$$

(Estamos supondo que a orientação do spin do elétron que realiza o salto é adequada para que o princípio de exclusão de Pauli seja respeitado.)

Em outro dos saltos possíveis da Fig. 40.4.1*f*, um elétron passa do nível degenerado $E_{2,1}$, $E_{1,2}$ para o nível $E_{2,2}$. Nesse caso, a variação de energia é

$$\Delta E = E_{2,2} - E_{2,1} = 8\frac{h^2}{8mL^2} - 5\frac{h^2}{8mL^2} = 3\frac{h^2}{8mL^2}.$$

No terceiro salto possível da Fig. 40.4.1*f*, o elétron do nível $E_{2,2}$ passa para o nível degenerado $E_{1,3}$, $E_{3,1}$. A variação de energia correspondente é

$$\Delta E = E_{1,3} - E_{2,2} = 10\frac{h^2}{8mL^2} - 8\frac{h^2}{8mL^2} = 2\frac{h^2}{8mL^2}.$$

Tabela 40.4.1 Configuração e Energias do Estado Fundamental

n_x	n_y	m_s	Energia[a]
2	2	$-\frac{1}{2}$	8
2	1	$+\frac{1}{2}$	5
2	1	$-\frac{1}{2}$	5
1	2	$+\frac{1}{2}$	5
1	2	$-\frac{1}{2}$	5
1	1	$+\frac{1}{2}$	2
1	1	$-\frac{1}{2}$	2
			Total 32

[a]Em múltiplos de $h^2/8mL^2$.

Dos três saltos, o que envolve a menor variação de energia é o último. Poderíamos considerar outros saltos, mas nenhum envolveria uma energia menor. Assim, para que o sistema passe do estado fundamental para o primeiro estado excitado, é preciso que o elétron que ocupa o nível $E_{2,2}$ passe para o nível $E_{1,3}$, $E_{3,1}$. A energia necessária para que isso ocorra é

$$\Delta E = 2\frac{h^2}{8mL^2}. \quad \text{(Resposta)}$$

A energia E_1 do primeiro estado excitado do sistema é, portanto,

$$E_1 = E_0 + \Delta E$$
$$= 32\frac{h^2}{8mL^2} + 2\frac{h^2}{8mL^2} = 34\frac{h^2}{8mL^2}. \quad \text{(Resposta)}$$

Podemos representar essa energia e a energia E_0 do estado fundamental do sistema em um diagrama de níveis de energia *para o sistema* como aquele que aparece na Fig. 40.4.1*g*.

40.5 CONSTRUÇÃO DA TABELA PERIÓDICA

Objetivos do Aprendizado

Depois de ler este módulo, você será capaz de ...

40.5.1 Saber que todos os estados de uma subcamada têm a mesma energia, que é determinada principalmente pelo número quântico n, mas também depende, em menor grau, do número quântico ℓ.

40.5.2 Conhecer o sistema usado para rotular o número atômico de momento angular orbital.

40.5.3 Conhecer o processo usado para construir a tabela periódica preenchendo as camadas e subcamadas.

40.5.4 Saber o que distingue os gases nobres dos outros elementos em termos de interações químicas, momento angular total e energia de ionização.

40.5.5 No caso de uma transição entre dois níveis de energia de um átomo causada por emissão ou absorção de luz, conhecer a relação entre a diferença de energia e a frequência e comprimento de onda da luz.

Ideias-Chave

- Os elementos estão dispostos na tabela periódica em ordem crescente do número atômico Z, que é o número de prótons do núcleo. No caso de um átomo neutro, Z também é o número de elétrons.
- Os estados com o mesmo valor do número quântico n formam uma camada.
- Os estados com o mesmo valor dos números quânticos n e ℓ formam uma subcamada.
- Uma camada completa e uma subcamada completa contêm o número máximo de elétrons permitido pelo princípio de exclusão de Pauli. O momento angular total e o momento magnético total de qualquer subcamada completa (e, portanto, de qualquer camada completa) são iguais a zero.

Construção da Tabela Periódica

Os quatro números quânticos n, ℓ, m_ℓ e m_s identificam os estados quânticos dos elétrons nos átomos com mais de um elétron. As funções de onda desses estados, porém, não são iguais às funções de onda dos estados correspondentes do átomo de hidrogênio porque, nos átomos com mais de um elétron, a energia potencial de um elétron não depende apenas da carga e da posição do elétron em relação ao núcleo do átomo, mas também das cargas e posições de todos os outros elétrons. As soluções da equação de Schrödinger para átomos com mais de um elétron podem ser obtidas numericamente (pelo menos em princípio) com o auxílio de um computador.

Camadas e Subcamadas

Como vimos no Módulo 40.1, todos os estados com o mesmo valor de n formam uma *camada*, e todos os estados com os mesmos valores dos números quânticos n e ℓ formam uma *subcamada*. Para um dado valor de ℓ, existem $2\ell + 1$ valores possíveis do número quântico magnético m_ℓ e, para cada conjunto dos outros números quânticos, existem dois valores possíveis do número quântico de spin m_s. Consequentemente, existem $2(2\ell + 1)$ estados em cada subcamada. O número máximo de elétrons com o mesmo valor de n é $2n^2$; desse modo, existem $2n^2$ estados em cada camada. Todos os estados de uma subcamada têm a mesma energia, que é determinada principalmente pelo número quântico n, mas também depende, em menor grau, do número quântico ℓ.

Na classificação das subcamadas, os valores de ℓ são representados por letras:

$$\begin{array}{cccccc} \ell = 0 & 1 & 2 & 3 & 4 & 5\ldots \\ s & p & d & f & g & h\ldots \end{array}$$

Assim, por exemplo, a subcamada com $n = 3$, $\ell = 2$ é conhecida como subcamada $3d$.

Ao distribuir elétrons pelos estados de um átomo de vários elétrons, devemos respeitar o princípio de exclusão de Pauli do Módulo 40.4, ou seja, não podemos atribuir a dois elétrons o mesmo conjunto de valores dos números quânticos n, ℓ, m_ℓ e m_s. Se esse importante princípio não existisse, *todos* os elétrons de um átomo ocupariam o estado fundamental, o que tornaria impossível a formação de moléculas. Vamos examinar os átomos de alguns elementos para ver de que forma o princípio de exclusão de Pauli leva à formação da tabela periódica.

Neônio

O átomo de neônio tem 10 elétrons. Somente dois desses elétrons podem ser acomodados na primeira subcamada, a subcamada $1s$. Os dois elétrons têm $n = 1$, $\ell = 0$ e $m_\ell = 0$, mas um tem $m_s = 1/2$ e o outro, $m_s = -1/2$. A subcamada $1s$ possui $2[2(0) + 1] = 2$ estados. Como, no neônio, essa subcamada contém todos os elétrons permitidos pelo princípio de exclusão de Pauli, dizemos que ela está **completa**.

Dois dos oito elétrons restantes ocupam a subcamada seguinte, a subcamada $2s$. Os outros seis elétrons completam a camada $2p$, que, com $\ell = 1$, comporta $2[2(1) + 1] = 6$ estados.

Em uma subcamada completa, todas as projeções no eixo z do momento angular orbital $\vec{L}$ estão presentes e, como se pode ver na Fig. 40.1.5, essas projeções se cancelam duas a duas: para cada projeção positiva existe uma projeção negativa com o mesmo valor absoluto. Como as projeções dos momentos angulares de spin também se cancelam, o momento angular e o momento magnético de uma subcamada completa são nulos. Além disso, a densidade de probabilidade tem simetria esférica. Assim, o neônio, com três subcamadas completas ($1s$, $2s$ e $2p$), não possui elétrons "desemparelhados" que possam formar ligações químicas com outros átomos. O neônio, juntamente com os outros **gases nobres**, forma a coluna da direita da tabela periódica, a dos elementos quimicamente inertes.

Sódio

O sódio, com 11 elétrons, vem logo depois do neônio na tabela periódica. Dez desses elétrons formam uma nuvem esférica semelhante à do neônio, que, como vimos, possui momento angular zero. O elétron restante está sozinho na subcamada $3s$. Como esse **elétron de valência** se encontra em um estado com $\ell = 0$ (ou seja, um estado s), o momento angular e o momento magnético do átomo de sódio se devem exclusivamente ao spin e ao momento magnético intrínseco desse elétron, respectivamente.

O sódio tende a se combinar com átomos que possuem uma "lacuna" na última camada de elétrons. O sódio, juntamente com os outros **metais alcalinos**, forma a coluna da esquerda da tabela periódica, composta por metais quimicamente ativos.

Cloro

O átomo de cloro, com 17 elétrons, possui uma nuvem esférica de 10 elétrons, semelhante à do neônio, e mais 7 elétrons. Dois desses elétrons completam a subcamada $3s$, e os outros cinco vão para a subcamada $3p$. Como essa subcamada, com $\ell = 1$, pode acomodar $2[2(1) + 1] = 6$ elétrons, existe uma "lacuna" não preenchida por elétrons.

O cloro tende a se combinar com átomos, como o de sódio, que possuem um elétron na última camada. O cloreto de sódio (NaCl), por exemplo, é um composto muito estável. O cloro, juntamente com os outros **halogênios**, forma a coluna VIIA da tabela periódica, composta por não metais quimicamente ativos.

Ferro

O arranjo dos 26 elétrons do átomo de ferro pode ser representado da seguinte forma:

$$\underline{1s^2 \quad 2s^2\ 2p^6 \quad 3s^2\ 3p^6}\ 3d^6 \quad 4s^2.$$

Nessa representação, as camadas estão em ordem numérica, as subcamadas na ordem do momento angular orbital e o índice superior indica o número de elétrons em cada subcamada. De acordo com a Tabela 40.1.1, uma subcamada tipo s ($\ell = 0$) pode acomodar dois elétrons, uma subcamada tipo p ($\ell = 1$) pode acomodar seis elétrons, e uma subcamada tipo d ($\ell = 2$) pode acomodar 10 elétrons. Assim, os primeiros 18 elétrons do ferro formam as cinco subcamadas completas sublinhadas, deixando oito elétrons para serem acomodados nas subcamadas superiores. Seis desses oito elétrons vão para a subcamada $3d$ e dois para a subcamada $4s$.

Os últimos dois elétrons não vão também para a subcamada $3d$ (que pode acomodar até 10 elétrons) porque na configuração $3d^6 4s^2$ o átomo está em um estado de menor energia que na configuração $3d^8$. Um átomo de ferro com oito elétrons (em vez de seis) na camada $3d$ tende a decair para a configuração $3d^6 4s^2$ emitindo um fóton com uma energia igual à diferença de energia entre as duas configurações. Isso mostra que nem sempre as subcamadas são preenchidas na ordem mais "natural".

40.6 RAIOS X E A ORDEM DOS ELEMENTOS

Objetivos do Aprendizado

Depois de ler este módulo, você será capaz de ...

40.6.1 Saber qual é a posição dos raios X no espectro eletromagnético.

40.6.2 Explicar como são produzidos os raios X nos laboratórios e nos hospitais.

40.6.3 Saber a diferença existente entre o espectro contínuo e o espectro característico de raios X.

40.6.4 Explicar a existência de um comprimento de onda de corte $\lambda_{\text{mín}}$ no espectro contínuo de raios X.

40.6.5 Saber que a energia e o momento são conservados em uma colisão entre um elétron e um átomo.

40.6.6 Conhecer a relação entre o comprimento de onda de corte $\lambda_{\text{mín}}$ e a energia cinética K_0 dos elétrons incidentes.

40.6.7 Desenhar um diagrama de níveis de energia para buracos e identificar (usando dísticos) as transições que produzem raios X.

40.6.8 Calcular o comprimento de onda do raio X emitido em uma transição específica.

40.6.9 Explicar a importância do trabalho de Moseley para a tabela periódica.

40.6.10 Desenhar um gráfico de Moseley.

40.6.11 Descrever o efeito de blindagem em um átomo com mais de um elétron.

40.6.12 Conhecer a relação entre a frequência dos raios X K_α e o número atômico Z dos átomos.

Ideias-Chave

- Quando um feixe de elétrons de alta energia incide em um alvo, os elétrons podem perder energia ao serem espalhados por átomos do alvo e emitir um espectro contínuo de raios X.
- O menor comprimento de onda do espectro contínuo de raios X é o comprimento de onda de corte $\lambda_{\text{mín}}$, que corresponde aos fótons emitidos quando toda a energia cinética de um elétron do feixe incidente é perdida em uma só colisão:

$$\lambda_{\text{mín}} = \frac{hc}{K_0}.$$

- O espectro característico de raios X é produzido quando os elétrons incidentes removem elétrons de átomos do alvo próximos do núcleo, e elétrons de níveis mais distantes do núcleo sofrem transições para os buracos resultantes, emitindo fótons no processo.
- O gráfico de Moseley é um gráfico da raiz quadrada da frequência dos raios X característicos em função do número atômico do material do alvo. O fato de o gráfico ser uma linha reta é uma indicação de que a posição de um elemento na tabela periódica depende do número atômico e não do peso atômico.

Raios X e a Ordem dos Elementos

Quando um alvo sólido, como um bloco de cobre ou de tungstênio, é bombardeado com elétrons cuja energia cinética é da ordem de quiloelétrons-volts, são emitidas ondas eletromagnéticas conhecidas como **raios X**. O que nos interessa aqui é o que esses raios, cujas aplicações na medicina, na odontologia e na indústria são muito conhecidas, podem revelar a respeito dos átomos. A Fig. 40.6.1 mostra o espectro de

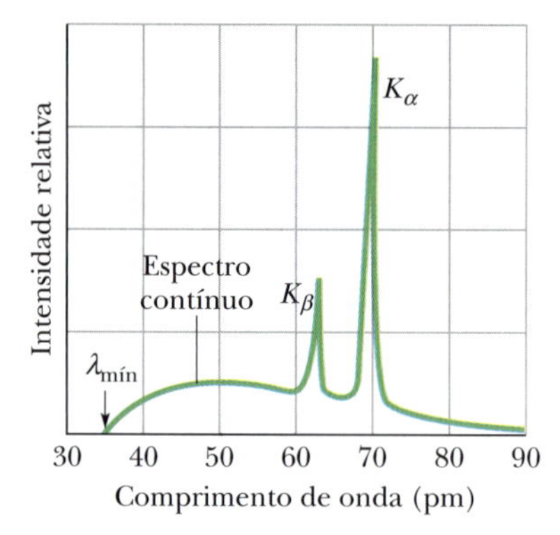

Figura 40.6.1 Intensidade dos raios X produzidos quando elétrons de 35 keV incidem em um alvo de molibdênio em função do comprimento de onda. O espectro contínuo e os picos são produzidos por mecanismos diferentes.

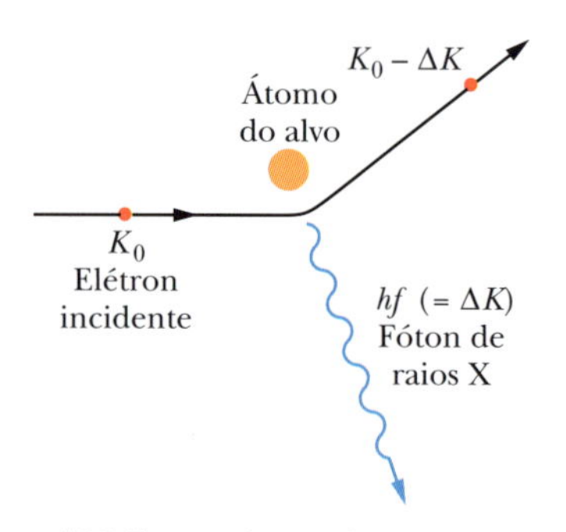

Figura 40.6.2 Um elétron de energia cinética K_0, ao passar nas proximidades de um átomo do alvo, pode gerar um fóton de raios X e perder parte da energia. O espectro contínuo de raios X é gerado por esse processo.

raios X produzido quando um feixe de elétrons de 35 keV incide em um alvo de molibdênio. O que vemos é um espectro contínuo, relativamente largo, combinado com dois picos estreitos. O espetro contínuo e os picos são produzidos por mecanismos diferentes, que serão discutidos em separado.

Espectro Contínuo de Raios X 40.4

Para começar, vamos discutir o espectro contínuo de raios X da Fig. 40.6.1, ignorando os dois picos. Considere um elétron de energia cinética inicial K_0 que colide (interage) com um dos átomos do alvo, como na Fig. 40.6.2. Na colisão, o elétron perde uma energia ΔK, que aparece como a energia de um fóton de raios X. (A energia transferida para o átomo do alvo é muito pequena, já que a massa do átomo é muito maior que a do elétron; nos cálculos que se seguem, essa energia é desprezada.)

O elétron espalhado da Fig. 40.6.2, cuja energia é menor que K_0, pode ter uma segunda colisão com outro átomo do alvo, produzindo um segundo fóton, cuja energia em geral é diferente da do fóton produzido na primeira colisão. Esse processo de espalhamento continua até que o elétron perca quase toda a sua energia cinética. Todos os fótons gerados nas colisões contribuem para o espectro contínuo de raios X.

Uma característica importante do espectro da Fig. 40.6.1 é a existência de um **comprimento de onda de corte** $\lambda_{mín}$ abaixo do qual o espectro contínuo não existe. Esse comprimento de onda mínimo corresponde a uma colisão na qual um elétron incidente perde *toda* a energia cinética K_0 em uma só colisão com um átomo do alvo. Essa energia aparece como a energia de um fóton cujo comprimento de onda, o comprimento de onda de corte, pode ser calculado a partir da relação

$$K_0 = hf = \frac{hc}{\lambda_{mín}},$$

ou

$$\lambda_{mín} = \frac{hc}{K_0} \quad \text{(comprimento de onda de corte).} \qquad (40.6.1)$$

O comprimento de onda de corte não depende do material do alvo. Quando substituímos o alvo de molibdênio por um alvo de cobre, por exemplo, o espectro de raios X fica muito diferente do espectro da Fig. 40.6.1, mas o comprimento de onda de corte permanece o mesmo.

Teste 40.6.1

O comprimento de onda de corte $\lambda_{mín}$ do espectro contínuo de raios X aumenta, diminui ou permanece o mesmo quando (a) a energia cinética dos elétrons que incidem no alvo aumenta, (b) a espessura do alvo diminui, (c) o alvo é substituído por um elemento de maior número atômico?

Espectro Característico de Raios X

Vamos agora discutir os dois picos da Fig. 40.6.1, que são chamados K_α e K_β. Esses picos (e outros picos em comprimentos de onda maiores que os que aparecem na Fig. 40.6.1) formam o **espectro característico de raios X** do elemento do alvo.

Os picos surgem em duas etapas. (1) Ao se chocar com um átomo do alvo, um elétron do feixe incidente arranca um elétron de uma das camadas internas (de baixo valor de n) do átomo. Se esse elétron estava, por exemplo, na camada $n = 1$ (conhecida, por questões históricas, como camada K), o resultado é o aparecimento de uma lacuna, ou *buraco*, nessa camada. (2) Um elétron de uma das camadas de maior energia salta para a camada K, completando novamente a camada. O salto é acompanhado pela emissão de um fóton cuja energia é igual à diferença de energia entre os níveis de origem e de destino. Se o elétron que salta para completar a camada K vem da camada com $n = 2$ (conhecida como camada L), a radiação emitida corresponde à linha K_α da Fig. 40.6.1; se o elétron vem da camada com $n = 3$ (conhecida como camada M), a radiação emitida corresponde à linha K_β. Se os elétrons incidentes criam buracos na camada L ou na camada M, os buracos são preenchidos por elétrons provenientes de camadas com valores ainda maiores de n.

Ao estudar os raios X característicos, é mais conveniente acompanhar os buracos criados nos estados com pequeno valor de n do que os elétrons que vêm de outros estados para preenchê-los. A Fig. 40.6.3 foi desenhada de acordo com este enfoque; trata-se do diagrama de níveis de energia do molibdênio, cujo espectro de raios X aparece na Fig. 40.6.1. A linha de base ($E = 0$) representa o átomo neutro no estado fundamental. O nível K, em $E = 20$ keV, representa a energia do átomo de molibdênio com um buraco na camada K; o nível L, em $E = 2{,}7$ keV, representa a energia do átomo com um buraco na camada L, e assim por diante.

As transições K_α e K_β da Fig. 40.6.3 são responsáveis pelos dois picos da Fig. 40.6.1. A linha espectral K_α, por exemplo, é produzida quando um elétron da camada L passa por uma transição para preencher um buraco na camada K. Na Fig. 40.6.3, esse salto corresponde a uma transição de um buraco *para baixo*, do nível K para o nível L.

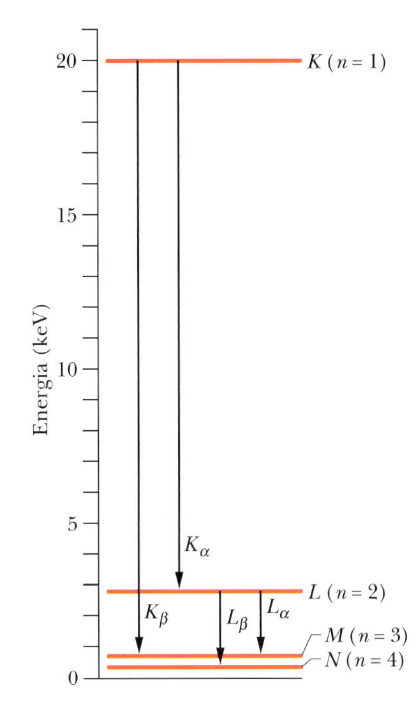

Figura 40.6.3 Diagrama simplificado de níveis de energia do molibdênio, mostrando as transições (de buracos, não de elétrons) que produzem alguns dos raios X característicos do elemento. As linhas horizontais representam a energia do átomo com um buraco (a falta de um elétron) na camada indicada.

Ordem dos Elementos

Em 1913, o físico inglês H. G. J. Moseley produziu raios X característicos de todos os elementos que conseguiu obter (38) usando-os como alvos em um sistema de bombardeamento projetado por ele próprio. Com a ajuda de um carrinho manipulado por cordas, Moseley colocou diferentes alvos na trajetória de um feixe de elétrons produzido em um tubo de vidro evacuado e mediu os comprimentos de onda dos raios X emitidos usando o método de difração de cristais descrito no Módulo 36.7.

Depois de obter os espectros, Moseley procurou (e encontrou) regularidades e buscou uma forma de correlacioná-las às regularidades da tabela periódica. Em particular, ele observou que, se plotasse em um gráfico a raiz quadrada de uma linha espectral, como a linha K_α, por exemplo, em função da posição do elemento na tabela periódica, o resultado seria uma linha reta. A Fig. 40.6.4 mostra uma parte dos resultados. A conclusão de Moseley foi a seguinte:

> Temos uma prova de que existe no átomo uma grandeza fundamental que aumenta de forma regular quando passamos de um elemento para o seguinte. Essa grandeza só pode ser a carga do núcleo central.

Graças ao trabalho de Moseley, o espectro característico de raios X se tornou a "assinatura" universalmente aceita de um elemento, o que levou os cientistas a rever a

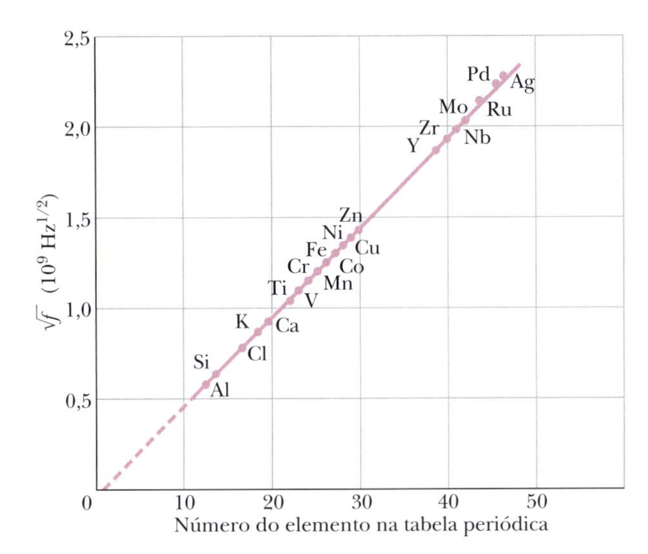

Figura 40.6.4 Gráfico de Moseley para a linha K_α do espectro característico de raios X de 21 elementos. A frequência é calculada a partir do comprimento de onda medido experimentalmente.

posição de vários elementos na tabela periódica. Até aquela época (1913), as posições dos elementos na tabela eram atribuídas de acordo com a *massa atômica*, embora nem sempre essa ordem era compatível com as propriedades químicas dos elementos. Moseley mostrou que todas as incongruências da tabela periódica desapareciam quando os elementos eram colocados na ordem da carga nuclear (isto é, do *número atômico* Z), o que podia ser feito com base nos espectros característicos de raios X.

Em 1913, a tabela periódica apresentava várias lacunas, e, ao mesmo tempo, muitos cientistas afirmavam haver descoberto novos elementos. O espectro característico de raios X se revelou o método ideal para investigar e classificar esses novos elementos. Os lantanídeos, também conhecidos como terras-raras, tinham sido classificados apenas parcialmente porque possuíam propriedades químicas muito semelhantes. Depois que o trabalho de Moseley se tornou conhecido, foi possível colocar as terras-raras na ordem correta.

Não é difícil entender por que os espectros característicos de raios X dos elementos mostram uma regularidade tão notável, enquanto o mesmo não acontece com os espectros óticos. O que identifica um elemento é a carga nuclear. O ouro, por exemplo, é o que é porque seus átomos possuem uma carga nuclear igual a $+79e$ (ou seja, $Z = 79$). Um átomo com uma carga a mais no núcleo corresponde ao elemento mercúrio; um átomo com uma carga a menos, corresponde à platina. Os elétrons K, que desempenham um papel tão importante da produção dos espectros característicos de raios X, estão muito próximos do núcleo e, portanto, são muito sensíveis à carga nuclear. O espectro ótico, por outro lado, envolve transições de elétrons mais distantes, que estão separados do núcleo pelos outros elétrons do átomo e, portanto, *não são* muito sensíveis à carga nuclear.

Explicação do Gráfico de Moseley

Os resultados experimentais de Moseley, mostrados em parte na Fig. 40.6.4, logo passaram a ser usados para determinar a posição correta dos elementos na tabela periódica, embora não houvesse ainda uma explicação teórica para a reta observada. Mais tarde, a explicação foi encontrada.

De acordo com as Eqs. 39.5.11 e 39.5.12, a energia do átomo de hidrogênio é dada por

$$E_n = -\frac{me^4}{8\varepsilon_0^2 h^2}\frac{1}{n^2} = -\frac{13{,}60\text{ eV}}{n^2}, \qquad \text{para } n = 1, 2, 3, \ldots \tag{40.6.2}$$

Considere um dos dois elétrons da camada K de um átomo com vários elétrons. Devido à presença do outro elétron K, nosso elétron "enxerga" uma carga nuclear efetiva de aproximadamente $(Z - 1)e$, em que e é a carga elementar e Z é o número atômico do elemento. O fator e^4 na Eq. 40.6.2 é o produto de e^2, o quadrado da carga do núcleo de hidrogênio, por $(-e)^2$, o quadrado da carga do elétron. No caso de um átomo com vários elétrons, podemos determinar a energia aproximada do átomo substituindo o fator e^4 da Eq. 40.6.2 por $(Z - 1)^2e^2 \times (-e)^2 = e^4(Z - 1)^2$. Isso nos dá

$$E_n = -\frac{(13{,}60\text{ eV})(Z - 1)^2}{n^2}. \tag{40.6.3}$$

Vimos que os fótons responsáveis pela linha K_α (de energia hf) surgem quando elétrons sofrem transições da camada L (com $n = 2$ e energia E_2) para a camada K (com $n = 1$ e energia E_1). De acordo com a Eq. 40.6.3, a energia desses fótons é dada por

$$\begin{aligned}\Delta E &= E_2 - E_1\\ &= \frac{-(13{,}60\text{ eV})(Z - 1)^2}{2^2} - \frac{-(13{,}60\text{ eV})(Z - 1)^2}{1^2}\\ &= (10{,}2\text{ eV})(Z - 1)^2.\end{aligned}$$

Nesse caso, a frequência f da linha K_α é

$$\begin{aligned}f &= \frac{\Delta E}{h} = \frac{(10{,}2\text{ eV})(Z - 1)^2}{(4{,}14 \times 10^{-15}\text{ eV}\cdot\text{s})}\\ &= (2{,}46 \times 10^{15}\text{ Hz})(Z - 1)^2.\end{aligned} \tag{40.6.4}$$

Tomando a raiz quadrada de ambos os membros, obtemos

$$\sqrt{f} = CZ - C, \qquad (40.6.5)$$

em que C é uma constante ($= 4{,}96 \times 10^7 \text{ Hz}^{1/2}$). A Eq. 40.6.5 é a equação de uma linha reta. Em outras palavras, se plotarmos a raiz quadrada da frequência da linha espectral K_α em função do número atômico Z, deveremos obter uma linha reta. Como mostra a Fig. 40.6.4, foi isso exatamente que Moseley observou.

Exemplo 40.6.1 Espectro característico de raios X 40.5

Um alvo de cobalto é bombardeado com elétrons, e os comprimentos de onda do espectro característico de raios X são medidos. Existe também um segundo espectro característico, menos intenso, que é atribuído a uma impureza presente no alvo de cobalto. Os comprimentos de onda das linhas K_α são 178,9 pm (cobalto) e 143,5 pm (impureza). O número de prótons do cobalto é $Z_{Co} = 27$. Identifique a impureza.

IDEIA-CHAVE

Os comprimentos de onda das linhas K_α do cobalto (Co) e da impureza (X) devem satisfazer a Eq. 40.6.5.

Cálculos: Substituindo f por c/λ na Eq. 40.6.5, obtemos

$$\sqrt{\frac{c}{\lambda_{Co}}} = CZ_{Co} - C \quad \text{e} \quad \sqrt{\frac{c}{\lambda_X}} = CZ_X - C.$$

Dividindo a segunda equação pela primeira, eliminamos C e obtemos a relação

$$\sqrt{\frac{\lambda_{Co}}{\lambda_X}} = \frac{Z_X - 1}{Z_{Co} - 1}.$$

Substituindo os valores conhecidos, temos

$$\sqrt{\frac{178{,}9 \text{ pm}}{143{,}5 \text{ pm}}} = \frac{Z_X - 1}{27 - 1}.$$

Explicitando a incógnita, obtemos

$$Z_X = 30{,}0. \qquad \text{(Resposta)}$$

Consultando a tabela periódica, verificamos que a impureza procurada é o zinco. Note que a um valor menor do comprimento de onda da linha K_α corresponde um valor maior do número atômico Z. Isso significa que a energia associada ao salto quântico responsável pela linha é maior no caso do zinco do que no caso do cobalto.

40.7 LASER 40.3 e 40.4

Objetivos do Aprendizado

Depois de ler este módulo, você será capaz de ...

40.7.1 Saber a diferença entre a luz de um laser e a luz de uma lâmpada comum.

40.7.2 Desenhar diagramas de níveis de energia para os três tipos de interação da luz com a matéria e saber em qual desses tipos se baseia o funcionamento de um laser.

40.7.3 Saber o que são estados metaestáveis.

40.7.4 No caso de dois estados com diferentes energias, conhecer a relação entre as populações relativas dos dois estados em função da temperatura e da diferença de energia entre os estados.

40.7.5 Saber o que é inversão de população, explicar por que é necessária para que um laser funcione e conhecer a relação entre a inversão de população e o tempo de vida dos estados.

40.7.6 Descrever o funcionamento de um laser de hélio-neônio, indicando qual é o gás responsável pelo efeito laser e explicando por que o outro gás é necessário.

40.7.7 Conhecer a relação entre a variação de energia, a frequência e o comprimento de onda no caso da emissão estimulada.

40.7.8 Conhecer as relações entre energia, potência, tempo, intensidade, área, energia dos fótons e taxa de emissão de fótons no caso da emissão estimulada.

Ideias-Chave

- Na emissão estimulada, um átomo que se encontra em um estado excitado pode ser induzido a decair para um estado de menor energia emitindo um fóton se um fóton passar pelo átomo.
- A luz emitida por emissão estimulada está em fase e se propaga na mesma direção que a luz responsável pela emissão.
- Para que um laser funcione, é preciso que haja uma inversão de população. Em outras palavras, para que o número de fótons emitidos seja maior que o número de fótons envolvidos, é preciso que o número de átomos no estado de maior energia seja maior que o número de átomos no estado de menor energia.

Luz do Laser

No início da década de 1960, foi anunciada mais uma das numerosas contribuições da física quântica para a tecnologia: o **laser**. A luz do laser, como a de uma lâmpada comum, é emitida quando os átomos de um elemento sofrem uma transição para um estado quântico de menor energia. No laser, porém, ao contrário do que acontece em outras fontes luminosas, os átomos agem em conjunto para produzir uma luz com várias características especiais:

1. ***A luz de um laser é monocromática.*** A luz de uma lâmpada incandescente está distribuída por uma larga faixa de comprimentos de onda. A luz produzida por uma lâmpada fluorescente ou por um LED está concentrada em poucos comprimentos de onda, mas as linhas espectrais são relativamente largas, com valores de $\Delta f/f$ da ordem de 10^{-6}. Um laser produz linhas espectrais muito mais estreitas, com valores de $\Delta f/f$ que podem chegar a 10^{-15}.
2. ***A luz de um laser é coerente.*** Quando dois feixes luminosos produzidos pelo mesmo laser são separados e recombinados depois de viajarem centenas de quilômetros, ainda existe uma relação definida entre as fases dos dois feixes e eles são capazes de formar uma figura de interferência. Essa propriedade é chamada *coerência*. No caso de uma lâmpada comum, a *distância de coerência* é menor que um metro.
3. ***A luz de um laser é altamente direcional.*** A divergência do feixe de luz produzido por um laser é muito pequena; os raios só não são perfeitamente paralelos por causa da difração sofrida no orifício de saída do laser. Assim, por exemplo, um pulso de luz gerado por um laser e usado para medir a distância entre a Terra e a Lua com grande precisão tinha um diâmetro de apenas alguns quilômetros ao chegar à Lua. A luz de uma lâmpada comum pode ser convertida, por uma lente, em um feixe com raios aproximadamente paralelos, mas a divergência do feixe é muito maior que no caso de um laser; como cada ponto do filamento de uma lâmpada irradia de forma independente, a divergência angular do feixe é proporcional ao tamanho do filamento.
4. ***A luz de um laser pode ser focalizada em uma região muito pequena.*** Se dois feixes luminosos possuem a mesma energia total, o feixe que pode ser focalizado em uma região menor produz uma intensidade luminosa (potência por unidade de área) maior nessa região. No caso da luz de um laser, o tamanho da região é tão pequeno que uma intensidade de 10^{17} W/cm^2 pode ser obtida com facilidade. Para efeito de comparação, a chama de um maçarico de acetileno tem uma intensidade de apenas 10^3 W/cm^2.

Os Lasers Têm Muitas Aplicações

Os lasers menores, usados para gerar sinais a serem transmitidos por fibras óticas, utilizam como meio ativo cristais semicondutores do tamanho de cabeças de alfinete. Embora pequenos, esses lasers podem gerar potências da ordem de 200 mW. Os lasers maiores, usados em pesquisas de fusão nuclear, na astronomia e em aplicações militares, podem ser do tamanho de edifícios e desenvolver potências de até 10^{14} W durante curtos intervalos, ou seja, valores centenas de vezes maiores que a capacidade de geração de energia elétrica dos Estados Unidos. Para evitar que a rede de energia elétrica do país entre em colapso cada vez que o laser é ligado, os responsáveis por esses lasers utilizam um banco de capacitores para acumular, durante um período de tempo relativamente longo, a energia necessária para cada disparo.

Entre as muitas aplicações dos lasers estão a leitura de códigos de barras, a gravação e leitura de CDs e DVDs, os vários tipos de cirurgias (para definir o campo operatório, como na Fig. 40.7.1, ou fazendo o papel de bisturi e cautério), levantamentos topográficos, corte de tecidos na indústria de roupas (centenas de peças de cada vez), soldagem de carrocerias de automóveis e geração de hologramas.

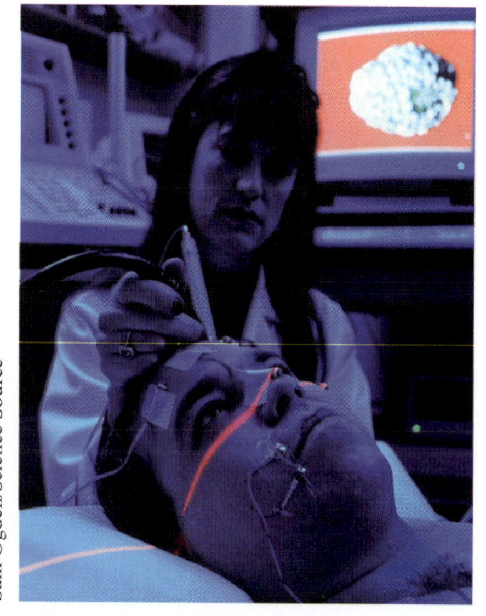
Sam Ogden/Science Source

Figura 40.7.1 A cabeça de um paciente é mapeada com a luz vermelha de um laser como preparação para uma cirurgia cerebral. Durante a cirurgia, a imagem da cabeça obtida com o auxílio do laser é superposta ao modelo do cérebro mostrado no monitor, para guiar a equipe cirúrgica para a região mostrada em verde no modelo.

Como Funcionam os Lasers

Como a palavra "laser" é o acrônimo de "light amplification by stimulated emission of radiation", ou seja, "amplificação da luz por emissão estimulada de radiação", não é de admirar que o funcionamento do laser se baseie na emissão estimulada, um conceito introduzido por Einstein em 1917. Embora o mundo tivesse que esperar até 1960 para ver um laser em operação, os princípios em que se baseava o dispositivo já eram conhecidos há várias décadas.

Considere um átomo isolado que pode existir no estado de menor energia (estado fundamental), de energia E_0, ou em um estado de maior energia (estado excitado) de energia E_x. Existem três processos pelos quais o átomo pode passar de um desses estados para o outro:

1. ***Absorção.*** A Fig. 40.7.2*a* mostra o átomo inicialmente no estado fundamental. Se o átomo é submetido a uma radiação eletromagnética de frequência *f*, ele pode absorver em fóton de energia *hf* e passar para um estado excitado. De acordo com a lei de conservação da energia,

$$hf = E_x - E_0. \tag{40.7.1}$$

   O processo é chamado **absorção**.

2. ***Emissão espontânea.*** Na Fig. 40.7.2*b*, o átomo se encontra em um estado excitado e não é submetido a nenhuma radiação. Depois de algum tempo, o átomo passa para o estado fundamental, emitindo um fóton de energia *hf*. O processo é chamado **emissão espontânea**. A luz de uma vela é produzida assim.

   Normalmente, o tempo que os átomos passam em estados excitados, conhecido como *tempo de vida*, é da ordem de 10^{-8} s. Alguns estados excitados, porém, têm um tempo de vida muito maior, que pode chegar a 10^{-3} s. Esses estados, que são chamados **metaestáveis**, desempenham um papel importante no funcionamento dos lasers.
3. ***Emissão estimulada.*** Na Fig. 40.7.2*c*, o átomo também se encontra em um estado excitado, mas, desta vez, é submetido a uma radiação cuja frequência é dada pela Eq. 40.7.1. Um fóton de energia *hf* pode estimular um átomo a passar para o estado fundamental emitindo outro fóton de energia *hf*. O processo recebe o nome de **emissão estimulada**. O fóton emitido é igual, sob todos os aspectos, ao fóton que estimulou a emissão; assim, as ondas associadas aos dois fótons têm a mesma frequência, energia, fase, polarização e direção de propagação.

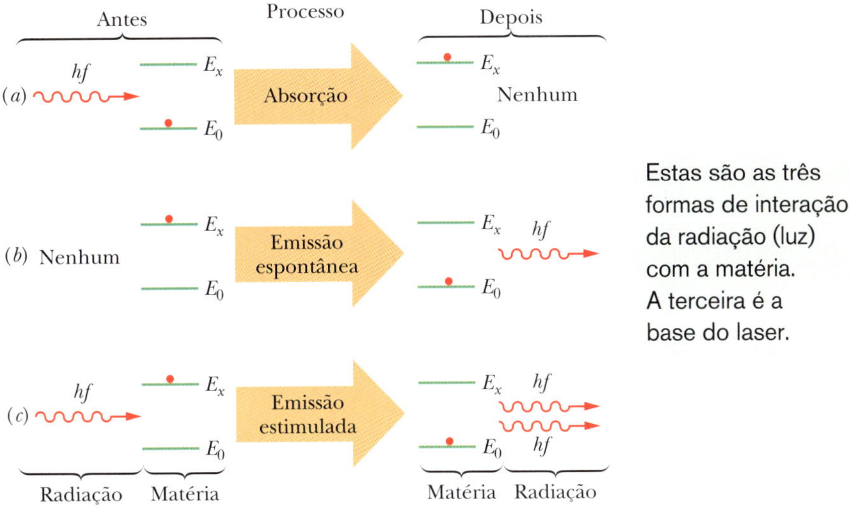

Estas são as três formas de interação da radiação (luz) com a matéria. A terceira é a base do laser.

Figura 40.7.2 Interação de radiação e matéria nos processos (*a*) de absorção, (*b*) de emissão espontânea e (*c*) de emissão estimulada. Os átomos (matéria) estão representados por pontos vermelhos. O átomo pode estar no estado fundamental, com energia E_0, ou em um estado excitado, como energia E_x. Em (*a*), o átomo absorve um fóton de energia *hf*. Em (*b*), o átomo emite espontaneamente um fóton de energia *hf*. Em (*c*), um fóton de energia *hf* estimula o átomo a emitir um fóton com a mesma energia, o que aumenta a energia da onda luminosa.

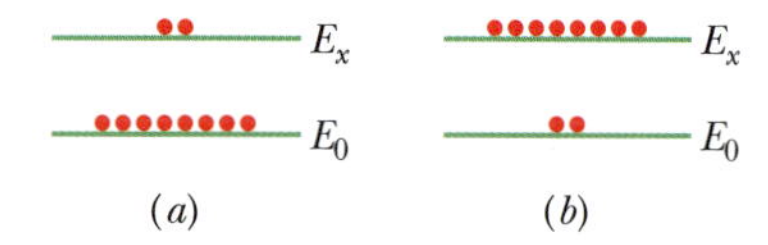

Figura 40.7.3 (*a*) Distribuição de equilíbrio de átomos entre o estado fundamental E_0 e o estado excitado E_x, estabelecida por agitação térmica. (*b*) Inversão de população, estabelecida por métodos especiais. A inversão de população é necessária para que a maioria dos lasers funcione.

A Fig. 40.7.2*c* mostra a emissão estimulada de um fóton por um átomo isolado. Suponha que uma amostra contenha um grande número de átomos em equilíbrio térmico à temperatura T. Antes que a amostra seja submetida a qualquer radiação, N_0 dos átomos estão no estado fundamental, com energia E_0, e N_x estão em um estado excitado, com energia E_x. Ludwig Boltzmann mostrou que a relação entre N_x e N_0 é dada por

$$N_x = N_0 e^{-(Ex-E0)/kT}, \tag{40.7.2}$$

em que k é a constante de Boltzmann. A Eq. 40.7.2 parece razoável. A grandeza kT é uma medida da energia média dos átomos à temperatura T. Quanto maior a temperatura, maior o número de átomos excitados pela agitação térmica (isto é, por colisões com outros átomos) para um estado de maior energia E_x. Além disso, como $E_x > E_0$, a Eq. 40.7.2 prevê que $N_x < N_0$, ou seja, que sempre haverá menos átomos no estado excitado do que no estado fundamental. Isso é exatamente o que se espera se as populações N_0 e N_x forem determinadas exclusivamente pela agitação térmica. A Fig. 40.7.3*a* ilustra essa situação.

Quando submetemos os átomos da Fig. 40.7.3*a* a uma radiação de energia $E_x - E_0$, alguns fótons da radiação são absorvidos pelos átomos que se encontram no estado fundamental, mas novos fótons na mesma energia são produzidos, por emissão estimulada, pelos átomos que se encontram no estado excitado. Einstein demonstrou que as probabilidades dos dois processos são iguais. Assim, como existem mais átomos no estado fundamental, o efeito *total* é a absorção de fótons.

Para que um laser produza luz, é preciso que o número de fótons emitidos seja maior que o número de fótons absorvidos, isto é, devemos ter uma situação na qual a emissão estimulada seja dominante. Para que isso aconteça, é preciso que existam mais átomos no estado excitado que no estado fundamental, como na Fig. 40.7.3*b*. Como essa **inversão de população** não é compatível com o equilíbrio térmico, os cientistas tiveram de encontrar meios engenhosos para criá-la e mantê-la.

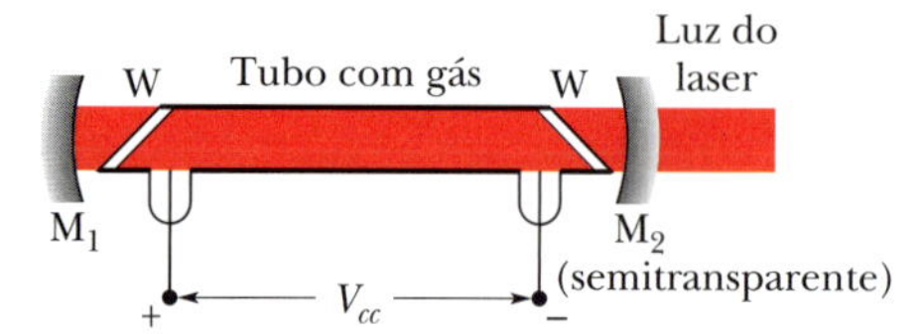

Figura 40.7.4 Laser de hélio-neônio. Um potencial aplicado V_0 faz com que elétrons atravessem um tubo que contém uma mistura gasosa de hélio e neônio. Os elétrons colidem com átomos de hélio, que por sua vez colidem com átomos de neônio. Os átomos de neônio emitem luz, que se propaga ao longo do tubo. A luz passa pelas janelas transparentes W e é refletida várias vezes nos espelhos M_1 e M_2, estimulando outros átomos de neônio a emitir fótons. Parte da luz atravessa o espelho semitransparente M_2 para formar o feixe de luz emitido pelo laser.

Laser de Hélio-Neônio

A Fig. 40.7.4 mostra um tipo de laser, muito usado nos laboratórios de física das universidades, que foi inventado em 1961 por Ali Javan e colaboradores. Um tubo de vidro é carregado com uma mistura de 20% de hélio e 80% de neônio; o segundo gás é o responsável pela emissão de luz.

A Fig. 40.7.5 mostra os diagramas de níveis de energia dos átomos dos dois gases em forma simplificada. Os elétrons de uma corrente elétrica são usados para excitar muitos átomos de hélio para o estado E_3, que é metaestável, com um tempo médio de

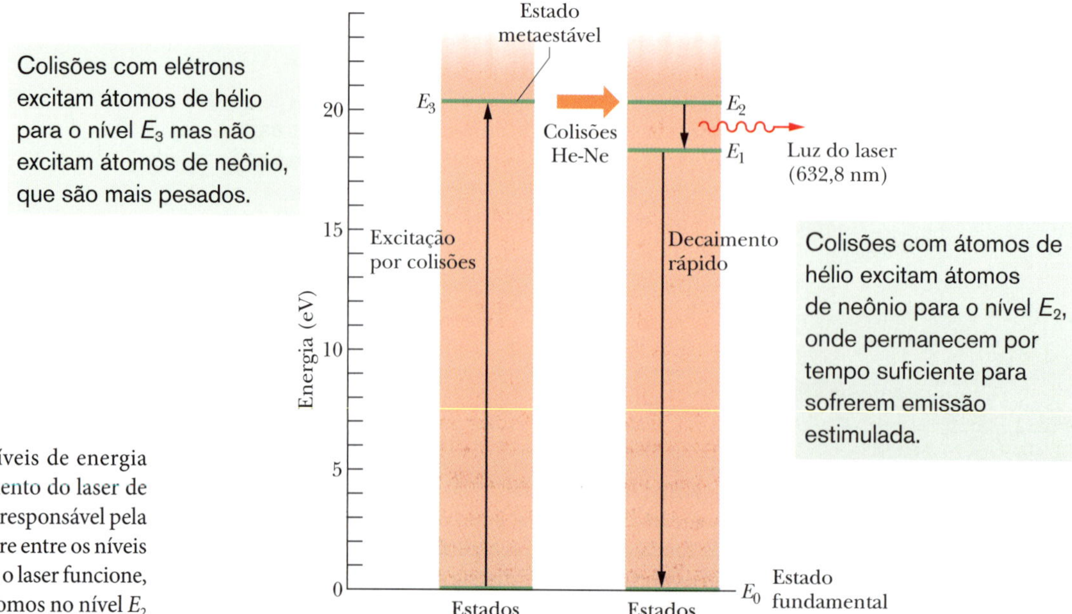

Figura 40.7.5 Cinco níveis de energia envolvidos no funcionamento do laser de hélio-neônio. A transição responsável pela luz emitida pelo laser ocorre entre os níveis E_2 e E_1 do neônio; para que o laser funcione, é preciso que haja mais átomos no nível E_2 que no nível E_1.

vida maior que 1 μs. (Como os átomos de neônio têm massa muito maior que os átomos de hélio, a probabilidade de serem excitados por colisões com elétrons é muito menor.)

A energia do estado E_3 do hélio (20,61 eV) está muito próxima da energia do estado E_2 do neônio (20,66 eV). Assim, quando um átomo de hélio que se encontra no estado metaestável (E_3) colide com um átomo de neônio que se encontra no estado fundamental (E_0), existe uma alta probabilidade de que a energia de excitação do átomo de hélio seja transferida para o átomo de neônio, que passa para o estado E_2. Por meio desse mecanismo, o nível E_2 do neônio (com um tempo médio de vida de 170 ns) pode acabar ficando com uma população maior que o nível E_1 (que, com um tempo médio de vida de apenas 10 ns, está sempre quase vazio).

Essa inversão de população pode ser estabelecida com relativa facilidade porque (1) inicialmente quase não existem átomos de neônio no estado E_1; (2) o fato de que o estado E_3 do hélio é metaestável faz com que um número relativamente grande de átomos de neônio possa ser excitado para o estado E_2 por meio de colisões; (3) os átomos de neônio que sofrem emissão estimulada e passam para o estado E_1 decaem rapidamente (por meio de estados intermediários que não são mostrados na figura) para o estado fundamental E_0.

Suponha que um átomo de neônio decaia espontaneamente do estado E_2 para o estado E_1, emitindo um fóton. Ao incidir em outro átomo de neônio que se encontra no estado E_2, o fóton pode induzir o átomo a decair por emissão estimulada, o que produz um segundo fóton capaz de produzir novos eventos de emissão estimulada. Essa reação em cadeia pode produzir rapidamente um feixe de luz coerente paralelo ao eixo do tubo. A luz, com um comprimento de onda de 632,8 nm (vermelho), atravessa várias vezes o tubo ao ser refletida pelos espelhos M_1 e M_2 (Fig. 40.7.4), produzindo novos fótons por emissão estimulada a cada passagem. O espelho M_1 é totalmente refletor, mas o espelho M_2 deixa passar parte da luz, que assim pode deixar o dispositivo para ser usada em alguma aplicação.

Teste 40.7.1

O comprimento de onda da luz do laser *A* (um laser de hélio-neônio) é 632,8 nm; o do laser *B* (um laser de dióxido de carbono) é 10,6 μm; o do laser *C* (um laser semicondutor de arseneto de gálio) é 840 nm. Coloque os três lasers na ordem decrescente da diferença de energia entre os estados quânticos responsáveis pela emissão de luz.

Exemplo 40.7.1 Inversão de população em um laser

No laser de hélio-neônio da Fig. 40.7.4, a luz se deve a uma transição entre dois estados excitados do átomo de neônio. Em muitos lasers, porém, a luz é resultado de uma transição do estado excitado para o estado fundamental, como na Fig. 40.7.3*b*.

(a) Considere um laser do segundo tipo, que emite luz com um comprimento de onda $\lambda = 550$ nm. Se o laser está desligado, ou seja, se não está sendo produzida uma inversão de população, qual é a razão entre a população E_x do excitado e a população E_0 do estado fundamental, supondo que o laser está à temperatura ambiente?

IDEIAS-CHAVE

(1) A razão N_x/N_0 entre as populações de dois estados em equilíbrio térmico obedece à Eq. 40.7.2, que pode ser escrita na forma

$$N_x/N_0 = e^{-(E_x-E_0)/kT}. \qquad (40.7.3)$$

Para determinar a razão N_x/N_0 usando a Eq. 40.7.3, precisamos conhecer a diferença de energia $E_x - E_0$ entre os dois estados. (2) Podemos calcular $E_x - E_0$ a partir do comprimento de onda da luz emitida pelo laser.

Cálculos: Temos

$$E_x - E_0 = hf = \frac{hc}{\lambda}$$

$$= \frac{(6{,}63 \times 10^{-34}\ \text{J}\cdot\text{s})(3{,}00 \times 10^8\ \text{m/s})}{(550 \times 10^{-9}\ \text{m})(1{,}60 \times 10^{-19}\ \text{J/eV})}$$

$$= 2{,}26\ \text{eV}.$$

Para aplicar a Eq. 40.7.3, precisamos conhecer também o valor do produto kT à temperatura ambiente (que vamos tomar como 300 K):

$$kT = (8{,}62 \times 10^{-5}\ \text{eV/K})(300\text{K}) = 0{,}0259\ \text{eV},$$

em que k é a constante de Boltzmann.

Substituindo os dois resultados na Eq. 40.7.3, podemos calcular a razão entre as duas populações à temperatura ambiente:

$$N_x/N_0 = e^{-(2{,}26\text{ eV})(0{,}0259\text{ eV})}$$
$$\approx 1{,}3 \times 10^{-38}. \qquad \text{(Resposta)}$$

Trata-se de um número extremamente pequeno, o que é razoável. A probabilidade de que átomos com uma energia térmica da ordem de apenas 0,0259 eV por átomo (o valor de kT) transfiram para outros átomos uma energia de 2,26 eV tem que ser mesmo muito pequena.

(b) Nas condições do item (a), a que temperatura a razão N_x/N_0 é igual a 1/2?

Cálculo: Desta vez, estamos interessados em determinar a temperatura T na qual a agitação térmica é suficiente para que $N_x/N_0 = 1/2$. Substituindo esse valor na Eq. 40.7.3, tomando o logaritmo natural de ambos os membros e explicitando T, obtemos

$$T = \frac{E_x - E_0}{k(\ln 2)} = \frac{2{,}26\text{ eV}}{(8{,}62 \times 10^{-5}\text{ eV/K})(\ln 2)}$$
$$= 38.000\text{ K}. \qquad \text{(Resposta)}$$

Trata-se de uma temperatura muito maior que a da superfície do Sol! O resultado deixa claro que, na ausência de um mecanismo capaz de transferir átomos seletivamente para o estado excitado, a população desse estado é sempre muito menor que a do estado fundamental.

Revisão e Resumo

Algumas Propriedades dos Átomos A energia dos átomos é quantizada, ou seja, os átomos podem possuir apenas certos valores de energia, associados a diferentes estados quânticos. Os átomos podem sofrer uma transição entre diferentes estados quânticos emitindo ou absorvendo um fóton; a frequência f associada a esse fóton é dada por

$$hf = E_{\text{alta}} - E_{\text{baixa}}, \qquad (40.1.1)$$

em que E_{alta} é a maior e E_{baixa} é a menor das energias dos estados quânticos envolvidos na transição. O momento angular e o momento magnético dos átomos também são quantizados.

Momento Angular Orbital e Momento Magnético Orbital Um elétron atômico possui um momento angular orbital, $\vec{L}$, cujo módulo é dado por

$$L = \sqrt{\ell(\ell+1)}\,\hbar, \qquad \text{para } \ell = 0, 1, 2, \ldots, (n-1), \quad (40.1.2)$$

em que ℓ é o número quântico orbital (que pode ter os valores indicados na Tabela 40.1.1), e a constante "h cortado" é dada por $\hbar = h/2\pi$. A projeção L_z de $\vec{L}$ em um eixo z arbitrário é quantizada e mensurável e pode ter os valores

$$L_z = m_\ell \hbar, \qquad \text{para } m_\ell = 0, \pm1, \pm2, \ldots, \pm\ell, \quad (40.1.3)$$

em que m_ℓ é o número quântico magnético orbital (que pode ter os valores indicados na Tabela 40.1.1).

Existe um momento magnético orbital μ_{orb} associado ao momento angular orbital cujo módulo é dado por

$$\mu_{\text{orb}} = \frac{e}{2m}\sqrt{\ell(\ell+1)}\,\hbar, \qquad (40.1.6)$$

em que m é a massa do elétron. A projeção $\mu_{\text{orb},z}$ do momento magnético orbital em um eixo z arbitrário é quantizada e mensurável e pode ter os valores

$$\mu_{\text{orb},z} = -\frac{e}{2m}m_\ell\hbar = -m_\ell\mu_B, \qquad (40.1.7)$$

em que μ_B é o magnéton de Bohr:

$$\mu_B = \frac{eh}{4\pi m} = \frac{e\hbar}{2m} = 9{,}274 \times 10^{-24}\text{ J/T}. \qquad (40.1.8)$$

Momento Angular de Spin e Momento Magnético de Spin Todo elétron possui um momento angular de spin (ou, simplesmente, spin), $\vec{S}$, cujo módulo é dado por

$$S = \sqrt{s(s+1)}\,\hbar, \qquad \text{para } s = \tfrac{1}{2}, \qquad (40.1.9)$$

em que s é o número quântico de spin do elétron, que é sempre igual a 1/2. A projeção S_z de $\vec{S}$ em um eixo z arbitrário é quantizada e mensurável e pode ter os valores

$$S_z = m_s\hbar, \qquad \text{para } m_s = \pm s = \pm\tfrac{1}{2}, \qquad (40.1.10)$$

em que m_s é o número quântico de spin.

Existe um momento magnético de spin $\vec{\mu}_{ss}$ associado ao momento angular de spin $\vec{S}$, cujo módulo é dado por

$$\mu_s = \frac{e}{m}\sqrt{s(s+1)}\,\hbar, \qquad \text{para } s = \tfrac{1}{2}. \qquad (40.1.12)$$

A projeção $\mu_{s,z}$ do momento magnético de spin em um eixo z arbitrário é quantizada e mensurável e pode ter os valores

$$\mu_{s,z} = -2m_s\mu_B, \qquad \text{para } m_s = \pm\tfrac{1}{2}. \qquad (40.1.13)$$

O Experimento de Stern-Gerlach O experimento de Stern-Gerlach revelou que o momento magnético dos átomos de prata é quantizado e foi a primeira prova experimental de que os momentos magnéticos dos átomos são quantizados. Um átomo com um momento magnético é submetido a uma força na presença de um campo magnético não uniforme. Se a taxa de variação do campo ao longo de um eixo z é dB/dz, a força aponta na direção do eixo z e é proporcional à componente μ_z do momento magnético:

$$F_z = \mu_z\frac{dB}{dz}. \qquad (40.2.3)$$

Ressonância Magnética Um próton possui um momento angular de spin $\vec{I}$ e um momento magnético de spin $\vec{\mu}$ que apontam na mesma direção. Se um próton é submetido a um campo magnético uniforme $\vec{B}$ paralelo a um eixo z, a componente μ_z do momento magnético do próton só pode apontar na direção de $\vec{B}$ ou na direção oposta. A diferença de energia entre as duas orientações é $2\mu_z B$. A energia necessária para inverter a orientação do spin é dada por

$$hf = 2\mu_z B. \qquad (40.3.2)$$

Em geral, $\vec{B}$ é a soma vetorial do campo externo $\vec{B}_{\text{etx}}$ produzido pelo aparelho de ressonância magnética e o campo interno $\vec{B}_{\text{int}}$ produzido pelos momentos magnéticos de elétrons e núcleos situados nas proximidades do próton considerado. A detecção dessas inversões de spin leva a espectros de ressonância magnética nuclear que podem ser usados, entre outras coisas, para identificar substâncias.

O Princípio de Exclusão de Pauli Os elétrons confinados em átomos e outros poços de potencial estão sujeitos ao princípio de exclusão de Pauli, segundo o qual dois elétrons confinados no mesmo poço de potencial não podem ter o mesmo conjunto de números quânticos.

Construção da Tabela Periódica Na tabela periódica, os elementos são classificados na ordem crescente do número atômico Z, que é igual ao número de prótons do núcleo e o número de elétrons do átomo neutro. Os estados com o mesmo valor de n formam uma camada; os estados com os mesmos valores de n e ℓ formam uma subcamada. Nas camadas e subcamadas completas, que são as que contêm o maior número possível de elétrons compatível com o princípio de exclusão de Pauli, o momento angular total e o momento magnético total são nulos.

Os Espectros de Raios X dos Elementos Quando um feixe de elétrons de alta energia incide em um alvo, os elétrons podem perder energia emitindo raios X ao serem espalhados por átomos do alvo. A emissão pode ocorrer em uma faixa de comprimentos de onda, que formam o chamado espectro contínuo. O menor comprimento de onda do espectro contínuo é o comprimento de onda de corte $\lambda_{\text{mín}}$, que é emitido quando um elétron perde *toda* a energia cinética em uma só colisão e é dado por

$$\lambda_{\text{mín}} = \frac{hc}{K_0}, \tag{40.6.1}$$

em que K_0 é a energia cinética inicial dos elétrons que incidem no alvo.

O espectro característico de raios X é produzido quando os elétrons incidentes arrancam elétrons de camadas internas do átomo, e elétrons de camadas mais externas decaem para ocupar esses buracos, emitindo raios X no processo. O gráfico de Moseley é um gráfico da raiz quadrada da frequência de uma das linhas do espectro característico em função da posição do elemento na tabela periódica. O fato de o gráfico ser uma linha reta revela que a posição de um elemento na tabela periódica depende do número atômico Z e não do peso atômico.

O Laser Na emissão estimulada, um fóton induz um átomo que está em um estado excitado a passar para o estado fundamental emitindo outro fóton. Um fóton emitido por emissão estimulada está em fase com o fóton responsável pela emissão e se move na mesma direção.

Um laser pode emitir luz por emissão estimulada, mas para isso, em geral, é preciso que exista uma inversão de população, isto é, que haja mais átomos no estado de maior energia que no estado de menor energia.

Perguntas

1 (a) Quantas subcamadas e (b) quantos estados eletrônicos há na camada $n = 2$? (c) Quantas subcamadas e (d) quantos estados eletrônicos há na camada $n = 5$?

2 Um elétron em um átomo de ouro se encontra em um estado com $n = 4$. Entre os valores de ℓ a seguir, indique quais são os valores possíveis: $-3, 0, 2, 3, 4, 5$.

3 Indique quais das afirmações a seguir são verdadeiras e quais são falsas: (a) Uma (e apenas uma) das seguintes subcamadas não pode existir: $2p$, $4f$, $3d$, $1p$. (b) O número de valores de m_ℓ permitidos depende de ℓ, mas não de n. (c) A camada $n = 4$ tem quatro subcamadas. (d) O menor valor de n para um dado valor de ℓ é $\ell + 1$. (e) Todos os estados com $\ell = 0$ também têm $m_\ell = 0$. (f) Existem n subcamadas para cada valor de n.

4 Em um átomo de urânio, as subcamadas $6p$ e $7s$ estão completas. Qual das subcamadas tem um número maior de elétrons?

5 Em um átomo de prata, as subcamadas $3d$ e $4d$ estão completas. Uma das subcamadas tem mais elétrons que a outra, ou as duas subcamadas têm o mesmo número de elétrons?

6 Nos pares de elementos a seguir, indique de que elemento é mais fácil remover um elétron: (a) criptônio e bromo, (b) rubídio e cério, (c) hélio e hidrogênio.

7 Um elétron de um átomo de mercúrio está na subcamada $3d$. Entre os valores de m_ℓ que aparecem a seguir, indique quais são os valores possíveis: $-3, -1, 0, 1, 2$.

8 A Fig. 40.1 mostra três pontos nos quais pode ser colocado um elétron com o spin para cima em uma região em que o campo magnético não é uniforme (existe um gradiente ao longo do eixo z). (a) Coloque os três pontos na ordem da energia potencial U do momento magnético intrínseco $\vec{\mu}_s$ do elétron, começando pelo maior valor positivo. (b) Qual é a orientação da força que o campo magnético exerce sobre um elétron que está no ponto 2?

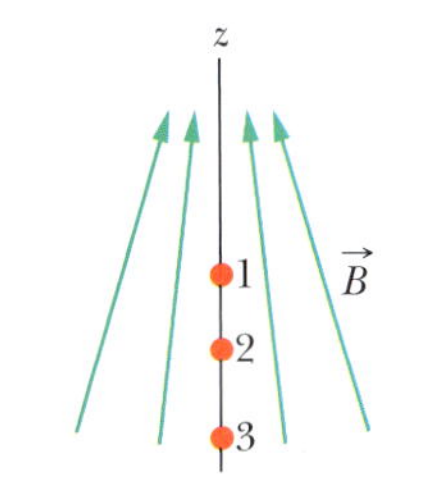

Figura 40.1 Pergunta 8.

9 A linha K_α do espectro de raios X de qualquer elemento se deve a uma transição entre a camada K ($n = 1$) e a camada L ($n = 2$). A Fig. 40.6.1 mostra essa linha (para um alvo de molibdênio) como uma linha única. Quando a linha é examinada com maior resolução, observa-se que é formada por várias linhas com comprimentos de onda ligeiramente diferentes, já que os diferentes estados da camada L não possuem exatamente a mesma energia. (a) De quantas linhas é composta a linha K_α? (b) De quantas linhas é composta a linha K_β?

10 Considere os elementos criptônio e rubídio. (a) Qual dos dois elementos é mais apropriado para um experimento como o de Stern-Gerlach, ilustrado na Fig. 40.2.1? (b) Seria impossível realizar o experimento com um dos elementos? Qual?

11 De que números quânticos a energia de um elétron depende (a) em um átomo de hidrogênio e (b) em um átomo de vanádio?

12 Indique quais das condições a seguir são essenciais para o funcionamento de um laser baseado em transições entre dois níveis de energia de um átomo. (a) Haver mais átomos no nível de maior energia do que no nível de menor energia. (b) O nível de maior energia ser metaestável. (c) O nível de menor energia ser metaestável. (d) O nível de menor energia ser o estado fundamental. (e) A substância estar no estado gasoso.

13 A Fig. 40.7.5 mostra alguns níveis de energia dos átomos de hélio e neônio envolvidos no funcionamento do laser de hélio-neônio. É dito no texto que um átomo de hélio no estado E_3 pode colidir com um átomo de neônio no estado fundamental e excitá-lo para o estado E_2. A energia do estado E_3 do hélio (20,61 eV) não é exatamente igual à energia do estado E_2 do neônio (20,66 eV). Como pode ocorrer a transferência de energia se as duas energias não são *exatamente* iguais?

14 O espectro de raios X da Fig. 40.6.1 é para elétrons de 35,0 keV incidindo em um alvo de molibdênio ($Z = 42$). Se o alvo de molibdênio for substituído por um alvo de prata ($Z = 47$), determine se cada uma das seguintes grandezas aumenta, diminui ou permanece constante: (a) o comprimento de corte $\lambda_{\text{mín}}$, (b) o comprimento de onda da linha K_α, e (c) o comprimento de onda da linha K_β.

Problemas

F Fácil M Médio D Difícil

CVF Informações adicionais disponíveis no e-book *O Circo Voador da Física*, de Jearl Walker, LTC Editora, Rio de Janeiro, 2008.

CALC Requer o uso de derivadas e/ou integrais

BIO Aplicação biomédica

Módulo 40.1 Propriedades dos Átomos

1 F Um elétron de um átomo de hidrogênio se encontra em um estado com $\ell = 5$. Qual é o menor valor possível do ângulo semiclássico entre $\vec{L}$ e L_z?

2 F Quantos estados eletrônicos existem na camada $n = 5$?

3 F (a) Qual é o módulo do momento angular orbital em um estado com $\ell = 3$? (b) Qual é o módulo da maior projeção desse momento em um eixo arbitrário z?

4 F Determine quantos estados eletrônicos existem nas seguintes camadas: (a) $n = 4$, (b) $n = 1$, (c) $n = 3$, (d) $n = 2$.

5 F (a) Quantos valores de ℓ estão associados ao estado $n = 3$? (b) Quantos valores de m_ℓ estão associados ao estado $\ell = 1$?

6 F Determine quantos estados eletrônicos existem nas subcamadas a seguir: (a) $n = 4, \ell = 3$; (b) $n = 3, \ell = 1$; (c) $n = 4, \ell = 1$; (d) $n = 2, \ell = 0$.

7 F Um elétron de um átomo tem $m_\ell = +4$. Para esse elétron, determine (a) o valor de ℓ, (b) o menor valor possível de n, e (c) o número de valores possíveis de m_s.

8 F Na subcamada $\ell = 3$, (a) qual é o maior valor possível de m_ℓ? (b) Quantos estados existem com o maior valor possível de m_ℓ? Qual é o número total de estados disponíveis nesta subcamada?

9 M Um elétron de um átomo se encontra em um estado com $\ell = 3$. Determine (a) o módulo de $\vec{L}$ (em múltiplos de $\hbar$), (b) o módulo de $\vec{\mu}$ (em múltiplos de μ_B), (c) o maior valor possível de m_ℓ, (d) o valor correspondente de L_z (em múltiplos de $\hbar$), (e) o valor correspondente de $\mu_{orb,z}$ (em múltiplos de μ_B); (f) o valor do ângulo semiclássico θ entre as direções de L_z e $\vec{L}$, o valor de θ para (g) o segundo maior valor possível de m_ℓ e (h) o menor valor possível (isto é, o mais negativo) de m_ℓ.

10 M Um elétron de um átomo se encontra em um estado com $n = 3$. Determine (a) o número de valores possíveis de ℓ, (b) o número de valores possíveis de m_ℓ, (c) o número de valores possíveis de m_s, (d) o número de estados da camada $n = 3$ e (d) o número de subcamadas da camada $n = 3$.

11 M Mostre que, se a componente L_z do momento angular orbital $\vec{L}$ for medida, o máximo que se pode dizer a respeito das outras duas componentes do momento angular orbital é que obedecem à relação

$$(L_x^2 + L_y^2)^{1/2} = [\ell(\ell + 1) - m_\ell^2]^{1/2}\hbar.$$

12 D Um campo magnético é aplicado a uma esfera homogênea, de ferro, com raio $R = 2{,}00$ mm, que flutua livremente no espaço. O momento magnético da esfera inicialmente é nulo, mas o campo alinha 12% dos momentos magnéticos dos átomos (ou seja, 12% dos momentos magnéticos dos elétrons fracamente ligados da esfera, que correspondem a um elétron por átomo de ferro). A soma do momento magnético desses elétrons alinhados constitui o momento magnético intrínseco da esfera, $\vec{\mu}_s$. Qual é a velocidade angular ω induzida na esfera pelo campo?

Módulo 40.2 Experimento de Stern-Gerlach

13 F Qual será a aceleração de um átomo de prata ao passar pelo ímã do experimento de Stern-Gerlach (Fig. 40.2.1) se o gradiente de campo elétrico for 1,4 T/mm?

14 F Um átomo de hidrogênio no estado fundamental se desloca 80 cm perpendicularmente a um campo magnético vertical não uniforme cujo gradiente é $dB/dz = 1{,}6 \times 10^2$ T/m. (a) Qual é o módulo da força exercida pelo campo magnético sobre o átomo devido ao momento magnético do elétron, que é aproximadamente 1 magnéton de Bohr? (b) Qual é a distância vertical percorrida pelo átomo nos 80 cm de percurso, se o átomo está se movendo a uma velocidade de $1{,}2 \times 10^5$ m/s?

15 F Determine (a) o menor e (b) o maior valor do ângulo semiclássico entre o vetor momento angular de spin do elétron e o campo magnético em um experimento de Stern-Gerlach. Não se esqueça de que o momento angular orbital do elétron de valência do átomo de prata é zero.

16 F Suponha que, no experimento de Stern-Gerlach executado com átomos neutros de prata, o campo magnético $\vec{B}$ tem um módulo de 0,50 T. (a) Qual é a diferença de energia entre os átomos de prata nos dois subfeixes? (b) Qual é a frequência da radiação que induziria transições entre esses dois estados? (c) Qual é o comprimento de onda da radiação? (d) Em que região do espectro eletromagnético essa radiação está situada?

Módulo 40.3 Ressonância Magnética

17 F Em um experimento de ressonância magnética nuclear, a frequência da fonte de RF é 34 MHz e a ressonância dos átomos de hidrogênio da amostra é observada quando a intensidade do campo magnético $\vec{B}_{ext}$ do eletroímã é 0,78 T. Suponha que $\vec{B}_{int}$ e $\vec{B}_{ext}$ são paralelos e que a componente μ_z do momento magnético dos prótons é $1{,}41 \times 10^{-26}$ J/T. Qual é o módulo de $\vec{B}_{int}$?

18 F O estado fundamental do átomo de hidrogênio é, na verdade, um par de estados muito próximos, já que o elétron está sujeito ao campo magnético $\vec{B}$ do núcleo (próton). Em consequência, existe uma energia associada à orientação no momento magnético $\vec{\mu}$ do elétron em relação a $\vec{B}$ e podemos dizer que o spin do elétron está para cima (estado de maior energia) ou para baixo (estado de menor energia) em relação ao campo. Quando o elétron é excitado para o estado de maior energia, pode passar espontaneamente para o estado de menor energia invertendo o sentido do spin e emitindo um fóton com um comprimento de onda de 21 cm. (Esse processo é muito comum na Via Láctea, e a radiação de 21 cm, que pode ser detectada com o auxílio de radiotelescópios, revela a existência de nuvens de hidrogênio no espaço sideral.) Qual é o módulo B do campo magnético efetivo experimentado pelo elétron no estado fundamental do átomo de hidrogênio?

19 F Qual é o comprimento de onda de um fóton capaz de produzir uma transição do spin de um elétron em um campo magnético de 0,200 T? Suponha que $\ell = 0$.

Módulo 40.4 O Princípio de Exclusão de Pauli e Vários Elétrons no Mesmo Poço de Potencial

20 F Um curral retangular de dimensões $L_x = L$ e $L_y = 2L$ contém sete elétrons. Qual é a energia do estado fundamental do sistema, em múltiplos de $h^2/8mL^2$? Suponha que os elétrons não interagem e não se esqueça de levar em conta o spin.

21 F Sete elétrons são confinados em um poço de potencial unidimensional infinito de largura L. Qual é a energia do estado fundamental do sistema, em múltiplos de $h^2/8mL^2$? Suponha que os elétrons não interagem e não se esqueça de levar em conta o spin.

22 F A Fig. 40.2 mostra o diagrama de níveis de energia de um elétron em um átomo fictício simulado por um poço de potencial unidimensional infinito de largura L. O número de estados degenerados em cada nível está indicado na

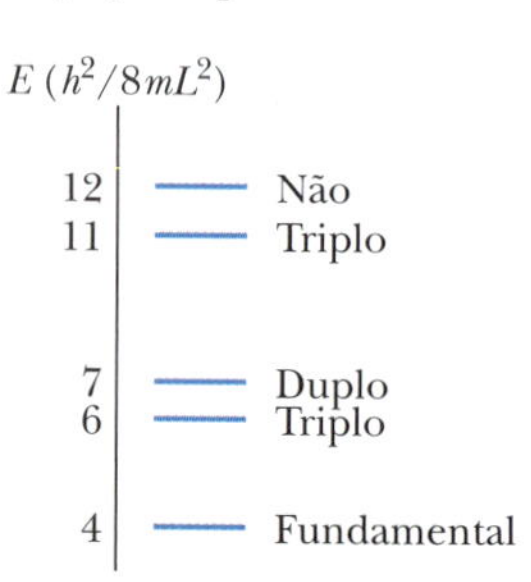

Figura 40.2 Problema 22.

figura: "não" significa não degenerado (o que também se aplica ao estado fundamental), "duplo" significa 2 estados e "triplo" significa 3 estados. Suponha que o poço de potencial contém 11 elétrons. Desprezando a interação eletrostática dos elétrons, que múltiplo de $h^2/8mL^2$ corresponde à energia do primeiro estado excitado do sistema de 11 elétrons?

23 **M** Uma caixa cúbica de dimensões $L_x = L_y = L_z = L$ contém oito elétrons. Qual é a energia do estado fundamental do sistema, em múltiplos de $h^2/8mL^2$? Suponha que os elétrons não interagem e não se esqueça de levar em conta o spin.

24 **M** Para a situação do Problema 20, qual é a energia, em múltiplos de $h^2/8mL^2$, (a) do primeiro estado excitado, (b) do segundo estado excitado, e (c) do terceiro estado excitado do sistema de sete elétrons? (d) Construa um diagrama de níveis de energia para os primeiros quatro níveis de energia do sistema.

25 **M** Para a situação do Problema 21, qual é a energia, em múltiplos de $h^2/8mL^2$, (a) do primeiro estado excitado, (b) do segundo estado excitado, e (c) do terceiro estado excitado do sistema de sete elétrons? (d) Construa um diagrama de níveis de energia para os primeiros quatro níveis de energia do sistema.

26 **D** Para a situação do Problema 23, qual é a energia, em múltiplos de $h^2/8mL^2$, (a) do primeiro estado excitado, (b) do segundo estado excitado, e (c) do terceiro estado excitado do sistema de oito elétrons? (d) Construa um diagrama de níveis de energia para os primeiros quatro níveis de energia do sistema.

Módulo 40.5 Construção da Tabela Periódica

27 **F** Dois dos três elétrons de um átomo de lítio têm números quânticos (n, ℓ, m_ℓ e m_s) iguais a (1, 0, 0, + 1/2) e (1, 0, 0, −1/2). Que números quânticos são possíveis para o terceiro elétron se o átomo se encontra (a) no estado fundamental e (b) no primeiro estado excitado?

28 **F** Mostre que o número de estados com o mesmo número quântico n é $2n^2$.

29 **F** Um elemento descoberto há relativamente pouco tempo é o darmstádio (Ds), que possui 110 elétrons. Suponha que os níveis de energia disponíveis para os elétrons fossem ocupados na ordem crescente de n e, dentro de cada camada, na ordem crescente de ℓ, o que equivale a ignorar as interações elétron-elétron. Nesse caso, com o átomo no estado fundamental, qual seria o número quântico ℓ do último elétron, em notação espectroscópica?

30 **F** Para um átomo de hélio no estado fundamental, quais são os números quânticos (n, ℓ, m_ℓ e m_s) (a) quando o spin do elétron está para cima e (b) quando o spin do elétron está para baixo?

31 **F** Considere os elementos selênio ($Z = 34$), bromo ($Z = 35$) e criptônio ($Z = 36$). Nessa região da tabela periódica, as subcamadas dos estados eletrônicos são preenchidas na seguinte ordem:

$$1s\ 2s\ 2p\ 3s\ 3p\ 3d\ 4s\ 4p\ ...$$

Determine (a) a última subcamada ocupada do selênio e (b) o número de elétrons que ocupam essa subcamada, (c) a última subcamada ocupada do bromo e (d) o número de elétrons que ocupam essa subcamada, (e) a última subcamada ocupada do criptônio e (f) o número de elétrons que ocupam essa subcamada.

32 **F** Suponha que dois elétrons de um átomo possuem números quânticos $n = 2$ e $\ell = 1$. (a) Quantos estados são possíveis para esses dois elétrons? (Não se esqueça de que é impossível distinguir dois elétrons.) (b) Se o princípio de exclusão de Pauli não existisse, quantos estados seriam possíveis?

Módulo 40.6 Raios X e a Ordem dos Elementos

33 **F** Qual a menor diferença de potencial a que um elétron deve ser submetido em um tubo de raios X para produzir raios X com um comprimento de onda de 0,100 nm?

34 **M** O comprimento de onda da linha K_α do ferro é 193 pm. Qual é a diferença de energia entre os dois estados do átomo de ferro responsáveis por essa linha?

35 **M** Na Fig. 40.6.1, os raios X são produzidos quando elétrons de 35,0 keV incidem em um alvo de molibdênio ($Z = 42$). Se o mesmo potencial de aceleração for usado e o alvo for substituído por um alvo de prata ($Z = 47$), determine os novos valores (a) de $\lambda_{\text{mín}}$, (b) do comprimento de onda da linha K_α, e (c) do comprimento de onda da linha K_β. Os níveis K, L e M do átomo de prata (compare com a Fig. 40.6.3) são 25,51; 3,56; 0,53 keV.

36 **M** Quando um alvo de molibdênio é bombardeado com elétrons, são produzidos um espectro contínuo e um espectro característico de raios X, como mostrado na Fig. 40.6.1. Na figura, a energia cinética dos elétrons incidentes é 35,0 keV. Se o potencial de aceleração dos elétrons for aumentado para 50,0 keV, (a) qual será o valor médio de $\lambda_{\text{mín}}$? (b) Os comprimentos de onda das linhas K_α e K_β aumentam, diminuem ou permanecem iguais?

37 **M** Mostre que um elétron em movimento não pode se transformar espontaneamente em um fóton; um terceiro corpo (átomo ou núcleo) deve estar presente. Por quê? (*Sugestão*: Verifique o que é necessário para que as leis de conservação da energia e do momento sejam obedecidas.)

38 **M** A tabela a seguir mostra o comprimento de onda da linha K_α para alguns elementos.

Elemento	λ (pm)	Elemento	λ (pm)
Ti	275	Co	179
V	250	Ni	166
Cr	229	Cu	154
Mn	210	Zn	143
Fe	193	Ga	134

Faça um gráfico de Moseley (semelhante ao da Fig. 40.6.4) com base nesses dados e verifique, a partir da inclinação da reta, se está correto o valor de C que aparece no Módulo 40.6 após a Eq. 40.6.5.

39 **M** Calcule a razão entre os comprimentos de onda da linha K_α do nióbio (Nb) e do gálio (Ga). Os dados necessários podem ser encontrados na tabela periódica do Apêndice G.

40 **M** (a) Use a Eq. 40.6.4 para estimar a razão entre as energias dos fótons associados às linhas K_α de dois elementos cujos números atômicos são Z e Z'. (b) Qual é essa razão para os elementos urânio e alumínio? (c) Qual é essa razão para os elementos urânio e lítio?

41 **M** As energias de ligação dos elétrons da camada K e da camada L do cobre são 8,979 e 0,951 keV, respectivamente. Se um feixe de raios X da linha K_α do cobre incide em um cristal de cloreto de sódio e produz uma reflexão de Bragg de primeira ordem com um ângulo de 74,1° em relação a planos paralelos de átomos de sódio, qual é a distância entre esses planos paralelos?

42 **M** Use a Fig. 40.6.1 para estimar a diferença de energia $E_L - E_M$ para o molibdênio. Compare o resultado com o valor obtido a partir da Fig. 40.6.3.

43 **M** Um alvo de tungstênio ($Z = 74$) é bombardeado com elétrons em um tubo de raios X. Os níveis K, L e M do átomo de tungstênio (compare com a Fig. 40.6.3) são 69,5, 11,3 e 2,30 keV, respectivamente. (a) Qual é o menor valor do potencial de aceleração que permite a produção das linhas características K_α e K_β do tungstênio? (b) Qual é o valor de $\lambda_{\text{mín}}$ para esse potencial de aceleração? Quais são os comprimentos de onda das linhas (c) K_α e (d) K_β?

44 **M** Um elétron de 20 keV fica em repouso depois de sofrer duas colisões com átomos, como na Fig. 40.6.2. (Suponha que os átomos permanecem estacionários.) O comprimento de onda do fóton emitido na segunda colisão é 130 pm maior que o comprimento de onda do fóton emitido na primeira colisão. (a) Qual é a energia cinética do elétron após a primeira colisão? Determine (b) o comprimento de onda λ_1 e (c) a energia E_1 do primeiro fóton. Determine (d) o comprimento de onda λ_2 e (e) a energia E_2 do segundo fóton.

45 M Raios X são produzidos em um tubo de raios X por elétrons acelerados por uma diferença de potencial de 50,0 kV. Seja K_0 a energia cinética de um elétron após a aceleração. O elétron colide com um átomo do alvo (suponha que o núcleo permanece estacionário) e passa a ter uma energia cinética $K_1 = 0{,}500K_0$. (a) Qual é o comprimento de onda do fóton emitido? O elétron colide com outro átomo do alvo (suponha que esse átomo também permanece estacionário) e passa a ter uma energia cinética $K_2 = 0{,}500K_1$. (b) Qual é o comprimento de onda do fóton emitido?

46 D Determine a constante C da Eq. 40.6.5 com cinco algarismos significativos expressando C em termos das constantes fundamentais da Eq. 40.6.2 e usando os valores do Apêndice B para essas constantes. Usando esse valor de C na Eq. 40.6.5, determine a energia teórica E_{teor} do fóton K_α para os elementos leves que aparecem na tabela a seguir. A tabela mostra o valor experimental E_{exp}, em elétrons-volts, da energia do fóton K_α para os mesmos elementos. A diferença percentual entre E_{teor} e E_{exp} é dada por

$$\text{diferença percentual} = \frac{E_{teor} - E_{exp}}{E_{exp}} 100.$$

Determine a diferença percentual (a) para o Li, (b) para o Be, (c) para o B, (d) para o C, (e) para o N, (f) para o O, (g) para o F, (h) para o Ne, (i) para o Na, (j) para o Mg.

Li	54,3	O	524,9
Be	108,5	F	676,8
B	183,3	Ne	848,6
C	277	Na	1041
N	392,4	Mg	1254

(Existe na verdade mais de uma linha K_α por causa do desdobramento do nível L, mas o desdobramento é desprezível no caso dos elementos leves.)

Módulo 40.7 Laser

47 F O volume ativo de um laser semicondutor de GaAlAs é apenas 200 μm^3 (menor que o volume de um grão de areia); no entanto, o laser é capaz de desenvolver uma potência de 5,0 mW com um comprimento de onda de 0,80 μm. Quantos fótons o laser emite por segundo?

48 F Um laser de alta potência ($\lambda = 600$ nm, diâmetro do feixe 12 cm) é apontado para a Lua, a $3{,}8 \times 10^5$ km de distância. O feixe diverge apenas por causa da difração. A posição angular da borda do disco central de difração (ver Eq. 36.3.1) é dada por

$$\text{sen}\,\theta = \frac{1{,}22\lambda}{d},$$

em que d é o diâmetro da abertura de saída do laser. Qual é o diâmetro do disco central de difração na superfície da Lua?

49 F Suponha que o comprimento de onda dos lasers pudesse ser ajustado para qualquer frequência na faixa da luz visível, ou seja, de 450 nm a 650 nm, e que esses lasers pudessem ser usados para transmitir programas de televisão. Se cada canal de televisão ocupasse 10 MHz, quantos canais de televisão poderiam ser acomodados nesse intervalo?

50 F Um átomo hipotético possui apenas dois níveis de energia, separados por 3,2 eV. Suponha que na atmosfera de uma estrela, a certa altitude, existem $6{,}1 \times 10^{13}$ desses átomos por centímetro cúbico no estado de maior energia e $2{,}5 \times 10^{15}$ átomos por centímetro cúbico no estado de menor energia. Qual é a temperatura da atmosfera da estrela a essa altitude?

51 F Um átomo hipotético possui níveis de energia com uma separação uniforme de 1,2 eV. À temperatura de 2.000 K, qual é a razão entre o número de átomos no 13º estado excitado e o número de átomos no 11º estado excitado?

52 F Um laser emite fótons de 424 nm em um único pulso que dura 0,500 μs. A potência do pulso é 2,80 MW. Supondo que os átomos do laser sofreram emissão estimulada apenas uma vez, quantos átomos contribuíram para o pulso luminoso?

53 F Um laser de hélio-neônio emite luz com um comprimento de onda de 632,8 nm e uma potência de 2,3 mW. Quantos fótons são emitidos por segundo pelo laser?

54 F Um laser de gás emite luz com um comprimento de onda de 550 nm, que resulta da inversão de população entre o estado fundamental e um estado excitado. Quantos mols do gás são necessários, à temperatura ambiente, para colocar 10 átomos no estado excitado?

55 F Um laser pulsado emite luz com um comprimento de onda de 694,4 nm. A duração dos pulsos é 12 ps e a energia por pulso é 0,150 J. (a) Qual é a largura dos pulsos? (b) Quantos fótons são emitidos em cada pulso?

56 F Uma inversão de população entre dois níveis de energia pode ser representada atribuindo uma temperatura absoluta negativa ao sistema. Que temperatura negativa descreveria um sistema no qual a população do nível de maior energia excede de 10% a população do nível de menor energia, e a diferença de energia entre os dois níveis é 2,26 eV?

57 M Um átomo hipotético possui dois níveis de energia, e a transição entre esses níveis produz luz com um comprimento de onda de 580 nm. Em uma amostra a 300 K, $4{,}0 \times 10^{20}$ átomos se encontram no estado de menor energia. (a) Quantos átomos estão no estado de maior energia, supondo que a amostra se encontra em equilíbrio térmico? (b) Suponha que $3{,}0 \times 10^{20}$ átomos sejam "bombeados" para o estado de maior energia por um processo externo, com $1{,}0 \times 10^{20}$ átomos permanecendo no estado de menor energia. Qual será a energia liberada pelos átomos em um pulso de luz se todos os átomos sofrerem ao mesmo tempo uma transição entre os dois níveis (alguns por absorção, outros por emissão estimulada)?

58 M Os espelhos do laser da Fig. 40.7.4, que estão separados por uma distância de 8,0 cm, formam uma cavidade ótica na qual podem se estabelecer ondas estacionárias da luz do laser. Para qualquer onda estacionária, a distância de 8,0 cm deve corresponder a um número inteiro n de meios comprimentos de onda. Na prática, n é um número muito grande e, portanto, a diferença entre os comprimentos de onda das ondas estacionárias é muito pequena. Nas proximidades de $\lambda = 533$ nm, qual é a diferença entre os comprimentos de onda de duas ondas estacionárias correspondentes a valores sucessivos de n?

59 M A Fig. 40.3 mostra os níveis de energia de dois tipos de átomo. Os átomos A estão em um tubo e os átomos B estão em outro tubo. As energias (em relação à energia do estado fundamental, tomada como zero) estão indicadas; o tempo médio de vida dos átomos em cada nível também está indicado. Todos os átomos são inicialmente excitados para

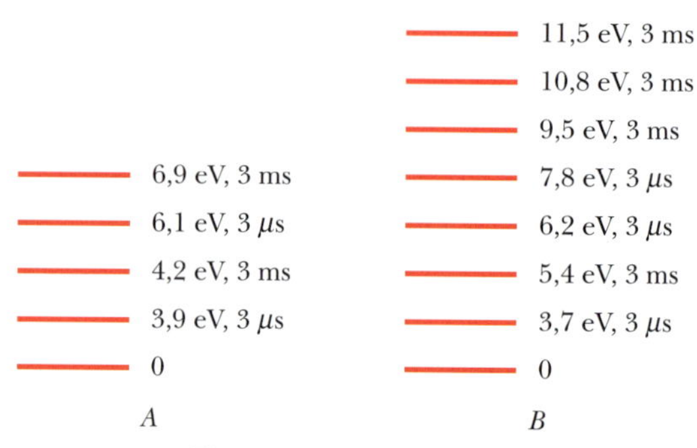

Figura 40.3 Problema 59.

níveis mais altos que os que aparecem na figura. Em seguida, os átomos decaem, passando pelos níveis da figura, e muitos ficam "presos" em certos níveis, o que resulta em uma inversão de população e na possibilidade da existência do efeito laser. A luz emitida por A ilumina B e pode causar emissão estimulada por parte de B. Qual é a energia por fóton dessa emissão estimulada?

60 **M** O feixe de um laser de argônio (com um comprimento de onda de 515 nm) tem um diâmetro d de 3,00 mm e uma potência contínua de 5,00 W. O feixe é focalizado em uma tela por uma lente cuja distância focal f é 3,50 cm. Uma figura de difração com a da Fig. 36.3.1 é formada, na qual o raio do disco central é dado por

$$R = \frac{1{,}22\, f\lambda}{d}$$

(ver Eq. 36.3.1 e a Fig. 36.3.5). É possível demonstrar que o disco central contém 84% da potência incidente. (a) Qual é o raio do disco central? (b) Qual é a intensidade média (potência por unidade de área) do feixe incidente? (c) Qual é a intensidade média no disco central?

61 **M** O meio ativo de um laser que produz fótons com um comprimento de onda de 694 nm tem 6,00 cm de comprimento e 1,00 cm de diâmetro. (a) Considere o meio como uma cavidade ótica ressonante semelhante a um tubo de órgão fechado. Quantos nós possui uma onda estacionária ao longo do eixo do laser? (b) Qual teria de ser o aumento Δf da frequência do laser para que a onda estacionária tivesse mais um nó? (c) Mostre que Δf é igual ao inverso do tempo que a luz leva para fazer uma viagem de ida e volta ao longo do eixo do laser. (d) Qual seria o aumento relativo da frequência, $\Delta f/f$? O índice de refração do meio ativo (um cristal de rubi) é 1,75.

62 **M** O laser de rubi tem um comprimento de onda de 694 nm. Um cristal de rubi possui $4{,}00 \times 10^{19}$ íons de Cr, que são responsáveis pelo efeito laser. A transição envolvida é do primeiro estado excitado para o estado fundamental e o pulso produzido dura 2,00 μs. Quando o pulso começa, 60,0% dos íons de Cr estão no primeiro estado excitado e os outros estão no estado fundamental. Qual é a potência média emitida durante o pulso? (*Sugestão*: Não deixe de levar em conta os íons que estão no estado fundamental.)

Problemas Adicionais

63 A Fig. 40.4 mostra o diagrama de níveis de energia para um elétron em um átomo fictício simulado por um poço de potencial unidimensional infinito de largura L. O número de estados degenerados em cada nível está indicado na figura: "não" significa não degenerado (o que também se aplica ao estado fundamental), "duplo" significa 2 estados, e "triplo" significa 3 estados. Suponha que o poço de potencial contém 22 elétrons. Desprezando a interação eletrostática dos elétrons, que múltiplo de $h^2/8mL^2$ corresponde à energia do estado fundamental do sistema de 22 elétrons?

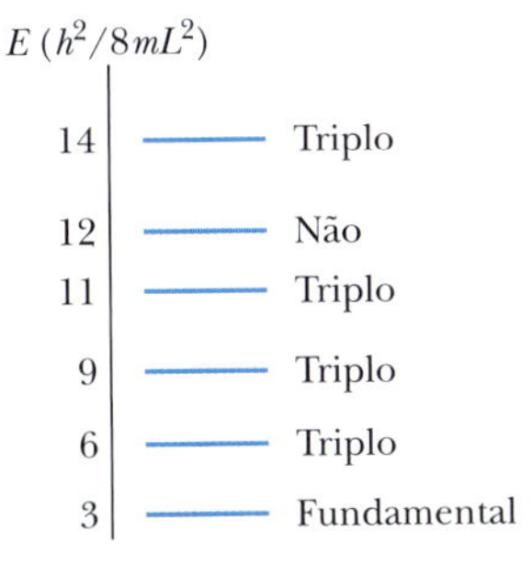

Figura 40.4 Problema 63.

64 *Laser de CO_2 marciano*. Quando a luz solar banha a atmosfera de Marte, as moléculas de dióxido de carbono a uma altitude de aproximadamente 75 km se comportam como o meio ativo de um laser. Os níveis de energia envolvidos aparecem na Fig. 40.5; uma inversão de população ocorre entre os níveis E_2 e E_1. (a) Qual comprimento de onda da luz solar excita as moléculas para o nível E_2? (b) Qual é o comprimento de onda da luz emitida pelo laser? (c) Em que região do espectro eletromagnético se encontram os comprimentos de onda calculados nos itens (a) e (b)?

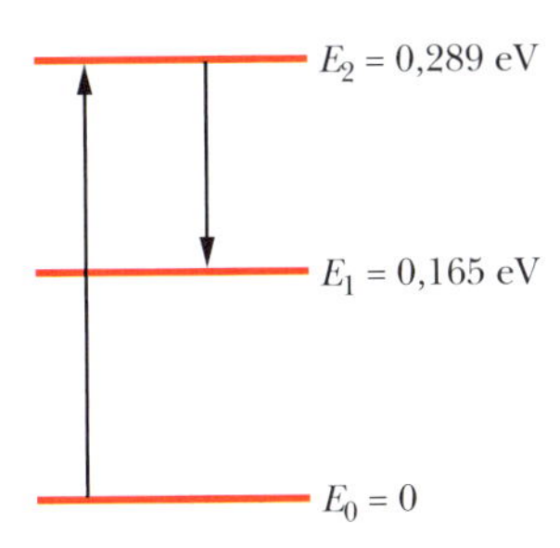

Figura 40.5 Problema 64.

65 Os átomos de sódio excitados emitem duas linhas espectrais muito próximas (o chamado *dubleto do sódio*; ver Fig. 40.6) com comprimentos de onda de 588,995 nm e 589,592 nm. (a) Qual é a diferença de energia entre os dois níveis superiores ($n = 3$, $\ell = 1$)? (b) A diferença de energia do item (a) se deve ao fato de que o momento magnético de spin do elétron pode estar orientado paralelamente ou antiparalelamente ao campo magnético associado ao movimento orbital do elétron. Use o resultado do item (a) para calcular o módulo desse campo magnético interno.

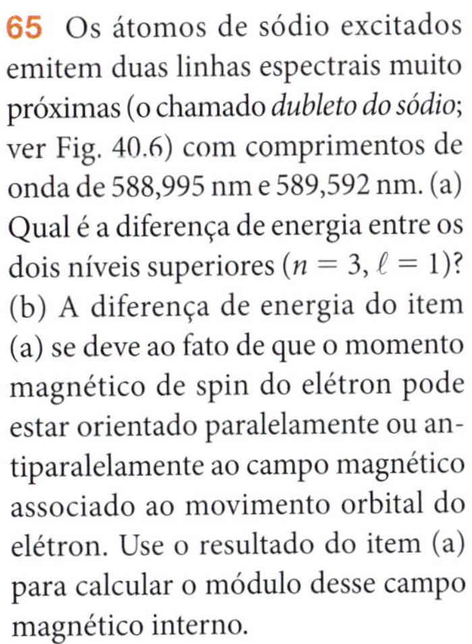

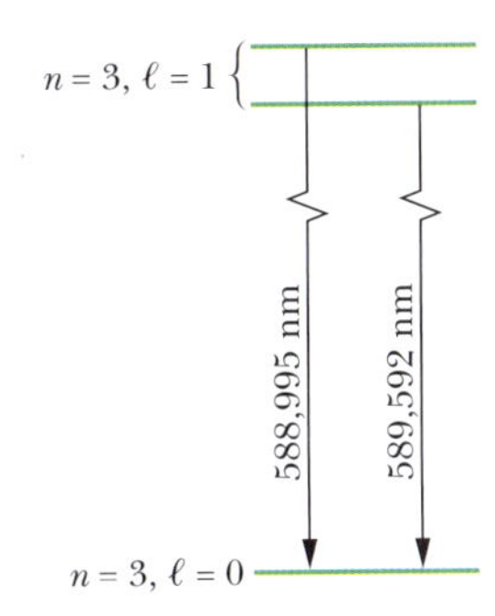

Figura 40.6 Problema 65.

66 *Emissão estimulada em cometas*. Quando um cometa se aproxima do Sol, o calor faz com que o gelo da superfície do cometa sublime, produzindo uma tênue atmosfera de vapor d'água. A luz solar dissocia as moléculas de vapor d'água, produzindo H e OH. A luz solar também pode excitar os radicais OH para níveis de maior energia.

Quando o cometa ainda está relativamente distante do Sol, a luz solar excita os átomos para os níveis E_1 e E_2 com igual probabilidade (Fig. 40.7*a*). Assim, não ocorre uma inversão de população entre os dois níveis. Quando o cometa se aproxima do Sol, a excitação de elétrons para o nível E_1 diminui e acontece uma inversão de população. A razão tem a ver com um dos muitos comprimentos de onda (as chamadas *linhas de Fraunhofer*) que estão ausentes da luz solar por causa da absorção dos átomos da atmosfera solar.

Quando o cometa se aproxima do Sol, a velocidade do cometa em relação ao Sol aumenta e o efeito Doppler se acentua, fazendo uma das linhas de Fraunhofer coincidir com o comprimento de onda necessário para excitar os elétrons dos radicais OH para o nível E_1. A inversão de população resultante faz com que o radical comece a irradiar por emissão estimulada (Fig. 40.7*b*). Ao se aproximar do Sol em dezembro de 1973 e janeiro de 1974, o cometa Kouhoutek apresentou uma forte emissão na frequência de 1.666 MHz em meados de janeiro. (a) Qual é a diferença de energia $E_2 - E_1$ para essa emissão? (b) Em que região do espectro eletromagnético fica essa frequência?

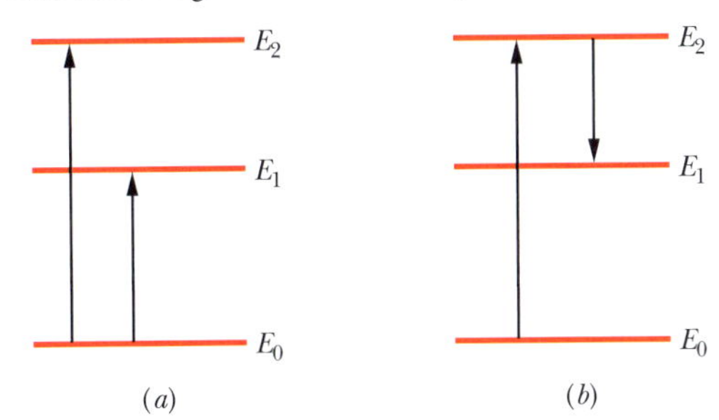

Figura 40.7 Problema 66.

67 Mostre que a frequência de corte (em picômetros) do espectro contínuo de raios X de qualquer alvo é dada por $\lambda_{\text{mín}} = 1240/V$, em que V é a diferença de potencial (em quilovolts) usada para acelerar os elétrons.

68 Medindo o tempo que um pulso de laser emitido por um observatório da Terra leva para ir à Lua e voltar, depois de ser refletido por um espelho deixado pelos astronautas em nosso satélite, é possível medir a distância entre os dois astros. (a) Qual é o valor previsto desse tempo? (b) A distância pode ser medida com uma precisão da ordem de 15 cm. A que indeterminação do tempo de percurso corresponde este valor? (c) Se o laser ilumina uma região da Lua com um diâmetro de 3 km, qual é a divergência angular do feixe?

69 Um míssil balístico intercontinental pode ser destruído por um laser de alta potência? Um feixe com uma intensidade de 10^8 W/m^2 provavelmente seria suficiente para destruir um míssil em 1 s. (a) Um laser com uma potência de 5,0 MW, um comprimento de onda de 3,0 μm e um feixe com 4,0 m de diâmetro (essa descrição corresponde a um laser de grande porte) seria capaz de destruir um míssil a uma distância de 3000 km? (b) Qual deveria ser, no máximo, o valor do comprimento de onda do laser para que o míssil fosse destruído a essa distância? Use a equação para o disco central de difração dada pela Eq. 36.3.1 ($\text{sen}\,\theta = 1{,}22\lambda/d$).

70 Um alvo de molibdênio ($Z = 42$) é bombardeado com elétrons de 35,0 keV, produzindo o espectro de raios X da Fig. 40.6.1. Os comprimentos de onda das linhas K_α e K_β são 63,0 e 71,0 pm, respectivamente. Determine a energia dos fótons responsáveis (a) pela linha K_α e (b) pela linha K_β. Deseja-se filtrar a radiação, usando uma das substâncias da tabela a seguir, de modo a obter uma predominância da linha K_α. Uma substância absorve mais a radiação x_1 que a radiação x_2 se um fóton da radiação x_1 tem energia suficiente para ejetar um elétron K de um átomo da substância, mas o mesmo não acontece com um fóton da radiação x_2. A tabela mostra a energia de ionização do elétron K no molibdênio e em quatro outras substâncias. (c) Qual é a substância mais apropriada para ser usada como filtro? (d) Qual é a segunda substância mais apropriada?

	Zr	Nb	Mo	Tc	Ru
Z	40	40	42	43	44
E_K (keV)	18,00	18,99	20,00	21,04	22,12

71 Um elétron de um átomo tem o número quântico $\ell = 3$. Quais são os valores possíveis de n, m_ℓ, e m_s?

72 Mostre que, se os 63 elétrons de um átomo de európio fossem distribuídos em camadas de acordo com a ordem "natural" dos números quânticos, esse elemento seria quimicamente semelhante ao sódio.

73 Os lasers podem ser usados para gerar pulsos luminosos muito estreitos, com uma duração de apenas 10 fs. (a) Quantos comprimentos de onda de luz visível ($\lambda = 500$ nm) estão contidos em um pulso com essa duração? (b) Determine o valor de X (em anos) na seguinte relação:

$$\frac{10\text{ fs}}{1\text{ s}} = \frac{1\text{ s}}{X}.$$

74 Mostre que $\hbar = 1{,}06 \times 10^{-34}\text{ J}\cdot\text{s} = 6{,}59 \times 10^{-16}\text{ eV}\cdot\text{s}$.

75 Suponha que os elétrons não tivessem spin e que o princípio de exclusão de Pauli pudesse ser aplicado. Algum dos gases nobres permaneceria nessa categoria?

76 (Um problema que envolve o princípio de correspondência.) Estime (a) o número quântico ℓ associado ao movimento da Terra em torno do Sol e (b) o número de orientações permitidas do plano da órbita da Terra, de acordo com as regras de quantização do momento angular. (c) Determine o valor de $\theta_{\text{mín}}$, metade do ângulo do menor cone que pode ser varrido por uma perpendicular à órbita de Terra quando o planeta se move em torno do Sol.

77 Com base na informação de que o comprimento de onda mínimo dos raios X produzidos por elétrons de 40,0 keV ao atingirem um alvo é 31,1 pm, estime o valor de h, a constante de Planck.

78 Considere um átomo com dois estados excitados muito próximos, A e B. Se o átomo salta do estado fundamental para o estado A ou para o estado B, ele emite um fóton com um comprimento de onda de 500 nm ou 510 nm, respectivamente. Qual é a diferença de energia entre os estados A e B?

79 **CALC** Em 1911, Ernest Rutherford propôs um modelo segundo o qual o átomo seria formado por uma carga pontual de carga positiva Ze no centro de uma esfera de carga negativa $-Ze$, uniformemente distribuída em uma esfera de raio R. A uma distância $r < R$ do centro da esfera, o potencial elétrico é

$$V = \frac{Ze}{4\pi\varepsilon_0}\left(\frac{1}{r} - \frac{3}{2R} + \frac{r^2}{2R^3}\right).$$

(a) A partir da expressão de V, calcule o módulo do campo elétrico para $0 \le r \le R$. Determine (b) o campo elétrico e (c) o potencial para $r \ge R$.

CAPÍTULO 41

Condução de Eletricidade nos Sólidos

41.1 PROPRIEDADES ELÉTRICAS DOS METAIS

Objetivos do Aprendizado

Depois de ler este módulo, você será capaz de ...

41.1.1 Conhecer as três propriedades básicas dos sólidos cristalinos e desenhar a célula unitária de um sólido cristalino.

41.1.2 Conhecer a diferença entre isolantes, metais e semicondutores.

41.1.3 Explicar, usando desenhos, a transição dos níveis de energia de um átomo isolado para as bandas de energia dos sólidos.

41.1.4 Desenhar o diagrama de níveis de energia de um isolante, mostrando as bandas cheias e vazias, e explicar o que impede os elétrons de participar de uma corrente elétrica.

41.1.5 Desenhar o diagrama de níveis de energia de um metal e explicar por que, ao contrário do que acontece nos isolantes, os elétrons dos metais podem participar de uma corrente elétrica.

41.1.6 Saber o que é o nível de Fermi, a energia de Fermi e a velocidade de Fermi.

41.1.7 Conhecer a diferença entre átomos monovalentes, átomos divalentes e átomos trivalentes.

41.1.8 No caso de um condutor, conhecer a relação entre a concentração de elétrons de condução e a massa específica, o volume e a massa molar do material.

41.1.9 Saber que, no caso de uma banda de energia parcialmente ocupada de um metal, a agitação térmica pode transferir alguns elétrons de condução para níveis de maior energia.

41.1.10 Calcular a densidade de estados $N(E)$ de um material e saber que se trata, na verdade, de uma dupla densidade (por unidade de volume e por unidade de intervalo de energia).

41.1.11 Calcular o número de estados por unidade de volume em um intervalo ΔE no entorno da energia E de uma banda integrando $N(E)$ ao longo do intervalo ou, se $\Delta E \ll E$, calculando o produto $N(E)\,\Delta E$.

41.1.12 Calcular a probabilidade $P(E)$ de que um nível de energia E de um material esteja ocupado por elétrons.

41.1.13 Saber que a probabilidade $P(E)$ é 0,5 para $E = E_F$, em que E_F é o nível de Fermi.

41.1.14 Calcular a densidade de estados ocupados $N_o(E)$.

41.1.15 Calcular o número de estados e o número de estados ocupados em um dado intervalo de energia.

41.1.16 Desenhar os gráficos da densidade de estados $N(E)$, da probabilidade de ocupação $P(E)$ e da densidade de estados ocupados $N_o(E)$.

41.1.17 Conhecer a relação entre a energia de Fermi e a concentração de elétrons de condução.

Ideias-Chave

- Os sólidos cristalinos podem ser classificados em isolantes, metais e semicondutores.
- Os níveis de energia quantizados dos sólidos cristalinos formam bandas permitidas que são separadas por bandas proibidas.
- Nos metais, a banda ocupada de maior energia está parcialmente ocupada por elétrons, e o nível ocupado de maior energia a 0 K é chamado nível de Fermi e representado pelo símbolo E_F.
- Nos metais, os elétrons de condução são os elétrons de uma banda parcialmente ocupada, cuja concentração (número por unidade de volume) é dada por

$$n = \frac{\text{massa específica}}{M/N_A},$$

em que M é a massa molar do material e N_A é o número de Avogadro.

- A densidade de estados $N(E)$ dos níveis de energia por unidade de volume e por unidade de intervalo de energia é dada por

$$N(E) = \frac{8\sqrt{2}\pi m^{3/2}}{h^3}E^{1/2},$$

em que m é a massa do elétron.

- A probabilidade de ocupação $P(E)$ é a probabilidade de que um nível de energia seja ocupado por um elétron:

$$P(E) = \frac{1}{e^{(E-E_F)/kT} + 1}.$$

- A densidade de estados ocupados $N_o(E)$ é dada pelo produto da densidade de estados pela probabilidade de ocupação:

$$N_o(E) = N(E)\,P(E).$$

- A energia de Fermi E_F de um metal pode ser calculada integrando $N_o(E)$ para $T = 0\text{ K}$ (zero absoluto) de $E = 0$ a $E = E_F$. O resultado é

$$E_F = \left(\frac{3}{16\sqrt{2}\pi}\right)^{2/3}\frac{h^2}{m}n^{2/3} = \frac{0{,}121h^2}{m}n^{2/3}.$$

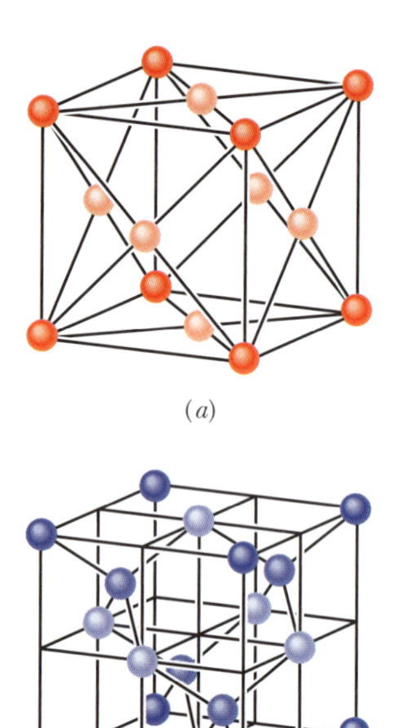

Figura 41.1.1 (*a*) A célula unitária do cobre tem a forma de um cubo. Existe um átomo de cobre (tom mais escuro) em cada vértice do cubo e um átomo de cobre (tom mais claro) no centro de cada face do cubo. Esse tipo de estrutura é chamado *rede cúbica de faces centradas*. (*b*) A célula unitária do silício e do diamante também tem a forma de um cubo; nesse tipo de estrutura, conhecido com *rede do diamante*, existe um átomo (representado em tom mais escuro) em cada vértice do cubo e um átomo (representado em tom mais claro) no centro de cada face do cubo. Além disso, existem quatro átomos (representados em tom intermediário) no interior do cubo. Cada átomo está ligado aos quatro vizinhos mais próximos por uma ligação covalente que envolve dois elétrons. (A figura mostra os quatro vizinhos mais próximos apenas para os quatro átomos que estão no interior do cubo.)

O que É Física?

Uma questão importante da física, da qual depende o desenvolvimento da *microeletrônica*, é a seguinte: Quais são os mecanismos por meio dos quais um material conduz, ou não conduz, uma corrente elétrica? Essa pergunta ainda não foi respondida de forma totalmente satisfatória, principalmente porque qualquer explicação envolve a aplicação da física quântica, não a átomos e partículas isoladas, como nos últimos capítulos, mas a um número enorme de partículas que estão concentradas em um pequeno volume e interagem de várias formas. Nosso ponto de partida para abordar essa questão será dividir os sólidos entre os que conduzem e os que não conduzem corrente elétrica.

Propriedades Elétricas dos Sólidos

Neste capítulo, vamos discutir apenas **sólidos cristalinos**, isto é, sólidos cujos átomos estão dispostos em uma estrutura periódica tridimensional conhecida como **rede cristalina**. Não consideraremos sólidos como a madeira, o plástico, o vidro e a borracha, cujos átomos não formam uma estrutura periódica. A Fig. 41.1.1 mostra as unidades básicas (**células unitárias**) das redes cristalinas do cobre, nosso protótipo de metal, e do silício e do diamante (carbono), nossos protótipos de semicondutor e isolante, respectivamente.

Podemos classificar os sólidos, do ponto de vista elétrico, de acordo com três propriedades básicas:

1. A **resistividade** ρ, cuja unidade no SI é o ohm-metro ($\Omega \cdot$ m); a resistividade foi definida no Módulo 26.3.
2. O **coeficiente de temperatura da resistividade** α é definido pela relação $\alpha = (1/\rho)(d\rho/dT)$ (ver Eq. 26.3.10), cuja unidade no SI é o inverso do kelvin (K^{-1}). Para determinar experimentalmente o α de um sólido, é preciso medir a resistividade ρ em várias temperaturas.
3. A **concentração de portadores de carga** n, definida como o número de portadores de carga por unidade de volume, cuja unidade no SI é o inverso do metro cúbico (m^{-3}). Um dos métodos para medir essa grandeza utiliza o efeito Hall, que foi discutido no Módulo 28.3.

Medindo a resistividade de diferentes materiais, constatamos que existem alguns materiais, os chamados **isolantes**, que, para todos os efeitos práticos, não conduzem eletricidade. Em outras palavras, a resistividade elétrica desses materiais é extremamente elevada. O diamante, um bom exemplo, tem uma resistividade 10^{24} vezes maior que a do cobre.

Podemos usar as medidas de ρ, α e n para dividir os materiais, que não são isolantes, em duas categorias principais: **metais** e **semicondutores**.

Os semicondutores possuem uma resistividade ρ bem maior que a dos metais.

O coeficiente de temperatura da resistividade α dos semicondutores é negativo e relativamente elevado, enquanto o dos metais é positivo e relativamente pequeno. Em outras palavras, a resistividade de um semicondutor *diminui* rapidamente quando a temperatura aumenta, enquanto a dos metais *aumenta* lentamente quando a temperatura aumenta.

Os semicondutores possuem uma concentração de portadores n bem menor que a dos metais.

A Tabela 41.1.1 mostra os valores dessas grandezas para o cobre, nosso protótipo de metal, e para o silício, nosso protótipo de semicondutor.

Vamos agora tentar responder à questão central deste capítulo: *O que faz do diamante um isolante, do cobre um metal, e do silício um semicondutor?*

Níveis de Energia em um Sólido Cristalino

A distância entre átomos vizinhos no cobre à temperatura ambiente é 260 pm. A Fig. 41.1.2*a* mostra dois átomos isolados de cobre separados por uma distância r muito

Tabela 41.1.1 Algumas Propriedades Elétricas do Cobre e do Silício[a]

Propriedade	Unidade	Elemento	
		Cobre	Silício
Tipo de condutor		Metal	Semicondutor
Resistividade, ρ	$\Omega \cdot m$	2×10^{-8}	3×10^{3}
Coeficiente de temperatura da resistividade, α	K^{-1}	$+4 \times 10^{-3}$	-70×10^{-3}
Concentração de portadores de carga, n	m^{-3}	9×10^{28}	1×10^{16}

[a]Todos os valores são para a temperatura ambiente.

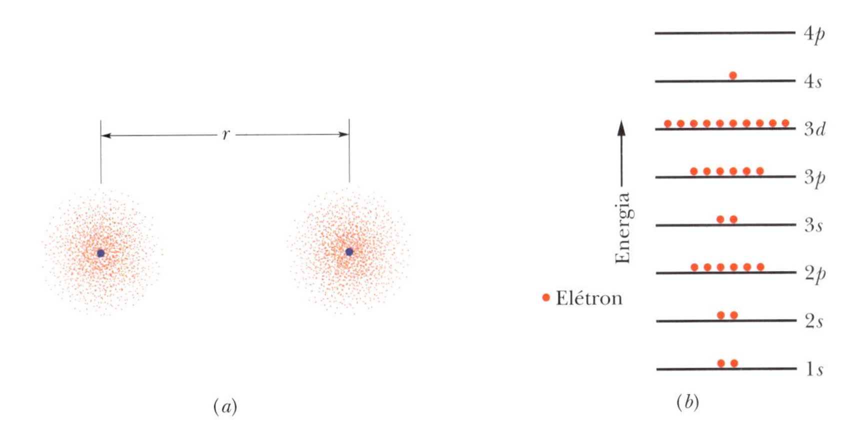

Figura 41.1.2 (*a*) Dois átomos de cobre separados por uma grande distância; as distribuições de elétrons nos átomos estão representadas por gráficos de pontos. (*b*) Cada átomo de cobre possui 29 elétrons, distribuídos em várias subcamadas. Em um átomo neutro no estado fundamental, todas as subcamadas até o nível 3*d* estão totalmente ocupadas, e a subcamada 4*s* contém um elétron (a subcamada pode acomodar dois elétrons); as subcamadas de maior energia estão vazias. Para simplificar o desenho, a separação entre os níveis de energia foi mostrada na figura como se fosse constante.

maior que 260 pm. Como se pode ver na Fig. 41.1.2*b*, cada átomo contém 29 elétrons distribuídos em diferentes subcamadas, da seguinte forma:

$$1s^2\,2s^2\,2p^6\,3s^2\,3p^6\,3d^{10}\,4s^1.$$

A notação do Módulo 40.5 foi usada para rotular as subcamadas. Assim, por exemplo, a subcamada com número quântico principal $n = 3$ e número quântico orbital $\ell = 1$ é denominada subcamada 3*p*. Essa subcamada pode acomodar $2(2\ell + 1) = 6$ elétrons; o número de estados realmente ocupados é indicado por um índice superior. Podemos ver que as primeiras seis subcamadas do cobre estão totalmente ocupadas, mas a última, a subcamada 4*s*, que pode acomodar 2 elétrons, contém apenas um.

Quando aproximamos dois átomos como os da Fig. 41.1.2*a*, as funções de onda se superpõem. Nesse caso, não podemos mais falar de átomos independentes; temos que considerar um sistema de dois átomos. Esse sistema, que, no caso do cobre, contém $2 \times 29 = 58$ elétrons, está sujeito ao princípio de exclusão de Pauli, o que significa que os 58 elétrons devem ocupar estados quânticos diferentes. Em consequência, cada nível de energia do átomo isolado se desdobra em *dois* níveis.

A rede cristalina do cobre é formada por um número muito maior de átomos, reunidos em um arranjo periódico. Se a rede cristalina contém N átomos, cada nível de um átomo isolado de cobre se desdobra em N níveis. Assim, em uma rede cristalina, os níveis de energia de um átomo isolado se desdobram para formar **bandas de energia**, separadas por **bandas proibidas**, isto é, níveis de energia que nenhum elétron pode ocupar. Uma banda típica tem alguns elétrons-volts de largura. Como N pode ser da ordem de 10^{24}, o espaçamento dos níveis no interior de uma banda é extremamente pequeno, e a banda pode ser considerada praticamente contínua.

A Fig. 41.1.3 mostra a estrutura de bandas de energia de um sólido cristalino típico. Observe que as bandas de menor energia são mais estreitas que as de maior energia. Isso acontece porque os elétrons que ocupam as bandas de menor energia estão mais próximos do núcleo atômico, e as funções de onda desses elétrons não sofrem uma grande superposição com as funções de onda dos elétrons correspondentes dos átomos vizinhos. Por essa razão, o desdobramento dos níveis de energia não é tão grande como o dos níveis de energia ocupados pelos elétrons mais distantes do núcleo.

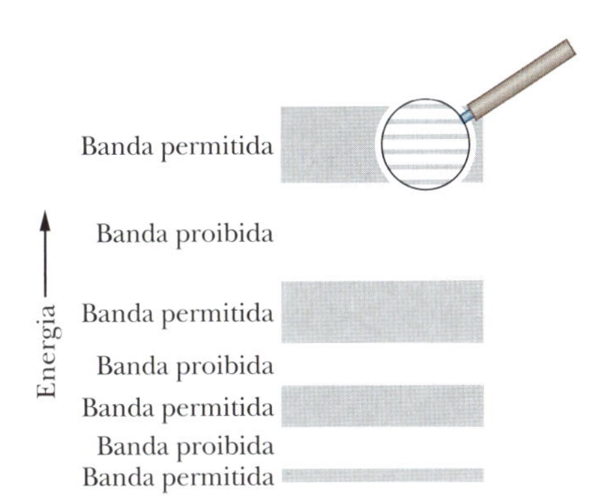

Figura 41.1.3 Bandas de energia de um sólido cristalino típico. Como mostra a ampliação, as bandas são formadas por um grande número de níveis de energia com um espaçamento extremamente pequeno. (Em muitos sólidos, bandas vizinhas se superpõem; para simplificar o desenho, não mostramos essa situação.)

Nos isolantes, a energia dos elétrons precisa aumentar muito para que haja corrente.

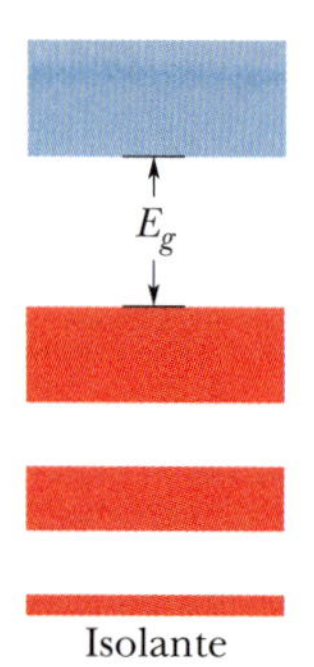

Figura 41.1.4 Bandas de energia de um isolante; os níveis ocupados são mostrados em vermelho, e os níveis desocupados em azul.

Isolantes

Dizemos que uma substância é isolante se a aplicação de uma diferença de potencial à substância não produz uma corrente elétrica. Para que exista uma corrente elétrica, é necessário que a energia cinética média dos elétrons do material aumente. Para isso, alguns elétrons devem passar para um nível mais alto de energia. Nos isolantes, como mostra a Fig. 41.1.4, a banda de maior energia que contém elétrons está totalmente ocupada e o princípio de exclusão de Pauli impede que elétrons sejam transferidos para níveis já ocupados. Assim, os elétrons da banda totalmente ocupada de um isolante não têm para onde ir. É como se alguém tentasse escalar uma escada estreita com uma pessoa parada em cada degrau; por falta de degraus vazios, a pessoa não conseguiria subir.

Existem muitos níveis desocupados em uma banda que fica acima da última banda ocupada da Fig. 41.1.4. Entretanto, para que um elétron seja transferido para um desses níveis, ele precisa adquirir energia suficiente para superar a diferença de energia entre as duas bandas. No diamante, a diferença é tão grande (5,5 eV, ou seja, 140 vezes a energia térmica de um elétron à temperatura ambiente) que praticamente nenhum elétron consegue transpô-la. Por essa razão, o diamante se comporta como um isolante.

Exemplo 41.1.1 Probabilidade de excitação de um elétron em um isolante 41.1

Estime a probabilidade de que, à temperatura ambiente (300 K), um elétron da extremidade superior da última banda ocupada do diamante (um isolante) passe para a extremidade inferior da primeira banda desocupada, separada da primeira por uma energia E_g. Para o diamante, $E_g = 5{,}5$ eV.

IDEIA-CHAVE

No Capítulo 40, usamos a Eq. 40.7.2,

$$\frac{N_x}{N_0} = e^{-(E_x - E_0)/kT}, \qquad (41.1.1)$$

para relacionar a população N_x de átomos do nível de energia E_x à população N_0 do nível E_0, supondo que os átomos façam parte de um sistema em equilíbrio térmico à temperatura T (medida em kelvins); k é a constante de Boltzmann ($8{,}62 \times 10^{-5}$ eV/K). Neste capítulo, podemos usar a Eq. 41.1.1 para calcular a probabilidade *aproximada* P de que um elétron em um isolante transponha a barreira de energia E_g da Fig. 41.1.4.

Cálculos: A probabilidade P é aproximadamente igual à razão N_x/N_0 entre as populações na extremidade inferior da banda de cima e na extremidade superior da banda de baixo, que pode ser calculada usando a Eq. 41.1.1 com $E_x - E_0 = E_g$.

No caso do diamante, o expoente da Eq. 41.1.1 é

$$-\frac{E_g}{kT} = -\frac{5{,}5 \text{ eV}}{(8{,}62 \times 10^{-5} \text{ eV/K})(300 \text{ K})} = -213.$$

A probabilidade pedida é, portanto,

$$P = \frac{N_x}{N_0} = e^{-(E_g/kT)} = e^{-213} \approx 3 \times 10^{-93}. \qquad \text{(Resposta)}$$

Esse resultado mostra que aproximadamente 3 elétrons em cada 10^{93} conseguem passar para a banda de cima. Como os maiores diamantes conhecidos têm menos de 10^{23} elétrons, a probabilidade de que esse salto ocorra é extremamente pequena. É por isso que o diamante é um ótimo isolante.

Nos metais, a energia dos elétrons não precisa aumentar muito para que haja corrente.

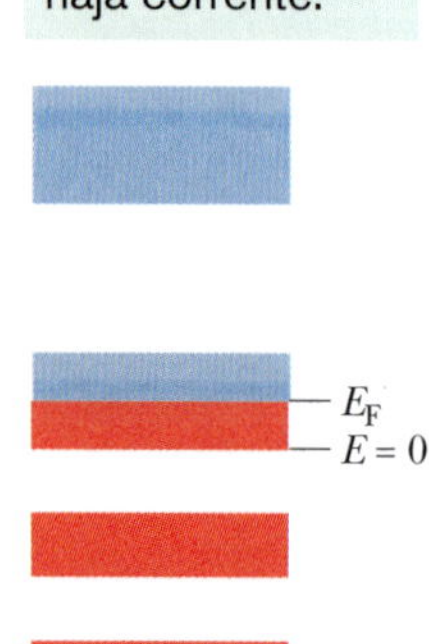

Figura 41.1.5 Bandas de energia de um metal. O nível mais alto ocupado, chamado nível de Fermi, fica perto do centro de uma banda. Como existem níveis vazios disponíveis dentro da banda, os elétrons podem ser transferidos facilmente para esses níveis, e o material conduz corrente elétrica.

Metais 41.1 41.1 e 41.2

O que define um metal é que, como na Fig. 41.1.5, o nível de energia mais alto ocupado pelos elétrons está perto do centro de uma banda de energias permitidas. Quando aplicamos uma diferença de potencial a um metal, produzimos uma corrente elétrica, já que existem muitos estados com uma energia ligeiramente maior para os quais os elétrons podem ser transferidos pela diferença de potencial.

No Módulo 26.4, apresentamos o **modelo dos elétrons livres** para um metal, no qual os **elétrons de condução** estavam livres para se mover no interior do material, como as moléculas de um gás em um recipiente fechado. Usamos esse modelo para chegar a uma expressão para a resistividade de um metal, supondo que os elétrons obedeciam às leis da mecânica newtoniana. Agora vamos usar o mesmo modelo para explicar o comportamento dos elétrons de condução na banda parcialmente completa da Fig. 41.1.5. Dessa vez, vamos respeitar as leis da física quântica, supondo que as energias dos elétrons são quantizadas e que o princípio de exclusão de Pauli é respeitado.

Vamos supor também que a energia potencial elétrica U de um elétron de condução tem o mesmo valor em todos os pontos do material. Tomamos arbitrariamente esse valor como zero, caso em que a energia mecânica E dos elétrons é igual à energia cinética e a extremidade inferior da banda parcialmente ocupada da Fig. 41.1.5 corresponde a $E = 0$. O nível mais alto ocupado da banda no zero absoluto ($T = 0$ K) é denominado **nível de Fermi**; a energia correspondente é chamada de **energia de Fermi** e representada pelo símbolo E_F. No caso do cobre, $E_F = 7{,}0$ eV.

A velocidade de um elétron com uma energia cinética igual à energia de Fermi é chamada **velocidade de Fermi** e representada pelo símbolo v_F. No caso do cobre, $v_F = 1{,}6 \times 10^6$ m/s. Este fato deve ser suficiente para desmentir a crença popular de que todos os movimentos cessam no zero absoluto. A essa temperatura, por causa do princípio de exclusão de Pauli, os elétrons estão distribuídos na banda parcialmente completa da Fig. 41.1.5 com energias que vão de zero até a energia de Fermi.

Quantos Elétrons de Condução Existem?

Se pudéssemos observar o que acontece com os elétrons dos átomos quando se unem para formar um sólido, veríamos que os elétrons de condução de um metal são os *elétrons de valência* (elétrons da última camada) dos átomos originais. Os átomos *monovalentes* contribuem com um elétron para os elétrons de condução de um metal; os átomos *divalentes* contribuem com dois. Assim, o número total de elétrons de condução é dado por

$$\begin{pmatrix}\text{número de elétrons de}\\ \text{condução da amostra}\end{pmatrix} = \begin{pmatrix}\text{número de átomos}\\ \text{da amostra}\end{pmatrix}\begin{pmatrix}\text{número de elétrons}\\ \text{de valência por átomo}\end{pmatrix}. \quad (41.1.2)$$

(Neste capítulo, vamos escrever várias equações usando palavras em lugar de símbolos porque os símbolos que usamos anteriormente para representar essas grandezas agora representam outras grandezas.) A *concentração* de elétrons de condução em uma amostra, representada pela letra n, é o número de elétrons de condução por unidade de volume:

$$n = \frac{\text{número de elétrons de condução da amostra}}{\text{volume da amostra, } V}. \quad (41.1.3)$$

Podemos relacionar o número de átomos em uma amostra a várias outras propriedades da amostra e do material de que é feita a amostra usando as seguintes equações:

$$\begin{pmatrix}\text{número de átomos}\\ \text{da amostra}\end{pmatrix} = \frac{\text{massa da amostra, } M_{\text{am}}}{\text{massa atômica}} = \frac{\text{massa da amostra, } M_{\text{am}}}{(\text{massa molar, } M)/N_A}$$
$$= \frac{(\text{massa específica})(\text{volume da amostra, } V)}{(\text{massa molar, } M)/N_A}, \quad (41.1.4)$$

em que a massa molar M é a massa de um mol do material de que é feita a amostra e N_A é o número de Avogadro ($6{,}02 \times 10^{23}$ mol^{-1}).

Exemplo 41.1.2 Número de elétrons de condução de um metal 41.2

Quantos elétrons de condução existem em um cubo de magnésio com um volume de $2{,}00 \times 10^{-6}$ m^3? Os átomos de magnésio são divalentes.

IDEIAS-CHAVE

1. Como os átomos de magnésio são divalentes, cada átomo de magnésio contribui com dois elétrons de condução.
2. O número de elétrons de condução existentes no cubo está relacionado ao número de átomos do cubo pela Eq. 41.1.2.
3. Podemos determinar o número de átomos usando a Eq. 41.1.4 e os dados conhecidos a respeito do volume do cubo e das propriedades do magnésio.

Cálculos: A Eq. 41.1.4 pode ser escrita na forma

$$\begin{pmatrix}\text{número}\\ \text{de átomos}\\ \text{da amostra}\end{pmatrix} = \frac{(\text{massa específica})(\text{volume da amostra, } V)N_A}{\text{massa molar, } M}$$

O magnésio tem massa específica de 1,738 g/cm³ (= $1{,}738 \times 10^3$ kg/m³) e massa molar de 24,312 g/mol (= $24{,}312 \times 10^{-3}$ kg/mol) (ver Apêndice F). O numerador é igual a

$$(1{,}738 \times 10^3\ \text{kg/m}^3)(2{,}00 \times 10^{-6}\ \text{m}^3) \times (6{,}02 \times 10^{23}\ \text{átomos/mol}) = 2{,}0926 \times 10^{21}\ \text{kg/mol}.$$

Assim,

$$\begin{pmatrix}\text{número de átomos}\\ \text{da amostra}\end{pmatrix} = \frac{2{,}0926 \times 10^{21}\ \text{kg/mol}}{24{,}312 \times 10^{-3}\ \text{kg/mol}} = 8{,}61 \times 10^{22}.$$

Usando esse resultado e o fato de que os átomos de magnésio são divalentes, obtemos

$$\begin{pmatrix}\text{número de}\\ \text{elétrons de condução}\\ \text{da amostra}\end{pmatrix} = (8{,}61 \times 10^{22}\ \text{átomos})\left(2\,\frac{\text{elétrons}}{\text{átomo}}\right) = 1{,}72 \times 10^{23}\ \text{elétrons.} \qquad \text{(Resposta)}$$

Condutividade Acima do Zero Absoluto

Nosso interesse prático está na condução de eletricidade por metais em temperaturas muito acima do zero absoluto. O que acontece com a distribuição de elétrons da Fig. 41.1.5 quando a temperatura aumenta? Como vamos ver em seguida, as mudanças em relação à distribuição no zero absoluto são surpreendentemente pequenas. Dos elétrons que estão na banda parcialmente ocupada da Fig. 41.1.5, apenas os que têm energias próximas da energia de Fermi são afetados pela agitação térmica. Mesmo para $T = 1.000$ K, temperatura na qual o cobre já está incandescente, a distribuição de elétrons entre os níveis disponíveis não é muito diferente da distribuição para $T = 0$ K.

Existe uma explicação para isso. A grandeza kT, em que k é a constante de Boltzmann, é uma medida conveniente da energia que pode ser fornecida a um elétron de condução pelas vibrações aleatórias da rede cristalina. Para $T = 1.000$ K, $kT = 0{,}086$ eV. É extremamente improvável que a agitação térmica forneça a um elétron uma energia muito maior que esse valor; em consequência, apenas um pequeno número de elétrons (aqueles muito próximos do nível de Fermi) recebe energia suficiente para ser promovido a um nível desocupado. Em linguagem poética, a agitação térmica produz apenas pequenas ondulações na superfície do mar de elétrons de Fermi; as vastas profundezas do mar não são afetadas.

Quantos Estados Quânticos Existem?

A capacidade de um metal de conduzir eletricidade depende do número de estados disponíveis para os elétrons e da energia desses estados. Surge naturalmente uma pergunta: Quais são as energias dos estados que compõem a banda parcialmente completa da Fig. 41.1.5? Essa pergunta não pode ser respondida, pois os estados são tão numerosos que seria impossível enumerá-los. Uma pergunta que *pode* ser respondida é a seguinte: Quantos estados existem por unidade de volume no intervalo de energias entre E e $E + dE$? Esse número é normalmente escrito na forma $N(E)\,dE$, em que $N(E)$ é uma grandeza conhecida como **densidade de estados**. A unidade de $N(E)\,dE$ no SI é o número de estados por metro cúbico (estados/m³ ou, simplesmente, m^{-3}), e a unidade de $N(E)$ mais usada na prática, embora não seja uma unidade do SI, é o número de estados por metro cúbico e por elétron-volt ($\text{m}^{-3}\,\text{eV}^{-1}$).

Podemos obter uma expressão para a densidade de estados contando o número de diferentes ondas estacionárias que podem ser excitadas em uma caixa do tamanho da amostra que estamos estudando. O processo é análogo ao de contar o número de ondas sonoras estacionárias que podem existir em um tubo de órgão. A diferença é que nosso problema é tridimensional (o problema do tubo de órgão é unidimensional) e as ondas são ondas de matéria (as ondas em um tubo de órgão são ondas sonoras). É possível demonstrar o seguinte resultado:

$$N(E) = \frac{8\sqrt{2}\pi m^{3/2}}{h^3} E^{1/2} \qquad \text{(densidade de estados, m}^{-3}\,\text{J}^{-1}\text{)}, \qquad (41.1.5)$$

em que m (= $9{,}109 \times 10^{-31}$ kg) é a massa do elétron, h (= $6{,}626 \times 10^{-34}$ J · s) é a constante de Planck, E é a energia em joules para a qual o valor de $N(E)$ é calculado, e $N(E)$ é a densidade de estados em número de estados por metro cúbico e por joule ($\text{m}^{-3} \cdot \text{J}^{-1}$).

Figura 41.1.6 A função densidade de estados $N(E)$, definida como o número de níveis de energia disponíveis para os elétrons por unidade de energia e por unidade de volume, plotada em função da energia. A função densidade de estados expressa apenas o número de estados disponíveis; esses estados podem estar, ou não, ocupados por elétrons.

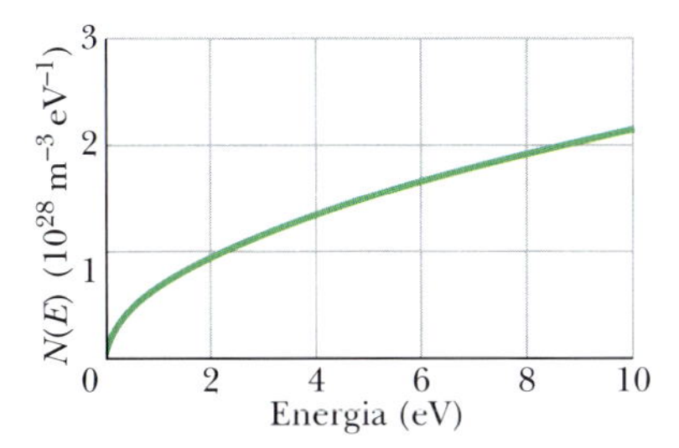

Para modificar a Eq. 41.1.5 de tal maneira que o valor de E esteja em elétrons-volts e o valor de $N(E)$ em número de estados por metro cúbico e por elétron-volt ($m^{-3} \cdot eV^{-1}$), basta multiplicar o lado direito da equação por $e^{3/2}$, em que e é a carga fundamental, $1{,}602 \times 10^{-19}$ C. A Fig. 41.1.6 mostra um gráfico dessa versão modificada da Eq. 41.1.5. Observe que a densidade de estados é independente da forma, temperatura e composição da amostra.

Teste 41.1.1

A distância entre níveis de energia vizinhos em uma amostra de cobre para $E = 4$ eV é maior, igual ou menor que a distância entre níveis vizinhos para $E = 6$ eV?

Exemplo 41.1.3 Número de estados por elétron-volt em um metal 41.3

(a) Use os dados da Fig. 41.1.6 para determinar o número de estados por elétron-volt para $E = 7$ eV em uma amostra metálica com um volume $V = 2 \times 10^{-9}$ m^3.

IDEIA-CHAVE

Podemos obter o número de estados por elétron-volt para uma energia qualquer a partir da densidade de estados $N(E)$ para essa energia e do volume V da amostra.

Cálculos: Para uma energia de 7 eV, temos

$$\begin{pmatrix}\text{número de estados}\\ \text{por eV para 7 eV}\end{pmatrix} = \begin{pmatrix}\text{densidade de estados}\\ N(E) \text{ para 7 eV}\end{pmatrix}\begin{pmatrix}\text{volume da}\\ \text{amostra, } V\end{pmatrix}.$$

Segundo a Fig. 41.1.6, para uma energia de 7 eV, a densidade de estados é $1{,}8 \times 10^{28}$ m$^{-3} \cdot$ eV^{-1}. Assim, temos

$$\begin{pmatrix}\text{número de estados}\\ \text{por eV para 7 eV}\end{pmatrix} = (1{,}8 \times 10^{28}\ \text{m}^{-3}\ \text{eV}^{-1})(2 \times 10^{-9}\ \text{m}^3)$$
$$= 3{,}6 \times 10^{19}\ \text{eV}^{-1}$$
$$\approx 4 \times 10^{19}\ \text{eV}^{-1}. \quad \text{(Resposta)}$$

(b) Determine o número N de estados em um *pequeno* intervalo de energia $\Delta E = 0{,}003$ eV, com centro em 7 eV (o intervalo é considerado pequeno porque é muito menor que o valor central).

Cálculo: De acordo com a Eq. 41.1.5 e a Fig. 41.1.6, sabemos que a densidade de estados depende da energia E; entretanto, para um pequeno intervalo ΔE (*pequeno*, nesse contexto, significa $\Delta E \ll E$), podemos supor que a densidade de estados (e, portanto, o número de estados por elétron-volt) é aproximadamente constante. Assim, para uma energia de 7 eV e um intervalo de energia $\Delta E = 0{,}003$ eV, temos a seguinte relação aproximada:

$$\begin{pmatrix}\text{número de estados } N \text{ no}\\ \text{intervalo } \Delta E \text{ para 7 eV}\end{pmatrix} = \begin{pmatrix}\text{número de estados}\\ \text{por eV para 7 eV}\end{pmatrix}\begin{pmatrix}\text{intervalo}\\ \Delta E\end{pmatrix}$$

ou

$$N = (3{,}6 \times 10^{19}\ \text{eV}^{-1})(0{,}003\ \text{eV})$$
$$= 1{,}1 \times 10^{17} \approx 1 \times 10^{17}. \quad \text{(Resposta)}$$

(Quando tiver que calcular o número de estados em um intervalo de energia, o leitor deve verificar primeiro se o intervalo é suficientemente pequeno para que esse tipo de aproximação possa ser usado.)

A Probabilidade de Ocupação $P(E)$

Se um nível de energia E está disponível, qual é a probabilidade $P(E)$ de que o nível esteja ocupado por um elétron? Em $T = 0$ K, sabemos que, para todas as energias menores que a energia de Fermi, $P(E) = 1$, ou seja, todos os níveis estão ocupados. Sabemos também que, para todas as energias maiores que a energia de Fermi, $P(E) = 0$, isto é, todos os níveis estão desocupados. Essa situação está ilustrada na Fig. 41.1.7*a*.

Para determinar a função $P(E)$ em temperaturas acima do zero absoluto, precisamos usar uma estatística quântica conhecida como **estatística de Fermi-Dirac** em homenagem aos cientistas que a propuseram. Usando essa estatística, é possível demonstrar que a **probabilidade de ocupação** $P(E)$ é dada por

$$P(E) = \frac{1}{e^{(E - E_F)/kT} + 1} \quad \text{(probabilidade de ocupação).} \qquad (41.1.6)$$

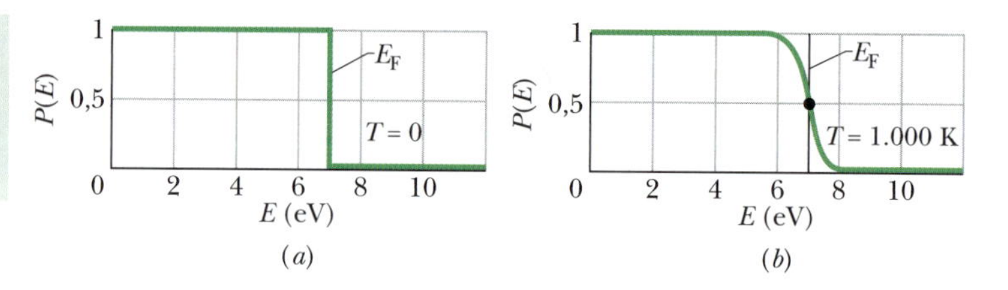

Figura 41.1.7 A função probabilidade de ocupação, $P(E)$, expressa a probabilidade de que um nível de energia seja ocupado por um elétron. (*a*) Em $T = 0$ K, $P(E) = 1$ para níveis com energia menor que a energia de Fermi, E_F, e $P(E) = 0$ para níveis com energia maior que E_F. (*b*) Em $T = 1.000$ K, a agitação térmica faz com que alguns poucos elétrons com energia ligeiramente menor que a energia de Fermi sejam excitados para estados com energia ligeiramente maior que a energia de Fermi. O ponto na curva mostra que, para $E = E_F$, $P(E) = 0{,}5$.

em que E_F é a energia de Fermi. Observe que $P(E)$ não depende da energia E do nível, e sim da diferença $E - E_F$, que pode ser positiva ou negativa.

Para verificar se a Eq. 41.1.6 cobre a situação representada na Fig. 41.1.7*a*, basta fazer $T = 0$. O resultado é o seguinte:

Para $E < E_F$, o termo exponencial da Eq. 41.1.6 é $e^{-\infty} = 0$; portanto, $P(E) = 1$, o que está de acordo com a Fig. 41.1.7*a*.

Para $E > E_F$, o termo exponencial da Eq. 41.1.6 é $e^{+\infty} = \infty$; portanto, $P(E) = 0$, o que também está de acordo com a Fig. 41.1.7*a*.

A Fig. 41.1.7*b* mostra o gráfico da função $P(E)$ para $T = 1.000$ K. Examinando a figura, vemos que, como já foi comentado, a distribuição de elétrons entre os estados disponíveis só difere da distribuição a 0 K da Fig. 41.1.7*a* para uma pequeno intervalo de energias nas vizinhanças do nível de Fermi. Observe que, para $E = E_F$, qualquer que seja a temperatura, o termo exponencial da Eq. 41.1.6 é $e^0 = 1$ e, portanto, $P(E) = 0{,}5$. Este fato leva a uma outra forma de definir a energia de Fermi:

A energia de Fermi de um material é a energia do estado quântico cuja probabilidade de estar ocupado por um elétron é 0,5.

As Figs. 41.1.7*a* e *b* foram plotadas para o cobre, cuja energia de Fermi é 7,0 eV. Assim, para o cobre, tanto em $T = 0$ como em $T = 1.000$ K, a probabilidade de o estado de energia $E = 7{,}0$ eV estar ocupado é 0,5.[1]

Exemplo 41.1.4 Probabilidade de ocupação de um estado quântico em um metal  41.4

(a) Qual é a probabilidade de um estado quântico, cuja energia é 0,10 eV maior que a energia de Fermi, estar ocupado por um elétron? A temperatura da amostra é 800 K.

IDEIA-CHAVE

A probabilidade de ocupação de qualquer estado de um metal pode ser calculada usando a Eq. 41.1.6.

Cálculos: Para aplicar a Eq. 41.1.6, vamos primeiro calcular o expoente:

$$\frac{E - E_F}{kT} = \frac{0{,}10\text{ eV}}{(8{,}62 \times 10^{-5}\text{ eV/K})(800\text{ K})} = 1{,}45.$$

Substituindo esse valor na Eq. 41.1.6, obtemos

$$P(E) = \frac{1}{e^{1{,}45} + 1} = 0{,}19 \text{ ou } 19\%. \qquad \text{(Resposta)}$$

(b) Qual é a probabilidade de ocupação de um estado cuja energia é 0,10 eV *menor* que a energia de Fermi?

Cálculo: A mesma Ideia-Chave do item (a) se aplica neste caso. Como o estado está *abaixo* da energia de Fermi, o expoente de e na Eq. 41.1.6 é *negativo*, mas o valor absoluto da diferença $E - E_F$ permanece o mesmo. Assim, temos

$$P(E) = \frac{1}{e^{-1{,}45} + 1} = 0{,}81 \text{ ou } 81\%. \qquad \text{(Resposta)}$$

No caso de estados abaixo da energia de Fermi, estamos frequentemente mais interessados na probabilidade de que o estado esteja *desocupado*. Essa probabilidade é simplesmente $1 - P(E)$, o que, no caso que estamos examinando, corresponde a 19%. Observe que essa probabilidade é igual à obtida no item (a). Este fato não é uma simples coincidência, mas resulta da simetria da função $P(E)$ em relação à energia de Fermi.

[1]Na verdade, a energia de Fermi diminui ligeiramente quando a temperatura aumenta, mas a variação é tão pequena que normalmente é desprezada. (N.T.)

Quantos Estados Ocupados Existem?

A Eq. 41.1.5 e a Fig. 41.1.6 mostram qual é a distribuição de estados disponíveis em função da energia. A probabilidade de que um estado disponível esteja ocupado por um elétron é dada pela Eq. 41.1.6. Para determinar $N_o(E)$, a **densidade de estados ocupados**, devemos atribuir a cada estado disponível um peso correspondente à probabilidade de ocupação, escrevendo:

$$\begin{pmatrix}\text{densidade de estados}\\ \text{ocupados } N_o(E)\\ \text{para a energia } E\end{pmatrix} = \begin{pmatrix}\text{densidade de}\\ \text{estados } N(E)\\ \text{para a energia } E\end{pmatrix}\begin{pmatrix}\text{probabilidade de}\\ \text{ocupação } P(E)\\ \text{para a energia } E\end{pmatrix}$$

ou $$N_o(E) = N(E)\,P(E) \quad \text{(densidade de estados ocupados).} \tag{41.1.7}$$

A Fig. 41.1.8*a* mostra um gráfico da Eq. 41.1.7 para o cobre a 0 K. A curva pode ser obtida multiplicando, para cada energia, o valor da densidade de estados (ver Eq. 41.1.6) pelo valor da probabilidade de ocupação a 0 K (Fig. 41.1.7*a*). A Fig. 41.1.8*b*, que é obtida de forma semelhante, mostra a densidade de estados ocupados do cobre a 1.000 K.

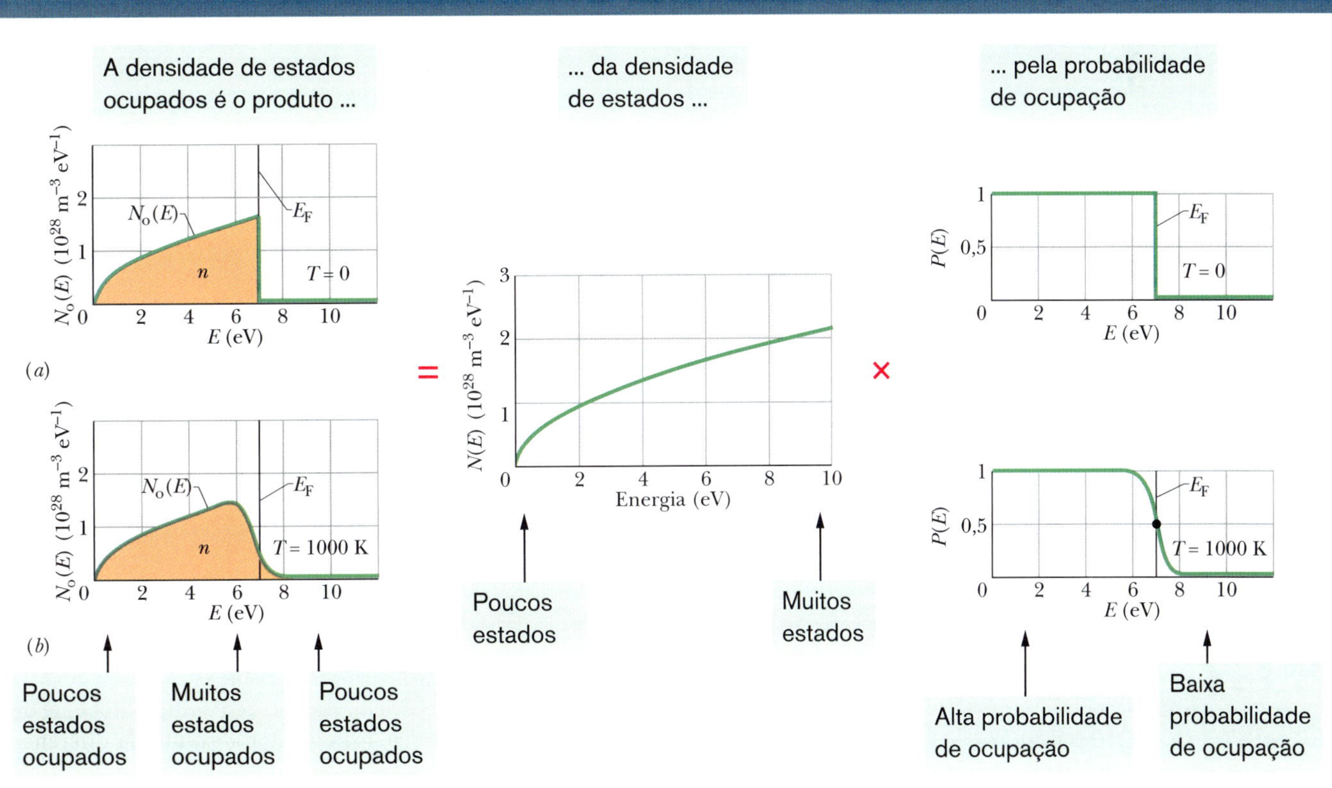

Figura 41.1.8 (*a*) Densidade de estados ocupados $N_o(E)$ do cobre no zero absoluto. A área sob a curva é a concentração de elétrons, *n*. Observe que todos os estados com energia menor que a energia de Fermi $E_F = 7$ eV estão ocupados e todos os estados com energia maior que a energia de Fermi estão vazios. (*b*) Densidade de estados ocupados $N_o(E)$ do cobre para $T = 1.000$ K. Observe que apenas os elétrons com energia próxima da energia de Fermi foram afetados pelo aumento da temperatura.

Exemplo 41.1.5 Número de estados ocupados em um pequeno intervalo de energia  41.5

Uma amostra de cobre (energia de Fermi: 7,0 eV) tem um volume de 2×10^{-9} m³. Quantos estados ocupados por elétron-volt existem em um pequeno intervalo de energia no entorno de 7,0 eV?

IDEIAS-CHAVE

(1) A densidade de estados ocupados $N_o(E)$ é dada pela Eq. 41.1.7 [$N_o(E) = N(E)P(E)$]. (2) Como estamos interessados em

calcular o número de estados ocupados por unidade de energia em pequeno intervalo de energia nas vizinhanças de 7,0 eV (a energia de Fermi do cobre), a probabilidade de ocupação $P(E)$ é aproximadamente 0,50.

Cálculos: De acordo com a Fig. 41.1.6, a densidade de estados para uma energia de 7 eV é aproximadamente $1{,}8 \times 10^{28}\ \mathrm{m^{-3} \cdot eV^{-1}}$. Assim, conforme a Eq. 41.1.7, a densidade de estados ocupados é

$$N_o(E) = N(E)\,P(E) = (1{,}8 \times 10^{28}\ \mathrm{m^{-3}\,eV^{-1}})(0{,}50) = 0{,}9 \times 10^{28}\ \mathrm{m^{-3}\,eV^{-1}}.$$

Temos também

$$\begin{pmatrix}\text{número de estados}\\ \textit{ocupados}\text{ por eV para 7 eV}\end{pmatrix} = \begin{pmatrix}\text{densidade de estados}\\ \textit{ocupados } N_o(E) \text{ para 7 eV}\end{pmatrix} \times \begin{pmatrix}\textit{volume } V\\ \text{da amostra}\end{pmatrix}.$$

Substituindo $N_o(E)$ e V por seus valores, obtemos

$$\begin{pmatrix}\text{número de}\\ \text{estados } \textit{ocupados}\\ \text{por eV para 7 eV}\end{pmatrix} = (0{,}9 \times 10^{28}\ \mathrm{m^{-3}\,eV^{-1}})(2 \times 10^{-9}\ \mathrm{m^3}) = 1{,}8 \times 10^{19}\ \mathrm{eV^{-1}} \approx 2 \times 10^{19}\ \mathrm{eV^{-1}}. \quad \text{(Resposta)}$$

Cálculo da Energia de Fermi

Se calcularmos (por integração) o número de estados ocupados de um metal por unidade de volume a 0 K para todas as energias entre $E = 0$ e $E = E_F$, o resultado terá de ser igual a n, o número de elétrons de condução por unidade de volume do material, já que, a essa temperatura, nenhum estado com energia maior que o nível de Fermi está ocupado. Temos

$$n = \int_0^{E_F} N_o(E)\,dE. \tag{41.1.8}$$

(Graficamente, a integral representa a área sob a curva da Fig. 41.1.8*a*.) Como no zero absoluto $P(E) = 1$ para todas as energias menores que a energia de Fermi, podemos substituir $N_o(E)$ na Eq. 41.1.8 por $N(E)$ (usando a Eq. 41.1.7) e usar a Eq. 41.1.8 para calcular a energia de Fermi E_F. Substituindo a Eq. 41.1.5 na Eq. 41.1.8, obtemos

$$n = \frac{8\sqrt{2}\pi m^{3/2}}{h^3}\int_0^{E_F} E^{1/2}\,dE = \frac{8\sqrt{2}\pi m^{3/2}}{h^3}\,\frac{2E_F^{3/2}}{3},$$

em que m é a massa do elétron. Explicitando E_F, obtemos

$$E_F = \left(\frac{3}{16\sqrt{2}\pi}\right)^{2/3}\frac{h^2}{m}n^{2/3} = \frac{0{,}121h^2}{m}n^{2/3}. \tag{41.1.9}$$

Assim, se conhecemos n, o número de elétrons de condução por unidade de volume de um metal, podemos calcular a energia de Fermi do metal.

41.2 PROPRIEDADES ELÉTRICAS DOS SEMICONDUTORES

Objetivos do Aprendizado

Depois de ler este módulo, você será capaz de ...

41.2.1 Desenhar o diagrama de níveis de energia de um semicondutor, indicando as bandas de condução e de valência, os elétrons de condução, os buracos e a banda proibida.

41.2.2 Comparar a largura da banda proibida de um semicondutor com a largura da banda proibida de um isolante.

41.2.3 Conhecer a relação entre a largura da banda proibida e a probabilidade de a agitação térmica fazer com que um elétron passe da banda de valência para a banda de condução.

41.2.4 Desenhar a estrutura cristalina do silício puro e do silício dopado.

41.2.5 Saber o que são buracos, como são produzidos, e como se movem sob a ação de um campo elétrico.

41.2.6 Comparar a resistividade e o coeficiente de temperatura da resistividade de metais e semicondutores e explicar a variação da resistividade com a temperatura nos semicondutores.

41.2.7 Explicar como são produzidos semicondutores tipo n e tipo p.

41.2.8 Conhecer a relação entre o número de elétrons de condução em um semicondutor puro e o número de elétrons de condução em um semicondutor dopado.

41.2.9 Saber o que são impurezas doadoras e aceitadoras e mostrar os níveis de energia correspondentes às impurezas doadoras e aceitadoras em um diagrama de níveis de energia.

41.2.10 Saber o que são portadores em maioria e portadores em minoria.

41.2.11 Saber qual é uma das vantagens de dopar um semicondutor.

Ideias-Chave

- A estrutura de bandas de um semicondutor é semelhante à de um isolante, exceto pelo fato de que a largura E_g da banda proibida é muito menor, o que possibilita a passagem de elétrons da banda de valência para a banda de condução por excitação térmica.
- No silício à temperatura ambiente, a agitação térmica transfere alguns elétrons para a banda de condução, deixando um número igual de buracos na banda de valência. Quando o silício é submetido a uma diferença de potencial, elétrons e buracos se comportam como portadores de carga.
- O número de elétrons na banda de condução do silício pode ser aumentado dopando o material com uma pequena concentração de fósforo, produzindo assim um semicondutor tipo n. O fósforo é chamado de impureza doadora porque doa elétrons para a banda de condução.
- O número de buracos na banda de valência do silício pode ser aumentado dopando o material com uma pequena concentração de alumínio, produzindo assim um semicondutor tipo p. O alumínio é chamado impureza aceitadora porque aceita elétrons da banda de valência.

Semicondutores

Comparando a Fig. 41.2.1*a* com a Fig. 41.1.4, vemos que a estrutura de bandas de um semicondutor é parecida com a de um isolante; a diferença é que, nos semicondutores, a distância E_g entre o nível mais alto da última banda ocupada (a **banda de valência**) e o nível mais baixo da primeira banda desocupada (a **banda de condução**) é muito menor que nos isolantes. Assim, por exemplo, o silício (E_g = 1,1 eV) é um semicondutor, enquanto o diamante (E_g = 5,5 eV) é um isolante. No silício, ao contrário do que acontece no diamante, existe uma probabilidade significativa de que a agitação térmica faça um elétron passar da banda de valência para a banda de condução.

Na Tabela 41.1.1, comparamos três propriedades elétricas básicas do cobre, nosso protótipo de metal, com as do silício, nosso protótipo de semicondutor. Vamos examinar novamente a tabela, uma linha de cada vez, para ver o que diferencia um semicondutor de um metal.

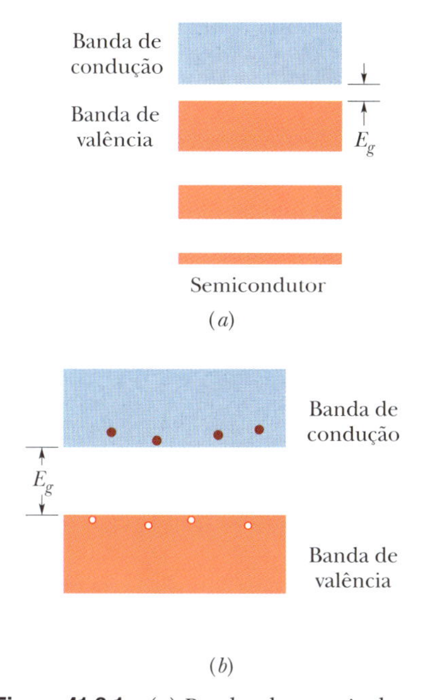

Figura 41.2.1 (*a*) Bandas de energia de um semicondutor. A situação é semelhante à de um isolante (ver Fig. 41.1.4), exceto pelo fato de que, nos semicondutores, o valor de E_g é muito menor; assim, os elétrons, graças à agitação térmica, têm uma probabilidade razoável de passar para a banda superior. (*b*) A agitação térmica fez alguns elétrons passarem da banda de valência para a banda de condução, deixando um número igual de buracos na banda de valência.

Concentração de Portadores, *n*

A última linha da Tabela 41.1.1 mostra que o cobre possui uma concentração muito maior de portadores de carga por unidade de volume do que o silício (a razão entre as concentrações é da ordem de 10^{13}). No caso do cobre, todos os átomos contribuem com um elétron, o elétron de valência, para o processo de condução. Os portadores de carga do silício existem apenas porque, em temperaturas maiores que o zero absoluto, a agitação térmica faz com que alguns elétrons da banda de valência (muito poucos, na verdade) adquiram energia suficiente para passar para a banda de condução, deixando um número igual de estados desocupados, chamados **buracos**, na banda de valência. A Fig. 41.2.1*b* ilustra essa situação.

Tanto os elétrons da banda de condução como os buracos da banda de valência se comportam como portadores de carga. Os buracos fazem isso oferecendo certa liberdade de movimento aos elétrons da banda de valência que, na ausência de buracos, estariam impedidos de se mover de átomo para átomo. Se um campo elétrico $\vec{E}$ é aplicado a um semicondutor, os elétrons da banda da valência, por terem carga negativa, tendem a se mover na direção oposta à de $\vec{E}$, fazendo com que os buracos se desloquem da direção de $\vec{E}$. Assim, os buracos se comportam como partículas em movimento de carga $+e$.

Essa situação é análoga à de uma fila de carros estacionados na qual o primeiro carro da fila está a um carro de distância da esquina. Se o primeiro carro avança até a esquina, surge uma vaga na posição em que o carro se encontrava. Se o segundo carro se adianta para ocupar a vaga, surge uma vaga mais atrás, e assim por diante. O movimento de todos os carros em direção à esquina pode ser substituído pelo movimento, no sentido oposto, de um único "buraco" (vaga).

Nos semicondutores, a condução por buracos é tão importante quanto a condução por elétrons. No estudo da condução por buracos, é conveniente imaginar que todos os estados desocupados da banda de valência estão ocupados por partículas de carga $+e$ e que os elétrons da banda de valência não existem, de modo que os portadores de carga positivos podem se mover livremente na banda.

Quando um elétron da banda de condução encontra um buraco da banda de valência, ambos deixam de existir; na analogia com a fila de carros estacionados, é como se chegasse um carro para ocupar a vaga. Esse fenômeno recebe o nome de **recombinação**.

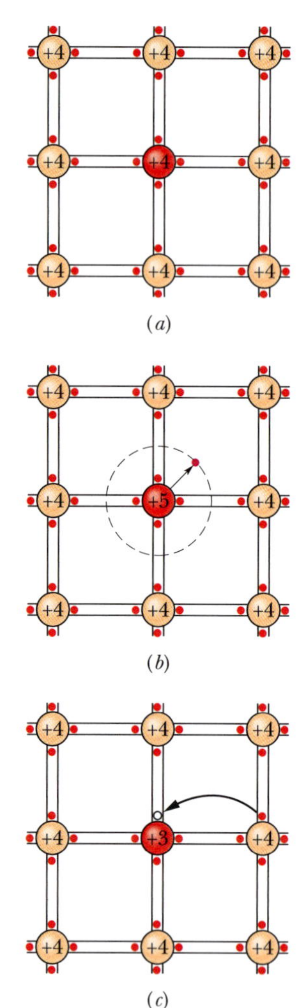

Figura 41.2.2 (*a*) Projeção bidimensional da estrutura cristalina do silício puro. Cada átomo de silício está unido a quatro átomos vizinhos por uma ligação covalente que envolve dois elétrons (representados por pontos vermelhos entre as retas paralelas). Esses elétrons pertencem às ligações, não aos átomos, e ocupam a banda de valência do material. (*b*) Substituição de um átomo de silício por um átomo de fósforo (cuja valência é 5). O elétron "a mais" está fracamente preso ao átomo de fósforo e pode facilmente passar para a banda de condução, na qual está livre para vagar pela rede cristalina. (*c*) Substituição de um átomo de silício por um átomo de alumínio (cuja valência é 3). Com a substituição, fica faltando um elétron em uma das ligações covalentes, o que equivale à criação de um buraco na banda de valência. O buraco pode migrar para outra ligação covalente quando a lacuna original é preenchida por um elétron proveniente de uma ligação vizinha. Com isso, o buraco se desloca no sentido contrário ao do movimento dos elétrons, comportando-se como uma partícula de carga positiva. Na figura, o buraco se desloca para a direita.

Resistividade, ρ

Como vimos no Capítulo 26, a resistividade ρ de um material é igual a $m/e^2n\tau$, em que m é a massa do elétron, e é a carga fundamental, n é o número de portadores por unidade de volume e τ é o tempo médio entre colisões dos portadores de carga. A Tabela 41.1.1 mostra que, à temperatura ambiente, a resistividade do silício é maior que a do cobre por um fator de aproximadamente 10^{11}. Essa enorme diferença se deve à enorme diferença no número de portadores. A resistividade depende também de outros fatores, mas a influência desses fatores se torna insignificante diante de uma diferença tão grande nos valores de n.

Coeficiente de Temperatura da Resistividade, α

Como vimos no Capítulo 26 (Eq. 26.3.10), α é a variação relativa da resistividade por unidade de temperatura:

$$\alpha = \frac{1}{\rho}\frac{d\rho}{dT}. \tag{41.2.1}$$

A resistividade do cobre *aumenta* com a temperatura (isto é, $d\rho/dT > 0$) porque as colisões dos portadores de carga do cobre com os átomos da rede cristalina ocorrem mais frequentemente em temperaturas elevadas. Assim, o α do cobre é *positivo*.

A frequência das colisões dos portadores com os íons da rede cristalina também aumenta com a temperatura no caso do silício. Entretanto, a resistividade do silício *diminui* com a temperatura ($d\rho/dT < 0$) porque a concentração n de portadores de carga (elétrons na banda de condução e buracos na banda da valência) aumenta rapidamente com a temperatura. (Um número maior de elétrons passa da banda de condução para a banda de valência.) Assim, o α do silício é *negativo*.

Semicondutores Dopados

A versatilidade dos semicondutores pode ser grandemente aumentada se introduzirmos um pequeno número de átomos (chamados impurezas) na rede cristalina; esse processo é conhecido como **dopagem**. Em geral, apenas 1 átomo em cada 10^7 é substituído por uma impureza. Quase todos os dispositivos semicondutores modernos utilizam semicondutores dopados, que podem ser de dois tipos: **tipo *n*** e **tipo *p***.

Semicondutores Tipo *n*

Os elétrons de um átomo isolado de silício estão distribuídos em subcamadas de acordo com o seguinte esquema:

$$1s^2\ 2s^2\ 2p^6\ 3s^2\ 3p^2,$$

em que, como de costume, o índice superior (cuja soma é igual a 14, o número atômico do silício) representa o número de elétrons em cada subcamada.

A Fig. 41.2.2*a* é uma projeção bidimensional da rede cristalina do silício puro; compare com a Fig. 41.1.1*b*, que mostra a rede tridimensional. Cada átomo de silício contribui com seus dois elétrons 3*s* e seus dois elétrons 3*p* para formar ligações covalentes com os quatro átomos vizinhos. (Ligação covalente é uma ligação química na qual dois átomos compartilham elétrons.) As quatro ligações são mostradas na Fig. 41.1.1*b* para os quatro átomos da figura que não estão em um vértice ou em uma face do cubo maior.

Os elétrons que participam das ligações entre os átomos de silício pertencem à banda de valência do material. Quando um elétron é arrancado de uma das ligações covalentes e fica livre para vagar pelo material, dizemos que o elétron passou da banda de valência para a banda de condução. A energia mínima necessária para que isso aconteça é E_g, a largura da banda proibida que separa a banda de valência da banda de condução.

Como os quatro elétrons da última camada do silício estão envolvidos em ligações com os átomos vizinhos, cada "átomo" de silício da rede cristalina é, na verdade, um íon formado por uma nuvem eletrônica com a configuração do neônio, contendo

10 elétrons, em volta de um núcleo cuja carga é $+14e$ (14 é o número atômico do silício). Como a carga total (nuvem eletrônica mais núcleo) é $-10e + 15e = +4e$, dizemos que a *valência* do íon é 4.

Na situação da Fig. 41.2.2*b*, o átomo de silício central foi substituído por um átomo de fósforo (cuja valência é 5). Quatro dos elétrons de valência do fósforo formam ligações covalentes com os quatro átomos vizinhos de silício. O quinto elétron não forma nenhuma ligação e fica fracamente ligado ao núcleo de fósforo. Em um diagrama de níveis de energia, esse elétron excedente ocupa um nível de energia situado entre a banda de valência e a banda de condução, a uma pequena distância E_d da banda de condução, como mostra a Fig. 41.2.3*a*. Como $E_d \ll E_g$, a energia necessária para transferir elétrons desse nível para a banda de condução é muito menor que a necessária para transferir elétrons da banda da valência para a banda de condução.

O átomo de fósforo é chamado de impureza **doadora**, já que pode *doar* elétrons para a banda de condução. Na verdade, à temperatura ambiente, praticamente *todos* os elétrons excedentes das impurezas doadoras estão na banda de condução. Acrescentando impurezas doadoras à rede cristalina do silício, é possível aumentar de várias ordens de grandeza o número de elétrons na banda de condução, muito mais do que a Fig. 41.2.3*a* sugere.

Os semicondutores dopados com impurezas doadoras são chamados **semicondutores tipo *n***; o *n* vem de *negativo*, para indicar que os portadores de carga negativos (elétrons) da banda de condução (elétrons já existentes mais elétrons provenientes das impurezas doadoras) são mais numerosos que os buracos da banda de valência. Nos semicondutores tipo *n*, os elétrons são os **portadores em maioria**, e os buracos são os **portadores em minoria**.

Semicondutores Tipo *p*

Considere agora a situação da Fig. 41.2.2*c*, na qual um dos átomos de silício (cuja valência é 4) foi substituído por um átomo de alumínio (cuja valência é 3). Como o átomo de alumínio pode formar ligações covalentes com apenas três átomos de silício, existe uma lacuna (um buraco) em uma das ligações covalentes alumínio-silício. É necessária apenas uma pequena energia para que um elétron seja deslocado de uma ligação silício-silício vizinha para completar a lacuna, deixando um buraco na ligação covalente original. Esse buraco, por sua vez, pode ser preenchido por um elétron de outra ligação covalente, e assim por diante. Isso significa que o buraco criado pela presença do átomo de alumínio pode se mover na rede cristalina do silício.

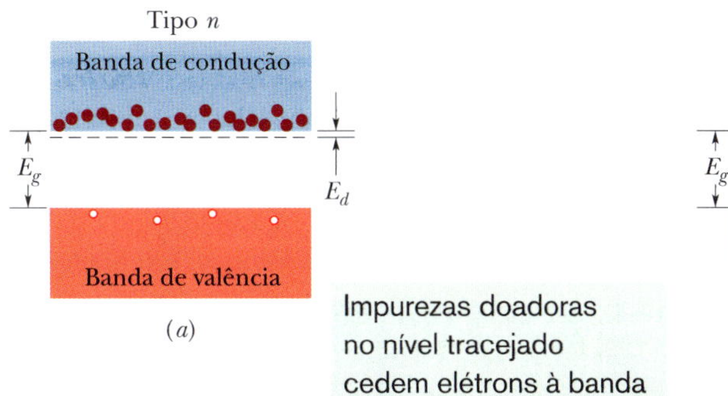

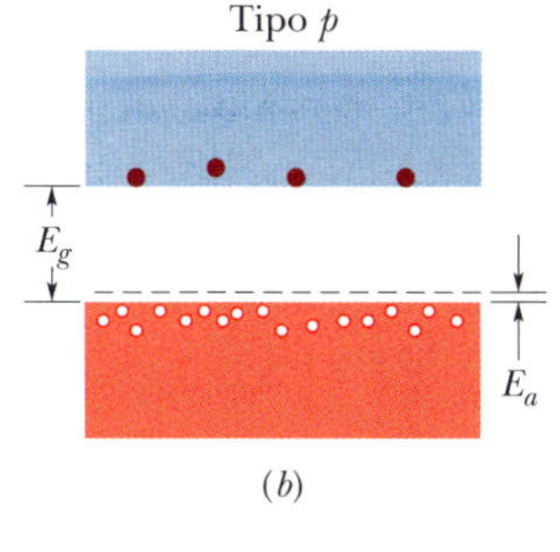

Figura 41.2.3 (*a*) Em um semicondutor tipo *n*, o nível de energia introduzido por uma impureza doadora está a uma pequena distância E_d da banda de condução. Como um dos elétrons da impureza doadora pode ser facilmente excitado para a banda de condução, existem muito mais elétrons nessa banda do que no semicondutor puro. O número de buracos na banda de valência, por outro lado, é menor do que no semicondutor puro, já que alguns buracos se recombinam com elétrons da banda de condução. (*b*) Em um semicondutor tipo *p*, o nível de energia introduzido por uma impureza aceitadora está a uma pequena distância E_a da banda de valência. Como os elétrons da banda de valência podem ser facilmente excitados para o nível das impurezas aceitadoras, existem muito mais buracos nessa banda do que no semicondutor puro. O número de elétrons na banda de condução, por outro lado, é menor do que no semicondutor puro, já que alguns elétrons se recombinam com buracos da banda de valência. As diferenças entre o número de elétrons e o número de buracos nos dois casos são muito maiores do que as mostradas na figura.

O átomo de alumínio é chamado impureza **aceitadora**, já que pode *aceitar* elétrons de ligações covalentes, ou seja, da banda de valência. Como mostra a Fig. 41.2.3*b*, esses elétrons são transferidos para um nível de energia situado entre a banda de valência e a banda de condução, a uma pequena distância E_a da banda de valência. Como $E_a \ll E_g$, a energia necessária para transferir elétrons da banda de valência para esse nível é muito menor que a necessária para transferir elétrons da banda da valência para a banda de condução. Na verdade, à temperatura ambiente, praticamente *todos* os níveis das impurezas aceitadoras estão ocupados por elétrons provenientes da banda de valência. Acrescentando impurezas aceitadoras à rede cristalina do silício, é possível aumentar de várias ordens de grandeza o número de elétrons na banda de condução, muito mais do que a Fig. 41.2.3*b* sugere.

Os semicondutores dopados com impurezas aceitadoras são chamados **semicondutores tipo *p***; o *p* vem de *positivo*, para indicar que os portadores de carga positivos (buracos) da banda de valência (buracos já existentes mais buracos criados pelas impurezas aceitadoras) são mais numerosos que os elétrons da banda de condução. Nos semicondutores tipo *p*, os buracos são os portadores em maioria e os elétrons são os portadores em minoria.

As propriedades de um semicondutor tipo *n* típico e de um semicondutor tipo *p* típico aparecem na Tabela 41.2.1. É importante notar que os íons das impurezas doadoras e aceitadoras, embora possuam carga elétrica, não são *portadores* de carga porque estão unidos aos átomos vizinhos por ligações covalentes e, portanto, não podem se mover quando o material é submetido a uma diferença de potencial.

Tabela 41.2.1 Propriedades de Dois Semicondutores Dopados

	Tipo de Semicondutor	
Propriedade	*n*	*p*
Material da matriz	Silício	Silício
Carga nuclear da matriz	$+14e$	$+14e$
E_g da matriz	1,2 eV	1,2 eV
Dopante	Fósforo	Alumínio
Tipo de dopante	Doador	Aceitador
Portadores em maioria	Elétrons	Buracos
Portadores em minoria	Buracos	Elétrons
ΔE do dopante	$E_d = 0{,}045$ eV	$E_a = 0{,}067$ eV
Valência do dopante	5	3
Carga nuclear do dopante	$+15e$	$+13e$
Carga do íon do dopante	$+e$	$-e$

Exemplo 41.2.1 Dopagem do silício com fósforo  41.6

A concentração n_0 de elétrons de condução no silício puro à temperatura ambiente é aproximadamente 10^{16} m^{-3}. Suponha que, ao doparmos o silício com fósforo, estejamos interessados em multiplicar esse número por um milhão (10^6). Que fração dos átomos de silício devemos substituir por átomos de fósforo? (Lembre-se de que, à temperatura ambiente, a agitação térmica é suficiente para transferir todos os elétrons "excedentes" das impurezas doadoras para a banda de condução.)

Número de átomos de fósforo: Como cada átomo de fósforo contribui com um elétron para a banda de condução e queremos que a concentração de elétrons de condução seja $10^6 n_0$, a concentração de átomos de fósforo n_P deve ser tal que

$$10^6 n_0 = n_0 + n_P.$$

e, portanto,

$$n_P = 10^6 n_0 - n_0 \approx 10^6 n_0 = (10^6)(10^{16}\ \text{m}^{-3}) = 10^{22}\ \text{m}^{-3}.$$

Isso significa que devemos dopar o material com 10^{22} átomos de fósforo por metro cúbico de silício.

Concentração de átomos de silício: Para calcular a concentração de átomos de silício n_{Si} no silício puro (antes da dopagem), podemos usar a Eq. 41.1.4:

$$\begin{pmatrix}\text{número de átomos}\\ \text{da amostra}\end{pmatrix} = \frac{(\text{massa específica do silício})(\text{volume da amostra, } V)}{(\text{massa molar do silício, } M_{Si})/N_A}.$$

Dividindo ambos os membros pelo volume V da amostra e lembrando que o número de átomos de silício da amostra dividido pelo volume V é igual à concentração de átomos de silício n_{Si}, temos

$$n_{Si} = \frac{(\text{massa específica do silício})N_A}{M_{Si}}.$$

De acordo com o Apêndice F, a massa específica do silício é 2,33 g/cm³ (= 2.330 kg/m³) e a massa molar do silício é 28,1 g/mol (= 0,0281 kg/mol). Assim, temos

$$n_{\mathrm{Si}} = \frac{(2330\ \mathrm{kg/m^3})(6{,}02 \times 10^{23}\ \text{átomos/mol})}{0{,}0281\ \mathrm{kg/mol}}$$
$$= 5 \times 10^{28}\ \text{átomos/m}^3 = 5 \times 10^{28}\ \mathrm{m^{-3}}.$$

A fração que procuramos é, aproximadamente,

$$\frac{n_{\mathrm{P}}}{n_{\mathrm{Si}}} = \frac{10^{22}\ \mathrm{m^{-3}}}{5 \times 10^{28}\ \mathrm{m^{-3}}} = \frac{1}{5 \times 10^{6}}. \qquad \text{(Resposta)}$$

Assim, se substituirmos apenas *um átomo de silício em cada cinco milhões* por um átomo de fósforo, o número de elétrons na banda de condução será multiplicado por um milhão.

Como é possível que a adição ao silício de uma quantidade tão pequena de fósforo tenha um efeito tão grande sobre o número de portadores? A resposta é que, embora o efeito seja importante em termos de aplicações práticas, esse efeito não pode ser chamado de "grande". A concentração de elétrons de condução era $10^{16}\ \mathrm{m^{-3}}$ antes da dopagem e se tornou $10^{22}\ \mathrm{m^{-3}}$ após a dopagem. No caso do cobre, a concentração de elétrons na banda de condução (dada na Tabela 41.1.1) é aproximadamente $10^{29}\ \mathrm{m^{-3}}$. Assim, mesmo depois da dopagem, a concentração de elétrons na banda de concentração do silício é cerca de 10^7 vezes menor que em um metal como o cobre.

41.3 A JUNÇÃO *p-n* E O TRANSISTOR

Objetivos do Aprendizado

Depois de ler este módulo, você será capaz de ...

41.3.1 Descrever uma junção *p-n* e explicar como funciona.

41.3.2 Saber o que é corrente de difusão, carga espacial, zona de depleção, diferença de potencial de contato e corrente de deriva.

41.3.3 Descrever o funcionamento de um diodo retificador.

41.3.4 Conhecer a diferença entre polarização direta e polarização inversa.

41.3.5 Saber o que é um LED, um fotodiodo, um laser semicondutor e um MOSFET.

Ideias-Chave

- A junção *p-n* é um cristal semicondutor que foi dopado de um lado com uma impureza aceitadora e do outro com uma impureza doadora. Em condições ideais, as duas regiões se encontram em um único plano, que é chamado de plano da junção.
- Em equilíbrio térmico, os seguintes fenômenos acontecem no plano da junção: (1) Os portadores em maioria atravessam o plano por difusão, produzindo uma corrente de difusão I_{dif}. (2) Os portadores em minoria atravessam o plano sob a ação de um campo elétrico, produzindo uma corrente de deriva I_{der}. (3) Uma zona de depleção de largura d_0 é formada nas vizinhanças do plano. (4) Um potencial de contato V_0 aparece entre as extremidades da zona de depleção.
- Uma junção *p-n* apresenta uma resistência menor à passagem de corrente para uma polaridade de uma tensão externa aplicada (polarização direta) do que para a polaridade oposta (polarização inversa). Isso significa que a junção pode ser usada como um diodo retificador.
- Uma junção *p-n* feita de certos materiais emite luz quando é polarizada diretamente e, portanto, pode ser usada como um diodo emissor de luz (LED).
- Da mesma forma como a passagem de corrente em uma junção *p-n* pode produzir luz, a incidência de luz em uma junção *p-n* pode dar origem a uma corrente elétrica; essa é a base de funcionamento do fotodiodo.
- Um diodo emissor de luz pode, em certas condições, se comportar como um laser semicondutor.
- O transistor é um dispositivo semicondutor de três terminais que pode ser usado para amplificar sinais.

A Junção *p-n*

A **junção *p-n*** (Fig. 41.3.1*a*) é um cristal semicondutor que foi dopado de um lado com uma impureza aceitadora e do outro com uma impureza aceitadora. Esse tipo de junção está presente em quase todos os dispositivos semicondutores.

Suponhamos, para facilitar a explicação (embora na prática as junções sejam fabricadas de outra forma), que uma junção desse tipo tenha sido formada mecanicamente, simplesmente colocando um bloco de semicondutor tipo *n* em contato com um bloco de semicondutor tipo *p*. Nesse caso, a transição de uma região para a outra é abrupta, pois ocorre em um único plano, que pode ser chamado de **plano da junção**.

Vamos discutir o movimento dos elétrons e buracos logo depois que os blocos tipo *n* e tipo *p*, ambos eletricamente neutros, são colocados em contato para formar a junção. Examinaremos primeiro o que acontece com os portadores em maioria, que são os elétrons do bloco tipo *n* e os buracos do bloco tipo *p*.

Movimento dos Portadores em Maioria

Quando um balão de hélio estoura, os átomos de hélio se difundem (se espalham) no ar. Isso acontece porque existem muito poucos átomos de hélio na atmosfera. Em linguagem mais formal, existe um *gradiente de concentração* de hélio na interface balão-ar (a concentração de hélio é diferente dos dois lados da interface); o movimento dos átomos de hélio é no sentido de reduzir o gradiente.

Da mesma forma, os elétrons do lado n da Fig. 41.3.1a que estão próximos do plano da junção tendem a se difundir para o outro lado (da direita para a esquerda, na figura) e passar para o lado p, onde existem muito poucos elétrons livres. Ao mesmo tempo, os buracos do lado p que estão próximos da junção tendem a atravessá-la (da esquerda para a direita) e passar para o lado n, onde existem poucos buracos. O movimento combinado dos elétrons e buracos constitui uma **corrente de difusão** I_{dif}, cujo sentido convencional é da esquerda para a direita, como mostra a Fig. 41.3.1d.

Acontece que o lado n contém os íons positivos das impurezas doadoras, firmemente presos à rede cristalina. Normalmente, a carga positiva desses íons é compensada pela carga negativa dos elétrons da banda de condução. Quando um elétron do lado n passa para o outro lado da junção, um desses íons doadores fica "descoberto", o que introduz uma carga positiva fixa no lado n, perto do plano da junção. Quando o elétron chega ao lado p da junção, logo se recombina com um buraco, fazendo com que um íon de uma impureza aceitadora fique "descoberto", o que introduz uma carga negativa fixa no lado p, perto do plano da junção.

Dessa forma, a difusão de elétrons do lado n para o lado p da junção (da direita para a esquerda na Fig. 41.3.1a) resulta na formação de uma **carga espacial** dos dois lados do plano da junção, como mostra a Fig. 41.3.1b. A difusão de buracos do lado p para o lado n da junção tem exatamente o mesmo efeito. (Não prossiga enquanto não se convencer de que isso é verdade.) Os movimentos dos dois portadores em maioria, elétrons e buracos, contribuem para a formação de duas regiões de carga espacial, uma positiva e a outra negativa. As duas regiões formam uma **zona de depleção**, assim chamada porque quase não contém cargas *móveis*; a largura da zona de depleção está indicada como d_0 na Fig. 41.3.1b.

A formação da carga espacial dá origem a uma **diferença de potencial de contato** V_0 entre as extremidades da zona de depleção, como mostra a Fig. 41.3.1c. Essa diferença de potencial impede que os elétrons e buracos continuem a atravessar o plano da junção. Como as cargas negativas tendem a evitar as regiões em que o potencial é pequeno, um elétron que se aproxime do plano da junção vindo da direita na Fig. 41.3.1b encontra uma região na qual o potencial está diminuindo e é repelido de volta para o lado n. Da mesma forma, um buraco que se aproxime do plano da junção vindo da esquerda encontra uma região na qual o potencial está aumentando e é repelido de volta para o lado p.

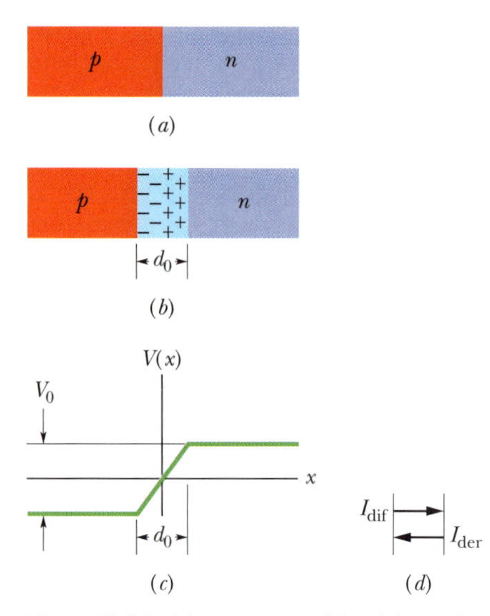

Figura 41.3.1 (a) Junção p-n. (b) A difusão dos portadores de carga em maioria dá origem a uma carga espacial associada aos íons não compensados de impurezas doadoras (à direita do plano da junção) e aceitadoras (à esquerda do plano da junção). (c) A carga espacial produz uma diferença de potencial de contato V_0 entre as extremidades da zona de depleção, cuja largura é d_0. (d) A difusão de portadores em maioria produz uma corrente de difusão I_{dif}, e a diferença de potencial de contato produz uma corrente de deriva I_{der}. Em uma junção p-n não polarizada, as duas correntes se cancelam e a corrente total é zero. (Em uma junção p-n real, os limites da zona de depleção não são tão bem definidos como na figura e a curva de potencial de contato (c) é mais suave, sem mudanças abruptas.)

Movimento dos Portadores em Minoria

Como mostra a Fig. 41.2.3a, embora os portadores em maioria em um semicondutor tipo n sejam elétrons, existem alguns buracos. Da mesma forma, em um semicondutor tipo p (Fig. 41.2.3b), embora os portadores em maioria sejam buracos, existem alguns elétrons. Esses poucos elétrons e buracos são chamados de portadores em minoria.

A diferença de potencial V_0 da Fig. 41.3.1c funciona como uma barreira para os portadores em maioria, mas facilita o movimento dos portadores em minoria, tanto os elétrons do lado p como os buracos do lado n. Cargas positivas (buracos) tendem a procurar regiões de baixo potencial; cargas negativas (elétrons) tendem a procurar regiões de alto potencial. Assim, quando pares elétron-buraco são formados por excitação térmica na zona de depleção, os dois tipos de portadores são *transportados para o outro lado da junção* pela diferença de potencial de contato, e o movimento combinado dos elétrons e buracos constitui uma **corrente de deriva** I_{der} que atravessa a junção da direita para a esquerda, como mostra a Fig. 41.3.1d.

Assim, em uma junção p-n em equilíbrio, existe uma diferença de potencial V_0 entre o lado p e o lado n. Essa diferença de potencial tem um valor tal que a corrente de difusão I_{dif} produzida pelos gradientes de concentração é exatamente equilibrada por uma corrente de deriva I_{der} no sentido contrário. É de se esperar que as duas correntes se cancelem mutuamente; se uma fosse maior que a outra, haveria uma transferência ilimitada de cargas de um lado para outro da junção, o que não seria razoável.

Teste 41.3.1

Quais das cinco correntes a seguir são nulas no plano da junção da Fig. 41.3.1*a*?

(a) A corrente total de buracos, incluindo os portadores em maioria e os portadores em minoria.
(b) A corrente total de elétrons, incluindo os portadores em maioria e os portadores em minoria.
(c) A corrente total de elétrons e buracos, incluindo os portadores em maioria e os portadores em minoria.
(d) A corrente total de portadores em maioria, incluindo elétrons e buracos.
(e) A corrente total de portadores em minoria, incluindo elétrons e buracos.

O Diodo Retificador

A Fig. 41.3.2 mostra o que acontece quando uma junção *p-n* é submetida a uma diferença de potencial. Quando a diferença de potencial tem uma polaridade tal que o lado *p* fica positivo em relação ao lado *n* (rotulada na figura como "Polarização direta"), uma corrente apreciável atravessa a junção; se a diferença de potencial é aplicada com a polaridade oposta (rotulada na figura como "Polarização inversa", a corrente que atravessa a junção é praticamente nula.

Um dispositivo semicondutor que faz uso dessa propriedade é o **diodo retificador**, cujo símbolo aparece na Fig. 41.3.3*b*; a seta aponta para o lado *p* do dispositivo e indica o sentido convencional da corrente quando a polarização é direta. Uma tensão senoidal aplicada ao dispositivo (Fig. 41.3.3*a*) é transformada em uma tensão retificada (Fig. 41.3.3*c*), já que o diodo retificador se comporta como uma chave fechada (resistência zero) para uma polaridade da tensão de entrada e como uma chave aberta (resistência infinita) para a outra polaridade.

O valor médio da tensão de entrada (Fig. 41.3.3*a*) do circuito da Fig. 41.3.3*b* é zero, mas o valor médio da tensão de saída (Fig. 41.3.3*c*) é diferente de zero. Assim, o diodo retificador pode ser usado para transformar uma tensão alternada em tensão contínua, uma aplicação muito importante, já que a tensão da rede elétrica é alternada e a grande maioria dos aparelhos eletrônicos funciona com tensão contínua.

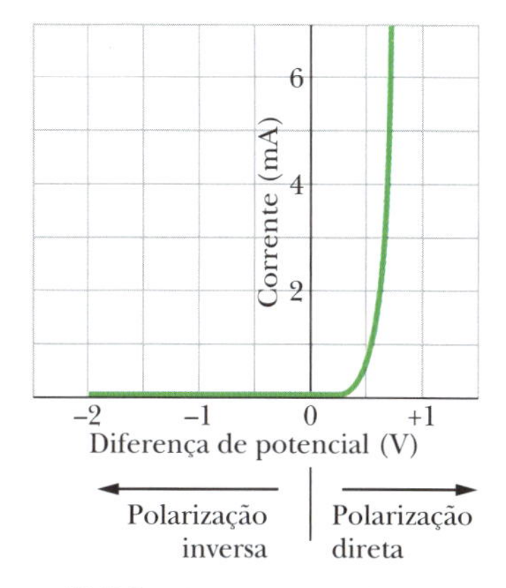

Figura 41.3.2 Curva característica corrente-tensão de uma junção *p-n*, mostrando que a junção tem alta condutividade quando é polarizada diretamente e praticamente não conduz quando é polarizada inversamente.

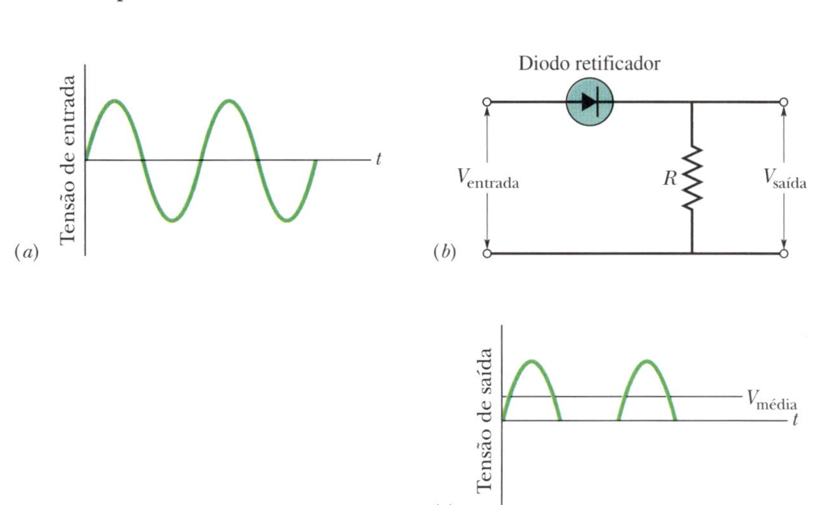

Figura 41.3.3 Uso de uma junção *p-n* como diodo retificador. O circuito (*b*) deixa passar a parte positiva da forma de onda (*a*) e bloqueia a parte negativa. O valor médio da tensão de entrada é zero, mas a forma de onda da tensão de saída (*c*) tem um valor médio positivo $V_{\text{méd}}$.

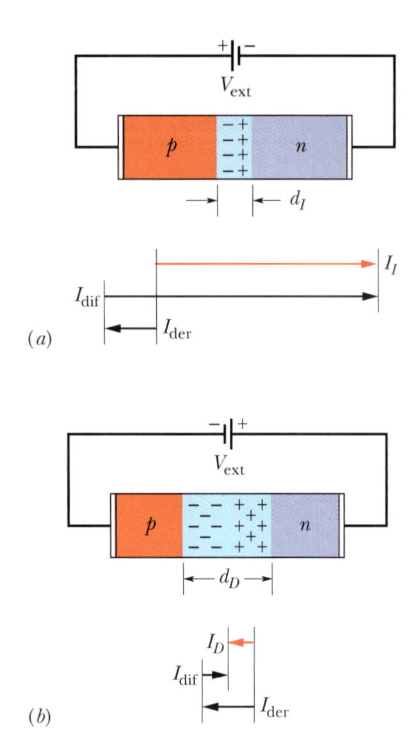

Figura 41.3.4 (*a*) Em uma junção *p-n* polarizada diretamente, a zona de depleção é estreita e a corrente é elevada. (*b*) Em uma junção *p-n* polarizada inversamente, a zona de depleção é larga e a corrente é pequena.

A Fig. 41.3.4 mostra por que uma junção *p-n* se comporta como um diodo retificador. Na Fig. 41.3.4*a*, uma bateria foi ligada à junção com o terminal positivo do lado *p*. Nessa configuração, que recebe o nome de **polarização direta**, o lado *p* se torna mais positivo e o lado *n* se torna mais negativo, o que *diminui* a barreira de potencial V_0 da Fig. 41.3.1*c*. Assim, um número maior de portadores em maioria consegue atravessar a barreira e a corrente de difusão I_{dif} aumenta consideravelmente.

Os portadores em minoria responsáveis pela corrente de deriva não estão sujeitos a uma barreira de potencial e, portanto, a corrente de deriva I_{der} não é afetada pela fonte externa. O equilíbrio que existia entre as correntes de difusão e de deriva (ver Fig. 41.3.1*d*) é rompido e, como mostra a Fig. 41.3.4*a*, uma grande corrente atravessa o circuito.

Outro efeito da polarização direta é tornar mais estreita a zona de depleção, como mostra uma comparação das Figs. 41.3.1*b* e 41.3.4*a*. Isso acontece porque, com o aumento da corrente de difusão, os íons das impurezas são parcialmente neutralizados pelos portadores em maioria que são injetados pela fonte nos dois lados da junção (no lado *p*, a remoção de elétrons pela fonte equivale à injeção de buracos).

Como normalmente contém um número muito pequeno de portadores, a zona de depleção é uma região de alta resistividade. Quando a largura da zona é reduzida pela aplicação de uma polarização direta, a resistência da região diminui, o que está de acordo com o fato de que uma *grande corrente* atravessa a junção.

A Fig. 41.3.4*b* mostra a configuração conhecida como **polarização inversa**, na qual o terminal negativo da bateria é ligado ao lado *p* da junção *p-n*, *aumentando* a barreira de potencial. Isso faz com que a corrente de difusão *diminua* e a corrente de deriva aumente ligeiramente (a corrente de deriva adicional produzida pelo aumento da barreira de potencial não pode ser muito grande porque é constituída pelos portadores em minoria, que são escassos); o resultado é uma *pequena* corrente inversa I_I. A zona de depleção se torna mais *larga* e, portanto, a resistência da região *aumenta*, o que está de acordo com o fato de que uma *pequena corrente* atravessa a junção.

O Diodo Emissor de Luz (LED[2])

Hoje em dia, os mostradores digitais estão em toda parte, dos relógios de cabeceira aos fornos de micro-ondas, e seria difícil passar sem os raios invisíveis de luz infravermelha que vigiam as portas dos elevadores para que ninguém se machuque e fazem funcionar o controle remoto dos receptores de televisão. Em quase todos esses casos, a luz é emitida por uma junção *p-n* funcionando como um **diodo emissor de luz** (LED).[3] Como uma junção *p-n* pode produzir luz?

Considere primeiro um semicondutor simples. Quando um elétron da banda de condução ocupa um buraco da banda de valência (ou seja, quando ocorre uma recombinação), uma energia E_g igual à diferença entre os dois níveis é liberada. No silício, germânio e muitos outros semicondutores, essa energia se manifesta na forma de um aumento das vibrações da rede cristalina. Em alguns semicondutores, porém, como o arseneto de gálio, a energia é emitida como um fóton de energia *hf*, cujo comprimento de onda é dado por

$$\lambda = \frac{c}{f} = \frac{c}{E_g/h} = \frac{hc}{E_g}. \tag{41.3.1}$$

Para um semicondutor emitir uma quantidade razoável de luz, é preciso que haja um grande número de recombinações. Isso não acontece em um semicondutor puro porque, à temperatura ambiente, o número de pares elétron-buraco é relativamente pequeno. Como mostra a Fig. 41.2.3, dopar o semicondutor não resolve o problema. Um semicondutor tipo *n* contém um grande número de elétrons, mas não existem buracos suficientes para se recombinar com todos esses elétrons; um semicondutor tipo *p* contém um grande número de buracos, mas não existem elétrons suficientes

[2]Do inglês *L*ight-*E*mitting *D*iode. (N.T.)

[3]Recentemente, os LEDs passaram a ser usados também em sinais de trânsito, faróis de automóveis, receptores de televisão, monitores de computador e lâmpadas de iluminação residencial. (N.T.)

para se recombinar com todos esses buracos. Assim, nem um semicondutor puro nem um semicondutor dopado gera luz suficiente para ser usado em aplicações práticas.

O que precisamos é de um semicondutor no qual elétrons e buracos estejam presentes em grande número na mesma região. Podemos obter um dispositivo com essa propriedade polarizando diretamente uma junção *p-n* fortemente dopada, como na Fig. 41.3.5. Nesse caso, a corrente I que percorre o circuito externo serve para injetar elétrons no lado *n* e buracos no lado *p*. Quando a dopagem é suficientemente alta e a corrente é suficientemente intensa, a zona de depleção se torna muito estreita, com apenas alguns micrômetros de largura. Isso faz com que muitos elétrons consigam passar do lado *n* para o lado *p* e muitos buracos consigam passar do lado *p* para o lado *n*. A consequência é uma grande quantidade de recombinações, que resulta em uma alta intensidade luminosa. A Fig. 41.3.6 mostra a estrutura interna de um LED comercial.

Os LEDs comerciais projetados para emitir luz visível são feitos de arsenieto de gálio (lado *n*) e arseneto fosfeto de gálio (lado *p*). Um arranjo no qual do lado *p* existem 60 átomos de arsênio e 40 átomos de fósforo para cada 100 átomos de gálio resulta em uma energia E_g de 1,8 eV, que corresponde à luz vermelha. Usando diferentes proporções de arsênio, fósforo e outros elementos, como o alumínio, é possível fabricar LEDs que emitem luz em qualquer parte do espectro visível e suas vizinhanças.

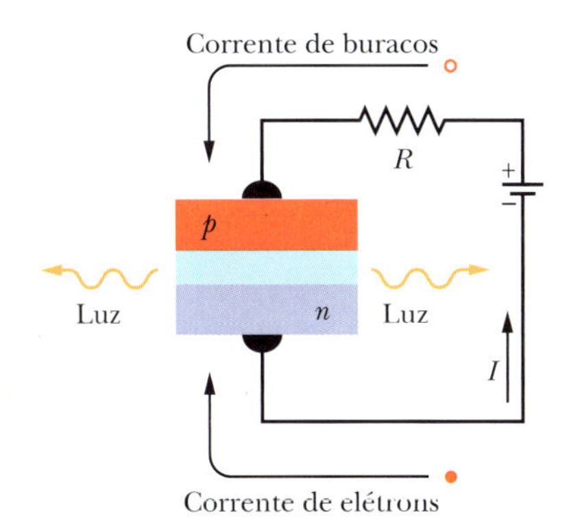

Figura 41.3.5 Junção *p-n* polarizada diretamente, mostrando elétrons sendo injetados no lado *n* e buracos sendo injetados no lado *p*. (Os buracos se movem no sentido convencional da corrente I; os elétrons se movem no sentido oposto.) A luz é emitida das vizinhanças da zona de depleção quando elétrons e buracos se recombinam, emitindo luz no processo.

Fotodiodo

Da mesma forma como a passagem de corrente em uma junção *p-n* pode produzir luz, a incidência de luz em uma junção *p-n* pode dar origem a uma corrente elétrica; essa é a base de funcionamento de um dispositivo conhecido como **fotodiodo**.

Quando o leitor aperta um botão do controle remoto da televisão, um LED emite uma sequência de pulsos de luz infravermelha. O circuito que recebe os pulsos no aparelho de televisão contém um fotodiodo e outros componentes e se encarrega não só de detectar os pulsos, mas também de amplificá-los e transformá-los em sinais elétricos, que são usados, por exemplo, para mudar o canal ou ajustar o volume.

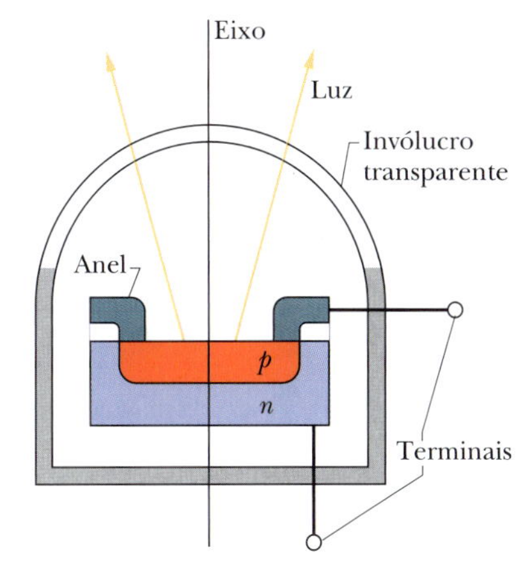

Figura 41.3.6 Corte de um LED (o dispositivo é simétrico em relação ao eixo central). O lado tipo *p*, que é suficientemente fino para deixar passar a luz, tem forma de disco. A ligação elétrica com o lado *p* é feita por um anel de metal. A zona de depleção entre o lado *n* e o lado *p* não é mostrada na figura.

Laser Semicondutor

No arranjo da Fig. 41.3.5, existem muitos elétrons na banda de condução no lado *n* da junção e muitos buracos na banda de valência no lado *p*. Isso corresponde a uma **inversão de população**, já que o número de elétrons em um nível mais alto de energia (a banda de condução) é maior que em um nível mais baixo (a banda de valência). Como vimos no Módulo 40.7, essa é uma condição normalmente necessária (mas não suficiente) para que um dispositivo funcione como um laser.

Como vimos em nossa discussão dos LEDs, em alguns materiais semicondutores, a transição de um elétron da banda de condução para a banda de valência é acompanhada pela emissão de um fóton. Esse fóton pode induzir um segundo elétron a passar para a banda de valência, produzindo um segundo fóton por emissão estimulada. Em certas condições, uma reação em cadeia de eventos de emissão estimulada faz com que a junção *p-n* se comporte como um laser. Para isso, normalmente é preciso que as faces opostas do cristal semicondutor sejam planas e paralelas, o que faz com que a luz seja refletida repetidas vezes no interior do cristal. (No laser de hélio-neônio da Fig. 40.7.4, um par de espelhos é usado para esse fim.) Assim, a junção *p-n* pode funcionar como um **laser semicondutor**, emitindo uma luz coerente e com uma faixa de comprimentos de onda bem menor que um LED.

Os aparelhos de CD e DVD dispõem de um laser semicondutor cuja luz, após ser refletida em minúsculas reentrâncias do disco, é detectada e convertida em sinais de áudio e vídeo, respectivamente. Os lasers semicondutores também são muito usados em sistemas de comunicações baseados em fibras óticas. A Fig. 41.3.7 dá uma ideia do pequeno tamanho desses dispositivos. Em geral, são projetados para operar na região do infravermelho, já que as fibras óticas possuem duas "janelas" nessa região (em $\lambda = 1{,}31$ e $1{,}55\ \mu\text{m}$) nas quais a absorção de energia por unidade de comprimento da fibra é mínima.

Cortesia de AT&T Archives and History Center, Warren, NJ.

Figura 41.3.7 Laser semicondutor fabricado no AT&T Bell Laboratories. O cubo à direita é um grão de sal.

Exemplo 41.3.1 Diodo emissor de luz (LED) 41.7

Um LED é construído a partir de um material semicondutor (Ga-As-P) no qual a banda proibida tem uma largura $E_g = 1{,}9$ eV. Qual é o comprimento de onda da luz emitida?

Cálculo: Como a luz é produzida por transições da base da banda de condução para o topo da banda de valência, o comprimento de onda é dado pela Eq. 41.3.1. Assim, temos

$$\lambda = \frac{hc}{E_g} = \frac{(6{,}63 \times 10^{-34}\ \text{J}\cdot\text{s})(3{,}00 \times 10^8\ \text{m/s})}{(1{,}9\ \text{eV})(1{,}60 \times 10^{-19}\ \text{J/eV})}$$

$$= 6{,}5 \times 10^{-7}\ \text{m} = 650\ \text{nm}. \qquad \text{(Resposta)}$$

Esse comprimento de onda corresponde à luz vermelha.

Transistor

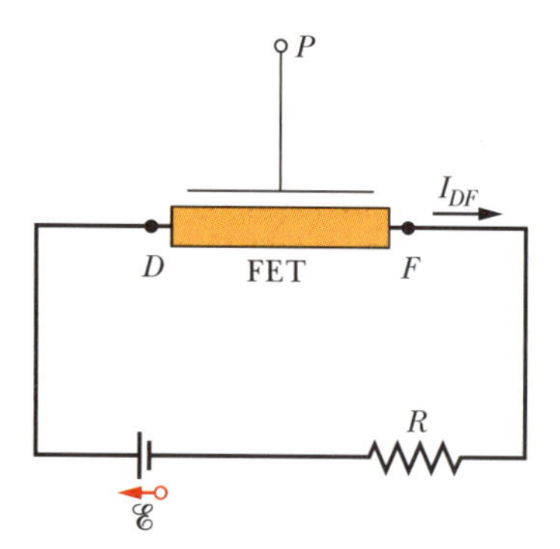

Figura 41.3.8 Circuito com um transistor de efeito de campo. Os elétrons atravessam o transistor da fonte *F* para o dreno *D*. (A corrente convencional I_{DF} tem o sentido oposto.) A intensidade da corrente I_{DF} é controlada pelo campo elétrico produzido por uma tensão aplicada à porta *P*.

O **transistor** é um dispositivo semicondutor de três terminais que pode ser usado para amplificar sinais. A Fig. 41.3.8 mostra um circuito com um tipo de transistor, conhecido como transistor de efeito de campo (FET[4]), no qual uma tensão aplicada ao terminal *P* (a *porta*) é usada para controlar a corrente de elétrons que atravessa o dispositivo do terminal *F* (a *fonte*) para o terminal *D* (o *dreno*). Existem muitos tipos de transistores; vamos discutir apenas um tipo especial de FET conhecido como transistor de efeito de campo metal-óxido-semicondutor ou MOSFET.[5] O MOSFET é considerado por muitos o componente mais importante da indústria eletrônica moderna.

Nos circuitos digitais, o MOSFET opera em apenas dois estados: com a corrente dreno-fonte I_{DF} diferente de zero (porta aberta, estado ON) e com a corrente I_{DF} igual a zero (porta fechada, estado OFF). O primeiro estado representa 1 e o segundo 0 na aritmética binária em que se baseia a lógica digital. A comutação entre os estados ON e OFF de um MOSFET é muito rápida. MOSFETs com 500 nm de comprimento (o que corresponde aproximadamente ao comprimento de onda da luz amarela) são usados rotineiramente na indústria eletrônica.

A Fig. 41.3.9 mostra a estrutura básica de um MOSFET. Um monocristal de silício ou outro semicondutor é fracamente dopado com impurezas aceitadoras, tornando-se um material tipo *p*. Nesse substrato são criadas, por meio de uma forte dopagem com impurezas doadoras, duas "ilhas" de material tipo *n*, que constituem a fonte e o dreno. A fonte e o dreno são ligados por uma camada estreita de material tipo *n*, conhecida como **canal *n***. Uma fina camada isolante de óxido de silício (daí o "O" de MOSFET) é depositada sobre o canal e uma camada metálica (daí o "M") é depositada sobre o óxido para servir como porta. Camadas metálicas também são depositadas sobre a fonte e o dreno. Observe que não há nenhum contato elétrico entre a porta e o transistor, por causa da camada de óxido.

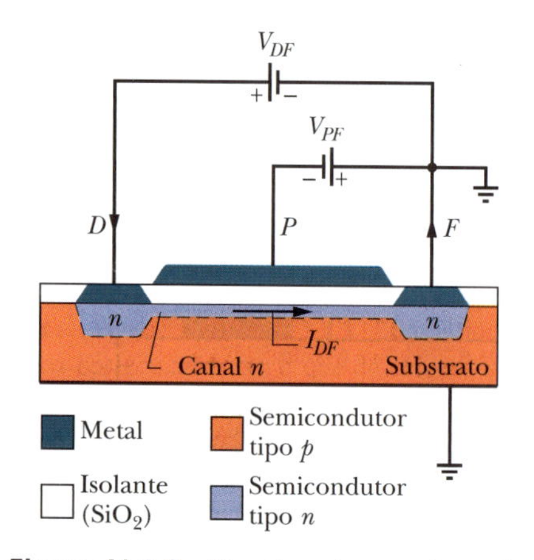

Figura 41.3.9 Um tipo de transistor de efeito de campo conhecido como MOSFET. A intensidade da corrente I_{DF} que atravessa o canal é controlada pela diferença de potencial V_{PF} aplicada entre a fonte *F* e a porta *P*. A zona de depleção que existe entre as regiões tipo *n* e o substrato tipo *p* não é mostrada na figura.

Suponha primeiro que a fonte e o substrato tipo *p* estão ligados à terra (potencial zero) e a porta está "no ar", ou seja, não está ligada a uma fonte externa. Suponha também que uma fonte de tensão V_{DF} está ligada entre o dreno e a fonte, com o terminal positivo do lado do dreno. Nesse caso, os elétrons se movem ao longo do canal *n* da fonte para o dreno e a corrente convencional I_{DF} é do dreno para a fonte, como mostra a Fig. 41.3.9.

Suponha agora que uma fonte de tensão V_{PF} seja ligada entre a porta e a fonte, com o terminal negativo do lado da porta. A porta negativa cria um campo elétrico no interior do dispositivo (daí o nome "efeito de campo") que repele os elétrons do canal *n* para o substrato. Esse movimento dos elétrons aumenta a zona de depleção entre o canal *n* e o substrato, diminuindo a largura do canal *n*. A redução da largura do canal, combinada com uma redução do número de portadores de carga no canal, faz com que a resistência do canal aumente, o que acarreta uma redução da corrente I_{DF}. Para valores suficientemente elevados de V_{PF}, a corrente pode ser totalmente interrompida. Assim, a tensão da porta pode ser usada para comutar o MOSFET entre os estados ON e OFF.

[4]Do inglês *Field-Effect Transistor*. (N.T.)

[5]Do inglês *Metal-Oxide-Semiconductor Field-Effect Transistor*. (N.T.)

Os elétrons não podem passar da fonte para o dreno pelo substrato porque este está separado do canal n e das duas ilhas tipo n por uma região de depleção semelhante à da Fig. 41.3.1*b*, que sempre se forma nas junções entre semicondutores tipo n e tipo p.

Os computadores e outros eletrodomésticos utilizam uma grande quantidade de dispositivos eletrônicos, como transistores, diodos retificadores, capacitores e resistores, agrupados em **pastilhas**, feitas de material semicondutor, que contêm **circuitos integrados** com milhões de componentes.

Revisão e Resumo

Metais, Semicondutores e Isolantes Três propriedades elétricas que podem ser usadas para classificar os sólidos cristalinos são a **resistividade** ρ, o **coeficiente de temperatura da resistividade** α e a **concentração de portadores de carga** n. Os sólidos podem ser divididos em três categorias: **isolantes** (ρ muito grande), **metais** (ρ pequena, α pequeno e positivo, e n grande) e **semicondutores** (ρ grande, α grande e negativo, e n pequena).

Níveis de Energia em um Sólido Cristalino Um átomo isolado pode ter apenas certas energias. Quando os átomos se unem para formar um sólido, os níveis de energia dos átomos se combinam para formar **bandas de energia**. As bandas de energia são separadas por **bandas proibidas**, isto é, bandas de energia que nenhum elétron pode ocupar.

As bandas de energia são formadas por um grande número de níveis de energia muito próximos uns dos outros. De acordo com o princípio de exclusão de Pauli, cada um desses níveis pode ser ocupado apenas por um elétron.

Isolantes Nos isolantes, a banda de maior energia que contém elétrons está totalmente ocupada e está separada da banda seguinte por uma distância tão grande que a agitação térmica não é suficiente para transferir um número significativo de elétrons para a outra banda.

Metais Nos metais, a banda de maior energia que contém elétrons está apenas parcialmente ocupada. A energia do nível mais alto ocupado a 0 K recebe o nome de **energia de Fermi** e é representada pelo símbolo E_F. No caso do cobre, $E_F = 7{,}0$ eV.

Os elétrons da banda parcialmente ocupada são chamados **elétrons de condução**, e seu número é dado por

$$\begin{pmatrix}\text{número de elétrons de}\\ \text{condução da amostra}\end{pmatrix} = \begin{pmatrix}\text{número de átomos}\\ \text{da amostra}\end{pmatrix} \times \begin{pmatrix}\text{número de elétrons}\\ \text{de valência por átomo}\end{pmatrix}. \quad (41.1.2)$$

O número de átomos em uma amostra é dado por

$$\begin{pmatrix}\text{número de átomos}\\ \text{da amostra}\end{pmatrix} = \frac{\text{massa da amostra, } M_{am}}{\text{massa atômica}} = \frac{\text{massa da amostra, } M_{am}}{(\text{massa molar, } M)/N_A} = \frac{\begin{pmatrix}\text{massa específica}\\ \text{do material}\end{pmatrix}\begin{pmatrix}\text{volume da}\\ \text{amostra, } V\end{pmatrix}}{(\text{massa molar, } M)/N_A}. \quad (41.1.4)$$

A concentração n de elétrons de condução é definida pela seguinte equação:

$$n = \frac{\text{número de elétrons de condução da amostra}}{\text{volume da amostra, } V}. \quad (41.1.3)$$

A **densidade de estados** $N(E)$ é o número de níveis de energia disponíveis por unidade de volume e por intervalo de energia e é dada por

$$N(E) = \frac{8\sqrt{2}\pi m^{3/2}}{h^3} E^{1/2} \quad \text{(densidade de estados, m}^{-3}\,\text{J}^{-1}\text{)}, \quad (41.1.5)$$

em que m ($= 9{,}109 \times 10^{-31}$ kg) é a massa do elétron, h ($= 6{,}626 \times 10^{-34}$ J · s) é a constante de Planck, e E é a energia em joules para a qual o valor de $N(E)$ é calculado. Se o valor de E é dado em eV e o valor de $N(E)$ em $\text{m}^{-3} \cdot \text{eV}^{-1}$, o lado direito da Eq. 41.1.5 deve ser multiplicado por $e^{3/2}$ (em que $e = 1{,}602 \times 10^{-19}$ C).

A **probabilidade de ocupação** $P(E)$ (probabilidade de que um dado nível de energia seja ocupado por um elétron) é dada por

$$P(E) = \frac{1}{e^{(E-E_F)/kT} + 1} \quad \text{(probabilidade de ocupação)}. \quad (41.1.6)$$

A **densidade de estados ocupados** $N_o(E)$ é igual ao produto da densidade de estados (Eq. 41.1.5) pela probabilidade de ocupação (Eq. 41.1.6):

$$N_o(E) = N(E)\,P(E) \quad \text{(densidade de estados ocupados)}. \quad (41.1.7)$$

A energia de Fermi de um metal pode ser calculada integrando $N_o(E)$ para $T = 0$ de $E = 0$ a $E = E_F$. O resultado é o seguinte:

$$E_F = \left(\frac{3}{16\sqrt{2}\pi}\right)^{2/3} \frac{h^2}{m} n^{2/3} = \frac{0{,}121 h^2}{m} n^{2/3}. \quad (41.1.9)$$

Semicondutores A estrutura de bandas dos semicondutores é igual à dos isolantes, exceto pelo fato de que a largura E_g da banda proibida é muito menor nos semicondutores. No silício (um semicondutor) à temperatura ambiente, a agitação térmica faz com que alguns elétrons sejam transferidos para a **banda de condução**, deixando um número igual de **buracos** na **banda de valência**. Tanto os elétrons como os buracos se comportam como portadores de carga.

O número de elétrons na banda de condução do silício pode ser aumentado consideravelmente dopando o material com uma pequena concentração de fósforo ou outra impureza doadora para produzir um **semicondutor tipo *n***. O número de buracos na banda de valência do silício pode ser aumentado consideravelmente dopando o material com uma pequena concentração de alumínio ou outra impureza aceitadora para produzir um **semicondutor tipo *p***.

A Junção *p-n* Uma **junção *p-n*** é um cristal semicondutor com um lado dopado com impurezas aceitadoras para formar uma região tipo p e outro lado dopado com impurezas doadoras para formar uma região tipo n. O plano em que ocorre a transição de uma região para a outra é chamado **plano da junção**. Em uma junção *p-n* em equilíbrio térmico, acontece o seguinte:

Os **portadores em maioria** (elétrons do lado n e buracos do lado p) atravessam por difusão o plano da junção, produzindo uma **corrente de difusão** I_{dif}.

Os **portadores em minoria** (buracos do lado n e elétrons do lado p) atravessam o plano da junção sob a ação de um campo elétrico, produzindo uma **corrente de deriva** I_{der}. Como as duas correntes têm o mesmo valor absoluto e sentidos opostos, a corrente total é zero.

Uma **zona de depleção**, que contém átomos ionizados de impurezas doadoras e aceitadoras, surge nas proximidades do plano da junção.

Uma **diferença de potencial de contato** aparece entre as extremidades da zona de depleção.

Aplicações da Junção *p-n* Quando uma diferença de potencial é aplicada a uma junção *p-n*, o dispositivo conduz mais corrente para uma polaridade da diferença de potencial do que para a outra; isso significa que a junção *p-n* pode ser usada como um **diodo retificador**.

Uma junção *p-n* feita de certos materiais emite luz quando é polarizada diretamente e, portanto, pode ser usada como um **diodo emissor de luz** (LED, do inglês *l*ight-*e*mitting *d*iode). O comprimento de onda da luz emitida é dado por

$$\lambda = \frac{c}{f} = \frac{hc}{E_g}. \qquad (41.3.1)$$

Uma junção *p-n* polarizada diretamente com as faces das extremidades paralelas pode se comportar como um **laser semicondutor**, emitindo luz coerente de um único comprimento de onda.

Perguntas

1 A distância entre níveis de energia vizinhos na última banda ocupada de um metal depende: (a) do material de que é feita a amostra, (b) do tamanho da amostra; (c) da posição do nível dentro da banda, (d) da temperatura da amostra, (e) da energia de Fermi do metal?

2 A Fig. 41.1.1*a* mostra os 14 átomos que formam a célula unitária do cobre. Como cada átomo é compartilhado por uma ou mais células unitárias vizinhas, apenas uma fração de cada átomo pertence à célula unitária da figura. Qual é o número de átomos por célula unitária no caso do cobre? (*Sugestão*: Some as frações de átomo que pertencem à mesma célula unitária.)

3 A Fig. 41.1.1*b* mostra os 18 átomos que formam a célula unitária do silício. Quatorze desses átomos são compartilhados por uma ou mais células unitárias vizinhas. Qual é o número de átomos por célula unitária no caso do silício? (*Sugestão*: Ver Pergunta 2.)

4 A Fig. 41.1 mostra três níveis de uma banda e o nível de Fermi do material a 0 K. Coloque os três níveis na ordem decrescente da probabilidade de ocupação para uma temperatura (a) de 0 K e (b) de 1000 K. (c) Para a segunda temperatura, coloque os níveis na ordem decrescente da densidade de estados $N(E)$.

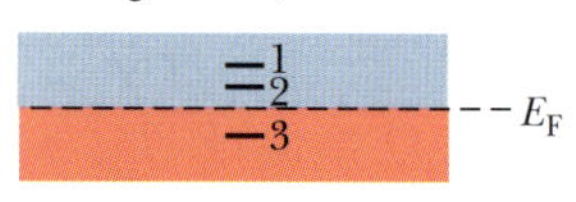

Figura 41.1 Pergunta 4.

5 A probabilidade de ocupação para certa energia E_1 da banda de valência de um metal é 0,60 quando a temperatura é 300 K. A energia E_1 é maior ou menor que a energia de Fermi?

6 Um átomo de germânio possui 32 elétrons, dispostos em subcamadas da seguinte forma:

$$1s^2\,2s^2\,2p^6\,3s^2\,3p^6\,3d^{10}\,4s^2\,4p^2.$$

O germânio possui a mesma estrutura cristalina que o silício e, como o silício, é um semicondutor. Os elétrons de quais subníveis formam a banda de valência de um cristal de germânio?

7 Se a temperatura de um pedaço de metal aumenta, a probabilidade de ocupação 0,1 eV acima do nível de Fermi aumenta, diminui ou permanece a mesma?

8 Nas junções polarizadas da Fig. 41.3.4, existe um campo elétrico $\vec{E}$ nas zonas de depleção, associado à diferença de potencial entre as extremidades da zona. (a) O sentido de $\vec{E}$ é da esquerda para a direita ou da direita para a esquerda? (b) O módulo de $\vec{E}$ é maior quando a junção está polarizada diretamente, ou quando está polarizada inversamente?

9 A velocidade de deriva v_d dos elétrons de condução em um fio de cobre percorrido por corrente é aproximadamente igual, muito maior, ou muito menor que a velocidade de Fermi v_F?

10 Na rede cristalina do silício, determine onde podem ser encontrados: (a) um elétron de condução, (b) um elétron de valência, (c) um elétron pertencente à subcamada 2*p* de um átomo isolado de silício.

11 A largura E_g da banda proibida é 1,12 eV no silício e 0,67 eV no germânio. Quais das seguintes afirmações são verdadeiras? (a) Os dois semicondutores têm a mesma concentração de portadores à temperatura ambiente. (b) A concentração de portadores no germânio é maior que no silício à temperatura ambiente. (c) Os dois semicondutores têm uma concentração maior de elétrons do que de buracos. (d) Nos dois semicondutores, a concentração de elétrons é igual à de buracos.

Problemas

F Fácil **M** Médio **D** Difícil
CALC Requer o uso de derivadas e/ou integrais
CVF Informações adicionais disponíveis no e-book *O Circo Voador da Física*, de Jearl Walker, LTC Editora, Rio de Janeiro, 2008.
BIO Aplicação biomédica

Módulo 41.1 Propriedades Elétricas dos Metais

1 F Mostre que a Eq. 41.1.9 pode ser escrita na forma $E_F = An^{2/3}$, em que a constante A tem o valor de $3{,}65 \times 10^{-19}$ m$^2 \cdot$ eV.

2 F Calcule a densidade de estados $N(E)$ de um metal para a energia $E = 8{,}0$ eV e mostre que o resultado está de acordo com a curva da Fig. 41.1.6.

3 F O cobre, um metal monovalente, tem massa molar de 63,54 g/mol e massa específica de 8,96 g/cm³. Qual é a concentração n de elétrons de condução do cobre?

4 F Um estado 63 meV acima do nível de Fermi tem uma probabilidade de ocupação de 0,090. Qual é a probabilidade de ocupação de um estado 63 meV *abaixo* do nível de Fermi?

5 F (a) Mostre que a Eq. 41.1.5 pode ser escrita na forma $N(E) = CE^{1/2}$. (b) Calcule o valor de C tomando como unidade de comprimento o metro e como unidade de energia o elétron-volt. (c) Calcule o valor de $N(E)$ para $E = 5{,}00$ eV.

6 F Use a Eq. 41.1.9 para mostrar que a energia de Fermi do cobre é 7,0 eV.

7 F Qual é a probabilidade de que um estado 0,0620 eV acima da energia de Fermi esteja ocupado para (a) $T = 0$ K e (b) $T = 320$ K?

8 F Qual é a concentração de elétrons de condução no ouro, que é um metal monovalente? Use os valores de massa molar e massa específica do Apêndice F.

9 M A prata é um metal monovalente. Calcule, para esse elemento, (a) a concentração de elétrons de condução, (b) a energia de Fermi,

(c) a velocidade de Fermi e (d) o comprimento de onda de de Broglie correspondente à velocidade determinada no item (c). Os dados necessários estão no Apêndice F.

10 **M** Mostre que a probabilidade $P(E)$ de que um nível de energia E não esteja ocupado é

$$P(E) = \frac{1}{e^{-\Delta E/kT} + 1},$$

em que $\Delta E = E - E_F$.

11 **M** Calcule $N_o(E)$, a densidade de estados ocupados, para o cobre a 1000 K, nas energias de (a) 4,00 eV, (b) 6,75 eV, (c) 7,00 eV, (d) 7,25 eV e (e) 9,00 eV. Compare os resultados com a curva da Fig. 41.1.8*b*. A energia de Fermi do cobre é 7,00 eV.

12 **M** Qual é a probabilidade de que, à temperatura de 300 K, um elétron atravesse a barreira de energia $E_g = 5{,}5$ eV em um diamante com mesma massa que a Terra? Use a massa molar do carbono do Apêndice F e suponha que o diamante possua um elétron de valência por átomo de carbono.

13 **M** A energia de Fermi do cobre é 7,00 eV. Para o cobre a 1.000 K, determine (a) a energia do nível cuja probabilidade de ser ocupado por um elétron é 0,900. Para essa energia, determine (b) a densidade de estados $N(E)$ e (c) a densidade de estados ocupados $N_o(E)$.

14 **M** Suponha que o volume total de uma amostra metálica seja a soma do volume ocupado pelos íons do metal que formam a rede cristalina com o volume ocupado pelos elétrons de condução. A massa específica e a massa molar do sódio (um metal) são 971 kg/m^3 e 23,0 g/mol, respectivamente; o raio do íon Na^+ é 98,0 pm. (a) Que porcentagem do volume de uma amostra de sódio é ocupada pelos elétrons de condução? (b) Repita o cálculo para o cobre, que possui massa específica, massa molar e raio iônico de 8960 kg/m^3, 63,5 g/mol e 135 pm, respectivamente. (c) Em qual dos dois metais o comportamento dos elétrons de condução é mais parecido com o das moléculas de um gás?

15 **M** Na Eq. 41.1.6, faça $E - E_F = \Delta E = 1{,}00$ eV. (a) Para que temperatura o resultado obtido usando essa equação difere de 1,0% do resultado obtido usando a equação clássica de Boltzmann $P(E) = e^{-\Delta E/kT}$ (que é a Eq. 41.1.1 com duas mudanças de notação)? (b) Para que temperatura os dois resultados diferem de 10%?

16 **M** Calcule a concentração (número por unidade de volume) (a) de moléculas de oxigênio a 0,0° C e uma pressão de 1,0 atm, e (b) de elétrons de condução do cobre. (c) Qual é a razão entre o segundo valor e o primeiro? (d) Determine a distância média (d) entre as moléculas de oxigênio e (e) entre os elétrons de condução, supondo que essa distância seja a aresta de um cubo cujo volume é igual ao volume disponível por partícula (molécula ou elétron).

17 **M** A energia de Fermi do alumínio é 11,6 eV; a massa específica e a massa molar são 2,70 g/cm^3 e 27,0 g/mol, respectivamente. A partir desses dados, determine o número de elétrons de condução por átomo.

18 **M** Uma amostra de um metal tem volume de $4{,}0 \times 10^{-5}$ m^3. O metal tem massa específica de 9,0 g/cm^3 e uma massa molar de 60 g/mol. Os átomos do metal são divalentes. Quantos elétrons de condução existem na amostra?

19 **M** A energia de Fermi da prata é 5,5 eV. (a) Determine a probabilidade de que os seguintes níveis de energia estejam ocupados a 0°C: (a) 4,4 eV, (b) 5,4 eV, (c) 5,5 eV, (d) 5,6 eV e (e) 6,4 eV. (f) Para que temperatura a probabilidade de o nível de 5,6 eV estar ocupado é 0,16?

20 **M** Qual é o número de estados ocupados em um intervalo de energia de 0,0300 eV com centro no nível de 6,10 eV da banda de valência de uma substância, se o volume da amostra é $5{,}00 \times 10^{-8}$ m^3, o nível de Fermi é 5,00 eV e a temperatura é 1500 K?

21 **M** **CALC** A 1.000 K, a fração de elétrons de condução em um metal com energia maior que a energia de Fermi é igual à área sob a parte da curva da Fig. 41.1.8*b* acima de E_F dividida pela área sob a curva inteira. É difícil calcular essas áreas por integração direta. Entretanto, uma aproximação dessa fração, válida para qualquer temperatura T, é a seguinte:

$$frac = \frac{3kT}{2E_F}.$$

Observe que $frac = 0$ para $T = 0$ K, como era de se esperar. Qual é a fração para o cobre (a) a 300 K e (b) a 1.000 K? Para o cobre, $E_F = 7{,}0$ eV. (c) Confirme as respostas por integração numérica, usando a Eq. 41.1.7.

22 **M** Em que temperatura 1,30% dos elétrons de condução do lítio (um metal) têm energia maior do que a energia de Fermi E_F, que é 4,70 eV? (*Sugestão*: Ver Problema 21.)

23 **M** **CALC** Mostre que, em $T = 0$ K, a energia média $E_{méd}$ dos elétrons de condução de um metal é igual a $3E_F/5$. (*Sugestão*: De acordo com a definição de média, $E_{méd} = (1/n) \int E\, N_o(E)\, dE$, em que n é a concentração de elétrons de condução.)

24 **M** Um material tem massa molar de 20,0 g/mol, energia de Fermi de 5,00 eV e 2 elétrons de valência por átomo. Determine a massa específica do material em g/cm^3.

25 **M** (a) Use o resultado do Problema 23 e a energia de Fermi de 7,00 eV do cobre para estimar a energia que seria liberada pelos elétrons de condução de uma moeda de cobre com massa de 3,10 g se fosse possível "desligar" bruscamente o princípio de exclusão de Pauli. (b) Essa energia seria suficiente para manter acesa durante quanto tempo uma lâmpada de 100 W? (*Nota*: Não existe nenhuma forma conhecida de anular o princípio de exclusão de Pauli!)

26 **M** A uma temperatura de 300 K, a que distância da energia de Fermi está um estado cuja probabilidade de ocupação por um elétron é 0,10?

27 **M** O zinco é um metal divalente. Para esse elemento, calcule (a) a concentração de elétrons de condução, (b) a energia de Fermi, (c) a velocidade de Fermi, e (d) o comprimento de onda de de Broglie correspondente à velocidade determinada no item (c). Os dados necessários estão no Apêndice F.

28 **M** Qual é a energia de Fermi do ouro, que é um metal monovalente com massa molar de 197 g/mol e massa específica de 19,3 g/cm^3?

29 **M** Use o resultado do Problema 23 para calcular a energia cinética total de translação dos elétrons de condução em 1,00 cm^3 de cobre a 0 K.

30 **D** Um metal possui $1{,}70 \times 10^{28}$ elétrons de condução por metro cúbico. Uma amostra do metal tem volume de $6{,}00 \times 10^{-6}$ m^3 e está à temperatura de 200 K. Quantos estados ocupados existem em um intervalo de energia de $3{,}20 \times 10^{-20}$ J com centro em uma energia de $4{,}00 \times 10^{-19}$ J? (*Sugestão*: Não arredonde o expoente.)

Módulo 41.2 Propriedades Elétricas dos Semicondutores

31 **F** (a) Qual é o comprimento de onda máximo de uma luz capaz de excitar um elétron da banda de valência do diamante para a banda de condução? A distância entre as duas bandas é 5,50 eV. (b) A que parte do espectro eletromagnético pertence esse comprimento de onda?

32 **M** O composto arseneto de gálio é um semicondutor, com $E_g = 1{,}43$ eV, que possui uma estrutura cristalina semelhante à do silício, na qual metade dos átomos de silício são substituídos por átomos de arsênio e metade por átomos de gálio. Faça um desenho bidimensional da rede cristalina do arseneto de gálio, tomando como modelo a Fig. 41.2.2*a*. (a) Qual é a carga elétrica (a) dos íons de gálio e (b) dos íons de arsênio? (c) Quantos elétrons existem por ligação? (*Sugestão*: Consulte a tabela periódica do Apêndice G.)

33 **M** A função probabilidade de ocupação (Eq. 41.1.6) também pode ser aplicada aos semicondutores. Nos semicondutores não dopados, a energia de Fermi está praticamente no centro da banda proibida (ver Problema 34). No germânio, a largura da banda proibida é 0,67 eV. Supondo que a energia de Fermi seja exatamente no centro da banda proibida, determine a probabilidade (a) de que um estado na base da banda de condução do germânio e (b) de que um estado no alto da banda de valência do germânio esteja ocupado. Suponha que $T = 290$ K.

34 **M** Em um modelo simplificado de um semicondutor não dopado, a distribuição de estados disponíveis pode ser substituída por uma distribuição na qual existem N_v estados na banda de valência, todos com a mesma energia E_v, e N_c estados na banda de condução, todos com a mesma energia E_c. O número de elétrons na banda de condução é igual ao número de buracos na banda de valência. (a) Mostre que, para esta última condição ser satisfeita, é preciso que

$$\frac{N_c}{\exp(\Delta E_c/kT)+1} = \frac{N_v}{\exp(\Delta E_v/kT)+1},$$

em que

$$\Delta E_c = E_c - E_F \quad \text{e} \quad \Delta E_v = -(E_v - E_F).$$

(b) Se o nível de Fermi está na banda proibida e a distância entre o nível de Fermi e as duas bandas é muito maior que kT, $\exp(\Delta E_c/kT)+1 \approx \exp(\Delta E_c/kT)$ e $\exp(\Delta E_v/kT)+1 \approx \exp(\Delta E_v/kT)$ na equação do item (a). Mostre que, nessas condições,

$$E_F = \frac{(E_c+E_v)}{2} + \frac{kT\ln(N_v/N_c)}{2}$$

o que, para $N_v \approx N_c$, significa que o nível de Fermi de um semicondutor não dopado está praticamente no centro da banda proibida.

35 **M** Que massa de fósforo é necessária para dopar 1,0 g de silício de tal forma que a concentração de elétrons aumente do valor do silício puro, 10^{16} m^{-3}, para 10^{22} m^{-3}, um valor 10^6 vezes maior?

36 **M** Uma amostra de silício é dopada com átomos que introduzem estados doadores 0,110 eV abaixo da banda de condução. No silício, a largura da banda proibida é 1,11 eV. (a) o nível de Fermi está na banda proibida ou na banda de valência? (b) Se a probabilidade de ocupação de um estado doador é $5{,}00 \times 10^{-5}$ para $T = 300$ K, qual é a distância entre o nível de Fermi e o alto da banda de valência? (c) Nas condições do item (a), qual é a probabilidade de um estado na base da banda de condução estar ocupado?

37 **M** Como mostra o Problema 36, a dopagem muda a posição da energia de Fermi de um semicondutor. Considere o silício, com uma distância de 1,11 eV entre a extremidade superior da banda da valência e a extremidade inferior da banda de condução. A 300 K, o nível de Fermi do silício puro está praticamente a meio caminho entre a banda de valência e a banda de condução. Suponha que o silício seja dopado com átomos de uma impureza doadora que introduz um estado 0,15 eV abaixo da banda de condução; suponha ainda que a dopagem mude a posição do nível de Fermi para 0,11 eV abaixo da banda de condução (Fig. 41.2). Calcule a probabilidade de que um estado na base da banda de condução esteja ocupado (a) antes da dopagem e (b) depois da dopagem. (c) Calcule a probabilidade de que o nível introduzido pela impureza doadora esteja ocupado.

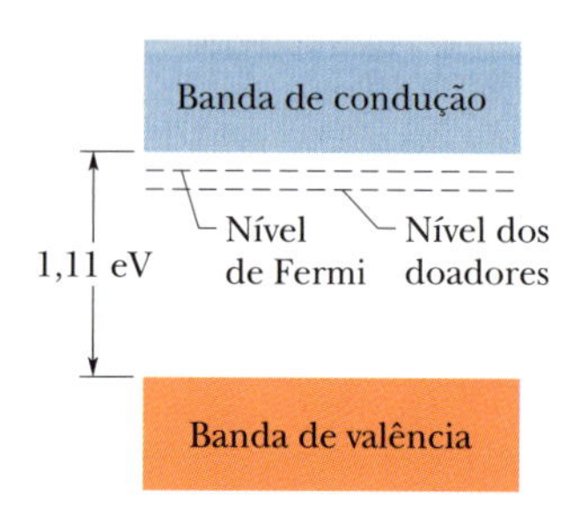

Figura 41.2 Problema 37.

38 **M** No silício puro à temperatura ambiente, a concentração de elétrons na banda de condução é 5×10^{15} m^{-3} e a concentração de buracos na banda de valência tem o mesmo valor. Suponha que um em cada 10^7 átomos de silício seja substituído por um átomo de fósforo. (a) Que tipo de semicondutor é o novo material: *n* ou *p*? (b) A concentração de que tipo de portador de carga aumenta com a dopagem? (c) Qual é a razão entre a concentração de portadores de carga (elétrons e buracos) no material dopado e a concentração no material não dopado?

Módulo 41.3 A Junção *p-n* e o Transistor

39 **F** Quando um fóton penetra na zona de depleção de uma junção *p-n*, ele pode colidir com elétrons da banda de valência, transferindo-os para a banda de condução e criando pares elétron-buraco. Por essa razão, as junções *p-n* são muito usadas para detectar radiações, principalmente nas regiões de raios X e raios gama do espectro eletromagnético. Suponha que um fóton de raios gama de 662 keV transfira energia para elétrons em eventos de espalhamento no interior de um semicondutor em que a largura da banda proibida é 1,1 eV até desaparecer. Supondo que os elétrons excitados pelo fóton sejam transferidos do alto da banda de valência para a base da banda de condução, determine o número de pares elétron-buraco criados no processo.

40 **F** Em uma junção *p-n* ideal, a relação entre a corrente, I, e a diferença de potencial aplicada à junção, V, é dada por

$$I = I_0(e^{eV/kT} - 1),$$

em que I_0, que depende dos materiais de que é feita a junção mas não da corrente nem da diferença de potencial, é a *corrente inversa de saturação*. A diferença de potencial V é positiva quando a junção é polarizada diretamente e negativa quando a junção é polarizada inversamente. Para mostrar que um dispositivo com essas características se comporta como um diodo retificador, (a) faça um gráfico de I em função de V para uma junção ideal, de $-0{,}12$ V a $+0{,}12$ V, supondo que $T = 300$ K e $I_0 = 5{,}0$ nA. (b) Para a mesma temperatura, calcule a razão entre a corrente de uma junção submetida a uma polarização direta de 0,50 V e uma junção submetida a uma polarização inversa de 0,50 V.

41 **F** Em um cristal, a última banda ocupada está completa. O cristal é transparente para todos os comprimentos de onda maiores que 295 nm e opaco para comprimentos de onda menores. Calcule a distância, em elétrons-volts, entre a última banda ocupada e a primeira banda vazia nesse material.

42 **F** Em um cristal de cloreto de potássio, a distância entre a última banda ocupada (que está completa) e a primeira banda vazia é 7,6 eV. O cristal é opaco ou transparente a uma luz com um comprimento de onda de 140 nm?

43 **F** Um circuito integrado, que é do tamanho de um selo postal (2,54 cm × 2,22 cm), contém cerca de 3,5 milhões de transistores. Quais devem ser, *no máximo*, as dimensões dos transistores, supondo que são quadrados? (*Nota*: Além de transistores, um circuito integrado contém outros componentes; deve haver também espaço para as ligações entre os elementos do circuito. Na verdade, hoje é possível fabricar transistores com dimensões de menos de 0,02 μm.)

44 **F** Um MOSFET de silício tem uma porta quadrada com 0,50 μm de lado. A camada isolante de óxido de silício que separa a porta do substrato tipo *p* tem 0,20 μm de espessura e uma constante dielétrica de 4,5. (a) Qual é a capacitância equivalente do conjunto porta-substrato (considerando a porta como uma das placas do capacitor e o substrato como a outra placa)? (b) Quantas cargas elementares *e* se acumulam na porta quando existe uma diferença de potencial de 1,0 V entre a porta e a fonte?[6]

Problemas Adicionais

45 **CALC** (a) Mostre que a derivada dP/dE da Eq. 41.1.6 é $-1/4kT$ para $E = E_F$. (b) Mostre que a tangente à curva da Fig. 41.1.7*b* no ponto $E = E_F$ intercepta o eixo horizontal no ponto $E = E_F + 2kT$.

46 **CALC** Use os dados da Tabela 41.1.1 para calcular $d\rho/dT$ à temperatura ambiente (a) para o cobre e (b) para o silício.

[6]No MOSFET a que se refere este problema, que é de um tipo diferente do descrito no texto, não existe uma região tipo *n* ligando a fonte ao dreno; o canal é obtido exclusivamente por polarização da porta. É por isso que existe apenas material isolante entre a porta e o substrato tipo *p*. (N.T.)

47 (a) Determine o ângulo θ entre ligações vizinhas na rede cristalina do silício. Na rede do silício, cada átomo está ligado a quatro outros átomos que formam um tetraedro regular (pirâmide formada por triângulos equiláteros), no centro do qual se encontra o átomo considerado. (b) Determine o comprimento da ligação, dado que a distância entre os átomos dos vértices do tetraedro é 388 pm.

48 Mostre que $P(E)$, a probabilidade de ocupação dada pela Eq. 41.1.6, é simétrica em relação à energia de Fermi, ou seja, mostre que

$$P(E_F + \Delta E) + P(E_F - \Delta E) = 1.$$

49 (a) Mostre que a densidade de estados em um metal para uma energia igual à energia de Fermi é dada por

$$N(E_F) = \frac{(4)(3^{1/3})(\pi^{2/3})mn^{1/3}}{h^2} = (4{,}11 \times 10^{18}\ \text{m}^{-2}\ \text{eV}^{-1})n^{1/3},$$

em que n é a concentração de elétrons de condução. (b) Calcule $N(E_F)$ para o cobre, que é um metal monovalente com massa molar 63,54 g/mol e massa específica 8,96 g/cm^3. (c) Compare o resultado com a curva da Fig. 41.1.6, lembrando que a energia de Fermi do cobre é 7,0 eV.

50 A prata se funde a 961 °C. No ponto de fusão, que fração dos elétrons de condução está em estados com energias maiores que a energia de Fermi, que é 5,5 eV? (*Sugestão*: Ver Problema 21.)

51 A energia de Fermi do cobre é 7,0 eV. Mostre que a velocidade de Fermi correspondente é 1.600 km/s.

52 Mostre que o fator numérico 0,121 na Eq. 41.1.9 está correto.

53 Para que pressão, em atmosferas, o número de moléculas por unidade de volume em um gás ideal é igual à concentração de elétrons de condução no cobre, supondo que tanto o gás como o metal estejam a uma temperatura de 300 K?

CAPÍTULO 42

Física Nuclear

42.1 DESCOBERTA DO NÚCLEO

Objetivos do Aprendizado

Depois de ler este módulo, você será capaz de ...

42.1.1 Explicar em que consistiu o experimento de Rutherford e o que ele revelou a respeito do átomo.

42.1.2 Em um experimento de espalhamento como o de Rutherford, conhecer a relação entre a energia cinética da partícula alfa e a distância de máxima aproximação do núcleo alvo.

Ideias-Chave

- A carga positiva de um átomo está concentrada em uma pequena região central. Esse modelo foi proposto em 1910 por Ernest Rutherford a partir de experimentos de espalhamento nos quais fez incidir partículas alfa em folhas finas de metais como o ouro e o cobre.
- A energia total (soma da energia cinética com a energia potencial elétrica) do sistema partícula alfanúcleo alvo é conservada quando a partícula alfa se aproxima do núcleo.

O que É Física?

Vamos agora voltar nossa atenção para a parte central do átomo: o núcleo. Para mais de 100 anos, um objetivo importante da física tem sido aplicar os princípios da física quântica ao estudo dos núcleos, e um objetivo importante da engenharia tem sido utilizar os conhecimentos assim obtidos em aplicações práticas que vão desde o uso da radiação no tratamento do câncer até a detecção do gás radônio no porão das casas.

Antes de falar das aplicações práticas e da física quântica dos núcleos, vamos explicar como os físicos descobriram que o átomo possui um núcleo. A existência do núcleo, por mais óbvia que possa parecer hoje em dia, constituiu inicialmente uma grande surpresa.

Descoberta do Núcleo

Nos primeiros anos do século XX, praticamente a única coisa que se sabia a respeito da estrutura dos átomos era que continham elétrons e que os elétrons possuíam uma carga elétrica, que, por convenção, era considerada negativa. O elétron tinha sido descoberto por J. J. Thomson em 1897, porém a massa do elétron era desconhecida. Assim, não era possível dizer quantos elétrons um átomo continha. Os físicos já sabiam que os átomos eram eletricamente neutros e, portanto, deviam conter também cargas positivas, mas ninguém sabia como eram essas cargas positivas. De acordo com um modelo muito popular na época, as cargas positivas e negativas estavam distribuídas uniformemente em uma esfera.

Em 1911, Ernest Rutherford sugeriu que a carga positiva estava concentrada no centro do átomo, formando um **núcleo** e que, além disso, o núcleo era responsável pela maior parte da massa do átomo. A sugestão de Rutherford não era uma simples especulação, mas se baseava nos resultados de um experimento proposto por ele e executado por dois colaboradores, Hans Geiger (o inventor do contador Geiger) e Ernest Marsden, um estudante de 20 anos que ainda não havia terminado o curso de graduação.

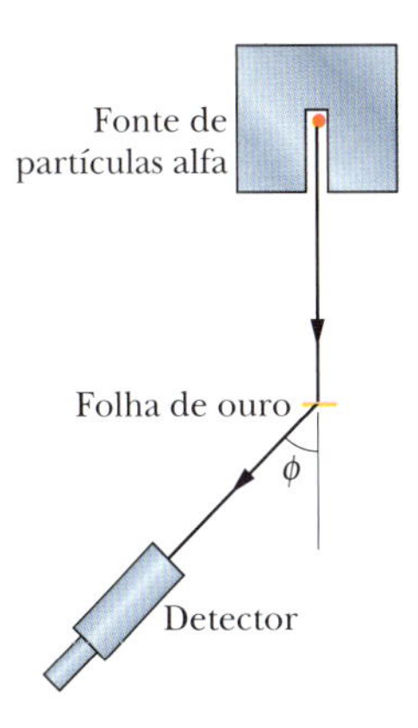

Figura 42.1.1 Arranjo experimental (visto de cima) usado no laboratório de Rutherford entre 1911 e 1913 para estudar o espalhamento de partículas α por folhas finas de metal. A posição do detector podia ser ajustada para vários valores do ângulo de espalhamento ϕ. A fonte de partículas α era o gás radônio, um produto do decaimento do rádio. Foi esse experimento relativamente simples que levou à descoberta do núcleo atômico.

Na época de Rutherford, já se sabia que certos elementos, ditos **radioativos**, se transformam espontaneamente em outros elementos, emitindo partículas no processo. Um desses elementos é o gás radônio, que emite partículas α com uma energia de aproximadamente 5,5 MeV. Hoje sabemos que as partículas α são núcleos de átomos de hélio.

A ideia de Rutherford era fazer as partículas α incidirem em uma folha fina de metal e medir o desvio da trajetória das partículas ao passarem pelo material. As partículas α, cuja massa é cerca de 7.300 vezes maior que a do elétron, têm uma carga de $+2e$.

A Fig. 42.1.1 mostra o arranjo experimental usado por Geiger e Marsden. A fonte de partículas α era um tubo de vidro de paredes finas contendo radônio. O experimento consistia em medir o número de partículas α em função do ângulo de espalhamento ϕ.

Os resultados obtidos por Geiger e Marsden aparecem na Fig. 42.1.2. Observe que a escala vertical é logarítmica. O ângulo de espalhamento é pequeno para a grande maioria das partículas; entretanto, e essa foi a grande surpresa, algumas poucas partículas apresentam ângulos de espalhamento extremamente elevados, próximos de 180°. Nas palavras de Rutherford: "Foi a coisa mais incrível que aconteceu em toda a minha vida. É quase como se você desse um tiro de canhão em uma folha de papel e a bala ricocheteasse".

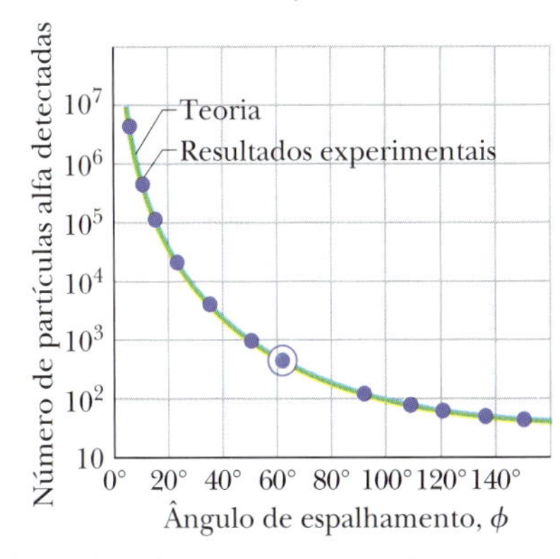

Figura 42.1.2 Os pontos no gráfico representam os resultados experimentais do espalhamento de partículas α por uma folha fina de ouro, obtidos por Geiger e Marsden usando o equipamento da Fig. 42.1.1. A curva é a previsão teórica, baseada na hipótese de que o átomo possui um núcleo pequeno, maciço, positivamente carregado. Observe que a escala vertical é logarítmica e cobre seis ordens de grandeza. Os dados foram ajustados para que a curva teórica passe pelo ponto experimental envolvido por uma circunferência.

Por que Rutherford ficou tão surpreso? Na época em que o experimento foi realizado, a maioria dos físicos acreditava no modelo do "pudim de passas" para o átomo, proposto por J. J. Thomson. De acordo com o modelo, a carga positiva do átomo estava uniformemente distribuída em todo o volume do átomo. Os elétrons (as "passas" do modelo) vibravam em torno de posições fixas no interior dessa esfera de carga positiva (o "pudim").

A força experimentada por uma partícula α ao passar por uma esfera de carga positiva do tamanho de um átomo produziria uma deflexão menor que 1°. (A deflexão esperada foi comparada, por um pesquisador, à que aconteceria se alguém desse um tiro em um saco cheio de bolas de neve.) Os elétrons do átomo praticamente não afetariam a partícula α, muito mais pesada. Na verdade, os elétrons é que seriam espalhados para todos os lados, como uma nuvem de mosquitos atingida por uma pedra.

Para sofrer uma deflexão de mais de 90°, raciocinou Rutherford, a partícula α teria de ser submetida a uma força considerável; essa força poderia ser explicada se a carga positiva, em vez de se espalhar por todo o átomo, estivesse concentrada em uma pequena região central. Nesse caso, a partícula α poderia se aproximar muito da carga positiva, sem atravessá-la, e essa aproximação resultaria em uma força considerável.

A Fig. 42.1.3 mostra algumas possíveis trajetórias de partículas α no interior da folha de metal. Como vemos, a maioria das partículas não sofre nenhuma deflexão ou sofre apenas uma pequena deflexão, mas umas poucas (aquelas que, por acaso, passam nas proximidades de um núcleo) sofrem grandes deflexões. Analisando os dados, Rutherford chegou à conclusão de que o raio do núcleo era aproximadamente 10^4 vezes menor que o raio do átomo. Em outras palavras, o átomo era composto principalmente de espaço vazio.

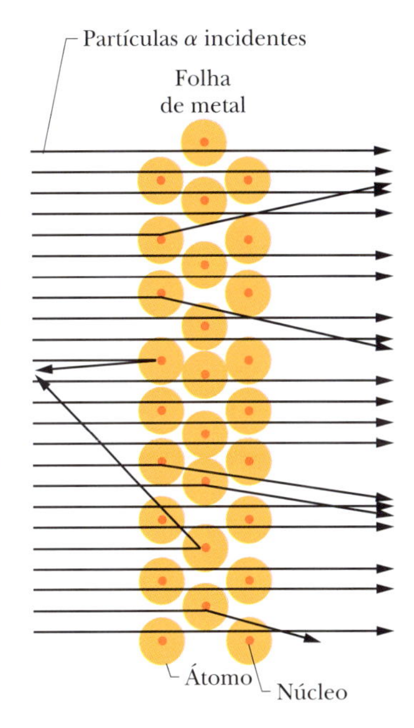

Figura 42.1.3 O ângulo de espalhamento de uma partícula α depende da distância a que a partícula passa de um núcleo atômico. Para sofrer uma grande deflexão, a partícula tem que passar muito perto de um núcleo.

Exemplo 42.1.1 Espalhamento de Rutherford de uma partícula α por um núcleo de ouro 42.1

Uma partícula α cuja energia cinética é $K_i = 5{,}30$ MeV está em rota de colisão com o núcleo de um átomo neutro de ouro (Fig. 42.1.4*a*). Qual é a *distância de máxima aproximação d* (menor distância entre o centro da partícula α e o centro do núcleo)? Ignore o recuo do núcleo.

IDEIAS-CHAVE

(1) No processo de espalhamento, a energia mecânica total E do sistema constituído pela partícula α e pelo núcleo de Au é conservada. (2) A energia total do sistema é a soma da energia cinética com a energia potencial elétrica, fornecida pela Eq. 24.7.4 ($U = q_1q_2/4\pi\varepsilon_0 r$).

Cálculos: A partícula α tem uma carga $+2e$, pois contém dois prótons. O núcleo de ouro tem uma carga $q_{Au} = +79e$, já que contém 79 prótons. Entretanto, a carga do núcleo é cercada por uma "nuvem" de elétrons com uma carga $q_e = -79e$ e, portanto, a partícula α "enxerga" inicialmente um átomo neutro com uma carga total $q_{átomo} = 0$. Assim, a força elétrica que age sobre a partícula e a energia potencial elétrica do sistema partícula-átomo são inicialmente nulas.

Depois que a partícula α penetra no átomo, podemos supor que a partícula está no interior da nuvem eletrônica que envolve o núcleo. A nuvem se comporta como uma casca esférica condutora e, de acordo com a lei de Gauss, não exerce nenhuma força sobre a partícula α. Isso significa que a partícula α "enxerga" apenas a carga nuclear q_{Au}. Como q_α e q_{Au} são cargas positivas, uma força de repulsão age sobre a partícula α, reduzindo sua velocidade, e o sistema partícula-átomo passa a ter uma energia potencial

$$U = \frac{1}{4\pi\varepsilon_0}\frac{q_\alpha q_{Au}}{r}$$

que depende da distância r entre o centro da partícula α e o centro do átomo (ver Fig. 42.1.4*b*).

Com a redução da velocidade da partícula α, a energia cinética é gradualmente convertida em energia potencial. A conversão se completa quando a partícula α para momentaneamente na distância de máxima aproximação d (Fig. 42.1.4*c*). Nesse instante, a energia cinética é $K_f = 0$ e a energia potencial do sistema partícula-átomo é

$$U_f = \frac{1}{4\pi\varepsilon_0}\frac{q_\alpha q_{Au}}{d}.$$

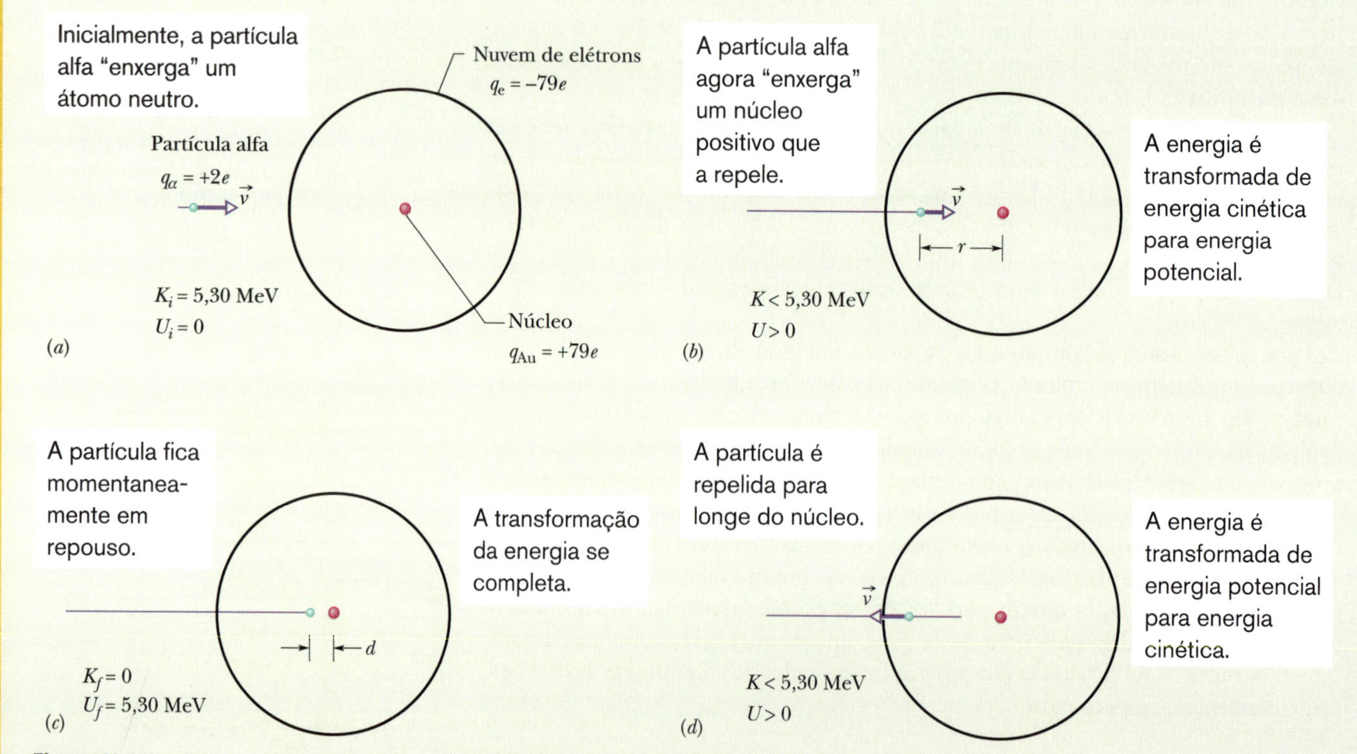

Figura 42.1.4 Uma partícula α (*a*) se aproxima e (*b*) penetra em um átomo de ouro, em rota de colisão com o núcleo atômico. A partícula α (*c*) para momentaneamente no ponto de máxima aproximação e (*d*) é repelida para fora do átomo.

Para calcular o valor de d, aplicamos a lei de conservação da energia total ao estado inicial do sistema e ao estado do sistema no ponto de máxima aproximação, o que nos dá

$$k_i + U_i = K_f + U_f$$

e

$$K_i + 0 = 0 + \frac{1}{4\pi\varepsilon_0}\frac{q_\alpha q_{Au}}{d}.$$

(Estamos supondo que a partícula α não é afetada pela força que mantém o núcleo coeso, já que o alcance dessa força não se estende muito além da superfície do núcleo.) Explicitando d e substituindo as cargas e a energia cinética inicial por valores numéricos, obtemos

$$d = \frac{(2e)(79e)}{4\pi\varepsilon_0 K_\alpha}$$
$$= \frac{(2 \times 79)(1{,}60 \times 10^{-19}\ \text{C})^2}{4\pi\varepsilon_0(5{,}30\ \text{MeV})(1{,}60 \times 10^{-13}\ \text{J/MeV})}$$
$$= 4{,}29 \times 10^{-14}\ \text{m}. \qquad \text{(Resposta)}$$

Essa distância é muito maior que a soma dos raios do núcleo de ouro e da partícula alfa. Isso significa que a partícula alfa é repelida (Fig. 42.1.4*d*) antes de "colidir" com o núcleo de ouro.

42.2 PROPRIEDADES DOS NÚCLEOS

Objetivos do Aprendizado

Depois de ler este módulo, você será capaz de ...

42.2.1 Saber o que é nuclídeo, número atômico (número de prótons), número de nêutrons, número de massa, núcleon, isótopo, desintegração, excesso de nêutrons, isóbara, zona de núcleos estáveis e ilha de estabilidade, e explicar os símbolos (como, por exemplo, ^{197}Au) usados para representar os núcleos.

42.2.2 Desenhar um gráfico do número de prótons em função do número de nêutrons e indicar no gráfico a localização aproximada dos núcleos estáveis, dos núcleos com excesso de prótons e dos núcleos com excesso de nêutrons.

42.2.3 Usar a relação entre o raio de um núcleo esférico e o número de massa para calcular a massa específica da matéria nuclear.

42.2.4 Trabalhar com massas em unidades de massa atômica, conhecer a relação entre o número de massa e a massa aproximada de um núcleo e converter unidades de massa para unidades de energia.

42.2.5 Calcular o excesso de massa.

42.2.6 Saber o que significam a energia de ligação ΔE_l e a energia de ligação por núcleon ΔE_{ln} de um núcleo.

42.2.7 Desenhar um gráfico da energia de ligação por núcleon em função do número de massa e indicar os núcleos mais estáveis, os núcleos que podem liberar energia por meio da fusão e os núcleos que podem liberar energia por meio da fissão.

42.2.8 Conhecer a força responsável pela estabilidade dos núcleos atômicos.

Ideias-Chave

- Tipos diferentes de núcleos são chamados nuclídeos. Os nuclídeos podem ser descritos por meio de três parâmetros: o número atômico Z (o número de prótons), o número de nêutrons N e o número de massa A (número total de núcleons). Portanto, $A = Z + N$. Os nuclídeos são representados por símbolos, como, por exemplo, ^{197}Au ou $^{197}_{79}$Au, em que o símbolo do elemento é acompanhado por um índice superior que indica o valor de A e (opcionalmente) um índice inferior que indica o valor de Z.
- Nuclídeos com o mesmo número de prótons e um número diferente de nêutrons são chamados isótopos.
- O raio médio dos nuclídeos é dado por

$$r = r_0 A^{1/3},$$

em que $r_0 \approx 1{,}2$ fm.

- As massas atômicas são frequentemente expressas em termos do excesso de massa

$$\Delta = M - A,$$

em que M é a massa do átomo em unidades de massa atômica e A é o número de massa do núcleo do átomo.

- A energia de ligação de um núcleo é a diferença

$$\Delta E_l = \Sigma(mc^2) - Mc^2,$$

em que $\Sigma(mc^2)$ é a energia de repouso total dos prótons e nêutrons. A energia de ligação de um núcleo é a quantidade de energia necessária para separar os componentes do núcleo (e *não é* uma energia contida no núcleo).

- A energia de ligação por núcleon é dada por

$$\Delta E_{ln} = \frac{\Delta E_l}{A}.$$

- A energia equivalente a uma unidade de massa atômica (1 u) é 931,494 013 MeV.
- Um gráfico da energia de ligação por núcleon ΔE_{ln} em função do número de massa A mostra que os nuclídeos de massa intermediária são os mais estáveis e que é possível liberar energia pela fissão de núcleos pesados ou pela fusão de núcleos leves.

Algumas Propriedades dos Núcleos 42.1

A Tabela 42.2.1 mostra as propriedades de alguns núcleos atômicos. Quando estamos interessados nas propriedades intrínsecas dos núcleos atômicos (e não nos núcleos como parte dos átomos), eles são muitas vezes chamados **nuclídeos**.

Terminologia

Os núcleos são feitos de prótons e nêutrons. O **número de prótons** do núcleo (também conhecido como **número atômico**) é representado pela letra Z; o **número de nêutrons** é representado pela letra N. A soma do número de prótons e do número de nêutrons é chamada **número de massa** e representada pela letra A:

$$A = Z + N. \tag{42.2.1}$$

Os prótons e nêutrons recebem o nome genérico de **núcleons**.

Os nuclídeos são representados por símbolos como os que aparecem na primeira coluna da Tabela 42.2.1. Considere, por exemplo, o nuclídeo ^{197}Au. O índice superior 197 indica o valor do número de massa A. O símbolo químico Au indica que o elemento é o ouro, cujo número atômico é 79. De acordo com a Eq. 42.2.1, o número de nêutrons desse nuclídeo é $197 - 79 = 118$.

Os nuclídeos com o mesmo número atômico Z e diferentes números N de nêutrons são chamados **isótopos**. O elemento ouro possui 37 isótopos, que vão de ^{169}Au a ^{206}Au. Apenas um desses nuclídeos, o ^{197}Au, é estável; os outros 36 são radioativos. Esses **radionuclídeos** sofrem um processo espontâneo de **decaimento** (ou **desintegração**) no qual emitem uma ou mais partículas e se transformam em um nuclídeo diferente.

Classificação dos Nuclídeos

Os átomos neutros de todos os isótopos de um elemento (para os quais, por definição, o valor de Z é o mesmo) possuem o mesmo número de elétrons, as mesmas propriedades químicas e ocupam a mesma posição na tabela periódica dos elementos. As propriedades *nucleares* dos isótopos de um elemento, por outro lado, podem ser muito diferentes. Assim, a tabela periódica é de pouca valia para os físicos nucleares, químicos nucleares e engenheiros nucleares.

Os nuclídeos podem ser organizados em uma **carta de nuclídeos** como a da Fig. 42.2.1, na qual um nuclídeo é representado por um par de coordenadas, uma para o número de prótons e outra para o número de nêutrons. Os nuclídeos estáveis estão

Tabela 42.2.1 Propriedades de Alguns Nuclídeos

Nuclídeo	Z	N	A	Abundância/ Meia-vida[a]	Massa[b] (u)	Spin[c]	Energia de Ligação (MeV/ núcleon)
^{1}H	1	0	1	99,985%	1,007 825	$\frac{1}{2}$	—
^{7}Li	3	4	7	92,5%	7,016 004	$\frac{3}{2}$	5,60
^{31}P	15	16	31	100%	30,973 762	$\frac{1}{2}$	8,48
^{84}Kr	36	48	84	57,0%	83,911 507	0	8,72
^{120}Sn	50	70	120	32,4%	119,902 197	0	8,51
^{157}Gd	64	93	157	15,7%	156,923 957	$\frac{3}{2}$	8,21
^{197}Au	79	118	197	100%	196,966 552	$\frac{3}{2}$	7,91
^{227}Ac	89	138	227	21,8 anos	227,027 747	$\frac{3}{2}$	7,65
^{239}Pu	94	145	239	24.100 anos	239,052 157	$\frac{1}{2}$	7,56

[a]No caso de núcleos estáveis, é dada a **abundância isotópica**, ou seja, a fração de átomos desse tipo em uma amostra típica do elemento. No caso de nuclídeos radioativos, é dada a meia-vida.
[b]Seguindo a prática usual, a massa dada é a massa do átomo neutro e não a massa do núcleo.
[c]Momento angular de spin em unidades de $\hbar$.

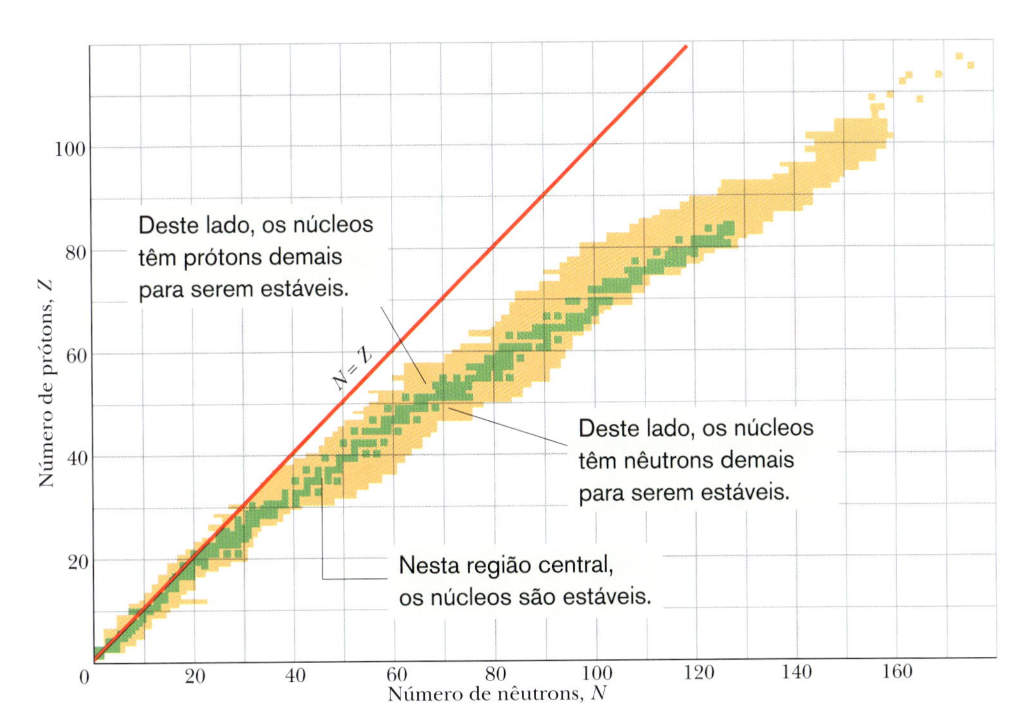

Figura 42.2.1 Gráfico dos nuclídeos conhecidos. A cor verde indica os nuclídeos estáveis; a cor amarela, os radionuclídeos. Os nuclídeos estáveis de pequena massa têm aproximadamente o mesmo número de nêutrons e prótons, mas os nuclídeos pesados têm um excesso de nêutrons. A figura mostra que não existem nuclídeos estáveis com $Z > 83$ (bismuto).

representados em verde e os nuclídeos radioativos em amarelo. Como se pode ver, os radionuclídeos estão acima, abaixo e à direita de uma faixa bem definida de nuclídeos estáveis. Observe também que os nuclídeos estáveis mais leves estão próximos da reta $N = Z$, o que significa que possuem um número aproximadamente igual de nêutrons e prótons. Os nuclídeos pesados, por outro lado, têm um número muito maior de nêutrons do que de prótons. Assim, por exemplo, o ^{197}Au possui 118 nêutrons e 79 prótons, ou seja, um *excesso* de 39 nêutrons.

Em algumas cartas de nuclídeos, feitas para serem penduradas na parede, cada nuclídeo é representado por um retângulo que contém dados, como a massa atômica e a abundância do nuclídeo. A Fig. 42.2.2 mostra uma pequena região de uma carta desse tipo, nas vizinhanças do ^{197}Au. O número abaixo do símbolo químico indica a abundância relativa do isótopo, no caso de nuclídeos estáveis, e a meia-vida (uma medida da taxa de decaimento), no caso de radionuclídeos. A linha reta liga uma série de **isóbaros**, nuclídeos de mesma massa atômica (A = 198, neste caso).

Nos últimos anos, nuclídeos com número atômico até $Z = 118$ ($A = 294$) foram observados em laboratório (não existem na Terra nuclídeos naturais com Z maior que 92). Embora os nuclídeos pesados sejam, em geral, extremamente instáveis e tenham por isso uma meia-vida muito curta, alguns nuclídeos superpesados fogem à regra e possuem uma meia-vida relativamente longa. Esses nuclídeos formam uma *ilha de estabilidade* na região de altos valores de Z e N de uma carta de nuclídeos como a da Fig. 42.2.1.

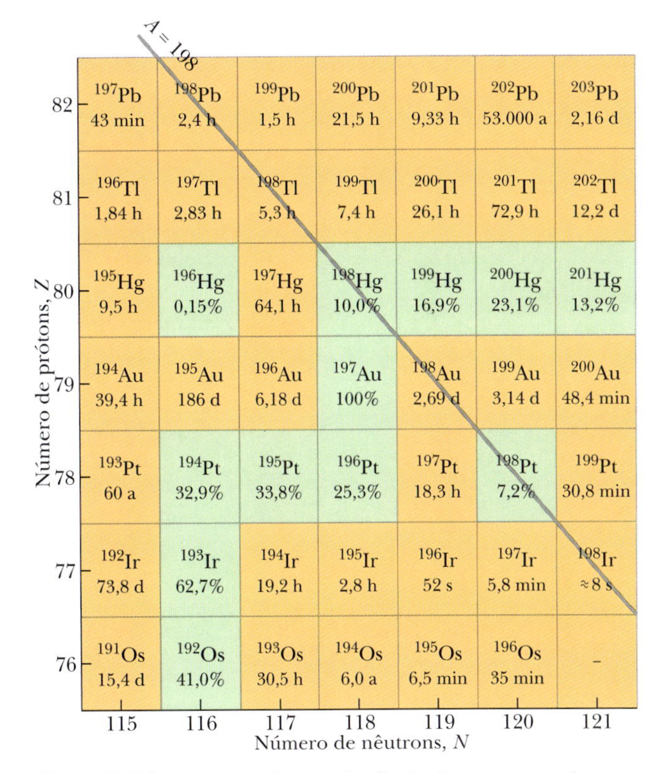

Figura 42.2.2 Vista ampliada e detalhada de uma parte da carta de nuclídeos da Fig. 42.2.1, nas vizinhanças do ^{197}Au. Os quadrados verdes representam nuclídeos estáveis, para os quais é dada a abundância isotópica. Os quadrados amarelos representam radionuclídeos, para os quais é dada a meia-vida. Também é mostrado um exemplo de reta isobárica, com A = 198.

Teste 42.2.1

Com base na Fig. 42.2.1, indique quais dos nuclídeos a seguir provavelmente não existem: ^{52}Fe ($Z = 26$), ^{90}As ($Z = 33$), ^{158}Nd ($Z = 60$), ^{175}Lu ($Z = 71$), ^{208}Pb ($Z = 82$).

Raio dos Núcleos

Uma unidade conveniente para medir distâncias subatômicas é o *femtômetro* ($= 10^{-15}$ m). Essa unidade também é chamada *fermi*; os dois nomes têm a mesma definição e a mesma abreviação:

$$1 \text{ femtômetro} = 1 \text{ fermi} = 1 \text{ fm} = 10^{-15} \text{ m}. \tag{42.2.2}$$

Podemos descobrir muita coisa a respeito do tamanho e da estrutura de um núcleo bombardeando-o com elétrons de alta energia e observando de que forma os elétrons são defletidos. Os elétrons devem ter uma energia suficiente (mais de 200 MeV) para que o comprimento de onda de de Broglie seja menor que as dimensões do núcleo.

O núcleo, como o átomo, não é um corpo sólido, com uma superfície bem definida. Além disso, alguns núcleos não são perfeitamente esféricos. Mesmo assim, nos experimentos de espalhamento de elétrons (e em outros experimentos) é conveniente atribuir aos nuclídeos um raio efetivo dado por

$$r = r_0 A^{1/3}, \tag{42.2.3}$$

em que A é o número de massa e $r_0 \approx 1{,}2$ fm. De acordo com a Eq. 42.2.3, o volume do nuclídeo, que varia com r^3, é diretamente proporcional ao número de massa A e não depende dos valores separados de Z e N. Isso significa que podemos tratar a maioria dos nuclídeos como esferas cujo volume depende apenas do número de núcleons, sejam eles prótons ou nêutrons.

A Eq. 42.2.3 não se aplica aos *halonuclídeos*, nuclídeos ricos em nêutrons produzidos pela primeira vez em laboratório na década de 1980. Os raios desses nuclídeos são maiores que os valores dados pela Eq. 42.2.3 porque alguns dos nêutrons formam um *halo* que envolve um caroço esférico formado pelos prótons e os nêutrons restantes. Um bom exemplo são os isótopos do lítio. Quando um nêutron é acrescentado ao ^{8}Li para formar ^{9}Li, o raio efetivo aumenta 4%, aproximadamente. Quando, porém, dois nêutrons[1] são acrescentados ao ^{9}Li para formar ^{11}Li (o mais pesado dos isótopos do lítio), os dois nêutrons não se combinam com o núcleo já existente, mas formam um halo em torno do resto do núcleo. Em consequência, o raio efetivo aumenta aproximadamente 30%. Obviamente, isso significa que essa configuração é mais estável do que aquela em que os 11 núcleons ocupam a mesma região. (Em todos os exemplos estudados neste capítulo, vamos supor que a Eq. 42.2.3 pode ser aplicada.)

Massas dos Núcleos

As massas atômicas atualmente podem ser medidas com grande precisão, mas as massas dos núcleos em geral não podem ser medidas diretamente porque é difícil remover todos os elétrons de um átomo. Como vimos no Módulo 37.6, as massas atômicas normalmente são expressas em *unidades de massa atômica* (u), definidas de tal forma que a massa atômica do ^{12}C neutro é exatamente 12 u.

Massas atômicas precisas estão disponíveis em muitos sites da Internet e em geral são fornecidas no enunciado dos problemas. Às vezes, porém, precisamos apenas de um valor aproximado da massa de um núcleo ou de um átomo neutro. Nesses casos, utilizamos o número de massa A, que é a massa do nuclídeo expressa em unidades de massa atômica e arredondada para o número inteiro mais próximo. Assim, por exemplo, o número de massa tanto para o núcleo como para o átomo neutro de ^{197}Au é 197 u, enquanto a massa atômica é 196,966 552 u.

Como vimos no Módulo 37.6,

$$1 \text{ u} = 1{,}660\,538\,86 \times 10^{-27} \text{ kg}. \tag{42.2.4}$$

Vimos também que, se a massa total das partículas envolvidas em uma reação nuclear varia de Δm, existe uma liberação ou absorção de energia fornecida pela Eq. 37.6.11 ($Q = -\Delta m\, c^2$). Como vamos ver em seguida, as energias nucleares são frequentemente

[1]O raio do nuclídeo ^{10}Li não é conhecido porque se trata de um nuclídeo com um tempo de vida extremamente curto, cujas propriedades ainda estão sendo investigadas. (N.T.)

medidas em múltiplos de 1 MeV. A relação entre a massa em unidades de massa atômica e a energia em MeV é dada pela constante c^2 da Eq. 37.6.7:

$$c^2 = 931{,}494\ 013\ \text{MeV/u}. \tag{42.2.5}$$

Os cientistas e engenheiros que trabalham com massas atômicas muitas vezes preferem expressar a massa de um átomo em termos do *excesso de massa* Δ do átomo, definido pela equação

$$\Delta = M - A \qquad \text{(excesso de massa)}, \tag{42.2.6}$$

em que M é a massa do átomo em unidades de massa atômica e A é o número de massa do núcleo do átomo.

Energias de Ligação dos Núcleos

A massa M de um núcleo é *menor* que a massa total Σm das partículas que o compõem. Isso significa que a energia de repouso Mc^2 de um núcleo é *menor* que a energia de repouso total $\Sigma(mc^2)$ dos prótons e nêutrons que fazem parte do núcleo. A diferença entre as duas energias é chamada **energia de ligação** do núcleo:

$$\Delta E_l = \Sigma(mc^2) - Mc^2 \qquad \text{(energia de ligação)}. \tag{42.2.7}$$

Atenção: A energia de ligação não é uma energia existente no núcleo e sim a *diferença* entre a energia de repouso do núcleo e a soma das energias de repouso das partículas existentes no núcleo. Para separar as partículas que compõem o núcleo, teríamos que fornecer ao núcleo uma energia ΔE_l durante o processo de separação. Embora um núcleo não possa ser desintegrado dessa forma, a energia de ligação é uma medida conveniente da estabilidade de um núcleo.

Uma medida ainda melhor é a **energia de ligação por núcleon** ΔE_{ln}, que é a razão entre a energia de ligação ΔE_l de um núcleo e o número A de núcleons do núcleo:

$$\Delta E_{ln} = \frac{\Delta E_l}{A} \qquad \text{(energia de ligação por núcleon)}. \tag{42.2.8}$$

Podemos pensar na energia de ligação por núcleon como a energia média necessária para arrancar um núcleon do núcleo. *Quanto maior a energia de ligação por núcleon, maior a estabilidade do núcleo.*

A Fig. 42.2.3 mostra um gráfico da energia de ligação por núcleon ΔE_{ln} em função do número de massa A para um grande número de núcleos. Os núcleos que aparecem

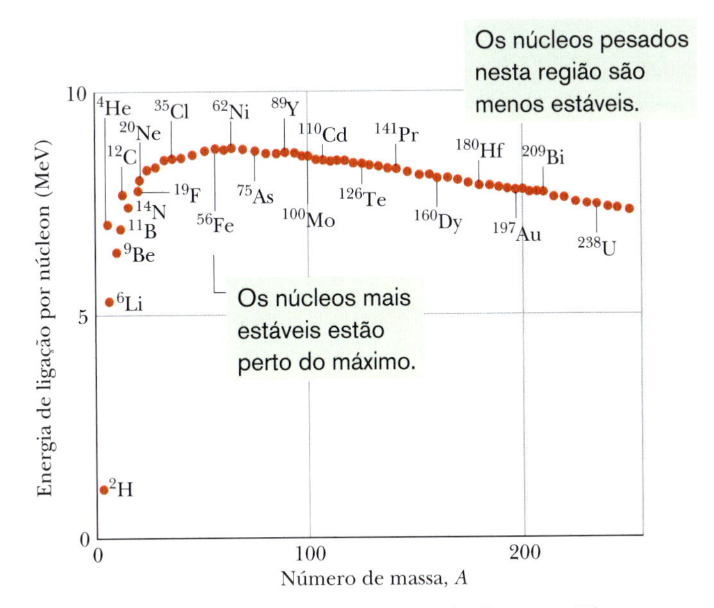

Figura 42.2.3 Energia de ligação por núcleon, mostrando alguns nuclídeos representativos. O ^{62}Ni (níquel) é o nuclídeo com a maior energia de ligação por núcleon, 8,794 60 MeV/núcleon. Observe que a energia de ligação por núcleon da partícula α (^{4}He) é bem maior que a dos vizinhos da tabela periódica, o que significa que se trata de um nuclídeo particularmente estável.

na parte superior da curva são os mais estáveis, já que é necessária uma energia maior por núcleon para desintegrá-los. Os núcleos que aparecem na parte inferior da curva, isto é, nas duas extremidades, são os menos estáveis.

Essas observações simples a respeito da curva da Fig. 42.2.3 têm consequências importantes. Os núcleos situados na extremidade direita da curva perdem massa ao se transformarem em dois núcleos com um número de massa intermediário. Esse processo, conhecido como **fissão**, ocorre espontaneamente (isto é, sem que seja necessária uma fonte de energia externa) em núcleos de elementos pesados (com um grande número de massa A) como o urânio. O processo também acontece em armas nucleares, nas quais muitos núcleos de urânio ou plutônio são induzidos a sofrer fissão praticamente ao mesmo tempo, produzindo uma explosão, e em reatores nucleares, nos quais a energia da fissão é liberada de forma controlada.

Os núcleos situados na extremidade esquerda da curva perdem massa ao se combinarem para formar um único núcleo com um número de massa intermediário. Esse processo, conhecido como **fusão**, ocorre naturalmente no interior das estrelas. Sem ele, o Sol não brilharia e, portanto, a vida não poderia existir na Terra. Como será discutido no próximo capítulo, a fusão também é usada em armas nucleares (nas quais a energia é liberada de forma explosiva) e está sendo investigada para uso em reatores de fusão, nos quais a energia da fusão seria liberada de forma controlada, como nos reatores nucleares de fissão.

Níveis de Energia dos Núcleos

A energia dos núcleos, como a energia dos átomos, é quantizada. Em outras palavras, os núcleos só podem existir em estados quânticos discretos, cada um com uma energia bem definida. A Fig. 42.2.4 mostra alguns desses níveis para o ^{28}Al, um nuclídeo leve típico. Note que a escala de energia está em milhões de elétrons-volts e não em elétrons-volts, como no caso dos átomos. Quando um núcleo sofre uma transição para um estado de menor energia, o fóton emitido quase sempre está na região dos raios gama do espectro eletromagnético.

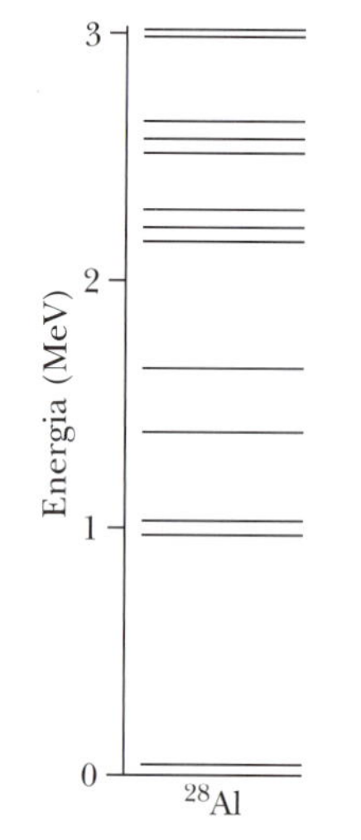

Figura 42.2.4 Níveis de energia do nuclídeo ^{28}Al, determinados a partir de reações nucleares conhecidas.

Spin e Magnetismo dos Núcleos

Muitos nuclídeos possuem um *momento angular nuclear* intrínseco, ou *spin nuclear*, e um *momento magnético nuclear* associado. Embora os momentos angulares nucleares sejam da mesma ordem de grandeza que os momentos angulares dos elétrons, os momentos magnéticos nucleares são muito menores que os momentos magnéticos eletrônicos.

A Força Nuclear

A força que mantém os elétrons nas vizinhanças do núcleo para formar os átomos é a força eletromagnética. Para manter o núcleo coeso, é necessária uma força nuclear de um tipo diferente, suficientemente intensa para superar a força de repulsão eletromagnética experimentada pelos prótons e para manter os prótons e nêutrons confinados no pequeno volume do núcleo. Os experimentos mostram que essa força é de curto alcance; seus efeitos não se estendem muito além de alguns femtômetros.

Atualmente, os cientistas acreditam que a força nuclear que mantém os prótons e nêutrons unidos para formar o núcleo não é uma força fundamental da natureza e sim um efeito secundário da **interação forte** que mantém os quarks unidos para formar os prótons e os nêutrons. Um efeito semelhante é observado na atração entre moléculas neutras (força de van der Waals), que é um efeito secundário da interação elétrica que mantém os átomos unidos para formar as moléculas.

Exemplo 42.2.1 Energia de ligação por núcleon  42.1

Qual é a energia de ligação por núcleon do ^{120}Sn?

IDEIAS-CHAVE

1. De acordo com a Eq. 42.2.8 ($\Delta E_{ln} = \Delta E_l/A$), podemos determinar a energia de ligação por núcleon ΔE_{ln} calculando a energia de ligação ΔE_l e dividindo o resultado pelo número A de núcleons do núcleo.
2. De acordo com a Eq. 42.2.7 [$\Delta E_l = \Sigma(mc^2) - Mc^2$], podemos determinar ΔE_l calculando a diferença entre a energia de repouso Mc^2 do núcleo e a soma das energias de repouso $\Sigma(mc^2)$ dos núcleons que compõem o núcleo.

Cálculos: Segundo a Tabela 42.2.1, um núcleo de ^{120}Sn contém 50 prótons ($Z = 50$) e 70 nêutrons ($N = A - Z = 120 - 50 = 70$). Assim, precisamos imaginar que um núcleo de ^{120}Sn foi separado em 50 prótons e 70 nêutrons,

$$(\text{núcleo de } ^{120}\text{Sn}) \rightarrow 50\begin{pmatrix}\text{prótons}\\ \text{isolados}\end{pmatrix} + 70\begin{pmatrix}\text{nêutrons}\\ \text{isolados}\end{pmatrix}, \quad (42.2.9)$$

e calcular a variação da energia de repouso resultante.

Para realizar o cálculo, precisamos conhecer as massas do núcleo de ^{120}Sn, do próton e do nêutron. No enanto, como a massa de um átomo neutro (núcleo *mais* elétrons) é muito mais fácil de medir do que a massa de um núcleo isolado, os cálculos das energias de ligação quase sempre são feitos a partir das massas atômicas. Assim, vamos modificar a Eq. 42.2.9 de modo a podermos usar a massa do átomo de ^{120}Sn em vez da massa do núcleo de ^{120}Sn. Para isso, temos que acrescentar as massas de 50 elétrons ao lado direito da equação, de modo a compensar as massas dos 50 elétrons do átomo de ^{120}Sn. Esses 50 elétrons podem ser combinados com os 50 prótons para formar 50 átomos de hidrogênio. Assim, temos

$$(\text{átomo de } ^{120}\text{Sn}) \rightarrow 50\begin{pmatrix}\text{átomos de}\\ \text{H isolados}\end{pmatrix} + 70\begin{pmatrix}\text{nêutrons}\\ \text{isolados}\end{pmatrix}. \quad (42.2.10)$$

De acordo com a Tabela 42.2.1, a massa M_{Sn} de um átomo de ^{120}Sn é 119,902 197 u e a massa m_H de um átomo de hidrogênio é 1,007 825 u; de acordo com a Apêndice B, a massa m_n do nêutron é 1,008 665 u. Assim, a Eq. 42.2.7 nos dá

$$\begin{aligned}\Delta E_l &= \Sigma(mc^2) - Mc^2\\ &= 50(m_Hc^2) + 70(m_nc^2) - M_{Sn}c^2\\ &= 50(1{,}007\,825\text{ u})c^2 + 70(1{,}008\,665\text{ u})c^2\\ &\quad - (119{,}902\,197\text{ u})c^2\\ &= (1{,}095\,603\text{ u})c^2\\ &= (1{,}095\,603\text{ u})(931{,}494\,013\text{ MeV/u})\\ &= 1020{,}5\text{ MeV},\end{aligned}$$

em que a conversão para MeV foi feita usando a Eq. 42.2.5 ($c^2 = 931{,}494\,013$ MeV/u). Observe que o uso de massas atômicas em vez de massas nucleares não afeta o resultado porque a massa dos 50 elétrons do átomo de ^{120}Sn é compensada pela massa dos elétrons dos 50 átomos de hidrogênio.

De acordo com a Eq. 42.2.8, a energia de ligação por núcleon é

$$\Delta E_{ln} = \frac{\Delta E_l}{A} = \frac{1020{,}5\text{ MeV}}{120} = 8{,}50\text{ MeV/ núcleon.} \quad \text{(Resposta)}$$

Exemplo 42.2.2 Massa específica da matéria nuclear 42.2

Podemos imaginar que todos os nuclídeos são feitos de uma mistura de nêutrons e prótons conhecida como *matéria nuclear*. Qual é a massa específica da matéria nuclear?

IDEIA-CHAVE

Podemos determinar a massa específica (média) ρ de um núcleo dividindo a massa do núcleo pelo volume do núcleo.

Cálculos: Seja m a massa de um núcleon (que pode ser um próton ou um nêutron, já que as duas partículas têm aproximadamente a mesma massa). Nesse caso, a massa de um núcleo com A núcleons é Am. Suponha que o núcleo é uma esfera de raio r. O volume dessa esfera é $4\pi r^3/3$, e a massa específica do núcleo é dada por

$$\rho = \frac{Am}{\frac{4}{3}\pi r^3}.$$

O raio r é dado pela Eq. 42.2.3 ($r = r_0A^{1/3}$), em que $r_0 = 1{,}2$ fm ($= 1{,}2 \times 10^{-15}$ m). Nesse caso, temos

$$\rho = \frac{Am}{\frac{4}{3}\pi r_0^3 A} = \frac{m}{\frac{4}{3}\pi r_0^3}.$$

Observe que o número de massa A não aparece no resultado final; o valor obtido para a massa específica é válido para qualquer núcleo que possa ser considerado esférico, com um raio dado pela Eq. 42.2.3. Usando o valor de $1{,}67 \times 10^{-27}$ kg para a massa m de um núcleon, temos

$$\rho = \frac{1{,}67 \times 10^{-27}\text{ kg}}{\frac{4}{3}\pi(1{,}2 \times 10^{-15}\text{ m})^3} \approx 2 \times 10^{17}\text{ kg/m}^3. \quad \text{(Resposta)}$$

Esse valor é 2×10^{14} vezes maior que a massa específica da água e da mesma ordem que a massa específica das estrelas de nêutrons.

42.3 DECAIMENTO RADIOATIVO

Objetivos do Aprendizado

Depois de ler este módulo, você será capaz de ...

42.3.1 Explicar o que é decaimento radioativo e saber que se trata de um processo aleatório.

42.3.2 Saber o que é a constante de desintegração (ou constante de decaimento) λ.

42.3.3 Saber que, em qualquer instante, a taxa de decaimento $-dN/dt$ de um nuclídeo radioativo em uma amostra é proporcional ao número N de nuclídeos desse tipo presentes na amostra nesse instante.

42.3.4 Conhecer a função que expressa o número N de nuclídeos radioativos em função do tempo.

42.3.5 Conhecer a função que expressa a taxa de decaimento $R = -dN/dt$ de um nuclídeo radioativo em função do tempo.

42.3.6 Conhecer a relação entre a taxa de decaimento R e o número N de nuclídeos radioativos em um instante qualquer.

42.3.7 Saber o que é a atividade de uma amostra radioativa.

42.3.8 Conhecer a relação entre o becquerel (Bq), o curie (Ci) e o número de decaimentos por segundo.

42.3.9 Saber a diferença entre a meia-vida $T_{1/2}$ e a vida média τ de um nuclídeo radioativo.

42.3.10 Conhecer a relação entre a meia-vida $T_{1/2}$, a vida média τ e a constante de desintegração λ.

42.3.11 Saber que em qualquer processo nuclear, incluindo o decaimento radioativo, a carga e o número de núcleons são conservados.

Ideias-Chave

- A taxa de decaimento dos nuclídeos radioativos em uma amostra, $R = -dN/dT$, é proporcional ao número N de nuclídeos radioativos presentes na amostra. A constante de proporcionalidade é a constante de desintegração λ.
- O número de nuclídeos radioativos presentes em uma amostra varia com o tempo de acordo com a equação

$$N = N_0 e^{-\lambda t},$$

em que N_0 é o número de nuclídeos no instante $t = 0$.

- A taxa de decaimento dos nuclídeos radioativos presentes em uma amostra varia com o tempo de acordo com a equação

$$R = R_0 e^{-\lambda t},$$

em que R_0 é a taxa de decaimento no instante $t = 0$.

- A meia-vida $T_{1/2}$ e a vida média τ, duas medidas do tempo de sobrevivência de um tipo particular de radionuclídeo, obedecem à seguinte relação:

$$T_{1/2} = \frac{\ln 2}{\lambda} = \tau \ln 2.$$

Decaimento Radioativo 42.2 e 42.3 42.3

Como se pode ver na Fig. 42.2.1, os nuclídeos, em sua maioria, são radioativos, ou seja, emitem espontaneamente uma ou mais partículas, transformando-se em outros nuclídeos.

O decaimento radioativo foi a primeira indicação de que as leis que governam o mundo subatômico são estatísticas. Considere, por exemplo, uma amostra de 1 mg de urânio. A amostra contém $2{,}5 \times 10^{18}$ átomos do radionuclídeo de longa vida ^{238}U. Os átomos presentes na amostra foram criados em supernovas, provavelmente muito antes da formação do sistema solar. Em um segundo, apenas 12 dos núcleos presentes na amostra se desintegram, emitindo uma partícula alfa para se transformar em núcleos de ^{234}Th. Entretanto,

Não existe nenhum meio de prever se um dado núcleo de uma amostra radioativa estará entre os que decairão no segundo seguinte. A probabilidade de decaimento é a mesma para todos os núcleos.

Embora seja impossível prever quais serão os núcleos a decair, podemos dizer que, se uma amostra contém N núcleos radioativos, a taxa de decaimento dos núcleos, $-dN/dt$, é proporcional a N:

$$-\frac{dN}{dt} = \lambda N, \tag{42.3.1}$$

em que λ, a **constante de desintegração** (ou **constante de decaimento**), tem um valor diferente para cada radionuclídeo. A unidade de λ, no SI, é o inverso do segundo (s^{-1}).

Para determinar N em função do tempo t, separamos as variáveis da Eq. 42.3.1, o que nos dá

$$\frac{dN}{N} = -\lambda\, dt, \tag{42.3.2}$$

e integramos ambos os membros para obter

$$\int_{N_0}^{N} \frac{dN}{N} = -\lambda \int_{t_0}^{t} dt,$$

ou

$$\ln N - \ln N_0 = -\lambda(t - t_0). \quad (42.3.3)$$

Aqui, N_0 é o número de núcleos radioativos em um instante inicial arbitrário t_0. Fazendo $t_0 = 0$ e transformando a diferença de logaritmos no logaritmo de uma fração, obtemos

$$\ln \frac{N}{N_0} = -\lambda t. \quad (42.3.4)$$

Tomando a exponencial de ambos os membros (a função exponencial é a função inversa do logaritmo natural), obtemos

$$\frac{N}{N_0} = e^{-\lambda t}$$

ou

$$N = N_0 e^{-\lambda t} \quad \text{(decaimento radioativo)}, \quad (42.3.5)$$

em que N_0 é o número de núcleos radioativos no instante $t = 0$, e N é o número de núcleos que restam na amostra em um instante $t > 0$. Observe que as lâmpadas elétricas (para dar um exemplo) não obedecem a uma lei semelhante. Se medirmos a vida útil de 1.000 lâmpadas, todas "decairão" (ou seja, queimarão) dentro de um intervalo de tempo relativamente curto. O decaimento dos radionuclídeos segue uma lei muito diferente.

Muitas vezes, estamos mais interessados na taxa de decaimento R $(= -dN/dt)$ do que no valor de N. Derivando a Eq. 42.3.5 em relação ao tempo, obtemos

$$R = -\frac{dN}{dt} = \lambda N_0 e^{-\lambda t}$$

ou

$$R = R_0 e^{-\lambda t} \quad \text{(decaimento radioativo)}, \quad (42.3.6)$$

que pode ser considerada uma forma alternativa da lei do decaimento radioativo (Eq. 42.3.5). Na Eq. 42.3.6, R_0 é a taxa de decaimento no instante $t = 0$ e R é a taxa de decaimento em um instante $t > 0$. Podemos escrever a Eq. 42.3.1, em termos da taxa de decaimento R da amostra, como

$$R = \lambda N, \quad (42.3.7)$$

em que R e N, o número de núcleos radioativos que ainda não decaíram, devem ser calculados ou medidos para o mesmo valor de t.

A soma das taxas de decaimento R de todos os radionuclídeos presentes em uma amostra é chamada **atividade** da amostra. A unidade de atividade no SI foi chamada **becquerel** em homenagem a Henri Becquerel, o descobridor da radioatividade:

$$1 \text{ becquerel} = 1 \text{ Bq} = 1 \text{ decaimento por segundo.}$$

Uma unidade mais antiga, o **curie**, continua a ser usada até hoje:

$$1 \text{ curie} = 1 \text{ Ci} = 3{,}7 \times 10^{10} \text{ Bq.}$$

Frequentemente, uma amostra radioativa é colocada nas proximidades de um detector que, por motivos de geometria ou de falta de sensibilidade, não registra todas as desintegrações ocorridas na amostra. Nesse caso, a leitura do detector é menor que a atividade da amostra, embora, em muitos casos, possa ser considerada proporcional à atividade. Medidas desse tipo não são expressas em unidades de becquerel e sim em contagens por unidade de tempo.

Tempos de vida. Existem duas medidas principais do tempo de sobrevivência de um tipo particular de radionuclídeo. Uma dessas medidas é a **meia-vida** $T_{1/2}$ de um radionuclídeo, que é o tempo necessário para que N e R caiam para a metade do valor inicial; a outra é a **vida média** τ, que é o tempo necessário para que N e R caiam para $1/e$ do valor inicial.

Para determinar a relação entre $T_{1/2}$ e a constante de desintegração λ, fazemos $R = R_0/2$ na Eq. 42.3.6 e substituímos t por $T_{1/2}$, o que nos dá a seguinte equação:

$$\tfrac{1}{2}R_0 = R_0 e^{-\lambda T_{1/2}}.$$

Tomando o logaritmo natural de ambos os membros e explicitando $T_{1/2}$, obtemos

$$T_{1/2} = \frac{\ln 2}{\lambda}.$$

Da mesma forma, para relacionar τ a λ, fazemos $R = R_0/e$ na Eq. 42.3.6, substituímos t por τ e explicitamos τ, o que nos dá

$$\tau = \frac{1}{\lambda}.$$

Esses resultados podem ser resumidos da seguinte forma:

$$T_{1/2} = \frac{\ln 2}{\lambda} = \tau \ln 2. \qquad (42.3.8)$$

Teste 42.3.1

O nuclídeo ^{131}I é radioativo, com uma meia-vida de 8,04 dias. Ao meio-dia de 1º de janeiro, a atividade de uma amostra é 600 Bq. Usando o conceito de meia-vida, determine, sem fazer nenhum cálculo escrito, se a atividade da amostra ao meio-dia de 24 de janeiro será um pouco menor que 200 Bq, um pouco maior que 200 Bq, um pouco menor que 75 Bq ou um pouco maior que 75 Bq.

Exemplo 42.3.1 Determinação da constante de desintegração e da meia-vida a partir de um gráfico

A tabela a seguir mostra a taxa de decaimento para vários instantes de tempo de uma amostra de ^{128}I, um radionuclídeo muito usado na medicina, especialmente para medir a taxa de absorção de iodo pela glândula tireoide.

Tempo (min)	R (contagens/s)	Tempo (min)	R (contagens/s)
4	392,2	132	10,9
36	161,4	164	4,56
68	65,5	196	1,86
100	26,8	218	1,00

Determine a constante de desintegração λ e a meia-vida $T_{1/2}$ do ^{128}I.

IDEIAS-CHAVE

Como é a constante de desintegração λ que determina a variação, com o tempo, da taxa de decaimento R (Eq. 42.3.6, $R = R_0 e^{-\lambda t}$), devemos ser capazes de calcular λ a partir de medidas de R em função de t. Entretanto, isso não pode ser feito diretamente, já que a relação entre R e t não é linear. Um método engenhoso consiste em transformar a Eq. 42.3.6 em uma função linear tomando o logaritmo natural de ambos os membros.

Cálculos: Tomando o logaritmo natural de ambos os membros da Eq. 42.3.6, obtemos

$$\ln R - \ln(R_0 e^{-\lambda t}) = \ln R_0 + \ln(e^{-\lambda t})$$
$$= \ln R_0 - \lambda t. \qquad (42.3.9)$$

Como a Eq. 42.3.9 é da forma $y = b + mx$, com b e m constantes, a equação de $\ln R$ em função de t é a equação de uma linha reta. Assim, se plotarmos $\ln R$ (em vez de R) em função de t, deveremos obter uma linha reta. Além disso, a inclinação da reta será igual a $-\lambda$.

A Fig. 42.3.1 mostra um gráfico de $\ln R$ em função de t, no qual estão plotados os pontos da tabela. A inclinação da reta que melhor se ajusta aos pontos experimentais é

$$\text{inclinação} = \frac{0 - 6{,}2}{225\ \text{min} - 0} = -0{,}0276\ \text{min}^{-1}.$$

Assim, $$-\lambda = -0{,}0276\ \text{min}^{-1}$$

ou $$\lambda = 0{,}0276\ \text{min}^{-1} \approx 1{,}7\ \text{h}^{-1}. \qquad \text{(Resposta)}$$

O tempo que a taxa de decaimento R leva para diminuir à metade está relacionado à constante de desintegração λ pela Eq. 42.3.8 [$T_{1/2} = (\ln 2/\lambda)$]. Assim, temos

$$T_{1/2} = \frac{\ln 2}{\lambda} = \frac{\ln 2}{0{,}0276\ \text{min}^{-1}} \approx 25\ \text{min}. \qquad \text{(Resposta)}$$

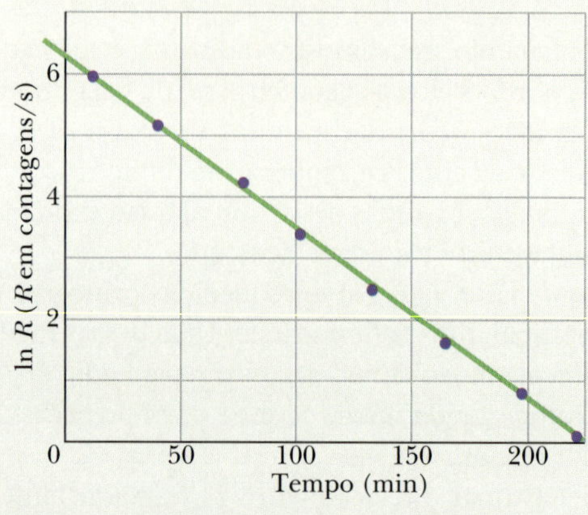

Figura 42.3.1 Gráfico semilogarítmico do decaimento de uma amostra de ^{128}I, com base nos dados da tabela.

Exemplo 42.3.2 Radioatividade do potássio em uma banana

Uma banana contém 600 mg de potássio. Sabendo que a abundância natural do isótopo radioativo ^{40}K, que tem meia-vida de $1{,}25 \times 10^9$ anos, é 0,0117%, e supondo que o potássio é o único elemento radioativo presente na fruta, então qual é a atividade da banana?

IDEIAS-CHAVE

(1) Segundo a Eq. 42.3.7, $R = \lambda N_{40}$, em que R é a atividade da banana, λ é a constante de desintegração e N_{40} é o número de núcleos (e átomos) de ^{40}K. (2) De acordo com a Eq. 42.3.8, a meia-vida de um nuclídeo radioativo é dada por $T_{1/2} = (\ln 2)/\lambda$.

Cálculos: Combinando as Eqs. 42.3.7 e 42.3.8, obtemos

$$R = \frac{N_{40} \ln 2}{T_{1/2}}. \qquad (42.3.10)$$

Sabemos que N_{40} é 0,0117% do número total N de átomos de potássio contidos na banana. Podemos obter o valor de N combinando duas expressões para o número n de mols do potássio contidos na banana. Pela Eq. 19.1.2, $n = N/N_A$, em que N_A é o número de Avogadro ($6{,}02 \times 10^{23}$ mol^{-1}). De acordo com a Eq. 19.1.3, $n = M_{am}/M$, em que M_{am} é a massa da amostra (no caso, os 600 mg de potássio) e M é a massa molar do potássio. Combinando as duas equações para eliminar n, obtemos

$$N_{40} = (1{,}17 \times 10^{-4})\frac{M_{am}N_A}{M}. \qquad (42.3.11)$$

De acordo com o Apêndice F, a massa molar do potássio é 39,102 g/mol. Substituindo as variáveis por valores numéricos na Eq. 42.3.11, obtemos

$$N_{40} = (1{,}17 \times 10^{-4})\frac{(600 \times 10^{-3}\ \text{g})(6{,}02 \times 10^{23}\ \text{mol}^{-1})}{39{,}102\ \text{g/mol}} = 1{,}081 \times 10^{18}.$$

Substituindo N_{40} e $T_{1/2}$ por seus valores na Eq. 42.3.10, obtemos

$$R = \frac{(1{,}081 \times 10^{18})(\ln 2)}{(1{,}25 \times 10^9\ \text{anos})(3{,}16 \times 10^7\ \text{s/ano})} = 18{,}96\ \text{Bq} \approx 19{,}0\ \text{Bq}. \qquad \text{(Resposta)}$$

Essa atividade equivale a cerca de 0,51 nCi. O corpo humano contém aproximadamente 160 g de potássio. Repetindo o cálculo para essa massa de potássio, concluímos que a atividade dos núcleos de ^{40}K presentes em nosso organismo é da ordem de 5×10^3 Bq, o que equivale a 0,14 μCi. Assim, comer uma banana acrescenta menos de 1% à radioatividade natural a que o nosso corpo é exposto permanentemente pelo decaimento do potássio.

42.4 DECAIMENTO ALFA

Objetivos do Aprendizado

Depois de ler este módulo, você será capaz de ...

42.4.1 Saber o que é uma partícula alfa e o que é o decaimento alfa.

42.4.2 Calcular a variação de massa e o valor de Q para um decaimento alfa.

42.4.3 Calcular a variação do número atômico Z e do número de massa A de um núcleo que sofre um decaimento alfa.

42.4.4 Explicar como uma partícula alfa pode escapar de um núcleo com uma energia menor que a barreira de potencial a que estão sujeitas as partículas que formam o núcleo.

Ideia-Chave

- Alguns nuclídeos decaem emitindo uma partícula alfa (um núcleo de hélio, ^{4}He). Esse decaimento é dificultado pela existência de uma barreira de potencial que só pode ser superada por tunelamento.

Decaimento Alfa

Quando um núcleo sofre um **decaimento alfa**, ele se transforma em um núcleo diferente emitindo uma partícula alfa (ou seja, um núcleo de hélio, ^{4}He). Assim, por exemplo, quando o isótopo do urânio ^{238}U sofre um decaimento alfa, ele se transforma em ^{234}Th, um isótopo do tório, por meio da reação

$$^{238}\text{U} \rightarrow {}^{234}\text{Th} + {}^{4}\text{He}. \qquad (42.4.1)$$

Esse decaimento alfa do ^{238}U pode ocorrer espontaneamente (na ausência de uma fonte de energia externa) porque a soma das massas dos produtos da reação, ^{234}Th e ^{4}He, é menor que a massa do nuclídeo original, ^{238}U. Portanto, a energia de repouso dos produtos do decaimento é menor que a energia de repouso do nuclídeo original. Em um processo desse tipo, a diferença entre a energia de repouso inicial e a energia de repouso final é chamada Q da reação (ver Eq. 37.6.11, $Q = -\Delta M\, c^2$).

No caso do decaimento de um núcleo atômico, dizemos que a diferença entre as energias de repouso inicial e final é a *energia de desintegração* Q do núcleo. O Q do decaimento representado na Eq. 42.4.1 é 4,25 MeV; essa é a energia liberada pelo decaimento alfa do ^{238}U, que aparece na forma de energia cinética dos produtos da reação.

A meia-vida do ^{238}U para este processo de decaimento é $4{,}5 \times 10^9$ anos. Por que a meia-vida é tão longa? Se o ^{238}U pode decair dessa forma, por que os nuclídeos de ^{238}U não decaem todos de uma vez? Para responder a essas perguntas, temos que examinar mais de perto o processo de decaimento alfa.

Usamos um modelo no qual a partícula alfa já existe no interior do núcleo antes que ocorra o decaimento. A Fig. 42.4.1 mostra a energia potencial $U(r)$ do sistema formado pela partícula alfa e o núcleo residual de ^{234}Th em função da distância r entre os dois corpos. Essa energia é a soma de duas parcelas: (1) a energia potencial associada à força nuclear (atrativa) que existe no interior do núcleo e (2) a energia potencial associada à força elétrica (repulsiva) que existe para qualquer distância entre os dois corpos.

A reta preta horizontal $Q = 4{,}25$ MeV da Fig. 42.4.1 mostra a energia de desintegração do processo. Se supusermos que esse valor corresponde à energia total da partícula alfa durante o decaimento, a parte da curva de $U(r)$ acima dessa linha constitui uma barreira de energia potencial como a da Fig. 38.9.2. Classicamente, essa barreira não pode ser ultrapassada. Se penetrasse na região sombreada da figura, a partícula alfa teria uma energia potencial U maior que a energia total E, e sua energia cinética K, que é igual a $E - U$, ficaria negativa, algo fisicamente impossível.

Tunelamento. Podemos compreender agora por que a partícula alfa não é imediatamente emitida pelo núcleo de ^{238}U. O núcleo está cercado por uma respeitável barreira de potencial, que ocupa (se pensarmos em três dimensões) o volume limitado por duas superfícies esféricas com 8 e 60 fm de raio, aproximadamente. Esse argumento é tão convincente que nos vemos forçados a mudar de posição e perguntar: Se existe

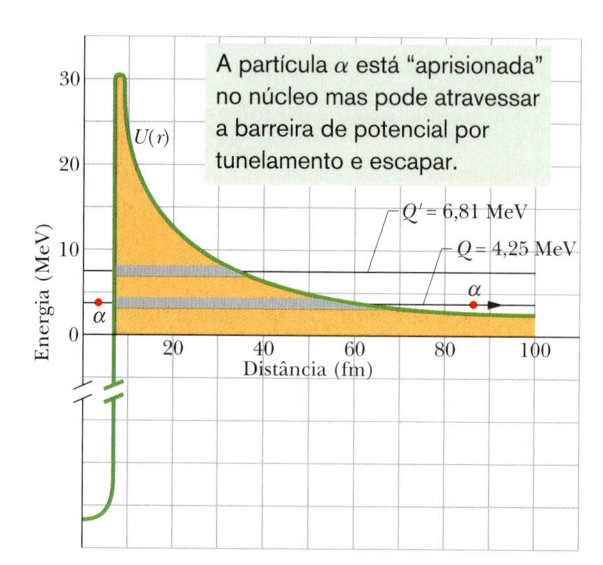

Figura 42.4.1 Função energia potencial associada à emissão de uma partícula alfa por um núcleo de ^{238}U. A reta preta horizontal $Q = 4{,}25$ MeV mostra a energia de desintegração para o processo. A parte cinzenta mais grossa da linha representa distâncias r que são classicamente proibidas para a partícula alfa. A partícula alfa está representada por um ponto vermelho, tanto do lado de dentro da barreira de potencial (lado esquerdo) quanto do lado de fora (lado direito), depois que a partícula atravessou a barreira por tunelamento. A reta preta horizontal $Q' = 6{,}81$ MeV mostra a energia de desintegração para o decaimento alfa do ^{228}U. (A função energia potencial é a mesma para os dois isótopos porque a carga elétrica do núcleo é a mesma nos dois casos.)

uma barreira tão grande em torno do núcleo, como é possível que *alguns* núcleos de ^{238}U emitam partículas alfa? A resposta é que, como vimos no Módulo 38.9, existe uma probabilidade finita de que uma partícula atravesse uma barreira por efeito túnel, mesmo que não possua energia suficiente para atravessá-la classicamente. Na verdade, o decaimento alfa se deve exclusivamente ao efeito túnel.

O fato de a meia-vida do ^{238}U ser muito longa indica que a barreira é quase intransponível. A partícula alfa, que, nesse modelo, está se movendo de um lado para outro no interior do núcleo, incide na barreira, em média, 10^{38} vezes antes de conseguir ultrapassá-la. Esse número corresponde a 10^{21} choques por segundo durante 4×10^9 anos (um tempo igual à idade da Terra!). Enquanto isso, ficamos esperando do lado de fora para contar as partículas alfa que *finalmente* conseguem escapar.

Podemos testar essa explicação do decaimento alfa estudando outros emissores alfa. Para examinar um caso no extremo oposto, considere o decaimento alfa de outro isótopo do urânio, o ^{228}U, que possui uma energia de desintegração Q' de 6,81 MeV, aproximadamente 60% maior que a do ^{238}U. (Uma segunda linha preta horizontal foi traçada na Fig. 42.4.1 na altura correspondente a esse valor.) Como vimos no Módulo 38.9, o coeficiente de transmissão de uma barreira é muito sensível a pequenas variações da energia total de partícula que tenta atravessá-la. Assim, esperamos que o decaimento alfa desse nuclídeo seja bem mais frequente que o do ^{238}U. É o que se observa na prática. Como mostra a Tabela 42.4.1, a meia-vida do ^{228}U é apenas 9,1 minutos! Quando Q é multiplicada por 1,6, a meia-vida é dividida por 3×10^{14}. Isso é que é sensibilidade!

Tabela 42.4.1 Comparação entre Dois Emissores Alfa

Radionuclídeo	Q	Meia-vida
^{238}U	4,25 MeV	$4,5 \times 10^9$ anos
^{228}U	6,81 MeV	9,1 min

Exemplo 42.4.1 Determinação do valor de Q de um decaimento alfa a partir das massas 42.4

São dadas as seguintes massas atômicas:

^{238}U 238,050 79 u ^{4}He 4,002 60 u

^{234}Th 234,043 63 u ^{1}H 1,007 83 u

^{237}Pa 237,051 21 u

em que Pa é o símbolo do elemento protactínio, com $Z = 91$.

(a) Calcule a energia liberada no decaimento alfa do ^{238}U. A reação de decaimento é

$$^{238}\text{U} \rightarrow {}^{234}\text{Th} + {}^{4}\text{He}.$$

Note, incidentalmente, que a carga nuclear é conservada nesse tipo de reação: A soma dos números atômicos do tório (90) e do hélio (2) é igual ao número atômico do urânio (92). O número de núcleons também é conservado: 238 = 234 + 4.

IDEIA-CHAVE

A energia liberada no decaimento é a energia de desintegração Q, que podemos calcular a partir da diferença de massa ΔM entre a massa do nuclídeo original e as massas dos produtos do decaimento.

Cálculo: De acordo com a Eq. 37.6.11,

$$Q = M_i c^2 - M_f c^2, \qquad (42.4.2)$$

em que a massa inicial M_i é a massa do ^{238}U, e a massa final M_f é a soma das massas do ^{234}Th e do ^{4}He. Usando as massas atômicas dadas no enunciado do problema, obtemos

$$Q = (238{,}050\,79 \text{ u})c^2 - (234{,}043\,63 \text{ u} + 4{,}002\,60 \text{ u})c^2$$
$$= (0{,}004\,56 \text{ u})c^2 = (0{,}004\,56 \text{ u})(931{,}494\,013 \text{ MeV/u})$$
$$= 4{,}25 \text{ MeV}. \qquad \text{(Resposta)}$$

Note que o uso de massas atômicas em lugar de massas nucleares não afeta o resultado porque as massas dos elétrons se cancelam, já que o número total de elétrons nos produtos da reação é igual ao número de elétrons no nuclídeo original.

(b) Mostre que o ^{238}U não pode emitir espontaneamente um próton, isto é, a repulsão entre os prótons não é suficiente para ejetar um próton do núcleo.

Solução: A ejeção de um próton do núcleo corresponde à reação

$$^{238}\text{U} \rightarrow {}^{237}\text{Pa} + {}^{1}\text{H}.$$

(Fica a cargo do leitor verificar se a carga nuclear e o número de núcleons são conservados na reação.) Usando a mesma Ideia-chave do item (a), verificamos que a soma das massas dos dois supostos produtos do decaimento,

$$237{,}051\,21 \text{ u} + 1{,}007\,83 \text{ u},$$

é *maior* que a massa do ^{238}U (238,050 79), ou seja, $\Delta m = +0{,}008\,25$ u, o que corresponde a uma energia de desintegração

$$Q = -7{,}68 \text{ MeV}.$$

O valor negativo de Q significa que um núcleo de ^{238}U precisa *receber* uma energia de 7,68 MeV para poder emitir um próton; assim, essa reação certamente não ocorre de forma espontânea.

42.5 DECAIMENTO BETA

Objetivos do Aprendizado

Depois de ler este módulo, você será capaz de ...

42.5.1 Saber quais são os dois tipos de partículas beta e os dois tipos de decaimento beta.

42.5.2 Saber o que é neutrino.

42.5.3 Saber por que, no decaimento beta, as partículas beta podem ser emitidas com diferentes energias.

42.5.4 Calcular a variação de massa e o valor de Q de um decaimento beta.

42.5.5 Determinar a variação do número atômico Z de um núcleo que sofre um decaimento beta e saber que o número de massa A permanece o mesmo.

Ideias-Chave

- No decaimento beta, o núcleo emite um elétron ou um pósitron, juntamente com um neutrino.
- A energia de desintegração é compartilhada pelas partículas emitidas. Às vezes, o neutrino fica com a maior parte da energia e, às vezes, a maior parte da energia fica com o elétron ou com o pósitron.

Decaimento Beta 42.4

Quando um núcleo se transforma em um núcleo diferente emitindo um elétron ou um pósitron (partícula de carga positiva com a mesma massa que o elétron), dizemos que esse núcleo sofreu um **decaimento beta**. Como o decaimento alfa, trata-se de um processo espontâneo, com uma energia de desintegração e uma meia-vida bem definidas. Também como o decaimento alfa, o decaimento beta é um processo estatístico, que pode ser descrito pelas Eqs. 42.3.5 e 42.3.6. No decaimento *beta menos* (β^-), um elétron é emitido por um núcleo, como na reação

$$^{32}\text{P} \rightarrow {}^{32}\text{S} + e^- + \nu \qquad (T_{1/2} = 14{,}3 \text{ d}). \qquad (42.5.1)$$

No decaimento *beta mais* (β^+), um pósitron é emitido por um núcleo, como na reação

$$^{64}\text{Cu} \rightarrow {}^{64}\text{Ni} + e^+ + \nu \qquad (T_{1/2} = 12{,}7 \text{ h}). \qquad (42.5.2)$$

O símbolo ν representa um **neutrino**, uma partícula neutra de massa muito pequena, que é emitida pelo núcleo juntamente com o elétron ou o pósitron no processo de decaimento. Os neutrinos interagem fracamente com a matéria e, por essa razão, são tão difíceis de detectar que sua existência passou despercebida durante muito tempo.[2]

A carga e o número de núcleons são conservados nos dois tipos de reação. No decaimento da Eq. 42.5.1, por exemplo, a carga total antes e depois da reação é a mesma:

$$(+15e) = (+16e) + (-e) + (0),$$

pois o ^{32}P possui 15 prótons, o ^{32}S possui 16 prótons e o neutrino tem carga zero. O número de núcleons antes e depois da reação também é o mesmo:

$$(32) = (32) + (0) + (0),$$

pois o ^{32}P e o ^{32}S possuem 32 núcleons e o elétron e o neutrino não são núcleons.

Pode parecer estranho que os núcleos sejam capazes de emitir elétrons, pósitrons e neutrinos quando sabemos que contêm apenas prótons e nêutrons. Entretanto, já vimos que os átomos são capazes de emitir fótons, embora não seja correto afirmar que os átomos "contêm" fótons. O que acontece é que os fótons são criados durante o processo de emissão, e o mesmo se pode dizer dos elétrons, pósitrons e neutrinos emitidos pelos núcleos no decaimento beta. No caso do decaimento beta menos,

[2]O decaimento beta também inclui a *captura eletrônica*, um processo (que não será discutido neste livro) no qual o núcleo absorve um dos elétrons do átomo e emite um neutrino. Convém observar também que a partícula emitida juntamente com o elétron na reação descrita pela Eq. 42.5.1 é, na realidade, um *antineutrino*. No tratamento introdutório apresentado neste capítulo, não faremos distinção entre neutrinos e antineutrinos.

um dos nêutrons do núcleo emite um elétron e um neutrino e se transforma em um próton, segundo a reação

$$n \rightarrow p + e^- + \nu. \quad (42.5.3)$$

No decaimento beta mais, um dos prótons do núcleo emite um pósitron e um neutrino e se transforma em um nêutron, segundo a reação

$$p \rightarrow n + e^+ + \nu. \quad (42.5.4)$$

Examinando as reações de decaimento, vemos por que o número de massa A de um nuclídeo que sofre decaimento beta é conservado; nesse processo, um nêutron se transforma em um próton, ou vice-versa (Eqs. 42.5.3 e 42.5.4), o que significa que o número de núcleons permanece constante.

Tanto o decaimento alfa como o decaimento beta envolvem a liberação de certa quantidade de energia. No decaimento alfa, todas as partículas alfa têm a mesma energia cinética. Em um decaimento beta menos como o da Eq. 42.5.3, por outro lado, a energia de desintegração pode se dividir, em diferentes proporções, entre a energia cinética do elétron e a energia do neutrino. Em alguns decaimentos, quase toda a energia vai para o elétron; em outros, quase toda a energia vai para o neutrino. Em todos os casos, a soma da energia cinética do elétron com a energia do neutrino é igual à energia de desintegração Q. Em um decaimento beta mais, como o da Eq. 42.5.4, a energia também pode se dividir em diferentes proporções entre a energia do pósitron e a energia do neutrino.

Assim, no decaimento beta, a energia cinética dos elétrons ou pósitrons emitidos varia desde zero até um valor máximo $K_{máx}$. A Fig. 42.5.1 mostra a distribuição de energia cinética dos pósitrons emitidos no decaimento beta do ^{64}Cu (ver Eq. 42.5.2). A energia máxima dos pósitrons, $K_{máx}$, é igual à energia de desintegração Q, porque, se a energia do neutrino for desprezível, toda a energia de desintegração aparecerá na forma da energia cinética do elétron, ou seja,

$$Q = K_{máx}. \quad (42.5.5)$$

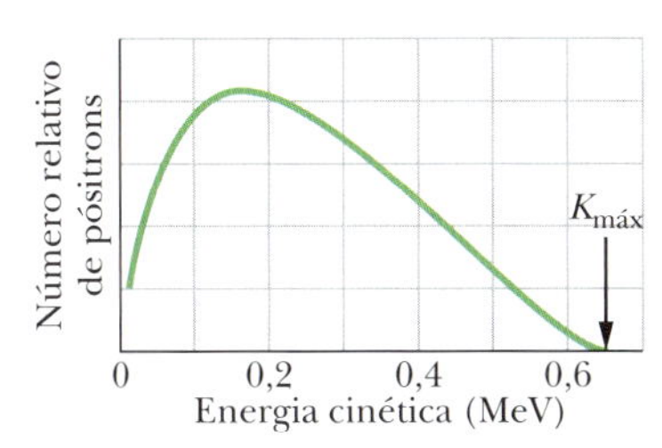

Figura 42.5.1 Distribuição da energia cinética dos pósitrons emitidos no decaimento beta do ^{64}Cu. A energia cinética máxima da distribuição ($K_{máx}$) é 0,653 MeV. Em todos os decaimentos, essa energia é dividida entre o pósitron e o neutrino, em diferentes proporções. A energia *mais provável* do pósitron emitido é aproximadamente 0,15 MeV.

O Neutrino

A existência dos neutrinos foi proposta por Wolfgang Pauli em 1930, não só para explicar a distribuição de energia dos elétrons e pósitrons nos decaimentos beta, mas também para evitar que a lei de conservação do momento angular fosse violada.

O neutrino é uma partícula que interage apenas fracamente com a matéria; o livre caminho médio de um neutrino de alta energia na água é da ordem de milhares de anos-luz! Ao mesmo tempo, os neutrinos gerados no big bang, que presumivelmente assinalou a criação do universo, são as partículas mais abundantes que a física conhece; bilhões deles atravessam a cada segundo o corpo de cada habitante da Terra, sem deixar vestígios.

Os neutrinos foram observados pela primeira vez em laboratório em 1953 por F. Reines e C. L. Cowan entre as partículas geradas por um reator nuclear de alta potência. (Em 1995, Reines, o membro sobrevivente da dupla, recebeu o Prêmio Nobel de Física por esse trabalho.) Apesar das dificuldades de detecção, o estudo dos neutrinos é hoje em dia um ramo importante da física experimental.

As reações nucleares que ocorrem no Sol produzem grande quantidade de neutrinos; à noite, esses neutrinos chegam até nós vindo de baixo, já que os neutrinos atravessam a Terra quase como se ela não existisse. Em fevereiro de 1987, a luz de uma estrela que explodiu na Grande Nuvem de Magalhães (uma galáxia próxima) chegou à Terra depois de viajar durante 170.000 anos. Um número gigantesco de neutrinos foi gerado na explosão, e alguns foram captados por um detector de neutrinos situado no Japão, como mostra a Fig. 42.5.2.

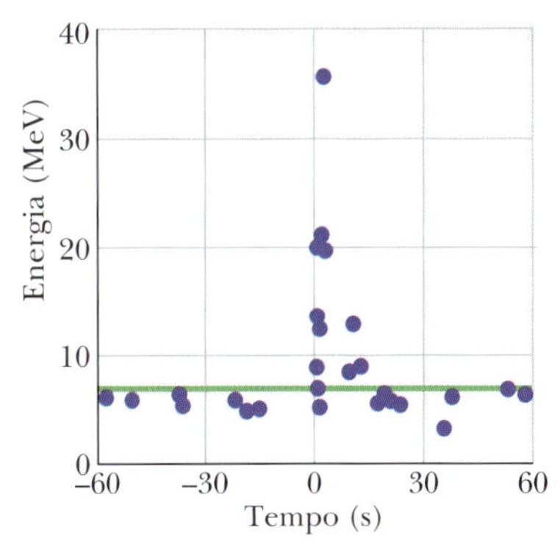

Figura 42.5.2 Uma chuva de neutrinos, causada pela explosão da supernova SN 1987A, que ocorreu no instante (relativo) $t = 0$, é claramente visível neste gráfico. (No caso dos neutrinos, a detecção de 10 partículas já pode ser considerada uma "chuva".) As partículas foram detectadas por um equipamento sofisticado, nas profundezas de uma antiga mina japonesa. Como a supernova foi visível apenas no Hemisfério Sul, os neutrinos tiveram que atravessar a Terra (uma barreira insignificante para eles) para chegar ao detector.

Radioatividade e a Carta de Nuclídeos

Podemos aumentar a quantidade de informações da carta de nuclídeos da Fig. 42.2.1 plotando em um terceiro eixo o excesso de massa Δ em unidades de MeV/c^2. A superfície assim formada (Fig. 42.5.3) constitui uma representação gráfica da estabilidade dos nuclídeos. Como se pode ver na figura, para os nuclídeos de pequena massa, essa

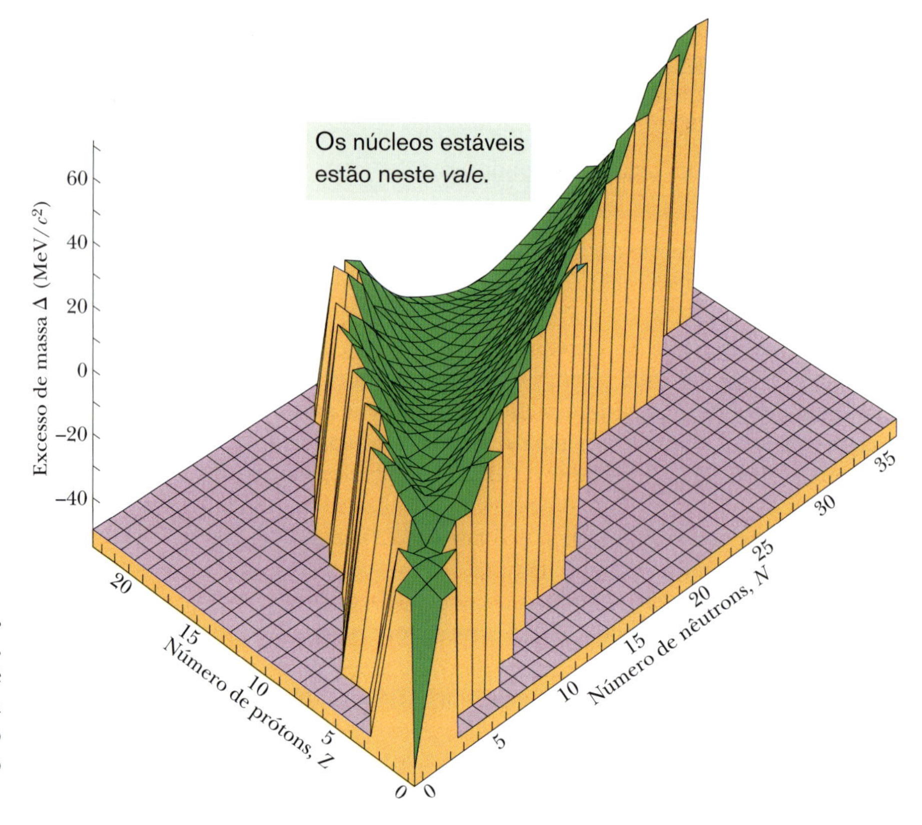

Figura 42.5.3 Parte do vale dos nuclídeos, mostrando apenas os nuclídeos leves. O vale, que se alarga progressivamente, vai na figura até $Z = 22$ e $N = 35$. Os nuclídeos instáveis podem decair para o interior do vale por decaimento alfa, decaimento beta ou fissão (divisão do nuclídeo em dois fragmentos).

superfície forma um "vale de nuclídeos", com a faixa de estabilidade da Fig. 42.2.1 no fundo do vale. Os nuclídeos situados na encosta rica em prótons decaem em direção ao vale emitindo pósitrons, enquanto os nuclídeos situados na encosta rica em nêutrons decaem emitindo elétrons.

Teste 42.5.1

O ^{238}U decai para ^{234}Th emitindo uma partícula alfa. Segue-se uma série de outros decaimentos, uns do tipo alfa e outros do tipo beta, até que o produto seja um nuclídeo estável. Qual dos nuclídeos estáveis a seguir é o produto final da cadeia de decaimentos do ^{238}U: ^{206}Pb, ^{207}Pb, ^{208}Pb ou ^{209}Pb? (*Sugestão*: Considere as mudanças do número de massa A nos dois tipos de decaimento.)

Exemplo 42.5.1 Determinação do valor de *Q* para um decaimento beta a partir das massas 42.5

Calcule a energia de desintegração Q para o decaimento beta do ^{32}P, descrito pela Eq. 42.5.1. As massas atômicas dos nuclídeos envolvidos na reação são 31,973 91 u (^{32}P) e 31,972 07 u (^{32}S).

IDEIA-CHAVE

A energia de desintegração Q para o decaimento beta é igual à variação da energia de repouso causada pelo decaimento.

Cálculos: A energia de desintegração Q é dada pela Eq. 37.6.11 ($Q = -\Delta M\, c^2$). Entretanto, precisamos tomar cuidado para distinguir as massas nucleares (que não conhecemos) das massas atômicas (que são conhecidas). Vamos representar as massas nucleares de ^{32}P e do ^{32}S pelos símbolos em negrito $\mathbf{m}_P$ e $\mathbf{m}_S$ e as massas atômicas pelos símbolos em itálico m_P e m_S. Nesse caso, a variação de massa causada pelo decaimento da Eq. 42.5.1 pode ser expressa na forma

$$\Delta m = (\mathbf{m}_S + m_e) - \mathbf{m}_P,$$

em que m_e é a massa do elétron. Somando e subtraindo $15m_e$ do lado direito da equação, obtemos

$$\Delta m = (\mathbf{m}_S + 16m_e) - (\mathbf{m}_P + 15m_e)$$

Como as grandezas entre parênteses são as massas atômicas do ^{32}S e do ^{32}P, temos

$$\Delta m = m_S - m_P.$$

Vemos, portanto, que, quando calculamos a diferença entre as massas atômicas, a massa do elétron emitido é automaticamente levada em consideração. (Isso não acontece quando a partícula emitida é um pósitron.)

A energia de desintegração para o decaimento do ^{32}P é, portanto,

$$Q = -\Delta m\, c^2$$
$$= -(31{,}972\,07\text{ u} - 31{,}973\,91\text{ u})(931{,}494\,013\text{ MeV/u})$$
$$= 1{,}71\text{ MeV.} \qquad \text{(Resposta)}$$

Verifica-se experimentalmente que essa energia é igual a $K_{máx}$, a energia máxima dos elétrons emitidos. Embora uma energia de 1,71 MeV seja liberada toda vez que um núcleo de ^{32}P se desintegra, na grande maioria dos casos a energia cinética do elétron emitido é menor que esse valor. O restante da energia fica com o neutrino, que deixa o laboratório sem ser detectado.

42.6 DATAÇÃO RADIOATIVA

Objetivos do Aprendizado

Depois de ler este módulo, você será capaz de ...

42.6.1 Usar as equações do decaimento radioativo para determinar a idade de rochas e materiais arqueológicos.

42.6.2 Usar o método do radiocarbono para determinar a idade de amostras biológicas.

Ideia-Chave

- Os nuclídeos radioativos que existem na natureza permitem estimar a data de eventos históricos e pré-históricos. Assim, por exemplo, a idade de materiais orgânicos muitas vezes pode ser determinada medindo a concentração de ^{14}C e a idade das rochas pode ser calculada a partir da desintegração do ^{40}K.

Datação Radioativa

Se a meia-vida de um radionuclídeo é conhecida, podemos, em princípio, usar o decaimento do radionuclídeo como um relógio para medir intervalos de tempo. O decaimento de nuclídeos de meia-vida muito longa pode ser usado para medir a idade das rochas, ou seja, o tempo transcorrido desde que se formaram. No caso das rochas da Terra, da Lua e dos meteoritos, as medidas indicam uma idade máxima muito parecida, da ordem de $4{,}5 \times 10^9$ anos.

O radionuclídeo ^{40}K, por exemplo, se transforma em ^{40}Ar, um isótopo estável do argônio. A meia-vida desse decaimento é $1{,}25 \times 10^9$ anos. A medida da razão entre o número de átomos de ^{40}K e o número de átomos de ^{40}Ar presentes em uma rocha pode ser usada para estimar a idade da rocha. Outros decaimentos de longa meia-vida, como o do ^{235}U para ^{207}Pb (que envolve vários estágios intermediários) podem ser usados para confirmar a estimativa.

A datação com radiocarbono tem sido extremamente útil para medir intervalos de tempo mais curtos, como os correspondentes ao período histórico. O radionuclídeo ^{14}C (com $T_{1/2} = 5730$ anos) é produzido constantemente na atmosfera superior pelo choque dos raios cósmicos com átomos de nitrogênio do ar. Esse radiocarbono se mistura com o carbono normalmente presente na atmosfera (na forma de CO_2) de tal forma que existe aproximadamente um átomo de ^{14}C para cada 10^{13} átomos de ^{12}C, o isótopo mais abundante do carbono, que é estável. Graças às atividades biológicas, como fotossíntese e respiração, os átomos do carbono presentes na atmosfera trocam de lugar aleatoriamente com os átomos de carbono presentes em todos os seres vivos, desde brócolis e cogumelos até pinguins e seres humanos. Isso faz com que a fração de átomos de ^{14}C nos seres vivos seja a mesma que na atmosfera.

O equilíbrio persiste apenas enquanto o organismo está vivo. Quando o organismo morre, as trocas com a atmosfera cessam e a fração de radiocarbono presente no organismo diminui com uma meia-vida de 5730 anos. Medindo a quantidade de radiocarbono por grama de matéria orgânica, é possível estimar o tempo transcorrido desde a morte do organismo. As cinzas de antigas fogueiras, os manuscritos do Mar Morto e muitos artefatos pré-históricos foram datados dessa forma. A idade dos manuscritos do Mar Morto foi determinada a partir da análise de uma amostra do tecido usado para selar um dos vasos em que os manuscritos foram encontrados.

Foto de cima: George Rockwin/Bruce Coleman, Inc./Photoshot Holdings Ltd.
Foto de baixo: Alamy Images

Fragmento dos manuscritos do Mar Morto e as cavernas onde foram encontrados.

Exemplo 42.6.1 Datação radioativa de uma rocha lunar 42.6

Em uma rocha lunar, a razão entre o número de átomos de ^{40}Ar (estáveis) e o número de átomos de ^{40}K (radioativos) é 10,3. Suponha que todos os átomos de argônio tenham sido produzidos pelo decaimento de átomos de potássio, com uma meia-vida de $1{,}25 \times 10^9$ anos. Qual é a idade da rocha?

IDEIAS-CHAVE

(1) Se N_0 átomos de potássio estavam presentes na época em que a rocha se formou por solidificação de uma massa fundida, o número de átomos de potássio restantes no momento da análise é dado pela Eq. 42.3.5:

$$N_K = N_0 e^{-\lambda t}, \tag{42.6.1}$$

em que t é a idade da rocha. (2) Para cada átomo de potássio que decai, um átomo de argônio é produzido. Assim, o número de átomos de argônio presentes no momento da análise é

$$N_{Ar} = N_0 - N_K. \tag{42.6.2}$$

Cálculos: Como não conhecemos o valor de N_0, vamos eliminá-lo das Eqs. 42.6.1 e 42.6.2. Depois de algumas manipulações algébricas, obtemos a seguinte equação:

$$\lambda t = \ln\left(1 + \frac{N_{Ar}}{N_K}\right), \tag{42.6.3}$$

em que N_{Ar}/N_K é uma grandeza que *pode* ser medida. Explicitando t e usando a Eq. 42.3.8 para substituir λ por $(\ln 2)/T_{1/2}$, obtemos

$$t = \frac{T_{1/2}\ln(1 + N_{Ar}/N_K)}{\ln 2}$$

$$= \frac{(1{,}25 \times 10^9 \text{ anos})[\ln(1 + 10{,}3)]}{\ln 2}$$

$$= 4{,}37 \times 10^9 \text{ anos.} \qquad \text{(Resposta)}$$

Idades menores foram obtidas para outras rochas lunares e terrestres, mas não idades muito maiores. A conclusão é que o sistema solar deve ter se formado há cerca de 4 bilhões de anos.

42.7 MEDIDAS DA DOSE DE RADIAÇÃO

Objetivos do Aprendizado

Depois de ler este módulo, você será capaz de ...

42.7.1 Saber o que é dose absorvida, dose equivalente e quais são as unidades correspondentes.

42.7.2 Calcular a dose absorvida e a dose equivalente.

Ideias-Chave

- O becquerel (1 Bq = 1 decaimento por segundo) é a unidade do SI usada para medir a atividade de uma amostra.
- O gray (1 Gy = 1 J/kg) é a unidade do SI usada para medir a energia absorvida por uma amostra.
- O efeito biológico estimado da energia absorvida é a dose equivalente, cuja unidade do SI é o sievert.

Medidas da Dose de Radiação 42.7 42.5

O efeito de radiações como raios gama, elétrons e partículas alfa sobre os seres vivos (especialmente os seres humanos) é uma questão de interesse público. As fontes naturais de radiação são os raios cósmicos e os elementos radioativos presentes na crosta terrestre. Entre as radiações associadas às atividades humanas, as principais são os raios X e os radionuclídeos usados na medicina e na indústria.

Nosso objetivo neste livro não é discutir as diferentes fontes de radiação, mas apenas definir as unidades em que são expressas as propriedades e os efeitos das radiações. Já nos referimos à *atividade* de uma fonte radioativa. Existem outras duas grandezas de interesse.

1. *Dose Absorvida.* Trata-se de uma medida da dose de radiação (energia por unidade de massa) realmente absorvida por um objeto específico, como a mão ou o tórax de um paciente. A unidade de dose absorvida no SI é o **gray** (Gy). Uma unidade mais antiga, o **rad** (do inglês **r**adiation **a**bsorbed **d**ose, ou seja, dose de radiação absorvida), ainda é muito usada até hoje. As duas unidades são definidas da seguinte forma:

$$1 \text{ Gy} = 1 \text{ J/kg} = 100 \text{ rad.} \tag{42.7.1}$$

Um uso típico desse tipo de unidade seria o seguinte: "Uma dose de raios gama de 3 Gy (= 300 rad) aplicada ao corpo inteiro em um curto período de tempo causa a morte de 50% das pessoas expostas." Felizmente, a dose que uma pessoa recebe por ano, levando em conta tanto as fontes naturais como as artificiais, raramente ultrapassa 2 mGy (= 0,2 rad).

2. *Dose Equivalente*. Quando dois tipos de radiação (raios gama e nêutrons, por exemplo) fornecem a mesma quantidade de energia a um ser vivo, os efeitos biológicos podem ser bem diferentes. O conceito de dose equivalente permite expressar o efeito biológico multiplicando a dose absorvida (em grays ou rads) por um fator numérico chamado **RBE** (do inglês **r**elative **b**iological **e**ffectiveness, ou seja, eficiência biológica relativa). No caso de raios X, raios gama e elétrons, RBE = 1; para nêutrons lentos, RBE = 5; para partículas alfa, RBE = 10; e assim por diante. Os dispositivos de monitoração individual, como filmes fotográficos, são calibrados de modo a registrar a dose equivalente.

   A unidade de dose equivalente do SI é o **sievert** (Sv). Uma unidade mais antiga, o **rem**, ainda é muito usada até hoje. A relação entre as duas unidades é a seguinte:

$$1 \text{ Sv} = 100 \text{ rem}. \tag{42.7.2}$$

   Um uso típico dessa unidade seria o seguinte: "O Conselho Nacional de Proteção Radiológica recomenda que nenhum indivíduo exposto (não profissionalmente) a radiação receba uma dose equivalente maior que 5 mSv (= 0,5 rem) em um período de um ano." Esse tipo de recomendação inclui radiações de todos os tipos; naturalmente, o fator RBE apropriado deve ser usado em cada caso.

42.8 MODELOS DO NÚCLEO

Objetivos do Aprendizado

Depois de ler este módulo, você será capaz de ...

42.8.1 Saber qual é a diferença entre o modelo coletivo, o modelo das partículas independentes e o modelo misto.

42.8.2 Saber o que é um núcleo composto.

42.8.3 Saber o que são números mágicos.

Ideias-Chave

- O modelo coletivo da estrutura dos núcleos se baseia na hipótese de que os núcleos colidem constantemente e que núcleos compostos de vida relativamente longa são formados quando uma partícula é capturada por um núcleo. A formação e eventual decaimento de um núcleo composto são considerados eventos totalmente independentes.
- O modelo das partículas independentes da estrutura dos núcleos se baseia na hipótese de que os núcleons ocupam estados quantizados no interior do núcleo e praticamente não interagem. O modelo prevê números mágicos associados a camadas completas de núcleons.
- O modelo misto se baseia na hipótese de que alguns núcleons ocupam estados quantizados na periferia de um caroço central formado por camadas completas.

Modelos do Núcleo

Os núcleos são mais complexos que os átomos. No caso dos átomos, a lei básica da força que age entre os componentes (lei de Coulomb) tem uma expressão simples e a força é exercida a partir de um centro bem definido, o núcleo atômico. No caso dos núcleos, a força que mantém os componentes unidos tem uma expressão complicada. Além disso, o núcleo, uma mistura de prótons e nêutrons, não possui um centro bem definido.

Na falta de uma *teoria* nuclear satisfatória, os físicos se dedicaram à elaboração de *modelos* do núcleo. Um modelo do núcleo é simplesmente uma forma de encarar o núcleo que permite estudar da melhor maneira possível suas propriedades. A utilidade de um modelo é testada pela capacidade de fazer previsões que possam ser testadas experimentalmente.

Dois modelos do núcleo se revelaram particularmente úteis. Embora sejam baseados em hipóteses aparentemente irreconciliáveis, cada um reflete, razoavelmente bem, um grupo seleto de propriedades nucleares. Após descrevê-los separadamente, vamos ver como esses dois modelos podem ser combinados para formar uma única imagem coerente do núcleo atômico.

O Modelo Coletivo

No *modelo coletivo*, formulado por Niels Bohr, os núcleons, movendo-se aleatoriamente no interior do núcleo, interagem fortemente entre si, como as moléculas em uma gota de líquido. Um dado núcleon colide frequentemente com outros núcleons no interior do núcleo, já que seu livre caminho médio é bem menor que o raio nuclear.

O modelo coletivo permite correlacionar muitos fatos a respeito das massas e energias de ligação dos núcleos; pode ser usado, por exemplo (como veremos mais adiante), para explicar a fissão nuclear, além de facilitar a análise de um grande número de reações nucleares.

Considere, por exemplo, uma reação nuclear da forma geral

$$X + a \rightarrow C \rightarrow Y + b. \tag{42.8.1}$$

Imaginamos que o projétil a penetra no núcleo alvo X, formando um **núcleo composto** C e transferindo para esse núcleo uma energia de excitação. O projétil, que pode ser, por exemplo, um nêutron, começa imediatamente a participar dos movimentos aleatórios que caracterizam as partículas do interior do núcleo. Perde rapidamente a identidade, e sua energia passa a ser compartilhada por todos os núcleons de C.

O estado quase estável representado por C na Eq. 42.8.1 pode ter meia-vida de 10^{-16} s antes de decair em Y e b. Pelos padrões nucleares, trata-se de um tempo extremamente longo, cerca de um milhão de vezes maior que o tempo necessário para que um núcleon com uma energia de alguns milhões de elétrons-volts percorra uma distância igual ao diâmetro do núcleo.

Um aspecto importante do modelo coletivo é o fato de que a formação e o eventual decaimento de um núcleo composto são eventos totalmente independentes. Ao decair, o núcleo composto já "esqueceu" o modo como foi formado, o que significa que o modo de decaimento não é influenciado pelo modo de formação. A Fig. 42.8.1 mostra, por exemplo, três modos diferentes de formação do núcleo composto ^{20}Ne e três modos diferentes de decaimento do mesmo núcleo. Qualquer dos três modos de formação pode ser seguido por qualquer dos três modos de decaimento.

O Modelo das Partículas Independentes

No modelo coletivo, supomos que os núcleons se movem ao acaso e estão sujeitos a colisões frequentes com outros núcleons. O *modelo das partículas independentes*, por outro lado, se baseia na hipótese diametralmente oposta de que cada núcleon permanece em um estado quântico bem definido no interior do núcleo, praticamente sem colidir com outros núcleons! Ao contrário do átomo, o núcleo não possui um centro de força bem definido; supomos nesse modelo que cada núcleon se move em um poço de potencial determinado pelo movimento médio de todos os outros núcleos.

A cada núcleon pertencente a um núcleo, como a cada elétron pertencente a um átomo, é possível atribuir um conjunto de números quânticos que define seu estado de movimento. Além disso, como os elétrons de um átomo, os núcleons de um núcleo obedecem ao princípio de exclusão de Pauli, ou seja, não podem existir dois núcleons

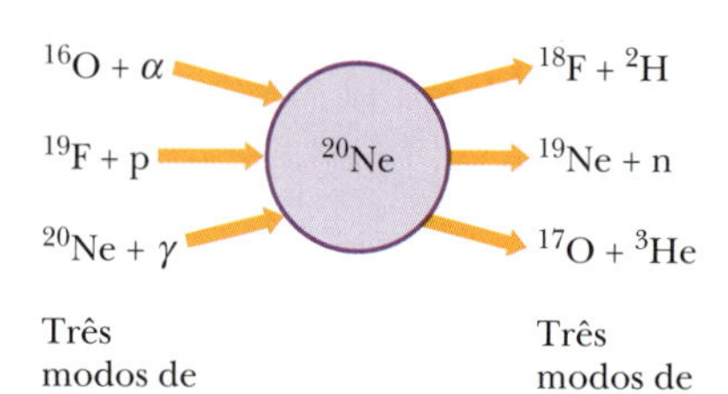

Figura 42.8.1 Modos de formação e de decaimento do núcleo composto ^{20}Ne.

com os mesmos números quânticos. Sob esse aspecto, os prótons e os nêutrons são tratados separadamente, ou seja, um próton e um nêutron podem ter o mesmo conjunto de números quânticos.

O fato de que os núcleons obedecem ao princípio de exclusão de Pauli ajuda a explicar a relativa estabilidade dos estados dos núcleons. Para que ocorra uma colisão entre dois núcleons, além de serem obedecidas as leis de conservação da energia e do momento, é preciso que a energia de cada um dos núcleons após a colisão corresponda à energia de um estado *desocupado*. Se essa condição não é satisfeita, a colisão simplesmente não pode ocorrer. Assim, um núcleon que experimenta repetidas "oportunidades frustradas de colisão" permanece no mesmo estado de movimento por um tempo suficientemente longo para tornar válida a afirmação de que se encontra em um estado quântico bem definido.

Nos átomos, as repetições das propriedades físicas e químicas que observamos na tabela periódica estão associadas a uma propriedade dos elétrons: a de se distribuírem em camadas que apresentam uma estabilidade fora do comum quando estão totalmente ocupadas. Podemos considerar os números atômicos dos gases nobres,

$$2, 10, 18, 36, 54, 86, \ldots,$$

como *números mágicos eletrônicos* que indicam que as camadas eletrônicas de um átomo estão completas.

Os núcleos apresentam uma propriedade semelhante, associada aos **números mágicos nucleares**:

$$2, 8, 20, 28, 50, 82, 126, \ldots.$$

Os nuclídeos com um número de prótons Z ou um número de nêutrons N igual a um desses números apresenta uma estabilidade fora do comum, que pode ser demonstrada de várias formas.

Entre os nuclídeos "mágicos" estão o ^{18}O ($Z = 8$), o ^{40}Ca ($Z = 20$, $N = 20$), o ^{92}Mo ($N = 50$) e o ^{208}Pb ($Z = 82$, $N = 126$). O ^{40}Ca e o ^{208}Pb são considerados "duplamente mágicos" porque contêm camadas completas de prótons *e* camadas completas de nêutrons.

O número mágico 2 se manifesta na excepcional estabilidade da partícula alfa (^{4}He), que, com $Z = N = 2$, é duplamente mágica. Na curva da Fig. 42.2.3, a energia de ligação por núcleon do ^{4}He é bem maior que a dos vizinhos na tabela periódica (hidrogênio, lítio e berílio). Na verdade, a partícula alfa é tão estável que é impossível acrescentar a ela um único núcleon: não existe nenhum nuclídeo estável com $A = 5$.

A ideia principal que está por trás do conceito de camada completa é que, em um sistema formado por uma camada completa e mais uma partícula, basta uma energia relativamente pequena para remover a partícula excedente, mas é necessária uma energia muito maior para remover uma das partículas da camada completa. O átomo de sódio, por exemplo, possui camadas completas de elétrons e mais um elétron. Para remover esse elétron do átomo de sódio, são necessários 5 eV; para remover um *segundo* elétron (que deve ser arrancado de uma camada completa) são necessários 22 eV. No caso dos núcleos, considere o ^{121}Sb ($Z = 51$), que contém camadas completas de núcleons e mais um próton. Para remover esse próton, bastam 5,8 MeV; para remover um *segundo* próton, são necessários 11 MeV. Existem muitos outros indícios experimentais de que os núcleons estão distribuídos em camadas no interior do núcleo e de que essas camadas são particularmente estáveis.

Como vimos no Capítulo 40, a teoria quântica explica os números mágicos eletrônicos como consequência do fato de que cada subcamada de um átomo comporta apenas certo número de elétrons. Acontece que, a partir de certas hipóteses, é possível fazer o mesmo com os números mágicos nucleares! O Prêmio Nobel de Física de 1963 foi concedido a Maria Mayer e Hans Jensen "por descobertas referentes à estrutura de camadas do núcleo".

Um Modelo Misto

Considere um núcleo no qual um pequeno número de núcleons gira em torno de um caroço formado por camadas completas contendo números mágicos de nêutrons e/ou prótons. Os núcleons externos ocupam estados quantizados em um poço de potencial estabelecido pelo caroço central, preservando assim a característica principal do modelo de partículas independentes. Os núcleons externos também interagem com o caroço, deformando-o e excitando modos de vibração e rotação no interior. Os movimentos do caroço como um todo preservam a característica principal do modelo coletivo. Esse modelo de estrutura nuclear, que combina as hipóteses aparentemente irreconciliáveis do modelo coletivo e do modelo das partículas independentes, permite explicar muitas propriedades dos núcleos.

Exemplo 42.8.1 Tempo de vida do estado excitado de um núcleo composto formado pela captura de um nêutron 42.8

Considere a reação de captura de um nêutron

$$^{109}\text{Ag} + \text{n} \rightarrow {}^{110}\text{Ag} \rightarrow {}^{110}\text{Ag} + \gamma, \qquad (42.8.2)$$

na qual é formado um núcleo composto (^{110}Ag). A Fig. 42.8.2 mostra a taxa relativa da reação em função da energia do nêutron incidente. Determine a vida média do estado excitado do núcleo composto usando o princípio de indeterminação na forma

$$\Delta E \cdot \Delta t \approx \hbar, \qquad (42.8.3)$$

em que ΔE é a indeterminação da energia do estado do núcleo após a reação e Δt é o intervalo de tempo disponível para medir a energia, o que equivale a dizer que, nesse caso, $\Delta t = t_{\text{méd}}$, o tempo médio que o núcleo composto leva para decair para o estado fundamental por emissão de um raio gama.

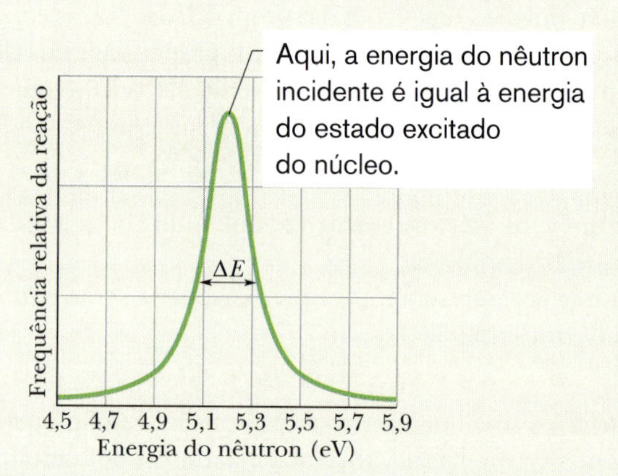

Figura 42.8.2 Gráfico do número relativo de reações do tipo descrito pela Eq. 42.8.2 em função da energia do nêutron incidente. A largura de linha a meia altura ΔE da curva de ressonância é aproximadamente 0,20 eV.

Raciocínio: De acordo com a Fig. 42.8.2, a taxa da reação é máxima quando a energia do nêutron é aproximadamente 5,2 eV. Isso significa que estamos lidando com um estado excitado do núcleo composto ^{110}Ag. Quando a energia do nêutron incidente é igual à diferença de energia entre esse estado e o estado fundamental do ^{110}Ag, acontece uma "ressonância", e a reação da Eq. 42.8.2 é favorecida.

Por outro lado, a reação não acontece para uma única energia, mas varia com a energia segundo uma curva cuja largura a meia altura (ΔE na figura) é aproximadamente 0,20 eV. Isso significa que a energia do estado excitado possui uma indeterminação $\Delta E = 0{,}20$ eV.

Cálculo: De acordo com a Eq. 42.8.3, temos

$$\Delta t = t_{\text{méd}} \approx \frac{\hbar}{\Delta E} \approx \frac{(4{,}14 \times 10^{-15}\ \text{eV}\cdot\text{s})/2\pi}{0{,}20\ \text{eV}}$$

$$\approx 3 \times 10^{-15}\ \text{s}. \qquad \text{(Resposta)}$$

Revisão e Resumo

Os Nuclídeos Existem aproximadamente 2.000 **nuclídeos** conhecidos. Cada um é caracterizado por um **número atômico** Z (o número de prótons), um **número de nêutrons** N e um **número de massa** A (o número total de **núcleons**: prótons e nêutrons). Assim, $A = Z + N$. Os nuclídeos com o mesmo número atômico e diferentes números de nêutrons são chamados **isótopos**. O raio médio dos núcleos é dado por

$$r = r_0 A^{1/3}, \qquad (42.2.3)$$

em que $r_0 \approx 1{,}2$ fm.

Massa e Energia de Ligação As massas atômicas são frequentemente expressas em termos do *excesso de massa*

$$\Delta = M - A \quad \text{(excesso de massa)}, \qquad (42.2.6)$$

em que M é a massa real do átomo em unidades de massa atômica e A é o número de massa do núcleo do átomo. A **energia de ligação** de um núcleo é a diferença

$$\Delta E_l = \Sigma(mc^2) - Mc^2 \quad \text{(energia de ligação)}, \qquad (42.2.7)$$

em que $\Sigma(mc^2)$ é a energia de repouso total dos prótons e nêutrons *considerados separadamente*. A **energia de ligação por núcleon** é dada por

$$\Delta E_{ln} = \frac{\Delta E_l}{A} \quad \text{(energia de ligação por núcleon)}. \qquad (42.2.8)$$

Equivalência entre Massa e Energia A energia equivalente a uma unidade de massa atômica (1 u) é 931,494 013 MeV. O gráfico da energia de ligação por núcleon em função do número de massa mostra que os nuclídeos de massa intermediária são os mais estáveis; assim, tanto a fissão de núcleos pesados como a fusão de núcleos leves acarretam uma liberação de energia.

A Força Nuclear A integridade dos núcleos é mantida por uma força de atração entre os núcleons. Acredita-se que essa força seja um efeito secundário da **interação forte** a que estão sujeitos os quarks que compõem os núcleons.

Decaimento Radioativo Os nuclídeos, em sua maioria, são radioativos e decaem espontaneamente a uma taxa $R\ (= -dN/dt)$ que é proporcional ao número N de átomos radioativos presentes; a constante de proporcionalidade é a **constante de desintegração** λ. Tanto o número N de átomos radioativos como a taxa de decaimento R diminuem exponencialmente com o tempo:

$$N = N_0 e^{-\lambda t}, \qquad R = \lambda N = R_0 e^{-\lambda t}$$
(decaimento radioativo). (42.3.5, 42.3.7, 42.3.6)

A **meia-vida** $T_{1/2} = (\ln 2)/\lambda$ de um nuclídeo radioativo é o tempo necessário para que R (ou N) diminua para metade do valor inicial.

Decaimento Alfa Alguns nuclídeos decaem emitindo uma partícula alfa (núcleo de hélio, ^{4}He). Esse decaimento é inibido por uma barreira de potencial que classicamente não pode ser transposta, mas que, de acordo com a física quântica, pode ser atravessada por tunelamento. A probabilidade de atravessar a barreira e a resultante meia-vida para o decaimento alfa são muito sensíveis à energia da partícula alfa no interior do núcleo, que é igual à energia de desintegração.

Decaimento Beta No **decaimento beta**, um núcleo emite um elétron ou um pósitron, juntamente com um neutrino. A energia de desintegração é compartilhada pelas partículas emitidas. Os elétrons e pósitrons emitidos no decaimento beta podem ter qualquer energia entre praticamente zero e um valor limite $K_{\text{máx}}$ ($= Q = -\Delta m\, c^2$).

Datação Radioativa Os nuclídeos radioativos naturais podem ser usados para estimar a data de eventos históricos e pré-históricos. Assim, por exemplo, muitas vezes é possível estimar a idade de uma substância de origem orgânica medindo o teor de ^{14}C e datar rochas com o auxílio do isótopo radioativo ^{40}K.

Medidas da Dose de Radiação Três unidades são usadas para descrever a exposição a radiações ionizantes. O **becquerel** (1 Bq = 1 decaimento por segundo) mede a **atividade** de uma fonte. A quantidade de energia absorvida por um corpo é medida em **grays**, com 1 Gy correspondendo a 1 J/kg. O efeito biológico estimado da energia absorvida é medido em **sieverts**; uma dose de 1 Sv causa o mesmo efeito biológico, qualquer que seja o tipo de radiação envolvido.

Modelos do Núcleo O **modelo coletivo** da estrutura nuclear supõe que os núcleos colidem frequentemente e que **núcleos compostos** se formam quando um núcleo captura uma partícula. A formação de um núcleo composto e o decaimento desse núcleo são considerados eventos independentes.

O **modelo das partículas independentes** da estrutura nuclear supõe que os núcleons se movem de forma independente, sem sofrer colisões, em estados quantizados. O modelo prevê a existência de níveis quantizados de energia para os núcleons e **números mágicos de núcleons** (2, 8, 20, 28, 50, 82 e 126) associados a camadas completas. Os nuclídeos que possuem um número mágico de prótons e/ou nêutrons são particularmente estáveis.

O **modelo misto**, no qual alguns núcleons ocupam estados quantizados do lado de fora de um caroço formado por camadas completas, permite explicar muitas propriedades dos núcleos.

Perguntas

1 O radionuclídeo ^{196}Ir decai emitindo um elétron. (a) Em que quadrado da Fig. 42.2.2 está o núcleo resultante? (b) O núcleo resultante sofre outro decaimento?

2 O excesso de massa da uma partícula alfa, medido com uma régua na Fig. 42.5.3, é maior ou menor que a energia de ligação total da partícula, calculada a partir da energia de ligação por núcleon da Fig. 42.2.3?

3 No instante $t = 0$, uma amostra do radionuclídeo A tem a mesma taxa de decaimento que uma amostra do radionuclídeo B no instante $t = 30$ min. As constantes de desintegração são λ_A e λ_B, com $\lambda_A < \lambda_B$. Existe algum instante no qual a taxa de decaimento é a mesma para as duas amostras? (*Sugestão*: Faça um gráfico da atividade das duas amostras em função do tempo.)

4 Certo nuclídeo é considerado particularmente estável. A energia de ligação por núcleon desse nuclídeo está ligeiramente acima ou ligeiramente abaixo da curva de energia de ligação da Fig. 42.2.3?

5 Suponha que a partícula alfa de um experimento de espalhamento como o de Rutherford seja substituída por um próton, com a mesma energia cinética inicial, e que esteja em rota de colisão com o núcleo de um átomo de ouro. (a) A distância de máxima aproximação entre o próton e o núcleo será maior, menor ou igual à distância de máxima aproximação entre a partícula alfa e o núcleo? (b) Se, em vez de substituirmos a partícula alfa por um próton, substituirmos o núcleo de ouro por um núcleo com um valor maior de Z, a distância de máxima aproximação entre a partícula alfa e o novo núcleo será maior, menor ou igual que a distância de máxima aproximação entre a partícula alfa e o núcleo de ouro?

6 A Fig. 42.1 mostra a atividade de três amostras radioativas em função do tempo. Coloque as amostras na ordem (a) da meia-vida e (b) da constante de desintegração, começando pela maior. [*Sugestão*: No caso do item (a), use uma régua para extrair informações do gráfico.]

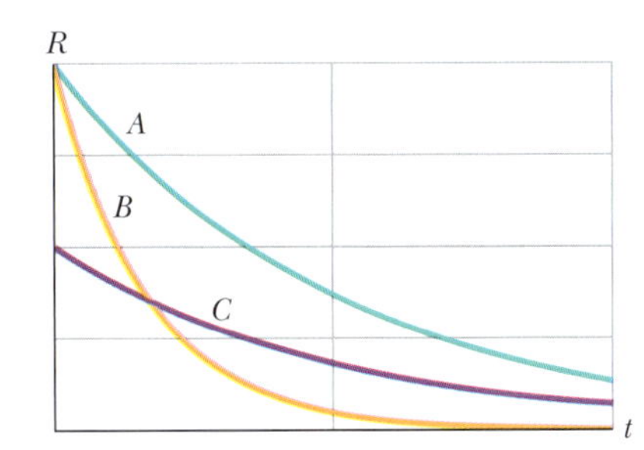

Figura 42.1 Pergunta 6.

7 O nuclídeo ^{244}Pu ($Z = 94$) é um emissor de partículas alfa. Qual é o núcleo resultante do decaimento: ^{240}Np ($Z = 93$), ^{240}U ($Z = 92$), ^{248}Cm ($Z = 96$), ou ^{244}Am ($Z = 95$)?

8 O radionuclídeo ^{49}Sc tem uma meia-vida de 57,0 minutos. Em uma amostra que contém esse nuclídeo, o número de contagens por minuto no instante $t = 0$ é 6.000 contagens/min a mais que a atividade de fundo, que é de 30 contagens/min. Sem fazer nenhum cálculo, determine se o número de contagens por minuto da amostra será aproximadamente igual à atividade de fundo após 3 h, 7 h, 10 h, ou um tempo muito maior que 10 h.

9 No instante $t = 0$, começamos a observar dois núcleos radioativos iguais, com uma meia-vida de 5 minutos. No instante $t = 1$ min, um dos núcleos decai. Depois desse evento, a probabilidade de o segundo núcleo decair nos 4 minutos seguintes aumenta, diminui ou permanece a mesma?

10 A Fig. 42.2 mostra a curva da energia de ligação por núcleon ΔE_{ln} em função do número de massa A. Três isótopos estão indicados. Coloque-os na ordem decrescente da energia necessária para remover um núcleon do isótopo.

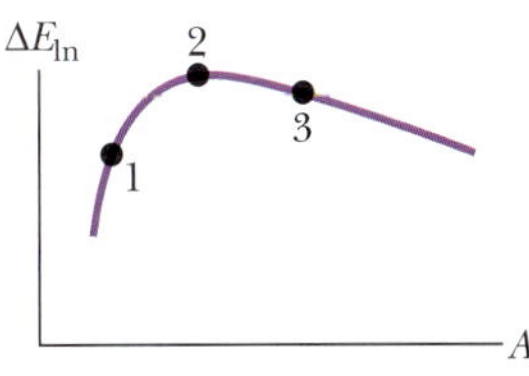

Figura 42.2 Pergunta 10.

11 No instante $t = 0$, uma amostra do radionuclídeo A tem uma taxa de decaimento duas vezes maior que uma amostra do radionuclídeo B. As constantes de desintegração são λ_A e λ_B, com $\lambda_A > \lambda_B$. Existe algum instante no qual a taxa de decaimento é a mesma para as duas amostras?

12 A Fig. 42.3 é um gráfico do número de massa A em função do número atômico Z. A posição de um núcleo no gráfico está indicada por um ponto. Qual das setas que partem do ponto representa uma reação na qual o núcleo sofre (a) um decaimento β^- e (b) um decaimento α?

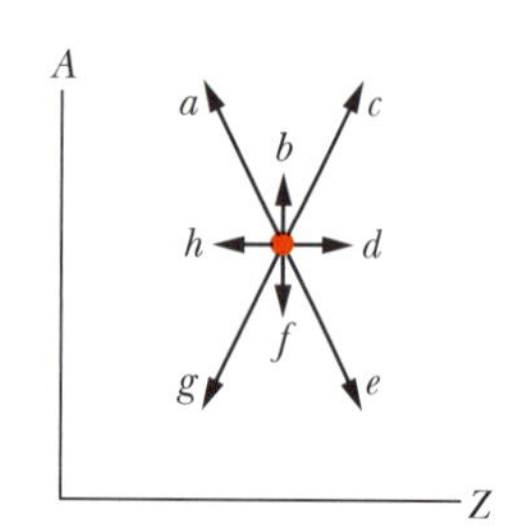

Figura 42.3 Pergunta 12.

13 (a) Quais dos nuclídeos a seguir são mágicos: ^{122}Sn, ^{132}Sn, ^{98}Cd, ^{198}Au, ^{208}Pb? (b) Quais desses nuclídeos são duplamente mágicos?

14 Se a massa de uma amostra radioativa é multiplicada por dois, (a) a atividade da amostra aumenta, diminui ou permanece constante? (b) A constante de desintegração aumenta, diminui ou permanece a mesma?

15 Como foi visto no Módulo 42.8, os números mágicos de núcleons são 2, 8, 20, 28, 50, 82 e 126. Um nuclídeo é mágico (isto é, especialmente estável) (a) apenas se o número de massa A for igual a um número mágico, (b) apenas se o número atômico Z for igual a um número mágico, (c) apenas se o número de nêutrons N for igual a um número mágico, ou (d) apenas se Z for igual a um número mágico, N for igual a um número mágico, ou Z e N forem iguais a um número mágico?

Problemas

F Fácil **M** Médio **D** Difícil

CVF Informações adicionais disponíveis no e-book *O Circo Voador da Física*, de Jearl Walker, LTC Editora, Rio de Janeiro, 2008.

CALC Requer o uso de derivadas e/ou integrais

BIO Aplicação biomédica

Módulo 42.1 Descoberta do Núcleo

1 F Um núcleo de ^{7}Li com uma energia cinética de 3,00 MeV sofre uma colisão frontal com um núcleo de ^{232}Th. Qual é a menor distância entre os centros dos dois núcleos, supondo que o núcleo de ^{232}Th (cuja massa é muito maior) permanece imóvel durante a colisão?

2 F Calcule a distância de máxima aproximação para uma colisão frontal entre uma partícula alfa de 5,30 MeV e o núcleo de um átomo de cobre.

3 M Um núcleo de Li com uma energia cinética inicial de 10,2 MeV sofre uma colisão frontal com um núcleo de Ds. Qual é a distância entre o centro do núcleo de Li e o centro do núcleo de Ds no instante em que o núcleo de Li fica momentaneamente em repouso? Suponha que o núcleo de Ds permanece em repouso durante o processo.

4 M Um núcleo de ouro tem um raio de 6,23 fm, e uma partícula alfa tem um raio de 1,80 fm. Que energia deve ter uma partícula alfa incidente para "encostar" na superfície do núcleo de ouro em uma colisão frontal?

5 M Quando uma partícula alfa colide elasticamente com um núcleo, o núcleo sofre um recuo. Suponha que uma partícula alfa de 5,00 MeV sofre uma colisão elástica frontal com um núcleo de ouro que está inicialmente em repouso. (a) Qual é a energia cinética após a colisão do núcleo? (b) E após a colisão da partícula alfa?

Módulo 42.2 Propriedades dos Núcleos

6 F O grande excesso de nêutrons ($N - Z$) nos núcleos pesados é ilustrado pelo fato de que raramente a fissão de um núcleo pesado ocorre sem que alguns nêutrons sejam ejetados. Considere, por exemplo, a fissão espontânea de um núcleo de ^{235}U em dois *núcleos filhos* estáveis de números atômicos 39 e 53. Depois de consultar o Apêndice F, determine o nome (a) do primeiro núcleo filho e (b) do segundo núcleo filho. De acordo com a Fig. 42.2.1, quantos nêutrons existem, aproximadamente, (c) no primeiro núcleo filho e (d) no segundo núcleo filho? (e) Quantos nêutrons, aproximadamente, são ejetados?

7 F Determine a massa específica nuclear ρ_m (a) do nuclídeo ^{55}Mn (moderadamente leve) e (b) do nuclídeo ^{209}Bi (moderadamente pesado). (c) Compare as respostas dos itens (a) e (b). A diferença parece razoável? Justifique sua resposta. Determine a densidade de carga nuclear ρ_q (d) do ^{55}Mn e (e) do ^{209}Bi. (f) Compare as respostas dos itens (d) e (e). A diferença parece razoável? Justifique sua resposta.

8 F (a) Mostre que uma expressão aproximada para a massa M de um átomo é $M_{ap} = Am_p$, em que A é o número de massa e m_p é a massa do próton. Para os nuclídeos (b) ^{1}H, (c) ^{31}P, (d) ^{120}Sn, (e) ^{197}Au e (f) ^{239}Pu, use as massas da Tabela 42.2.1 para calcular o erro percentual cometido ao usar a expressão aproximada:

$$\text{erro percentual} = \frac{M_{ap} - M}{M}\,100.$$

(g) A expressão aproximada é suficientemente precisa para ser usada nos cálculos da energia de ligação dos núcleos?

9 F O nuclídeo ^{14}C contém (a) quantos prótons? (b) Quantos nêutrons?

10 F Qual é o excesso de massa Δ_1 do ^{1}H (cuja massa real é 1,007 825 u) (a) em unidades de massa atômica e (b) em MeV/c^2? Qual é o excesso de massa Δ_n do nêutron (cuja massa real é 1,008 665 u) (c) em unidades de massa atômica e (d) em MeV/c^2? Qual é o excesso de massa Δ_{120} do ^{120}Sn (cuja massa real é 119,902 197 u) (e) em unidades de massa atômica e (f) em MeV/c^2?

11 F O raio de um núcleo pode ser determinado a partir de uma análise dos resultados do espalhamento de elétrons de alta energia pelo núcleo. (a) Qual é o comprimento de onda de de Broglie de um elétron de 200 MeV? (b) Um elétron de 200 MeV é apropriado para esse tipo de estudo?

12 F A energia potencial elétrica de uma esfera homogênea de carga q e raio r é dada por

$$U = \frac{3q^2}{20\pi\varepsilon_0 r}.$$

(a) Essa energia representa uma tendência da esfera de se contrair ou de se dilatar? O nuclídeo ^{239}Pu tem a forma de uma esfera com 6,64 fm de raio. Para esse nuclídeo, calcule (b) a energia potencial elétrica U, (c) a energia potencial elétrica por próton e (d) a energia potencial elétrica por núcleon. A energia de ligação por núcleon do ^{239}Pu é 7,56 MeV. (e) Por que o núcleo do ^{239}Pu se mantém coeso se as respostas dos itens (c) e (d) são valores altos e positivos?

13 F Uma estrela de nêutrons é um corpo celeste com massa específica da mesma ordem de grandeza que a massa específica da matéria nuclear, 2×10^{17} kg/m^3. Suponha que o Sol se transformasse em uma estrela de nêutrons mantendo a massa que possui atualmente. Qual seria o novo raio do Sol?

14 **M** Qual é a energia de ligação por núcleon do isótopo do amerício $^{244}_{95}$Am? Seguem algumas massas atômicas e a massa do nêutron.

$^{244}_{95}$Am	244,064 279 u	^{1}H	1,007 825 u
n	1,008 665 u		

15 **M** (a) Mostre que a energia associada à interação forte entre núcleons no interior de um núcleo é proporcional a A, o número de massa do núcleo em questão. (b) Mostre que a energia associada à interação eletrostática entre os prótons de um núcleo é proporcional a $Z(Z-1)$. (c) Mostre que, quando consideramos núcleos cada vez maiores (ver Fig. 42.2.1), a energia associada à interação eletrostática aumenta mais rapidamente que a energia associada à interação forte.

16 **M** Qual é a energia de ligação por núcleon do isótopo do európio $^{152}_{63}$Eu? Seguem algumas massas atômicas e a massa do nêutron.

$^{152}_{63}$Eu	151,921 742 u	^{1}H	1,007 825 u
n	1,008 665 u		

17 **M** Como o nêutron não possui carga elétrica, não é possível medir a massa do nêutron usando um espectrômetro de massa. Quando um nêutron e um próton se encontram (supondo que ambos estejam quase estacionários), combinam-se para formar um dêuteron, emitindo um raio gama cuja energia é 2,2233 MeV. As massas do próton e do dêuteron são 1,007 276 467 u e 2,013 553 212 u, respectivamente. Determine a massa do nêutron a partir desses dados.

18 **M** Qual é a energia de ligação por núcleon do isótopo do rutherfórdio $^{259}_{104}$Rf? Seguem algumas massas atômicas e a massa do nêutron.

$^{259}_{104}$Rf	259,105 63 u	^{1}H	1,007 825 u
n	1,008 665 u		

19 **M** Uma tabela periódica pode mostrar a massa atômica do magnésio como 24,312 u. Esse valor é a *média ponderada* das massas atômicas dos isótopos naturais do magnésio de acordo com a abundância natural na Terra. Os três isótopos e as massas correspondentes são o ^{24}Mg (23,985 04 u), o ^{25}Mg (25,985 84 u) e o ^{26}Mg (25,982 59 u). A abundância natural do ^{24}Mg é 78,99% em massa (ou seja, 78,99% da massa de uma amostra natural de magnésio se deve à presença de ^{24}Mg). Calcule a abundância natural (a) do ^{25}Mg e (b) do ^{26}Mg.

20 **M** Qual é a energia de ligação por núcleon do ^{262}Bh? A massa do átomo é 262,1231 u.

21 **M** (a) Mostre que a energia de ligação total E_l de um nuclídeo é dada por

$$E_l = Z\Delta_H + N\Delta_n - \Delta,$$

em que Δ_H é o excesso de massa do ^{1}H, Δ_n é o excesso de massa do nêutron e Δ é o excesso de massa do nuclídeo. (b) Use esse método para calcular a energia de ligação por núcleon do ^{197}Au. Compare o resultado com o valor que aparece na Tabela 42.2.1. Os excessos de massa necessários para realizar o cálculo, arredondados para três algarismos significativos, são os seguintes: $\Delta_H = +7{,}29$ MeV, $\Delta_n = +8{,}07$ MeV e $\Delta_{197} = -31{,}2$ MeV. Observe que os cálculos se tornam muito mais simples quando os excessos de massa são usados em lugar das massas.

22 **M** Uma partícula α (núcleo de ^{4}He) foi desintegrada em várias etapas. Determine a energia (trabalho) necessária para cada etapa: (a) remover um próton, (b) remover um nêutron, (c) separar o próton e o nêutron restantes. Determine, para uma partícula α, (d) a energia de ligação total e (e) a energia de ligação por núcleon. (f) Uma das respostas dos itens (d) e (e) é igual a uma das respostas dos itens (a), (b) ou (c)? As massas necessárias para realizar os cálculos são as seguintes:

^{4}He	4,002 60 u	^{2}H	2,014 10 u
^{3}H	3,016 05 u	^{1}H	1,007 83 u
n	1,008 67 u		

23 **M** Mostre que o valor da energia de ligação por núcleon dado na Tabela 42.2.1 para o ^{239}Pu está correto. A massa do átomo é 239,052 16 u.

24 **M** Uma moeda pequena tem uma massa de 3,0 g. Calcule a energia necessária para separar todos os nêutrons e prótons da moeda. Para facilitar os cálculos, suponha que a moeda é feita inteiramente de átomos de ^{63}Cu (de massa 62,929 60 u). As massas do próton e do nêutron são 1,007 83 u e 1,008 66 u, respectivamente.

Módulo 42.3 Decaimento Radioativo

25 **F** **BIO** As células cancerosas são mais vulneráveis aos raios X e aos raios gama do que as células normais. No passado, os tratamentos de radioterapia utilizavam o ^{60}Co, que decai, com uma meia-vida de 5,27 anos, em um estado nuclear excitado de ^{60}Ni. Esse isótopo do níquel imediatamente emite dois fótons de raios gama, cada um com uma energia de aproximadamente 1,2 MeV. Quantos núcleos de ^{60}Co existem em uma fonte de 6000 Ci do tipo usado nos hospitais? (Hoje em dia, os tratamentos de radioterapia quase sempre são feitos com aceleradores lineares.)

26 **F** A meia-vida de um isótopo radioativo é de 140 dias. Quantos dias são necessários para que a taxa de decaimento de uma amostra do isótopo diminua para um quarto do valor inicial?

27 **F** Um nuclídeo radioativo tem uma meia-vida de 30,0 anos. Que fração de uma amostra inicialmente pura desse nuclídeo permanece intacta após (a) 60 anos e (b) após 90 anos?

28 **F** O isótopo de plutônio ^{239}Pu é um subproduto dos reatores nucleares e por isso está se acumulando na Terra. O ^{239}Pu é radioativo, com uma meia-vida de $2{,}41 \times 10^4$ anos. (a) Quantos núcleos de Pu existem em uma dose quimicamente letal de 2,00 mg? (b) Qual é a taxa de decaimento dessa quantidade de plutônio?

29 **F** Um isótopo radioativo do mercúrio, ^{197}Hg, se transforma em ouro, ^{197}Au, com uma constante de desintegração de 0,0108 h^{-1}. (a) Calcule a meia-vida do isótopo. Que fração de uma amostra continua a existir após (b) três meias-vidas e (c) após 10,0 dias?

30 **F** A meia-vida de um isótopo radioativo é 6,5 horas. Se existem inicialmente 48×10^{19} átomos do isótopo, quantos átomos existem após 26 horas?

31 **F** Considere uma amostra inicialmente pura de 3,4 g de ^{67}Ga, um isótopo com uma meia-vida de 78 horas. (a) Qual é a taxa de decaimento inicial? (b) Qual é a taxa de decaimento 48 horas depois?

32 **F** Quando testes nucleares eram realizados na atmosfera, as explosões injetavam poeira radioativa na atmosfera superior. A circulação do ar espalhava a poeira pelo mundo inteiro antes que se precipitasse no solo e na água. Um desses testes foi realizado em outubro de 1976. Que fração do ^{90}Sr produzido por essa explosão ainda existia em outubro de 2006? A meia-vida do ^{90}Sr é de 29 anos.

33 **M** **BIO** O ar de algumas cavernas contém uma concentração significativa do gás radônio, que pode produzir câncer do pulmão se for respirado por muito tempo. Entre as cavernas inglesas, a mais contaminada com radônio tem uma atividade de $1{,}55 \times 10^5$ Bq por metro cúbico de ar. Suponha que um explorador passe dois dias inteiros no interior da caverna. Quantos átomos de ^{222}Rn são inalados e exalados durante esse período? O radionuclídeo ^{222}Rn tem meia-vida de 3,82 dias. (Para resolver o problema, é preciso estimar a capacidade pulmonar e a taxa média de respiração do explorador.)

34 **M** Calcule a massa de uma amostra (inicialmente pura) de ^{40}K com uma taxa de decaimento inicial de $1{,}70 \times 10^5$ desintegrações/s. O isótopo tem uma meia-vida de $1{,}28 \times 10^9$ anos.

35 **M** **CALC** Um radionuclídeo está sendo fabricado em um cíclotron a uma taxa constante R; ao mesmo tempo, está decaindo com uma constante de desintegração λ. Suponha que o radionuclídeo vem sendo fabricado durante um tempo muito maior que a meia-vida. (a) Mostre que, nessas condições, o número de núcleos radioativos presentes permanece constante e é dado por $N = R/\lambda$. (b) Explique por que esse número não depende do número inicial de núcleos radioativos. Em uma situação como essa, dizemos que o nuclídeo está em *equilíbrio secular* com a fonte; a taxa de decaimento é igual à taxa de produção.

36 **M** O isótopo do plutônio ^{239}Pu decai emitindo uma partícula alfa, com meia-vida de 24.100 anos. Quantos miligramas de hélio estão presentes em uma amostra de 12,0 g de ^{239}Pu, inicialmente pura, após 20.000 anos? (Despreze o hélio produzido pelos produtos do decaimento; considere apenas o hélio produzido diretamente pelo decaimento do plutônio.)

37 **M** O radionuclídeo ^{64}Cu tem meia-vida de 12,7 horas. Se no instante $t = 0$ uma amostra contém 5,50 g de ^{64}Cu inicialmente puro, quantos gramas de ^{64}Cu se desintegram entre os instantes $t = 14{,}0$ h e $t = 16{,}0$ h?

38 **M** **BIO** Uma dose de 8,60 μCi de um isótopo radioativo foi injetada em um paciente. O isótopo tem meia-vida de 3,0 horas. Quantos átomos do isótopo radioativo foram injetados?

39 **M** O radionuclídeo ^{56}Mn tem meia-vida de 2,58 horas e é produzido em um cíclotron por meio do bombardeio de um alvo de manganês com dêuterons. O alvo contém apenas o isótopo estável do manganês ^{55}Mn, e a reação que produz o ^{56}Mn é

$$^{55}\text{Mn} + \text{d} \rightarrow {}^{56}\text{Mn} + \text{p}.$$

Depois de ser bombardeado por um tempo muito maior que a meia-vida do ^{56}Mn, a atividade do ^{56}Mn produzido no alvo atinge o valor limite de $8{,}88 \times 10^{10}$ Bq. Nessa situação, (a) qual é a taxa de produção de núcleos de ^{56}Mn? (b) Quantos núcleos de ^{56}Mn estão presentes no alvo? (c) Qual é a massa total desses núcleos?

40 **M** Uma fonte contém dois radionuclídeos de fósforo, ^{32}P ($T_{1/2} = 14{,}3$ d) e ^{33}P ($T_{1/2} = 25{,}3$ d). Inicialmente, o ^{33}P é responsável por 10,0% dos decaimentos. Depois de quanto tempo o ^{33}P é responsável por 90,0% dos decaimentos?

41 **M** Uma amostra de 1,0 g de samário emite partículas alfa à taxa de 120 partículas/s. O isótopo responsável é o ^{147}Sm, cuja abundância natural é 15,0%. Calcule a meia-vida desse isótopo.

42 **M** Qual é a atividade de uma amostra de 20 ng de ^{92}Kr, que possui uma meia-vida de 1,84 s?

43 **M** **BIO** Uma cápsula radioativa contendo uma substância que será usada para tratar um paciente internado em um hospital é preparada em um laboratório vizinho. A substância tem meia-vida de 83,61 horas. Qual deve ser a atividade inicial para que a atividade seja $7{,}4 \times 10^{8}$ Bq quando a cápsula for usada no tratamento, 24 horas depois?

44 **M** A Fig. 42.4 mostra o decaimento de uma amostra radioativa. A escala dos eixos é definida por $N_s = 2{,}00 \times 10^{6}$ e $t_s = 10{,}0$ s. Qual é a atividade da amostra no instante $t = 27{,}0$ s?

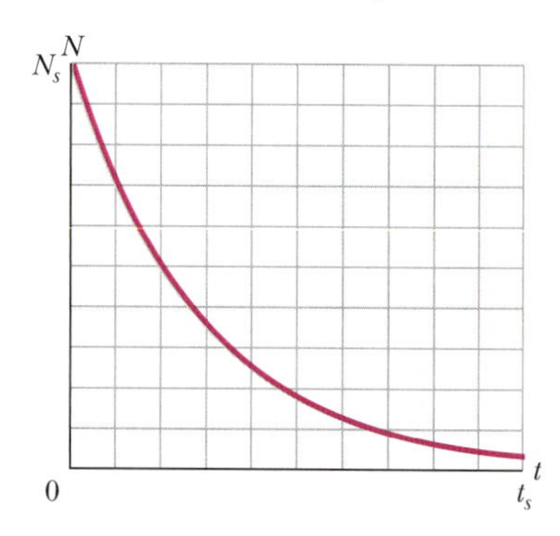

Figura 42.4 Problema 44.

45 **M** **BIO** Em 1992, a polícia suíça deteve dois homens que estavam tentando contrabandear ósmio para fora da Europa Oriental para vender o produto no mercado negro. Por engano, os contrabandistas haviam roubado um carregamento de ^{137}Cs. Segundo as notícias, cada contrabandista levava *no bolso* uma cápsula contendo 1,0 g de ^{137}Cs! Qual era a atividade de uma das cápsulas (a) em becquerels e (b) em curies? O ^{137}Cs tem meia-vida de 30,2 anos. (A atividade dos radioisótopos usados em hospitais é da ordem de alguns milicuries.)

46 **M** **BIO** O nuclídeo radioativo ^{99}Tc pode ser injetado no sistema circulatório de um paciente para monitorar o fluxo sanguíneo, medir o volume de sangue ou localizar um tumor, entre outras coisas. O nuclídeo é produzido em um hospital por uma "vaca" que contém ^{99}Mo, um nuclídeo radioativo que se transforma em ^{99}Tc com uma meia-vida de 67 horas. Uma vez por dia, a "vaca" é ordenhada para extrair o ^{99}Tc, produzido pelo ^{99}Mo em um estado excitado; o ^{99}Tc decai para o estado fundamental emitindo um raio gama, que é registrado por detectores colocados em torno do paciente. Esse decaimento tem uma meia-vida de 6,0 horas. (a) Por meio de qual processo o ^{99}Mo decai para ^{99}Tc? (b) Se um paciente recebe uma injeção de ^{99}Tc com uma atividade de $8{,}2 \times 10^{7}$ Bq, quantos raios gama são produzidos por segundo no interior do corpo logo após a injeção? (c) Se a taxa de emissão de raios gama em um pequeno tumor que concentrou o ^{99}Tc é 38 por segundo em determinado momento, quantos átomos de ^{99}Tc no estado excitado existem no tumor nesse momento?

47 **M** Em 1902, depois de muito trabalho, Marie e Pierre Curie conseguiram extrair do minério de urânio a primeira quantidade palpável de rádio, um decigrama de $RaCl_2$ puro. Tratava-se do isótopo radioativo ^{226}Ra, que tem meia-vida de 1600 anos. (a) Quantos núcleos de rádio havia na amostra preparada pelo casal? (b) Qual era a taxa de decaimento da amostra, em desintegrações por segundo?

Módulo 42.4 Decaimento Alfa

48 **F** Qual é o valor da energia liberada quando um núcleo de ^{238}U decai emitindo (a) uma partícula alfa e (b) uma sequência de nêutron, próton, nêutron, próton? (c) Mostre, usando argumentos teóricos e cálculos numéricos, que a diferença entre os valores calculados dos itens (a) e (b) é igual à energia de ligação da partícula alfa. (d) Determine a energia de ligação. Os dados necessários são os seguintes:

^{238}U	238,050 79 u	^{234}Th	234,043 63 u
^{237}U	237,048 73 u	^{4}He	4,002 60 u
^{236}Pa	236,048 91 u	^{1}H	1,007 83 u
^{235}Pa	235,045 44 u	n	1,008 66 u

49 **F** Os núcleos muito pesados são os mais sujeitos a decaimento alfa. Assim, por exemplo, o isótopo mais estável do urânio, o ^{238}U, sofre decaimento alfa com meia-vida de $4{,}5 \times 10^{9}$ anos. Outros nuclídeos que também sofrem o mesmo tipo de decaimento são o ^{244}Pu, o isótopo mais estável do plutônio, com meia-vida de $8{,}0 \times 10^{7}$ anos, e o ^{248}Cm, o isótopo mais estável do cúrio, com uma meia-vida de $3{,}4 \times 10^{5}$ anos. Em um intervalo de tempo no qual metade dos átomos de uma amostra de ^{238}U decaem, que fração dos átomos resta em amostras (a) de ^{244}Pu e (b) de ^{248}Cm?

50 **M** Os radionuclídeos pesados emitem partículas alfa em vez de outras combinações de núcleons porque as partículas alfa formam uma estrutura particularmente estável. Para confirmar essa tese, calcule a energia de desintegração das reações hipotéticas a seguir e discuta os resultados:

(a) $^{235}\text{U} \rightarrow {}^{232}\text{Th} + {}^{3}\text{He}$, (b) $^{235}\text{U} \rightarrow {}^{231}\text{Th} + {}^{4}\text{He}$,
(c) $^{235}\text{U} \rightarrow {}^{230}\text{Th} + {}^{5}\text{He}$.

Os dados necessários são os seguintes:

^{232}Th	232,0381 u	^{3}He	3,0160 u
^{231}Th	231,0363 u	^{4}He	4,0026 u
^{230}Th	230,0331 u	^{5}He	5,0122 u
^{235}U	235,0429 u		

51 **M** Um núcleo de ^{238}U emite uma partícula alfa de 4,196 MeV. Calcule a energia de desintegração Q para o processo, levando em conta a energia de recuo do núcleo residual de ^{234}Th.

52 **M** Em raros casos, um núcleo decai emitindo uma partícula de massa maior que uma partícula alfa. Considere os decaimentos

$$^{223}\text{Ra} \rightarrow {}^{209}\text{Pb} + {}^{14}\text{C} \qquad \text{e} \qquad {}^{223}\text{Ra} \rightarrow {}^{219}\text{Rn} + {}^{4}\text{He}$$

Calcule o valor de Q (a) para o primeiro decaimento e (b) para o segundo decaimento e verifique se ambos são energeticamente possíveis. (c) A altura da barreira de Coulomb para a emissão de uma partícula alfa é 30,0 MeV. Qual é a altura da barreira para a emissão de ^{14}C? Os dados necessários são os seguintes:

^{223}Ra	223,018 50 u	^{14}C	14,003 24 u
^{209}Pb	208,981 07 u	^{4}He	4,002 60 u
^{219}Rn	219,009 48 u		

Módulo 42.5 Decaimento Beta

53 **F** O isótopo do césio ^{137}Cs é produzido nas explosões nucleares. Como decai para ^{137}Ba com uma meia-vida relativamente longa (30,2 anos), liberando uma quantidade considerável de energia no processo, é considerado muito perigoso. As massas atômicas do ^{137}Cs e do ^{137}Ba são 136,9071 e 136,9058 u, respectivamente; calcule a energia total liberada no decaimento de um átomo de ^{137}Cs.

54 **F** Alguns radionuclídeos decaem capturando um dos elétrons atômicos, que pode pertencer à camada K ou (mais raramente) à camada L. Um exemplo desse tipo de reação é

$$^{49}\text{V} + e^- \rightarrow {}^{49}\text{Ti} + \nu, \qquad T_{1/2} = 331 \text{ d}.$$

Mostre que a energia de desintegração Q para esse processo, supondo que o elétron capturado pertencia a camada K, é dado por

$$Q = (m_V - m_{Ti})c^2 - E_K,$$

em que m_V e m_{Ti} são as massas atômicas do ^{49}V e do ^{49}Ti, respectivamente, e E_K é a energia de ligação de um elétron da camada K do vanádio. (*Sugestão*: Chame as massas nucleares correspondentes de $\mathbf{m}_V$ e $\mathbf{m}_{Ti}$ e some um número de elétrons suficiente para que seja possível usar as massas atômicas.)

55 **F** Um nêutron livre decai de acordo com a Eq. 42.5.3. Se a diferença de massa entre o nêutron e o átomo de hidrogênio é 840 μu, qual é a máxima energia cinética $K_{máx}$ do elétron emitido?

56 **F** Um elétron é emitido por um nuclídeo de massa intermediária ($A = 150$, por exemplo) com uma energia cinética de 1,0 MeV. (a) Qual é o comprimento de onda de de Broglie do elétron? (b) Calcule o raio do núcleo responsável pela emissão. (c) Um elétron com essas características pode ser confinado em uma "caixa" de mesmas dimensões que o núcleo? (d) É possível usar o resultado do item (c) para rejeitar a hipótese (hoje descartada) de que existem elétrons permanentemente no interior do núcleo?

57 **M** O radionuclídeo ^{11}C decai segundo a reação:

$$^{11}\text{C} \rightarrow {}^{11}\text{B} + e^+ + \nu, \qquad T_{1/2} = 20{,}3 \text{ min}.$$

A energia máxima do pósitron emitido é 0,960 MeV. (a) Mostre que a energia de desintegração para esse processo é dada por

$$Q = (m_C - m_B - 2m_e)c^2,$$

em que m_C e m_B são as massas atômicas do ^{11}C e do ^{11}B, respectivamente, e m_e é a massa do pósitron. (b) Fornecidas as massas $m_C = 11{,}011\,434$ u, $m_B = 11{,}009\,305$ u e $m_e = 0{,}000\,548\,6$ u, calcule o valor de Q e compare-o com a máxima energia do pósitron emitido. (*Sugestão*: Chame as massas nucleares de $\mathbf{m}_C$ e $\mathbf{m}_B$ e acrescente um número suficiente de elétrons para que seja possível usar as massas atômicas.)

58 **M** Dois nuclídeos que são instáveis em relação ao decaimento alfa, o ^{238}U e o ^{232}Th, e um que é instável em relação ao decaimento beta, o ^{40}K, são suficientemente abundantes no granito para contribuírem significativamente para o aquecimento da Terra. Os isótopos que emitem partículas alfa dão origem a cadeias de decaimentos que resultam na formação de isótopos estáveis do chumbo. O isótopo ^{40}K sofre apenas um decaimento beta. (Suponha que esse é o único modo de decaimento do isótopo.) Os dados relevantes são os seguintes:

Nuclídeo Inicial	Modo de Decaimento	Meia-vida (anos)	Nuclídeo Final	Q (MeV)	f (ppm)
^{238}U	α	$4{,}47 \times 10^9$	^{206}Pb	51,7	4
^{232}Th	α	$1{,}41 \times 10^{10}$	^{208}Pb	42,7	13
^{40}K	β	$1{,}28 \times 10^9$	^{40}Ca	1,31	4

Na tabela, Q é a *energia total* liberada em uma série de decaimentos até que o nuclídeo *final* seja estável e f é a abundância do isótopo em quilogramas por quilograma de granito; ppm significa partes por milhão. (a) Mostre que esses isótopos produzem energia à taxa de $1{,}0 \times 10^{-9}$ W por quilograma de granito. (b) Supondo que existam $2{,}7 \times 10^{22}$ kg de granito em uma casca esférica de 20 km de espessura na superfície da Terra, estime a potência associada a esses processos de decaimento. Compare essa potência com a potência solar recebida pela Terra, $1{,}7 \times 10^{17}$ W.

59 **D** O radionuclídeo ^{32}P decai para ^{32}S de acordo com a Eq. 42.5.1. Em um desses decaimentos é emitido um elétron de 1,71 MeV, o maior valor possível da energia cinética do elétron. Qual é a energia cinética do ^{32}S após a emissão? (*Sugestão*: No caso do elétron, é necessário usar as expressões relativísticas da energia cinética e do momento linear; no caso do ^{32}S, que se move muito mais devagar, não há problema em usar as expressões clássicas.)

Módulo 42.6 Datação Radioativa

60 **F** Em uma amostra de 5,00 g de carvão vegetal, proveniente dos restos de uma antiga fogueira, o ^{14}C tem uma atividade de 63,0 desintegrações/min. Em uma árvore viva, o ^{14}C tem uma atividade de 15,3 desintegrações/gmin. O ^{14}C possui meia-vida de 5730 anos. Qual é a idade da amostra?

61 **F** O ^{238}U decai para ^{206}Pb com uma meia-vida de $4{,}47 \times 10^9$ anos. Embora o decaimento ocorra em várias etapas, a meia-vida da primeira etapa é muito maior do que a meia-vida das etapas subsequentes; assim, podemos supor que o decaimento leva diretamente ao chumbo e escrever:

$$^{238}\text{u} \rightarrow {}^{206}\text{Pb} + \text{produtos dos decaimentos.}$$

Uma rocha contém 4,20 mg de ^{238}U e 2,135 mg de ^{206}Pb. Estudos geológicos revelam que a rocha provavelmente não continha chumbo na época em que se formou, de modo que todo o chumbo presente pode ser atribuído ao decaimento do urânio. Quantos átomos de (a) ^{238}U e (b) ^{206}Pb contém a rocha? (c) Quantos átomos de ^{238}U a rocha continha na época em que se formou? (d) Qual é a idade da rocha?

62 **M** Estima-se que uma rocha tem uma idade de 260 milhões de anos. Se a rocha contém 3,70 mg de ^{238}U, quantos miligramas de ^{206}Pb ela deve conter? Ver Problema 61.

63 **M** Uma rocha extraída do subsolo contém 0,86 mg de ^{238}U, 0,15 mg de ^{206}Pb e 1,6 mg de ^{40}Ar. Quantos miligramas de ^{40}K deve conter a rocha? Suponha que o ^{40}K decai apenas para ^{40}Ar com uma meia-vida de $1{,}25 \times 10^9$ anos. Suponha também que o ^{238}U tem uma meia-vida de $4{,}47 \times 10^9$ anos.

64 **D** O isótopo ^{40}K pode se transformar em ^{40}Ca ou em ^{40}Ar; suponha que nos dois casos a meia-vida é de $1{,}26 \times 10^9$ anos. A razão entre o número de átomos de Ca produzidos e o número de átomos de Ar produzidos é 8,54. Uma amostra, que continha inicialmente apenas ^{40}K, agora contém quantidades iguais de ^{40}K e ^{40}Ar. Qual é a idade da amostra? (*Sugestão*: Analise o problema da mesma forma que qualquer problema de datação radioativa, mas levando em conta o fato de que existem dois produtos do decaimento em vez de apenas um.)

Módulo 42.7 Medidas da Dose de Radiação

65 **F** **BIO** O nuclídeo ^{198}Au, com uma meia-vida de 2,70 dias, é usado no tratamento do câncer. Qual é a massa de ^{198}Au necessária para produzir uma atividade de 250 Ci?

66 **F** Um detector de radiação registra 8.700 contagens em 1,00 minuto. Supondo que o detector tenha registrado todos os decaimentos, determine a atividade da fonte de radiação (a) em becquerels e (b) em curies.

67 **F** **BIO** Uma amostra orgânica com massa de 4,00 kg absorve uma energia de 2,00 mJ proveniente de nêutrons lentos (RBE = 5). Qual é a dose equivalente em mSv?

68 **M** **BIO** Um indivíduo de 75 kg recebe uma dose de corpo inteiro de $2{,}4 \times 10^{-4}$ Gy na forma de partículas alfa com um fator RBE de 12. Determine (a) a energia absorvida em joules e a dose equivalente (b) em sieverts e (c) em rem.

69 **M** **BIO** Um operário de 85 kg, que trabalha em um reator regenerador, ingere acidentalmente 2,5 mg de ^{239}Pu em pó. O ^{239}Pu tem meia-vida de 24.100 anos e é um emissor alfa. A energia das partículas alfa emitidas é 5,2 MeV, com um fator RBE de 13. Supondo que o plutônio permanece por 12 horas no corpo do operário e que 95% das partículas alfa emitidas são absorvidas pelos tecidos do corpo, determine (a) o número de átomos de plutônio ingeridos, (b) o número de átomos que decaem durante o tempo que o plutônio permanece no corpo do operário, (c) a energia absorvida pelo corpo do operário, (d) a dose recebida pelo operário, em grays, e (e) a dose equivalente recebida pelo operário, em sieverts.

Módulo 42.8 Modelos do Núcleo

70 **F** A energia cinética de um núcleon em um núcleo de massa intermediária é da ordem de 5,00 MeV. A que temperatura efetiva corresponde essa energia, de acordo com o modelo coletivo do núcleo?

71 **F** A medida da energia E de um produto intermediário de uma reação nuclear deve ser feita dentro de um intervalo de tempo menor que o tempo de vida médio Δt do núcleo e envolve necessariamente uma indeterminação ΔE da energia, de acordo com o princípio de indeterminação

$$\Delta E \cdot \Delta t = \hbar.$$

(a) Qual é a indeterminação ΔE se a vida média do núcleo é 10^{-22} s? (b) Esse núcleo pode ser considerado um núcleo composto?

72 **F** Na lista de nuclídeos a seguir, indique (a) os que possuem apenas camadas completas de núcleons, (b) os que possuem um núcleon a mais que a última camada completa, e (c) os que possuem um núcleon a menos que a última camada completa: ^{13}C, ^{18}O, ^{40}K, ^{49}Ti, ^{60}Ni, ^{91}Zr, ^{92}Mo, ^{121}Sb, ^{143}Nd, ^{144}Sm, ^{205}Tl e ^{207}Pb.

73 **M** Considere os três processos de formação indicados na Fig. 42.8.1 para o núcleo composto ^{20}Ne. As massas das partículas envolvidas são as seguintes:

^{20}Ne	19,992 44 u	α	4,002 60 u
^{19}F	18,998 40 u	p	1,007 83 u
^{16}O	15,994 91 u		

Que energia deve ter (a) a partícula alfa, (b) o próton e (c) o fóton de raios γ para que o núcleo composto seja formado com uma energia de excitação de 25,0 MeV?

Problemas Adicionais

74 Em uma rocha, a razão entre o número de átomos de chumbo e o número de átomos de urânio é 0,300. Tome a meia-vida do urânio como de $4{,}47 \times 10^9$ anos e suponha que a rocha não continha chumbo quando se formou. Qual é a idade da rocha?

75 Um nuclídeo estável, depois de absorver um nêutron, emite um elétron, e o novo nuclídeo se divide espontaneamente em duas partículas alfa. Identifique o nuclídeo.

76 **BIO** A dose típica recebida em uma radiografia simples do tórax é 250 μSv, produzida por raios X com um fator RBE de 0,85. Supondo que um paciente tem massa de 88 kg e a massa do tecido exposto é metade da massa corporal, calcule a energia absorvida em joules.

77 Quantos anos são necessários para que a atividade do ^{14}C diminua para 0,020 do valor inicial? A meia-vida do ^{14}C é 5730 anos.

78 O elemento radioativo *AA* pode decair no elemento *BB* ou no elemento *CC*. A forma de decaimento é aleatória, mas a razão entre o número resultante de átomos do elemento *BB* e átomos do elemento *CC* é constante e igual a 2. O elemento *AA* tem meia-vida de 8,00 dias. Uma amostra contém inicialmente apenas o elemento *AA*. Após quanto tempo o número de átomos do elemento *CC* é 1,50 vez o número de átomos do elemento *AA*?

79 **BIO** Um dos resíduos mais perigosos das explosões nucleares é o ^{90}Sr, que decai com uma meia-vida de 29 anos. Como possui propriedades químicas muito parecidas com as do cálcio, o estrôncio, quando ingerido por uma vaca, se concentra no leite. Parte desse ^{90}Sr é incorporada aos ossos das pessoas que bebem o leite. Os elétrons de alta energia emitidos pelo ^{90}Sr danificam a medula óssea, reduzindo a produção de hemácias. Uma bomba de 1 megaton produz aproximadamente 400 g de ^{90}Sr. Se os resíduos se espalham uniformemente por uma área de 2.000 km², que área contém uma radioatividade igual ao limite "tolerável" para uma pessoa, que é 74.000 contagens/s?

80 **BIO** Quando um dos reatores de Chernobyl se incendiou e explodiu no norte da Ucrânia, em 1986, parte da Ucrânia ficou contaminada com ^{137}Cs, que decai por emissão de um elétron com uma meia-vida de 30,2 anos. Em 1996, a atividade total da contaminação do solo em uma área de $2{,}6 \times 10^5$ km² foi estimada em 1×10^{16} Bq. Supondo que o ^{137}Cs se espalhou uniformemente em toda a área e que metade dos elétrons resultantes do decaimento são emitidos verticalmente para cima e metade dos elétrons são emitidos verticalmente para baixo, quantos elétrons emitidos pelo ^{137}Cs atingiriam uma pessoa que permanecesse deitada no chão na região contaminada durante 1 hora (a) em 1996 e (b) este ano? (O leitor terá que estimar a área da seção reta de um indivíduo adulto.)

81 A Fig. 42.5 mostra parte da série de decaimentos do ^{237}Np em um gráfico do número de massa A em função do número atômico Z; cinco retas, que representam decaimentos alfa e decaimentos beta, ligam pontos que representam isótopos. Qual é o isótopo ao final dos cinco decaimentos (assinalado com um ponto de interrogação na Fig. 42.5)?

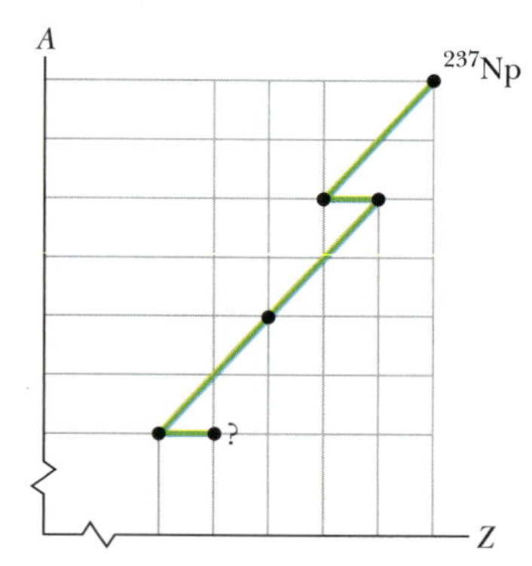

Figura 42.5 Problema 81.

82 Quando uma amostra de prata é irradiada com nêutrons

por um curto período de tempo, dois isótopos radioativos se formam: ^{108}Ag ($T_{1/2} = 2{,}42$ min), com uma taxa de decaimento inicial de $3{,}1 \times 10^5$/s, e ^{110}Ag ($T_{1/2} = 24{,}6$ s), com uma taxa de decaimento inicial de $4{,}1 \times 10^6$/s. Faça um gráfico semilog semelhante ao da Fig. 42.3.1 mostrando a taxa de decaimento global da amostra em função do tempo entre $t = 0$ e $t = 10$ min. A Fig. 42.3.1 foi usada para ilustrar um método de determinação da meia-vida de um único isótopo radioativo. Dado apenas o gráfico da taxa de decaimento global do sistema de dois isótopos, mostre que é possível analisá-lo e determinar as meias-vidas dos dois radioisótopos.

83 Como um núcleon está confinado em um núcleo, podemos tomar a indeterminação Δx da posição do núcleon como aproximadamente o raio r do núcleo e usar o princípio de indeterminação para calcular a indeterminação Δp do momento linear. Supondo que $p \approx \Delta p$ e que o núcleon é não relativístico, calcule a energia cinética de um núcleon em um núcleo com $A = 100$.

84 Uma fonte de rádio contém 1,00 mg de ^{226}Ra, que decai com uma meia-vida de 1600 anos para produzir ^{222}Rn, um gás nobre. Esse isótopo do radônio, por sua vez, decai por emissão alfa com uma meia-vida de 3,82 dias. Se o processo continua durante um intervalo de tempo muito mais longo que a meia-vida do ^{222}Rn, a taxa de decaimento do ^{222}Rn atinge um valor limite igual à taxa de produção do ^{222}Rn, que é aproximadamente constante por causa da meia-vida relativamente longa do ^{226}Ra. Para uma fonte nessas condições limite, determine (a) a atividade do ^{226}Ra, (b) a atividade do ^{222}Rn e (c) a massa total de ^{222}Rn.

85 Faça uma carta de nuclídeos semelhante à da Fig. 42.2.2 para os 25 nuclídeos $^{118-122}$Te, $^{117-121}$Sb, $^{116-120}$Sn, $^{115-119}$In e $^{114-118}$Cd. Trace e rotule (a) todas as retas isobáricas (A constante) e (b) todas as retas de excesso de nêutrons ($N - Z$) constante.

86 Uma partícula alfa sofre uma colisão frontal com um núcleo de alumínio. As duas partículas são aproximadamente esféricas. Qual deve ser a energia da partícula alfa para ficar momentaneamente em repouso no instante em que a "superfície" da partícula entra em contato com a "superfície" do núcleo de alumínio? Suponha que o núcleo de alumínio permanece estacionário durante o processo.

87 Imagine um núcleo de ^{238}U como uma combinação de uma partícula alfa (^{4}He) e um núcleo residual (^{234}Th). Faça um gráfico da energia potencial eletrostática $U(r)$ em função de r, em que r é a distância entre as duas partículas, para 10 fm $< r <$ 100 fm. Compare o resultado com a Fig. 42.4.1.

88 O tempo nuclear característico é uma grandeza útil mas vagamente definida, tomada como o tempo necessário para que um núcleon com uma energia cinética de alguns milhões de elétrons-volts percorra uma distância igual ao diâmetro de um nuclídeo de massa mediana. Qual é a ordem de grandeza desse tempo? Utilize a Eq. 42.2.3, supondo que os núcleons são nêutrons de 5 MeV, e o diâmetro é o do núcleo de ^{197}Au.

89 Medidas de espalhamento de elétrons revelam que o raio de certo núcleo esférico é 3,6 fm. Qual é o número de massa do núcleo?

90 Com o auxílio de uma carta de nuclídeos, escreva os símbolos (a) de todos os isótopos estáveis com $Z = 60$, (b) de todos os nuclídeos radioativos com $N = 60$, (c) de todos os nuclídeos com $A = 60$.

91 Se a unidade de massa atômica fosse definida de tal forma que a massa do ^{1}H tivesse o valor exato de 1,000 000 u, determine qual seria a massa (a) do ^{12}C (cuja massa é 12,000 000 u) e (b) do ^{238}U (cuja massa é 238,050 785 u).

92 Os nuclídeos pesados, que podem ser emissores alfa ou beta, pertencem a uma de quatro cadeias de decaimentos, caracterizadas por números de massa A da forma $4n$, $4n + 1$, $4n + 2$ ou $4n + 3$, em que n é um número inteiro positivo. (a) Justifique essa afirmação mostrando que, se um nuclídeo pertencer a uma dessas famílias, todos os produtos do decaimento pertencerão à mesma família. Determine a que família pertencem os seguintes nuclídeos: (b) ^{235}U, (c) ^{236}U, (d) ^{238}U, (e) ^{239}Pu, (f) ^{240}Pu, (g) ^{245}Cm, (h) ^{246}Cm, (i) ^{249}Cf e (j) ^{253}Fm.

93 Determine a energia de desintegração Q para o decaimento do ^{49}V por captura de um elétron da camada K (ver Problema 54). Os dados necessários são os seguintes: $m_V = 48{,}948\ 52$ u, $m_{Ti} = 48{,}947\ 87$ u, e $E_K = 5{,}47$ keV.

94 Localize na carta da Fig. 42.2.1 os nuclídeos que aparecem na Tabela 42-1 e verifique quais são os que estão na zona de estabilidade.

95 **BIO** O radionuclídeo ^{32}P ($T_{1/2} = 14{,}28$ d) é muito usado como traçador das reações bioquímicas que envolvem o fósforo. (a) Se a taxa de contagem em determinado experimento é inicialmente 3.050 contagens/s, quanto tempo é necessário para que a taxa de contagem caia para 170 contagens/s? (b) Uma solução contendo ^{32}P é aplicada à raiz de um pé de tomate, e a atividade do ^{32}P em uma folha é medida 3,48 dias depois. Por qual fator a leitura deve ser multiplicada para compensar o efeito do decaimento ocorrido desde que o experimento começou?

96 **CALC** Quando a Segunda Guerra Mundial terminou, as autoridades holandesas prenderam o artista holandês Hans van Meegeren, acusando-o de ter vendido um quadro valioso ao criminoso de guerra nazista Hermann Goering. A pintura, *Cristo e a Adúltera*, como várias outras de autoria do mestre holandês Johannes Vermeer (1632-1675), tinha sido encontrada por van Meegeren depois de permanecer desaparecida durante quase 300 anos. Vender aquele tesouro nacional ao inimigo só podia ser considerado um ato de alta traição.

Pouco depois de ser detido, porém, van Meegeren declarou, para surpresa geral, que *Cristo e a Adúltera* e os outros quadros "descobertos" por ele não passavam de falsificações. Explicou ele que havia imitado o estilo de Vermeer, usando telas de 300 anos e pigmentos da época; assinara os trabalhos como se fossem de Vermeer e submetera as pinturas a um processo de envelhecimento acelerado em um forno para que parecessem autênticas.

Estaria van Meegeren mentindo para escapar à acusação da alta traição, na esperança de ser condenado a uma pena menor pelo crime de fraude? Para os peritos, *Cristo e a Adúltera* certamente parecia um legítimo Vermeer, mas na época do julgamento de van Meegeren, em 1947, não existia nenhum método científico capaz de esclarecer a questão. Depois de pintar uma imitação de Vermeer enquanto estava na prisão, van Meegeren conseguiu convencer os acusadores e foi condenado a apenas um ano de prisão por fraude. Alguns especialistas, porém, continuaram a sustentar que os Vermeer eram autênticos.

Em 1968, Bernard Keisch, da Carnegie-Mellon University, chegou a uma resposta definitiva usando uma pequena amostra de pigmento à base de chumbo removido do mais famoso entre os quadros supostamente descobertos por Meegeren, *Cristo e Seus Discípulos em Emaús*. Esse pigmento é obtido a partir de minério de chumbo, no qual parte do chumbo é produzida através de uma longa série de decaimentos que começa com o ^{238}U e termina com o ^{206}Pb. Para acompanhar o raciocínio de Keisch, vamos concentrar a atenção na parte da série que começa com o ^{230}Th e termina com o ^{206}Pb e que pode ser resumida da seguinte forma (alguns radionuclídeos intermediários, de meia-vida relativamente curta, foram omitidos):

$$^{230}\text{Th} \xrightarrow[75{,}4\ \text{ky}]{} {}^{226}\text{Ra} \xrightarrow[1{,}60\ \text{ky}]{} {}^{210}\text{Pb} \xrightarrow[22{,}6\ \text{ky}]{} {}^{206}\text{Pb}.$$

(a) Mostre que em uma amostra de minério de chumbo, a taxa de variação do número de núcleos de ^{210}Pb é dada por

$$\frac{dN_{210}}{dt} = \lambda_{226}N_{226} - \lambda_{210}N_{210},$$

em que N_{210} e N_{226} são os números de núcleos de ^{210}Pb e ^{226}Ra na amostra, e λ_{210} e λ_{226} são as constantes de desintegração correspondentes.

Como os decaimentos vêm ocorrendo há bilhões de anos e a meia-vida do ^{210}Pb é muito menor que a do ^{226}Ra, os nuclídeos ^{226}Ra e ^{210}Pb estão *em equilíbrio*, isto é, o número desses nuclídeos na amostra não varia com o tempo. (b) Qual é a razão R_{226}/R_{210} das atividades desses nuclídeos em uma amostra de minério de chumbo? (c) Qual é a razão N_{226}/N_{210} dos números desses nuclídeos em uma amostra de minério de chumbo?

Quando o pigmento à base de chumbo é fabricado a partir do minério, a maior parte do ^{226}Ra é perdida. Suponha que permanece apenas 1,00%. Pouco depois que o pigmento é produzido, quanto valem as razões (d) R_{226}/R_{210} e (e) N_{226}/N_{210}?

Keisch sabia que, com o tempo, a razão R_{226}/R_{210} no pigmento tende novamente ao valor de equilíbrio. Se *Emaús* tivesse sido pintado por Vermeer e, portanto, o pigmento tivesse 300 anos de idade ao ser examinado em 1968, a razão entre as atividades estaria mais próxima da resposta do item (b) do que da resposta do item (d). Se, por outro lado, *Emaús* tivesse sido pintado por van Meegeren na década de 1930 e o pigmento tivesse apenas 30 anos de idade, a razão estaria mais próxima da resposta do item (d). Keish encontrou uma razão de 0,09. (f) *Emaús* pode ter sido pintado por Vermeer?

97 A partir dos dados apresentados nos primeiros parágrafos do Módulo 42.3, determine (a) a constante de desintegração λ e (b) a meia-vida do ^{238}U.

CAPÍTULO 43

Energia Nuclear

43.1 FISSÃO NUCLEAR

Objetivos do Aprendizado

Depois de ler este módulo, você será capaz de ...

43.1.1 Saber a diferença entre a geração de calor por meio de reações químicas e de reações nucleares, embora os dois casos envolvam uma perda de massa.

43.1.2 Saber o que é o processo de fissão.

43.1.3 Descrever o processo de fissão de um núcleo de ^{235}U por um nêutron térmico e explicar o papel do núcleo composto intermediário.

43.1.4 No caso da absorção de um nêutron térmico, calcular a variação de massa do sistema e a energia transferida para as oscilações do núcleo composto intermediário.

43.1.5 Calcular o valor de Q de um processo de fissão a partir das energias de ligação por núcleon antes e depois da fissão.

43.1.6 Conhecer o modelo de Bohr-Wheeler da fissão nuclear.

43.1.7 Explicar por que o núcleo de ^{238}U não pode ser fissionado por nêutrons térmicos.

43.1.8 Conhecer o valor aproximado de energia (em MeV) resultante da fusão de um núcleo pesado em dois núcleos de massa intermediária.

43.1.9 Conhecer a relação entre o número de fissões por unidade de tempo e a rapidez com a qual a energia é liberada.

Ideias-Chave

- Os processos nucleares transformam massa em outras formas de energia com uma eficiência um milhão de vezes maior que os processos químicos.
- Se um nêutron térmico é capturado por um núcleo de ^{235}U, o núcleo de ^{236}U pode sofrer fissão, produzindo dois núcleos de massa intermediária e um ou mais nêutrons.
- A energia liberada na fissão de um átomo de ^{235}U é da ordem de 200 MeV.
- A fissão pode ser explicada em termos do modelo coletivo, no qual o núcleo se comporta como uma gota de líquido eletricamente carregada.
- Para que a fissão ocorra, os fragmentos da fissão precisam atravessar uma barreira de potencial. É preciso, portanto, que a energia de excitação E_n transferida para o núcleo pela captura de um nêutron seja da mesma ordem que a altura E_b da barreira de potencial.

O que É Física?

Agora que discutimos algumas propriedades dos núcleos atômicos, vamos nos voltar para uma preocupação importante da física e de certas especialidades da engenharia: Será possível aproveitar a energia dos núcleos atômicos, da mesma forma como a humanidade vem aproveitando a energia dos átomos há milhares de anos ao queimar substâncias como madeira e carvão?

Como o leitor já sabe, a resposta é positiva, mas existem diferenças importantes entre as duas fontes de energia. Quando extraímos energia da madeira e do carvão queimando esses combustíveis, estamos lidando com reações químicas que envolvem apenas os *elétrons* da última camada dos átomos de carbono e oxigênio, reagrupando-os em configurações mais estáveis. Quando extraímos energia do urânio em um reator nuclear, estamos também queimando um combustível, mas dessa vez estamos mexendo com o núcleo de urânio, reagrupando os *núcleons* em configurações mais estáveis.

Os elétrons estão confinados nos átomos pela interação eletromagnética, e bastam alguns elétrons-volts para arrancá-los. Por outro lado, os núcleons estão confinados nos núcleos pela interação forte; são necessários *milhões* de elétrons-volts para arrancá-los. Esse fator, da ordem de milhões, se reflete no fato de que podemos extrair muito mais energia de um quilograma de urânio do que de um quilograma de carvão.

Tanto na queima de um combustível químico como na queima de um combustível nuclear, a liberação de energia é acompanhada por uma diminuição da massa, de acordo com a equação $Q = -\Delta m\, c^2$. A diferença principal entre a queima de urânio

Tabela 43.1.1 Energia Liberada por 1 kg de Matéria

Forma de Matéria	Processo	Tempo[a]
Água	Queda d'água de 50 m	5 s
Carvão	Combustão	8 h
UO_2 enriquecido	Fissão em um reator	690 anos
^{235}U	Fissão total	3×10^4 anos
Deutério	Fusão total	3×10^4 anos
Matéria e antimatéria	Aniquilação total	3×10^7 anos

[a]Esta coluna mostra o tempo durante o qual a energia gerada manteria acesa uma lâmpada de 100 W.

e a queima de carvão é que, no primeiro caso, uma fração muito maior da massa disponível é consumida (mais uma vez, o fator nesse caso é da ordem de milhões).

Os diferentes processos usados para queimar combustíveis, químicos ou nucleares, desenvolvem potências diferentes, ou seja, produzem energia a taxas diferentes. No caso da energia nuclear, é possível queimar um quilograma de urânio de forma explosiva, como nas bombas, ou de forma gradual, como nos reatores nucleares. No caso da energia química, é possível fazer explodir uma banana de dinamite ou digerir um filé com fritas.

A Tabela 43.1.1 mostra a quantidade de energia que pode ser extraída de 1 kg de matéria por vários processos. Em vez de apresentar o valor da energia, a tabela indica o tempo durante o qual a energia manteria acesa uma lâmpada de 100 W. Apenas os três primeiros processos correspondem à realidade; os outros três são limites teóricos que provavelmente jamais serão atingidos na prática. O último processo, a aniquilação mútua de matéria e antimatéria, pode ser considerado o mais eficiente de todos, já que *toda* a energia de repouso é transformada em outras formas de energia.

O leitor deve ter em mente que as comparações da Tabela 43.1.1 são feitas em termos da mesma quantidade de matéria. Quilograma por quilograma, é possível extrair milhões de vezes mais energia da fissão do urânio que da queima do carvão ou da força da água; entretanto, existe muito mais carvão que urânio na crosta terrestre, e uma quantidade muito grande de água pode ser acumulada em uma represa.

Fissão Nuclear: O Processo Básico 43.1

Em 1932, o físico inglês James Chadwick descobriu o nêutron. Alguns anos mais tarde, o físico italiano Enrico Fermi observou que, quando alguns elementos são bombardeados com nêutrons, outros elementos são produzidos. Fermi havia previsto que o nêutron, por não possuir carga elétrica, seria um projétil muito útil para estudar reações nucleares, já que, ao contrário do próton e da partícula alfa, não estaria sujeito a uma força repulsiva ao se aproximar de um núcleo. Mesmo os *nêutrons térmicos*, que são nêutrons que se movem lentamente por estarem em equilíbrio com o meio que os rodeia, possuindo por isso uma energia cinética de apenas 0,04 eV à temperatura ambiente, são projéteis úteis para o estudo das reações nucleares.

No fim da década de 1930, a física Lise Meitner e os químicos Otto Hahn e Fritz Strassmann, trabalhando em Berlim e continuando o trabalho de Fermi e colaboradores, expuseram soluções de sais de urânio a nêutrons térmicos e descobriram que alguns produtos dessa interação eram radioativos. Em 1939, um dos radionuclídeos foi identificado, sem sombra de dúvida, como o bário. Como era possível, admiraram-se Hahn e Strassmann, que a reação com um nêutron de um elemento pesado como o urânio ($Z = 92$) pudesse produzir um elemento de massa moderada como o bário ($Z = 56$)?

Uma solução para o enigma foi encontrada algumas semanas mais tarde por Meitner e seu sobrinho, Otto Frisch. Segundo os dois pesquisadores, o núcleo de urânio, depois de absorver um nêutron térmico, se dividia, com liberação de energia, em dois fragmentos aproximadamente iguais, um dos quais era o bário. Frisch chamou o processo de **fissão**.

O papel relevante de Meitner na descoberta da fissão foi conhecido apenas recentemente, por meio de pesquisas históricas; ela não dividiu com Hahn o Prêmio Nobel de Química que o químico alemão recebeu em 1944 pela descoberta. Em 1997, um elemento, o meitnério (símbolo Mt, $Z = 109$) foi batizado em sua homenagem.

A Fissão Vista de Perto

A Fig. 43.1.1 mostra a distribuição por número de massa dos fragmentos produzidos quando o ^{235}U é bombardeado com nêutrons térmicos. Os números de massa mais prováveis, que estão presentes em cerca de 7% dos eventos, são $A \approx 140$ e $A \approx 95$. Curiosamente, até hoje não foi encontrada uma justificativa teórica para essa distribuição bimodal.

Em um evento típico de fissão do ^{235}U, um núcleo de ^{235}U absorve um nêutron térmico, o que leva à formação de um núcleo composto, ^{236}U, em um estado altamente excitado. É *esse* núcleo que sofre o processo de fissão, dividindo-se em dois fragmentos. Os fragmentos imediatamente emitem dois ou mais nêutrons, dando origem a fragmentos de fissão como o ^{140}Xe ($Z = 54$) e o ^{94}Sr ($Z = 38$). A equação completa para esse evento de fissão é

$$^{235}\text{U} + \text{n} \rightarrow {}^{236}\text{U} \rightarrow {}^{140}\text{Xe} + {}^{94}\text{Sr} + 2\text{n}. \qquad (43.1.1)$$

Observe que durante a formação e fissão do núcleo composto são conservados o número de prótons e o número de nêutrons (e, portanto, o número total de núcleons e a carga total).

Na Eq. 43.1.1, os fragmentos ^{140}Xe e ^{94}Sr são altamente instáveis e sofrem vários decaimentos beta (que convertem um nêutron em um próton com a emissão de um elétron e um antineutrino) até que o produto do decaimento seja estável. No caso do xenônio, a cadeia de decaimentos é

	^{140}Xe →	^{140}Cs →	^{140}Ba →	^{140}La →	^{140}Ce
$T_{1/2}$	14 s	64 s	13 d	40 h	Estável
Z	54	55	56	57	58

(43.1.2)

No caso do estrôncio, a cadeia de decaimentos é

	^{94}Sr →	^{94}Y →	^{94}Zr
$T_{1/2}$	75 s	19 min	Estável
Z	38	39	40

(43.1.3)

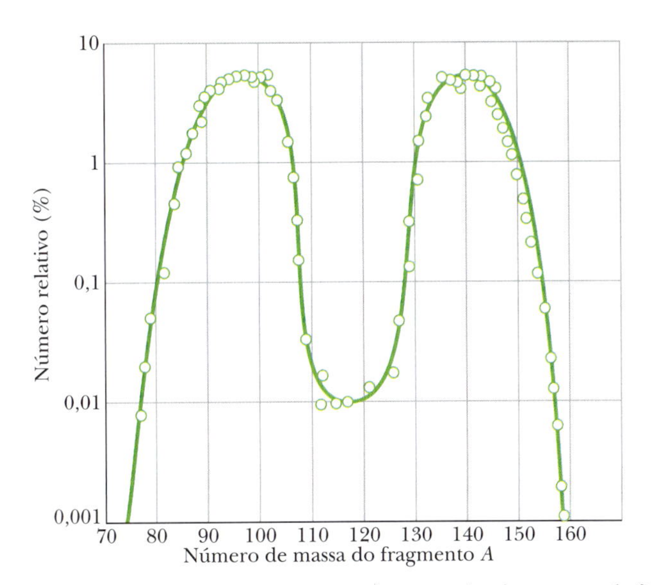

Figura 43.1.1 Distribuição estatística, por número de massa, dos fragmentos de fissão do ^{235}U. Note que a escala vertical é logarítmica.

Como era de se esperar (ver Módulo 42.5), os números de massa dos fragmentos (140 e 94) permanecem inalterados durante os processos de decaimento beta e os números atômicos (que são inicialmente 54 e 38) aumentam de uma unidade a cada decaimento.

Examinando a faixa de estabilidade da carta de nuclídeos da Fig. 42.2.1, vemos por que os fragmentos da fissão são instáveis. O nuclídeo ^{236}U, que é o núcleo que sofre fissão na reação da Eq. 43.1.1, possui 92 prótons e $236 - 92 = 144$ nêutrons, o que corresponde a uma razão $144/92 \approx 1{,}6$ entre o número de nêutrons e o número de prótons. A razão é aproximadamente a mesma nos fragmentos da fissão. No caso dos elementos estáveis de massa intermediária, a razão entre o número de nêutrons e o número de prótons é menor, da ordem de 1,3 a 1,4. Isso significa que os fragmentos possuem um *excesso de nêutrons* e tendem a ejetar imediatamente alguns desses nêutrons (dois, no caso da reação da Eq. 43.1.1). Mesmo assim, os fragmentos continuam a conter nêutrons demais para serem estáveis. Os decaimentos beta eliminam o excesso de nêutrons dos fragmentos, transformando alguns nêutrons em prótons.

Podemos estimar a energia liberada pela fissão de um nuclídeo pesado calculando a energia de ligação por núcleon ΔE_{ln} antes e depois da fissão. Para que a fissão seja possível, é necessário que a energia de repouso total diminua; isso significa que ΔE_{ln} deve ser *maior* após a fissão. A energia Q liberada pela fissão é dada por

$$Q = \begin{pmatrix}\text{energia de ligação}\\ \text{final total}\end{pmatrix} - \begin{pmatrix}\text{energia de}\\ \text{ligação inicial}\end{pmatrix}. \tag{43.1.4}$$

Para nossa estimativa, vamos supor que a fissão transforma o núcleo pesado em dois núcleons de massa intermediária com o mesmo número de núcleons. Nesse caso, temos

$$Q = \begin{pmatrix}\Delta E_{\text{ln}}\\ \text{final}\end{pmatrix}\begin{pmatrix}\text{número final}\\ \text{de núcleons}\end{pmatrix} - \begin{pmatrix}\Delta E_{\text{ln}}\\ \text{inicial}\end{pmatrix}\begin{pmatrix}\text{número inicial}\\ \text{de núcleons}\end{pmatrix}. \tag{43.1.5}$$

De acordo com a Fig. 42.2.3, no caso dos nuclídeos pesados ($A \approx 240$), a energia de ligação por núcleo é da ordem de 7,6 MeV/núcleon. No caso dos nuclídeos de massa intermediária ($A \approx 120$), a energia é da ordem de 8,5 MeV/núcleon. Portanto, a energia liberada pela fissão de um nuclídeo pesado em dois nuclídeos de massa intermediária é

$$\begin{aligned} Q &= \left(8{,}5\,\frac{\text{MeV}}{\text{núcleon}}\right)(2\text{ núcleos})\left(120\,\frac{\text{núcleons}}{\text{núcleo}}\right) \\ &\quad - \left(7{,}6\,\frac{\text{MeV}}{\text{núcleon}}\right)(240\text{ núcleons}) \approx 200\text{ MeV}. \end{aligned} \tag{43.1.6}$$

Teste 43.1.1

A equação a seguir representa um evento genérico de fissão:

$$^{235}\text{U} + \text{n} \rightarrow X + Y + 2\text{n}.$$

Qual dos seguintes pares *não pode* substituir X e Y: (a) ^{141}Xe e ^{93}Sr; (b) ^{139}Cs e ^{95}Rb; (c) ^{156}Nd e ^{79}Ge; (d) ^{121}In e ^{113}Ru?

Um Modelo para a Fissão Nuclear 43.1

Logo depois que a fissão nuclear foi descoberta, Niels Bohr e John Archibald Wheeler usaram o modelo coletivo do núcleo (Módulo 42.8), baseado em uma analogia entre o núcleo e uma gota de líquido carregada eletricamente, para explicar os principais aspectos do fenômeno. A Fig. 43.1.2 mostra os vários estágios do processo de fissão, de acordo com esse modelo. Quando um núcleo pesado, como o ^{235}U, absorve um nêutron térmico (lento), como na Fig. 43.1.2*a*, o nêutron fica confinado em um poço de potencial associado à interação forte que age no interior do núcleo. Com isso, a energia potencial do nêutron se transforma em uma energia de excitação do núcleo, como mostra a Fig. 43.1.2*b*. Essa energia de excitação é igual à energia de ligação E_n do nêutron capturado, que, por sua vez, é igual à redução da energia de repouso do sistema núcleo-nêutron em consequência da captura do nêutron.

As Figs. 43.1.2*c* e *d* mostram que o núcleo, comportando-se como uma gota de líquido em oscilação, mais cedo ou mais tarde adquire um "pescoço" e começa a se separar em duas "gotas" menores. Se a repulsão elétrica entre as duas "gotas" as afasta o suficiente para romper o pescoço, os dois fragmentos são arremessados em direções opostas (Figs. 43.1.2*e* e *f*), o que constitui o processo de fissão propriamente dito.

Esse modelo fornecia uma boa visão qualitativa do processo de fissão; o que faltava era explicar por que alguns nuclídeos pesados, como o ^{235}U e o ^{239}Pu, são facilmente fissionados por nêutrons térmicos, enquanto outros nuclídeos igualmente pesados, como o ^{238}U e o ^{243}Am, não sofrem o mesmo tipo de fissão.

A questão foi esclarecida por Bohr e Wheeler. A Fig. 43.1.3 mostra um gráfico da energia potencial de um núcleo em vários estágios do processo de fissão em função do *parâmetro de distorção r*, que é uma medida do grau de afastamento do núcleo em relação à forma esférica. Quando os fragmentos estão muito afastados um do outro, r é simplesmente a distância entre os centros dos fragmentos (Fig. 43.1.2*e*).

A diferença entre a energia do núcleo no estado inicial ($r = 0$) e no estado final ($r = \infty$), ou seja, a energia de desintegração Q, está indicada na Fig. 43.1.3. O interessante é que a energia potencial do sistema passa por um máximo para certo valor de r. Isso significa que existe uma *barreira de potencial*, de altura E_b, que os fragmentos têm que vencer, seja diretamente, seja por tunelamento. O mesmo acontece no

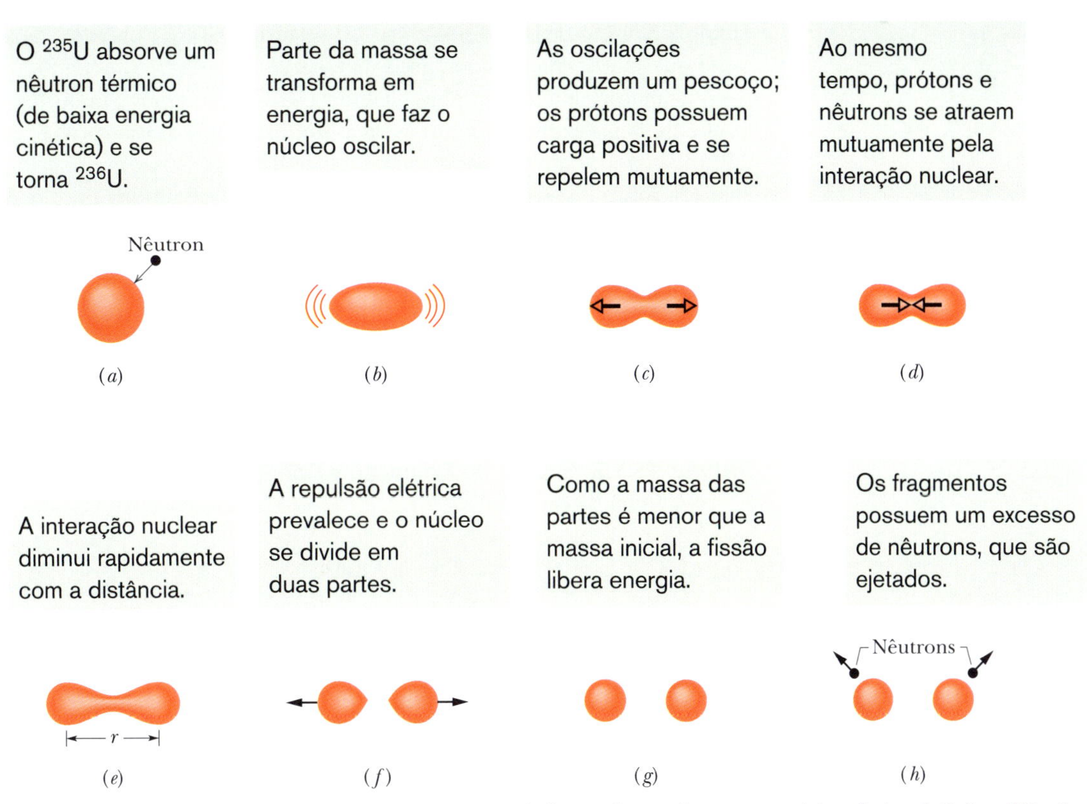

Figura 43.1.2 Os vários estágios de um processo típico de fissão, de acordo com o modelo coletivo de Bohr e Wheeler.

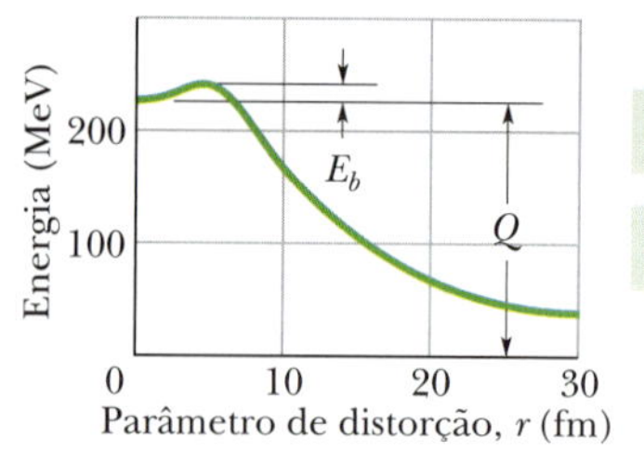

Figura 43.1.3 Energia potencial em vários estágios do processo de fissão, de acordo com o modelo coletivo de Bohr e Wheeler. O Q da reação (cerca de 200 MeV) e a altura da barreira para a fissão, E_b, estão indicados na figura.

decaimento alfa (Fig. 42.4.1), que também é um processo limitado por uma barreira de potencial.

Vemos, portanto, que a fissão só pode ocorrer se o nêutron absorvido fornecer uma energia de excitação E_n suficiente para que os fragmentos possam vencer a barreira. Na verdade, por causa da possibilidade de tunelamento, basta que a energia E_n seja *próxima de* E_b, a altura da barreira.

A Tabela 43.1.2 mostra a situação para quatro nuclídeos pesados. Para cada nuclídeo, a tabela mostra a altura da barreira E_b no núcleo formado pela captura do nêutron e a energia de excitação E_n devido à captura. Os valores de E_b foram calculados a partir da teoria de Bohr e Wheeler; os valores de E_n foram calculados a partir da variação da energia de repouso devido à captura do nêutron.

Como exemplo do cálculo de E_n, vamos examinar a primeira linha da tabela, que representa o processo de captura de um nêutron

$$^{235}\text{U} + \text{n} \rightarrow {}^{236}\text{U}.$$

As massas envolvidas são 235,043 922 u para o ^{235}U, 1,008 665 u para o nêutron e 236,045 562 u para o ^{236}U. É fácil mostrar que a redução de massa após a captura do nêutron é $7{,}025 \times 10^{-3}$ u. Essa, portanto, é a massa convertida em energia. Multiplicando a redução de massa por c^2 (= 931,494 013 MeV/u), obtemos E_n = 6,5 MeV, o valor que aparece na primeira linha da tabela.

A primeira e a terceira linhas da Tabela 43.1.2 têm grande importância histórica, já que ajudam a explicar por que as duas bombas atômicas usadas na Segunda Guerra Mundial continham ^{235}U (a primeira, lançada sobre Hiroxima) e ^{239}Pu (a segunda, lançada sobre Nagasáqui). Esses nuclídeos foram escolhidos porque, tanto para o ^{235}U como para o ^{239}Pu, $E_n > E_b$. Isso significa que, de acordo com a teoria, a absorção de um nêutron térmico[1] por parte desses nuclídeos deve ser seguida por uma fissão. No caso dos outros dois nuclídeos (^{238}U e ^{243}Am), temos $E_n < E_b$; assim, um nêutron térmico não fornece ao núcleo energia suficiente para que os fragmentos vençam a barreira de potencial. Em vez de sofrer fissão, o núcleo se livra do excesso de energia emitindo um raio gama.

Tabela 43.1.2 Energia de Excitação e Barreira de Potencial para Quatro Nuclídeos Pesados

Nuclídeo Inicial	Nuclídeo Formado	E_n (MeV)	E_b (MeV)	Fissão por Nêutrons Térmicos?
^{235}U	^{236}U	6,5	5,2	Sim
^{238}U	^{239}U	4,8	5,7	Não
^{239}Pu	^{240}Pu	6,4	4,8	Sim
^{243}Am	^{244}Am	5,5	5,8	Não

[1]Na verdade, ao contrário do que acontece nos reatores nucleares, os nêutrons responsáveis pelas fissões nas bombas atômicas não são nêutrons térmicos e sim nêutrons rápidos, que também são capazes de fissionar o ^{235}U, embora com menor probabilidade que os nêutrons térmicos. Não é possível fazer uma bomba atômica com ^{238}U porque a probabilidade de que esse isótopo absorva um nêutron (de qualquer energia) sem sofrer fissão é muito elevada. (N.T.)

Cortesia do U.S. Department of Energy

Figura 43.1.4 Imagens como esta vêm aterrorizando a humanidade desde o final da Segunda Guerra Mundial. Quando Robert Oppenheimer, o chefe do grupo de cientistas que criou a bomba atômica, presenciou a primeira explosão nuclear, citou um trecho de um antigo livro sagrado indiano: "Agora eu me tornei a Morte, a destruidora de mundos."

Os nuclídeos ^{238}U e ^{243}Am *podem* ser fissionados, mas para isso é preciso que o nêutron possua uma energia cinética muito maior que a de um nêutron térmico. No caso do ^{238}U, por exemplo, o nêutron incidente deve ter uma energia cinética de pelo menos 1,3 MeV para que o processo de *fissão rápida* possa ocorrer (o nome "rápida" vem do fato de que é preciso que o nêutron esteja se movendo rapidamente para que o processo ocorra, pois só assim o nêutron terá a energia cinética necessária).

As duas bombas atômicas usadas na Segunda Guerra Mundial dependiam da capacidade dos nêutrons livres produzidos pela fissão de um nuclídeo pesado de fissionar muitos outros nuclídeos pesados em um intervalo de tempo extremamente curto, produzindo uma violenta explosão. Os pesquisadores sabiam que o ^{235}U daria bons resultados, mas tinham obtido, a partir de minério de urânio, uma quantidade de ^{235}U suficiente apenas para uma bomba. (O minério é constituído principalmente por ^{238}U, que absorve um número excessivo de nêutrons sem sofrer fissão para permitir uma reação explosiva.) Por outro lado, embora dispusessem de uma quantidade relativamente grande de ^{239}Pu, tinham dúvidas a respeito da possibilidade de fazer explodir com sucesso uma bomba feita com esse material. Por isso, o único teste realizado em solo americano antes que as duas bombas fossem lançadas no Japão foi feito com uma bomba de ^{239}Pu (Fig. 43.1.4).[2] Como os resultados foram positivos, decidiu-se lançar uma bomba de ^{239}Pu depois que a única bomba disponível de ^{235}U tinha sido lançada.

[2]A foto da Fig. 43.1.4 é de um teste nuclear realizado em Nevada em 1957, mas dá uma ideia de como deve ter sido o primeiro teste de uma bomba atômica. (N.T.)

Exemplo 43.1.1 Valor de Q para a fissão de urânio 235 43.1

Determine a energia de desintegração Q para o evento de fissão da Eq. 43.1.1, levando em conta o decaimento dos fragmentos da fissão mostrado nas Eqs. 43.1.2 e 43.1.3. As massas necessárias para realizar o cálculo são

^{235}U	235,0439 u	^{140}Ce	139,9054 u
n	1,008 66 u	^{94}Zr	93,9063 u

IDEIAS-CHAVE

(1) A energia de desintegração Q é a energia que é convertida de energia de repouso em energia cinética dos produtos do decaimento. (2) $Q = -\Delta m\, c^2$, em que Δm é a variação de massa.

Cálculos: Como devemos levar em conta o decaimento dos fragmentos da fissão, combinamos as Eqs. 43.1.1, 43.1.2 e 43.1.3 para obter a transformação global

$$^{235}\text{U} \rightarrow {}^{140}\text{Ce} + {}^{94}\text{Zr} + \text{n}. \tag{43.1.7}$$

Apenas um nêutron aparece na Eq. 43.1.7 porque o nêutron causador da reação, que deveria aparecer do lado esquerdo da equação, é compensado, do lado direito, por um dos nêutrons emitidos no processo de fissão. A diferença de massa para a reação da Eq. 43.1.7 é

$$\begin{aligned}\Delta m &= (139{,}9054\text{ u} + 93{,}9063\text{ u} + 1{,}008\,66\text{ u})\\ &\quad - (235{,}0439\text{ u})\\ &= -0{,}223\,54\text{ u},\end{aligned}$$

e a energia de desintegração correspondente é

$$\begin{aligned}Q &= -\Delta m\, c^2 = -(-0{,}223\,54\text{ u})(931{,}494\,013\text{ MeV/u})\\ &= 208\text{ MeV}, \qquad \text{(Resposta)}\end{aligned}$$

em boa concordância com a estimativa da Eq. 43.1.6.

Se a fissão acontece no interior de um corpo sólido, a maior parte da energia de desintegração, que a princípio assume a forma da energia cinética dos produtos da fissão, é convertida em energia interna, acarretando um aumento da temperatura do corpo. Cinco ou seis por cento da energia de desintegração estão associados aos antineutrinos emitidos durante o decaimento beta dos fragmentos da fissão. Essa energia escapa quase toda do corpo e é perdida.

43.2 O REATOR NUCLEAR

Objetivos do Aprendizado

Depois de ler este módulo, você será capaz de ...

43.2.1 Saber o que é uma reação em cadeia.

43.2.2 Explicar o problema da fuga dos nêutrons, o problema da energia dos nêutrons e o problema da captura dos nêutrons.

43.2.3 Saber o que é o fator de multiplicação e como pode ser controlado.

43.2.4 Saber o que são os regimes crítico, supercrítico e subcrítico.

43.2.5 Saber o que é o tempo de resposta.

43.2.6 Descrever o que acontece em um ciclo completo de nêutrons térmicos.

Ideia-Chave

- Um reator nuclear utiliza reações de fissão nuclear para produzir energia elétrica.

O Reator Nuclear 43.2

Para que o processo de fissão libere grande quantidade de energia, é preciso que um evento de fissão produza outros eventos, fazendo o processo se espalhar pelo combustível nuclear como o fogo em um pedaço de madeira. O fato de que dois ou mais nêutrons são liberados em cada evento de fissão é essencial para a ocorrência de uma **reação em cadeia**, na qual cada nêutron produzido pode causar uma nova fissão. A reação pode ser explosiva (como em uma bomba atômica) ou controlada (como em um reator nuclear).

Suponha que estejamos interessados em projetar um reator baseado na fissão de ^{235}U por nêutrons térmicos. O urânio natural contém 0,7% desse isótopo; o resto é ^{238}U, que não pode ser fissionado por nêutrons térmicos. Para começar, podemos aumentar a probabilidade de que ocorra uma fissão *enriquecendo* artificialmente o combustível até que contenha aproximadamente 3% de ^{235}U. Mesmo assim, temos que resolver três problemas.

1. *O Problema da Fuga dos Nêutrons.* Alguns nêutrons produzidos pelas fissões escapam do reator antes de terem oportunidade de fissionar outros núcleos e, portanto, não contribuem para a reação em cadeia. A fuga de nêutrons é um efeito de superfície; a probabilidade de fuga é proporcional ao quadrado de uma dimensão típica do reator (a área da superfície de um cubo é igual a $6a^2$, em que a é a aresta do cubo). A produção de nêutrons, por outro lado, acontece em todo o volume do combustível e, portanto, é proporcional ao cubo de uma dimensão típica do reator (o volume de um cubo é igual a a^3). É possível reduzir a fração de nêutrons perdidos aumentando o volume do reator para reduzir a razão entre a superfície e o volume (que é igual a $6/a$ no caso de um cubo).
2. *O Problema da Energia dos Nêutrons.* Os nêutrons produzidos nas reações de fissão são nêutrons rápidos, com uma energia da ordem de 2 MeV, mas a fissão do ^{235}U é induzida com mais eficiência por nêutrons térmicos. Para transformar os nêutrons rápidos em nêutrons térmicos, mistura-se o urânio com uma substância, o chamado **moderador**, que deve possuir duas propriedades: remover energia dos nêutrons com eficiência, por meio de colisões elásticas, e não absorver nêutrons. A maioria dos reatores nucleares nos Estados Unidos e outros países usa a água como moderador; o componente ativo são núcleos de hidrogênio (prótons). Como vimos no Capítulo 9, quando uma partícula em movimento sofre uma colisão elástica com uma partícula estacionária, a transferência de energia é máxima se as duas partículas têm a mesma massa. Os prótons são um bom moderador justamente porque possuem massa quase igual à dos nêutrons.
3. *O Problema da Captura dos Nêutrons.* Quando os nêutrons rápidos (2 MeV) produzidos pela fissão são "esfriados" pelo moderador até se tornarem nêutrons térmicos (0,04 eV), passam por um intervalo crítico de energias (entre 1 e 100 eV) no qual existe alta probabilidade de serem capturados por um núcleo de ^{238}U. Essa *captura ressonante*, que resulta na emissão de um raio gama, remove o nêutron definitivamente da reação em cadeia. Para minimizar a probabilidade de captura ressonante, o urânio e o moderador não são usados como uma mistura homogênea, e sim instalados em regiões diferentes do reator.

Em um reator típico, o combustível está na forma de pastilhas de óxido de urânio, que são introduzidas em longos tubos de metal. Essas **barras de combustível** são agrupadas em feixes e imersas no líquido moderador, formando o **núcleo do reator**. Esse arranjo geométrico aumenta a probabilidade de um nêutron rápido, produzido no interior de uma barra de combustível, estar no moderador ao passar pelo intervalo crítico de energias. Depois de se tornar um nêutron térmico, o nêutron *ainda* pode ser capturado de formas que não resultam em fissão (é a chamada *captura térmica*), mas é muito mais provável que o nêutron térmico penetre novamente em um elemento combustível e encontre um núcleo de ^{235}U para produzir um evento de fissão.

A Fig. 43.2.1 mostra o equilíbrio de nêutrons em um reator comercial típico funcionando a uma potência constante. Vamos acompanhar uma amostra de 1.000 nêutrons térmicos ao longo de um ciclo completo, ou uma *geração*, no núcleo do reator. Os 1.000 nêutrons iniciais produzem 1330 nêutrons por fissão de átomos de ^{235}U e 40 nêutrons por fissão rápida do ^{238}U, o que resulta em 370 nêutrons a mais, todos rápidos. Quando o reator está operando a uma potência

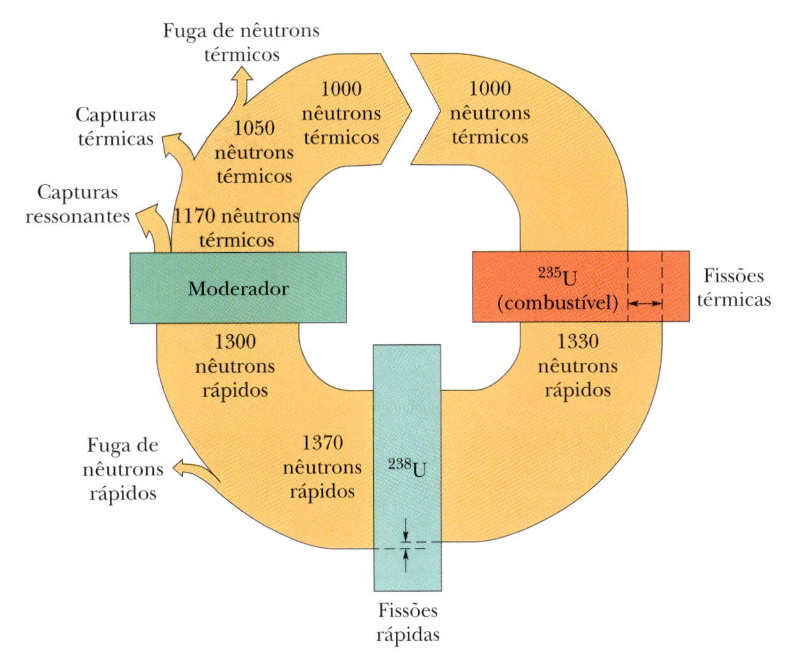

Figura 43.2.1 Equilíbrio de nêutrons em um reator nuclear. Em uma geração, 1.000 nêutrons térmicos interagem com o ^{235}U, com o ^{238}U e com o moderador. A fissão produz 1.370 nêutrons, 370 dos quais são capturados sem produzir fissão ou escapam do reator; isso significa que restam 1.000 nêutrons para a geração seguinte. A figura foi desenhada para um gerador funcionando com potência constante.

constante, exatamente o mesmo número (370) é perdido por fuga do núcleo e captura, o que deixa 1.000 nêutrons para iniciar a geração seguinte. Nesse ciclo, naturalmente, cada evento de fissão libera certa quantidade de energia, inicialmente na forma de energia cinética dos produtos de fissão, mas, a longo prazo, na forma de um aumento da energia interna dos materiais do núcleo, o que aumenta a temperatura do núcleo.

O *fator de multiplicação* k, um parâmetro importante dos reatores, é a razão entre o número de nêutrons presentes no início de uma geração e o número de nêutrons presentes no início da geração seguinte. Na Fig. 43.2.1, o fator de multiplicação é $1.000/1.000 = 1$. Quando $k = 1$, dizemos que o reator está funcionando no regime *crítico*, em que o número de nêutrons é exatamente o necessário para que o reator produza uma potência constante. Os reatores são projetados para serem intrinsecamente *supercríticos* ($k > 1$); o fator de multiplicação é ajustado para o regime crítico ($k = 1$) por meio da inserção de **barras de controle** no núcleo do reator. As barras, que contêm um material que absorve nêutrons com facilidade, como o cádmio, podem ser usadas para regular a potência produzida pelo reator e para compensar, com sua retirada parcial, a tendência do reator de se tornar *subcrítico* ($k < 1$) depois de algum tempo de funcionamento, por causa do acúmulo dos produtos de fissão, alguns dos quais absorvem nêutrons.

Se uma das barras de controle é removida bruscamente, quanto tempo a potência produzida pelo reator leva para aumentar? Esse *tempo de resposta* depende do fato de que uma pequena fração dos nêutrons produzidos pela fissão não escapa imediatamente dos fragmentos de fissão, mas é emitida mais tarde, quando os fragmentos decaem por emissão beta. Dos 370 nêutrons "novos" produzidos na Fig. 43.2.1, por exemplo, cerca de 16 são nêutrons retardados, emitidos por fragmentos após decaimentos beta com meia-vida de 0,2 a 55 s. Esses nêutrons retardados são pouco numerosos, mas desempenham uma função essencial, a de aumentar o tempo de resposta do reator, possibilitando o controle por meios mecânicos necessariamente lentos, como a inserção de barras.

A Fig. 43.2.2 mostra o diagrama esquemático de um reator nuclear conhecido como *reator de água pressurizada* (PWR[3]), usado nos Estados Unidos e em outros países, como o Brasil, para gerar energia elétrica. Nesse tipo de reator, a água é usada como moderador e como fluido de transferência de calor. No *circuito primário*, a água que

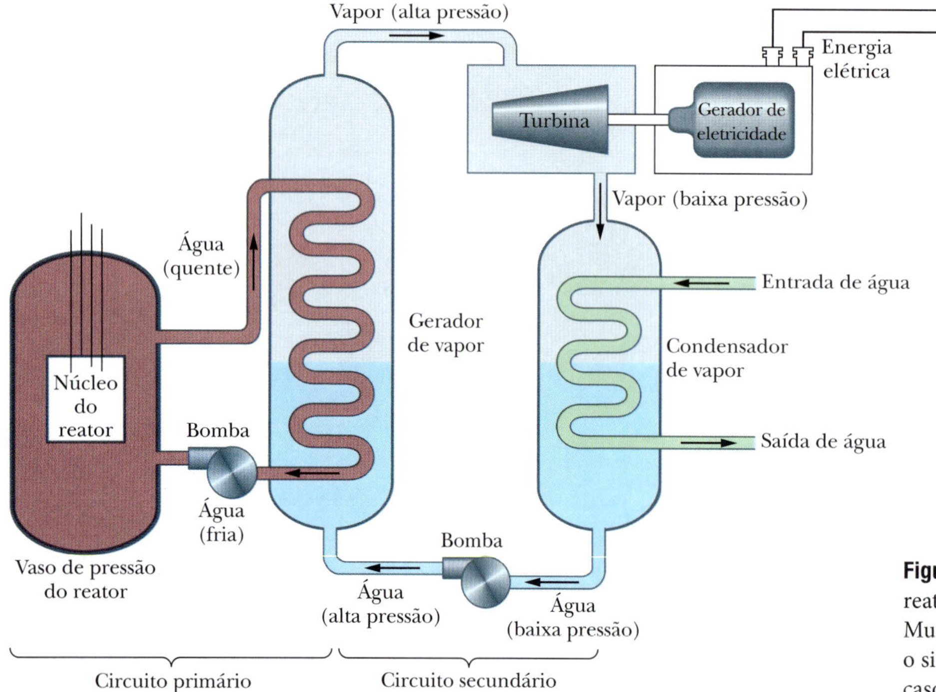

Figura 43.2.2 Diagrama simplificado de um reator nuclear de água pressurizada (PWR). Muitos componentes foram omitidos, como o sistema para resfriar o núcleo do reator em caso de emergência.

[3]Do inglês *Pressurized Water Reactor*. (N.T.)

circula no vaso de pressão do reator (no interior do qual fica o núcleo) é mantida a uma alta temperatura (da ordem de 600 K) e a uma alta pressão (da ordem de 150 atmosferas). No gerador de vapor, o calor da água do circuito primário é transferido para a água do *circuito secundário*, que se transforma em vapor e é usada para mover uma turbina, que por sua vez aciona um gerador de eletricidade. Para completar o circuito secundário, o vapor que sai da turbina é resfriado, condensado e bombeado de volta para o gerador de vapor. O vaso de pressão de um reator típico de 1.000 MW (elétricos) tem 12 m de altura e pesa 4 MN. A água circula no circuito primário com uma vazão de 1 ML/min.

Uma consequência inevitável da operação dos reatores é a produção de rejeitos radioativos, tanto produtos de fissão como nuclídeos *transurânicos* como o plutônio e o amerício. Uma das medidas do grau de radioatividade desses resíduos é a rapidez com que liberam energia em forma térmica. A Fig. 43.2.3 mostra a potência térmica liberada pelos rejeitos produzidos durante um ano de operação em uma barra de combustível de um reator típico em função do tempo após a remoção da barra. Observe que as duas escalas são logarítmicas. As barras de combustível removidas dos reatores quase sempre são armazenadas no local, imersas em água; ainda não foram criadas instalações permanentes para o armazenamento desses rejeitos. Os rejeitos da fabricação de bombas nucleares também estão, na grande maioria dos casos, armazenados provisoriamente perto do local onde foram gerados.

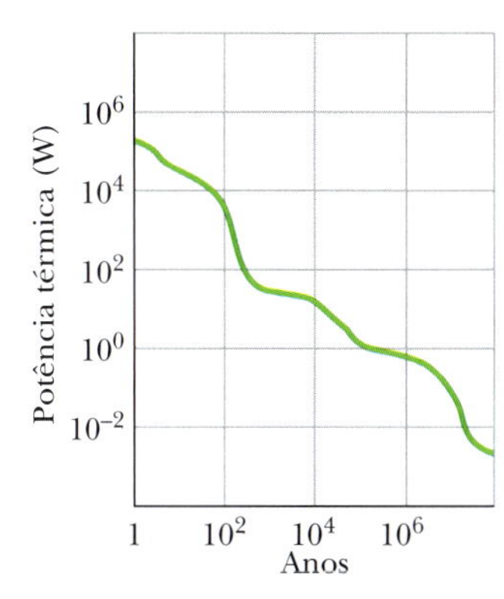

Figura 43.2.3 Potência térmica liberada pelos rejeitos radioativos presentes em uma barra de combustível após um ano de operação em um reator nuclear de grande porte em função do tempo após a remoção da barra. A curva é a superposição dos efeitos de muitos radionuclídeos, com uma grande variedade de meias-vidas. Observe que as duas escalas são logarítmicas.

Exemplo 43.2.1 Reator nuclear: eficiência, taxa de fissão, consumo de combustível  43.2

Uma usina de energia elétrica utiliza como fonte de energia um reator nuclear de água pressurizada. A potência térmica gerada no núcleo do reator é 3.400 MW, e a usina é capaz de gerar 1.100 MW de eletricidade. A *carga de combustível* é $8{,}60 \times 10^4$ kg de urânio, na forma de óxido de urânio, distribuídos em $5{,}70 \times 10^4$ barras de combustível. O urânio é enriquecido a 3,0% de ^{235}U.

(a) Qual é a eficiência da usina?

IDEIA-CHAVE

A eficiência dessa usina e de qualquer outro mecanismo capaz de gerar energia útil é a razão entre a potência de saída (potência útil) e a potência de entrada (potência de alimentação).

Cálculo: Neste caso, a eficiência (ef) é dada por

$$\text{ef} = \frac{\text{potência de saída}}{\text{potência de entrada}} = \frac{1.100 \text{ MW (elétricos)}}{3.400 \text{ MW (térmicos)}}$$
$$= 0{,}32, \text{ ou } 32\%. \qquad \text{(Resposta)}$$

(b) Qual é a taxa R com que ocorrem eventos de fissão no núcleo do reator?

IDEIAS-CHAVE

1. Os eventos de fissão são responsáveis pela potência de alimentação P de 3.400 MW ($= 3{,}4 \times 10^9$ J/s).
2. De acordo com a Eq. 43.1.6, a energia Q liberada por evento é de aproximadamente 200 MeV.

Cálculo: Supondo que a usina está operando a uma potência constante, temos

$$R = \frac{P}{Q} = \left(\frac{3{,}4 \times 10^9 \text{ J/s}}{200 \text{ MeV/fissão}}\right)\left(\frac{1 \text{ MeV}}{1{,}60 \times 10^{-13} \text{ J}}\right)$$
$$= 1{,}06 \times 10^{20} \text{ fissões/s}$$
$$\approx 1{,}1 \times 10^{20} \text{ fissões/s.} \qquad \text{(Resposta)}$$

(c) Qual é o consumo de ^{235}U da usina em quilogramas por dia? Suponha que, para cada 100 átomos de ^{235}U que sofrem fissão ao capturarem um nêutron, 25 se transformam em ^{236}U, um nuclídeo não físsil.

IDEIA-CHAVE

O ^{235}U é consumido em dois processos: (1) o processo de fissão, cuja taxa foi calculada no item (b), e (2) o processo de captura de nêutrons, cuja taxa é quatro vezes menor que a primeira.

Cálculos: A taxa total de consumo de ^{235}U é

$$(1 + 0{,}25)(1{,}06 \times 10^{20} \text{ átomos/s}) = 1{,}33 \times 10^{20} \text{átomos/s.}$$

Para completar o cálculo, precisamos conhecer a massa de um átomo de ^{235}U. Não podemos usar a massa molar do urânio que aparece no Apêndice F, já que esse valor é para o ^{238}U, o isótopo mais comum do urânio. Em vez disso, vamos supor que a massa de um átomo de ^{235}U, em unidades de massa atômica, é igual ao número de massa A. Nesse caso, a massa de um átomo de ^{235}U em kg é 235 u ($= 3{,}90 \times 10^{-25}$ kg). O consumo de ^{235}U é, portanto,

$$\frac{dM}{dt} = (1{,}33 \times 10^{20} \text{ átomos/s})(3{,}90 \times 10^{-25} \text{ kg/átomo})$$
$$= 5{,}19 \times 10^{-5} \text{ kg/s} \approx 4{,}5 \text{ kg/d.} \qquad \text{(Resposta)}$$

(d) Com esse consumo de combustível, quanto tempo vai durar o suprimento de ^{235}U?

Cálculo: Sabemos que a massa inicial de ^{235}U é 3,0% dos $8,6 \times 10^4$ kg de óxido de urânio. Assim, o tempo T necessário para consumir essa massa de ^{235}U à taxa constante de 4,5 kg/d é

$$T = \frac{(0,030)(8,60 \times 10^4 \text{ kg})}{4,5 \text{ kg/d}} \approx 570 \text{ d.} \quad \text{(Resposta)}$$

Na prática, as barras de combustível são substituídas (geralmente em lotes) muito antes que o ^{235}U se esgote.

(e) Com que rapidez a massa está sendo convertida em outras formas de energia pela fissão de ^{235}U no núcleo do reator?

IDEIA-CHAVE

A conversão da massa (energia de repouso) em outras formas de energia está ligada apenas às fissões responsáveis pela potência de entrada (3.400 MW) e não à captura de nêutrons (embora o segundo processo também contribua para o consumo de ^{235}U).

Cálculo: De acordo com a relação de Einstein $E = mc^2$, podemos escrever

$$\frac{dm}{dt} = \frac{dE/dt}{c^2} = \frac{3,4 \times 10^9 \text{ W}}{(3,00 \times 10^8 \text{ m/s})^2} \quad (43.2.1)$$

$$= 3,8 \times 10^{-8} \text{ kg/s} = 3,3 \text{ g/d.} \quad \text{(Resposta)}$$

Vemos que a taxa de conversão de massa corresponde à massa de uma pequena moeda por dia, um valor bem menor que o consumo de combustível calculado em (c).

43.3 UM REATOR NUCLEAR NATURAL

Objetivos do Aprendizado

Depois de ler este módulo, você será capaz de ...

43.3.1 Explicar quais são os indícios de que um reator nuclear natural operou no Gabão, África Ocidental, há cerca de 2 bilhões de anos.

43.3.2 Explicar por que, no passado remoto, um depósito de urânio natural podia atingir o regime crítico, ao passo que, hoje em dia, isso seria impossível.

Ideia-Chave

- Um reator nuclear natural operou na África Ocidental há cerca de dois bilhões de anos.

Um Reator Nuclear Natural 43.3 43.3

Em 2 de dezembro de 1942, quando o reator que havia sido construído sob a arquibancada do estádio da Universidade de Chicago entrou em operação (Fig. 43.3.1), Enrico Fermi e sua equipe tinham todas as razões para acreditar que estavam inaugurando o primeiro reator de fissão a funcionar em nosso planeta. Trinta anos depois, descobriu-se que estavam errados.

Há cerca de dois bilhões de anos, em um depósito de urânio situado no Gabão, África Ocidental, que foi explorado comercialmente durante quarenta anos, um reator natural de fissão entrou em funcionamento e provavelmente operou durante centenas de milhares de anos. Podemos verificar se isso realmente ocorreu examinando duas questões:

1. *Havia Combustível Suficiente?* O combustível de um reator de fissão à base de urânio é o isótopo físsil ^{235}U, que constitui apenas 0,72% do urânio natural. A abundância isotópica do ^{235}U foi medida em amostras terrestres, em rochas lunares e em meteoritos; os resultados foram praticamente os mesmos em todos os casos. A pista para a descoberta do reator natural foi o fato de que o urânio extraído da mina do Gabão apresentava uma deficiência de ^{235}U; em algumas amostras, a abundância não passava de 0,44%. As primeiras investigações levaram os cientistas a especular que o déficit de ^{235}U talvez se devesse ao fato de que parte do ^{235}U teria sido consumida durante o funcionamento de um reator natural.

   O problema era que, com uma abundância isotópica de apenas 0,72%, é muito difícil (como Fermi e sua equipe tiveram ocasião de constatar) construir um reator que funcione. A chance de que isso aconteça por acaso em um depósito de urânio é praticamente nula.

Acontece que as coisas eram diferentes no passado. Tanto o ^{235}U como o ^{238}U são radioativos, mas o ^{235}U tem meia-vida 6,3 vezes menor (as meias-vidas são de $7{,}04 \times 10^8$ anos para o ^{235}U e $44{,}7 \times 10^8$ anos para o ^{238}U). Como o ^{235}U decai mais depressa que o ^{238}U, sua abundância isotópica era maior no passado. Há dois bilhões de anos, a abundância não era 0,72%, mas 3,8%, um valor maior que o do urânio enriquecido artificialmente que hoje se usa nos reatores comerciais.

Dada essa concentração relativamente elevada do isótopo físsil, a existência de um reator natural (se outras condições forem satisfeitas) não parece tão surpreendente. O combustível estava lá. A propósito: Há dois bilhões de anos, a forma de vida mais avançada que existia na Terra eram as cianobactérias.

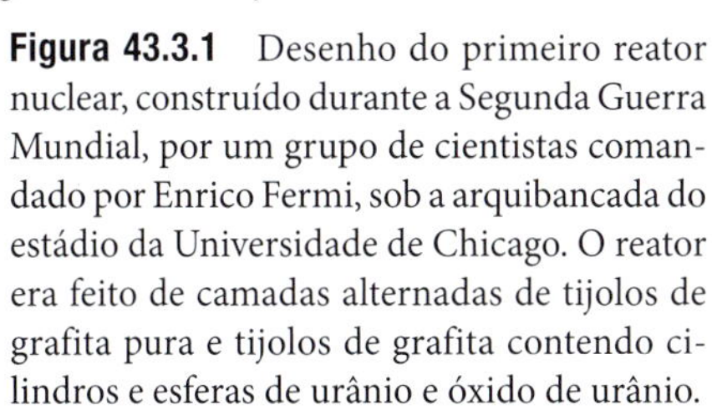

Figura 43.3.1 Desenho do primeiro reator nuclear, construído durante a Segunda Guerra Mundial, por um grupo de cientistas comandado por Enrico Fermi, sob a arquibancada do estádio da Universidade de Chicago. O reator era feito de camadas alternadas de tijolos de grafita pura e tijolos de grafita contendo cilindros e esferas de urânio e óxido de urânio.

2. *Quais São as Provas?* A simples deficiência de ^{235}U em um depósito de minério não pode ser considerada uma prova de que existiu um reator natural de fissão; por isso, os cientistas se puseram em campo em busca de mais indícios. Não existe um reator sem produtos de fissão. Dos trinta e poucos elementos cujos isótopos estáveis são produzidos em um reator, alguns deveriam estar presentes até hoje na mina de urânio. O estudo da abundância isotópica desses elementos poderia fornecer a prova que faltava.

Dos vários elementos investigados, o neodímio foi o que apresentou resultados mais convincentes. A Fig. 43.3.2*a* mostra a abundância isotópica de sete isótopos estáveis do neodímio em amostras terrestres. A Fig. 43.3.2*b* mostra a abundância dos mesmos isótopos nos rejeitos de um reator nuclear. É compreensível que haja uma diferença, já que os dois conjuntos de isótopos têm origens totalmente diversas. Observe, em particular, que o ^{142}Nd, o isótopo mais abundante no elemento natural, não aparece nos produtos de fissão.

A questão passa a ser a seguinte: Quais são as abundâncias relativas dos isótopos do neodímio encontrados na mina do Gabão? Se realmente um reator natural funcionou na região, esperamos encontrar uma distribuição intermediária entre a distribuição natural e a distribuição produzida em um reator. A Fig. 43.3.2*c* mostra as abundâncias encontradas na região da mina depois de introduzidas correções para levar em conta vários fatores, como a presença de neodímio natural. A semelhança da Fig. 43.3.2*c* com a Fig. 43.3.2*b* é considerada uma prova segura de que realmente existiu um reator natural na região.

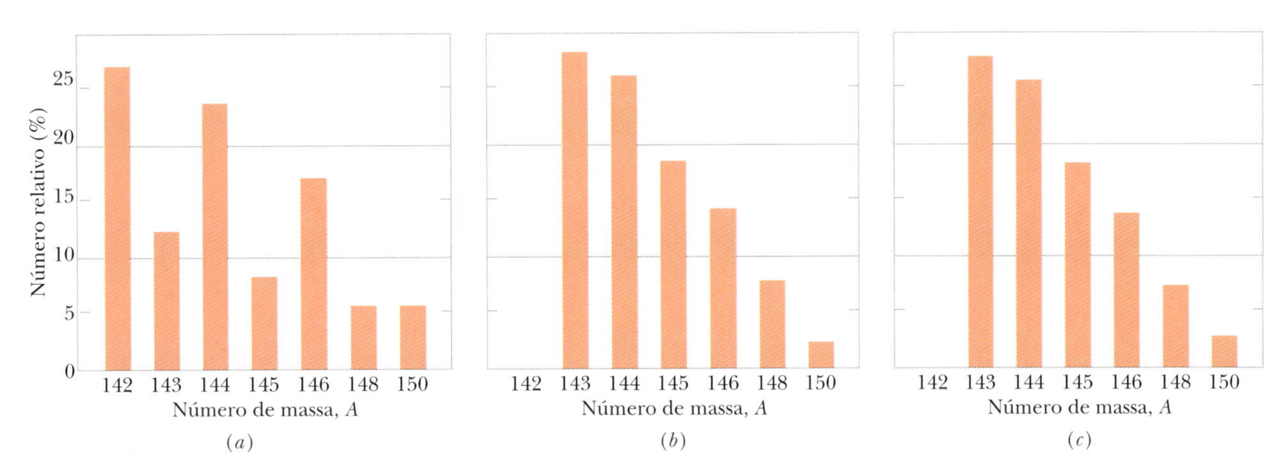

Figura 43.3.2 Distribuição por número de massa dos isótopos de neodímio encontrados (*a*) em depósitos naturais do elemento e (*b*) nos rejeitos de um reator nuclear. (*c*) Distribuição (depois de várias correções) do neodímio encontrado em uma mina de urânio do Gabão, na África Ocidental. Observe que as distribuições (*b*) e (*c*) são praticamente iguais e muito diferentes de (*a*).

43.4 FUSÃO TERMONUCLEAR: O PROCESSO BÁSICO

Objetivos do Aprendizado

Depois de ler este módulo, você será capaz de ...

43.4.1 Saber o que é fusão termonuclear e por que é necessária uma temperatura extremamente elevada para que ela aconteça.

43.4.2 Conhecer a relação entre a temperatura e a energia cinética dos núcleos atômicos.

43.4.3 Conhecer as duas razões pelas quais a fusão pode acontecer, mesmo que a energia cinética correspondente à velocidade mais provável seja menor que a barreira de energia.

Ideias-Chave

- A liberação de energia pela fusão de dois núcleos leves é inibida pela barreira de potencial associada à da repulsão eletrostática dos núcleos.
- A fusão nuclear só pode acontecer se a temperatura for suficientemente alta (ou seja, se as partículas tiverem energia cinética suficiente) para que a probabilidade de tunelamento seja significativa.

Fusão Termonuclear: O Processo Básico

A curva de energia de ligação da Fig. 42.2.3 mostra que existe um excesso de energia quando dois núcleos leves se combinam para formar um núcleo mais pesado, um processo conhecido como **fusão nuclear**. Em condições normais, o processo é impedido pela repulsão eletrostática entre duas partículas de carga positiva, que impede que dois núcleos se aproximem o suficiente para que a interação forte predomine, promovendo a fusão. Enquanto o alcance da interação forte é muito pequeno, indo pouco além da "superfície" dos núcleos, o alcance da força eletrostática é infinito e, portanto, essa força constitui uma barreira de potencial. A altura dessa *barreira eletrostática* depende da carga e do raio dos núcleos. No caso de dois prótons ($Z = 1$), a altura da barreira é 400 keV. Se os núcleos tiverem um número maior de prótons, a barreira, naturalmente, será maior.

Para gerar energia útil, é preciso produzir um grande número de fusões em um curto período de tempo. Isso pode ser conseguido aumentando a temperatura de um sólido até que os núcleos tenham energia suficiente, graças à agitação térmica, para vencer a barreira eletrostática. O processo é chamado **fusão termonuclear**.

Em estudos desse tipo, a temperatura é geralmente expressa em termos da energia cinética K das partículas envolvidas, dada pela relação

$$K = kT, \tag{43.4.1}$$

em que K é a energia cinética que corresponde à *velocidade mais provável* das partículas, k é a constante de Boltzmann e T é a temperatura em kelvins. Assim, em vez de dizer que "a temperatura no centro do Sol é $1{,}5 \times 10^7$ K", é mais comum afirmar que "a temperatura no centro do Sol é 1,3 keV".

A temperatura ambiente corresponde a $K \approx 0{,}03$ eV; uma partícula com essa energia é totalmente incapaz de superar uma barreira da ordem de 400 keV. Mesmo no centro do Sol, em que $kT = 1{,}3$ keV, a situação não parece favorável à fusão nuclear. Entretanto, sabemos que a fusão nuclear não só acontece no centro do Sol, como é o processo mais importante de geração de energia, não só no Sol como em qualquer estrela.

A aparente contradição desaparece quando nos damos conta de dois fatos: (1) A energia calculada usando a Eq. 43.4.1 é a das partículas com a *velocidade mais provável*, definida no Módulo 19.6; a distribuição inclui partículas com velocidades muito maiores e, portanto, energias muito maiores. (2) As partículas não precisam ter uma energia maior que a altura da barreira para atravessá-la; o tunelamento pode ocorrer em energias bem menores, como vimos no Módulo 42.4 quando discutimos o decaimento alfa.

A situação real está representada na Fig. 43.4.1. A curva $n(K)$ mostra a distribuição de energia cinética dos prótons solares, plotada de modo a corresponder à temperatura no centro do Sol. A curva é diferente da curva de distribuição de velocidades da Fig. 19.6.1 porque agora o eixo horizontal representa energia e não velocidade. Para cada energia cinética K, a expressão $n(K)\,dK$ é proporcional à probabilidade de um próton ter uma energia cinética no intervalo entre K e $K + dK$. O valor de kT no centro do Sol está indicado por uma reta vertical; observe que muitos prótons têm uma energia maior que esse valor.

A curva $p(K)$ da Fig. 43.4.1 mostra a probabilidade de penetração da barreira no caso da colisão de dois prótons. As duas curvas da Fig. 43.4.1 sugerem que existe uma energia para a qual a probabilidade de fusão é máxima. Para energias muito maiores que esse valor, é fácil atravessar a barreira, mas existem muito poucos prótons disponíveis para atravessá-la; para energias muito menores que esse valor, existem muitos prótons disponíveis, mas a barreira é alta demais para ser transposta.

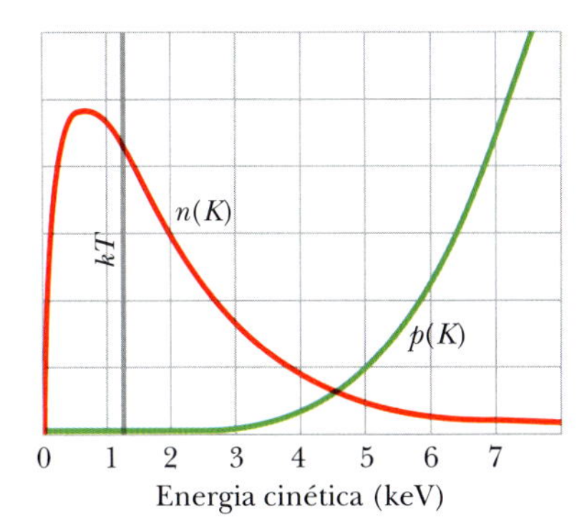

Figura 43.4.1 A curva $n(K)$ mostra a concentração de prótons por unidade de energia no centro do Sol. A curva $p(K)$ mostra a probabilidade de penetração da barreira eletrostática (e, portanto, a probabilidade de fissão) para colisões entre prótons na temperatura do centro do Sol. A reta vertical mostra o valor de kT para essa temperatura. As escalas verticais das duas curvas são diferentes.

Teste 43.4.1

Quais das possíveis reações de fusão a seguir *não liberam* energia: (a) ^{6}Li + ^{6}Li, (b) ^{4}He + ^{4}He, (c) ^{12}C + ^{12}C, (d) ^{20}Ne + ^{20}Ne, (e) ^{35}Cl + ^{35}Cl e (f) ^{14}N + ^{35}Cl? (*Sugestão*: Consulte a curva de energias de ligação da Fig. 42.2.3.)

Exemplo 43.4.1 Fusão em um gás de prótons 43.4

Suponha que o próton seja uma esfera de raio $R \approx 1$ fm. Dois prótons com a mesma energia cinética K sofrem uma colisão frontal.

(a) Qual deve ser o valor de K para que as partículas sejam imobilizadas momentaneamente pela repulsão eletrostática no momento em que estão se "tocando"? Podemos tomar esse valor de K como uma medida representativa da altura da barreira eletrostática.

IDEIAS-CHAVE

A energia mecânica E do sistema de dois prótons é conservada quando os prótons se aproximam e se imobilizam momentaneamente. Em particular, a energia mecânica inicial E_i é igual à energia mecânica E_f no momento em que as partículas estão paradas. A energia inicial E_i consiste apenas na energia cinética total $2K$ dos dois prótons. Quando os prótons se imobilizam, E_f consiste apenas na energia potencial elétrica U do sistema, dada pela Eq. 24.7.4 ($U = q_1q_2/4\pi\varepsilon_0 r$).

Cálculos: A distância r entre os prótons no momento em que se imobilizam é igual à distância $2R$ entre os centros, já que imaginamos que as superfícies dos prótons estão se tocando nesse momento; q_1 e q_2 são iguais a e. Assim, podemos escrever a lei da conservação de energia $E_i = E_f$ na forma

$$2K = \frac{1}{4\pi\varepsilon_0}\frac{e^2}{2R}.$$

Nesse caso, temos

$$K = \frac{e^2}{16\pi\varepsilon_0 R}$$
$$= \frac{(1{,}60 \times 10^{-19}\ \text{C})^2}{(16\pi)(8{,}85 \times 10^{-12}\ \text{F/m})(1 \times 10^{-15}\ \text{m})}$$
$$= 5{,}75 \times 10^{-14}\ \text{J} = 360\ \text{keV} \approx 400\ \text{keV}. \qquad \text{(Resposta)}$$

(b) Para que temperatura um próton de um gás de prótons possui a energia cinética média calculada no item (a), ou seja, uma energia cinética igual à altura da barreira eletrostática?

IDEIA-CHAVE

Tratando o gás de prótons como um gás ideal, a energia média dos prótons, de acordo com a Eq. 19.4.2, é $K_{méd} = 3kT/2$, em que k é a constante de Boltzmann.

Cálculo: Explicitando T e usando o resultado do item (a), obtemos

$$T = \frac{2K_{méd}}{3k} = \frac{(2)(5{,}75 \times 10^{-14}\ \text{J})}{(3)(1{,}38 \times 10^{-23}\ \text{J/K})}$$
$$\approx 3 \times 10^9\ \text{K}. \qquad \text{(Resposta)}$$

Como a temperatura no centro do Sol é "apenas" $1{,}5 \times 10^7$ K, é evidente que as fusões que ocorrem no centro do Sol envolvem prótons com uma energia *muito maior* que a energia média.

43.5 FUSÃO TERMONUCLEAR NO SOL E EM OUTRAS ESTRELAS

Objetivos do Aprendizado

Depois de ler este módulo, você será capaz de ...

43.5.1 Saber o que é o ciclo próton-próton que acontece no Sol.

43.5.2 Explicar o que vai acontecer depois que o Sol consumir todo o hidrogênio.

43.5.3 Explicar como foram formados, provavelmente, os elementos mais pesados que o hidrogênio e o hélio.

Ideias-Chave

- A energia do Sol se deve, principalmente, ao ciclo próton-próton, em que núcleos de hidrogênio se fundem para formar núcleos de hélio.
- Os elementos até $A \approx 62$ (o pico da curva de energia de ligação) podem ser produzidos por outros processos de fusão depois que o hidrogênio de uma estrela se esgota.

A Fusão Termonuclear no Sol e em Outras Estrelas

O Sol irradia uma potência de $3{,}9 \times 10^{26}$ W e vem fazendo isso há bilhões de anos. Qual é a origem de tanta energia? As reações químicas estão fora de cogitação; se o Sol fosse feito de carvão e oxigênio nas proporções corretas para que houvesse combustão, o carvão se esgotaria em menos de 1.000 anos. Outra possibilidade é a de que o Sol esteja encolhendo lentamente por ação de sua própria força gravitacional. Transformando a energia potencial gravitacional em energia térmica, o Sol poderia produzir energia durante muito mais tempo. Mesmo assim, os cálculos mostram que o tempo de vida associado a esse mecanismo seria muito menor do que a idade do Sol. A única possibilidade que resta é a fusão termonuclear. O Sol, como vamos ver, não queima carvão e sim hidrogênio, e o faz em uma fornalha nuclear, não em uma fornalha química.

A reação de fusão que ocorre no Sol é um processo de várias etapas no qual o hidrogênio se transforma em hélio; o hidrogênio pode ser considerado o "combustível", e o hélio, as "cinzas". A Fig. 43.5.1 mostra o **ciclo próton-próton** (p-p) do processo de fusão.

O ciclo p-p começa com a colisão de dois prótons (^{1}H + ^{1}H) para formar um dêuteron (^{2}H), com a criação simultânea de um pósitron (e^+) e um neutrino (ν). O pósitron logo encontra um elétron livre (e^-) do Sol, e as duas partículas se aniquilam mutuamente (ver Módulo 21.3); a energia de repouso das partículas é convertida em dois raios gama (γ).

Dois desses eventos aparecem na parte superior da Fig. 43.5.1. Esses eventos são extremamente raros; na verdade, apenas uma em cada 10^{26} colisões próton-próton leva à formação de um dêuteron; na maioria dos casos, os dois prótons simplesmente ricocheteiam. É a lentidão desse "gargalo" que regula a potência produzida e impede que o Sol seja consumido em uma violenta explosão. Apesar da baixa probabilidade da reação, existem tantos prótons no Sol que os dêuterons são produzidos à razão de 10^{12} kg/s.

Quando um dêuteron é produzido, logo ele colide com um próton para formar um núcleo de ^{3}He, como mostra a parte central da Fig. 43.5.1. Dois núcleos de ^{3}He ocasionalmente se encontram (o tempo médio para que isso aconteça é 10^5 anos, um tempo relativamente curto) para formar uma partícula alfa (^{4}He) e dois prótons, como mostra a parte de baixo da figura.

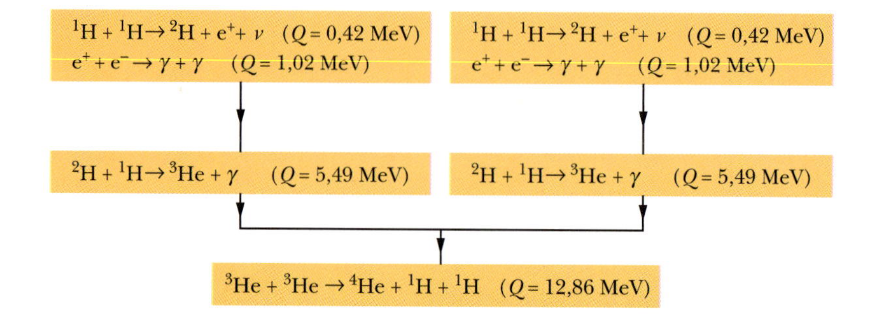

Figura 43.5.1 O ciclo próton-próton responsável pela produção de energia no Sol. No processo, quatro prótons se fundem para formar uma partícula alfa (^{4}He), com uma liberação de energia de 26,7 MeV.

Levando em conta todas as reações mostradas da Fig. 43.5.1, o ciclo p-p resulta na combinação de quatro prótons e dois elétrons para formar uma partícula alfa, dois neutrinos e seis raios gama:

$$4\,{}^1\text{H} + 2\text{e}^- \rightarrow {}^4\text{He} + 2\nu + 6\gamma. \tag{43.5.1}$$

Acrescentando dois elétrons a ambos os membros da Eq. 43.5.1, obtemos

$$(4\,{}^1\text{H} + 4\text{e}^-) : ({}^4\text{He} + 2\text{e}^-) + 2\nu + 6\gamma. \tag{43.5.2}$$

As grandezas entre parênteses representam átomos (e não núcleos) de hidrogênio e hélio. Isso nos permite calcular a energia liberada pela reação da Eq. 43.5.1 (e da Eq. 43.5.2) como a diferença entre a energia de repouso de um átomo de hélio 4 e a energia de repouso de quatro átomos de hidrogênio:

$$\begin{aligned} Q &= -\Delta m\, c^2 \\ &= -[4{,}002\,603 \text{ u} - (4)(1{,}007\,825 \text{ u})][931{,}5 \text{ MeV/u}] \\ &= 26{,}7 \text{ MeV}, \end{aligned}$$

em que 4,002 603 u é a massa de um átomo de hélio 4, e 1,007 825 u é a massa de um átomo de hidrogênio. Os neutrinos têm massa de repouso insignificante e a massa de repouso dos raios γ é zero; assim, essas partículas não entram no cálculo da energia de desintegração.

O mesmo valor é obtido (como não podia deixar de ser) somando os valores de Q para os diferentes estágios do ciclo próton-próton na Fig. 43.5.2. Temos

$$\begin{aligned} Q &= (2)(0{,}42 \text{ MeV}) + (2)(1{,}02 \text{ MeV}) + (2)(5{,}49 \text{ MeV}) + 12{,}86 \text{ MeV} \\ &= 26{,}7 \text{ MeV}. \end{aligned}$$

Cerca de 0,5 MeV dessa energia é removido do Sol pelos dois neutrinos que aparecem nas Eqs. 43.5.1 e 43.5.2; o resto (26,2 MeV) é incorporado ao centro no Sol na forma de energia térmica. Essa energia térmica é gradualmente transportada para a superfície solar, de onde é irradiada para o espaço na forma de ondas eletromagnéticas, entre elas as da luz visível.

A queima de hidrogênio vem acontecendo no Sol há mais ou menos 5 bilhões de anos, e os cálculos mostram que existe hidrogênio suficiente para mais uns 5 bilhões de anos. Depois desse tempo, a parte central do Sol, que a essa altura será constituída principalmente de hélio, começará a esfriar, e o Sol sofrerá um processo de encolhimento por causa de sua própria gravidade. Isso aumentará a temperatura e fará as camadas externas se expandirem, transformando o Sol em uma *gigante vermelha*.

Se a temperatura no centro do Sol chegar de novo a cerca de 10^8 K, o processo de fusão começará novamente, só que, dessa vez, queimando hélio para produzir carbono. Quando uma estrela evolui e se aquece ainda mais, outros elementos podem ser

(*a*)

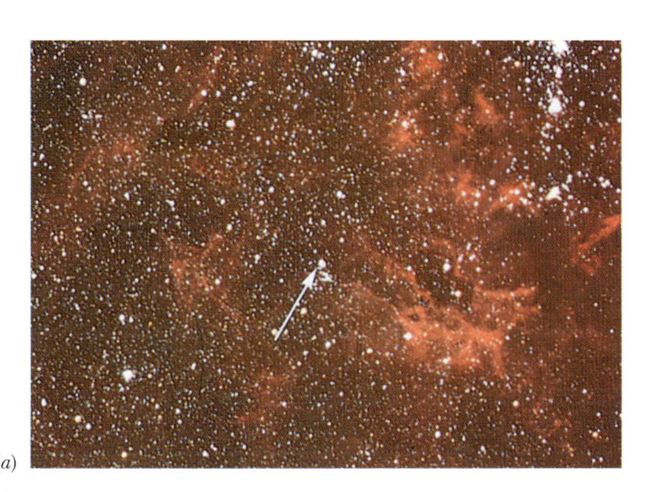

(*b*)

Cortesia de Anglo Australian Telescope Board

Figura 43.5.2 (*a*) A seta mostra a estrela Sanduleak antes de 1987. (*b*) Em 1987, começamos a receber a luz da supernova em que a estrela se tornou, batizada como SN1987a; o brilho da supernova era 100 milhões de vezes maior que o brilho do Sol e ela podia ser observada a olho nu, embora estivesse fora da nossa Galáxia.

formados por outras reações de fusão. Entretanto, elementos mais pesados que os que estão nas proximidades do máximo da curva de energia de ligação da Fig. 43.2.3, como o ferro e o níquel, não podem ser formados por reações de fusão.

Acredita-se que esses elementos sejam formados por captura de nêutrons nas explosões de estrelas conhecidas como *supernovas* (Fig. 43.5.2) ou nas colisões de duas estrelas de nêutrons. Quando uma supernova explode, a camada externa da estrela é ejetada para o espaço. Nas colisões de estrelas de nêutrons, as duas estrelas se fundem para formar um buraco negro. Nos dois casos, nêutrons se combinam com núcleos já existentes para formar os elementos pesados.

A abundância, na Terra, de elementos mais pesados que o hidrogênio e o hélio sugere que nosso sistema solar se condensou a partir de uma nuvem interestelar que continha os restos desses eventos. Assim, todos os elementos à nossa volta, incluindo aqueles de que é feito nosso corpo, foram produzidos no interior de estrelas que já não existem mais. Como disse um cientista: "Na verdade, somos filhos das estrelas".

Exemplo 43.5.1 Consumo de hidrogênio no Sol 

Qual é a taxa de consumo de hidrogênio, dm/dt, para o ciclo p-p da Fig. 43.5.1 em uma estrela como o Sol?

IDEIA-CHAVE

A taxa de produção de energia dE/dt no interior do Sol é igual à potência P irradiada pelo Sol:

$$P = \frac{dE}{dt}.$$

Cálculos: Para introduzir a taxa de consumo de hidrogênio dm/dt na equação da potência, podemos escrevê-la na forma

$$P = \frac{dE}{dt} = \frac{dE}{dm}\frac{dm}{dt} \approx \frac{\Delta E}{\Delta m}\frac{dm}{dt}, \qquad (43.5.3)$$

em que ΔE é a energia produzida quando uma massa Δm de prótons é consumida. De acordo com o que vimos neste módulo, uma energia térmica de 26,2 MeV ($4{,}20 \times 10^{-12}$ J) é produzida quando quatro prótons são consumidos. Desse modo, $\Delta E = 4{,}20 \times 10^{-12}$ J para um consumo de massa $\Delta m = 4 \times (1{,}67 \times 10^{-27})$ kg. Substituindo esses valores na Eq. 43.5.3 e usando a potência P do Sol dada no Apêndice C, obtemos

$$\frac{dm}{dt} = \frac{\Delta m}{\Delta E}P = \frac{4(1{,}67 \times 10^{-27}\text{ kg})}{4{,}20 \times 10^{-12}\text{ J}}(3{,}90 \times 10^{26}\text{ W})$$
$$= 6{,}2 \times 10^{11}\text{ kg/s.} \qquad \text{(Resposta)}$$

Assim, uma grande quantidade de hidrogênio é consumida pelo Sol a cada segundo. Entretanto, o leitor não deve se preocupar muito com isso, já que existe hidrogênio suficiente no Sol (2×10^{30} kg) para manter a fornalha nuclear em operação por um longo tempo.

43.6 FUSÃO NUCLEAR CONTROLADA

Objetivos do Aprendizado

Depois de ler este módulo, você será capaz de ...

43.6.1 Conhecer os três requisitos de um reator de fusão.

43.6.2 Conhecer o critério de Lawson.

43.6.3 Saber a diferença entre confinamento magnético e confinamento inercial.

Ideias-Chave

- Ainda não foi possível usar a fusão controlada para gerar energia. As reações de fusão mais promissoras para esse fim são as reações d-d e d-t.
- Um reator de fusão deve atender ao critério de Lawson,

$$n\tau > 10^{20}\text{ s/m}^3,$$

e o plasma deve operar a uma temperatura suficientemente elevada.
- Em um tokamak, o plasma é confinado por um campo magnético.
- A fusão a laser se baseia no confinamento inercial.

Fusão Nuclear Controlada 43.4

A primeira reação termonuclear terrestre aconteceu em 1º de novembro de 1952 no Atol de Eniwetok, onde os Estados Unidos detonaram uma bomba de fusão, liberando uma energia equivalente a 10 milhões de toneladas de TNT. As altas temperaturas e densidades necessárias para iniciar a reação foram conseguidas usando uma bomba de fissão como espoleta.

Uma fonte constante e controlada de energia de fusão (um reator de fusão usado para gerar energia elétrica, por exemplo) é um objetivo muito mais difícil de ser atingido. Mesmo assim, essa meta vem sendo ativamente perseguida em vários países do mundo, já que muitos acreditam que o reator de fusão seja a fonte de energia do futuro, pelo menos para a produção de eletricidade.

O ciclo p-p que aparece na Fig. 43.5.1 não se presta a esse tipo de aplicação porque é excessivamente lento. O processo funciona bem no Sol apenas por causa da enorme concentração de prótons no centro do astro. As reações mais promissoras para uso terrestre parecem ser duas reações dêuteron-dêuteron (dd),

$$^{2}\text{H} + {}^{2}\text{H} \rightarrow {}^{3}\text{He} + \text{n} \qquad (Q = +3{,}27\ \text{MeV}), \tag{43.6.1}$$

$$^{2}\text{H} + {}^{2}\text{H} \rightarrow {}^{3}\text{H} + {}^{1}\text{H} \qquad (Q = +4{,}03\ \text{MeV}), \tag{43.6.2}$$

e a reação dêuteron-tríton (d-t),

$$^{2}\text{H} + {}^{3}\text{H} \rightarrow {}^{4}\text{He} + \text{n} \qquad (Q = +17{,}59\ \text{MeV}). \tag{43.6.3}$$

(O núcleo do isótopo de hidrogênio ^{3}H (trítio) é chamado *tríton*. Trata-se de um radionuclídeo, com uma meia-vida de 12,3 anos.) A abundância isotópica do deutério, a fonte de dêuterons para essas reações, é de apenas 1 parte em 6700, mas esse isótopo do hidrogênio pode ser extraído em quantidades praticamente ilimitadas da água do mar. Os defensores da energia nuclear argumentam que depois que os combustíveis fósseis se esgotarem teremos apenas duas escolhas: "queimar pedra" (fissão do urânio extraído de rochas) ou "queimar água" (fusão do deutério extraído da água).

Um reator termonuclear deve atender três requisitos:

1. *Uma Alta Concentração de Partículas, n.* A concentração de partículas (número de dêuterons por unidade de volume, digamos) deve ser suficiente para assegurar um grande número de colisões por unidade de tempo. Nas altas temperaturas utilizadas, o deutério certamente estará totalmente ionizado, formando um **plasma** (gás ionizado) de dêuterons e elétrons.
2. *Uma Alta Temperatura do Plasma, T.* O plasma deve estar muito quente; caso contrário, os dêuterons não terão energia suficiente para vencer a barreira eletrostática que tende a mantê-los afastados. Uma temperatura de plasma de 35 keV, correspondente a 4×10^{8} K, já foi conseguida em laboratório; trata-se de uma temperatura cerca de 30 vezes maior que a do centro do Sol.
3. *Um Longo Tempo de Confinamento, τ.* Um problema difícil é conter o plasma durante um tempo suficiente para que as reações de fusão ocorram. É evidente que nenhum recipiente sólido pode suportar as altas temperaturas necessárias para a fusão, de modo que é preciso usar outras técnicas de confinamento, duas das quais serão discutidas a seguir.

Como foi demonstrado pelo cientista americano J. D. Lawson, para que um reator termonuclear baseado na reação d-t produza mais energia do que consome, a seguinte relação deve ser satisfeita:

$$n\tau > 10^{20}\ \text{s/m}^{3}. \tag{43.6.4}$$

Essa condição, conhecida como **critério de Lawson**, mostra que temos uma escolha entre confinar muitas partículas por pouco tempo ou poucas partículas por muito tempo. Além de satisfazer essa condição, também é preciso manter o plasma a uma temperatura suficientemente elevada.

Duas abordagens para a geração de energia por meio da fusão controlada estão sendo investigadas. Embora nenhuma das duas tenha sido bem-sucedida até o momento, ambas estão sendo testadas porque são consideradas promissoras, e por causa da possibilidade de que a fusão controlada venha a resolver os problemas da energia que o mundo enfrenta atualmente.

Confinamento Magnético

Uma forma de conseguir a fusão controlada é conter o material a ser fundido em uma armadilha formada por campos magnéticos; daí o nome **confinamento magnético**. Em uma das versões dessa abordagem, um campo magnético de forma apropriada é usado para confinar o plasma em uma câmara de forma toroidal chamada **tokamak**

Cortesia de Los Alamos National Laboratory, New Mexico

Figura 43.6.1 As pequenas esferas sobre a moeda foram feitas de uma mistura de deutério e trítio para serem usadas em uma câmara de fusão a laser.

[o nome é formado pelas primeiras sílabas de três palavras do russo, toroidál (toroidal), kámera (câmara) e aksiál (axial)]. As forças magnéticas que agem sobre as partículas carregadas do plasma evitam que as partículas se aproximem das paredes da câmara.

O plasma é aquecido induzindo uma corrente elétrica no plasma e bombardeando-o com um feixe de partículas aceleradas externamente. O primeiro objetivo dos testes é atingir o equilíbrio (***breakeven***) que ocorre quando o critério de Lawson é satisfeito. O objetivo final é conseguir a **ignição**, que corresponde a uma reação termonuclear autossustentada, com um ganho líquido de energia.

Confinamento Inercial

Em uma segunda abordagem, conhecida como **confinamento inercial**, uma pequena esfera de combustível sólido é "bombardeada" de todos os lados por raios laser de alta intensidade, que fazem o material da superfície evaporar. A evaporação produz uma onda de choque que comprime a parte central da esfera, aumentando drasticamente a densidade e a temperatura do material. O processo é chamado *confinamento inercial* porque o que impede que o plasma escape da região central durante o curto período em que a esfera é aquecida pelos raios laser é a inércia do material.

A **fusão a laser** usando a técnica do confinamento inercial está sendo investigada em vários laboratórios dos Estados Unidos e outros países. No Lawrence Livermore Laboratory, por exemplo, situado no estado americano da Califórnia, esferas de uma mistura de deutério e trítio, menores que um grão de areia (ver Fig. 43.6.1), são submetidas a pulsos sincronizados de 10 lasers de alta potência distribuídos simetricamente. Os pulsos são planejados para fornecer, no total, uma energia de 200 kJ a cada esfera em menos de um nanossegundo. Isso corresponde a uma potência de 2×10^{14} W, ou seja, 100 vezes mais que a potência elétrica instalada em todo o mundo!

Exemplo 43.6.1 Número de partículas e critério de Lawson para a fusão a laser  43.6

Uma esfera de combustível de um reator de fusão a laser contém números iguais de átomos de deutério e trítio (e nenhum outro material). A massa específica $d = 200$ kg/m^3 da esfera é multiplicada por 1.000 quando a esfera é atingida pelos pulsos dos lasers.

(a) Quantos átomos por unidade de volume a esfera contém no estado comprimido? A massa molar M_d dos átomos de deutério é $2{,}0 \times 10^{-3}$ kg/mol e a massa molar M_t dos átomos de trítio é $3{,}0 \times 10^{-3}$ kg/mol.

IDEIA-CHAVE

No caso de um sistema que contém apenas um tipo de partícula, podemos escrever a massa específica do sistema em termos da massa e concentração (número por unidade de volume) das partículas:

$$\begin{pmatrix}\text{massa específica,}\\ \text{kg/m}^3\end{pmatrix} = \begin{pmatrix}\text{concentração,}\\ \text{m}^{-3}\end{pmatrix}\begin{pmatrix}\text{massa,}\\ \text{kg}\end{pmatrix}. \quad (43.6.5)$$

Seja n o número total de partículas por unidade de volume na esfera comprimida. Nesse caso, como sabemos que a esfera contém um número igual de átomos de deutério e trítio, o número de átomos de deutério por unidade de volume é $n/2$, e o número de átomos de trítio por unidade de volume é também $n/2$.

Cálculos: Podemos aplicar a Eq. 43.6.5 a um sistema formado por dois tipos de partículas escrevendo a massa específica d^* da esfera comprimida como uma combinação das massas específicas das partículas:

$$d^* = \frac{n}{2}m_d + \frac{n}{2}m_t, \tag{43.6.6}$$

em que m_d e m_t são as massas de um átomo de deutério e de um átomo de trítio, respectivamente. Podemos substituir essas massas pelas massas molares usando as relações

$$m_d = \frac{M_d}{N_A} \quad \text{e} \quad m_t = \frac{M_t}{N_A},$$

em que N_A é o número de Avogadro. Fazendo essas substituições e levando em conta que $d^* = 1.000d$, podemos explicitar n na Eq. 43.6.6 para obter

$$n = \frac{2.000dN_A}{M_d + M_t},$$

o que nos dá

$$n = \frac{(2.000)(200\ \text{kg/m}^3)(6{,}02 \times 10^{23}\ \text{mol}^{-1})}{2{,}0 \times 10^{-3}\ \text{kg/mol} + 3{,}0 \times 10^{-3}\ \text{kg/mol}}$$
$$= 4{,}8 \times 10^{31}\ \text{m}^{-3}. \qquad \text{(Resposta)}$$

(b) De acordo com o critério de Lawson, uma vez atingida uma temperatura suficientemente elevada, por quanto tempo essa massa específica deve ser mantida para que a produção de energia seja igual ao consumo?

IDEIA-CHAVE

Para que haja uma situação de *breakeven*, a densidade específica deve ser mantida por um período de tempo τ dado pela Eq. 43.6.4 ($n\tau > 10^{20}$ s/m^3).

Cálculo: Temos

$$\tau > \frac{10^{20}\ \text{s/m}^3}{4{,}8 \times 10^{31}\ \text{m}^{-3}} \approx 10^{-12}\ \text{s}. \qquad \text{(Resposta)}$$

Revisão e Resumo

Energia Nuclear Os processos nucleares produzem um milhão de vezes mais energia por unidade de massa que os processos químicos.

Fissão Nuclear A Eq. 43.1.1 descreve a **fissão** do ^{236}U, que é formado quando o ^{235}U captura um nêutron térmico. Nas Eqs. 43.1.2 e 43.1.3 são mostradas as cadeias de decaimento de produtos da fissão. A energia liberada em um evento de fissão é da ordem de 200 MeV.

A fissão pode ser explicada pelo modelo coletivo, que se baseia em uma analogia entre o núcleo e uma gota de líquido, carregada eletricamente, que recebe uma energia de excitação. Para que a fissão ocorra, os fragmentos devem vencer, por tunelamento, uma barreira de potencial; isso só é possível se a energia de excitação E_n for da mesma ordem que a altura da barreira E_b.

Os nêutrons liberados durante a fissão tornam possível uma **reação em cadeia**. A Fig. 43.2.1 mostra o equilíbrio de nêutrons em um reator nuclear típico, e a Fig. 43.2.2 mostra o diagrama esquemático de um reator nuclear.

Fusão Nuclear A **fusão** de dois núcleos leves (um processo que libera energia) é inibida por uma barreira de potencial que se deve à repulsão eletrostática de duas cargas positivas. A fusão de átomos em grande escala só acontece se a temperatura for suficiente (ou seja, se a energia dos núcleos for suficiente) para que os núcleos vençam a barreira.

A principal fonte de energia do Sol é a queima termonuclear de hidrogênio para formar hélio no **ciclo próton-próton** representado na Fig. 43.5.1. Os elementos até $A = 62$ (o pico da curva de energia de ligação) podem ser produzidos por outros processos de fusão depois que o suprimento de hidrogênio de uma estrela se esgota. Os elementos mais pesados não podem ser formados por reações de fusão; acredita-se que sejam produzidos por captura de nêutrons durante as explosões de estrelas conhecidas como supernovas.

Fusão Controlada A **fusão termonuclear controlada** pode vir a ser uma importante fonte de energia. As reações d-d e d-t são as mais promissoras. Um reator de fusão deve satisfazer o **critério de Lawson**

$$n\tau > 10^{20}\ \text{s/m}^3, \tag{43.6.4}$$

além de manter o plasma a uma temperatura suficientemente elevada para que as fusões ocorram.

Em um **tokamak**, o plasma é confinado por campos magnéticos; na **fusão a laser**, utiliza-se o confinamento inercial.

Perguntas

1 No processo de fissão

$$^{235}\text{U} + \text{n} \longrightarrow {}^{132}\text{Sn} + {}^{\square}_{\square}\square + 3\text{n},$$

(a) qual é o número que deve ser colocado no quadrado pequeno de cima; (b) qual é o número que deve ser colocado no quadrado de baixo (o valor de Z); (c) qual é o símbolo do elemento que deve ser colocado no quadrado grande?

2 Se um processo de fusão envolve a absorção de energia, a energia média de ligação por núcleon aumenta ou diminui?

3 Suponha que um núcleo de ^{238}U absorva um nêutron e decaia, não por fissão, mas por emissão beta menos, emitindo um elétron e um neutrino. Qual é o nuclídeo resultante: ^{239}Pu, ^{238}Np, ^{239}Np ou ^{238}Pa?

4 Os fragmentos iniciais da fissão têm mais prótons que nêutrons, mais nêutrons que prótons, ou aproximadamente o mesmo número de prótons e nêutrons?

5 Na reação de fissão

$$^{235}\text{U} + \text{n} \rightarrow \text{X} + \text{Y} + 2\text{n},$$

coloque os nuclídeos a seguir, que podem tomar o lugar de X (ou de Y), em ordem de probabilidade, começando pelo mais provável: ^{152}Nd, ^{140}I, ^{128}In, ^{115}Pd, ^{105}Mo. (*Sugestão*: Ver Fig. 43.1.1.)

6 Para obter elementos muito pesados que não existem na natureza, os pesquisadores provocam colisões de núcleos de porte médio com núcleos pesados. Em algumas colisões, os núcleos se fundem para formar um dos elementos muito pesados. Nesse tipo de evento, a massa do produto é maior ou menor que a massa dos núcleos envolvidos na colisão?

7 Quando um núcleo se divide em dois núcleos menores com liberação de energia, a energia de ligação média por núcleo aumenta ou diminui?

8 Quais dos seguintes elementos *não são* produzidos por fusões termonucleares no interior das estrelas: carbono, silício, cromo, bromo?

9 O critério de Lawson para a reação d-t (Eq. 43.6.4) é $n\tau > 10^{20}$ s/m^3. Para a reação d-d, o número do lado direito da desigualdade deve ser igual, menor ou maior?

10 Cerca de 2% da energia gerada no centro do Sol pela reação p-p é transportada para fora do Sol por neutrinos. A energia associada a esse fluxo de neutrinos é igual, maior ou menor que a energia irradiada da superfície solar na forma de ondas eletromagnéticas?

11 Um reator nuclear está operando em certo nível de potência, com o fator de multiplicação k ajustado para 1. Se as barras de controle são usadas para reduzir a potência do reator a 25% do valor inicial, o novo fator de multiplicação é ligeiramente menor que 1, muito menor que 1 ou continua igual a 1?

12 Escolha, nos pares a seguir, o nuclídeo mais provável como fragmento inicial de um evento de fissão: (a) ^{93}Sr ou ^{93}Ru, (b) ^{140}Gd ou ^{140}I, (c) ^{155}Nd ou ^{155}Lu. (*Sugestão*: Ver Fig. 42.2.1 e a tabela periódica, e leve em conta o número de nêutrons.)

Problemas

F Fácil **M** Médio **D** Difícil

CVF Informações adicionais disponíveis no e-book *O Circo Voador da Física*, de Jearl Walker, LTC Editora, Rio de Janeiro, 2008.

CALC Requer o uso de derivadas e/ou integrais

BIO Aplicação biomédica

Módulo 43.1 Fissão Nuclear

1 F O ^{235}U decai por emissão alfa com uma meia-vida de $7{,}0 \times 10^8$ anos. Também decai (raramente) por fissão espontânea; se o decaimento alfa não acontecesse, a meia-vida desse nuclídeo exclusivamente por fissão espontânea seria $3{,}0 \times 10^{17}$ anos. (a) Qual é o número de fissões espontâneas por dia em 1,0 g de ^{235}U? (b) Quantos eventos de decaimento alfa do ^{235}U acontecem para cada evento de fissão espontânea?

2 F Uma energia de 4,2 MeV é necessária para fissionar o ^{238}Np. Para remover um nêutron desse nuclídeo, é necessária uma energia de 5,0 MeV. O ^{237}Np pode ser fissionado por nêutrons térmicos?

3 F Um nêutron térmico (com energia cinética desprezível) é absorvido por um núcleo de ^{238}U. Qual é o valor da energia convertida de energia de repouso do nêutron em oscilação do núcleo? A lista a seguir mostra a massa do nêutron e de alguns isótopos do urânio.

^{237}U	237,048 723 u	^{238}U	238,050 782 u
^{239}U	239,054 287 u	^{240}U	240,056 585 u
n	1,008 664 u		

4 F As propriedades de fissão do isótopo do plutônio ^{239}Pu são muito semelhantes às do ^{235}U. A energia média liberada por fissão é 180 MeV. Qual seria a energia liberada, em MeV, se todos os átomos contidos em 1,00 kg de ^{239}Pu puro sofressem fissão?

5 F Durante a Guerra Fria, o primeiro-ministro da União Soviética ameaçou os Estados Unidos com ogivas nucleares de 2,0 megatons de ^{239}Pu. (Cada ogiva teria o poder explosivo equivalente a 2,0 megatons de TNT; um megaton de TNT libera uma energia de $2{,}6 \times 10^{28}$ MeV.) Se a fissão ocorre em 8,00% dos átomos de plutônio, qual é a massa total de plutônio presente em uma dessas ogivas?

6 F (a) a (d) Complete a tabela a seguir, que se refere à reação de fissão genérica $^{235}\text{U} + \text{n} \rightarrow \text{X} + \text{Y} + b\text{n}$.

X	Y	b
^{140}Xe	(a)	1
^{139}I	(b)	2
(c)	^{100}Zr	2
^{141}Cs	^{92}Rb	(d)

7 F Qual deve ser o número de núcleos por segundo de ^{235}U fissionados por nêutrons para que seja desenvolvida uma potência de 1,0 W? Suponha que $Q = 200$ MeV.

8 F (a) Calcule a energia de desintegração Q para a fissão do ^{98}Mo em dois fragmentos iguais. As massas envolvidas são 97,905 41 u (^{98}Mo) e 48,950 02 u (^{49}Sc). (b) Se Q for positiva, explique por que o processo não ocorre espontaneamente.

9 F (a) Quantos átomos existem em 1,0 kg de ^{235}U puro? (b) Qual seria a energia, em joules, liberada pela fissão completa de 1,0 kg de ^{235}U? Suponha que $Q = 200$ MeV. (c) Durante quanto tempo essa energia manteria acesa uma lâmpada de 100 W?

10 F Calcule a energia liberada na reação de fissão

$$^{235}\text{U} + \text{n} \rightarrow {}^{141}\text{Cs} + {}^{93}\text{Rb} + 2\text{n}.$$

As massas das partículas envolvidas são

^{235}U	235,043 92 u	^{93}Rb	92,921 57 u
^{141}Cs	140,919 63 u	n	1,008 66 u

11 F Calcule a energia de desintegração Q para a fissão do ^{52}Cr em dois fragmentos iguais. As massas envolvidas são

^{52}Cr	51,940 51 u	^{26}Mg	25,982 59u.

12 M Considere a fissão do ^{238}U por nêutrons rápidos. Em um desses eventos de fissão, nenhum nêutron foi emitido, e os produtos finais estáveis, depois do decaimento beta dos produtos primários da fissão, foram o ^{140}Ce e o ^{99}Ru. (a) Quantos eventos de decaimento beta ocorreram no total, considerando os dois fragmentos? (b) Calcule o valor de Q para este processo de fissão. As massas envolvidas são

^{238}U	238,050 79 u	^{140}Ce	139,905 43 u
n	1,008 66 u	^{99}Ru	98,905 94 u

13 M Suponha que, imediatamente após a fissão do ^{236}U, conforme a reação da Eq. 43.1.1, os núcleos de ^{140}Xe e ^{94}Sr estejam tão próximos que as superfícies dos dois núcleos se toquem. (a) Supondo que os núcleos sejam esféricos, calcule a energia potencial elétrica (em MeV) associada à repulsão mútua dos fragmentos. (*Sugestão*: Use a Eq. 42.2.3 para calcular o raio dos fragmentos.) (b) Compare essa energia com a energia liberada em um evento de fissão típico.

14 M Um núcleo de ^{236}U sofre fissão e se parte em dois fragmentos de massa média, ^{140}Xe e ^{96}Sr. (a) Qual é a diferença percentual entre a área da superfície dos produtos de fissão e a área da superfície do núcleo original? (b) Qual é a diferença percentual de volume? (c) Qual é a diferença percentual de energia potencial elétrica? A energia potencial elétrica de uma esfera uniformemente carregada de raio r e carga Q é dada por

$$U = \frac{3}{5}\left(\frac{Q^2}{4\pi\varepsilon_0 r}\right).$$

15 M Uma bomba atômica de 66 quilotons é feita de ^{235}U puro (Fig. 43.1), e apenas 4,0% do material sofre fissão. (a) Qual é a massa de urânio na bomba? (Não é 66 quilotons; essa é a energia produzida pela bomba expressa em termos da massa de TNT necessária para produzir a mesma energia.) (b) Quantos fragmentos primários de fissão são produzidos? (c) Quantos nêutrons são gerados nas fissões e liberados no ambiente? (Em média, cada fissão produz 2,5 nêutrons.)

Cortesia de Martin Marietta Energy Systems/U.S. Department of Energy

Figura 43.1 Problema 15. Um "botão" de ^{235}U, pronto para ser refundido, usinado e incorporado a uma ogiva nuclear.

16 M Em uma bomba atômica, a liberação de energia se deve à fissão não controlada de ^{239}Pu (ou ^{235}U). O poder explosivo da bomba é expresso em termos da massa de TNT necessária para produzir a mesma liberação de energia. A explosão de um megaton (10^6 toneladas) de TNT libera uma energia de $2{,}6 \times 10^{28}$ MeV. (a) Calcule o poder explosivo em megatons de uma bomba atômica que contém 95 kg de ^{239}Pu, dos quais 2,5 kg sofrem fissão (ver Problema 4). (b) Por que os outros 92,5 kg de ^{239}Pu são necessários se não sofrem fissão?

17 M Em um evento no qual o ^{235}U é fissionado por um nêutron térmico, nenhum nêutron é emitido e um dos fragmentos primários da fissão é o ^{83}Ge. (a) Qual é o outro fragmento? A energia de desintegração é $Q = 170$ MeV. Que parte dessa energia vai (b) para o ^{83}Ge e (c) para o outro fragmento? Calcule a velocidade, logo após a fissão, (d) do ^{83}Ge e (e) do outro fragmento.

Módulo 43.2 O Reator Nuclear

18 F Um reator de fissão de 200 MW consumiu metade do combustível em 3,00 anos. Qual era a quantidade inicial de ^{235}U? Suponha que toda a energia tenha sido produzida a partir da fissão de ^{235}U e que esse nuclídeo tenha sido consumido apenas pelo processo de fissão.

19 M O tempo de geração de nêutrons t_{ger} de um reator é o tempo médio necessário para que um nêutron rápido emitido em uma fissão seja termalizado e, portanto, possa produzir outra fissão. Suponha que a potência de um reator no instante $t = 0$ é P_0. Mostre que a potência do reator em um instante $t > 0$ é dada por $P(t) = P_0 k^{t/t_{ger}}$, em que k é o fator de multiplicação. Para $k = 1$, a potência se mantém constante, independentemente do valor de t_{ger}.

20 M Um reator está operando a 400 MW com um tempo de geração de nêutrons (ver Problema 19) de 30,0 ms. Se a potência aumenta durante 5,00 minutos com um fator de multiplicação de 1,0003, qual é a potência no final desse intervalo?

21 M A energia térmica gerada quando as emissões de radionuclídeos são absorvidas pela matéria serve de base para a construção de pequenas fontes de energia usadas em satélites, sondas espaciais e estações meteorológicas situadas em locais de difícil acesso. Esses radionuclídeos são produzidos em grande quantidade nos reatores nucleares e podem ser separados quimicamente dos outros rejeitos da fissão. Um dos radionuclídeos mais usados para esse fim é o ^{238}Pu ($T_{1/2} = 87{,}7$ anos), que é um emissor alfa com $Q = 5{,}50$ MeV. Qual é a potência desenvolvida por 1,00 kg desse material?

22 M O tempo de geração de nêutrons t_{ger} (ver Problema 19) em um reator é 1,0 ms. Se o reator está operando com uma potência de 500 MW, quantos nêutrons livres estão presentes no reator em um dado instante?

23 M O tempo de geração de nêutrons (ver Problema 19) em um reator é 1,3 ms. O reator está operando com uma potência de 1.200 MW. Para que sejam realizados alguns testes de rotina, a potência do reator deve ser reduzida temporariamente para 350,00 MW. Deseja-se que a transição para o novo regime leve 2,6000 s. Para qual novo valor (constante) deve ser ajustado o fator de multiplicação para que a transição aconteça da forma prevista?

24 M (Ver Problema 21.) Entre os muitos produtos de fissão que podem ser extraídos quimicamente do combustível irradiado de um reator nuclear está o ^{90}Sr ($T_{1/2} = 29$ anos). A radioatividade desse isótopo, que é produzido em reatores de grande porte à taxa de cerca de 18 kg/ano, é capaz de desenvolver uma potência térmica de 0,93 W/g. (a) Calcule a energia de desintegração efetiva Q_{ef} associada ao decaimento de um núcleo de ^{90}Sr. (O valor de Q_{ef} inclui as contribuições de todos os produtos da cadeia de decaimento do ^{90}Sr, com exceção dos neutrinos, cuja energia é totalmente perdida.) (b) Deseja-se construir uma fonte de alimentação capaz de gerar 150 W de eletricidade para uso em um transmissor submarino de sonar usado para guiar embarcações. Se a fonte utiliza a energia térmica gerada pelo ^{90}Sr e se a eficiência da conversão termelétrica é 5,0%, qual é a quantidade necessária de ^{90}Sr?

25 M (a) Um nêutron de massa m_n e energia cinética K sofre uma colisão elástica frontal com um átomo estacionário de massa m. Mostre que a fração de energia cinética perdida pelo nêutron é dada por

$$\frac{\Delta K}{K} = \frac{4m_n m}{(m + m_n)^2}.$$

Determine o valor de $\Delta K/K$ para os seguintes alvos estacionários: (b) hidrogênio, (c) deutério, (d) carbono e (e) chumbo. (f) Se inicialmente $K = 1{,}00$ MeV, quantas colisões desse tipo são necessárias para que a energia cinética do nêutron seja reduzida ao valor térmico (0,025 eV) se o alvo for o deutério, um átomo frequentemente usado como moderador? (Na prática, a eficiência dos moderadores é menor que nesse modelo porque a maioria das colisões não é do tipo frontal.)

Módulo 43.3 Um Reator Nuclear Natural

26 F Quantos anos se passaram desde que a razão $^{235}U/^{238}U$ nos depósitos naturais de urânio era igual a 0,15?

27 F Calcula-se que o reator natural de fissão discutido no Módulo 43.3 tenha gerado 15 gigawatts-anos de energia durante o tempo em que funcionou. (a) Se o reator durou 200.000 anos, qual foi a potência média de operação? (b) Quantos quilogramas de ^{235}U foram consumidos pelo reator?

28 M Algumas amostras de urânio retiradas do local onde funcionou o reator natural de fissão discutido no Módulo 43.3 estavam levemente *enriquecidas* em ^{235}U, em vez de empobrecidas. Explique essa observação em termos da absorção de um nêutron pelo isótopo mais abundante do urânio, ^{238}U, e decaimento do nuclídeo resultante por meio de emissões beta e alfa.

29 **M** O urânio natural hoje contém apenas 0,72% de ^{235}U em mistura com o ^{238}U, uma quantidade insuficiente para fazer funcionar um reator do tipo PWR. Por essa razão, o urânio deve ser enriquecido artificialmente em ^{235}U. Tanto o ^{235}U ($T_{1/2} = 7{,}0 \times 10^8$ anos) como o ^{238}U ($T_{1/2} = 4{,}5 \times 10^9$ anos) são radioativos. Quantos anos se passaram desde a época em que o urânio natural, com uma razão ^{235}U/^{238}U de 3,0%, poderia ter sido usado diretamente em um reator?

Módulo 43.4 Fusão Termonuclear: O Processo Básico

30 **F** Mostre que a fusão de 1,0 kg de deutério pela reação

$$^{2}\text{H} + {}^{2}\text{H} \rightarrow {}^{3}\text{He} + \text{n} \qquad (Q = +3{,}27 \text{ MeV})$$

pode manter uma lâmpada de 100 W funcionando durante $2{,}5 \times 10^4$ anos.

31 **F** Calcule a altura da barreira eletrostática para a colisão frontal de dois dêuterons com um raio efetivo de 2,1 fm.

32 **M** Outros métodos, além do aquecimento do material, têm sido propostos para vencer a barreira eletrostática que impede a fusão nuclear. Um desses métodos seria o uso de aceleradores de partículas para acelerar dois feixes de dêuterons e provocar colisões frontais. (a) Que tensão seria necessária para acelerar cada um dos feixes até que os dêuterons tivessem uma energia suficiente para vencer a barreira eletrostática? (b) Por que esse método não é usado atualmente?

33 **M** Calcule a altura da barreira eletrostática para a colisão frontal de dois núcleos de ^{7}Li com a mesma energia cinética K. (*Sugestão*: Use a Eq. 42.2.3 para calcular o raio dos núcleos.)

34 **M** Na Fig. 43.4.1, a equação de $n(K)$, a concentração de prótons por unidade de energia, é

$$n(K) = 1{,}13n \frac{K^{1/2}}{(kT)^{3/2}} e^{-K/kT},$$

em que n é a concentração total de prótons (número de prótons por unidade de volume). No centro do Sol, a temperatura é $1{,}50 \times 10^7$ K e a energia média dos prótons, $K_{méd}$, é 1,94 keV. Calcule a razão entre a concentração de prótons com 5,00 keV e a concentração de prótons com uma energia igual à energia média.

Módulo 43.5 Fusão Termonuclear no Sol e em Outras Estrelas

35 **F** Suponha que todos os prótons em um "gás" de prótons possuam uma energia cinética igual a kT, em que k é a constante de Boltzmann e T é a temperatura absoluta. Se $T = 1 \times 10^7$ K, qual é (aproximadamente) a distância mínima entre dois prótons?

36 **F** Determine o Q do seguinte processo de fusão:

$$^{2}\text{H}_1 + {}^{1}\text{H}_1 \rightarrow {}^{3}\text{He}_2 + \text{fóton}$$

As massas envolvidas são

^{2}H$_1$	2,014 102 u	^{1}H$_1$	1,007 825 u
^{3}He$_2$	3,016 029 u		

37 **F** O Sol tem massa de $2{,}0 \times 10^{30}$ kg e irradia uma potência de $3{,}9 \times 10^{26}$ W para o espaço. (a) Qual é a taxa, em kg/s, com a qual o Sol transforma a massa em outras formas de energia? (b) Que fração da massa original o Sol perdeu dessa forma desde que começou a queimar hidrogênio, há cerca de $4{,}5 \times 10^9$ anos?

38 **F** Vimos que o Q do ciclo de fusão próton-próton é 26,7 MeV. Qual é a relação entre esse número e os valores de Q para as diversas reações que compõem o ciclo, mostradas na Fig. 43.5.1?

39 **F** Mostre que a energia liberada quando três partículas alfa se fundem para formar ^{12}C é 7,27 MeV. A massa atômica do ^{4}He é 4,0026 u e a do ^{12}C é 12,0000 u.

40 **M** Calcule e compare a energia liberada (a) pela fusão de 1,0 kg de hidrogênio no interior do Sol e (b) pela fissão de 1,0 kg de ^{235}U em um reator nuclear.

41 **M** Uma estrela converte todo o hidrogênio em hélio, passando a ser composta por 100% de hélio. Em seguida, converte o hélio em carbono pelo processo triplo alfa,

$$^{4}\text{He} + {}^{4}\text{He} + {}^{4}\text{He} \rightarrow {}^{12}\text{C} + 7{,}27 \text{ MeV}.$$

A massa da estrela é $4{,}6 \times 10^{32}$ kg e ela gera energia à taxa de $5{,}3 \times 10^{30}$ W. Quanto tempo leva para converter todo o hélio em carbono?

42 **M** Mostre que os três valores de Q dados no texto para as reações da Fig. 43.5.1 estão corretos. As massas envolvidas são

^{1}H	1,007 825 u	^{4}He	4,002 603 u
^{2}H	2,014 102 u	$e^{\pm}$	0,000 548 6 u
^{3}He	3,016 029 u		

(*Sugestão*: Não confunda as massas atômicas com as massas nucleares, e leve em conta a existência de pósitrons entre os produtos de decaimento.)

43 **M** A Fig. 43.2 mostra um dos primeiros projetos de uma bomba de hidrogênio. O combustível para a fusão é o deutério, ^{2}H. Uma esfera feita do material é envolvida por uma casca de ^{235}U ou ^{239}Pu, cuja fissão explosiva aquece e comprime o deutério, fazendo com que atinja altas temperaturas e densidades necessárias para que haja uma reação de fusão autossustentável. A reação de fusão é a seguinte:

$$5\,{}^{2}\text{H} \rightarrow {}^{3}\text{He} + {}^{4}\text{He} + {}^{1}\text{H} + 2\text{n}.$$

(a) Calcule o valor de Q para a reação de fusão. As massas atômicas envolvidas aparecem no Problema 42. (b) Calcule o poder explosivo, em megatons, da parte de fusão da bomba (ver Problema 16) se ela contiver 500 kg de deutério e se 30,0% do material sofrer fusão.

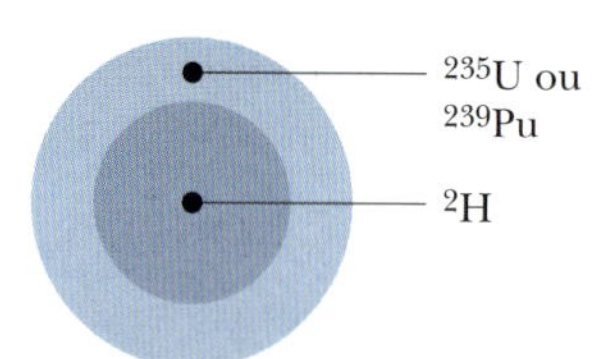

Figura 43.2 Problema 43.

44 **M** Suponha que a parte central do Sol contenha um oitavo da massa total e ocupe uma esfera de raio igual a um quarto do raio solar. Suponha ainda que a parte central seja composta de 35% de hidrogênio (em massa) e que toda a energia do Sol seja produzida nessa região. Se o Sol continuasse a queimar hidrogênio à taxa atual de $6{,}2 \times 10^{11}$ kg/s, quanto tempo seria necessário para que todo o hidrogênio fosse consumido? A massa do Sol é $2{,}0 \times 10^{30}$ kg.

45 **M** (a) Calcule quantos neutrinos por segundo são produzidos no Sol, supondo que toda a energia solar seja gerada pelo ciclo próton-próton. (b) De acordo com o resultado do item (a), quantos neutrinos solares deveriam chegar à Terra por segundo?

46 **M** No caso de certas estrelas, o *ciclo do carbono* é mais provável do que o ciclo próton-próton como forma de gerar energia. O ciclo do carbono envolve as seguintes reações:

$$^{12}\text{C} + {}^{1}\text{H} \rightarrow {}^{13}\text{N} + \gamma, \qquad Q_1 = 1{,}95 \text{ MeV},$$
$$^{13}\text{N} \rightarrow {}^{13}\text{C} + e^{+} + \nu, \qquad Q_2 = 1{,}19,$$
$$^{13}\text{C} + {}^{1}\text{H} \rightarrow {}^{14}\text{N} + \gamma, \qquad Q_3 = 7{,}55,$$
$$^{14}\text{N} + {}^{1}\text{H} \rightarrow {}^{15}\text{O} + \gamma, \qquad Q_4 = 7{,}30,$$
$$^{15}\text{O} \rightarrow {}^{15}\text{N} + e^{+} + \nu, \qquad Q_5 = 1{,}73,$$
$$^{15}\text{N} + {}^{1}\text{H} \rightarrow {}^{12}\text{C} + {}^{4}\text{He}, \qquad Q_6 = 4{,}97.$$

(a) Mostre que esse ciclo de reações é equivalente, quando considerado como um todo, ao ciclo próton-próton da Fig. 43.5.1. (b) Mostre que os dois ciclos (como não poderia deixar de ser) têm o mesmo valor de Q.

47 **M** A queima do carvão acontece de acordo com a reação C + $O_2 \rightarrow CO_2$. O calor de combustão é $3{,}3 \times 10^7$ J/kg de carbono atômico consumido. (a) Expresse esse valor em termos da energia produzida por átomo de carbono. (b) Expresse esse valor em termos da energia produzida por quilograma dos reagentes iniciais, carbono e oxigênio. (c) Suponha que o Sol (massa = $2{,}0 \times 10^{30}$ kg) fosse feito de carbono e oxigênio nas proporções adequadas para a combustão total do carbono, produzindo energia à taxa atual ($3{,}9 \times 10^{26}$ W), quanto tempo o Sol levaria para queimar todo o combustível?

Módulo 43.6 Fusão Nuclear Controlada

48 **F** Mostre que os valores de Q dados nas Eqs. 43.6.1, 43.6.2 e 43.6.3 estão corretos. As massas envolvidas são:

^{1}H	1,007 825 u	^{4}He	4,002 603 u
^{2}H	2,014 102 u	n	1,008 665 u
^{3}H	3,016 049 u		

49 **M** A água comum contém aproximadamente 0,0150% em massa de "água pesada", na qual um dos dois átomos de hidrogênio é substituído por um átomo de deutério, ^{2}H. Qual seria a potência gerada pela "queima" de todo o deutério contido em 1,00 litro de água em 1,00 dia, se fosse possível fazer os átomos de deutério se fundirem segundo a reação $^2\text{H} + {}^2\text{H} \rightarrow {}^3\text{He} + \text{n}$?

Problemas Adicionais

50 O Q efetivo para o ciclo próton-próton da Fig. 43.5.1 é 26,2 MeV. (a) Expresse esse valor de Q em termos de energia por quilograma de hidrogênio consumido. (b) A potência do Sol é $3{,}9 \times 10^{26}$ W. Se essa energia é produzida inteiramente pelo ciclo próton-próton, a que taxa o Sol está perdendo hidrogênio? (c) A que taxa o Sol está perdendo massa? (d) Explique a diferença entre os resultados dos itens (b) e (c). (e) A massa do Sol é $2{,}0 \times 10^{30}$ kg. Se o Sol continuar perdendo massa à taxa calculada no item (c), quanto tempo ele levará para perder 0,10% da massa total?

51 Muitas pessoas temem que ajudar as nações emergentes a desenvolver a tecnologia dos reatores nucleares pode aumentar a probabilidade de uma guerra nuclear, já que, além de produzir energia, os reatores podem ser usados, por meio da captura de nêutrons pelo ^{238}U, para produzir ^{239}Pu, um material que pode ser usado para fazer bombas. Que série de reações, envolvendo captura de nêutrons e decaimentos beta, leva à formação desse isótopo do plutônio?

52 Na reação de fusão dêuteron-tríton da Eq. 43.6.3, qual é a energia cinética (a) da partícula alfa e (b) do nêutron? Despreze a energia cinética das duas partículas do lado esquerdo da equação em presença das outras energias envolvidas.

53 Mostre que, como é dito no Módulo 43.1, os nêutrons em equilíbrio com o meio à temperatura ambiente, 300 K, têm energia cinética de aproximadamente 0,04 eV.

54 Mostre que, como informa a Tabela 43.1.1, as fissões do ^{235}U contido em 1,0 kg de UO_2 (enriquecido de tal forma que o ^{235}U constitui 3% do urânio total) poderiam manter acesa uma lâmpada de 100 W durante 690 anos.

55 No centro do Sol, a massa específica é $1{,}5 \times 10^5$ kg/m^3 e a composição é 35% de hidrogênio e 65% de hélio (em massa). (a) Qual é o número de prótons por unidade de volume no centro do Sol? (b) Qual é a razão entre esse número e o número de moléculas por unidade de volume de um gás ideal nas condições normais de temperatura (0°C) e pressão ($1{,}01 \times 10^5$ Pa)?

56 A expressão da distribuição de velocidades de Maxwell das moléculas de um gás é dada no Capítulo 19. (a) Mostre que a *energia mais provável* é dada por

$$K_p = \tfrac{1}{2}kT.$$

Mostre que esse resultado está correto para a curva $n(K)$ da Fig. 43.4.1, que foi traçada para $T = 1{,}5 \times 10^7$ K. (b) Mostre que a *velocidade mais provável* é dada por

$$v_p = \sqrt{\frac{2kT}{m}}.$$

Calcule o valor de v_p para o caso de prótons a uma temperatura $T = 1{,}5 \times 10^7$ K. (c) Mostre que a *energia correspondente à velocidade mais provável* (que não é a mesma coisa que a energia mais provável) é dada por

$$K_{v,p} = kT.$$

Assinale esse ponto na curva de $n(K)$ da Fig. 43.4.1.

57 Suponha que o raio da esfera de combustível do Exemplo 43.6.1 antes de ser comprimida seja 20 μm. Se a esfera, depois de ser comprimida, "queima" com uma eficiência de 10%, ou seja, se 10% dos dêuterons e 10% dos trítons sofrem a reação de fusão da Eq. 43.6.3, (a) qual é a energia liberada na explosão de uma única esfera? (b) Qual é a energia equivalente em gramas de TNT? O calor de combustão do TNT é 4,6 MJ/kg. (c) Se um reator de fusão faz 100 esferas explodirem por segundo, qual é a potência desenvolvida pelo reator? (Parte dessa potência seria usada para alimentar os lasers.)

58 Suponha que a temperatura do plasma em um reator de fusão a laser seja 1×10^8 K. (a) Qual é a velocidade mais provável de um dêuteron a essa temperatura? (b) Qual é a distância percorrida por um dêuteron com essa velocidade em um tempo de confinamento de 1×10^{-12} s?

CAPÍTULO 44

Quarks, Léptons e o Big Bang

44.1 PROPRIEDADES GERAIS DAS PARTÍCULAS ELEMENTARES

Objetivos do Aprendizado

Depois de ler este módulo, você será capaz de ...

44.1.1 Saber que existem muitas partículas elementares e que quase todas são instáveis.

44.1.2 Saber que as mesmas equações usadas para estudar o decaimento dos nuclídeos radioativos podem ser aplicadas ao decaimento das partículas elementares instáveis.

44.1.3 Saber que o spin é o momento angular intrínseco das partículas elementares.

44.1.4 Conhecer a diferença entre férmions e bósons e saber qual dos dois tipos de partículas obedece ao princípio de exclusão de Pauli.

44.1.5 Conhecer a diferença entre léptons e hádrons e saber quais são os dois tipos de hádrons.

44.1.6 Saber o que são antipartículas e o que é a aniquilação mútua de uma partícula e uma antipartícula.

44.1.7 Saber a diferença entre a interação forte e a interação fraca.

44.1.8 Aplicar as leis de conservação da carga elétrica, do momento linear, do momento angular e da energia para verificar se uma reação entre partículas elementares é possível.

Ideias-Chave

- O termo partícula elementar, atualmente, é aplicado a qualquer partícula menor que um átomo.
- Os termos partícula e antipartícula são aplicados a duas partículas com a mesma massa e o mesmo spin, mas com os outros números quânticos com sinais opostos.
- Os férmions (partículas de spin semi-inteiro) obedecem ao princípio de exclusão de Pauli; os bósons (partículas de spin inteiro) não obedecem ao princípio de exclusão de Pauli.

O que É Física?

Os físicos costumam chamar as teorias da relatividade e da física quântica de "física moderna" para distingui-las das teorias da mecânica newtoniana e do eletromagnetismo maxwelliano, que são consideradas "física clássica". Com o passar dos anos, o adjetivo "moderna" parece cada vez menos apropriado para teorias cujos fundamentos foram estabelecidos nos primeiros anos do século passado. Afinal de contas, Einstein publicou seu artigo sobre o efeito fotelétrico e o primeiro artigo sobre relatividade restrita em 1905, Bohr propôs um modelo para o átomo de hidrogênio em 1913 e Schrödinger formulou a equação das ondas de matéria em 1926. Mesmo assim, a expressão "física moderna" continua a ser usada para designar essas teorias.

Neste último capítulo, vamos discutir duas linhas de pesquisa que realmente merecem ser chamadas de "modernas", embora tenham por objetivo investigar o que ocorreu no passado distante. Elas giram em torno de duas perguntas aparentemente simples:

De que é feito o universo?

Como o universo se tornou o que é atualmente?

Nas últimas décadas, o progresso no estudo dessas questões tem sido considerável.

Muitas descobertas recentes foram feitas com base em experimentos realizados em grandes aceleradores de partículas. Entretanto, embora os cientistas continuem a promover colisões entre partículas com energias cada vez mais altas, usando aceleradores cada vez maiores, são forçados a reconhecer que nenhum acelerador terrestre será capaz de gerar partículas com energia suficiente para testar as teorias mais gerais. Só existiu uma fonte de partículas com essas energias: o próprio universo, no primeiro milissegundo de existência.

Neste capítulo, o leitor encontrará muitos termos pouco familiares e um grande número de partículas exóticas cujos nomes são difíceis de memorizar. Se isso deixar você um pouco confuso, saiba que esse sentimento é também o dos físicos que participam das pesquisas e que, às vezes, têm a impressão de que os novos resultados experimentais servem apenas para tornar as coisas ainda mais obscuras. A persistência, porém, é recompensada quando os dados dos físicos experimentais se combinam com novas e ousadas ideias dos físicos teóricos para proporcionar uma visão mais profunda do universo.

A mensagem principal deste livro é que, embora os seres humanos tenham aprendido muita coisa a respeito da física do universo, ainda restam muitos mistérios para serem desvendados.

Partículas, Partículas e Mais Partículas

Na década de 1930, muitos cientistas acreditavam que o problema da estrutura básica da matéria estava muito próximo de ser resolvido. O átomo era constituído por apenas três partículas: o elétron, o próton e o nêutron. A física quântica podia explicar a estrutura do átomo e o decaimento alfa das substâncias radioativas. Os mistérios do decaimento beta tinham sido aparentemente resolvidos depois que Enrico Fermi postulara a existência de uma nova partícula, o neutrino. Havia a esperança de que a aplicação da teoria quântica aos prótons e aos nêutrons levasse em breve a um modelo para a estrutura do núcleo. O que mais havia para explicar?

A euforia não durou muito tempo. Antes do final da década, começou um período de descoberta de novas partículas que perdura até hoje. As novas partículas têm nomes e símbolos como *múon* (μ), *píon* (π), *káon* (K) e *sigma* (Σ). Todas as novas partículas são instáveis, isto é, transformam-se espontaneamente em outras partículas segundo as mesmas leis que regem o comportamento dos núcleos instáveis. Assim, se N_0 partículas de um tipo estão presentes em uma amostra no instante $t = 0$, o número N de partículas em um instante $t > 0$ é dado pela Eq. 42.3.5,

$$N = N_0 e^{-\lambda t}, \qquad (44.1.1)$$

e a taxa de decaimento R é dada pela Eq. 42.3.6,

$$R = R_0 e^{-\lambda t}, \qquad (44.1.2)$$

em que R_0 é a taxa de decaimento no instante $t = 0$.

A meia-vida $T_{1/2}$, a constante de decaimento λ e a vida média τ estão relacionadas pela Eq. 42.3.8,

$$T_{1/2} = \frac{\ln 2}{\lambda} = \tau \ln 2. \qquad (44.1.3)$$

A meia-vida das novas partículas varia de 10^{-6} a 10^{-23} s. Algumas têm um tempo de vida tão curto que não podem ser detectadas diretamente, sendo identificadas apenas pelos produtos de decaimento.

As novas partículas são quase sempre produzidas em colisões frontais entre prótons ou elétrons de alta energia produzidos em aceleradores situados em laboratórios, como o Brookhaven National Laboratory (perto de Nova York), o Fermilab (perto de Chicago), o CERN (perto de Genebra), o SLAC (perto de San Francisco) e o DESY (perto de Hamburgo). Foram descobertas com o auxílio de detectores cuja sofisticação aumentou até se tornarem tão grandes e complexos como os próprios aceleradores de partículas de algumas décadas atrás (Fig. 44.1.1).

Hoje em dia são conhecidas centenas de partículas. Para batizá-las, os físicos esgotaram as letras do alfabeto grego, e a maioria é conhecida apenas pelo número de ordem em um catálogo de partículas que é publicado regularmente. Para dar sentido a essa profusão de partículas, os cientistas procuram classificá-las de acordo com critérios

CERN Genebra

Figura 44.1.1 Um dos detectores do Large Hadron Collider do CERN, onde o Modelo-Padrão das partículas elementares está sendo testado. Observe a pessoa agachada em primeiro plano.

simples. O resultado é conhecido como **Modelo-Padrão** de partículas. Embora seja constantemente questionado pelos físicos teóricos, o modelo constitui, até o momento, a melhor forma de descrever as partículas conhecidas.

Para discutir o Modelo-Padrão, é conveniente dividir as partículas conhecidas de acordo com três propriedades: férmions/bósons, hádrons/léptons e partículas/antipartículas. Vamos examinar separadamente as três classificações.

Férmion ou Bóson?

Todas as partículas possuem um momento angular intrínseco chamado **spin**, que foi discutido, no caso de elétrons, prótons e nêutrons, no Módulo 32.5. Generalizando a notação usada naquela ocasião, podemos escrever a componente do spin $\vec{S}$ em qualquer direção (tomada como o eixo z) na forma

$$S_z = m_s\hbar \qquad \text{para } m_s = s, s-1, \ldots, -s, \tag{44.1.4}$$

em que $\hbar = h/2\pi$, m_s é o *número quântico magnético de spin* e s é o *número quântico de spin*. O último pode ter valores positivos semi-inteiros ($\frac{1}{2}, \frac{3}{2}, \ldots$) ou não negativos inteiros (0, 1, 2, ...). No caso do elétron, por exemplo, $s = \frac{1}{2}$. Assim, o spin de um elétron (medido em qualquer direção, como a direção z) pode ter os valores

$$S_z = \tfrac{1}{2}\hbar \qquad \text{(spin para cima)}$$

ou

$$S_z = -\tfrac{1}{2}\hbar \qquad \text{(spin para baixo).}$$

Na prática, o termo *spin* é usado para designar tanto o momento angular intrínseco da partícula, $\vec{S}$ (o uso correto), como o número quântico de spin da partícula, s. Assim, por exemplo, costuma-se dizer que o spin do elétron é $\frac{1}{2}$.

As partículas com número quântico de spin semi-inteiro, como os elétrons, são chamadas **férmions**, em homenagem a Enrico Fermi, que (juntamente com Paul Dirac) descobriu as leis estatísticas que regem o comportamento desse tipo de partícula. Os prótons e os nêutrons também têm $s = \frac{1}{2}$ e são férmions.

As partículas com número quântico de spin não negativo inteiro são chamadas **bósons**, em homenagem ao físico indiano Satyendra Nath Bose, que (juntamente com Albert Einstein) descobriu as leis estatísticas que regem o comportamento desse tipo de partícula. Os fótons, que têm $s = 1$, são bósons; outras partículas da mesma categoria serão discutidas mais adiante.

Essa pode parecer uma forma trivial de classificar partículas, mas é muito importante, pela seguinte razão:

Os férmions obedecem ao princípio de exclusão de Pauli, segundo o qual duas partículas não podem ocupar o mesmo estado quântico. Os bósons *não obedecem* ao princípio de exclusão de Pauli; o mesmo estado quântico pode ser ocupado por um número ilimitado de bósons.

Já vimos como é importante o princípio de exclusão de Pauli quando "montamos" os átomos colocando elétrons nos estados quânticos disponíveis em ordem crescente de energia. A aplicação desse princípio permite explicar a estrutura e as propriedades dos elementos e de sólidos como os metais e os semicondutores.

Como *não obedecem* ao princípio de exclusão de Pauli, os bósons tendem a se acumular nos estados quânticos de menor energia. Em 1995, um grupo de cientistas em Boulder, Colorado, conseguiu produzir um condensado de cerca de 2.000 átomos de rubídio 87 (que são bósons) em um único estado quântico de energia quase nula.

Para que isso aconteça, o vapor de rubídio tem que estar a uma temperatura tão baixa e com uma densidade tão grande que os comprimentos de onda de de Broglie dos átomos sejam maiores que a distância média entre os átomos. Quando essa condição é satisfeita, as funções de onda dos átomos se superpõem e todo o conjunto se torna um único sistema quântico, conhecido como *condensado de Bose-Einstein*. Como se pode ver na Fig. 44.1.2, quando a temperatura cai abaixo de $1{,}70 \times 10^{-7}$ K, aproximadamente, o sistema "colapsa" em um único estado quântico no qual a velocidade dos átomos é praticamente nula.

Hádron ou Lépton?

Podemos também classificar as partículas em termos das interações fundamentais a que estão sujeitas. A *interação gravitacional* age sobre *todas* as partículas, mas seu efeito é tão pequeno em comparação com o das outras interações que não é preciso

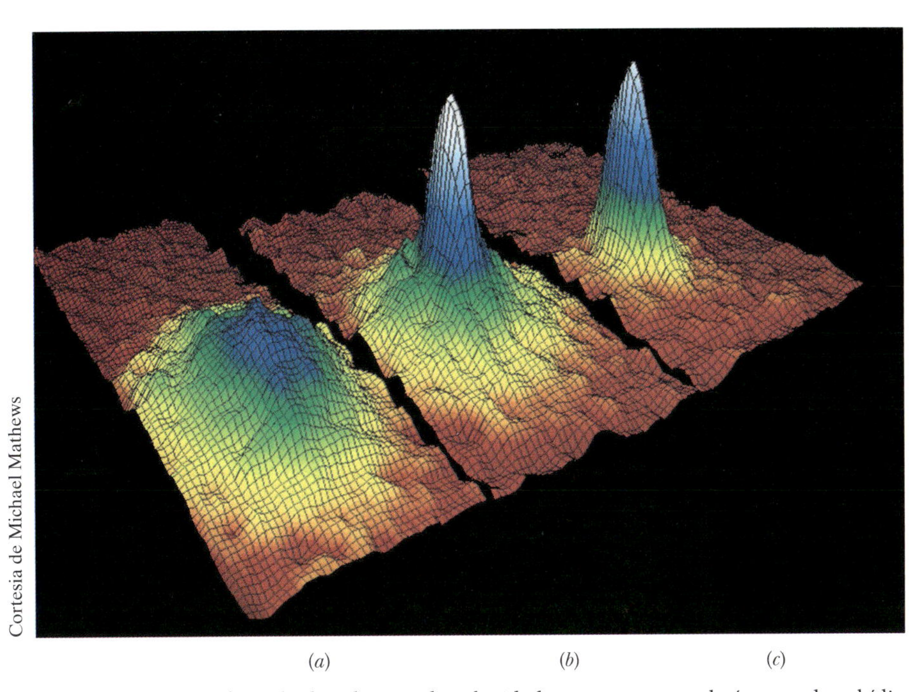

Figura 44.1.2 Gráficos da distribuição de velocidades em um vapor de átomos de rubídio 87, para três temperaturas diferentes. A temperatura é maior no gráfico (*a*), intermediária no gráfico, (*b*) e menor no gráfico (*c*). O gráfico (*c*) mostra um pico acentuado em torno do ponto de velocidade zero; isso significa que todos os átomos se encontram no mesmo estado quântico, formando o chamado "condensado de Bose-Einstein". Considerado por muitos como o Santo Graal da física atômica, o condensado de Bose Einstein havia sido previsto no início do século XX, mas só foi observado em 1995.

levá-la em consideração no estudo de partículas subatômicas (pelo menos, no estágio em que se encontram atualmente as pesquisas). A *interação eletromagnética* age sobre todas as partículas que possuem *carga elétrica*; seus efeitos são bem conhecidos e sabemos como levá-los em conta em caso de necessidade, mas serão praticamente ignorados neste capítulo.

Restam a *interação forte*, que mantém os núcleons unidos para formar os núcleos,[1] e a *interação fraca*, que está envolvida no decaimento beta e processos semelhantes. A interação fraca age sobre todas as partículas; a interação forte, apenas sobre algumas partículas.

Podemos, portanto, classificar as partículas com base nos efeitos da interação forte. As partículas que estão sujeitas à interação forte são chamadas **hádrons**; as partículas que não estão sujeitas à interação forte são chamadas **léptons**. O próton, o nêutron e o píon são hádrons; o elétron e o neutrino são léptons.

Os hádrons podem ser subdivididos em **mésons** e **bárions**. Enquanto os mésons, como o píon, são bósons, os bárions, como o próton e o nêutron, são férmions.

Partícula ou Antipartícula? 44.1

Em 1928, Dirac previu a existência de uma partícula semelhante ao elétron (e^-), mas com carga positiva. Essa partícula, o *pósitron* (e^+), foi descoberta na radiação cósmica em 1932 por Carl Anderson. Mais tarde, os físicos chegaram à conclusão de que *toda* partícula possui uma **antipartícula**. Os membros desses pares possuem a mesma massa, o mesmo spin, cargas elétricas opostas (se tiverem carga elétrica) e outros números quânticos (que ainda não discutimos) com sinais opostos.

A princípio, o nome *partícula* era usado para designar as partículas mais comuns na natureza, como os elétrons, os prótons e os nêutrons, e o nome *antipartícula* era reservado para partículas mais raras, encontradas apenas nos raios cósmicos, nos decaimentos das substâncias radioativas e nos aceleradores de partículas. Mais tarde, porém, no caso de partículas menos comuns, a atribuição dos nomes *partícula* e *antipartícula* passou a ser feita com base em certas leis de conservação que serão discutidas mais adiante. (Na prática, tanto partículas como antipartículas são frequentemente chamadas partículas.) Muitas vezes, mas nem sempre, os físicos representam uma antipartícula colocando uma barra sobre o símbolo da partícula correspondente. Assim, por exemplo, como p é o símbolo do próton, $\bar{p}$ (que se lê "p barra") é o símbolo do antipróton.

Aniquilação. Quando uma partícula encontra sua antipartícula, as duas podem se *aniquilar* mutuamente. Nesse caso, a partícula e a antipartícula desaparecem, e a energia que elas possuíam assume novas formas. No caso da aniquilação mútua de um elétron e um pósitron, são produzidos dois raios gama:

$$e^- + e^+ \rightarrow \gamma + \gamma. \tag{44.1.5}$$

Se o elétron e o pósitron estão estacionários no momento da aniquilação, a energia total é igual à soma das energias de repouso das duas partículas e é compartilhada igualmente pelos dois fótons. Como o momento linear total deve ser conservado, os fótons são emitidos em direções opostas.

Um grande número de átomos de anti-hidrogênio, formados por um pósitron e um antipróton (que se mantêm unidos como o elétron e o próton de um átomo de hidrogênio), já foi obtido e estudado no CERN. De acordo com o Modelo-Padrão, os níveis de energia de um átomo de anti-hidrogênio são os mesmos que os de um átomo de hidrogênio. Assim, qualquer diferença entre as transições eletrônicas do átomo de hidrogênio e as transições positrônicas do átomo de anti-hidrogênio (do primeiro estado excitado para o estado fundamental, por exemplo) seria uma indicação de que o Modelo-Padrão não está totalmente correto. Até o momento, não foi observada nenhuma diferença.

Um sistema de antipartículas, como é caso, por exemplo, de um átomo de anti-hidrogênio, recebe o nome de *antimatéria* para distingui-lo de um sistema de partículas

[1]Atualmente, a interação que mantém os núcleons unidos é chamada interação nuclear. Essa interação é considerada um efeito secundário da interação forte entre os quarks, que será discutida mais adiante. (N.T.)

comuns (*matéria*). No futuro, é possível que os cientistas e engenheiros venham a construir objetos feitos de antimatéria; entretanto, não há indícios de que existam naturalmente corpos de antimatéria. Pelo contrário; todas as estrelas e galáxias parecem ser feitas de matéria comum. Essa é uma observação inesperada, pois significa que, no início da história no universo, algum fator ainda desconhecido fez com que se formasse mais matéria do que antimatéria.

Interlúdio 44.1

Antes de tratar da classificação das partículas, vamos fazer uma digressão e tentar captar um pouco do espírito da física experimental de partículas analisando um evento típico, que aparece na imagem da Fig. 44.1.3*a*, obtida em uma câmara de bolhas.

Os rastros mostrados na figura são compostos pelas bolhas que se formam ao longo da trajetória de uma partícula eletricamente carregada quando a partícula atravessa uma câmara com hidrogênio líquido. Podemos identificar a partícula responsável

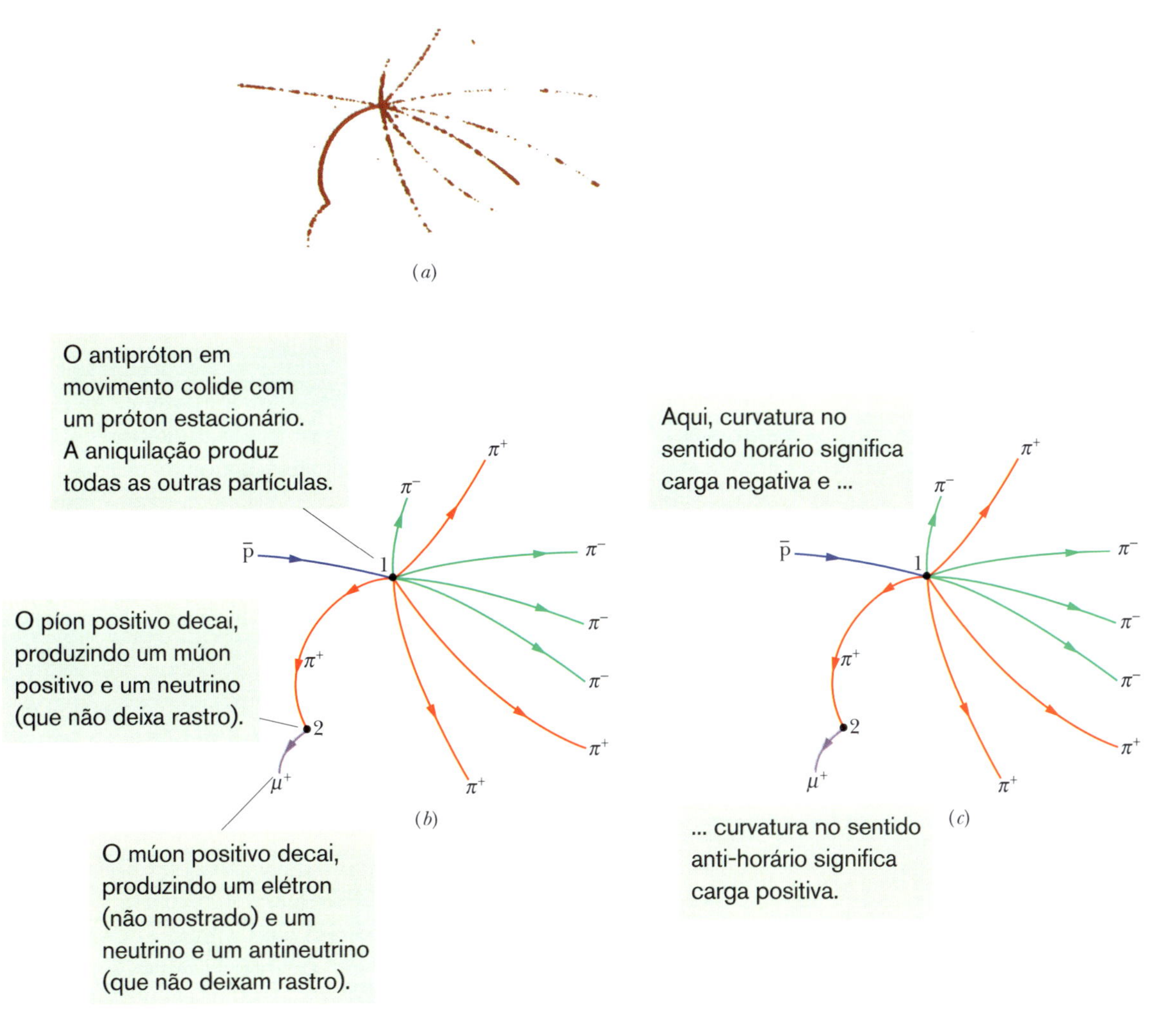

Parte (*a*): Cortesia do Lawrence Berkeley Laboratory

Figura 44.1.3 (*a*) Fotografia em uma câmara de bolhas de uma série de eventos iniciada por um antipróton que penetra na câmara vindo da esquerda. (*b*) Os mesmos rastros, reforçados para maior nitidez, com a identidade das partículas assinalada. (*c*) Os rastros são curvos porque a câmara está imersa em um campo magnético que modifica a trajetória das partículas que possuem carga elétrica.

Tabela 44.1.1 Partículas e Antipartículas Envolvidas no Evento da Fig. 44.1.3

Partícula	Símbolo	Carga q	Massa (MeV/c^2)	Número Quântico de Spin s	Tipo	Vida Média (s)	Antipartícula
Neutrino	ν	0	$\approx 1 \times 10^{-7}$	$\frac{1}{2}$	Lépton	Estável	$\bar{\nu}$
Elétron	e^-	-1	0,511	$\frac{1}{2}$	Lépton	Estável	e^+
Múon	μ^-	-1	105,7	$\frac{1}{2}$	Lépton	$2{,}2 \times 10^{-6}$	μ^+
Píon	π^+	$+1$	139,6	0	Méson	$2{,}6 \times 10^{-8}$	π^-
Próton	p	$+1$	938,3	$\frac{1}{2}$	Bárion	Estável	$\bar{\text{p}}$

por um rastro analisando, entre outras coisas, a distância entre as bolhas. A câmara está imersa em um campo magnético uniforme que encurva a trajetória das partículas positivas no sentido anti-horário e a trajetória das partículas negativas no sentido horário. Medindo o raio de curvatura de uma trajetória, podemos calcular o momento da partícula. A Tabela 44.1.1 mostra algumas propriedades das partículas e antipartículas envolvidas no evento da Fig. 44.1.3*a*, mas duas (o neutrino e o antineutrino) não deixam rastros em uma câmara de bolhas. Seguindo a tendência atual, as massas das partículas que aparecem na Tabela 44.1.1 (e nas outras tabelas deste capítulo) estão expressas em unidades de MeV/c^2. A razão é que a energia de repouso aparece com maior frequência que a massa nas equações da física de partículas. Assim, por exemplo, a massa do próton aparece na Tabela 44.1.1 como 938,3 MeV/c^2. Para obter a energia de repouso do próton, basta multiplicar a massa por c^2 para obter o valor desejado, 938,3 MeV.

Para analisar fotografias como a da Fig. 44.1.3*a*, os físicos usam as leis de conservação da energia, do momento linear, do momento angular, da carga elétrica e outras leis de conservação que ainda não foram discutidas neste livro. A Fig. 44.1.3*a* faz parte de um par de fotografias estereoscópicas, de modo que, na verdade, a análise é realizada em três dimensões.

O evento da Fig. 44.1.3*a* foi produzido por um antipróton ($\bar{\text{p}}$) de alta energia, proveniente de um acelerador de partículas do Lawrence Berkeley Laboratory, que entrou na câmara pelo lado esquerdo. Existem três subeventos distintos; um no ponto 1 da Fig. 44.1.3*b*, outro no ponto 2, e um terceiro fora da figura. Vamos discuti-los separadamente.

1. *Aniquilação Próton-Antipróton.* No ponto 1 da Fig. 44.1.3*b*, um antipróton ($\bar{\text{p}}$) (rastro azul) chocou-se com um próton (núcleo de um dos átomos de hidrogênio presentes na câmara) e as duas partículas se aniquilaram mutuamente. Sabemos que a aniquilação ocorreu muito antes que o antipróton perdesse velocidade porque a maioria das partículas produzidas pela colisão se move no mesmo sentido que o antipróton, ou seja, para a direita na Fig. 44.1.3. De acordo com a lei de conservação do momento linear, o antipróton tinha um momento para a direita no momento em que foi aniquilado. Além disso, como as partículas possuem carga elétrica e estão submetidas a um campo magnético, a curvatura de cada trajetória revela se a partícula é negativa (como o antipróton) ou positiva (Fig. 44.1.3*c*).

   A energia total envolvida na colisão do antipróton com o próton é a soma da energia cinética do antipróton com as energias de repouso do próton e do antipróton (2 × 938,3 MeV = 1876,6 MeV). A energia é suficiente para criar várias partículas mais leves e fornecer a essas partículas uma energia cinética. No evento que estamos examinando, o processo de aniquilação produziu quatro píons positivos (rastros vermelhos na Fig. 44.1.3*b*) e quatro píons negativos (rastros verdes). (Vamos supor, para simplificar a análise, que não foram produzidos raios gama, que não deixam rastros.) O processo de aniquilação pode ser descrito, portanto, pela reação

$$\text{p} + \bar{\text{p}} \rightarrow 4\pi^+ + 4\pi^-. \tag{44.1.6}$$

Podemos ver na Tabela 44.1.1 que os píons positivos (π^+) são *partículas* e os píons negativos (π^-) são *antipartículas*. A reação da Eq. 44.1.6 é mediada pela *interação forte*, já que todas as partículas envolvidas são hádrons.

Vamos verificar se a carga elétrica é conservada na reação. Para isso, escrevemos a carga elétrica de cada partícula na forma qe, em que q é o **número quântico de carga**. Para determinar se a carga elétrica é conservada em uma dada reação, basta comparar o número quântico de carga inicial com o número de carga final. Na reação da Eq. 44.1.6, o número quântico de carga inicial é $1 + (-1) = 0$, e o número quântico de carga final é $4(1) + 4(-1) = 0$; assim, a lei de conservação de carga é respeitada.

Para verificar se a lei de conservação de energia é respeitada, observe que, de acordo com o que vimos anteriormente, a energia após a colisão é, no mínimo, igual à soma das energias de repouso do próton e do antipróton, 1876,6 MeV. Como a energia de repouso de um píon é 139,6 MeV, a soma das energias de repouso dos oito píons é $8 \times 139{,}6 = 1116{,}8$ MeV, o que deixa, pelo menos, cerca de 760 MeV de energia para ser distribuída pelos oito píons na forma de energia cinética. Assim, a lei de conservação de energia é respeitada.

2. *Decaimento dos Píons.* Os píons são partículas instáveis; os píons positivos e negativos decaem com uma vida média de $2{,}6 \times 10^{-8}$ s (a vida média dos píons neutros é muito menor). No ponto 2 da Fig. 44.1.3*b*, um dos píons positivos (π^+) decaiu em um antimúon (μ^+) (rastro roxo) e um neutrino (ν):

$$\pi+ \rightarrow \mu^+ + \nu. \tag{44.1.7}$$

Como não possui carga elétrica, o neutrino não produz um rastro. Tanto o antimúon como o neutrino são léptons, isto é, partículas que não estão sujeitas à interação forte. Assim, a reação da Eq. 44.1.7 é mediada pela *interação fraca*.

Vamos examinar as energias envolvidas no decaimento. De acordo com a Tabela 44.1.1, a energia de repouso do antimúon é 105,7 MeV e a energia de repouso do neutrino é praticamente zero. Assim, uma energia de 139,6 MeV $-$ 105,7 MeV $=$ 33,9 MeV pode ser dividida entre o antimúon e o neutrino na forma de energia cinética.

Vamos verificar se a lei de conservação do momento angular é respeitada na reação da Eq. 44.1.7. Para isso, basta determinar se a componente S_z do spin total em uma direção arbitrária z é a mesma antes e depois da reação. Os números quânticos de spin, s, das partículas envolvidas são 0 para o píon (π^+) e 1/2 para o antimúon (μ^+) e para o neutrino (ν). Assim, para o píon a componente S_z deve ser igual a 0, enquanto para o antimúon e para o neutrino pode ser $\hbar/2$ ou $-\hbar/2$. Para que o momento angular seja conservado, basta que as componentes S_z do momento angular do antimúon e do neutrino tenham sinais opostos.

A lei de conservação da carga também é respeitada na reação da Eq. 44.1.7, já que a carga inicial é $+1$ e a carga final é $+1 + 0 = +1$.

3. *Decaimento dos Múons.* Os múons (μ^-) e antimúons (μ^+) também são partículas instáveis, com uma vida média de $2{,}2 \times 10^{-6}$ s. Embora nenhum decaimento de um múon ou antimúon apareça na Fig. 44.1.3, o antimúon produzido no ponto 2 e os antimúons resultantes do decaimento dos outros píons decaem espontaneamente de acordo com a reação

$$\mu^+ \rightarrow e^+ + \nu + \bar{\nu} \tag{44.1.8}$$

Como a energia de repouso do antimúon é 105,7 MeV e a energia de repouso do pósitron é apenas 0,511 MeV, resta uma energia de 105,2 MeV para ser distribuída, na forma de energia cinética, pelas três partículas resultantes da reação.

O leitor deve estar se perguntando: Qual é a razão para a presença do antineutrino na Eq. 44.1.8? Por que o antimúon não decai apenas em um pósitron e um neutrino, como o píon decai em um antimúon e em neutrino na Eq. 44.1.7? Uma das razões é que, como o número quântico de spin do antimúon, do pósitron e do neutrino é 1/2, o decaimento do antimúon em um pósitron e um neutrino violaria a lei de conservação do momento angular. Outro motivo será discutido no Módulo 44.2.

Exemplo 44.1.1 Momento e energia cinética no decaimento de um píon  44.1

Um píon positivo estacionário pode decair de acordo com a reação

$$\pi^+ \rightarrow \mu^+ + \nu.$$

Qual é a energia cinética do antimúon (μ^+)? Qual é a energia cinética do neutrino?

IDEIA-CHAVE

O decaimento do píon deve respeitar as leis de conservação da energia e do momento linear.

Conservação da energia: Vamos escrever primeiro a equação de conservação da energia total (energia de repouso mc^2 mais energia cinética K) na forma

$$m_\pi c^2 + K_\pi = m_\mu c^2 + K_\mu + m_\nu c^2 + K_\nu.$$

Como o píon estava estacionário, $K_\pi = 0$. Assim, usando as massas m_π, m_μ e m_ν da Tabela 44.1.1, obtemos

$$\begin{aligned} K_\mu + K_\nu &= m_\pi c^2 - m_\mu c^2 - m_\nu c^2 \\ &= 139{,}6 \text{ MeV} - 105{,}7 \text{ MeV} - 0 \\ &= 33{,}9 \text{ MeV}, \end{aligned} \qquad (44.1.9)$$

em que tomamos $m_\nu \approx 0$.

Conservação do momento: Para determinar os valores de K_μ e K_ν na Eq. 44.1.9, vamos usar a lei de conservação do momento linear. Como o píon estava estacionário no instante do decaimento, o múon e o neutrino devem se mover em sentidos opostos após o decaimento. Tomando a direção do movimento das duas partículas como eixo de referência, podemos escrever, para as componentes do momento das partículas em relação a esse eixo,

$$p_\pi = p_\mu + p_\nu,$$

que, com $p_\pi = 0$, nos dá

$$p_\mu = -p_\nu. \qquad (44.1.10)$$

Relação entre p e K: Queremos relacionar os momentos p_μ e $-p_\nu$ às energias cinéticas K_μ e K_ν. Como não temos razões para acreditar que a velocidade do múon e do neutrino seja pequena (isto é, não relativística), usamos a Eq. 37.6.15, a relação entre momento e energia cinética para velocidades relativísticas:

$$(pc)^2 = K^2 + 2Kmc^2. \qquad (44.1.11)$$

De acordo com a Eq. 44.1.10, temos

$$(p_\mu c)^2 = (p_\nu c)^2. \qquad (44.1.12)$$

Aplicando a Eq. 44.1.11 aos dois membros da Eq. 44.1.12, obtemos

$$K_\mu^2 + 2K_\mu m_\mu c^2 = K_\nu^2 + 2K_\nu m_\nu c^2.$$

Tomando $m_\nu = 0$, fazendo $K_\nu = 33{,}9 \text{ MeV} - K_\mu$ (de acordo com a Eq. 44.1.9) e explicitando K_μ, obtemos

$$\begin{aligned} K_\mu &= \frac{(33{,}9 \text{ MeV})^2}{(2)(33{,}9 \text{ MeV} + m_\mu c^2)} \\ &= \frac{(33{,}9 \text{ MeV})^2}{(2)(33{,}9 \text{ MeV} + 105{,}7 \text{ MeV})} \\ &= 4{,}12 \text{ MeV}. \end{aligned} \qquad \text{(Resposta)}$$

A energia cinética do neutrino é, portanto, de acordo com a Eq. 44.1.9,

$$\begin{aligned} K_\nu &= 33{,}9 \text{ MeV} - K_\mu = 33{,}9 \text{ MeV} - 4{,}12 \text{ MeV} \\ &= 29{,}8 \text{ MeV}. \end{aligned} \qquad \text{(Resposta)}$$

Este resultado mostra que, embora os momentos do antimúon e do neutrino sejam iguais em módulo, a maior parte (88%) da energia cinética vai para o neutrino.

Exemplo 44.1.2 O valor de Q de uma reação próton-píon 44.2

Os prótons do hidrogênio usado em uma câmara de bolhas são bombardeados com antipartículas de alta energia conhecidas como píons negativos. A colisão entre um píon e um próton pode dar origem a um káon negativo e a um sigma positivo, de acordo com a seguinte reação:

$$\pi^- + \text{p} \rightarrow \text{K}^- + \Sigma^+.$$

As energias de repouso das partículas envolvidas são as seguintes:

π^-	139,6 MeV	K^-	493,7 MeV
p	938,3 MeV	Σ^+	1189,4 MeV

Qual é o Q da reação?

IDEIA-CHAVE

O Q de uma reação é dado por

$$Q = \begin{pmatrix} \text{energia de} \\ \text{repouso inicial} \end{pmatrix} - \begin{pmatrix} \text{energia de} \\ \text{repouso final} \end{pmatrix}.$$

Cálculo: No caso da reação dada, temos

$$\begin{aligned} Q &= (m_\pi c^2 + m_\text{p} c)^2 - (m_\text{K} c^2 + m_\Sigma c)^2 \\ &= (139{,}6 \text{ MeV} + 938{,}3 \text{ MeV}) \\ &\quad -(493{,}7 \text{ MeV} + 1189{,}4 \text{ MeV}) \\ &= -605 \text{ MeV}. \end{aligned} \qquad \text{(Resposta)}$$

O sinal negativo significa que a reação é *endotérmica*, ou seja, que o píon incidente (π^-) deve ter uma energia cinética maior que certo valor mínimo para que a reação ocorra. Esse valor mínimo é maior que 605 Mev, já que o momento linear deve ser conservado e, portanto, o káon (K^-) e a partícula sigma (Σ^+) devem ter uma energia cinética diferente de zero. Um cálculo relativístico, cujos detalhes não serão discutidos aqui, mostra que a energia mínima para a reação ocorrer é 907 MeV.

44.2 LÉPTONS, HÁDRONS E ESTRANHEZA

Objetivos do Aprendizado

Depois de ler este módulo, você será capaz de ...

44.2.1 Saber que existem seis léptons (e seis antiléptons) que podem ser divididos em três famílias, com um tipo diferente de neutrino em cada família.

44.2.2 Para verificar se uma reação entre partículas elementares é possível, determinar se os números leptônicos são conservados (exceto no caso dos neutrinos).

44.2.3 Saber que existe um número quântico chamado número bariônico associado aos bárions.

44.2.4 Para verificar se uma reação entre partículas elementares é possível, determinar se o número bariônico é conservado.

44.2.5 Saber que existe um número quântico chamado estranheza associado a alguns bárions e mésons.

44.2.6 Saber que a estranheza é conservada nas reações medidas pela interação forte, mas pode não ser conservada nas reações mediadas por outras interações.

44.2.7 Descrever o padrão conhecido como caminho óctuplo.

Ideias-Chave

- As partículas e antipartículas podem ser classificadas em duas famílias principais: léptons e hádrons. Os hádrons podem ser divididos em mésons e bárions.
- Três léptons (o elétron, o múon e o táuon) têm carga elétrica $-e$. Os outros três léptons (o neutrino do elétron, o neutrino do múon e o neutrino do táuon) não possuem carga elétrica. As antipartículas do elétron, do múon e do táuon têm carga elétrica $+e$.
- A cada lépton é atribuído um número quântico leptônico; os números quânticos leptônicos são conservados (exceto no caso dos neutrinos) em todas as reações que envolvem léptons.
- O número quântico de spin de todos os léptons é semi-inteiro, o que significa que todos os léptons são férmions e obedecem ao princípio de exclusão de Pauli.
- Os bárions são hádrons com spin semi-inteiro, o que significa que são férmions e obedecem ao princípio de exclusão de Pauli.
- Os mésons são hádrons com spin inteiro, o que significa que são bósons e não obedecem ao princípio de exclusão de Pauli.
- A cada bárion é atribuído um número quântico bariônico; o número quântico bariônico é conservado em todas as reações que envolvem bárions.
- A cada bárion também é atribuído um número quântico de estranheza; o número quântico de estranheza é conservado nas reações mediadas pela interação forte, mas pode não ser conservado nas reações mediadas por outras interações.

Os Léptons

Neste módulo, vamos discutir algumas partículas à luz de uma de nossas classificações, a que dividiu as partículas em léptons e hádrons. Começamos pelos léptons, as partículas que *não estão sujeitas* à interação forte. Entre os léptons que encontramos até agora estão o elétron e o antineutrino que é criado juntamente com o elétron no decaimento beta. O múon, cujo decaimento é descrito pela Eq. 44.1.8, também pertence a essa família. Os físicos constataram que o neutrino que aparece na Eq. 44.1.7, associado à produção de um múon, *não é a mesma partícula* que o neutrino produzido no decaimento beta, associado ao aparecimento de um elétron. O primeiro é chamado **neutrino do múon** (símbolo ν_μ), e o segundo, **neutrino do elétron** (símbolo ν_e) quando é necessário distingui-los.

Sabemos que os dois tipos de neutrinos são diferentes porque, se um feixe de neutrinos do múon (produzidos pelo decaimento de píons, de acordo com a reação da Eq. 44.1.7) incide em um alvo, *apenas múons* são observados entre as partículas produzidas pelas colisões (ou seja, não são observados elétrons). Por outro lado, se o alvo é submetido a neutrinos do elétron (produzidos pelo decaimento beta de produtos de fissão em um reator nuclear), *apenas elétrons* são observados entre as partículas produzidas pelas colisões (ou seja, não são observados múons).

Outro lépton, o **táuon**, foi descoberto no SLAC em 1975; o descobridor, Martin Perl, foi um dos ganhadores do Prêmio Nobel de Física de 1995. Ao táuon está associado um neutrino diferente dos outros dois. A Tabela 44.2.1 mostra as propriedades dos léptons conhecidos (partículas e antipartículas); todos possuem um número quântico de spin $s = \frac{1}{2}$.

Existem razões para dividir os léptons em três famílias, cada uma composta por uma partícula (elétron, múon e táuon), o neutrino associado e as antipartículas correspondentes. Além disso, existem razões para acreditar que existem *apenas* as três

Tabela 44.2.1 Os Léptons[a]

Família	Partícula	Símbolo	Massa (MeV/c^2)	Carga q	Antipartícula
Elétron	Elétron	e^-	0,511	-1	e^+
	Neutrino do elétron[b]	ν_e	$\approx 1 \times 10^{-7}$	0	$\bar{\nu}_e$
Múon	Múon	μ^-	105,7	-1	μ^+
	Neutrino do múon[b]	ν_μ	$\approx 1 \times 10^{-7}$	0	$\bar{\nu}_\mu$
Táuon	Táuon	τ^-	1.777	-1	τ^+
	Neutrino do táuon[b]	ν_τ	$\approx 1 \times 10^{-7}$	0	$\bar{\nu}_\tau$

[a]Todos os léptons têm spin 1/2 e, portanto, são férmions.
[b]As massas dos neutrinos ainda não são conhecidas com precisão. Além disso, por causa das oscilações, talvez não seja possível associar um valor diferente de massa a cada tipo de neutrino.

famílias de léptons que aparecem na Tabela 44.2.1. Os léptons não possuem estrutura interna nem dimensões mensuráveis; comportam-se como partículas pontuais nas interações com outras partículas e com as ondas eletromagnéticas.

A Lei de Conservação dos Números Leptônicos

De acordo com os experimentos, em todas as interações que envolvem léptons são conservados três números quânticos, conhecidos como **números leptônicos**: o número leptônico eletrônico L_e, o número leptônico muônico L_μ e o número leptônico tauônico L_τ. Essa observação é conhecida como **lei de conservação dos números leptônicos**. O número quântico L_e é igual a $+1$ para o elétron e para o neutrino do elétron, -1 para as antipartículas correspondentes e 0 para todas as outras partículas. O número quântico L_μ é igual a $+1$ para o múon e para o neutrino do múon, -1 para as antipartículas correspondentes e 0 para todas as outras partículas. O número quântico L_τ é igual a $+1$ para o táuon e para o neutrino do táuon, -1 para as antipartículas correspondentes e 0 para todas as outras partículas.

Os números leptônicos são conservados (exceto no caso dos neutrinos) em todas as reações que envolvem léptons.

Uma importante exceção diz respeito aos neutrinos. Por questões que fogem ao escopo deste livro, o fato de que os neutrinos possuem massa diferente de zero significa que eles podem "oscilar" entre os três tipos (neutrino do elétron, neutrino do múon e neutrino do táuon) ao percorrerem grandes distâncias. Essas oscilações foram propostas para explicar por que os detectores terrestres registram apenas um terço do número esperado de neutrinos produzidos no Sol pela reação de fusão próton-próton (Fig. 43.5.1). Os neutrinos produzidos na reação de fusão próton-próton são neutrinos do elétron, e os detectores usados para observá-los são sensíveis apenas a neutrinos desse tipo. Se os neutrinos oscilam entre os três tipos no percurso até a Terra, é natural que apenas um terço dos neutrinos cheguem ao nosso planeta na forma de neutrinos do elétron. Essas oscilações significam que os números leptônicos não são conservados no caso dos neutrinos. Neste livro, não vamos levar em conta as oscilações e vamos supor que os números leptônicos são sempre conservados, mesmo no caso dos neutrinos.

Para dar um exemplo concreto, vamos considerar novamente a reação de decaimento de um antimúon (Eq. 44.1.8), identificando melhor o neutrino e o antineutrino envolvidos:

$$\mu^+ \rightarrow e^+ + \nu_e + \bar{\nu}_\mu. \tag{44.2.1}$$

Considere a reação da Eq. 44.2.1 em termos da família de múons. O μ^+ é uma antipartícula (ver Tabela 44.2.1) e, portanto, possui um número leptônico muônico $L_\mu = -1$. As partículas e^+ e ν_e não pertencem à família do múon; logo, possuem um número leptônico muônico $L_\mu = 0$. O $\bar{\nu}_\mu$, sendo uma antipartícula, possui um número muônico $L_\mu = -1$. Assim, $L_\mu = -1$ nos dois lados da equação, e o número leptônico muônico é conservado.

Como não existe nenhum membro da família dos elétrons do lado esquerdo da Eq. 44.2.1, $L_e = 0$. Do lado direito, o pósitron (e^+), sendo uma antipartícula, possui $L_e = -1$; o neutrino do elétron (ν_e), sendo uma partícula, possui $L_e = +1$; e o $\bar{\nu}_\mu$, como não pertence à família dos elétrons, possui $L_e = 0$. Assim, $L_e = 0$ dos dois lados da equação, e o número leptônico eletrônico também é conservado.

Como não existe nenhum membro da família dos táuons nem do lado esquerdo nem do lado direito da equação, $L_\tau = 0$ dos dois lados da equação. Assim, os três números quânticos leptônicos, L_μ, L_e e L_τ, são os mesmos antes e depois da reação de decaimento descrita pela Eq. 44.2.1, com valores constantes -1, 0 e 0, respectivamente.

Teste 44.2.1

(a) O píon positivo (π^+) decai de acordo com a reação $\pi^+ \rightarrow \mu^+ + \nu$. A que família de léptons pertence o neutrino ν? (b) Esse neutrino é uma partícula ou uma antipartícula? (c) Qual é o número leptônico correspondente?

Os Hádrons

Vamos agora discutir os hádrons (bárions e mésons), ou seja, as partículas sujeitas à interação forte. Começamos por acrescentar uma lei de conservação à nossa lista: a lei da conservação do número bariônico.

Como exemplo dessa lei de conservação, considere o hipotético decaimento de um próton,

$$\mathrm{p} \rightarrow \mathrm{e}^+ + \nu_\mathrm{e}. \tag{44.2.2}$$

A reação anterior *nunca* foi observada. Devemos nos sentir gratos por isso; se todos os prótons do universo se transformassem gradualmente em pósitrons, as consequências seriam desastrosas. Entretanto, a reação da Eq. 44.2.2 não viola nenhuma das leis de conservação que discutimos até agora, incluindo a lei de conservação dos números leptônicos.

Podemos explicar a estabilidade do próton (e também o fato de que muitas outras reações envolvendo hádrons jamais foram observadas) introduzindo um novo número quântico, o **número bariônico** B, e uma nova lei de conservação, a **lei de conservação do número bariônico**:

O número bariônico B é igual a $+1$ para os bárions, -1 para os antibárions e 0 para todas as outras partículas. As únicas reações possíveis são aquelas em que o número bariônico permanece constante.

Na reação da Eq. 44.2.2, o próton possui um número bariônico $B = +1$ e o pósitron e o neutrino possuem um número bariônico $B = 0$; assim, a reação não conserva o número bariônico e não pode acontecer.

Teste 44.2.2

A reação de decaimento de um nêutron que aparece a seguir *nunca foi observada*:

$$\mathrm{n} \rightarrow \mathrm{p} + \mathrm{e}^-.$$

Quais das seguintes leis de conservação são violadas pela reação: (a) da energia, (b) do momento angular, (c) do momento linear, (d) da carga, (e) dos números leptônicos, (f) do número bariônico? As massas das partículas envolvidas são: $m_\mathrm{n} = 939{,}6\ \mathrm{MeV}/c^2$, $m_\mathrm{p} = 938{,}3\ \mathrm{MeV}/c^2$ e $m_\mathrm{e} = 0{,}511\ \mathrm{MeV}/c^2$.

Mais uma Lei de Conservação 44.2

As partículas possuem outras propriedades intrínsecas além das que foram discutidas até agora (massa, carga, spin, número leptônico e número bariônico). Uma dessas propriedades foi descoberta quando os físicos observaram que certas partículas exóticas, como o káon (K) e a partícula sigma (Σ), eram sempre produzidas em pares. Parecia ser impossível produzir apenas uma dessas partículas em uma reação. Assim, por exemplo, quando um feixe de píons de alta energia interage com prótons em uma câmara de bolhas, a reação

$$\pi^+ + \text{p} \rightarrow \text{K}^+ + \Sigma^+ \tag{44.2.3}$$

é observada com frequência. Por outro lado, a reação

$$\pi^+ + \text{p} \rightarrow \pi^+ + \Sigma^+ \tag{44.2.4}$$

que não viola nenhuma das leis de conservação discutidas até agora, jamais é observada.

Para explicar esse comportamento inesperado, Murray Gell-Mann, nos Estados Unidos e, independentemente, K. Nishijima, no Japão, propuseram que certas partículas possuem uma propriedade, chamada **estranheza**, à qual estão associados um número quântico S e uma lei de conservação. (O símbolo S não tem nada a ver com spin.) O nome *estranheza* se deve ao fato de que as partículas com essa propriedade, que não está presente nas partículas comuns, eram chamadas "partículas estranhas", e o nome pegou.

O próton, o nêutron e o píon têm $S = 0$, ou seja, não são partículas "estranhas". A partícula K^+ tem $S = +1$ e a partícula Σ^+ tem $S = -1$. Na reação da Eq. 44.2.3, a estranheza total é 0 antes e depois da reação, ou seja, a estranheza é conservada e a reação ocorre. Por outro lado, na reação hipotética da Eq. 44.2.4, a estranheza total é 0 antes da reação e -1 depois da reação; assim, a estranheza não é conservada e a reação não ocorre. Aparentemente, portanto, devemos acrescentar uma nova lei de conservação a nossa lista, a **lei da conservação de estranheza**:

A estranheza é conservada nas reações que envolvem a interação forte.

Ao contrário das leis de conservação que foram discutidas até agora, a lei de conservação de estranheza não é obedecida em todas as reações, mas apenas nas reações que envolvem a interação forte. Na verdade, todas as partículas com número de estranheza diferente de zero são instáveis e decaem para partículas com $S = 0$ em reações que envolvem a interação fraca.

Pode parecer um pouco forçado inventar uma nova propriedade das partículas apenas para explicar um pequeno enigma como o apresentado pelas reações das Eqs. 44.2.3 e 44.2.4; logo depois, porém, os físicos usaram a ideia da conservação da estranheza para explicar por que muitas outras reações hipotéticas não podiam ocorrer.

O leitor não se deve deixar enganar pelo nome; a estranheza não é uma propriedade mais misteriosa que a carga elétrica. Ambas são propriedades que as partículas podem ou não possuir; ambas são descritas por números quânticos apropriados. Ambas obedecem a uma lei de conservação. Outras propriedades das partículas foram descobertas e receberam nomes ainda mais curiosos, como *charme* e *bottomness*, mas todas são propriedades perfeitamente legítimas. Como vamos ver em seguida, a propriedade da estranheza "disse ao que veio", levando os físicos a descobrir importantes regularidades nas propriedades das partículas.

O Caminho Óctuplo

Existem oito bárions, entre eles o nêutron e o próton, cujo número quântico de spin é $\frac{1}{2}$; outras propriedades desses bárions aparecem na Tabela 44.2.2. A Fig. 44.2.1*a* mostra o interessante padrão que surge quando a estranheza desses bárions é plotada em função da carga, usando para a carga um eixo inclinado. Seis dos oito bárions formam um hexágono, com os dois bárions restantes no centro.

Tabela 44.2.2 Oito Bárions de Spin ½

Partícula	Símbolo	Massa (MeV/c^2)	Números Quânticos: Carga q	Números Quânticos: Estranheza S
Próton	p	938,3	+1	0
Nêutron	n	939,6	0	0
Lambda	Λ^0	1115,6	0	−1
Sigma	Σ^+	1189,4	+1	−1
Sigma	Σ^0	1192,5	0	−1
Sigma	Σ^-	1197,3	−1	−1
Csi	Ξ^0	1314,9	0	−2
Csi	Ξ^-	1321,3	−1	−2

Tabela 44.2.3 Nove Mésons de Spin Zero[a]

Partícula	Símbolo	Massa (MeV/c^2)	Números Quânticos: Carga q	Números Quânticos: Estranheza S
Píon	π^0	135,0	0	0
Píon	π^+	139,6	+1	0
Píon	π^-	139,6	−1	0
Káon	K^+	493,7	+1	+1
Káon	K^-	493,7	−1	−1
Káon	K^0	497,7	0	+1
Káon	$\bar{K}^0$	497,7	0	−1
Eta	η	547,5	0	0
Eta linha	η'	957,8	0	0

[a]Todos os mésons têm spin inteiro e, portanto, são bósons. Os que aparecem nesta tabela têm spin 0.

Vamos agora passar dos hádrons chamados bárions para os hádrons chamados mésons. Existem nove mésons cujo número quântico de spin é 0; outras propriedades desses mésons aparecem na Tabela 44.2.3. Quando plotamos a estranheza dos mésons em função da carga, usando para a carga um eixo inclinado, como na Fig. 44.2.1*b*, obtemos um hexágono semelhante ao da Fig. 44.2.1*a*! Estes gráficos e outros semelhantes, que caracterizam o chamado **caminho óctuplo**,[2] foram propostos independentemente em 1961 por Murray Gell-Mann, do California Institute of Technology, e por Yuval Ne'eman, do Imperial College de Londres. Os dois padrões da Fig. 44.2.1 são representativos de um número maior de padrões simétricos nos quais os bárions e mésons podem ser agrupados.

O padrão do caminho óctuplo para os bárions de spin $\frac{3}{2}$ (que não é mostrado neste livro) envolve *dez* partículas, dispostas como os pinos de um jogo de boliche. Quando o padrão foi proposto, apenas *nove* partículas eram conhecidas; o "pino da frente" estava faltando. Em 1962, guiado pela teoria e pela simetria do padrão, Gell-Mann fez uma ousada profecia:

> *Existe um bárion de spin $\frac{3}{2}$, carga −1, estranheza −3 e energia de repouso 1.680 MeV, aproximadamente. Se procurarem a partícula ômega-menos, como proponho que seja chamada, estou certo de que a encontrarão.*

Um grupo de físicos liderado por Nicholas Samios, do Brookhaven National Laboratory, aceitou o desafio e encontrou uma partícula com as propriedades previstas por Gell-Mann. Nada como uma comprovação experimental para aumentar a credibilidade de uma teoria!

O caminho óctuplo fez pela física de partículas o que a tabela periódica fez pela química. Nos dois casos, existe um padrão bem definido no qual certas lacunas (partículas ou elementos faltantes) se destacam claramente, guiando os experimentadores em suas buscas. A existência da tabela periódica sugere que os átomos dos elementos não são partículas fundamentais, mas possuem uma estrutura interna. Da mesma forma, os padrões do caminho óctuplo podem ser considerados uma indicação de que os bárions e mésons possuem uma estrutura interna que é responsável pela regularidade de suas propriedades. Essa estrutura pode ser descrita pelo *modelo dos quarks*, que será discutido a seguir.

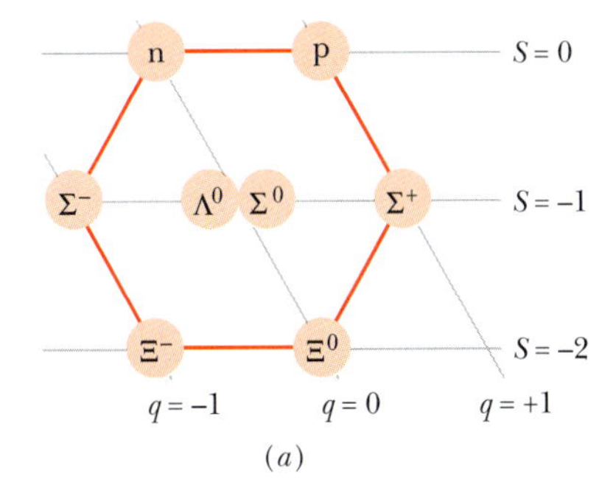

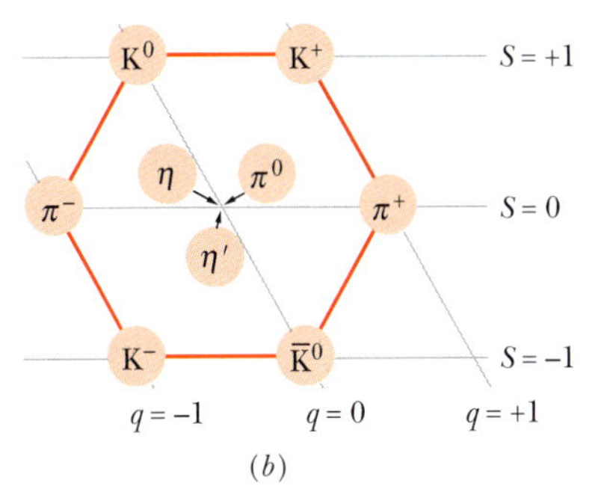

Figura 44.2.1 (*a*) O padrão do caminho óctuplo para os oito bárions de spin $\frac{1}{2}$ da Tabela 44.2.2. As partículas são representadas em um gráfico da estranheza em função da carga, usando um eixo inclinado para o número quântico de carga. (*b*) O padrão do caminho óctuplo para os nove mésons de spin zero da Tabela 44.2.3.

[2]A origem do nome está em um pensamento atribuído a Buda: "Esta, ó monges, é a nobre verdade do caminho que leva à cessação da dor. Este é o nobre Caminho Óctuplo: visão correta, intenção correta, discurso correto, ação correta, vida correta, esforço correto, atenção correta e concentração correta." O "óctuplo" se refere ao número de partículas dos primeiros grupamentos descobertos por Gell-Mann, que são os que aparecem na Fig. 44.2.1 (mais tarde, descobriu-se que o grupamento dos mésons contém nove partículas, e não oito).

Exemplo 44.2.1 Decaimento do próton: conservação dos números quânticos, da energia e do momento  44.3

Verifique se um próton estacionário pode decair de acordo com a seguinte reação:

$$p \rightarrow \pi^0 + \pi^+.$$

As propriedades do próton e do píon π^+ aparecem na Tabela 44.1.1. O píon π^0 tem carga zero, spin zero e uma energia de repouso de 135,0 MeV.

IDEIA-CHAVE

Precisamos verificar se a reação proposta viola alguma das leis de conservação que foram discutidas até agora.

Carga elétrica: O número quântico de carga é +1 do lado esquerdo; do lado direito, é 0 + 1 = +1. Assim, a carga é conservada. Os números leptônicos também são conservados, já que nenhuma das três partículas é um lépton e, portanto, os três números leptônicos são nulos nos dois lados da equação.

Momento linear: Como o próton está estacionário, com momento linear nulo, para que o momento linear seja conservado basta que os dois píons tenham momentos de mesmo módulo e sentidos opostos. O fato de que o momento linear *pode* ser conservado significa que a reação não viola a lei de conservação do momento linear.

Energia: A lei da conservação de energia é respeitada? Como o próton está estacionário, isso equivale a perguntar se a energia de repouso do próton é maior que a soma das energias de repouso dos píons. Para responder à pergunta, calculamos o Q da reação:

$$\begin{aligned} Q &= \begin{pmatrix}\text{energia de}\\ \text{repouso inicial}\end{pmatrix} - \begin{pmatrix}\text{energia de}\\ \text{repouso final}\end{pmatrix} \\ &= m_p c^2 - (m_0 c^2 + m_+ c^2) \\ &= 938{,}3\ \text{MeV} - (135{,}0\ \text{MeV} + 139{,}6\ \text{MeV}) \\ &= 663{,}7\ \text{MeV}. \end{aligned}$$

O fato de Q ser positivo mostra que a energia de repouso inicial é maior que a energia de repouso final. Assim, a reação não viola a lei de conservação da energia.

Spin: A lei de conservação do momento angular é respeitada? Isso equivale a perguntar se a componente S_z do spin total em relação a um eixo z arbitrário pode ser conservada na reação. Os números quânticos de spin envolvidos são 1/2 para o próton e 0 para os píons; assim, a componente z do spin do próton pode ser $+\hbar/2$ ou $-\hbar/2$ e a componente z do spin da cada píon só pode ser 0. É evidente que a componente S_z não pode ser conservada na reação. Isso significa que a reação proposta não pode ocorrer.

Número bariônico: A reação também viola a lei de conservação do número bariônico, já que o número bariônico é $B = +1$ para o próton e $B = 0$ para os dois píons. Essa é mais uma razão para que a reação proposta seja impossível.

Exemplo 44.2.2 Decaimento da partícula csi-menos: conservação dos números quânticos  44.4

Uma partícula chamada csi-menos, representada pelo símbolo Ξ^-, decai de acordo com a seguinte reação:

$$\Xi^- : \Lambda^0 + \pi^-.$$

A partícula Λ^0 (denominada lambda-zero) e a partícula π^- são instáveis. As reações a seguir ocorrem em sucessão até que restem apenas partículas estáveis:

$$\Lambda^0 \rightarrow p + \pi^- \qquad \pi^- \rightarrow \mu^- + \bar{\nu}_\mu$$
$$\mu^- \rightarrow e^- + \nu_\mu + \bar{\nu}_e.$$

(a) A partícula Ξ^- é um lépton ou um hádron? Se for um hádron, é um bárion ou um méson?

IDEIAS-CHAVE

(1) Existem apenas três famílias de léptons (Tabela 44.2.1) e nenhuma inclui a partícula Ξ^-. Assim, Ξ^- só pode ser um hádron. (2) Para responder à segunda pergunta, precisamos determinar o número bariônico da partícula Ξ^-. Se for +1 ou −1, Ξ^- é um bárion; se for 0, Ξ^- é um méson.

Número bariônico: Para verificar qual das possibilidades é a correta, vamos escrever a reação global, colocando do lado esquerdo a partícula inicial (Ξ^-) e do lado direito os produtos finais:

$$\Xi^- \rightarrow p + 2(e^- + \bar{\nu}_e) + 2(\nu_\mu + \bar{\nu}_\mu). \qquad (44.2.5)$$

No lado direito, o número bariônico do próton é +1 e o número bariônico das outras partículas é 0. Assim, o número bariônico total do lado direito é +1. Esse deve ser também o número bariônico da única partícula do lado esquerdo, que é a partícula Ξ^-. Assim, concluímos que a partícula Ξ^- é um bárion.

(b) Mostre que os três números leptônicos são conservados na reação.

IDEIA-CHAVE

Como a partícula Ξ^- não é um lépton, os números leptônicos do lado esquerdo da Eq. 44.2.3 são todos nulos e, portanto, os números leptônicos do lado direito também devem ser nulos.

Números leptônicos: Como o número leptônico eletrônico L_e é +1 para o elétron, −1 para o antineutrino do elétron $\bar{\nu}_e$ e 0 para o neutrino e antineutrino do múon, o número leptônico eletrônico total é $0 + 2[+1 + (-1)] + 2(0 + 0) = 0$. Como o número leptônico muônico L_μ é +1 para o neutrino do múon, −1 para o antineutrino do múon e 0 para o elétron e o antineutrino do elétron, o número leptônico muônico total é $0 + 2(0 + 0) + 2[+1 + (-1)] = 0$. Finalmente, o número leptônico tauônico é 0 para todas as partículas do lado direito da reação e, portanto, o número tauônico total é 0. Esses resultados mostram que os três números leptônicos são conservados na reação.

(c) O que se pode dizer a respeito do spin da partícula Ξ^-?

IDEIA-CHAVE

A reação global (Eq. 44.2.5) deve conservar a componente S_z do spin.

Spin: A componente S_z do spin da partícula Ξ^- (a única partícula do lado esquerdo da Eq. 44.2.5) é igual à soma das componentes S_z das nove partículas do lado direito. As nove partículas possuem número quântico de spin $s = \frac{1}{2}$ e, portanto, a componente S_z de cada uma delas pode ser $+\hbar/2$ ou $-\hbar/2$. Como o número de partículas é ímpar, a componente S_z total não pode ser um múltiplo inteiro de $\hbar$. Assim, a componente S_z da partícula Ξ^- deve ser um múltiplo *semi-inteiro* de $\hbar$, o que significa que o número quântico de spin s da partícula Ξ^- deve ser um número *semi-inteiro*. (Na verdade, o número quântico da partícula Ξ^- é $s = \frac{1}{2}$.)

44.3 QUARKS E PARTÍCULAS MENSAGEIRAS

Objetivos do Aprendizado

Depois de ler este módulo, você será capaz de ...

44.3.1 Saber que existem seis quarks.

44.3.2 Saber que os bárions contêm três quarks, os mésons contêm um quark e um antiquark e muitos desses hádrons são estados excitados da mesma combinação de quarks.

44.3.3 Conhecer a combinação de quarks correspondente a um determinado hádron e vice-versa.

44.3.4 Saber o que são partículas virtuais.

44.3.5 Conhecer a relação entre a violação da lei de conservação da energia por uma partícula virtual e o tempo de duração dessa violação (uma versão do princípio de indeterminação).

44.3.6 Saber quais são as partículas mensageiras da interação eletromagnética, da interação fraca e da interação forte.

Ideias-Chave

- Os seis quarks (up, down, estranho, charme, bottom e top, em ordem crescente de massa) têm número bariônico $+\frac{1}{3}$ e carga $+\frac{2}{3}$ ou $-\frac{1}{3}$. A cada quark é atribuído um número quântico específico, que é +1 para os quarks de carga positiva e −1 para os quarks de carga negativa. Esse número quântico é 0 para todos os outros quarks.
- Os léptons não contêm quarks e não possuem estrutura interna. Os mésons contêm um quark e um antiquark. Os bárions contêm três quarks.
- A interação eletromagnética, que ocorre entre duas partículas que possuem carga elétrica, é mediada por fótons virtuais.
- A interação fraca, que ocorre entre dois léptons ou entre um lépton e um quark, é mediada pelas partículas W e Z.
- A interação forte, que ocorre entre dois quarks, é mediada por glúons.
- A interação eletromagnética e a interação fraca são diferentes manifestações da mesma interação, conhecida como interação eletrofraca.

Modelo dos Quarks

Em 1964, Murray Gell-Mann e George Zweig observaram independentemente que os padrões do caminho óctuplo podiam ser explicados se os bárions e mésons fossem feitos de partículas menores, que Gell-Mann chamou de **quarks**. Vamos nos concentrar inicialmente nos três quarks mais leves, conhecidos como quark *up* (símbolo u), quark *down* (símbolo d) e quark *estranho* (símbolo s), cujas propriedades aparecem na Tabela 44.3.1. (Os nomes desses quarks, como os nomes de outros quarks que serão discutidos mais tarde, são totalmente arbitrários. Coletivamente, os nomes são chamados *sabores*. Poderíamos perfeitamente chamar os três quarks mais leves de baunilha, chocolate e morango em vez de up, down e estranho).

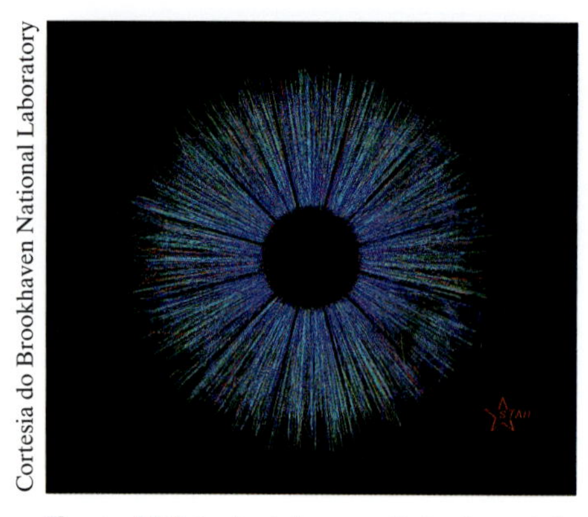

Cortesia do Brookhaven National Laboratory

Figura 44.3.1 A violenta colisão frontal de dois átomos de ouro de 30 GeV no acelerador RHIC do Brookhaven National Laboratory produz, por alguns instantes, um gás de quarks e glúons isolados.

Tabela 44.3.1 Os Quarks e Suas Propriedades[a]

Sabor	Símbolo	Massa (MeV/c^2)	q	U	D	C	S	T	B'
Up	u	5	$+\frac{2}{3}$	+1	0	0	0	0	0
Down	d	10	$-\frac{1}{3}$	0	−1	0	0	0	0
Charme	c	1.500	$+\frac{2}{3}$	0	0	+1	0	0	0
Estranho	s	200	$-\frac{1}{3}$	0	0	0	−1	0	0
Top	t	175.000	$+\frac{2}{3}$	0	0	0	0	+1	0
Bottom	b	4.300	$-\frac{1}{3}$	0	0	0	0	0	−1

[a]Todos os quarks têm spin $\frac{1}{2}$ e número bariônico $B = \frac{1}{3}$. Os números quânticos q, U, D, C, S, T e B' são chamados, respectivamente, de carga, upness, downness, charme, estranheza, topness e bottomness (o símbolo de bottomness é B' porque B é o símbolo de número bariônico). Todos os antiquarks têm spin $\frac{1}{2}$ e número bariônico $-\frac{1}{3}$; os outros números quânticos são o negativo dos números quânticos do quark correspondente. As massas dos antiquarks são as mesmas dos quarks correspondentes.

O fato de que o número quântico de carga dos quarks é fracionário pode deixar o leitor um pouco chocado. Entretanto, abstenha-se de protestar até que tenhamos oportunidade de mostrar que essas cargas fracionárias explicam muito bem as cargas inteiras dos mésons e dos bárions. Em todas as situações normais, seja aqui na Terra, seja no espaço sideral, os quarks estão sempre combinados em pares ou trincas (e, possivelmente, outras combinações), por questões que ainda não são totalmente compreendidas, para formar partículas cujo número quântico de carga é sempre nulo ou inteiro.

Uma notável exceção foi observada em experimentos realizados no Relativistic Heavy Ion Collider (RHCI), um acelerador de partículas do Brookhaven National Laboratory. Nesses experimentos, em que dois feixes de átomos de ouro sofreram colisões frontais, a energia cinética dos átomos era da mesma ordem das partículas presentes logo após o Big Bang (ver Módulo 44.4). As colisões foram tão violentas que os prótons e nêutrons dos núcleos de ouro se desintegraram para formar, por alguns instantes, um gás de quarks isolados (Fig. 44.3.1). (O gás também continha glúons, as partículas que normalmente mantêm os quarks unidos, como será discutido mais adiante.) Nesses experimentos, os quarks podem ter existido isoladamente pela primeira vez desde a época do Big Bang.

Quarks e Bárions

Os bárions são combinações de três quarks; algumas dessas combinações aparecem na Fig. 44.3.2*a*. Como todos os quarks têm número bariônico $B = +\frac{1}{3}$, o número bariônico de todos os bárions é $B = +1$, como devia ser.

As cargas também são as esperadas, como vamos mostrar por meio de três exemplos. O próton é composto por dois quarks up e um quark down e, portanto, o número quântico de carga do próton é

$$q(\text{uud}) = \tfrac{2}{3} + \tfrac{2}{3} + (-\tfrac{1}{3}) = +1.$$

O nêutron é composto por um quark up e dois quarks down; o número quântico de carga é

$$q(\text{uud}) = \tfrac{2}{3} + (-\tfrac{1}{3}) + (-\tfrac{1}{3}) = 0.$$

A partícula Σ^- (sigma menos) é composta por um quark estranho e dois quarks down; o número quântico de carga é

$$q(\text{dds}) = -\tfrac{1}{3} + (-\tfrac{1}{3}) + (-\tfrac{1}{3}) = -1.$$

Os números quânticos de estranheza também são os esperados, como o leitor pode verificar usando a Tabela 44.2.2 para determinar a estranheza das três partículas e a Tabela 44.3.1 para determinar a estranheza dos quarks que as compõem.

Observe, porém, que a massa de um próton, nêutron, Σ^-, ou de qualquer outro bárion *não é* a soma das massas dos quarks componentes. Assim, por exemplo, a massa total dos três quarks que formam um próton é apenas 20 MeV/c^2, muito menos que a massa total do próton, 938,3 MeV/c^2. Quase toda a massa do próton se deve à energia

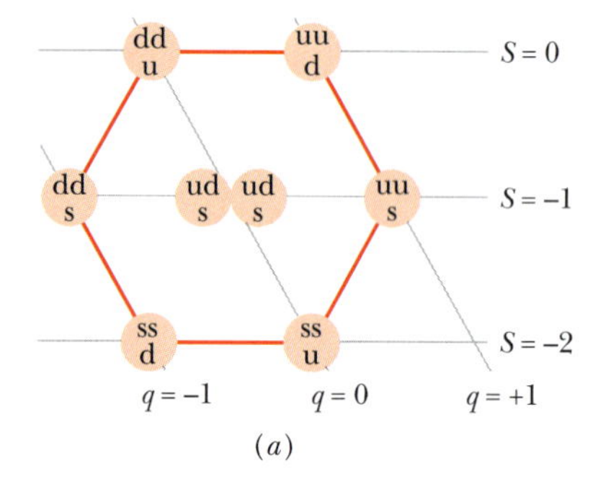

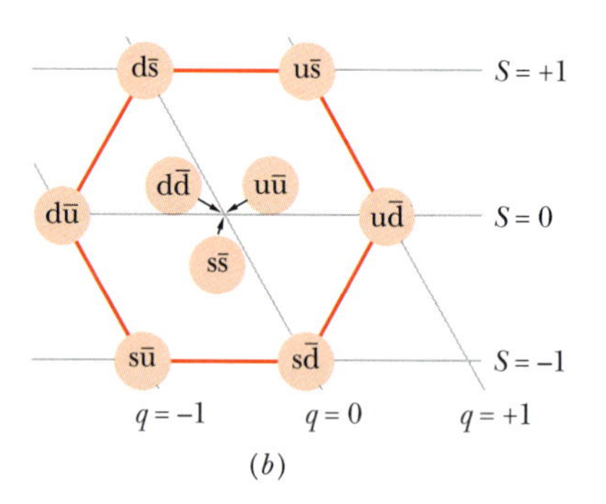

Figura 44.3.2 (*a*) Quarks que compõem os oito bárions de spin $\frac{1}{2}$ da Fig. 44.2.1*a*. (Embora sejam formados pelos mesmos quarks, os dois bárions do centro são partículas diferentes. O sigma é um estado excitado do lambda e se transforma no lambda por emissão de um raio gama.) (*b*) Quarks que compõem os nove mésons de spin zero da Fig. 44.2.1*b*.

interna (1) do movimento dos quarks e (2) dos campos que mantêm os quarks unidos. (Lembre-se de que a massa está relacionada à energia pela equação de Einstein, que pode ser escrita na forma $m = E/c^2$.) Como a maior parte da nossa massa está nos prótons e nêutrons que compõem o nosso corpo, essa massa (e, portanto, nosso peso em uma balança de banheiro) é, na verdade, uma medida da energia do movimento dos quarks e dos campos que mantêm os quarks unidos dentro no nosso corpo.

Quarks e Mésons

Os mésons são combinações de um quark e um antiquark; algumas dessas combinações aparecem na Fig. 44.3.2*b*. Esse modelo é coerente com o fato de que os mésons não são bárions. Como todos os quarks têm número bariônico $B = +\frac{1}{3}$ e todos os antiquarks têm número bariônico $B = -\frac{1}{3}$, o número bariônico de qualquer méson é $B = 0$.

Considere o méson π^+, que é formado por um quark up (u) e um antiquark down ($\bar{d}$). Vemos na Tabela 44.3.1 que o número quântico de carga de um quark up é $+\frac{2}{3}$ e o de um antiquark down é $+\frac{1}{3}$ (ou seja, o sinal oposto ao de um quark down). A carga do méson π^+ é, portanto,

$$q(u\bar{d}) = \frac{2}{3} + \frac{1}{3} = +1.$$

Os números quânticos de carga e estranheza obtidos a partir das combinações de quarks que aparecem na Fig. 44.3.2*b* estão de acordo com a Tabela 44.2.3 e a Fig. 44.2.1*b*. Além disso, todas as combinações possíveis de quarks e antiquarks representam mésons de spin zero que já foram observados experimentalmente; tudo se encaixa no lugar.

Teste 44.3.1

A combinação de um quark down (d) com um antiquark up ($\bar{u}$) é (a) um méson π^0, (b) um próton, (c) um méson π^-, (d) um méson π^+, ou (e) um nêutron?

Uma Nova Visão do Decaimento Beta

Vamos ver como o decaimento beta é interpretado usando o modelo dos quarks. Na Eq. 42.5.1, apresentamos um exemplo desse tipo de reação:

$$^{32}\text{P} \rightarrow {}^{32}\text{S} + e^- + \nu.$$

Depois que o nêutron foi descoberto e Fermi formulou a teoria do decaimento beta, os físicos passaram a encarar o processo do decaimento beta como a transformação de um nêutron em um próton no interior do núcleo, por meio da reação

$$n \rightarrow p + e- + \bar{\nu}_e,$$

na qual o neutrino está identificado com maior precisão (trata-se, na realidade, de um antineutrino do elétron). Atualmente, vamos ainda mais longe e dizemos que um nêutron (udd) se transforma em um próton (uud) por meio da conversão de um quark down em um quark up. Hoje, portanto, imaginamos que o processo fundamental responsável pelo decaimento beta é a reação

$$d \rightarrow u + e- + \bar{\nu}_e.$$

Assim, à medida que aprofundamos nosso conhecimento da estrutura íntima da matéria, podemos explicar os mesmos processos em níveis cada vez mais básicos. Vemos também que o modelo dos quarks não só nos ajuda a compreender a estrutura das partículas, mas também a explicar as reações entre partículas.

Outros Quarks

Existem outras partículas e outros padrões do caminho óctuplo que não foram discutidos até agora. Para explicá-los, é preciso postular a existência de outros três quarks, o quark *charme* (c), o quark *top* (t) e o quark *bottom* (b). Por isso, atualmente, os físicos acreditam que existem seis quarks, como mostra a Tabela 44.3.1.

Observe que três quarks possuem massas muito elevadas, sendo a massa de um deles (o quark top) quase 190 vezes maior que a do próton. As partículas que contêm esses quarks são geradas apenas em colisões de alta energia, e essa é a razão pela qual só foram observadas a partir da década de 1970.

A primeira partícula que continha um quark charme a ser descoberta foi o méson J/ψ, formado por um quark charme e um antiquark charme ($c\bar{c}$). Esse méson foi observado independentemente em 1974 por dois grupos, um liderado por Samuel Ting, do Brookhaven National Laboratory, e outro por Burton Richter, da Universidade de Stanford.

O quark top só foi observado em 1995, em experimentos realizados usando o Tevatron, o gigantesco acelerador de partículas do Fermilab. Nesse acelerador, que foi desativado em 2011, prótons e antiprótons com uma energia de 0,9 TeV (9×10^{11} eV) colidiam no centro de dois grandes detectores de partículas. Muito raramente, a colisão produz um méson formado por um quark top e um antiquark top ($t\bar{t}$). Esse méson decai tão depressa que não pode ser observado diretamente, mas sua existência pode ser deduzida a partir dos produtos do decaimento.

Comparando a Tabela 44.3.1 (que mostra a família dos quarks) com a Tabela 44.2.1 (que mostra a família dos léptons), vemos que existem certas semelhanças entre as duas famílias de partículas, como o fato de possuírem seis membros e o fato de poderem ser divididas em três grupos de duas partículas. De acordo com nossos conhecimentos atuais, os quarks e léptons parecem ser partículas realmente fundamentais, sem estrutura interna.

Exemplo 44.3.1 Composição de quarks da partícula csi menos 44.5

A partícula Ξ^- (csi menos) é um bárion que possui número quântico de spin $s = -\frac{1}{2}$, número quântico de carga $q = -1$ e número quântico de estranheza $S = -2$. Sabe-se ainda que a partícula não contém um quark bottom. Quais são os quarks que compõem a partícula Ξ^-?

Raciocínio: Como o Ξ^- é um bárion, é formado por três quarks (se fosse formado por dois quarks, seria um méson).

Considere agora a estranheza $S = -2$ do Ξ^-. Apenas o quark estranho (s) e o antiquark estranho ($\bar{s}$) têm um número quântico de estranheza diferente de zero (ver Tabela 44.3.1). Além disso, apenas o quark estranho tem um número quântico de estranheza *negativo*, e esse número quântico é -1. Assim, se o número quântico de estranheza do Ξ^- é -2, a partícula deve conter dois quarks estranhos.

Para determinar qual é o terceiro quark, que vamos chamar provisoriamente de x, considere as outras propriedades conhecidas do Ξ^-. O número quântico de carga da partícula é -1 e os dois quarks estranhos têm número quântico de carga $-\frac{1}{3}$; assim, o terceiro quark (x) deve ter número quântico de carga $-\frac{1}{3}$ para que

$$q(\Xi^-) = q(\text{ssx}) = -\tfrac{1}{3} + (-\tfrac{1}{3}) + (-\tfrac{1}{3}) = -1.$$

Além do quark s, os únicos quarks com $q = -\frac{1}{3}$ são o quark down (d) e o quark bottom (b). Como foi dito no enunciado que a partícula não contém o quark bottom, o terceiro quark só pode ser o quark down. Essa conclusão também leva ao número bariônico correto:

$$B(\Xi^-) = B(\text{ssd}) = \tfrac{1}{3} + \tfrac{1}{3} + \tfrac{1}{3} = +1.$$

Assim, a composição da partícula Ξ^- é ssd.

Interações Básicas e as Partículas Mensageiras

Vamos considerar agora as interações básicas a que estão sujeitas as partículas que acabamos de discutir.

Interação Eletromagnética

A interação de duas partículas que possuem carga elétrica é descrita por uma teoria, conhecida como **eletrodinâmica quântica** (QED[3]), segundo a qual as partículas carregadas interagem por meio de uma troca de fótons.

[3]Do inglês Quantum *E*lectro*d*ynamics. (N.T.)

Esses fótons não podem ser detectados, pois são emitidos por uma partícula e, logo em seguida, absorvidos por outra; por isso, são conhecidos como **fótons virtuais**. Como é por meio dos fótons virtuais que uma partícula carregada "toma conhecimento" da presença de outra, eles são chamados *partículas mensageiras* da interação eletromagnética.

Uma partícula não pode emitir um fóton e permanecer no mesmo estado sem violar a lei de conservação da energia. No caso dos fótons virtuais, a lei de conservação da energia é preservada pelo princípio de indeterminação, que pode ser escrito na forma

$$\Delta E \cdot \Delta t \approx \hbar. \tag{44.3.1}$$

A Eq. 44.3.1 pode ser interpretada no sentido de que é possível "sacar a descoberto" uma energia ΔE, violando a lei de conservação da energia, *contanto* que haja uma "reposição" dentro de um intervalo de tempo $\Delta t = \hbar/\Delta E$ para que a violação não possa ser detectada. Os fótons virtuais se comportam exatamente dessa forma. Quando, por exemplo, dois elétrons estão interagindo e o elétron A emite um fóton virtual, o déficit de energia é logo compensado pela chegada de um fóton virtual proveniente do elétron B, de modo que a violação do princípio de conservação da energia é "escondida" pelo princípio de indeterminação.

A Interação Fraca

A teoria da interação fraca, à qual estão sujeitas todas as partículas, foi formulada por analogia com a teoria da interação eletromagnética. As partículas mensageiras da interação fraca são as partículas W e Z, que, ao contrário do fóton, possuem energia de repouso diferente de zero. O modelo foi tão bem-sucedido que mostrou que a interação eletromagnética e a interação fraca são aspectos diferentes da mesma interação, denominada **interação eletrofraca**. Essa conclusão constitui uma extensão lógica do trabalho de Maxwell, que mostrou que a interação elétrica e a interação magnética são aspectos diferentes de uma única interação, a interação *eletromagnética*.

A teoria eletrofraca levou a previsões detalhadas com relação às propriedades das partículas mensageiras. As previsões quanto às cargas e massas, por exemplo, foram as seguintes:

Partícula	Carga	Massa
W	$\pm e$	80,4 GeV/c^2
Z	0	91,2 GeV/c^2

Como a massa do próton é apenas 0,938 GeV/c^2, essas partículas são realmente pesadas! O Prêmio Nobel de Física de 1979 foi concedido a Sheldon Glashow, Steven Weinberg e Abdus Salam, pela formulação da teoria eletrofraca. A teoria foi confirmada em 1983 por Carlo Rubbia e seu grupo no CERN, que observaram experimentalmente as duas partículas mensageiras e verificaram que as massas estavam de acordo com os valores previstos. Rubbia e Simon van der Meer receberam o Prêmio Nobel de Física de 1984 por esse brilhante trabalho experimental.

Podemos ter uma ideia da complexidade das pesquisas modernas de física de partículas comparando-as com um experimento mais antigo de física de partículas que também mereceu um prêmio Nobel: a descoberta do nêutron. Essa descoberta extremamente importante foi feita com um equipamento modesto, utilizando como projéteis partículas emitidas por substâncias radioativas, e anunciada em 1932 em um artigo assinado por um único cientista, James Chadwick, intitulado "Possible Existence of a Neutron" ("A Possível Existência de um Nêutron").

A descoberta das partículas mensageiras W e Z em 1983, por outro lado, foi realizada com o auxílio de um gigantesco acelerador de partículas, com cerca de 7 km de circunferência, operando na faixa das centenas de bilhões de elétrons-volts. O principal detector de partículas pesava nada menos que 20 MN. O experimento contou com a participação de mais de 130 físicos de 12 instituições de 8 países, além de um número ainda maior de técnicos.

A Interação Forte

A teoria da interação forte, isto é, da força que mantém os quarks unidos para formar os hádrons, também já foi formulada. Nesse caso, as partículas mensageiras são chamadas **glúons** e, como os fótons, não possuem energia de repouso. De acordo com a teoria, cada sabor de quark pode ser encontrado em três tipos, que foram chamados *vermelho*, *verde* e *azul*. Assim, existem três tipos de quark up, um de cada cor, e o mesmo se aplica aos outros quarks. Os antiquarks também podem ser de três tipos que são chamados *antivermelho*, *antiverde* e *antiazul*. O leitor não deve pensar que os quarks são realmente coloridos, como pequenas bolas de sinuca; os nomes foram escolhidos apenas por conveniência, embora dessa vez (para variar) a escolha tenha certa lógica, como veremos a seguir.

A força que age entre os quarks é chamada **força de cor**, e a teoria associada, por analogia com a eletrodinâmica quântica (QED), recebeu o nome de **cromodinâmica quântica** (QCD[4]). Os experimentos mostram que os quarks só se unem em combinações que sejam *neutras* em relação à cor.

Existem duas maneiras de tornar neutra uma combinação de quarks. Da mesma forma como, no caso das cores de verdade, a combinação de vermelho, verde e azul resulta no branco, uma cor neutra, podemos combinar três quarks para formar um bárion, contanto que um seja vermelho, outro verde e outro azul, e combinar três antiquarks para formar um antibárion, contanto que um seja antivermelho, outro seja antiverde e outro antiazul. Outra forma de obter o branco é combinar uma cor com a cor complementar, que pode ser chamada anticor, como, por exemplo, azul com amarelo (antiazul); no caso dos quarks, podemos combinar um quark de uma cor com o antiquark da anticor correspondente para formar um méson.

A força de cor não só mantém unidos os quarks para formar os bárions e mésons, mas também mantém unidos os prótons e nêutrons para formar os núcleos atômicos; no primeiro caso, é chamada interação forte; no segundo, de **interação nuclear**.

O Campo de Higgs e a Partícula de Higgs

O Modelo-Padrão das partículas fundamentais é uma combinação da teoria da interação eletrofraca com a teoria da interação forte. Um sucesso importante do modelo foi a demonstração de que existem quatro partículas mensageiras da interação eletrofraca: o fóton, a partícula Z, a partícula W^+ e a partícula W^-. Entretanto, havia um mistério relacionado à massa dessas partículas. Por que a massa do fóton é zero, enquanto as partículas Z e W têm uma massa de quase 100 GeV/c^2?

Na década de 1960, Peter Higgs e, independentemente, Robert Brout e François Englert sugeriram que a diferença de massa se deve a um campo (hoje, chamado *campo de Higgs*) que existe em todo o espaço e, portanto, é uma propriedade do vácuo. Sem esse campo, as quatro partículas mensageiras da interação eletrofraca não teriam massa e seriam uma só partícula. Em outras palavras, a interação eletrofraca seria *simétrica*. A teoria de Brout-Englert-Higgs demonstrou que o campo de Higgs quebra essa simetria, produzindo, além de uma partícula mensageira de massa zero, três partículas mensageiras com massa diferente de zero. A teoria explica também por que todas as outras partículas, com exceção dos glúons, possuem massa diferente de zero. O quantum do campo de Higgs é o **bóson de Higgs**. Por causa do papel importante desempenhado no Modelo-Padrão, buscas intensivas pelo bóson de Higgs foram conduzidas no Tevatron do Fermilab e no Large Hadron Collider do CERN. Em 2012, pesquisadores do CERN anunciaram que haviam finalmente conseguido detectar o bóson de Higgs, com uma massa de 125 GeV/c^2.

O Sonho de Einstein

A unificação das forças fundamentais da natureza, à qual Einstein dedicou boa parte dos seus esforços nos últimos anos de vida, continua a ser objeto de muitas pesquisas. Vimos que a interação fraca foi combinada com a interação eletromagnética, e as duas interações

---

[4]Do inglês *Quantum Chromodynamics*. (N.T.)

passaram a ser consideradas aspectos diferentes da mesma interação, a *interação eletrofraca*. Teorias que tentam acrescentar a interação forte a essa combinação, conhecidas como *teorias da grande unificação*, vêm sendo discutidas pelos físicos há algum tempo. As teorias que procuram completar o trabalho acrescentando a interação gravitacional, as chamadas *teorias de tudo*, estão em um estágio incipiente. Uma das abordagens propostas é a *teoria das cordas*, na qual as partículas são modeladas por cordas vibrantes.

44.4 COSMOLOGIA

Objetivos do Aprendizado

Depois de ler este módulo, você será capaz de ...

44.4.1 Saber que o universo começou com o Big Bang e está se expandindo até hoje.

44.4.2 Saber que, por causa da expansão, todas as galáxias distantes estão se afastando da Via Láctea.

44.4.3 Conhecer a lei de Hubble, que relaciona a velocidade de recessão v de uma galáxia distante à distância r da galáxia e à constante de Hubble H.

44.4.4 Usar a equação do efeito Doppler para relacionar o deslocamento $\Delta\lambda$ do comprimento de onda à velocidade de recessão v de uma galáxia e ao comprimento de onda próprio λ_0 da luz emitida.

44.4.5 Calcular a idade aproximada do universo a partir da constante de Hubble.

44.4.6 Saber o que é a radiação cósmica de fundo e por que é importante para a cosmologia.

44.4.7 Conhecer a razão pela qual os cientistas acreditam na existência da matéria escura.

44.4.8 Conhecer os vários estágios da evolução do universo.

44.4.9 Saber que a expansão do universo está sendo acelerada por uma propriedade desconhecida denominada energia escura.

44.4.10 Saber que a energia total da matéria bariônica (prótons e nêutrons) é uma pequena fração da energia total do universo.

Ideias-Chave

- O universo está se expandindo; isso significa que o espaço entre nossa galáxia e as galáxias distantes está aumentando.
- A taxa v com a qual a distância de uma galáxia distante está aumentando (a galáxia parece estar se afastando de nós a uma velocidade v) é dada pela lei de Hubble:

$$v = Hr,$$

em que r é a distância atual da galáxia e H é a constante de Hubble, cujo valor estimado é

$$H = 71{,}0 \text{ km/s} \cdot \text{Mpc} = 21{,}8 \text{ mm/s} \cdot \text{ano-luz}.$$

- A expansão do universo produz um desvio para o vermelho da luz que recebemos das galáxias distantes. Podemos supor que o deslocamento $\Delta\lambda$ do comprimento de onda é dado (aproximadamente) pela Eq. 37.5.5:

$$v = \frac{|\Delta\lambda|}{\lambda_0} c,$$

em que λ_0 é o comprimento de onda próprio, ou seja, o comprimento de onda medido por um observador estacionário em relação à fonte de luz.

- A expansão descrita pela lei de Hubble e a existência de uma radiação cósmica de fundo sugerem que o universo começou com um Big Bang há 13,7 bilhões de anos.
- A expansão do universo está sendo acelerada por uma propriedade desconhecida do vácuo denominada energia escura.
- Grande parte da energia do universo está contida em uma matéria escura que aparentemente interage com a matéria comum (matéria bariônica) apenas por meio da força gravitacional.

Uma Pausa para Refletir

Vamos colocar o que aprendemos na devida perspectiva. Se estamos interessados apenas na estrutura dos objetos que nos cercam, podemos passar muito bem apenas com o elétron, o neutrino, o nêutron e o próton. Como disse alguém, essas partículas são suficientes para fazer funcionar a "Espaçonave Terra". Algumas poucas partículas exóticas podem ser encontradas nos raios cósmicos; entretanto, para observar a maioria dessas partículas, precisamos construir gigantescos aceleradores e empreender uma busca longa e dispendiosa. A razão para isso é que, em termos de energia, vivemos em um mundo cuja temperatura é extremamente baixa. Mesmo no centro do Sol, o valor de kT é apenas da ordem de 1 keV. Para produzir as partículas exóticas, temos que acelerar prótons e elétrons até que atinjam energias da ordem de GeV ou TeV.

Houve uma época em que a temperatura era suficiente para que as partículas tivessem energias tão elevadas; foi a época que se seguiu ao **Big Bang**, a grande explosão que assinala a origem do universo. Uma das razões pelas quais os cientistas se interessam pelo comportamento das partículas com altas energias é justamente o desejo de compreender como era o universo no passado distante.

Como vamos ver daqui a pouco, o universo antigamente ocupava um espaço muito pequeno, e a temperatura das partículas no interior desse espaço era incrivelmente elevada. Com o tempo, o universo se expandiu e esfriou até se tornar o universo que conhecemos hoje.

Na verdade, a expressão "que conhecemos hoje" não é muito apropriada. Quando olhamos para o espaço, o que vemos são vários estágios diferentes da evolução do universo, já que a luz das estrelas e galáxias leva muito tempo para chegar até nós. Os objetos mais distantes que somos capazes de detectar, os **quasars**, são núcleos extremamente luminosos de galáxias situadas a mais de 13 bilhões de anos-luz da Terra. Cada núcleo contém um gigantesco buraco negro; quando a matéria (nuvens de gás e mesmo estrelas inteiras) é atraída para um desses buracos negros, o aquecimento resultante produz uma quantidade enorme de radiação, suficiente para que a luz possa ser detectada na Terra, apesar da enorme distância. Assim, hoje "vemos" um quasar como era no passado remoto, quando a luz emitida por ele começou a viajar em nossa direção.

Universo em Expansão 44.3 e 44.4

Como vimos no Módulo 37.5, é possível calcular a velocidade com a qual uma fonte luminosa está se aproximando ou se afastando de um observador a partir do deslocamento dos comprimentos de onda da luz emitida pela fonte. Quando estudamos a luz das galáxias, desprezando apenas as que se encontram em nossa vizinhança imediata, observamos um fato interessante: *Todas* estão se afastando da Terra! Em 1929, Edwin P. Hubble descobriu que existe uma relação direta entre a velocidade aparente de recessão v de uma galáxia e a distância r a que se encontra da Terra:

$$v = Hr \qquad \text{(lei de Hubble)}, \qquad (44.4.1)$$

em que H, a constante de proporcionalidade, é chamada **constante de Hubble**. O valor de H é geralmente medido em quilômetros por segundo-megaparsec (km/s · Mpc), em que o parsec é uma unidade de comprimento muito usada na astronomia:[5]

$$1 \text{ Mpc} = 3{,}084 \times 10^{19} \text{ km} = 3{,}260 \times 10^{6} \text{ anos-luz}. \qquad (44.4.2)$$

O valor da constante de Hubble não se manteve constante durante a evolução do universo. É difícil determinar o valor atual com exatidão, já que a medida envolve o estudo da luz proveniente de galáxias muito distantes. Com base em dados recentes, os cientistas atribuem a H o seguinte valor:

$$H = 71{,}0 \text{ km/s} \cdot \text{Mpc} = 21{,}8 \text{ mm/s} \cdot \text{ano-luz}. \qquad (44.4.3)$$

A recessão das galáxias é interpretada como uma indicação de que o universo está se expandindo, da mesma forma como a distância entre os pontos de um balão aumenta quando o balão é inflado. Observadores em outras galáxias também veriam as galáxias distantes se afastarem, de acordo com a lei de Hubble. Na analogia do balão, nenhum ponto da superfície do balão tem um ponto de vista privilegiado.

A lei de Hubble está de acordo com a hipótese de que o universo começou com uma grande explosão (o Big Bang) e está se expandindo desde aquela época. Supondo que a velocidade de expansão tenha se mantido constante (ou seja, que o valor de H não tenha mudado durante todo esse tempo), podemos estimar a idade T do universo a partir da Eq. 44.4.1. Vamos imaginar que, desde que aconteceu o Big Bang, uma parte do universo (uma galáxia, digamos) tenha se afastado de nós com uma velocidade v dada pela Eq. 44.4.1. Nesse caso, o tempo necessário para que a galáxia se afastasse de uma distância r foi

$$T = \frac{r}{v} = \frac{r}{Hr} = \frac{1}{H} \qquad \text{(idade estimada do universo)}. \qquad (44.4.4)$$

Para o valor de H, fornecido pela Eq. 44.4.3, $T = 13{,}8 \times 10^{9}$ anos. Estudos muito mais sofisticados da expansão do universo levam a um valor de T ligeiramente menor, que é $T = (13{,}799 \pm 0{,}021) \times 10^{9}$ anos.

[5]O parsec corresponde à distância de uma estrela cuja paralaxe anual é um segundo de arco. (N.T.)

Exemplo 44.4.1 Uso da lei de Hubble para relacionar uma distância a uma velocidade de recessão  44.6

O deslocamento do comprimento de onda da luz de um quasar indica que ele está se afastando da Terra a uma velocidade de $2,8 \times 10^8$ m/s (o que corresponde a 93% da velocidade da luz). A que distância da Terra está o quasar?

IDEIA-CHAVE

Vamos supor que a distância e a velocidade estão relacionadas pela lei de Hubble.

Cálculo: De acordo com as Eqs. 44.4.1 e 44.4.3, temos

$$r = \frac{v}{H} = \frac{2,8 \times 10^8\ \text{m/s}}{21,8\ \text{mm/s} \cdot \text{ano-luz}}(1000\ \text{mm/m})$$

$$= 12,8 \times 10^9\ \text{anos-luz.} \qquad \text{(Resposta)}$$

Este resultado é apenas uma estimativa, já que o quasar não passou o tempo todo se afastando de nós com a mesma velocidade v, ou seja, o valor de H não se manteve constante durante a expansão do universo.

Exemplo 44.4.2 Uso da lei de Hubble para relacionar uma distância a um deslocamento Doppler  44.7

Uma linha de emissão, detectada na luz de uma galáxia, tem um comprimento de onda $\lambda_{det} = 1,1\lambda$, em que λ é o comprimento de onda próprio da linha. A que distância a galáxia se encontra da Terra?

IDEIAS-CHAVE

(1) Vamos supor que a lei de Hubble ($v = Hr$) pode ser aplicada à galáxia. (2) Vamos supor também que a expressão para o deslocamento Doppler da Eq. 37.5.6 ($v = c|\Delta\lambda|/\lambda$, para $v \ll c$) pode ser aplicada ao deslocamento do comprimento de onda da galáxia devido à velocidade de recessão.

Cálculos: Podemos igualar os lados direitos das duas equações e escrever

$$Hr = \frac{c|\Delta\lambda|}{\lambda}, \qquad (44.4.5)$$

o que nos leva a

$$r = \frac{c|\Delta\lambda|}{H\lambda}. \qquad (44.4.6)$$

Na Eq. 44.4.6,

$$\Delta\lambda = \lambda_{det} - \lambda = 1,1\lambda - \lambda = 0,1\lambda.$$

Substituindo esse valor na Eq. 44.4.6, obtemos

$$r = \frac{c(0,1\lambda)}{H\lambda} = \frac{0,1c}{H}$$

$$= \frac{(0,1)(3,0 \times 10^8\ \text{m/s})}{21,8\ \text{mm/s} \cdot \text{ano-luz}}(1.000\ \text{mm/m})$$

$$= 1,4 \times 10^9\ \text{anos-luz.} \qquad \text{(Resposta)}$$

Radiação Cósmica de Fundo

Em 1965, quando testavam um receptor de micro-ondas muito sensível, usado em pesquisas de comunicações, Arno Penzias e Robert Wilson, do Bell Telephone Laboratories, notaram um leve "chiado" cuja intensidade não variava com a direção para a qual a antena do aparelho estava apontada. Depois de descartar várias outras possibilidades, Penzias e Wilson se convenceram de que estavam captando uma **radiação cósmica de fundo** produzida no passado remoto. Essa radiação, cuja intensidade é máxima para um comprimento de onda de 1,1 mm, na região de micro-ondas do espectro eletromagnético, tem a mesma distribuição de comprimentos de onda que uma cavidade (corpo negro) cujas paredes são mantidas a uma temperatura de 2,7 K. Nesse caso, podemos dizer que a cavidade é o universo inteiro. Penzias e Wilson receberam o Prêmio Nobel de Física de 1978 pela descoberta.

Hoje sabemos que a radiação cósmica de fundo é a luz que começou a vagar pelo universo pouco depois que o universo começou a existir, há bilhões de anos. Quando o universo era ainda mais recente, a luz não podia percorrer uma distância razoável sem interagir com partículas de matéria. Se um raio luminoso partisse, digamos, do ponto A, seria desviado tantas vezes, que, se um observador o interceptasse mais adiante, não poderia saber que a luz havia partido do ponto A. Quando as partículas começaram a formar átomos, o espalhamento da luz diminuiu drasticamente. Um

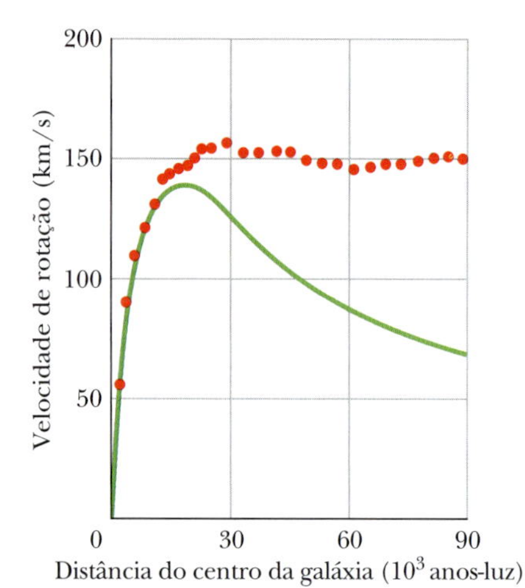

Figura 44.4.1 Velocidade de rotação das estrelas de uma galáxia típica em função da distância do centro da galáxia. A curva contínua, baseada em um modelo teórico, mostra que, se a galáxia contivesse apenas a massa visível, a velocidade de rotação diminuiria com a distância para grandes distâncias. Os pontos representam valores observados e mostram que a velocidade de rotação é aproximadamente constante para grandes distâncias.

raio de luz que partisse do ponto *A* poderia se propagar durante bilhões de anos sem interagir com a matéria. É essa luz que hoje constitui a radiação cósmica de fundo.

Quando a natureza da radiação foi conhecida, os cientistas começaram a se perguntar: "Será possível usar a radiação cósmica de fundo para conhecer os pontos onde se originou, de modo a produzir uma imagem de como era o universo primitivo, na época em que os átomos se formaram e a luz deixou de ser espalhada?" A resposta é afirmativa e essa imagem será mostrada mais adiante.

Matéria Escura

No Observatório Nacional de Kitt Peak, no Arizona, Vera Rubin e seu colaborador Kent Ford mediram a velocidade de rotação de várias galáxias distantes a partir do deslocamento Doppler de aglomerados de estrelas situados a diferentes distâncias do centro da galáxia. Os resultados, como se pode ver na Fig. 44.4.1, foram surpreendentes: As estrelas situadas na periferia das galáxias tinham praticamente a mesma velocidade de rotação que estrelas muito mais próximas do centro.

Como mostra a curva contínua da Fig. 44.4.1, esse não é o comportamento que seria de se esperar, se toda a massa da galáxia estivesse contida nas estrelas cuja luz podemos ver. Um sistema que se comporta da forma prevista é o sistema solar, no qual a velocidade orbital de Plutão (o planeta mais distante do Sol) é apenas um décimo da velocidade orbital de Mercúrio (o planeta mais próximo do Sol).

A única explicação dos resultados de Rubin e Ford que não entra em contradição com a mecânica newtoniana é que uma galáxia típica contém muito mais matéria do que podemos enxergar. Para que os resultados experimentais estejam de acordo com os modelos teóricos, é preciso que a parte visível das galáxias corresponda a apenas 5 a 10% da massa total. Além dos estudos da rotação das galáxias, muitas outras investigações levaram à conclusão de que o universo contém uma quantidade muito grande de matéria que não podemos observar diretamente. Essa matéria invisível é chamada **matéria escura** porque não emite luz ou suas emissões de luz são fracas demais para serem detectadas.

A matéria normal (como as estrelas, os planetas, a poeira e os gases) é frequentemente chamada **matéria bariônica** porque sua massa se deve principalmente à massa dos prótons e nêutrons (bárions) que contém. (A massa dos elétrons pode ser desprezada porque é muito menor que a dos prótons e nêutrons.) É de se esperar que parte da matéria normal de uma galáxia, como estrelas extintas e nuvens de gás e poeira, se comporte como matéria escura; entretanto, de acordo com vários cálculos, a matéria normal constitui uma pequena parte da matéria escura existente. A parcela restante é chamada de **matéria escura não bariônica** porque não contém prótons e nêutrons. Conhecemos apenas um membro dessa classe de matéria escura: o neutrino. Embora a massa do neutrino seja muito menor que a de um próton ou nêutron, o número de neutrinos em uma galáxia é gigantesco e, portanto, a massa total de neutrinos é muito grande. Mesmo assim, os cálculos indicam que os neutrinos não são suficientes para explicar a massa total da matéria escura não bariônica. Deve haver, portanto, um outro tipo de matéria escura. Embora as partículas elementares venham sendo estudadas há mais de cem anos, as partículas que constituem esse outro tipo de matéria escura não bariônica ainda não foram observadas e praticamente nada se conhece a seu respeito. Como não emitem nem absorvem radiação eletromagnética, devem interagir apenas gravitacionalmente com a matéria comum.

Big Bang

Em 1985, um físico declarou em uma conferência:

> *É tão certo que o universo começou com um Big Bang, há cerca de 15 bilhões de anos, como é certo que a Terra gira em torno do Sol.*

Essa declaração mostra a confiança que muitos cientistas depositam na teoria do Big Bang, proposta pela primeira vez pelo físico belga Georges Lemaître em 1927.

O leitor não deve ficar com a impressão de que o Big Bang foi algo como a explosão de uma bomba gigantesca, que alguém poderia, pelo menos em princípio, observar à distância. Para os cosmólogos, o Big Bang representa o começo do próprio espaço-tempo. Não existe um ponto no espaço atual para o qual os cientistas possam apontar e dizer: "O Big Bang aconteceu aqui." O Big Bang aconteceu em toda parte.

Além disso, não faz sentido falar do que existia "antes do Big Bang", já que o tempo *começou* no instante do Big Bang. Nesse contexto, a palavra "antes" deixa de ter significado. Por outro lado, podemos imaginar o que aconteceu durante intervalos de tempo sucessivos *após* o Big Bang (Fig. 44.4.2).

$t \approx$ **10^{-43} s.** Esse é o primeiro instante no qual podemos dizer alguma coisa que faça sentido a respeito da evolução do universo. É nesse momento que os conceitos de espaço e tempo adquirem o significado atual, e as leis da física como as conhecemos podem ser aplicadas. Nesse instante, o universo inteiro é muito menor que um próton, e a temperatura é da ordem de 10^{32} K. Flutuações quânticas da estrutura do espaço-tempo são as sementes que mais tarde levam à formação de galáxias, aglomerados de galáxias e superaglomerados de galáxias.

$t \approx$ **10^{-34} s.** Nesse instante, o universo sofre uma inflação extremamente rápida, que multiplica seu tamanho por um fator da ordem de 10^{30}, causando a formação de matéria com uma distribuição estabelecida pelas flutuações quânticas iniciais. O universo se torna uma mistura de fótons, quarks e léptons a uma temperatura da ordem de 10^{27} K, alta demais para que prótons e nêutrons se formem.

$t \approx$ **10^{-4} s.** Os quarks se combinam para formar prótons, nêutrons e as antipartículas correspondentes. O universo já esfriou a tal ponto, por causa da expansão continuada (embora a uma taxa muito menor que na fase de inflação), que os fótons não têm energia suficiente para desintegrar as partículas recém-formadas. Partículas de matéria e antimatéria colidem e se aniquilam mutuamente. Existe um pequeno excesso de matéria que sobrevive para dar origem ao mundo de matéria que conhecemos hoje.

$t \approx$ **1 min.** O universo esfriou o suficiente para que os prótons e nêutrons, ao colidirem, possam formar os nuclídeos leves ^{2}H, ^{3}He, ^{4}He e ^{7}Li. As abundâncias relativas previstas para esses nuclídeos são as mesmas que observamos hoje em dia. Existe muita radiação presente, mas os fótons não conseguem percorrer distâncias apreciáveis sem interagir com o plasma constituído por íons positivos e elétrons livres; por essa razão, o universo é opaco.

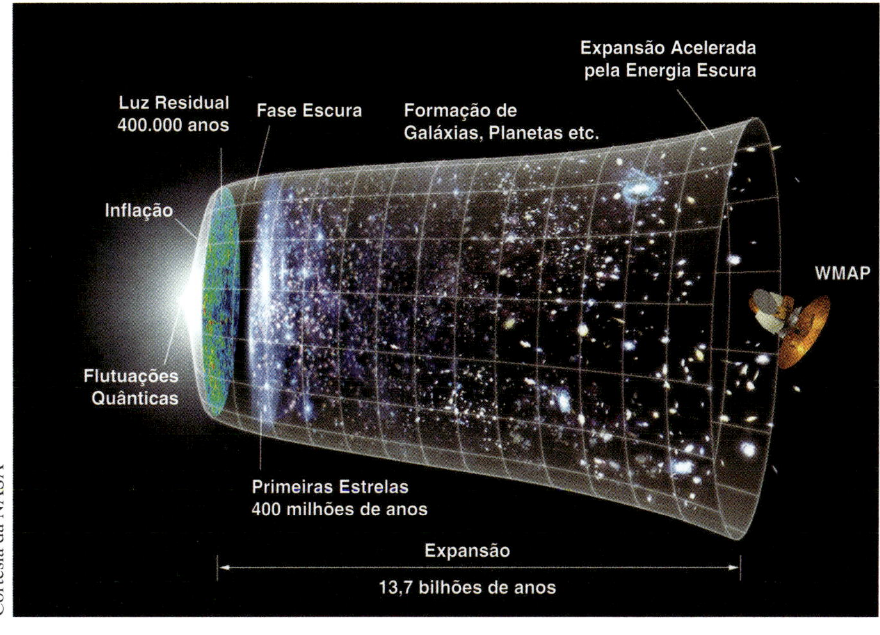

Figura 44.4.2 Uma ilustração do universo, desde as primeiras flutuações quânticas, logo após o instante $t = 0$ (extremidade esquerda), até a atual expansão acelerada, $13{,}7 \times 10^9$ anos depois (extremidade direita). A ilustração não deve ser encarada literalmente; o universo *não pode* ser "visto de fora", já que *não existe* um lado de fora do universo.

$t \approx$ 379.000 anos. A temperatura caiu para 2.970 K e elétrons se combinam com íons para formar átomos. Como a interação dos fótons com átomos neutros é muito menor que com plasmas, a luz agora pode percorrer grandes distâncias sem interagir com a matéria. A radiação existente nessa época sobrevive para se tornar a radiação cósmica de fundo mencionada anteriormente. Os átomos de hidrogênio e de hélio, por influência da gravidade, começam a se aglomerar, dando início à formação de estrelas e galáxias; até que isso aconteça, o universo é relativamente escuro (ver Fig. 44.4.2).

As primeiras investigações mostraram uma radiação cósmica de fundo praticamente isotrópica, o que parecia significar que, 379 mil anos após o Big Bang, a distribuição de matéria do universo era homogênea. Essa descoberta foi considerada surpreendente, já que, atualmente, a matéria do universo não está distribuída homogeneamente, mas se concentra em galáxias, aglomerados de galáxias e superaglomerados de aglomerados de galáxias. Existem também vastos *vazios* nos quais a quantidade de matéria é muito menor que a média, e regiões que contêm uma quantidade tão grande de matéria que são chamadas *muralhas*. Para que a teoria do Big Bang da origem do universo estivesse correta, seria preciso que as sementes dessa distribuição não homogênea de matéria já estivessem presentes no universo antes que este completasse 379 mil anos, caso em que se manifestariam como uma assimetria na distribuição da radiação cósmica de fundo.

Em 1992, medidas realizadas por um satélite da NASA conhecido como Cosmic Background Explorer (COBE) revelaram que a radiação cósmica de fundo não é, na verdade, perfeitamente uniforme. Em 2003, medidas realizadas por outro satélite da NASA, o Wilkinson Microwave Anisotropy Probe (WMAP), permitiram medir a não uniformidade com uma resolução muito maior. A imagem resultante (Fig. 44.4.3) pode ser considerada uma fotografia em cores falsas do universo quando este tinha apenas 379 mil anos. Como se pode ver, a matéria já tinha começado a formar grandes aglomerados; assim, tudo indica que a teoria do Big Bang, com uma inflação em $t \approx 10^{-34}$ s, está correta.

A Expansão Acelerada do Universo

Como vimos no Módulo 13.8, toda massa produz uma curvatura do espaço. Assim, temos razões para esperar que o espaço seja curvo nas vizinhanças de um buraco negro e, em menor escala, nas vizinhanças de uma estrela comum. Agora que sabemos que a massa é uma forma de energia, de acordo com a equação de Einstein $E = mc^2$, podemos generalizar a ideia: toda energia produz uma curvatura do espaço. Isso nos leva à seguinte questão: Será que o espaço do universo como um todo é encurvado pela energia contida no universo?

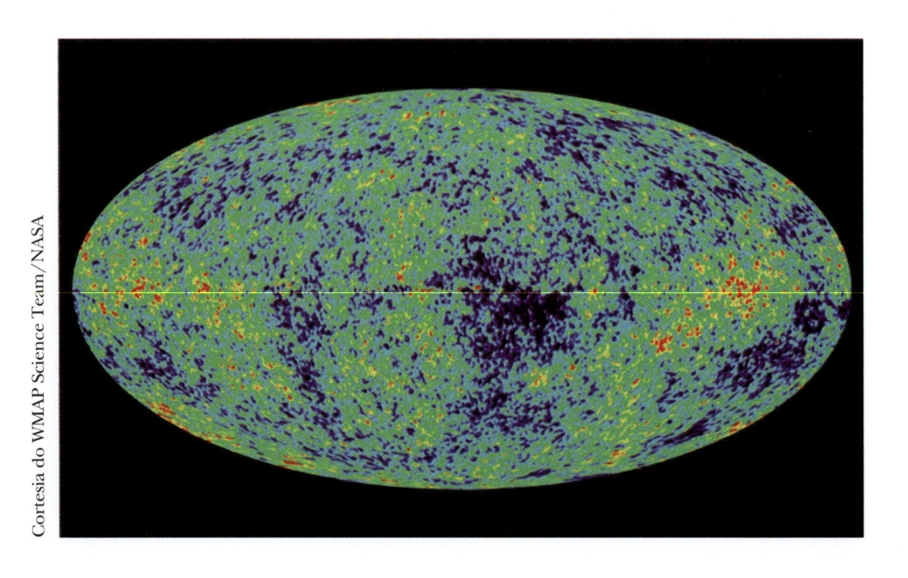

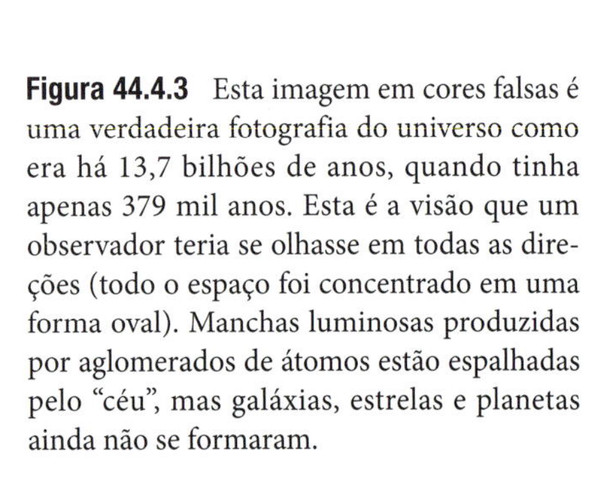
Figura 44.4.3 Esta imagem em cores falsas é uma verdadeira fotografia do universo como era há 13,7 bilhões de anos, quando tinha apenas 379 mil anos. Esta é a visão que um observador teria se olhasse em todas as direções (todo o espaço foi concentrado em uma forma oval). Manchas luminosas produzidas por aglomerados de átomos estão espalhadas pelo "céu", mas galáxias, estrelas e planetas ainda não se formaram.

Essa pergunta foi respondida pela primeira vez em 1992, a partir das medidas da radiação cósmica de fundo realizadas pelo COBE. Foi respondida, de forma mais precisa, em 2003, a partir das medidas realizadas pelo WMAP que produziram a imagem da Fig. 44.4.3. Os pontos que vemos na imagem são as fontes originais de radiação cósmica de fundo, e a distribuição angular desses pontos revela a curvatura do universo na região que a luz atravessou para chegar até nós. Se pontos vizinhos subtendem um ângulo de mais de 1° (Fig. 44.4.4*a*) ou menos de 1° (Fig. 44.4.4*b*) do ponto de vista do detector (ou do nosso ponto de vista), o universo é curvo. A análise da distribuição de pontos na imagem obtida pelo WMAP mostra que os pontos subtendem aproximadamente 1° (Fig. 44.4.4*c*), o que significa que o universo é *plano* (não possui uma curvatura). Assim, tudo indica que a curvatura inicial desapareceu durante a rápida inflação que o universo sofreu em $t \approx 10^{-34}$ s.

O fato de o universo ser plano constitui um problema muito difícil para os físicos porque a quantidade (na forma de massa ou em outras formas) de energia necessária para que o universo seja plano pode ser calculada. Acontece que todas as estimativas da quantidade de energia do universo (tanto nas formas conhecidas como na forma desconhecida da matéria escura não bariônica) resultam em valores muito menores que o necessário para tornar o universo plano. Na verdade, a energia estimada é apenas um terço da energia necessária.

Uma das teorias a respeito dessa forma desconhecida de energia atribui a ela o nome gótico de *energia escura* e a estranha propriedade de fazer com que a expansão do universo acelere com o tempo. Até 1998, era muito difícil verificar se a expansão do universo estava de fato se acelerando, pois, para isso, seria preciso medir com precisão as distâncias de objetos astronômicos muito afastados.

Em 1998, o progresso tecnológico permitiu que os astrônomos observassem um certo tipo de supernova em galáxias extremamente distantes. Além disso, os astrônomos puderam medir a duração do clarão emitido por essas supernovas, que é uma indicação da sua luminosidade intrínseca. Conhecendo a luminosidade intrínseca e medindo a intensidade aparente das supernovas, os astrônomos puderam calcular a que distância estavam da Terra. A partir do desvio para o vermelho da luz da galáxia que continha a supernova, os astrônomos também puderam medir a velocidade de recessão da galáxia. Combinando essas observações, eles calcularam a taxa de expansão do universo. A conclusão foi a de que a expansão do universo está realmente se acelerando, como previa a teoria da energia escura (Fig. 44.4.2). Entretanto, ainda não sabemos o que é essa energia escura.

A Fig. 44.4.5 dá uma ideia do estágio atual do nosso conhecimento a respeito da energia do universo. Cerca de 5% estão associados à matéria bariônica, que compreendemos razoavelmente bem. Cerca de 27% estão associados à matéria escura não bariônica, a respeito da qual temos algumas informações que podem ser úteis. O resto, espantosos 68%, está associado à energia escura, a respeito da qual não sabemos praticamente nada. Houve épocas na história da física, mesmo no passado recente, em que alguns cientistas de renome declararam que a física estava quase completa, que restavam apenas pequenos detalhes para serem esclarecidos. Na verdade, ainda temos um longo caminho a percorrer.

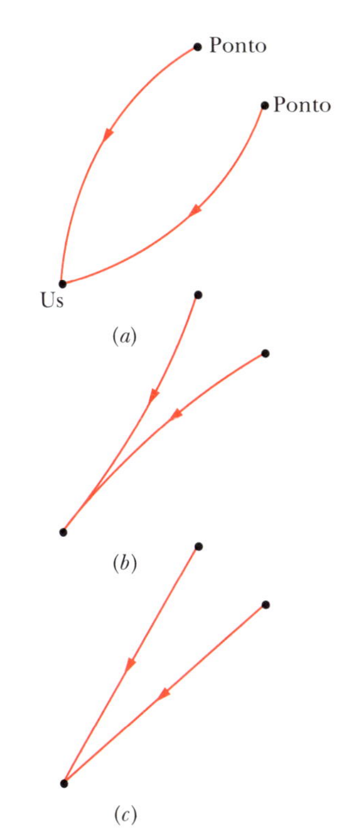

Figura 44.4.4 Se o universo fosse curvo, os raios de luz provenientes de dois pontos próximos chegariam a nós separados por um ângulo (*a*) maior que 1° ou (*b*) menor que 1°. (*c*) Um ângulo de 1° sugere que o espaço não é curvo.

Conclusão

Nestes parágrafos finais, vamos examinar as conclusões que é possível extrair dos conhecimentos atuais a respeito do universo. Nossas descobertas têm sido notáveis, mas podem também ser vistas como uma lição de humildade, por revelarem com maior clareza nossa insignificância diante do universo. Assim, em ordem cronológica, os seres humanos descobriram que

A Terra não é o centro do sistema solar.

O Sol é apenas uma estrela entre as muitas que existem em nossa galáxia.

Nossa galáxia é apenas uma entre as muitas que existem no universo.

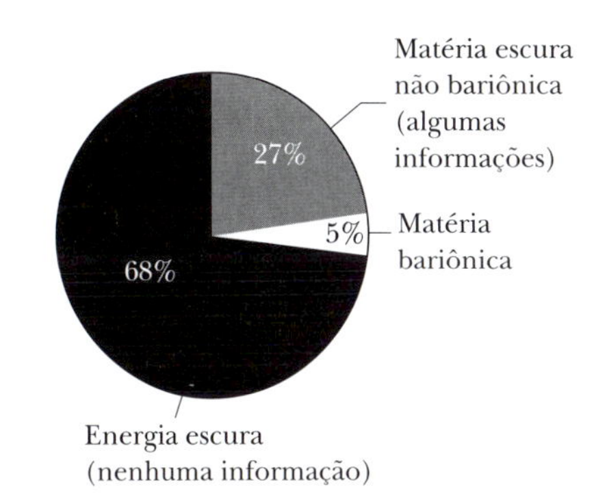

Figura 44.4.5 A distribuição de massa e energia no universo.

A Terra existe há menos de um terço da idade do universo e certamente será destruída quando o combustível do Sol se esgotar e o astro se tornar uma gigante vermelha.

Nossa espécie habita a Terra há menos de um milhão de anos, um piscar de olhos na história do universo.

Embora nossa posição no universo possa ser insignificante, as leis da física descobertas por nós parecem ser válidas em toda parte e, até onde sabemos, em todos os momentos, presentes, passados e futuros. Até hoje não foram encontrados indícios de que as leis da física tenham sido diferentes no passado ou sejam diferentes em outras regiões do universo. Assim, até que alguém proteste, temos o direito de carimbar as leis da física com a inscrição "Descoberta na Terra". Ainda resta muito para descobrir. Nas palavras do escritor inglês Eden Phillpotts, *"O universo está cheio de coisas mágicas, pacientemente aguardando que nossa inteligência fique mais aguçada"*. Essa declaração nos permite responder pela última vez à pergunta: "O que é física?", que vem sendo feita no início de cada capítulo deste livro. Física é a porta de acesso a essas coisas mágicas.

Revisão e Resumo

Léptons e Quarks As pesquisas parecem mostrar que a matéria é feita de seis tipos de **léptons** (Tabela 44.2.1), seis tipos de **quarks** (Tabela 44.3.1) e 12 **antipartículas**, cada uma associada a um lépton ou quark. Todas as partículas de matéria têm um número quântico de spin igual a $\frac{1}{2}$ e são, portanto, **férmions** (partículas que obedecem ao princípio de exclusão de Pauli).

As Interações As partículas que possuem carga elétrica estão sujeitas à interação eletromagnética, que ocorre por meio da troca de **fótons virtuais**. Os léptons podem interagir entre si e com os quarks por meio da **interação fraca**, cujas partículas mensageiras são as partículas W e Z. Os quarks interagem entre si por meio da **interação forte**. A interação eletromagnética e a interação fraca são manifestações diferentes da mesma interação, conhecida como **interação eletrofraca**.

Léptons Três dos léptons (o **elétron**, o **múon** e o **táuon**) possuem carga elétrica $-e$. Os outros três léptons são **neutrinos**, cada um associado a um dos léptons, que não possuem carga elétrica. As antipartículas do elétron, do múon e do táuon têm carga elétrica positiva; as antipartículas dos neutrinos não possuem carga elétrica.

Quarks Os seis quarks (up, down, estranho, charme, bottom e top, em ordem crescente de massa) têm número quântico bariônico $+\frac{1}{3}$ e carga $+2e/3$ ou $-e/3$. A cada quark é atribuído um número quântico específico, que é $+1$ para os quarks de carga positiva e -1 para os quarks de carga negativa. Esse número quântico é 0 para todos os outros quarks. Os números quânticos dos antiquarks são o negativo dos números quânticos do quark correspondente.

Hádrons: Bárions e Mésons Os quarks se combinam para formar partículas sujeitas à interação forte chamadas **hádrons**. Os **bárions** são hádrons cujo número quântico de spin é semi-inteiro ($\frac{1}{2}$ ou $\frac{3}{2}$) e, portanto, são **férmions**. Os **mésons** são hádrons cujo número quântico de spin é inteiro (0 ou 1) e, portanto, são **bósons** (partículas que não obedecem ao princípio de exclusão de Pauli). O número bariônico dos mésons é zero; o número bariônico dos bárions é $+1$ e o número bariônico dos antibárions é -1. De acordo com a **cromodinâmica quântica**, os bárions são combinações de três quarks, e os mésons são combinações de um quark com um antiquark.

Expansão do Universo Observações astronômicas indicam que o universo está se expandindo. As galáxias distantes se afastam da Terra a uma velocidade v dada pela **lei de Hubble**:

$$v = Hr \qquad \text{(lei de Hubble)}, \qquad (44.4.1)$$

em que H, a **constante de Hubble**, tem o valor estimado

$$H = 71{,}0 \text{ km/s} \cdot \text{Mpc} = 21{,}8 \text{ mm/s} \cdot \text{ano-luz}. \qquad (44.4.3)$$

A expansão descrita pela lei de Hubble e a existência da radiação cósmica de fundo levam à conclusão de que o universo surgiu em uma grande explosão (Big Bang) ocorrida há 13,7 bilhões de anos.

Perguntas

1 Um elétron não pode decair em dois neutrinos. Quais das seguintes leis de conservação seriam violadas se isso acontecesse: (a) da energia, (b) do momento angular, (c) da carga, (d) do número leptônico, (e) do momento linear, (f) do número bariônico?

2 Qual dos oito píons da Fig. 44.4.3*b* possui a menor energia cinética?

3 A Fig. 44.1 mostra as trajetórias de duas partículas na presença de um campo magnético uniforme. As partículas têm cargas de mesmo valor absoluto e sinais opostos. (a) Que trajetória corresponde à da partícula de maior massa? (b) Se o campo magnético aponta para dentro do papel, a partícula de maior massa tem carga positiva ou negativa?

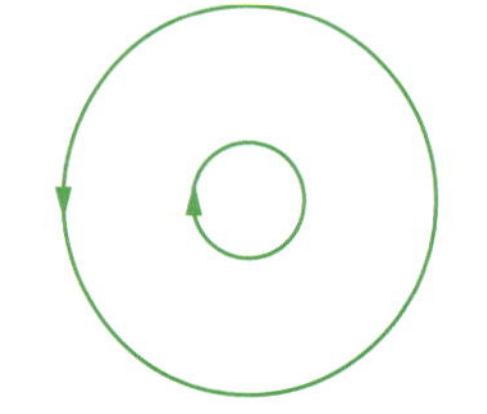

Figura 44.1 Pergunta 3.

4 Um próton tem suficiente energia de repouso para decair em vários elétrons, neutrinos e antipartículas correspondentes. Que lei de conservação seria violada se isso acontecesse: a do número leptônico eletrônico ou a do número bariônico?

5 Um próton não pode decair em um nêutron e um neutrino. Quais das seguintes leis de conservação seriam violadas se isso acontecesse: (a) da energia (suponha que o próton esteja estacionário), (b) do momento angular, (c) da carga, (d) do número leptônico, (e) do momento linear, (f) do número bariônico?

6 O decaimento $\Lambda^\circ \to p + K^-$ respeita a lei de conservação (a) da carga elétrica, (b) do spin e (c) da estranheza? (d) A energia de repouso da partícula Λ° é suficiente para criar os produtos do decaimento?

7 Não só as partículas, como o elétron e o píon, mas também os sistemas de partículas, como os átomos e as moléculas, podem ser classificados como férmions ou bósons, dependendo do valor do número quântico de spin associado ao sistema. Considere os isótopos do hélio ^{3}He e ^{4}He. Qual das seguintes afirmações está correta? (a) Ambos são férmions. (b) Ambos são bósons. (c) O ^{4}He é um férmion e o ^{3}He é um bóson. (d) O ^{3}He é um férmion e o ^{4}He é um bóson. (Os dois elétrons do hélio formam uma camada completa e não precisam ser considerados.)

8 Três cosmólogos plotaram retas no gráfico de Hubble da Fig. 44.2. Se a idade do universo for estimada a partir dessas retas, coloque os gráficos na ordem decrescente da idade calculada.

9 Uma partícula Σ^+ possui os seguintes números quânticos: estranheza $S = -1$, carga $q = +1$, e spin $s = \frac{1}{2}$. Qual é a composição da partícula em termos de quarks: (a) dds, (b) $s\bar{s}$, (c) uus, (d) ssu, (e) $uu\bar{s}$?

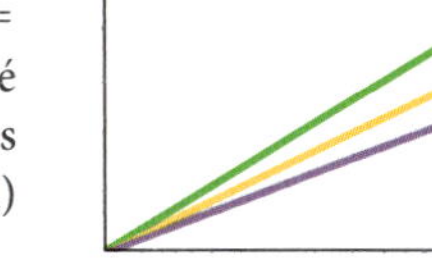

Figura 44.2 Pergunta 8.

10 O píon negativo (π^-) é formado por um quark down e um antiquark up ($d\bar{u}$). Quais das seguintes leis de conservação seriam violadas se um píon negativo fosse formado por um quark down e um quark up (du): (a) da energia, (b) do momento angular, (c) da carga, (d) do número leptônico, (e) do momento linear, (f) do número bariônico?

11 Considere o neutrino cujo símbolo é $\bar{\nu}_\tau$. (a) Trata-se de um quark, um lépton, um méson ou um bárion? (b) Trata-se de uma partícula ou de uma antipartícula? (c) Trata-se de um bóson ou de um férmion? (d) Trata-se de uma partícula (ou antipartícula) estável ou instável?

Problemas

F Fácil **M** Médio **D** Difícil

CVF Informações adicionais disponíveis no e-book *O Circo Voador da Física*, de Jearl Walker, LTC Editora, Rio de Janeiro, 2008.

CALC Requer o uso de derivadas e/ou integrais

BIO Aplicação biomédica

Módulo 44.1 Propriedades Gerais das Partículas Elementares

1 F Um píon positivo decai por meio da reação $\pi^+ \to \mu^+ + \nu$. Qual é a reação de decaimento do píon negativo? (*Sugestão*: O píon negativo é a antipartícula do píon positivo.)

2 F De acordo com algumas teorias, o próton é instável, com uma meia-vida da ordem de 10^{32} anos. Supondo que isso seja verdade, calcule o número de decaimentos de prótons que deverão ocorrer durante um ano no interior de uma piscina olímpica, que contém aproximadamente $4{,}32 \times 10^5$ L de água.

3 F Um elétron e um pósitron se aniquilam mutuamente (Eq. 44.1.5). Se a energia cinética das partículas era desprezível antes da aniquilação, qual é o comprimento de onda de um dos raios γ resultantes da aniquilação?

4 F Um píon neutro inicialmente em repouso decai em dois raios gama por meio da reação $\pi^0 \to \gamma + \gamma$. Calcule o comprimento de onda dos raios gama. Por que os raios gama têm o mesmo comprimento de onda?

5 F Um elétron e um pósitron estão separados por uma distância r. Determine a razão entre a força gravitacional e a força elétrica a que uma das partículas está submetida em consequência da presença da outra. O que esse resultado permite concluir a respeito das forças que agem sobre as partículas detectadas em uma câmara de bolhas? (É preciso levar em conta as interações gravitacionais?)

6 M (a) Uma partícula estacionária 1 decai em duas partículas, 2 e 3, que são emitidas em direções opostas com momentos iguais. Mostre que a energia cinética K_2 da partícula 2 é dada por

$$K_2 = \frac{1}{2E_1}[(E_1 - E_2)^2 - E_3^2],$$

em que E_1, E_2 e E_3 são as energias de repouso das três partículas. (b) Um píon positivo estacionário π^+ (energia de repouso 139,6 MeV) pode decair em um antimúon μ^+ (energia de repouso 105,7 MeV) e um neutrino ν (energia de repouso aproximadamente 0). Determine a energia cinética do antimúon.

7 M A energia de repouso de muitas partículas de vida curta não pode ser medida diretamente, mas deve ser determinada a partir dos momentos e energias de repouso dos produtos do decaimento. Considere o méson ρ^0, que decai por meio da reação $\rho^0 \to \pi^+ + \pi^-$. Calcule a energia de repouso do ρ^0 a partir da informação de que os píons resultantes do decaimento (que são emitidos em direções opostas) têm um momento de 358,3 MeV/c cada um. As massas dos píons estão na Tabela 44.2.3.

8 M Um táuon positivo (τ^+, energia de repouso = 1.777 MeV) está se movendo com uma energia cinética de 2.200 MeV em uma trajetória circular cujo plano é perpendicular a um campo magnético constante de 1,20 T. (a) Calcule o momento do táuon em quilogramas-metros por segundo. Não se esqueça de levar em conta os efeitos relativísticos. (b) Determine o raio da trajetória circular.

9 M A observação dos neutrinos emitidos pela supernova SN1987a (Fig. 43.5.2*b*) permitiu estabelecer um limite superior de 20 eV para a energia de repouso do neutrino do elétron. Se a energia de repouso do neutrino do elétron tivesse exatamente este valor, qual seria a diferença entre a velocidade da luz e a velocidade de um neutrino de 1,5 MeV?

10 M Um píon neutro tem uma energia de repouso de 135 MeV e uma vida média de $8{,}3 \times 10^{-17}$ s. Se o píon é produzido com uma energia cinética inicial de 80 MeV e decai após um intervalo de tempo igual à vida média, qual é o comprimento do maior rastro que ele pode deixar em uma câmara de bolhas? Não se esqueça de levar em conta a dilatação relativística dos tempos.

Módulo 44.2 Léptons, Hádrons e Estranheza

11 F Que leis de conservação são violadas nos decaimentos a seguir? Suponha que a partícula inicial esteja em repouso e que os produtos do decaimento têm momento angular orbital zero. (a) $\mu^- \to e^- + \nu_\mu$; (b) $\mu^- \to e^+ + \nu_e + \bar{\nu}_\mu$; (c) $\mu^+ \to \pi^+ + \nu_\mu$.

12 F A partícula A_2^+ e seus produtos decaem de acordo com as seguintes reações:

$$A_2^+ \to \rho^0 + \pi^+, \qquad \mu^+ \to e^+ + \nu + \bar{\nu},$$
$$\rho^0 \to \pi^+ + \pi^-, \qquad \pi^- \to \mu^- + \bar{\nu},$$
$$\pi^+ \to \mu^+ + \nu, \qquad \mu^- \to e^- + \nu + \bar{\nu}.$$

(a) Quais são os produtos finais (estáveis) do decaimento? (b) A partícula A_2^+ é um férmion ou um bóson? (c) A partícula é um méson ou um bárion? (d) Qual é o número bariônico da partícula?

13 F Mostre que, se em vez de plotarmos a estranheza S em função da carga q para os bárions de spin $\frac{1}{2}$ da Fig. 44.2.1*a* e para os mésons de spin 0 da Fig. 44.2.1*b*, plotarmos a grandeza $Y = B + S$ em função da grandeza $T_z = q - (B + S)/2$, obteremos padrões hexagonais usando um sistema de eixos ortogonais. (A grandeza Y é chamada de *hipercarga*, e T_z é a componente z de uma grandeza vetorial conhecida como *isospin*.)

14 F Calcule a energia de desintegração das seguintes reações (a) $\pi^+ + p \rightarrow \Sigma^+ + K^+$ e (b) $K^- + p \rightarrow \Lambda^0 + \pi^0$.

15 F Qual lei de conservação é violada nas reações a seguir? (Suponha que o momento angular orbital dos produtos seja nulo.) (a) $\Lambda^0 \rightarrow p + K^-$; (b) $\Omega^- \rightarrow \Sigma^- + \pi^0$ ($S = -3$, $q = -1$, $m = 1672$ MeV/c^2 e $m_s = \frac{3}{2}$ para a partícula Ω^-); (c) $K^- + p \rightarrow \Lambda^0 + \pi^+$.

16 F A reação

$$p + \bar{p} \rightarrow \Lambda^0 + \Sigma^+ + e^-$$

conserva (a) a carga, (b) o número bariônico, (c) o número leptônico eletrônico, (d) o spin, (e) a estranheza e (f) o número leptônico muônico?

17 F A reação

$$\Xi^- \rightarrow \pi^- + n + K^- + p$$

conserva (a) a carga, (b) o número bariônico, (c) o spin e (d) a estranheza?

18 F Use a lei de conservação da estranheza para determinar quais das seguintes reações são mediadas pela interação forte: (a) $K^0 \rightarrow \pi^+ + \pi^-$; (b) $\Lambda^0 + p \rightarrow \Sigma^+ + n$; (c) $\Lambda^0 \rightarrow p + \pi^-$; (d) $K^- + p \rightarrow \Lambda^0 + \pi^0$.

19 F A reação $\pi^+ + p \rightarrow p + p + \bar{n}$ é mediada pela interação forte. Use as leis de conservação para determinar (a) o número quântico de carga, (b) o número bariônico e (c) o número quântico de estranheza do antinêutron.

20 F Existem 10 bárions com spin $\frac{3}{2}$. Os símbolos e números quânticos de carga q e estranheza S dessas partículas são os seguintes:

	q	S		q	S
Δ^-	-1	0	Σ^{*0}	0	-1
Δ^0	0	0	Σ^{*+}	$+1$	-1
Δ^+	$+1$	0	Ξ^{*-}	-1	-2
Δ^{++}	$+2$	0	Ξ^{*0}	0	-2
Σ^{*-}	-1	-1	Ω	-1	-3

Faça um gráfico carga-estranheza para esses bárions, usando o sistema de coordenadas da Fig. 44.2.1. Compare o gráfico com o da Fig. 44.2.1.

21 M Use as leis de conservação e as Tabelas 44.2.2 e 44.2.3 para identificar a partícula x nas seguintes reações, que são mediadas pela interação forte: (a) $p + p \rightarrow p + \Lambda^0 + x$; (b) $p + \bar{p} \rightarrow n + x$; (c) $\pi^- + p \rightarrow \Xi^0 + K^0 + x$.

22 M Uma partícula Σ^- que está se movendo com uma energia cinética de 220 MeV decai por meio da reação $\Sigma^- \rightarrow \pi^- + n$. Calcule a energia cinética total dos produtos do decaimento.

23 M Considere o decaimento $\Lambda^0 \rightarrow p + \pi^-$, com a partícula Λ^0 em repouso. (a) Calcule a energia de desintegração. Determine a energia cinética (b) do próton e (c) do píon. (*Sugestão*: Ver Problema 6.)

24 M O bárion de spin 3/2 Σ^{*0} (ver tabela do Problema 20) tem uma energia de repouso de 1385 MeV (com uma indeterminação intrínseca que vamos ignorar aqui); o bárion de spin 1/2 Σ^0 tem uma energia de repouso de 1192,5 MeV. Se as duas partículas têm uma energia cinética de 1000 MeV, (a) qual das duas está se movendo mais depressa? (b) Qual é a diferença entre as velocidades das duas partículas?

Módulo 44.3 Quarks e Partículas Mensageiras

25 F As composições do próton e do nêutron em termos de quarks são uud e udd, respectivamente. Quais são as composições (a) do antipróton e (b) do antinêutron?

26 F Determine a identidade das combinações de quarks a seguir, usando as Tabelas 44.2.2 e 44.3.1, e verifique se os resultados estão corretos comparando as Figs. 44.2.1*a* e 44.3.1*a*: (a) ddu, (b) uus, e (c) ssd.

27 F De que quarks é composta a partícula $\bar{K}^0$?

28 F De que quarks é composta (a) a partícula Λ^0? (b) E a partícula Ξ^0?

29 F Que hádron das Tabelas 44.2.2 e 44.2.3 corresponde à combinação de quarks (a) ssu e (b) dds?

30 F Usando apenas quarks up, down e estranhos, construa, se for possível, (a) um bárion com $q = +1$ e $S = -2$ e (b) um bárion com $q = +2$ e $S = 0$.

Módulo 44.4 Cosmologia

31 F No laboratório, uma das linhas do sódio é emitida com um comprimento de onda de 590,0 nm. Na luz de uma certa galáxia, a mesma linha é detectada com um comprimento de onda de 602,0 nm. Calcule a distância a que a galáxia se encontra da Terra, supondo que a velocidade da galáxia obedeça à lei de Hubble e que o deslocamento Doppler seja dado pela Eq. 37.5.6.

32 F Devido à expansão do universo, a emissão de uma galáxia distante tem um comprimento de onda 2,00 vezes maior que o comprimento de onda da emissão no laboratório. Supondo que a lei de Hubble e o deslocamento Doppler se apliquem a esse caso, a que distância, em anos-luz, a galáxia se encontrava da Terra no momento em que a luz foi emitida?

33 F Qual é o comprimento de onda observado da linha do hidrogênio de 656,3 nm (primeira linha de Balmer) no caso de uma galáxia situada a $2{,}40 \times 10^8$ anos-luz da Terra? Suponha que a velocidade da galáxia obedeça à lei de Hubble e que o deslocamento Doppler seja dado pela Eq. 37.5.6.

34 F Um astro está a uma distância de $1{,}5 \times 10^4$ anos-luz da Terra e não possui nenhum movimento em relação à Terra, a não ser o movimento associado à expansão do universo. Se a distância entre o astro e a Terra aumenta de acordo com a lei de Hubble, com $H = 21{,}8$ mm/s · ano-luz, (a) qual será a distância adicional entre o astro e a Terra daqui a um ano e (b) com que velocidade o astro está se afastando da Terra?

35 F Se a lei de Hubble pudesse ser extrapolada indefinidamente, para qual distância a velocidade aparente de recessão das galáxias seria igual à velocidade da luz?

36 F Qual teria que ser a massa do Sol para que Plutão (o "planeta" mais distante a maior parte do tempo) tivesse a mesma velocidade orbital que Mercúrio (o planeta mais próximo) possui hoje em dia? Use os dados do Apêndice C, expresse a resposta em termos da massa atual do Sol, M_S, e suponha que as órbitas dos dois planetas sejam circulares.

37 F O comprimento de onda para o qual um corpo aquecido a uma temperatura T irradia ondas eletromagnéticas com maior intensidade é dado pela lei de Wien: $\lambda_{máx} = (2898\ \mu m \cdot K)/T$. (a) Mostre que a energia E de um fóton correspondente a esse comprimento de onda é dada por

$$E = (4{,}28 \times 10^{-10}\ \text{MeV/K})T.$$

(b) Qual é a menor temperatura para a qual um fóton com essa energia é capaz de criar um par elétron-pósitron (como é discutido no Módulo 21.3)?

44.5

38 F Use a lei de Wien (ver Problema 37) para responder às seguintes perguntas: (a) Se a intensidade da radiação cósmica de fundo é máxima para um comprimento de onda de 1,1 mm, qual é a temperatura correspondente? (b) Cerca de 379 mil anos após o Big Bang, o universo se tornou transparente à radiação eletromagnética. Se, nessa ocasião, a temperatura era 2.970 K, qual era a comprimento de onda correspondente?

39 **M** O universo continuará a se expandir para sempre? Para tentar responder a essa pergunta, suponha que a teoria da energia escura esteja errada e que a velocidade de recessão v de uma galáxia situada a uma distância r da Terra depende apenas da atração gravitacional da matéria contida em uma esfera de raio r e centro na Terra. Se a massa total no interior da esfera é M, a velocidade de escape v_e da esfera é $v_e = \sqrt{2GM/r}$ (Eq. 13.5.8). (a) Mostre que, para que a expansão não continue indefinidamente, a massa específica média no interior da esfera deve ser pelo menos igual a

$$\rho = \frac{3H^2}{8\pi G}.$$

(b) Calcule o valor numérico dessa "densidade crítica" e expresse a resposta em átomos de hidrogênio por metro cúbico. As medidas experimentais da densidade média do universo são complicadas pela presença da matéria escura.

40 **M** Como a velocidade aparente de recessão dos quasares e galáxias situados a uma grande distância da Terra é próxima da velocidade da luz, é preciso usar a fórmula relativística do deslocamento Doppler (Eq. 37.5.1). Esse deslocamento é normalmente expresso em termos do desvio relativo para o vermelho $z = \Delta\lambda/\lambda_0$. (a) Mostre que, em termos de z, o parâmetro de velocidade $\beta = v/c$ é dado por

$$\beta = \frac{z^2 + 2z}{z^2 + 2z + 2}.$$

(b) No caso de um quasar descoberto em 1987, $z = 4{,}43$. Calcule o valor do parâmetro de velocidade. (c) Determine a distância do quasar, supondo que a lei de Hubble seja válida para essa distância.

41 **M** Um elétron salta do nível $n = 3$ para o nível $n = 2$ de um átomo de hidrogênio de uma galáxia distante, emitindo luz no processo. Se detectamos essa luz com um comprimento de onda de 3,00 mm, por qual fator foi multiplicado o comprimento da luz, e, portanto, o tamanho do universo, desde o instante em que a luz foi emitida?

42 **M** Devido à presença da radiação cósmica de fundo, a menor temperatura possível de um gás no espaço interestelar ou intergaláctico não é 0 K, e sim 2,7 K. Isso significa que uma fração significativa das moléculas que existem no espaço se encontra em estados excitados. O decaimento dessas moléculas para o estado fundamental é acompanhado pela emissão de fótons que podem ser detectados na Terra. Considere uma molécula (hipotética) com apenas um estado excitado. (a) Qual teria que ser a diferença de energia entre o estado excitado e o estado fundamental para que 25% das moléculas, em média, estivessem no estado excitado? (*Sugestão*: Use a Eq. 40.7.2.) (b) Qual seria o comprimento de onda do fóton emitido em uma transição do estado excitado para o estado fundamental?

43 **M** Suponha que o raio do Sol aumentasse para $5{,}90 \times 10^{12}$ m (o raio médio da órbita do planeta Plutão), que a distribuição de massa do novo Sol fosse uniforme, que a massa do Sol permanecesse a mesma e que os planetas girassem no interior do novo astro. Supondo que o raio da órbita da Terra permanecesse o mesmo, (a) calcule a velocidade orbital da Terra na nova configuração e (b) calcule a razão entre a velocidade orbital calculada no item (a) e a velocidade orbital atual, que é 29,8 km/s. (c) Qual seria o novo período de revolução da Terra?

44 **M** Suponha que a matéria (estrelas, gás, poeira) de uma certa galáxia de massa M esteja distribuída uniformemente em uma esfera de raio R. Uma estrela, de massa m, está girando em torno do centro da galáxia em uma órbita circular de raio $r < R$. (a) Mostre que a velocidade orbital v da estrela é dada por

$$v = r\sqrt{GM/R^3},$$

e que o período de revolução T é dado por

$$T = 2\pi\sqrt{R^3/GM},$$

qualquer que seja o valor de r. Ignore as forças de atrito. (b) Suponha agora que a massa da galáxia esteja concentrada na região central, no interior de uma esfera de raio menor que r. Qual é a nova expressão do período orbital da estrela?

Problemas Adicionais

45 Nunca foi observado um méson com número quântico de carga $q = +1$ e número quântico de estranheza $S = -1$ ou com $q = -1$ e $S = +1$. Explique a razão, em termos do modelo de quarks.

46 A Fig. 44.3 é um gráfico hipotético da velocidade de recessão v de várias galáxias em função da distância r que as separa da Terra; a reta que melhor se ajusta às observações também está indicada na figura. Determine, a partir do gráfico, a idade do universo, supondo que a lei de Hubble seja válida e que o valor da constante de Hubble se mantenha constante durante a expansão do universo.

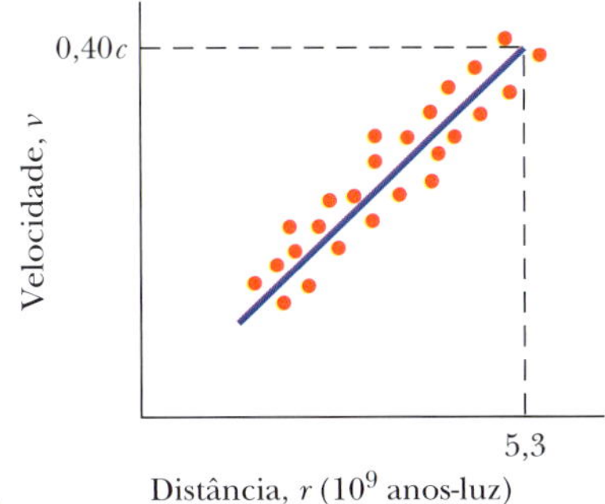

Figura 44.3 Problema 46.

47 Qual seria a energia liberada se a Terra fosse aniquilada pela colisão com uma antiTerra?

48 *O jogo das partículas*. A Fig. 44.4 mostra os rastros produzidos por partículas em um experimento *fictício* realizado em uma câmara de nuvens (com um campo magnético uniforme perpendicular ao plano do papel), e a Tabela 44.1 mostra os números quânticos *fictícios* das partículas responsáveis pelos rastros. A partícula A entrou na câmara pela esquerda, produzindo o rastro 1 e decaindo em três partículas. A partícula responsável pelo rastro 6 decaiu em outras três partículas, e a partícula responsável pelo rastro 4 decaiu em outras duas partículas, uma das quais não possuía carga elétrica; a trajetória da última partícula está representada por uma reta tracejada. Sabe-se que o número quântico de seriedade da partícula responsável pelo rastro 8 é zero.

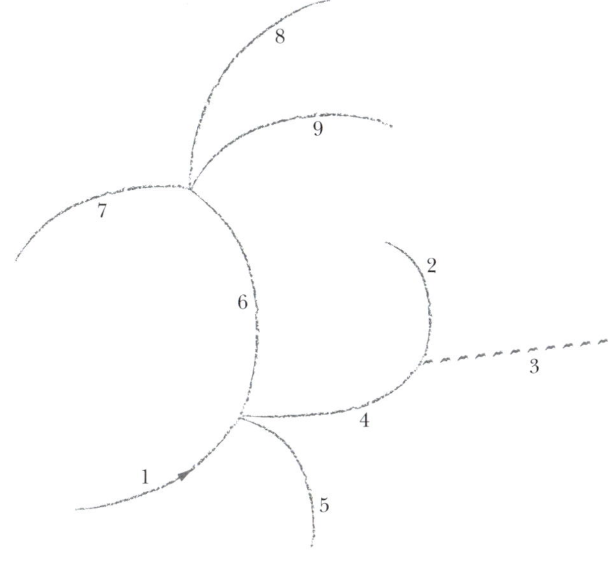

Figura 44.4 Problema 48.

Supondo que todos os números quânticos fictícios associados às partículas sejam conservados e levando-se em conta o sentido da curvatura dos rastros, identifique as partículas responsáveis pelo rastro (a) 1, (b) 2, (c) 3, (d) 4, (e) 5, (f) 6, (g) 7, (h) 8 e (i) 9. Uma das partículas que aparecem na tabela não é observada; as outras são observadas uma vez cada uma.

Tabela 44.1 Problema 48

Partícula	Carga	Graça	Seriedade	Simpatia
A	1	1	−2	−2
B	0	4	3	0
C	1	2	−3	−1
D	−1	−1	0	1
E	−1	0	−4	−2
F	1	0	0	0
G	−1	−1	1	−1
H	3	3	1	0
I	0	6	4	6
J	1	−6	−4	−6

49 A Fig. 44.5 mostra parte do arranjo experimental que levou à descoberta dos antiprótons na década de 1950. Os pesquisadores fizeram um feixe de prótons de 6,2 GeV, produzido em um acelerador de partículas, colidir com os núcleos atômicos de um alvo de cobre. De acordo com as previsões teóricas da época, as colisões com os prótons e nêutrons dos núcleos de cobre deveriam produzir antiprótons por meio das reações

$$\mathrm{p} + \mathrm{p} \rightarrow \mathrm{p} + \mathrm{p} + \mathrm{p} + \bar{\mathrm{p}}$$

e

$$\mathrm{p} + \mathrm{n} \rightarrow \mathrm{p} + \mathrm{n} + \mathrm{p} + \bar{\mathrm{p}}.$$

Entretanto, mesmo que essas reações ocorressem, seriam raras em comparação com as reações

$$\mathrm{p} + \mathrm{p} \rightarrow \mathrm{p} + \mathrm{p} + \pi^+ + \pi^-$$

e

$$\mathrm{p} + \mathrm{n} \rightarrow \mathrm{p} + \mathrm{n} + \pi^+ + \pi^-.$$

Assim, esperava-se que a maioria das partículas produzidas pelas colisões entre os prótons de 6,2 GeV e o alvo de cobre fossem píons.

Para distinguir os antiprótons de outras partículas produzidas nas colisões, os pesquisadores fizeram as partículas que deixavam o alvo passar por uma série de campos magnéticos e detectores, como mostra a Fig. 44.5. O primeiro campo magnético (M1) encurvava a trajetória das partículas de tal forma que, para chegar ao segundo campo magnético (Q1), as partículas tinham que ter carga negativa e um momento de 1,19 GeV/c. Isso excluía todas as partículas, exceto os antiprótons ($\bar{\mathrm{p}}$) e os píons negativos (π^-). Q1 era um tipo especial de campo magnético (*campo quadrupolar*) usado para focalizar as partículas em um feixe estreito, permitindo que atravessassem um furo na blindagem para chegar ao *cintilômetro* S1. A passagem pelo cintilômetro de uma partícula carregada produzia um sinal que indicava a chegada de um píon negativo de 1,19 GeV/c ou (possivelmente) de um antipróton de 1,19 GeV/c.

Depois de ser focalizado novamente pelo campo magnético Q2, o feixe era dirigido pelo campo magnético M2 para um segundo cintilômetro, S2, seguido por dois *contadores de Cerenkov*, C1 e C2, que emitiam um sinal apenas quando atravessados por uma partícula cuja velocidade estava dentro de um certo intervalo. No experimento, uma partícula com uma velocidade maior que 0,79c fazia disparar o contador C1, enquanto uma partícula com uma velocidade entre 0,75c e 0,78c fazia disparar o contador C2.

Havia, portanto, duas formas de distinguir os antiprótons (mais raros) dos píons negativos (mais abundantes). Ambas se baseavam no fato de que a velocidade de um $\bar{\mathrm{p}}$ de 1,19 GeV/c e a de um π^- de 1,19 GeV/c são diferentes: (1) De acordo com os cálculos, um $\bar{\mathrm{p}}$ dispararia um dos contadores de Cerenkov e um π^- dispararia o outro. (2) O intervalo de tempo Δt entre os sinais produzidos pelos cintilômetros S1 e S2, que estavam separados por uma distância de 12 m, seria diferente para as duas partículas. Assim, se o contador de Cerenkov correto fosse disparado e o intervalo de tempo Δt tivesse o valor correto, o experimento provaria a existência de antiprótons.

Qual é a velocidade (a) de um antipróton com um momento de 1,19 GeV/c e (b) de um píon negativo com o mesmo momento? (A velocidade de um antipróton ao passar pelos detectores de Cerenkov seria na verdade ligeiramente menor que o valor calculado, já que o antipróton perderia um pouco de energia no interior dos detectores.) Qual dos detectores seria disparado (c) por um antipróton e (d) por um píon negativo? Qual seria o intervalo de tempo Δt (e) para um antipróton e (f) para um píon negativo? [Este problema foi adaptado do artigo de O. Chamberlain, E. Segrè, C. Wiegand e T. Ypsilantis, "Observation of Antiprotons", *Physical Review*, Vol. 100, pp. 947-950 (1955).]

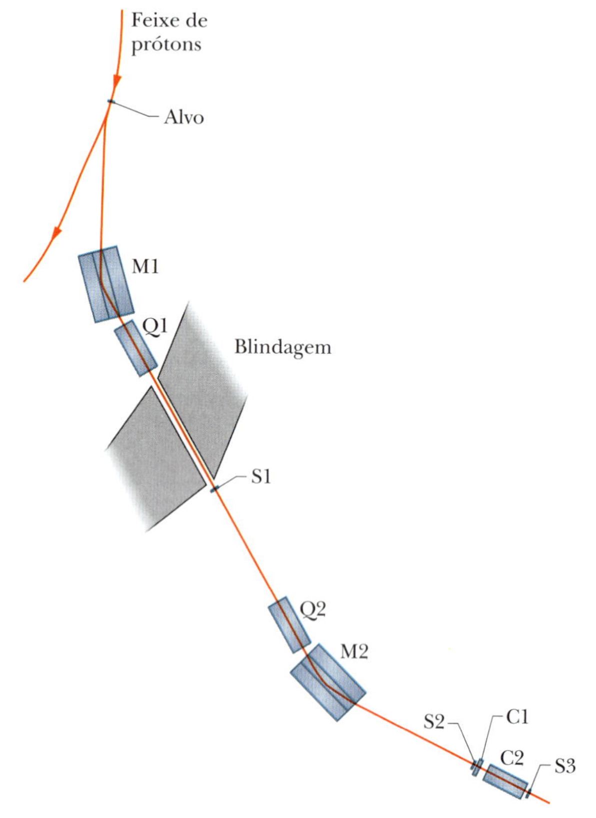

Figura 44.5 Problema 49.

50 Mostre que o decaimento hipotético do próton dado pela Eq. 44.2.2 não viola as leis de conservação (a) de carga, (b) de energia e (c) de momento linear. (d) O que dizer da lei de conservação do momento angular?

51 *Desvio cosmológico para o vermelho.* A expansão do universo é representada frequentemente por um desenho como o da Fig. 44.6*a*. Na figura, estamos situados no ponto VL (as iniciais de Via Láctea, a nossa galáxia), na origem de um eixo r que se afasta de nós em uma direção qualquer. Outras galáxias, muito distantes da nossa, também estão representadas. As setas associadas a essas galáxias mostram a velocidade de cada uma, de acordo com o desvio para o vermelho da luz que recebemos. Segundo a lei de Hubble, a velocidade de cada

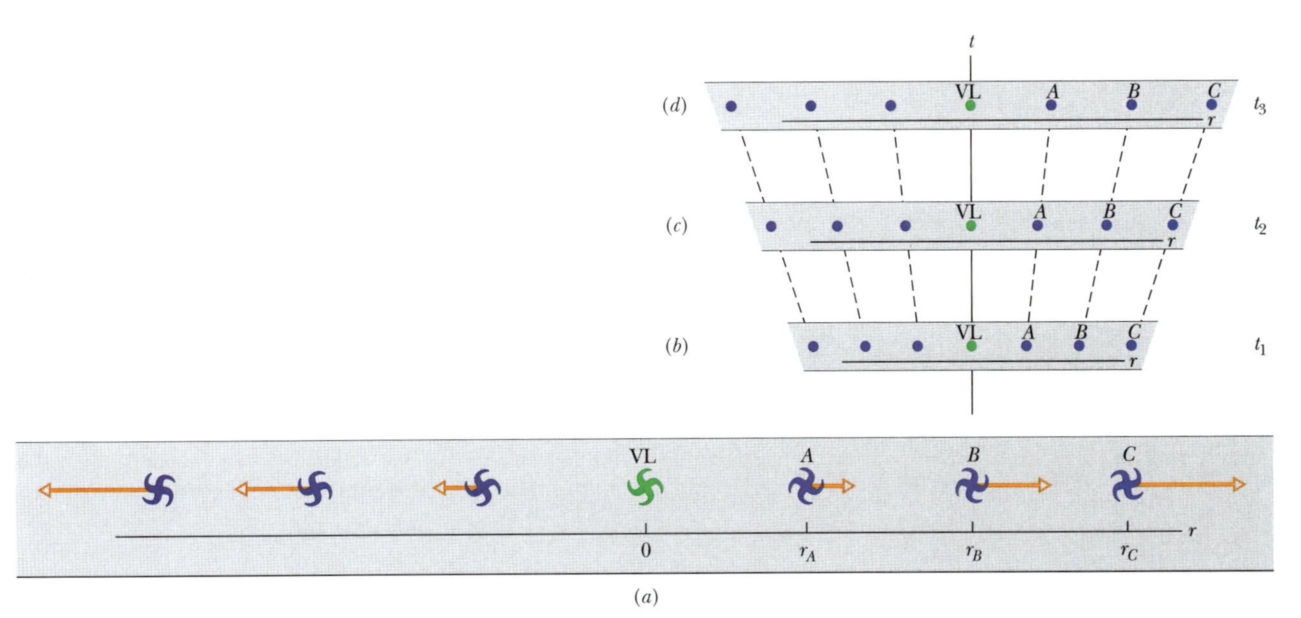

Figura 44.6 Problema 51.

galáxia é proporcional à distância que a separa de nós. Desenhos como esse podem causar uma impressão errônea, porque parecem mostrar (1) que os desvios para o vermelho se devem ao movimento das galáxias em relação à Terra, enquanto se deslocam em um espaço estático (estacionário), e (2) que estamos no centro de todo esse movimento.

Na verdade, a expansão do universo e o aumento da distância entre as galáxias não se devem ao movimento divergente das galáxias em um espaço preexistente, mas à expansão do próprio espaço. *O espaço não é estático, e sim dinâmico.*

As Figs. 44.6*b*, 44.6*c* e 44.6*d* mostram uma forma diferente de representar o universo e sua expansão. Cada parte da figura constitui uma seção unidimensional do universo (ao longo do eixo *r*); as outras duas dimensões espaciais do universo não são mostradas. Cada uma das três partes da figura mostra a Via Láctea e seis outras galáxias (representadas por pontos); as seções estão situadas em diferentes posições ao longo do eixo dos tempos, com $t_3 > t_2 > t_1$. Na seção *b*, a mais antiga, a Via Láctea e as seis outras galáxias estão mais próximas entre si. Com a passagem do tempo, o universo se expande, o que faz aumentar a distância entre as galáxias. Observe que as figuras foram traçadas do ponto de vista da Via Láctea e por isso as outras galáxias parecem se afastar da Via Láctea por causa da expansão. Na verdade, a Via Láctea não ocupa uma posição especial; as galáxias também pareceriam se afastar de qualquer outro ponto escolhido como referência.

As Figs. 44.7*a* e *b* mostram apenas a Via Láctea e uma das outras galáxias, a galáxia *A*, em dois instantes de tempo diferentes durante a expansão. Na Fig. 44.7*a*, a galáxia *A* se encontra a uma distância *r* da Via Láctea e está emitindo uma onda luminosa de comprimento de onda λ. Na Fig. 44.7*b*, após um intervalo de tempo Δt, a onda está sendo detectada na Terra. Vamos chamar de α a taxa de expansão do universo por unidade de tempo e supor que essa taxa se mantém constante durante o intervalo de tempo Δt. Nesse caso, durante o intervalo Δt, todas as dimensões espaciais sofrem uma expansão de $\alpha\Delta t$; assim, a distância *r* aumenta de $r\alpha\Delta t$. A onda luminosa das Figs. 44.7*a* e 44.7*b* se propaga com velocidade *c* da galáxia *A* até a Terra. (a) Mostre que

$$\Delta t = \frac{r}{c - r\alpha}.$$

O comprimento de onda detectado, λ', é maior que λ, o comprimento de onda emitido, porque o espaço se expandiu durante o intervalo de tempo Δt. Esse aumento do comprimento de onda é chamado **desvio cosmológico para o vermelho**; não se trata de um efeito Doppler. (b) Mostre que a variação do comprimento de onda $\Delta\lambda$ $(= \lambda' - \lambda)$ é dada por

$$\frac{\Delta\lambda}{\lambda} = \frac{r\alpha}{c - r\alpha},$$

(c) Calcule a expansão binomial (ver Apêndice E) do lado direito da equação. (d) Qual é o valor da razão $\Delta\lambda/\lambda$ se for conservado apenas o primeiro termo da expansão?

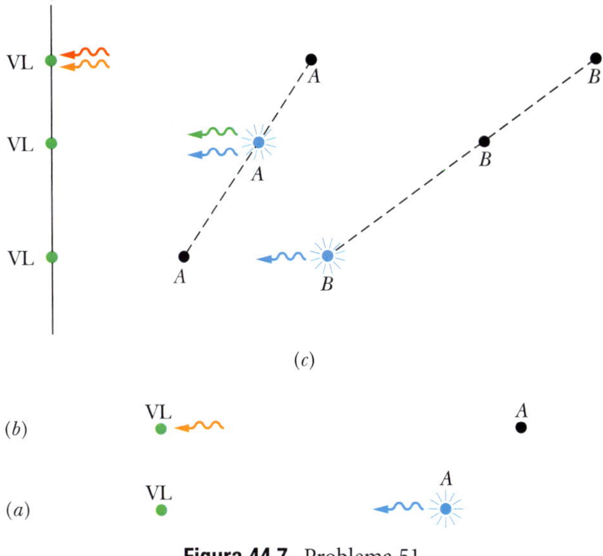

Figura 44.7 Problema 51.

Por outro lado, se usarmos o modelo da Fig. 44.6*a* e supusermos que o desvio para o vermelho $\Delta\lambda$ se deve ao efeito Doppler, teremos, de acordo com a Eq. 37.5.6,

$$\frac{\Delta\lambda}{\lambda} = \frac{v}{c},$$

em que *v* é a velocidade radial da galáxia *A* em relação à Terra. (e) Depois de usar a lei de Hubble para determinar a velocidade da galáxia *A*, compare o valor da razão $\Delta\lambda/\lambda$, obtido usando esse modelo, com o resultado do item (d) e calcule o valor de α em termos da constante de Hubble. Essa análise mostra que os dois modelos usados para explicar o desvio para o vermelho das galáxias distantes levam aos mesmos resultados.

Suponha que a luz proveniente da galáxia *A* apresente um desvio para o vermelho $\Delta\lambda/\lambda = 0{,}050$ e que a taxa de expansão do universo tenha se mantido constante, com o valor dado neste capítulo, desde que a luz foi emitida pela galáxia. (f) Use o resultado do item (b) para calcular qual era a distância entre a galáxia e a Terra na época em que a luz foi emitida. Determine há quanto tempo a luz foi emitida pela galáxia (g) usando o resultado do item (a) e (h) supondo que o desvio para o vermelho se deva ao efeito Doppler. [*Sugestão*: No caso do item (h), o tempo é dado pela distância no instante da emissão dividida pela velocidade da luz, já que, como estamos imaginando que o desvio para o vermelho se deve ao efeito Doppler, a distância não varia durante o tempo que a luz leva para chegar à Terra. Nesse caso, os resultados dos dois modelos são diferentes.] (i) Qual é a distância entre a galáxia *A* e a Terra no instante em que a luz é detectada? (Estamos supondo que a galáxia *A* ainda existe; se ela deixasse de existir, os humanos só tomariam conhecimento do fato no instante em que a última luz emitida pela galáxia chegasse à Terra.)

Suponha que a luz proveniente da galáxia *B* (Fig. 44.7*c*) apresente um desvio para o vermelho $\Delta\lambda/\lambda = 0{,}080$. (j) Use o resultado do item (b) para determinar a distância entre a galáxia *B* e a Terra no instante em que a luz foi emitida. (k) Use o resultado do item (a) para determinar há quanto tempo a luz foi emitida pela galáxia *B*. (l) Quando a luz que detectamos da galáxia *A* foi emitida, qual era a distância entre a galáxia *A* e a galáxia *B*?

52 Calcule a diferença de massa, em quilogramas, entre o múon e o píon do Exemplo 44.1.1.

53 Quais são os quarks que compõem (a) a partícula csi menos e (b) a partícula anticsi menos? Os quarks charme, bottom e top não fazem parte da partícula. (*Sugestão*: Ver Tabela 44.1.1.)

54 Um elétron e um pósitron, ambos com uma energia de 2.500 MeV, se aniquilam mutuamente, dando origem a um par de fótons, que se propagam em sentidos opostos. Qual é a frequência dos fótons?

APÊNDICE A

SISTEMA INTERNACIONAL DE UNIDADES (SI)*

Tabela 1 Unidades Fundamentais do SI

Grandeza	Nome	Símbolo	Definição
comprimento	metro	m	"... a distância percorrida pela luz no vácuo em 1/299.792.458 de segundo." (1983)
massa	quilograma	kg	"... este protótipo [um certo cilindro de platina-irídio] será considerado daqui em diante como a unidade de massa." (1889)
tempo	segundo	s	"... a duração de 9.192.631.770 períodos da radiação correspondente à transição entre os dois níveis hiperfinos do estado fundamental do átomo de césio 133 em repouso a 0 K". (1997)
corrente elétrica	ampère	A	"... a corrente constante, que, se mantida em dois condutores paralelos retos de comprimento infinito, de seção transversal circular desprezível e separados por uma distância de 1 m no vácuo, produziria entre esses condutores uma força igual a 2×10^{-7} newton por metro de comprimento." (1946)
temperatura termodinâmica	kelvin	K	"... a fração 1/273,16 da temperatura termodinâmica do ponto triplo da água." (1967)
quantidade de matéria	mol	mol	"... a quantidade de matéria de um sistema que contém um número de entidades elementares igual ao número de átomos que existem em 0,012 quilograma de carbono 12." (1971)
intensidade luminosa	candela	cd	"... a intensidade luminosa, em uma dada direção, de uma fonte que emite radiação monocromática de frequência 540×10^{12} hertz e que irradia nesta direção com uma intensidade de 1/683 watt por esferorradiano." (1979)

*Adaptada de "The International System of Units (SI)", Publicação Especial 330 do National Bureau of Standards, edição de 2008. As definições acima foram adotadas pela Conferência Nacional de Pesos e Medidas, órgão internacional, nas datas indicadas. A candela não é usada neste livro.

Tabela 2 Algumas Unidades Secundárias do SI

Grandeza	Nome da Unidade	Símbolo	
área	metro quadrado	m^2	
volume	metro cúbico	m^3	
frequência	hertz	Hz	s^{-1}
massa específica	quilograma por metro cúbico	kg/m^3	
velocidade	metro por segundo	m/s	
velocidade angular	radiano por segundo	rad/s	
aceleração	metro por segundo ao quadrado	m/s^2	
aceleração angular	radiano por segundo ao quadrado	rad/s^2	
força	newton	N	$kg \cdot m/s^2$
pressão	pascal	Pa	N/m^2
trabalho, energia, quantidade de calor	joule	J	$N \cdot m$
potência	watt	W	J/s
quantidade de carga elétrica	coulomb	C	$A \cdot s$
diferença de potencial, força eletromotriz	volt	V	W/A
intensidade de campo elétrico	volt por metro (ou newton por coulomb)	V/m	N/C
resistência elétrica	ohm	Ω	V/A
capacitância	farad	F	$A \cdot s/V$
fluxo magnético	weber	Wb	$V \cdot s$
indutância	henry	H	$V \cdot s/A$
densidade de fluxo magnético	tesla	T	Wb/m^2
intensidade de campo magnético	ampère por metro	A/m	
entropia	joule por kelvin	J/K	
calor específico	joule por quilograma-kelvin	$J/(kg \cdot K)$	
condutividade térmica	watt por metro-kelvin	$W/(m \cdot K)$	
intensidade radiante	watt por esferorradiano	W/sr	

Tabela 3 Unidades Suplementares do SI

Grandeza	Nome da Unidade	Símbolo
ângulo plano	radiano	rad
ângulo sólido	esferorradiano	sr

APÊNDICE B

ALGUMAS CONSTANTES FUNDAMENTAIS DA FÍSICA*

Constante	Símbolo	Valor Prático	Melhor Valor (2018)	
			Valor[a]	Incerteza[b]
Velocidade da luz no vácuo	c	$3{,}00 \times 10^{8}$ m/s	2,997 924 58	exata
Carga elementar	e	$1{,}60 \times 10^{-19}$ C	1,602 176 634	exata
Constante gravitacional	G	$6{,}67 \times 10^{-11}$ $m^3/s^2 \cdot kg$	6,674 38	22
Constante universal dos gases	R	8,31 J/mol · K	8,314 462 618	exata
Constante de Avogadro	N_A	$6{,}02 \times 10^{23}$ mol^{-1}	6,022 140 76	exata
Constante de Boltzmann	k	$1{,}38 \times 10^{-23}$ J/K	1,388 649	exata
Constante de Stefan-Boltzmann	σ	$5{,}67 \times 10^{-8}$ $W/m^2 \cdot K^4$	5,670 374 419	exata
Volume molar de um gás ideal nas CNTP[c]	V_m	$2{,}27 \times 10^{-2}$ m^3/mol	2,271 095 464	exata
Constante elétrica	ϵ_0	$8{,}85 \times 10^{-12}$ F/m	8,854 187 812 8	$1{,}5 \times 10^{-4}$
Constante magnética	μ_0	$1{,}26 \times 10^{-6}$ H/m	1,256 637 062 12	$1{,}5 \times 10^{-4}$
Constante de Planck	h	$6{,}63 \times 10^{-34}$ J · s	6,626 070 15	exata
Massa do elétron[d]	m_e	$9{,}11 \times 10^{-31}$ kg	9,109 383 7055	$3{,}0 \times 10^{-4}$
		$5{,}49 \times 10^{-4}$ u	5,485 799 090 65	$2{,}9 \times 10^{-5}$
Massa do próton[d]	m_p	$1{,}67 \times 10^{-27}$ kg	1,672 621 923 69	$3{,}1 \times 10^{-4}$
		1,0073 u	1,007 276 466 621	$5{,}3 \times 10^{-5}$
Razão entre a massa do próton e a massa do elétron	m_p/m_e	1840	1836,152 673 43	$6{,}0 \times 10^{-5}$
Razão entre a massa e a carga do elétron	e/m_e	$1{,}76 \times 10^{11}$ C/kg	−1,758 820 010 76	$3{,}0 \times 10^{-4}$
Massa do nêutron[d]	m_n	$1{,}68 \times 10^{-27}$ kg	1,674 927 498 04	$5{,}7 \times 10^{-4}$
		1,0087 u	1,007 825 092 15	$5{,}3 \times 10^{-5}$
Massa do átomo de hidrogênio[d]	$m_{^1H}$	1,0078 u	2,014 101 792 65	$2{,}0 \times 10^{-5}$
Massa do átomo de deutério[d]	$m_{^2H}$	2,0136 u	4,002 603 338 94	$1{,}6 \times 10^{-5}$
Massa do átomo de hélio[d]	$m_{^4He}$	4,0026 u	1,883 531 627	$2{,}2 \times 10^{-2}$
Massa do múon	m_μ	$1{,}88 \times 10^{-28}$ kg		
Momento magnético do elétron	μ_e	$9{,}28 \times 10^{-24}$ J/T	−9,284 764 7043	$3{,}0 \times 10^{-4}$
Momento magnético do próton	μ_p	$1{,}41 \times 10^{-26}$ J/T	1,410 606 797 36	$4{,}2 \times 10^{-4}$
Magnéton de Bohr	μ_B	$9{,}27 \times 10^{-24}$ J/T	9,274 010 0783	$3{,}0 \times 10^{-4}$
Magnéton nuclear	μ_N	$5{,}05 \times 10^{-27}$ J/T	5,050 783 7461	$3{,}1 \times 10^{-4}$
Raio de Bohr	a	$5{,}29 \times 10^{-11}$ m	5,291 772 109 03	$1{,}5 \times 10^{-4}$
Constante de Rydberg	R	$1{,}10 \times 10^{7}$ m^{-1}	1,097 373 156 8160	$1{,}9 \times 10^{-6}$
Comprimento de onda de Compton do elétron	λ_C	$2{,}43 \times 10^{-12}$ m	2,426 310 238 67	$3{,}0 \times 10^{-4}$

[a]Os valores desta coluna têm a mesma unidade e potência de 10 que o valor prático.

[b]Partes por milhão.

[c]CNTP significa condições normais de temperatura e pressão: 0°C e 1,0 atm (0,1 MPa).

[d]As massas dadas em u estão em unidades unificadas de massa atômica: 1 u = $1{,}660\,538\,782 \times 10^{-27}$ kg.

*Os valores desta tabela foram selecionados entre os valores recomendados pelo Codata (Internationally recommended 2018 values of the Fundamental Physical Constants) em 2018 (https://physics.nist.gov/cuu/Constants/index.html).

APÊNDICE C

ALGUNS DADOS ASTRONÔMICOS

Algumas Distâncias da Terra

À Lua*	$3{,}82 \times 10^{8}$ m	Ao centro da nossa galáxia	$2{,}2 \times 10^{20}$ m
Ao Sol*	$1{,}50 \times 10^{11}$ m	À galáxia de Andrômeda	$2{,}1 \times 10^{22}$ m
À estrela mais próxima (*Proxima Centauri*)	$4{,}04 \times 10^{16}$ m	Ao limite do universo observável	$\sim 10^{26}$ m

*Distância média.

O Sol, a Terra e a Lua

Propriedade	Unidade	Sol		Terra	Lua
Massa	kg	$1{,}99 \times 10^{30}$		$5{,}98 \times 10^{24}$	$7{,}36 \times 10^{22}$
Raio médio	m	$6{,}96 \times 10^{8}$		$6{,}37 \times 10^{6}$	$1{,}74 \times 10^{6}$
Massa específica média	kg/m^3	1410		5520	3340
Aceleração de queda livre na superfície	m/s^2	274		9,81	1,67
Velocidade de escape	km/s	618		11,2	2,38
Período de rotação[a]	—	37 d nos polos[b]	26 d no equador[b]	23 h 56 min	27,3 d
Potência de radiação[c]	W	$3{,}90 \times 10^{26}$			

[a]Medido em relação às estrelas distantes.
[b]O Sol, uma bola de gás, não gira como um corpo rígido.
[c]Perto dos limites da atmosfera terrestre, a energia solar é recebida a uma taxa de 1340 W/m^2, supondo uma incidência normal.

Algumas Propriedades dos Planetas

	Mercúrio	Vênus	Terra	Marte	Júpiter	Saturno	Urano	Netuno	Plutão[d]
Distância média do Sol, 10^6 km	57,9	108	150	228	778	1430	2870	4500	5900
Período de revolução, anos	0,241	0,615	1,00	1,88	11,9	29,5	84,0	165	248
Período de rotação,[a] dias	58,7	−243[b]	0,997	1,03	0,409	0,426	−0,451[b]	0,658	6,39
Velocidade orbital, km/s	47,9	35,0	29,8	24,1	13,1	9,64	6,81	5,43	4,74
Inclinação do eixo em relação à órbita	<28°	≈3°	23,4°	25,0°	3,08°	26,7°	97,9°	29,6°	57,5°
Inclinação da órbita em relação à órbita da Terra	7,00°	3,39°		1,85°	1,30°	2,49°	0,77°	1,77°	17,2°
Excentricidade da órbita	0,206	0,0068	0,0167	0,0934	0,0485	0,0556	0,0472	0,0086	0,250
Diâmetro equatorial, km	4880	12 100	12 800	6790	143 000	120 000	51 800	49 500	2300
Massa (Terra = 1)	0,0558	0,815	1,000	0,107	318	95,1	14,5	17,2	0,002
Densidade (água = 1)	5,60	5,20	5,52	3,95	1,31	0,704	1,21	1,67	2,03
Valor de g na superfície,[c] m/s^2	3,78	8,60	9,78	3,72	22,9	9,05	7,77	11,0	0,5
Velocidade de escape,[c] km/s	4,3	10,3	11,2	5,0	59,5	35,6	21,2	23,6	1,3
Satélites conhecidos	0	0	1	2	79 + anel	82 + anéis	27 + anéis	14 + anéis	5

[a]Medido em relação às estrelas distantes.
[b]Vênus e Urano giram no sentido contrário ao do movimento orbital.
[c]Aceleração gravitacional medida no equador do planeta.
[d]Plutão é atualmente classificado como um planeta anão.

APÊNDICE D

FATORES DE CONVERSÃO

Os fatores de conversão podem ser lidos diretamente das tabelas a seguir. Assim, por exemplo, 1 grau = $2,778 \times 10^{-3}$ revoluções e, portanto, $16,7° = 16,7 \times 2,778 \times 10^{-3}$ revoluções. As unidades do SI estão em letras maiúsculas. Adaptada parcialmente de G. Shortley and D. Williams, *Elements of Physics*, 1971, Prentice-Hall, Englewood Cliffs, NJ.

Ângulo Plano

	°	′	″	RADIANOS	rev
1 grau	= 1	60	3600	$1,745 \times 10^{-2}$	$2,778 \times 10^{-3}$
1 minuto	= $1,667 \times 10^{-2}$	1	60	$2,909 \times 10^{-4}$	$4,630 \times 10^{-5}$
1 segundo	= $2,778 \times 10^{-4}$	$1,667 \times 10^{-2}$	1	$4,848 \times 10^{-6}$	$7,716 \times 10^{-7}$
1 RADIANO	= 57,30	3438	$2,063 \times 10^{5}$	1	0,1592
1 revolução	= 360	$2,16 \times 10^{4}$	$1,296 \times 10^{6}$	6,283	1

Ângulo Sólido

1 esfera = 4π esferorradianos = 12,57 esferorradianos

Comprimento

	cm	METROS	km	polegadas	pés	milhas
1 centímetro	= 1	10^{-2}	10^{-5}	0,3937	$3,281 \times 10^{-2}$	$6,214 \times 10^{-6}$
1 METRO	= 100	1	10^{-3}	39,37	3,281	$6,214 \times 10^{-4}$
1 quilômetro	= 10^{5}	1000	1	$3,937 \times 10^{4}$	3281	0,6214
1 polegada	= 2,540	$2,540 \times 10^{-2}$	$2,540 \times 10^{-5}$	1	$8,333 \times 10^{-2}$	$1,578 \times 10^{-5}$
1 pé	= 30,48	0,3048	$3,048 \times 10^{-4}$	12	1	$1,894 \times 10^{-4}$
1 milha	= $1,609 \times 10^{5}$	1609	1,609	$6,336 \times 10^{4}$	5280	1

1 angström = 10^{-10} m
1 milha marítima = 1852 m
= 1,151 milha = 6076 pés

1 fermi = 10^{-15} m
1 ano-luz = $9,461 \times 10^{12}$ km
1 parsec = $3,084 \times 10^{13}$ km

1 braça = 6 pés
1 raio de Bohr = $5,292 \times 10^{-11}$ m
1 jarda = 3 pés

1 vara = 16,5 pés
1 mil = 10^{-3} polegadas
1 nm = 10^{-9} m

Área

	METROS²	cm²	pés²	polegadas²
1 METRO QUADRADO	= 1	10^{4}	10,76	1550
1 centímetro quadrado	= 10^{-4}	1	$1,076 \times 10^{-3}$	0,1550
1 pé quadrado	= $9,290 \times 10^{-2}$	929,0	1	144
1 polegada quadrada	= $6,452 \times 10^{-4}$	6,452	$6,944 \times 10^{-3}$	1

1 milha quadrada = $2,788 \times 10^{7}$ pés² = 640 acres
1 barn = 10^{-28} m²

1 acre = 43.560 pés²
1 hectare = 10^{4} m² = 2,471 acres

Volume

	METROS^3	cm^3	L	pés^3	polegadas^3
1 METRO CÚBICO	= 1	10^6	1000	35,31	$6{,}102 \times 10^4$
1 centímetro cúbico	= 10^{-6}	1	$1{,}000 \times 10^{-3}$	$3{,}531 \times 10^{-5}$	$6{,}102 \times 10^{-2}$
1 litro	= $1{,}000 \times 10^{-3}$	1000	1	$3{,}531 \times 10^{-2}$	61,02
1 pé cúbico	= $2{,}832 \times 10^{-2}$	$2{,}832 \times 10^4$	28,32	1	1728
1 polegada cúbica	= $1{,}639 \times 10^{-5}$	16,39	$1{,}639 \times 10^{-2}$	$5{,}787 \times 10^{-4}$	1

1 galão americano = 4 quartos de galão americano = 8 quartilhos americanos = 128 onças fluidas americanas = 231 polegadas^3

1 galão imperial britânico = 277,4 polegadas^3 = 1,201 galão americano

Massa

As grandezas nas áreas sombreadas não são unidades de massa, mas são frequentemente usadas como tais. Assim, por exemplo, quando escrevemos 1 kg "=" 2,205 lb, isso significa que um quilograma é a *massa* que *pesa* 2,205 libras em um local em que g tem o valor-padrão de 9,80665 m/s^2.

	g	QUILOGRAMAS	slug	u	onças	libras	toneladas
1 grama	= 1	0,001	$6{,}852 \times 10^{-5}$	$6{,}022 \times 10^{23}$	$3{,}527 \times 10^{-2}$	$2{,}205 \times 10^{-3}$	$1{,}102 \times 10^{-6}$
1 QUILOGRAMA	= 1000	1	$6{,}852 \times 10^{-2}$	$6{,}022 \times 10^{26}$	35,27	2,205	$1{,}102 \times 10^{-3}$
1 slug	= $1{,}459 \times 10^4$	14,59	1	$8{,}786 \times 10^{27}$	514,8	32,17	$1{,}609 \times 10^{-2}$
unidade de massa atômica (u)	= $1{,}661 \times 10^{-24}$	$1{,}661 \times 10^{-27}$	$1{,}138 \times 10^{-28}$	1	$5{,}857 \times 10^{-26}$	$3{,}662 \times 10^{-27}$	$1{,}830 \times 10^{-30}$
1 onça	= 28,35	$2{,}835 \times 10^{-2}$	$1{,}943 \times 10^{-3}$	$1{,}718 \times 10^{25}$	1	$6{,}250 \times 10^{-2}$	$3{,}125 \times 10^{-5}$
1 libra	= 453,6	0,4536	$3{,}108 \times 10^{-2}$	$2{,}732 \times 10^{26}$	16	1	0,0005
1 tonelada	= $9{,}072 \times 10^5$	907,2	62,16	$5{,}463 \times 10^{29}$	$3{,}2 \times 10^4$	2000	1

1 tonelada métrica = 1.000 kg

Massa Específica

As grandezas nas áreas sombreadas são pesos específicos e, como tais, dimensionalmente diferentes das massas específicas. Ver nota na tabela de massas.

	slug/pé^3	QUILOGRAMAS/ METRO^3	g/cm^3	lb/pé^3	lb/polegada^3
1 slug por pé^3	= 1	515,4	0,5154	32,17	$1{,}862 \times 10^{-2}$
1 QUILOGRAMA por METRO^3	= $1{,}940 \times 10^{-3}$	1	0,001	$6{,}243 \times 10^{-2}$	$3{,}613 \times 10^{-5}$
1 grama por centímetro^3	= 1,940	1000	1	62,43	$3{,}613 \times 10^{-2}$
1 libra por pé^3	= $3{,}108 \times 10^{-2}$	16,02	$16{,}02 \times 10^{-2}$	1	$5{,}787 \times 10^{-4}$
1 libra por polegada^3	= 53,71	$2{,}768 \times 10^4$	27,68	1728	1

Tempo

	ano	d	h	min	SEGUNDOS
1 ano	= 1	365,25	$8{,}766 \times 10^3$	$5{,}259 \times 10^5$	$3{,}156 \times 10^7$
1 dia	= $2{,}738 \times 10^{-3}$	1	24	1440	$8{,}640 \times 10^4$
1 hora	= $1{,}141 \times 10^{-4}$	$4{,}167 \times 10^{-2}$	1	60	3600
1 minuto	= $1{,}901 \times 10^{-6}$	$6{,}944 \times 10^{-4}$	$1{,}667 \times 10^{-2}$	1	60
1 SEGUNDO	= $3{,}169 \times 10^{-8}$	$1{,}157 \times 10^{-5}$	$2{,}778 \times 10^{-4}$	$1{,}667 \times 10^{-2}$	1

Velocidade

	pés/s	km/h	METROS/SEGUNDO	milhas/h	cm/s
1 pé por segundo =	1	1,097	0,3048	0,6818	30,48
1 quilômetro por hora =	0,9113	1	0,2778	0,6214	27,78
1 METRO por SEGUNDO =	3,281	3,6	1	2,237	100
1 milha por hora =	1,467	1,609	0,4470	1	44,70
1 centímetro por segundo =	$3{,}281 \times 10^{-2}$	$3{,}6 \times 10^{-2}$	0,01	$2{,}237 \times 10^{-2}$	1

1 nó = 1 milha marítima/h = 1,688 pés/s   1 milha/min = 88,00 pés/s = 60,00 milhas/h

Força

O grama-força e o quilograma-força são atualmente pouco usados. Um grama-força (= 1 gf) é a força da gravidade que atua sobre um objeto cuja massa é 1 grama em um local onde *g* possui o valor-padrão de 9,80665 m/s^2.

	dinas	NEWTONS	libras	poundals	gf	kgf
1 dina =	1	10^{-5}	$2{,}248 \times 10^{-6}$	$7{,}233 \times 10^{-5}$	$1{,}020 \times 10^{-3}$	$1{,}020 \times 10^{-6}$
1 NEWTON =	10^5	1	0,2248	7,233	102,0	0,1020
1 libra =	$4{,}448 \times 10^5$	4,448	1	32,17	453,6	0,4536
1 poundal =	$1{,}383 \times 10^4$	0,1383	$3{,}108 \times 10^{-2}$	1	14,10	$1{,}410 \times 10^2$
1 grama-força =	980,7	$9{,}807 \times 10^{-3}$	$2{,}205 \times 10^{-3}$	$7{,}093 \times 10^{-2}$	1	0,001
1 quilograma-força =	$9{,}807 \times 10^5$	9,807	2,205	70,93	1000	1

1 tonelada = 2.000 libras

Pressão

	atm	dinas/cm^2	polegadas de água	cm Hg	PASCALS	libras/polegada^2	libras/pé^2
1 atmosfera =	1	$1{,}013 \times 10^6$	406,8	76	$1{,}013 \times 10^5$	14,70	2116
1 dina por centímetro^2 =	$9{,}869 \times 10^{-7}$	1	$4{,}015 \times 10^{-4}$	$7{,}501 \times 10^{-5}$	0,1	$1{,}405 \times 10^{-5}$	$2{,}089 \times 10^{-3}$
1 polegada de água[a] a 4°C =	$2{,}458 \times 10^{-3}$	2491	1	0,1868	249,1	$3{,}613 \times 10^{-2}$	5,202
1 centímetro de mercúrio[a] a 0°C =	$1{,}316 \times 10^{-2}$	$1{,}333 \times 10^4$	5,353	1	1333	0,1934	27,85
1 PASCAL =	$9{,}869 \times 10^{-6}$	10	$4{,}015 \times 10^{-3}$	$7{,}501 \times 10^{-4}$	1	$1{,}450 \times 10^{-4}$	$2{,}089 \times 10^{-2}$
1 libra por polegada^2 =	$6{,}805 \times 10^{-2}$	$6{,}895 \times 10^4$	27,68	5,171	$6{,}895 \times 10^3$	1	144
1 libra por pé^2 =	$4{,}725 \times 10^{-4}$	478,8	0,1922	$3{,}591 \times 10^{-2}$	47,88	$6{,}944 \times 10^{-3}$	1

[a]Onde a aceleração da gravidade possui o valor-padrão de 9,80665 m/s^2.

1 bar = 10^6 dina/cm^2 = 0,1 MPa   1 milibar = 10^3 dinas/cm^2 = 10^2 Pa   1 torr = 1 mm Hg

Energia, Trabalho e Calor

As grandezas nas áreas sombreadas não são unidades de energia, mas foram incluídas por conveniência. Elas se originam da fórmula relativística de equivalência entre massa e energia $E = mc^2$ e representam a energia equivalente a um quilograma ou uma unidade unificada de massa atômica (u) (as duas últimas linhas) e a massa equivalente a uma unidade de energia (as duas colunas da extremidade direita).

	Btu	erg	pés-libras	hp · h	JOULES	cal	kW · h	eV	MeV	kg	u
1 Btu =	1	$1{,}055 \times 10^{10}$	777,9	$3{,}929 \times 10^{-4}$	1055	252,0	$2{,}930 \times 10^{-4}$	$6{,}585 \times 10^{21}$	$6{,}585 \times 10^{15}$	$1{,}174 \times 10^{-14}$	$7{,}070 \times 10^{12}$
1 erg =	$9{,}481 \times 10^{-11}$	1	$7{,}376 \times 10^{-8}$	$3{,}725 \times 10^{-14}$	10^{-7}	$2{,}389 \times 10^{-8}$	$2{,}778 \times 10^{-14}$	$6{,}242 \times 10^{11}$	$6{,}242 \times 10^{5}$	$1{,}113 \times 10^{-24}$	670,2
1 pé-libra =	$1{,}285 \times 10^{-3}$	$1{,}356 \times 10^{7}$	1	$5{,}051 \times 10^{-7}$	1,356	0,3238	$3{,}766 \times 10^{-7}$	$8{,}464 \times 10^{18}$	$8{,}464 \times 10^{12}$	$1{,}509 \times 10^{-17}$	$9{,}037 \times 10^{9}$
1 horsepower-hora =	2545	$2{,}685 \times 10^{13}$	$1{,}980 \times 10^{6}$	1	$2{,}685 \times 10^{6}$	$6{,}413 \times 10^{5}$	0,7457	$1{,}676 \times 10^{25}$	$1{,}676 \times 10^{19}$	$2{,}988 \times 10^{-11}$	$1{,}799 \times 10^{16}$
1 JOULE =	$9{,}481 \times 10^{-4}$	10^{7}	0,7376	$3{,}725 \times 10^{-7}$	1	0,2389	$2{,}778 \times 10^{-7}$	$6{,}242 \times 10^{18}$	$6{,}242 \times 10^{12}$	$1{,}113 \times 10^{-17}$	$6{,}702 \times 10^{9}$
1 caloria =	$3{,}968 \times 10^{-3}$	$4{,}1868 \times 10^{7}$	3,088	$1{,}560 \times 10^{-6}$	4,1868	1	$1{,}163 \times 10^{-6}$	$2{,}613 \times 10^{19}$	$2{,}613 \times 10^{13}$	$4{,}660 \times 10^{-17}$	$2{,}806 \times 10^{10}$
1 quilowat-hora =	3413	$3{,}600 \times 10^{13}$	$2{,}655 \times 10^{6}$	1,341	$3{,}600 \times 10^{6}$	$8{,}600 \times 10^{5}$	1	$2{,}247 \times 10^{25}$	$2{,}247 \times 10^{19}$	$4{,}007 \times 10^{-11}$	$2{,}413 \times 10^{16}$
1 elétron-volt =	$1{,}519 \times 10^{-22}$	$1{,}602 \times 10^{-12}$	$1{,}182 \times 10^{-19}$	$5{,}967 \times 10^{-26}$	$1{,}602 \times 10^{-19}$	$3{,}827 \times 10^{-20}$	$4{,}450 \times 10^{-26}$	1	10^{-6}	$1{,}783 \times 10^{-36}$	$1{,}074 \times 10^{-9}$
1 milhão de elétrons-volts =	$1{,}519 \times 10^{-16}$	$1{,}602 \times 10^{-6}$	$1{,}182 \times 10^{-13}$	$5{,}967 \times 10^{-20}$	$1{,}602 \times 10^{-13}$	$3{,}827 \times 10^{-14}$	$4{,}450 \times 10^{-20}$	10^{-6}	1	$1{,}783 \times 10^{-30}$	$1{,}074 \times 10^{-3}$
1 quilograma =	$8{,}521 \times 10^{13}$	$8{,}987 \times 10^{23}$	$6{,}629 \times 10^{16}$	$3{,}348 \times 10^{10}$	$8{,}987 \times 10^{16}$	$2{,}146 \times 10^{16}$	$2{,}497 \times 10^{10}$	$5{,}610 \times 10^{35}$	$5{,}610 \times 10^{29}$	1	$6{,}022 \times 10^{26}$
1 unidade unificada de massa atômica =	$1{,}415 \times 10^{-13}$	$1{,}492 \times 10^{-3}$	$1{,}101 \times 10^{-10}$	$5{,}559 \times 10^{-17}$	$1{,}492 \times 10^{-10}$	$3{,}564 \times 10^{-11}$	$4{,}146 \times 10^{-17}$	$9{,}320 \times 10^{8}$	932,0	$1{,}661 \times 10^{-27}$	1

Potência

	Btu/h	pés-libras/s	hp	cal/s	kW	WATTS
1 Btu por hora =	1	0,2161	$3{,}929 \times 10^{-4}$	$6{,}998 \times 10^{-2}$	$2{,}930 \times 10^{-4}$	0,2930
1 pé-libra por segundo =	4,628	1	$1{,}818 \times 10^{-3}$	0,3239	$1{,}356 \times 10^{-3}$	1,356
1 horsepower =	2545	550	1	178,1	0,7457	745,7
1 caloria por segundo =	14,29	3,088	$5{,}615 \times 10^{-3}$	1	$4{,}186 \times 10^{-3}$	4,186
1 quilowatt =	3413	737,6	1,341	238,9	1	1000
1 WATT =	3,413	0,7376	$1{,}341 \times 10^{-3}$	0,2389	0,001	1

Campo Magnético

	gauss	TESLAS	miligauss
1 gauss =	1	10^{-4}	1000
1 TESLA =	10^{4}	1	10^{7}
1 miligauss =	0,001	10^{-7}	1

1 tesla = 1 weber/metro²

Fluxo Magnético

	maxwell	WEBER
1 maxwell =	1	10^{-8}
1 WEBER =	10^{8}	1

APÊNDICE E

FÓRMULAS MATEMÁTICAS

Geometria

Círculo de raio r: circunferência = $2\pi r$; área = πr^2.
Esfera de raio r: área = $4\pi r^2$; volume = $\frac{4}{3}\pi r^3$.
Cilindro circular reto de raio r e altura h: área = $2\pi r^2 + 2\pi rh$; volume = $\pi r^2 h$.
Triângulo de base a e altura h: área = $\frac{1}{2}ah$.

Fórmula de Báskara

Se $ax^2 + bx + c = 0$, então $x = \dfrac{-b \pm \sqrt{b^2 - 4ac}}{2a}$.

Funções Trigonométricas do Ângulo θ

$$\operatorname{sen}\theta = \frac{y}{r} \quad \cos\theta = \frac{x}{r}$$

$$\tan\theta = \frac{y}{x} \quad \cot\theta = \frac{x}{y}$$

$$\sec\theta = \frac{r}{x} \quad \csc\theta = \frac{r}{y}$$

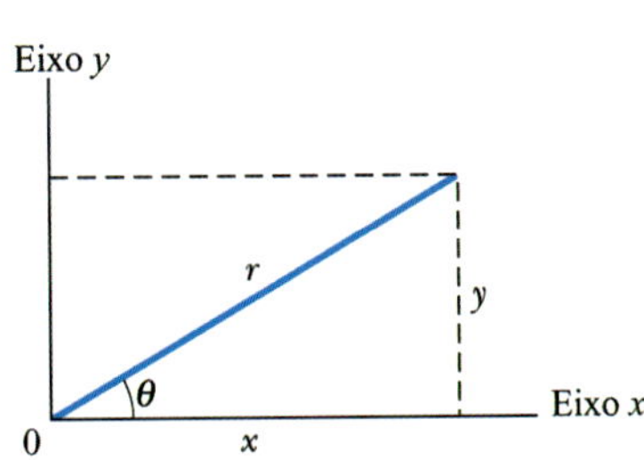

Teorema de Pitágoras

Neste triângulo retângulo,
$a^2 + b^2 = c^2$

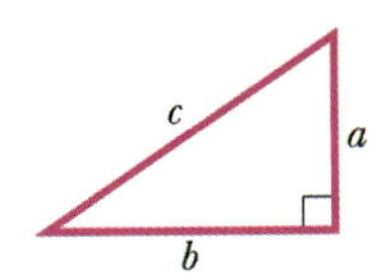

Triângulos

Ângulos: A, B, C
Lados opostos: a, b, c
$A + B + C = 180°$
$\dfrac{\operatorname{sen} A}{a} = \dfrac{\operatorname{sen} B}{b} = \dfrac{\operatorname{sen} C}{c}$
$c^2 = a^2 + b^2 - 2ab\cos C$
Ângulo externo $D = A + C$

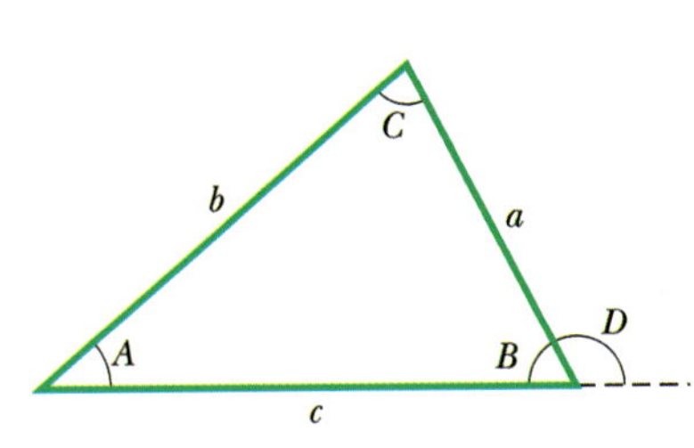

Sinais e Símbolos Matemáticos

= igual a
≈ aproximadamente igual a
~ da ordem de grandeza de
≠ diferente de
≡ idêntico a, definido como
> maior que (≫ muito maior que)
< menor que (≪ muito menor que)
≥ maior ou igual a (não menor que)
≤ menor ou igual a (não maior que)
± mais ou menos
∝ proporcional a
Σ somatório de
$x_{méd}$ valor médio de x

Identidades Trigonométricas

$\operatorname{sen}(90° - \theta) = \cos\theta$

$\cos(90° - \theta) = \operatorname{sen}\theta$

$\operatorname{sen}\theta/\cos\theta = \tan\theta$

$\operatorname{sen}^2\theta + \cos^2\theta = 1$

$\sec^2\theta - \tan^2\theta = 1$

$\csc^2\theta - \cot^2\theta = 1$

$\operatorname{sen}2\theta = 2\operatorname{sen}\theta\cos\theta$

$\cos 2\theta = \cos^2\theta - \operatorname{sen}^2\theta = 2\cos^2\theta - 1 = 1 - 2\operatorname{sen}^2\theta$

$\operatorname{sen}(\alpha \pm \beta) = \operatorname{sen}\alpha\cos\beta \pm \cos\alpha\operatorname{sen}\beta$

$\cos(\alpha \pm \beta) = \cos\alpha\cos\beta \mp \operatorname{sen}\alpha\operatorname{sen}\beta$

$$\tan(\alpha \pm \beta) = \frac{\tan\alpha \pm \tan\beta}{1 \mp \tan\alpha\tan\beta}$$

$\operatorname{sen}\alpha \pm \operatorname{sen}\beta = 2\operatorname{sen}\frac{1}{2}(\alpha \pm \beta)\cos\frac{1}{2}(\alpha \mp \beta)$

$\cos\alpha + \cos\beta = 2\cos\frac{1}{2}(\alpha + \beta)\cos\frac{1}{2}(\alpha - \beta)$

$\cos\alpha - \cos\beta = -2\operatorname{sen}\frac{1}{2}(\alpha + \beta)\operatorname{sen}\frac{1}{2}(\alpha - \beta)$

Teorema Binomial

$$(1 + x)^n = 1 + \frac{nx}{1!} + \frac{n(n-1)x^2}{2!} + \cdots \qquad (x^2 < 1)$$

Expansão Exponencial

$$e^x = 1 + x + \frac{x^2}{2!} + \frac{x^3}{3!} + \cdots$$

Expansão Logarítmica

$$\ln(1 + x) = x - \tfrac{1}{2}x^2 + \tfrac{1}{3}x^3 - \cdots \qquad (|x| < 1)$$

Expansões Trigonométricas (θ em radianos)

$$\operatorname{sen}\theta = \theta - \frac{\theta^3}{3!} + \frac{\theta^5}{5!} - \cdots$$

$$\cos\theta = 1 - \frac{\theta^2}{2!} + \frac{\theta^4}{4!} - \cdots$$

$$\tan\theta = \theta + \frac{\theta^3}{3} + \frac{2\theta^5}{15} + \cdots$$

Regra de Cramer

Um sistema de duas equações lineares com duas incógnitas, x e y,

$$a_1x + b_1y = c_1 \quad \text{e} \quad a_2x + b_2y = c_2,$$

tem como soluções

$$x = \frac{\begin{vmatrix} c_1 & b_1 \\ c_2 & b_2 \end{vmatrix}}{\begin{vmatrix} a_1 & b_1 \\ a_2 & b_2 \end{vmatrix}} = \frac{c_1b_2 - c_2b_1}{a_1b_2 - a_2b_1}$$

e

$$y = \frac{\begin{vmatrix} a_1 & c_1 \\ a_2 & c_2 \end{vmatrix}}{\begin{vmatrix} a_1 & b_1 \\ a_2 & b_2 \end{vmatrix}} = \frac{a_1c_2 - a_2c_1}{a_1b_2 - a_2b_1}.$$

Produtos de Vetores

Sejam $\hat{\mathrm{i}}$, $\hat{\mathrm{j}}$ e $\hat{\mathrm{k}}$ vetores unitários nas direções x, y e z, respectivamente. Nesse caso,

$$\hat{\mathrm{i}}\cdot\hat{\mathrm{i}} = \hat{\mathrm{j}}\cdot\hat{\mathrm{j}} = \hat{\mathrm{k}}\cdot\hat{\mathrm{k}} = 1, \quad \hat{\mathrm{i}}\cdot\hat{\mathrm{j}} = \hat{\mathrm{j}}\cdot\hat{\mathrm{k}} = \hat{\mathrm{k}}\cdot\hat{\mathrm{i}} = 0,$$

$$\hat{\mathrm{i}}\times\hat{\mathrm{i}} = \hat{\mathrm{j}}\times\hat{\mathrm{j}} = \hat{\mathrm{k}}\times\hat{\mathrm{k}} = 0,$$

$$\hat{\mathrm{i}}\times\hat{\mathrm{j}} = \hat{\mathrm{k}}, \quad \hat{\mathrm{j}}\times\hat{\mathrm{k}} = \hat{\mathrm{i}}, \quad \hat{\mathrm{k}}\times\hat{\mathrm{i}} = \hat{\mathrm{j}}$$

Qualquer vetor $\vec{a}$ de componentes a_x, a_y e a_z ao longo dos eixos x, y e z pode ser escrito na forma

$$\vec{a} = a_x\hat{\mathrm{i}} + a_y\hat{\mathrm{j}} + a_z\hat{\mathrm{k}}.$$

Sejam $\vec{a}$, $\vec{b}$ e $\vec{c}$ vetores arbitrários de módulos a, b e c. Nesse caso,

$$\vec{a}\times(\vec{b}+\vec{c}) = (\vec{a}\times\vec{b}) + (\vec{a}\times\vec{c})$$

$$(s\vec{a})\times\vec{b} = \vec{a}\times(s\vec{b}) = s(\vec{a}\times\vec{b}) \text{ (em que } s \text{ é um escalar).}$$

Seja θ o menor dos dois ângulos entre $\vec{a}$ e $\vec{b}$. Nesse caso,

$$\vec{a}\cdot\vec{b} = \vec{b}\cdot\vec{a} = a_xb_x + a_yb_y + a_zb_z = ab\cos\theta$$

$$\vec{a}\times\vec{b} = -\vec{b}\times\vec{a} = \begin{vmatrix} \hat{\mathrm{i}} & \hat{\mathrm{j}} & \hat{\mathrm{k}} \\ a_x & a_y & a_z \\ b_x & b_y & b_z \end{vmatrix}$$

$$= \hat{\mathrm{i}}\begin{vmatrix} a_y & a_z \\ b_y & b_z \end{vmatrix} - \hat{\mathrm{j}}\begin{vmatrix} a_x & a_z \\ b_x & b_z \end{vmatrix} + \hat{\mathrm{k}}\begin{vmatrix} a_x & a_y \\ b_x & b_y \end{vmatrix}$$

$$= (a_yb_z - b_ya_z)\hat{\mathrm{i}} + (a_zb_x - b_za_x)\hat{\mathrm{j}} + (a_xb_y - b_xa_y)\hat{\mathrm{k}}$$

$$|\vec{a}\times\vec{b}| = ab\operatorname{sen}\theta$$

$$\vec{a}\cdot(\vec{b}\times\vec{c}) = \vec{b}\cdot(\vec{c}\times\vec{a}) = \vec{c}\cdot(\vec{a}\times\vec{b})$$

$$\vec{a}\times(\vec{b}\times\vec{c}) = (\vec{a}\cdot\vec{c})\vec{b} - (\vec{a}\cdot\vec{b})\vec{c}$$

Derivadas e Integrais

Nas fórmulas a seguir, as letras u e v representam duas funções de x, e a e m são constantes. A cada integral indefinida deve-se somar uma constante de integração arbitrária. O *Handbook of Chemistry and Physics* (CRC Press Inc.) contém uma tabela mais completa.

1. $\dfrac{dx}{dx} = 1$

2. $\dfrac{d}{dx}(au) = a\dfrac{du}{dx}$

3. $\dfrac{d}{dx}(u + v) = \dfrac{du}{dx} + \dfrac{dv}{dx}$

4. $\dfrac{d}{dx}x^m = mx^{m-1}$

5. $\dfrac{d}{dx}\ln x = \dfrac{1}{x}$

6. $\dfrac{d}{dx}(uv) = u\dfrac{dv}{dx} + v\dfrac{du}{dx}$

7. $\dfrac{d}{dx}e^x = e^x$

8. $\dfrac{d}{dx}\operatorname{sen} x = \cos x$

9. $\dfrac{d}{dx}\cos x = -\operatorname{sen} x$

10. $\dfrac{d}{dx}\tan x = \sec^2 x$

11. $\dfrac{d}{dx}\cot x = -\csc^2 x$

12. $\dfrac{d}{dx}\sec x = \tan x \sec x$

13. $\dfrac{d}{dx}\csc x = -\cot x \csc x$

14. $\dfrac{d}{dx}e^u = e^u\dfrac{du}{dx}$

15. $\dfrac{d}{dx}\operatorname{sen} u = \cos u\dfrac{du}{dx}$

16. $\dfrac{d}{dx}\cos u = -\operatorname{sen} u\dfrac{du}{dx}$

1. $\displaystyle\int dx = x$

2. $\displaystyle\int au\,dx = a\int u\,dx$

3. $\displaystyle\int (u + v)\,dx = \int u\,dx + \int v\,dx$

4. $\displaystyle\int x^m\,dx = \frac{x^{m+1}}{m+1} \quad (m \neq -1)$

5. $\displaystyle\int \frac{dx}{x} = \ln|x|$

6. $\displaystyle\int u\frac{dv}{dx}\,dx = uv - \int v\frac{du}{dx}\,dx$

7. $\displaystyle\int e^x\,dx = e^x$

8. $\displaystyle\int \operatorname{sen} x\,dx = -\cos x$

9. $\displaystyle\int \cos x\,dx = \operatorname{sen} x$

10. $\displaystyle\int \tan x\,dx = \ln|\sec x|$

11. $\displaystyle\int \operatorname{sen}^2 x\,dx = \tfrac{1}{2}x - \tfrac{1}{4}\operatorname{sen} 2x$

12. $\displaystyle\int e^{-ax}\,dx = -\frac{1}{a}e^{-ax}$

13. $\displaystyle\int xe^{-ax}\,dx = -\frac{1}{a^2}(ax + 1)\,e^{-ax}$

14. $\displaystyle\int x^2e^{-ax}\,dx = -\frac{1}{a^3}(a^2x^2 + 2ax + 2)e^{-ax}$

15. $\displaystyle\int_0^\infty x^ne^{-ax}\,dx = \frac{n!}{a^{n+1}}$

16. $\displaystyle\int_0^\infty x^{2n}e^{-ax^2}\,dx = \frac{1\cdot3\cdot5\cdots(2n-1)}{2^{n+1}a^n}\sqrt{\frac{\pi}{a}}$

17. $\displaystyle\int \frac{dx}{\sqrt{x^2 + a^2}} = \ln(x + \sqrt{x^2 + a^2})$

18. $\displaystyle\int \frac{x\,dx}{(x^2 + a^2)^{3/2}} = -\frac{1}{(x^2 + a^2)^{1/2}}$

19. $\displaystyle\int \frac{dx}{(x^2 + a^2)^{3/2}} = \frac{x}{a^2(x^2 + a^2)^{1/2}}$

20. $\displaystyle\int_0^\infty x^{2n+1}\,e^{-ax^2}\,dx = \frac{n!}{2a^{n+1}} \quad (a > 0)$

21. $\displaystyle\int \frac{x\,dx}{x + d} = x - d\ln(x + d)$

APÊNDICE F

PROPRIEDADES DOS ELEMENTOS

Todas as propriedades físicas são dadas para uma pressão de 1 atm, a menos que seja indicado em contrário.

Elemento	Símbolo	Número Atômico, *Z*	Massa Molar, g/mol	Massa Específica, g/cm³ a 20°C	Ponto de Fusão, °C	Ponto de Ebulição, °C	Calor Específico, J/(g·°C) a 25°C
Actínio	Ac	89	(227)	10,06	1323	(3473)	0,092
Alumínio	Al	13	26,9815	2,699	660	2450	0,900
Amerício	Am	95	(243)	13,67	1541	—	—
Antimônio	Sb	51	121,75	6,691	630,5	1380	0,205
Argônio	Ar	18	39,948	$1,6626 \times 10^{-3}$	−189,4	−185,8	0,523
Arsênio	As	33	74,9216	5,78	817 (28 atm)	613	0,331
Astatínio	At	85	(210)	—	(302)	—	—
Bário	Ba	56	137,34	3,594	729	1640	0,205
Berílio	Be	4	9,0122	1,848	1287	2770	1,83
Berquélio	Bk	97	(247)	14,79	—	—	—
Bismuto	Bi	83	208,980	9,747	271,37	1560	0,122
Bóhrio	Bh	107	262,12	—	—	—	—
Boro	B	5	10,811	2,34	2030	—	1,11
Bromo	Br	35	79,909	3,12 (líquido)	−7,2	58	0,293
Cádmio	Cd	48	112,40	8,65	321,03	765	0,226
Cálcio	Ca	20	40,08	1,55	838	1440	0,624
Califórnio	Cf	98	(251)	—	—	—	—
Carbono	C	6	12,01115	2,26	3727	4830	0,691
Cério	Ce	58	140,12	6,768	804	3470	0,188
Césio	Cs	55	132,905	1,873	28,40	690	0,243
Chumbo	Pb	82	207,19	11,35	327,45	1725	0,129
Cloro	Cl	17	35,453	$3,214 \times 10^{-3}$ (0°C)	−101	−34,7	0,486
Cobalto	Co	27	58,9332	8,85	1495	2900	0,423
Cobre	Cu	29	63,54	8,96	1083,40	2595	0,385
Copernício	Cn	112	(285)	—	—	—	—
Criptônio	Kr	36	83,80	$3,488 \times 10^{-3}$	−157,37	−152	0,247
Cromo	Cr	24	51,996	7,19	1857	2665	0,448
Cúrio	Cm	96	(247)	13,3	—	—	—
Darmstádtio	Ds	110	(271)	—	—	—	—
Disprósio	Dy	66	162,50	8,55	1409	2330	0,172
Dúbnio	Db	105	262,114	—	—	—	—
Einstêinio	Es	99	(254)	—	—	—	—
Enxofre	S	16	32,064	2,07	119,0	444,6	0,707
Érbio	Er	68	167,26	9,15	1522	2630	0,167
Escândio	Sc	21	44,956	2,99	1539	2730	0,569
Estanho	Sn	50	118,69	7,2984	231,868	2270	0,226
Estrôncio	Sr	38	87,62	2,54	768	1380	0,737
Európio	Eu	63	151,96	5,243	817	1490	0,163
Férmio	Fm	100	(237)	—	—	—	—
Ferro	Fe	26	55,847	7,874	1536,5	3000	0,447

Elemento	Símbolo	Número Atômico, *Z*	Massa Molar, g/mol	Massa Específica, g/cm^3 a 20°C	Ponto de Fusão, °C	Ponto de Ebulição, °C	Calor Específico, J/(g·°C) a 25°C
Fleróvio	Fl	114	(289)	—	—	—	—
Flúor	F	9	18,9984	$1,696 \times 10^{-3}$ (0°C)	−219,6	−188,2	0,753
Fósforo	P	15	30,9738	1,83	44,25	280	0,741
Frâncio	Fr	87	(223)	—	(27)	—	—
Gadolínio	Gd	64	157,25	7,90	1312	2730	0,234
Gálio	Ga	31	69,72	5,907	29,75	2237	0,377
Germânio	Ge	32	72,59	5,323	937,25	2830	0,322
Háfnio	Hf	72	178,49	13,31	2227	5400	0,144
Hássio	Hs	108	(265)	—	—	—	—
Hélio	He	2	4,0026	$0,1664 \times 10^{-3}$	−269,7	−268,9	5,23
Hidrogênio	H	1	1,00797	$0,08375 \times 10^{-3}$	−259,19	−252,7	14,4
Hólmio	Ho	67	164,930	8,79	1470	2330	0,165
Índio	In	49	114,82	7,31	156,634	2000	0,233
Iodo	I	53	126,9044	4,93	113,7	183	0,218
Irídio	Ir	77	192,2	22,5	2447	(5300)	0,130
Itérbio	Yb	70	173,04	6,965	824	1530	0,155
Ítrio	Y	39	88,905	4,469	1526	3030	0,297
Lantânio	La	57	138,91	6,189	920	3470	0,195
Laurêncio	Lr	103	(257)	—	—	—	—
Lítio	Li	3	6,939	0,534	180,55	1300	3,58
Livermório	Lv	116	(293)	—	—	—	—
Lutécio	Lu	71	174,97	9,849	1663	1930	0,155
Magnésio	Mg	12	24,312	1,738	650	1107	1,03
Manganês	Mn	25	54,9380	7,44	1244	2150	0,481
Meitnério	Mt	109	(266)	—	—	—	—
Mendelévio	Md	101	(256)	—	—	—	—
Mercúrio	Hg	80	200,59	13,55	−38,87	357	0,138
Molibdênio	Mo	42	95,94	10,22	2617	5560	0,251
Neodímio	Nd	60	144,24	7,007	1016	3180	0,188
Neônio	Ne	10	20,183	$0,8387 \times 10^{-3}$	−248,597	−246,0	1,03
Netúnio	Np	93	(237)	20,25	637	—	1,26
Níquel	Ni	28	58,71	8,902	1453	2730	0,444
Nióbio	Nb	41	92,906	8,57	2468	4927	0,264
Nitrogênio	N	7	14,0067	$1,1649 \times 10^{-3}$	−210	−195,8	1,03
Nobélio	No	102	(255)	—	—	—	—
Ósmio	Os	76	190,2	22,59	3027	5500	0,130
Ouro	Au	79	196,967	19,32	1064,43	2970	0,131
Oxigênio	O	8	15,9994	$1,3318 \times 10^{-3}$	−218,80	−183,0	0,913
Paládio	Pd	46	106,4	12,02	1552	3980	0,243
Platina	Pt	78	195,09	21,45	1769	4530	0,134
Plutônio	Pu	94	(244)	19,8	640	3235	0,130

Elemento	Símbolo	Número Atômico, *Z*	Massa Molar, g/mol	Massa Específica, g/cm³ a 20°C	Ponto de Fusão, °C	Ponto de Ebulição, °C	Calor Específico, J/(g·°C) a 25°C
Polônio	Po	84	(210)	9,32	254	—	—
Potássio	K	19	39,102	0,862	63,20	760	0,758
Praseodímio	Pr	59	140,907	6,773	931	3020	0,197
Prata	Ag	47	107,870	10,49	960,8	2210	0,234
Promécio	Pm	61	(145)	7,22	(1027)	—	—
Protactínio	Pa	91	(231)	15,37 (estimada)	(1230)	—	—
Rádio	Ra	88	(226)	5,0	700	—	—
Radônio	Rn	86	(222)	$9,96 \times 10^{-3}$ (0°C)	(−71)	−61,8	0,092
Rênio	Re	75	186,2	21,02	3180	5900	0,134
Ródio	Rh	45	102,905	12,41	1963	4500	0,243
Roentgênio	Rg	111	(280)	—	—	—	—
Rubídio	Rb	37	85,47	1,532	39,49	688	0,364
Rutênio	Ru	44	101,107	12,37	2250	4900	0,239
Rutherfórdio	Rf	104	261,11	—	—	—	—
Samário	Sm	62	150,35	7,52	1072	1630	0,197
Seabórgio	Sg	106	263,118	—	—	—	—
Selênio	Se	34	78,96	4,79	221	685	0,318
Silício	Si	14	28,086	2,33	1412	2680	0,712
Sódio	Na	11	22,9898	0,9712	97,85	892	1,23
Tálio	Tl	81	204,37	11,85	304	1457	0,130
Tântalo	Ta	73	180,948	16,6	3014	5425	0,138
Tecnécio	Tc	43	(99)	11,46	2200	—	0,209
Telúrio	Te	52	127,60	6,24	449,5	990	0,201
Térbio	Tb	65	158,924	8,229	1357	2530	0,180
Titânio	Ti	22	47,90	4,54	1670	3260	0,523
Tório	Th	90	(232)	11,72	1755	(3850)	0,117
Túlio	Tm	69	168,934	9,32	1545	1720	0,159
Tungstênio	W	74	183,85	19,3	3380	5930	0,134
Ununóctio*	Uuo	118	(294)	—	—	—	—
Ununpêntio*	Uup	115	(288)	—	—	—	—
Ununséptio*	Uus	117	—	—	—	—	—
Ununtrio*	Uut	113	(284)	—	—	—	—
Urânio	U	92	(238)	18,95	1132	3818	0,117
Vanádio	V	23	50,942	6,11	1902	3400	0,490
Xenônio	Xe	54	131,30	$5,495 \times 10^{-3}$	−111,79	−108	0,159
Zinco	Zn	30	65,37	7,133	419,58	906	0,389
Zircônio	Zr	40	91,22	6,506	1852	3580	0,276

Os números entre parênteses na coluna das massas molares são os números de massa dos isótopos de vida mais longa dos elementos radioativos. Os pontos de fusão e pontos de ebulição entre parênteses são pouco confiáveis.

Os dados para os gases são válidos apenas quando eles estão no estado molecular mais comum, como H_2, He, O_2, Ne etc. Os calores específicos dos gases são os valores a pressão constante.

Fonte: Adaptada de J. Emsley, *The Elements*, 3a edição, 1998. Clarendon Press, Oxford. Ver também www.webelements.com para valores atualizados e, possivelmente, novos elementos.

*Nome provisório.

A P Ê N D I C E G

TABELA PERIÓDICA DOS ELEMENTOS

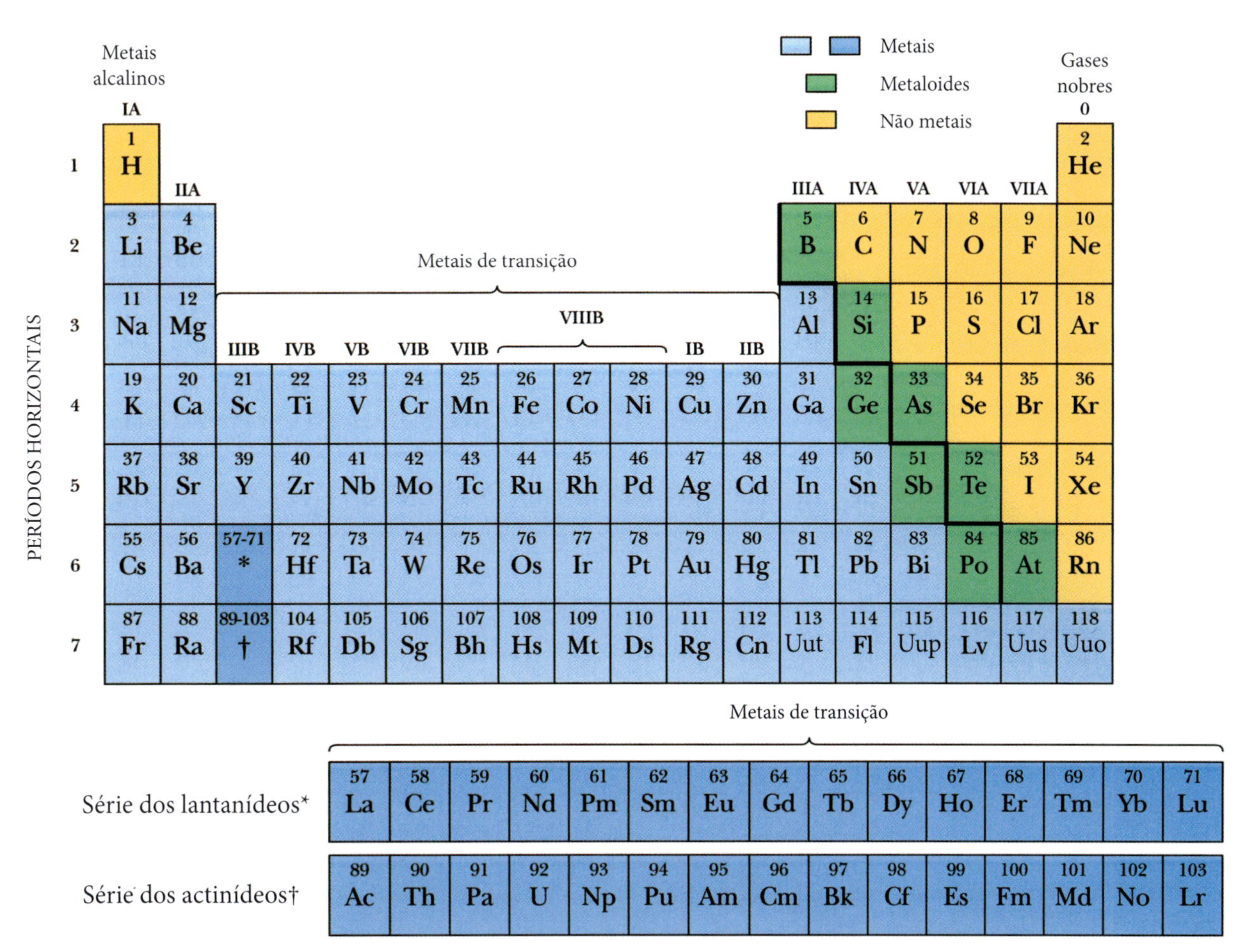

Ver www.webelements.com para informações atualizadas e possíveis novos elementos.

R E S P O S T A S

dos Testes, das Perguntas e dos Problemas Ímpares

Capítulo 33

T **33.1.1** (a) (Use a Fig. 33.1.5.) Do lado direito do retângulo, $\vec{E}$ aponta no sentido negativo do eixo *y*; do lado esquerdo, $\vec{E} + d\vec{E}$ é maior e aponta no mesmo sentido; (b) $\vec{E}$ aponta para baixo. Do lado direito, $\vec{B}$ aponta no sentido negativo do eixo *z*; do lado esquerdo, $\vec{B} + d\vec{B}$ é maior e aponta no mesmo sentido. **33.2.1** sentido positivo de *x* **33.3.1** (a) permanece constante; (b) diminui **33.4.1** *a*, *d*, *b*, *c* (zero) **33.5.1** *a*. **33.6.1** azul **33.7.1** (a) aumenta; (b) aproximadamente 45°
P **1.** (a) sentido positivo do eixo *z*; (b) *x* **3.** (a) permanece constante; (b) aumenta; (c) diminui **5.** (a) e (b) $A = 1, n = 4, \theta = 30°$ **7.** *a*, *b*, *c* **9.** *B* **11.** nenhuma
PR **1.** 7,49 GHz **3.** (a) 515 nm; (b) 610 nm; (c) 555 nm; (d) $5{,}41 \times 10^{14}$ Hz; (e) $1{,}85 \times 10^{-15}$ s **5.** $5{,}0 \times 10^{-21}$ H **7.** 1,2 MW/m^2 **9.** 0,10 MJ **11.** (a) 6,7 nT; (b) *y*; (c) no sentido negativo do eixo *y* **13.** (a) 1,03 kV/m; (b) 3,43 μT W **15.** (a) 87 mV/m; (b) 0,29 nT; (c) 6,3 kW **17.** (a) 6,7 nT; (b) 5,3 mW/m^2; (c) 6,7 W **19.** $1{,}0 \times 10^7$ Pa **21.** $5{,}9 \times 10^{-8}$ Pa **23.** (a) $4{,}68 \times 10^{11}$ W; (b) qualquer pequena perturbação tiraria a esfera da posição de equilíbrio, pois, nesse caso, as duas forças deixariam de atuar ao longo do mesmo eixo **27.** (a) $1{,}0 \times 10^8$ Hz; (b) $6{,}3 \times 10^8$ rad/s; (c) 2,1 m^{-1}; (d) 1,0 μT; (e) *z*; (f) $1{,}2 \times 10^2$ W/m^2; (g) $8{,}0 \times 10^{-7}$ N; (h) $4{,}0 \times 10^{-7}$ Pa **29.** 1,9 mm/s **31.** (a) 0,17 μm; (b) para perto do Sol **33.** 3,1% **35.** 4,4 W/m^2 **37.** (a) 2 filtros; (b) 5 filtros **39.** (a) 1,9 V/m; (b) $1{,}7 \times 10^{-11}$ Pa **41.** 20° ou 70° **43.** 0,67 **45.** 1,26 **47.** 1,48 **49.** 180° **51.** (a) 56,9°; (b) 35,3° **55.** 1,07 m **57.** 182 cm **59.** (a) 48,9°; (b) 29,0° **61.** (a) 26,8°; (b) sim **63.** (a) $(1 + \text{sen}^2\,\theta)^{0,5}$; (b) $2^{0,5}$; (c) sim; (d) não **65.** 23,2° **67.** (a) 1,39; (b) 28,1°; (c) não **69.** 49,0° **71.** (a) 0,50 ms; (b) 8,4 min; (c) 2,4 h; (d) 5.446 a.C. **73.** (a) (16,7 nT) sen[$(1{,}00 \times 10^6\ \text{m}^{-1})z + (3{,}00 \times 10^{14}\ \text{s}^{-1})t$]; (b) 6,28 μm; (c) 20,9 fs; (d) 33,2 mW/m^2; (e) *x*; (f) infravermelho **75.** 1,22 **77.** (c) 137,6°; (d) 139,4°; (e) 1,7° **81.** (a) o eixo *z*; (b) $7{,}5 \times 10^{14}$ Hz; (c) 1,9 kW/m^2 **83.** (a) branca; (b) avermelhada; (c) não há luz refratada **85.** $1{,}5 \times 10^{-9}$ m/s^2 **87.** (a) 3,5 μW/m^2; (b) 0,78 μW; (c) $1{,}5 \times 10^{-17}$ W/m^2; (d) $1{,}1 \times 10^{-7}$ V/m; (e) 0,25 fT **89.** (a) 55,8°; (b) 55,5° **91.** (a) 83 W/m^2; (b) 1,7 MW **93.** 35° **97.** $\cos^{-1}(p/50)^{0,5}$ **99.** $8RI/3c$ **101.** 247 zs

Capítulo 34

T **34.1.1** 0,2*d*, 1,8*d*, 2,2*d* **34.2.1** (a) real; (b) invertida; (c) do mesmo lado **34.3.1** (a) *e*; (b) virtual, do mesmo lado **34.4.1** virtual, não invertida, divergente **34.5.1** (a) virtual; (b) virtual; (c) microscópio

P **1.** (a) *a*; (b) *c* **3.** (a) *a* e *c*; (b) três vezes; (c) você **5.** convexo **7.** (a) todas, exceto a combinação 2; (b) 1, 3, 4: à direita, invertida; 5, 6: à esquerda, a mesma **9.** *d* (infinita), *a* e *b* empatadas, *c* **11.** (a) *x*; (b) não; (c) não; (d) sim
PR **1.** 9,10 m **3.** 1,11 **5.** 351cm **7.** 10,5 cm **9.** (a) +24 cm; (b) +36 cm; (c) −2,0; (d) R; (e) I; (f) M **11.** (a) −20 cm; (b) −4,4 cm; (c) +0,56; (d) V; (e) NI; (f) O **13.** (a) +36 cm; (b) −36 cm; (c) +3,0; (d) V; (e) NI; (f) O **15.** (a) −16 cm; (b) −4,4 cm; (c) +0,44; (d) V; (e) NI; (f) O **17.** (b) positivo; (c) +40 cm; (e) −20 cm; (f) +2,0; (g) V; (h) NI; (i) O **19.** (a) convexo; (b) −20 cm; (d) +20 cm; (f) +0,50; (g) V; (h) NI; (i) O **21.** (a) côncavo; (c) +40 cm; (e) +60 cm; (f) −2,0; (g) R; (h) I; (i) M **23.** (a) convexo; (b) negativo; (c) −60 cm; (d) +1,2 m; (e) −24/cm; (g) V; (h) NI; (i) O **25.** (a) côncavo; (b) +8,6 cm; (c) +17 cm; (e) +12 cm; (f) negativo; (g) R; (i) M **27.** (a) convexo; (c) −60 cm; (d) +30 cm; (f) +0,50; (g) V; (h) NI; (i) O **29.** (b) −20 cm; (c) negativo; (d) +5,0 cm; (e) negativo; (f) +0,80; (g) V; (h) NI; (i) O **31.** (b) 0,56 cm/s; (c) 11 m/s; (d) 6,7 cm/s **33.** (c) −33 cm; (e) V; (f) M **35.** (d) −26 cm; (e) V; (f) M **37.** (c) +30 cm; (e) V; (f) M **39.** (a) 2,00; (b) não **41.** (a) +40 cm; (b) ∞ **43.** 5,0 mm **45.** 1,86 mm **47.** (a) 45 mm; (b) 90 mm **49.** 22 cm **51.** (a) −48 cm; (b) +4,0; (c) V; (d) NI; (e) M **53.** (a) −4,8 cm; (b) +0,60; (c) V; (d) NI; (e) M **55.** (a) −8,6 cm; (b) +0,39; (c) V; (d) NI; (e) M **57.** (a) +36 cm; (b) −0,80; (c) R; (d) I; (e) O **59.** (a) +55 cm; (b) −0,74; (c) R; (d) I; (e) O **61.** (a) −18 cm; (b) +0,76; (c) V; (d) NI; (e) M **63.** (a) −30 cm; (b) +0,86; (c) V; (d) NI; (e) M **65.** (a) −7,5 cm; (b) +0,75; (c) V; (d) NI; (e) M **67.** (a) +84 cm; (b) −1,4; (c) R; (d) I; (e) O **69.** (a) C; (d) −10 cm; (e) +2,0; (f) V; (g) NI; (h) M **71.** (a) D; (b) −5,3 cm; (d) −4,0 cm; (f) V; (g) NI; (h) M **73.** (a) C; (b) +3,3 cm; (d) +5,0 cm; (f) R; (g) I; (h) O **75.** (a) D; (b) negativo; (d) −3,3 cm; (e) +0,67; (f) V; (g) NI **77.** (a) C; (b) +80 cm; (d) −20 cm; (f) V; (g) NI; (h) M **79.** (a) C; (b) positivo; (d) −13 cm; (e) +1,7; (f) V; (g) NI; (h) M **81.** (a) +24 cm; (b) +6,0; (c) R; (d) NI; (e) O **83.** (a) +3,1 cm; (b) −0,31; (c) R; (d) I; (e) O **85.** (a) −4,6 cm; (b) +0,69; (c) V; (d) NI; (e) M **87.** (a) −5,5 cm; (b) +0,12; (c) V; (d) NI; (e) M **89.** (a) 13,0 cm; (b) 5,23 cm; (c) −3,25; (d) 3,13; (e) −10,2 **91.** (a) 2,35 cm; (b) diminui **93.** (a) 3,5; (b) 2,5 **95.** (a) +8,6 cm; (b) +2,6; (c) R; (d) NI; (e) O **97.** (a) +7,5 cm; (b) −0,75; (c) R; (d) I; (e) O **99.** (a) +24 cm; (b) −0,58; (c) R; (d) I; (e) O **105.** (a) 3,00 cm; (b) 2,33 cm **107.** (a) 40 cm; (b) 20 cm; (c) −40 cm; (d) 40 cm **109.** (a) 20 cm; (b) 15 cm **111.** (a) 6,0 mm; (b) 1,6 kW/m^2; (c) 4,0 cm **113.** 100 cm **115.** 2,2 mm^2 **119.** (a) −30 cm; (b) não invertida; (c) virtual; (d) 1,0 **121.** (a) −12 cm

Capítulo 35

T **35.1.1** *b* (menor valor de *n*), *c*, *a* **35.1.2** (a) o de cima; (b) um ponto claro (a diferença de fase é 2,1 comprimentos de onda) **35.2.1** (a) 3λ, 3; (b) $2{,}5\lambda$, 2,5 **35.3.1** *a* e *d* empatados (a amplitude da onda resultante é $4E_0$), depois *b* e *c* empatados (a amplitude da onda resultante é $2E_0$) **35.4.1** (a) 1 e 4; (b) 1 e 4 **35.5.1** (a) 6; (b) 4
P **1.** (a) diminui; (b) diminui; (c) diminui; (d) azul **3.** (a) 2d; (b) (número ímpar)$\lambda/2$; (c) $\lambda/4$ **5.** (a) estado intermediário próximo de um máximo, $m = 2$; (b) mínimo, $m = 3$; (c) estado intermediário próximo de um máximo, $m = 2$; (d) máximo, $m = 1$ **7.** (a) máximo; (b) mínimo; (c) se alternam **9.** (a) pico; (b) vale **11.** *c*, *d* **13.** *c*
PR **1.** (a) 155 nm; (b) 310 nm **3.** (a) 3,60 μm; (b) mais próxima de construtiva **5.** $4{,}55 \times 10^7$ m/s **7.** 1,56 **9.** (a) 1,55 μm; (b) 4,65 μm **11.** (a) 1,70; (b) 1,70; (c) 1,30; (d) todas empatadas **13.** (a) 0,833; (b) mais próxima da construtiva **15.** 648 nm **17.** 16 **19.** 2,25 mm **21.** 72 μm **23.** 0 **25.** 7,88 μm **27.** 6,64 μm **29.** 2,65 **31.** 27 sen$(\omega t + 8{,}5°)$ **33.** $(17{,}1\ \mu\text{V/m})\text{sen}[(2{,}0 \times 10^{14}\ \text{rad/s})t]$ **35.** 120 nm **37.** 70,0 nm **39.** (a) 0,117 μm; (b) 0,352 μm **41.** 161 nm **43.** 560 nm **45.** 478 nm **47.** 509 nm **49.** 273 nm **51.** 409 nm **53.** 338 nm **55.** (a) 552 nm; (b) 442 nm **57.** 608 nm **59.** 528 nm **61.** 455 nm **63.** 248 nm **65.** 339 nm **67.** 329 nm **69.** 1,89 μm **71.** 0,012° **73.** 140 **75.** $[(m + 1/2)\lambda R]^{0,5}$ para $m = 0, 1, 2, \ldots$ **77.** 1,00 m **79.** 588 nm **81.** 1,00030 **83.** (a) 50,0 nm; (b) 36,2 nm **85.** 0,23° **87.** (a) 1500 nm; (b) 2.250 nm; (c) 0,80 **89.** $x = (D/2a)(m + 0{,}5)\lambda$ para $m = 0, 1, 2, \ldots$ **91.** (a) 22°; (b) a refração reduz o valor de θ **93.** 600 nm **95.** (a) 1,75 μm; (b) 4,8 mm **97.** $I_m \cos^2(2\pi x/\lambda)$ **99.** (a) 42,0 ps; (b) 42,3 ps; (c) 43,2 ps; (d) 41,8 ps; (e) 4

Capítulo 36

T **36.1.1** (a) se dilata; (b) se dilata **36.2.1** (a) o segundo máximo secundário; (b) 2,5 **36.2.2** (a) vermelha; (b) violeta **36.3.1** mais difícil **36.4.1** (a) 7; (b) aumentou; (c) diminuiu **36.5.1** (a) esquerdo; (b) menores **36.6.1** diminui **36.7.1** *c*, *b*, *a*
P **1.** (a) o mínimo correspondente a $m = 5$; (b) o máximo (aproximado) entre os mínimos correspondentes a $m = 4$ e $m = 5$ **3.** (a) *A*, *B*, *C*; (*b*) *A*, *B*, *C* **5.** (a) 1 e 3 empatados, depois 2 e 4 empatados; (b) 1 e 2 empatados, depois 3 e 4 empatados **7.** (a) maiores; (b) vermelha **9.** (a) diminui; (b) permanece constante; (c) permanecem no mesmo lugar **11.** (a) *A*; (b) o da esquerda; (c) à esquerda; (d) à direita **13.** (a) 1 e 2 empatados, depois 3; (b) sim; (c) não
PR **1.** (a) 2,5 mm; (b) $2{,}2 \times 10^{-4}$ rad **3.** (a) 70 cm; (b) 1,0 mm **5.** (a) 700 nm; (b) 4; (c) 6 **7.** 60,4 μm **9.** 1,77 mm **11.** 160° **13.** (a) 0,18°; (b) 0,46 rad; (c) 0,93 **15.** (d) 52,5°; (e) 10,1°; (f) 5,06° **17.** (b) 0; (c) −0,500; (d) 4,493 rad; (e) 0,930; (f) 7,725 rad; (g) 1,96 **19.** (a) 19 cm; (b) maior **21.** (a) $1{,}1 \times 10^4$ km; (b) 11 km **23.** (a) $1{,}3 \times 10^{-4}$ rad; (b) 10 km **25.** 50 m **27.** $1{,}6 \times 10^3$ km **29.** (a) $8{,}8 \times 10^{-7}$ rad; (b) $8{,}4 \times 10^7$ km; (c) 0,025 mm **31.** (a) 0,346°; (b) 0,97° **33.** (a) 17,1 m; (b) $1{,}37 \times 10^{-10}$ **35.** 5 **37.** 3 **39.** (a) 5,0 μm; (b) 20 μm **41.** (a) $7{,}43 \times 10^{-3}$; (b) entre o mínimo correspondente a $m = 6$ (o sétimo) e o máximo correspondente a $m = 7$ (o sétimo máximo secundário); (c) entre o mínimo correspondente a $m = 3$ (o terceiro) e o mínimo correspondente a $m = 4$ (o quarto) **43.** (a) 9; (b) 0,255 **45.** (a) 62,1°; (b) 45,0°; (c) 32,0° **47.** 3 **49.** (a) 6,0 μm; (b) 1,5 μm; (c) 9; (d) 7; (e) 6 **51.** (a) 2,1°; (b) 21°; (c) 11 **53.** (a) 470 nm; (b) 560 nm **55.** $3{,}65 \times 10^3$ **57.** (a) 0,032°/nm; (b) $4{,}0 \times 10^4$; (c) 0,076°/nm; (d) $8{,}0 \times 10^4$; (e) 0,24°/nm; (f) $1{,}2 \times 10^5$ **59.** 0,15 nm **61.** (a) 10 μm; (b) 3,3 mm **63.** $1{,}09 \times 10^3$ ranhuras/mm **65.** (a) 0,17 nm; (b) 0,13 nm **67.** (a) 25 pm; (b) 38 pm **69.** 0,26 nm **71.** (a) 15,3°; (b) 30,6°; (c) 3,1°; (d) 37, 8° **73.** (a) $0{,}7071a_0$; (b) $0{,}4472a_0$; (c) $0{,}3162a_0$; (d) $0{,}2774a_0$; (e) $0{,}2425a_0$ **75.** (a) 625 nm; (b) 500 nm; (c) 416 nm **77.** 3,0 mm **83.** (a) 13; (b) 6 **85.** 59,5 pm **87.** 4,9 km **89.** $1{,}36 \times 10^4$ **91.** 2 **93.** 4,7 cm **97.** 36 cm

Capítulo 37

T **37.1.1** (a) igual (postulado da velocidade da luz); (b) não (o ponto inicial e o ponto final da medida não coincidem); (c) não (porque o tempo medido pelo passageiro não é um tempo próprio) **37.2.1** (a) 1, 2, 3; (b) mais do que θ_0 **37.3.1** (a) a Eq. 2; (b) $+0{,}90c$; (c) 25 ns; (d) −7,0 m **37.4.1** c, então b e d empatam, então a **37.5.1** (a) para a direita; (b) maior **37.6.1** (a) igual; (b) menor
P **1.** *c* **3.** *b* **5.** (a) C_1'; (b) C_1' **7.** (a) 4 s; (b) 3s; (c) 5s; (d) 4s; (e) 10s **9.** (a) 3,4 e 6 empatados, depois 1, 2 e 5 empatados; (b) 1, 2 e 3 empatados, 4, 5 e 6 empatados; (c) 1, 2, 3, 4, 5, 6; (d) 2 e 4; (e) 1, 2, 5 **11.** (a) 3, 1 e 2 empatados, 4; (b) 4, 1 e 2 empatados, 3; (c) 1, 4, 2, 3
PR **1.** 0,990 50 **3.** (a) 0,999 999 50 **5.** 0,446 ps **7.** $2{,}68 \times 10^3$ anos **9.** (a) 87,4 m; (b) 394 ns **11.** 1,32 m **13.** (a) 26,26 anos; (b) 52,26 anos; (c) 3,705 anos **15.** (a) 0,999 999 15; (b) 30 anos-luz **17.** (a) 138 km; (b) −374 μs **19.** (a) 25,8 μs; (b) o pequeno clarão **21.** (a) $\gamma[1{,}00\ \mu\text{s} - \beta(400\ \text{m})/(2{,}998 \times 10^8\ \text{m/s})]$; (d) 0,750; (e) $0 < \beta < 0{,}750$; (f) $0{,}750 < \beta < 1$; (g) não **23.** (a) 1,25; (b) 0,800 μs **25.** (a) 0,480; (b) negativo; (c) o grande clarão; (d) 4,39 μs **27.** 0,81*c* **29.** (a) 0,35; (b) 0,62 **31.** 1,2 μs **33.** (a) 1,25 ano; (b) 1,60 ano; (c) 4,00 anos **35.** 22,9 MHz **37.** 0,13*c* **39.** (a) 550 nm; (b) amarela **41.** (a) 196,695; (b) 0,999 987 **43.** (a) 1,0 keV; (b) 1,1 MeV **45.** 110 km **47.** $1{,}01 \times 10^7$ km **49.** (a) 0,222 cm; (b) 701 ps; (c) 7,40 ps **51.** 2,83 *mc* **53.** (a) $\gamma(2\pi m/|q|B)$; (b) não; (c) 4,85 mm; (d) 15,9 mm; (e) 16,3 ps; (f) 0,334 ns **55.** (a) 0,707; (b) 1,41; (c) 0,414 **57.** 18 ums/ano **59.** (a) 2,08 MeV; (b) −1,21 MeV **61.** (d) 0,801 **63.** (a) vt sen θ; (b) $t[1 - (v/c)\cos\theta]$; (c) 3,24*c* **67.** (b) +0,44*c* **69.** (a) 1,93 m; (b) 6,00 m; (c) 13,6 ns; (d) 13,6 ns; (e) 0,379 m; (f) 30,5 m; (g) −101 ns; (h) não; (i) 2; (k) não; (l) ambos **71.** (a) $5{,}4 \times 10^4$ km/h; (b) $6{,}3 \times 10^{-10}$ **73.** 189 MeV **75.** $8{,}7 \times 10^{-3}$ anos-luz **77.** 7 **79.** 2,46 MeV/*c* **81.** 0,27*c* **83.** (a) 5,71 GeV; (b) 6,65 GeV; (c) 6,58 GeV/*c*; (d) 3,11 MeV; (e) 3,62 MeV; (f) 3,59 MeV/*c* **85.** 0,95*c* **87.** (a) 256 kV; (b) 0,745*c* **89.** (a) 0,858*c*; (b) 0,185*c* **91.** 0,500*c* **93.** 31,07 m/s

Capítulo 38

T **38.1.1** b, a, d, c **38.2.1** (a) lítio, sódio, potássio, césio; (b) todos empatados **38.3.1** (a) são iguais; (b), (c), (d) raios X **38.5.1** (a) o próton; (b) são iguais; (c) o próton **38.9.1** igual
P **1.** (a) maior; (b) menor **3.** é maior para o alvo de potássio **5.** só depende de e **7.** 0 **9.** (a) é dividido por $\sqrt{2}$; (b) é dividido por 2 **11.** porque a amplitude da onda refletida é menor que a da onda incidente **13.** elétron, nêutron, partícula alfa **15.** todas empatadas
PR **1.** (a) 2,1 μm; (b) infravermelho **3.** $1{,}0 \times 10^{45}$ fótons/s **5.** 2,047 eV **7.** $1{,}1 \times 10^{-10}$ W **9.** (a) $2{,}96 \times 10^{20}$ fótons/s; (b) $4{,}86 \times 10^{7}$ m; (c) $5{,}89 \times 10^{18}$ fótons/m²·s **11.** (a) a infravermelha; (b) $1{,}4 \times 10^{21}$ fótons/s **13.** $4{,}7 \times 10^{26}$ fótons **15.** 170 nm **17.** 676 km/s **19.** (a) 1,3 V; (b) $6{,}8 \times 10^{2}$ km/s **21.** (a) 3,1 keV; (b) 14 keV **23.** (a) 2,00 eV; (b) 0; (c) 2,00 V; (d) 295 nm **25.** (a) 382 nm; (b) 1,82 eV **27.** (a) 2,73 pm; (b) 6,05 pm **29.** (a) $8{,}57 \times 10^{18}$ Hz; (b) $3{,}55 \times 10^{4}$ eV; (c) 35,4 keV/c **31.** 300% **33.** (a) $-8{,}1 \times 10^{-9}$%; (b) $-4{,}9 \times 10^{-4}$%; (c) $-8{,}9$%; (d) -66%; (e) Os resultados mostram que o efeito Compton é significativo apenas nas faixas de raios X e de raios gama do espectro eletromagnético. **35.** (a) 2,43 pm; (b) 1,32 fm; (c) 0,511 MeV; (d) 939 MeV **37.** (a) 41,8 keV; (b) 8,2 keV **39.** 44° **41.** (a) 2,43 pm; (b) $4{,}11 \times 10^{-6}$; (c) $-8{,}67 \times 10^{-6}$ eV; (d) 2,43 pm; (e) $9{,}78 \times 10^{-2}$; (f) $-4{,}45$ keV **43.** (a) $2{,}9 \times 10^{-10}$ m; (b) raios X; (c) $2{,}9 \times 10^{-8}$ m; (d) ultravioleta **45.** (a) 9,35 μm; (b) $1{,}47 \times 10^{-5}$ W; (c) $6{,}93 \times 10^{14}$ fótons/s; (d) $2{,}33 \times 10^{-37}$ W; (e) $5{,}87 \times 10^{-19}$ fótons/s **47.** 7,75 pm **49.** (a) $1{,}9 \times 10^{-21}$ kg·m/s; (b) 346 fm **51.** 4,3 μeV **53.** (a) 1,24 μm; (b) 1,22 nm; (c) 1,24 fm; (d) 1,24 fm **55.** (a) 15 keV; (b) 120 keV; (c) o microscópio eletrônico, porque a energia necessária é muito menor **57.** nêutron **59.** (a) $3{,}96 \times 10^{6}$ m/s; (b) 81,7 kV **63.** (a) $\psi(x) = \psi_0 e^{ikx} = \psi_0(\cos kx + i \operatorname{sen} kx) = (\psi_0 \cos kx) + i(\psi_0 \operatorname{sen} kx) = a + ib$; (b) $\Psi(x,t) = [\psi_0 \cos(kx - \omega t)] + i[\psi_0 \operatorname{sen}(kx - \omega t)]$ **67.** $2{,}1 \times 10^{-24}$ kg·m/s **69.** O único valor surpreendente seria $12p$. **71.** (a) $1{,}45 \times 10^{11}$ m⁻¹; (b) $7{,}25 \times 10^{10}$ m⁻¹; (c) 0,111; (d) $5{,}56 \times 10^{4}$ **73.** 4,81 mA **75.** (a) $9{,}02 \times 10^{-6}$; (b) 3,0 MeV; (c) 3,0 MeV; (d) $7{,}33 \times 10^{-8}$; (e) 3,0 MeV; (f) 3,0 MeV **77.** (a) -20%; (b) -10%; (c) $+15$% **79.** (a) não; (b) frentes de onda planas de extensão infinita, perpendiculares ao eixo x **83.** (a) 38,8 meV; (b) 146 pm **85.** (a) $4{,}14 \times 10^{-15}$ eV·s; (b) 2,31 eV **89.** (a) não; (b) 544 nm; (c) verde

Capítulo 39

T **39.1.1** b, a, c **39.2.1** (a) todos empatados; (b) a, b, c **39.2.2** a, b, c, d **39.4.1** $E_{1,1}$ (n_x e n_y não podem ser zero) **39.5.1** (a) 5; (b) 7
P **1.** a, c, b **3.** (a) 18; (b) 17 **5.** igual **7.** c **9.** (a) diminui; (b) aumenta **11.** $n = 1, n = 2, n = 3$ **13.** (a) $n = 3$; (b) $n = 1$; (c) $n = 5$ **15.** b, c e d
PR **1.** 1,41 **3.** 0,65 eV **5.** 0,85 nm **7.** 1,9 GeV **9.** (a) 72,2 eV; (b) 13,7 nm; (c) 17,2 nm; (d) 68,7 nm; (e) 41,2 nm; (g) 68,7 nm; (h) 25,8 nm **11.** (a) 13; (b) 12 **13.** (a) 0,020; (b) 20 **15.** (a) 0,050; (b) 0,10; (c) 0,0095 **17.** 56 eV **19.** 109 eV **23.** 3,21 eV **25.** $1{,}4 \times 10^{-3}$ **27.** (a) 8; (b) 0,75; (c) 1,00; (d) 1,25; (e) 3,75; (f) 3,00; (g) 2,25 **29.** (a) 7; (b) 1,00; (c) 2,00; (d) 3,00; (e) 9,00; (f) 8,00; (g) 6,00 **31.** 4,0 **33.** (a) 12,1 eV; (b) $6{,}45 \times 10^{-27}$ kg · m/s; (c) 102 nm **35.** (a) 291 nm⁻³; (b) 10,2 nm⁻¹ **41.** (a) 0,0037; (b) 0,0054 **43.** (a) 13,6 eV; (b) $-27{,}2$ eV **45.** (a) $(r^4/8a^5)[\exp(-r/a)]\cos^2\theta$; (b) $(r^4/16a^5)[\exp(-r/a)]\operatorname{sen}^2\theta$ **47.** $4{,}3 \times 10^{3}$ **49.** (a) 13,6 eV; (b) 3,40 eV **51.** 0,68 **59.** (b) $(2\pi/h)[2m(U_0 - E)]^{0,5}$ **61.** (b) metro$^{-2,5}$ **63.** (a) n; (b) $2\ell + 1$; (c) n^2 **65.** (a) $nh/\pi md^2$; (b) $n^2h^2/4\pi^2md^2$ **67.** (a) $3{,}9 \times 10^{-22}$ eV; (b) 10^{20}; (c) $3{,}0 \times 10^{-18}$ K **71.** (a) $e^2r/4\pi\varepsilon_0 a^3$; (b) $e/(4\pi\varepsilon_0 m a_0^3)^{0,5}$ **73.** 18,1; 36,2; 54,3; 66,3; 72,4 μeV

Capítulo 40

T **40.1.1** 7 **40.6.1** (a) diminui; (b)-(c) permanece constante **40.7.1** A, C, B
P **1.** (a) 2; (b) 8; (c) 5; (d) 50 **3.** são todas verdadeiras **5.** o mesmo número (10) **7.** 2, $-1{,}0$ e 1 **9.** (a) 2; (b) 3 **11.** (a) n; (b) n e ℓ **13.** Além da energia quantizada, o átomo de hélio possui energia cinética; a energia total pode ser igual a 20,66 eV.
PR **1.** 24,1° **3.** (a) $3{,}65 \times 10^{-34}$ J·s; (b) $3{,}16 \times 10^{-34}$ J·s **5.** (a) 3; (b) 3 **7.** (a) 4; (b) 5; (c) 2 **9.** (a) 3,46; (b) 3,46; (c) 3; (d) 3; (e) -3; (f) 30,0°; (g) 54,7°; (h) 150° **13.** 72 km/s² **15.** (a) 54,7°; (b) 125° **17.** 19 mT **19.** 5,35 cm **21.** 44 **23.** 42 **25.** (a) 51; (b) 53; (c) 56 **27.** (a) (2, 0, 0, +1/2), (2, 0, 0, −1/2); (b) (2, 1, 1, +1/2), (2, 1, 1, −1/2), (2, 1, 0, +1/2), (2, 1, 0, −1/2), (2, 1, −1, +1/2), (2, 1, −1, −1/2) **29.** g **31.** (a) $4p$; (b) 4; (c) $4p$; (d) 5; (e) $4p$; (f) 6 **33.** 12,4 kV **35.** (a) 35,4 pm; (b) 56,5 pm; (c) 49,6 pm **39.** 0,563 **41.** 80,3 pm **43.** (a) 69,5 kV; (b) 17,8 pm; (c) 21,3 pm; (d) 18,5 pm **45.** (a) 49,6 pm; (b) 99,2 pm **47.** $2{,}0 \times 10^{16}$ s⁻¹ **49.** 2×10^{7} **51.** $9{,}0 \times 10^{-7}$ **53.** $7{,}3 \times 10^{15}$ s⁻¹ **55.** (a) 3,60 mm; (b) $5{,}24 \times 10^{17}$ **57.** (a) 0; (b) 68 J **59.** 3,0 eV **61.** (a) $3{,}03 \times 10^{5}$; (b) 1,43 GHz; (d) $3{,}31 \times 10^{-6}$ **63.** 186 **65.** (a) 2,13 meV; (b) 18 T **69.** (a) não; (b) 140 nm **71.** $n > 3$; $l = 3$; $m_\ell = +3, +2, +1, 0, -1, -2, -3$; $m_s = +1/2, -1/2$ **73.** (a) 6,0; (b) $3{,}2 \times 10^{6}$ anos **75.** argônio **79.** $(Ze/4\pi\varepsilon_0)(r^{-2} - rR^{-3})$

Capítulo 41

T **41.1.1** (a) maior **41.3.1** a, b e c
P **1.** b, c, d (a última devido à dilatação térmica) **3.** 8 **5.** menor **7.** aumenta **9.** muito menor **11.** b e d
PR **3.** $8{,}49 \times 10^{28}$ m⁻³ **5.** (b) $6{,}81 \times 10^{27}$ m⁻³eV$^{-3/2}$; (c) $1{,}52 \times 10^{28}$ m⁻³eV⁻¹ **7.** (a) 0; (b) 0,0955 **9.** (a) $5{,}86 \times 10^{28}$ m⁻³; (b) 5,49 eV; (c) $1{,}39 \times 10^{3}$ km/s; (d) 0,522 nm **11.** (a) $1{,}36 \times 10^{28}$ m⁻³eV⁻¹; (b) $1{,}68 \times 10^{28}$ m⁻³eV⁻¹; (c) $9{,}01 \times 10^{27}$ m⁻³eV⁻¹; (d) $9{,}56 \times 10^{26}$ m⁻³eV⁻¹; (e) $1{,}71 \times 10^{18}$ m⁻³eV⁻¹ **13.** (a) 6,81 eV; (b) $1{,}77 \times 10^{28}$ m⁻³eV⁻¹; (c) $1{,}59 \times 10^{28}$ m⁻³eV⁻¹ **15.** (a) $2{,}50 \times 10^{3}$ K; (b) $5{,}30 \times 10^{3}$ K **17.** 3 **19.** (a) 1,0; (b) 0,99; (c) 0,50; (d) 0,014; (e) $2{,}4 \times 10^{-17}$; (f) $7{,}0 \times 10^{2}$ K **21.** (a) 0,0055; (b) 0,018 **25.** (a) 19,7 kJ; (b) 197 s **27.** (a) $1{,}31 \times 10^{29}$ m⁻³; (b) 9,43 eV; (c) $1{,}82 \times 10^{3}$ km/s; (d) 0,40 nm **29.** 57,1 kJ **31.** (a) 226 nm; (b) ultravioleta **33.** (a) $1{,}5 \times 10^{-6}$; (b) $1{,}5 \times 10^{-6}$ **35.** 0,22 μg **37.** (a) $4{,}79 \times 10^{-10}$; (b) 0,0140; (c) 0,824 **39.** $6{,}0 \times 10^{5}$ **41.** 4,20 eV **43.** 13 μm **47.** (a) 109,5°; (b) 238 pm **49.** (b) $1{,}8 \times 10^{28}$ m⁻³eV⁻¹ **53.** $3{,}49 \times 10^{3}$ atm

Capítulo 42

T **42.2.1** ^{90}As e ^{158}Nd **42.3.1** um pouco maior que 75 Bq (o tempo transcorrido é um pouco menor que três meias-vidas) **42.5.1** ^{206}Pb
P **1.** (a) ^{196}Pt; (b) não **3.** sim **5.** (a) menor; (b) maior **7.** ^{240}U **9.** permanece a mesma **11.** sim **13.** (a) todos, exceto ^{198}Au; (b) ^{132}Sn e ^{208}Pb **15.** d
PR **1.** $1{,}3 \times 10^{-13}$ m **3.** 46,6 fm **5.** (a) 0,390 MeV; (b) 4,61 MeV **7.** (a) $2{,}3 \times 10^{17}$ kg/m^3; (b) $2{,}3 \times 10^{17}$ kg/m^3; (d) $1{,}0 \times 10^{25}$ C/m^3; (e) $8{,}8 \times 10^{24}$ C/m^3 **9.** (a) 6; (b) 8 **11.** (a) 6,2 fm; (b) sim **13.** 13 km **17.** 1,0087 u **19.** (a) 9,303%; (b) 11,71% **21.** (b) 7,92 MeV/núcleon **25.** $5{,}3 \times 10^{22}$ **27.** (a) 0,250; (b) 0,125 **29.** (a) 64,2 h; (b) 0,125; (c) 0,0749 **31.** (a) $7{,}5 \times 10^{16}$ s^{-1}; (b) $4{,}9 \times 10^{16}$ s^{-1} **33.** 1×10^{13} átomos **37.** 265 mg **39.** (a) $8{,}88 \times 10^{10}$ s^{-1}; (b) $1{,}19 \times 10^{15}$; (c) 0,111 μg **41.** $1{,}12 \times 10^{11}$ anos **43.** $9{,}0 \times 10^{8}$ Bq **45.** (a) $3{,}2 \times 10^{12}$ Bq; (b) 86 Ci **47.** (a) $2{,}0 \times 10^{20}$; (b) $2{,}8 \times 10^{9}$ s^{-1} **49.** (a) $1{,}2 \times 10^{-17}$; (b) 0 **51.** 4,269 MeV **53.** 1,21 MeV **55.** 0,783 MeV **57.** (b) 0,961 MeV **59.** 78,3 eV **61.** (a) $1{,}06 \times 10^{19}$; (b) $0{,}624 \times 10^{19}$; (c) $1{,}68 \times 10^{19}$; (d) $2{,}97 \times 10^{9}$ anos **63.** 1,7 mg **65.** 1,02 mg **67.** 2,50 mSv **69.** (a) $6{,}3 \times 10^{18}$; (b) $2{,}5 \times 10^{11}$; (c) 0,20 J; (d) 2,3 mGy; (e) 30 mSv **71.** (a) 6,6 MeV; (b) não **73.** (a) 25,4 MeV; (b) 12,8 MeV; (c) 25,0 MeV **75.** ^{7}Li **77.** $3{,}2 \times 10^{4}$ anos **79.** 730 cm^2 **81.** ^{225}Ac **83.** 30 MeV **89.** 27 **91.** (a) 11,906 83 u; (b) 236,2025 u **93.** 600 keV **95.** (a) 59,5 d; (b) 1,18 **97.** (a) $4{,}8 \times 10^{-18}$ s^{-1}; (b) $4{,}6 \times 10^{9}$ anos

Capítulo 43

T **43.1.1** c e d **43.4.1** e
P **1.** (a) 101; (b) 42; (c) Mo **3.** ^{239}Np **5.** ^{140}I, ^{105}Mo, ^{152}Nd, ^{123}In, ^{115}Pd **7.** aumenta **9.** menor que **11.** continua igual a 1
PR **1.** (a) 16 d^{-1}; (b) $4{,}3 \times 10^{8}$ **3.** 4,8 MeV **5.** $1{,}3 \times 10^{3}$ kg **7.** $3{,}1 \times 10^{10}$ s^{-1} **9.** (a) $2{,}6 \times 10^{24}$; (b) $8{,}2 \times 10^{13}$ J; (c) $2{,}6 \times 10^{4}$ anos **11.** $-23{,}0$ MeV **13.** (a) 251 MeV; (b) a energia liberada em um evento de fissão típico é 200 MeV **15.** (a) 84 kg; (b) $1{,}7 \times 10^{25}$; (c) $1{,}3 \times 10^{25}$ **17.** (a) ^{153}Nd; (b) 110 MeV; (c) 60 MeV; (d) $1{,}6 \times 10^{7}$ m/s; (e) $8{,}7 \times 10^{6}$ m/s **21.** 557 W **23.** 0,99938 **25.** (b) 1,0; (c) 0,89; (d) 0,28; (e) 0,019; (f) 8 **27.** (a) 75 kW; (b) $5{,}8 \times 10^{3}$ kg **29.** $1{,}7 \times 10^{9}$ anos **31.** 170 keV **33.** 1,41 MeV **35.** 10^{-12} m **37.** (a) $4{,}3 \times 10^{9}$ kg/s; (b) $3{,}1 \times 10^{-4}$ **41.** $1{,}6 \times 10^{8}$ anos **43.** (a) 24,9 MeV; (b) 8,65 megatons **45.** (a) $1{,}8 \times 10^{38}$ s^{-1}; (b) $8{,}2 \times 10^{28}$ s^{-1} **47.** (a) 4,1 eV/átomo; (b) 9,0 MJ/kg; (c) $1{,}5 \times 10^{3}$ anos **49.** 14,4 kW **51.** $^{238}\text{U} + \text{n} \rightarrow {}^{239}\text{U} \rightarrow {}^{239}\text{Np} + \text{e} + \nu$, $^{239}\text{Np} \rightarrow {}^{239}\text{Pu} + \text{e} + \nu$ **55.** (a) $3{,}1 \times 10^{31}$ prótons/m^3; (b) $1{,}2 \times 10^{6}$ **57.** (a) 227 J; (b) 49,3 mg; (c) 22,7 kW

Capítulo 44

T **44.2.1** (a) à família dos múons; (b) uma partícula; (c) $L_\mu = +1$ **44.2.2** b e e **44.3.1** c
P **1.** b, c, d **3.** (a) l; (b) positiva **5.** a, b, c, d **7.** d **9.** c **11.** (a) lépton; (b) antipartícula; (c) férmion; (d) sim
PR **1.** $\pi^- \rightarrow \mu^- + \bar{\nu}$ **3.** 2,4 pm **5.** $2{,}4 \times 10^{-43}$ **7.** 769 MeV **9.** 2,7 cm/s **11.** (a) do momento angular e do número leptônico eletrônico; (b) da carga e do número leptônico muônico; (c) da energia e do número leptônico muônico **15.** (a) da energia; (b) da estranheza; (c) da carga **17.** (a) sim; (b), (c), (d) não **19.** (a) 0; (b) -1; (c) 0 **21.** (a) K^+; (b) $\bar{n}$; (c) K^0 **23.** (a) 37,7 MeV; (b) 5,35 MeV; (c) 32,4 MeV **25.** (a) $\bar{u}\bar{u}\bar{d}$; (b) $\bar{u}\bar{d}\bar{d}$ **27.** $s\bar{d}$ **29.** (a) Ξ^0; (b) Σ^- **31.** $2{,}77 \times 10^{8}$ anos-luz **33.** 668 nm **35.** $1{,}4 \times 10^{10}$ anos-luz **37.** (a) 2,6 K; (b) 976 nm **39.** (b) 5,7 H átomos/m^3 **41.** $4{,}57 \times 10^{3}$ **43.** (a) 121 m/s; (b) 0,00406; (c) 248 anos **47.** $1{,}08 \times 10^{42}$ J **49.** (a) $0{,}785c$; (b) $0{,}993c$; (c) C2; (d) C1; (e) 51 ns; (f) 40 ns **51.** (c) $r\alpha/c + (r\alpha/c)^2 + \cdots$; (d) $r\alpha/c$; (e) $\alpha = H$; (f) $6{,}5 \times 10^{8}$ anos-luz; (g) $6{,}9 \times 10^{8}$ anos; (h) $6{,}5 \times 10^{8}$ anos; (i) $6{,}9 \times 10^{8}$ anos-luz; (j) $1{,}0 \times 10^{9}$ anos-luz; (k) $1{,}1 \times 10^{9}$ anos; (l) $3{,}9 \times 10^{8}$ anos-luz **53.** (a) ssd; (b) $\bar{s}\bar{s}\bar{d}$

ÍNDICE ALFABÉTICO

ALGUMAS CONSTANTES FÍSICAS*

Velocidade da luz	c	$2{,}998 \times 10^{8}$ m/s
Constante gravitacional	G	$6{,}673 \times 10^{-11}$ N · m²/kg²
Constante de Avogadro	N_A	$6{,}022 \times 10^{23}$ mol^{-1}
Constante universal dos gases	R	8,314 J/mol · K
Relação entre massa e energia	c^2	$8{,}988 \times 10^{16}$ J/kg
		931,49 MeV/u
Constante de permissividade	ε_0	$8{,}854 \times 10^{-12}$ F/m
Constante de permeabilidade	μ_0	$1{,}257 \times 10^{-6}$ H/m
Constante de Planck	h	$6{,}626 \times 10^{-34}$ J · s
		$4{,}136 \times 10^{-15}$ eV · s
Constante de Boltzmann	k	$1{,}381 \times 10^{-23}$ J/K
		$8{,}617 \times 10^{-5}$ eV/K
Carga elementar	e	$1{,}602 \times 10^{-19}$ C
Massa do elétron	m_e	$9{,}109 \times 10^{-31}$ kg
Massa do próton	m_p	$1{,}673 \times 10^{-27}$ kg
Massa do nêutron	m_n	$1{,}675 \times 10^{-27}$ kg
Massa do dêuteron	m_d	$3{,}344 \times 10^{-27}$ kg
Raio de Bohr	a	$5{,}292 \times 10^{-11}$ m
Magnéton de Bohr	μ_B	$9{,}274 \times 10^{-24}$ J/T
		$5{,}788 \times 10^{-5}$ eV/T
Constante de Rydberg	R	$1{,}097\,373 \times 10^{7}$ m^{-1}

*Uma lista mais completa, que mostra também os melhores valores experimentais, está no Apêndice B.

ALFABETO GREGO

Alfa	Α	α	Iota	Ι	ι	Rô	Ρ	ρ
Beta	Β	β	Capa	Κ	κ	Sigma	Σ	σ
Gama	Γ	γ	Lambda	Λ	λ	Tau	Τ	τ
Delta	Δ	δ	Mi	Μ	μ	Ípsilon	Υ	υ
Epsílon	Ε	ϵ	Ni	Ν	ν	Fi	Φ	ϕ, φ
Zeta	Ζ	ζ	Csi	Ξ	ξ	Qui	Χ	χ
Eta	Η	η	Ômicron	Ο	o	Psi	Ψ	ψ
Teta	Θ	θ	Pi	Π	π	Ômega	Ω	ω

2023/1